DIN-Taschenbuch 35

Für das Fachgebiet Bauwesen bestehen folgende DIN-Taschenbücher:

TAB		Titel
5 Bauwesen	1.	Beton- und Stahlbeton-Fertigteile. Normen
33 Bauwesen	2.	Baustoffe, Bindemittel, Zuschlagstoffe, Mauersteine, Bauplatten, Glas und Dämmstoffe. Normen
34 Bauwesen	3.	Holzbau. Normen
35 Bauwesen	4.	Schallschutz. Anforderungen, Nachweise, Berechnungsverfahren und bauakustische Prüfungen. Normen
36 Bauwesen	5.	Erd- und Grundbau. Normen
37 Bauwesen	6.	Beton- und Stahlbetonbau. Normen
38 Bauwesen	7.	Bauplanung. Normen
39 Bauwesen	8.	Ausbau. Normen
68 Bauwesen	9.	Mauerwerksbau. Normen
69 Bauwesen	10.	Stahlhochbau. Normen, Richtlinien
110 Bauwesen	11.	Wohnungsbau. Normen
111 Bauwesen	12.	Vermessungswesen. Normen
112 Bauwesen	13.	Berechnungsgrundlagen für Bauten. Normen
113 Bauwesen	14.	Erkundung und Untersuchung des Baugrunds. Normen
114 Bauwesen	15.	Kosten im Hochbau, Flächen, Rauminhalte. Normen, Gesetze, Verordnungen
115 Bauwesen	16.	Baubetrieb; Schalung, Gerüste, Geräte, Baustelleneinrichtung. Normen
120 Bauwesen	18.	Brandschutzmaßnahmen. Normen, Richtlinien
129 Bauwesen	19.	Bauwerksabdichtungen, Dachabdichtungen, Feuchteschutz. Normen
133		Partikelmeßtechnik. Normen
134 Bauwesen	20.	Sporthallen, Sportplätze, Spielplätze. Normen
144 Bauwesen	22.	Stahlbau; Ingenieurbau. Normen, Richtlinien
146 Bauwesen	23.	Schornsteine. Planung, Berechnung, Ausführung. Normen, Richtlinien
158 Bauwesen	24.	Wärmeschutz 1. Bauwerksplanung; Wärmeschutz, Wärmebedarf. Normen
199 Bauwesen	25.	Bauen für Behinderte und alte Menschen. Normen
240 Bauwesen	26.	Türen und Türzubehör. Normen
253 Bauwesen	27.	Einbruchschutz. Normen, Technische Regeln (DIN-VDE)
272 Bauwesen	28.	Bohrtechnik. Normen
289 Bauwesen	29.	Schwingungsfragen im Bauwesen. Normen
287 Bauwesen	30.	Wärmeschutz 2. Prüfungen im Labor und auf der Baustelle; Rechnerische Ermittlung von Werten. Normen, Gesetze, Verordnungen, Festlegungen

DIN-Taschenbücher mit Normen für das Studium:

176 Baukonstruktionen; Lastannahmen, Baugrund, Beton- und Stahlbetonbau, Mauerwerksbau, Holzbau, Stahlbau

189 Bauphysik 1; Brandschutz, Schallschutz

310 Bauphysik 2; Feuchteschutz, Lüftung, Wärmebedarfsermittlung, Wärmeschutz

DIN-Taschenbücher aus den Fachgebieten “Bauleistungen” siehe Seite 644 und “Bauen in Europa” siehe Seite 645.

DIN

DIN-Taschenbuch 35

Schallschutz

Anforderungen, Nachweise Berechnungsverfahren und Bauakustische Prüfungen

Normen
(Bauwesen 4)

10. Auflage
Stand der abgedruckten Normen: Dezember 1998

Herausgeber: DIN Deutsches Institut für Normung e.V.

Beuth

Beuth Verlag GmbH · Berlin · Wien · Zürich

Die Deutsche Bibliothek – CIP-Einheitsaufnahme

Bauwesen

Hrsg.: DIN, Deutsches Institut für Normung e.V.

Berlin ; Wien ; Zürich : Beuth

(DIN-Taschenbuch ; ...)

Früher u.d.T.: Baunormen

4. Schallschutz

10. Aufl., Stand der abgedr. Normen: Dezember 1998

1999

Schallschutz : Anforderungen, Nachweise, Berechnungsverfahren und bauakustische Prüfungen ; Normen

Hrsg.: DIN, Deutsches Institut für Normung e.V.

10. Aufl., Stand der abgedr. Normen: Dezember 1998

Berlin ; Wien ; Zürich : Beuth

1999

(Bauwesen ; 4)

(DIN-Taschenbuch ; 35)

ISBN 3-410-14526-5

Titelaufnahme nach RAK entspricht DIN V 1505-1.

ISBN nach DIN ISO 2108.

Übernahme der CIP-Einheitsaufnahme auf Schrifttumskarten durch Kopieren oder Nachdrucken frei.

664 Seiten, A5, brosch.

ISSN 0342-801X

(ISBN 3-410-13970-2 9. Aufl. Beuth Verlag)

Printed in Germany. Druck: Media-Print Informationstechnologie, 33100 Paderborn

Inhalt

Die in den Verzeichnissen in Verbindung mit einer DIN-Nummer verwendeten Abkürzungen und Zeichen bedeuten:

A	Änderung
Bbl	Beiblatt
Ber	Berichtigung
E	Entwurf
EN	Europäische Norm (EN), deren Deutsche Fassung den Status einer Deutschen Norm erhalten hat
E EN	Entwurf für eine Europäische Norm (EN), deren Deutsche Fassung den Status einer Deutschen Norm erhalten soll
EN ISO	Von der ISO übernommene Europäische Norm, deren Deutsche Fassung den Status einer Deutschen Norm hat

Maßgebend für das Anwenden jeder in diesem DIN-Taschenbuch abgedruckten Norm ist deren Fassung mit dem neuesten Ausgabedatum.

Bei den abgedruckten Norm-Entwürfen wird auf den Anwendungswarnvermerk verwiesen.

Vergewissern Sie sich bitte im aktuellen DIN-Katalog mit neuestem Ergänzungsheft oder fragen Sie: Tel. (0 30) 26 01 - 22 60.

Normung ist Ordnung

DIN – der Verlag heißt Beuth

Das DIN Deutsches Institut für Normung e.V. ist der runde Tisch, an dem Hersteller, Handel, Verbraucher, Handwerk, Dienstleistungsunternehmen, Wissenschaft, technische Überwachung, Staat, also alle, die ein Interesse an der Normung haben, zusammenwirken.

DIN-Normen sind ein wichtiger Beitrag zur technischen Infrastruktur unseres Landes, zur Verbesserung der Exportchancen und zur Zusammenarbeit in einer arbeitsteiligen Gesellschaft.

Das DIN orientiert seine Arbeiten an folgenden Grundsätzen:

- Freiwilligkeit
- Öffentlichkeit
- Beteiligung aller interessierten Kreise
- Einheitlichkeit und Widerspruchsfreiheit
- Sachbezogenheit
- Konsens
- Orientierung am Stand der Technik
- Orientierung an den wirtschaftlichen Gegebenheiten
- Orientierung am allgemeinen Nutzen
- Internationalität

Diese Grundsätze haben den DIN-Normen die allgemeine Anerkennung gebracht. DIN-Normen bilden einen Maßstab für ein einwandfreies technisches Verhalten.

Das DIN stellt über den Beuth Verlag Normen und technische Regeln aus der ganzen Welt bereit. Besonderes Augenmerk liegt dabei auf den in Deutschland unmittelbar relevanten technischen Regeln. Hierfür hat der Beuth Verlag Dienstleistungen entwickelt, die dem Kunden die Beschaffung und die praktische Anwendung der Normen erleichtern. Er macht das in fast einer halben Million von Dokumenten niedergelegte und ständig fortgeschriebene technische Wissen schnell und effektiv nutzbar.

Die Recherche- und Informationskompetenz der DIN-Datenbank erstreckt sich über Europa hinaus auf internationale und weltweit genutzte nationale, darunter auch wichtige amerikanische Normenwerke. Für die Offline-Recherche stehen der DIN-Katalog für technische Regeln (als CD-ROM und in Papierform) und die komfortable internationale Normendatenbank PERINORM zur Verfügung. Auch über das Internet können DIN-Normen recherchiert werden (www.din.de/beuth). Aus dem Rechercheergebnis kann direkt bestellt werden.

DIN und Beuth stellen auch Informationsdienste zur Verfügung, die sowohl auf besondere Nutzergruppen als auch auf individuelle Kundenbedürfnisse zugeschnitten werden können, und berücksichtigen dabei nationale, regionale und internationale Regelwerke aus aller Welt. Sowohl das DIN als auch der in dessen Gemeinnützigkeit eingeschlossene Beuth Verlag verstehen sich als Partner der Anwender, die alle notwendigen Informationen aus Normung und technischem Recht recherchieren und beschaffen. Ihre Serviceleistungen stellen sicher, daß dieses Wissen rechtzeitig und regelmäßig verfügbar ist.

DIN-Taschenbücher

DIN-Taschenbücher sind kleine Normensammlungen im Format A 5. Sie sind nach Fach- und Anwendungsgebiet geordnet. Die DIN-Taschenbücher haben in der Regel eine Laufzeit von drei Jahren, bevor eine Neuauflage erscheint. In der Zwischenzeit kann ein Teil der abgedruckten DIN-Normen überholt sein. Maßgebend für das Anwenden jeder Norm ist jeweils deren Originalfassung mit dem neuesten Ausgabedatum.

Kontaktadressen

Auskünfte zum Normenwerk

Deutsches Informationszentrum für technische Regeln im DIN (DITR)
Postanschrift: 10772 Berlin
Hausanschrift: Burggrafenstraße 6, 10787 Berlin
Kostenpflichtige Telefonauskunft: 01 90 - 88 26 00

Bestellmöglichkeiten für Normen und Normungsliteratur

Beuth Verlag GmbH
Postanschrift: 10772 Berlin
Hausanschrift: Burggrafenstraße 6, 10787 Berlin
E-Mail: postmaster@beuth.de

Deutsche Normen und technische Regeln

Fax: (0 30) 26 01 - 12 60
Tel.: (0 30) 26 01 - 22 60

Auslandsnormen

Fax: (0 30) 26 01 - 18 01
Tel.: (0 30) 26 01 - 23 61

Normen-Abonnement

Fax: (0 30) 26 01 - 12 59
Tel.: (0 30) 26 01 - 22 21

Elektronische Produkte

Fax: (0 30) 26 01 - 12 68
Tel.: (0 30) 26 01 - 26 68

Loseblattsammlungen/Zeitschriften

Fax: (0 30) 26 01 - 12 60
Tel.: (0 30) 26 01 - 21 21

Interessenten aus dem Ausland erreichen uns unter:

Fax: + 49 30 26 01 - 12 60
Tel.: + 49 30 26 01 - 22 60

Prospektanforderung

Fax: (0 30) 26 01 - 17 24
Tel.: (0 30) 26 01 - 22 40

Fax-Abruf-Service

(0 30) 26 01 - 4 50 01

Vorwort

Seit 1972 kommt der Normenausschuß Bauwesen NABau im DIN Deutsches Institut für Normung e.V. mit der Zusammenfassung seiner Arbeitsergebnisse, den DIN-Normen im Bauwesen, den Wünschen einer großen Anzahl von Fachleuten in Praxis und Ausbildung nach, die für ihre Arbeit die Normen bestimmter Gebiete des Bauwesens jeweils in einem DIN-Taschenbuch handlich und übersichtlich zusammengestellt benutzen wollen.

Für den Bereich der bauphysikalischen Anforderungen gibt es DIN-Taschenbücher zu folgenden Themen:

Schallschutz (DIN-Taschenbuch 35)

Brandschutzmaßnahmen (DIN-Taschenbuch 120)

Bauwerksabdichtungen, Dachabdichtungen, Feuchteschutz (DIN-Taschenbuch 129)

Wärmeschutz 1: Bauwerksplanung – Wärmeschutz, Wärmebedarf (DIN-Taschenbuch 158)

Bauphysik 1: Normen für das Studium – Brandschutz, Schallschutz (DIN-Taschenbuch 189)

Wärmeschutz 2: Prüfungen im Labor und auf der Baustelle, Rechnerische Ermittlung von Werten, Gesetze und Verordnungen (DIN-Taschenbuch 287)

Bauphysik 2: Normen für das Studium – Feuchteschutz, Lüftung, Wärmebedarfsermittlung, Wärmeschutz (DIN-Taschenbuch 310)

Die vorliegende 10. Auflage des TAB 35 “Schallschutz; Anforderungen, Nachweise, Berechnungsverfahren und Bauakustische Prüfungen” enthält die zur Zeit gültigen DIN-Normen zum Schallschutz und zur Bauakustik.

Von besonderer Bedeutung sind dabei die in diesem DIN-Taschenbuch veröffentlichten Ergebnisse der europäischen und internationalen Normung auf dem Gebiet der Bauakustik.

Anregungen zur Verbesserung, Erweiterung oder Beschränkung des vorliegenden DIN-Taschenbuches 35 werden erbeten an den Normenausschuß Bauwesen im DIN, 10772 Berlin.

Berlin, im Juni 1999

Normenausschuß Bauwesen im DIN
Deutsches Institut für Normung e.V.
Dipl.-Ing. R. Cohrs

Hinweise für das Anwenden des DIN-Taschenbuches

Eine **Norm** ist das herausgegebene Ergebnis der Normungsarbeit.

Deutsche Normen (DIN-Normen) sind vom DIN Deutsches Institut für Normung e.V. unter dem Zeichen DIN herausgegebene Normen.

Sie bilden das Deutsche Normenwerk.

Eine **Vornorm** war bis etwa März 1985 eine Norm, zu der noch Vorbehalte hinsichtlich der Anwendung bestanden und nach der versuchsweise gearbeitet werden konnte. Seit April 1985 wird eine Vornorm nicht mehr als Norm herausgegeben. Damit können auch Arbeitsergebnisse, zu deren Inhalt noch Vorbehalte bestehen oder deren Aufstellungsverfahren gegenüber dem einer Norm abweicht, als Vornorm herausgegeben werden (Einzelheiten siehe DIN 820-4).

Eine **Auswahlnorm** ist eine Norm, die für ein bestimmtes Fachgebiet einen Auszug aus einer anderen Norm enthält, jedoch ohne sachliche Veränderungen oder Zusätze.

Eine **Übersichtsnorm** ist eine Norm, die eine Zusammenstellung aus Festlegungen mehrerer Normen enthält, jedoch ohne sachliche Veränderungen oder Zusätze.

Teil (früher Blatt) kennzeichnete bis Juni 1994 eine Norm, die den Zusammenhang zu anderen Teilen mit gleicher Hauptnummer dadurch zum Ausdruck brachte, daß sich die DIN-Nummern nur in den Zählnummern hinter dem Zusatz "Teil" voneinander unterschieden haben. Das DIN hat sich bei der Art der Nummernvergabe der internationalen Praxis angeschlossen. Es entfällt deshalb bei der DIN-Nummer die Angabe "Teil"; diese Angabe wird in der DIN-Nummer durch "-" ersetzt. Das Wort "Teil" wird dafür mit in den Titel übernommen. In den Verzeichnissen dieses DIN-Taschenbuches wird deshalb für alle ab Juli 1994 erschienenen Normen die neue Schreibweise verwendet.

Ein **Beiblatt** enthält Informationen zu einer Norm, jedoch keine zusätzlichen genormten Festlegungen.

Ein **Norm-Entwurf** ist das vorläufig abgeschlossene Ergebnis einer Normungsarbeit, das in der Fassung der vorgesehenen Norm der Öffentlichkeit zur Stellungnahme vorgelegt wird.

Die Gültigkeit von Normen beginnt mit dem Zeitpunkt des Erscheinens (Einzelheiten siehe DIN 820-4). Das Erscheinen wird im DIN-Anzeiger angezeigt.

Hinweise für den Anwender von DIN-Normen

Die Normen des Deutschen Normenwerkes stehen jedermann zur Anwendung frei.

Festlegungen in Normen sind aufgrund ihres Zustandekommens nach hierfür geltenden Grundsätzen und Regeln fachgerecht. Sie sollen sich als "anerkannte Regeln der Technik" einführen. Bei sicherheitstechnischen Festlegungen in DIN-Normen besteht überdies eine tatsächliche Vermutung dafür, daß sie "anerkannte Regeln der Technik" sind. Die Normen bilden einen Maßstab für einwandfreies technisches Verhalten; dieser Maßstab ist auch im Rahmen der Rechtsordnung von Bedeutung. Eine Anwendungspflicht kann sich aufgrund von Rechts- oder Verwaltungsvorschriften, Verträgen oder sonstigen Rechtsgründen ergeben. DIN-Normen sind nicht die einzige, sondern eine Erkenntnisquelle für technisch ordnungsgemäßes Verhalten im Regelfall. Es ist auch zu berücksichtigen, daß DIN-Normen nur den zum Zeitpunkt der jeweiligen Ausgabe herrschenden Stand der Technik berücksichtigen können. Durch das Anwenden von Normen entzieht sich niemand der Verantwortung für eigenes Handeln. Jeder handelt insoweit auf eigene Gefahr.

Jeder, der beim Anwenden einer DIN-Norm auf eine Unrichtigkeit oder eine Möglichkeit einer unrichtigen Auslegung stößt, wird gebeten, dies dem DIN unverzüglich mitzuteilen, damit etwaige Mängel beseitigt werden können.

DIN-Nummernverzeichnis

Hierin bedeuten:

● Neu aufgenommen gegenüber der 9. Auflage des DIN-Taschenbuches 35

□ Geändert gegenüber der 9. Auflage des DIN-Taschenbuches 35

(en) Von dieser Norm gibt es auch eine vom DIN herausgegebene englische Übersetzung

[1]) Druckfehlerberichtigungen siehe Seite 637

Gegenüber der letzten Auflage nicht mehr abgedruckte Normen

DIN 52210-1 Ersetzt durch DIN EN 20140-3, DIN EN ISO 140-4, DIN EN ISO 140-6, DIN EN ISO 140-7, DIN EN ISO 140-8

DIN 52210-2 Teilweise ersetzt durch DIN EN 20140-9, ersetzt durch DIN EN ISO 140-1

DIN 52210-5 Ersetzt durch DIN EN ISO 140-5

Verzeichnis abgedruckter Normen und Norm-Entwürfe

(nach Sachgebieten geordnet)

DK 699.844 November 1989

Schallschutz im Hochbau
Anforderungen und Nachweise

DIN 4109

Sound insulation in buildings; requirements and verifications
Isolation acoustique dans les bâtiments; exigences et vérifications

Ersatz für
DIN 4109 T 1/09.62
und mit Beiblatt 2 zu
DIN 4109/11.89
Ersatz für
DIN 4109 T 2/09.62

Inhalt

Fortsetzung Seite 2 bis 28

Normenausschuß Bauwesen (NABau) im DIN Deutsches Institut für Normung e.V.

1 Anwendungsbereich und Zweck

Der Schallschutz in Gebäuden hat große Bedeutung für die Gesundheit und das Wohlbefinden des Menschen.

Besonders wichtig ist der Schallschutz im Wohnungsbau, da die Wohnung dem Menschen sowohl zur Entspannung und zum Ausruhen dient als auch den eigenen häuslichen Bereich gegenüber den Nachbarn abschirmen soll. Um eine zweckentsprechende Nutzung der Räume zu ermöglichen, ist auch in Schulen, Krankenanstalten, Beherbergungsstätten und Bürobauten der Schallschutz von Bedeutung.

In dieser Norm sind Anforderungen an den Schallschutz mit dem Ziel festgelegt, Menschen in Aufenthaltsräumen vor unzumutbaren Belästigungen durch Schallübertragung zu schützen. Außerdem ist das Verfahren zum Nachweis des geforderten Schallschutzes geregelt.

Aufgrund der festgelegten Anforderungen kann nicht erwartet werden, daß Geräusche von außen oder aus benachbarten Räumen nicht mehr wahrgenommen werden. Daraus ergibt sich insbesondere die Notwendigkeit gegenseitiger Rücksichtnahme durch Vermeidung unnötigen Lärms. Die Anforderungen setzen voraus, daß in benachbarten Räumen keine ungewöhnlich starken Geräusche verursacht werden.

Diese Norm gilt zum Schutz von Aufenthaltsräumen

- gegen Geräusche aus fremden Räumen, z. B. Sprache, Musik oder Gehen, Stühlerücken und den Betrieb von Haushaltsgeräten,
- gegen Geräusche aus haustechnischen Anlagen und aus Betrieben im selben Gebäude oder in baulich damit verbundenen Gebäuden,
- gegen Außenlärm wie Verkehrslärm (Straßen-, Schienen-, Wasser- und Luftverkehr) und Lärm aus Gewerbe- und Industriebetrieben, die baulich mit den Aufenthaltsräumen im Regelfall nicht verbunden sind.

Diese Norm gilt nicht zum Schutz von Aufenthaltsräumen

- gegen Geräusche aus haustechnischen Anlagen im eigenen Wohnbereich.
- in denen infolge ihrer Nutzung ständig oder nahezu ständig stärkere Geräusche vorhanden sind, die einem Schalldruckpegel L_{AF} von 40 dB(A) entsprechen (L_{AF} siehe Abschnitt A.3.3.1).
- gegen Fluglärm, soweit er im „Gesetz zum Schutz gegen Fluglärm" geregelt ist.

Ausführungsbeispiele für schallschutztechnisch ausreichende Bauteile sowie Hinweise für Planung und Ausführung enthalten Beiblatt 1 und Beiblatt 2 zu DIN 4109.

2 Kennzeichnende Größen für die Anforderungen an den Schallschutz

2.1 Luft- und Trittschalldämmung von Bauteilen

Zur zahlenmäßigen Kennzeichnung dienen die Größen nach Tabelle 1, Einzahl-Angaben nach Abschnitt A.8.1.

Tabelle 1. **Kennzeichnende Größen für die Anforderungen an die Luft- und Trittschalldämmung von Bauteilen**

R'_w : bewertetes Schalldämm-Maß in dB mit Schallübertragung über flankierende Bauteile
R_w : bewertetes Schalldämm-Maß in dB ohne Schallübertragung über flankierende Bauteile
$L'_{n,w}$: bewerteter Norm-Trittschallpegel in dB (TSM: Trittschallschutzmaß in dB)

Spalte	1	2	3	
Zeile	Bauteile [1])	Berücksichtigte Schallübertragung	Kennzeichnende Größe für Luftschalldämmung	Kennzeichnende Größe für Trittschalldämmung
1	Wände	über das trennende und die flankierenden Bauteile sowie gegebenenfalls über Nebenwege	erf. R'_w	–
2	Decken		erf. R'_w	erf. $L'_{n,w}$ (erf. TSM)
3	Treppen		–	erf. $L'_{n,w}$ (erf. TSM)
4	Türen	nur über die Tür bzw. über das Fenster	erf. R_w	–
5	Fenster			

1) Im betriebsfertigen Zustand.

2.2 Schalldruckpegel haustechnischer Anlagen und aus Betrieben

Zur zahlenmäßigen Kennzeichnung dienen die Angaben der Tabelle 2.

Tabelle 2. **Kennzeichnende Größen für die Anforderungen nach Tabelle 4**

Spalte	1	2
Zeile	Geräuschquelle	Kennzeichnende Größe
1	Wasserinstallationen (Wasserversorgungs- und Abwasseranlagen gemeinsam)	Installations-Schallpegel L_{In} nach DIN 52 219
2	Sonstige haustechnische Anlagen	max. Schalldruckpegel $L_{AF,max}$ in Anlehnung an DIN 52 219
3	Betriebe	Beurteilungspegel L_r nach DIN 45 645 Teil 1 (nachts = lauteste Stunde) bzw. VDI 2058 Blatt 1

3 Schutz von Aufenthaltsräumen gegen Schallübertragung aus einem fremden Wohn- oder Arbeitsbereich; Anforderungen an die Luft- und Trittschalldämmung

3.1 Allgemeines

Die in Tabelle 3 angegebenen Anforderungen sind mindestens einzuhalten.

Die für die Schalldämmung der trennenden Bauteile angegebenen Werte gelten nicht für diese Bauteile allein sondern für die resultierende Dämmung unter Berücksichtigung der an der Schallübertragung beteiligten Bauteile und Nebenwege im eingebauten Zustand; dies ist bei der Planung zu berücksichtigen.

Bei Türen und Fenstern gelten die Werte für die Schalldämmung bei alleiniger Übertragung durch Türen und Fenster.

Sind Aufenthaltsräume oder Wasch- und Aborträume durch Schächte oder Kanäle miteinander verbunden (z.B. bei Lüftungen, Abgasanlagen und Luftheizungen), so dürfen die für die Luftschalldämmung des trennenden Bauteils in Tabelle 3 genannten Werte durch Schallübertragung über die Schacht- und Kanalanlagen nicht unterschritten werden.

Tabelle 3. **Erforderliche Luft- und Trittschalldämmung zum Schutz gegen Schallübertragung aus einem fremden Wohn- oder Arbeitsbereich**

Spalte	1	2	3	4	5
Zeile		Bauteile	Anforderungen erf. R'_w dB	 erf. $L'_{n,w}$ (erf. TSM)[1] dB	Bemerkungen
1 Geschoßhäuser mit Wohnungen und Arbeitsräumen					
1	Decken	Decken unter allgemein nutzbaren Dachräumen, z. B. Trockenböden, Abstellräumen und ihren Zugängen	53	53 (10)	Bei Gebäuden mit nicht mehr als 2 Wohnungen betragen die Anforderungen erf. R'_w = 52 dB und erf. $L'_{n,w}$ = 63 dB (erf. TSM = 0 dB).
2		Wohnungstrenndecken (auch -treppen) und Decken zwischen fremden Arbeitsräumen bzw. vergleichbaren Nutzungseinheiten	54	53 (10)	Wohnungstrenndecken sind Bauteile, die Wohnungen voneinander oder von fremden Arbeitsräumen trennen. Bei Gebäuden mit nicht mehr als 2 Wohnungen beträgt die Anforderung erf. R'_w = 52 dB. Weichfedernde Bodenbeläge dürfen bei dem Nachweis der Anforderungen an den Trittschallschutz nicht angerechnet werden; in Gebäuden mit nicht mehr als 2 Wohnungen dürfen weichfedernde Bodenbeläge, z. B. nach Beiblatt 1 zu DIN 4109/11.89, Tabelle 18, berücksichtigt werden, wenn die Beläge auf dem Produkt oder auf der Verpackung mit dem entsprechenden ΔL_w (VM) nach Beiblatt 1 zu DIN 4109/11.89, Tabelle 18, bzw. nach Eignungsprüfung gekennzeichnet sind und mit der Werksbescheinigung nach DIN 50 049 ausgeliefert werden.
3		Decken über Kellern, Hausfluren, Treppenräumen unter Aufenthaltsräumen	52	53 (10)	Die Anforderung an die Trittschalldämmung gilt nur für die Trittschallübertragung in fremde Aufenthaltsräume, ganz gleich, ob sie in waagerechter, schräger oder senkrechter (nach oben) Richtung erfolgt. Weichfedernde Bodenbeläge dürfen bei dem Nachweis der Anforderungen an den Trittschallschutz nicht angerechnet werden.
4		Decken über Durchfahrten, Einfahrten von Sammelgaragen und ähnliches unter Aufenthaltsräumen	55	53 (10)	

[1]) Zur Berechnung der bisher benutzten Größen TSM, TSM_{eq} und VM aus den Werten von $L'_{n,w}$, $L_{n,w,eq}$ und ΔL_w gelten folgende Beziehungen: $TSM = 63$ dB $- L'_{n,w}$, $TSM_{eq} = 63$ dB $- L_{n,w,eq}$, $VM = \Delta L_w$.

Tabelle 3. (Fortsetzung)

Spalte	1	2	3	4	5
Zeile		Bauteile	Anforderungen erf. R'_w dB	 erf. $L'_{n,w}$ (erf. TSM)[1] dB	Bemerkungen
1	**Geschoßhäuser mit Wohnungen und Arbeitsräumen** (Fortsetzung)				
5	Decken	Decken unter/über Spiel- oder ähnlichen Gemeinschaftsräumen	55	46 (17)	Wegen der verstärkten Übertragung tiefer Frequenzen können zusätzliche Maßnahmen zur Körperschalldämmung erforderlich sein.
6		Decken unter Terrassen und Loggien über Aufenthaltsräumen	–	53 (10)	Bezüglich der Luftschalldämmung gegen Außenlärm siehe aber Abschnitt 5.
7		Decken unter Laubengängen	–	53 (10)	Die Anforderung an die Trittschalldämmung gilt nur für die Trittschallübertragung in fremde Aufenthaltsräume, ganz gleich, ob sie in waagerechter, schräger oder senkrechter (nach oben) Richtung erfolgt.
8		Decken und Treppen innerhalb von Wohnungen, die sich über zwei Geschosse erstrecken	–	53 (10)	Die Anforderung an die Trittschalldämmmung gilt nur für die Trittschallübertragung in fremde Aufenthaltsräume, ganz gleich, ob sie in waagerechter, schräger oder senkrechter (nach oben) Richtung erfolgt. Weichfedernde Bodenbeläge dürfen bei dem Nachweis der Anforderungen an den Trittschallschutz nicht angerechnet werden. Die Prüfung der Anforderungen an das Trittschallschutzmaß nach DIN 52 210 Teil 3 erfolgt bei einer gegebenenfalls vorhandenen Bodenentwässerung nicht in einem Umkreis von $r = 60$ cm. Bei Gebäuden mit nicht mehr als 2 Wohnungen beträgt die Anforderung erf. R'_w = 52 dB und erf. $L'_{n,w}$ = 63 dB (erf. TSM = 0 dB).
9		Decken unter Bad und WC ohne/mit Bodenentwässerung	54	53 (10)	
10		Decken unter Hausfluren	–	53 (10)	Die Anforderung an die Trittschalldämmung gilt nur für die Trittschallübertragung in fremde Aufenthaltsräume, ganz gleich, ob sie in waagerechter, schräger oder senkrechter (nach oben) Richtung erfolgt. Weichfedernde Bodenbeläge dürfen bei dem Nachweis der Anforderungen an den Trittschallschutz nicht angerechnet werden.
11	Treppen	Treppenläufe und -podeste	–	58 (5)	Keine Anforderungen an Treppenläufe in Gebäuden mit Aufzug und an Treppen in Gebäuden mit nicht mehr als 2 Wohnungen.

[1]) Siehe Seite 3

Tabelle 3. (Fortsetzung)

Spalte	1	2	3	4	5
Zeile		Bauteile	Anforderungen		Bemerkungen
			erf. R'_w dB	erf. $L'_{n,w}$ (erf. TSM)[1] dB	
1 Geschoßhäuser mit Wohnungen und Arbeitsräumen (Fortsetzung)					
12	Wände	Wohnungstrennwände und Wände zwischen fremden Arbeitsräumen	53		Wohnungstrennwände sind Bauteile, die Wohnungen voneinander oder von fremden Arbeitsräumen trennen.
13		Treppenraumwände und Wände neben Hausfluren	52		Für Wände mit Türen gilt die Anforderung erf. R'_w (Wand) = erf. R_w (Tür) + 15 dB. Darin bedeutet erf. R_w (Tür) die erforderliche Schalldämmung der Tür nach Zeile 16 oder Zeile 17. Wandbreiten $\leq$ 30 cm bleiben dabei unberücksichtigt.
14		Wände neben Durchfahrten, Einfahrten von Sammelgaragen u. ä.	55		
15		Wände von Spiel- oder ähnlichen Gemeinschaftsräumen	55		
16	Türen	Türen, die von Hausfluren oder Treppenräumen in Flure und Dielen von Wohnungen und Wohnheimen oder von Arbeitsräumen führen	27		Bei Türen gilt nach Tabelle 1 erf. R_w.
17		Türen, die von Hausfluren oder Treppenräumen unmittelbar in Aufenthaltsräume – außer Flure und Dielen – von Wohnungen führen	37		
2 Einfamilien-Doppelhäuser und Einfamilien-Reihenhäuser					
18	Decken	Decken	–	48 (15)	Die Anforderung an die Trittschalldämmung gilt nur für die Trittschallübertragung in fremde Aufenthaltsräume, ganz gleich, ob sie in waagerechter, schräger oder senkrechter (nach oben) Richtung erfolgt.
19		Treppenläufe und -podeste und Decken unter Fluren	–	53 (10)	Bei einschaligen Haustrennwänden gilt: Wegen der möglichen Austauschbarkeit von weichfedernden Bodenbelägen nach Beiblatt 1 zu DIN 4109/11.89, Tabelle 18, die sowohl dem Verschleiß als auch besonderen Wünschen der Bewohner unterliegen, dürfen diese bei dem Nachweis der Anforderungen an den Trittschallschutz nicht angerechnet werden.
20	Wände	Haustrennwände	57		

[1]) Siehe Seite 3

Tabelle 3. (Fortsetzung)

Spalte	1	2	3	4	5
Zeile		Bauteile	Anforderungen		Bemerkungen
			erf. R'_w dB	erf. $L'_{n,w}$ (erf. TSM) 1) dB	
3 Beherbergungsstätten					
21	Decken	Decken	54	53 (10)	
22		Decken unter/über Schwimmbädern, Spiel- oder ähnlichen Gemeinschaftsräumen zum Schutz gegenüber Schlafräumen	55	46 (17)	Wegen der verstärkten Übertragung tiefer Frequenzen können zusätzliche Maßnahmen zur Körperschalldämmung erforderlich sein.
23		Treppenläufe und -podeste	–	58 (5)	Keine Anforderungen an Treppenläufe in Gebäuden mit Aufzug. Die Anforderung gilt nicht für Decken, an die in Tabelle 5, Zeile 1, Anforderungen an den Schallschutz gestellt werden.
24		Decken unter Fluren	–	53 (10)	Die Anforderung an die Trittschalldämmung gilt nur für die Trittschallübertragung in fremde Aufenthaltsräume, ganz gleich, ob sie in waagerechter, schräger oder senkrechter (nach oben) Richtung erfolgt.
25		Decken unter Bad und WC ohne/mit Bodenentwässerung	54	53 (10)	Die Anforderung an die Trittschalldämmung gilt nur für die Trittschallübertragung in fremde Aufenthaltsräume, ganz gleich, ob sie in waagerechter, schräger oder senkrechter (nach oben) Richtung erfolgt. Die Prüfung der Anforderungen an den bewerteten Norm-Trittschallpegel nach DIN 52 210 Teil 3 erfolgt bei einer gegebenenfalls vorhandenen Bodenentwässerung nicht in einem Umkreis von $r = 60$ cm.
26	Wände	Wände zwischen – Übernachtungsräumen, – Fluren und Übernachtungsräumen	47		
27	Türen	Türen zwischen Fluren und Übernachtungsräumen	32		Bei Türen gilt nach Tabelle 1 erf. R_w.
4 Krankenanstalten, Sanatorien					
28	Decken	Decken	54	53 (10)	
29		Decken unter/über Schwimmbädern, Spiel- oder ähnlichen Gemeinschaftsräumen	55	46 (17)	Wegen der verstärkten Übertragung tiefer Frequenzen können zusätzliche Maßnahmen zur Körperschalldämmung erforderlich sein.

1) Siehe Seite 3

Tabelle 3. (Fortsetzung)

Spalte	1	2	3	4	5
Zeile		Bauteile	Anforderungen		Bemerkungen
			erf. R'_w dB	erf. $L'_{n,w}$ (erf. TSM) 1) dB	
4 Krankenanstalten, Sanatorien (Fortsetzung)					
30	Decken	Treppenläufe und -podeste	–	58 (5)	Keine Anforderungen an Treppenläufe in Gebäuden mit Aufzug.
31		Decken unter Fluren	–	53 (10)	Die Anforderung an die Trittschalldämmung gilt nur für die Trittschallübertragung in fremde Aufenthaltsräume, ganz gleich, ob sie in waagerechter, schräger oder senkrechter (nach oben) Richtung erfolgt.
32		Decken unter Bad und WC ohne/mit Bodenentwässerung	54	53 (10)	Die Anforderung an die Trittschalldämmung gilt nur für die Trittschallübertragung in fremde Aufenthaltsräume, ganz gleich, ob sie in waagerechter, schräger oder senkrechter (nach oben) Richtung erfolgt. Die Prüfung der Anforderungen an den bewerteten Norm-Trittschallpegel nach DIN 52 210 Teil 3 erfolgt bei einer gegebenenfalls vorhandenen Bodenentwässerung nicht in einem Umkreis von $r = 60$ cm.
33	Wände	Wände zwischen – Krankenräumen, – Fluren und Krankenräumen, – Untersuchungs- bzw. Sprechzimmern, – Flure und Untersuchungs- bzw. Sprechzimmern, – Krankenräumen und Arbeits- und Pflegeräumen	47		
34		Wände zwischen – Operations- bzw. Behandlungsräumen, – Fluren und Operations- bzw. Behandlungsräumen	42		
35		Wände zwischen – Räumen der Intensivpflege, – Fluren und Räumen der Intensivpflege	37		
36	Türen	Türen zwischen – Untersuchungs- bzw. Sprechzimmern, – Fluren und Untersuchungs- bzw. Sprechzimmern	37		Bei Türen gilt nach Tabelle 1 erf. R_w.
37		Türen zwischen – Fluren- und Krankenräumen, – Operations- bzw. Behandlungsräumen, – Fluren und Operations- bzw. Behandlungsräumen	32		

1) Siehe Seite 3

Tabelle 3. (Fortsetzung)

Spalte	1	2	3	4	5
Zeile		Bauteile	Anforderungen erf. R'_w dB	erf. $L'_{n,w}$ (erf. TSM) [1] dB	Bemerkungen
5 Schulen und vergleichbare Unterrichtsbauten					
38	Decken	Decken zwischen Unterrichtsräumen oder ähnlichen Räumen	55	53 (10)	
39		Decken unter Fluren	–	53 (10)	Die Anforderung an die Trittschalldämmung gilt nur für die Trittschallübertragung in fremde Aufenthaltsräume, ganz gleich,ob sie in waagerechter, schräger oder senkrechter (nach oben) Richtung erfolgt.
40		Decken zwischen Unterrichtsräumen oder ähnlichen Räumen und „besonders lauten" Räumen (z. B. Sporthallen, Musikräume, Werkräume)	55	46 (17)	Wegen der verstärkten Übertragung tiefer Frequenzen können zusätzlich Maßnahmen zur Körperschalldämmung erforderlich sein.
41	Wände	Wände zwischen Unterrichtsräumen oder ähnlichen Räumen	47		
42		Wände zwischen Unterrichtsräumen oder ähnlichen Räumen und Fluren	47		
43		Wände zwischen Unterrichtsräumen oder ähnlichen Räumen und Treppenhäusern	52		
44		Wände zwischen Unterrichtsräumen oder ähnlichen Räumen und „besonders lauten" Räumen (z. B. Sporthallen, Musikräumen, Werkräumen)	55		
45	Türen	Türen zwischen Unterrichtsräumen oder ähnlichen Räumen und Fluren	32		Bei Türen gilt nach Tabelle 1 erf. R_w.

[1]) Siehe Seite 3

4 Schutz gegen Geräusche aus haustechnischen Anlagen und Betrieben

4.1 Zulässige Schalldruckpegel in schutzbedürftigen Räumen

Werte für die zulässigen Schalldruckpegel in schutzbedürftigen Räumen sind in Tabelle 4 angegeben. Einzelne, kurzzeitige Spitzenwerte des Schalldruckpegels dürfen die in Zeilen 3 und 4 angegebenen Werte um nicht mehr als 10 dB(A) überschreiten.

Der Installations-Schallpegel L_{In} der Wasserinstallationen wird nach DIN 52 219 bestimmt; von anderen haustechnischen Anlagen wird der Schalldruckpegel L_{AF} in Anlehnung an DIN 52 219 bestimmt.

Nutzergeräusche [2]) unterliegen nicht den Anforderungen nach Tabelle 4; allgemeine Planungshinweise siehe Beiblatt 2 zu DIN 4109.

Anmerkung 1: **Schutzbedürftige Räume** sind Aufenthaltsräume, soweit sie gegen Geräusche zu schützen sind. Nach dieser Norm sind es

- Wohnräume, einschließlich Wohndielen,
- Schlafräume, einschließlich Übernachtungsräume in Beherbergungsstätten und Bettenräume in Krankenhäusern und Sanatorien,
- Unterrichtsräume in Schulen, Hochschulen und ähnlichen Einrichtungen,
- Büroräume (ausgenommen Großraumbüros), Praxisräume, Sitzungsräume und ähnliche Arbeitsräume.

[2]) Unter Nutzergeräuschen werden z. B. das Aufstellen eines Zahnputzbechers auf Abstellplatte, hartes Schließen des WC-Deckels, Spureinlauf, Rutschen in Badewanne usw. verstanden.

Tabelle 4. **Werte für die zulässigen Schalldruckpegel in schutzbedürftigen Räumen von Geräuschen aus haustechnischen Anlagen und Gewerbebetrieben**

Spalte	1	2	3
Zeile	Geräuschquelle	Art der schutzbedürftigen Räume	
		Wohn- und Schlafräume	Unterrichts- und Arbeitsräume
		Kennzeichnender Schalldruckpegel dB(A)	
1	Wasserinstallationen (Wasserversorgungs- und Abwasseranlagen gemeinsam)	≤ 35 [1])	≤ 35 [1])
2	Sonstige haustechnische Anlagen	≤ 30 [2])	≤ 35 [2])
3	Betriebe tags 6 bis 22 Uhr	≤ 35	≤ 35 [2])
4	Betriebe nachts 22 bis 6 Uhr	≤ 25	≤ 35 [2])

[1]) Einzelne, kurzzeitige Spitzen, die beim Betätigen der Armaturen und Geräte nach Tabelle 6 (Öffnen, Schließen, Umstellen, Unterbrechen u. a.) entstehen, sind z. Z. nicht zu berücksichtigen.

[2]) Bei lüftungstechnischen Anlagen sind um 5 dB(A) höhere Werte zulässig, sofern es sich um Dauergeräusche ohne auffällige Einzeltöne handelt.

Anmerkung 2: **„Laute" Räume** sind
- Räume, in denen häufigere und größere Körperschallanregungen als in Wohnungen stattfinden, z. B. Heizungsräume,
- Räume, in denen der maximale Schalldruckpegel L_{AF} 75 dB(A) nicht übersteigt und die Körperschallanregung nicht größer ist als in Bädern, Aborten oder Küchen.

Anmerkung 3: **„Besonders laute" Räume** sind
- Räume mit „besonders lauten" haustechnischen Anlagen oder Anlageteilen, wenn der maximale Schalldruckpegel des Luftschalls in diesen Räumen häufig mehr als 75 dB(A) beträgt,
- Aufstellräume für Auffangbehälter von Müllabwurfanlagen und deren Zugangsflure zu den Räumen vom Freien,
- Betriebsräume von Handwerks- und Gewerbebetrieben einschließlich Verkaufsstätten, wenn der maximale Schalldruckpegel des Luftschalls in diesen Räumen häufig mehr als 75 dB(A) beträgt,
- Gasträume, z. B. von Gaststätten, Cafés, Imbißstuben,
- Räume von Kegelbahnen,
- Küchenräume von Beherbergungsstätten, Krankenhäusern, Sanatorien, Gaststätten; außer Betracht bleiben Kleinküchen, Aufbereitungsküchen sowie Mischküchen,
- Theaterräume,
- Sporthallen,
- Musik- und Werkräume.

Anmerkung 4: **Haustechnische Anlagen** sind nach dieser Norm dem Gebäude dienende
- Ver- und Entsorgungsanlagen,
- Transportanlagen,
- fest eingebaute, betriebstechnische Anlagen.

Als haustechnische Anlagen gelten außerdem
- Gemeinschaftswaschanlagen,
- Schwimmanlagen, Saunen und dergleichen,
- Sportanlagen,
- zentrale Staubsauganlagen,
- Müllabwurfanlagen,
- Garagenanlagen.

Außer Betracht bleiben Geräusche von ortsveränderlichen Maschinen und Geräten (z. B. Staubsauger, Waschmaschinen, Küchengeräte und Sportgeräte) im eigenen Wohnbereich.

Anmerkung 5: **Betriebe** sind Handwerksbetriebe und Gewerbebetriebe aller Art, z. B. auch Gaststätten und Theater.

4.2 Anforderungen an die Luft- und Trittschalldämmung von Bauteilen zwischen „besonders lauten" und schutzbedürftigen Räumen

Über die in Tabelle 4 festgelegten Anforderungen hinaus sind für die Luft- und Trittschalldämmung von Bauteilen zwischen „besonders lauten" Räumen einerseits und schutzbedürftigen Räumen andererseits die Anforderungen an das bewertete Schalldämm-Maß erf. R'_w und den bewerteten Norm-Trittschallpegel $L'_{n,w}$ in Tabelle 5 angegeben.

Bei der Luftschallübertragung müssen – entsprechend der Definition des bewerteten Schalldämm-Maßes R'_w – auch die Flankenübertragung über angrenzende Bauteile und sonstige Nebenwegübertragungen, z. B. über Lüftungsanlagen, beachtet werden.

Anforderungen an den Trittschallschutz zwischen „besonders lauten" und schutzbedürftigen Räumen dienen zum einen dem unmittelbaren Schutz gegen häufiger als in Wohnungen auftretende Gehgeräusche, zum anderen auch als Schutz gegen Körperschallübertragung anderer Art, die von Maschinen oder Tätigkeiten mit großer Körperschallanregung, z. B. in Großküchen, herrühren.

Um die in Tabelle 4 genannten zulässigen Schalldruckpegel einzuhalten, sind Schallschutzmaßnahmen entsprechend den Anforderungen in Tabelle 5 zwischen den „besonders lauten" und schutzbedürftigen Räumen vorzunehmen.

In vielen Fällen ist zusätzlich eine Körperschalldämmung von Maschinen, Geräten und Rohrleitungen gegenüber den Gebäudedecken und -wänden erforderlich. Sie kann zahlenmäßig nicht angegeben werden, weil sie von der Größe der Körperschallerzeugung der Maschinen und Geräte abhängt, die sehr unterschiedlich sein kann (siehe auch Beiblatt 2 zu DIN 4109).

Tabelle 5. **Anforderungen an die Luft- und Trittschalldämmung von Bauteilen zwischen „besonders lauten" und schutzbedürftigen Räumen**

Spalte	1	2	3	4	5
Zeile	Art der Räume	Bauteile	Bewertetes Schalldämm-Maß erf. R'_w dB		Bewerteter Norm-Trittschallpegel erf. $L'_{n,w}$ 1) 2) (Trittschallschutzmaß erf. TSM) dB
			Schalldruckpegel L_{AF} = 75 bis 80 dB(A)	Schalldruckpegel L_{AF} = 81 bis 85 dB(A)	
1.1	Räume mit „besonders lauten" haustechnischen Anlagen oder Anlageteilen	Decken, Wände	57	62	-
1.2		Fußböden	-		43 3) (20) 3)
2.1	Betriebsräume von Handwerks- und Gewerbebetrieben; Verkaufsstätten	Decken, Wände	57	62	-
2.2		Fußböden	-		43 (20)
3.1	Küchenräume der Küchenanlagen von Beherbergungsstätten, Krankenhäusern, Sanatorien, Gaststätten, Imbißstuben und dergleichen	Decken, Wände	55		-
3.2		Fußböden	-		43 (20)
3.3	Küchenräume wie vor, jedoch auch nach 22.00 Uhr in Betrieb	Decken, Wände	57 4)		-
		Fußböden	-		33 (30)
4.1	Gasträume, nur bis 22.00 Uhr in Betrieb	Decken, Wände	-		-
4.2		Fußböden	-		43 (20)
5.1	Gasträume (maximaler Schalldruckpegel $L_{AF} \leq 85$ dB(A)), auch nach 22.00 Uhr in Betrieb	Decken, Wände	62		-
5.2		Fußböden	-		33 (30)
6.1	Räume von Kegelbahnen	Decken, Wände	67		-
6.2		Fußböden a) Keglerstube b) Bahn	 - -		 33 (30) 13 (50)
7.1	Gasträume (maximaler Schalldruckpegel 85 dB(A) $\leq L_{AF} \leq$ 95 dB(A)), z. B. mit elektroakustischen Anlagen	Decken, Wände	72		-
7.2		Fußböden	-		28 (35)

1) Jeweils in Richtung der Lärmausbreitung.

2) Die für Maschinen erforderliche Körperschalldämmung ist mit diesem Wert nicht erfaßt; hierfür sind gegebenenfalls weitere Maßnahmen erforderlich – siehe auch Beiblatt 2 zu DIN 4109/11.89, Abschnitt 2.3. Ebenso kann je nach Art des Betriebes ein niedrigeres erf. $L'_{n,w}$ (beim Trittschallschutzmaß ein höheres erf. TSM) notwendig sein, dies ist im Einzelfall zu überprüfen.

3) Nicht erforderlich, wenn geräuscherzeugende Anlagen ausreichend körperschallgedämmt aufgestellt werden; eventuelle Anforderungen nach Tabelle 3 bleiben hiervon unberührt.

4) Handelt es sich um Großküchenanlagen und darüberliegende Wohnungen als schutzbedürftige Räume, gilt erf. R'_w = 62 dB.

Tabelle 6. **Armaturengruppen**

Spalte	1	2	3
Zeile		Armaturengeräuschpegel L_{ap} für kennzeichnenden Fließdruck oder Durchfluß nach DIN 52218 Teil 1 bis Teil 4 [1])	Armaturengruppe
1	Auslaufarmaturen	≤ 20 dB(A) [2])	I
2	Geräteanschluß-Armaturen		
3	Druckspüler		
4	Spülkästen		
5	Durchflußwassererwärmer		
6	Durchgangsarmaturen, wie – Absperrventile, – Eckventile, – Rückflußverhinderer		
7	Drosselarmaturen, wie – Vordrosseln, – Eckventile	≤ 30 dB(A) [2])	II
8	Druckminderer		
9	Brausen		
10	Auslaufvorrichtungen, die direkt an die Auslaufarmatur angeschlossen werden, wie – Strahlregler, – Durchflußbegrenzer, – Kugelgelenke, – Rohrbelüfter, – Rückflußverhinderer	≤ 15 dB(A)	I
		≤ 25 dB(A)	II

[1]) Dieser Wert darf bei den in DIN 52218 Teil 1 bis Teil 4 für die einzelnen Armaturen genannten oberen Grenzen der Fließdrücke oder Durchflüsse um bis zu 5 dB(A) überschritten werden.

[2]) Bei Geräuschen, die beim Betätigen der Armaturen entstehen (Öffnen, Schließen, Umstellen, Unterbrechen u. a.) wird der A-bewertete Schallpegel dieser Geräusche, gemessen bei Anzeigecharakteristik „FAST" der Meßinstrumente, erst dann zur Bewertung herangezogen, wenn es die Meßverfahren nach DIN 52218 Teil 1 bis Teil 4 zulassen.

4.3 Anforderungen an Armaturen und Geräte der Wasserinstallation; Prüfung, Kennzeichnung

4.3.1 Anforderungan an Armaturen und Geräte

Für Armaturen und Geräte der Wasserinstallation – im nachfolgenden Armaturen genannt – sind Armaturengruppen festgelegt, in die sie aufgrund des nach DIN 52218 Teil 1 bis Teil 4 gemessenen Armaturengeräuschpegels L_{ap} entsprechend Tabelle 6 eingestuft werden.

Anmerkung: Bei dem Meßverfahren nach DIN 52218 Teil 1 bis Teil 4 werden Geräusche, die beim Betätigen (Öffnen, Schließen, Umstellen, Unterbrechen u. a.) der Armaturen und Geräte der Wasserinstallation – hauptsächlich als Körperschall – entstehen, z. Z. nur teilweise oder nicht erfaßt. Es ist geplant, das Meßverfahren so zu erweitern, daß die genannten Geräuschanteile mit erfaßt werden und das so erweiterte Meßverfahren in Folgeausgaben von DIN 52218 Teil 1 bis Teil 4 aufzunehmen.

Für Auslaufarmaturen und daran anzuschließende Auslaufvorrichtungen (Strahlregler, Rohrbelüfter in Durchflußform, Rückflußverhinderer, Kugelgelenke und Brausen) sowie für Eckventile sind in Tabelle 7 Durchflußklassen mit maximalen Durchflüssen festgelegt. Die Einstufung in die jeweilige Durchflußklasse erfolgt aufgrund des bei der Prüfung nach DIN 52 218 Teil 1 bis Teil 4 verwendeten Strömungswiderstandes oder festgestellten Durchflusses.

Tabelle 7. **Durchflußklassen**

Spalte	1	2
Zeile	Durchflußklasse	maximaler Durchfluß Q in l/s (bei 0,3 MPa Fließdruck)
1	Z	0,15
2	A	0,25
3	B	0,42
4	C	0,5
5	D	0,63

4.3.2 Prüfung

Die Prüfung muß bei einer hierfür geeigneten Prüfstelle durchgeführt werden, die in einer Liste, die beim Institut für Bautechnik geführt wird, enthalten ist.

Der Prüfbericht muß zusätzlich zu den nach DIN 52218 Teil 1 erforderlichen Angaben enthalten:

– Bei allen Armaturen die Feststellung, ob die Anforderungen nach Tabelle 6 eingehalten werden, sowie die Einstufung in Armaturengruppe I oder II;

- bei Eckventilen, Auslaufarmaturen sowie diesen nachgeschalteten Auslaufvorrichtungen nach Tabelle 6, Zeile 10, außerdem noch die Einstufung in Durchflußklasse A, B, C, D oder Z;
- bei allen Armaturen Angaben über die Verwendungsbeschränkungen (z. B. S-Anschluß mit Schalldämpfer), welche der Einstufung für das Geräuschverhalten zugrundeliegen.

4.3.3 Kennzeichnung und Lieferung

Armaturen, die nach Abschnitt 4.3.2 geprüft worden sind und die vorstehenden Anforderungen erfüllen, sind mit einem Prüfzeichen [3]), der Armaturengruppe, gegebenenfalls der Durchflußklasse und dem Herstellerkennzeichen zu versehen. Die Kennzeichnung der Armaturen muß so angebracht sein, daß sie bei eingebauter Armatur sichtbar, mindestens leicht zugänglich ist. Bei Armaturen mit mehreren Abgängen (z. B. Badewannenbatterien) sind die Durchflußklassen der einzelnen Abgänge hintereinander anzugeben, wobei der erste Buchstabe für den unteren Abgang (z. B. Badewannenauslauf), der zweite Buchstabe für den oberen Abgang (z. B. Brauseanschluß) gilt. Falls damit keine Eindeutigkeit herzustellen ist, sind die Kennbuchstaben für die Durchflußklassen unmittelbar an den Abgängen anzubringen.

Ein Beispiel für eine vollständige Kennzeichnung: Prüfzeichen/I A/Herstellerkennzeichen.

Die Kennzeichnung darf nur erfolgen, wenn der zugehörige Prüfbericht nicht älter als 5 Jahre ist.

Die enthaltenen Angaben im Prüfbericht nach Abschnitt 4.3.2 sind vom Hersteller in die Verkaufs- und Montageunterlagen zu übernehmen.

5 Schutz gegen Außenlärm; Anforderungen an die Luftschalldämmung von Außenbauteilen

5.1 Lärmpegelbereiche

Für die Festlegung der erforderlichen Luftschalldämmung von Außenbauteilen gegenüber Außenlärm werden verschiedene Lärmpegelbereiche zugrunde gelegt, denen die jeweils vorhandenen oder zu erwartenden „maßgeblichen Außenlärmpegel" (siehe Abschnitt 5.5) zuzuordnen sind.

5.2 Anforderungen an Außenbauteile unter Berücksichtigung unterschiedlicher Raumarten oder Nutzungen [4])

Für Außenbauteile von Aufenthaltsräumen – bei Wohnungen mit Ausnahmen von Küchen, Bädern und Hausarbeitsräumen – sind unter Berücksichtigung der unterschiedlichen Raumarten oder Raumnutzungen die in Tabelle 8 aufgeführten Anforderungen der Luftschalldämmung einzuhalten.

Bei Außenbauteilen, die aus mehreren Teilflächen unterschiedlicher Schalldämmung bestehen, gelten die Anforderungen nach Tabelle 8 an das aus den einzelnen Schalldämm-Maßen der Teilflächen berechnete resultierende Schalldämm-Maß $R'_{w,res}$.

Die erforderlichen Schalldämm-Maße sind in Abhängigkeit vom Verhältnis der gesamten Außenfläche eines Raumes $S_{(W+F)}$ zur Grundfläche des Raumes S_G nach Tabelle 9 zu erhöhen oder zu mindern. Für Wohngebäude mit üblichen Raumhöhen von etwa 2,5 m und Raumtiefen von etwa 4,5 m oder mehr darf ohne besonderen Nachweis ein Korrekturwert von –2 dB herangezogen werden.

Auf Außenbauteile, die unterschiedlich zur maßgeblichen Lärmquelle orientiert sind, sind grundsätzlich die Anforderungen der Tabelle 8 jeweils separat anzuwenden.

Für Räume in Wohngebäuden mit

- üblicher Raumhöhe von etwa 2,5 m,
- Raumtiefe von etwa 4,5 m oder mehr,
- 10 % bis 60 % Fensterflächenanteil,

gelten die Anforderungen an das resultierende Schalldämm-Maß erf. $R'_{w,res}$ als erfüllt, wenn die in Tabelle 10 angegebenen Schalldämm-Maße $R'_{w,R}$ für die Wand und $R_{w,R}$ für das Fenster erf. $R'_{w,res}$ jeweils einzeln eingehalten werden. [5])

5.3 Anforderungen an Decken und Dächer

Für Decken von Aufenthaltsräumen, die zugleich den oberen Gebäudeabschluß bilden, sowie für Dächer und Dachschrägen von ausgebauten Dachräumen gelten die Anforderungen an die Luftschalldämmung für Außenbauteile nach Tabelle 8.

Bei Decken unter nicht ausgebauten Dachräumen und bei Kriechböden sind die Anforderungen durch Dach und Decke gemeinsam zu erfüllen. Die Anforderungen gelten als erfüllt, wenn das Schalldämm-Maß der Decke allein um nicht mehr als 10 dB unter dem erforderlichen resultierenden Schalldämm-Maß $R'_{w,res}$ liegt.

5.4 Einfluß von Lüftungseinrichtungen und/oder Rolladenkästen

Bauliche Maßnahmen an Außenbauteilen zum Schutz gegen Außenlärm sind nur voll wirksam, wenn die Fenster und Türen bei der Lärmeinwirkung geschlossen bleiben und die geforderte Luftschalldämmung durch zusätzliche Lüftungseinrichtungen/Rolladenkästen nicht verringert wird. Bei der Berechnung des resultierenden Schalldämm-Maßes sind zur vorübergehenden Lüftung vorgesehene Einrichtungen (z. B. Lüftungsflügel und -klappen) im geschlossenen Zustand, zur dauernden Lüftung vorgesehene Einrichtungen (z. B. schallgedämpfte Lüftungsöffnungen, auch

---

[3]) Nach den bauaufsichtlichen Vorschriften bedürfen Armaturen der Wasserinstallationen hinsichtlich des Geräuschverhaltens z. Z. eines bauaufsichtlichen Prüfzeichens, das auf der Armatur anzubringen ist. Prüfzeichen erteilt das Institut für Bautechnik, Reichpietschufer 74-76, 1000 Berlin 30

[4]) Tabelle 8 gilt nicht für Fluglärm, soweit er im „Gesetz zum Schutz gegen Fluglärm" (siehe Abschnitt 5.5.5) geregelt ist. In diesem Fall sind die Anforderungen an die Luftschalldämmung von Außenbauteilen gegen Fluglärm in der „Verordnung der Bundesregierung über bauliche Schallschutzanforderungen nach dem Gesetz zum Schutz gegen Fluglärm (Schallschutzverordnung-SchallschutzV)" geregelt.

[5]) Berechnung des resultierenden Schalldämm-Maßes erf. $R'_{w,res}$ siehe Beiblatt 1 zu DIN 4109/11.89, Abschnitte 11 und 12.

Tabelle 8. **Anforderungen an die Luftschalldämmung von Außenbauteilen**

Spalte	1	2	3	4	5
Zeile	Lärmpegelbereich	„Maßgeblicher Außenlärmpegel"	Raumarten: Bettenräume in Krankenanstalten und Santorien	Raumarten: Aufenthaltsräume in Wohnungen, Übernachtungsräume in Beherbergungsstätten, Unterrichtsräume und ähnliches	Raumarten: Büroräume [1]) und ähnliches
		dB(A)	erf. $R'_{w,res}$ des Außenbauteils in dB		
1	I	bis 55	35	30	–
2	II	56 bis 60	35	30	30
3	III	61 bis 65	40	35	30
4	IV	66 bis 70	45	40	35
5	V	71 bis 75	50	45	40
6	VI	76 bis 80	[2])	50	45
7	VII	>80	[2])	[2])	50

[1]) An Außenbauteile von Räumen, bei denen der eindringende Außenlärm aufgrund der in den Räumen ausgeübten Tätigkeiten nur einen untergeordneten Beitrag zum Innenraumpegel leistet, werden keine Anforderungen gestellt.

[2]) Die Anforderungen sind hier aufgrund der örtlichen Gegebenheiten festzulegen.

Tabelle 9. **Korrekturwerte für das erforderliche resultierende Schalldämm-Maß nach Tabelle 8 in Abhängigkeit vom Verhältnis $S_{(W+F)}/S_G$**

Spalte/Zeile	1	2	3	4	5	6	7	8	9	10
1	$S_{(W+F)}/S_G$	2,5	2,0	1,6	1,3	1,0	0,8	0,6	0,5	0,4
2	Korrektur	+5	+4	+3	+2	+1	0	−1	−2	−3

$S_{(W+F)}$: Gesamtfläche des Außenbauteils eines Aufenthaltsraumes in m^2
$S_{(G)}$: Grundfläche eines Aufenthaltsraumes in m^2.

Tabelle 10. **Erforderliche Schalldämm-Maße erf. $R'_{w,res}$ von Kombinationen von Außenwänden und Fenstern**

Spalte	1	2	3	4	5	6	7
Zeile	erf. $R'_{w,res}$ in dB nach Tabelle 8	Schalldämm-Maße für Wand/Fenster in ... dB/... dB bei folgenden Fensterflächenanteilen in %					
		10 %	20 %	30 %	40 %	50 %	60 %
1	30	30/25	30/25	35/25	35/25	50/25	30/30
2	35	35/30 40/25	35/30	35/32 40/30	40/30	40/32 50/30	45/32
3	40	40/32 45/30	40/35	45/35	45/35	40/37 60/35	40/37
4	45	45/37 50/35	45/40 50/37	50/40	50/40	50/42 60/40	60/42
5	50	55/40	55/42	55/45	55/45	60/45	–

Diese Tabelle gilt nur für Wohngebäude mit üblicher Raumhöhe von etwa 2,5 m und Raumtiefe von etwa 4,5 m oder mehr, unter Berücksichtigung der Anforderungen an das resultierende Schalldämm-Maß erf. $R'_{w,res}$ des Außenbauteiles nach Tabelle 8 und der Korrektur von −2 dB nach Tabelle 9, Zeile 2.

mit mechanischem Antrieb) im Betriebszustand zu berücksichtigen.

Anmerkung: Auf ausreichenden Luftwechsel ist aus Gründen der Hygiene, der Begrenzung der Luftfeuchte sowie gegebenenfalls der Zuführung von Verbrennungsluft [6]) zu achten.

Bei der Anordnung von Lüftungseinrichtungen/Rolladenkästen ist deren Schalldämm-Maß und die zugehörige Bezugsfläche bei der Berechnung des resultierenden Schalldämm-Maßes zu berücksichtigen. Bei Anwendung der Tabelle 10 muß entweder die für die Außenwand genannte Anforderung von der Außenwand mit Lüftungseinrichtung/Rolladenkasten oder, es muß die für das Fenster genannte Anforderung von dem Fenster mit Lüftungseinrichtung/Rolladenkasten eingehalten werden; im ersten Fall gehören Lüftungseinrichtung/Rolladenkasten zur Außenwand, im zweiten Fall zum Fenster. Wegen der Berechnung der resultierenden Schalldämmung siehe Beiblatt 1 zu DIN 4109/11.89, Abschnitt 11.

5.5 Ermittlung des „maßgeblichen Außenlärmpegels"

5.5.1 Allgemeines

Für die verschiedenen Lärmquellen (Straßen-, Schienen-, Luft-, Wasserverkehr, Industrie/Gewerbe) werden nachstehend die jeweils angepaßten Meß- und Beurteilungsverfahren angegeben, die den unterschiedlichen akustischen und wirkungsmäßigen Eigenschaften der Lärmarten Rechnung tragen.

Zur Bestimmung des „maßgeblichen Außenlärmpegels" werden die Lärmbelastungen in der Regel berechnet.

Für die von der maßgeblichen Lärmquelle abgewandten Gebäudeseiten darf der „maßgebliche Außenlärmpegel" ohne besonderen Nachweis

- bei offener Bebauung um 5 dB(A),
- bei geschlossener Bebauung bzw. bei Innenhöfen um 10 dB(A),

gemindert werden.

Bei Vorhandensein von Lärmschutzwänden oder -wällen darf der „maßgebliche Außenlärmpegel" gemindert werden; Nachweis siehe DIN 18 005 Teil 1.

Sofern es im Sonderfall gerechtfertigt erscheint, sind zur Ermittlung des „maßgeblichen Außenlärmpegels" auch Messungen zulässig.

Zur Ausführung von Messungen siehe Anhang B.

5.5.2 Straßenverkehr

Sofern für die Einstufung in Lärmpegelbereiche keine anderen Festlegungen, z. B. gesetzliche Vorschriften oder Verwaltungsvorschriften, Bebauungspläne oder Lärmkarten, maßgebend sind, ist der aus dem Nomogramm in Bild 1 ermittelte Mittelungspegel zugrunde zu legen.

Für die Fälle, in denen das Nomogramm nicht anwendbar ist, können die Pegel aber auch ortsspezifisch berechnet oder gemessen werden. Bei Berechnungen sind die Beurteilungspegel für den Tag (6.00 bis 22.00 Uhr) nach DIN 18 005 Teil 1 zu bestimmen, wobei zu den errechneten Werten 3 dB(A) zu addieren sind.

Messungen sind nach DIN 45 642 vorzunehmen und nach Anhang B auszuwerten.

5.5.3 Schienenverkehr

Bei Berechnungen sind die Beurteilungspegel für den Tag (6.00 bis 22.00 Uhr) nach DIN 18 005 Teil 1 zu bestimmen, wobei zu den errechneten Werten 3 dB(A) zu addieren sind.

Messungen sind nach DIN 45 642 vorzunehmen und nach Anhang B auszuwerten.

5.5.4 Wasserverkehr

Bei Berechnungen sind die Beurteilungspegel für den Tag (6.00 bis 22.00 Uhr) nach DIN 18 005 Teil 1 zu bestimmen, wobei zu den errechneten Werten 3 dB(A) zu addieren sind.

Messungen sind nach DIN 45 642 vorzunehmen und nach Anhang B auszuwerten.

5.5.5 Luftverkehr

Für Flugplätze, für die Lärmschutzbereiche nach dem „Gesetz zum Schutz gegen Fluglärm" festgesetzt sind, gelten innerhalb der Schutzzonen die Regelungen dieses Gesetzes.

Für Gebiete, die nicht durch das „Gesetz zum Schutz gegen Fluglärm" erfaßt sind, für die aber aufgrund landesrechtlicher Vorschriften äquivalente Dauerschallpegel nach DIN 45 643 Teil 1 in Anlehnung an das FluglärmG ermittelt wurden, sind diese im Regelfall die zugrunde zu legenden Pegel.

Wird in Gebieten, die durch Absatz 1 und 2 nicht erfaßt sind, vermutet, daß die Belastung durch Fluglärm vor allem von sehr hohen Spitzenpegeln herrührt, so sollte der mittlere maximale Schalldruckpegel $\overline{L_{AF,max}}$ bestimmt werden. Ergibt sich, daß im Beurteilungszeitraum (nicht mehr als 16 zusammenhängende Stunden eines Tages)

- der äquivalente Dauerschallpegel L_{eq}, häufiger als 20mal oder mehr als 1mal durchschnittlich je Stunde um mehr als 20 dB(A) überschritten wird und überschreitet auch der mittlere maximale Schalldruckpegel $\overline{L_{AF,max}}$ den äquivalenten Dauerschallpegel L_{eq} um mehr als 20 dB(A) oder
- der Wert von 82 dB(A) häufiger als 20mal oder mehr als 1mal durchschnittlich je Stunde überschritten wird,

so wird für den „maßgeblichen Außenlärmpegel" der Wert $\overline{L_{AF,max}} - 20$ dB(A) zugrunde gelegt.

In Sonderfällen kann dieses Verfahren auch in Gebieten nach Abschnitt 2 angewendet werden.

Messungen sind nach DIN 45 643 Teil 1 bis Teil 3 vorzunehmen und nach Anhang B auszuwerten.

Anmerkung: Geräuschbelastungen durch militärische Tiefflüge werden in dieser Norm nicht behandelt.

5.5.6 Gewerbe- und Industrieanlagen

Im Regelfall wird als „maßgeblicher Außenlärmpegel" der nach der TALärm im Bebauungsplan für die jeweilige Gebietskategorie angegebene Tag-Immissionsrichtwert eingesetzt.

Besteht im Einzelfall die Vermutung, daß die Immissionsrichtwerte der TALärm überschritten werden, dann sollte die tatsächliche Geräuschimmission nach der TALärm ermittelt werden.

Weicht die tatsächliche bauliche Nutzung im Einwirkungsbereich der Anlage erheblich von der im Bebauungsplan festgesetzten baulichen Nutzung ab, so ist von der tatsächlichen baulichen Nutzung unter Berücksichtigung der vorgesehenen baulichen Entwicklung des Gebietes auszugehen.

---

[6]) Die entsprechenden bauaufsichtlichen Vorschriften (z. B. Feuerungsverordnung) sind zu beachten.

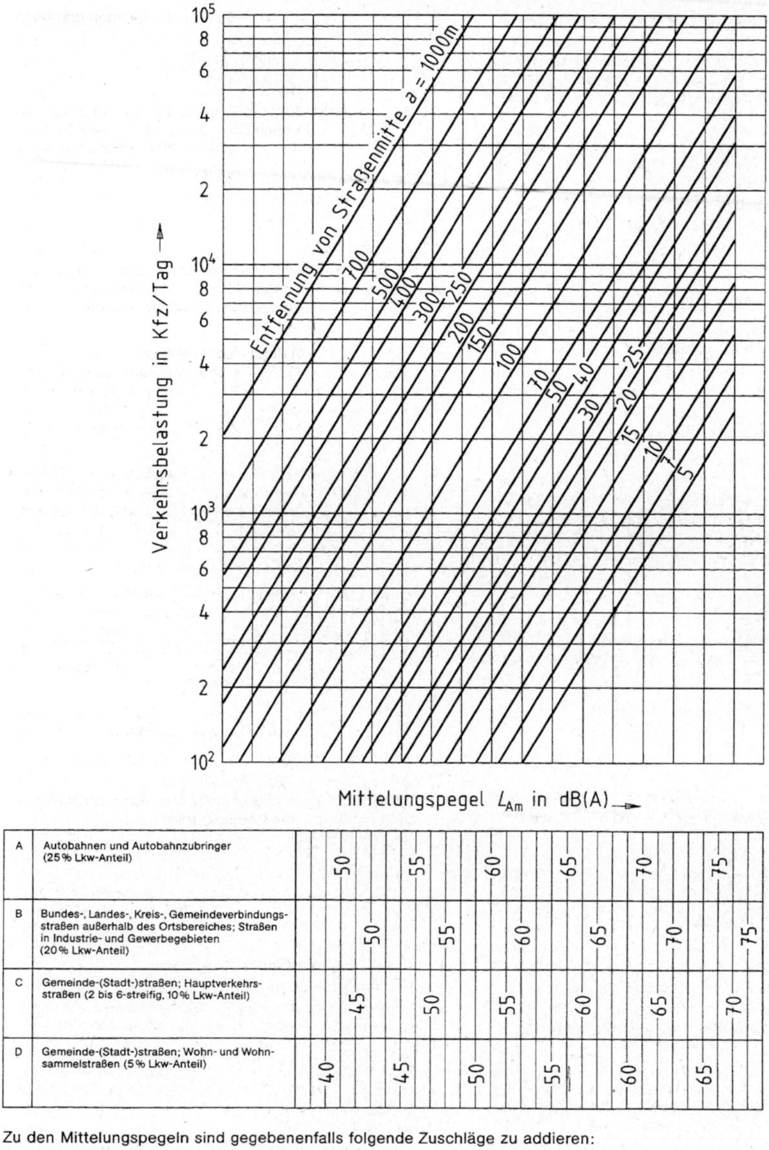

Zu den Mittelungspegeln sind gegebenenfalls folgende Zuschläge zu addieren:

+ 3 dB(A), wenn der Immissionsort an einer Straße mit beidseitig geschlossener Bebauung liegt,

+ 2 dB(A), wenn die Straße eine Längsneigung von mehr als 5 % hat,

+ 2 dB(A), wenn der Immissionsort weniger als 100 m von der nächsten lichtsignalgeregelten Kreuzung oder Einmündung entfernt ist.

Bild 1. Nomogramm zur Ermittlung des „maßgeblichen Außenlärmpegels" vor Hausfassaden für typische Straßenverkehrssituationen

Anmerkung: Die in dem Nomogramm angegebenen Pegel wurden für einige straßentypische Verkehrssituationen nach DIN 18 005 Teil 1/05.87, Abschnitt 6, berechnet. Hierbei ist der Zuschlag von 3 dB(A) gegenüber der Freifeldausbreitung berücksichtigt.

5.5.7 Überlagerung mehrerer Schallimmissionen

Rührt die Geräuschbelastung von mehreren (gleich- oder verschiedenartigen) Quellen her, so berechnet sich der resultierende Außenlärmpegel $L_{a,res}$ aus den einzelnen „maßgeblichen Außenlärmpegeln" $L_{a,i}$ nach folgender Gleichung:

$$L_{a,res} = 10 \lg \sum_{i}^{n} (10^{0,1 L_{a,i}})\ \mathrm{dB(A)} \qquad (1)$$

Im Sinne einer Vereinfachung werden dabei unterschiedliche Definitionen der einzelnen „maßgeblichen Außenlärmpegel" in Kauf genommen.

6 Nachweis der Eignung der Bauteile

6.1 Kennzeichnende Größen für die Schalldämmung der Bauteile

Zur zahlenmäßigen Kennzeichnung der Luft- und Trittschalldämmung dienen die Größen nach den Tabellen 11 und 12, Einzahl-Angaben nach Abschnitt A.8.1.

6.2 Nachweis der Eignung ohne bauakustische Messungen

Bauteile, die den in den Abschnitten 3, 4 und 5 gestellten Anforderungen genügen müssen, gelten ohne bauakustische Messungen als geeignet, wenn

- in massiven Bauten ihre Ausführungen Beiblatt 1 zu DIN 4109/11.89, Abschnitte 2 bis 4, entsprechen,
- bei Skelettbauten mit Skeletten aus Stahlbeton, Stahl oder Holz und mit leichtem Ausbau ein rechnerischer Nachweis nach Beiblatt 1 zu DIN 4109/11.89, Abschnitt 5, geführt wird oder die Bauteile den Ausführungsbeispielen nach Beiblatt 1 zu DIN 4109/11.89, Abschnitte 6 bis 8, entsprechen,
- Außenbauteile den Ausführungen nach Beiblatt 1 zu DIN 4109/11.89, Abschnitt 10, entsprechen.

Bei der Ermittlung der Werte für die Luftschalldämmung in massiven Bauten nach Beiblatt 1 zu DIN 4109 ist der Einfluß der flankierenden Bauteile zu berücksichtigen, wenn die mittlere flächenbezogene Masse $m'_{L,\mathrm{Mittel}}$ der vier flankierenden Bauteile von (300 ± 25) kg/m² abweicht (siehe Beiblatt 1 zu DIN 4109/11.89, Abschnitt 3).

Bei den Ausführungsbeispielen für Massivdecken wird im Beiblatt 1 zu DIN 4109/11.89, Abschnitt 4.1, nach Massivdekken ohne/mit Deckenauflagen bzw. ohne/mit biegeweicher Unterdecke und nach Deckenauflagen allein unterschieden. Dort ist angegeben, mit welcher Deckenauflage Massivdecken versehen werden können, damit die geforderte Schalldämmung erreicht wird.

6.3 Nachweis der Eignung mit bauakustischen Messungen (Eignungsprüfungen)

Bei Bauteilen, für die kein Nachweis nach dem Beiblatt 1 zu DIN 4109 geführt werden kann, ist die Eignung durch die Eignungsprüfung I oder III[7]) aufgrund von Messungen nach DIN 52 210 Teil 1 bis Teil 4 nachzuweisen.[8])

Ein Nachweis durch Eignungsprüfung ist auch dann gestattet, wenn das Bauteil zwar einer Beispielgruppe nach dem Beiblatt 1 zu DIN 4109 zugeordnet werden, jedoch wegen bestimmter einschränkender oder zusätzlicher Merkmale schalltechnisch anders beurteilt werden kann. Im Prüfbericht der Eignungsprüfung sind diese Merkmale als verbindlich festzulegen.

Bei den Eignungsprüfungen wird unterschieden:

Eignungsprüfung I: Prüfung von Bauteilen in Prüfständen nach DIN 52 210 Teil 2

Eignungsprüfung III: Prüfung in ausgeführten Bauten
- von Bauteilen, die sich wegen ihrer Größe nicht in genormte Prüfstände einbauen lassen (Sonderbauteile),
- von Bauarten, zu deren Prüfung die genormten Prüfstände nicht geeignet sind (Sonderbauarten).

Soll die Eignung nur für ein bestimmtes Bauvorhaben gelten, so kann eine projektbezogene Prüfung nach DIN 52 210 Teil 3 durchgeführt werden.

6.4 Bewertung bei Messungen in Prüfständen (Eignungsprüfung I)

6.4.1 Prüfung von Bauteilen im gebrauchsfähigen Zustand

Die Eignungsprüfung I ist durchzuführen

- für Wände und Decken in Prüfständen nach DIN 52 210 Teil 2,
- für Wände und Decken in Skelettbauten und Holzhäusern in hierfür geeigneten Prüfanordnungen unter Berücksichtigung der tatsächlichen konstruktiven Gegebenheiten (z. B. Anschlüsse zwischen trennendem Bauteil und flankierenden Bauteilen),
- für Fenster, Fenstertüren, Fensterelemente, Türen, Rolladenkästen, Lüfter, Paneele und andere Außenwandelemente in funktionsfähigem Zustand nach DIN 52 210 Teil 3, in Prüfständen nach DIN 52 210 Teil 2,
- für Schächte und Kanäle in Prüfständen nach DIN 52 210 Teil 6.

Zur Erfüllung der Anforderungen für den jeweiligen Verwendungszweck müssen eingehalten werden:

a) Luftschalldämmung von Wänden und Decken

   Das bewertete Schalldämm-Maß $R'_{w,P}$ muß mindestens um das Vorhaltemaß von 2 dB über den, für den jeweiligen Verwendungszweck erforderlichen Wert erf. R'_w liegen.

   Bei trennenden Bauteilen ist der Einfluß der flankierenden Bauteile bei der Beurteilung der Luftschalldämmung zusätzlich nach Beiblatt 1 zu DIN 4109/11.89, Abschnitt 3, zu berücksichtigen, wenn die mittlere flächenbezogene Masse $m'_{L,\mathrm{mittel}}$ der flankierenden Bauteile von (300 ± 25) kg/m² abweicht.

b) Luftschalldämmung von Türen und Fenstern

   Das bewertete Schalldämm-Maß $R_{w,P}$ muß mindestens um das Vorhaltemaß
   - 5 dB bei Türen und
   - 2 dB bei Fenstern

   über den, für den jeweiligen Verwendungszweck erforderlichen Wert erf. R'_w liegen.

c) Luftschalldämmung von Schächten und Kanälen

   Die bewertete Schachtpegeldifferenz $D_{K,w,P}$ muß mindestens um das Vorhaltemaß von 2 dB über dem erforderlichen errechneten Wert $D_{K,w,R}$ liegen. (siehe Beiblatt 1 zu DIN 4109/11.89, Abschnitt 9.3).

---

[7]) Die Eignungsprüfung II „Prüfungen in ausgeführten Bauten" nach DIN 52 210 Teil 3 wird in DIN 4109 nicht mehr gefordert.

[8]) Dies gilt auch, wenn Bauteile zum Schutz gegen Fluglärm nicht den in der „Verordnung der Bundesregierung über bauliche Schallschutzanforderungen nach dem Gesetz zum Schutz gegen Fluglärm (Schallschutzverordnung-SchallschutzV)" aufgeführten Ausführungsbeispielen entsprechen.

Tabelle 11. **Kennzeichnende Größen der Luftschalldämmung für den Nachweis der Eignung von Bauteilen**

R'_w: bewertetes Schalldämm-Maß in dB mit Schallübertragung über flankierende Bauteile
R_w: bewertetes Schalldämm-Maß in dB ohne Schallübertragung über flankierende Bauteile
$R_{L,w}$: Bewertetes Labor-Schall-Längsdämm-Maß in dB
$D_{K,w}$: Bewertete Schachtpegeldifferenz in dB

Spalte	1	2	3	4	5
Zeile	Bauteile	Berücksichtigte Schallübertragung	Eignungsprüfung I in Prüfständen nach DIN 52 210 Teil 2	Eignungsprüfung III in ausgeführten Bauten	Rechenwert [1])
1	Wände, Decken als trennende Bauteile	über das trennende und die flankierenden Bauteile sowie gegebenenfalls über Nebenwege	$R'_{w,P}$	$R'_{w,B}$	$R'_{w,R}$
2		nur über das trennende Bauteil	$R_{w,P}$	$R_{w,B}$	$R_{w,R}$
3	Wände, Decken als flankierende Bauteile	nur über das flakierende Bauteil	$R_{L,w,P}$	$R_{L,w,B}$	$R_{L,w,R}$
4	Fenster	nur über das trennende Bauteil	$R_{w,P}$	$R_{w,B}$	$R_{w,R}$
5	Türen				$R_{w,R}$ [2])
6	Schächte, Kanäle	nur über Nebenwege	$D_{K,w,P}$	$D_{K,w,B}$	$D_{K,w,R}$

[1]) Der Rechenwert für ein Bauteil ergibt sich
- für Ausführungen nach Beiblatt 1 zu DIN 4109 aus den dortigen Angaben,
- bei Eignungsprüfungen in Prüfständen nach DIN 52 210 Teil 2 aus den Angaben in Spalte 3, vermindert um das Vorhaltemaß von 2 dB (z. B. $R'_{w,R} = R'_{w,P} - 2$ dB), ausgenommen Türen (siehe Fußnote 2),
- bei Eignungsprüfungen in ausgeführten Bauten aus den Angaben in Spalte 4 (z. B. $R'_{w,R} = R'_{w,B}$).

[2]) Der Rechenwert $R_{w,R}$ für Türen ergibt sich bei Eignungsprüfungen in Prüfständen nach DIN 52 210 Teil 2 aus $R_{w,R} = R_{w,P} - 5$ dB.

Tabelle 12. **Kennzeichnende Größen der Trittschalldämmung für den Nachweis der Eignung von Bauteilen**

$L_{n,w}$: bewerteter Norm-Trittschallpegel in dB (TSM: Trittschallschutzmaß in dB)
ΔL_w: Trittschallverbesserungsmaß in dB (VM: Trittschallverbesserungsmaß in dB)

Spalte	1	2	3	4
Zeile	Bauteile	Eignungsprüfung I in Prüfständen nach DIN 52 210 Teil 2	Eignungsprüfung III in ausgeführten Bauten	Rechenwert [1])
1	Decken im gebrauchsfertigen Zustand	$L_{n,w,P}$, $L'_{n,w,P}$ (TSM_P)	$L'_{n,w,B}$ (TSM_B)	$L'_{n,w,R}$ (TSM_R)
2	Treppen im gebrauchsfertigen Zustand	–	$L'_{n,w,B}$ (TSM_B)	$L'_{n,w,R}$ (TSM_R)
3	Massivdecken ohne Deckenauflage	$L_{n,w,eq,P}$ ($TSM_{eq,P}$)	–	$L_{n,w,eq,R}$ [2]) ($TSM_{eq,R}$) [2])
4	Deckenauflage für Massivdecken [3])	$\Delta L_{w,P}$ (VM_P)	–	$\Delta L_{w,R}$ (VM_R)

[1]) Der Rechenwert für ein Bauteil ergibt sich
- für Ausführungen nach Beiblatt 1 zu DIN 4109 aus den dortigen Angaben,
- bei Eignungsprüfungen in Prüfständen nach DIN 52 210 Teil 2 aus den Angaben in Spalte 2, vermindert um das Vorhaltemaß 2 dB, ausgenommen Zeile 3 (siehe Fußnote 2),
- bei Eignungsprüfungen in ausgeführten Bauten aus den Angaben in Spalte 3 (gilt nicht für Zeilen 3 und 4).

[2]) Der Rechenwert $L_{n,w,eq,R}$ ($TSM_{eq,R}$) ergibt sich bei Eignungsprüfungen in Prüfständen nach DIN 52 210 Teil 2 aus $L_{n,w,eq,P}$ ($TSM_{eq,P}$).

[3]) Gilt auch für massive Treppenläufe und -podeste

d) Trittschalldämmung von Decken

Der bewertete Norm-Trittschallpegel $L_{n,w,P}$ muß mindestens um das Vorhaltemaß von 2 dB unter (beim Trittschallschutzmaß TSM_P mindestens 2 dB über) dem, für den jeweiligen Verwendungszweck erforderlichen Wert erf. $L'_{n,w}$ (erf. TSM) liegen.

6.4.2 Getrennte Prüfung

– von Massivdecken ohne Deckenauflage,
– von Deckenauflagen allein

Die Eignungsprüfungen I von Massivdecken ohne Deckenauflage und von Deckenauflagen allein sind in Prüfständen mit bauähnlicher Flankenübertragung durchzuführen. Deckenauflagen können auch in Prüfständen ohne Flankenübertragung geprüft werden. Für die Durchführung gilt DIN 52 210 Teil 3.

a) Luftschalldämmung von Massivdecken
Liegt das bewertete Schalldämm-Maß $R'_{w,P}$ der Massivdecke ohne Deckenauflage bereits 2 dB über dem, für den jeweiligen Verwendungszweck erforderlichen Wert erf. R'_w, so ist eine beliebige Deckenauflage geeignet, die nur noch die Trittschalldämmung verbessern muß.

Liegt $R'_{w,P}$ dagegen unter dem jeweiligen erforderlichen und um 2 dB erhöhten Wert, so ist eine Prüfung mit dem vorgesehenen Deckenaufbau vorzunehmen.

b) Trittschalldämmung von Massivdecken

– Der bewertete Norm-Trittschallpegel $L'_{n,w,P}$ (das bewertete Trittschallschutzmaß TSM_P) der gebrauchsfertigen Massivdecke ergibt sich aus dem äquivalenten bewerteten Norm-Trittschallpegel $L_{n,w,eq,P}$ (äquivalentes Trittschallschutzmaß $TSM_{eq,P}$) der Massivdecke ohne Deckenauflage und dem Trittschall-Verbesserungsmaß $\Delta L_{w,R}$ (VM_R) der Deckenauflage nach folgender Beziehung:

$$L'_{n,w,P} = L_{n,w,eq,P} - \Delta L_{w,R} \quad (TSM_P = TSM_{eq,P} + VM_R) \qquad (2)$$

Die Trittschalldämmung der gebrauchsfertigen Decke ist ausreichend, wenn der sich aus der Subtraktion (Addition) der Einzelwerte $L_{n,w,eq,P}$ ($TSM_{eq,P}$) und $\Delta L_{w,R}$ (VM_R) ergebende bewertete Norm-Trittschallpegel $L'_{n,w,P}$ (Trittschallschutzmaß TSM_P) mindestens 2 dB unter (über) den für den jeweiligen Verwendungszweck geforderten Werten liegt.

Wird auf einen schwimmenden Estrich zusätzlich ein weichfedernder Bodenbelag aufgebracht, so ist bei der Berechnung des bewerteten Norm-Trittschallpegels $L'_{n,w,R}$ (Trittschallschutzmaß TSM_R) nur das größere der beiden Trittschall-Verbesserungsmaße ΔL_w (VM) anzusetzen.

– Der äquivalente bewertete Norm-Trittschallpegel $L_{n,w,eq,R}$ (Trittschallschutzmaß $TSM_{eq,R}$) der Massivdecke ohne Deckenauflage ist bei Massivdecken, die in Verbindung mit biegeweichen Unterdecken geprüft worden sind, und bei denen ein schwimmender Estrich mit mineralischen Bindemitteln als Deckenauflagen verwendet werden soll, der gemessene $L_{n,w,eq,P}$ ($TSM_{eq,P}$) um 2 dB zu erhöhen (abzumindern).

– $\Delta L_{w,R}$ (VM_R) ist das Trittschall-Verbesserungsmaß der Deckenauflage. Der Rechenwert für $\Delta L_{w,R}$ (VM_R) kann aus Beiblatt 1 zu DIN 4109/11.89, Tabellen 17 und 18 entnommen werden. Bei Bestimmung des Trittschall-Verbesserungsmaßes $\Delta L_{w,R}$ (VM_R) durch Eignungsprüfung im Prüfstand ergibt sich $\Delta L_{w,R}$ (VM_R) nach der Beziehung:

$$\Delta L_{w,R} = \Delta L_{w,P} - 2\,\text{dB} \quad (VM_R = VM_P - 2\,\text{dB}) \qquad (3)$$

6.4.3 Prüfung der Luftschalldämmung trennender und flankierender Bauteile für den rechnerischen Nachweis nach Beiblatt 1 zu DIN 4109

Die Prüfungen sind durchzuführen

– für das bewertete Schalldämm-Maß $R_{w,P}$ trennender Bauteile ohne Längsleitung über flankierende Bauteile in Prüfständen ohne Flankenübertragung nach DIN 52 210 Teil 2,
– für das bewertete Labor-Schall-Längsdämm-Maß $R_{L,w,P}$ von flankierenden Bauteilen entweder
  – in Prüfständen zur Bestimmung des Labor-Schall-Längsdämm-Maßes von leichten Bauteilen in horizontaler Richtung nach DIN 52 210 Teil 2

  oder
  – in bauarttypischen Sonder-Prüfständen unter Berücksichtigung der tatsächlichen konstruktiven Gegebenheiten (z. B. Anschlüsse an das tennende Bauteil).

Für den rechnerischen Nachweis des bewerteten Schalldämm-Maßes $R'_{w,R}$ nach Beiblatt 1 zu DIN 4109 in Gebäuden in Skelett- und Holzbauart sind die gemessenen Werte für $R_{w,P}$ und $R_{L,w,P}$ jeweils um 2 dB zu mindern.

6.5 Prüfung von Sonderbauteilen und Sonderbauarten (Eignungsprüfung III)

Sonderbauteile und Sonderbauarten, die nicht in Prüfständen geprüft werden können, sind in drei Bauten zu prüfen. Diese müssen sich in bezugsfertigem oder bezogenem Zustand befinden.

Für die Luftschalldämmung gilt die Eignung als nachgewiesen, wenn das auf das trennende Bauteil bezogene, bewertete Schalldämm-Maß $R'_{w,B}$ in allen drei Bauten nicht unter dem, für den jeweiligen Verwendungszweck erforderlichen Wert R'_w liegt.

Für die Trittschalldämmung gilt die Eignung als nachgewiesen, wenn der bewertete Norm-Trittschallpegel $L'_{n,w,B}$ (das Trittschallschutzmaß TSM_B) der Decken in allen drei Bauten nicht über (beim Trittschallschutzmaß nicht unter) dem, für den jeweiligen Verwendungszweck erforderlichen Wert erf. $L'_{n,w}$ (erf. TSM) liegt.

7 Nachweis der schalltechnischen Eignung von Wasserinstallationen

7.1 Kennzeichnende Größen für das Geräuschverhalten

Die kennzeichnenden Größen sind in Tabelle 13 aufgeführt.

Tabelle 13. **Kennzeichnende Größen für das Geräuschverhalten**

Spalte	1	2
Zeile	Geräuschquelle	Kennzeichnende Größe
1	Armaturen und Geräte Wasserinstallationen	Armaturengeräuschpegel L_{ap} nach DIN 52 218 Teil 1
2	Installationen am Bau (Installationsgeräuschnormal IGN)	IGN-Schallpegel L_{IGN} nach DIN 52 219

7.2 Nachweis ohne bauakustische Messungen

Im Regelfall kann der Nachweis zur Erfüllung der Anforderungen ohne bauakustische Messungen geführt werden.

Der Nachweis, daß die Höchstwerte für die zulässigen Schalldruckpegel von Armaturen nach Tabelle 4 nicht überschritten werden, gilt als erbracht, wenn die Bedingungen nach den Abschnitten 7.2.1 und 7.2.2 eingehalten werden.

7.2.1 Armaturen und Geräte

Es dürfen nur Armaturen und Geräte verwendet werden, die nach Abschnitt 4.3.2 geprüft und nach Abschnitt 4.3.3 gekennzeichnet sind.

7.2.2 Anforderungen an Installation und Betrieb

7.2.2.1 Zulässiger Ruhedruck

Der Ruhedruck der Wasserversorgungsanlage nach Verteilung in den Stockwerken vor den Armaturen darf nicht mehr als 5 bar (0,5 MPa) betragen; ein höherer Druck ist durch Einbau von Druckminderern entsprechend zu verringern.

7.2.2.2 Betrieb von Durchgangsarmaturen

Durchgangsarmaturen (z. B. Absperrventile, Eckabsperrventile, Vorabsperrventile bei bestimmten Armaturen und Geräten) müssen im Betrieb immer voll geöffnet sein; sie dürfen nicht zum Drosseln verwendet werden.

7.2.2.3 Zulässiger Durchfluß von Armaturen

Beim Betrieb der Armaturen darf der für ihre Eingruppierung zugrunde gelegte Durchfluß (Durchflußklasse) nicht überschritten werden. Daher müssen Auslaufvorrichtungen, wie Strahlregler, Brausen und Durchflußbegrenzer den Durchfluß durch die Armaturen entsprechend begrenzen, d. h., die Auslaufvorrichtungen dürfen keiner höheren Durchflußklasse angehören als der zugehörige Armaturenabgang. Dies gilt auch für den Armaturen nachgeschalteten Auslaufvorrichtungen, wie Kugelgelenke, Rohrbelüfter in Durchflußform und Rückflußverhinderer. Eckventile vor Armaturen dürfen einer niedrigeren Durchflußklasse angehören als durch Armatur und Auslaufvorrichtung gegeben ist.

7.2.2.4 Anforderungen an Wände mit Wasserinstallationen

Einschalige Wände, an oder in denen Armaturen oder Wasserinstallationen (einschließlich Abwasserleitungen) befestigt sind, müssen eine flächenbezogene Masse von mindestens 220 kg/m^2 haben.

Wände, die eine geringere flächenbezogene Masse als 220 kg/m^2 haben, dürfen verwendet werden, wenn durch eine Eignungsprüfung nachgewiesen ist, daß sie sich – bezogen auf die Übertragung von Installationsgeräuschen – nicht ungünstiger verhalten.

7.2.2.5 Anordnung von Armaturen

Armaturen der Armaturengruppe I und deren Wasserleitung dürfen an Wänden nach Abschnitt 7.2.2.4 angebracht werden (siehe Bild 2). Armaturen der Armaturengruppe II und deren Wasserleitungen dürfen nicht an Wänden angebracht werden, die im selben Geschoß, in den Geschossen darüber oder darunter an schutzbedürftige Räume grenzen (siehe Bild 2). Armaturen der Armaturengruppe II und deren Wasserleitungen dürfen außerdem nicht an Wänden angebracht sein, die auf vorgenannte Wände stoßen.

7.2.2.6 Anforderungen an die Verlegung von Abwasserleitungen

Abwasserleitungen dürfen an Wänden in schutzbedürftigen Räumen nicht freiliegend verlegt werden.

7.3 Nachweis mit bauakustischen Messungen in ausgeführten Bauten

Für bestimmte Bauausführungen, die nicht dem Abschnitt 7.2.2 entsprechen, kann die Einhaltung der Anforderungen

Armaturengruppe	Anordnung von Räumen mit Wasserinstallationen und schutzbedürftigen Räumen
I	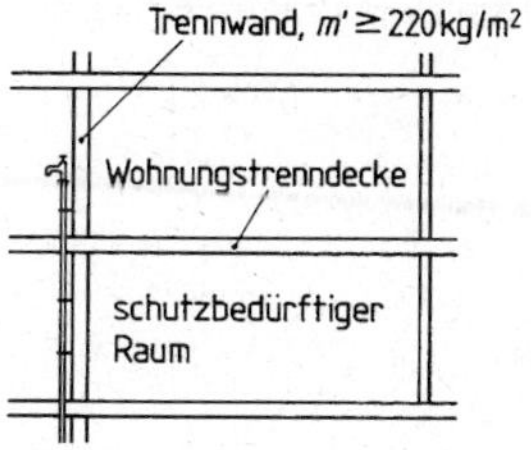
II	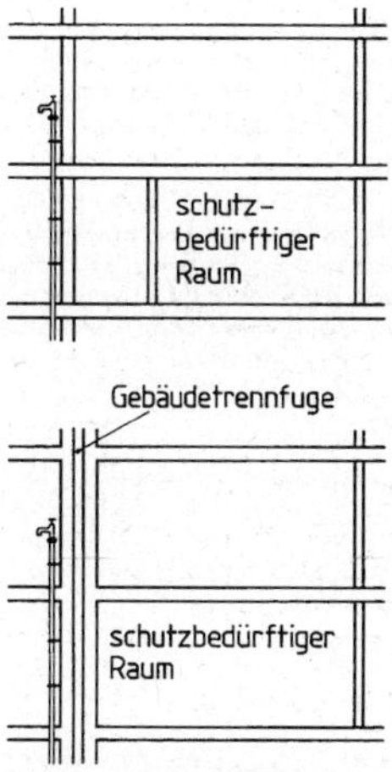

Bild 2. Anordnung von Armaturen

nach Tabelle 4, Zeile 1, auch durch eine Eignungsprüfung am Bau (analog Eignungsprüfung III nach Abschnitt 6.5) nachgewiesen werden. Zum Nachweis werden in einem Musterbau Messungen nach DIN 52 219 durchgeführt, für die anstelle der Armaturen das Installationsgeräuschnormal (IGN) nach DIN 52 218 Teil 1 an den vorgesehenen Anschlüssen angebracht und in den schutzbedürftigen Räumen der IGN-Schallpegel L_{IGN} ermittelt wird.

Der Nachweis der Eignung hinsichtlich des Schallschutzes einer bestimmten Bauausführung in Verbindung mit bestimmten Armaturen gilt als erbracht, wenn der nach DIN 52 218 Teil 1 bis Teil 4 ermittelte Armaturengeräuschpegel L_{ap} der vorgesehenen Armaturen folgenden Wert nicht überschreitet

$$L_{\mathrm{ap}} \leq 72\,\mathrm{dB} - L_{\mathrm{IGN}} \qquad (3)$$

Der Bericht über die Eignungsprüfung am Bau muß, neben den nach DIN 52 219 geforderten, alle wichtigen Angaben zur Beschreibung der Bauausführung, z. B. Anordnung der Armaturen und Leitungen, Flächengewichte der Wände, enthalten. Zum Nachweis der Erfüllung der oben genannten Anforderung nach Gleichung (3) müssen Prüfberichte nach DIN 52 218 Teil 1 bis Teil 4 für die vorgesehenen Armaturen vorgelegt werden.

Das Ergebnis dieser Eignungsprüfung am Bau kann auch für die Beurteilung anderer Bauvorhaben mit vergleichbaren Bauausführungen herangezogen werden.

8 Nachweis der Güte der Ausführung (Güteprüfung)

8.1 Güteprüfung

Die Güteprüfung gilt nach DIN 55350 Teil 17 als Annahmeprüfung.

8.2 Bauteile allgemein

Güteprüfungen dienen zum Nachweis, daß die erforderlichen Werte für den Schallschutz in dem betreffenden Bauwerk eingehalten werden. Für die Durchführung der Messungen gelten DIN 52210 Teil 1, Teil 3 und Teil 6, für die Ermittlung der Einzahl-Angaben gilt DIN 52210 Teil 4.

Anmerkung: Güteprüfungen sollten z. B. durchgeführt werden, wenn Zweifel an dem erreichten Schallschutz bestehen oder die Güteprüfung durch vertragliche oder anderweitige Regelungen vorgeschrieben ist.

Die Vereinbarung einer Güteprüfung kann zweckmäßig sein, wenn Bauteile oder Bauarten angewendet werden, für die zwar das Prüfzeugnis über eine Eignungsprüfung I nach Abschnitt 6.4 vorgelegt werden kann, jedoch nicht die Ergebnisse von Güteprüfungen dieser Bauteile und Bauarten an ausgeführten Bauwerken.

8.3 Außenbauteile

Soll im Einzelfall nach Errichtung eines Gebäudes geprüft werden, ob die Außenbauteile der erforderlichen Luftschalldämmung nach Abschnitt 5 genügen, so müssen die Messungen nach DIN 52210 Teil 5 durchgeführt werden.

Der Beurteilung ist das resultierende Schalldämm-Maß $R'_{w,res}$ des Gesamtbauteils nach Tabelle 8 zugrunde zu legen.

Bei Fluglärm – soweit er im „Gesetz zum Schutz gegen Fluglärm" geregelt ist – ist der Gütenachweis nach der „Verordnung der Bundesregierung über bauliche Schallschutzanforderungen nach dem Gesetz zum Schutz gegen Fluglärm (Schallschutzverodnung – SchallschutzV)" zu führen.

8.4 Haustechnische Anlagen

Der Nachweis der Güte der Ausführung ist im Bedarfsfall durch Schallpegelmessungen zu erbringen. Für die Durchführung der Messungen gilt bei Anlagen der Wasserinstallation DIN 52219. Die Schallpegelmessungen sind unter regelmäßig auftretenden Betriebsbedingungen der Anlage bzw. des Betriebes durchzuführen; die schutzbedürftigen Räume sollen eingerichtet sein. Die in DIN 52219 enthaltenen Festlegungen über Schallpegelmeßgeräte, Einfluß von Fremdgeräuschen, Berücksichtigung einzelner kurzzeitig auftretender Schallpegelspitzen sowie Ort der Messung gelten auch für die Messung der Schalldruckpegel von Geräuschen aus sonstigen haustechnischen Anlagen. Maßgeblich ist der maximal auftretende Schalldruckpegel L_{AF}.

Die in eingerichteten Räumen ermittelten Schalldruckpegel werden unmittelbar mit den in Tabelle 4 angegebenen Werten verglichen.

8.5 Geräusche aus Betrieben

Im Bedarfsfall ist in schutzbedürftigen Räumen der maßgebende Beurteilungspegel L_r nach DIN 45645 Teil 1 (nachts = lauteste Stunde) bzw. VDI 2058 Blatt 1 zu ermitteln. Die Schallpegelmessungen sind unter regelmäßig auftretenden Betriebsbedingungen durchzuführen. Die schutzbedürftigen Räume sollen eingerichtet sein. Bei Messungen in leeren Räumen ist die Schallabsorption nach DIN 52219 zu berücksichtigen.

Anhang A Begriffe

Die hier aufgeführten Begriffe werden sowohl in dieser Norm als auch in DIN 52210 Teil 1 bis Teil 7 verwendet.[9])

A.1 Schall

Schall sind mechanische Schwingungen und Wellen eines elastischen Mediums, insbesondere im Frequenzbereich des menschlichen Hörens von etwa 16 Hz bis 16 000 Hz (siehe Abschnitte A.2.1.1 und A.2.2).

In dieser Norm wird nach den Abschnitten A.1.1 bis A.1.3 nach Luftschall, Körperschall und Trittschall unterschieden.

A.1.1 Luftschall

Luftschall ist der in Luft sich ausbreitende Schall.

A.1.2 Körperschall

Körperschall ist der in festen Stoffen sich ausbreitende Schall.

A.1.3 Trittschall

Trittschall ist der Schall, der beim Begehen und bei ähnlicher Anregung einer Decke, Treppe o. ä. als Körperschall entsteht und teilweise als Luftschall in einen darunterliegenden oder anderen Raum abgestrahlt wird.

A.2 Ton und Geräusch

A.2.1 Einfacher oder reiner Ton

Einfacher oder reiner Ton ist die Schallschwingung mit sinusförmigem Verlauf.

A.2.1.1 Frequenz f (Schwingungszahl)

Frequenz nach dieser Norm ist die Anzahl der Schwingungen je Sekunde.

Mit zunehmender Frequenz nimmt die Tonhöhe zu. Eine Verdopplung der Frequenz entspricht einer Oktave. In der Bauakustik betrachtet man vorwiegend einen Bereich von 5 Oktaven, nämlich die Frequenzen von 100 Hz bis 3150 Hz.

A.2.1.2 Hertz

Hertz ist die Einheit der Frequenz 1/s; 1 Schwingung je Sekunde = 1 Hertz (Hz).

A.2.2 Geräusch

Geräusch ist der Schall, der aus vielen Teiltönen zusammengesetzt ist, deren Frequenzen nicht in einfachen Zahlenver-

---

[9]) Weitere hier nicht aufgeführte Begriffe sind in DIN 1320, DIN 45641 (z. Z. Entwurf), DIN 52210 Teil 1 bis Teil 7 und DIN 52212 festgelegt.

hältnissen zueinander stehen; ferner Schallimpulse und Schallimpulsfolgen, deren Grundfrequenz unter 1 Hz liegt (z. B. Norm-Hammerwerk nach DIN 52 210 Teil 1).

Die Frequenzzusammensetzung eines Geräusches wird nach den Abschnitten A.2.2.1 und A.2.2.2 ermittelt durch:

A.2.2.1 Oktavfilter-Analyse

Oktavfilter-Analyse ist die Zerlegung eines Geräusches durch Filter in Frequenzbereiche von der Breite einer Oktave.

A.2.2.2 Terzfilter-Analyse

Terzfilter-Analyse ist die Zerlegung eines Geräusches durch Filter in Frequenzbereiche von der Breite einer Terz (Drittel-Oktave).

Anmerkung: Bei bauakustischen Prüfungen nach DIN 52 210 Teil 1 bis Teil 7 werden nur Terzfilter verwendet.

A.3 Schalldruck und Schallpegel

A.3.1 Schalldruck p

Schalldruck ist der Wechseldruck, der durch die Schallwelle in Gasen oder Flüssigkeiten erzeugt wird, und der sich mit dem statischen Druck (z. B. dem atmosphärischen Druck der Luft) überlagert (Einheit: 1 Pa ≙ 10 μbar).

A.3.2 Schalldruckpegel L (Schallpegel)

Schalldruckpegel nach dieser Norm ist der zehnfache Logarithmus vom Verhältnis des Quadrats des jeweiligen Schalldrucks p zum Quadrat des festgelegten Bezugs-Schalldrucks p_0:

$$L = 10 \lg \frac{p^2}{p_0^2} \text{ dB} = 20 \lg \frac{p}{p_0} \text{ dB} \qquad \text{(A.1)}$$

Der Effektivwert des Bezugs-Schalldruckes p_0 ist international festgelegt mit:

$$p_0 = 20 \, \mu Pa \qquad \text{(A.2)}$$

Der Schalldruckpegel und alle Schallpegeldifferenzen werden in Dezibel (Kurzzeichen dB) angegeben.

Dezibel ist ein wie eine Einheit benutztes Zeichen, das zur Kennzeichnung von logarithmierten Verhältnisgrößen dient. Der Vorsatz „dezi" besagt, daß die Kennzeichnung „Bel", die für den Zehnerlogarithmus eines Energieverhältnisses verwendet wird, zehnmal größer ist.

Anmerkung: Von dem durch Gleichung (A.1) definierten Begriff des Schalldruckpegels sind die für die Schallempfindung gebräuchlichen Begriffe des Lautstärkepegels und der Lautheit zu unterscheiden.

Der Lautstärkepegel (phon) ist gleich dem Schalldruckpegel eines 1000-Hz-Tones, der beim Hörvergleich mit einem Geräusch als gleich laut wie dieses empfunden wird.

Die Lautheit (sone) gibt an, um wieviel mal lauter das Geräusch als ein 1000-Hz-Ton mit einem Schalldruckpegel von 40 dB empfunden wird.

Oberhalb von 40 dB wird eine Pegeländerung um 10 dB wie eine Verdopplung bzw. Halbierung der Lautheit empfunden. Unterhalb von 40 dB führen schon kleinere Pegeländerungen zu einer Verdopplung bzw. Halbierung der Lautheit.

A.3.3 A-bewerteter Schalldruckpegel L_A (A-Schalldruckpegel)

A-bewerteter Schalldruckpegel nach dieser Norm ist der mit der Frequenzbewertung A nach DIN IEC 651 bewertete Schalldruckpegel. Er ist ein Maß für die Stärke eines Geräusches und wird in dieser Norm in dB(A) angegeben.

Anmerkung: Durch die Frequenzbewertung A werden die Beiträge der Frequenzen unter 1000 Hz und über 5000 Hz zum Gesamtergebnis abgeschwächt.

Beim Vergleich mit Anforderungen ist je nach Herkunft des Geräusches zu unterscheiden:

A.3.3.1 Zeitabhängiger AF-Schalldruckpegel $L_{AF}(t)$

Zeitabhängiger AF-Schalldruckpegel ist der Schalldruckpegel, der mit der Frequenzbewertung „A" und der Zeitbewertung „F" ("Schnell", englisch: „Fast"), als Funktion der Zeit gemessen wird (siehe DIN 45 645 Teil 1).

A.3.3.2 Taktmaximalpegel $L_{AFT}(t)$ in dB

Taktmaximalpegel ist der in Zeitintervallen (Takten) auftretende und für den ganzen Takt geltende maximale Schalldruckpegel, gemessen mit der Frequenzbewertung A und der Zeitbewertung F, als Funktion der Zeit t (siehe DIN 45 645 Teil 2).

A.3.3.3 Mittelungspegel L_{AFm}

Bei zeitlich schwankenden Geräuschen wird aus den Meßwerten $L_{AF}(t)$ der Mittelungspegel nach DIN 45 641 (z. Z. Entwurf) gebildet.

A.3.3.4 Äquivalenter Dauerschallpegel L_{eq}

Äquivalenter Dauerschallpegel ist der nach dem „Gesetz zum Schutz gegen Fluglärm" gültige Schallpegel.

A.3.3.5 Beurteilungspegel L_r

Beurteilungspegel ist das Maß für die durchschnittliche Geräuschimmission während der Beurteilungszeit T. Er setzt sich zusammen aus dem Mittelungspegel L_{AFm} (energieäquivalenter Dauerschallpegel) und Zuschlägen für Impuls- und Tonhaltigkeit (siehe DIN 45 645 Teil 1, VDI 2058 Blatt 1 oder DIN 18 005 Teil 1).

A.3.3.6 „Maßgeblicher Außenlärmpegel"

„Maßgeblicher Außenlärmpegel" ist der Pegelwert, der für die Bemessung der erforderlichen Schalldämmung zu benutzen ist. Er soll die Geräuschbelastung außen vor dem betroffenen Objekt repräsentativ unter Berücksichtigung der langfristigen Entwicklung der Belastung (5 bis 10 Jahre) beschreiben. Die entsprechenden Pegelwerte werden nach Abschnitt 5.5 berechnet oder nach Anhang B gemessen.

A.3.3.7 Maximalpegel $L_{AF,max}$

Maximalpegel sind die mit der Zeitbewertung F gemessenen Schallpegelspitzen bei zeitlich veränderlichen Geräuschen.

A.3.3.8 Mittlerer Maximalpegel $\overline{L_{AF,max}}$

Mittlerer Maximalpegel ist hier durch folgende Gleichung definiert:

$$\overline{L_{AF,max}} = 10 \lg \left(\frac{1}{n} \sum_{i=1}^{n} 10^{0,1\, L_{AF,max,i}} \right) \qquad \text{(A.3)}$$

A.3.3.9 Armaturengeräuschpegel L_{ap}

Armaturengeräuschpegel ist der A-bewertete Schalldruckpegel als charakteristischer Wert für das Geräuschverhalten einer Armatur (siehe DIN 52 218 Teil 1).

A.3.3.10 Installationsgeräuschpegel L_{In}

Installationsgeräuschpegel L_{In} ist der am Bau beim Betrieb einer Armatur oder eines Gerätes gemessene A-Schallpegel – näheres siehe DIN 52 219.

A.4 Vorhaltemaß

Vorhaltemaß soll den möglichen Unterschied des Schalldämm-Maßes am Prüfobjekt im Prüfstand und den tatsächlichen am Bau, sowie eventuelle Streuungen der Eigenschaften der geprüften Konstruktionen berücksichtigen.

A.5 Schallschutz

Unter Schallschutz werden einerseits Maßnahmen gegen die Schallentstehung (Primär-Maßnahmen) und andererseits Maßnahmen, die die Schallübertragung von einer Schallquelle zum Hörer vermindern (Sekundär-Maßnahmen) verstanden.

Bei den Sekundär-Maßnahmen für den Schallschutz muß unterschieden werden, ob sich Schallquelle und Hörer in verschiedenen Räumen oder in demselben Raum befinden. Im ersten Fall wird Schallschutz **hauptsächlich** durch **Schalldämmung** (siehe Abschnitt A.6 bis Abschnitt A.8), im zweiten Fall durch **Schallabsorption** (siehe Abschnitt A.10) erreicht. Bei der Schalldämmung unterscheidet man je nach der Art der Schwingungsanregung der Bauteile zwischen Luftschalldämmung und Körperschalldämmung. Unter Körperschalldämmung versteht man Maßnahmen, die geeignet sind, Schwingungsübertragungen von einem Bauteil zum anderen zu vermindern. Besonders wichtige Fälle der Körperschalldämmung sind der Schutz gegen Anregung durch Trittschall – die Trittschalldämmung – und die Körperschalldämmung, z. B. von Sanitärgegenständen gegenüber dem Baukörper.

A.6 Luftschalldämmung

A.6.1 Schallpegeldifferenz D

Schallpegeldifferenz nach dieser Norm ist die Differenz zwischen dem Schallpegel L_1 im Senderaum und dem Schallpegel L_2 im Empfangsraum:

$$D = L_1 - L_2 \qquad \text{(A.4)}$$

Diese Differenz hängt auch davon ab, wie groß die Schallabsorption durch die Begrenzungsflächen und Gegenstände im Empfangsraum ist. Um diese Einflüsse auszuschalten, bestimmt man die äquivalente Absorptionsfläche A (siehe Abschnitt A.10.4), bezieht sich auf eine vereinbarte Bezugs-Absorptionsfläche A_0 und erhält so die Norm-Schallpegeldifferenz D_n.

A.6.2 Norm-Schallpegeldifferenz D_n

Norm-Schallpegeldifferenz nach dieser Norm ist die Schallpegeldifferenz zwischen Sende- und Empfangsraum, wenn der Empfangsraum die Bezugs-Absorptionsfläche A_0 hätte:

$$D_n = D - 10 \lg \frac{A}{A_0} \text{ dB} \qquad \text{(A.5)}$$

Die Norm-Schallpegeldifferenz D_n kennzeichnet die Luftschalldämmung zwischen zwei Räumen, wobei beliebige Schallübertragungen vorliegen können. Sofern nichts anderes festgelegt ist (siehe z. B. DIN 52 210 Teil 3/02.87, Abschnitt 5.2) wird $A_0 = 10\text{ m}^2$ gesetzt.

A.6.3 Schalldämm-Maß R

Schalldämm-Maß nach dieser Norm kennzeichnet die Luftschalldämmung von Bauteilen.

Bei der Messung zwischen zwei Räumen wird R aus der Schallpegeldifferenz D, der äquivalenten Absorptionsfläche A des Empfangsraumes und der Prüffläche S des Bauteils bestimmt:

$$R = D + 10 \lg \frac{S}{A} \text{ dB} \qquad \text{(A.6)}$$

Bei der Messung der Schalldämmung von Fenstern und Außenwänden am Bau wird das zu prüfende Bauteil von außen beschallt (zur Durchführung der Messung und Berechnung des Schalldämm-Maßes siehe DIN 52 210 Teil 5).

Durch Anfügen besonderer Kennzeichnungen und Indizes wird das Schalldämm-Maß unterschieden:

a) Je nachdem, ob der Schall ausschließlich durch das zu prüfende Bauteil oder auch über etwaige Nebenwege übertragen wird.

Das „Labor-Schalldämm-Maß" R[10]) wird verwendet, wenn der Schall ausschließlich durch das zu prüfende Bauteil übertragen wird, z. B. in einem Prüfstand ohne Flankenübertragung nach DIN 52 210 Teil 2/08.84, Abschnitt 3.3.2.

Das „Bau-Schalldämm-Maß" R'[10]) wird verwendet bei zusätzlicher Flanken- oder anderer Nebenwegübertragung.

Hierbei ist zu unterscheiden zwischen

- Prüfung in Prüfständen mit nach DIN 52 210 Teil 2/08.84, Abschnitt 3.3.1, festgelegter bauähnlicher Flankenübertragung,
- Prüfungen in ausgeführten Bauten mit der dort vorhandenen Flanken- und Nebenwegübertragung

und

- Prüfungen von Außenbauteilen.

b) Je nach verwendeten Meßverfahren.

Zur Kennzeichnung des Schalldämm-Maßes nach der verwendeten Meßmethode siehe DIN 52 210 Teil 3 und Teil 5.

A.6.4 Schachtpegeldifferenz D_K

Schachtpegeldifferenz ist der Unterschied zwischen dem Schallpegel L_{K1} und dem Schallpegel L_{K2} bei Vorhandensein eines Schachtes oder Kanales:

$$D_K = L_{K1} - L_{K2} \qquad \text{(A.7)}$$

Hierin bedeuten:

L_{K1} mittlerer Schallpegel in der Nähe der Schachtöffnung (Kanalöffnung) im Senderaum

L_{K2} mittlerer Schallpegel in der Nähe der Schachtöffnung (Kanalöffnung) im Empfangsraum

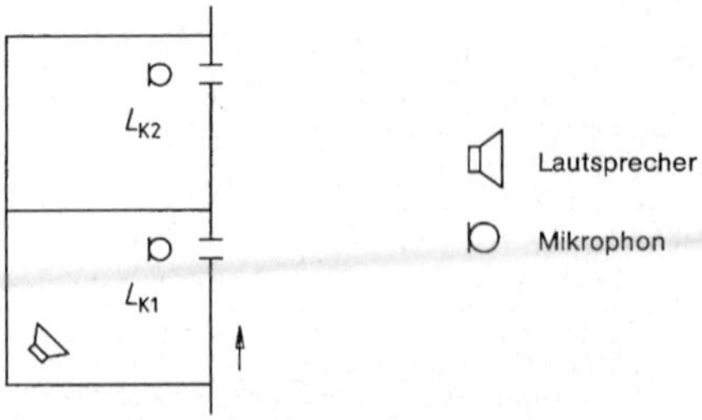

Bild A.1. Beispiel für eine Schachtanordnung

10) Im folgenden wird auf die Zusätze „Labor" bzw. „Bau" verzichtet. Die Unterscheidung geschieht allein durch den Apostroph.

A.6.5 Nebenweg-Übertragung bei Luftschallanregung

Nebenweg-Übertragung ist jede Form der Luftschallübertragung zwischen zwei aneinandergrenzenden Räumen, die nicht über die Trennwand oder Trenndecke erfolgt. Sie umfaßt z. B. auch die Übertragung über Undichtheiten, Lüftungsanlagen, Rohrleitungen und ähnliches.

(Aus: DIN 52 217/08.84)

A.6.6 Flankenübertragung

Flankenübertragung ist der Teil der Nebenweg-Übertragung, der ausschließlich über die Bauteile erfolgt, d. h. unter Ausschluß der Übertragung über Undichtheiten, Lüftungsanlagen, Rohrleitungen und ähnliches.

(Aus: DIN 52 217/08.84)

A.6.7 Flankendämm-Maß

Flankendämm-Maß nach dieser Norm ist das auf die Trennfläche (Trennwand oder Trenndecke) bezogene Schalldämm-Maß eines flankierenden Bauteils, das sich ergeben würde, wenn der Schall auf dem jeweils betrachteten Flankenweg übertragen wird (siehe DIN 52 217).

Das Flankendämm-Maß ist von Bedeutung für den Schallschutz in Gebäuden in Massivbauart.

A.6.8 Labor-Schall-Längsdämm-Maß R_L

Schall-Längsdämm-Maß nach dieser Norm ist das auf eine Bezugs-Trennfläche und eine Bezugs-Kantenlänge zwischen flankierendem Bauteil und Trennwand bzw. Trenndecke bezogene Flankendämm-Maß, wenn die Verzweigungsdämmung an der Verbindungsstelle zwischen trennendem und flankierendem Bauteil gering ist (siehe DIN 52 217).

Das Schall-Längsdämm-Maß ist vor allem von Bedeutung für den Schallschutz in Skelettbauten und Holzhäusern.

A.7 Trittschalldämmung

A.7.1 Trittschallpegel L_T

Trittschallpegel nach dieser Norm ist der Schallpegel je Terz, der im Empfangsraum entsteht, wenn das zu prüfende Bauteil mit einem Norm-Hammerwerk nach DIN 52 210 Teil 1 angeregt wird.

Der Begriff Trittschallpegel wird auch dann angewendet, wenn die mit dem Norm-Hammerwerk angeregte Decke nicht die Decke über dem Empfangsraum ist, z. B. bei Diagonal- und Horizontalübertragung sowie bei Treppenläufen und -podesten.

Die Messung des Trittschallpegels dient nicht nur dazu, die Dämmung gegenüber Gehgeräuschen zu erfassen, man charakterisiert damit auch das Verhalten einer Decke gegenüber jeder anderen Art einer unmittelbaren punktweisen Körperschallanregung.

(Aus: DIN 52 210 Teil 1/08.84)

Anmerkung: Bis 1984 wurde der Trittschallpegel in Oktavfilter gemessen. Wegen der Umstellung von Oktavfilter- auf Terzfilter-Analyse sind die Trittschallpegel (je Terz) im Mittel um $10 \lg 3 \approx 5$ dB niedriger als die früheren Trittschallpegel je Oktave. Dies ist insbesondere auch bei der Betrachtung von Frequenzdiagrammen für den Norm-Trittschallpegel L_n zu beachten.

A.7.2 Norm-Trittschallpegel L_n

Norm-Trittschallpegel nach dieser Norm ist der Trittschallpegel, der im Empfangsraum vorhanden wäre, wenn der Empfangsraum die Bezugs-Absorptionsfläche $A_0 = 10\,\text{m}^2$ hätte. Er hängt mit dem gemessenen Trittschallpegel L_T zusammen:

$$L_n = L_T + 10 \lg \frac{A}{A_0} \text{ dB} \tag{A.8}$$

Der Norm-Trittschallpegel kennzeichnet das Trittschallverhalten eines Bauteils ohne oder mit Deckenauflage.

Wird der Norm-Trittschallpegel in Prüfständen mit nach DIN 52 210 Teil 2/08.84, Abschnitt 4.3.1, festgelegter bauähnlicher Flankenübertragung oder am Bau gemessen, so wird dieser als L'_n gekennzeichnet.

A.7.3 Trittschallminderung ΔL

Trittschallminderung nach dieser Norm ist die Differenz der Norm-Trittschallpegel einer Decke ohne und mit Deckenauflage (z. B. schwimmender Estrich, weichfedernder Bodenbelag):

$$\Delta L = L_{n0} - L_{n1} \tag{A.9}$$

Hierin bedeuten:

L_{n0} Norm-Trittschallpegel im Empfangsraum, gemessen ohne Deckenauflage

L_{n1} Norm-Trittschallpegel im Empfangsraum, gemessen mit Deckenauflage,

jeweils gemessen im gleichen Empfangsraum.

A.7.4 Nebenweg-Übertragung bei Trittschallanregung

Nebenweg-Übertragung bei Trittschallanregung ist die Körperschallübertragung längs angrenzender, flankierender Bauteile (Flankenübertragung). Sie tritt gegenüber der direkten Schallabstrahlung der Decke insbesondere bei Decken mit untergehängter, biegeweicher Schale in Erscheinung. Die Nebenweg-Übertragung umfaßt aber auch die Übertragung durch zu Körperschall angeregte Rohrleitungen und ähnliches.

A.8 Bewertung und Kennzeichnung der Luft- und Trittschalldämmung

A.8.1 Einzahl-Angaben

Zur Bewertung der frequenzabhängigen Luft- und Trittschalldämmung von Bauteilen dienen Bezugskurven, mit deren Hilfe Einzahl-Angaben (d. h. Kennzeichnung mittels eines Zahlenwertes; siehe auch DIN 52 210 Teil 4) ermittelt werden:

Für die Luftschalldämmung

- die bewertete Norm-Schallpegeldifferenz $D_{n,w}$,
- das bewertete Schalldämm-Maß R_w bzw. R'_w;

für die Luftschalldämmung von Schächten und Kanälen

- die bewertete Schachtpegeldifferenz $D_{K,w}$;

für die Trittschalldämmung

- der bewertete Norm-Trittschallpegel $L_{n,w}$ bzw. $L'_{n,w}$,
- der äquivalent bewertete Norm-Trittschallpegel $L_{n,w,eq}$,
- das Trittschallverbesserungsmaß ΔL_w.

Anmerkung: Gegenüber der zurückgezogenen DIN 52 210 Teil 4/07.75 wurde folgende Änderung vorgenommen:

Die Trittschall-Bezugskurve wurde zur Anpassung an die internationale Bezugskurve in ISO 717 Teil 2:1982 um 3 dB gesenkt. Außerdem wurde das Auswerteverfahren für die Trittschalldämmung ausschließlich auf Messungen in Terzbandbreite umgestellt und deswegen die Bezugskurve um weitere 5 dB gesenkt. DIN 52 210 Teil 1/07.75 sah die Umrechnung auf Oktaven vor.

Ersetzt wurden

- das Trittschallschutzmaß TSM durch den bewerteten Norm-Trittschallpegel $L_{n,w}$ bzw. $L'_{n,w}$,
- das Trittschallverbesserungsmaß VM durch das Trittschallverbesserungsmaß ΔL_w,
- das äquivalente Trittschallschutzmaß TSM_{eq} von Rohdecken durch den äquivalenten bewerteten Norm-Trittschallpegel $L_{n,w,eq}$.

Mit für die Praxis hinreichender Genauigkeit gelten die Beziehungen:

$$L_{n,w} = 63\text{ dB} - TSM$$

$$\Delta L_w = VM$$

$$L_{n,w,eq} = 63\text{ dB} - TSM_{eq}$$

A.8.2 Bezugskurve

Bezugskurve ist die Festlegung von Bezugswerten der Schalldämm-Maße R und R' und der Norm-Trittschallpegel L_n und L'_n in Abhängigkeit von der Frequenz (siehe DIN 52 210 Teil 4/08.84, Bilder 1 und 2).

A.8.3 Bewertetes Schalldämm-Maß R_w und R'_w

Bewertetes Schalldämm-Maß ist die Einzahl-Angabe zur Kennzeichnung der Luftschalldämmung von Bauteilen. Das bewertete Schalldämm-Maß beruht auf der Bestimmung des Schalldämm-Maßes mittels Terzfilter-Analyse.

Zahlenmäßig ist R_w und R'_w der Wert der entsprechend DIN 52 210 Teil 4/08.84 um ganze dB verschobenen Bezugskurve bei 500 Hz.

A.8.4 Bewertetes Labor-Schall-Längsdämm-Maß $R_{L,w}$

Bewertetes Labor-Schall-Längsdämm-Maß ist die Einzahl-Angabe zur Kennzeichnung der Luftschalldämmung von Bauteilen mit einem Schall-Längsdämm-Maß nach Abschnitt A.6.8. Das bewertete Schall-Längsdämm-Maß beruht auf der Bestimmung des Schall-Längsdämm-Maßes mittels Terzfilter-Analyse. Zahlenmäßig ist $R_{L,w}$ der Wert, der entsprechend DIN 52 210 Teil 4 um ganze dB verschobenen Bezugskurve bei 500 Hz.

A.8.5 Bewerteter Norm-Trittschallpegel $L_{n,w}$ und $L'_{n,w}$

Bewerteter Norm-Trittschallpegel ist die Einzahl-Angabe zur Kennzeichnung des Trittschallverhaltens von gebrauchsfertigen Bauteilen. Der bewertete Norm-Trittschallpegel beruht auf der Bestimmung des frequenzabhängigen Norm-Trittschallpegels mittels Terzfilter-Analyse (siehe Abschnitt A.2.2.2).

Zahlenmäßig ist $L_{n,w}$ und $L'_{n,w}$ der Wert, der entsprechend DIN 52 210 Teil 4 um ganze dB verschobenen Bezugskurve bei 500 Hz.

A.8.6 Äquivalenter bewerteter Norm-Trittschallpegel $L_{n,w,eq}$ von Massivdecken ohne Deckenauflage

Äquivalenter bewerteter Norm-Trittschallpegel von Massivdecken ohne Deckenauflage nach dieser Norm ist die Einzahl-Angabe zur Kennzeichnung des Trittschallverhaltens einer Massivdecke ohne Deckenauflage für die spätere Verwendung als gebrauchsfertige Decke mit einer Deckenauflage. Der äquivalente bewertete Norm-Trittschallpegel beruht auf der Bestimmung des Norm-Trittschallpegels der Massivdecke mittels Terzfilter-Analyse (siehe Abschnitt A.2.2.2 und unter Berücksichtigung des grundsätzlichen Verlaufs der Trittschallminderung durch eine Deckenauflage (Bezugs-Deckenauflage nach DIN 52 210 Teil 4).

Zahlenmäßig ergibt sich $L_{n,w,eq}$ nach DIN 52 210 Teil 4.

Anmerkung: Für die Kennzeichnung des Trittschallverhaltens von Massivdecken ist der bewertete Norm-Trittschallpegel $L_{n,w}$ für die Praxis weniger geeignet, da Massivdecken zur Erfüllung der Anforderungen an die Trittschalldämmung stets eine Deckenauflage benötigen, deren grundsätzliche Wirkung im $L_{n,w}$ der Massivdecke nicht enthalten ist.

Der bewertete Norm-Trittschallpegel $L_{n,w}$ einer gebrauchsfertigen Decke ergibt sich aus $L_{n,w,eq}$ und dem Verbesserungsmaß ΔL_w der verwendeten Deckenauflage nach der Beziehung:

$$L_{n,w} = L_{n,w,eq} - \Delta L_w \quad \text{(A.12)}$$

A.8.7 Trittschallverbesserungsmaß ΔL_w einer Deckenauflage

Trittschallverbesserungsmaß einer Deckenauflage nach dieser Norm ist die Einzahl-Angabe zur Kennzeichnung der Trittschallverbesserung einer Massivdecke durch eine Deckenauflage. Das Trittschallverbesserungsmaß ΔL_w beruht auf der Bestimmung von Norm-Trittschallpegeln mittels Terzfilter-Analyse (siehe Abschnitt A.2.2.2).

Zahlenmäßig ist ΔL_w die Differenz der bewerteten Norm-Trittschallpegel einer in ihrem Frequenzverlauf festgelegten Bezugsdecke (siehe DIN 52 210 Teil 4) ohne und mit Deckenauflage. Es kennzeichnet die frequenzabhängige Trittschallminderung ΔL der geprüften Deckenauflage durch eine Zahl (in dB).

A.9 Bauakustische Kennzeichnung von Bauteilen

A.9.1 Einschalige Bauteile

Einschalige Bauteile sind Bauteile, die als Ganzes schwingen. Sie können bestehen aus:

- einem einheitlichen Baustoff (z. B. Beton, Mauerwerk, Glas)

oder

- mehreren Schichten verschiedener, aber in ihren schalltechnischen Eigenschaften verwandter Baustoffe, die fest miteinander verbunden sind (z. B. Mauerwerk- und Putzschichten).

A.9.2 Mehrschalige Bauteile

Mehrschalige Bauteile sind Bauteile aus zwei und mehreren Schalen, die nicht starr miteinander verbunden, sondern durch geeignete Dämmstoffe oder durch Luftschichten voneinander getrennt sind.

A.9.3 Grenzfrequenz f_g von Bauteilen

Grenzfrequenz von Bauteilen ist die Frequenz, bei der die Wellenlänge des Luftschalls mit der Länge der freien Biegewelle der Bauteile übereinstimmt (Spuranpassung). Im Bereich oberhalb der Grenzfrequenz tritt eine Spuranpassung auf; die Luftschalldämmung wird verringert.

Die Grenzfrequenz wird bestimmt durch das Verhältnis der flächenbezogenen Masse zur Biegesteifigkeit des Bauteils.

Für Platten von gleichmäßigem Gefüge gilt näherungsweise:

$$f_g \approx \frac{60}{d}\sqrt{\frac{\varrho}{E}} \text{ in HZ} \qquad \text{(A.12)}$$

Hierin bedeuten:

d Dicke der Platte in m

ϱ Rohdichte des Baustoffs in kg/m^3

E Elastizitätsmodul (siehe [1]) des Bauteils (Tangentenmodul im Ursprung) in MN/m^2.

A.9.4 Biegeweiche Platten

Biegeweiche Platten gelten im akustischen Sinne als „biegeweich" bei einer Grenzfrequenz oberhalb 2000 Hz.

A.9.5 Eigenfrequenz f_0 zweischaliger Bauteile (Eigenschwingungszahl, Resonanzfrequenz)

Eigenfrequenz zweischaliger Bauteile ist die Frequenz, bei der die beiden Schalen unter Zusammendrücken einer als Feder wirkenden Zwischenschicht (Luftpolster oder Dämmstoff) gegeneinander mit größter Amplitude schwingen.

A.9.6 Dynamische Steifigkeit s' von Zwischenschichten

Dynamische Steifigkeit von Zwischenschichten kennzeichnet das Federungsvermögen der Zwischenschicht (Luftpolster oder Dämmstoff) zwischen zwei Schalen. Sie ergibt sich aus der Luftsteifigkeit und gegebenenfalls aus der Gefügesteifigkeit des Dämmstoffes. Sie wird bestimmt nach DIN 52 214.

A.10 Schallabsorption

Schallabsorption ist der Verlust an Schallenergie bei der Reflexion an den Begrenzungsflächen eines Raumes oder an Gegenständen oder Personen in einem Raum.

Der Verlust entsteht vorwiegend durch Umwandlung von Schall in Wärme (Dissipation). Die Schallabsorption unterscheidet sich von der Schalldämmung (siehe Abschnitt A.5).

Die Schallabsorption braucht jedoch nicht allein auf Dissipation zu beruhen. Auch wenn der Schall teilweise in Nachbarräume oder (durch ein offenes Fenster) ins Freie gelangt (Transmission), geht er für den Raum verloren.

Die für die Schallabsoprtion wichtigsten Begriffe sind in den Abschnitten A.10.1 bis A.10.5 genannt.

A.10.1 Schallabsorptionsgrad α

Schallabsorptionsgrad ist das Verhältnis der nicht reflektierten (nicht zurückgeworfenen) zur auffallenden Schallenergie. Bei vollständiger Reflexion ist $\alpha = 0$, bei vollständiger Absorption ist $\alpha = 1$.

A.10.2 Nachhall-Vorgang

Nachhall-Vorgang ist die Abnahme der Schallenergie in einem geschlossen Raum nach beendeter Schallsendung.

Für die Schallabsorption im Raum ist die Nachhallzeit T kennzeichnend.

A.10.3 Nachhallzeit T

Nachhallzeit ist die Zeitspanne, während der der Schalldruckpegel nach Beenden der Schallsendung um 60 dB abfällt.

Aus der Nachhallzeit T und dem Raumvolumen V ergibt sich die äquivalente Absorptionsfläche A.

A.10.4 Äquivalente Schallabsorptionsfläche A

Äquivalente Schallabsorptionsfläche ist die Schallabsorptionsfläche mit dem Schallabsorptionsgrad $\alpha = 1$, die den gleichen Anteil der Schallenergie absorbieren würde wie die gesamte Oberfläche des Raumes und die in ihm befindlichen Gegenstände und Personen. Sie wird nach folgender Gleichung berechnet:

$$A = 0{,}163 \frac{V}{T} \text{ in m}^2 \qquad \text{(A.13)}$$

Hierbei ist V in m^3 und T in s einzusetzen (näheres siehe DIN 1320).

A.10.5 Pegelminderung ΔL durch Schallabsorption

Pegelminderung durch Schallabsorption ist die Minderung des Schalldruckpegels L, die in einem Raum durch Anbringen von schallabsorbierenden Stoffen oder Konstruktionen gegenüber dem unbehandelten Raum erreicht wird.

Für sie gilt:

$$\Delta L \approx 10 \lg \frac{A_2}{A_1} \text{ dB} \approx 10 \lg \frac{T_1}{T_2} \text{ dB} \qquad \text{(A.14)}$$

Der Index 1 gilt für den Zustand des unbehandelten, der Index 2 für den Zustand des behandelten Raumes.

A.10.6 Längenbezogener Strömungswiderstand Ξ

Längenbezogener Strömungswiderstand nach dieser Norm ist eine von der Schichtdicke unabhängige Kenngröße für ein schallabsorbierendes Material. Er ist in DIN 52 213 definiert.

Anhang B Ermittlung des „maßgeblichen Außenlärmpegels" durch Messung

B.1 Straßenverkehr

Messungen sind nach DIN 45 642 vorzunehmen. Werden bei der Messung Freifeldpegel bestimmt, sind hierzu 3 dB(A) zu addieren. Wird der Schallpegel unmittelbar auf der Oberfläche des zu schützenden Objektes gemessen, ist er um 3 dB(A) zu mindern. Aus dem gemessenen Mittelungspegel ist der Beurteilungspegel tags (6.00 bis 22.00 Uhr) entsprechend der Vorgehensweise in DIN 18 005 Teil 1 zu berechnen. Hierbei muß von der, bei der Messung vorliegenden Verkehrsbelastung auf die durchschnittliche stündliche Verkehrsstärke und -zusammensetzung (Jahresmittelwert) unter Berücksichtigung der künftigen Verkehrsentwicklung (5 bis 10 Jahre) umgerechnet werden und gegebenenfalls der Lästigkeitszuschlag möglicher Lichtzeichenanlagen nach DIN 18 005 Teil 1 addiert werden.

Bei Straßenverkehrsgeräuschen mit starken Pegelschwankungen kann die Berücksichtigung der Pegelspitzen zur Kennzeichnung einer erhöhten Störwirkung wichtig sein; in einem solchen Fall soll zusätzlich zum Mittelungspegel der mittlere Maximalpegel $\overline{L_{AF,max}}$ bestimmt werden. Beim Straßenverkehr wird als mittlerer Maximalpegel der A-Schalldruckpegel L_1 verstanden, der während 1% der Meßzeit erreicht oder überschritten wird. Ist die Differenz zwischen L_1 und $L_{AFm} > 10$ dB(A), so wird für den „maßgeblichen Außenlärmpegel" statt des Beurteilungspegels der Wert $L_1 - 10$ dB(A) zugrunde gelegt.

B.2 Schienenverkehr

Messungen sind nach DIN 45 642 vorzunehmen. Werden bei der Messung Freifeldpegel bestimmt, sind hierzu 3 dB(A) zu addieren. Wird der Schallpegel umittelbar auf der Oberfläche des zu schützenden Objektes gemessen, ist er um 3 dB(A) zu mindern. Aus dem gemessenen Mittelungspegel ist der Beurteilungspegel tags (6.00 bis 22.00 Uhr) entsprechend der Vorgehensweise in DIN 18 005 Teil 1 zu berechnen. Hierbei muß von der, bei der Messung vorliegenden Verkehrsbelastung auf die durchschnittliche stündliche Verkehrsstärke und -zusammensetzung (Jahresmittelwert) unter Berücksichtigung der künftigen Verkehrsentwicklung (5 bis 10 Jahre) umgerechnet werden und gegebenenfalls der Lästigkeitsabschlag von 5 dB(A) nach DIN 18 005 Teil 1 abgezogen werden.

Bei Schienenverkehrsgeräuschen kann in besonderen Fällen die Berücksichtigung der Pegelspitzen zur Kennzeichnung einer erhöhten Störwirkung wichtig sein; in einem solchen Fall soll zusätzlich zum Mittelungspegel der mittlere Maximalpegel $\overline{L_{AF,max}}$ bestimmt werden. Ergibt sich, daß im Beurteilungszeitraum (nicht mehr als 16 zusammenhängende Stunden eines Tages) der Mittelungspegel L_{AFm} häufiger als 30mal oder 2mal durchschnittlich je Stunde um mehr als 15 dB(A) überschritten wird und die Differenz zwischen dem mittleren Maximalpegel $\overline{L_{AF,max}}$ und dem Mittelungspegel L_{AFm} größer als 15 dB(A) ist, so wird für den „maßgeblichen Außenlärmpegel" statt des Beurteilungspegels der Wert $\overline{L_{AF,max}} - 20$ dB(A) zugrunde gelegt.

B.3 Wasserverkehr

Messungen sind nach DIN 45 642 vorzunehmen. Werden bei der Messung Freifeldpegel bestimmt, sind hierzu 3 dB(A) zu addieren. Wird der Schalldruckpegel unmittelbar auf der Oberfläche des zu schützenden Objektes gemessen, ist er um 3 dB(A) zu mindern. Aus dem gemessenen Mittelungspegel ist der Beurteilungszeitraum tags (6.00 bis 22.00 Uhr) entsprechend der Vorgehensweise in DIN 18 005 Teil 1 zu berechnen. Hierbei muß von der, bei der Messung vorliegenden Verkehrsbelastung auf die durchschnittliche stündliche Verkehrsstärke und -zusammensetzung (Jahresmittelwert) unter Berücksichtigung der künftigen Verkehrsentwicklung (5 bis 10 Jahre) umgerechnet werden.

B.4 Luftverkehr

Messungen sind nach DIN 45 643 Teil 1 bis Teil 3 vorzunehmen. Werden bei der Messung Freifeldpegel bestimmt, sind hierzu 3 dB(A) zu addieren. Wird der Schallpegel unmittelbar auf der Oberfläche des zu schützenden Objektes gemessen, ist er um 3 dB(A) zu mindern.

B.5 Meßzeitpunkte und Meßdauer

Werden Messungen für die Ermittlung des „maßgeblichen Außenlärmpegels" durchgeführt, so kommen für die verschiedenartigen Geräuschquellen im Regelfall die in Tabelle B.1 angegebenen Meßzeiten und Meßdauern in Betracht.

Um eine ausreichende Aussagekraft der Messungen sicherzustellen, sollen diese gegebenenfalls auch mehrfach zu verschiedenen Zeitpunkten eines längeren Zeitraumes, z. B. an verschiedenen Tagen bei Mitwindwetterlagen, durchgeführt werden.

Tabelle B.1. **Meßgrößen, Meßzeitpunkte und Meßdauer**

Spalte	1	2	3	4
Zeile	Geräuschquelle	Meßgröße	Meßzeitpunkt	Meßdauer
1	Straßenverkehr	L_{AFm}, L_1	In der verkehrsreichsten Zeit, Dienstag bis Donnerstag (im Regelfall zwischen 7.00 und 9.00 Uhr oder 16.00 bis 18.00 Uhr)	siehe DIN 45 642
2	Schienen- und Wasserstraßenverkehr	L_{AFm}, $\overline{L_{AF,max}}$	In der verkehrsreichsten Zeit, Dienstag bis Donnerstag	siehe DIN 45 642
3	Gewerbe- und Industrieanlagen	L_{AFTm}	Nach TALärm, Abschnitt 2.421.2	
4	Fluglärm	$\overline{L_{AF,max}}$	An mehreren Tagen mit insgesamt durchschnittlicher Belastung (Flugbetrieb entsprechend dem Durchschnitt der sechs verkehrsreichsten Monate eines Jahres) und mindestens 20 repräsentativen Ereignissen je Tag	

Zitierte Normen und andere Unterlagen

DIN 1320	Akustik; Grundbegriffe
Beiblatt 1 zu DIN 4109	Schallschutz im Hochbau; Ausführungsbeispiele und Rechenverfahren
Beiblatt 2 zu DIN 4109	Schallschutz im Hochbau; Hinweise für Planung und Ausführung; Vorschläge für einen erhöhten Schallschutz; Empfehlungen für den Schallschutz im eigenen Wohn- oder Arbeitsbereich
DIN 18 005 Teil 1	Schallschutz im Städtebau; Berechnungsverfahren
DIN 45 641	(z. Z. Entwurf) Mittelung von Schallpegeln; Mittelungspegel, Einzelereignispegel
DIN 45 642	Messung von Verkehrsgeräuschen
DIN 45 643 Teil 1	Messung und Beurteilung von Flugzeuggeräuschen; Meß- und Kenngrößen
DIN 45 643 Teil 2	Messung und Beurteilung von Flugzeuggeräuschen; Fluglärmüberwachungsanlagen im Sinne von § 19 a Luftverkehrsgesetz
DIN 45 643 Teil 3	Messung und Beurteilung von Flugzeuggeräuschen; Ermittlung des Beurteilungspegels für Fluglärmimmissionen
DIN 45 645 Teil 1	Einheitliche Ermittlung des Beurteilungspegels für Geräuschimmissionen
DIN 45 645 Teil 2	Einheitliche Ermittlung des Beurteilungspegels für Geräuschimmissionen; Geräuschimmissionen am Arbeitsplatz
DIN 50 049	Bescheinigungen über Materialprüfungen
DIN 52 210 Teil 1	Bauakustische Prüfungen; Luft- und Trittschalldämmung; Meßverfahren
DIN 52 210 Teil 2	Bauakustische Prüfungen; Luft- und Trittschalldämmung; Prüfstände für Schalldämm-Messungen an Bauteilen
DIN 52 210 Teil 3	Bauakustische Prüfungen; Luft- und Trittschalldämmung; Prüfung von Bauteilen in Prüfständen und zwischen Räumen am Bau
DIN 52 210 Teil 4	Bauakustische Prüfungen; Luft- und Trittschalldämmung; Ermittlung von Einzahl-Angaben
DIN 52 210 Teil 5	Bauakustische Prüfungen; Luft- und Trittschalldämmung; Messung der Luftschalldämmung von Außenbauteilen am Bau
DIN 52 210 Teil 6	Bauakustische Prüfungen; Luft- und Trittschalldämmung; Bestimmung der Schachtpegeldifferenz
DIN 52 210 Teil 7	Bauakustische Prüfungen; Luft- und Trittschalldämmung; Bestimmung des Schall-Längsdämm-Maßes
DIN 52 212	Bauakustische Prüfungen; Bestimmung des Schallabsorptionsgrades im Hallraum
DIN 52 213	Bauakustische Prüfungen; Bestimmung des Strömungswiderstandes
DIN 52 214	Bauakustische Prüfungen; Bestimmung der dynamischen Steifigkeit von Dämmschichten für schwimmende Estriche
DIN 52 217	Bauakustische Prüfungen; Flankenübertragung; Begriffe
DIN 52 218 Teil 1	Akustik; Prüfung des Geräuschverhaltens von Armaturen und Geräten der Wasserinstallation im Laboratorium; Meßverfahren; Identisch mit ISO 3822/1, Ausgabe 1983
DIN 52 218 Teil 2	Akustik; Prüfung des Geräuschverhaltens von Armaturen und Geräten der Wasserinstallation im Laboratorium; Anschluß- und Betriebsbedingungen für Auslaufarmaturen; Identisch mit ISO 3822/2, Ausgabe 1984
DIN 52 218 Teil 3	Akustik; Prüfung des Geräuschverhaltens von Armaturen und Geräten der Wasserinstallation im Laboratorium; Anschluß- und Betriebsbedingungen für Durchgangsarmaturen; Identisch mit ISO 3822/3, Ausgabe 1984
DIN 52 218 Teil 4	Akustik; Prüfung des Geräuschverhaltens von Armaturen und Geräten der Wasserinstallation im Laboratorium; Anschluß- und Betriebsbedingungen für Sonderarmaturen; Identisch mit ISO 3822/4, Ausgabe 1985
DIN 52 219	Bauakustische Prüfungen; Messung von Geräuschen der Wasserinstallation in Gebäuden
DIN 55 350 Teil 17	Begriffe der Qualitätssicherung und Statistik; Begriffe der Qualitätsprüfungsarten
DIN IEC 651	Schallpegelmesser
ISO 717/2:1982 [11]	Acoustics; Rating of sound insulation in buildings and of building elements – Part 2: Impact sound insulation
VDI 2058 Blatt 1	Beurteilung von Arbeitslärm in der Nachbarschaft

Feuerungsverordnung [12]

Gesetz zum Schutz gegen Fluglärm vom 30. März 1971, zuletzt geändert durch das Gesetz zur Änderung des Bundesbaugesetzes vom 8. Dezember 1986, BGBl I, 1971, S. 282 [12]

Technische Anleitung zum Schutz gegen Lärm (TALärm) vom 16. Juli 1968 (Bundesanzeiger 1968, Nr. 137, Beilage) [12]

Verordnung über bauliche Schallschutzanforderungen nach dem Gesetz zum Schutz gegen Fluglärm (Schallschutzverordnung – SchallschutzV) vom 5. April 1974, BGBl I, 1974, S. 903 [12]

[1] H. Schmidt Schalltechnisches Taschenbuch, VDI-Verlag Düsseldorf

[11]) Zu beziehen durch Beuth Verlag GmbH (Auslandsnormenverkauf), Burggrafenstraße 6, 1000 Berlin 30

[12]) Zu beziehen durch Deutsches Informationszentrum für technische Regeln im DIN (DITR), Burggrafenstraße 6, 1000 Berlin 30

Frühere Ausgaben

DIN 4109 Teil 1: 09.62
DIN 4109 Teil 2: 09.62
DIN 4109: 04.44 X

Änderungen

Gegenüber DIN 4109 T 1/09.62 und T 2/09.62 wurden folgende Änderungen vorgenommen:

Der Inhalt wurde vollständig überarbeitet und dem Stand der Technik angepaßt, siehe Erläuterungen.

Erläuterungen

Nachdem die Norm-Entwürfe zu den Normen der Reihe DIN 4109, Ausgabe Februar 1979, aufgrund der eingegangenen Stellungnahmen grundsätzlich überarbeitet und die Entwürfe im Mai 1983 zurückgezogen worden sind, wurden folgende Norm-Entwürfe mit dem Ausgabedatum Oktober 1984 der Fachöffentlichkeit erneut zur Diskussion gestellt:

DIN 4109 Teil 1 Schallschutz im Hochbau; Einführung und Begriffe

DIN 4109 Teil 2 Schallschutz im Hochbau; Luft- und Trittschalldämmung in Gebäuden; Anforderungen, Nachweise und Hinweise für Planung und Ausführung

DIN 4109 Teil 3 Schallschutz im Hochbau; Luft- und Trittschalldämmung in Gebäuden; Ausführungsbeispiele mit nachgewiesener Schalldämmung für Gebäude in Massivbauart

DIN 4109 Teil 5 Schallschutz im Hochbau; Schallschutz gegenüber Geräuschen aus haustechnischen Anlagen und aus Betrieben; Anforderungen, Nachweise und Hinweise für Planung und Ausführung

DIN 4109 Teil 6 Schallschutz im Hochbau; Bauliche Maßnahmen zum Schutz gegen Außenlärm

DIN 4109 Teil 7 Schallschutz im Hochbau; Luft- und Trittschalldämmung in Gebäuden; Rechenverfahren und Ausführungsbeispiele für den Nachweis des Schallschutzes in Skelettbauten und Holzhäusern

Aufgrund der zu diesen Norm-Entwürfen eingegangenen Einsprüche – insbesondere aufgrund der Einsprüche, die sich gegen die Gliederung, Vorschläge für einen erhöhten Schallschutz und Richtwerte wandten – wurde eine Neugliederung vorgenommen:

DIN 4109 enthält zusammengefaßt alle Anforderungen (Mindestanforderungen) aus den bisherigen Norm-Entwürfen zu DIN 4109 Teil 2, Teil 5 und Teil 6 und die dafür erforderlichen Nachweise. In einem Anhang sind Begriffe und Definitionen (bisher Teil 1) aufgenommen.

Die Anforderung an die Luftschalldämmung von Wohnungstrenndecken wurde von 52 dB auf 54 dB, von Wohnungstrennwänden von 52 dB auf 53 dB und von Gebäudetrennwänden bei Einfamilien-Reihen- und -Doppelhäusern auf 57 dB angehoben. Die Norm enthält Rechenverfahren und Hilfsmittel, um den Einfluß flankierender Bauteile auf den Schallschutz richtig zu erfassen und damit den Schallschutz gezielt planen und ausführen zu können.

Die Anforderungen an die Trittschalldämmung von Wohnungstrenndecken wurden deutlich angehoben; sie bedeuten aber für die heutige Bauausführung keine Änderungen, da Massivdecken mit einwandfrei hergestellten schwimmenden Estrichen den Anforderungen genügen.

Zusätzlich wurden Anforderungen an die Trittschalldämmung von Treppen und die Luftschalldämmung von Türen aufgenommen.

Die Norm enthält des weiteren Anforderungen zum Schutz gegen Außenlärm. Die Aufnahme dieser Anforderungen an die Luftschalldämmung von Außenbauteilen ersetzt die Regelungen der „Richtlinien für bauliche Maßnahmen zum Schutz gegen Außenlärm".

Die Einführung eines „Vorhaltemaßes" – beim Nachweis der Eignung von Wänden, Decken, Fenstern von 2 dB und bei Türen von 5 dB – soll eine Unterschreitung der festgelegten Anforderungen in ausgeführten Bauten sicherstellen helfen und zu einer Verbesserung des Schallschutzes beitragen.

Beiblatt 1 zu DIN 4109 enthält sämtliche Ausführungsbeispiele aus den bisherigen Norm-Entwürfen zu DIN 4109 Teil 3, Teil 5, Teil 6 und Teil 7 sowie das Rechenverfahren aus Teil 7.

Beiblatt 2 zu DIN 4109 enthält Hinweise für Planung und Ausführung aus den Norm-Entwürfen zu DIN 4109 Teil 2 und Teil 5 sowie Vorschläge für einen erhöhten Schallschutz und Empfehlungen für den Schallschutz im eigenen Wohn- oder Arbeitsbereich aus dem Norm-Entwurf zu DIN 4109 Teil 2.

Die vorliegende Norm und die Beiblätter 1 und 2 stellen eine vollständige Überarbeitung der DIN 4109 Teil 1 bis Teil 3, Ausgaben September 1962, und Teil 5, Ausgabe April 1963, dar und konnten aufgrund intensiver Beratungen an den Stand der heutigen Erkenntnisse angepaßt und qualitativ wesentlich verbessert werden.

Internationale Patentklassifikation

E 04 B 1/82
E 04 F 15/20
G 01 H
G 10 K 11/16

	Berichtigungen zu DIN 4109/11.89; DIN 4109 Bbl. 1/11.89 und DIN 4109 Bbl. 2/11.89	Berichtigung 1 zu DIN 4109

Amendment to DIN 4109/11.89, DIN 4109 Bbl. 1/11.89 and DIN 4109 Bbl. 2/11.89

Es wird empfohlen, auf der betroffenen Norm und den Beiblättern einen Hinweis auf diese Berichtigungen zu machen.

DIN 4109/11.89 Schallschutz im Hochbau; Anforderungen und Nachweise

- In Tabelle 5, Zeile 4.1, Spalten 3 und 4, ist der Wert „55“ aufzunehmen.
- In Tabelle 6, Fußnote 2, muß es anstelle von „Anzeigecharakteristik“ „Zeitbewertung“ heißen.
- Im Abschnitt 4.3.2 muß der Text zum 2. Spiegelstrich wie folgt lauten:

  „– bei Auslaufarmaturen sowie diesen nachgeschalteten Auslaufvorrichtungen nach Tabelle 6, Zeile 10, außerdem noch die Einstufung in die Durchflußklasse A, B, C, D oder Z, bei Eckventilen in Durchflußklasse A oder B;“.
- Gleichung 1 muß wie folgt lauten:

  „$L_{a,res} = 10 \lg \sum_{i=1}^{n} (10^{0,1 L_{a,i}})$ dB (A)“.
- Im Abschnitt 6.4.1 a), 2. Absatz, muß es „... mittlere flächenbezogene Masse $m'_{L,Mittel}$ ...“ heißen.
- Im Abschnitt 7.2.2.3 muß der letzte Satz heißen:

  „Eckventile vor Armaturen dürfen keiner niedrigeren Durchflußklasse angehören als ...“.
- Im Abschnitt A.3.3.10 muß es in der Überschrift und im Text „Installations-Schallpegel L_{In}“ heißen.
- Die Einheit in Abschnitt A.9.3, Gleichung (A.13) muß „Hz“ lauten.
- In den Abschnitten A.9 und A.10 sind die Gleichungen wie folgt zu numerieren:

  „(A.13)“ anstelle von „(A.12)“,
  „(A.14)“ anstelle von „(A.13)“,
  „(A.15)“ anstelle von „(A.14)“.

Fortsetzung Seite 2

Normenausschuß Bauwesen (NABau) im DIN Deutsches Institut für Normung e.V.

Beiblatt 1 zu DIN 4109/11.89 Schallschutz im Hochbau; Ausführungsbeispiele und Rechenverfahren

- In Tabelle 1, Zeile 28, muß es statt „5" „4" heißen.
- In Tabelle 5, Zeile 24, Spalte 4, beträgt die Stein-Rohdichte „2,0" anstelle von „2,2".
- In Tabelle 9, Überschrift, muß es „oder" anstelle von „der Spanplatten" heißen.
- Im Abschnitt 3.4, Beispiel 1, muß der Wert für $m'_{L,\text{Mittel}}$" ≈ 262 kg/m²" lauten.
- Im Abschnitt 4.1.3 muß es im Text und in der Formel „$\Delta L_{w,R,\min}$" heißen; bei „$VM_{R,\min}$" sind die Punkte zu streichen.
- Im Abschnitt 5.6, Beispiel 1 b), muß in der 1. Zeile „, Zeile 1, zunächst" gestrichen werden.
- In Tabelle 23 (Fortsetzung), Seite 29, muß die Überschrift der Ausführungsbeispiele „Zweischalige Doppelständerwände" lauten.
- Im Abschnitt 6.4.2.3 sind die Bilder wie folgt zu numerieren:
  „Bild 14 a" anstelle von „Bild 12",
  „Bild 14 b" anstelle von „Bild 13",
  „Bild 14 c" anstelle von „Bild 14".
- In Tabelle 36, Fußnote 1), muß die Gleichung wie folgt lauten:
  „$L'_{n,w,R} = 63\,\text{dB} - \Delta L_{w,R} - 15\,\text{dB}\ (TSM_R = VM_R + 15\,\text{dB})$".
- In Tabelle 40, Zeilen 6 und 7, Spalte 3, muß die Fußnote 4) gestrichen werden.
- Im Abschnitt 12 ist der letzte Absatz mit den Gleichungen wie folgt zu ersetzen:
  „Das resultierende Schalldämm-Maß wird nach Gleichung (15) berechnet. Setzt man die Gesamtfläche $S_{ges} = 100\,\%$ und den Fensterflächenanteil x %, so lautet die Gleichung (15) für die beiden Teilflächen Wand/Fenster wie folgt:

  $$R'_{w,R,res} = -10 \lg \frac{1}{100}\left[(100 - x) \cdot 10^{\frac{-R'_{w,R}(\text{Wand})}{10}} + x \cdot 10^{\frac{-R'_{w,R}(\text{Fenster})}{10}}\right]$$

  Daraus ergeben sich folgende Werte in Tabelle 42."
- Unter „Zitierte Normen und andere Unterlagen" muß der Hinweis auf das Gesetz zum Schutz gegen Fluglärm wie folgt lauten:
  „Gesetz zum Schutz gegen Fluglärm vom 30. März 1971 (BGBl. I, 1971, S. 282), zuletzt geändert durch Zweites Rechtsbereinigungsgesetz vom 16. Dezember 1986 (BGBl. I, 1986, S. 2441) [12])".

Beiblatt 2 zu DIN 4109/11.89 Schallschutz im Hochbau; Hinweise für Planung und Ausführung; Vorschläge für einen erhöhten Schallschutz; Empfehlungen für den Schallschutz im eigenen Wohn- oder Arbeitsbereich

- Im Bild 2 muß es in der Ordinate „... $\Delta L_{w,R}$" lauten.
- Gleichung (6) muß wie folgt lauten:

  $$„L_{A,res} = 10 \lg \sum_{i=1}^{n} (10^{0,1 L_{a,i}})\ \text{dB (A)}“$$

- Im Abschnitt 2.5.7 ist beim letzten Spiegelstrich „mindestens" zu streichen.

DK 699.844 November 1989

Schallschutz im Hochbau

Ausführungsbeispiele und Rechenverfahren

Beiblatt 1 zu DIN 4109

Sound insulation in buildings; Construction examples and calculation methods

Isolation acoustique dans la construction immobilière; Exemples d'exécution et modes de calcul

Ersatz für DIN 4109 T 3/09.62 und mit Beiblatt 2 zu DIN 4109/11.89 Ersatz für DIN 4109 T 5/04.63

Dieses Beiblatt enthält Informationen zu DIN 4109, jedoch keine zusätzlichen genormten Festlegungen.

Inhalt

Fortsetzung Seite 2 bis 62

Normenausschuß Bauwesen (NABau) im DIN Deutsches Institut für Normung e.V.

1 Anwendungsbereich und Zweck

Dieses Beiblatt enthält Ausführungsbeispiele für Bauteile, die ohne bauakustische Eignungsprüfungen als geeignet gelten, die jeweiligen Anforderungen an den Schallschutz nach DIN 4109 zu erfüllen, sowie Rechenverfahren für den Nachweis der Luft- und Trittschalldämmung.

Die Beispiele sind so ausgewählt und bewertet, daß der angegebene Schallschutz am Bau bei einwandfreier Ausführung erreicht wird. Das Vorhaltemaß nach DIN 4109/11.89, Abschnitt 6.4, ist bei den angegebenen Beispielen jeweils berücksichtigt. Voraussetzung ist ferner die Erfüllung der jeweiligen Anforderungen an die flankierenden Bauteile nach Abschnitt 3.

Anmerkung: Bei Bauteilen, für die kein Nachweis nach Beiblatt 1 zu DIN 4109 geführt werden kann, ist entsprechend DIN 4109/11.89, Abschnitt 6.3, die Eignung durch Eignungsprüfung I oder III aufgrund von Messungen nach DIN 52 210 Teil 1 bis Teil 4 nachzuweisen.

Ein Nachweis durch Eignungsprüfung ist auch dann gestattet, wenn das Bauteil zwar einer Beispielgruppe dieses Beiblatts zuzuordnen ist, jedoch wegen bestimmter einschränkender oder zusätzlicher Merkmale schalltechnisch anders beurteilt werden kann. Im Prüfzeugnis sind diese Merkmale als verbindlich festzulegen.

In den Abschnitten 2 bis 4 dieses Beiblatts sind Ausführungsbeispiele von Bauteilen für Gebäude in Massivbauart aufgeführt.

In Abschnitt 5 sind Rechenverfahren zum Nachweis der resultierenden Luftschalldämmung für Bauteile in Gebäuden in Skelett- und Holzbauart enthalten.

Abschnitte 6 bis 8 dieses Beiblatts enthalten Ausführungsbeispiele

- für Skelettbauten mit Skeletten aus Stahlbeton, Stahl oder Holz mit leichtem Ausbau, wobei Bauteile mit biegeweichen Schalen verwendet werden,

sowie

- für Holzhäuser, bei denen sowohl die trennenden als auch die flankierenden Bauteile in Holzbauart ausgeführt werden.

Der Nachweis durch Rechenverfahren für den zu erwartenden Schallschutz gilt als Eignungsnachweis für die in DIN 4109 gestellten Anforderungen.

In Skelettbauten mit massiven Decken betrifft dieser rechnerische Eignungsnachweis im wesentlichen die Luftschallübertragung in horizontaler Richtung, da im Regelfall die Schall-Längsleitung in vertikaler Richtung von geringerer Bedeutung ist. Für Holzhäuser ist der Eignungsnachweis für die Luftschallübertragung in horizontaler und vertikaler Richtung zu führen.

Der Nachweis der Trittschalldämmung für Holzbalkendecken in Gebäuden in Skelett- und Holzbauart ist in Abschnitt 8.1.2 enthalten.

Abschnitt 9 gibt Hinweise zur Erfüllung der Anforderungen – soweit es Geräusche von Armaturen und Geräten der Wasserinstallation und die Luft- und Trittschalldämmung zwischen „besonders lauten" und schutzbedürftigen Räumen betrifft – und Angaben zum Nachweis der Erfüllung der Anforderungen.

Abschnitt 10 enthält Hinweise und Beispiele für Außenbauteile zur Erfüllung der Anforderungen zum Schutz gegen Außenlärm.

2 Luftschalldämmung in Gebäuden in Massivbauart; Trennende Bauteile

2.1 Allgemeines

Die Luftschalldämmung von trennenden Innenbauteilen hängt nicht nur von deren Ausbildung selbst ab, sondern auch von der der flankierenden Bauteile. Die in den Tabellen 1, 5, 8, 9, 10, 12 und 19 angegebenen Rechenwerte sind auf mittlere Flankenübertragungs-Verhältnisse bezogen, wobei die mittlere flächenbezogene Masse der flankierenden Bauteile mit etwa 300 kg/m^2 angenommen wird.

Für andere mittlere flächenbezogene Massen der flankierenden Bauteile sind Korrekturen anzubringen.

In den Tabellen 1, 5, 6, 8, 9 und 10 werden Rechenwerte des bewerteten Schalldämm-Maßes $R'_{w,R}$ für verschiedene Wandausführungen angegeben.

Ausführungsbeispiele für trennende und flankierende Bauteile mit einem Schalldämm-Maß $R'_{w,R} \geq 55$ dB enthält Tabelle 35.

2.2 Einschalige, biegesteife Wände

2.2.1 Abhängigkeit des bewerteten Schalldämm-Maßes $R'_{w,R}$ von der flächenbezogenen Masse des trennenden Bauteils

Für einschalige, biegesteife Wände enthält Tabelle 1 Rechenwerte des bewerteten Schalldämm-Maßes $R'_{w,R}$ in Abhängigkeit von der flächenbezogenen Masse der Wände. Zwischenwerte sind gradlinig zu interpolieren und auf ganze dB zu runden. Wände mit unmittelbar aufgebrachtem Putz nach DIN 18 550 Teil 1 oder mit Beschichtungen gelten als einschalig (siehe jedoch Abschnitt 2.2.4).

Voraussetzung für den in Tabelle 1 angegebenen Zusammenhang zwischen Luftschalldämmung und flächenbezogener Masse einschaliger Wände ist ein geschlossenes Gefüge und ein fugendichter Aufbau. Ist diese Voraussetzung nicht erfüllt, sind die Wände zumindest einseitig durch einen vollflächig haftenden Putz bzw. durch eine entsprechende Beschichtung gegen unmittelbaren Schalldurchgang abzudichten.

2.2.2 Ermittlung der flächenbezogenen Masse

Die flächenbezogene Masse der Wand ergibt sich aus der Dicke der Wand und deren Rohdichte, gegebenenfalls mit Zuschlag für ein- oder beidseitigen Putz. Die in den Abschnitten 2.2.2.1 und 2.2.2.2 enthaltenen Angaben sind für die Berechnung der Rohdichte von biegesteifen Wänden sowie für die Zuschläge von Putz anzuwenden.

2.2.2.1 Wandrohdichte

Die Rohdichte gemauerter Wände verschiedener Stein-/Plattenrohdichteklassen mit zwei Arten von Mauermörteln ist der Tabelle 3 zu entnehmen.

Zur Ermittlung der flächenbezogenen Masse von fugenlosen Wänden und von Wänden aus geschoßhohen Platten ist bei unbewehrtem Beton und Stahlbeton aus Normalbeton mit einer Rohdichte von 2300 kg/m^3 zu rechnen. Bei Wänden aus Leichtbeton und Gasbeton sowie bei Wänden aus im Dünnbettmörtel verlegten Plansteinen und -platten ist die Rohdichte nach Tabelle 2 abzumindern.

Tabelle 1. **Bewertetes Schalldämm-Maß $R'_{w,R}$ [1] [2]) von einschaligen, biegesteifen Wänden und Decken (Rechenwerte)**

Spalte	1	2
Zeile	Flächenbezogene Masse m' kg/m^2	Bewertetes Schalldämm-Maß $R'_{w,R}$ dB
1	85 [3])	34
2	90 [3])	35
3	95 [3])	36
4	105 [3])	37
5	115 [3])	38
6	125 [3])	39
7	135	40
8	150	41
9	160	42
10	175	43
11	190	44
12	210	45
13	230	46
14	250	47
15	270	48
16	295	49
17	320	50
18	350	51
19	380	52
20	410	53
21	450	54
22	490	55
23	530	56
24	580	57
25 [4])	630	58
26 [4])	680	59
27 [4])	740	60
28 [5])	810	61
29 [4])	880	62
30 [4])	960	63
31 [4])	1040	64

[1]) Gültig für flankierende Bauteile mit einer mittleren flächenbezogenen Masse $m'_{L,Mittel}$ von etwa 300 kg/m^2. Weitere Bedingungen für die Gültigkeit der Tabelle 1 siehe Abschnitt 3.1

[2]) Meßergebnisse haben gezeigt, daß bei verputzten Wänden aus dampfgehärteten Gasbeton und Leichtbeton mit Blähtonzuschlag mit Steinrohdichte $\leq 0{,}8$ kg/dm^3 bei einer flächenbezogenen Masse bis 250 kg/m^2 das bewertete Schalldämm-Maß $R'_{w,R}$ um 2 dB höher angesetzt werden kann. Das gilt auch für zweischaliges Mauerwerk, sofern die flächenbezogene Masse der Einzelschale $m' \leq 250$ kg/m^2 beträgt.

[3]) Sofern Wände aus Gips-Wandbauplatten nach DIN 4103 Teil 2 ausgeführt und am Rand ringsum mit 2 mm bis 4 mm dicken Streifen aus Bitumenfilz eingebaut werden, darf das bewertete Schalldämm-Maß $R'_{w,R}$ um 2 dB höher angesetzt werden.

[4]) Diese Werte gelten nur für die Ermittlung des Schalldämm-Maßes zweischaliger Wände aus biegesteifen Schalen nach Abschnitt 2.3.2.

Tabelle 2. **Abminderung**

Spalte	1	2	3
Zeile	Rohdichteklasse	Rohdichte	Abminderung
1	$> 1{,}0$	> 1000 kg/m^3	100 kg/m^3
2	$\leq 1{,}0$	≤ 1000 kg/m^3	50 kg/m^3

Tabelle 3. **Wandrohdichten einschaliger, biegesteifer Wände aus Steinen und Platten (Rechenwerte)**

Spalte	1	2	3
Zeile	Stein-/Plattenrohdichte [1]) ϱ_N kg/m³	Wandrohdichte [2]) [3]) ϱ_W Normalmörtel kg/m³	Leichtmörtel (Rohdichte ≤ 1000 kg/m³) kg/m³
1	2200	2080	1940
2	2000	1900	1770
3	1800	1720	1600
4	1600	1540	1420
5	1400	1360	1260
6	1200	1180	1090
7	1000	1000	950
8	900	910	860
9	800	820	770
10	700	730	680
11	600	640	590
12	500	550	500
13	400	460	410

[1]) Werden Hohlblocksteine nach DIN 106 Teil 1, DIN 18 151 und DIN 18 153 umgekehrt vermauert und die Hohlräume satt mit Sand oder mit Normalmörtel gefüllt, so sind die Werte der Wandrohdichte um 400 kg/m³ zu erhöhen.

[2]) Die angegebenen Werte sind für alle Formate der in DIN 1053 Teil 1 (z. Z. Entwurf) und DIN 4103 Teil 1 für die Herstellung von Wänden aufgeführten Steine bzw. Platten zu verwenden.

[3]) Dicke der Mörtelfugen von Wänden nach DIN 1053 Teil 1 (z. Z. Entwurf) bzw. DIN 4103 Teil 1 bei Wänden aus dünnfugig zu verlegenden Plansteinen und -platten siehe Abschnitt 2.2.2.1.

Anmerkung: Die in Tabelle 3 zahlenmäßig angegebenen Wandrohdichten können auch nach folgender Gleichung berechnet werden.

$$\varrho_W = \varrho_N - \frac{\varrho_N - K}{10}$$

mit ϱ_W = Wandrohdichte in kg/dm³

ϱ_N = Nennrohdichte der Steine und Platten in kg/dm³

K = Konstante mit

K = 1000 für Normalmörtel und Steinrohdichte ϱ_N 400 bis 2200 kg/m³

K = 500 für Leichtmörtel und Steinrohdichte ϱ_N 400 bis 1000 kg/m³

2.2.2.2 Wandputz

Für die flächenbezogene Masse von Putz sind die Werte nach Tabelle 4 einzusetzen.

Tabelle 4. **Flächenbezogene Masse von Wandputz**

Spalte	1	2	3
Zeile	Putzdicke mm	Flächenbezogene Masse von Kalkgipsputz, Gipsputz kg/m²	Kalkputz, Kalkzementputz, Zementputz kg/m²
1	10	10	18
2	15	15	25
3	20	–	30

2.2.3 Ausführungsbeispiele für einschalige, biegesteife Wände aus genormten Steinen und Platten

In Tabelle 5 sind Ausführungsbeispiele für einschalige, biegesteife Wände angegeben, die das für den jeweiligen Verwendungszweck erforderliche bewertete Schalldämm-Maß erf. R'_w nach DIN 4109/11.89, Tabelle 3, aufweisen, und zwar für

- gemauerte Wände nach DIN 1053 Teil 1 (z. Z. Entwurf) und DIN 1053 Teil 2,
- Wände nach DIN 4103 Teil 1 aus Mauersteinen oder Bauplatten,

hergestellt nach Tabelle 3, Spalte 2, mit Normalmörtel und ausgeführt

- als beiderseitiges Sichtmauerwerk [1]),
- mit beiderseitigem 10 mm dicken Gips- oder Kalkgipsputz (P IV),
- mit beiderseitigem 15 mm dicken Kalk-, Kalkzement- oder Zementputz (P I, P II, P III).

Tabelle 5 gilt nicht für Wände, die mit Leichtmauermörtel oder in Dünnbettmörtel gemauert sind, mit anderen Putzdicken, einseitigem Putz oder mit Leichtmörtel als Putz, sowie für fugenlose Wände aus geschoßhohen Platten aus Normal-, Leicht- oder Gasbeton. Die flächenbezogene Masse in diesen Fällen ist nach Abschnitt 2.2.2 zu ermitteln. Über die Auswirkung von angesetztem Wand-Trockenputz aus Gipskartonplatten nach DIN 18 180 siehe Beiblatt 2 zu DIN 4109/11.89, Abschnitt 1.3.3.

2.2.4 Einfluß zusätzlich angebrachter Bau- und Dämmplatten

Werden z. B. aus Gründen der Wärmedämmung an einschalige, biegesteife Wände Dämmplatten hoher dynamischer Steifigkeit (z. B. Holzwolle-Leichtbauplatten oder harte Schaumkunststoffplatten) vollflächig oder punktweise angeklebt oder anbetoniert, so verschlechtert sich die Schalldämmung, wenn die Dämmplatten durch Putz, Bauplatten (z. B. Gipskartonplatten) oder Fliesen abgedeckt werden. Die Werte von Tabelle 1 und Tabelle 5 gelten nicht für Wände mit derartigen Bekleidungen. Statt dessen sind Ausführungen nach Tabelle 7 zu wählen. Für Holzwolle-Leichtbauplatten und Mehrschicht-Leichtbauplatten nach DIN 1101 kann der vorgenannte Nachteil vermieden werden, wenn diese Platten an einschalige, biegesteife Wände – wie in DIN 1102 beschrieben – angedübelt und verputzt werden.

[1]) Erforderlichenfalls ist die notwendige akustische Dichtheit durch einen geeigneten Anstrich sicherzustellen.

Tabelle 5. **Bewertetes Schalldämm-Maß $R'_{w,R}$ von einschaligem, in Normalmörtel gemauertem Mauerwerk (Ausführungsbeispiele, Rechenwerte)**

Spalte	1	2	3	4	5	6	7
Zeile	Bewertetes Schalldämm-Maß $R'_{w,R}$ 1)	Rohdichteklasse der Steine und Wanddicke der Rohwand bei einschaligem Mauerwerk					
		Beiderseitiges Sichtmauerwerk		Beiderseitig je 10 mm Putz PIV (Gips- oder Kalkgipsputz) 20 kg/m²		Beiderseitig je 15 mm Putz PI, PII, PIII (Kalk-, Kalkzement- oder Zementputz) 50 kg/m²	
	dB	Stein-Rohdichte-klasse	Wanddicke mm	Stein-Rohdichte-klasse	Wanddicke mm	Stein-Rohdichte-klasse	Wanddicke mm
1	37	0,6	175	0,5 [2]	175	0,4	115
2		0,9	115	0,7 [2]	115	0,6 [3]	100
3		1,2	100	0,8	100	0,7 [3]	80
4		1,4	80	1,2	80	0,8 [3]	70
5		1,6	70	1,4	70	–	–
6	40	0,5	240	0,5 [2]	240	0,5 [2]	175
7		0,8	175	0,7 [3]	175	0,7 [3]	115
8		1,2	115	1,0 [3]	115	1,2	80
9		1,8	80	1,6	80	1,4	70
10		2,2	70	1,8	70	–	–
11	42	0,7	240	0,6 [3]	240	0,5 [2]	240
12		0,9	175	0,8 [3]	175	0,6 [3]	175
13		1,4	115	1,2	115	1,0 [4]	115
14		2,0	80	1,6	100	1,2	100
15		–	–	1,8	80	1,4	80
16		–	–	2,0	70	1,6	70
17	45	0,9	240	0,8 [3]	240	0,6 [2]	240
18		1,2	175	1,2	175	0,9 [3]	175
19		2,0	115	1,8	115	1,4	115
20		2,2	100	2,0	100	1,8	100
21	47	0,8	300	0,8 [3]	300	0,6 [2]	300
22		1,0	240	1,0 [3]	240	0,8 [3]	240
23		1,6	175	1,4	175	1,2	175
24		2,2	115	2,2	115	1,8	115
25	52	0,8	490	0,7	490	0,6	490
26		1,0	365	1,0	365	0,9	365
27		1,4	300	1,2	300	1,2	300
28		1,6	240	1,6	240	1,4	240
29		–	–	2,2	175	2,0	175
30	53	0,8	490	0,8	490	0,7	490
31		1,2	365	1,2	365	1,2	365
32		1,4	300	1,4	300	1,2	300
33		1,8	240	1,8	240	1,6	240
34		–	–	–	–	2,2	175
35	55	1,0	490	0,9	490	0,9	490
36		1,4	365	1,4	365	1,2	365
37		1,8	300	1,6	300	1,6	300
38		2,2	240	2,0	240	2,0	240
39	57	1,2	490	1,2	490	1,2	490
40		1,6	365	1,6	365	1,6	365
41		2,0	300	2,0	300	1,8	300

1) Gültig für flankierende Bauteile mit einer mittleren flächenbezogenen Masse $m'_{L,\,Mittel}$ von etwa 300 kg/m². Weitere Bedingungen für die Gültigkeit der Tabelle 5 siehe Abschnitt 3.1.

2) Bei Schalen aus Gasbetonsteinen und -platten nach DIN 4165 und DIN 4166 sowie Leichbetonsteinen mit Blähton als Zuschlag nach DIN 18 151 und DIN 18 152 kann die Stein-Rohdichteklasse um 0,1 niedriger sein.

3) Bei Schalen aus Gasbetonsteinen und -platten nach DIN 4165 und DIN 4166 sowie Leichbetonsteinen mit Blähton als Zuschlag nach DIN 18 151 und DIN 18 152 kann die Stein-Rohdichteklasse um 0,2 niedriger sein.

4) Bei Schalen aus Gasbetonsteinen und -platten nach DIN 4165 und DIN 4166 sowie Leichbetonsteinen mit Blähton als Zuschlag nach DIN 18 151 und DIN 18 152 kann die Stein-Rohdichteklasse um 0,3 niedriger sein.

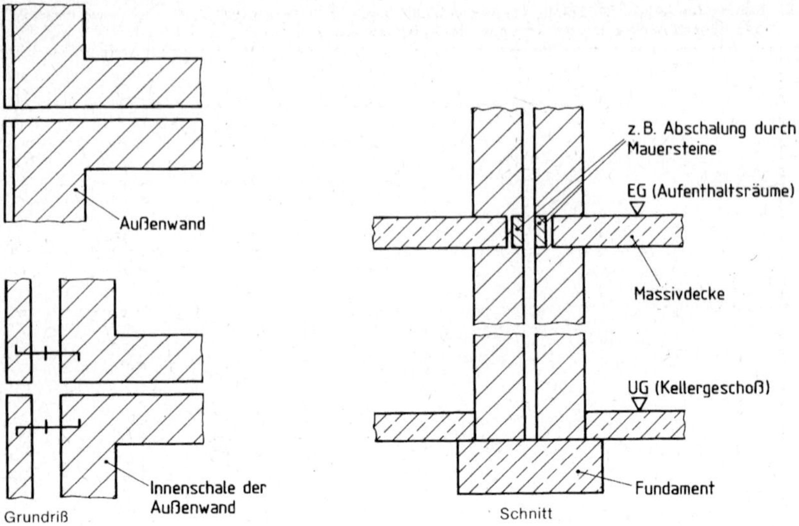

Bild 1. Zweischalige Hauswand aus zwei schweren, biegesteifen Schalen mit bis zum Fundament durchgehender Trennfuge (schematisch)

2.3 Zweischalige Hauswände aus zwei schweren, biegesteifen Schalen mit durchgehender Trennfuge [2])

2.3.1 Wandausbildung

Grundriß und Schnitt sind schematisch in Bild 1 dargestellt.

Die flächenbezogene Masse der Einzelschale mit einem etwaigen Putz muß mindestens 150 kg/m², die Dicke der Trennfuge muß mindestens 30 mm betragen.

Anmerkung: Bezüglich der Ausbildung des Wand-Decken-Anschlusses siehe DGfM-Merkblatt.

Bei einer Dicke der Trennfuge (Schalenabstand) $\geq$ 50 mm darf das Gewicht der Einzelschale 100 kg/m² betragen.

Der Fugenhohlraum ist mit dicht gestoßenen und vollflächig verlegten mineralischen Faserdämmplatten nach DIN 18165 Teil 2, Anwendungstyp T (Trittschalldämmplatten), auszufüllen.

Anmerkung: Falls die Schalen in Ortbeton-Bauweise hergestellt werden, sind mineralische Faserdämmplatten mit besonderer Eignung für die beim Betoniervorgang auftretenden Beanspruchungen vorzuziehen.

Bei einer flächenbezogenen Masse der Einzelschale $\geq$ 200 kg/m² und Dicke der Trennfuge $\geq$ 30 mm darf auf das Einlegen von Dämmschichten verzichtet werden. Der Fugenhohlraum ist dann mit Lehren herzustellen, die nachträglich entfernt werden müssen.

Die nach den Abschnitten 2.3.2 und 2.3.3 zu ermittelnden oder angegebenen Schalldämm-Maße $R'_{w,R}$ setzen eine besonders sorgfältige Ausbildung der Trennfuge voraus.

2.3.2 Ermittlung des bewerteten Schalldämm-Maßes $R'_{w,R}$

Für zweischalige Wände nach Abschnitt 2.3.1 kann das bewertete Schalldämm-Maß $R'_{w,R}$ aus der Summe der flächenbezogenen Masse der beiden Einzelschalen unter Berücksichtigung etwaiger Putze – wie bei einschaligen, biegesteifen Wänden – nach Tabelle 1 ermittelt werden; dabei dürfen auf das so ermittelte Schalldämm-Maß $R'_{w,R}$ für die zweischalige Ausführung mit durchgehender Trennfuge 12 dB aufgeschlagen werden.

2.3.3 Ausführungsbeispiele

Beispiele für erreichbare Schalldämm-Maße zweischaliger Wände aus zwei schweren, biegesteifen Schalen mit durchgehender Trennfuge und Ausführung nach Abschnitt 2.3.1 mit Normalmörtel,

- als beiderseitiges Sichtmauerwerk,
- mit beiderseitigem 10 mm dicken Gips- oder Kalkgipsputz (P IV),
- mit beiderseitigem 15 mm dicken Kalk-, Kalkzement- oder Zementputz (P I, P II, P III)

sind in Tabelle 6 angegeben. Die Werte gelten nur bei sorgfältiger Ausführung der Trennfuge.

2.4 Einschalige, biegesteife Wände mit biegeweicher Vorsatzschale

Die Luftschalldämmung einschaliger, biegesteifer Wände kann mit biegeweichen Vorsatzschalen nach Tabelle 7 verbessert werden. Dabei ist bei den Vorsatzschalen zwischen zwei Gruppen, A und B, nach ihrer akustischen Wirksamkeit zu unterscheiden. Das erreichbare bewertete Schalldämm-Maß hängt von der flächenbezogenen Masse der biegesteifen Trennwand und der Ausbildung der flankierenden Bauteile ab. Rechenwerte sind in Tabelle 8 enthalten.

[2]) Ein „Merkblatt zur Ausbildung gemauerter Wände" der Deutschen Gesellschaft für Mauerwerksbau gibt Hinweise.

Tabelle 6. **Bewertetes Schalldämm-Maß $R'_{w,R}$ von zweischaligem, in Normalmörtel gemauertem Mauerwerk mit durchgehender Gebäudetrennfuge (Ausführungsbeispiele, Rechenwerte)**

Spalte	1	2	3	4	5	6	7
Zeile	Bewertetes Schalldämm-Maß $R'_{w,R}$ dB	Rohdichteklasse der Steine und Mindestwanddicke der Schalen bei zweischaligem Mauerwerk					
		Beiderseitiges Sichtmauerwerk		Beiderseitig je 10 mm Putz P IV (Kalkgips- oder Gipsputz) 2 · 10 kg/m²		Beiderseitig je 15 mm Putz P I, P II oder P III (Kalk-, Kalkzement- oder Zementputz) 2 · 25 kg/m²	
		Stein-Rohdichte-klasse	Mindestdicke der Schalen ohne Putz mm	Stein-Rohdichte-klasse	Mindestdicke der Schalen ohne Putz mm	Stein-Rohdichte-klasse	Mindestdicke der Schalen ohne Putz mm
1	57	0,6	2 · 240	0,6[1]	2 · 240	0,7[2]	2 · 175
2		0,9	2 · 175	0,8[2]	2 · 175	0,9[4]	2 · 150
3		1,0	2 · 150	1,0[3]	2 · 150	1,2[4]	2 · 115
4		1,4	2 · 115	1,4[5]	2 · 115	–	–
5	62	0,6	2 · 240	0,6[6]	2 · 240	0,5[6]	2 · 240
6		0,9	175 + 240	0,8[7]	2 · 175	0,8[7]	2 · 175
7		0,9	2 · 175	1,0[7]	2 · 150	0,9[7]	2 · 150
8		1,4	2 · 115	1,4	2 · 115	1,2	2 · 115
9	67	1,0	2 · 240	1,0[8]	2 · 240	0,9[8]	2 · 240
10		1,2	175 + 240	1,2	175 + 240	1,2	175 + 240
11		1,4	2 · 175	1,4	2 · 175	1,4	2 · 175
12		1,8	115 + 175	1,8	115 + 175	1,6	115 + 175
13		2,2	2 · 115	2,2	2 · 115	2,0	2 · 115

1) Bei Schalenabstand ≥ 50 mm und Gewicht jeder einzelnen Schale ≥ 100 kg/m² kann die Stein-Rohdichteklasse um 0,2 niedriger sein.

2) Bei Schalenabstand ≥ 50 mm und Gewicht jeder einzelnen Schale ≥ 100 kg/m² kann die Stein-Rohdichteklasse um 0,3 niedriger sein.

3) Bei Schalenabstand ≥ 50 mm und Gewicht jeder einzelnen Schale ≥ 100 kg/m² kann die Stein-Rohdichteklasse um 0,4 niedriger sein.

4) Bei Schalenabstand ≥ 50 mm und Gewicht jeder einzelnen Schale ≥ 100 kg/m² kann die Stein-Rohdichteklasse um 0,5 niedriger sein.

5) Bei Schalenabstand ≥ 50 mm und Gewicht jeder einzelnen Schale ≥ 100 kg/m² kann die Stein-Rohdichteklasse um 0,6 niedriger sein.

6) Bei Schalen aus Gasbetonsteinen oder -platten nach DIN 4165 oder DIN 4166 sowie aus Leichtbeton-Steinen mit Blähton als Zuschlag nach DIN 18 151 oder DIN 18 152 und einem Schalenabstand ≥ 50 mm und Gewicht jeder einzelnen Schale von ≥ 100 kg/m² kann die Stein-Rohdichteklasse um 0,1 niedriger sein.

7) Bei Schalen aus Gasbetonsteinen oder -platten nach DIN 4165 oder DIN 4166 sowie aus Leichtbeton-Steinen mit Blähton als Zuschlag nach DIN 18 151 oder DIN 18 152 und einem Schalenabstand ≥ 50 mm und Gewicht jeder einzelnen Schale von ≥ 100 kg/m² kann die Stein-Rohdichteklasse um 0,2 niedriger sein.

8) Bei Schalen aus Gasbetonsteinen oder -platten nach DIN 4165 oder DIN 4166 sowie aus Leichtbeton-Steinen mit Blähton als Zuschlag nach DIN 18 151 oder DIN 18 152 kann die Stein-Rohdichteklasse um 0,2 niedriger sein.

Tabelle 7. **Eingruppierung von biegeweichen Vorsatzschalen von einschaligen, biegesteifen Wänden nach ihrem schalltechnischen Verhalten** (Maße in mm)

Spalte	1	2	3
Zeile	Gruppe 1)	Wandausbildung	Beschreibung
1	B (Ohne bzw. federnde Verbindung der Schalen)	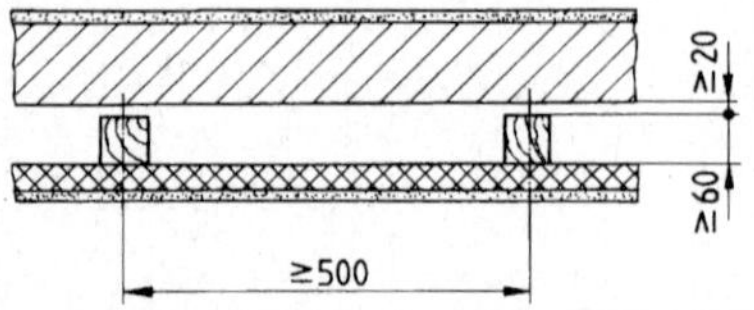	Vorsatzschale aus Holzwolle-Leichtbauplatten nach DIN 1101, Dicke ≥ 25 mm, verputzt, Holzstiele (Ständer) mit Abstand ≥ 20 mm vor schwerer Schale freistehend, Ausführung nach DIN 1102
2		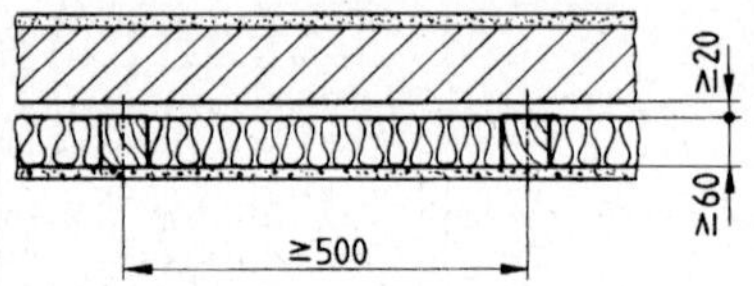	Vorsatzschale aus Gipskartonplatten nach DIN 18 180, Dicke 12,5 mm oder 15 mm, Ausführung nch DIN 18 181 (z. Z. Entwurf), oder aus Spanplatten nach DIN 68 763, Dicke 10 mm bis 16 mm, Holzstiele (Ständer) mit Abstand ≥ 20 mm vor schwerer Schale freistehend 2), mit Hohlraumfüllung 3) zwischen den Holzstielen
3		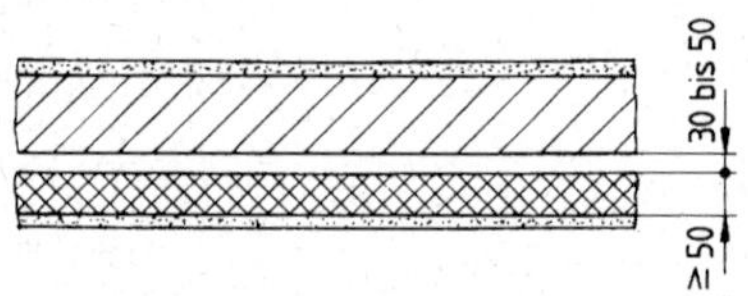	Vorsatzschale aus Holzwolle-Leichtbauplatten nach DIN 1101, Dicke ≥ 50 mm, verputzt, freistehend mit Abstand von 30 mm bis 50 mm vor schwerer Schale, Ausführung nach DIN 1102, bei Ausfüllung des Hohlraumes nach Fußnote 3 ist ein Abstand von 20 mm ausreichend
4		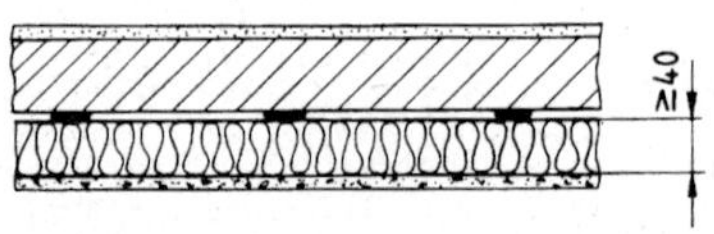	Vorsatzschale aus Gipskartonplatten nach DIN 18 180, Dicke 12,5 mm oder 15 mm, und Faserdämmplatten 4), Ausführung nach DIN 18 181 (z. Z. Entwurf), an schwerer Schale streifen- oder punktförmig angesetzt
5	A (Mit Verbindung der Schalen)	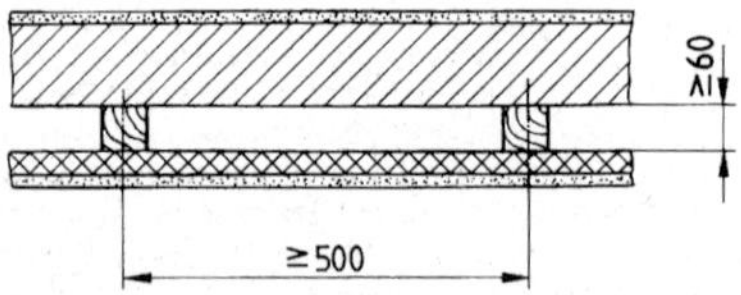	Vorsatzschale aus Holzwolle-Leichtbauplatten nach DIN 1101, Dicke ≥ 25 mm, verputzt, Holzstiele (Ständer) an schwerer Schale befestigt, Ausführung nach DIN 1102
6		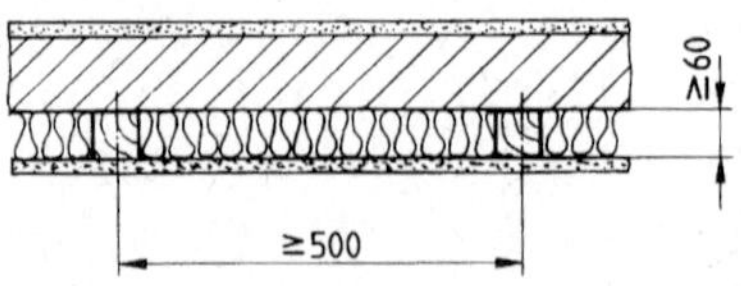	Vorsatzschale aus Gipskartonplatten nach DIN 18 180, Dicke 12,5 mm oder 15 mm, Ausführung nach DIN 18 181 (z. Z. Entwurf), oder aus Spanplatten nach DIN 68 763, Dicke 10 mm bis 16 mm, mit Hohlraumausfüllung 3), Holzstiele (Ständer) an schwerer Schale befestigt 2)

1) In einem Wand-Prüfstand ohne Flankenübertragung (Prüfstand DIN 52 210–P–W) wird das bewertete Schalldämm-Maß $R_{w,P}$ einer einschaligen, biegesteifen Wand durch Vorsatzschalen der Zeilen 1 bis 4 um mindestens 15 dB, der Zeilen 5 und 6 um mindestens 10 dB verbessert.

2) Bei diesen Beispielen können auch Ständer aus C-Wandprofilen aus Stahlblech nach DIN 18 182 Teil 1 verwendet werden.

3) Faserdämmstoffe nach DIN 18 165 Teil 1, Nenndicke 20 mm bzw. ≥ 60 mm, längenbezogener Strömungswiderstand $\Xi \geq 5$ kN · s/m^4.

4) Faserdämmstoffe nach DIN 18 165 Teil 1, Anwendungstyp WV-s, Nenndicke ≥ 40 mm, $s' \leq 5$ MN/m^3.

Tabelle 8. **Bewertetes Schalldämm-Maß $R'_{w,R}$ von einschaligen, biegesteifen Wänden mit einer biegeweichen Vorsatzschale nach Tabelle 7 (Rechenwerte)**

Spalte	1	2
Zeile	Flächenbezogene Masse der Massivwand kg/m²	$R'_{w,R}$ 1) 2) dB
1	100	49
2	150	49
3	200	50
4	250	52
5	275	53
6	300	54
7	350	55
8	400	56
9	450	57
10	500	58

1) Gültig für flankierende Bauteile mit einer mittleren flächenbezogenen Masse $m'_{L,Mittel}$ von etwa 300 kg/m². Weitere Bedingungen für die Gültigkeit der Tabelle 8 siehe Abschnitt 3.1.

2) Bei Wandausführungen nach Tabelle 7, Zeilen 5 und 6, sind diese Werte um 1 dB abzumindern.

2.5 Zweischalige Wände aus zwei biegeweichen Schalen

Ausführungsbeispiele für derartige Wände mit gemeinsamen Stielen (Ständern) und für jede Schale gesonderten Stielen oder freistehenden Schalen sind in den Tabellen 9 und 10 enthalten.

Von entscheidender Bedeutung ist dabei die Ausbildung der flankierenden Bauteile. Die Werte der Tabellen 9 und 10 gelten für einschalige, flankierende Bauteile mit einer mittleren flächenbezogenen Masse $m'_{L,Mittel}$ von etwa 300 kg/m². Weichen die mittleren flächenbezogenen Massen $m'_{L,Mittel}$ davon um mehr als $\pm$ 25 kg/m² ab, sind Zu- bzw. Abschläge nach Tabelle 14 vorzunehmen.

2.6 Decken als trennende Bauteile

2.6.1 Allgemeines

In den Tabellen 1, 12 und 19 werden Rechenwerte des bewerteten Schalldämm-Maßes $R'_{w,R}$ für verschiedene Deckenausführungan angegeben.

2.6.2 Luftschalldämmung

Die Luftschalldämmung von Massivdecken ist von der flächenbezogenen Masse der Decke, von einer etwaigen Unterdecke sowie von einem aufgebrachten schwimmenden Estrich oder anderen geeigncten schwimmenden Böden abhängig. Die Luftschalldämmung wird außerdem durch die Ausbildung der flankierenden Wände beeinflußt. Angaben über die Berechnung der flächenbezogenen Masse sind im Abschnitt 2.6.3 enthalten.

Beispiele für Massivdecken sind in Tabelle 11 dargestellt. Die Rechenwerte für das bewertete Schalldämm-Maß $R'_{w,R}$ sind in Tabelle 12 angegeben.

Die angegebenen Rechenwerte $R'_{w,R}$ hängen von den flächenbezogenen Massen der ober- und unterseitig an die Decken stoßenden biegesteifen Wände ab. Die Werte der Tabelle 12 gelten für flankierende Bauteile mit einer mittleren flächenbezogenen Masse $m'_{L,Mittel}$ von etwa 300 kg/m². Weichen die mittleren flächenbezogenen Massen $m'_{L,Mittel}$ davon um mehr als $\pm$ 25 kg/m² ab, sind Zu- bzw. Abschläge nach Tabelle 13 vorzunehmen.

2.6.3 Ermittlung der flächenbezogenen Masse von Massivdecken ohne Deckenauflagen

Zur Ermittlung der flächenbezogenen Masse von Massivdecken ohne Hohlräume nach Tabelle 11, Zeilen 1 und 2, ist bei Stahlbeton aus Normalbeton mit einer Rohdichte von 2300 kg/m³ zu rechnen. Bei solchen Decken aus Leichtbeton und Gasbeton ist die Rohdichte nach Tabelle 2 abzumindern.

Bei Massivdecken mit Hohlräumen nach Tabelle 11, Zeilen 3 bis 6, ist die flächenbezogene Masse entweder aus den Rechenwerten nach DIN 1055 Teil 1 mit einem Abzug von 15 % oder aus dem vorhandenen Querschnitt mit der Rohdichte von 2300 kg/m³ zu berechnen.

Aufbeton und unbewehrter Beton aus Normalbeton ist mit einer Rohdichte von 2100 kg/m³ in Ansatz zu bringen. Für die flächenbezogene Masse von Putz gilt Abschnitt 2.2.2.2.

Die flächenbezogene Masse von aufgebrachten Verbundestrichen oder Estrichen auf Trennschicht ist aus dem Rechenwert nach DIN 1055 Teil 1 mit einem Abzug von 10 % zu ermitteln.

Anmerkung: Bei Stahlbeton-Rippendecken ohne Füllkörper, Estrich und Unterdecke ist nur die flächenbezogene Masse der Deckenplatte zu berücksichtigen.

Tabelle 9. **Bewertetes Schalldämm-Maß $R'_{w,R}$ von zweischaligen Wänden aus zwei biegeweichen Schalen aus Gipskartonplatten der Spanplatten (Rechenwerte)** (Maße in mm)

Spalte	1	2	3	4	5
Zeile	Wandausbildung mit Stielen (Ständern), Achsabstand $\geq$ 600, ein- oder zweilagige Bekleidung 1)	Anzahl der Lagen je Seite	Mindest-Schalenabstand s	Mindest-Dämmschichtdicke 2), Nenndicke s_D	$R'_{w,R}$ 3) dB
1	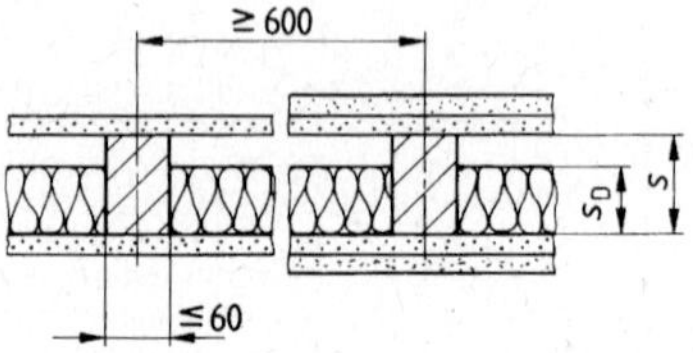	1	60	40	38
2		2			46
3	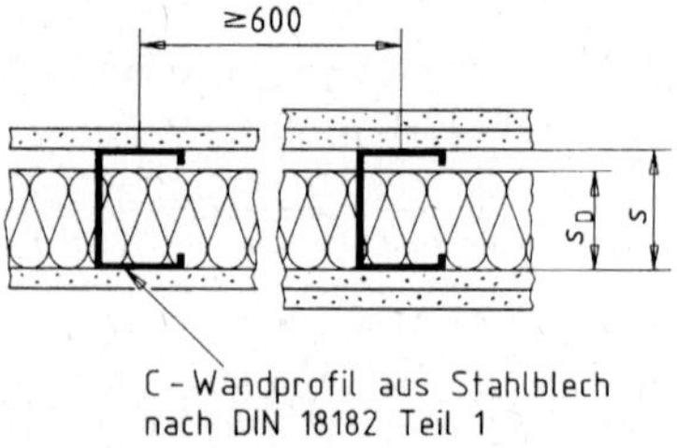	1	50	40	45
4		2			49
5		2	100	80	50
6	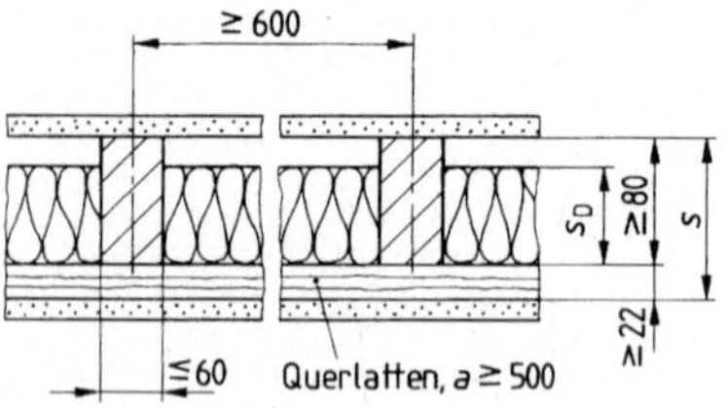	1	100	60	44
7 4)	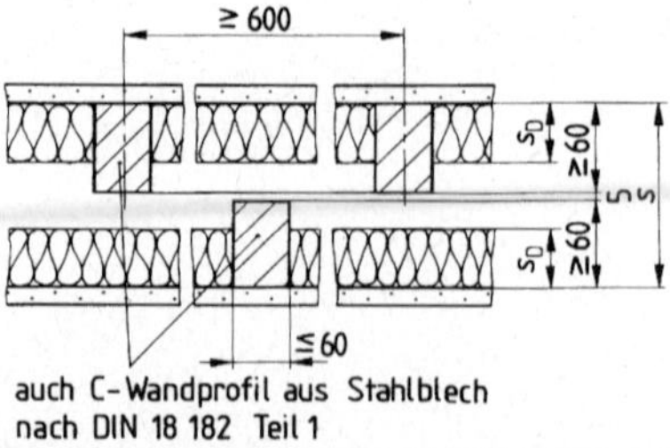	1	125	2 · 40	49

1) bis 4) siehe Seite 11.

Tabelle 9. (Fortsetzung)

Spalte	1	2	3	4	5
Zeile	Wandausbildung mit Stielen (Ständern), Achsabstand $\geq$ 600, ein- oder zweilagige Bekleidung [1])	Anzahl der Lagen je Seite	Mindest-Schalen-abstand s	Mindest-Dämm-schicht-dicke [2]), Nenn-dicke s_D	$R'_{w,R}$ [3]) dB
8 [4])	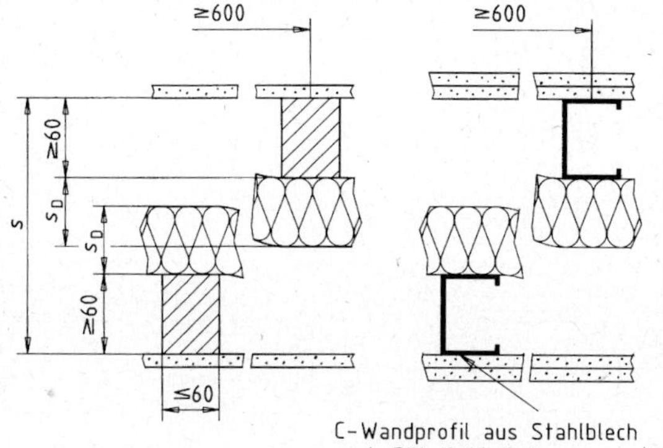	1	160	40	49
9 [4])		2	200	80 oder 2 · 40	50

[1]) Bekleidung aus Gipskartonplatten nach DIN 18180, 12,5 mm oder 15 mm dick, oder aus Spanplatten nach DIN 68763, 13 mm bis 16 mm dick.

[2]) Faserdämmstoffe nach DIN 18165 Teil 1, Nenndicke 40 mm bis 80 mm, längenbezogener Strömungswiderstand $\Xi \geq 5\,kN \cdot s/m^4$.

[3]) Gültig für flankierende Bauteile mit einer mittleren flächenbezogenen Masse $m'_{L,Mittel}$ von etwa 300 kg/m². Weitere Bedingungen für die Gültigkeit der Tabelle 9 siehe Abschnitt 3.1.

[4]) Doppelwand mit über gesamter Wandfläche durchgehender Trennfuge.

Tabelle 10. **Bewertetes Schalldämm-Maß $R'_{w,R}$ von zweischaligen Wänden aus biegeweichen Schalen aus verputzten Holzwolle-Leichtbauplatten (HWL) nach DIN 1101 (Rechenwerte)** (Maße in mm)

Spalte	1	2	3	4	5
Zeile	Wandausbildung [1]	Dicke der HWL-Platten s_{HWL}	Schalen-abstand s	Dämm-schicht-dicke [2]), Nenn-dicke s_D	$R'_{w,R}$ [3]) dB
1	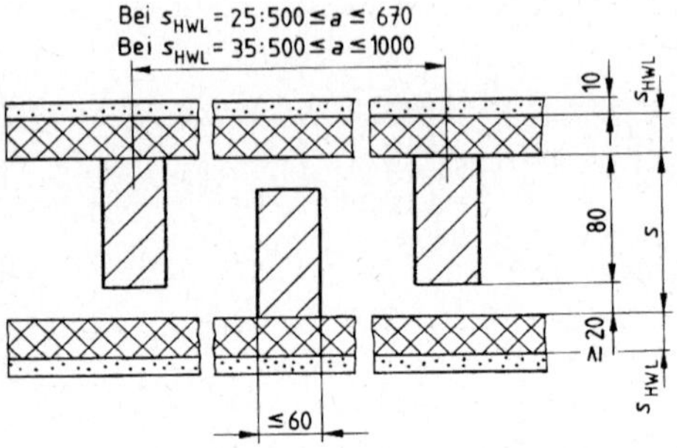	25 oder 35	$\geq$ 100	–	50
2	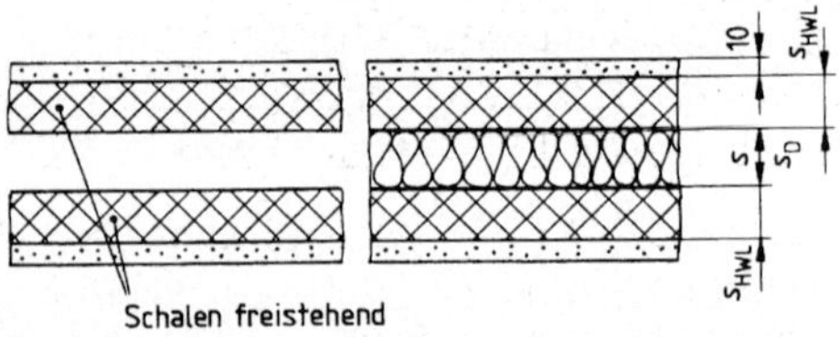	$\geq$ 50	30 bis 50	–	50
			20 bis < 30	$\geq$ 20	

1) Ausführung nach DIN 1102.

2) Faserdämmstoffe nach DIN 18 165 Teil 1, Nenndicke $\geq$ 20 mm, längenbezogener Strömungswiderstand $\Xi \geq 5$ kN · s/m⁴.

3) Gültig für flankierende Bauteile mit einer mittleren flächenbezogenen Masse $m'_{L,Mittel}$ von etwa 300 kg/m². Weitere Bedingungen für die Gültigkeit der Tabelle 10 siehe Abschnitt 3.1. Vergleiche auch $R_{w,R}$-Werte nach Tabelle 24.

Tabelle 11. **Massivdecken, deren Luft- und Trittschalldämmung in den Tabellen 12 und 16 angegeben ist** (Maße in mm)

Spalte	1
Zeile	Deckenausbildung
	Massivdecken ohne Hohlräume, gegebenenfalls mit Putz
1	Stahlbeton-Vollplatten aus Normalbeton nach DIN 1045 oder aus Leichtbeton nach DIN 4219 Teil 1 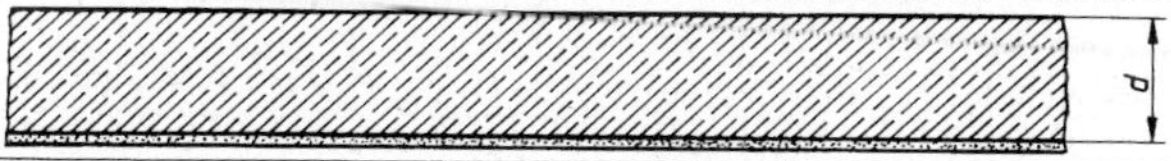
2	Gasbeton-Deckenplatten nach DIN 4223 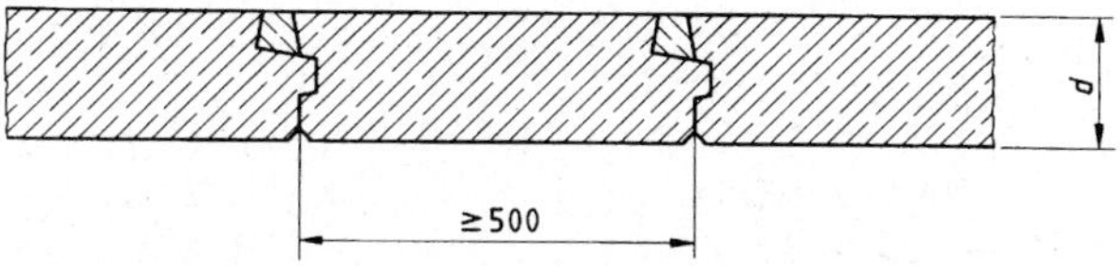
	Massivdecken mit Hohlräumen, gegebenenfalls mit Putz
3	Stahlsteindecken nach DIN 1045 mit Deckenziegeln nach DIN 4159 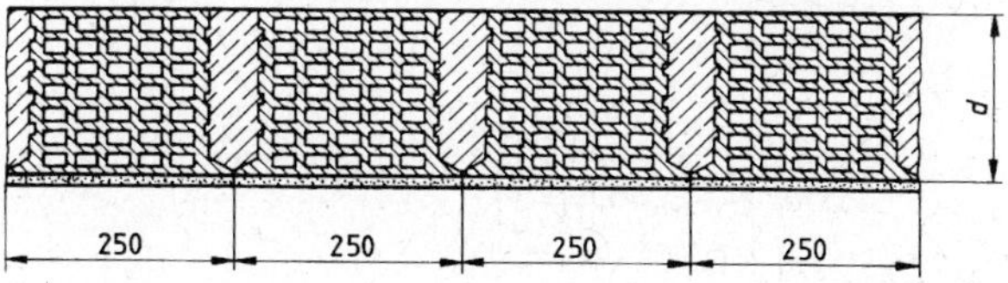
4	Stahlbetonrippendecken und -balkendecken nach DIN 1045 mit Zwischenbauteilen nach DIN 4158 oder DIN 4160 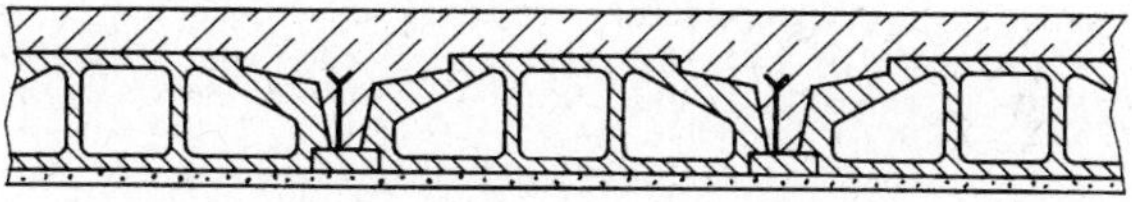
5	Stahlbetonhohldielen und -platten nach DIN 1045, Stahlbetondielen aus Leichtbeton nach DIN 4028, Stahlbetonhohldecke nach DIN 1045 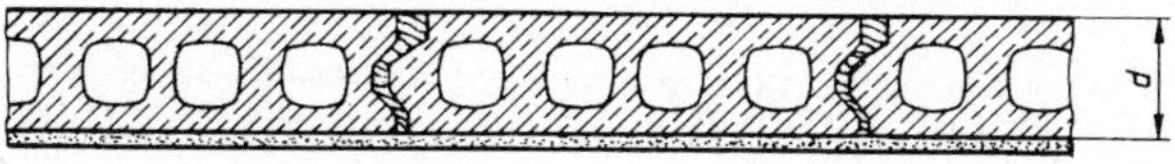
6	Balkendecken ohne Zwischenbauteile nach DIN 1045 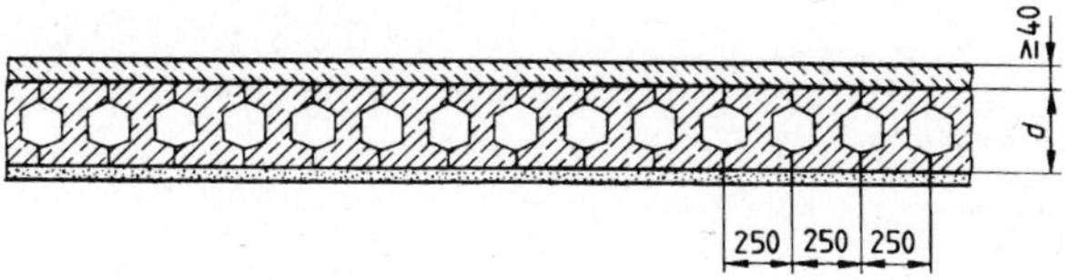

Tabelle 11. (Fortsetzung)

Spalte	1
Zeile	Deckenausbildung
	Massivdecken mit biegeweicher Unterdecke
7	Massivdecken nach Zeilen 1 bis 6

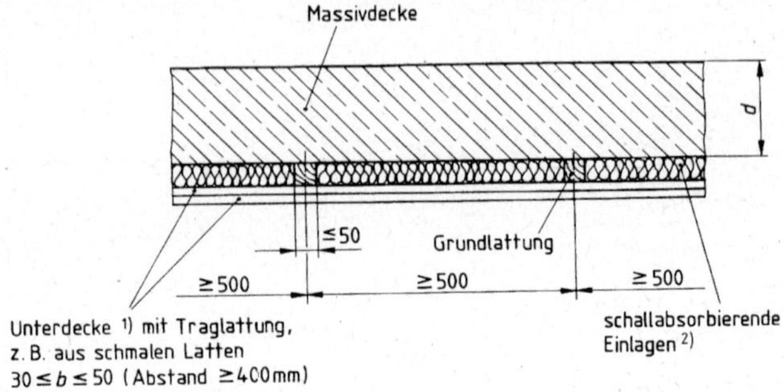

8	Stahlbetonrippendecken nach DIN 1045 oder Plattenbalkendecken nach DIN 1045 ohne Zwischenbauteile

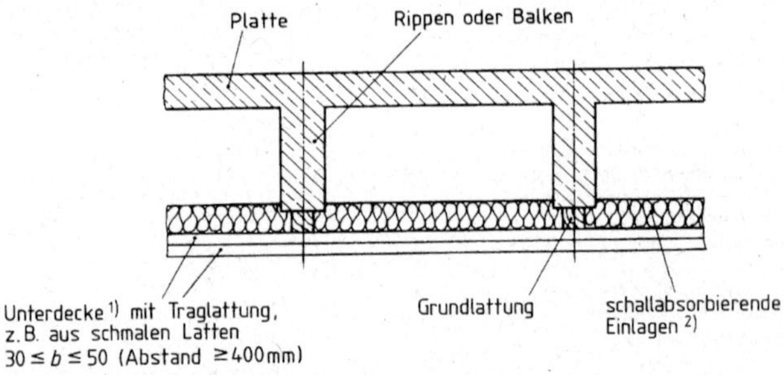

1) Z. B. Putzträger (Ziegeldrahtgewebe, Rohrgewebe) und Putz, Gipskartonplatten nach DIN 18180, Dicke 12,5 mm oder 15 mm, Holzwolle-Leichtbauplatten nach DIN 1101, Dicke $\geq$ 25 mm, verputzt.

2) Im Hohlraum sind schallabsorbierende Einlagen vorzusehen, z. B. Faserdämmstoff nach DIN 18165 Teil 1, Nenndicke 40 mm, längenbezogener Strömungswiderstand $\Xi \geq 5\,\mathrm{kN \cdot s/m^4}$.

3 Luftschalldämmung in Gebäuden in Massivbauart; Einfluß flankierender Bauteile

3.1 Vorausgesetzte Längsleitungsbedingungen bei den Tabellen 1, 5, 8, 9, 10, 12 und 19

Die Luftschalldämmung von Trennwänden und -decken hängt nicht nur von deren Ausbildung, sondern auch von der Ausführung der flankierenden Bauteile ab.

Die in den Tabellen 1, 5, 8, 9, 10, 12 und 19 angegebenen Werte setzen voraus:

- Mittlere flächenbezogene Masse $m'_{\mathrm{L,\,Mittel}}$ der biegesteifen, flankierenden Bauteile von etwa 300 kg/m² (siehe auch Abschnitt 3.3); bei der Ermittlung der flächenbezogenen Masse werden Öffnungen (Fenster, Türen) nicht berücksichtigt,
- biegesteife Anbindung der flankierenden Bauteile an das trennende Bauteil, sofern dessen flächenbezogene Masse mehr als 150 kg/m² beträgt (ausgenommen die Beispiele der Tabellen 9, 10 und 19),
- von einem Raum zum anderen Raum durchlaufende flankierende Bauteile,
- dichte Anschlüsse des trennenden Bauteils an die flankierenden Bauteile.

Die Werte der Tabelle 1 gelten nicht, wenn einschalige flankierende Außenwände in Steinen mit einer Rohdichteklasse $\leq$ 0,8 und in schallschutztechnischer Hinsicht ungünstiger Lochung verwendet werden.

Tabelle 12. **Bewertetes Schalldämm-Maß $R'_{w,R}$ [1]) von Massivdecken (Rechenwerte)**

Spalte	1	2	3	4	5
Zeile	Flächenbezogene Masse der Decke [3]) kg/m²	$R'_{w,R}$ dB [2])			
		Einschalige Massivdecke, Estrich und Gehbelag unmittelbar aufgebracht	Einschalige Massivdecke mit schwimmendem Estrich [4])	Massivdecke mit Unterdecke [5]), Gehbelag und Estrich unmittelbar aufgebracht	Massivdecke mit schwimmendem Estrich und Unterdecke [5])
1	500	55	59	59	62
2	450	54	58	58	61
3	400	53	57	57	60
4	350	51	56	56	59
5	300	49	55	55	58
6	250	47	53	53	56
7	200	44	51	51	54
8	150	41	49	49	52

[1]) Zwischenwerte sind linear zu interpolieren.

[2]) Gültig für flankierende Bauteile mit einer mittleren flächenbezogenen Masse $m'_{L,Mittel}$ von etwa 300 kg/m². Weitere Bedingungen für die Gültigkeit der Tabelle 12 siehe Abschnitt 3.1.

[3]) Die Masse von aufgebrachten Verbundestrichen oder Estrichen auf Trennschicht und vom unterseitigen Putz ist zu berücksichtigen.

[4]) Und andere schwimmend verlegte Deckenauflagen, z. B. schwimmend verlegte Holzfußböden, sofern sie ein Trittschallverbesserungsmaß $\Delta L_w (VM) \geq 24$ dB haben.

[5]) Biegeweiche Unterdecke nach Tabelle 11, Zeilen 7 und 8, oder akustisch gleichwertige Ausführungen.

3.2 Einfluß von flankierenden Bauteilen, deren mittlere flächenbezogene Masse $m'_{L,Mittel}$ von etwa 300 kg/m² abweicht

3.2.1 Korrekturwert $K_{L,1}$

Weicht die mittlere flächenbezogene Masse der flankierenden Bauteile von etwa 300 kg/m² ab, so sind bei den in den Tabellen 1, 5, 8, 9, 10, 12 und 19 angegebenen Schalldämm-Maßen $R'_{w,R}$ ein Korrekturwert $K_{L,1}$ zu berücksichtigen. $K_{L,1}$ ist in Abhängigkeit von der mittleren flächenbezogenen Masse $m'_{L,Mittel}$ der flankierenden Bauteile aus Tabelle 13 oder Tabelle 14 zu entnehmen. Die mittlere flächenbezogene Masse der flankierenden Bauteile muß je nach Art des trennenden Bauteils unterschiedlich berechnet werden; für biegesteife trennende Bauteile nach Abschnitt 3.2.2 und für biegeweiche trennende Bauteile nach Abschnitt 3.2.3.

Für die aufgeführten Korrekturwerte (Zu- und Abschläge) wird vorausgesetzt, daß die flankierenden Bauteile F_1 und F_2 (siehe Bild 2) zu beiden Seiten eines trennenden Bauteils in einer Ebene liegen.

Ist dies nicht der Fall, ist für die Berechnung anzunehmen, daß das leichtere flankierende Bauteil F'_1 (siehe Bild 3) auch im Nachbarraum vorhanden ist (siehe F''_2 in Bild 3).

3.2.2 Ermittlung der mittleren flächenbezogenen Masse $m'_{L,Mittel}$ der flankierenden Bauteile biegesteifer Wände und Decken

Als mittlere flächenbezogene Masse $m'_{L,Mittel}$ wird das arithmetische Mittel der Einzelwerte $m'_{L,i}$ der massiven Bauteile verwendet. Das arithmetische Mittel ist auf die Werte nach Tabelle 13 zu runden.

$$m'_{L,Mittel} = \frac{1}{n} \sum_{i=1}^{n} m'_{L,1} \qquad (1)$$

Hierin bedeuten:

$m'_{L,i}$ flächenbezogene Masse des i-ten nicht verkleideten, massiven flankierenden Bauteils ($i = 1$ bis n)

n Anzahl der nicht verkleideten, massiven flankierenden Bauteile.

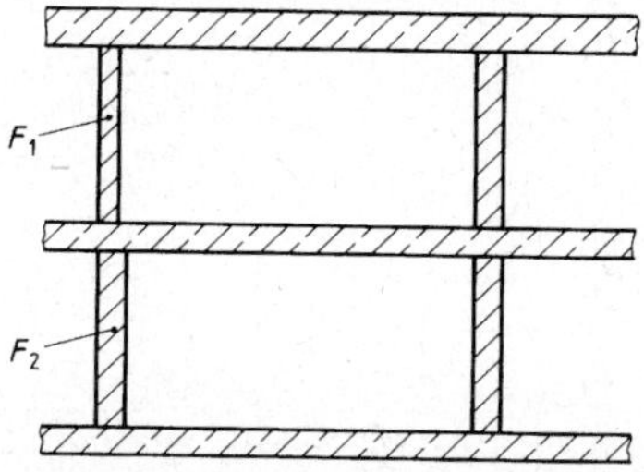

Bild 2. Nicht versetzt angeordnete flankierende Wände F_1 und F_2

Normalfall, den Korrekturwerten zugrundegelegt

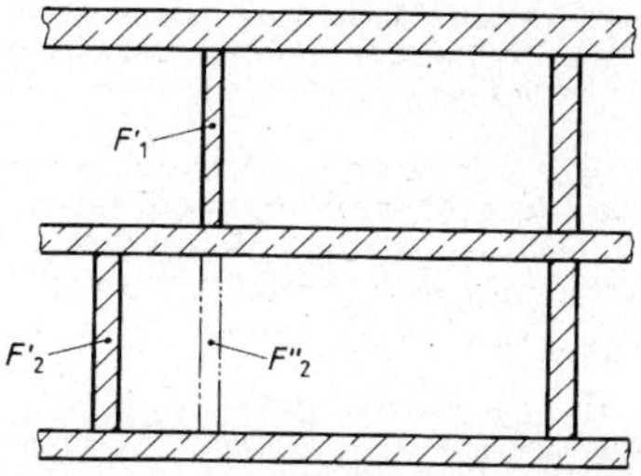

Bild 3. Versetzt angeordnete flankierende Wände F'_1 und F'_2

Ausnahmefall, für die Berechnung der Korrekturwerte wird anstelle der Wand F'_2 die Wand F''_2 angenommen

Bild 2 und Bild 3. Unterschiedliche Anordnung flankierender Wände

Tabelle 13. **Korrekturwerte $K_{L,1}$ für das bewertete Schalldämm-Maß $R'_{w,R}$ von biegesteifen Wänden und Decken als trennende Bauteile nach den Tabellen 1, 5, 8 und 12 bei flankierenden Bauteilen mit der mittleren flächenbezogenen Masse $m'_{L,\text{Mittel}}$**

<table>
<tr><td>Spalte</td><td>1</td><td>2</td><td>3</td><td>4</td><td>5</td><td>6</td><td>7</td><td>8</td></tr>
<tr><td rowspan="2">Zeile</td><td rowspan="2">Art des trennenden Bauteils</td><td colspan="7">$K_{L,1}$ in dB für mittlere flächenbezogene Massen $m'_{L,\text{Mittel}}$ 1) in kg/m²</td></tr>
<tr><td>400</td><td>350</td><td>300</td><td>250</td><td>200</td><td>150</td><td>100</td></tr>
<tr><td>1</td><td>Einschalige, biegesteife Wände und Decken nach Tabellen 1, 5 und 12, Spalte 2</td><td>0</td><td>0</td><td>0</td><td>0</td><td>−1</td><td>−1</td><td>−1</td></tr>
<tr><td>2</td><td>Einschalige, biegesteife Wände mit biegeweichen Vorsatzschalen nach Tabelle 8</td><td rowspan="4">+2</td><td rowspan="4">+1</td><td rowspan="4">0</td><td rowspan="4">−1</td><td rowspan="4">−2</td><td rowspan="4">−3</td><td rowspan="4">−4</td></tr>
<tr><td>3</td><td>Massivdecken mit schwimmendem Estrich oder Holzfußboden nach Tabelle 12, Spalte 3</td></tr>
<tr><td>4</td><td>Massivdecken mit Unterdecke nach Tabelle 12, Spalte 4</td></tr>
<tr><td>5</td><td>Massivdecken mit schwimmendem Estrich und Unterdecke nach Tabelle 12, Spalte 5</td></tr>
<tr><td colspan="9">1) $m'_{L,\text{Mittel}}$ ist rechnerisch nach Abschnitt 3.2.2 zu ermitteln.</td></tr>
</table>

Tabelle 14. **Korrekturwerte $K_{L,1}$ für das bewertete Schalldämm-Maß $R'_{w,R}$ von zweischaligen Wänden aus biegeweichen Schalen nach den Tabellen 9 und 10 und von Holzbalkendecken nach Tabelle 19 als trennende Bauteile bei flankierenden Bauteilen mit der mittleren flächenbezogenen Masse $m'_{L,\text{Mittel}}$**

Spalte	1	2	3	4	5	6	7	8
	$R'_{w,R}$ der Trennwand bzw. -decke für $m'_{L,\text{Mittel}}$ von etwa 300 kg/m²	$K_{L,1}$ in dB für mittlere flächenbezogene Massen $m'_{L,\text{Mittel}}$ 1) in kg/m²						
	dB	450	400	350	300	250	200	150
1	50	+4	+3	+2	0	−2	−4	−7
2	49	+2	+2	+1	0	−2	−3	−6
3	47	+1	+1	+1	0	−2	−3	−6
4	45	+1	+1	+1	0	−1	−2	−5
5	43	0	0	0	0	−1	−2	−4
6	41	0	0	0	0	−1	−1	−3

1) $m'_{L,\text{Mittel}}$ ist rechnerisch nach Abschnitt 3.2.3 oder mit Hilfe des Diagramms nach Bild 4 zu ermitteln.

3.2.3 Ermittlung der mittleren flächenbezogenen Masse $m'_{L,\text{Mittel}}$ der flankierenden Bauteile von Wänden aus biegeweichen Schalen und von Holzbalkendecken

Die wirksame mittlere flächenbezogene Masse $m'_{L,\text{Mittel}}$ der flankierenden Bauteile wird nach Gleichung (2)

$$m'_{L,\text{Mittel}} = \left[\frac{1}{n}\sum_{i=1}^{n}(m'_{L,i})^{-2,5}\right]^{-0,4} \qquad (2)$$

oder mit Hilfe des Diagramms nach Bild 4 ermittelt.

Für die flächenbezogene Masse $m'_{L,1}$ bis $m'_{L,4}$ der einzelnen flankierenden Bauteile werden die zugehörigen Werte y_1 bis y_4 aus dem Diagramm nach Bild 4 entnommen und der Mittelwert y_m gebildet. Für y_m wird aus dem Diagramm nach Bild 4 der gesuchte Wert $m'_{L,\text{Mittel}}$ entnommen.

Beispiel:

$m'_{L,1} = 100\ \text{kg/m}^2$ $\quad y_1 = 0,51$
$m'_{L,2} = 200\ \text{kg/m}^2$ $\quad y_2 = 0,18$
$m'_{L,3} = 300\ \text{kg/m}^2$ $\quad y_3 = 0,06$
$m'_{L,4} = 400\ \text{kg/m}^2$ $\quad y_4 = 0,03$

$$y_m = \frac{1}{4}(0,51 + 0,18 + 0,06 + 0,03) = 0,2$$

$m'_{L,\text{Mittel}} = \underline{\underline{190\ \text{kg/m}^2}}$

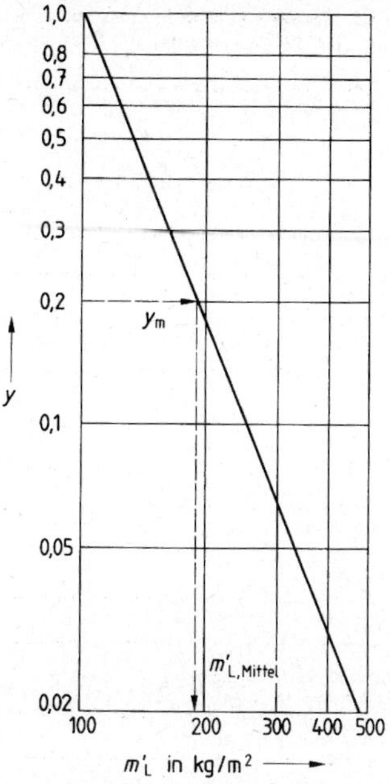

Bild 4. Diagramm zur Ermittlung der mittleren flächenbezogenen Masse $m'_{L,\mathrm{Mittel}}$ der flankierenden Bauteile für Trennwände aus biegeweichen Schalen oder für Holzbalkendecken als trennende Bauteile nach den Tabellen 9, 10 und 19

3.3 Korrekturwert $K_{L,2}$ zur Berücksichtigung von Vorsatzschalen und biegeweichen, flankierenden Bauteilen

Das Schalldämm-Maß $R'_{w,R}$ wird bei mehrschaligen, trennenden Bauteilen um den Korrekturwert $K_{L,2}$ erhöht, wenn die einzelnen flankierenden Bauteile eine der folgenden Bedingungen erfüllen:

– Sie sind in beiden Räumen raumseitig mit je einer biegeweichen Vorsatzschale nach Tabelle 7 oder mit schwimmendem Estrich oder schwimmendem Holzfußboden nach Tabelle 17 versehen, die im Bereich des trennenden Bauteils (Wand oder Decke) unterbrochen sind.

– Sie bestehen aus biegeweichen Schalen, die im Bereich des trennenden Bauteils (Wand oder Decke) unterbrochen sind.

Tabelle 15. **Korrekturwerte $K_{L,2}$ für das bewertete Schalldämm-Maß $R'_{w,R}$ trennender Bauteile mit biegeweicher Vorsatzschale, schwimmendem Estrich/Holzfußboden oder aus biegeweichen Schalen**

Spalte	1	2
Zeile	Anzahl der flankierenden, biegeweichen Bauteile oder flankierenden Bauteile mit biegeweicher Vorsatzschale	$K_{L,2}$
1	1	+1
2	2	+3
3	3	+6

In Tabelle 15 sind Korrekturwerte $K_{L,2}$ in Abhängigkeit von der Anzahl der flankierenden Bauteile angegeben, die eine der obigen Bedingungen erfüllen.

Beispiele zur Anwendung der Korrekturwerte siehe Abschnitt 3.4.

3.4 Beispiele zur Anwendung der Korrekturwerte $K_{L,1}$ und $K_{L,2}$ nach den Abschnitten 3.2 und 3.3

Beispiel 1

Zwei übereinanderliegende Räume; eine Wand im oberen und unteren Raum verschieden schwer und gegeneinander versetzt ausgeführt (siehe Bild 5).

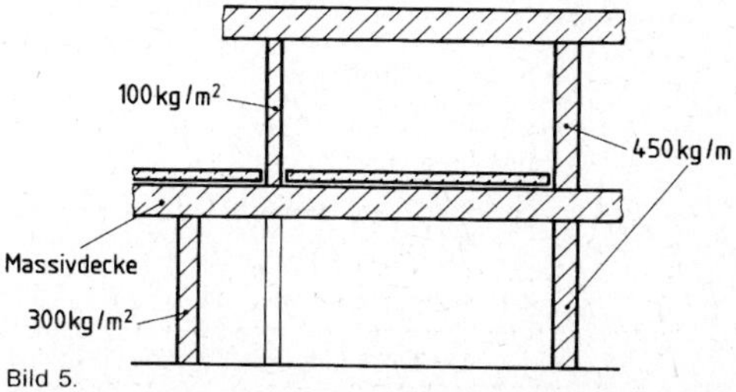

Bild 5.

Trenndecke: Massivdecke (400 kg/m²) mit schwimmendem Estrich nach Tabelle 12, $R'_{w,R} = 57$ dB

Flankierende Bauteile:

Außenwand		$m'_{L,1} = 200$ kg/m²
Wohnungstrennwand		$m'_{L,2} = 450$ kg/m²
Flurwand		$m'_{L,3} = 300$ kg/m²
Zwischenwand		$m'_{L,4} = 100$ kg/m²

Als Zwischenwand wird oben und unten eine Wand von $m'_{L,4} = 100$ kg/m² angenommen. Damit ergibt sich:

$$m'_{L,\mathrm{Mittel}} = \frac{200 + 450 + 300 + 100}{4}\ \mathrm{kg/m^2} = \underline{262\ \mathrm{kg/m^2}}$$

Nach Tabelle 13 ist $K_{L,1} = -1$ dB, somit

$$R'_{w,R} = (57 - 1)\ \mathrm{dB} = 56\ \mathrm{dB}.$$

Beispiel 2

Trennwand: Zweischalige Wand aus Gipskartonplatten nach Tabelle 9, Zeile 5, $R'_{w,R} = 50$ dB

Flankierende Bauteile:

Außenwand	$m'_{L,1} = 200$ kg/m²
Innen-Längswand	$m'_{L,2} = 350$ kg/m²
obere Decke (160 mm Stahlbetonplatte)	$m'_{L,3} = 368$ kg/m²
untere Decke	schwimmender Estrich auf 160 mm Stahlbeton.

Die untere Decke trägt aufgrund des schwimmenden Estrichs nicht zur Schallübertragung über flankierende Bauteile bei und ist deshalb bei der Bestimmung von $m'_{L,\mathrm{Mittel}}$ nicht zu berücksichtigen.

$$m'_{L,\mathrm{Mittel}} = \left[\frac{1}{3}\left(200^{-2,5} + 350^{-2,5} + 368^{-2,5}\right)\right]^{-0,4}\ \mathrm{kg/m^2} = \underline{266\ \mathrm{kg/m^2}}$$

Als Korrekturwert ergibt sich nach Tabelle 14, $K_{L,1} = -2$ dB. Nach Abschnitt 3.3, Tabelle 15, ist zusätzlich ein Korrekturwert $K_{L,2} = +1$ dB zu berücksichtigen. Damit wird

$$R'_{w,R} = (50 - 2 + 1)\ \mathrm{dB} = 49\ \mathrm{dB}.$$

4 Trittschalldämmung [3]) in Gebäuden in Massivbauart

4.1 Massivdecken

4.1.1 Allgemeines

Für Massivdecken werden folgende Ausführungsbeispiele angegeben:

- Massivdecken ohne/mit Deckenauflage bzw. ohne/mit biegeweicher Unterdecke,
- Deckenauflagen allein.

Der bewertete Norm-Trittschallpegel $L'_{n,w,R}$ (das Trittschallschutzmaß TSM_R) von Massivdecken läßt sich für einen unter einer Decke liegenden Raum folgendermaßen berechnen:

$$L'_{n,w,R} = L_{n,w,eq,R} - \Delta L_{w,R} \quad (TSM_R = TSM_{eq,R} + VM_R) \qquad (3)$$

Hierin bedeuten:

$L_{n,w,eq,R}$ ($TSM_{eq,R}$) äquivalenter bewerteter Norm-Trittschallpegel (äquivalentes Trittschallschutzmaß) der Massivdecke ohne Deckenauflage (Rechenwert)

$\Delta L_{w,R}$ (VM_R) Trittschallverbesserungsmaß der Deckenauflage (Rechenwert)

Der so errechnete Wert von $L'_{n,w,R}$ muß mindestens 2 dB niedriger (beim Trittschallschutzmaß TSM_R mindestens 2 dB höher) sein, als die in DIN 4109 genannten Anforderungen.

Liegt der zu schützende Raum nicht unmittelbar unter der betrachteten Decke, sondern schräg darunter (z. B. Wohnraum schräg unter einem Bad), dann dürfen von dem berechneten $L'_{n,w,R}$ 5 dB abgezogen (beim Trittschallschutzmaß TSM_R 5 dB hinzugezählt) werden, sofern die zugehörigen Trennwände ober- und unterhalb der Decke eine flächenbezogene Masse von $\geq 150\,kg/m^2$ haben. Für weitere Raumanordnungen sind Korrekturwerte in Tabelle 36 angegeben.

4.1.2 Äquivalenter bewerteter Norm-Trittschallpegel $L_{n,w,eq,R}$ von Decken

Die $L_{n,w,eq,R}$-Werte ($TSM_{eq,R}$-Werte) von Massivdecken nach Tabelle 11 sind in Tabelle 16 angegeben.

Für Massivdecken mit Unterdecken in Gebäuden in Skelett- und Holzbauweise siehe Abschnitt 8.1.1.

[3]) Zur Berechnung der bisher benutzten Größen TSM, TSM_{eq} und VM aus den Werten von $L'_{n,w}$, $L_{n,w,eq}$ und ΔL_w gelten folgende Beziehungen:

$$TSM = 63\,dB - L'_{n,w}$$
$$TSM_{eq} = 63\,dB - L_{n,w,eq}$$
$$VM = \Delta L_w.$$

Tabelle 16. **Äquivalenter bewerteter Norm-Trittschallpegel $L_{n,w,eq,R}$ (äquivalentes Trittschallschutzmaß $TSM_{eq,R}$) von Massivdecken in Gebäuden in Massivbauart ohne/mit biegeweicher Unterdecke (Rechenwerte)**

Spalte	1	2	3	4
Zeile	Deckenart	Flächenbezogene Masse [1]) der Massivdecke ohne Auflage kg/m²	$L_{n,w,eq,R}$ [2]) ($TSM_{eq,R}$) [2]) dB	
			ohne Unterdecke	mit Unterdecke [3]) [4])
1	Massivdecken nach Tabelle 11	135	86 (−23)	75 (−12)
2		160	85 (−22)	74 (−11)
3		190	84 (−21)	74 (−11)
4		225	82 (−19)	73 (−10)
5		270	79 (−16)	73 (−10)
6		320	77 (−14)	72 (− 9)
7		380	74 (−11)	71 (− 8)
8		450	71 (− 8)	69 (− 6)
9		530	69 (− 6)	67 (− 4)

[1]) Flächenbezogene Masse einschließlich eines etwaigen Verbundestrichs oder Estrichs auf Trennschicht und eines unmittelbar aufgebrachten Putzes.

[2]) Zwischenwerte sind gradlinig zu interpolieren und auf ganze dB zu runden.

[3]) Biegeweiche Unterdecke nach Tabelle 11, Zeilen 7 und 8, oder akustisch gleichwertige Ausführungen.

[4]) Bei Verwendung von schwimmenden Estrichen mit mineralischen Bindemitteln sind die Tabellenwerte für $L_{n,w,eq,R}$ um 2 dB zu erhöhen (beim $TSM_{eq,R}$ um 2 dB abzumindern) (z. B. Zeile 1, Spalte 4: 75 + 2 = 77 dB (−12 − 2 = −14 dB)).

Tabelle 17. **Trittschallverbesserungsmaß $\Delta L_{w,R}$ (VM_R) von schwimmenden Estrichen [1]) und schwimmend verlegten Holzfußböden auf Massivdecken (Rechenwerte)**

Spalte	1	2	3
Zeile	Deckenauflagen; schwimmende Böden	$\Delta L_{w,R}$ (VM_R) dB	
		mit hartem Bodenbelag	mit weichfederndem Bodenbelag [2]) $\Delta L_{w,R} \geq 20$ dB ($VM_R \geq 20$ dB)
Schwimmende Estriche			
1	Gußasphaltestriche nach DIN 18 560 Teil 2 (z. Z. Entwurf) mit einer flächenbezogenen Masse $m' \geq 45$ kg/m² auf Dämmschichten aus Dämmstoffen nach DIN 18 164 Teil 2 oder DIN 18 165 Teil 2 mit einer dynamischen Steifigkeit s' von höchstens 50 MN/m³ 40 MN/m³ 30 MN/m³ 20 MN/m³ 15 MN/m³ 10 MN/m³	20 22 24 26 27 29	20 22 24 26 29 32
2	Estriche nach DIN 18 560 Teil 2 (z. Z. Entwurf) mit einer flächenbezogenen Masse $m' \geq 70$ kg/m² auf Dämmschichten aus Dämmstoffen DIN 18 164 Teil 2 oder DIN 18 165 Teil 2 mit einer dynamischen Steifigkeit s' von höchstens 50 MN/m³ 40 MN/m³ 30 MN/m³ 20 MN/m³ 15 MN/m³ 10 MN/m³	22 24 26 28 29 30	23 25 27 30 33 34
Schwimmende Holzfußböden			
3	Unterböden aus Holzspanplatten nach DIN 68 771 auf Lagerhölzern mit Dämmstreifen-Unterlagen aus Dämmstoffen nach DIN 18 165 Teil 2 mit einer dynamischen Steifigkeit s' von höchstens 20 MN/m³; Breite der Dämmstreifen mindestens 100 mm, Dicke im eingebauten Zustand mindestens 10 mm; Dämmstoffe zwischen den Lagerhölzern nach DIN 18 165 Teil 1, Nenndicke ≥ 30 mm, längenbezogener Strömungswiderstand $\Xi \geq 5$ kN · s/m⁴	24	–
4	Unterböden nach DIN 68 771 aus mindestens 22 mm dicken Holzspanplatten nach DIN 68 763, vollflächig verlegt auf Dämmstoffen nach DIN 18 165 Teil 2 mit einer dynamischen Steifigkeit s' von höchstens 10 MN/m³	25	–

[1]) Wegen der Ermittlung der flächenbezogenen Masse von Estrichen siehe Abschnitt 2.6.3.

[2]) Wegen der möglichen Austauschbarkeit von weichfedernden Bodenbelägen nach Tabelle 18, die sowohl dem Verschleiß als auch besonderen Wünschen der Bewohner unterliegen, dürfen diese bei dem Nachweis der Anforderungen nach DIN 4109 nicht angerechnet werden.

4.1.3 Trittschallverbesserungsmaß $\Delta L_{w,R}$ der Deckenauflagen

Aus der in Abschnitt 4.1.1 genannten Beziehung (3) läßt sich bei gegebener Massivdecke – $L_{n,w,eq,R}$ ($TSM_{eq,R}$) – der zur Erfüllung der Anforderungen erforderliche Mindestwert des Trittschallverbesserungsmaßes $\Delta L_{w,min.}$ ($VM_{R,min.}$) angeben:

$$\Delta L_{w,min} = L_{n,w,eq,R} + 2\,\text{dB} - \text{erf. } L'_{n,w} \quad (VM_{R,min.} = \text{erf. } TSM + 2\,\text{dB} - TSM_{eq,R}) \qquad (4)$$

Dabei stellt erf. $L'_{n,w}$ (erf. TSM) den nach DIN 4109/11.89, Tabelle 3, erforderlichen bewerteten Norm-Trittschallpegel (Trittschallschutzmaß) der fertigen Decke dar.

Wird ein weichfedernder Bodenbelag auf einem schwimmenden Boden angeordnet, dann ist als $\Delta L_{w,R}$ (VM_R) nur der höhere Wert – entweder des schwimmenden Bodens oder des weichfedernden Bodenbelags – zu berücksichtigen.

Beispiele für Deckenauflagen und die mit ihnen mindestens erzielbaren Trittschallverbesserungsmaße $\Delta L_{w,R}$ (VM_R) sind in den Tabellen 17 und 18 enthalten. Die Deckenauflagen in Tabelle 17 (schwimmende Böden) verbessern die Luft- und Trittschalldämmung einer Massivdecke, die Deckenauflagen der Tabelle 18 (weichfedernde Bodenbeläge) verbessern nur die Trittschalldämmung.

4.2 Holzbalkendecken

Ausführungsbeispiele sind in Tabelle 19 enthalten. Das bewertete Schalldämm-Maß $R'_{w,R}$ hängt dabei stark von den flächenbezogenen Massen der flankierenden Bauteile ab. Die Werte der Tabelle 19 gelten für flankierende Bauteile mit einer mittleren flächenbezogenen Masse $m'_{L,Mittel}$ von etwa 300 kg/m². Weichen die mittleren flächenbezogenen Massen $m'_{L,Mittel}$ davon um mehr als $\pm$ 25 kg/m² ab, sind Zu- bzw. Abschläge nach Tabelle 14 vorzunehmen.

Tabelle 18. **Trittschallverbesserungsmaß $\Delta L_{w,R}$ (VM_R) von weichfedernden Bodenbelägen für Massivdecken (Rechenwerte)**

Spalte	1	2
Zeile	Deckenauflagen; weichfedernde Bodenbeläge	$\Delta L_{w,R}$ (VM_R) dB
1	Linoleum-Verbundbelag nach DIN 18 173	14 [1] [2]
PVC-Verbundbeläge		
2	PVC-Verbundbelag mit genadeltem Jutefilz als Träger nach DIN 16 952 Teil 1	13 [1] [2]
3	PVC-Verbundbelag mit Korkment als Träger nach DIN 16 952 Teil 2	16 [1] [2]
4	PVC-Verbundbelag mit Unterschicht aus Schaumstoff nach DIN 16 952 Teil 3	16 [1] [2]
5	PVC-Verbundbelag mit Synthesefaser-Vliesstoff als Träger nach DIN 16 952 Teil 4	13 [1] [2]
Textile Fußbodenbeläge nach DIN 61 151 [3]		
6	Nadelvlies, Dicke = 5 mm	20
Polteppiche [4]		
7	Unterseite geschäumt, Normdicke a_{20} = 4 mm nach DIN 53 855 Teil 3	19
8	Unterseite geschäumt, Normdicke a_{20} = 6 mm nach DIN 53 855 Teil 3	24
9	Unterseite geschäumt, Normdicke a_{20} = 8 mm nach DIN 53 855 Teil 3	28
10	Unterseite ungeschäumt, Normdicke a_{20} = 4 mm nach DIN 53 855 Teil 3	19
11	Unterseite ungeschäumt, Normdicke a_{20} = 6 mm nach DIN 53 855 Teil 3	21
12	Unterseite ungeschäumt, Normdicke a_{20} = 8 mm nach DIN 53 855 Teil 3	24

[1] Die Bodenbeläge müssen durch Hinweis auf die jeweilige Norm gekennzeichnet sein. Das maßgebliche Trittschallverbesserungsmaß $\Delta L_{w,R}$ (VM_R) muß auf dem Erzeugnis oder der Verpackung angegeben sein.

[2] Die in den Zeilen 1 bis 5 angegebenen Werte sind Mindestwerte; sie gelten nur für aufgeklebte Bodenbeläge.

[3] Die textilen Bodenbeläge müssen auf dem Produkt oder auf der Verpackung mit dem entsprechenden $\Delta L_{w,R}$ (VM_R) der Spalte 2 und mit der Werksbescheinigung nach DIN 50 049 ausgeliefert werden.

[4] Pol aus Polyamid, Polypropylen, Polyacrylnitril, Polyester, Wolle und deren Mischungen.

Tabelle 19. **Bewertetes Schalldämm-Maß $R'_{w,R}$ und bewerteter Norm-Trittschallpegel $L'_{n,w,R}$ (Trittschallschutzmaß TSM_R) von Holzbalkendecken (Rechenwerte)** (Maße in mm)

Spalte	1	2	3	4	5	6
Zeile	Deckenausbildung 1)	Fußboden auf oberer Balkenabdeckung	Unterdecke: Anschluß Holzlatten an Balken	Unterdecke: Anzahl der Lagen	$R'_{w,R}$ 2) dB	$L'_{n,w,R}$ 3) (TSM_R) dB
1	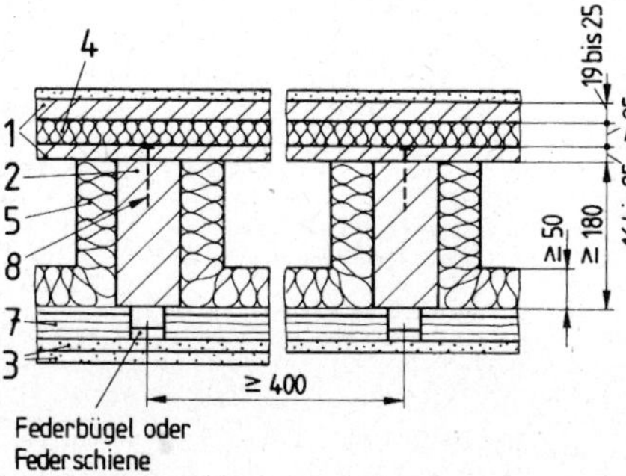	Spanplatten auf mineralischem Faserdämmstoff	über Federbügel oder Federschiene	1	50	56 (7)
2				2	50	53 (10)
3	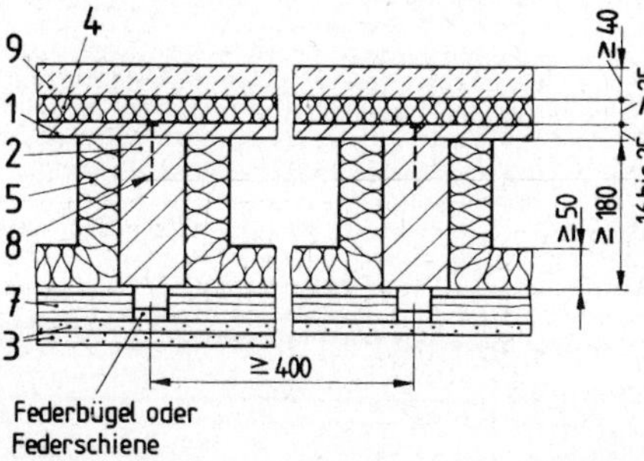	Schwimmender Estrich auf mineralischem Faserdämmstoff	über Federbügel oder Federschiene	1	50	51 (12)

1) Bei einer Dicke der eingelegten Dämmschicht, siehe 5, von mindestens 100 mm ist ein seitliches Hochziehen nicht erforderlich.

2) Gültig für flankierende Wände mit einer flächenbezogenen Masse $m'_{L,\,Mittel}$ von etwa 300 kg/m². Weitere Bedingungen für die Gültigkeit der Tabelle 19 siehe Abschnitt 3.1.

3) Bei zusätzlicher Verwendung eines weichfedernden Bodenbelags dürfen in Abhängigkeit vom Trittschallverbesserungsmaß $\Delta L_{w,R}$ (VM_R) des Belags folgende Zuschläge gemacht werden: 2 dB für $\Delta L_{w,R}$ (VM_R) $\geq$ 20 dB, 6 dB für $\Delta L_{w,R}$ (VM_R) $\geq$ 25 dB.

Erklärungen zur Tabelle 19:

1 Spanplatte nach DIN 68763, gespundet oder mit Nut und Feder

2 Holzbalken

3 Gipskarton-Bauplatte nach DIN 18180, 12,5 mm oder 15 mm dick, Spanplatte nach DIN 68763, 13 mm bis 16 mm dick, oder – bei einlagigen Unterdecken – Holzwolle-Leichtbauplatten nach DIN 1101, Dicke $\geq$ 25 mm, verputzt.

4 Faserdämmstoff nach DIN 18165 Teil 2, Anwendungstyp T, dynamische Steifigkeit $s' \leq 15$ MN/m³

5 Faserdämmstoff nach DIN 18165 Teil 1, längenbezogener Strömungswiderstand $\Xi \geq 5$ kN · s/m⁴

6 Holzlatten, Achsabstand $\geq$ 400 mm, direkte Befestigung an den Balken mit mechanischen Verbindungsmitteln

7 Unterkonstruktion aus Holz, Achsabstand der Latten $\geq$ 400 mm, Befestigung über Federbügel (siehe Bild 6) oder Federschiene (siehe Bild 7), kein fester Kontakt zwischen Latte und Balken – ein weichfedernder Faserdämmstreifen darf zwischengelegt werden. Andere Unterkonstruktionen dürfen verwendet werden, wenn nachgewiesen ist, daß sie sich hinsichtlich der Schalldämmung gleich oder besser als die hier angegebenen Ausführungen verhalten.

8 Mechanische Verbindungsmittel oder Verleimung

9 Estrich

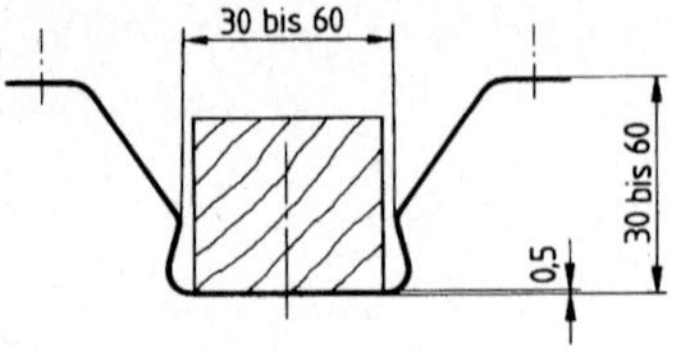

Bild 6. Ausbildung der Federbügel (Maße in mm)

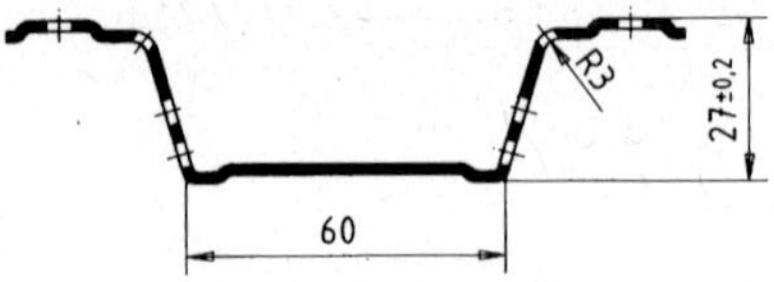

Bild 7. Ausbildung der Federschiene (Maße in mm)

4.3 Massive Treppenläufe und Treppenpodeste

In Tabelle 20 ist eine Übersicht über die Rechenwerte des bewerteten Norm-Trittschallpegels (Trittschallschutzmaßes) von massiven Treppen – bezogen auf einen unmittelbar angrenzenden Wohnraum – gegeben, wobei zwei Werte, jeweils für $L'_{n,w,R}$ (TSM_R) und $L_{n,w,eq,R}$ ($TSM_{eq,R}$) genannt sind. Der Wert $L'_{n,w,R}$ (TSM_R) ist anzuwenden, wenn kein zusätzlicher trittschalldämmender Gehbelag bzw. schwimmender Estrich aufgebracht wird. Wird dagegen ein derartiger Belag oder Estrich aufgebracht, ist für die dann erforderliche Berechnung des bewerteten Norm-Trittschallpegels $L'_{n,w,R}$ (Trittschallschutzmaßes TSM_R) der Treppe nach Gleichung (3) der Wert $L_{n,w,eq,R}$ ($TSM_{eq,R}$) nach Tabelle 20 zu verwenden. Dies wird nachstehend an zwei Beispielen gezeigt.

Beispiel 1

– Treppenpodest nach Tabelle 20, Zeile 1, Spalte 2 $L_{n,w,eq,R}$ = 66 dB, ($TSM_{eq,R}$) = – 3 dB,

– Schwimmender Estrich nach Tabelle 17, Zeile 2, Spalte 2, mit einer dynamischen Steifigkeit $s' = 30$ MN/m³ und eines Trittschallverbesserungsmaßes $\Delta L_{w,R}$ (VM_R) = 26 dB,

ergibt $L'_{n,w,R}$ = 66 dB – 26 dB = 40 dB.
(TSM_R = – 3 dB + 26 dB = 23 dB).

Beispiel 2

– Treppenlauf nach Tabelle 20, Zeile 3, Spalte 2 $L_{n,w,eq,R}$ = 58 dB, ($TSM_{eq,R}$) = + 5 dB,

– PVC-Verbundbelag nach Tabelle 18, Zeile 3, Spalte 2 $\Delta L_{w,R}$ (VM_R) = 16 dB,

ergibt $L'_{n,w,R}$ = 58 dB – 16 dB = 42 dB.
(TSM_R = + 5 dB + 16 dB = 21 dB).

Beispiele für Treppenausführungen (ohne zusätzlichen weichfedernden Belag) mit $L'_{n,w,R} \leq 43$ dB ($TSM_R \geq 20$ dB) sind in den Bildern 8 bis 12 angegeben. In den Bildern 11 und 12 sind die Podeste auf besonderen Stahlbeton-Konsolleisten elastisch gelagert und die Treppenläufe mit den Podesten starr verbunden. In den Bildern 8 bis 10 ist der Treppenlauf auf den Treppenpodesten elastisch gelagert und die Podeste sind mit einem schwimmenden Estrich versehen.

Die bauaufsichtlichen Vorschriften des Brandschutzes sind zu beachten.

Tabelle 20. **Äquivalenter bewerteter Norm-Trittschallpegel $L_{n,w,eq,R}$ (Trittschallschutzmaß $TSM_{eq,R}$) und bewerteter Norm-Trittschallpegel $L'_{n,w,R}$ (Trittschallschutzmaß TSM_R) für verschiedene Ausführungen von massiven Treppenläufen und Treppenpodesten unter Berücksichtigung der Ausbildung der Treppenraumwand (Rechenwerte)**

Spalte	1	2	3
Zeile	Treppen und Treppenraumwand	$L_{n,w,eq,R}$ ($TSM_{eq,R}$) dB	$L'_{n,w,R}$ (TSM_R) dB
1	Treppenpodest ¹), fest verbunden mit einschaliger, biegesteifer Treppenraumwand (flächenbezogene Masse ≥ 380 kg/m²)	66 (– 3)	70 (– 7)
2	Treppenlauf ¹), fest verbunden mit einschaliger, biegesteifer Treppenraumwand (flächenbezogene Masse ≥ 380 kg/m²)	61 (+ 2)	65 (– 2)
3	Treppenlauf ¹), abgesetzt von einschaliger, biegesteifer Treppenraumwand	58 (+ 5)	58 (+ 5)
4	Treppenpodest ¹), fest verbunden mit Treppenraumwand, und durchgehender Gebäudetrennfuge nach Abschnitt 2.3	≤ 53 (≥ + 10)	≤ 50 (≥ + 13)
5	Treppenlauf ¹), abgesetzt von Treppenraumwand, und durchgehender Gebäudetrennfuge nach Abschnitt 2.3	≤ 46 (≥ + 17)	≤ 43 (≥ + 20)
6	Treppenlauf ¹), abgesetzt von Treppenraumwand, und durchgehender Gebäudetrennfuge nach Abschnitt 2.3, auf Treppenpodest elastisch gelagert	38 (+ 25)	42 (+ 21)

¹) Gilt für Stahlbetonpodest oder -treppenlauf mit einer Dicke $d \geq 120$ mm.

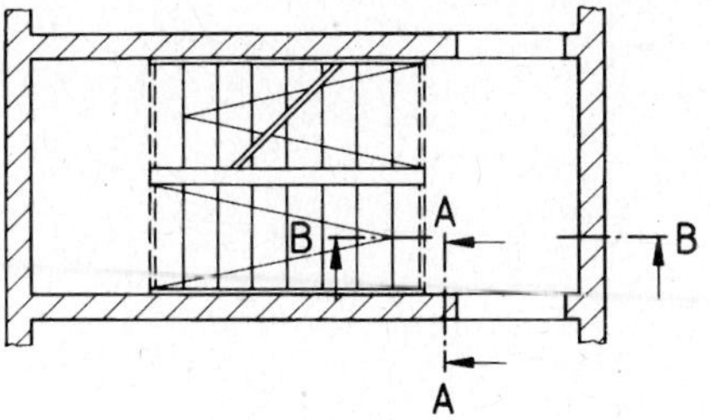

Bild 8. Schwimmender Estrich auf den Podesten bei elastischer Auflagerung der Treppenläufe
Grundriß

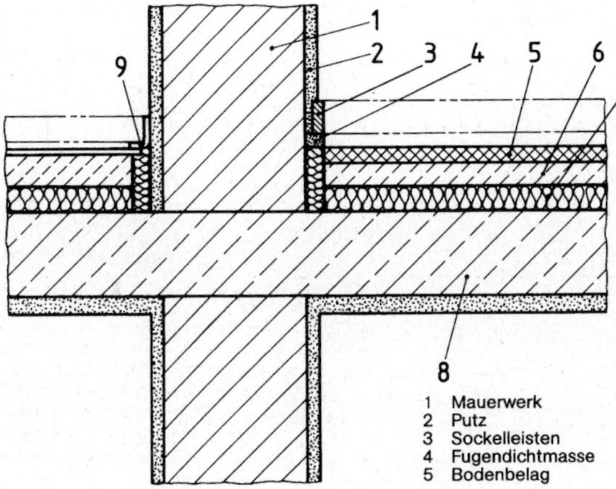

1 Mauerwerk
2 Putz
3 Sockelleisten
4 Fugendichtmasse
5 Bodenbelag
6 Estriche
7 Trittschalldämmung
8 Massivdecke
9 Kunststoffwinkel

Bild 9. Schwimmender Estrich auf den Podesten, Schnitt A – A

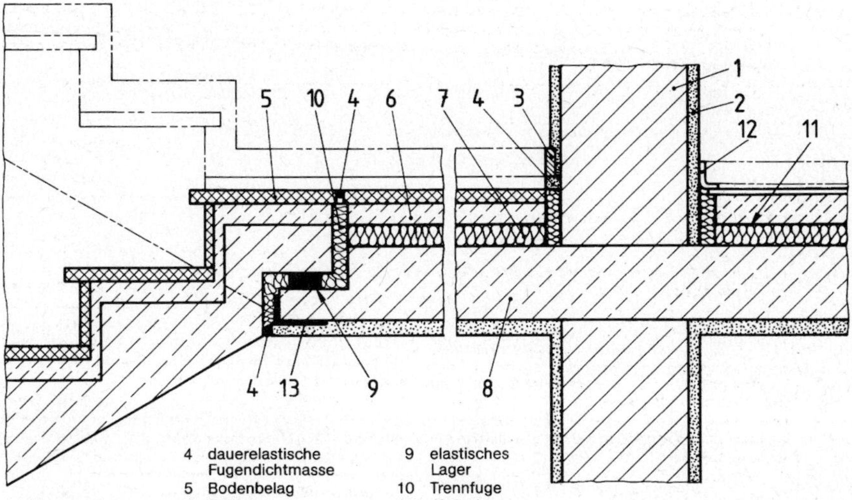

1 Mauerwerk
2 Putz
3 Sockelleiste
4 dauerelastische Fugendichtmasse
5 Bodenbelag
6 Estrich
7 Trittschalldämmung
8 Massivdecke
9 elastisches Lager
10 Trennfuge
11 Abdeckung
12 Kunststoffwinkel
13 Winkel

Bild 10. Schwimmender Estrich auf Podesten mit dämmender Zwischenlage bei Auflagerung der Läufe, Schnitt B – B

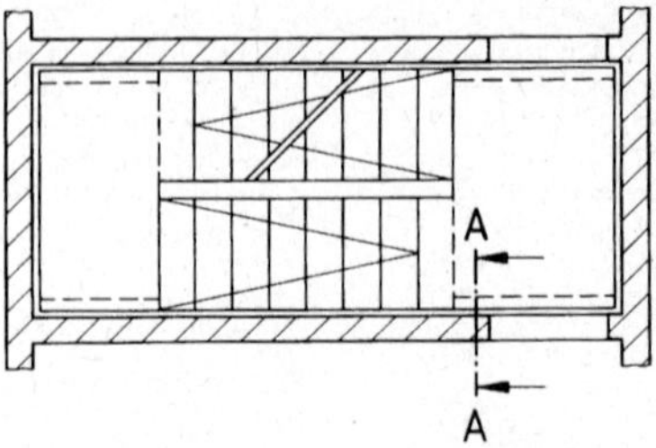

Bild 11. Auflagerung eines Treppenlaufes mit Podestplatte auf Konsolleisten; Quergespannte Podeste

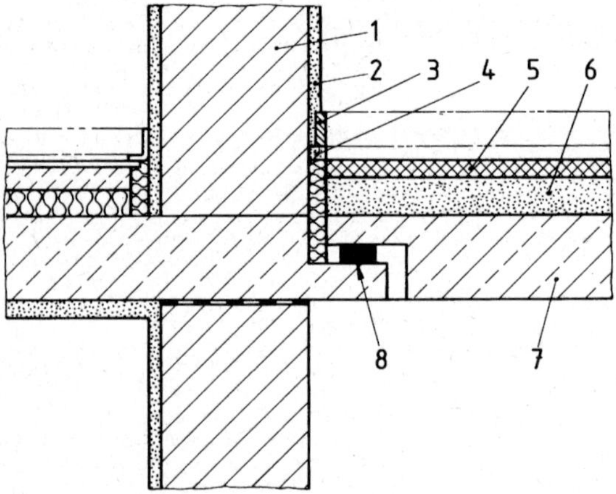

1 Mauerwerk
2 Putz
3 Sockelleiste
4 dauerelastische Fugendichtmasse
5 Bodenbelag
6 Mörtelbett
7 Massivdecke
8 elastische Zwischenlage

Bild 12. Auflagerung eines Treppenlaufes mit Podestplatte auf Konsolleisten, Schnitt A–A

5 Luftschalldämmung in Gebäuden in Skelett- und Holzbauart; Nachweis der resultierenden Schalldämmung

5.1 Allgemeines

Schall wird von Raum zu Raum sowohl über das trennende Bauteil als auch über die flankierenden Bauteile übertragen.

In Massivbauten mit biegesteifer Anbindung der flankierenden Bauteile an das trennende Bauteil treten die Übertragungswege nach Bild 13 auf.

In Skelettbauten und Holzhäusern, bei denen diese biegesteife Anbindung nicht vorhanden ist, spielen die Übertragungswege *Fd* und *Df* keine Rolle. In diesen Gebäuden müssen nur das Labor-Schalldämm-Maß $R_{w,R}$ des trennenden Bauteils und die Schall-Längsdämm-Maße $R_{L,w,R}$ der flankierenden Bauteile (Weg *Ff*) für den rechnerischen Nachweis berücksichtigt werden.

Die Schall-Längsleitung ist abhängig von der Art der flankierenden Bauteile und von der konstruktiven Ausbildung der Verbindungsstellen zwischen flankierendem und trennendem Bauteil. Neben der im folgenden behandelten Schall-Längsleitung entlang flankierender Bauteile spielt die Schallübertragung über Undichtigkeiten eine Rolle. Sie kann im Regelfall rechnerisch nicht erfaßt werden und wird daher im folgenden auch nicht behandelt (siehe Abschnitt 5.2).

Der Eignungsnachweis ist für benachbarte Räume zu führen, wobei alle an der Schallübertragung beteiligten Bauteile zu berücksichtigen sind. Der im Einzelfall durchgeführte Nachweis gilt für Bauteilkombinationen, die sich im Bauwerk konstruktionsgleich wiederholen.

Der Eignungsnachweis kann als vereinfachter Nachweis nach Abschnitt 5.3 oder nach dem Rechenverfahren nach Abschnitt 5.4 erfolgen. Das Rechenverfahren ist aufwendiger, ermöglicht aber eine gezieltere und daher meist wirtschaftlichere Kombination der Bauteile. Abschnitt 5.6 enthält Anwendungsbeispiele für beide Nachweisverfahren.

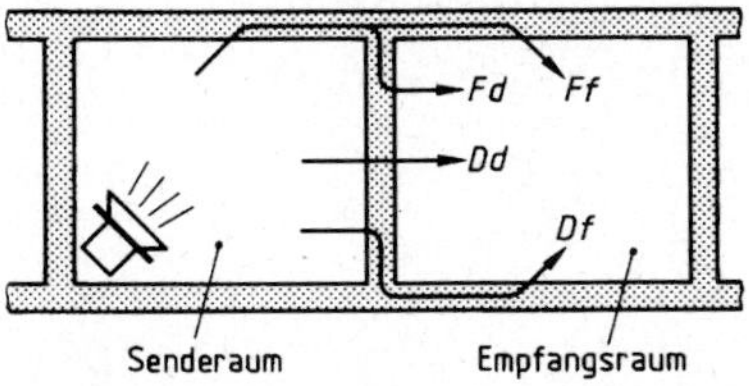

Nach DIN 52 217 gilt für

Dd Luftschall-Anregung des Trennelementes im Senderaum

Schallabstrahlung des Trennelementes in den Empfangsraum

Ff Luftschall-Anregung der flankierenden Bauteile des Senderaumes

teilweise Übertragung der Schwingungen auf flankierende Bauteile des Empfangsraumes

Fd Luftschall-Anregung der flankierenden Bauteile des Senderaumes

teilweise Übertragung der Schwingungen auf die flankierenden Bauteile des Empfangsraumes

Schallabstrahlung des Trennelementes in den Empfangsraum

Df Luftschall-Anregung des Trennelementes im Senderaum

teilweise Übertragung der Schwingungen auf die flankierenden Bauteile des Empfangsraumes

Schallabstrahlung dieser Bauteile in den Empfangsraum.

Mit den Großbuchstaben werden die Eintrittsflächen im Senderaum, mit den Kleinbuchstaben die Austrittsflächen im Empfangsraum gekennzeichnet, wobei D und d auf das direkte Trennelement, F und f auf die flankierenden Bauteile hinweisen.

Bild 13. Übertragungswege des Luftschalls zwischen zwei Räumen nach DIN 52 217

5.2 Voraussetzungen

Die in den Abschnitten 5.3 und 5.4 beschriebenen Nachweisverfahren setzen voraus, daß

- alle an der Schallübertragung beteiligten Bauteile und Anordnungen (z. B. auch Lüftungskanäle) erfaßt sind,
- die Schall-Längsdämm-Maße der flankierenden Bauteile durch die Art des trennenden Bauteils nicht oder unwesentlich beeinflußt werden, was bei den in diesem Beiblatt angegebenen Bauteilen und deren Kombinationen der Fall ist,
- die dem Nachweis zugrundeliegenden Rechenwerte unter Berücksichtigung der Anschlüsse an Wände und Decken sowie des Einflusses von Einbauleuchten und angeordneten Steckdosen ermittelt sind,
- der Aufbau sorgfältig ausgeführt und überwacht wird. Beim Aufbau müssen alle Undichtigkeiten vermieden werden, sofern sie nicht in den Konstruktionsdetails, die den Rechenwerten zugrundeliegen, mit erfaßt sind,
- das flankierende Bauteil zu beiden Seiten des Anschlusses des trennenden Bauteils konstruktiv gleich ausgeführt ist,
- das verwendete Dichtungsmaterial dauerelastisch ist (Fugenkitt); poröse Dichtungsstreifen wirken nur in stark verdichtetem Zustand (unter Preßdruck).

5.3 Vereinfachter Nachweis

Die an der Schallübertragung beteiligten trennenden und flankierenden Bauteile müssen die Bedingung nach Gleichung (5) oder (6) erfüllen:

$$R_{w,R} \geq \text{erf.}\,R'_w + 5\,\text{dB} \qquad (5)$$

$$R_{L,w,R,i} \geq \text{erf.}\,R'_w + 5\,\text{dB} \qquad (6)$$

Hierin bedeuten:

$R_{w,R}$ Rechenwert des erforderlichen bewerteten Schalldämm-Maßes der Trennwand oder -decke in dB (ohne Längsleitung über flankierende Bauteile, Übertragungsweg *Dd*, siehe Bild 13)

$R_{L,w,R,i}$ Rechenwert des erforderlichen bewerteten Schall-Längsdämm-Maßes des i-ten flankierenden Bauteils in dB (ohne Schallübertragung durch das trennende Bauteil, Übertragungsweg *Ff*, siehe Bild 13)

erf. R'_w angestrebtes resultierendes Schalldämm-Maß in dB

5.4 Rechnerische Ermittlung des resultierenden Schalldämm-Maßes $R'_{w,R}$

Die resultierende Schalldämmung der an der Schallübertragung beteiligten trennenden und flankierenden Bauteile, ausgedrückt durch den Rechenwert des resultierenden bewerteten Schalldämm-Maßes $R'_{w,R}$, läßt sich unter Beachtung der in Abschnitt 5.2 genannten Voraussetzungen nach Gleichung (7) berechnen.[4])

$$R'_{w,R} = -10\lg\left(10^{\frac{-R_{w,R}}{10}} + \sum_{i=1}^{n} 10^{\frac{-R'_{L,w,R,i}}{10}}\right)\,\text{dB} \qquad (7)$$

Hierin bedeuten:

$R_{w,R}$ Rechenwert[5]) des bewerteten Schalldämm-Maßes des trennenden Bauteils ohne Längsleitung über flankierende Bauteile in dB

$R'_{L,w,R,i}$ Rechenwert[5]) des bewerteten Bau-Schall-Längsdämm-Maßes des i-ten flankierenden Bauteils am Bau in dB

n Anzahl der flankierenden Bauteile (im Regelfall $n = 4$).

Die rechnerische Ermittlung des bewerteten Schall-Längsdämm-Maßes $R'_{L,w,R,i}$ eines flankierenden Bauteils am Bau nach DIN 52 217 erfolgt nach Gleichung (8):

$$R'_{L,w,R,i} = R_{L,w,R,i} + 10\lg\frac{S_T}{S_0} - 10\lg\frac{l_i}{l_0}\,\text{dB} \qquad (8)$$

Hierin bedeuten:

$R_{L,w,R,i}$ Rechenwert[5]) des bewerteten Labor-Schall-Längsdämm-Maßes in dB des i-ten flankierenden Bauteils nach DIN 52 217, aus Messungen im Prüfstand nach DIN 52 210 Teil 7 oder aus den Ausführungsbeispielen nach Abschnitt 6

[4]) Die Genauigkeit der Rechnung ist im allgemeinen ausreichend, wenn sie mit den Einzahl-Angaben der bewerteten Schalldämm-Maße der beteiligten Bauteile durchgeführt wird. Eine frequenzabhängige Berechnung von $R'_{w,R}$ kann in Sonderfällen erforderlich sein.

[5]) Die Rechenwerte aus Messungen werden unter Abzug des Vorhaltemaßes von 2 dB ermittelt.

S_T Fläche des trennenden Bauteils in m^2

S_0 Bezugsfläche in m^2 (für Wände $S_0 = 10\,m^2$)

l_i gemeinsame Kantenlänge zwischen dem trennenden und dem flankierenden Bauteil in m

l_0 Bezugslänge in m:

- für Decken, Unterdecken, Fußböden 4,5 m
- für Wände 2,8 m.

Sofern keine gemeinsame Kantenlänge l_i vorliegt, z. B. bei einem Kabelkanal oder einer Lüftungsanlage, entfällt der Ausdruck $10 \lg (l_i/l_0)$ in Gleichung (8).

Für Räume mit einer Raumhöhe von etwa 2,5 m bis 3 m und einer Raumtiefe von etwa 4 m bis 5 m kann die Gleichung (8) wie folgt vereinfacht werden:

$$R'_{L,w,R,i} = R_{L,w,R,i} \qquad (9)$$

Anwendungsbeispiele für die rechnerische Ermittlung siehe Abschnitt 5.6.

5.5 Rechenwerte

5.5.1 Allgemeines

Rechenwerte für den Eignungsnachweis sind für die Ausführungsbeispiele in den Abschnitten 6 bis 8 enthalten. Bei der Ermittlung der Rechenwerte über die Eignungsprüfung I ist das Vorhaltemaß von 2 dB nach DIN 4109/11.89, Abschnitt 6.4, abzuziehen.

Diese Rechenwerte gelten nur für die dargestellten Konstruktionen. Bei Abweichungen und anderen Konstruktionen sind die Rechenwerte durch Eignungsprüfungen nach DIN 4109/11.89, Abschnitt 6.3, zu bestimmen. Dies gilt auch für Durchbrüche und sonstige Undichtigkeiten in den Bauteilen (z. B. Lüftungsöffnungen, Einbauleuchten und angeordneten Steckdosen, gleitende Deckenanschlüsse). Kabel- und Lüftungskanäle sind als eigene Bauteile zu behandeln.

5.5.2 Trennende Bauteile

Für Trennwände und -decken werden als Rechenwerte in der Regel die in Prüfständen ohne Flankenübertragung nach DIN 52 210 Teil 2 gemessenen Schalldämm-Maße $R_{w,P}$ verwendet, die um das Vorhaltemaß von 2 dB abzumindern sind.

Weiterhin können bei zweischaligen Trennwänden und -decken aus biegeweichen Schalen als Rechenwerte auch die bewerteten Schalldämm-Maße $R'_{w,P}$ verwendet werden, die in Prüfständen mit bauähnlicher Flankenübertragung nach DIN 52 210 Teil 2 ermittelt wurden, wobei die Flankenübertragung des Prüfstandes rechnerisch eliminiert wird. Dies geschieht im Regelfall näherungsweise nach Gleichung (10).

$$R_{w,R} = R'_{w,P} + Z - 2\,dB \qquad (10)$$

Hierin bedeuten:

$R_{w,R}$ Rechenwert des bewerteten Schalldämm-Maßes der Trennwand oder -decke ohne Längsleitung über flankierende Bauteile in dB

$R'_{w,P}$ bewertetes Schalldämm-Maß der Trennwand oder -decke in dB, gemessen im Prüfstand mit bauähnlicher Flankenübertragung [6]), ohne Abzug des Vorhaltemaßes

Z Zuschlag in dB nach Tabelle 21.

Tabelle 21. **Zuschläge Z für die rechnerische Ermittlung von $R_{w,R}$ aus $R'_{w,P}$**

Spalte/ Zeile	1		2	3	4	5	6
1	$R'_{w,P}$	dB	≤ 48	49	51	53	≥ 54
2	Z	dB	0	1	2	3	4

5.5.3 Flankierende Bauteile

Als Rechenwerte $R_{L,w,R}$ sind die Schall-Längsdämm-Maße $R_{L,w,P}$ der flankierenden Bauteile zu verwenden, die in Prüfständen nach DIN 52 210 Teil 2 bestimmt und um das Vorhaltemaß von 2 dB abgemindert sind.

5.6 Anwendungsbeispiele

Im folgenden werden zwei Anwendungsbeispiele für den vereinfachten Nachweis für die rechnerische Ermittlung des bewerteten Schalldämm-Maßes $R'_{w,R}$ gegeben.

Beispiel 1

Trennwand (Höhe 3 m, Länge 7 m) zwischen 2 Klassenräumen einer Schule in einem Skelettbau.

Nach DIN 4109/11.89, Tabelle 3, Zeile 41, wird ein bewertetes Schalldämm-Maß erf. $R'_w = 47$ dB gefordert.

Die gewählte Bauteilkombination für das trennende Bauteil und die vier flankierenden Bauteile mit den zugehörigen bewerteten Schalldämm-Maßen gehen aus Tabelle 22 hervor.

a) Vereinfachter Nachweis

Hiernach müssen alle an der Schallübertragung beteiligten Bauteile bewertete Schalldämm-Maße $R_{w,R}$ bzw. $R_{L,w,R}$ aufweisen, die um 5 dB über der Anforderung an das bewertete Schalldämm-Maß erf. R'_w liegen.

$$R_{w,R} \geq 47 + 5 \geq 52\,dB$$

$$R_{L,w,R,i} \geq 47 + 5 \geq 52\,dB.$$

Aus Tabelle 22 geht hervor, daß zwei der gewählten Bauteile, nämlich die Unterdecke ($R_{L,w,R} = 51$ dB) und die Außenwand ($R_{L,w,R} = 50$ dB), nicht ausreichend sind. Sie müssen nach der vereinfachten Rechnung verbessert werden, z. B. bei der Unterdecke durch eine 10 mm dickere Faserdämmstoff-Auflage (Interpolation in Tabelle 26, Zeile 1, zwischen den Spalten 4 und 5).

b) Rechnerische Ermittlung

Der Rechengang sieht in Tabelle 22, Zeile 1, zunächst die Ermittlung der Schall-Längsdämm-Maße $R'_{L,w,R,i}$ nach Gleichung (8) vor, die dann gemeinsam mit dem Schalldämm-Maß $R_{w,R}$ des trennenden Bauteils in die Berechnung des resultierenden Schalldämm-Maßes $R'_{w,R}$ nach Gleichung (7) (siehe Tabelle 22, Zeilen 2 bis 5) eingehen.

Die Rechnung ergibt ein bewertetes Schalldämm-Maß $R'_{w,R} = 47$ dB, womit die gestellte Anforderung erfüllt ist.

Das gewählte Beispiel zeigt, daß es wirtschaftlich sein kann, anstelle des vereinfachten Nachweises die genauere rechnerische Ermittlung vorzunehmen.

Beispiel 2

Trennwand (Höhe 2,5 m, Länge 5 m) im eigenen Wohnbereich in einem Gebäude in Holzbauart.

Aufgrund einer Vereinbarung soll das erforderliche Schalldämm-Maß erf. $R'_w = 40$ dB eingehalten werden.

Gewählte Bauteilkombinationen und zugehörige bewertete Schalldämm-Maße:

Trennwand in Holzbauart nach Tabelle 24, Zeile 2, $R_{w,R} = 46$ dB,

flankierende Bauteile mit bewerteten Schall-Längsdämm-Maßen $R'_{L,w,R,i}$ nach Gleichung (9),

obere Holzbalkendecke nach Tabelle 30, Zeile 2, $R'_{L,w,R,1} = 51$ dB,

untere Holzbalkendecke nach Tabelle 30, Zeile 5, $R'_{L,w,R,2} = 65$ dB,

Außenwand nach Tabelle 33, Zeile 3, $R'_{L,w,R,3} = 54$ dB,

Innenwand nach Tabelle 33, Zeile 1, $R'_{L,w,R,4} = 48$ dB.

---

[6]) Die Bezeichnung $R'_{w,P}$ ist gleichbedeutend mit der Bezeichnung R'_w, die in DIN 52 210 Teil 4 sowie in den Prüfzeugnissen verwendet wird.

Tabelle 22. **Trennwand zwischen 2 Klassenräumen in einer Schule in Skelettbau mit flankierenden Bauteilen; gewählte Bauteile und rechnerische Ermittlung des bewerteten Schalldämm-Maßes $R'_{w,R}$ nach den Gleichungen (7) und (8)**

Spalte	1	2	3	4	5	6	7	8
Zeile	Index i	Bauteil	$R_{w,R}$ dB	$R_{L,w,R,i}$ dB	$10 \lg \frac{S_T}{S_0}$ dB	l_i m	$-10 \lg \frac{l_i}{l_0}$ dB	$R_{w,R}$ bzw. $R'_{L,w,R,i}$ dB
Trennendes Bauteil								
1	–	Trennwand, zweischalig, nach Tabelle 23, Zeile 10	55	–	–	–	–	55
Flankierende Bauteile								
2	1	Unterdecke aus Gipskarton-Platten (10 kg/m²), 400 mm Abhängehöhe, mit Dämmstoffauflage von 50 mm nach Tabelle 26, Zeile 1, sowie Tabelle 27	–	51	3,2	7	−1,9	52,3
3	2	Untere Decke (260 kg/m²) mit Verbundestrich (90 kg/m²), flächenbezogene Masse insgesamt 350 kg/m² nach Tabelle 25	–	58	3,2	7	−1,9	59,3
4	3	Außenwand in Holzbauart, Wandstoß im Bereich der Trennwand (da keine Meßwerte $R_{L,w,P}$ vorliegen, wird nach Abschnitt 6.8.3 verfahren).	–	50	3,2	3	−0,3	52,9
5	4	Innenwand nach Tabelle 32, Zeile 1	–	53	3,2	3	−0,3	55,9
$R'_{w,R}$ nach Gleichung (7) $R'_{w,R} = -10 \lg (10^{-5,5} + 10^{-5,23} + 10^{-5,93} + 10^{-5,29} + 10^{-5,59})$ $R'_{w,R} = 47,4$ dB, gerundet $R'_{w,R} = 47$ dB.								

a) Vereinfachter Nachweis

Hiernach müssen alle an der Schallübertragung beteiligten Bauteile bewertete Schalldämm-Maße $R_{w,R}$ bzw. $R_{L,w,R}$ aufweisen, die um 5 dB über der Anforderung an das bewertete Schalldämm-Maß erf. R'_w liegen.

$$R_{w,R} \geq 40 + 5 \geq 45 \text{ dB}$$
$$R_{L,w,R,i} \geq 40 + 5 \geq 45 \text{ dB}.$$

Die gewählten Bauteile sind im Sinne des vereinfachten Nachweises ausreichend, da sowohl der Wert $R_{w,R}$ des trennenden Bauteils als auch alle Werte $R'_{L,w,R,i}$ der flankierenden Bauteile mindestens 45 dB betragen.

b) Rechnerische Ermittlung

Das bewertete Schalldämm-Maß R'_w ergibt sich in diesem Beispiel aus den oben angegebenen bewerteten Schalldämm-Maßen für die einzelnen Bauteile mit Hilfe von Gleichung (7) zu:

$$R'_{w,R} = -10 \lg (10^{-4,6} + 10^{-5,1} + 10^{-6,5} + 10^{-5,4} + 10^{-4,8})$$
$$R'_{w,R} = 43 \text{ dB (gerundet)}.$$

Der vereinbarte Wert erf. $R'_w = 40$ dB wird durch die gewählte Bauteilkombination eingehalten.

6 Luftschalldämmung in Gebäuden in Skelett- und Holzbauart bei horizontaler Schallübertragung (Rechenwerte); Ausführungsbeispiele

6.1 Trennwände

6.1.1 Montagewände aus Gipskartonplatten nach DIN 18 183

Tabelle 23 enthält Rechenwerte für das bewertete Schalldämm-Maß $R_{w,R}$ für die dort angegebenen Ausführungsbeispiele der in Ständerbauart ausgeführten Montagewände. Die Verarbeitung der Gipskartonplatten erfolgt nach DIN 18 181 (z. Z. Entwurf), wobei die Fugen zu verspachteln sind. Die Gipskarton-Platten sind mit Schnellbauschrauben nach DIN 18 182 Teil 2 an die Metallunterkonstruktion – C-Wandprofile aus Stahlblech nach DIN 18 182 Teil 1, Blechnenndicke 0,6 mm oder 0,7 mm – anzuschrauben.

Zur Hohlraumdämpfung sind Faserdämmstoffe nach DIN 18 165 Teil 1 mit einem längenbezogenen Strömungswiderstand $\Xi \geq 5$ kN · s/m⁴ in der angegebenen Mindestdicke zu verwenden.

Wenn in den flankierenden Wänden (z. B. Fensterfassaden) keine ausreichende Anschlußbreite für die Trennwand zur Verfügung steht, sind in der Trennwand Reduzier-

Tabelle 23. **Bewertete Schalldämm-Maße $R_{w,R}$ für Montagewände aus Gipskartonplatten [1]) in Ständerbauart nach DIN 18183 mit umlaufend dichten Anschlüssen an Wänden und Decken (Rechenwerte)** (Maße in mm)

Spalte	1	2	3	4	5	6
Zeile	Ausführungsbeispiele	s_B [2])	C-Wand-profil [3])	Mindest-schalen-abstand s	Mindest-dämm-schicht-dicke s_D	$R_{w,R}$ dB
	Zweischalige Einfachständerwände					
1	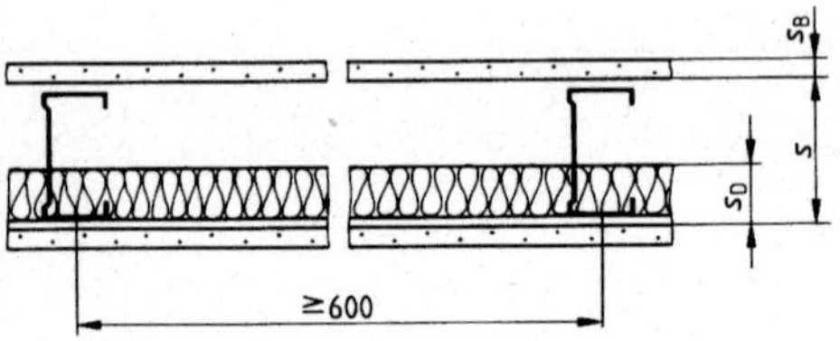	12,5	CW 50×06	50	40	45
2			CW 75×06	75	40	45
3			CW100×06	100	40	47
4				100	60	48
5				100	80	51
6	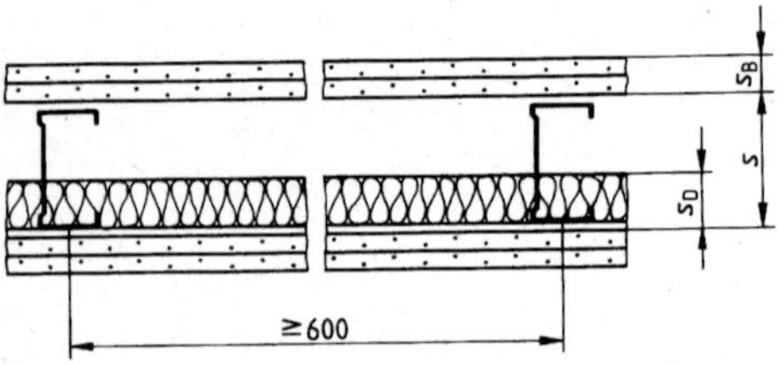	2 × 12,5	CW 50×06	50	40	50
7			CW 75×06	75	40	51
8				75	60	52
9			CW100×06	100	40	53
10				100	60	55
11				100	80	56
12	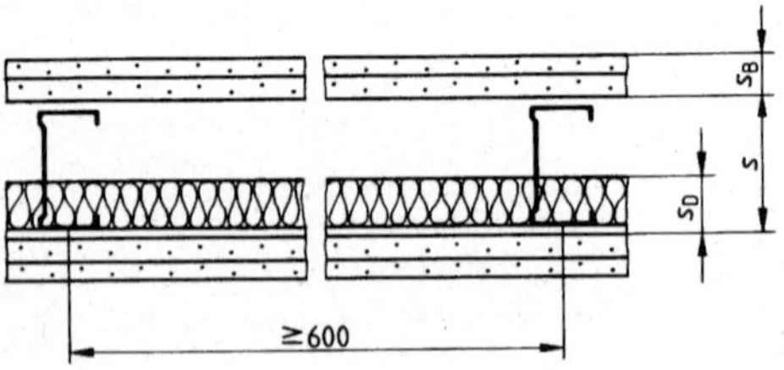	15+ 12,5	CW 50×06	50	40	51
13			CW 75×06	75	40	52
14				75	60	53
15			CW100×06	100	40	54
16				100	60	56
17	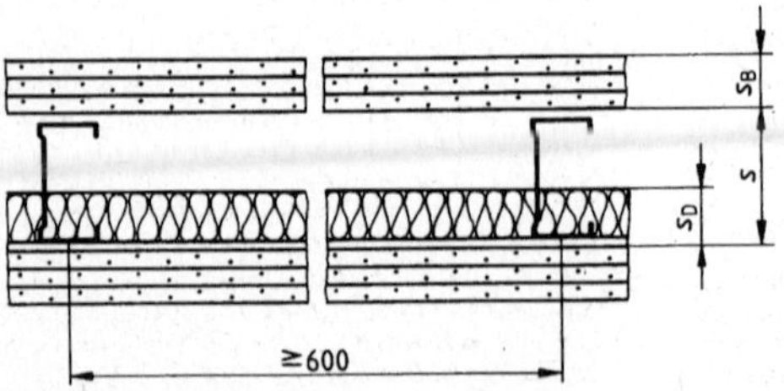	3 × 12,5	CW 50×06	50	40	56
18			CW 75×06	75	60	59
19			CW100×06	100	40	58
20				100	60	59
21				100	80	60

[1]) bis [3]) siehe Seite 29.

Tabelle 23. (Fortsetzung)

Spalte	1	2	3	4	5	6
Zeile	Ausführungsbeispiele	s_B 2)	C-Wand-profil 3)	Mindest-schalen-abstand s	Mindest-dämm-schicht-dicke s_D	$R_{w,R}$ dB
	Zweischalige Einfachständerwände					
22	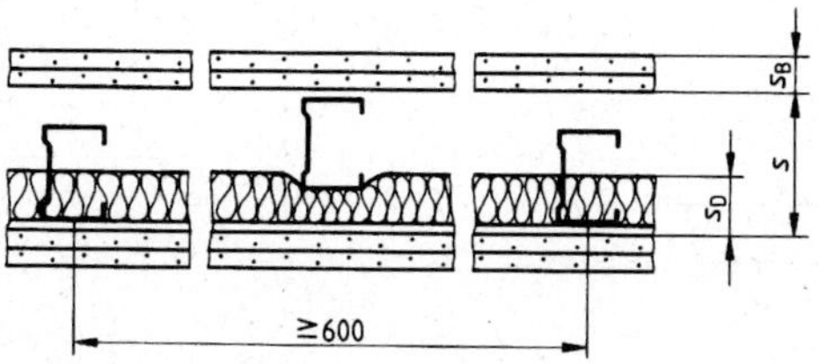	2 × 12,5	CW 50 × 06 oder CW 50 × 06	100	40	59
23	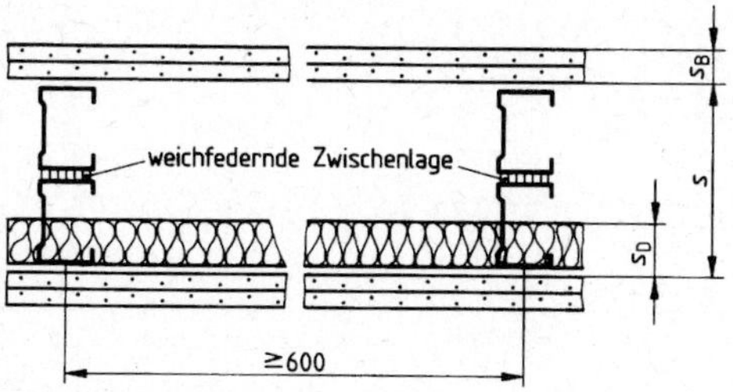		CW 50 × 06	105	40	61
24					80	63
25			CW100 × 06	205	40	63
26					80	65

1) Anstelle der Gipskartonplatten dürfen auch – ausgenommen Konstruktionen der Zeilen 17 bis 21 – Spanplatten nach DIN 68 763, Dicke 13 mm bis 16 mm, verwendet werden.

2) Dicke der Beplankung aus Gipskartonplatten nach DIN 18 180, verarbeitet nach DIN 18 181 (z. Z. Entwurf), Fugen verspachtelt.

3) Kurzzeichen für das C-Wandprofil und die Blechdicke nach DIN 18 182 Teil 1.

anschlüsse erforderlich, so daß der Rechenwert des bewerteten Schalldämm-Maßes $R_{w,R}$ im Regelfall gesondert nachzuweisen ist, gegebenenfalls durch das resultierende Schalldämm-Maß $R_{w,R,res}$ der Trennwand mit dem Reduzieranschluß (siehe Abschnitt 11).

6.1.2 Trennwände mit Holzunterkonstruktion

Für Trennwände mit Holzunterkonstruktion gelten als Rechenwerte für das bewertete Schalldämm-Maß $R_{w,R}$ die Angaben der Tabelle 24. Die biegeweichen Schalen können aus Gipskartonplatten nach DIN 18 180, Dicke $\leq$ 15 mm, oder Spanplatten nach DIN 68763, Dicke $\leq$ 16 mm, oder aus verputzten Holzwolle-Leichtbauplatten nach DIN 1101 bestehen. Die Trennwände sind nach DIN 4103 Teil 4 auszuführen; für die Verarbeitung der Holzwolle-Leichtbauplatten gilt DIN 1102.

Plattenwerkstoffe und die Lattung sind mit Holzrippen durch mechanische Befestigungmittel verbunden. Zur Hohlraumdämpfung sind Faserdämmstoffe nach DIN 18 165 Teil 1 mit einem längenbezogenen Strömungswiderstand $\Xi \geq 5\,\text{kN} \cdot \text{s/m}^4$ in der angegebenen Mindestdicke zu verwenden. Bei Trennwänden aus Holzwolle-Leichtbauplatten kann auf diese Hohlraumdämpfung bei dem in Tabelle 24, Zeile 8, angegebenen Schalenabstand verzichtet werden.

Wandkonstruktionen nach Tabelle 24 mit einem bewerteten Schalldämm-Maß $R_{w,R}$ von mindestens 60 dB gelten ohne weiteren Nachweis als geeignet, die Anforderungen an Treppenraumwände nach DIN 4109/11.89, Tabelle 3, Zeile 13, zu erfüllen, wenn Deckenkonstruktionen nach Tabelle 34, Zeilen 2 bis 4, verwendet werden.

6.2 Flankierende Bauteile

In den Abschnitten 6.3 bis 6.7 werden die beim Nachweis der resultierenden Luftschalldämmung nach Abschnitt 5 zugrunde zu legenden Rechenwerte für das bewertete Schall-Längsdämm-Maß $R_{L,w,R}$ flankierender Bauteile angegeben. Bei der Bauausführung darf von den Details der Ausführungsbeispiele nicht abgewichen werden.

Soweit in den Ausführungsbeispielen Unterkonstruktionen verwendet werden, handelt es sich in der Regel um dünnwandige, kaltverformte und gegen Korrosion geschützte Profile aus Stahlblech nach DIN 18 182 Teil 1.

Rechenwerte für Ausführungsbeispiele mit Holzunterkonstruktion sind den Tabellen 24, 33 und 34 zu entnehmen.

Tabelle 24. **Bewertete Schalldämm-Maße $R_{w,R}$ von Trennwänden in Holzbauart unter Verwendung von biegeweichen Schalen aus Gipskartonplatten [1]) oder Spanplatten [1]) oder verputzten Holzwolle-Leichtbauplatten [2]) (Rechenwerte)** (Maße in mm)

Spalte	1	2	3	4	5
Zeile	Ausführungsbeispiele	Anzahl der Lagen je Schale	Mindest-schalen-abstand s	Mindest-dämm-schicht-dicke s_D	$R_{w,R}$ dB
	Einfachständerwände				
1	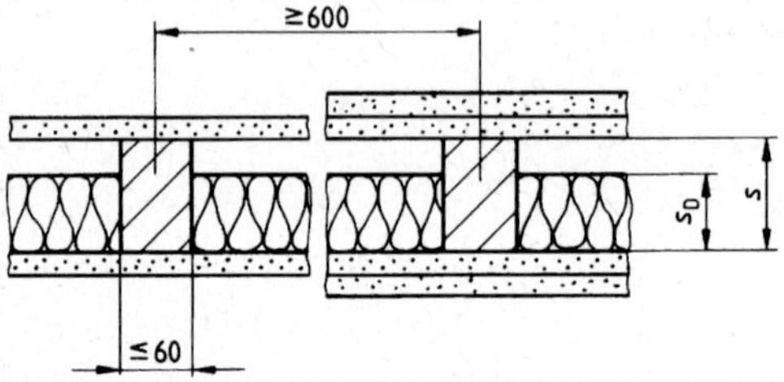	1	60	40	38
2		2 [3])			46
3	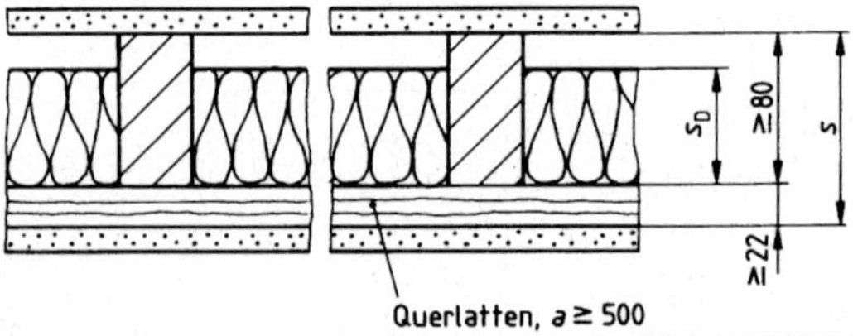	1	100	60	43
	Doppelständerwände				
4 [4])	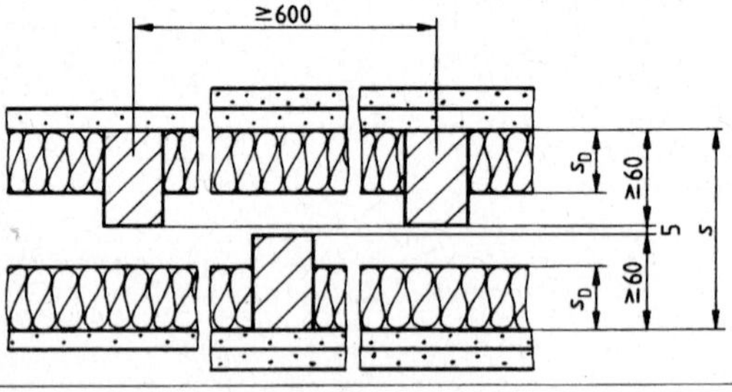	1	125	40	53
5 [4])		2			60
6 [4])	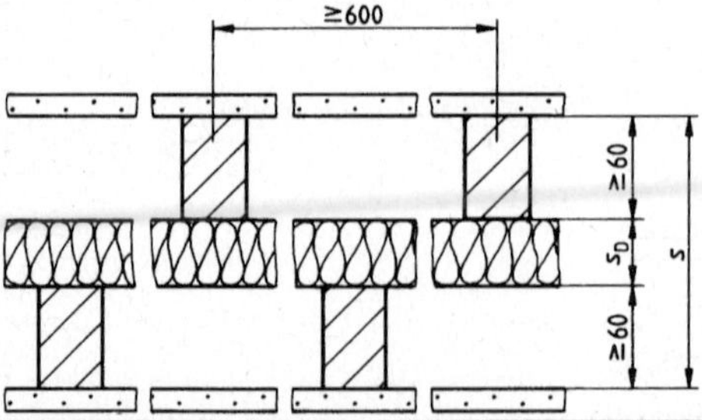	1	160	40	53

[1]) bis [4]) siehe Seite 32.

Tabelle 24. (Fortsetzung)

Spalte	1	2	3	4	5
Zeile	Ausführungsbeispiele	Anzahl der Lagen je Schale	Mindest-schalen-abstand s	Mindest-dämm-schicht-dicke s_D	$R_{w,R}$ dB
	Doppelständerwände				
7 4)	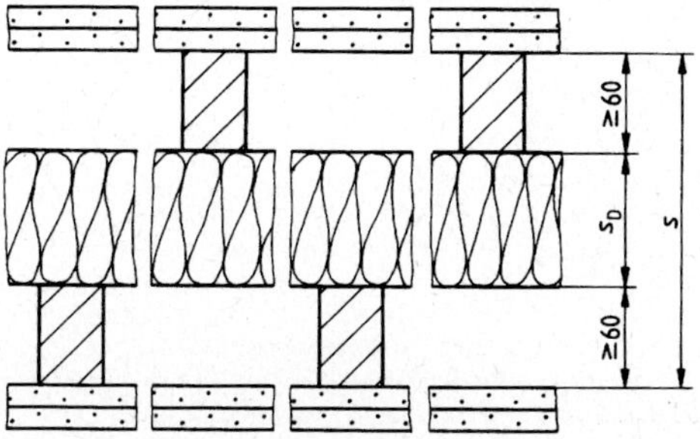	2	200	80	65
8	Holzwolle-Leichtbauplatten (HWL), Dicke 25 mm oder 35 mm 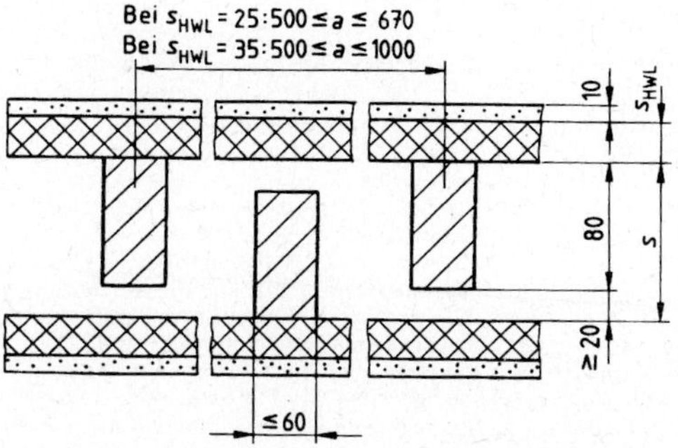	1	≥ 100	–	55
	Haustrennwand				
9 5)	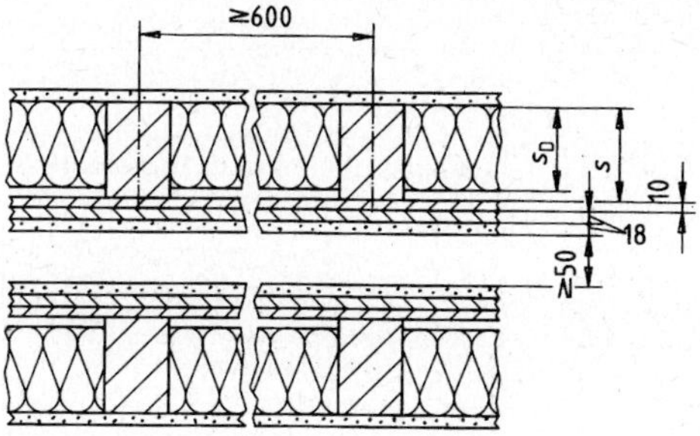	–	90	80	57

4) und 5) siehe Seite 32.

Tabelle 24. (Fortsetzung)

Spalte	1	2	3	4	5
Zeile	Ausführungsbeispiele	Anzahl der Lagen je Schale	Mindest-schalen-abstand s	Mindest-dämm-schicht-dicke s_D	$R_{w,R}$ dB
	Freistehende Wandschalen 6)				
10	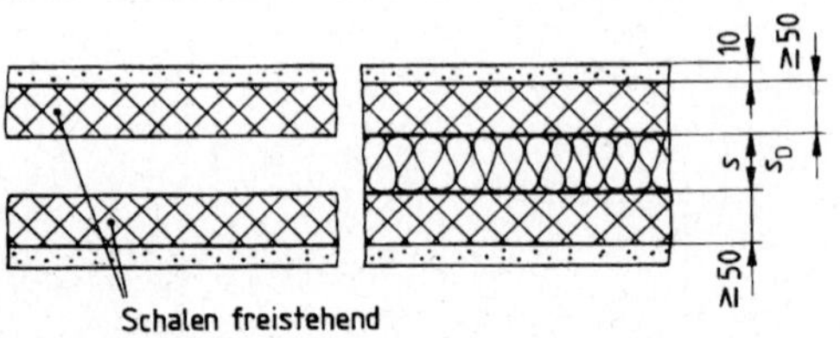	1	30 bis 50	3)	55
			entsprechend S_D	20 bis < 30	

1) Bekleidung aus Gipskartonplatten nach DIN 18 180, 12,5 mm oder 15 mm dick, oder Spanplatten nach DIN 68 763, 13 mm bis 16 mm dick.

2) Bekleidung aus verputzten Holzwolle-Leichtbauplatten nach DIN 1101, 25 mm oder 35 mm dick, Ausführung nach DIN 1102.

3) Hier darf – abweichend von Zeile 1 – je Seite für die äußere Lage auch eine 9,5 mm dicke Gipskartonplatte nach DIN 18 180 verwendet werden.

4) Beide Wandhälften sind auf gesamter Fläche auch im Anschlußbereich an die flankierenden Bauteile voneinander getrennt.

5) Voraussetzung ist, daß die flankierenden Wände nicht durchlaufen; die Fassadenfuge kann dauerelastisch, mit Abdeckprofilen oder Formteilen geschlossen werden.

6) Verputzte Holzwolle-Leichtbauplatten nach DIN 1101, Dicke $\geq$ 50 mm, Ausführung nach DIN 1102.

6.3 Massive flankierende Bauteile von Trennwänden

Die in Tabelle 25 enthaltenen Rechenwerte für das bewertete Schall-Längsdämm-Maß $R_{L,w,R}$ massiver flankierender Bauteile in Abhängigkeit von ihrer flächenbezogenen Masse sind gültig für

- Oberseiten von Massivdecken, wenn kein schwimmender Boden vorhanden ist,
- Unterseiten von Massivdecken, wenn keine Unterdecke vorhanden ist,
- Längswände (z. B. Außen- und Flurwände).

Tabelle 25. **Bewertetes Schall-Längsdämm-Maß $R_{L,w,R}$ massiver flankierender Bauteile von Trennwänden (Rechenwerte)**

Spalte	1	2	3
Zeile	Flächenbezogene Masse m' kg/m²	$R_{L,w,R}$ dB	
		Decken	Längswände
1	100	41	43
2	200	51	53
3	300	56	58
4	350	58	60
5	400	60	62

6.4 Massivdecken mit Unterdecken als flankierende Bauteile über Trennwänden

6.4.1 Übertragungswege

Bei Unterdecken erfolgt die Übertragung von Luftschall hauptsächlich über den Deckenhohlraum, wobei neben der Hohlraumhöhe (Abhängehöhe) die Dichtheit der Unterdecke an beiden Seiten der Trennwand und die Hohlraumdämpfung von Bedeutung sind.

Die Hohlraumdämpfung (Dämmstoffauflage, Mindestdicke 50 mm) ist im Regelfall vollflächig auszuführen, wobei Faserdämmstoffe nach DIN 18 165 Teil 1, Anwendungstyp W-w und WL-w, mit einem längenbezogenen Strömungswiderstand $\Xi \geq 5\,kN \cdot s/m^4$ zu verwenden sind.

Bei fugenlosen Unterdecken und stärkerer Dämpfung des Hohlraumes kann die Körperschallübertragung entlang der Unterdecke überwiegen, sofern das bewertete Schall-Längsdämm-Maß $R_{L,w,R} > 50$ dB beträgt.

Wird der Deckenhohlraum abgeschottet (siehe Abschnitte 6.4.3.2 und 6.4.3.3) kann die Schall-Längsleitung über die Massivdecke von Bedeutung sein. Die Ausführungsbeispiele der folgenden Abschnitte berücksichtigen diese Übertragungswege.

Die Werte in Tabelle 26 gelten für Unterdecken ohne zusätzliche Einbauten (z. B. Deckenleuchten, Lüftungsöffnungen u. a.). Sind solche vorgesehen, so sind sie gesondert zu berücksichtigen. Gegebenenfalls ist die Schalldämmung der Unterdecke mit Einbauten gesondert nachzuweisen.

6.4.2 Unterdecken ohne Abschottung im Deckenhohlraum

6.4.2.1 Allgemeines

Die Trennwand (Unterkonstruktion aus Metall oder Holz) kann an die Unterdecke oder an die Massivdecke angeschlossen werden, wobei Decklage und Tragprofile der Unterdecke unterbrochen und dadurch die Schall-Längs-

Tabelle 26. **Bewertete Schall-Längsdämm-Maße $R_{L,w,R}$ von Unterdecken, Abhängehöhe h = 400 (Rechenwerte)** (Maße in mm)

Spalte	1	2	3	4	5
Zeile	Ausführungsbeispiele	Flächenbezogene Masse der Decklage kg/m²	Bewertetes Schall-Längsdämm-Maß $R_{L,w,R}$ 1) in dB für folgende vollflächige Mineralfaser-Auflage der Dicke s_D		
			0	50	100
	Unterdecken mit geschlossener Fläche nach Abschnitt 6.4.2.2				
1	Ausführung nach Bild 12	≥ 9	40	51	57
2		≥ 11	43	55	59
3		≥ 22 2)	50	56	–
4	Ausführung nach Bild 13	≥ 11	43	58	–
5	Ausführung nach Bild 14	≥ 22 2)	50	63	–
	Unterdecke mit gegliederter Fläche nach Abschnitt 6.4.2.3				
6	Mineralfaser-Deckenplatten in Einlege-Montage (Ausführung nach Bild 15), Platten mit durchbrochener Oberfläche und ohne oberseitiger Dichtschicht	≥ 4,5	26	37 3)	45 3)
7		≥ 6	28	40 3)	48 3)
8		≥ 8	31	43 3)	52 3)
9		≥ 10	33	44 3)	54 3)
10	Mineralfaser-Deckenplatten in Einlege-Montage (Ausführung nach Bild 15), Platten mit unterseitig geschlossener Oberfläche oder mit oberseitiger Dichtschicht	≥ 4,5	30	43 3)	52 3)
11		≥ 6	35	48 3)	57 3)
12		≥ 8	40	53 3)	60 3)
13		≥ 10	44	57 3)	–
14	Leichtspan-Schallschluckplatten nach DIN 68 762, oberseitig Papier aufgeklebt, Mineralfaser-Auflage nur in Plattenstücken auf den Leichtspanplatten (Ausführung nach Bild 16)	≥ 8	–	43	52 3)
15	Metall-Deckenplatten (Ausführung nach Bild 17)	≥ 8	28	44	51 3)

1) Bei $R_{L,w,R} \geq 55$ dB ist die Decklage im Anschlußbereich der Trennwand durch eine Fuge zu trennen.

2) Decklage ist zweilagig auszuführen.

3) Wenn die Mineralfaser-Auflage in Form einzelner Plattenstücke und nicht vollflächig aufgelegt wird, sind bei Unterdekken aus Mineralfaser-Deckenplatten und Stahlblechdecken von den oben genannten $R_{L,w,R}$-Werten folgende Korrekturen vorzunehmen:
- 6 dB bei 100 mm Auflage,
- 4 dB bei 50 mm Auflage.

leitung verringert werden kann (siehe Bilder 12 bis 14). Die statisch erforderlichen Verbindungen zwischen Trennwand und Unterdecke oder Massivdecke können im Regelfall beim Schall-Längsdämm-Maß unberücksichtigt bleiben.

Tabelle 26 enthält Rechenwerte für das bewertete Schall-Längsdämm-Maß $R_{L,w,R}$ für Unterdecken ohne Abschottung im Deckenhohlraum und einer Abhängehöhe von 400 mm. Bei größerer Abhängehöhe sind die Werte der Tabelle 26 nach Tabelle 27 abzumindern.

Tabelle 27. **Abminderung des bewerteten Schall-Längsdämm-Maßes $R_{L,w,R}$ von Unterdecken mit Absorberauflage für Abhängehöhe über 400 (Rechenwerte)** (Maße in mm)

Spalte	1	2
Zeile	Abhängehöhe h	Abminderung für $R_{L,w,R}$ dB
1	400	0
2	600	2
3	800	5
4	1000	6
Hohlraumdämpfung, mindestens 50 mm dick, ausgeführt über die gesamte Fläche der Unterdecke		

6.4.2.2 Unterdecken mit geschlossener Fläche

Zu verwenden sind Platten mit geschlossener Fläche, z. B. Gipskartonplatten nach DIN 18180, Dicke $\leq$ 15 mm, oder Spanplatten (Flachpreßplatten) nach DIN 68763, Dicke $\leq$ 16 mm, die fugendicht (z. B. durch Nut-Feder-Verbindung) verbunden sind. Gipskartonplatten werden nach DIN 18181 (z. Z. Entwurf) verarbeitet und im Regelfall an den Fugen verspachtelt. Die Unterkonstruktion kann aus Holzlatten oder C-Deckenprofilen aus Stahlblech nach DIN 18182 Teil 1 bestehen.

6.4.2.3 Unterdecken mit gegliederter Fläche

Im Regelfall handelt es sich um elementierte Wand- und Deckensysteme (z. B. Decken mit Bandprofilen), wobei die Trennwände an Unterdecken mit Bandprofilen angeschlossen werden. Ausführungsbeispiele mit Rechenwerten sind in Tabelle 26 enthalten, für

- Mineralfaser-Deckenplatten (Norm in Vorbereitung), Rohdichte $\geq$ 300 kg/m^3, mit oder ohne ober- oder unterseitiger Dichtschicht,
- Spanplatten für Sonderzwecke nach DIN 68762, Typ LF (Leichtspan-Schallschluckplatten), flächenbezogene Masse $\geq$ 5 kg/m^2, Plattendicke etwa 18 mm, Abdichtung aus Natron-Kraftpapier (etwa 80 g/m^2) auf der Plattenoberseite,
- Metalldeckenplatten aus vierseitig aufgekanteten Elementen aus 0,5 mm bis 1 mm dickem Stahl- oder Aluminiumblech, bei denen im Regelfall zwei Stirnseiten eine Auflagekantung erhalten und die Längsseiten nach innen gekantet sind. Die Sichtfläche des Plattenelementes kann perforiert oder glatt ausgeführt sein. Zum Zweck der Schallabsorption sind perforierte Platten mit Faserdämmstoff nach DIN 18165 Teil 1 hinterlegt. Zum Zweck der Schalldämmung ist rückseitig eine Schwerauflage als Abdeckung angeordnet (z. B. Gipskarton oder Stahlblech mit einer flächenbezogenen Masse von $\geq$ 6 kg/m^2). Die Metalldeckenplatten sind dicht zu stoßen.

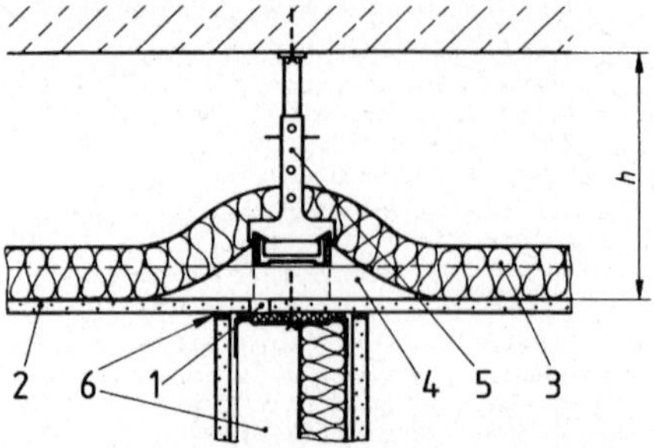

Bild 12. Trennwandanschluß an Unterdecke, Decklage durchlaufend (Für $R_{L,w,R} \geq$ 55 dB ist eine Trennung erforderlich, z. B. durch Fugenschnitt.)

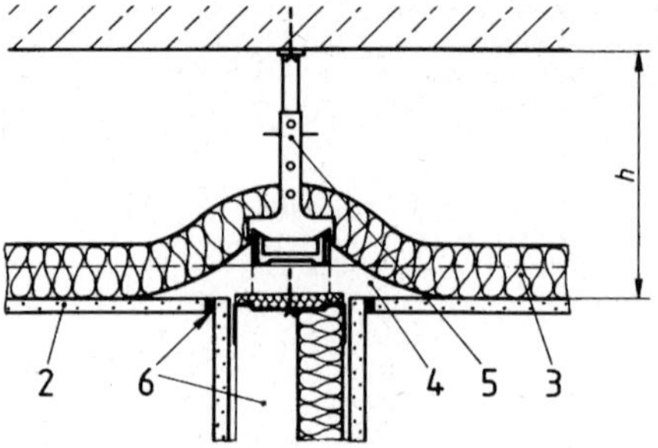

Bild 13. Trennwandanschluß an Unterdecke mit Trennung der Decklage

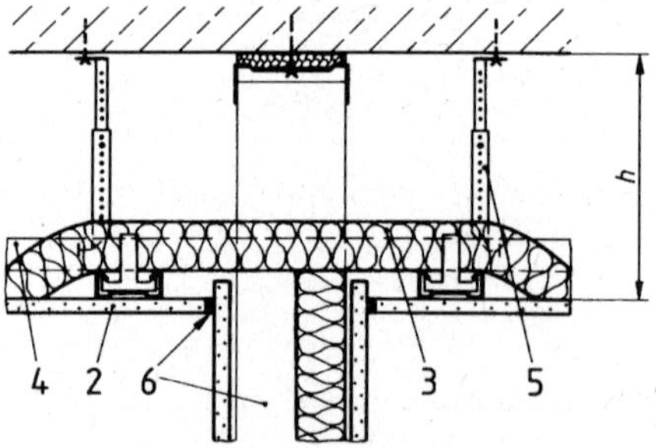

Bild 14. Trennwandanschluß an Massivdecke mit Trennung der Unterdecke in Decklage und Unterkonstruktion

Erklärungen zu den Bildern 12 bis 14:

Anmerkung: In den Bildern 12 bis 14 sind Ausführungsbeispiele für Unterdecken mit geschlossener Fläche dargestellt.

1 Beim Schall-Längsdämm-Maß $R_{L,w,R} \geq$ 55 dB ist die Decklage im Anschlußbereich der Trennwand durch eine Fuge zu trennen.

2 Gipskartonplatten mit geschlossener Fläche nach DIN 18180, verarbeitet nach DIN 18181 (z. Z. Entwurf), oder Spanplatten nach DIN 68763

3 Faserdämmstoff nach DIN 18165 Teil 1, längenbezogener Strömungswiderstand $\Xi \geq 5\,\text{kN} \cdot \text{s/m}^4$

4 Die Unterkonstruktion aus Holzplatten oder Deckenprofilen aus Stahlblech nach DIN 18182 Teil 1, Achsabstände $\geq$ 400 mm, kann durchlaufen

5 Abhänger nach DIN 18168 Teil 1

6 Trennwand als zweischalige Einfach- oder Doppelständerwand mit dichtem Anschluß durch Verspachtelung, dicht gestoßenen Schalen oder durch Verwendung einer Anschlußdichtung.

Die Deckenplatten werden in Einlegemontage oder mit Klemmbefestigung auf entsprechend ausgebildete dünnwandige, kaltverformte und gegen Korrosion geschützte Profile aus Stahlblech oder Aluminium gelegt, eingehängt oder eingeklemmt und gegebenenfalls mit der Unterkonstruktion verriegelt, wobei die Profile sichtbar bleiben können.

Die durch Auflegen der Platten abgedeckten Fugen zwischen Montageprofil und Platten werden im allgemeinen nicht zusätzlich abgedichtet.

Wenn eine Hohlraumdämpfung erforderlich ist, sind als Auflage Faserdämmstoffe nach DIN 18165 Teil 1 mit einem längenbezogenen Strömungswiderstand $\Xi \geq 5\,\text{kN} \cdot \text{s/m}^4$ zu verwenden.

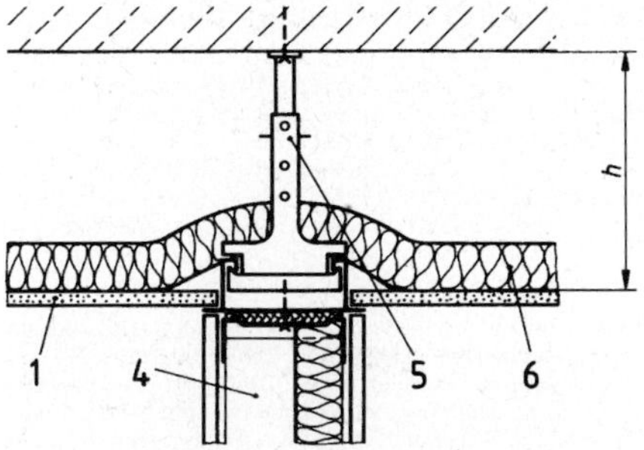

Bild 15. Unterdecke mit Bandprofilen und Mineralfaser-Deckenplatten in Einlegemonatage

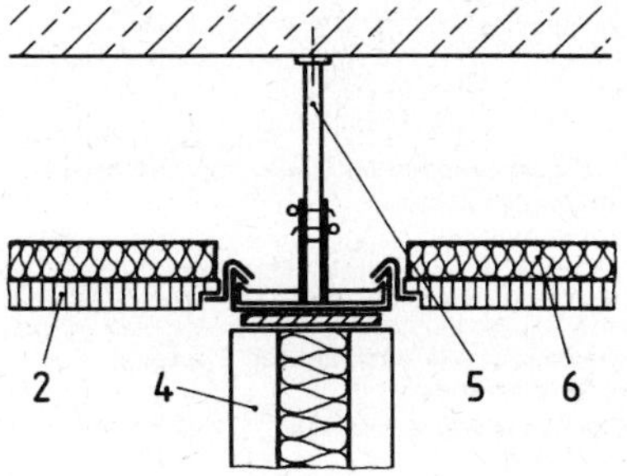

Bild 16. Unterdecke mit Bandprofilen und Leichtspan-Schallschluckplatten in Einlegemontage

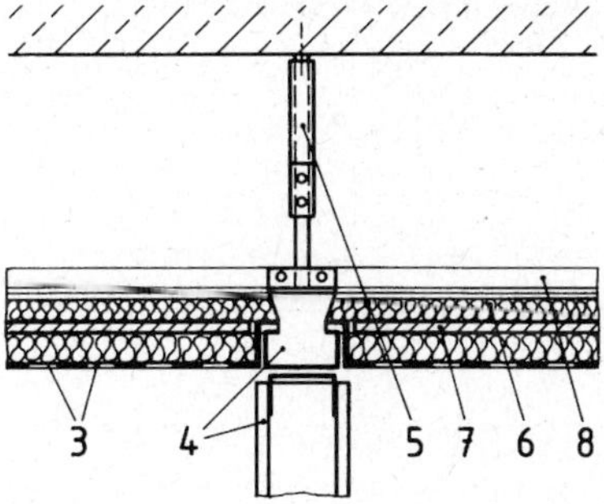

Bild 17. Unterdecke mit Bandprofilen und perforierten Metall-Deckenplatten in Einlegemontage

Erklärungen zu den Bildern 15 bis 17:

Anmerkung: In den Bildern 15 bis 17 sind Ausführungsbeispiele für Unterdecken mit gegliederter Fläche dargestellt.

1 Mineralfaser-Deckenplatten in Einlegemontage

2 Leichtspan-Schallschluckplatten nach DIN 68762

3 Perforierte Metall-Deckenplatten mit Einlage aus Faserdämmstoff nach DIN 18165 Teil 1

4 Trennwand aus biegeweichen Schalen mit dichtem Anschluß an Deckenzarge

5 Unterkonstruktion der Unterdecke mit Abhänger nach DIN 18168 Teil 1

6 Hohlraumdämpfung aus Faserdämmstoff nach DIN 18165 Teil 1, längenbezogener Strömungswiderstand $\Xi \geq 5\,\text{kN} \cdot \text{s/m}^4$

7 Schwerauflage, z.B. aus Gipskartonplatten nach DIN 18180 oder Stahlblech; die Schwerauflage kann auch auf die Stirnseiten der Plattenkonstruktion gelegt werden

8 Rostwinkel zur Fixierung der Zargenabstände

6.4.3 Unterdecken mit Abschottung im Deckenhohlraum

6.4.3.1 Allgemeines

Werden die Trennwände nur bis zur Unterdecke (z. B. Bandrasterdecke) geführt, kann die Luftschallübertragung im Deckenhohlraum durch eine Abschottung des Deckenhohlraumes über den Trennwänden vermindert werden.

Die Dämmwirkung einer Abschottung kann durch Undichtigkeiten an den Anschlüssen der Abschottung und durch Rohrdurchführungen beeinträchtigt werden.

6.4.3.2 Abschottung durch Plattenschott

Bei dichter Ausführung des Plattenschotts nach Bild 18 oder bei Ausführung der Trennwand bis Unterkante Massivdecke nach Bild 19 darf das bewertete Schall-Längsdämm-Maß der Unterdecke mit einem Zuschlag von 20 dB versehen werden. Die Summe aus Schall-Längsdämm-Maß der Unterdecke und Zuschlag darf $R_{L,w,R}$ 60 dB nicht überschreiten.

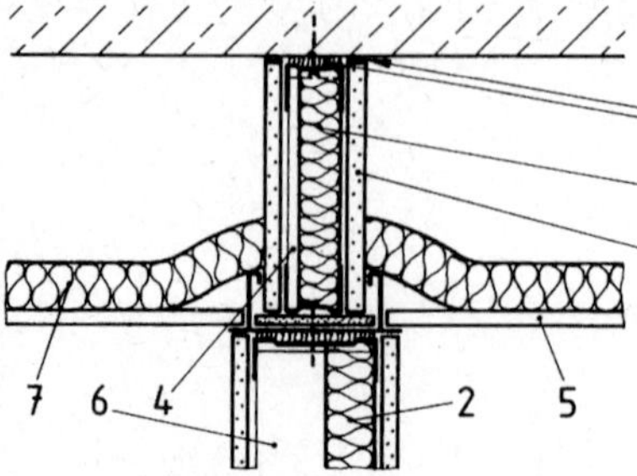

Bild 18. Ausführungsbeispiel für die Abschottung des Deckenhohlraumes durch ein Plattenschott

Erklärungen zu Bild 18:

1 Gipskartonplatten nach DIN 18180, verarbeitet nach DIN 18181 (z. Z. Entwurf), Fugen verspachtelt
2 Hohlraumdämpfung aus Faserdämmstoff nach DIN 18165 Teil 1, längenbezogener Strömungswiderstand $\Xi \geq 5$ kN · s/m^4, Mindestdicke 40 mm
3 Dichte Anschlußausführung durch Verspachtelung oder durch Verwendung einer Anschlußdichtung
4 Unterkonstruktion der Unterdecke, z. B. Bandrasterprofil
5 Decklage der Unterdecke aus Platten mit geschlossener Fläche nach Abschnitt 6.4.2.2 oder Schallschluckplatten nach Abschnitt 6.4.2.3 mit poröser oder durchbrochener (gelochter) Struktur
6 Trennwand aus biegeweichen Schalen mit dichtem Anschluß an die Unterdecke
7 Hohlraumdämpfung aus Faserdämmstoff nach DIN 18165 Teil 1, längenbezogener Strömungswiderstand $\Xi \geq 5$ kN · s/m^4, Mindestdicke 50 mm

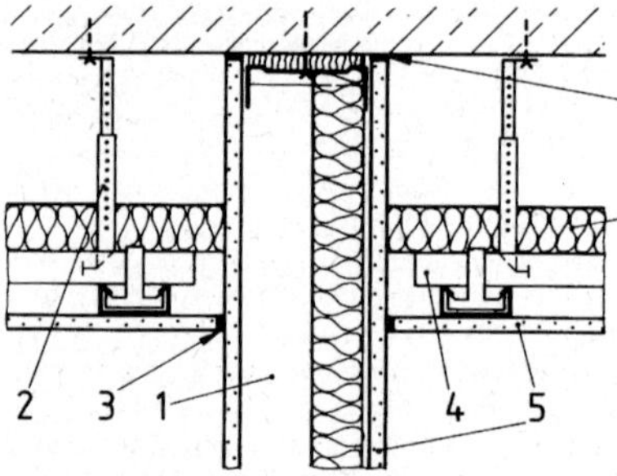

Bild 19. Ausführungsbeispiel für den Anschluß der Trennwand an die Massivdecke
Die bis zur Massivdecke hochgezogene Beplankung wirkt als Abschottung des Deckenhohlraumes

Erklärungen zu Bild 19:

1 Trennwand als zweischalige Einfach- oder Doppelständerwand mit fugendicht ausgeführter Beplankung sowie dichten Anschlüssen an Unterdecke und Massivdecke (gleitender Deckenanschluß)
2 Abhänger für Unterdecke nach DIN 18168 Teil 1
3 Fugendichter Anschluß der Unterdecke an die Trennwand, z. B. durch Anschlußprofil oder Anschlußdichtung (Verspachtelung, elastischer Fugenkitt)
4 Unterkonstruktion aus C-Deckenprofil aus Stahlblech nach DIN 18182 Teil 1
5 Dichte Decklage der Unterkonstruktion bzw. der Beplankung der Wand, $m' \geq 10$ kg/m^2, z. B. aus Gipskartonplatten (mit dichten Fugen), nach DIN 18181 (z. Z. Entwurf) ausgeführt
6 Faserdämmstoff nach DIN 18165 Teil 1, längenbezogener Strömungswiderstand $\Xi \geq 5$ kN · s/m^4, Dicke = 50 mm, vollflächig als Deckenlage aufgebracht
7 Deckenanschluß mit Anschlußdichtung aus Faserdämmstoff mit Fugenverspachtelung (elastischer Fugenkitt)

6.4.3.3 Abschottung durch Absorberschott

Bei Ausführung eines Absorberschotts wird der Deckenhohlraum über dem Trennwandanschluß bis zur Massivdecke mit Faserdämmstoff nach DIN 18165 Teil 1 dicht ausgestopft. Die Dämmwirkung des Absorberschotts wird mit zunehmender Breite b größer.

In Tabelle 28 sind die in Abhängigkeit von der Breite des Absorberschotts zu erreichenden Verbesserungen $\Delta R_{L,w,R}$ für Unterdecken nach Tabelle 26 angegeben. Die Summe aus den in Tabelle 26 angegebenen Werten für $R_{L,w,R}$ und den $\Delta R_{L,w,R}$-Werten aus Tabelle 28 darf höchstens 60 dB betragen.

6.5 Massivdecken als flankierende Bauteile unter Trennwänden

6.5.1 Massivdecken mit Verbundestrich oder Estrich auf Trennschicht

Für Massivdecken mit Verbundestrich oder Estrich auf Trennschicht gelten die Werte der Tabelle 25, wobei die flächenbezogene Masse des Verbundestrichs nach DIN 18560 Teil 3 (z. Z. Entwurf) oder eines Estrichs auf Trennschicht nach DIN 18560 Teil 4 (z. Z. Entwurf) zu berücksichtigen sind.

6.5.2 Massivdecken mit schwimmendem Estrich

Tabelle 29 enthält Ausführungsbeispiele mit Rechenwerten für das bewertete Schall-Längsdämm-Maß $R_{L,w,R}$ von schwimmenden Estrichen nach DIN 18560 Teil 2 bei verschiedener Ausbildung der Anschlüsse an die Trennwand. Die Angaben in Tabelle 29 gelten auch für Trennwände in Holzbauart.

Die Ausführung nach Tabelle 29, Zeile 1, mit unter der Trennwand durchlaufendem Estrich ohne Trennfuge sollte nur bei geringen Anforderungen an die Schalldämmung der Trennwand verwendet werden.

Zur Minderung der Trittschallübertragung sollte anstelle eines durchlaufenden schwimmenden Estrichs ein weichfedernder Bodenbelag verwendet werden. Dieser sollte im Bereich Trennwand getrennt und beidseitig hochgezogen werden.

6.6 Holzbalkendecken als flankierende Bauteile von Trennwänden

Die bewerteten Schall-Längsdämm-Maße $R_{L,w,R}$ nach Tabelle 30 gelten für Deckenkonstruktionen nach Tabelle 34.

6.7 Innenwände als flankierende Bauteile von Trennwänden

6.7.1 Biegesteife Innenwände

Als Rechenwerte gelten die bewerteten Schall-Längsdämm-Maße $R_{L,w,R}$ in Tabelle 25, für biegesteife Wände mit biegeweichen Vorsatzschalen nach Tabelle 7 gelten die Werte der Tabelle 31.

Tabelle 28. **Verbesserungsmaße $\Delta R_{L,w,R}$ des bewerteten Schall-Längsdämm-Maßes $R_{L,w,R}$ von Unterdecken nach Tabelle 26 durch ein Absorberschott (Rechenwerte)** (Maße in mm)

Spalte	1	2	3
Zeile	Ausführungsbeispiel	Mindestbreite des Absorberschotts b	$\Delta R_{L,w,R}$ dB
1	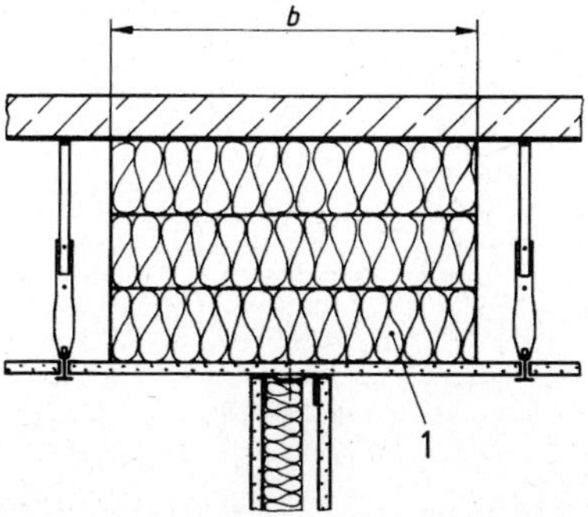	300	12
2		400	14
3		500	15
4		600	17
5		800	20
6		1000	22

1 Absorberschott aus Faserdämmstoff nach DIN 18165 Teil 1, längenbezogener Strömungswiderstand $\Xi \geq 8\,kN \cdot s/m^4$, mit der Breite b.

6.7.2 Montagewände aus Gipskartonplatten nach DIN 18183

Für die Ausführung der Trennwand und flankierenden Wand gelten sinngemäß die Angaben nach Abschnitt 6.1.1.

Rechenwerte für das bewertete Schall-Längsdämm-Maß $R_{L,w,R}$ enthält Tabelle 32 für die dort angegebenen Anschlußarten.

6.7.3 Flankierende Wände in Holzbauart

Für flankierende Wände in Holzbauart gelten die bewerteten Schall-Längsdämm-Maße $R_{L,w,R}$ nach Tabelle 33.

Die biegeweichen Schalen können aus Spanplatten nach DIN 68763, Dicke ≤ 16 mm, und/oder Gipskartonplatten nach DIN 18180, Dicke ≤ 15 mm, bestehen. Montagewände aus Gipskartonplatten sind nach DIN 18183 auszuführen.

6.8 Außenwände als flankierende Bauteile von Trennwänden

6.8.1 Allgemeines

Außenwände und Vorhangfassaden sind so zu gestalten, daß für den Anschluß der Trennwände eine ausreichende Anschlußbreite vorhanden ist. Durchlaufende Vorhang- oder Fensterfassaden sollen im Anschlußquerschnitt der Trennwand durch Trennfugen unterbrochen werden.

6.8.2 Biegesteife Außenwände

Für das bewertete Schall-Längsdämm-Maß $R_{L,w,R}$ gelten die Angaben in Tabelle 25, bei Anordnung von Vorsatzschalen die Angaben der Tabelle 31.

Bei durchgehenden Brüstungen darf wegen des kleineren übertragenden Flächenanteils zu diesen $R_{L,w,R}$-Werten folgender Wert addiert werden:

$$10\lg \frac{h_R}{h_B}\,dB \qquad (11)$$

Hierin bedeuten:

h_R Raumhöhe

h_B Brüstungshöhe

6.8.3 Leichte Außenwände mit Unterkonstruktion

Für Außenwände aus biegeweichen Schalen und Unterkonstruktionen aus Holz oder Stahlblechprofilen nach DIN 18182 Teil 1, einschließlich Fenster, gilt als Rechenwert das bewertete Schall-Längsdämm-Maß $R_{L,w,R} = 50$ dB ohne weiteren Nachweis.

7 Luftschalldämmung in Gebäuden in Skelett- und Holzbauart bei vertikaler Schallübertragung; Ausführungsbeispiele

7.1 Trenndecken

Die Luftschallübertragung in vertikaler Richtung ist bei Skelettbauten mit Massivdecken von untergeordneter Bedeutung, wenn die Außenwand im Bereich der Massivdecke unterbrochen ist. Im Einzelfall ist zu prüfen, ob eine Übertragung entlang der Außenwand, z. B. Vorhangfassade, erfolgt. Im Zweifelsfall ist ein Nachweis durch Messung erforderlich.

7.1.1 Massivdecken ohne Unterdecken

Für den Nachweis der Anforderungen an die resultierende Schalldämmung (Luftschalldämmung) nach Abschnitt 5 dürfen als Rechenwerte $R_{w,R}$ verwendet werden:

- Meßwerte $R_{w,P}$ nach DIN 52210 Teil 2, abzüglich Vorhaltemaß von 2 dB,
- in Annäherung auch Rechenwerte $R'_{w,R}$ nach Tabelle 12, Spalten 2 und 3,
- in Annäherung auch Meßwerte $R'_{w,P}$ nach DIN 52210 Teil 2, abzüglich Vorhaltemaß von 2 dB.

Tabelle 29. **Bewertetes Schall-Längsdämm-Maß $R_{L,w,R}$ von schwimmenden Estrichen nach DIN 18 560 Teil 2 (Rechenwerte)**

Spalte	1	2	3
Zeile	Ausführungsbeispiele	$R_{L,w,R}$ dB Zement-, Anhydrit- oder Magnesiaestrich	 Gußasphaltestrich
1	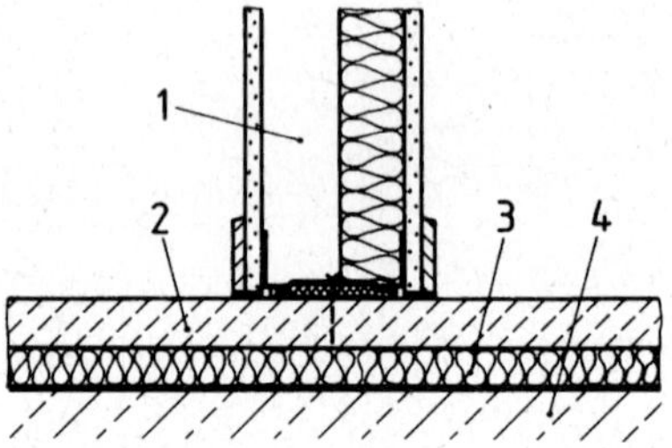 durchlaufender Estrich	38	44
2	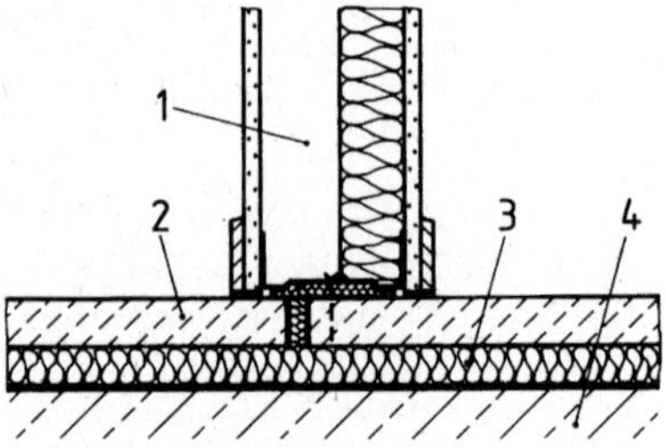 Estrich mit Trennfuge	55	
3	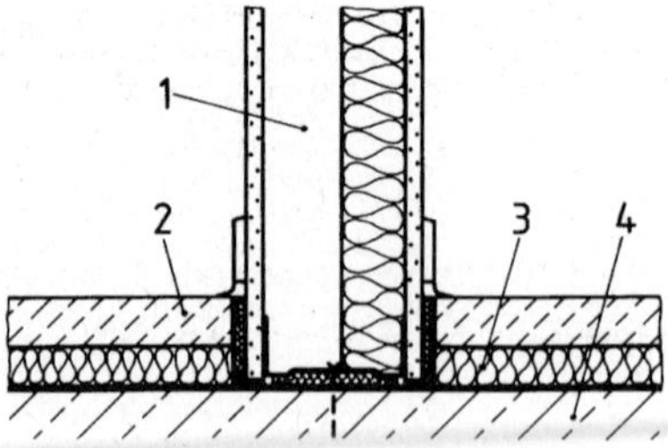 Estrich durch Trennwandanschluß konstruktiv getrennt	70	

1 Trennwand als Einfach- oder Doppelständerwand mit Unterkonstruktion aus Holz oder Metall oder elementierte Trennwand; Anschluß am Estrich ist mit Anschlußdichtung abgedichtet

2 Estrich

3 Faserdämmstoff nach DIN 18 165 Teil 2, Anwendungstyp T oder TK

4 Flächenbezogene Masse der Massivdecke $m' \geq 300\,kg/m^2$

Tabelle 30. **Bewertetes Schall-Längsdämm-Maß $R_{L,w,R}$ von flankierenden Holzbalkendecken (F) (Rechenwerte)**

Spalte	1	2	3
Zeile	Ausführung	Flankierende Holzbalkendecke (F) Anschluß an Trennwand (T)	$R_{L,w,R}$ dB
Längsleitung über Deckenunterseite			
1	Trennwand parallel zu Deckenbalken	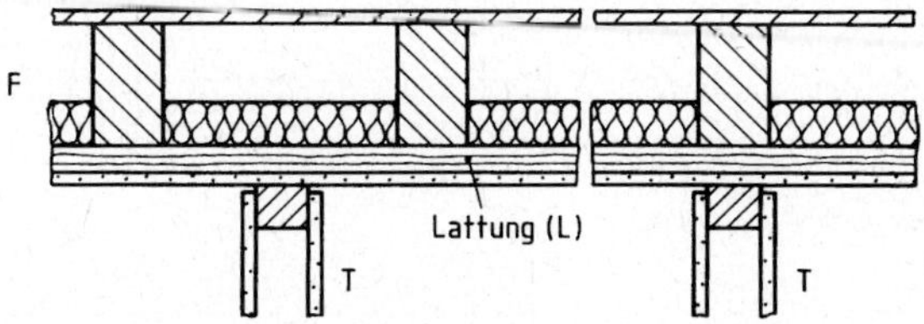	48
2	Deckenbekleidung im Anschlußbereich unterbrochen (S)	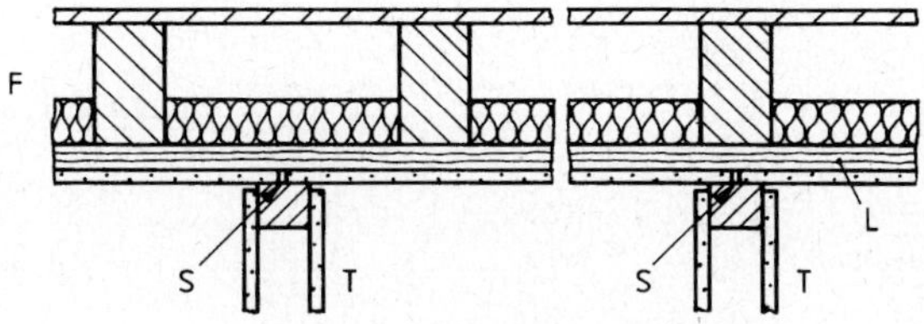	51
3	Trennwand rechtwinklig zum Deckenbalken	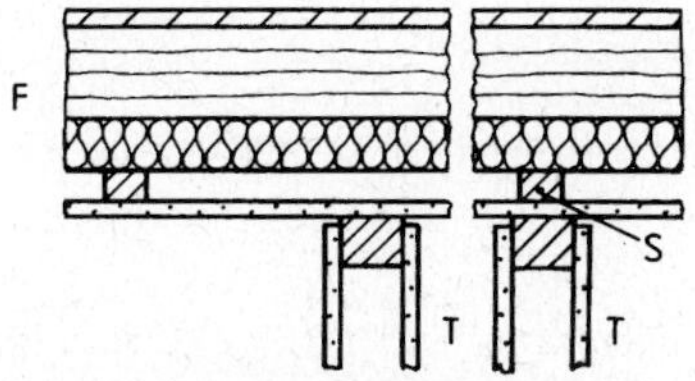	48
4	Deckenbekleidung im Anschlußbereich unterbrochen	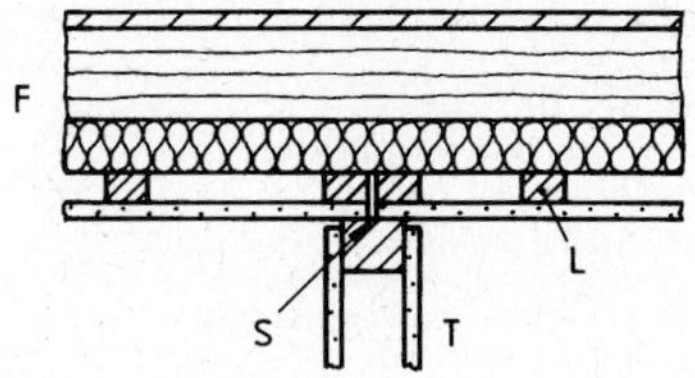	51

Fortsetzung der Tabelle Seite 40

Tabelle 30. (Fortsetzung)

Spalte	1	2	3
Zeile	Ausführung	Flankierende Holzbalkendecke (F) Anschluß an Trennwand (T)	$R_{L,w,R}$ dB
		Längsleitung über Deckenoberseite	
5	Fußboden: Spanplatten auf 25 mm Mineralfaserplatten Trennwand rechtwinklig oder parallel zum Deckenbalken	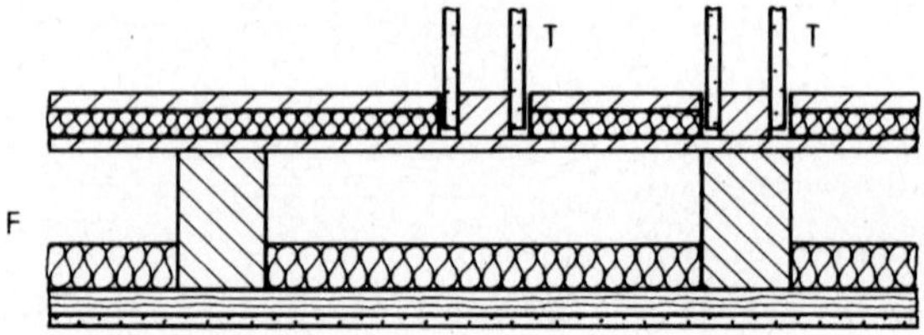	65
6	Spanplatten der Deckenoberseite durchlaufend	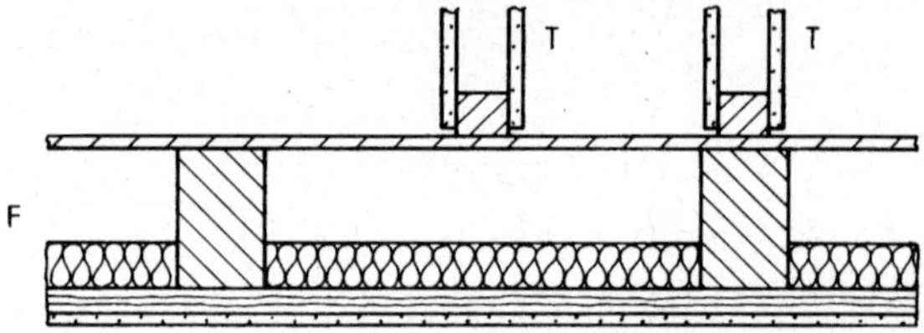	48

7.1.2 Massivdecken mit Unterdecken

Für Massivdecken mit Unterdecken kann ohne weiteren Nachweis eine Verbesserung des bewerteten Schalldämm-Maßes von 10 dB gegenüber der Massivdecke zugrundegelegt werden, wenn die Unterdecke für sich allein ein bewertetes Schalldämm-Maß $\geq$ 15 dB aufweist und die Abhängehöhe $h \geq 200$ mm beträgt. Die Unterdecken nach Tabelle 26 erfüllen diese Anforderungen. Die Dämmstoffauflage aus Faserdämmstoffen nach DIN 18165 Teil 1, längenbezogener Strömungswiderstand $\Xi \geq$ 5 kN · s/m^4, muß vollflächig über die ganze Deckenfläche ausgeführt und mindestens 50 mm dick sein.

7.1.3 Holzbalkendecken

Für Holzbalkendecken gelten die bewerteten Schalldämm-Maße $R_{w,R}$ und $R'_{w,R}$ nach Tabelle 34.

Die Angaben für $R'_{w,R}$ gelten unter der Voraussetzung, daß als flankierende Wände Konstruktionen nach Tabellen 23 und 24 verwendet werden, die in der Deckenebene unterbrochen sind.

7.2 Flankierende Wände von Trenndecken

7.2.1 Bauten mit Massivdecken

Bei Bauten mit Massivdecken kann die Luftschallübertragung über die inneren flankierenden Bauteile vernachlässigt werden, wenn deren Längsleitung durch die Massivdecke unterbrochen ist.

Für Außenwände, die z. B. als Vorhangfassaden ohne Unterbrechung durch die Massivdecke von Geschoß zu Geschoß durchlaufen, gilt Abschnitt 6.8 sinngemäß.

7.2.2 Bauten mit Holzbalkendecken

Für innere und äußere flankierende Wände mit Unterkonstruktion aus Holz oder Metall in Bauten mit Holzbalkendecken gilt als Rechenwert das bewertete Schall-Längsdämm-Maß $R_{L,w,R} = 65$ dB, wenn diese Wände durch die Holzbalkendecke unterbrochen sind und kein direkter Kontakt zwischen der oberen und unteren Wand besteht.

Für Vorhangfassaden in der Bauart nach Tabelle 33, Zeile 5, gilt bei abgedichteter Stoßunterbrechung in Höhe der Holzbalkendecke der Rechenwert $R_{L,w,R} = 50$ dB.

8 Trittschalldämmung in Gebäuden in Skelett- und Holzbauart

8.1 Nachweis der Trittschalldämmung

8.1.1 Massivdecken

Der bewertete Norm-Trittschallpegel $L'_{n,w,R}$ (das Trittschallschutzmaß TSM_R) von Massivdecken wird für einen unter einer Decke liegenden Raum nach Abschnitt 4 berechnet.

Abweichend von Abschnitt 4.1 können für Decken mit Unterdecken nach Abschnitt 7.1.2 für den äquivalenten bewerteten Norm-Trittschallpegel $L_{n,w,eq,R}$ (das äquivalente Trittschallschutzmaß $TSM_{eq,R}$) nach Tabelle 16, Spalte 3, Werte der Massivdecken ohne Unterdecke abzüglich 10 dB (beim $TSM_{eq,R}$ zuzüglich 10 dB), angesetzt werden; durch Eignungsprüfungen können höhere Werte festgestellt werden.

8.1.2 Holzbalkendecken

Ausführungsbeispiele sind in Tabelle 34 enthalten.

Für andere Holzbalkendecken ist der Nachweis der Trittschalldämmung durch Eignungsprüfung nach DIN 4109/11.89, Abschnitt 6.3, zu führen.

Tabelle 31. **Bewertetes Schall-Längsdämm-Maß $R_{L,w,R}$ von flankierenden, biegesteifen Wänden mit biegeweicher Vorsatzschale nach Tabelle 7 (Rechenwerte)** (Maße in mm)

Spalte	1	2	3
Zeile	Ausführungsbeispiele	Flächenbezogene Masse der biegesteifen Wand kg/m^2	$R_{L,w,R}$ dB
Angesetzte durchgehende Vorsatzschale nach DIN 18181 (z. Z. Entwurf) aus Faserdämmstoff nach DIN 18165 Teil 1			
1	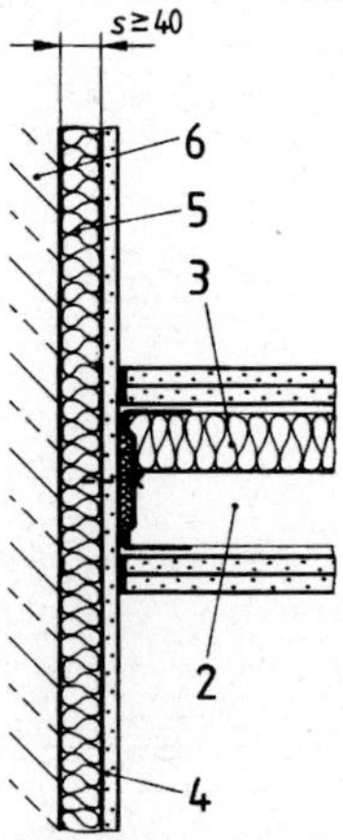	100 200 250 300 400	53 57 57 58 58
Freistehende Vorsatzschale nach DIN 18183, Vorsatzschale durch Trennwandanschluß unterbrochen			
2	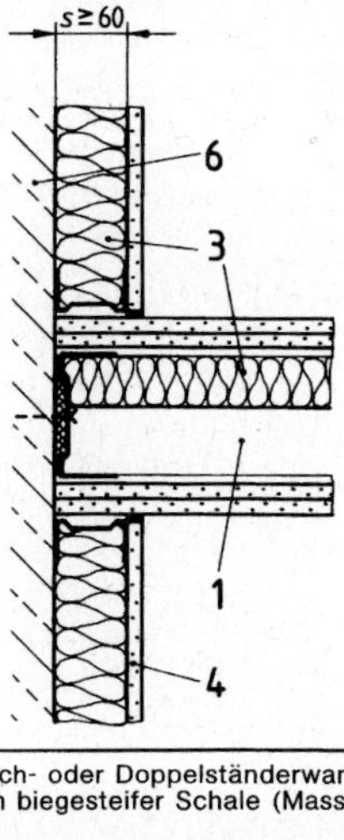	100 200 250 300 400	63 70 71 72 73

1 Trennwand als Einfach- oder Doppelständerwand mit Unterkonstruktion aus Holz oder Metall nach DIN 18183; mit Anschlußdichtung an biegesteifer Schale (Massivwand); biegeweiche Vorsatzschale an Trennwandanschluß unterbrochen
2 Trennwand wie 1, jedoch an der biegeweichen Schale angeschlossen
3 Hohlraumdämpfung aus Faserdämmstoff nach DIN 18165 Teil 1, längenbezogener Strömungswiderstand $\Xi \geq 5$ kN · s/m^4
4 Biegeweiche Vorsatzschale, z. B. aus Gipskartonplatten nach DIN 18180, verarbeitet nach DIN 18181 (z. Z. Entwurf), Fugen verspachtelt ($m' = 10$ kg/m^2 bis 15 kg/m^2)
5 Faserdämmstoff nach DIN 18165 Teil 1, Anwendungstyp WV, längenbezogener Strömungswiderstand $\Xi \geq 5$ kN · s/m^4 und einer dynamischen Steifigkeit $s' \geq 5$ MN/m^3
6 Massivwand

Tabelle 32. **Bewertetes Schall-Längsdämm-Maß $R_{L,w,R}$ von Montagewänden aus 12,5 mm dicken Gipskartonplatten in Ständerbauart nach DIN 18 183 (Rechenwerte)** (Maße in mm)

<table>
<tr><td>Spalte</td><td>1</td><td>3</td><td>4</td></tr>
<tr><td>Zeile</td><td>Trennwand-Anschluß</td><td>Beplankung der Innenseite der flankierenden Wand, Anzahl der Lagen</td><td>$R_{L,w,R}$
dB</td></tr>
<tr><td>1</td><td rowspan="2">Durchlaufende Beplankung der flankierenden Wand
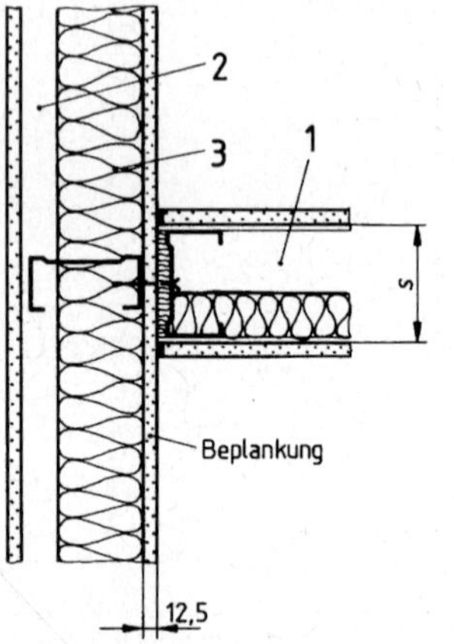
</td><td>1</td><td>53</td></tr>
<tr><td>2</td><td>2</td><td>57 [1)]</td></tr>
<tr><td>3</td><td rowspan="2">Beplankung und Ständerkonstruktion der flankierenden Wand im Anschlußbereich der Trennwand unterbrochen
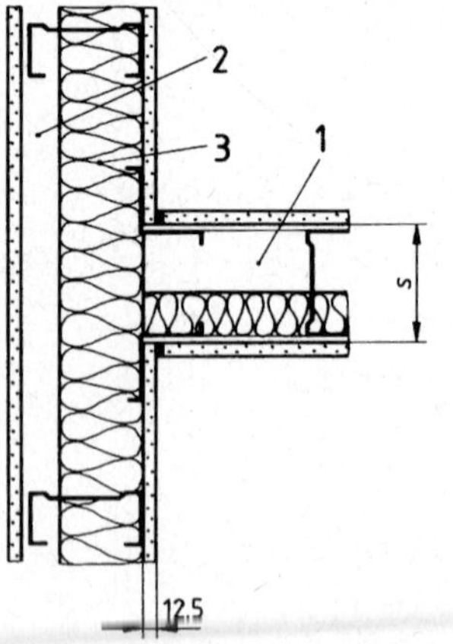
</td><td>1</td><td>73</td></tr>
<tr><td>4</td><td>2</td><td>> 75</td></tr>
</table>

1 Trennwand als Einfach- oder Doppelständerwand nach DIN 18 183.

2 Flankierende Wand als Einfach- oder Doppelständerwand mit einlagiger bzw. zweilagiger Beplankung aus Gipskartonplatten nach DIN 18 180, Dicke 12,5 mm, verarbeitet nach DIN 18 181 (z. Z. Entwurf), mit verspachtelten Fugen und dichtem Anschluß an die flankierende Wand. Der Abstand der Schalen beträgt $s \geq 50$ mm.

3 Hohlraumdämpfung aus Faserdämmstoff nach DIN 18 165 Teil 1, längenbezogener Strömungswiderstand $\Xi \geq 5\,\text{kN} \cdot \text{s/m}^4$

1) Bei $R_{L,w,R} \geq 55$ dB ist die Schale im Anschlußbereich zur Trennwand durch eine Fuge zu trennen.

Tabelle 33. **Bewertetes Schall-Längsdämm-Maß $R_{L,w,R}$ von Wänden in Holzbauart in horizontaler Richtung (Rechenwerte)**

Spalte	1	2	3
Zeile	Ausführung	Flankierende Wand (F) Anschluß an Trennwand (T)	$R_{L,w,R}$ dB
1	ohne Dämmschicht im Gefach	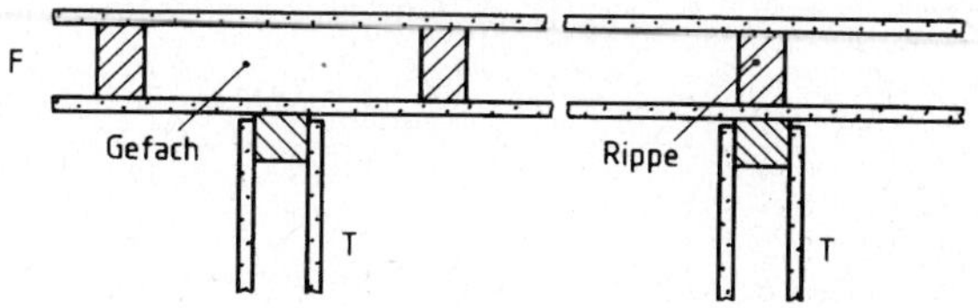	48
2	mit Dämmschicht im Gefach	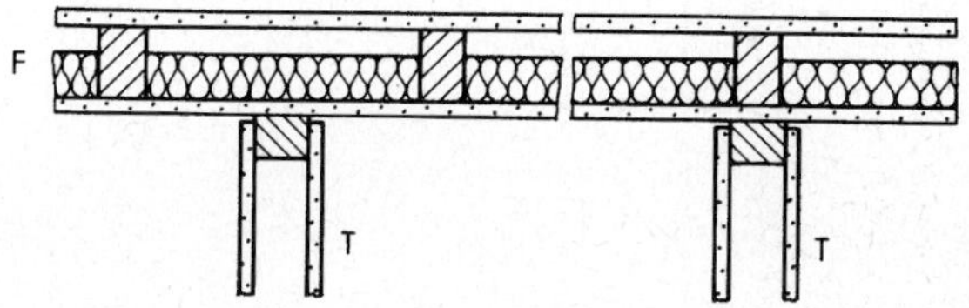	50
3	zweilagige raumseitige Beplankung	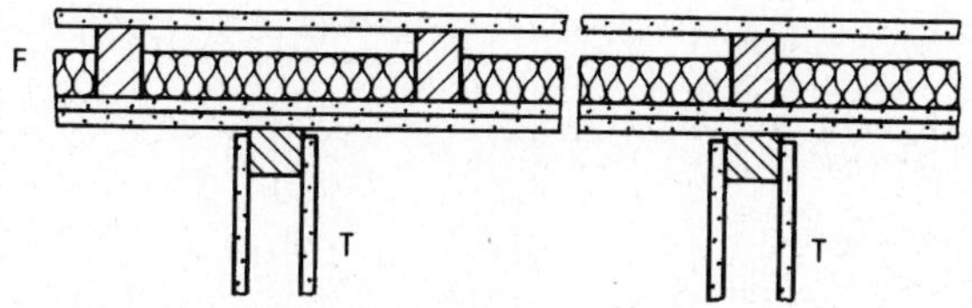	54
4	raumseitige Beplankung im Anschlußbereich unterbrochen (S)	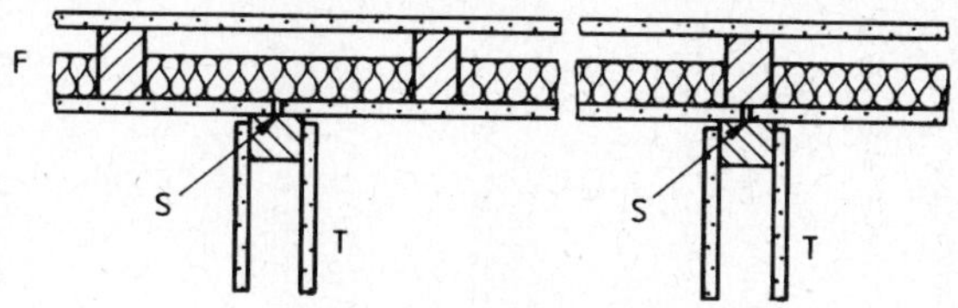	54
5	Elemente im Anschlußbereich gestoßen (ES)	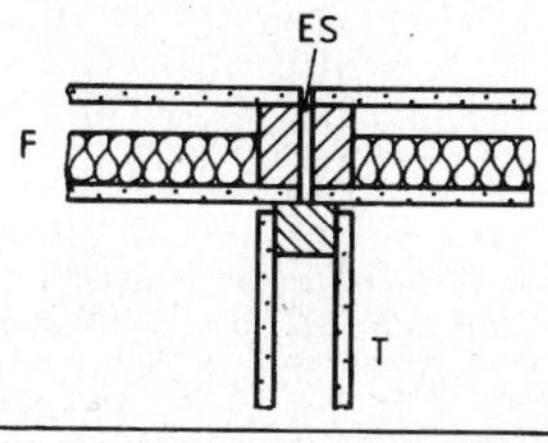	54 [1])

[1]) Beim Anschluß einer Doppelständerwand nach Tabelle 24, Zeilen 4 bis 8, als Trennwand darf als Rechenwert $R_{L,w,R} = 62$ dB verwendet werden, wenn durch konstruktive Maßnahmen, z. B. Einlegen eines Faserdämmstoffes, sichergestellt ist, daß im Elementstoß (ES) kein direkter Kontakt zwischen den beiden Teilen der flankierenden Wand auftritt.

Tabelle 34. **Bewertete Schalldämm-Maße $R_{w,R}$ und $R'_{w,R}$ und bewerteter Norm-Trittschallpegel $L'_{n,w,R}$ von Holzbalkendecken (Rechenwerte)** (Maße in mm)

Spalte	1	2	3	4	5	6	7	8
Zeile	Ausführungsbeispiele 1)	Fußboden auf oberer Balkenabdeckung	Unterdecke: Anschluß Holzlatten an Balken	Unterdecke: Anzahl der Lagen	$R_{w,R}$ dB	$R'_{w,R}$ dB	$L'_{n,w,R}$ (TSM_R) dB: ohne Bodenbelag	$L'_{n,w,R}$ (TSM_R) dB: Bodenbelag mit $\Delta L_{w,R}$ (VM_R) $\geq$ 26 dB
1	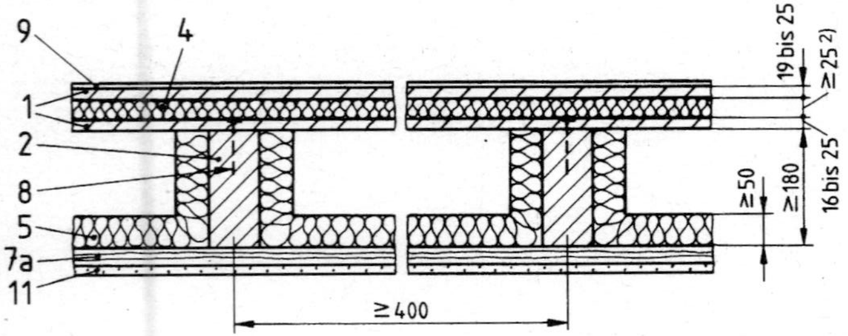	Spanplatten auf mineralischem Faserdämmstoff	direkt verbunden	1	53	50	64 (– 1)	56 (7)
2	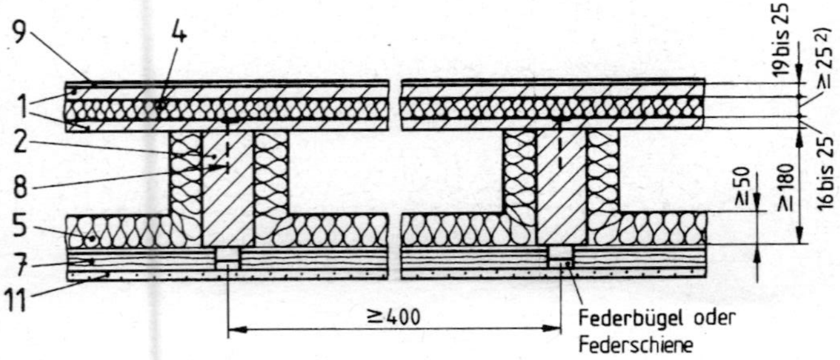		über Federbügel oder Federschiene	1	57	54	56 (7)	49 (14)

3	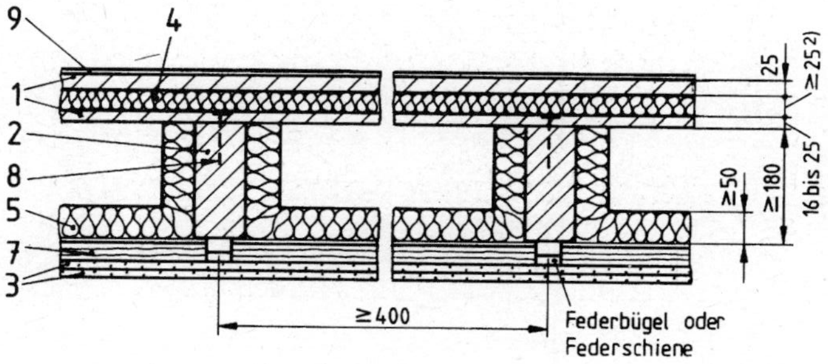	Span- platten auf minera- lischem Faser- dämm- stoff	über Feder- bügel oder Feder- schiene	2	62	57	53 (10)	46 (17)
4	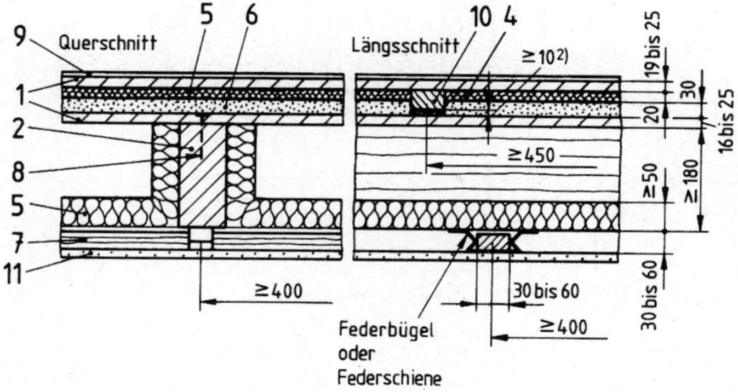	Span- platten auf Lager- hölzern	über Feder- bügel- oder Feder- schiene	1	65	57	51 (12)	44 (19)

Erklärungen und Fußnoten siehe Seite 47

Tabelle 34. (Fortsetzung)

Spalte	1	2	3	4	5	6	7	8
Zeile	Ausführungsbeispiele 1)	Fußboden auf oberer Balkenabdeckung	Unterdecke: Anschluß Holzlatten an Balken	Unterdecke: Anzahl der Lagen	$R_{w,R}$ dB	$R'_{w,R}$ dB	$L'_{n,w,R}$ (TSM_R) dB: ohne Bodenbelag	$L'_{n,w,R}$ (TSM_R) dB: Bodenbelag mit $\Delta L_{w,R}$ (VM_R) ≥ 26 dB
5	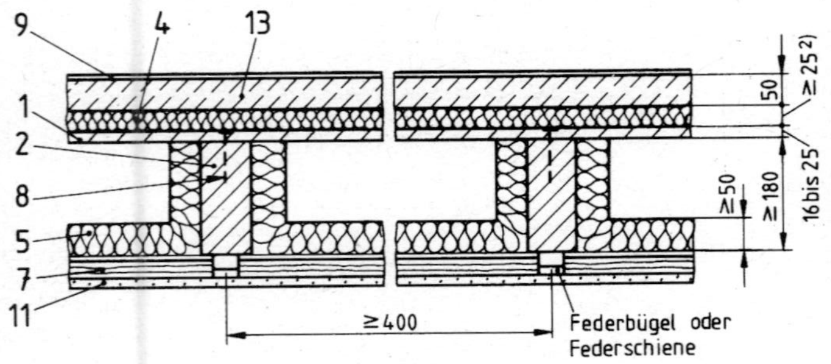	Schwimmender Estrich auf mineralischem Faserdämmstoff	über Federbügel oder Federschiene	1	65	57	51 (12)	44 (19)
6			direkt verbunden	1	60	54	56 (7)	49 (14)
7	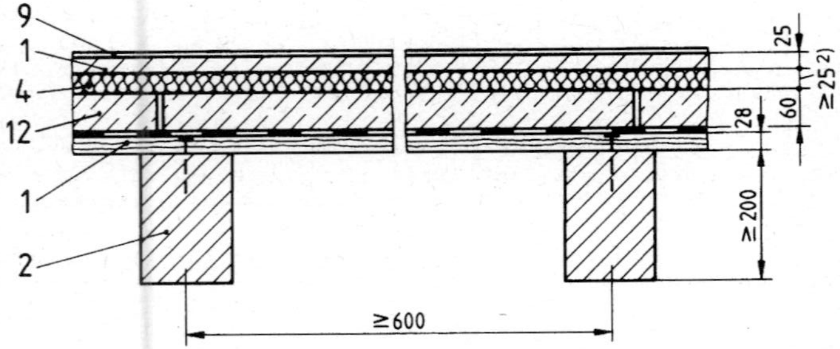	Spanplatten auf mineralischem Faserdämmstoff und Betonplatten	–	–	63	55	53 (10)	46 (17)

1 Spanplatte nach DIN 68 763, gespundet oder mit Nut und Feder
2 Holzbalken
3 Gipskartonplatten nach DIN 18 180
4 Trittschalldämmplatte nach DIN 18 165 Teil 2, Anwendungstyp T oder TK, dynamische Steifigkeit $s' \leq 15\,\mathrm{MN/m^3}$
5 Faserdämmstoff nach DIN 18 165 Teil 1, längenbezogener Strömungswiderstand $\Xi \geq 5\,\mathrm{kN \cdot s/m^4}$
6 Trockener Sand
7 Unterkonstruktion aus Holz, Achsabstand der Latten ≥ 400 mm, Befestigung über Federbügel nach Bild 6 oder Federschiene nach Bild 7, kein fester Kontakt zwischen Latte und Balken. Ein weichfedernder Faserdämmstreifen darf zwischengelegt werden. Andere Unterkonstruktionen dürfen verwendet werden, wenn nachgewiesen ist, daß sie sich hinsichtlich der Schalldämmung gleich oder besser als die hier angegebene Ausführung verhalten.
7a Holzlatten, Achsabstand ≥ 400 mm, direkte Befestigung an den Balken mit mechanischen Verbindungsmitteln
8 Mechanische Verbindungsmittel oder Verleimung
9 Bodenbelag
10 Lagerholz 40 mm × 60 mm
11 Gipskartonplatten nach DIN 18 180, 12,5 mm oder 15 mm dick, Spanplatten nach DIN 68 763, 10 mm bis 13 mm dick, oder verputzte Holzwolle-Leichtbauplatten nach DIN 1101, Dicke ≥ 25 mm
12 Betonplatten oder -steine, Seitenlänge ≤ 400 mm, in Kaltbitumen verlegt, offene Fugen zwischen den Platten, flächenbezogene Masse mindestens $140\,\mathrm{kg/m^2}$
13 Zementestrich

[1]) Bei einer Dicke der eingelegten Dämmschicht, siehe 5, von mindestens 100 mm ist ein seitliches Hochziehen nicht erforderlich.
[2]) Dicke unter Belastung

Tabelle 35. **Ausführungsbeispiele für trennende und flankierende Bauteile bei neben- oder übereinanderliegenden Räumen mit Anforderungen erf. R'_w von 55 dB bis 72 dB**

Spalte	1	2	3	4
Zeile	erf. R'_w dB	Lage der Räume	Trennende Bauteile (Wände, Decken)	Flankierende Bauteile beiderseits des trennenden Bauteils [1])
1			Einschalige, biegesteife Wand, $m' \geq 490\,kg/m^2$	a) Einschalige, biegesteife Wände, $m' \geq 300\,kg/m^2$ [2]) b) Massivdecke, $m' \geq 300\,kg/m^3$
2	55	neben-einander	Zweischalige Wand aus einer schweren, biegesteifen Schale, $m' \geq 350\,kg/m^2$, mit biegeweicher Vorsatzschale auf einer Seite [3])	
3		über-einander	Massivdecke, $m' \geq 300\,kg/m^2$, mit schwimmendem Estrich [4])	Einschalige, biegesteife Wände, $m' \geq 300\,kg/m^2$ [2])
4			Einschalige, biegesteife Wand, $m' \geq 580\,kg/m^2$	a) Einschalige, biegesteife Wände, $m' \geq 250\,kg/m^2$ [2]) b) Massivdecke, $m' \geq 350\,kg/m^2$
5	57	neben-einander	Zweischalige Wand aus einer schweren, biegesteifen Schale, $m' \geq 450\,kg/m^2$, mit biegeweicher Vorsatzschale auf einer Seite [3])	
6		über-einander	Massivdecke, $m' \geq 400\,kg/m^2$, mit schwimmendem Estrich [4])	Einschalige, biegesteife Wände, $m' \geq 300\,kg/m^2$ [2])
7			Zweischalige Wand mit durchgehender Gebäudetrennfuge [5]), flächenbezogene Masse jeder Schale $m' \geq 160\,kg/m^2$	Keine Anforderungen
8	62	neben-einander	Dreischalige Wand aus einer schweren, biegesteifen Schale, $m' \geq 500\,kg/m^2$, mit biegeweicher Vorsatzschale auf beiden Seiten [3])	a) Einschalige, biegesteife Wände, $m' \geq 400\,kg/m^2$ [2]) b) Massivdecke, $m' \geq 300\,kg/m^2$
9		über-einander	Massivdecke, $m' \geq 500\,kg/m^2$, mit schwimmendem Estrich [4]) und biegeweicher Unterdecke [6])	Einschalige, biegesteife Wände, $m' \geq 300\,kg/m^2$
10			Zweischalige Wand mit durchgehender Gebäudetrennfuge [5]), flächenbezogene Masse jeder Schale $m' \geq 250\,kg/m^2$	Keine Anforderungen
11	67	neben-einander	Dreischalige Wand aus einer schweren, biegesteifen Schale, $m' \geq 700\,kg/m^2m$, mit biegeweicher Vorsatzschale auf beiden Seiten [3])	a) Einschalige, biegesteife Wände, $m' \geq 450\,kg/m^2$ [2]) b) Massivdecke, $m' \geq 450\,kg/m^2$
12		über-einander	Massivdecke, $m' \geq 700\,kg/m^2$, mit schwimmendem Estrich [4]) und biegeweicher Unterdecke [6])	Einschalige, biegesteife Wände, $m' \geq 450\,kg/m^2$ [2])
13		neben-einander	Zweischalige Wand mit durchgehender Gebäudetrennfuge [5]), flächenbezogene Masse jeder Schale $m' \geq 370\,kg/m^2$	Keine Anforderungen
14	72	über-einander	Bei übereinanderliegenden Räumen kann diese Anforderung ohne besondere Schutzmaßnahmen nicht erfüllt werden.	

[1]) Anstelle der angegebenen einschaligen, flankierenden Wände können auch biegesteife Wände mit $m' \geq 100\,kg/m^2$ und biegeweicher Vorsatzschale nach Tabelle 7, Gruppe B, verwendet werden.

[2]) Wegen einer möglichen Verringerung der Schalldämmung siehe Abschnitt 3.1.

[3]) Nach Tabelle 7

[4]) Nach Tabelle 17

[5]) Nach Bild 1

[6]) Nach Tabelle 11, Zeilen 7 und 8

9 Haustechnische Anlagen und Betriebe; Nachweis einer ausreichenden Luft- und Trittschalldämmung von Bauteilen zwischen „besonders lauten" und schutzbedürftigen Räumen

9.1 Luftschalldämmung

Die in DIN 4109/11.89, Tabelle 5, genannten Anforderungen an die Luftschalldämmung gelten als erfüllt, wenn eine der in Tabelle 35 enthaltenen Ausführungen angewandt wird. Weitere Ausführungen und Nachweismöglichkeiten sind in den Abschnitten 2, 3, 5, 6 und 7 enthalten.

9.2 Trittschalldämmung

Der bewertete Norm-Trittschallpegel $L'_{n,w,R}$ (das Trittschallschutzmaß TSM_R) ist nach Abschnitt 4 zu ermitteln. In den Fällen, wo Aufenthaltsräume gegen Geräusche aus haustechnischen Anlagen und Betrieben zu schützen sind, läßt sich der bewertete Norm-Trittschallpegel $L'_{n,w,R}$ (das Trittschallschutzmaß TSM_R) der Decken zusammen mit den räumlichen Gegebenheiten näherungsweise wie folgt berechnen:

$$L'_{n,w,R} = L_{n,w,eq,R} - \Delta L_{w,R} - K_T \text{ in dB} \quad (12)$$
$$(TSM_R = TSM_{eq,R} + VM_R + K_T)$$

Hierin bedeuten:

$L_{n,w,eq,R}$ äquivalenter bewerteter Trittschallpegel der Massivdecke, nach Tabelle 16

($TSM_{eq,R}$ äquivalentes Trittschallschutzmaß der Massivdecke nach Tabelle 16)

$\Delta L_{w,R}$ Trittschallverbesserungsmaß des schwimmenden Estrichs nach Tabelle 17

(VM_R Trittschallverbesserungsmaß des schwimmenden Estrichs nach Tabelle 17)

K_T Korrekturwert nach Tabelle 36, der die Ausbreitungsverhältnisse zwischen der Anregestelle („besonders lauter" Raum) und dem schutzbedürftigen Raum berücksichtigt.

Der so errechnete Wert von $L'_{n,w,R}$ muß mindestens 2 dB niedriger (beim Trittschallschutzmaß TSM_R mindestens 2 dB höher) sein, als die in DIN 4109 genannte Anforderung erf. $L'_{n,w}$ (erf. TSM).

9.3 Lüftungsschächte und -kanäle

9.3.1 Allgemeines

Durch Schächte und Kanäle (im folgenden nur Schächte genannt), die Aufenthaltsräume untereinander verbinden, kann die Luftschalldämmung des trennenden Bauteils durch Nebenwegübertragung über die Schächte verschlechtert werden.

Die Schallübertragung von Raum zu Raum ist sowohl über die Öffnung der Schächte als auch über die Schachtwände möglich.

Die Schallübertragung durch einen Schacht, der Aufenthaltsräume miteinander verbindet, ist um so geringer,

- je weiter die Schachtöffnungen auseinanderliegen,
- je kleiner der Schachtquerschnitt und die Öffnungsquerschnitte sind,
- je größer das Verhältnis vom Umfang zur Fläche des Schachtquerschnitts ist (ein Querschnitt von der Form eines flachen Rechtecks ist günstiger als ein quadratischer Querschnitt),
- je größer die Schallabsorption der Innenwände des Schachtes ist.

Für die Luftschallübertragung über die Anschlußöffnungen in den Schächten gilt die Anforderung nach DIN 4109/11.89, Abschnitt 3.1, Absatz 4, als erfüllt, wenn der Rechenwert der

Tabelle 36. **Korrekturwert K_T zur Ermittlung des bewerteten Norm-Trittschallpegels $L'_{n,w,R}$ für verschiedene räumliche Zuordnungen „besonders lauter" Räume (LR) zu schutzbedürftigen Räumen (SR)**

Spalte	1	2
Zeile	Lage der schutzbedürftigen Räume (SR)	K_T dB
1	unmittelbar unter dem „besonders lauten" Raum (LR) 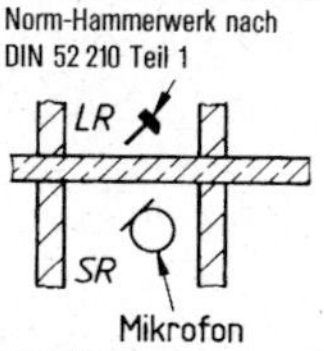	0
2	neben oder schräg unter dem „besonders lauten" Raum (LR) 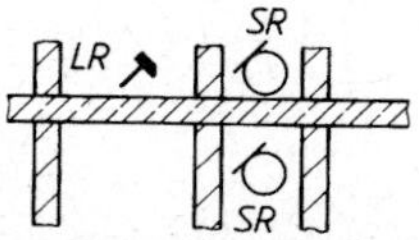	+ 5
3	wie Zeile 2, jedoch ein Raum dazwischenliegend 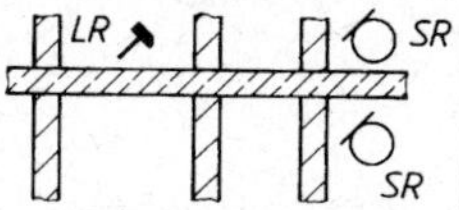	+ 10
4	über dem „besonders lauten" Raum (LR) (Gebäude mit tragenden Wänden) 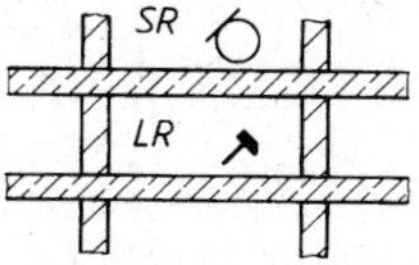	+ 10
5	über dem „besonders lauten" Raum (LR) (Skelettbau) 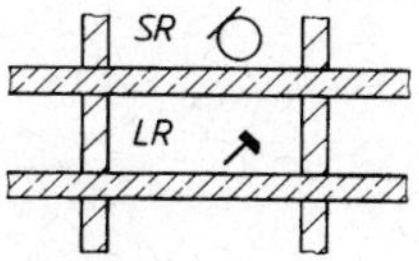	+ 20
6	über dem „besonders lauten" Kellerraum (LR) 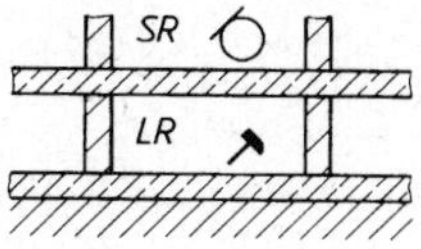	1)
7	neben oder schräg unter dem „besonders lauten" Raum (LR), jedoch durch Haustrennfuge ($d \geq 50$mm) getrennt 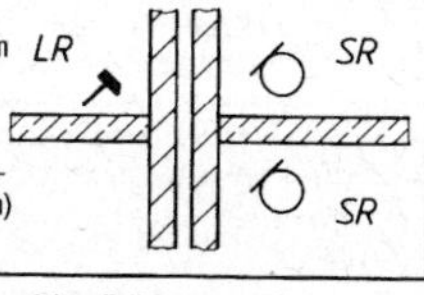	+ 15

1) Angabe eines K_T-Wertes nicht möglich, es gilt $L'_{n,w,R} = \Delta L_{w,R} - 15$ dB ($TSM_R = VM_R + 15$ dB). $\Delta L_{w,R}$ (VM_R) ist das Trittschallverbesserungsmaß des im Kellerraum verwendeten Fußbodens.

bewerteten Schachtpegeldifferenz $D_{K,w,R}$ folgender Bedingung genügt:

$$D_{K,w,R} \geq \text{erf. } R'_w - 10 \lg \frac{S}{S_K} + 20 \text{ dB} \qquad (13)$$

Hierin bedeuten:

erf. R'_w das vom trennenden Bauteil (Wand oder Decke) geforderte bewertete Schalldämm-Maß

S die Fläche des trennenden Bauteils

S_K die lichte Querschnittsfläche der Anschlußöffnung (ohne Berücksichtigung einer Minderung durch etwa vorhandene Gitterstäbe oder Abdeckungen).

Die Gleichung (13) gilt für den Fall, daß die Anschlußöffnungen mindestens 0,5 m (Achsmaß) von einer Raumecke entfernt liegen. Wird die Entfernung von 0,5 m unterschritten, ist eine um 6 dB höhere Schachtpegeldifferenz erf. $D_{K,w,R}$ erforderlich.

Schächte und Kanäle entsprechen den vorgenannten Anforderungen, wenn sie nach den Abschnitten 9.3.2 bis 9.3.5 ausgebildet werden. Diese Beispiele beschränken sich auf übereinanderliegende Räume mit Anforderungen an das bewertete Schalldämm-Maß erf. R'_w der Decken von 53 dB bis 55 dB nach DIN 4109.

Für andere als in den Abschnitten 9.3.2 bis 9.3.5 beschriebenen Ausführungen von Schächten und Kanälen, z. B.

- aus nicht schallabsorbierenden Werkstoffen (wie glatter Beton, Faserzement, Wickelfalzrohr aus Metall und ähnlichem),
- mit Auskleidungen aus schallabsorbierenden Stoffen,
- mit Ventiltellern oder -kegeln für die Anschlußöffnungen,

ist der Nachweis durch eine Eignungsprüfung (siehe DIN 4109/11.89, Abschnitt 6.3, zu erbringen.

Durch schallabsorbierende Auskleidungen der Schächte und Kanäle sowie durch die Begrenzung der Querschnittsfläche der Anschlußöffnungen darf die Lüftungsfähigkeit nicht unzulässig verringert werden.

9.3.2 Sammelschächte (ohne Nebenschächte)

9.3.2.1 Anschluß in jedem zweiten Geschoß

Sammelschächte ohne Nebenschächte können in jedem zweiten Geschoß einen Anschluß erhalten, wenn

- der Schachtwerkstoff genügend schallabsorbierend ist (z. B. wie bei verputztem Mauerwerk, haufwerksporigem Leichtbeton und ähnlichem),
- der Schachtquerschnitt höchstens 270 cm² beträgt,
- und die Querschnittsfläche der Anschlußöffnung höchstens 180 cm² (ohne Berücksichtigung etwa vorhandener Gitterstege) beträgt.

9.3.2.2 Anschluß in jedem Geschoß

Sammelschächte ohne Nebenschächte können in jedem Geschoß einen Anschluß erhalten, wenn der Schacht nach Abschnitt 9.3.2.1 ausgebildet ist, die Querschnittsfläche der Anschlußöffnung jedoch höchstens 60 cm² beträgt.

9.3.3 Sammelschachtanlagen (mit Nebenschächten)

Sammelschachtanlagen mit einem Hauptschacht und Nebenschächten können in jedem Geschoß einen Anschluß erhalten, wenn der Schachtwerkstoff genügend schallabsorbierend ist (z. B. unverputztes Mauerwerk, haufwerksporiger Leichtbeton und ähnliches).

9.3.4 Einzelschächte und Einzelschachtanlagen

Einzelschächte bzw. Einzelschachtanlagen nach DIN 18 017 Teil 1 sind erforderlich, wenn

- der Schachtwerkstoff nicht schallabsorbierend ist (z. B. bei gefügedichtem Beton),
- der Schacht nicht schallabsorbierend ausgekleidet ist oder
- die Querschnittsfläche der Anschlußöffnung mehr als 270 cm² beträgt.

Bei Einzelschachtanlagen mit dünnwandigen Kanälen (z. B. Faserzement-Rohre, Wickelfalzrohr aus Metall und ähnlichem) ist bei nebeneinanderliegenden Schächten ein Luftzwischenraum $\geq$ 40 mm notwendig, der mit einem weichfedernden Dämmstoff, längenbezogener Strömungswiderstand $\Xi \geq 5 \text{ kN} \cdot \text{s/m}^4$, ausgefüllt ist.

9.3.5 Schächte und Kanäle mit motorisch betriebener Lüftung

9.3.5.1 Allgemeines

Bei Schächten und Kanälen mit motorisch betriebener Lüftung sind neben den Anforderungen nach DIN 4109/11.89, Abschnitt 3.1, Absatz 4, (siehe Abschnitt 9.3.1) auch die Anforderungen nach DIN 4109/11.89, Tabelle 4, an die höchstzulässigen Schallpegel in Aufenthaltsräumen durch Geräusche aus Lüftungsanlagen zu beachten.

Beim Einbau von Ventilatoren, Maschinen und Aggregaten müssen Maßnahmen hinsichtlich der Körperschalldämmung sowie der Luftschalldämmung und -dämpfung getroffen werden. Dies gilt sowohl für die Schallübertragung auf das Bauwerk als auch für die Übertragungen über die Schächte und Kanäle selbst.

9.3.5.2 Einzelentlüftungsanlagen

Für Einzelentlüftungsanlagen nach DIN 18 017 Teil 3 für den Betrieb nach Bedarf gilt Abschnitt 9.3.1 sinngemäß.

9.3.5.3 Zentralentlüftungsanlagen

Für Zentralentlüftungsanlagen nach DIN 18 017 Teil 3 für den Dauerbetrieb zur Entlüftung von Räumen mehrerer Aufenthaltsbereiche gelten sinngemäß

- bei mehreren Hauptleitungen ohne Nebenleitungen (siehe DIN 18 017 Teil 3) die Abschnitte 9.3.2.1 und 9.3.2.2,
- bei einer Hauptleitung und Nebenleitungen (siehe DIN 18 017 Teil 3) der Abschnitt 9.3.3,
- bei getrennten Hauptleitungen (siehe DIN 18 017 Teil 3) der Abschnitt 9.3.4.

10 Außenbauteile

10.1 Nachweis ohne bauakustische Messungen [7])

10.1.1 Außenwände, Decken und Dächer

Für bauakustisch einschalige Außenwände [8]), Decken und Dächer kann das bewertete Schalldämm-Maß $R'_{w,R}$ in Abhängigkeit von der flächenbezogenen Masse aus Abschnitt 2.2 entnommen werden. Bei der Ermittlung der flächenbezogenen Masse eines Daches darf auch das Gewicht der Kiesschüttung berücksichtigt werden.

Bei zweischaligem Mauerwerk mit Luftschicht nach DIN 1053 Teil 1 (z. Z. Entwurf) darf das bewertete Schalldämm-Maß $R'_{w,R}$ aus der Summe der flächenbezogenen Massen der beiden Schalen – wie bei einschaligen, biegesteifen Wänden – nach Abschnitt 2.2 ermittelt werden.

---

[7]) Hinsichtlich Fluglärm – soweit er im „Gesetz zum Schutz gegen Fluglärm" geregelt ist – wird auf die entsprechenden Ausführungsbeispiele in der „Verordnung der Bundesregierung über bauliche Schallschutzanforderungen nach dem Gesetz zum Schutz gegen Fluglärm (Schallschutzverordnung – SchallschutzV)" hingewiesen.

[8]) Außenwände mit innen- oder außenseitigem Wärmeschutz sind zweischalige Wände, deren Schalldämmung schlechter als die von vergleichbaren einschaligen Außenwänden sein kann (siehe Abschnitt 2.2.4).

Hierbei darf das ermittelte bewertete Schalldämm-Maß $R'_{w,R}$ um 5 dB erhöht werden. Wenn die flächenbezogene Masse der auf die Innenschale der Außenwand anschließenden Trennwände größer als 50 % der flächenbezogenen Masse der inneren Schale der Außenwand beträgt, darf das Schalldämm-Maß $R'_{w,R}$ um 8 dB erhöht werden.

Bei Sandwich-Elementen aus Beton mit einer Dämmschicht aus Hartschaumstoffen nach DIN 18 164 Teil 1 ergibt sich das bewertete Schalldämm-Maß $R'_{w,R}$ nach Abschnitt 2.2 aus den flächenbezogenen Massen beider Schalen abzüglich 2 dB.

Bei Außenwänden mit Außenwandbekleidung nach DIN 18 516 Teil 1 oder Fassadenbekleidung nach DIN 18 515 wird nur die flächenbezogene Masse der inneren Wand berücksichtigt. Gleiches gilt sinngemäß auch für vergleichbare belüftete Dächer.

Außenbauteile aus biegeweichen Schalen gelten ohne besonderen Nachweis im Sinne der erforderlichen Luftschalldämmung nach Abschnitt 2.5 als geeignet, wenn ihre Ausführung den in den Tabellen 37 bis 39 aufgeführten Ausführungsbeispielen entspricht.

Tabelle 37. **Ausführungsbeispiele für Außenwände in Holzbauart (Rechenwerte)** (Maße in mm)

Spalte	1	2
Zeile	Wandausbildung [1]	$R'_{w,R}$ dB
1	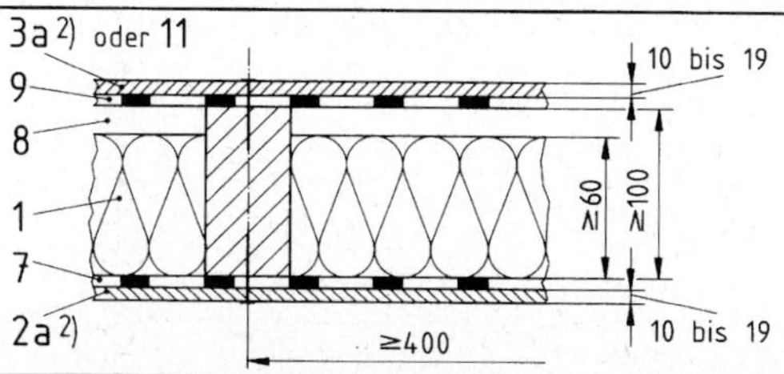	35
2	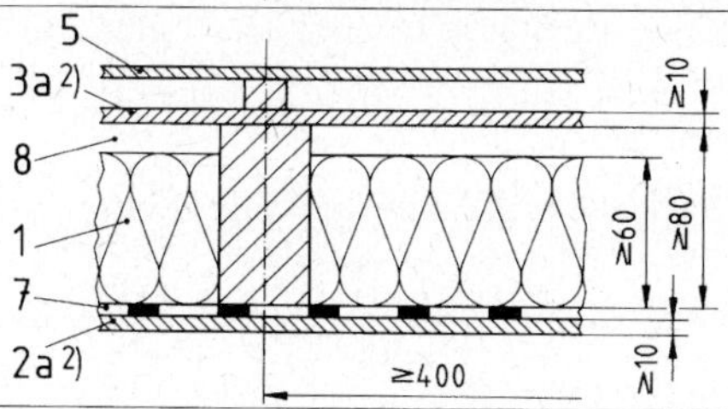	35
3	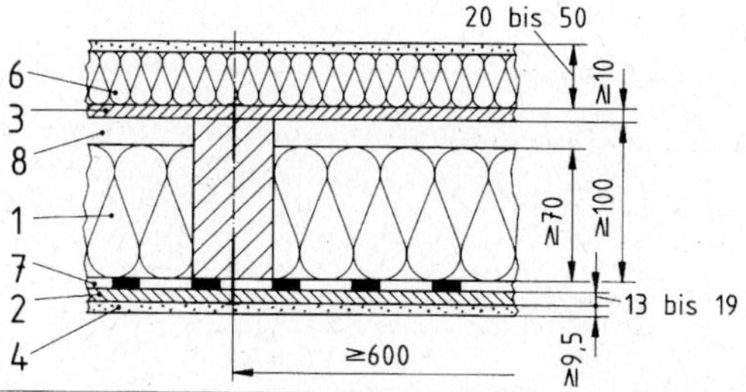	42
4	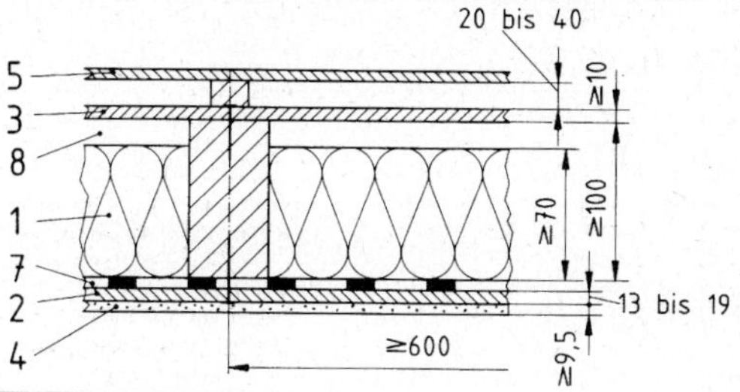	42

[1]) und [2]) siehe Seite 52

35/4

Tabelle 37. (Fortsetzung)

Spalte	1	2
Zeile	Wandausbildung [1])	$R'_{w,R}$ dB
5	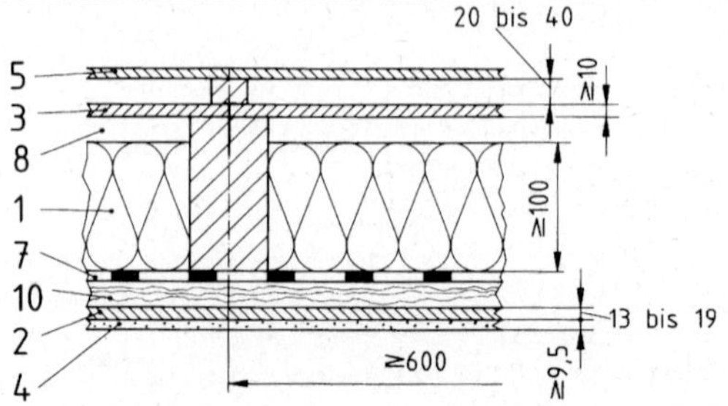	45
6	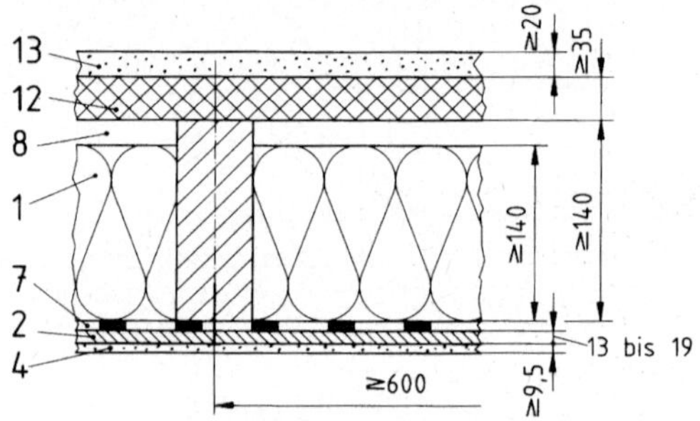	48
7	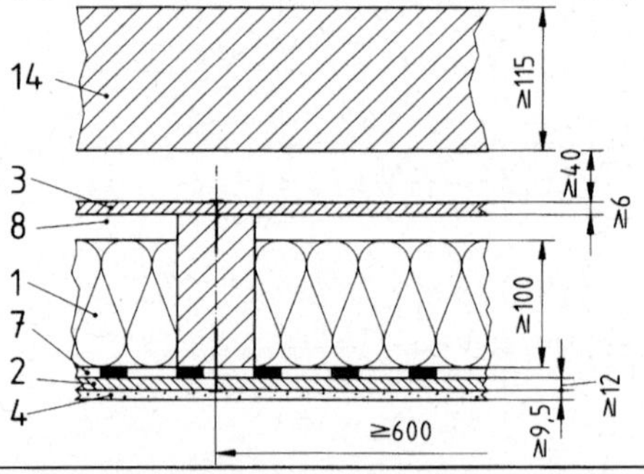	52

[1]) Mechanische Verbindungsmittel (z. B. Nägel, Klammern) für Befestigung von Beplankung und Rippe, lediglich in Zeile 2 auch Verleimung zulässig.

[2]) Eine der beiden Bekleidungen darf auch als Bretterschalung mit Nut und Feder, $d \geq 18$ mm, ausgeführt werden.

Erklärungen zu Tabelle 37:

1 Faserdämmstoff nach DIN 18 165 Teil 1, längenbezogener Strömungswiderstand $\Xi \geq 5$ kN · s/m^4

2 Spanplatten nach DIN 68 763, Bau-Furniersperrholz nach DIN 68 705 Teil 3 und Teil 5, Gipskartonplatten nach DIN 18 180 mit $m' \geq 8$ kg/m^2

2a Wie 2 oder 18 mm Nut-Feder-Bretterschalung

3 Spanplatten, Bau-Furniersperrholz mit $m' \geq 8$ kg/m^2

3a Wie 3 oder 18 mm Nut-Feder-Bretterschalung

4 Bekleidung, $m' \geq 8$ kg/m^2

5 Vorhangschale, $m' \geq 10$ kg/m^2

6 Hartschaumplatten mit Dünn- oder Dickputz

7 Dampfsperre, bei zweilagiger, raumseitiger Bekleidung kann die Dampfsperre auch zwischen den Bekleidungen angeordnet werden

8 Hohlraum, nicht belüftet

9 Wasserdampfdurchlässige Folie, nur bei Bretterschalung erforderlich

10 Zwischenlattung

11 Faserzementplatten, $d \geq 4$ mm

12 Holzwolle-Leichtbauplatten nach DIN 1101

13 Mineralischer Außenputz nach DIN 18 550 Teil 1 und Teil 2

14 Mauerwerk-Vorsatzschale

Tabelle 38. **Ausführungsbeispiele für belüftete oder nicht belüftete Flachdächer in Holzbauart (Rechenwerte)** (Maße in mm)

Spalte	1	2	3	4
Zeile	Dachausbildung	Verbindungs-mittel 1)	Erforderliche Kiesauflage s_K mm	$R'_{w,R}$ dB
1	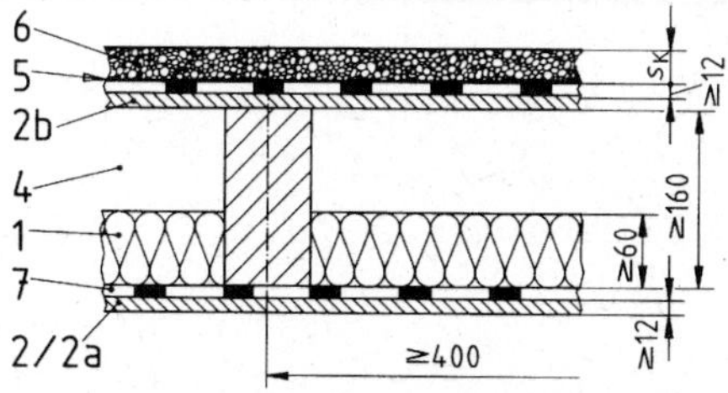	beliebig 2)	–	35
2			≥ 30	40
3	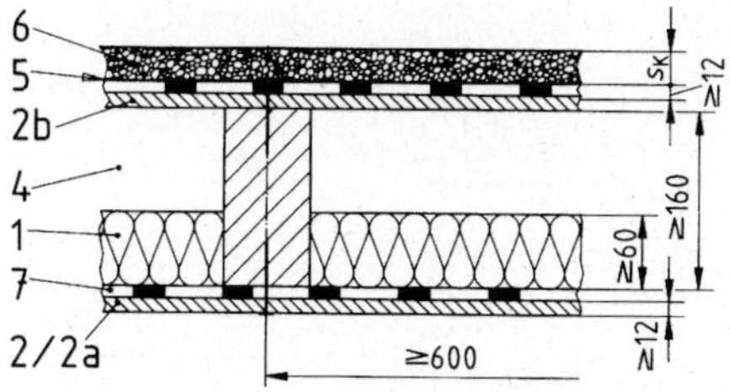	mechanisch 3)	≥ 30	45
4	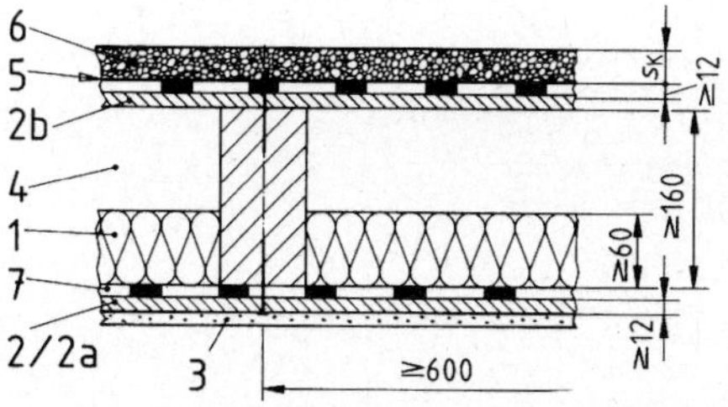	mechanisch 3)	≥ 30	50

1) Verbindungsmittel für die Befestigung von Beplankung und Rippe.
2) Mechanische Verbindungsmittel oder Verleimung.
3) Nur mechanische Verbindungsmittel, z. B. Nägel, Klammern.

Erklärungen zu Tabelle 38:

1 Faserdämmstoff nach DIN 18 165 Teil 1, längenbezogener Strömungswiderstand $\Xi \geq 5$ kN · s/m^4

2 Spanplatten nach DIN 68763, Bau-Furniersperrholz nach DIN 68705 Teil 3 und Teil 5, Gipskartonplatten nach DIN 18 180, Nut-Feder-Bretterschalung

2a Wie 2, jedoch mit Zwischenlattung

2b Spanplatten, Bau-Furniersperrholz, Nut-Feder-Bretterschalung

3 Spanplatten, Gipskartonplatten, Bretterschalung mit $m' \geq 8$ kg/m^2

4 Hohlraum belüftet/nicht belüftet

5 Dachabdichtung

6 Kiesauflage

7 Dampfsperre

Tabelle 39. **Ausführungsbeispiele für belüftete oder nichtbelüftete, geneigte Dächer in Holzbauart (Rechenwerte)** (Maße in mm)

<table>
<tr><td>Spalte</td><td>1</td><td>2</td><td>3</td></tr>
<tr><td>Zeile</td><td>Dachausbildung</td><td>Dachdeckung nach Ziffer</td><td>$R'_{w,R}$ dB</td></tr>
<tr><td>1</td><td>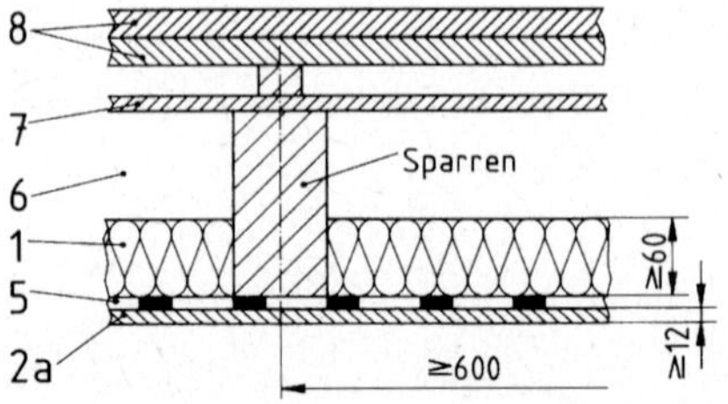
</td><td>8</td><td>35</td></tr>
<tr><td>2</td><td rowspan="2">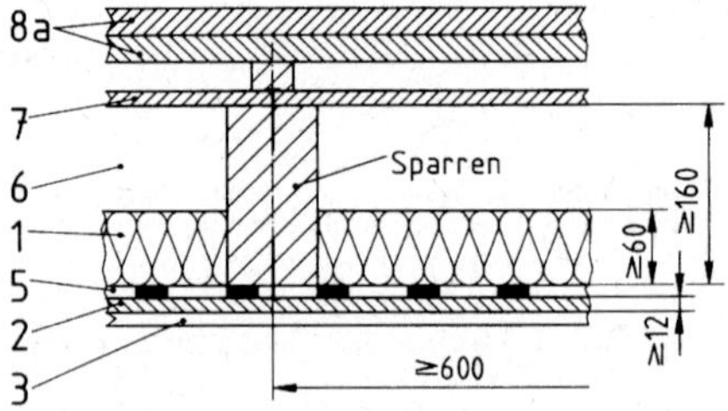
</td><td>8</td><td>40</td></tr>
<tr><td>3</td><td>8a</td><td>45</td></tr>
<tr><td>4</td><td>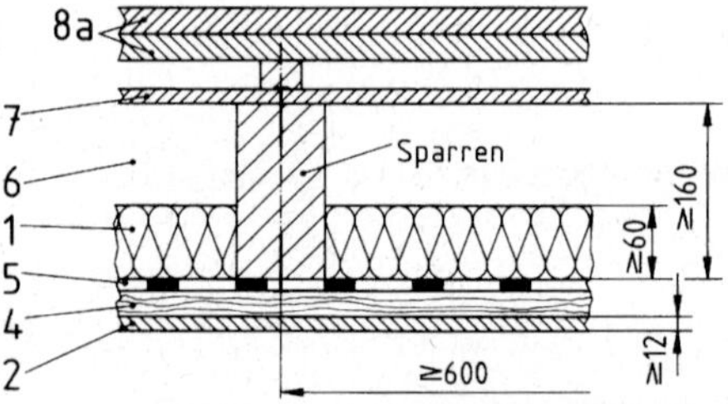
</td><td>8a</td><td>45</td></tr>
<tr><td>5</td><td>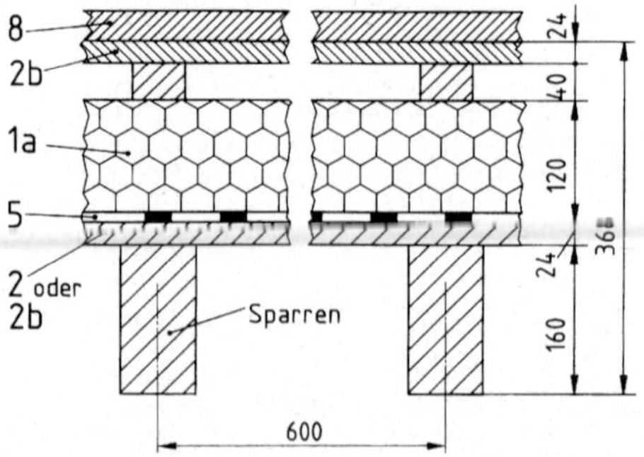
</td><td>8</td><td>37</td></tr>
</table>

Erklärungen zu Tabelle 39:

1 Faserdämmstoff nach DIN 18165 Teil 1, längenbezogener Strömungswiderstand $\Xi \geq 5\,\mathrm{kN \cdot s/m^4}$

1a Hartschaumplatten nach DIN 18164 Teil 1, Anwendungstyp WD oder WS und WD

2 Spanplatten oder Gipskartonplatten

2a Spanplatten oder Gipskartonplatten ohne/mit Zwischenlattung

2b Raumspundschalung mit Nut und Feder, 24 mm

3 Zusätzliche Bekleidung aus Holz, Spanplatten oder Gipskartonplatten mit $m' \geq 6\,\mathrm{kg/m^2}$

4 Zwischenlattung

5 Dampfsperre, bei zweilagiger, raumseitiger Bekleidung kann die Dampfsperre auch zwischen den Bekleidungen angeordnet werden

6 Hohlraum belüftet/nicht belüftet

7 Unterspannbahn oder ähnliches, z. B. harte Holzfaserplatten nach DIN 68754 Teil 1 mit $d \geq 3$ mm

8 Dachdeckung auf Querlattung und erforderlichenfalls Konterlattung

8a Wie 8, jedoch mit Anforderungen an die Dichtheit (z. B. Faserzementplatten auf Rauhspund $\geq$ 20 mm, Falzdachziegel nach DIN 456 bzw. Betondachsteine nach DIN 1115, nicht verfalzte Dachziegel bzw. Dachsteine in Mörtelbettung)

10.1.2 Fenster und Glassteinwände

Fenster bis 3 m² Glasfläche (größte Einzelscheibe) gelten ohne besonderen Nachweis im Sinne der erforderlichen Luftschalldämmung nach DIN 4109/11.89, Tabelle 8, als geeignet, wenn ihre Ausführungen Tabelle 40 entsprechen.

Glasbaustein-Wände nach DIN 4242 mit einer Wanddicke $\geq$ 80 mm aus Glasbausteinen nach DIN 18175 gelten ohne besonderen Nachweis als geeignet, die Anforderung erf. $R'_w \leq 35$ dB zu erfüllen.

Bei Fenstern mit Glasflächen $> 3\,\mathrm{m^2}$ (größte Einzelscheibe) dürfen die Tabellen ebenfalls angewendet werden, jedoch ist das bewertete Schalldämm-Maß $R_{w,R}$ nach Tabelle 40 um 2 dB abzumindern.

Tabelle 40 gilt nur für einflügelige Fenster oder mehrflügelige Fenster 9) mit festem Mittelstück. Die in Tabelle 40 den einzelnen Fensterbauarten zugeordneten bewerteten Schalldämm-Maße $R_{w,R}$ werden nur eingehalten, wenn die Fenster ringsum dicht schließen. Fenster müssen deshalb Falzdichtungen (siehe Tabelle 40, Fußnote 1, mit Ausnahme von Fenstern nach Zeile 1) und ausreichende Steifigkeit haben. Bei Holzfenstern wird auf DIN 68121 Teil 1 und Teil 2 (z. Z. Entwürfe) hingewiesen.

Um einen möglichst gleichmäßigen und hohen Schließdruck im gesamten Falzbereich sicherzustellen, muß eine genügende Anzahl von Verriegelungsstellen vorhanden sein (wegen der Anforderungen an Fenster siehe auch DIN 18055).

Zwischen Fensterrahmen und Außenwand vorhandene Fugen müssen nach dem Stand der Technik abgedichtet sein.

9) Bis zum Vorliegen abgesicherter Prüfergebnisse ist das bewertete Schalldämm-Maß $R_{w,R}$ nach Tabelle 40 für mehrflügelige Fenster ohne festes Mittelstück um 2 dB abzumindern.

Tabelle 40. **Ausführungsbeispiele für Dreh-, Kipp- und Drehkipp-Fenster (-Türen) und Fensterverglasungen mit bewerteten Schalldämm-Maßen $R_{w,R}$ von 25 dB bis 45 dB (Rechenwerte)**

Spalte	1	2	3	4	5	6
Zeile		Anforderungen an die Ausführung der Konstruktion verschiedener Fensterarten				
			Einfachfenster 1) mit Isolierverglasung 2)	Verbundfenster 1) mit 2 Einfachscheiben	Verbundfenster 1) mit 1 Einfachscheibe und 1 Isolierglasscheibe	Kastenfenster 1) 3) mit 2 Einfach- bzw. 1 Einfach- und 1 Isolierglasscheibe
Zeile	$R_{w,R}$ dB	Konstruktionsmerkmale	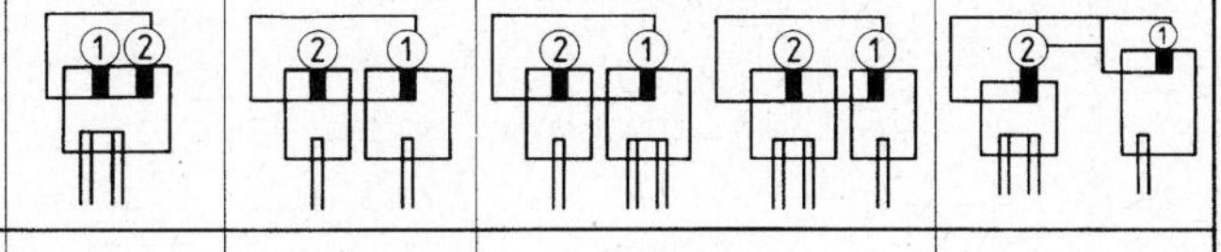			
1	25	Verglasung: Gesamtglasdicken Scheibenzwischenraum $R_{w,R}$ Verglasung Falzdichtung:	 ≥ 6 mm ≥ 8 mm ≥ 27 dB nicht erforderlich	 ≥ 6 mm keine – nicht erforderlich	 keine keine – nicht erforderlich	 – – – nicht erforderlich
2	30	Verglasung: Gesamtglasdicken Scheibenzwischenraum $R_{w,R}$ Verglasung Falzdichtung:	 ≥ 6 mm ≥ 12 mm ≥ 30 dB 1 erforderlich	 ≥ 6 mm ≥ 30 mm – 1 erforderlich	 keine ≥ 30 mm – 1 erforderlich	 – – – nicht erforderlich
3	32	Verglasung: Gesamtglasdicken Scheibenzwischenraum $R_{w,R}$ Verglasung Falzdichtung:	 ≥ 8 mm ≥ 12 mm ≥ 32 dB 1 erforderlich	 ≥ 8 mm ≥ 30 mm – 1 erforderlich	 ≥ 4 mm + 4/12/4 ≥ 30 mm – 1 erforderlich	 – – – 1 erforderlich

1) bis 3) siehe Seite 56

Tabelle 40. (Fortsetzung)

Spalte	1	2	3	4	5	6
Zeile		Anforderungen an die Ausführung der Konstruktion verschiedener Fensterarten				
			Einfachfenster [1]) mit Isolierverglasung [2])	Verbundfenster [1])		Kastenfenster [1]) [3]) mit 2 Einfach- bzw. 1 Einfach- und 1 Isolierglasscheibe
Zeile	$R_{w,R}$ dB	Konstruktionsmerkmale	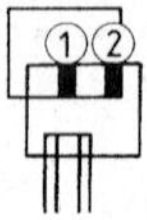	mit 2 Einfachscheiben 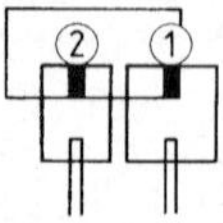	mit 1 Einfachscheibe und 1 Isolierglasscheibe 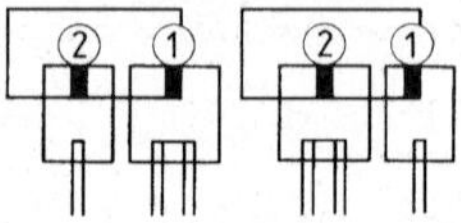	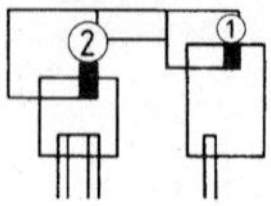
4	35	Verglasung: Gesamtglasdicken Scheibenzwischenraum $R_{w,R}$ Verglasung Falzdichtung:	 $\geq$ 10 mm $\geq$ 16 mm $\geq$ 35 dB 1 erforderlich	 $\geq$ 8 mm $\geq$ 40 mm – 1 erforderlich	 $\geq$ 6 mm + 4/12/4 $\geq$ 40 mm – 1 erforderlich	 – – – 1 erforderlich
5	37	Verglasung: Gesamtglasdicken Scheibenzwischenraum $R_{w,R}$ Verglasung Falzdichtung:	 – – $\geq$ 37 dB 1 erforderlich	 $\geq$ 10 mm $\geq$ 40 mm – 1 erforderlich	 $\geq$ 6 mm + 6/12/4 $\geq$ 40 mm – 1 erforderlich	 $\geq$ 8 mm bzw. $\geq$ 4 mm + 4/12/4 $\geq$ 100 mm – 1 erforderlich
6	40	Verglasung: Gesamtglasdicken Scheibenzwischenraum $R_{w,R}$ Verglasung Falzdichtung:	 – – $\geq$ 42 dB 1 + 2 [4]) erforderlich	 $\geq$ 14 mm $\geq$ 50 mm – 1 + 2 [4]) erforderlich	 $\geq$ 8 mm + 6/12/4 [4]) $\geq$ 50 mm – 1 + 2 [4]) erforderlich	 $\geq$ 8 mm bzw. $\geq$ 6 mm + 4/12/4 $\geq$ 100 mm – 1 + 2 [4]) erforderlich
7	42	Verglasung: Gesamtglasdicken Scheibenzwischenraum $R_{w,R}$ Verglasung Falzdichtung:	 – – $\geq$ 45 dB 1 + 2 [4]) erforderlich	 $\geq$ 16 mm $\geq$ 50 mm – 1 + 2 [4]) erforderlich	 $\geq$ 8 mm + 8/12/4 $\geq$ 50 mm – 1 + 2 [4]) erforderlich	 $\geq$ 10 mm bzw. $\geq$ 8 mm + 4/12/4 $\geq$ 100 mm – 1 + 2 [4]) erforderlich
8	45	Verglasung: Gesamtglasdicken Scheibenzwischenraum $R_{w,R}$ Verglasung Falzdichtung:	 – – – –	 $\geq$ 18 mm $\geq$ 60 mm – 1 + 2 [4]) erforderlich	 $\geq$ 8 mm + 8/12/4 $\geq$ 60 mm – 1 + 2 [4]) erforderlich	 $\geq$ 12 mm bzw. $\geq$ 8 mm + 6/12/4 $\geq$ 100 mm – 1 + 2 [4]) erforderlich
9	$\geq$ 48		Allgemein gültige Angaben sind nicht möglich; Nachweis nur über Eignungsprüfungen nach DIN 52 210			

[1]) Sämtliche Flügel müssen bei Holzfenstern mindestens Doppelfalze, bei Metall- und Kunststoff-Fenstern mindestens zwei wirksame Anschläge haben. Erforderliche Falzdichtungen müssen umlaufend, ohne Unterbrechung angebracht sein; sie müssen weichfedernd, dauerelastisch, alterungsbeständig und leicht auswechselbar sein.

[2]) Das Isolierglas muß mit einer dauerhaften, im eingebauten Zustand erkennbaren Kennzeichnung versehen sein, aus der das bewertete Schalldämm-Maß $R_{w,R}$ und das Herstellwerk zu entnehmen sind. Jeder Lieferung muß eine Werksbescheinigung nach DIN 50 049 beigefügt sein, der ein Zeugnis über eine Prüfung nach DIN 52 210 Teil 3 zugrunde liegt, das nicht älter als 5 Jahre sein darf.

[3]) Eine schallabsorbierende Leibung ist sinnvoll, da sie durch Alterung der Falzdichtung entstehende Fugenundichtigkeiten teilweise ausgleichen kann.

[4]) Werte gelten nur, wenn keine zusätzlichen Maßnahmen zur Belüftung des Scheibenzwischenraumes getroffen werden.

10.1.3 Rolladenkästen

Für Rolladenkästen gelten die bewerteten Schalldämm-Maße $R_{w,R}$ in Tabelle 41. Für Rolladenkästen mit $R_{w,R} \geq 45$ dB können keine allgemeingültigen Ausführungsbeispiele angegeben werden. Wird für Rolladenkästen als kennzeichnende Größe der Schalldämmung die bewertete Norm-Schallpegeldifferenz $D_{n,w,P}$ angegeben, so wird der Rechenwert $R_{w,R}$ wie folgt berechnet:

$$R_{w,R} = D_{n,w,P} - 10 \lg \frac{A_0}{S_{Prü}} - 2\,dB \qquad (14)$$

Hierin bedeuten:

$R_{w,R}$ Rechenwert des bewerteten Schalldämm-Maßes in dB

$D_{n,w,P}$ bewertete Norm-Schallpegeldifferenz nach DIN 52 210 Teil 4 in dB, im Prüfstand gemessen

Anmerkung: Die bewertete Norm-Schallpegeldifferenz $D_{n,w,P}$ ändert sich z. B. mit der Länge eines Elementes, d. h. bei doppelter Länge eines Rolladenkastens oder Lüftungselementes ist der $D_{n,w,P}$-Wert um 3 dB niedriger. Somit ist das $D_{n,w,P}$ nicht zur Beschreibung der Schalldämmeigenschaften eines Systems oder einer Konstruktion geeignet.

A_0 Bezugs-Absorptionsfläche 10 m^2

$S_{Prü}$ lichte Fläche, die der Prüfgegenstand in der Prüfwand zum bestimmungsgemäßen Betrieb benötigt.

Tabelle 41. **Ausführungsbeispiele für Rolladenkästen mit bewerteten Schalldämm-Maßen $R_{w,R} \geq 25$ dB bis ≥ 40 dB (Rechenwerte)**

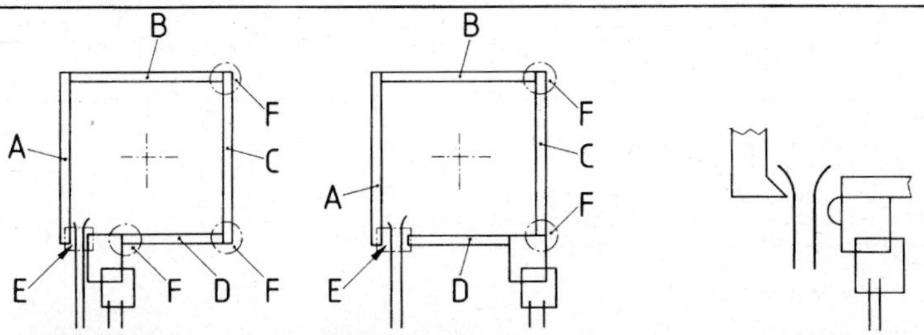

Systemvariante I
Rollkastendeckel innen
A Außenschürze 2)
B Kastenoberteil 2)
C Innenschürze, Verkleidung oder Montagedeckel

Systemvariante II
Rollkastendeckel außen 1)
D unterer waagerechter Abschluß oder Rollkastendeckel 2)
E Auslaßschlitz 2)
F Anschlußfuge

Einzelheit E

(Die erforderliche Wärmedämmung ist in diesen Ausführungsbeispielen nicht enthalten.)

Materialien für die Spalten 3 bis 5:

Innenschürze (C) oder Rollkastendeckel (D)
1 Kunststoff-Stegdoppelplatten oder Holzwerkstoffplatten, Dicke $\geq$ 10 mm
2 wie 1, jedoch mit Blechauflage mit $m' \geq 8$ kg/m^2
3 Holzwerkstoffplatten, z. B. Spanplatten nach DIN 68 763, Dicke $\geq$ 10 mm, mit erhöhter innerer Dämpfung
4 Putzträger (z. B. Holzwolle-Leichtbauplatte nach DIN 1101, Dicke $\geq$ 50 mm, Putz $\geq$ 5 mm
5 Platten aus Beton, Gasbeton, Ziegel oder Bims, Dicke $\geq$ 50 mm oder $m' \geq 30$ kg/m^2

Dichtung der Anschlußfuge (F):
6 Umlaufender Falz bzw. Nut
7 Schnapp- und Steckverbindungen mit Auflage am Kopfteil
8 Zusätzliche Abdichtung aller Anschlußfugen mit Dichtprofilen, Dichtbändern oder bei feststehenden Teilen mit Dichtstoffen

Spalte	1	2	3	4	5
Zeile	$R_{w,R}$ dB	Systemvariante 3)	Innenschürze, Verkleidung oder Montagedeckel (C)	Unterer waagerechter Abschluß oder Rollkastendeckel (D)	Anschlußfuge (F)
1	25	I/II	1, 2 oder 3	1, 2 oder 3	6 oder 7
			4 oder 5		6
2	30	I/II	1, 2 oder 3	1, 2 oder 3	7 oder 6 mit 8
			4 oder 5		8
3	35	I	4 oder 5	3 oder 4	6 oder 7 mit 8
		II	2, 3, 4 oder 5	siehe Fußnote 1)	
4	40 2)	I	2, 3, 4 oder 5	2 oder 3	6 oder 7 mit 8
		II		siehe Fußnote 1)	

1) An A, B und D (nur bei Systemvariante II) des Rolladenkastens werden keine besonderen Anforderungen gestellt. Die Breite des Auslaßschlitzes (E) abzüglich der Dicke des Panzers muß $\leq$ 10 mm sein.

2) Bei Rolladenkästen mit einem bewerteten Schalldämm-Maß $\geq$ 40 dB ist an einer oder mehreren Innenflächen schallabsorbierendes Material (z. B. Mineralfaserplatten, Dicke $\geq$ 20 mm) anzubringen.

3) Die Anforderungen an die Wärmedämmung sind gesondert zu erfüllen (siehe DIN 4108 Teil 2).

4) Mit einer Vergrößerung des Abstandes zwischen Rollpanzer und Glasfläche ergibt sich bei herabgelassenem Rollpanzer eine höhere Schalldämmung des Fensters mit Rolladen.

11 Resultierendes Schalldämm-Maß $R'_{w,R,res}$ eines aus Elementen verschiedener Schalldämmung bestehenden Bauteils, z.B. Wand mit Tür oder Fenster

Für das resultierende Schalldämm-Maß $R'_{w,R,res}$ gilt:

$$R'_{w,R,res} = -10 \lg \left(\frac{1}{S_{ges}} \cdot \sum_{i=1}^{n} S_i \cdot 10^{\frac{-R_{w,R,i}}{10}} \right) \text{dB} \qquad (15)$$

Hierin bedeuten:

$S_{ges} = \sum_{i=1}^{n} S_i$ Fläche des gesamten Bauteils

S_i Fläche des i-ten Elements des Bauteils

$R_{w,R,i}$ bewertetes Schalldämm-Maß (Rechenwert) des i-ten Elements des Bauteils

Anmerkung: Je nach vorliegendem Meßergebnis kann für das einzelne Element entweder $R'_{w,R}$ (z.B. für Wände) oder $R_{w,R}$ (z.B. für Fenster, Türen) verwendet werden.

Ist zur Kennzeichnung der Schalldämmung eines Elementes des Bauteils die bewertete Norm-Schallpegeldifferenz angegeben, z.B. für eine schallgedämmte Lüftungsöffnung (siehe DIN 52 210 Teil 3), so ist für dieses Element zunächst das bewertete Schalldämm-Maß $R_{w,R}$ nach Gleichung (14) zu berechnen.

Im Regelfall kann die Auswertung nach Gleichung (15) mit den bewerteten Schalldämm-Maßen $R_{w,R}$ bzw. bewerteten Norm-Schallpegeldifferenzen $D_{n,w,P}$ durchgeführt werden. In einzelnen Fällen, z.B., wenn ausgeprägte Resonanzeinbrüche in der Schalldämmung zu berücksichtigen sind, kann es erforderlich sein, bei der Auswertung nach Gleichung (15) statt der bewerteten Schalldämm-Maße R_w die Schalldämm-Maße R bzw. Norm-Schallpegeldifferenzen D_n je Terz einzusetzen.

Besteht das Bauteil aus nur zwei Elementen, gilt für das resultierende Schalldämm-Maß $R'_{w,R,res}$ die vereinfachte Beziehung:

$$R'_{w,R,res} = R_{w,R,1} - 10 \lg \left[1 + \frac{S_2}{S_{ges}} \left(10^{\frac{R_{w,R,1} - R_{w,R,2}}{10}} - 1 \right) \right] \text{dB} \qquad (16)$$

Beispiel 1: Wand mit Tür

Gegeben: Wand $S_1 = 20\,m^2$ $R'_{w,R,1} = 50$ dB
Tür $S_2 = 2\,m^2$ $R_{w,R,2} = 35$ dB

Gesucht: $R'_{w,R,res}$

Berechnung nach Gleichung (15)

$$R'_{w,R,res} = -10 \lg \left[\frac{1}{22} (20 \cdot 10^{-5} + 2 \cdot 10^{-3,5}) \right]$$

$$= -10 \lg \left[\frac{1}{22} (0{,}0002 + 0{,}00063) \right]$$

$$= -10 \lg 0{,}000038$$

$R'_{w,R,res} \approx 44$ dB.

Berechnung nach Gleichung (16)

$$R'_{w,R,res} = 50 - 10 \lg \left[1 + \frac{2}{22} \left(10^{\frac{50-35}{10}} - 1 \right) \right]$$

$$= 50 - 10 \lg \left[1 + \frac{1}{11} (10^{-1,5} - 1) \right]$$

$$= 50 - 10 \lg (1 + 2{,}78)$$

$$= 50 - 10 \lg 3{,}78$$

$$= 50 - 5{,}8$$

$R'_{w,R,res} \approx 44$ dB.

Berechnung mit Hilfe des Diagramms in Bild 20

$\frac{S_{ges}}{S_2} = 11$ $R_{w,R,1} - R_{w,R,2} = 15$ dB

aus dem Diagramm abgelesen: $R_{w,R,1} - R'_{w,res} = 6$ dB,

daraus errechnet sich: $R'_{w,R,res} = R'_{w,R,1} - 6$ dB

$R'_{w,R,res} = 44$ dB

Hierin bedeuten:

$S_{ges} = S_1 + S_2$ Fläche der Wand mit Tür oder Fenster

S_1 Fläche der Wand

S_2 Tür- oder Fensterfläche (bei Türen lichte Durchgangsfläche, bei Fenstern Fläche des Fensters einschließlich Rahmen)

$R_{w,R,1}$ bewertetes Schalldämm-Maß (Rechenwert) der Wand allein

$R_{w,R,2}$ bewertetes Schalldämm-Maß (Rechenwert) von Tür oder Fenster

Das resultierende Schalldämm-Maß $R'_{w,R,res}$ kann auch mit Hilfe des Diagramms in Bild 20 abgeschätzt werden.

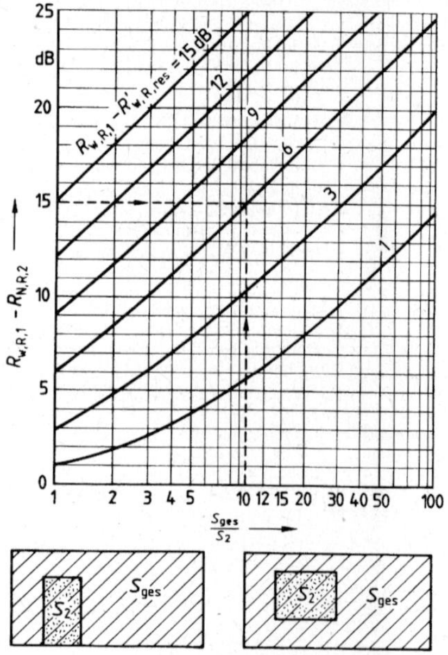

$\frac{S_{ges}}{S_2}$ Verhältnis der gesamten Wandfläche $S_{ges} = S_1 + S_2$, einschließlich Tür- oder Fensterfläche, zur Tür- oder Fensterfläche S_2

$R_{w,R,1} - R_{w,R,2}$ Unterschied zwischen dem bewerteten Schalldämm-Maß der Wand $R_{w,R,1}$ und dem bewerteten Schalldämm-Maß von Tür oder Fenster $R_{w,R,2}$

$R_{w,R,1} - R'_{w,R,res}$ Unterschied zwischen dem bewerteten Schalldämm-Maß der Wand allein $R_{w,R,1}$ und dem resultierenden Schalldämm-Maß $R'_{w,R,res}$ der Wand mit Tür und Fenster

Bild 20. Einfluß von Flächen geringer Schalldämmung auf die resultierende Luftschalldämmung eines Bauteils (z.B. Tür oder Fenster in einer Wand)

12 Beispiel für die Anwendung der DIN 4109/11.89, Tabelle 8

Aufenthaltsraum einer Wohnung:

Lage im Lärmpegelbereich IV,
maßgeblicher Außenlärmpegel 66 dB(A) bis 70 dB(A)

Raumhöhe von etwa 2,5 m,
Raumtiefe von etwa 4,5 m
Korrekturwert nach DIN 4109/11.89,
Tabelle 9 − 2 dB

Anforderung an die Luftschalldämmung nach DIN 4109/11.89,
Tabellen 8 und 9 40 dB − 2 dB = 38 dB

Wandkonstruktion: 30 cm dick, beidseitig 15 mm Putz P II, Steinrohdichte 700 kg/m^3 (Steinmaterial, wahlweise Leichthochlochziegel nach DIN 105 Teil 2, Hohlblocksteine aus Leichtbeton nach DIN 18 151, Gasbetonblocksteine nach DIN 4165)

Wandrohdichte nach Tabelle 3 730 kg/m^3,
Flächenbezogene Masse,
einschließlich Putz 269 kg/m^2,
Schalldämm-Maß $R'_{w,R}$
nach Tabelle 1
– für Ziegel und Bims 48 dB,
– für Gasbeton 50 dB

Der zulässige Flächenanteil eines Fensters mit $R_{w,R} = 32$ dB und nach Gleichung (15) wird wie folgt ermittelt:

$$R'_{w,R,res} = -10 \lg \left[\frac{1}{S_{ges}} \cdot \sum_{i=1}^{n} S_i \cdot 10^{\frac{-R_{w,R,i}}{10}} \right] \text{dB}$$

Bei $S_{ges} = 100\,\%$, $S_W = a\,\%$ und $S_F = b\,\%$ wird

$$R'_{w,R,res} = -10 \lg \left[\frac{1}{1} \cdot (1-a) \cdot 10^{\frac{-a}{10}} + (a \cdot 10^{\frac{-b}{10}}) \right]$$

Daraus ergeben sich folgende Werte in Tabelle 42.

Tabelle 42.

Spalte	1	2	3	4	5	6	7
Zeile			Leichthochlochziegel Hohlblocksteine aus Leichtbeton			Gasbetonblocksteine	
1	$R'_{w,R}$ (Wand) in dB		48			50	
2	$R'_{w,R}$ (Fenster) in dB		32			32	
3	Fensterfläche in %	22	23	24	22	23	24
4	$R'_{w,R,res}$ in dB	38,2	38,0	37,9	38,3	38,1	38,0
		≥ 38		< 38	≥ 38		

Bei Leichthochlochziegeln und Hohlblocksteinen aus Leichtbeton darf der Fensterflächenanteil max. 23 % betragen; bei Gasbetonblocksteinen darf der Fensterflächenanteil max. 24 % betragen.

Zitierte Normen und andere Unterlagen

DIN 105 Teil 2	Mauerziegel; Leichthochlochziegel
DIN 106 Teil 1	Kalksandsteine; Vollsteine, Lochsteine, Blocksteine, Hohlblocksteine
DIN 456	Dachziegeln; Anforderungen, Prüfung, Überwachung
DIN 1045	Beton und Stahlbeton; Bemessung und Ausführung
DIN 1053 Teil 1	(z. Z. Entwurf) Mauerwerk; Rezeptmauerwerk; Berechnung und Ausführung
DIN 1053 Teil 2	Mauerwerk; Mauerwerk nach Eignungsprüfung; Berechnung und Ausführung
DIN 1055 Teil 1	Lastannahmen für Bauten; Lagerstoffe, Baustoffe und Bauteile, Eigenlasten und Reibungswinkel
DIN 1101	Holzwolle-Leichtbauplatten und Mehrschicht-Leichtbauplatten als Dämmstoffe für das Bauwesen; Anforderungen, Prüfung
DIN 1102	Holzwolle-Leichtbauplatten und Mehrschicht-Leichtbauplatten nach DIN 1101 als Dämmstoffe für das Bauwesen; Verwendung, Verarbeitung
DIN 1115	Dachsteine aus Beton; Anforderungen, Prüfung, Überwachung
DIN 4028	Stahlbetondielen aus Leichtbeton mit haufwerksporigem Gefüge; Anforderungen, Prüfung, Bemessung, Ausführung, Einbau
DIN 4103 Teil 1	Nichttragende innere Trennwände; Anforderungen, Nachweise
DIN 4103 Teil 2	Nichttragende innere Trennwände; Trennwände aus Gips-Wandbauplatten
DIN 4103 Teil 4	Nichttragende innere Trennwände; Unterkonstruktion in Holzbauart
DIN 4108 Teil 2	Wärmeschutz im Hochbau; Wärmedämmung und Wärmespeicherung; Anforderungen und Hinweise für Planung und Ausführung
DIN 4109	Schallschutz im Hochbau; Anforderungen und Nachweise
Beiblatt 2 zu DIN 4109	Schallschutz im Hochbau; Hinweise für Planung und Ausführung; Vorschläge für einen erhöhten Schallschutz; Erläuterungen für den Schallschutz im eigenen Wohn- oder Arbeitsbereich
DIN 4158	Zwischenbauteile aus Beton, für Stahlbeton- und Spannbetondecken
DIN 4159	Ziegel für Decken und Wandtafeln, statisch mitwirkend
DIN 4160	Ziegel für Decken, statisch nicht mitwirkend
DIN 4165	Gasbeton-Blocksteine und Gasbeton-Plansteine
DIN 4166	Gasbeton-Bauplatten und Gasbeton-Planbauplatten
DIN 4219 Teil 1	Leichtbeton und Stahlleichtbeton mit geschlossenem Gefüge; Anforderungen an den Beton, Herstellung und Überwachung
DIN 4223	Bewehrte Dach- und Deckenplatten aus dampfgehärtetem Gas- und Schaumbeton; Richtlinien für Bemessung, Herstellung, Verwendung und Prüfung
DIN 4242	Glasbaustein-Wände; Ausführung und Bemessung
DIN 16952 Teil 1	Bodenbeläge; Polyvinylchlorid(PVC)-Beläge mit Träger; PVC-Beläge mit genadeltem Jutefilz als Träger, Anforderungen, Prüfung
DIN 16952 Teil 2	Bodenbeläge; Polyvinylchlorid(PVC)-Beläge mit Träger; PVC-Beläge mit Korkment als Träger, Anforderungen, Prüfung
DIN 16952 Teil 3	Bodenbeläge; Polyvinylchlorid(PVC)-Beläge mit Träger; PVC-Beläge mit Unterschicht aus PVC-Schaumstoff, Anforderungen, Prüfung
DIN 16952 Teil 4	Bodenbeläge; Polyvinylchlorid(PVC)-Beläge mit Träger; PVC-Beläge mit Synthesefaser-Vliesstoff als Träger, Anforderungen, Prüfung
DIN 18017 Teil 1	Lüftung von Bädern und Toilettenräumen ohne Außenfenster; Einzelschachtanlagen ohne Ventilatoren
DIN 18017 Teil 3	Lüftung von Bädern und Toilettenräumen ohne Außenfenster mit Ventilatoren
DIN 18055	Fenster; Fugendurchlässigkeit, Schlagregendichtheit und mechanische Beanspruchung; Anforderungen und Prüfung
DIN 18151	Hohlblöcke und Leichtbeton
DIN 18152	Vollsteine und Vollblöcke aus Leichtbeton
DIN 18153	Mauersteine aus Beton (Normalbeton)
DIN 18164 Teil 1	Schaumkunststoffe als Dämmstoffe für das Bauwesen; Dämmstoffe für die Wärmedämmung
DIN 18164 Teil 2	Schaumkunststoffe als Dämmstoffe für das Bauwesen; Dämmstoffe für die Trittschalldämmung
DIN 18165 Teil 1	Faserdämmstoffe für das Bauwesen; Dämmstoffe für die Wärmedämmung
DIN 18165 Teil 2	Faserdämmstoffe für das Bauwesen; Dämmstoffe für die Trittschalldämmung
DIN 18168 Teil 1	Leichte Deckenbekleidungen und Unterdecken; Anforderungen für die Ausführung
DIN 18173	Bodenbeläge; Linoleum-Verbundbelag, Anforderungen, Prüfung
DIN 18175	Glasbausteine; Anforderungen, Prüfung
DIN 18180	Gipskartonplatten; Arten, Anforderungen, Prüfung
DIN 18181	(z. Z. Entwurf) Gipskartonplatten im Hochbau; Grundlagen für die Verarbeitung
DIN 18182 Teil 1	Zubehör für die Verarbeitung von Gipskartonplatten; Profile aus Stahlblech

DIN 18182 Teil 2	Zubehör für die Verarbeitung von Gipskartonplatten; Schnellbauschrauben
DIN 18183	Montagewände aus Gipskartonplatten; Ausführung von Metallständerwänden
DIN 18515	Fassadenbekleidungen aus Naturwerkstein, Betonwerkstein und keramischen Baustoffen; Richtlinien für die Ausführung
DIN 18516 Teil 1	Außenwandbekleidungen, hinterlüftet; Anforderungen, Prüfgrundsätze
DIN 18550 Teil 1	Putz; Begriffe und Anforderungen
DIN 18550 Teil 2	Putz; Putze aus Mörteln mit mineralischen Bindemitteln; Ausführung
DIN 18560 Teil 2	(z. Z. Entwurf) Estriche im Bauwesen; Estriche und Heizestriche auf Dämmschichten (schwimmende Estriche)
DIN 18560 Teil 3	(z. Z. Entwurf) Estriche im Bauwesen; Verbundestriche
DIN 18560 Teil 4	(z. Z. Entwurf) Estriche im Bauwesen; Estriche auf Trennschicht
DIN 50049	Bescheinigungen über Materialprüfungen
DIN 52210 Teil 1	Bauakustische Prüfungen; Luft- und Trittschalldämmung; Meßverfahren
DIN 52210 Teil 2	Bauakustische Prüfungen; Luft- und Trittschalldämmung; Prüfstände für Schalldämm-Messungen an Bauteilen
DIN 52210 Teil 3	Bauakustische Prüfungen; Luft- und Trittschalldämmung; Prüfung von Bauteilen in Prüfständen und zwischen Räumen am Bau
DIN 52210 Teil 4	Bauakustische Prüfungen; Luft- und Trittschalldämmung; Ermittlung von Einzahl-Angaben
DIN 52210 Teil 7	Bauakustische Prüfungen; Luft- und Trittschalldämmung; Bestimmung des Schall-Längsdämm-Maßes
DIN 52217	Bauakustische Prüfungen; Flankenübertragung; Begriffe
DIN 53855 Teil 3	Prüfung von Textilien; Bestimmung der Dicke textiler Flächengebilde, Fußbodenbeläge
DIN 61151	Textile Fußbodenbeläge; Begriffe, Einteilung, Kennzeichnende Merkmale
DIN 68121 Teil 1	(z. Z. Entwurf) Holzprofile für Fenster und Fenstertüren; Maße, Güteanforderungen
DIN 68121 Teil 2	(z. Z. Entwurf) Holzprofile für Fenster und Fenstertüren; Allgemeine technische Details
DIN 68705 Teil 3	Sperrholz; Bau-Furniersperrholz
DIN 68705 Teil 5	Sperrholz; Bau- und Furniersperrholz aus Buche
DIN 68754 Teil 1	Harte und mittelharte Holzfaserplatten für das Bauwesen; Holzwerkstoffklasse 20
DIN 68762	Spanplatten für Sonderzwecke im Bauwesen; Begriffe, Anforderungen, Prüfung
DIN 68763	Spanplatten; Flachpreßplatten für das Bauwesen, Begriffe, Eigenschaften, Prüfung, Überwachung

Gesetz zum Schutz gegen Fluglärm vom 30. März 1971, zuletzt geändert durch das Gesetz zur Änderung des Bundesbaugesetzes vom 08. Dezember 1986, BGBl I, 1971, S. 282 [10])

„Merkblatt zur Ausbildung gemauerter Wände" der Deutschen Gesellschaft für Mauerwerksbau (DGfM), Schaumburg-Lippe-Str. 4, 5300 Bonn 1

Verordnung der Bundesregierung über bauliche Schallschutzanforderungen nach dem Gesetz zum Schutz gegen Fluglärm (Schallschutzverordnung-SchallschutzV) [10])

Frühere Ausgaben

DIN 4109: 04.44 X
DIN 4109 Teil 3: 09.62
DIN 4109 Teil 5: 04.63

Änderungen

Gegenüber DIN 4109 T 3/09.62 und DIN 4109 T 5/04.63 wurden folgende Änderungen vorgenommen:

Der Inhalt wurde vollständig überarbeitet und dem Stand der Technik angepaßt.

---

10) Zu beziehen durch Deutsches Informationszentrum für technische Regeln im DIN (DITR), Burggrafenstraße 6, 1000 Berlin 30

Erläuterungen

Nachdem die Norm-Entwürfe zu den Normen der Reihe DIN 4109, Ausgabe Februar 1979, aufgrund der eingegangenen Stellungnahmen grundsätzlich überarbeitet und die Entwürfe im Mai 1983 zurückgezogen worden sind, wurden folgende Norm-Entwürfe mit dem Ausgabedatum Oktober 1984 der Fachöffentlichkeit erneut zur Diskussion gestellt:

DIN 4109 Teil 1 Schallschutz im Hochbau; Einführung und Begriffe

DIN 4109 Teil 2 Schallschutz im Hochbau; Luft- und Trittschalldämmung in Gebäuden; Anforderungen, Nachweise und Hinweise für Planung und Ausführung

DIN 4109 Teil 3 Schallschutz im Hochbau; Luft- und Trittschalldämmung in Gebäuden; Ausführungsbeispiele mit nachgewiesener Schalldämmung für Gebäude in Massivbauart

DIN 4109 Teil 5 Schallschutz im Hochbau; Schallschutz gegenüber Geräuschen aus haustechnischen Anlagen und aus Betrieben; Anforderungen, Nachweise und Hinweise für Planung und Ausführung

DIN 4109 Teil 6 Schallschutz im Hochbau; Bauliche Maßnahmen zum Schutz gegen Außenlärm

DIN 4109 Teil 7 Schallschutz im Hochbau; Luft- und Trittschalldämmung in Gebäuden; Rechenverfahren und Ausführungsbeispiele für den Nachweis des Schallschutzes in Skelettbauten und Holzhäusern

Aufgrund der zu diesen Norm-Entwürfen eingegangenen Einsprüche – insbesondere aufgrund der Einsprüche, die sich gegen die Gliederung, Vorschläge für einen erhöhten Schallschutz und Richtwerte wandten – wurde eine Neugliederung vorgenommen:

DIN 4109 enthält zusammengefaßt alle Anforderungen (Mindestanforderungen) aus den bisherigen Norm-Entwürfen zu DIN 4109 Teil 2, Teil 5 und Teil 6 und die dafür erforderlichen Nachweise. In einem Anhang sind Begriffe und Definitionen (bisher Teil 1) aufgenommen.

Die Anforderung an die Luftschalldämmung von Wohnungstrenndecken wurde von 52 dB auf 54 dB, von Wohnungstrennwänden von 52 dB auf 53 dB und von Gebäudetrennwänden bei Einfamilien-Reihen und -Doppelhäusern auf 57 dB angehoben. Die Norm enthält Rechenverfahren und Hilfsmittel, um den Einfluß flankierender Bauteile auf den Schallschutz richtig zu erfassen und damit den Schallschutz gezielt planen und ausführen zu können.

Die Anforderungen an die Trittschalldämmung von Wohnungstrenndecken wurden deutlich angehoben; sie bedeuten aber für die heutige Bauausführung keine Änderungen, da Massivdecken mit einwandfrei hergestellten schwimmenden Estrichen den Anforderungen genügen.

Zusätzlich wurden Anforderungen an die Trittschalldämmung von Treppen und die Luftschalldämmung von Türen aufgenommen.

Die Norm enthält des weiteren Anforderungen zum Schutz gegen Außenlärm. Die Aufnahme dieser Anforderungen an die Luftschalldämmung von Außenbauteilen ersetzt die Regelungen der „Richtlinien für bauliche Maßnahmen zum Schutz gegen Außenlärm".

Die Einführung eines „Vorhaltemaßes" – beim Nachweis der Eignung von Wänden, Decken, Fenstern von 2 dB und bei Türen von 5 dB – soll eine Unterschreitung der festgelegten Anforderungen in ausgeführten Bauten sicherstellen helfen und zu einer Verbesserung des Schallschutzes beitragen.

Beiblatt 1 zu DIN 4109 enthält sämtliche Ausführungsbeispiele aus den bisherigen Norm-Entwürfen zu DIN 4109 Teil 3, Teil 5, Teil 6 und Teil 7 sowie das Rechenverfahren aus Teil 7.

Beiblatt 2 zu DIN 4109 enthält Hinweise für Planung und Ausführung aus den Norm-Entwürfen zu DIN 4109 Teil 2 und Teil 5 sowie Vorschläge für einen erhöhten Schallschutz und Empfehlungen für den Schallschutz im eigenen Wohn- oder Arbeitsbereich aus dem Norm-Entwurf zu DIN 4109 Teil 2.

Die vorliegende Norm und die Beiblätter 1 und 2 stellen eine vollständige Überarbeitung der DIN 4109 Teil 1 bis Teil 3, Ausgaben September 1962, und Teil 5, Ausgabe April 1963, dar und konnten aufgrund intensiver Beratungen an den Stand der heutigen Erkenntnisse angepaßt und qualitativ wesentlich verbessert werden.

Internationale Patentklassifikation

E 04 B 1/82
G 10 K 11/16

DK 699.844 November 1989

Schallschutz im Hochbau

Hinweise für Planung und Ausführung
Vorschläge für einen erhöhten Schallschutz
Empfehlungen für den Schallschutz im eigenen Wohn- oder Arbeitsbereich

Beiblatt 2 zu DIN 4109

Sound insulation in buildings; Guidelines for planning and execution; Proposals for increased sound insulation; Recommendations for sound insulation in personal living and working areas

Isolation acoustique dans la construction immobilière; Indications relatives à la conception et réalisation; Propositions relatives a une isolation acoustique améliorée; Recommandations relatives a l'isolation acoustique dans les propres zones d'habitation et de travail

Mit DIN 4109 Ersatz für DIN 4109 T 2/09.62 und mit Beiblatt 1 zu DIN 4109 Ersatz für DIN 4109 T 5/04.63

Dieses Beiblatt enthält Informationen zu DIN 4109, jedoch keine zusätzlichen genormten Festlegungen.

Inhalt

Fortsetzung Seite 2 bis 16

Normenausschuß Bauwesen (NABau) im DIN Deutsches Institut für Normung e.V.

1 Hinweise für Planung und Ausführung; Luft- und Trittschalldämmung

1.1 Allgemeines

Die Erfüllung der Anforderungen an die Luft- und Trittschalldämmung in Gebäuden erfordern besondere Maßnahmen sowohl bei der Bauplanung als auch bei der Bauausführung. Hierzu müssen Grundkenntnisse der bauakustischen Gesetzmäßigkeiten und aus der Praxis gewonnene Erfahrungen vorhanden sein. Die folgenden Abschnitte bringen hierzu kurzgefaßte Hinweise.

1.2 Hinweise für die Grundrißplanung

Wohn- oder Schlafräume sollen möglichst so angeordnet werden, daß sie wenig vom Außenlärm betroffen werden und von Treppenräumen durch andere Räume, z. B. Wasch- und Aborträume, Küchen, Flure und ähnliches, getrennt sind.

Beiderseits an Wohnungstrennwände angrenzende Räume sollten Räume gleichartiger Nutzung sein, z. B. Küche neben Küche, Schlafraum neben Schlafraum, sofern nicht durchgehende Gebäudetrennfugen vorhanden sind.

1.3 Luftschalldämmung von einschaligen Bauteilen

1.3.1 Einfluß von Masse und Biegesteifigkeit

Einschalige Bauteile haben im allgemeinen eine um so bessere Luftschalldämmung, je schwerer sie sind.

Im Regelfall nimmt die Luftschalldämmung auch mit der Frequenz stetig zu. Nur im Bereich der Grenzfrequenz verschlechtert sich die Luftschalldämmung, wenn sich hier – wie bei einer Resonanz – die Wirkung von Massenträgheit und Biegesteifigkeit gegenseitig aufheben.

Die Biegesteifigkeit kann sich unterschiedlich auf die Schalldämmung auswirken:

Ungünstig ist die Wirkung bei einschaligen Bauteilen, wenn die Grenzfrequenz im Frequenzbereich 200 Hz bis 2000 Hz liegt. Dies ist z. B. der Fall bei

- Platten oder plattenförmigen Bauteilen aus Beton, Leichtbeton, Mauerwerk, Gips und Glas mit flächenbezogenen Massen zwischen etwa 20 kg/m^2 und 100 kg/m^2.
- Platten aus Holz und Holzwerkstoffen mit flächenbezogenen Massen über 15 kg/m^2.

Günstig wirkt sich dagegen eine hohe Biegesteifigkeit bei dicken Wänden aus, sofern die Grenzfrequenz unter etwa 200 Hz liegt. Dies gilt für alle Platten oder plattenförmigen Bauteile aus Beton, Leichtbeton oder Mauerwerk mit einer flächenbezogenen Masse von mindestens 150 kg/m^2.

1.3.2 Einfluß von Hohlräumen

Große Hohlräume können die Schalldämmung gegenüber gleich schweren Bauteilen ohne Hohlräume verringern.

1.3.3 Einfluß von Putz, Trockenputz und verputzten Dämmplatten

Der Putz verbessert die Luftschalldämmung von Bauteilen nur entsprechend seinem Anteil an der flächenbezogenen Masse, sofern er nicht eine hauptsächlich dichtende Funktion hat.

Gemauerte Wände mit unvollständig vermörtelten Fugen und Wände aus luftdurchlässigem Material (Einkornbeton; haufwerksporiger Leichtbeton) erhalten die ihrer flächenbezogenen Masse entsprechende Schalldämmung erst mit einem zumindest einseitigen, dichten und vollflächig haftenden Putz oder einer Beschichtung.

Werden bei solchen undichten Rohbauwänden Gipskartonplatten nach DIN 18180 mit einzelnen Gipsbatzen oder -streifen an der Wand befestigt, ist mit einer Verringerung der Schalldämmung gegenüber naß verputzten Wänden zu rechnen. Die Ursache ist in Undichtheiten der Rohbauwand und in Schwingungen der nicht an den Gipsbatzen haftenden Teile der Gipskartonplatten zu suchen. Diese Mängel lassen sich vermeiden, wenn auf einer Seite, zwischen Rohbauwand und Gipskartonplatten, Faserdämmstoffe nach DIN 18165 Teil 1 angebracht werden (Ausführungsbeispiele siehe Beiblatt 1 zu DIN 4109/11.89, Tabelle 7).

Vollflächig oder punktweise an Decken und Wänden angeklebte oder anbetonierte und verputzte Holzwolle-Leichtbauplatten, harte Schaumkunststoffplatten oder Platten ähnlich hoher dynamischer Steifigkeit verschlechtern die Schalldämmung der Bauteile durch Resonanz, die im Frequenzbereich von 200 bis 2000 Hz liegen kann.

Eine Verschlechterung der Schalldämmung tritt nicht ein, wenn Holzwolle- oder Mehrschicht-Leichtbauplatten nach DIN 1101 an Decken und Wänden – wie in DIN 1102 beschrieben – angedübelt und verputzt werden.

1.4 Luftschalldämmung zweischaliger Bauteile

1.4.1 Allgemeines

Bei zweischaligen Bauteilen läßt sich im allgemeinen eine bestimmte Luftschalldämmung mit einer geringeren flächenbezogenen Masse erreichen als bei einschaligen. Die bewerteten Schalldämm-Maße $R'_{w,R}$ können zum Teil erheblich über denen nach Beiblatt 1 zu DIN 4109/11.89, Tabelle 1, für einschalige Bauteile liegen.

1.4.2 Einfluß der Eigenfrequenz

Die Luftschalldämmung zweischaliger Bauteile ist nur für Frequenzen oberhalb ihrer Eigenfrequenz f_0 besser als die von gleich schweren einschaligen Bauteilen. Im Bereich der Eigenfrequenz ist die Luftschalldämmung geringer, die Eigenfrequenz soll deshalb unter 100 Hz liegen.

In Tabelle 1 sind Zahlenwertgleichungen zur Bestimmung der Eigenfrequenz f_0 für einige typische Anwendungsfälle angegeben.

Diese Gleichungen gelten nur für den Fall, daß die mit m' bezeichneten Schalen biegeweich ausgeführt werden.

1.4.3 Zweischalige Bauteile mit biegeweichen Schalen

Biegeweiche Platten haben eine wesentliche Bedeutung für die Konstruktion zweischaliger Bauteile. Zu den biegeweichen Platten gehören z. B.

- Gipskartonplatten mit einer Dicke $\leq$ 18 mm,
- Putzschalen, z. B. auf Rohr- oder Drahtgewebe,
- Holzwolle-Leichtbauplatten, einseitig verputzt, auf Unterkonstruktion oder freistehend,
- Faserzementplatten mit einer Dicke $\leq$ 10 mm,
- Glasplatten mit einer Dicke $\leq$ 8 mm,
- Stahlblech mit einer Dicke $\leq$ 2 mm,
- Spanplatten mit einer Dicke $\leq$ 16 mm.

Wird zur Ermittlung des Abstandes s oder der flächenbezogenen Masse m' der biegeweichen Schale eine Eigenfrequenz $f_0 \leq 85$ Hz zugrundegelegt, ergibt sich aus der Tabelle 1:

- für zweischalige Bauteile aus zwei biegeweichen Schalen mit schallabsorbierender Einlage (Zeile 1)

$$m' \cdot s \geq 1 \qquad (1)$$

- für zweischalige Bauteile aus einer schweren, biegesteifen Schale mit biegeweicher Vorsatzschale und schallabsorbierender Einlage (Zeile 2)

$$m' \cdot s \geq 0{,}5 \qquad (2)$$

hierbei ist m' in kg/m^2 und s in m einzusetzen.

Die Schalldämmung ist um so besser, je weniger starr die Verbindung der beiden Schalen durch die Unterkonstruktion ist und je schwerer die schwere Schale bei zweischaligen Bauteilen aus einer schweren, biegesteifen Schale mit biegeweicher Vorsatzschale ist.

Tabelle 1. **Eigenfrequenz f_0 zweischaliger Bauteile**

Spalte	1	2	3	4
Zeile	Aufbau der zweischaligen Bauteile		Gleichung für f_0	Beispiele für zweischalige Bauteile mit Eigenfrequenz $f_0 \leq 100$ Hz
1	Zwei biegeweiche Schalen, Luftschicht mit schallabsorbierender Einlage 1)	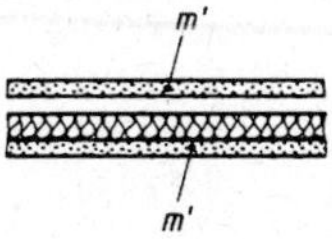	$f_0 \approx \frac{85}{\sqrt{m' \cdot s}}$	Wände nach Beiblatt 1 zu DIN 4109/11.89, Tabellen 9 und 10 2)
2	Biegeweiche Schale vor schwerer, biegesteifer Wand oder als Unterdecke von Massivdecken, Luftschicht mit schallabsorbierender Einlage 1)	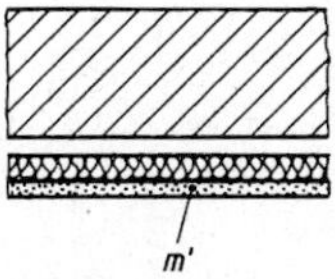	$f_0 \approx \frac{60}{\sqrt{m' \cdot s}}$	Wände nach Beiblatt 1 zu DIN 4109/11.89, Tabelle 7, Zeilen 1 2), 2, 3 2), 5 2) und 6, und Tabelle 8 Decken nach Beiblatt 1 zu DIN 4109/11.89, Tabelle 11, Zeilen 7 und 8
3	Zwei biegeweiche Schalen mit Dämmschicht, die mit beiden Schalen vollflächig verbunden ist	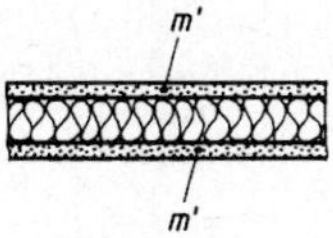	$f_0 \approx 225 \sqrt{\frac{s'}{m'}}$	Wegen der aus Stabilitätsgründen notwendigen hohen dynamischen Steifigkeit der Dämmschicht liegt f_0 in der Regel über 100 Hz (bauakustisch ungünstig)
4	Biegeweiche Schale vor schwerer, biegesteifer Wand mit Dämmschicht, die mit beiden Schalen verbunden ist, auch schwimmender Estrich auf Massivdecke 3)	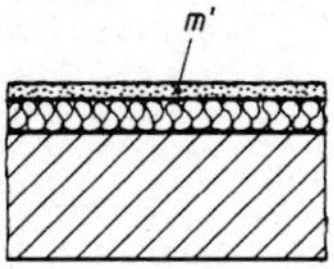	$f_0 \approx 160 \sqrt{\frac{s'}{m'}}$	Wand nach Beiblatt 1 zu DIN 4109/11.89, Tabelle 7, Zeile 4 Massivdecke mit schwimmenden Estrichen nach Beiblatt 1 zu DIN 4109/11.89, Tabelle 17, mit Trittschallverbesserungsmaßen $\Delta L_w (VM) \geq 27$ dB

In den Gleichungen bedeuten:

f_0 Eigenfrequenz in Hz

m' flächenbezogene Masse einer biegeweichen Schale in kg/m²

s Schalenabstand in m

s' dynamische Steifigkeit der Dämmschicht in MN/m³ (z. B. Angaben für Dämmstoffe nach DIN 18165 Teil 1 und Teil 2), wobei $s' = \frac{E_{dyn}}{s}$ in MN/m³.

1) Die schallabsorbierende Einlage muß weichfedernd sein, längenbezogener Strömungswiderstand $\Xi \geq 5$ kN · s/m⁴. Diese Bedingungen können z. B. von Faserdämmstoffen nach DIN 18165 Teil 1 erfüllt werden.

2) In den Wänden nach Beiblatt 1 zu DIN 4109/11.89, Tabelle 7, Zeilen 1, 3 und 5, und Tabelle 10, übernehmen die innenseitig offenporigen Holzwolle-Leichtbauplatten die Aufgabe des Strömungswiderstandes.

3) Die Gleichung in Zeile 4 gilt auch für die Bestimmung der Eigenfrequenz schwimmender Estriche, obwohl diese nicht mehr zu den biegeweichen Schalen zählen.

Ausführungsbeispiele enthält für

- zweischalige Wände aus zwei biegeweichen Schalen Beiblatt 1 zu DIN 4109/11.89, Tabellen 9 und 10,
- zweischalige Wände aus einer schweren, biegesteifen Schale mit biegeweicher Vorsatzschale Beiblatt 1 zu DIN 4109/11.89, Tabelle 7 in Verbindung mit Tabelle 8,
- Massivdecken mit biegeweicher Unterdecke Beiblatt 1 zu DIN 4109/11.89, Tabelle 11, Zeilen 7 und 8.

1.4.4 Zweischalige Bauteile aus zwei schweren, biegesteifen Schalen

Zweischalige Wände aus zwei schweren, biegesteifen Schalen sind dann von Vorteil, wenn zwischen den Schalen eine über die ganze Haustiefe und -höhe durchgehende schallbrückenfreie Fuge angeordnet wird, die die Flankenübertragung unterbricht. Solche Wände haben wesentliche Bedeutung für Haustrennwände, insbesondere bei Einfamilien-Doppelhäusern und Einfamilien-Reihenhäusern.

Bei zweischaligen Wänden aus zwei schweren, biegesteifen Schalen mit durchlaufenden, flankierenden Bauteilen, insbesondere bei starrem Randanschluß nach Bild 1, wird der Schall hauptsächlich über diesen Anschluß übertragen. Solche Wände haben im Regelfall keine höhere, eher eine geringere Schalldämmung, als sich nach Beiblatt 1 zu DIN 4109/11.89, Tabelle 5, für einschalige Wände mit gleicher flächenbezogenen Masse ergeben würde.

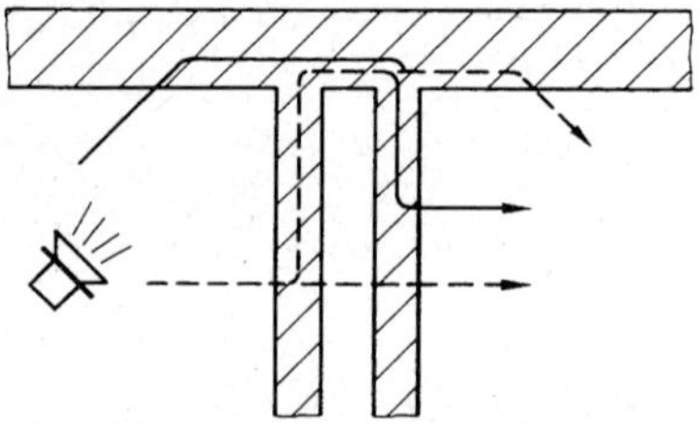

Bild 1. Schallübertragung bei zweischaligen Wänden aus biegesteifen Schalen mit starrem Randanschluß

1.5 Trittschalldämmung von Massivdecken

1.5.1 Einschalige Decken

Die Trittschalldämmung einschaliger Decken nimmt mit der Masse und der Biegesteifigkeit zu. Eine ausreichende Trittschalldämmung kann jedoch – im Gegensatz zur Luftschalldämmung – durch Erhöhung der flächenbezogenen Masse nicht erreicht werden. Eine Verbesserung durch Deckenauflagen ist immer notwendig.

1.5.2 Zweischalige Decken

Die Trittschalldämmung einschaliger Decken kann durch eine zweite Schale – mit Abstand angebracht – verbessert werden. Als zweite Schale ist der schwimmende Estrich am wirksamsten (siehe DIN 18 560 Teil 2 (z. Z. Entwurf)), weil er das Eindringen von Körperschall in die Deckenkonstruktion

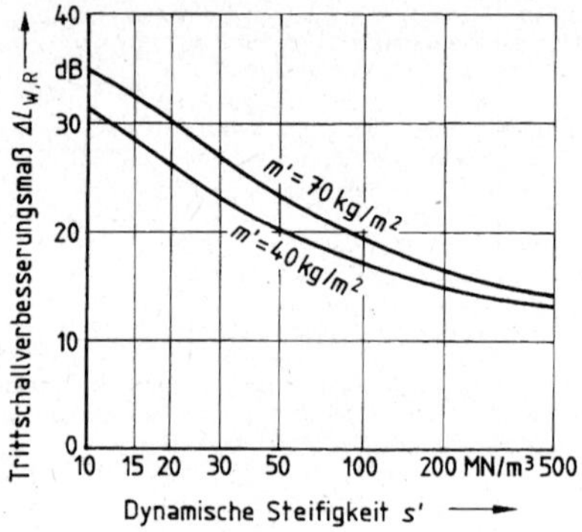

Bild 2. Theoretischer Zusammenhang zwischen dem Trittschallverbesserungsmaß $\Delta L_{w,R}$ (VM_R) eines schallbrückenfreien, schwimmenden Estrichs und der dynamischen Steifigkeit s' der verwendeten Dämmschicht bei Estrichen mit flächenbezogenen Massen m' von 40 und 70 kg/m^2.

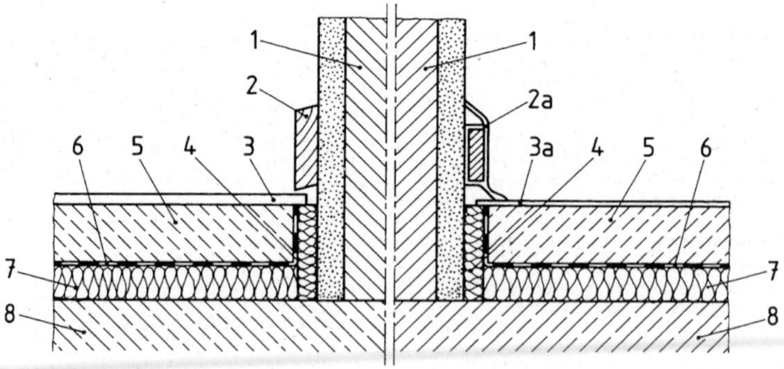

1	Mauerwerk oder Beton, verputzt	4	Randdämmstoffstreifen
2	Sockelleiste mit hartem Anschluß	5	Estrich
2a	Sockelleiste mit weichfederndem Anschluß	6	Abdeckung
3	weichfedernder Bodenbelag	7	Trittschall-Dämmschicht
3a	harter oder weichfedernder Bodenbelag	8	Massivdecke

Bild 3. Beispiele für Wandanschlüsse bei schwimmenden Estrichen;
– bei Wandputz und weichfedernden Bodenbelägen,
– bei Wandputz und harten Bodenbelägen

weitgehend verhindert und zudem die Luftschalldämmung verbessert. Voraussetzung ist, daß er schallbrückenfrei ausgeführt wird, was eine besonders sorgfältige Arbeit voraussetzt.

Durch eine untergehängte biegeweiche Schale wird zwar auch die Trittschalldämmung verbessert, die Wirkung ist jedoch begrenzt, weil – ohne schwimmenden Estrich – Körperschall auf die flankierenden Bauteile übertragen und von diesen als Luftschall abgestrahlt wird.

1.5.3 Deckenauflagen

1.5.3.1 Schwimmende Estriche

Ein schwimmender Estrich ist ein auf einer Dämmschicht hergestellter Estrich, der auf seiner Unterlage beweglich ist.

Die Verbesserung der Trittschalldämmung beginnt oberhalb der Eigenfrequenz, die sich nach Tabelle 1, Zeile 4, errechnet. Die Rechenwerte nach Beiblatt 1 zu DIN 4109/11.89, Tabelle 17, sind unter baupraktischen Bedingungen festgelegt.

Den theoretischen Zusammenhang zwischen dem Trittschallbesserungsmaß $\Delta L_{\mathrm{w,R}}\,(VM_{\mathrm{R}})$ und der dynamischen Steifigkeit s' der Dämmschicht zeigt näherungsweise Bild 2.

Eine erhebliche Verschlechterung tritt ein, wenn Schallbrücken, d.h. feste Verbindungen zwischen Estrich und Decke oder seitlichen Wänden entstehen. Häufig entstehen Schallbrücken bei schwimmenden Estrichen auch durch Ausgleichsspachtelmassen und harte Fußleisten, Türzargen, Aussteifungsprofile, nachträglich eingesetzte Heizkörperstützen und ähnliches. Bei Bodeneinläufen läßt sich eine Körperschallübertragung nur schwer vermeiden. Beispiele für Wandanschlüsse von schwimmenden Estrichen zeigen die Bilder 3 bis 5.

Anmerkung: Die in den Bildern 3 bis 5 dargestellten Details stellen lediglich Prinzipskizzen dar!

1.5.3.2 Schwimmende Holzfußböden

Unterböden aus Holzspanplatten mit und ohne Lagerhölzer auf Dämmstoffen (schwimmende Holzfußböden) nach Beiblatt 1 zu DIN 4109/11.89, Tabelle 17, Zeilen 3 und 4, wirken bauakustisch ähnlich wie schwimmende Estriche.

Das Dröhnen des Fußbodens wird gedämpft, wenn der Hohlraum zwischen den Lagerhölzern mit Schallabsorbtionsmaterial ausgefüllt ist.

1.5.3.3 Weichfedernde Bodenbeläge

Weichfedernde Bodenbeläge verbessern nur die Trittschalldämmung, nicht jedoch die Luftschalldämmung (Wegen der möglichen Austauschbarkeit siehe DIN 4109/11.89, Tabelle 3, z.B. Zeile 2, und Tabellen 2 und 3 dieses Beiblatts.)

Die für die Berechnung zu verwendenden Trittschallverbesserungsmaße sind Beiblatt 1 zu DIN 4109/11.89, Tabelle 18, zu entnehmen, sofern durch Eignungsprüfungen nicht andere Trittschallverbesserungsmaße festgelegt sind.

1.6 Flankenübertragung

Schall wird von Raum zu Raum nicht nur über die Trenndecke oder Trennwand (gegebenenfalls auch Türen) übertragen, sondern auch über Nebenwege. Unter Nebenwegübertragung versteht man sowohl die Schallübertragung längs angrenzender Bauteile, die sogenannte Flankenübertragung, als auch die Luftschallübertragung über Schächte, Kanäle, Deckenhohlräume von Unterdecken und Undichtigkeiten an den Randanschlüssen, z.B. von Wänden, und bei der Durchführung von Rohren durch Bauteile.

Die Flankenübertragung wird beeinflußt durch die Masse der Biegesteifigkeit und die innere Dämpfung der angrenzenden Bauteile sowie des trennenden Bauteils und durch die Ausbildung der Anschlußstellen von trennenden und flankierenden Bauteilen (siehe auch Beiblatt 1 zu DIN 4109/11.89, Abschnitt 3).

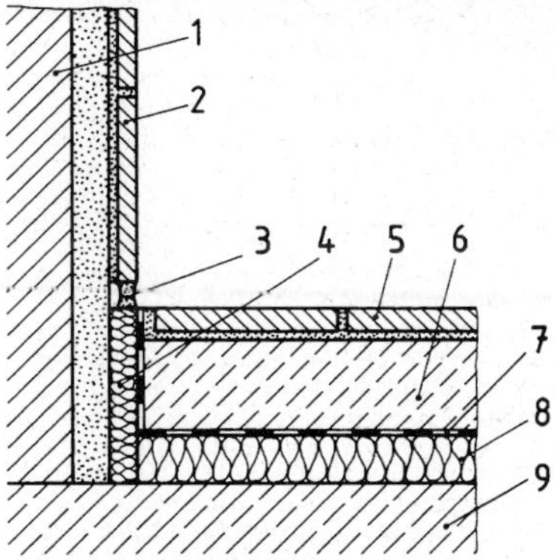

1 Mauerwerk oder Beton
2 Wandfliesen oder Platten im Dickbett
3 elastische Fugenmasse
4 Randdämmstoffstreifen
5 Bodenfliesen oder Platten
6 Estrich
7 Abdeckung
8 Trittschall-Dämmschicht
9 Massivdecke

Bild 4. Beispiel für Wandschluß bei schwimmenden Estrichen mit keramischen Belägen, Natur- und/oder Betonwerksteinbelägen und Anordnung einer waagerechten Trennfuge.

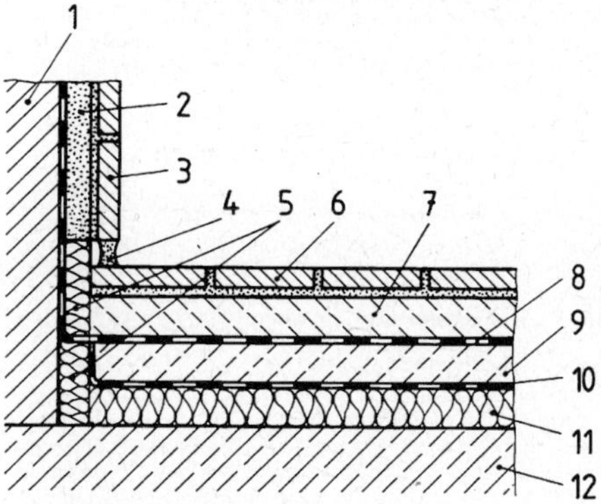

1 Mauerwerk oder Beton
2 Putz, bewehrt
3 Wandfliesen oder Platten im Dickbett
4 elastische Fugenmasse
5 Randdämmstoffstreifen
6 Bodenfliesen oder Platten
7 Schutzschicht
8 Abdichtung
9 Estrich
10 Abdeckung
11 Trittschall-Dämmschicht
12 Massivdecke

Bild 5. Fußbodenaufbau mit Abdichtung für Badezimmer mit Duschbetrieb

1.6.1 Flankenübertragung bei Luftschallanregung

Die unmittelbare Übertragung des Luftschalls durch die Trenndecke oder Trennwand und die möglichen Wege der Flankenübertragung zwischen zwei Räumen sind Beiblatt 1 zu DIN 4109/11.89, Bild 13, zu entnehmen.

Durch die Flankenübertragung wird das Schalldämm-Maß R der Trenndecke oder Trennwand zum Schalldämm-Maß R' vermindert und der erreichbaren Luftschalldämmung zwischen zwei Räumen eine Grenze gesetzt. Bei einschaligen, trennenden Bauteilen z. B. liegt diese Grenze je nach der flächenbezogenen Masse des Bauteils bei einem bewerteten Schalldämm-Maß von 55 dB bis 58 dB, wenn nicht besondere Maßnahmen zur Verringerung der Flankenübertragung durchgeführt werden.

Zur Erzielung der angestrebten Luftschalldämmung zwischen benachbarten Räumen müssen deshalb nicht nur Trenndecke und Trennwand, sondern auch die flankierenden Bauteile entweder genügend schwer sein oder in geeigneter Weise zweischalig ausgebildet werden (siehe Beiblatt 1 zu DIN 4109/11.89, Abschnitt 3). Im einzelnen sind Hinweise der Abschnitte 1.6.1.1 bis 1.6.1.6 zu beachten.

Bei Verwendung leichter Konstruktionen mit biegeweichen Schalen für die trennenden und flankierenden Bauteile, z. B. in Gebäuden in Skelett- und Holzbauart, wird die resultierende Luftschalldämmung zwischen zwei Räumen in besonderem Maße von der Ausbildung der flankierenden Bauteile und deren Anschlüsse an das trennende Bauteil beeinflußt. Hinweise für einige Konstruktionen mit Angabe des bewerteten Labor-Schall-Längsdämm-Maßes $R_{L,w,R}$ sind im Beiblatt 1 zu DIN 4109/11.89, Abschnitte 6 und 7, enthalten.

1.6.1.1 Flankierende, einschalige, biegesteife Bauteile

Flankierende, einschalige, biegesteife Bauteile müssen eine flächenbezogene Masse haben, die von der Ausbildung des trennenden Bauteils – ob einschalig oder zweischalig –, von dessen flächenbezogener Masse und von der Höhe der geforderten Luftschalldämmung abhängt. Angaben zur flächenbezogenen Masse enthält Beiblatt 1 zu DIN 4109/11.89, Abschnitte 3.2.2 und 3.2.3.

1.6.1.2 Flankierende, zweischalige Bauteile

Flankierende, zweischalige Bauteile verringern die Flankenübertragung, wenn die innere (den Räumen zugewandte) Schale im akustischen Sinne biegeweich ist (siehe Abschnitt 1.3.1) und gegenüber der äußeren Schale eine genügend tiefliegende Eigenfrequenz hat (siehe Abschnitt 1.4.2). Angaben über den Einfluß zweischaliger, flankierender Bauteile siehe Beiblatt 1 zu DIN 4109/11.89, Abschnitt 3.3.

1.6.1.3 Gebäudetrennfugen

Gebäudetrennfugen nach Beiblatt 1 zu DIN 4109/11.89, Bild 1, verringern die Flankenübertragung in horizontaler Richtung erheblich. Die Trennfuge muß sich über die gesamte Gebäudetiefe und -höhe (einschließlich der Kellerwände möglichst ab Oberkante Fundament) erstrecken. Um die Flankenübertragung in vertikaler Richtung zu begrenzen, müssen die beiden Schalen ausreichend schwer sein.

Bei Einfamilien-Doppelhäusern und Einfamilien-Reihenhäusern sollten stets Gebäudetrennfugen vorgesehen werden – auch wegen der Verringerung der Trittschall- bzw. Körperschallübertragung in das Nachbarhaus bzw. die Nachbarwohnung (siehe Abschnitt 1.6.2.1).

1.6.1.4 Verstärkte Flankenübertragung

Verstärkte Flankenübertragung entsteht, wenn an einschalige, biegesteife Bauteile, z. B. aus Gründen der Wärmedämmung, raumseitig angeklebte oder anbetonierte Dämmplatten hoher dynamischer Steifigkeit (z. B. Holzwolle-Leichtbauplatten oder harte Schaumkunststoffplatten) durch Putz, Bauplatten (z. B. Gipskartonplatten) oder Fliesen abgedeckt werden.

Derartige Bekleidungen beeinflussen aus diesem Grund die Schalldämmung im ungünstigen Sinne (siehe auch Abschnitt 1.3.3).

1.6.1.5 Durchlaufende, schwimmende Estriche

Unter leichten Trennwänden durchlaufende, schwimmende Estriche nach Bild 6 verstärken die Flankenübertragung in Horizontalrichtung. Wenn eine Trennung des Estrichs durch eine Fuge nicht möglich ist, muß unter Umständen auf den schwimmenden Estrich verzichtet werden; für die Trittschalldämmung darunterliegender Räume müssen dann entsprechend schwere Decken mit Verbundestrich oder Estrich auf Trennschicht oder mit Deckenauflage aus weichfedernden Bodenbelägen verwendet werden.

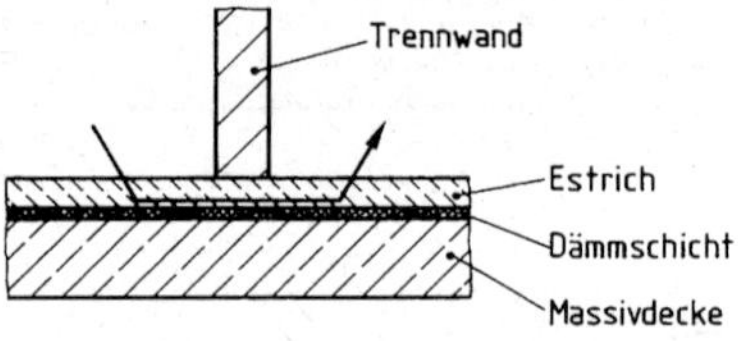

Bild 6. Schallübertragung über einen schwimmenden Estrich unter leichten Trennwänden

1.6.1.6 Durchlaufende, abgehängte Unterdecken

Über leichte Trennwände durchlaufende, abgehängte Unterdecken können durch Flankenübertragung die Schalldämmung ungünstig beeinflussen (Weg I in Bild 7). Dasselbe gilt für die Nebenwegübertragung durch den Hohlraum oberhalb der abgehängten Unterdecke (Weg II in Bild 7), wenn dieser Weg nicht durch Abschottung oder durch Einlage von schallabsorbierenden Stoffen unterbrochen wird.

1.6.2 Flankenübertragung bei Trittschallanregung

Im Gegensatz zum Luftschall wird beim Trittschall nur ein einziges Bauteil – die Decke – unmittelbar zu Schwingungen angeregt. Ein schwimmender Estrich oder weichfedernder Bodenbelag verringert die Anregung der Decke und damit auch die Flankenübertragung.

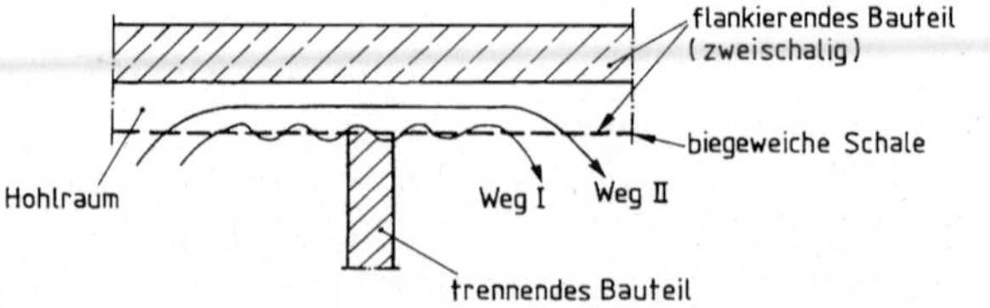

Bild 7. Schallübertragung über flankierende Bauteile mit biegeweicher Schale

1.6.2.1 Gebäudetrennfugen

Gebäudetrennfugen nach Beiblatt 1 zu DIN 4109/11.89, Bild 1 bewirken auch beim Trittschall (und allgemein auch beim Körperschall) eine wesentliche Verminderung der Flankenübertragung. Dieses ist insbesondere bei Treppen in Reihenhäusern von Bedeutung.

1.6.2.2 Durchlaufende, schwimmende Estriche

Unter leichten Trennwänden durchlaufende, schwimmende Estriche bewirken eine starke Trittschallübertragung in Horizontalrichtung; siehe hierzu Abschnitt 1.6.1.5 hinsichtlich Luftschallübertragung; Ausführungsbeispiele siehe Beiblatt 1 zu DIN 4109/11.89, Tabelle 29.

1.6.2.3 Durchlaufende, schwimmende Estriche unter Türen

Unter Türen durchlaufende, schwimmende Estriche bewirken eine starke Trittschallübertragung in den Nachbarraum. Eine Trennfuge ist unerläßlich, wenn Anforderungen an den Trittschallschutz gestellt werden, z. B. zwischen Fluren und Unterrichts- und Krankenräumen.

1.7 Türen

Die in DIN 4109/11.89, Tabelle 3, enthaltenen Anforderungen und in diesem Beiblatt, Tabellen 2 und 3, enthaltenen Vorschläge und Empfehlungen beziehen sich auf Türen im eingebauten Zustand (Türblatt einschließlich Rahmen oder Zarge). Die Schalldämmung von Einfachtüren hängt gleichermaßen von der Schalldämmung des Türblatts und von der Dichtung der Falze ab, insbesondere von der Dichtung der unteren Türfuge. Bei Doppeltüren kommt noch der Einfluß des Abstandes der beiden Türblätter hinzu.

Die Schalldämmung von Türblättern kann durch Erhöhung der flächenbezogenen Masse (z. B. Sandfüllung in Hohlräumen von Holztürblättern) oder durch Verwendung zweischaliger Konstruktionen aus biegeweichen Platten (z. B. Stahlblech, Sperrholz mit innenseitig aufgeklebter Bleifolie) verbessert werden.

Die Anforderungen an die Dichtung steigen mit den Anforderungen an die Schalldämmung. Weichfedernde Dichtungsstreifen in den Falzen sind erst wirksam, wenn geeignete Beschläge vorhanden sind, die ein dichtes Anliegen der Falze auf ihrer ganzen Länge sicherstellen (ohne daß der Kraftaufwand für die Betätigung des Verschlusses zu groß wird).

An der unteren Türfuge ist eine Dichtung erforderlich, z. B. in Form einer Schleifdichtung oder einer sich beim Öffnen abhebenden Dichtung, wenn auf den unteren Anschlag mittels Türschwelle verzichtet werden muß.

Bei Wänden zwischen Unterrichtsräumen oder ähnlichen Räumen und „besonders lauten" Räumen (z. B. Sporthallen, Musikräumen, Werkräumen) (siehe DIN 4109/11.89, Tabelle 3, Zeile 44) ist darauf zu achten, daß die dort gestellte Anforderung durch eine Nebenwegübertragung über Flur und Türen nicht verschlechtert wird. Etwa vorhandene Türen vom „besonders lauten" Raum und vom Unterrichtsraum zum Flur sollen möglichst weit voneinander entfernt angeordnet werden oder so ausgebildet sein, daß eine Schallübertragung über diesen Weg so weit wie möglich vermindert wird.

1.8 Treppen

Zur Verringerung der Trittschallübertragung vom Treppenraum in angrenzende Aufenthaltsräume sollten massive Treppenläufe stets einen Abstand von der Treppenraumwand haben. Mit den Wänden festverbundene Stufen oder fest an Wänden befestigte Stufen sind sowohl bei Massivals auch bei Holz- und Metalltreppen zu vermeiden, sofern nicht besondere Maßnahmen zur Körperschalldämmung getroffen werden.

Soweit im Rahmen brandschutztechnischer Vorschriften zulässig, können die Stufen und Podeste mit weichfedernden Bodenbelägen belegt werden.

Wirkungsvoll zur Verringerung der Trittschallübertragung ist auch eine körperschallgedämmte Auflagerung der Treppenläufe oder der Treppenstufen bei Verwendung eines schwimmenden Estrichs auf den Podesten. Schallbrücken – insbesondere im Bereich der Wohnungseingangstür – sind ebenso wie ein unter der Tür durchlaufender, schwimmender Estrich zu vermeiden.

2 Haustechnische Anlagen

2.1 Allgemeines

Der in schutzbedürftigen Räumen auftretende Schalldruckpegel läßt sich häufig quantitativ nicht vorhersagen. Dies liegt vor allem daran, daß die meist vorliegende Körperschallanregung der Bauteile z. Z. rechnerisch noch schwer erfaßbar ist (siehe Abschnitt 2.4.3). Eine gewisse Ausnahme bilden die Armaturengeräusche der Wasserinstallation.

Die Planung im Hinblick auf die Geräuschübertragung setzt gewisse Erfahrungen voraus. Der Erfahrungsbereich erstreckt sich nicht auf alle denkbaren bautechnischen und installationstechnischen Gegebenheiten.

Die Einhaltung der Anforderungen setzt voraus, daß die Verantwortlichen für die

- Planung des Grundrisses,
- Planung und Ausführung des Baukörpers,
- Planung und Ausführung der haustechnischen Anlagen,
- Planung und Ausführung besonderer Schallschutzmaßnahmen,
- Auswahl und Anordnung der geräuscherzeugenden Einrichtungen,

gemeinsam um Schallschutz bemüht sind und für eine wirksame Koordinierung aller Beteiligten gesorgt wird.

Wenn den Beteiligten die nötige Erfahrung fehlt, sollte zur Planung des Gebäudes, der haustechnischen Anlagen, der Betriebe und der besonderen Schallschutzmaßnahmen ein Sachverständiger für Schallschutz hinzugezogen werden.

2.2 Grundsätzliches zur Geräuschentstehung und Geräuschausbreitung

Geräusche entstehen vor allem durch

- rotierende oder hin- und hergehende Teile von Maschinen, Geräten oder Anlagen, z. B. von Pumpen, Aufzügen, Motoren, Verbrennungsvorgänge,
- Strömungen in den Armaturen und in den Abwasserleitungen.

Durch Maschinen, Geräte und Leitungen werden die angrenzenden Bauteile eines Aufstellungsraumes zu Schwingungen angeregt.

Bild 8 zeigt, wie die Decken und Wände eines Hauses zu Schwingungen angeregt werden können; dabei ist zu unterscheiden zwischen

- dem im Aufstellungsraum erzeugten Luftschall (Luftschallanregung),

und

- dem im Aufstellungsraum durch Wechselkräfte erzeugten Körperschall (Körperschallanregung).

Die durch Luft- und Körperschallanregung entstandenen Schwingungen einer Wand oder Decke werden mit nur geringer Schwächung auf damit starr verbundene andere Bauteile übertragen (Körperschallanregung).

Welcher der beiden Anregungsfälle im speziellen Fall vorherrscht, ist von entscheidender Bedeutung für die vorzusehenden Maßnahmen zur Verminderung der Schallausbreitung. Wenn die Schallübertragung durch Körperschallanregung erfolgt – der häufigste Fall – hilft eine verbesserte Luftschalldämmung der Wände im Regelfall nicht.

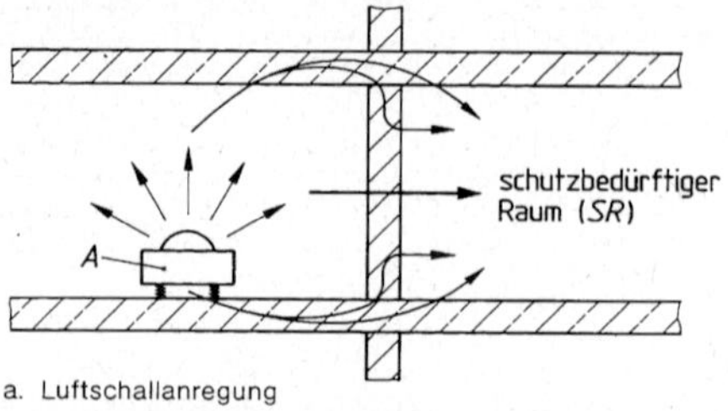

a. Luftschallanregung

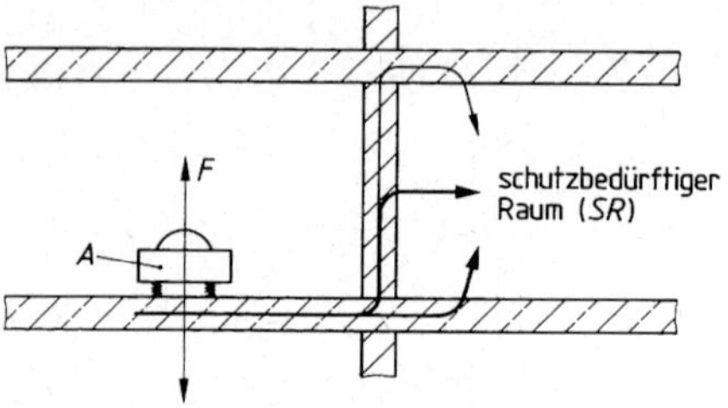

b. Körperschallanregung durch Wechselkraft F

Bild 8. Schematische Darstellung der Geräuschübertragung von einer Schallquelle A durch Luftschallanregung und durch Körperschallanregung

2.3 Umrechnung des entstehenden Luftschallpegels einer Maschine aus ihrem A-Schall-Leistungspegel

Für Maschinen und Geräte sollte vom Hersteller der A-Schall-Leistungspegel $L_{W,A}$ zur Kennzeichnung der Geräuschabstrahlung angegeben werden. Aus ihm läßt sich der im Aufstellungsraum zu erwartende Schalldruckpegel L_A nach folgender Beziehung berechnen:

$$L_A = L_{W,A} - 10 \lg \frac{A}{1\,m^2} + 6\,dB(A) \qquad (3)$$

Hierin bedeuten:

$L_{W,A}$ A-Schall-Leistungspegel in dB(A)

A äquivalente Schallabsorptionsfläche des Aufstellungsraumes in m^2. A läßt sich aus dem Volumen V (in m^3) des Aufstellungsraumes und seiner Halligkeit grob abschätzen:

$$\text{gedämpfter Raum} \quad \frac{A}{1\,m^2} \approx 0{,}3 \cdot \frac{V}{1\,m^3} \qquad (4)$$

$$\text{halliger Raum} \quad \frac{A}{1\,m^2} \approx 0{,}05 \cdot \frac{V}{1\,m^3} \qquad (5)$$

Der Schalldruckpegel L_A ist in aller Regel kleiner als der Schall-Leistungspegel $L_{W,A}$.

Befinden sich mehrere geräuscherzeugende Geräte in dem Aufstellungsraum, dann müssen die nach der obigen Beziehung ermittelten Schalldruckpegelwerte L_A der einzelnen Geräte energetisch nach Gleichung

$$L_{A,res} = 10 \lg \sum_i^n (10^{0{,}1 L_{A,i}})\ dB(A) \qquad (6)$$

zu einem Gesamtpegel addiert werden.

2.4 Maßnahmen zur Minderung der Geräuschausbreitung

2.4.1 Grundrißausbildung

Die Geräuschübertragung wird vermindert, wenn zwischen dem Raum mit der Schallquelle und dem schutzbedürftigen Raum ein weiterer, nicht besonders schutzbedürftiger Raum vorgesehen wird. Dies gilt sowohl bei vorliegender Luftschall- als auch bei Körperschallanregung. Die Abnahme des Schalldruckpegels beträgt im Regelfall etwa 10 dB(A); sie kann jedoch in einzelnen Fällen größer sein.

Aus diesem Grund sollten Bäder, Aborte, Küchen und ähnliche Räume in Mehrfamilienhäusern möglichst übereinander bzw. in horizontaler Richtung nebeneinander angeordnet werden; das Wechseln des Wohnungsgrundrisses von Geschoß zu Geschoß sollte unterbleiben. Anderenfalls sind zusätzliche Schutzmaßnahmen für schutzbedürftige Räume erforderlich.

2.4.2 Minderung des Luftschallpegels in „besonders lauten" Räumen

Der Schalldruckpegel in „besonders lauten" Räumen kann durch schallabsorbierende Bekleidungen und Kapselungen vermindert werden. Derartige Maßnahmen sind allerdings für den schutzbedürfigen Raum nur wirksam, wenn die Körperschallanregung nicht überwiegt.

2.4.2.1 Schallabsorbierende Bekleidung

In den Fällen, in denen die störende Geräuschübertragung durch Luftschallanregung erfolgt, kann man durch eine Bekleidung der Decke oder der Wände im „besonders lauten" Raum mit stark schallabsorbierendem Material (z. B. Mineralfaserplatten) den Schalldruckpegel in diesem Raum und dadurch die Geräuschübertragung senken. Die erreichbare Minderung ist selten größer als 5 dB(A). Meistens ist diese Maßnahme bei haustechnischen Anlagen nicht anwendbar, weil Körperschallanregung vorherrscht. Sie ist auch dann nicht anwendbar, wenn das störende Geräusch in Form von Sprache und Musik durch elektroakustische Anlagen (z. B. in Diskotheken) erzeugt wird, weil die Betreiber im allgemeinen die akustische Verbesserung durch Einstellen einer größeren Leistung der Übertragungsanlagen zunichte machen.

2.4.2.2 Kapselung

Die Abstrahlung des Luftschalls von Maschinen, Geräten und Rohrleitungen kann durch Kapselung wirksam herabgesetzt werden; die erreichbare Minderung beträgt je nach Ausführung der Kapselung 15 dB(A) bis 30 dB(A); näheres zur Planung und Ausführung von Kapselung siehe VDI 2711.

2.4.2.3 Verbesserung der Luftschalldämmung

Wenn die Luftschallanregung überwiegt, stehen zur Verringerung der Luftschallübertragung im wesentlichen folgende Maßnahmen zur Verfügung:

- Schwere Ausbildung der Bauteile,
- Vorsatzschalen, z. B. auch schwimmende Estriche,
- über die ganze Haustiefe verlaufende Trennfugen (besonders wirksam).

Ausführungsbeispiele mit bewerteten Schalldämm-Maßen von 55 dB(A) bis 72 dB sind im Beiblatt 1 zu DIN 4109/11.89, Tabelle 35, enthalten.

2.4.3 Verbesserung der Körperschalldämmung

Wenn die Körperschallanregung überwiegt, z. B bei Geräuschen von Wasserversorgungs- und Abwasseranlagen, bei Benutzergeräuschen in Bad und WC bzw. von Pumpengeräuschen, stehen zur Verringerung der Körperschallübertragung im wesentlichen folgende Maßnahmen zur Verfügung:

- Schwere Ausbildung des unmittelbar angeregten Bauteils,
- Vorsatzschale im schutzbedürftigen Raum, wenn die unmittelbar zur Körperschall angeregte massive Wand leicht ist,
- Zwischenschalten einer federnden Dämmschicht (siehe VDI 2062 Blatt 1 und Blatt 2) an der Befestigungsstelle zwischen Maschine, Gerät, Rohrleitung oder Einrichtungsgegenstand und Decke bzw. Wand,
- Ummantelung von Rohrleitungen mit weichfederndem Dämmstoff, sofern sie in Wänden und Massivdecken verlegt werden,
- Zwischenschaltung von Kompensatoren aus Gummi bei wasserführenden Rohrleitungen,
- Aufstellen ganzer Anlagen auf einer schwimmend gelagerten Betonplatte oder unter Verwendung von weichfedernd gelagerten Fundamenten.

Bei Schallquellen, bei denen insbesondere tiefe Frequenzen auftreten (z. B. Ventilatoren), ist zu beachten, daß die Anregungsfrequenzen nicht mit den Resonanzfrequenzen der Bauteile zusammenfallen.

2.5 Hinweise auf Maßnahmen bei einzelnen Anlagen und Einrichtungen

2.5.1 Wasserversorgungsanlagen

Geräusche aus Wasserversorgungsanlagen entstehen bei der Wasserentnahme hauptsächlich in den Querschnittsverengungen innerhalb der Armaturen und nicht in den Rohrleitungen selbst. Eine strömungstechnisch besonders günstige Ausbildung der Rohrleitungen bringt deshalb bezüglich der Geräusche keine Vorteile. Der in den Armaturen erzeugte Wasserschall wandert in den Rohrleitungen nur wenig geschwächt weiter. Diese Weiterleitung kann in Sonderfällen durch das Zwischenschalten von Wasserschalldämpfern gemindert werden. Durch den Wasserschall werden die Rohrleitungen zu Schwingungen angeregt, die ihrerseits wieder Wände bzw. Decken in Schwingungen bringen, an denen die Leitungen befestigt sind (siehe Bild 9). Die Abstrahlung in den angrenzenden Raum ist geringer, wenn die Zwischenwand schwer ist oder eine Vorsatzschale nach Beiblatt 1 zu DIN 4109/11.89, Tabelle 7, auf der Seite des schutzbedürftigen Raumes angebracht wird. Der Installationsschallpegel L_{In} des in einen schutzbedürftigen Raum übertragenen Geräusches ist um etwa 10 dB(A) geringer, wenn ein Raum zwischen der Wand mit Rohrinstallation und dem schutzbedürftigen Raum liegt (siehe Bild 9).

Rohrschellen-Isolierungen bei Rohren vor der Wand und Rohrummantelungen bei Rohren in der Wand sind als Maßnahmen gegen die Übertragung von Armaturengeräuschen auf das Bauwerk wirkungslos, wenn die Armaturen fest mit der Wand verbunden oder andere Schallbrücken vorhanden sind. Eine Geräuschminderung ist nur zu erreichen, wenn derartige Schallbrücken vermieden werden.

Das Geräusch aus Wasserversorgungsanlagen wird um so größer, je größer der Fließdruck an den Armaturen und damit der Durchluß ist. Der Druck muß deshalb durch Druckminderer begrenzt werden (siehe DIN 4109/11.89, Abschnitt 7.2.2.1).

Für Druckerhöhungsanlagen gelten sinngemäß die Hinweise in Abschnitt 2.5.4.

2.5.2 Abwasserleitungen

Die beim Wasserablauf vor allem an den Ablaufanschlüssen und bei Richtungsänderungen auftretenden Strömungsvorgänge regen das Abwasserrohr zu Körperschallschwingungen an, die ihrerseits auf die Wände übertragen werden, an denen die Leitungen befestigt sind.

Folgende Maßnahmen zur Geräuschminderung kommen in Frage:

- Bauakustisch günstige Grundrisse, z. B. sollten schutzbedürftige Räume nicht an Wände grenzen, an denen Abwasserleitungen befestigt sind,
- Verwendung schwerer Wände (mindestens 220 kg/m^2), an denen die Abwasserleitungen befestigt sind.
- Vorsatzschalen nach Beiblatt 1 zu DIN 4109/11.89, Tabelle 7, an leichten Wänden mit Abwasserleitungen auf der den schutzbedürftigen Räumen zugewandten Seite,
- körperschallgedämmte Verlegung der Leitungen,
- Vermeidung starker Richtungsänderungen.

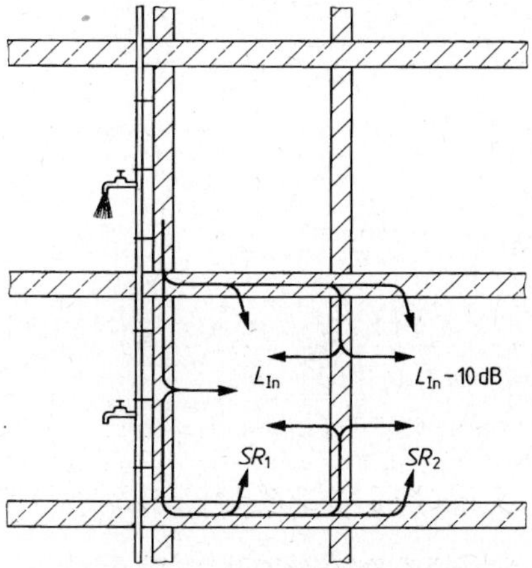

Bild 9. Ausbreitung von Wasserleitungsgeräuschen aus dem darüberliegenden Geschoß in schutzbedürftige Räume (SR_1 und SR_2); verminderte Schallübertragung durch einen zwischenliegenden Raum.

Wenn Abwasserleitungen in Wandschlitzen verlegt werden, sollte die flächenbezogene Masse der Restwand zum schutzbedürftigen Raum hin mindestens 220 kg/m^2 betragen.

Bei Bodeneinläufen läßt sich eine Körperschallübertragung nur schwer vermeiden.

Für Abwasserhebeanlagen gelten sinngemäß die Hinweise in Abschnitt 2.5.4.

2.5.3 Sanitärgegenstände

Beim Einlaufen des Wassers, beim Auslauf und beim Benutzen von Bade- bzw. Duschwanne (Plätschern, Rutschgeräusche), des Klosettbeckens (z. B. Spureinlauf), von Waschtisch und Ablagen (z. B. Zahnbecher aufstellen) wird Körperschall erzeugt und auf die umgebenden Wände und Decken übertragen.

Folgende Maßnahmen zur Geräuschminderung kommen in Frage:

- Bauakustisch günstige Grundrisse, z. B. sollten schutzbedürftige Räume nicht unmittelbar an Räume mit Wänden mit Sanitärinstallationen oder unter Sanitärräumen angeordnet werden,
- Badewanne und Badewannenschürze körperschallgedämmt auflagern oder auf schwimmenden Estrich stellen,
- Badewanne und Badewannenschürze von Wänden trennen (Verfugen mit elastischem Dichtstoff),
- auf dem Boden stehende Klosettbecken auf den schwimmenden Estrich stellen und nur hierauf befestigen,

– wandhängende Sanitärgegenstände, z. B. wandhängende Klosettbecken, Waschtische und Ablagen, körperschallgedämmt befestigen.

2.5.4 Heizungsanlagen

Von Heizungsanlagen in Kellerräumen mit einer Heizkessel-Nennleistung bis etwa 100 kW werden Kessel- und Brennergeräusche im Regelfall nur durch Luftschall übertragen. Deshalb sollte die Kellerdecke möglichst „schwer" ausgeführt (siehe DIN 4109/11.89, Tabelle 5) und im Erdgeschoß ein schwimmender Estrich verlegt werden.

Bei größeren Heizungsanlagen können zusätzlich auch unter den Kesseln körperschalldämmende Maßnahmen erforderlich werden; näheres siehe VDI 2715.

Bei Heizungsanlagen in höherliegenden Geschossen kann die erforderliche Körperschalldämmung durch Aufbau der Anlage auf einer „schwimmend" gelagerten Betonplatte erreicht werden.

Bei größeren Anlagen kann eine zusätzliche Luftschallübertragung über den Schornstein erfolgen; durch einen Schalldämpfer zwischen Heizkessel und Schornstein kann diese vermindert werden.

Unter ungünstigen Umständen muß die Geräuschausbreitung über Belüftungsöffnungen ins Freie vor den Fenstern der schutzbedürftigen Räume beachtet werden. Dieser Übertragungsweg läßt sich vorherberechnen (siehe VDI 2571); erforderlichenfalls sind Schalldämpfer anzuordnen.

Bei speziellen Heizungsanlagen, z. B. Wärmepumpen oder Wärmeerzeugern mit Pulsationsbrennern, sollte im Einzelfall geprüft werden, ob zusätzliche Schallschutzmaßnahmen erforderlich sind.

2.5.5 Anlagen zur Lüftung und Klimatisierung

Für die Planung und Ausführung von Maßnahmen zur Geräuschminderung wird auf VDI 2081 hingewiesen.

2.5.6 Aufzugsanlagen

Die Geräusche kommen von der Maschinenanlage, meistens von den Getrieben und Bremsen; außerdem spielen Relaisgeräusche eine Rolle. Die Grundrißausbildung ist von großer Bedeutung; für Planung und Ausführung von Maßnahmen zur Geräuschminderung siehe VDI 2566 (z. Z. Entwurf).

2.5.7 Müllabwurfanlagen

Folgende Maßnahmen zur Geräuschminderung kommen in Frage:

– Der Schacht sollte unten nicht abgeknickt sein, so daß der Müll senkrecht in den Auffangbehälter fallen kann.
– Der innere Schacht sollte gegenüber dem Bauwerk körperschalldämmend ausgeführt sein und eine möglichst hohe innere Dämpfung haben. Hohe Dämpfungswerte lassen sich durch Schüttungen aus geglühtem Sand (auch nur abschnittsweise) zwischen äußerem und innerem Schacht erreichen.
– Der Auffangbehälter sollte Gummiräder erhalten und auf einem schwimmenden Estrich stehen. Der bewertete Norm-Trittschallpegel (das Trittschallschutzmaß) im Aufstellungs- und Zufahrtsbereich sollte, gemessen in Richtung der Lärmausbreitung, $L_{\mathrm{n,w,R}} \leq 43$ dB ($TSM_{\mathrm{R}} \geq 20$ dB) betragen.
– Die den Müllraum umschließenden Bauteile sollten mindestens ein bewertetes Schalldämm-Maß $R'_{\mathrm{w,R}} \geq 55$ dB haben.

2.5.8 Garagen

Das Öffnen und Schließen der Garagentore erzeugt Körperschall. Störungen hierdurch können vermindert werden, indem Torrahmen körperschallgedämmt befestigt und Stöße beim Betätigen der Tore mit Hilfe von federnden Puffern vermieden werden.

Ölhydraulisch betriebene Schließanlagen für Garagentore und Hebeanlagen für Kraftfahrzeuge neigen zu lästigem „Singen", das je nach Einzelfall mit Flüssigkeitsschalldämpfern im Hydrauliksystem oder mit Kapselungen der Hydraulikpumpe gemindert werden kann.

Ventilatoren sind körperschallgedämmt anzuordnen. Im Einzelfall ist zu überprüfen, ob zur Verminderung der Luftschallübertragung Schalldämpfer erforderlich sind.

2.5.9 Verschiedenes

Türsprechanlagen, Türschließer, Türklingeln, Telefonklingeln, Relais – z. B. für Treppenbeleuchtung – und ähnliche Schallquellen an Wänden regen diese zu Körperschall an, der zu störenden Geräuschen in benachbarten schutzbedürftigen Räumen führen kann. Das Gleiche gilt für wandhängende Schränke, Warenautomaten und dergleichen.

Durch eine körperschallgedämmte Befestigung der vorgenannten Einrichtungen können störende Geräusche vermindert werden.

3 Vorschläge für einen erhöhten Schallschutz und Empfehlungen zum Schallschutz im eigenen Wohn- oder Arbeitsbereich

3.1 Vorschläge für einen erhöhten Schallschutz gegen Schallübertragung aus einem fremden Wohn- oder Arbeitsbereich

In bestimmten Fällen (z. B. größeres Schutzbedürfnis, besonders geringes Hintergrundgeräusch) kann ein über die Anforderungen nach DIN 4109 hinausgehender erhöhter Schallschutz wünschenswert sein; hierdurch kann die Belästigung durch Schallübertragung weiter gemindert werden.

Die nachstehend zur Orientierung für den Planer aufgeführten Vorschläge sind so ausgelegt, daß sowohl der Luftschallschutz als auch der Trittschallschutz im Vergleich mit den Anforderungen nach DIN 4109 zu einer deutlichen Minderung des Lautstärkeempfindens führen (die nur geringfügig verbesserten Werte für den Luftschallschutz von Wohnungstrenndecken sind durch wirtschaftliche Gründe bestimmt).

Ein erhöhter Schallschutz einzelner oder aller Bauteile nach diesen Vorschlägen muß ausdrücklich zwischen dem Bauherrn und dem Entwurfsverfasser vereinbart werden, wobei hinsichtlich Eignungs- und Gütenachweis auf die Regelungen in DIN 4109 Bezug genommen werden soll.

Wird ein erhöhter Schallschutz nach Tabelle 2 dieses Beiblatts vereinbart, muß dies bereits bei der Planung des Gebäudes berücksichtigt werden. Bei der Ausführung ist auf eine enge Abstimmung der beteiligten Gewerke zu achten.

Die für die Luftschalldämmung der trennenden Bauteile angegebenen Werte gelten für die resultierende Schalldämmung unter Berücksichtigung der an der Schallübertragung beteiligten Bauteile und Nebenwege im eingebauten Zustand.

Vorschläge für einen erhöhten Schallschutz von Bauteilen zwischen „besonders lauten" Räumen und schutzbedürftigen Räumen (siehe DIN 4109/11.89, Tabelle 5) werden wegen der stark unterschiedlichen Geräusche nicht festgelegt. Im Einzelfall ist ein Sachverständiger hinzuzuziehen.

Tabelle 2. **Vorschläge für erhöhten Schallschutz; Luft- und Trittschalldämmung von Bauteilen zum Schutz gegen Schallübertragung aus einem fremden Wohn- oder Arbeitsbereich**

Spalte	1	2	3	4	5
Zeile		Bauteile	Vorschläge für erhöhten Schallschutz		Bemerkungen
			erf. R'_w dB	erf. $L'_{n,w}$ (erf. TSM) dB	
1	**Geschoßhäuser mit Wohnungen und Arbeitsräumen**				
1	Decken	Decken unter allgemein nutzbaren Dachräumen, z. B. Trockenböden, Abstellräumen und ihren Zugängen	≥ 55	≤ 46 (≥ 17)	
2		Wohnungstrenndecken (auch -treppen) und Decken zwischen fremden Arbeitsräumen bzw. vergleichbaren Nutzungseinheiten	≥ 55	≤ 46 (≥ 17)	Weichfedernde Bodenbeläge dürfen für den Nachweis des Trittschallschutzes angerechnet werden.
3		Decken über Kellern, Hausfluren, Treppenräumen unter Aufenthaltsräumen	≥ 55	≤ 46 (≥ 17)	Der Vorschlag für den erhöhten Schallschutz an die Trittschalldämmung gilt nur für die Trittschallübertragung in fremde Aufenthaltsräume, ganz gleich, ob sie in waagerechter, schräger oder senkrechter (nach oben) Richtung erfolgt.
4		Decken über Durchfahrten, Einfahrten von Sammelgaragen und ähnliches unter Aufenthaltsräumen	–	≤ 46 (≥ 17)	
5		Decken unter Terrassen und Loggien über Aufenthaltsräumen	–	≤ 46 (≥ 17)	
6		Decken unter Laubengängen	–	≤ 46 (≥ 17)	Der Vorschlag für den erhöhten Schallschutz an die Trittschalldämmung gilt nur für die Trittschallübertragung in fremde Aufenthaltsräume, ganz gleich, ob sie in waagerechter, schräger oder senkrechter (nach oben) Richtung erfolgt.
7		Decken und Treppen innerhalb von Wohnungen, die sich über zwei Geschosse erstrecken	–	≤ 46 (≥ 17)	Der Vorschlag für den erhöhten Schallschutz an die Trittschalldämmung gilt nur für die Trittschallübertragung in fremde Aufenthaltsräume, ganz gleich, ob sie in waagerechter, schräger oder senkrechter (nach oben) Richtung erfolgt. Weichfedernde Bodenbeläge dürfen für den Nachweis des Trittschallschutzes angerechnet werden. Bei Sanitärobjekten in Bad oder WC ist für eine ausreichende Körperschalldämmung zu sorgen (siehe Abschnitt 2.4.3).
8		Decken unter Bad und WC ohne/mit Bodenentwässerung	≥ 55	≤ 46 (≥ 17)	
9		Decken unter Hausfluren	–	≤ 46 (≥ 17)	
10	Treppen	Treppenläufe und -podeste	–	≤ 46 (≥ 17)	
11	Wände	Wohnungstrennwände und Wände zwischen fremden Arbeitsräumen	≥ 55	–	

Tabelle 2. (Fortsetzung)

Spalte	1	2	3	4	5
Zeile		Bauteile	Vorschläge für erhöhten Schallschutz		Bemerkungen
			erf. R'_w dB	erf. $L'_{n,w}$ (erf. TSM) dB	
12	Wände	Treppenraumwände und Wände neben Hausfluren	≥ 55	–	Für Wände mit Türen gilt R'_w (Wand) $= R_{w,P}$ (Tür) $+ 15$ dB. Darin bedeutet $R_{w,P}$ (Tür) die erforderliche Schalldämmung der Tür nach Zeile 16 oder Zeile 17. Wandbreiten ≤ 30 cm bleiben dabei unberücksichtigt.
13	Türen	Türen, die von Hausfluren oder Treppenräumen in Flure und Dielen von Wohnungen und Wohnheimen oder von Arbeitsräumen führen	≥ 37	–	Bei Türen gilt nach DIN 4109/11.89, Tabelle 1, erf. R_w.
2	**Einfamilien-Doppelhäuser und Einfamilien-Reihenhäuser**				
14	Decken	Decken	–	≤ 38 (≥ 25)	Der Vorschlag für den erhöhten Schallschutz an die Trittschalldämmung gilt nur für die Trittschallübertragung in fremde Aufenthaltsräume, ganz gleich, ob sie in waagerechter, schräger oder senkrechter (nach oben) Richtung erfolgt. Weichfedernde Bodenbeläge dürfen für den Nachweis des Trittschallschutzes angerechnet werden.
15		Treppenläufe und -podeste und Decken unter Fluren	–	≤ 46 (≥ 17)	
16	Wände	Haustrennwände	≥ 67	–	
3	**Beherbergungsstätten, Krankenanstalten, Sanatorien**				
17	Decken	Decken	≥ 55	≤ 46 (≥ 17)	
18		Decken unter Bad und WC ohne/mit Bodenentwässerung	≥ 55	≤ 46 (≥ 17)	Der Vorschlag für den erhöhten Schallschutz an die Trittschalldämmung gilt nur für die Trittschallübertragung in fremde Aufenthaltsräume, ganz gleich, ob sie in waagerechter, schräger oder senkrechter (nach oben) Richtung erfolgt. Weichfedernde Bodenbeläge dürfen für den Nachweis des Trittschallschutzes angerechnet werden. Bei Sanitärobjekten in Bad oder WC ist für eine ausreichende Körperschalldämmung zu sorgen (siehe Abschnitt 2.4.3).
19	Decken	Decken unter Fluren	–	≤ 46 (≥ 17)	Der Vorschlag für den erhöhten Schallschutz an die Trittschalldämmung gilt nur für die Trittschallübertragung in fremde Aufenthaltsräume, ganz gleich, ob sie in waagerechter, schräger oder senkrechter (nach oben) Richtung erfolgt.
20	Treppen	Treppenläufe und -podeste	–	≤ 46 (≥ 17)	

Tabelle 2. (Fortsetzung)

Spalte	1	2	3	4	5
Zeile		Bauteile	Vorschläge für erhöhten Schallschutz		Bemerkungen
			erf. R'_w dB	erf. $L'_{n,w}$ (erf. TSM) dB	
21	Wände	Wände zwischen Übernachtungs- bzw. Krankenräumen	≥ 52	–	
22		Wände zwischen Fluren und Übernachtungs- bzw. Krankenräumen	≥ 52	–	Das erf. R'_w gilt für die Wand allein.
23	Türen	Türen zwischen Fluren und Krankenräumen	≥ 37	–	Bei Türen gilt nach DIN 4109/11.89, Tabelle 1, erf. R_w.
24		Türen zwischen Fluren und Übernachtungsräumen	≥ 37	–	

3.2 Empfehlungen für den Schallschutz gegen Schallübertragung im eigenen Wohn- oder Arbeitsbereich

In besonderen Fällen können wegen unterschiedlicher Nutzung und Schallquellen in einzelnen Räumen, unterschiedlichen Arbeits- und Ruhezeiten einzelner Bewohner oder wegen sonstiger erhöhter Schutzbedürftigkeit auch Schallschutzmaßnahmen im eigenen Wohn- oder Arbeitsbereich wünschenswert sein.

Um dem Planer eine Orientierung für schallschutztechnisch sinnvolle Maßnahmen zu geben, werden in Tabelle 3 dieses Beiblatts Vorschläge für einen normalen und für einen erhöhten Schallschutz zum Schutz gegen Schallübertragung aus dem eigenen Wohn- oder Arbeitsbereich gemacht.

Der Schallschutz einzelner oder mehrerer Bauteile nach diesen Vorschlägen muß ausdrücklich zwischen dem Bauherrn und dem Entwurfsverfasser vereinbart werden, wobei hinsichtlich Eignungs- und Gütenachweis auf die Regelungen in DIN 4109 Bezug genommen werden soll.

Wird ein Schallschutz nach Tabelle 3 dieses Beiblatts vereinbart, muß dies bereits bei der Planung berücksichtigt werden. Bei der Ausführung ist auf eine enge Abstimmung der beteiligten Gewerke zu achten. Bei „offener" Grundrißgestaltung ist die Anwendung der Empfehlungen häufig nicht möglich.

3.3 Vorschläge für einen erhöhten Schallschutz gegen Geräusche aus haustechnischen Anlagen

Werden vom Bauherrn für den Schalldruckpegel bessere Werte als nach DIN 4109/11.89, Tabelle 4, gefordert, bedürfen diese der ausdrücklichen Vereinbarung und zahlenmäßigen Festlegung zwischen dem Bauherrn und dem Entwurfsverfasser, wobei hinsichtlich Eignungs- und Gütenachweis auf die Regelungen nach DIN 4109 Bezug genommen werden soll.

Schalldruckpegelwerte, die 5 dB(A) und mehr unter den in DIN 4109/11.89, Tabelle 4, angegebenen Werten liegen, können als wirkungsvolle Minderung angesehen werden. In diesem Fall können zusätzliche Maßnahmen für den Luft- und Trittschallschutz erforderlich werden.

Im Einzelfall muß vorher geklärt werden, ob derartige erhöhte Anforderungen wegen sonstiger vorhandener Störgeräusche sinnvoll und mit vertretbarem Aufwand realisierbar sind.

Tabelle 3. **Empfehlungen für normalen und erhöhten Schallschutz; Luft- und Trittschalldämmung von Bauteilen zum Schutz gegen Schallübertragung aus dem eigenen Wohn- oder Arbeitsbereich**

Spalte	1	2	3	4	5	6
Zeile	Bauteile	Empfehlungen für normalen Schallschutz		Empfehlungen für erhöhten Schallschutz		Bemerkungen
		erf. R'_{w} dB	erf. $L'_{n,w}$ (erf. *TSM*) dB	erf. R'_{w} dB	erf. $L'_{n,w}$ erf. *TSM*) dB	
1 Wohngebäude						
1	Decken in Einfamilienhäusern, ausgenommen Kellerdecken und Decken unter nicht ausgebauten Dachräumen	50	56 (7)	≥ 55	≤ 46 (≥ 17)	Bei Decken zwischen Wasch- und Aborträumen nur als Schutz gegen Trittschallübertragung in Aufenthaltsräumen. Weichfedernde Bodenbeläge dürfen für den Nachweis des Trittschallschutzes angerechnet werden.
2	Treppen und Treppenpodeste in Einfamilienhäusern	–	–	–	≤ 53 (≥ 10)	Der Vorschlag für den erhöhten Schallschutz an die Trittschalldämmung gilt nur für die Trittschallübertragung in fremde Aufenthaltsräume, ganz gleich, ob sie in waagerechter, schräger oder senkrechter (nach oben) Richtung erfolgt. Weichfedernde Bodenbeläge dürfen für den Nachweis des Trittschallschutzes angerechnet werden.
3	Decken von Fluren in Einfamilienhäusern	–	56 (7)	–	≤ 46 (≥ 17)	
4	Wände ohne Türen zwischen „lauten" und „leisen" Räumen unterschiedlicher Nutzung, z. B. zwischen Wohn- und Kinderschlafzimmer	40	–	≥ 47	–	
2 Büro- und Verwaltungsgebäude						
5	Decken, Treppen, Decken von Fluren und Treppenraumwände	52	53 (10)	≥ 55	≤ 46 (≥ 17)	Weichfedernde Bodenbeläge dürfen für den Nachweis des Trittschallschutzes angerechnet werden.
6	Wände zwischen Räumen mit üblicher Bürotätigkeit	37	–	≥ 42	–	Es ist darauf zu achten, daß diese Werte nicht durch Nebenwegübertragung über Flur und Türen verschlechtert werden.
7	Wände zwischen Fluren und Räumen nach Zeile 6	37	–	≥ 42	–	
8	Wände von Räumen für konzentrierte geistige Tätigkeit oder zur Behandlung vertraulicher Angelegenheiten, z. B. zwischen Direktions- und Vorzimmer.	45	–	≥ 52	–	
9	Wände zwischen Fluren und Räumen nach Zeile 8	45	–	≥ 52	–	
10	Türen in Wänden nach Zeile 6 und 7	27	–	≥ 32	–	Bei Türen gelten die Werte für die Schalldämmung bei alleiniger Übertragung durch die Tür.
11	Türen in Wänden nach Zeile 8 und 9	37	–	–	–	

Zitierte Normen und andere Unterlagen

DIN 1101	Holzwolle-Leichtbauplatten und Mehrschicht-Leichtbauplatten als Dämmstoffe für das Bauwesen; Anforderungen, Prüfung
DIN 1102	Holzwolle-Leichtbauplatten und Mehrschicht-Leichtbauplatten nach DIN 1101 als Dämmstoffe für das Bauwesen; Verwendung, Verarbeitung
DIN 4109	Schallschutz im Hochbau; Anforderungen und Nachweise
Beiblatt 1 zu DIN 4109	Schallschutz im Hochbau; Ausführungsbeispiele und Rechenverfahren
DIN 18 165 Teil 1	Faserdämmstoffe für das Bauwesen; Dämmstoffe für die Wärmedämmung
DIN 18 165 Teil 2	Faserdämmstoffe für das Bauwesen; Dämmstoffe für die Trittschalldämmung
DIN 18 180	(z. Z. Entwurf) Gipskartonplatten; Arten, Anforderungen, Prüfung
DIN 18 560 Teil 2	(z. Z. Entwurf) Estriche im Bauwesen; Estriche und Heizestriche auf Dämmschichten (schwimmende Estriche)
VDI 2062 Blatt 1	Schwingungsisolierung; Begriffe und Methoden
VDI 2062 Blatt 2	Schwingungsisolierung; Isolierelemente
VDI 2081	Geräuscherzeugung und Lärmminderung in Raumlufttechnischen Anlagen
VDI 2566	(z. Z. Entwurf) Lärmminderung an Aufzugsanlagen
VDI 2571	Schallabstrahlung von Industriebauten
VDI 2711	Schallschutz durch Kapselung
VDI 2715	Lärmminderung an Warm- und Heißwasser-Heizungsanlagen

Frühere Ausgaben

DIN 52 211: 09.53
DIN 4109: 04.44 x
DIN 4109 Teil 2: 09.62
DIN 4109 Teil 5: 04.63

Änderungen

Gegenüber DIN 4109 T 2/09.62 und DIN 4109 T 5/04.63 wurden folgende Änderungen vorgenommen:

Der Inhalt wurde vollständig überarbeitet und dem Stand der Technik angepaßt, siehe Erläuterungen.

Erläuterungen

Nachdem die Norm-Entwürfe zu den Normen der Reihe DIN 4109, Ausgabe Februar 1979, aufgrund der eingegangenen Stellungnahmen grundsätzlich überarbeitet und die Entwürfe im Mai 1983 zurückgezogen worden sind, wurden folgende Norm-Entwürfe mit dem Ausgabedatum Oktober 1984 der Fachöffentlichkeit erneut zur Diskussion gestellt:

DIN 4109 Teil 1	Schallschutz im Hochbau; Einführung und Begriffe
DIN 4109 Teil 2	Schallschutz im Hochbau; Luft- und Trittschalldämmung in Gebäuden; Anforderungen, Nachweise und Hinweise für Planung und Ausführung
DIN 4109 Teil 3	Schallschutz im Hochbau; Luft- und Trittschalldämmung in Gebäuden; Ausführungsbeispiele mit nachgewiesener Schalldämmung für Gebäude in Massivbauart
DIN 4109 Teil 5	Schallschutz im Hochbau; Schallschutz gegenüber Geräuschen aus haustechnischen Anlagen und aus Betrieben; Anforderungen, Nachweise und Hinweise für Planung und Ausführung
DIN 4109 Teil 6	Schallschutz im Hochbau; Bauliche Maßnahmen zum Schutz gegen Außenlärm
DIN 4109 Teil 7	Schallschutz im Hochbau; Luft- und Trittschalldämmung in Gebäuden; Rechenverfahren und Ausführungsbeispiele für den Nachweis des Schallschutzes in Skelettbauten und Holzhäusern

Aufgrund der zu diesen Norm-Entwürfen eingegangenen Einsprüche – insbesondere aufgrund der Einsprüche, die sich gegen die Gliederung, Vorschläge für einen erhöhten Schallschutz und Richtwerte wandten – wurde eine Neugliederung vorgenommen:

DIN 4109 enthält zusammengefaßt alle Anforderungen (Mindestanforderungen) aus den bisherigen Norm-Entwürfen zu DIN 4109 Teil 2, Teil 5 und Teil 6 und die dafür erforderlichen Nachweise. In einem Anhang sind Begriffe und Definitionen (bisher Teil 1) aufgenommen.

Die Anforderung an die Luftschalldämmung von Wohnungstrenndecken wurde von 52 dB auf 54 dB, von Wohnungstrennwänden von 52 dB auf 53 dB und von Gebäudetrennwänden bei Einfamilien-Reihen und -Doppelhäusern auf 57 dB angehoben. Die Norm enthält Rechenverfahren und Hilfsmittel, um den Einfluß flankierender Bauteile auf den Schallschutz richtig zu erfassen und damit den Schallschutz gezielt planen und ausführen zu können.

Die Anforderungen an die Trittschalldämmung von Wohnungstrenndecken wurden deutlich angehoben; sie bedeuten aber für die heutige Bauausführung keine Änderungen, da Massivdecken mit einwandfrei hergestellten schwimmenden Estrichen den Anforderungen genügen.

Zusätzlich wurden Anforderungen an die Trittschalldämmung von Treppen und die Luftschalldämmung von Türen aufgenommen.

Die Norm enthält des weiteren Anforderungen zum Schutz gegen Außenlärm. Die Aufnahme dieser Anforderungen an die Luftschalldämmung von Außenbauteilen ersetzt die Regelungen der „Richtlinien für bauliche Maßnahmen zum Schutz gegen Außenlärm".

Die Einführung eines „Vorhaltemaßes"—beim Nachweis der Eignung von Wänden, Decken, Fenstern von 2 dB und bei Türen von 5 dB — soll eine Unterschreitung der festgelegten Anforderungen in ausgeführten Bauten sicherstellen helfen und zu einer Verbesserung des Schallschutzes beitragen.

Beiblatt 1 zu DIN 4109 enthält sämtliche Ausführungsbeispiele aus den bisherigen Norm-Entwürfen zu DIN 4109 Teil 3, Teil 5, Teil 6 und Teil 7 sowie das Rechenverfahren aus Teil 7.

Beiblatt 2 zu DIN 4109 enthält Hinweise für Planung und Ausführung aus den Norm-Entwürfen zu DIN 4109 Teil 2 und Teil 5 sowie Vorschläge für einen erhöhten Schallschutz und Empfehlungen für den Schallschutz im eigenen Wohn- oder Arbeitsbereich aus dem Norm-Entwurf zu DIN 4109 Teil 2.

Die vorliegende Norm und die Beiblätter 1 und 2 stellen eine vollständige Überarbeitung der DIN 4109 Teil 1 bis Teil 3, Ausgaben September 1962, und Teil 5, Ausgabe April 1963, dar und konnten aufgrund intensiver Beratungen an den Stand der heutigen Erkenntnisse angepaßt und qualitativ wesentlich verbessert werden.

Internationale Patentklassifikation

E 04 B 1/82
G 10 K 11/16

Juni 1996

Schallschutz im Hochbau Berechnung von $R'_{w,R}$ für den Nachweis der Eignung nach DIN 4109 aus Werten des im Labor ermittelten Schalldämm-Maßes R_w	Beiblatt 3 zu DIN 4109

ICS 91.120.20

Deskriptoren: Bauwesen, Schallschutz, Hochbau, Berechnung, Schalldämmung

Sound insulation in buildings — Calculation of $R'_{w,R}$ for assessing suitability as defined in DIN 4109 on the basis of the sound reduction index R_w determined in laboratory tests

Isolation acoustique dans la construction immobilière — Calcul de $R'_{w,R}$ pour la vérification de l'aptitude comme définie en DIN 4109 sur la base de l'indice d'affaiblissement acoustique R_w déterminé en laboratoire.

> Dieses Beiblatt enthält Informationen zu DIN 4109, jedoch keine zusätzlichen genormten Festlegungen.

Vorwort

Dieses Beiblatt wurde vom Arbeitsausschuß NMP 231 "Schalldämmung und Schallabsorption; Messung und Bewertung" des Normenausschuß Materialprüfung in Zusammenarbeit mit dem Arbeitsausschuß 00.71.00 "Schallschutz im Hochbau" des Normenausschusses Bauwesen erarbeitet.

1 Anwendungsbereich

Der rechnerische Nachweis nach DIN 4109 basiert für Massivbauten auf dem in Prüfständen gemessenen, bewerteten Schalldämm-Maß mit Schallübertragung über flankierende Bauteile $R'_{w,R}$. Dieses Beiblatt gibt an, wie der Rechenwert nach 6.4.1 von DIN 4109 : 1989-11 für solche Bauteile ermittelt werden kann, für die das bewertete Schalldämm-Maß R_w nach DIN EN 20140-3 bzw. DIN 52210-1 in Prüfständen ohne Flankenübertragung gemessen wurde. Das Umrechnungsverfahren beschränkt sich auf Einzahl-Angaben R_w, die nach E DIN EN 20717-1 aus den Terzbandwerten des Schalldämm-Maßes R aus Prüfständen nach E DIN EN ISO 140-1 bzw. Prüfständen ohne Flankenübertragung nach DIN 52210-2 (P-W und P-D) bestimmt wurden.

2 Umrechnungsverfahren

Die Umrechnung geschieht nach Gleichung (1).

$$R'_{w,R} = -10 \lg \left(10^{-R_w/10\,\mathrm{dB}} + 10^{-(R_{Ff,w} + \delta)/10\,\mathrm{dB}}\right) \mathrm{dB} - 2\,\mathrm{dB} \qquad (1)$$

Dabei ist:

$R'_{w,R}$ Rechenwert des bewerteten Schalldämm-Maßes eines Bauteils mit rechnerisch berücksichtigter Schallübertragung über flankierende Bauteile;

R_w bewertetes Schalldämm-Maß eines Bauteils ohne Schallübertragung über flankierende Bauteile, ermittelt aus Messungen in Prüfständen nach E DIN EN ISO 140-1 bzw. in Prüfständen DIN 52210-P-W oder DIN 52210-P-D;

$R_{Ff,w}$ bewertetes Flankendämm-Maß des Prüfstandes mit bauähnlicher Flankenübertragung, Prüfstand DIN 52210-PFL-W bzw. Prüfstand DIN 52210-PFL-D, bei Einbau einer Leichtbauwand. Nach 3.3.1.1 bzw. 4.3.1.1 von DIN 52210-2 : 1984-08 beträgt der entsprechende Wert für das bewertete Schalldämm-Maß (55 ± 1) dB;

δ Erhöhung der Flankendämmung $R_{Ff,w}$ des Prüfstandes DIN 52210-PFL-W bzw. DIN 52210-PFL-D bei schweren Trennbauteilen:

Fortsetzung Seite 2 und 3

Normenausschuß Bauwesen (NABau) im DIN Deutsches Institut für Normung e.V.
Normenausschuß Materialprüfung (NMP) im DIN
Normenausschuß Akustik, Lärmminderung und Schwingungstechnik (NALS) im DIN und VDI

a) Bei kraftschlüssiger Verbindung zwischen Prüfgegenstand und Prüfstand und bei Überwiegen des Flankenweges Ff berechnet sich δ nach Gleichung (2).

$$\delta = 3 \text{ dB für } \frac{m'_\text{f}}{m'_\text{t}} < 2{,}1$$

$$\delta = 9{,}0 \text{ dB} - 18{,}8 \lg \frac{m'_\text{f}}{m'_\text{t}} \text{ dB für } 2{,}1 \leq \frac{m'_\text{f}}{m'_\text{t}} \leq 3 \quad (2)$$

$$\delta = 0 \text{ dB für } \frac{m'_\text{f}}{m'_\text{t}} > 3$$

Dabei ist:

m'_f mittlere flächenbezogene Masse der flankierenden Prüfstandsbauteile in kg/m². Für Prüfstände DIN 52210-PFL-W und DIN 52210-PFL-D wird für diesen Wert 450 kg/m² angesetzt;

m'_t flächenbezogene Masse des Prüfgegenstandes in kg/m².

b) Bei nicht kraftschlüssiger Verbindung zwischen Prüfobjekt und Prüfstand wird δ = 0 gesetzt.

Die errechneten Werte sind auf ganze Zahlen zu runden. Bei Verwendung von $R'_\text{w,R}$-Werten, die nach diesem Umrechnungsverfahren ermittelt wurden, sollte mit Bezug auf dieses Beiblatt darauf hingewiesen werden, daß es sich um umgerechnete Werte handelt.

ANMERKUNG 1: Die Umrechnung nach Gleichung (1) beinhaltet, daß zur ermittelten Schalldämmung ohne Flankenübertragung die Schallübertragung über die Flankenwege eines Prüfstandes mit bauähnlicher Flankenübertragung hinzugerechnet wird. Der Abzug von 2 dB berücksichtigt nach DIN 4109 das Vorhaltemaß bei der Ermittlung des Rechenwertes $R'_\text{w,R}$ aus dem im Prüfstand gemessenen Wert $R'_\text{w,P}$

ANMERKUNG 2: Die Erhöhung der Flankendämmung des Prüfstandes um den Wert δ bei kraftschlüssiger Verbindung zwischen Prüfgegenstand und Prüfstand wird auf 3 dB begrenzt, da bei sehr schweren Wänden höhere Werte aufgrund der zunehmenden Übertragung über den Weg Df nicht zu erwarten sind.

ANMERKUNG 3: In der Praxis wird mit der Näherung δ = 0 sowohl für leichte als auch für schwere Trennbauteile eine Umrechnungsgenauigkeit innerhalb der Vergleichgrenzen nach DIN EN 20140-2 erzielt.

ANMERKUNG 4: Durch Umkehrung des in Gleichung (1) beschriebenen Rechenverfahrens kann ersatzweise auch das bewertete Schalldämm-Maß R_w aus dem bewerteten Schalldämm-Maß mit Flankenübertragung R'_w berechnet werden, falls ein im Prüfstand gemessener Wert für R_w nicht zur Verfügung steht. Das anzuwendende Verfahren wird in Anhang A beschrieben.

Anhang A

Berechnung des bewerteten Schalldämm-Maßes R_w aus dem in Prüfständen mit Flankenübertragung ermittelten bewerteten Schalldämm-Maß R'_w

Nach DIN EN 20140-3 sind die Schalldämm-Maße von Bauteilen ausschließlich in Prüfständen ohne Flankenübertragung zu bestimmen. Falls für ein Bauteil ein solcher Wert R_w nicht zur Verfügung steht, kann er ersatzweise durch folgendes Rechenverfahren aus dem im Prüfstand mit bauähnlicher Flankenübertragung R'_w bestimmt werden:

$$R_w = -10 \lg \left(10^{-R'_w/10\,\text{dB}} - 10^{-(R_{\text{Ff,w}} + \delta)/10\,\text{dB}}\right) \text{dB für } R'_w \le R_{\text{Ff,w}} - 2\,\text{dB} \qquad \text{(A1)}$$

$$R_w = R'_w + 4\,\text{dB für } R'_w > R_{\text{Ff,w}} - 2\,\text{dB} \qquad \text{(A2)}$$

Dabei ist:

R_w bewertetes Schalldämm-Maß eines Bauteils ohne Schallübertragung über flankierende Bauteile;

R'_w bewertetes Schalldämm-Maß eines Bauteils mit Schallübertragung über flankierende Bauteile, gemessen in einem Prüfstand mit bauähnlicher Flankenübertragung DIN 52210-PFL-W oder DIN 52210-PFL-D;

$R_{\text{Ff,w}}$ bewertetes Flankendämm-Maß eines Prüfstandes mit bauähnlicher Flankenübertragung, DIN 52210-PFL-W oder DIN 52210-PFL-D, bei Einbau einer leichten Konstruktion nach 3.3.1.3 bzw. 4.3.1.3 von DIN 52210-2 : 1984-02. Es wird der gemessene Wert $R_{\text{Ff,w}}$ desjenigen Prüfstandes verwendet, in dem auch das bewertete Schalldämm-Maß R'_w des geprüften Bauteils ermittelt wurde. Wenn gemessene Werte von $R_{\text{Ff,w}}$ nicht verfügbar sind, ist $R_{\text{Ff,w}} = (55 \pm 1)$ dB zu setzen;

δ wie in Abschnitt 3, jedoch mit m'_f als tatsächlich vorhandener mittlerer flächenbezogener Masse der flankierenden Bauteile des verwendeten Prüfstandes.

Die errechneten Werte sind auf ganze Zahlen zu runden. Bei der Verwendung von R_w-Werten, die nach diesem Anhang ermittelt wurden, sollte mit Bezug auf dieses Beiblatt darauf hingewiesen werden, daß es sich um umgerechnete Werte handelt.

Anhang B

Bestimmung von $L'_{n,w}$ für den Nachweis der Eignung nach DIN 4109 aus Werten des im Labor ermittelten bewerteten Norm-Trittschallpegels $L_{n,w}$

Mit für die Praxis hinreichender Genauigkeit kann für einschalige Massivdecken der in Prüfständen ohne Flankenübertragung ermittelte bewertete Norm-Trittschallpegel $L_{n,w}$ dem in Deckenprüfständen mit bauähnlicher Flankenübertragung ermittelte Norm-Trittschallpegel $L'_{n,w}$ gleichgesetzt werden.

Anhang C (informativ)

Literaturhinweise

DIN 4109 : 1989-11
Schallschutz im Hochbau — Anforderungen und Nachweise

DIN 52210-1 : 1984-08
Bauakustische Prüfungen — Luft- und Trittschalldämmung — Meßverfahren

DIN 52210-2 : 1984-08
Bauakustische Prüfungen — Luft- und Trittschalldämmung — Prüfstände für Schalldämm-Messungen an Bauteilen

DIN EN 20140-2
Akustik — Messung der Schalldämmung in Gebäuden und von Bauteilen — Teil 2: Angaben von Genauigkeitsanforderungen (ISO 140-2 : 1991); Deutsche Fassung EN 20140-2 : 1993

DIN EN 20140-3
Akustik — Messung der Schalldämmung in Gebäuden und von Bauteilen — Teil 3: Messung der Luftschalldämmung von Bauteilen in Prüfständen (ISO 140-3 : 1995); Deutsche Fassung EN 20140-3 : 1995

E DIN EN 20717-1
Akustik — Einzahlangaben für die Schalldämmung in Gebäuden und von Bauteilen — Teil 1: Luftschalldämmung (ISO/DIS 717-1 : 1993); Deutsche Fassung prEN 20717-1 : 1993

E DIN EN ISO 140-1
Akustik — Messung der Schalldämmung in Gebäuden und von Bauteilen — Teil 1: Anforderungen an Prüfstände mit unterdrückter Flankenübertragung (ISO/DIS 140-1 : 1994); Deutsche Fassung prEN ISO140-1 : 1994

Schallschutz im Hochbau

Anforderungen und Nachweise
Änderung A1

DIN 4109/A1

Einsprüche bis 31. Jul 1998

ICS 91.120.20

Vorgesehen als Änderung von DIN 4109 : 1989-11

Sound insulation in buildings – Requirements and verifications; Amendment A1

Isolation acoustique dans le bâtiments – Exigences et vérifications; Amendement A1

Anwendungswarnvermerk

Dieser Norm-Entwurf wird der Öffentlichkeit zur Prüfung und Stellungnahme vorgelegt.

Weil die beabsichtigte Norm von der vorliegenden Fassung abweichen kann, ist die Anwendung dieses Entwurfes besonders zu vereinbaren.

Stellungnahmen werden erbeten an den Normenausschuß Bauwesen (NABau) im DIN, 10772 Berlin (Hausanschrift: Burggrafenstraße 6, 10787 Berlin).

Folgende Änderung gegenüber DIN 4109:1989-11 ist vorgesehen:

Die Anforderung der Tabelle 4, Zeile 1, Spalten 2 und 3 soll von ≤ 35 dB (A) auf ≤ 30 dB (A) heraufgesetzt werden:

Tabelle 4: Werte für die zulässigen Schalldruckpegel in schutzbedürftigen Räumen von Geräuschen aus haustechnischen Anlagen und Gewerbebetrieben

Spalte	1	2	3
Zeile	Geräuschquelle	Art der schutzbedürftigen Räume	
		Wohn- und Schlafräume	Unterrichts- und Arbeitsräume
		Kennzeichnender Schalldruckpegel dB(A)	
1	Wasserinstallationen (Wasserversorgungs- und Abwasseranlagen gemeinsam)	≤ 30 [1)]	≤ 30 [1)]
2	Sonstige haustechnische Anlagen	≤ 30 [2)]	≤ 35 [2)]
3	Betriebe tags 6 bis 22 Uhr	≤ 35	≤ 35 [2)]
4	Betriebe nachts 22 bis 6 Uhr	≤ 25	≤ 25 [2)]

1) Einzelne, kurzseitige Spitzen, die beim Betätigen der Armaturen und Geräte nach Tabelle 6 (Öffnen, Schließen, Umstellen, Unterbrechen u.a.) entstehen, sind z. Z. nicht zu berücksichtigen.

2) Bei lüftungstechnischen Anlagen sind um 5 dB(A) höhere Werte zulässig, sofern es sich um Dauergeräusche ohne auffällige Einzeltöne handelt.

Normenausschuß Bauwesen (NABau) im DIN Deutsches Institut für Normung e.V.

DK 711.4-122:628.517.001.24 Mai 1987

Schallschutz im Städtebau
Berechnungsverfahren

DIN 18 005 Teil 1

Noise abatement in town planning; calculation methods
Protection contre le bruit dans l'urbanisme; méthodes de calcul

Ersatz für Ausgabe 05.71

Maße in m

Inhalt

Fortsetzung Seite 2 bis 35

Normenausschuß Bauwesen (NABau) im DIN Deutsches Institut für Normung e.V.
Normenausschuß Akustik und Schwingungstechnik (FANAK) im DIN

35/5

1 Anwendungsbereich und Zweck

Diese Norm enthält vereinfachte Verfahren zur Schallimmissionsberechnung für die städtebauliche Planung. Sie sind nicht für die Anwendung bei Genehmigungsverfahren für einzelne Objekte (z. B. gewerbliche Anlagen) gedacht, dafür gelten die Vorschriften des Immissionsschutzrechtes, z. B. TALärm [1]).

Im Beiblatt 1 zu DIN 18 005 Teil 1 sind als Zielvorstellungen für den Schallschutz im Städtebau schalltechnische Orientierungswerte für die städtebauliche Planung enthalten.

2 Begriffe, Formelzeichen

2.1 Schallemission

Schallemission ist das Abstrahlen von Schall von einer Schallquelle oder von einer Ansammlung von Schallquellen (z. B. Straße, Gewerbebetrieb, Industriegebiet).

2.2 Schallimmission

Schallimmission ist das Einwirken von Schall auf ein Gebiet oder einen Punkt eines Gebietes (Immissionsort).

Anmerkung: Vor der Fassade eines betroffenen Hauses kann durch Reflexion eine Erhöhung des Schallpegels auftreten; diese Erhöhung wird hier nicht der Schallimmission zugerechnet.

2.3 Schallpegel

Unter Schallpegel L in Dezibel (dB) wird nach dieser Norm der Schalldruckpegel nach DIN 45 630 Teil 1 verstanden.

2.4 Frequenzbewertung A

Durch die Frequenzbewertung A nach DIN IEC 651 wird die Frequenzabhängigkeit der Empfindlichkeit des Gehörs näherungsweise berücksichtigt. Der Schallpegel mit dieser Frequenzbewertung wird A-bewerteter Schallpegel (oder kurz: A-Schallpegel) L_A genannt.

In dieser Norm wird nur mit A-bewerteten Schallpegeln gerechnet und der Index A fortgelassen.

2.5 Mittelungspegel

Mittelungspegel nach DIN 45 641.

Anmerkung: Unter Mittelungspegel L_m in dB wird nach dieser Norm der Mittelungspegel $L_{AFm} = L_{ASm} = L_{eq}$ nach DIN 45 641 verstanden.

Der Mittelungspegel dient zur Kennzeichnung von Geräuschen mit zeitlich veränderlichen Schallpegeln ohne Berücksichtigung von auffälligen Einzeltönen oder Impulsen. Dabei wird die Verdoppelung oder Halbierung der Einwirkzeit eines Geräusches wie die Erhöhung oder Verringerung seines Mittelungspegels um 3 dB bewertet. Bei Straßen und Schienenwegen führt auch die Verdoppelung oder Halbierung der Verkehrsstärke unter sonst gleichen Bedingungen zu einer Veränderung des Mittelungspegels um 3 dB.

In den Mittelungspegel gehen Dauer und Stärke jedes Einzelgeräusches ein.

2.6 Beurteilungspegel

Beurteilungspegel nach DIN 45 645 Teil 1.

Anmerkung: Der Beurteilungspegel L_r in dB ist der mit den Orientierungswerten nach Beiblatt 1 zu DIN 18 005 Teil 1 zu vergleichende Pegel. Er wird nach DIN 45 645 Teil 1 als Maß für die durchschnittliche Langzeitbelastung von betroffenen Personen oder an ausgewählten Orten in der Beurteilungszeit benutzt. Er entsteht aus dem Mittelungspegel durch Zu- oder Abschläge für bestimmte Geräusche, Zeiten oder Situationen (z. B. ton- und/oder impulshaltige Geräusche, bestimmte Ruhezeiten, Immissionsorte in der Nähe von lichtzeichengeregelten Kreuzungen). Beurteilungszeit ist hier für den Tag die Zeit von 6.00 bis 22.00 Uhr, für die Nacht die Zeit von 22.00 bis 6.00 Uhr.

Beurteilungspegel werden in dieser Norm in der Regel berechnet.

2.7 Schalleistungspegel

Schalleistungspegel nach DIN 45 635 Teil 1.

Anmerkung: Der Schalleistungspegel L_W in dB kennzeichnet die Stärke der Schallemission einer Schallquelle oder von Teilen einer Schallquelle. Er ist ein logarithmisches Maß für die abgestrahlte Schalleistung.

In dieser Norm wird der A-bewertete Schalleistungspegel L_{WA} in dB verwendet – er wird auch A-Schalleistungspegel genannt. Der Index A wird hier fortgelassen.

Da die Schallimmission nach dieser Norm nur durch zeitliche Mittelwerte (Beurteilungspegel oder Mittelungspegel) gekennzeichnet wird, ist für die Berechnung der Schallimmission auch immer von zeitlichen Mittelwerten der Schalleistung auszugehen.

Tabelle 1. **Formelzeichen**

Spalte	1	2	3
Zeile	Zeichen	Einheit	Bedeutung
1	a	m	Abstand der Schallquelle von der Projektion der Beugungskante auf die Verbindungslinie Schallquelle – Immissionsort
2	a_0	m	horizontaler Abstand der Schallquelle von der Beugungskante in der senkrechten Ebene durch Schallquelle und Immissionsort
3	A	m	Abstand der Schallquelle von der Beugungskante in der senkrechten Ebene durch Schallquelle und Immissionsort
4	b	m	Abstand des Immissionsortes von der Projektion der Beugungskante auf die Verbindungslinie Schallquelle – Immissionsort
5	b_0	m	horizontaler Abstand des Immissionsortes von der Beugungskante in der senkrechten Ebene durch Schallquelle und Immissionsort

[1]) Technische Anleitung zum Schutz gegen Lärm (TALärm)

Tabelle 1. (Fortsetzung)

Spalte	1	2	3
Zeile	Zeichen	Einheit	Bedeutung
6	B	m	Abstand des Immissionsortes von der Beugungskante in der senkrechten Ebene durch Schallquelle und Immissionsort
7	C	m	Abstand des Immissionsortes von der Schallquelle (im allgemeinen gilt $C = s$)
8	D		Bebauungsdichte (Verhältnis der bebauten Fläche zur Gesamtfläche eines Baugebietes)
9	DTV	Kfz/24h	durchschnittliche tägliche Verkehrsstärke
10	g		Wichtungsfaktor bei Parkplätzen für verschiedene Fahrzeugarten
11	h	m	mittlere Gebäudehöhe
12	H	m	Höhenunterschied zwischen Immissionsort und Schallquelle
13	H_E	m	Höhe des Immissionsortes über Fahrbahnebene
14	h_W	m	Höhe der Oberkante einer Abschirmeinrichtung über Fahrbahnebene
15	h_{eff}	m	effektive Schirmhöhe
16	K	m^2	Hilfsgröße zur Berechnung von K_W
17	K_W		Korrektur zur Berücksichtigung von Wettereinflüssen
18	L	dB	Schallpegel (A-Schallpegel)
19	l	m	Längenausdehnung einer Schallquelle; mittlere Zuglänge
20	l_0	m	Bezugslänge (1 m)
21	l_1, l_2	m	Länge der Straße ab Querschnitt senkrecht zur Straßenachse durch den Immissionsort
22	L_A	dB	A-bewerteter Schallpegel (der Index A wird in dieser Norm fortgelassen)
23	L_m	dB	Mittelungspegel
24	L_r	dB	Beurteilungspegel
25	L_W	dB	Schalleistungspegel (A-Schalleistungspegel)
26	L_{WA}	dB	A-bewerteter Schalleistungspegel (der Index A wird in dieser Norm fortgelassen)
27	$L_{W'}$	dB	längenbezogener Schalleistungspegel
28	$L_{W''}$	dB	flächenbezogener Schalleistungspegel
29	$L_{m,E}$	dB	Emissionspegel
30	$L_m^{(25)}$	dB	normierter Mittelungspegel eines Verkehrsweges
31	$\Delta L_{D,i}$	dB	Korrektur für den Anteil scheibengebremster Schienenfahrzeuge
32	$\Delta L_{F,i}$	dB	Korrektur für Berücksichtigung der Zugart
33	ΔL_G	dB	Pegelminderung durch Gehölz/Bebauung
34	ΔL_K	dB	Zu- oder Abschlag für bestimmte Geräusche, Ruhezeiten, Situationen
35	$\Delta L_{l,\,i}$	dB	Korrektur für unterschiedliche Längen
36	ΔL_{Stg}	dB	Zuschlag für Steigungen
37	ΔL_{StrO}	dB	Korrektur für unterschiedliche Straßenoberflächen
38	ΔL_s	dB	Differenz zwischen Schalleistungspegel einer Punktschallquelle und Mittelungspegel im Abstand s bei ungehinderter Schallausbreitung
39	$\Delta L_{s,\,\perp}$	dB	Korrektur für unterschiedliche Abstände zwischen Immissionsort und Fahrstreifen oder Gleis
40	ΔL_{refl}	dB	Pegelerhöhung durch Mehrfachreflexion
41	ΔL_v	dB	Korrektur für unterschiedliche Geschwindigkeiten

Tabelle 1. (Fortsetzung)

Spalte	1	2	3
Zeile	Zeichen	Einheit	Bedeutung
42	ΔL_z	dB	Pegelminderung durch Einzelhindernisse (Wall, Lärmschutzwand, Häuserzeile)
43	$\Delta L_{z,\perp}$	dB	Pegelminderung durch lange, parallele Hindernisse an einer geraden Linienschallquelle
44	M	Kfz/h	maßgebende stündliche Verkehrsstärke
45	n	1/h	mittlere Anzahl der Züge je Stunde
46	N	1/h	mittlere Anzahl der Bewegungen je Stunde
47	p	%	mittlerer Lkw-Anteil; bei Schienenverkehr Anteil der scheibengebremsten Fahrzeuge
48	S	m^2	Fläche einer Flächenschallquelle
49	S_0	m^2	Bezugsfläche (1 m^2)
50	s	m	Abstand zwischen Immissionsort und Mittelpunkt einer Schallquelle
51	s_0	m	horizontaler Abstand des Immissionsortes von der Mitte der Schallquelle
52	s_G	m	Teillänge von s, die im bebauten Gebiet liegt
53	$s_\perp$	m	Abstand eines Immissionsortes von einer geraden Linienschallquelle (Fahrstreifen, Gleis)
54	$s_{\perp,0}$	m	horizontaler Abstand eines Immissionsortes von einer geraden Linienschallquelle
55	v	km/h	Geschwindigkeit
56	v_0	km/h	Bezugsgeschwindigkeit
57	w	m	mittlerer Abstand zwischen Hausfronten
58	z	m	Schirmwert

3 Allgemeines zum Berechnungsverfahren

Die in dieser Norm angegebenen Berechnungsverfahren sind für den vorgesehenen Anwendungsbereich vereinfacht. Die Genauigkeit der Ergebnisse genügt den Anforderungen in der Bauleitplanung.

Genauere Verfahren können anderen Regelwerken entnommen werden, so z. B. den „Richtlinien für den Lärmschutz an Straßen", der „Information Schall 03" und der „Information Akustik 04" oder den Richtlinien VDI 2714 (z. Z. Entwurf) und VDI 2720 Blatt 1 (z. Z. Entwurf).

Das mit den Orientierungswerten nach Beiblatt 1 zu DIN 18 005 Teil 1 zu vergleichende Endergebnis wird auf ganze dB aufgerundet.

Anmerkung: Die nach dieser Norm berechneten Pegel gelten für leichten Wind (bis etwa 3 m/s) von der Quelle zum Immissionsort und Temperaturinversion. Bei anderen Windrichtungen und/oder Temperaturschichtungen können – insbesondere in großen Entfernungen von der Quelle – auch deutlich niedrigere Werte vorkommen. Dagegen ist nur selten mit geringfügigen Überschreitungen der so berechneten Werte zu rechnen. Messungen vor einem betroffenen Haus können durch Reflexion an der Fassade höhere Werte ergeben.

Solange keine Bebauung oder Nutzung festgelegt ist, wird der Immissionsort für die Berechnung 4 m über Geländehöhe angenommen. Sind Häuser vorhanden oder geplant, ist die Berechnung auf die höchsten Geschosse auszudehnen, insbesondere wenn die Schallquelle gegen den Immissionsort abgeschirmt ist.

3.1 Punktschallquelle

In dieser Norm wird für die Berechnung der Schallimmission im allgemeinen von Punktschallquellen ausgegangen; die Emission einer Punktschallquelle wird durch den A-Schalleistungspegel L_W in dB beschrieben.

Jede Schallquelle, deren Emission annähernd gleichmäßig über ihre Länge oder Fläche verteilt ist, kann für Immissionsberechnungen nach dieser Norm durch eine Punktschallquelle in ihrem Mittelpunkt (Flächenschwerpunkt) ersetzt werden, wenn ihre größte Längenausdehnung l (meistens die Diagonale) höchstens das 0,7fache des Abstandes s zwischen Immissionsort und Mittelpunkt der Schallquelle beträgt (siehe Bild 1):

$$l \leq 0{,}7\, s \tag{1}$$

Größere Schallquellen (Linienschallquellen, Flächenschallquellen) müssen für die Berechnung in Teilstücke unterteilt werden, die diese Bedingungen erfüllen.

Wenn verschiedene Teile einer Schallquelle durch Hindernisse gegen einen Immissionsort verschieden stark abgeschirmt sind, muß die Unterteilung unter Umständen in noch kleinere Teilstücke erfolgen, für deren Länge oder Fläche die Abschirmung annähernd gleich groß ist.

Unterteilung in Teilschallquellen

erforderlich, weil $l > 0{,}7\ s$	nicht erforderlich, weil $l \leq 0{,}7\ s$

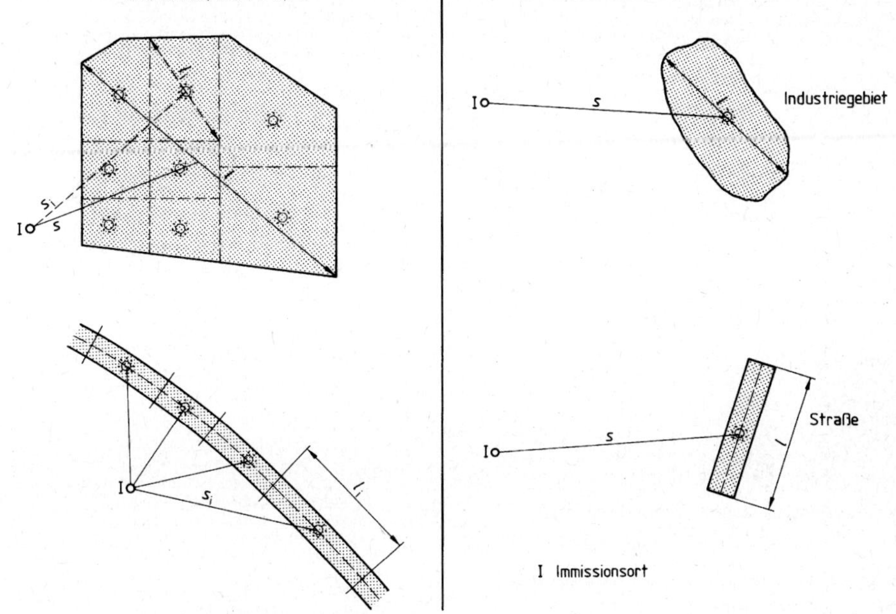

Bild 1. Unterteilung in Teilschallquellen

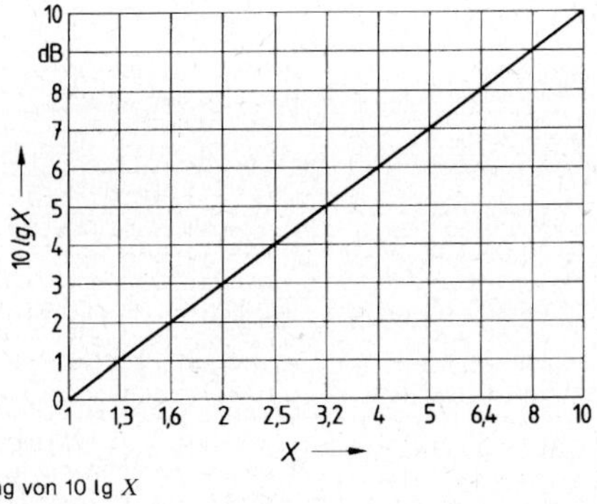

Bild 2. Diagramm zur Ermittlung von 10 lg X

Jede Multiplikation (Division) mit (durch) 10 entspricht einer Erhöhung (Verringerung) von 10 lg X um 10 dB

Beispiel: $X = 20\,000 = 2 \cdot 10^4$

$10 \lg X = 10 \cdot \lg 2 + 10 \cdot \lg 10^4 = 3 + 40 = 43$ dB

Die Unterteilung in viele Teilschallquellen erfordert meistens einen erheblichen Rechenaufwand. In Abschnitt 6 sind für häufig vorkommende Fälle bei Verkehrswegen Rechenverfahren angegeben, bei denen keine Unterteilung oder nur eine Unterteilung in wenige Teilstücke erforderlich ist.

3.2 Linienschallquelle

Der Schalleistungspegel L_W einer Linienschallquelle (oder eines Teilstückes davon) mit der Länge l wird nach der Gleichung

$$L_W = L_{W'} + 10 \lg (l/l_0) \text{ dB} \quad (2)$$

mit $l_0 = 1$ m

berechnet. Dabei ist vorausgesetzt, daß die Schallemission gleichmäßig über die gesamte Länge l verteilt ist. Der längenbezogene Schalleistungspegel $L_{W'}$ ist das (logarithmische) Maß für die im Mittel je Meter von der Linienschallquelle abgestrahlte Schalleistung. Der Wert von 10 lg (l/l_0) kann (mit $X = l/l_0$) Bild 2 entnommen werden.

3.3 Flächenschallquelle

Der Schalleistungspegel L_W einer Flächenschallquelle (oder eines Teiles davon) mit der Fläche S wird nach der Gleichung

$$L_W = L_{W''} + 10 \lg (S/S_0) \text{ dB} \quad (3)$$

mit $S_0 = 1\ \text{m}^2$

berechnet. Dabei ist vorausgesetzt, daß die Schallemission gleichmäßig über die gesamte Fläche S verteilt ist.

Der flächenbezogene Schalleistungspegel $L_{W''}$ in dB ist das (logarithmische) Maß für die im Mittel je Quadratmeter Fläche abgestrahlte Schalleistung. Der Wert von 10 lg (S/S_0) kann mit $X = S/S_0$ Bild 2 entnommen werden.

4 Berechnung der Schallemission

Dieser Abschnitt enthält Angaben über die für die Planung wichtigsten Schallquellen.

4.1 Straßenverkehr

4.1.1 Fließender Verkehr

(Siehe auch Abschnitt 6)

Der auf einem Fahrstreifen fließende Verkehr wird als eine Linienschallquelle in 0,5 m Höhe über der Mitte des Fahrstreifens betrachtet.

Bei der Berechnung der Schallemission sind die Verkehrsstärke, der Lkw-Anteil, die Geschwindigkeit, die Straßenoberfläche und die Steigung des betrachteten Stückes einer Straße, Fahrbahn oder eines Fahrstreifens zu berücksichtigen. Der längenbezogene Schalleistungspegel $L_{W'}$ wird nach folgender Gleichung berechnet:

$$L_{W'} = L_m^{(25)} + \Delta L_{StrO} + \Delta L_v + \Delta L_{Stg} + 17{,}6 \text{ dB} \quad (4)$$

Hierin bedeuten:

$L_m^{(25)}$ Mittelungspegel im Abstand $s_{\perp,0} = 25$ m von der Mitte der Quelle, bei nicht geriffeltem Gußasphalt, bei einer zulässigen Höchstgeschwindigkeit von 100 km/h und bei freier Schallausbreitung. Er kann nach Bild 3 ermittelt werden. Dabei wird die maßgebende stündliche Verkehrsstärke M aus der durchschnittlichen täglichen Verkehrsstärke (DTV) nach Tabelle 4 berechnet; der maßgebende Lkw-Anteil ist ebenfalls in Tabelle 4 angegeben. Auf die Anwendung von Tabelle 4 kann verzichtet werden, wenn geeignete projektbezogene Untersuchungsergebnisse vorliegen, die unter Berücksichtigung der Verkehrsentwicklung im Prognosezeitraum zur Ermittlung

a) der mittleren stündlichen Verkehrsstärke M in Kfz/h

b) des mittleren Lkw-Anteils p (über 2,8 t zulässiges Gesamtgewicht) in % des Gesamtverkehrs

für die Zeiträume zwischen 6.00 und 22.00 Uhr und 22.00 und 6.00 Uhr als Mittelwerte für alle Tage des Jahres herangezogen werden können.

Beim Neubau oder der wesentlichen Änderung von Straßen ist von den der Planung zugrundeliegenden Verkehrsdaten auszugehen, bei der Ausweisung neuer Baugebiete im Bereich bestehender Straßen vom gegenwärtigen Verkehr unter Berücksichtigung der Verkehrsentwicklung.

ΔL_{StrO} Korrektur nach Tabelle 2 für unterschiedliche Straßenoberflächen

ΔL_v Korrektur nach Bild 4 für unterschiedliche zulässige Höchstgeschwindigkeiten

ΔL_{Stg} Zuschlag nach Tabelle 3 für Steigungen.

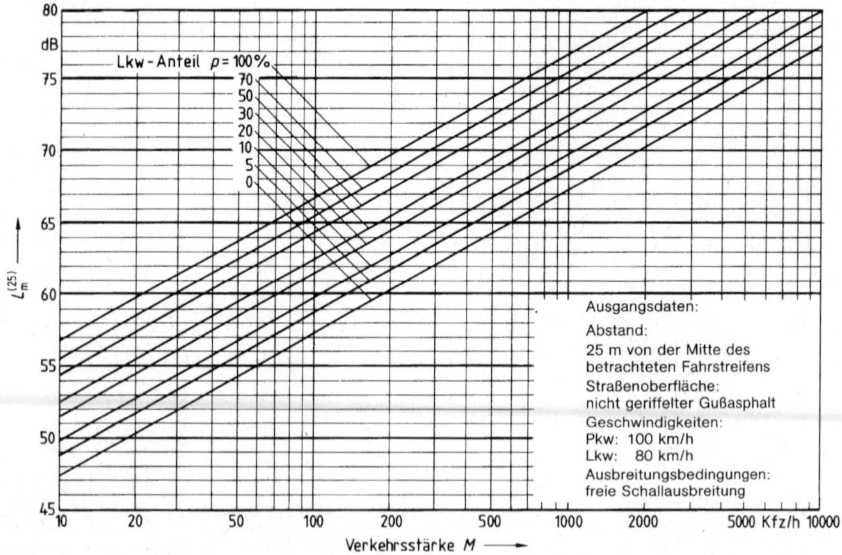

Bild 3. Mittelungspegel $L_m^{(25)}$ für Straßenverkehr

$$L_m^{(25)} = \left[37{,}3 + 10 \lg [M(1 + 0{,}082\, p)]\right] \text{ dB} \quad (5)$$

Tabelle 2. **Korrektur ΔL_{StrO} für unterschiedliche Straßenoberflächen**

Spalte	1	2
Zeile	Straßenoberfläche	ΔL_{StrO} dB
1	nicht geriffelter Gußasphalt	0
2	Asphaltbeton	− 0,5
3	Beton- oder geriffelter/gewalzter Gußasphalt	+ 1,0
4	Pflaster mit ebener Oberfläche	+ 2,0
5	Pflaster mit nicht ebener Oberfläche	+ 4,0

Tabelle 3. **Zuschlag ΔL_{Stg} für Steigungen**

Spalte	1	2
Zeile	Steigung %	ΔL_{Stg} dB
1	≤ 5	0
2	6	0,6
3	7	1,2
4	8	1,8
5	9	2,4
6	10	3,0
7	für jedes zusätzliche Prozent	0,6
Zwischenwerte sind linear zu interpolieren.		

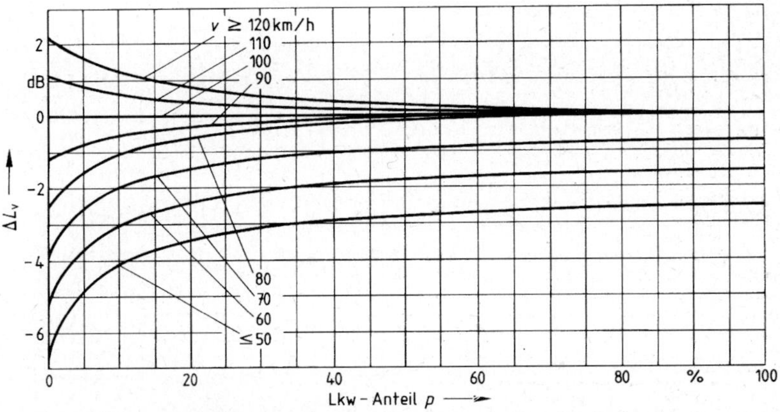

Bild 4. Korrektur ΔL_v für unterschiedliche zulässige Höchstgeschwindigkeiten in Abhängigkeit vom Lkw-Anteil p
$\Delta L_v \cong (23 - 3{,}5\sqrt{p} + 0{,}2\,p) \cdot (\lg v - 2)$ dB (6)

Tabelle 4. **Maßgebende stündliche Verkehrsstärken M und maßgebende Lkw-Anteile p (über 2,8 t zulässiges Gesamtgewicht)**

Spalte	1	2	3	4	5
Zeile	Straßengattung	tags (6.00 bis 22.00)		nachts (22.00 bis 6.00)	
		M Kfz/h	p %	M Kfz/h	p %
1	Bundesautobahnen	0,06 *DTV*	25	0,014 *DTV*	45
2	Bundesstraßen	0,06 *DTV*	20	0,011 *DTV*	20
3	Landes-, Kreis- und Gemeindeverbindungsstraßen	0,06 *DTV*	20	0,008 *DTV*	10
4	Gemeindestraßen	0,06 *DTV*	10	0,011 *DTV*	3

4.1.2 Parkplätze

Parkplätze werden als Flächenschallquellen betrachtet. Der flächenbezogene Schalleistungspegel $L_{W''}$ wird zu

$$L_{W''} = \left[76 + 10 \lg \sum_{i=1}^{3} g_i \cdot N_i - 10 \lg (S/S_0)\right] \text{dB} \qquad (7)$$

mit $S_0 = 1\ \text{m}^2$

angenommen, wobei N_i die mittlere Anzahl der Bewegungen (An- oder Abfahrt) je Stunde im jeweiligen Bezugszeitraum von Fahrzeugen der Klasse i ist und g_i ein Wichtungsfaktor:

$g_1 = 1$ für Pkw

$g_2 = 10$ für Lkw

$g_3 = 5$ für Krafträder

S ist die Gesamtfläche des Parkplatzes.

4.2 Schienenverkehr

4.2.1 Schienenwege

(Siehe auch Abschnitt 6)

Der auf einem Gleis fließende Verkehr wird als eine Linienschallquelle auf der Gleisachse in Höhe der Schienenoberkante (SO) betrachtet (für die Berechnung der Pegelminderung durch Abschirmung siehe jedoch Abschnitt 5.5.1). Bei der Berechnung der Schallemission werden Art, Anzahl und Länge, Geschwindigkeit und Bremsbauart der Züge berücksichtigt.

Dazu werden alle auf dem Gleis verkehrenden Züge in Klassen i gleicher Zugart, gleicher mittlerer Geschwindigkeit v_i und gleichen Anteils scheibengebremster Fahrzeuge p_i eingeteilt.

Für jede Klasse i wird der längenbezogene Schalleistungspegel $L_{W',i}$ nach folgender Gleichung berechnet:

$$L_{W',i} = 68{,}6\ \text{dB} + \Delta L_{l,i} + \Delta L_{v,i} + \Delta L_{D,i} + \Delta L_{F,i} \qquad (8)$$

Hierin bedeuten:

$\Delta L_{l,i}$ — $10 \lg \left(\frac{n_i \cdot l_i}{100}\right)$ dB; Korrektur nach Bild 5 zur Berücksichtigung der mittleren Anzahl der Züge je Stunde n_i und der mittleren Zuglänge l_i in m

$\Delta L_{v,i}$ — $20 \lg \left(\frac{v_i}{100}\right)$ dB; Korrektur nach Bild 6 zur Berücksichtigung der mittleren Geschwindigkeit v_i in km/h

$\Delta L_{D,i}$ — $10 \lg (7{,}95 - 0{,}0695 \cdot p_i)$ dB; Korrektur nach Bild 7 zur Berücksichtigung des Anteils scheibengebremster Fahrzeuge p_i in %; Straßenbahnen sind grundsätzlich als klotzgebremste Fahrzeuge anzusetzen

$\Delta L_{F,i}$ — Korrektur nach Tabelle 5 zur Berücksichtigung der Zugart.

Anmerkung: In den Gleichungen (8) und (28) ist zur Berücksichtigung eines durchschnittlichen Gleiszustandes gegenüber optimalem Schienenzustand ein Sicherheitszuschlag von 3 dB enthalten.

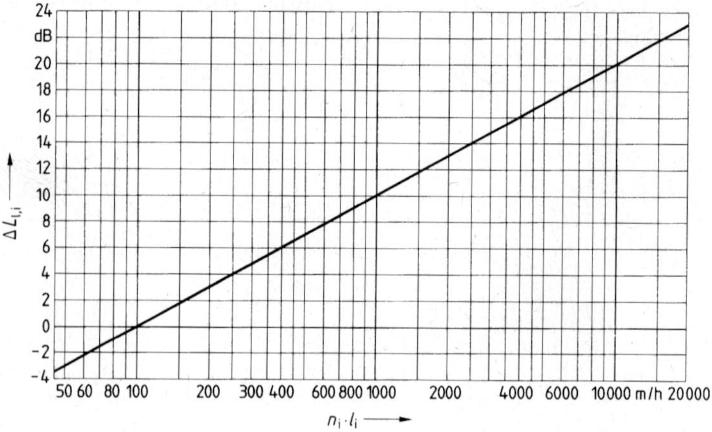

Bild 5. Korrektur $\Delta L_{l,i}$ für die mittlere Anzahl der Züge je Stunde n_i und die mittlere Zuglänge l_i in m

$$\Delta L_{l,i} = 10 \lg \left(\frac{n_i \cdot l_i}{100}\right) \text{dB} \qquad (9)$$

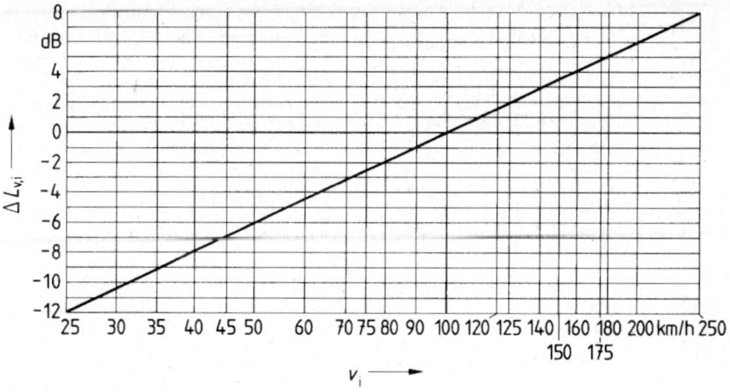

Bild 6. Korrektur $\Delta L_{v,i}$ für unterschiedliche Geschwindigkeiten v_i in km/h

$$\Delta L_{v,i} = 20 \lg \left(\frac{v_i}{100}\right) \text{ dB} \qquad (10)$$

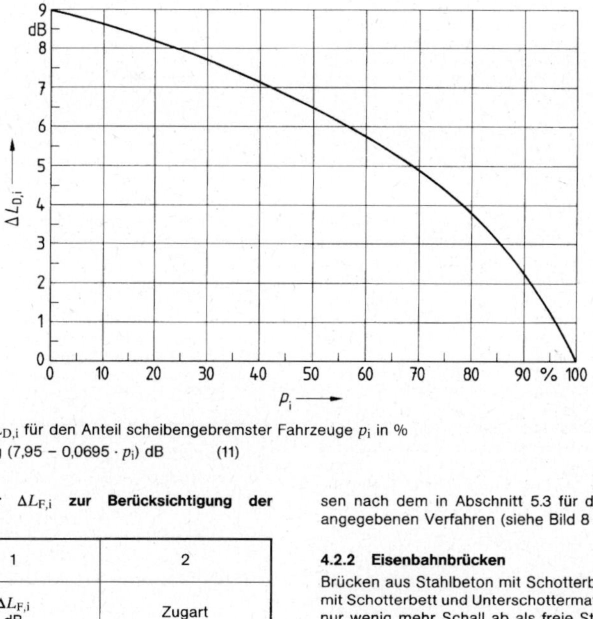

Bild 7. Korrektur $\Delta L_{D,i}$ für den Anteil scheibengebremster Fahrzeuge p_i in %

$$\Delta L_{D,i} = 10 \lg (7{,}95 - 0{,}0695 \cdot p_i) \text{ dB} \qquad (11)$$

Tabelle 5. **Korrektur $\Delta L_{F,i}$ zur Berücksichtigung der Zugart**

Spalte	1	2
Zeile	$\Delta L_{F,i}$ dB	Zugart
1	− 2	Schnelltriebzug (ICE)
2	+ 5	U-Bahnzug
3	+ 3	Straßenbahnzug
4	0	alle anderen Züge

Der längenbezogene Schalleistungspegel $L_{W', \text{gesamt}}$ aller Zugklassen zusammen ergibt sich durch die Überlagerung der längenbezogenen Teilschalleistungspegel aller Zugklassen nach dem in Abschnitt 5.3 für den Beurteilungspegel angegebenen Verfahren (siehe Bild 8 oder Gleichung (15)).

4.2.2 Eisenbahnbrücken

Brücken aus Stahlbeton mit Schotterbett und Stahlbrücken mit Schotterbett und Unterschottermatte strahlen nicht oder nur wenig mehr Schall ab als freie Strecken. Stahlbrücken ohne Schotterbett können dagegen um 10 bis 15 dB höhere Pegel verursachen.

4.2.3 Großflächige Schienenverkehrsanlagen

Sofern nicht im Einzelfall eine detaillierte Schallimmissionsprognose vorliegt, soll bei großflächigen Schienenverkehrsanlagen (z. B. Rangierbahnhöfe, Betriebshöfe der Verkehrsbetriebe) für die Berechnung von Mindestabständen oder von Schutzmaßnahmen davon ausgegangen werden, daß die Schallemission der Anlage im Mittel einem flächenbezogenen Schalleistungspegel von $L_{W''} = 65$ dB entspricht. In der Umgebung bestehender Anlagen können gemessene Beurteilungspegel zugrundegelegt werden, wobei künftige Erweiterungen rechnerisch zu berücksichtigen sind.

4.3 Wasserverkehr

4.3.1 Berufsschiffahrt

Der Schiffahrtsverkehr auf einem Wasserweg wird als linienförmige Schallquelle in Höhe der Wasseroberfläche in der Mitte der Fahrrinne angenommen. Der längenbezogene Schalleistungspegel $L_{W'}$ wird zu

$$L_{W'} = (75 + 10 \lg N) \text{ dB} \tag{12}$$

angenommen, wobei N die mittlere Anzahl der je Stunde verkehrenden Motorschiffe, Schleppzüge und Schubverbände ist. 10 lg N kann (mit $X = N$) Bild 2 entnommen werden.

4.3.2 Hafenanlagen

Hafenanlagen sind wie Industriegebiete zu behandeln (siehe Abschnitt 4.5).

4.3.3 Sportmotorboote

Wasserflächen mit Sportmotorbootverkehr können näherungsweise als Flächenschallquellen betrachtet werden. Der die Schallemission kennzeichnende flächenbezogene Schalleistungspegel $L_{W''}$ wird nach folgender Gleichung bestimmt:

$$L_{W''} = (48 + 10\, wg\, N) \text{ dB}, \tag{13}$$

wobei N die mittlere Anzahl der auf einem Quadratkilometer verkehrenden Sportmotorboote mit Verbrennungsmotoren ist. Der Wert für 10 lg N kann (mit $X = N$) Bild 2 entnommen werden.

4.4 Flugverkehr

Die Fluggeräusche in der Umgebung und vor allem unter den An- und Abflugwegen eines Flugplatzes sind jeweils gesondert zu untersuchen.

Anmerkung: Für Verkehrsflughäfen, die dem Linienverkehr angeschlossen sind, und militärische Flugplätze, die für den Betrieb von Flugzeugen mit Strahltriebwerken bestimmt sind, werden Lärmschutzbereiche nach dem „Gesetz zum Schutz gegen Fluglärm" ermittelt und durch Rechtsverordnungen festgesetzt. Wenn der Schutz der Allgemeinheit es erfordert, können auch für andere Flugplätze, die für den Betrieb von Flugzeugen mit Strahltriebwerken bestimmt sind, Lärmschutzbereiche nach dem „Gesetz zum Schutz gegen Fluglärm" festgesetzt werden. Der nach dem „Gesetz zum Schutz gegen Fluglärm" ermittelte äquivalente Dauerschallpegel L_{eq} ist wegen des abweichenden Berechnungsverfahrens nicht mit dem hier verwendeten Beurteilungspegel identisch. Die Grenzlinien für $L_{eq} = 75{,}67$ uns 62 dB stehen den Bundesländern zur Verfügung. Einige Bundesländer haben eigene Richtlinien für die Bauleitplanung in der Umgebung von Flugplätzen erlassen.

Für Immissionsbereiche, die nicht dem Fluglärmschutzgesetz unterliegen, kann die Schallimmission nach DIN 45 643 ermittelt werden.

4.5 Industrie und Gewerbe

Über die Geräuschentwicklung von Industrie- und Gewerbebetrieben sowie von vergleichbaren Einrichtungen lassen sich keine allgemeingültigen Angaben machen. Selbst gleichartige Betriebe können – z. B. je nach Bauart der Gebäude, in denen ihre Anlagen untergebracht sind – sehr unterschiedlich Schall abstrahlen.

Bei Neubauten von Gewerbe- und Industrieanlagen ohne nächtlichen Ladeverkehr, bei denen sich Schallquellen nur in geschlossenen Gebäuden befinden, läßt sich die Schallemission im allgemeinen hinreichend begrenzen. Eine solche Begrenzung ist jedoch nicht für alle Arten von Betrieben möglich, insbesondere nicht für Betriebe mit lautstarken Arbeiten oder Anlagen im Freien (z. B. Hochofenanlagen, petrochemische Anlagen und Erdölraffinerien, Verladeeinrichtungen, blechbearbeitende Betriebe, Betonwerke, Steinbrüche, Kies- und Schotterwerke, Fahrzeugprüfstrecken, Werften). Um die Ansiedlung oder Erweiterung solcher Anlagen zu ermöglichen, müssen ausreichende Abstände zwischen Industriegebieten und zu schützenden Gebieten oder andere geeignete Maßnahmen vorgesehen werden (siehe z. B. VDI 2718 (z. Z. Entwurf)).

In allen Fällen ist bei der Planung das wegen der Industrie- und Gewerbebetriebe zusätzlich zu erwartende Verkehrsaufkommen auf den öffentlichen Verkehrswegen zu berücksichtigen.

4.5.1 Vorhandene Nutzungen

Bei bestehenden Anlagen ist in der Regel von Meßwerten auszugehen, wobei zulässige künftige Erweiterungen rechnerisch zu berücksichtigen sind.

4.5.2 Zukünftige Nutzungen

Wenn bei der Ausweisung eines Gewerbe- oder Industriegebietes oder eines Sondergebietes mit vergleichbarer Nutzung bekannt ist, welche Arten von Anlagen dort untergebracht werden sollen, kann die zu erwartende Schallemission durch Messungen an vergleichbaren Anlagen ermittelt werden, die schalltechnisch dem Stand der Technik entsprechen. Stattdessen können auch Angaben aus einschlägigen VDI-Richtlinien zugrundegelegt werden, wobei gegebenenfalls Ton- und Impulszuschläge zu berücksichtigen sind.

Wenn die Art der in einem Gebiet unterzubringenden Anlagen nicht bekannt ist, kann für die Berechnung von Mindestabständen oder zur Feststellung der Notwendigkeit von Schutzmaßnahmen von einem flächenbezogenen A-Schalleistungspegel – tags und nachts – von $L_{W''} = 65$ dB für Industriegebiete und $L_{W''} = 60$ dB für Gewerbegebiete ausgegangen werden (siehe Beispiele 7 und 8).

Nicht ausreichende Abstände zwischen neu auszuweisenden Industrie- und Gewerbegebieten und schutzbedürftigen Nutzungen können durch planungsrechtliche Festsetzungen (Nutzungsbeschränkung) ausgeglichen werden.

4.6 Sonstige Anlagen

Für sonstige Anlagen, die mit einer erheblichen Schallemission im Freien verbunden sind (wie bestimmte Sportanlagen, Schießstände, Freibäder), ist von Meßergebnissen, gegebenenfalls an vergleichbaren Anlagen, auszugehen.

5 Berechnung des Beurteilungspegels [2)]

5.1 Einzelne Schallquelle

Der Beurteilungspegel L_r, der sich durch eine Punktschallquelle an einem Immissionsort im Abstand s ergibt, wird nach Gleichung (14), getrennt für tags (6.00 bis 22.00 Uhr) und für nachts (22.00 bis 6.00 Uhr), wie folgt berechnet:

$$L_r = L_W - \Delta L_s - \Delta L_z - \Delta L_G + \Delta L_K \tag{14}$$

Hierin bedeuten:

L_W Schalleistungspegel (Angaben über die Schallemission verschiedener Schallquellen enthält Abschnitt 4, siehe auch Gleichungen (2) und (3))

ΔL_s Differenz zwischen dem Schalleistungspegel und dem Mittelungspegel im Abstand s von der Schallquelle bei ungehinderter Schallausbreitung unter Berücksichtigung von Luft- und Bodenabsorption (siehe Abschnitt 5.4)

ΔL_z Pegelminderung durch Einzelhindernisse (Wall, Lärmschutzwand, Häuserzeile) zwischen Schallquelle und Immissionsort (siehe Abschnitt 5.5.1)

---

2) Schreiber, L.: Die akustischen Grundlagen des Entwurfs April 1982 zu DIN 18 005 Teil 1, Schallschutz im Städtebau. Zeitschrift für Lärmbekämpfung 31, 149 – 157/1984).

ΔL_G Pegelminderung durch Gehölz und/oder Bebauung zwischen Schallquelle und Immissionsort (siehe Abschnitt 5.5.2)

ΔL_K Zu- oder Abschlag für bestimmte Geräusche, Ruhezeiten oder Situationen (siehe Abschnitt 5.2)

Reflexionen an Hauswänden oder Mauern werden durch Annahme von Spiegelschallquellen nach Abschnitt 5.6 berücksichtigt. Für jede Spiegelschallquelle wird der Beurteilungspegel nach Gleichung (14) getrennt berechnet.

5.2 Zu- oder Abschläge ΔL_K

Bei Straßenverkehr ist der Zuschlag ΔL_K für erhöhte Störwirkung von lichtzeichengeregelten Kreuzungen und Einmündungen Tabelle 6 zu entnehmen.

Befindet sich der Immissionsort im Einflußbereich mehrerer lichtzeichengeregelter Kreuzungen oder Einmündungen, so ist nur der Zuschlag für die nächstgelegene Kreuzung oder Einmündung zu berücksichtigen.

Bei Schienenverkehr auf besonderem, unabhängigen Bahnkörper ist außerhalb von Bahnhöfen $\Delta L_K = -5$ dB anzuwenden; dadurch wird der im Vergleich zum Straßenverkehrslärm geringeren Lästigkeit des Schienenverkehrslärms Rechnung getragen.

Bei anderen Schallquellen sind bei der Messung gegebenenfalls erforderliche Zu- und Abschläge nach DIN 45 645 Teil 1 oder VDI 2058 Blatt 1 in Ansatz zu bringen.

Tabelle 6. **Zuschlag ΔL_K für erhöhte Störwirkung von lichtzeichengeregelten Kreuzungen und Einmündungen**

Spalte	1	2
Zeile	Abstand des Immissionsortes vom nächsten Schnittpunkt der Achsen zweier sich kreuzender oder zusammentreffender Fahrbahnen	ΔL_K dB
1	0 bis 40 m	3
2	über 40 bis 70 m	2
3	über 70 bis 100 m	1

5.3 Mehrere Schallquellen

Kommt zu einer Schallquelle eine zweite hinzu, so erhöht sich dadurch der Beurteilungspegel nach Bild 8.

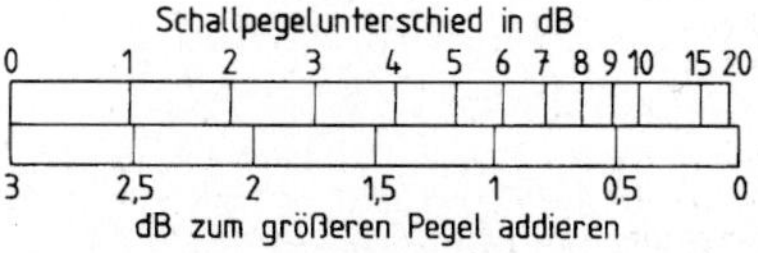

Bild 8. Pegelerhöhung durch eine zweite Schallquelle.

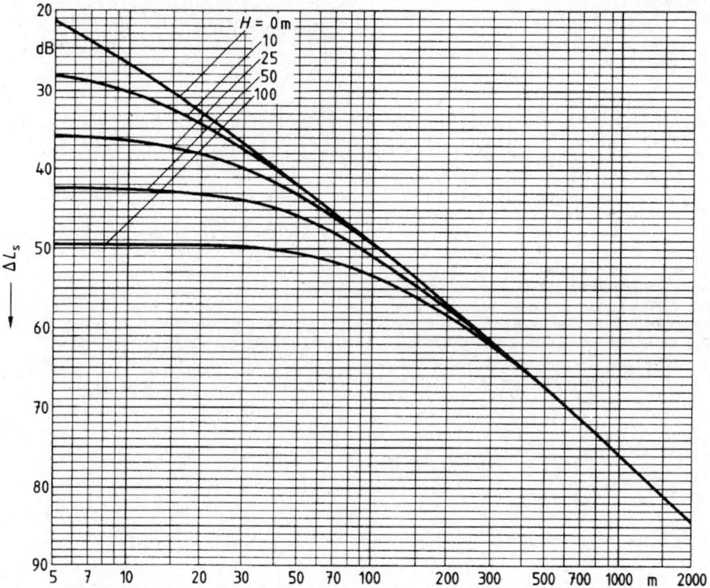

Bild 9. Diagramm zur Ermittlung von ΔL_s für eine Punktschallquelle als Funktion des horizontalen Abstandes s_0 des Immissionsortes von der Schallquelle und des Höhenunterschiedes H zwischen Immissionsort und Schallquelle unter Berücksichtigung der Absorption in der Luft und am Boden.

$$\Delta L_s = (8{,}8 + 8{,}2x + x^2/2) \text{ dB} \qquad (16)$$

mit $x = \lg(s_0^2 + H^2)$

Hierin bedeuten:

s_0 horizontaler Abstand des Immissionsortes von der Mitte der Schallquelle in m

H Höhenunterschied (siehe Bild 10) zwischen Immissionsort und Schallquelle in m.

Um den resultierenden Beurteilungspegel von mehr als zwei Schallquellen (auch Teilschallquellen oder Spiegelschallquellen) zu bestimmen, berechnet man zunächst mit Hilfe von Bild 8 den resultierenden Beurteilungspegel für die beiden leisesten, faßt dann beide zusammen als eine auf, addiert dazu die Pegelerhöhung durch die drittleiseste, usw.

Der resultierende Beurteilungspegel aus n Einzelpegeln $L_{\text{r,i}}$ kann genau nach der Gleichung

$$L_\text{r} = 10 \lg \left(\sum_{i=l}^{n} 10^{0,1\, L_{\text{r,i}}/\text{dB}} \right) \text{dB} \qquad (15)$$

berechnet werden.

Beurteilungspegel von Industrie- und Gewerbelärm und Beurteilungspegel von vergleichbaren öffentlichen Betrieben sollen nicht mit denen von anderen Schallquellen (öffentlicher Verkehr) zusammengefaßt, sondern getrennt berechnet und beurteilt werden.

5.4 Ungehinderte Schallausbreitung

Der Schallpegel nimmt bei ungehinderter Schallausbreitung mit zunehmendem Abstand von einer Schallquelle dadurch ab, daß die Fläche, auf die sich die abgestrahlte Schalleistung verteilt, größer wird und daß während der Ausbreitung Schallenergie in der Luft und am Boden absorbiert wird [2]).

ΔL_s für eine Punktschallquelle bei freier Schallausbreitung in Abhängigkeit vom horizontalen Abstand s_0 und dem Höhenunterschied H zwischen Immissionsort und Schallquelle ist Bild 9 zu entnehmen.

Anmerkung: Bild 9 gilt für Verkehrslärm und Industriegeräusche mit ähnlicher Frequenzzusammensetzung. Für Geräusche mit hervortretenden tief- oder hochfrequenten Anteilen wird auf VDI 2714 (z. Z. Entwurf) hingewiesen.

5.5 Wirkung von Hindernissen auf die Schallausbreitung

5.5.1 Einzelhindernisse

Hinter einem schallundurchlässigen Hindernis (z. B. Mauer, Häuserzeile, Geländeerhebung) bildet sich ein Schallschatten, in den nur um die Kanten des Hindernisses gebeugter Schall gelangt; dadurch tritt hinter dem Hindernis eine Pegelminderung ΔL_z ein. Um die erforderliche Höhe einer Abschirmung zu bestimmen, muß ΔL_z für verschiedene Wandhöhen berechnet und gegebenenfalls interpoliert werden.

Die Pegelminderung ΔL_z ist um so größer, je größer der Schirmwert z ist; z ist der kürzeste Umweg des Schalles über oder um das (die) Hindernis(se) gegenüber der direkten Verbindung zwischen Schallquelle und Immissionsort (siehe Bild 10).

$$z = A + B - C \qquad (17)$$

Anmerkung 1: Bei der Bestimmung von z ist zu beachten, daß z nur wenige cm betragen kann und im allgemeinen sehr klein im Verhältnis zu den drei Größen A, B und C ist. Deshalb genügt es nicht, diese aus einer Zeichnung abzugreifen.

Näherungsweise (wenn $a > h_\text{eff}$ und $b > h_\text{eff}$) gilt

$$z \approx \frac{h_\text{eff}^2}{2} \left(\frac{1}{a} + \frac{1}{b} \right) \qquad (18)$$

Für $h_\text{eff} < 0$ gilt hier $z = 0$

Anmerkung 2: Die Größen h_eff, a und b können aus einer Schnittzeichnung abgegriffen werden.

Eine merkliche Pegelminderung tritt erst ein, wenn das Hindernis die Sichtverbindungslinie zwischen Schallquelle und Immissionsort deutlich überragt. Der Schirmwert z kann aus dem Diagramm Bild 11 abgelesen werden, wobei a und b vertauscht werden können.

Für eine Punktschallquelle kann die Pegelminderung ΔL_z aus den Bildern 12, 13 oder 14 abgelesen oder nach den dazugehörigen Gleichungen (19), (20) oder (21) berechnet werden, wenn das Hindernis senkrecht zur Bildebene in Bild 10 nach beiden Seiten mindestens um $5 \cdot h_\text{eff}$ über den Rand der Schallquelle hinausragt.

Anmerkung 3: Wenn diese Länge unterschritten wird, muß gegebenenfalls die Beugung seitlich um das Hindernis berücksichtigt werden (siehe VDI 2720 Blatt 1 (z. Z. Entwurf)).

Es gelten für

- Straßenverkehrsgeräusche

$$\Delta L_\text{z} = \left[10 \lg \left(1 + 80 \frac{z}{\text{m}} K_\text{W}\right) \right] \text{dB} \geq 0 \text{ dB} \qquad (19)$$

angenommene Höhe der Schallquelle: 0,5 m über der Mitte des betrachteten Fahrstreifens;

- Schienenverkehrsgeräusche

$$\Delta L_\text{z} = \left[10 \lg \left[1 + \left(1 + 50 \frac{z}{\text{m}}\right) K_\text{W}\right] \right] \text{dB} \geq 0 \text{ dB} \qquad (20)$$

angenommener Ort der Schallquelle: Oberkante der dem Immissionsort nächstgelegenen Schiene des betrachteten Gleises;

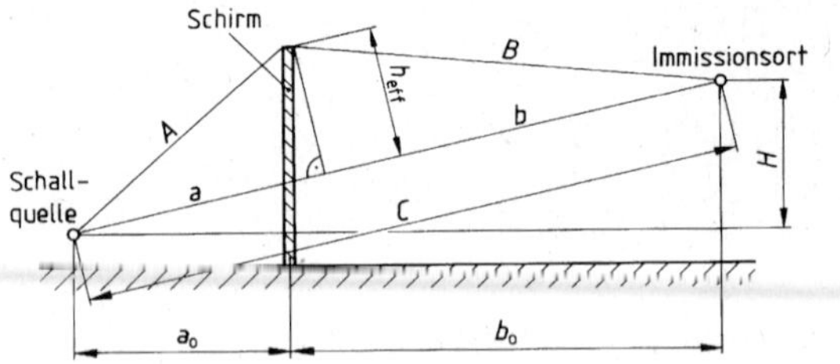

Bild 10. Zur Definition des Schirmwertes z

[2]) Siehe Seite 10.

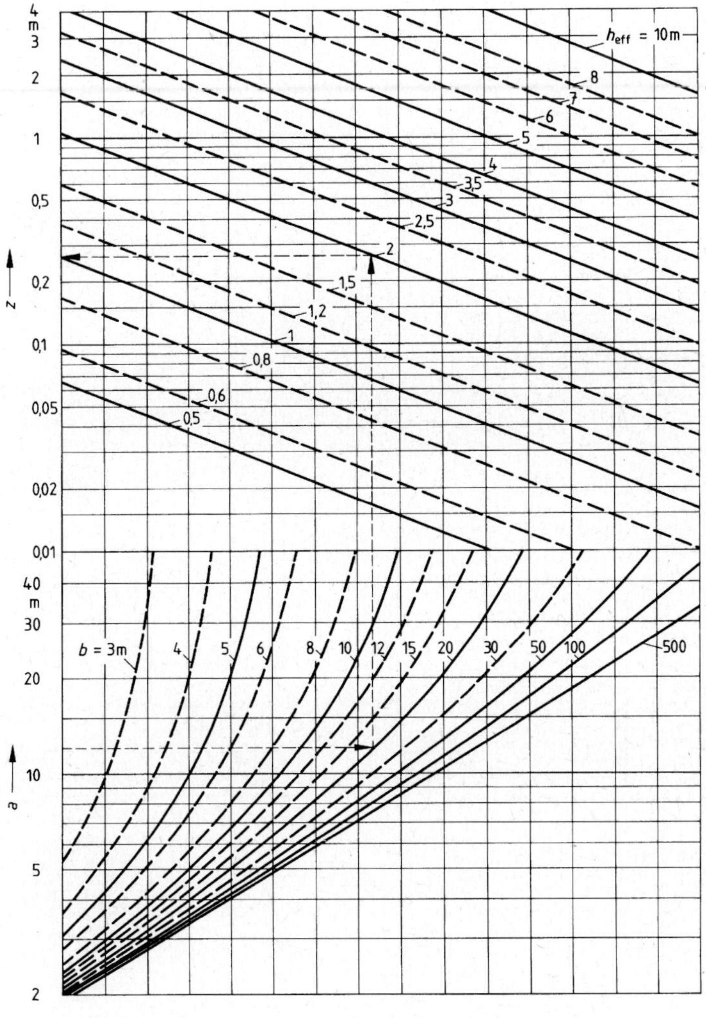

Bild 11. Diagramm zur Bestimmung des Schirmwertes z

Eingezeichnetes Beispiel: a = 12 m, b = 20 m, h_{eff} = 2 m, z = 0,27 m

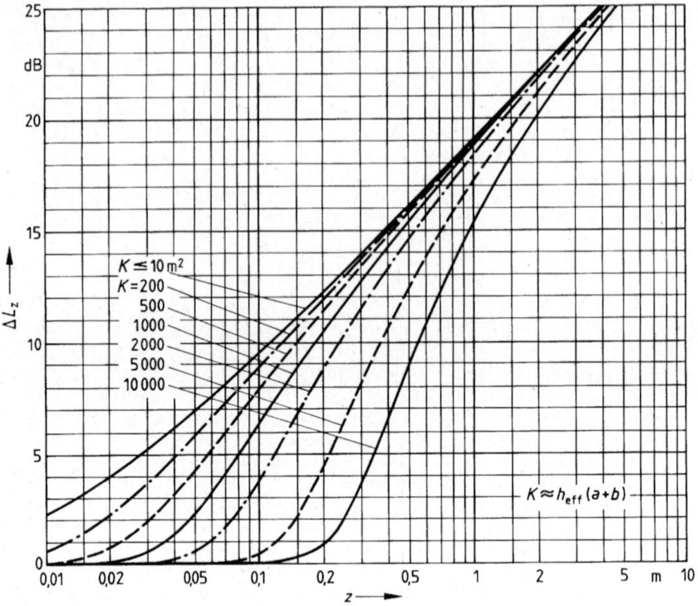

Bild 12. Diagramm zur Bestimmung von ΔL_z für Straßenverkehrsgeräusche

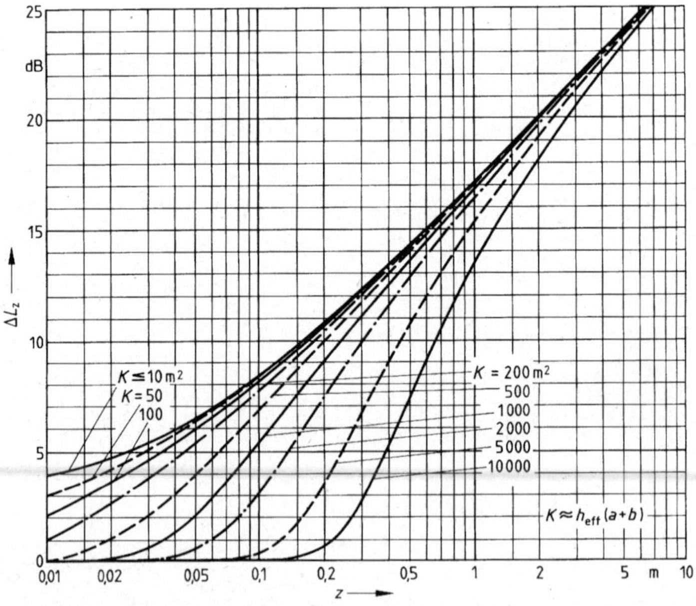

Bild 13. Diagramm zur Bestimmung von ΔL_z für Schienenverkehrsgeräusche

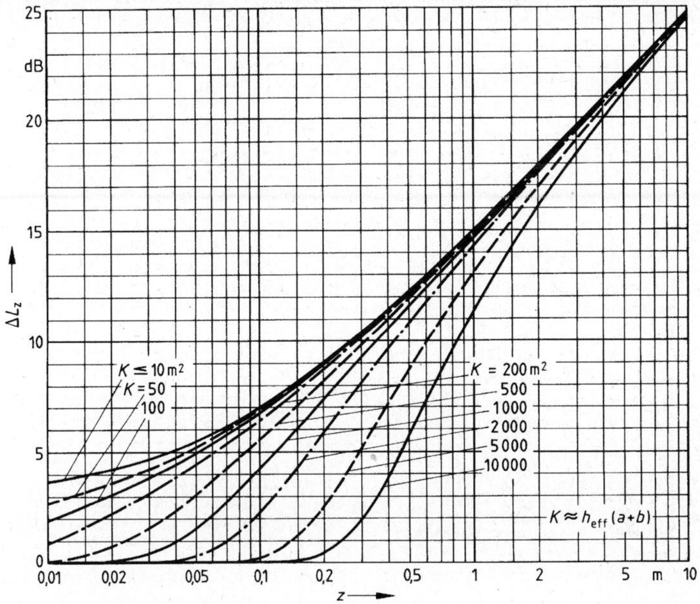

Bild 14. Diagramm zur Bestimmung von ΔL_z für Industriegeräusche

– übliche Industriegeräusche (breitbandige Geräusche mit Frequenzschwerpunkt bei etwa 700 Hz)

$$\Delta L_z = \left[10 \lg \left[1 + (1 + 30 \frac{z}{\text{m}}) K_W\right]\right] \text{dB} \geq 0 \text{ dB} \quad (21)$$

mit

$$K_W = e^{-\left(\frac{a \cdot b}{h_{eff} \cdot 5700 \text{ m}}\right)} = e^{-\left(\frac{K}{z \cdot 11400 \text{ m}}\right)} \quad (22)$$

mit

$$K \approx h_{eff}\,(a + b)$$

K_W Korrektur zur Berücksichtigung von Wettereinflüssen

Anmerkung 4: Bei Industrie- und Gewerbegebieten liegen die relevanten Schallquellen meistens sehr hoch.

Legt man bei ausgedehnten Schallquellen für die Berechnung der Pegelminderung durch Abschirmung den Punkt der Schallquelle zugunde, für den ΔL_z am kleinsten ist, so liegt man auf der sicheren Seite, d. h., man erhält meist zu hohe Beurteilungspegel.

Durch Unterteilung der Schallquelle in Teilschallquellen läßt sich die Genauigkeit erhöhen.

Die Wirksamkeit von Abschirmeinrichtungen soll in kritischen Fällen nach VDI 2720 Blatt 1 (z. Z. Entwurf) berechnet werden.

Vor den Fenstern auf der von Schallquellen abgewandten Seite eines Hauses kann ohne rechnerischen Nachweis mit einem 10 dB niedrigeren Schallpegel gerechnet werden als auf der lauten Seite, vorausgesetzt, daß kein Schall von anderen Flächen dorthin reflektiert wird.

5.5.2 Gehölz und Bebauung

Spürbare Pegelminderungen durch Gehölz und offene Bebauung werden in der Regel erst bei längeren Schallausbreitungswegen erreicht. Angaben in der Literatur über die Minderungswirkung verschiedener Bewuchsarten und -anordnungen streuen stark. Für Planungszwecke kann zur Bestimmung von ΔL_G von folgenden Angaben ausgegangen werden:

– Niederer Bewuchs

Die Schallpegelminderung bei Ausbreitung über niedrig bewachsenen Bodenflächen (Bodenabsorption) wird nicht zusätzlich berücksichtigt.

– Gehölze

Für dichte Waldbepflanzungen mit bleibender Unterholzausbildung kann für Verkehrsgeräusche eine zusätzliche Schallpegelminderung angenommen werden. Sie beträgt für punktförmige Schallquellen 5 dB je 100 m und für lange, gerade Verkehrswege – nach Abschnitt 6.1 – 6 dB je 100 m, jedoch in beiden Fällen höchstens 10 dB.

Die Werte dürfen nur dann angesetzt werden, wenn der Wald bis nahe (50 m oder weniger) an den Verkehrsweg oder an den Immissionsort heranreicht.

– Bebauung

Die Pegelminderung infolge Abschirmung durch Bebauung kann nach Abschnitt 5.5.1 berechnet werden.

Sonst kann bei Schallausbreitung durch bebautes Gebiet näherungsweise mit einer zusätzlichen Pegelminderung in dB

$$\Delta L_G \approx 0{,}1 \cdot D \cdot s_G \quad (23)$$

gerechnet werden. Hierin ist s_G die Teillänge der Strecke s zwischen Schallquelle und Immissionsort, die im bebauten Gebiet liegt (siehe Bild 15). Die Bebauungsdichte D ist das Verhältnis der bebauten Fläche zur Gesamtfläche des Baugebietes; als Grenze des Baugebietes gilt der äußere Rand der Bebauung.

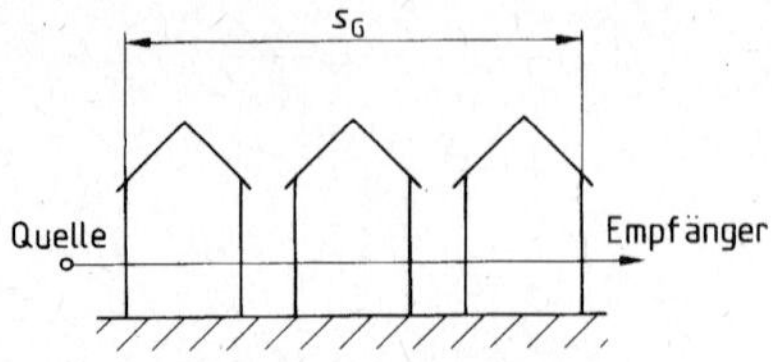

Bild 15. Abschirmung durch Bebauung

Die Werte dürfen nur dann angesetzt werden, wenn die Bebauung bis nahe (50 m oder weniger) an die Quelle oder an den Immissionsort heranreicht.

Wenn gleichzeitig offene Bebauung und Gehölz vorhanden sind, ist der höhere von beiden Werten anzusetzen, jedoch maximal $\Delta L_G = 10$ dB.

5.6 Schallpegelerhöhung durch Reflexion

Befindet sich nahe der Schallquelle oder einem Immissionsort eine größere Fläche (z. B. Mauer, Hausfront), so ist der von dort reflektierte Schall dadurch zu berücksichtigen, daß man sich die reflektierende Fläche F durch die an ihr gespiegelte Schallquelle (Spiegelschallquelle) ersetzt denkt (in Bild 16 mit einer Strich-Zweipunktlinie eingezeichnet). Wenn die Originalschallquelle gegen einen Empfänger abgeschirmt ist, die Spiegelschallquelle aber nicht, dann kann die letztere die Schallimmission wesentlich bestimmen.

Spiegelschallquellen sind wie Originalschallquellen zu behandeln.

Der Schalleistungspegel der Spiegelschallquelle wird niedriger angenommen als der der Originalschallquelle, weil bei der Reflexion durch Absorption oder Streuung ein Teil der auftreffenden Schallenergie verlorengeht.

Bei jeder Reflexion ist deshalb bei glatten Wänden ein Reflexionsverlust von 1 dB, bei stark strukturierten Wänden (z. B. Hausfronten mit Balkonen) ein Reflexionsverlust von 2 dB anzunehmen.

Der Reflexionsverlust von reflektierenden[3]) Lärmschutzwänden wird mit 1 dB, von absorbierenden[3]) Lärmschutzwänden mit 4 dB und von hochabsorbierenden[3]) Lärmschutzwänden mit 8 dB angenommen.

Zur Pegelerhöhung durch Mehrfachreflexion in beiderseits bebauten Straßen siehe Abschnitt 6.3.

6 Rechenverfahren für Verkehrswege

Bei Straßen werden die Beurteilungspegel für die beiden äußersten Fahrstreifen, bei Schienenwegen für jedes Gleis, getrennt berechnet und dann nach Abschnitt 5.3 zusammengefaßt. Dabei wird für jeden der beiden Fahrstreifen mit der Hälfte der Verkehrsmenge auf der Straße und für jedes Gleis mit der jeweils zugehörigen Verkehrsmenge gerechnet.

Wenn der Abstand des Immissionsortes von der Mittelachse des Verkehrsweges größer als der Abstand zwischen den Achsen der beiden äußersten Fahrstreifen oder beiden äußersten Gleise ist, kann stattdessen für die Berechnung die Schallquelle auf der Mittelachse angenommen werden.

6.1 Langer, gerader Verkehrsweg mit homogener Emission bei freier Schallausbreitung

Der Beurteilungspegel an einem Verkehrsweg kann bei freier Schallausbreitung nach dem in diesem Abschnitt beschriebenen Verfahren berechnet werden, wenn folgende Bedingungen (siehe Bilder 17 und 18) eingehalten sind:

a) Vom Immissionsort muß nach beiden Seiten ein Stück des Verkehrsweges eingesehen werden, das mindestens dreimal so lang ist wie der Abstand $s_\perp$ des Immissionsortes vom Verkehrsweg, d. h., es muß

$$l_1 \geq 3\, s_\perp \text{ und } l_2 \geq 3\, s_\perp$$

sein. (Wenn das einzusehende Stück kürzer ist, ergibt das Verfahren zu hohe Beurteilungspegel.)

b) Die Achse des Verkehrsweges muß im Lageplan innerhalb des im Bild 18 gekennzeichneten Bereiches verlaufen.

c) Die Emission muß homogen, d. h. auf der gesamten, nach a) beschriebenen Länge gleich sein (auf der gesamten Länge gleiche Verkehrsmenge, Verkehrszusammensetzung, Fahrgeschwindigkeit, Fahrbahnoberfläche, Steigung).

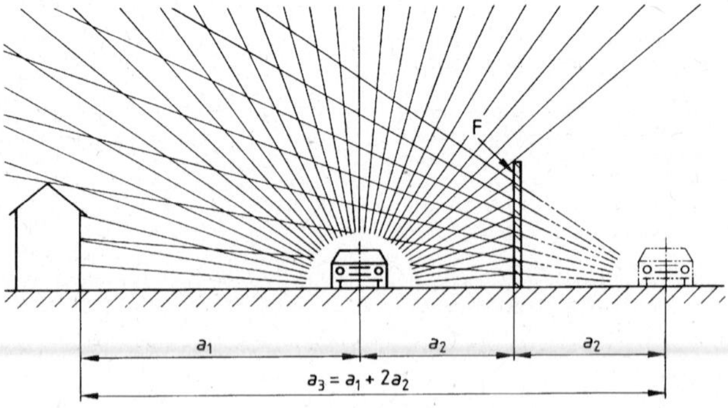

Bild 16. Spiegelung einer Schallquelle

[3]) Die Klassifizierung erfolgt nach den „Zusätzliche Technische Vorschriften und Richtlinien für die Ausführung von Lärmschutzwänden an Straßen" (ZTV-Lsw 81) und kann vom Hersteller erfragt werden. Bei Lärmschutzwänden nach der „Richtlinie für bauliche Lärmschutzanlagen an Eisenbahnstrecken (RLE) – DS 800/1/III –" kann die Reflexion vernachlässigt werden.

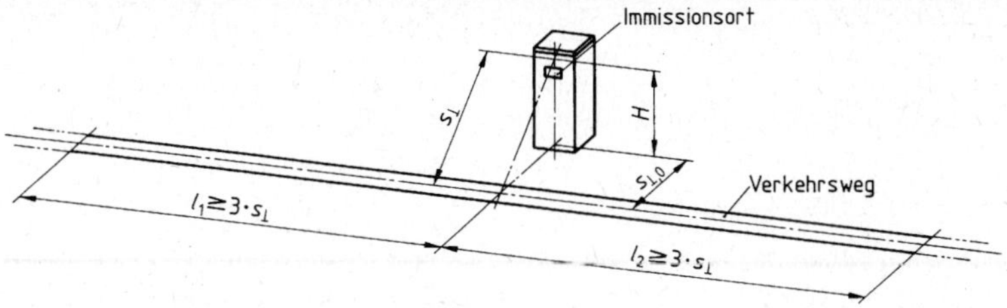

Bild 17. Bedingungen bei langen, geraden Verkehrswegen

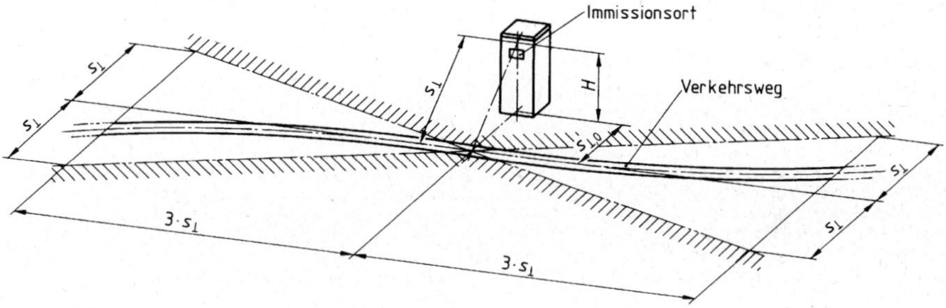

Bild 18. Bedingungen bei langen, geraden Verkehrswegen

6.1.1 Lange, gerade Straße

Der Beurteilungspegel wird für tags (6.00 bis 22.00 Uhr) und für nachts (22.00 bis 6.00 Uhr) nach folgender Gleichung berechnet:

$$L_r = L_{m,E} - \Delta L_{s,\perp} + \Delta L_K \qquad (24)$$

mit $L_{m,E} = L_m^{(25)} + \Delta L_{StrO} + \Delta L_v + \Delta L_{Stg}$ (25)

Hierin bedeuten:

$L_{m,E}$ Emissionspegel

ΔL_K Zuschlag nach Tabelle 6 für erhöhte Störwirkung von lichtzeichengeregelten Kreuzungen und Einmündungen

$\Delta L_{s,\perp}$ Korrektur für unterschiedliche horizontale Abstände $s_{\perp,0}$ und Höhenunterschiede H zwischen der Schallquelle und der zu schützenden baulichen Anlage (Immissionsort) nach Bild 19

$L_m^{(25)}$, ΔL_{StrO}, ΔL_v und ΔL_{Stg} siehe Abschnitt 4.1.1.

6.1.2 Schienenweg

Der Beurteilungspegel L_r von einem Gleis wird für tags (6.00 bis 22.00 Uhr) und für nachts (22.00 bis 6.00 Uhr) nach folgender Gleichung berechnet:

$$L_r = L_{m,E} - \Delta L_{s,\perp} + \Delta L_K \qquad (27)$$

Hierin bedeuten:

$L_{m,E}$ Mittelungspegel in 25 m Abstand („Emissionspegel") von der Mitte des betrachteten Gleises für alle auf dem Gleis verkehrenden Zuggattungen zusammen als Gesamtpegel, der sich durch Überlagerung (siehe Abschnitt 5.3) der nach folgender Gleichung bestimmten Teilschallpegel ergibt:

$$L_{m,E,i} = 51\ \text{dB} + \Delta L_{l,i} + \Delta L_{v,i} + \Delta L_{D,i} + \Delta L_{F,i} \qquad (28)$$

Hierin bedeuten:

$\Delta L_{l,i}$ $10 \lg \left(\frac{n_i \cdot l_i}{100}\right)$ dB; Korrektur nach Bild 5 zur Berücksichtigung der mittleren Anzahl der Züge je Stunde n_i und der mittleren Zuglänge l_i in m

$\Delta L_{v,i}$ $20 \lg \left(\frac{v_i}{100}\right)$ dB; Korrektur nach Bild 6 zur Berücksichtigung der mittleren Geschwindigkeit v_i in km/h

$\Delta L_{D,i}$ $10 \lg (7{,}95 - 0{,}0695 \cdot p_i)$ dB; Korrektur nach Bild 7 zur Berücksichtigung des Anteils scheibengebremster Fahrzeuge p_i in %; Straßenbahnen sind grundsätzlich als klotzgebremste Fahrzeuge anzusetzen

$\Delta L_{F,i}$ Korrektur nach Tabelle 5 zur Berücksichtigung der Zugart

$\Delta L_{s,\perp}$ Korrektur nach Bild 19 für unterschiedliche horizontale Abstände $s_{\perp,0}$ und Höhenunterschiede H zwischen der jeweiligen Gleisachse und der zu schützenden baulichen Anlage

$\Delta L_K = -5$ dB an freien Strecken (siehe Abschnitt 5.2).

6.2 Lange, parallele Abschirmung

Durch eine ausreichend lange Abschirmeinrichtung (Wall, Wand, auch Häuserzeile) parallel zu einem langen, geraden Verkehrsweg verringert sich der nach Abschnitt 6.1 berechnete Beurteilungspegel um den Wert $\Delta L_{z,\perp}$, der nach Abschnitt 6.2.1 berechnet werden kann.

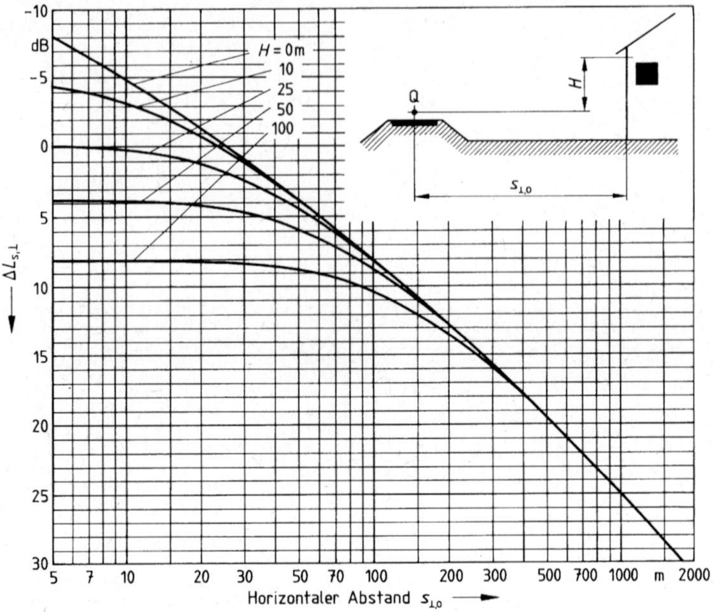

Bild 19. Korrektur $\Delta L_{s,\perp}$ für unterschiedliche horizontale Abstände $s_{\perp,0}$ (in m) und Höhenunterschiede H (in m) zwischen der Schallquelle und der zu schützenden baulichen Anlage (Immissionsort)

Hierin bedeuten:

$$\Delta L_{s,\perp} = (-13{,}8 + 3{,}5x + x^2/2)\ \text{dB} \qquad (26)$$

$$\text{mit } x = \lg\left(\frac{s_{\perp,0}^2 + H^2}{\text{m}^2}\right)$$

Wenn der Immissionsort unter Straßen- oder Gleisniveau liegt, treten zusätzlich Abschirmeffekte auf, die nach Abschnitt 6.2 berechnet werden.

6.2.1 Straße

Für einen langen, geraden Fahrstreifen gilt:

$$\Delta L_{z,\perp} = \left[8 \cdot \lg\left(1 + 80 \cdot \frac{z}{\text{m}}\right) - 0{,}1\sqrt{\frac{K}{\text{m}^2}}\right]\ \text{dB} \geq 0\ \text{dB}, \qquad (29)$$

wenn die Länge der Abschirmeinrichtung senkrecht zur Bildebene in Bild 10 nach beiden Seiten mindestens $0{,}4 \cdot \frac{\Delta L_{z,\perp} \cdot b}{\text{dB}}$ beträgt.

Hierin bedeuten:

z Schirmwert nach den Gleichungen (17) oder (18) für einen Querschnitt senkrecht zur Straße

$K = h_{\text{eff}}\ (a + b)$ nach Abschnitt 5.5.1 für die Ebene senkrecht zur Straße.

Bei Straßen mit mehreren Fahrstreifen kann für die Berechnung der Pegelminderung durch Abschirmung die Schallquelle in der Mitte der Straße angenommen werden, wenn für den am weitesten entfernten Fahrstreifen noch die Bedingung

$$H_{\text{E}} < h_{\text{W}}\ (a_0 + b_0)/a_0 \qquad (30)$$

erfüllt ist (siehe Bild 20), d. h., keine Sichtverbindung mehr zum Immissionsort besteht.

6.2.2 Schienenweg

Für ein langes, gerades Gleis gilt:

$$\Delta L_{z,\perp} = \left[9{,}4 \cdot \lg\left[1 + \left(1 + 50\ \frac{z}{\text{m}}\right) K_{\text{W}}\right]\right]\ \text{dB} \geq 0\ \text{dB} \qquad (31)$$

Hierin bedeuten:

z Schirmwert nach den Gleichungen (17) oder (18) für einen Querschnitt senkrecht zum Gleis

K_{W} Korrektur zur Berücksichtigung von Wettereinflüssen nach Gleichung (22) für einen Querschnitt senkrecht zum Gleis.

Vorausgesetzt ist, daß die Abschirmeinrichtung senkrecht zur Bildebene in Bild 10 nach beiden Seiten mindestens die Länge $5b$ hat. Für die Berechnung von ΔL_z für kürzere Schirme wird auf die „Information Schall 03" und „Information Akustik 04" verwiesen.

6.3 Mehrfachreflexion bei beiderseits geschlossener Bebauung

Wenn ein Verkehrsweg beiderseits geschlossen bebaut ist, erhöht sich der Beurteilungspegel gegenüber freier Schallausbreitung nach Abschnitt 6.1 – zuzüglich zur Einfachreflexion von der gegenüberliegenden Hausfront nach Abschnitt 5.6 – durch die Mehrfachreflexion um den Wert ΔL_{refl} nach Tabelle 7.

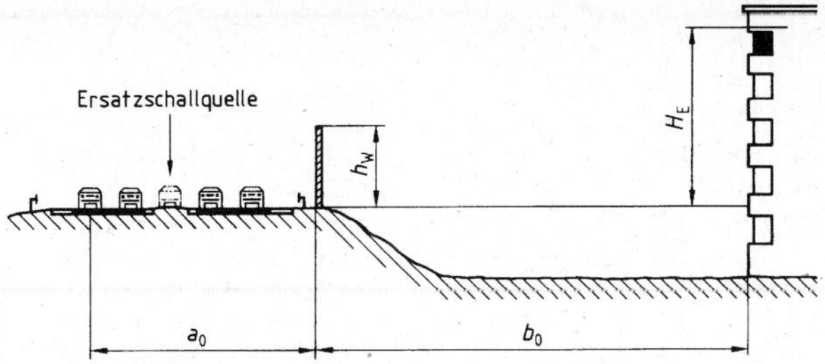

Bild 20. Darstellung zur Berechnung von Abschirmungen an Straßen

Tabelle 7. **Pegelerhöhung durch Mehrfachreflexion bei beiderseits geschlossener Bebauung**

Spalte	1	2
Zeile	h/w	ΔL_{refl} dB
1	0,1	0
2	0,3	1
3	0,5	2
4	0,8	3

h mittlere Gebäudehöhe
w mittlerer Abstand zwischen den Hausfronten
Zwischenwerte sind linear zu interpolieren.

6.4 Unterteilung eines Verkehrsweges in annähernd gerade Teilstücke mit homogener Emission

Verkehrswege, die nicht den Bedingungen in Abschnitt 6.1 genügen, müssen in ausreichend kleine, annähernd gerade und homogene Teilstücke unterteilt werden. Dann berechnet man für jedes Teilstück i mit der Länge l_i den Beurteilungspegel $L_{r,i}$ nach Gleichung (14) mit L_W nach Gleichung (2) und $L_{W'}$ nach Gleichung (4) oder Gleichung (8) und faßt anschließend alle $L_{r,i}$ nach Abschnitt 5.3 zum resultierenden Beurteilungspegel zusammen.

Die Länge l_i eines Teilstückes braucht nicht kleiner als 0,7 s_i gemacht zu werden (s_i ist der Abstand des Immissionsortes von der Mitte des Teilstückes), wenn

a) die Emission längs des Teilstückes konstant ist,
b) bei vorhandener Abschirmung die Schirmkante parallel zu dem Teilstück verläuft und sich – vom Immissionsort gesehen – mindestens über die gesamte Länge des Teilstückes erstreckt,
c) Gehölz und/oder Bebauung (siehe Abschnitt 5.5.2) zwischen dem Teilstück und dem Immissionsort sich – vom Immissionsort gesehen – über die gesamte Länge des Teilstückes erstreckt,

sonst ist eine feinere Unterteilung erforderlich (siehe Abschnitt 3.1).

Die Beiträge zum Beurteilungspegel von Teilstücken, deren Abstände vom Immissionsort mehr als das 10fache des Abstandes des dem Immissionsort nächsten Teilstückes oder mehr als 5 km betragen, können vernachlässigt werden.

6.5 Vom Immissionsort wegführendes Straßenteilstück

Verläuft ein Straßenabschnitt innerhalb eines nach Bild 21 begrenzten Sektors vom Immissionsort stetig weg und ist $s_f \geq 3\ s_n$ und $H \leq s_{n,0}/3$, so kann der Beurteilungspegel für diesen Straßenabschnitt bei freier Schallausbreitung näherungsweise nach der Gleichung

$$L_{r,i} = L_{r,s} - 5{,}5\ \text{dB} \quad (32)$$

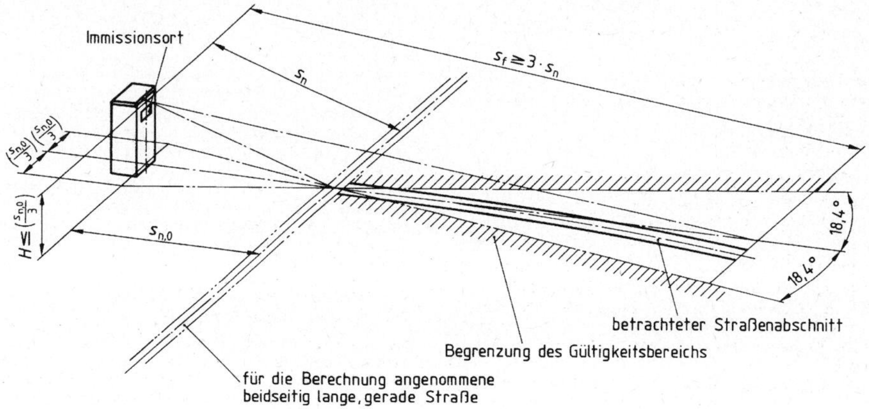

Bild 21. Vom Immissionsort wegführendes Straßenteilstück

berechnet werden. Hierin ist $L_{r,s}$ der nach Abschnitt 6.1.1 für die in Bild 21 mit einer Strich-Zweipunktlinie eingezeichnete lange, gerade Straße berechnete Beurteilungspegel.

Anwendungsbeispiele

Beispiel 1: Lange, gerade Straße mit Kraftfahrzeug- und Straßenbahnverkehr ohne Abschirmung

Der Beurteilungspegel an einem Haus soll berechnet werden, das sich in 50 m Abstand von der Achse einer zweistreifigen langen, geraden Gemeindeverbindungsstraße befindet, die von dem Haus vollständig eingesehen werden kann. Höhe des Immissionsortes $H = 4$ m. Die Berechnung erfolgt in diesem Fall nach Abschnitt 6.1.1.

Die durchschnittliche tägliche Verkehrsstärke beträgt

$DTV = 8000$ Kfz/24 h.

Da keine weiteren projektbezogenen Angaben über die Verkehrsdaten vorliegen, wird die maßgebende stündliche Verkehrsstärke M und der maßgebende Lkw-Anteil nach Tabelle 4 ermittelt. Nach Tabelle 4, Zeile 3, ist

tags: $M = 0{,}06\ DTV = 480$ Kfz/h, $p = 20\%$

nachts: $M = 0{,}008\ DTV = 64$ Kfz/h, $p = 10\%$.

Aus Bild 3 ergibt sich der Mittelungspegel $L_m^{(25)}$ zu

tags: $L_m^{(25)} = 68{,}3$ dB

nachts: $L_m^{(25)} = 58{,}0$ dB.

Die Straße hat eine Fahrbahn aus Beton, dafür ergibt sich aus Tabelle 2

$\Delta L_{StrO} = 1$ dB.

Die zulässige Geschwindigkeit beträgt 50 km/h, dafür ergibt sich nach Bild 4

tags: $\Delta L_v = -3{,}4$ dB

nachts: $\Delta L_v = -4{,}1$ dB.

Die Steigung beträgt 1%, somit ist nach Tabelle 3

$\Delta L_{Stg} = 0$ dB.

Die Abstandskorrektur beträgt nach Bild 19 für $s_{\perp,0} = 50$ m und $H = 4$ m

$\Delta L_{s,\perp} = 3{,}9$ dB.

Der Beurteilungspegel der Kfz-Geräusche am Immissionsort beträgt somit nach Gleichung (24)

tags: $L_r = (68{,}3 + 1 - 3{,}4 - 3{,}9)$ dB $= 62{,}0$ dB

nachts: $L_r = (58{,}0 + 1 - 4{,}1 - 3{,}9)$ dB $= 51{,}0$ dB.

Auf der Straße verkehren tags $n = 20$ und nachts im Mittel $n = 4$ Straßenbahnzüge/h mit $v = 50$ km/h und $l = 30$ m Zuglänge.

Aus Bild 5 wird für

$n_i = 20$ Züge/h und $l_i = 30$ m

tags: $\Delta L_{l,i} = 7{,}8$ dB

und für

$n_i = 4$ Züge/h und $l_i = 30$ m

nachts: $\Delta L_{l,i} = 0{,}8$ dB

abgelesen.

Die Geschwindigkeitskorrektur nach Bild 6 beträgt

$\Delta L_{v,i} = 20 \lg (v_i/100)$ dB $= -6$ dB.

Die Korrektur nach Bild 7 beträgt

$\Delta L_{D,i} = 9$ dB

und die Korrektur nach Tabelle 5 beträgt

$\Delta L_{F,i} = 3$ dB.

Der Emissionspegel beträgt dann nach Gleichung (28)

tags: $L_{m,E} = (51 + 7{,}8 - 6 + 9 + 3)$ dB $= 64{,}8$ dB

nachts: $L_{m,E} = (51 + 0{,}8 - 6 + 9 + 3)$ dB $= 57{,}8$ dB

und der Beurteilungspegel der Straßenbahngeräusche am Haus

tags: $L_r = (64{,}8 - 3{,}9)$ dB $= 60{,}9$ dB

nachts: $L_r = (57{,}8 - 3{,}9)$ dB $= 53{,}9$ dB.

Für Kfz- und Straßenbahnverkehr zusammen berechnet sich der Beurteilungspegel nach Gleichung (15) zu

tags: $L_r = 64{,}5$ dB, aufgerundet 65 dB

nachts: $L_r = 55{,}7$ dB, aufgerundet 56 dB.

Beispiel 2: Immission von Teilstücken einer Straße

Jetzt werden drei Stücke der Straße aus Beispiel 1 betrachtet (siehe Bild 22):

Teilstück 1: $y = -\infty$ bis $y = -80$ m

Teilstück 2: $y = -80$ bis $y = 35$ m

Teilstück 3: $y = 35$ bis $y = \infty$ m

Fall 1

Würden die Teilstücke 1 und 3 im Tunnel verlaufen oder wären sie durch sehr hohe Häuserzeilen völlig abgeschirmt, so wäre nur das Teilstück 2 für das Haus als Schallquelle wirksam. Das Teilstück 2 hat eine Länge von 115 m. Es ist somit länger, als die Bedingung nach Gleichung (1) erlaubt, und kann deshalb nicht als eine Punktschallquelle betrachtet werden.

Teilstück 2 wird in drei Stücke unterteilt, die die Bedingung nach Gleichung (1) erfüllen. Der längenbezogene Schallleistungspegel der Straße berechnet sich nachts für die Kfz-Geräusche nach Gleichung (4) zu

$L_{W'} = (58 + 1 - 4{,}1 + 0 + 17{,}6)$ dB $= 72{,}5$ dB

und für die Straßenbahngeräusche nach Gleichung (8) zu

$L_{W'} = (68{,}6 + 0{,}8 - 6 + 9 + 3)$ dB $= 75{,}4$ dB.

Für beide zusammen beträgt er nach Bild 8 oder Gleichung (15)

$L_{W'} = 77{,}2$ dB.

In Tabelle 8 wird diese zweite Unterteilung und die Berechnung des Beurteilungspegels für nachts (L_r) durchgeführt. Dabei wird L_W nach Gleichung (2) und ΔL_s aus Bild 9 ermittelt.

Der resultierende Beurteilungspegel von Teilstück 2 wird aus den Beurteilungspegeln für nachts L_r schrittweise nach Bild 8 oder nach Gleichung (15) errechnet und beträgt $L_r = 53{,}7$ dB, aufgerundet 54 dB.

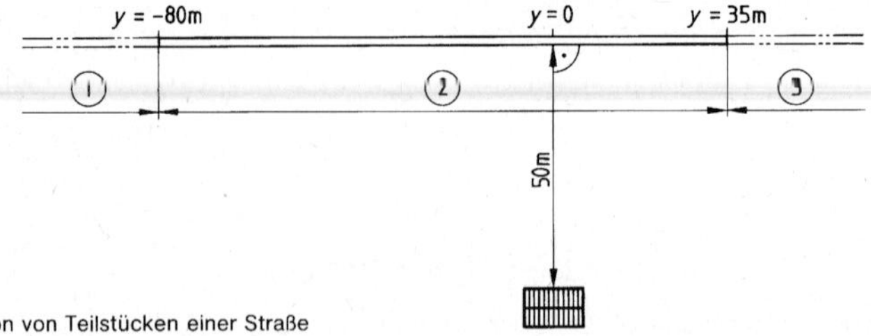

Bild 22. Immission von Teilstücken einer Straße

Tabelle 8. **Berechnung des Beurteilungspegels für nachts L_r**

Spalte	1	2	3	4	5	6	7
Zeile	Teil-stück-Nr	Lage	l m	s m	L_W dB	ΔL_s dB	L_r dB
1	1	−80 bis −35	45	76	93,7	−46,7	47,0
2	2	−35 bis 0	35	53	92,6	−43,0	49,6
3	3	0 bis 35	35	53	92,6	−43,0	49,6

Fall 2

Wäre statt der Teilstücke 1 und 3 das Teilstück 2 durch eine sehr hohe Häuserzeile abgeschirmt oder durch einen Tunnel geführt, so blieben nur die Teilstücke 1 und 3 als Schallquellen übrig. Deren Beitrag zum Beurteilungspegel kann analog zu Gleichung (15) mit Hilfe des Beurteilungspegels $L_{r,G}$ von der gesamten Straße (55,7 dB – siehe Beispiel 1) und dem von dem Teilstück 2 allein (L_2 = 53,7 dB – siehe Fall 1) nach folgender Gleichung berechnet werden:

$$L_1 = 10 \lg \left(10^{0,1 L_{r,G}/\text{dB}} - 10^{0,1 L_2/\text{dB}}\right) \text{dB}$$

$$L_r = 10 \lg \left(10^{0,1 \cdot 55,7} - 10^{0,1 \cdot 53,7}\right) \text{dB} = 51,4 \text{ dB;}$$

d. h., daß selbst durch völlige Abschirmung (Tunnel) des 115 m langen Teilstückes 2 der Beurteilungspegel am Haus nur um etwa 4 dB verringert werden kann.

Beispiel 3: Lange, gerade Straße mit einer langen Lärmschutzwand

Der Mittelungspegel eines langen, geraden Fahrstreifens beträgt in 25 m Abstand 63 dB. Der Immissionsort befindet sich in 100 m Abstand von der Fahrstreifenmitte und in 10,5 m Höhe über Straßenniveau. Bis dahin nimmt der Pegel nach Bild 19 um 8,2 dB auf 54,8 dB ab, wenn freie Schallausbreitung herrscht.

Um den Beurteilungspegel am Immissionsort auf 45 dB zu verringern, wird eine Lärmschutzwand geplant, die eine Pegelminderung um 10 dB bewirken soll (siehe Bild 23).

Nach Abschnitt 6.2.1 ist

$$\Delta L_{z,\perp} = \left[8 \cdot \lg\left(1 + 80 \cdot \frac{z}{\text{m}}\right) - 0,1 \sqrt{\frac{K}{\text{m}^2}}\right] \text{dB,}$$

wenn die Wandlänge nach beiden Seiten mindestens

$$0,4 \cdot \frac{\Delta L_{z,\perp}}{\text{dB}} \cdot b$$

beträgt.

Die erforderliche Mindesthöhe der Wand wird bestimmt, indem $\Delta L_{z,\perp}$ für verschiedene Wandhöhen berechnet und gegebenenfalls interpoliert wird. Im vorliegenden Fall ist

$$h_{\text{eff}} \approx h_W - \frac{10,5 \cdot 0,5}{90 + 10} \cdot 10 \text{ m} - 0,5 \text{ m} = h_W - 1,5 \text{ m}$$

und

$$K \approx h_{\text{eff}} \cdot 100;$$

z wird aus Bild 11 und ΔL_z (für $K_W = 1$) aus Bild 12 abgelesen. Es gilt

$$\Delta L_{z,\perp} = 0,8 \cdot \Delta L_z - 0,1 \sqrt{\frac{K}{\text{m}^2}} \text{ dB.}$$

Die Berechnung ist in der Tabelle 9 wiedergegeben.

Tabelle 9. **Berechnung von verschieden hohen Lärmschutzwänden**

Spalte	1	2	3	4	5	6
Zeile	h_W m	h_{eff} m	K m²	z m	ΔL_z dB	$\Delta L_{z,\perp}$ dB
1	3,5	2	200	0,22	12,7	8,8
2	4,0	2,5	250	0,35	14,6	10,1
3	4,5	3	300	0,5	16,1	11,2

Mit der 4 m hohen Wand wird die geforderte Pegelminderung erreicht, und der Beurteilungspegel beträgt

(54,8 − 10,1) dB = 44,7 dB, aufgerundet 45 dB.

Die erforderliche Länge der Wand beträgt etwa

(2 · 0,4 · 10,1 · 90) m ≈ 730 m.

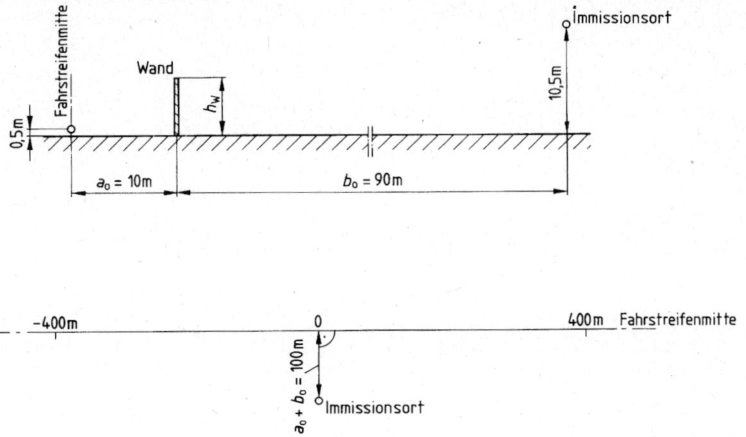

Bild 23. Lange, gerade Straße mit einer langen Lärmschutzwand

Tabelle 10. **Berechnung der Beurteilungspegel $L_{r,i}$**

Spalte	1		2	3	4	5	6	7	8	9
Zeile			Teilstück i							
			1	2	3	4	5	6	7	8
1	Lage, bezogen auf Punkt 0	m	– ∞ – 410	– 410 – 190	– 190 – 75	– 75 0	0 75	75 190	190 410	410 ∞
2	l_i	m	–	220	115	75	75	115	220	–
3	10 lg l_i/l_0	dB	–	23,4	20,6	18,8	18,8	20,6	23,4	–
4	$L_{W,i}$ ($L_m^{(25)}$)	dB	(63)	104	101,2	99,4	99,4	101,2	104	(63)
5	$s_{0,i}$ ($s_{n,0}$)	m	(422)	316	166	107	107	166	316	(422)
6	$\Delta L_{s,i}$ ($\Delta L_{s,n}$)	dB	(18,4)	62,3	55,1	50,3	50,3	55,1	62,3	(18,4)
7	h_{eff}	m	–	–	2,5	2,5	2,5	2,5	–	–
8	z	m	–	–	0,21	0,32	0,32	0,21	–	–
9	ΔL_z	dB	–	–	11,8	13,9	13,9	11,8	–	–
10	$L_{r,i}$	dB	39,1	41,7	34,3	35,2	35,2	34,3	41,7	39,1

Beispiel 4: Lange, gerade Straße mit einer kurzen Lärmschutzwand

Wenn die örtlichen Gegebenheiten nach Beispiel 3 nur eine Lärmschutzwand mit 190 m Länge nach beiden Seiten (Gesamtlänge 2 · 190 m) zulassen, wird die Pegelminderung bei gleicher Höhe von 4 m entsprechend geringer.

Die Berechnung kann dann nicht mehr nach Abschnitt 6.2.1 erfolgen, und die Straße muß nach Abschnitt 3.1 oder Abschnitt 6.4 in Teilstücke unterteilt werden, die die dort genannten Bedingungen erfüllen.

Der längenbezogene Schalleistungspegel beträgt nach Gleichung (4)

$$L_{W'} = (63 + 17{,}6) \text{ dB} = 80{,}6 \text{ dB}.$$

Die Aufteilung in Teilstücke und die Berechnung der Beiträge der einzelnen Teilstücke zum Beurteilungspegel sind in Tabelle 10 wiedergegeben.

In der Tabelle werden nach den Abschnitten 5.4, 6.4 und 5.5.1 für die Teilstücke 2 bis 7 ermittelt:

l_i nach Gleichung (1)

L_W nach Gleichung (2)

$\Delta L_{s,i}$ nach Bild 9

h_{eff} wie in Beispiel 3

z aus Bild 11

ΔL_z nach Bild 12

$L_{r,i}$ nach Gleichung (14)

und nach Abschnitt 6.5 für die Teilstücke 1 und 8 (Angaben in Tabelle 10 in Klammern gesetzt):

$L_{r,i}$ nach Gleichung (32) mit

$L_{r,s}$ nach Gleichung (24).

(Da Straße und Abschirmung zum Immissionsort symmetrisch liegen, würde es genügen, die Rechnung nur für die Teilstücke 1 bis 4 oder 5 bis 8 durchzuführen – also die eine Hälfte der Straße – und für die andere 3 dB zum Ergebnis zu addieren.)

Der Beitrag der nicht abgeschirmten Teilstücke zum Beurteilungspegel beträgt 46,7 dB, der des abgeschirmten Teils nur 37,8 dB; zusammen ergibt das 47,2 dB, aufgerundet 48 dB.

Anmerkung: Der Pegel ließe sich in diesem Fall wegen der begrenzten Länge der Abschirmung selbst dann nicht unter 47 dB senken, wenn man die Wand beliebig hoch machen würde.

Da der Beurteilungspegel von den nicht abgeschirmten Teilstücken wesentlich höher ist als der des abgeschirmten, lohnt es sich nicht, die Wand 4 m hoch zu machen. Mit einer nur 3 m hohen Wand würde sich ein nur etwa 1 dB höherer Beurteilungspegel ergeben.

Beispiel 5: Teils im Einschnitt, teils auf einem Damm verlaufende Bundesautobahn mit und ohne Lärmschutzwand auf dem Damm

In etwa 300 m Abstand von einer Autobahn wird ein allgemeines Wohngebiet (WA) ausgewiesen (siehe Bild 24). Die Orientierungswerte nach Beiblatt 1 zu DIN 18 005 Teil 1 von 55 dB tags und 45 dB nachts sollen nicht überschritten werden. Es ist zu prüfen, ob und in welchem Umfang Schallschutzmaßnahmen an der Autobahn erforderlich sind.

Prognostizierte durchschnittliche tägliche Verkehrsstärke (DTV): 25 000 Kfz/24 h

Straßenoberfläche: Beton

Geschwindigkeitsbeschränkungen: keine

Steigungen: < 5 %.

Berechnung der Immissionen ohne Lärmschutzmaßnahmen

Die Autobahn verläuft in einem Wechsel von Damm- und Einschnittslage. Zur Berechnung wird zuerst eine Grobgliederung in Abschnitte A, B, C, D (siehe Bild 24) mit etwa gleichbleibenden Schallausbreitungsbedingungen vorgenommen. Da der dem Baugebiet am nächsten gelegene Straßenabschnitt C nicht die nach Abschnitt 6.1 erforderliche Mindestlänge aufweist, ist das Teilstückverfahren nach Abschnitt 6.4 anzuwenden. Die entsprechend den Ausbreitungsbedingungen gebildeten Abschnitte A bis D werden nun soweit unterteilt, daß die Teilstücklänge höchstens das 0,7fache des Abstandes zwischen Teilstückmitte und Immissionsort beträgt.

Tabelle 11. **Berechnung des Emissionspegels $L_{m,E}$ und des längenbezogenen Schalleistungspegels $L_{W'}$**

Spalte	1		2	3
Zeile	Verkehrsweg		BAB	
	DTV	Kfz/24h	25 000	
			tags	nachts
1	Umrechnungsfaktor nach Tabelle 4	M/DTV	0,06	0,014
2	M	Kfz/h	1500	350
3	Lkw-Anteil p nach Tabelle 4	%	25	45
4	$L_m^{(25)}$ nach Bild 3	dB	73,9	69,5
5	ΔL_{Stg}	dB	–	
6	ΔL_{StrO}	dB	+ 1,0	
7	ΔL_v	dB	+ 0,7	+ 0,4
8	ΔL_K	dB	–	–
9	Emissionspegel $L_{m,E}$	dB	75,6	70,9
10	$L_{W'} - L_{m,E}$	dB	+ 17,6	
11	längenbezogener Schalleistungspegel $L_{W'}$	dB	93,2	88,5

Im vorliegenden Fall ergeben sich so 9 Teilstücke (siehe Bild 24). Die Berechnung der Emissionspegel $L_{m,E}$ sowie der längenbezogenen Schalleistungspegel $L_{W'}$ sind in Tabelle 11 wiedergegeben, in Tabelle 12 die Berechnung der Teil-Schalleistungspegel sowie der Pegelminderungen durch Abstand und Abschirmung, in Tabelle 14 die Berechnung der Beurteilungspegel von den einzelnen Teilstücken und von allen Teilstücken zusammen.

Da für den am weitesten entfernten Fahrstreifen bei allen abgeschirmten Teilstücken die Bedingung nach Gleichung (30)

$$H_E < h_W (a_0 + b_0)/a_0$$

erfüllt ist, kann nach Abschnitt 6.2.1 eine Ersatzschallquelle in Straßenmitte angenommen werden. Auch zur Berechnung von ΔL_s wird hier von der Straßenmitte ausgegangen.

ΔL_z beträgt für die im Einschnitt liegenden Teilstücke 6 dB bis 21 dB, für das Teilstück 1 infolge Abschirmung durch die Geländekante 1,4 dB (siehe Tabelle 12). Der Gesamtbeurteilungspegel errechnet sich aufgerundet zu 59 dB tags und 54 dB nachts (siehe Tabelle 14); er wird wesentlich durch die Teilstücke 6, 7 und 8 in Dammlage bestimmt.

Tags wird der Orientierungswert nach Beiblatt 1 zu DIN 18 005 Teil 1 (55 dB) um 4 dB, nachts (45 dB) um 9 dB überschritten.

Berechnung des Beurteilungspegels mit zusätzlicher Lärmschutzwand

Im pegelbestimmenden, mittleren Teilabschnitt soll eine Lärmschutzwand errichtet werden. Die Höhe wird mit dem für das Landschaftsbild noch tragbar erscheinenden Maß von 3 m über Fahrbahnoberkante (FOK) gewählt.

Nur die Teilstücke 6 bis 8 müssen neu berechnet werden (siehe Tabellen 13 und 15). Das Ergebnis zeigt, daß die Pegelminderung für die Teilstücke 6 und 7 etwa 11 dB, für das Teilstück 8 wegen der fallenden Straßengradiente nur etwa 9 dB beträgt. Als Gesamtbeurteilungspegel errechnen sich nunmehr aufgerundet 49 dB tags und 45 dB nachts.

Tabelle 12. **Berechnung der Schallausbreitung ohne Lärmschutzwand (BAB)**

Spalte	1		2	3	4	5	6	7	8	9	10
Zeile	Verkehrsweg		BAB, ohne Lärmschutzwand								
	Immissionsort Bau-km		I_2 57 + 380								
	Teilstück		1	2	3	4	5	6	7	8	9
1	Bau-km bis Bau-km		55 + 990 56 + 270	56 + 270 56 + 500	56 + 500 56 + 700	56 + 700 56 + 900	56 + 900 57 + 030	57 + 030 57 + 270	57 + 270 57 + 490	57 + 490 57 + 740	57 + 740 58 + 100
2	Länge l_i	m	280,0	230,0	200,0	200,0	130,0	240,0	220,0	250,0	360,0
3	10 lg l_i/l_0	dB	24,5	23,6	23,0	23,0	21,1	23,8	23,4	24,0	25,6
4	Höhe FOK über NN	m	433,80	429,00	432,50	436,30	439,40	441,10	436,60	432,10	427,10
5	Höhe Immissionsort über NN	m	436,10	436,10	436,10	436,10	436,10	436,10	436,10	436,10	436,10
6	Höhe über FOK	m	+ 2,30	+ 7,10	+ 3,60	- 0,20	- 3,30	- 5,00	- 0,50	+ 4,00	+ 9,00
7	s_i	m	1163,00	945,00	765,00	605,00	484,00	378,00	312,00	377,00	568,00
8	ΔL_s	dB	77,9	75,3	72,7	69,9	67,2	64,4	62,1	64,3	69,1
9	Höhe Hindernis-OK über NN	m	445,00	446,20	443,20	457,00	445,70	-	-	-	431,20
10	h_W	m	+ 11,20	+ 17,20	+ 10,70	+ 20,70	+ 6,30	-	-	-	+ 4,10
11	a_0	m	260,00	85,00	52,00	100,00	42,00	-	-	-	38,00
12	b_0	m	903,00	860,00	713,00	505,00	442,00	-	-	-	530,00
13	A	m	260,220	86,625	52,991	102,020	42,399	-	-	-	38,170
14	B	m	903,044	860,059	713,035	505,432	442,104	-	-	-	530,023
15	C	m	1163,001	945,023	765,006	605,000	484,015	-	-	-	568,064
16	h_{eff}	m	+ 10,30	+ 16,11	+ 9,99	+ 20,32	+ 6,13	-	-	-	+ 3,03
17	z	m	0,263	1,661	1,020	2,452	0,488	-	-	-	0,129
18	K	m^2	11989,68	15204,96	7678,99	12368,78	2976,74	-	-	-	1721,94
19	K_W		0,018	0,448	0,517	0,642	0,586	-	-	-	0,310
20	ΔL_z	dB	1,4	17,8	16,4	21,0	13,8	-	-	-	6,2
21	ΔL_G	dB	–	–	–	–	–	–	–	–	–
22	ΔL_{refl}	dB	–	–	–	–	–	–	–	–	–
23	$\sum \Delta L = (10 \lg l_i/l_0) - \Delta L_s - \Delta L_z$	dB	- 54,8	- 69,5	- 66,1	- 67,9	- 59,9	- 40,6	- 38,7	- 40,3	- 49,7

Tabelle 13. **Berechnung der Schallausbreitung mit Lärmschutzwand (BAB)**

Spalte	1		2	3	4
Zeile	Verkehrsweg		BAB, Teilstücke mit Lärmschutzwand		
	Immissionsort Bau-km		I_2 57 + 380		
	Teilstück		6	7	8
1	Bau-km bis Bau-km		57 + 030 57 + 270	57 + 270 57 + 490	57 + 490 57 + 740
2	Länge l_i	m	240,0	220,0	250,0
3	10 lg l_i/l_0	dB	23,8	23,4	24,0
4	Höhe FOK über NN	m	441,10	436,60	432,10
5	Höhe Immissionsort über NN	m	436,10	436,10	436,10
6	Höhe über FOK	m	- 5,00	- 0,50	+ 4,00
7	s_i	m	378,00	312,00	377,00
8	ΔL_s	dB	64,4	62,1	64,3
9	Höhe Hindernis-OK über NN	m	444,10	439,60	435,10
10	h_W	m	+ 3,00	+ 3,00	+ 3,00
11	a_0	m	17,90	15,50	17,90
12	b_0	m	360,10	296,50	359,10
13	A	m	18,074	15,700	18,074
14	B	m	360,189	296,521	359,101
15	C	m	378,040	312,002	377,016
16	h_{eff}	m	+ 2,76	+ 2,55	+ 2,33
17	z	m	0,233	0,219	0,159
18	K	m^2	1047,68	797,61	882,12
19	K_W		0,662	0,727	0,615
20	ΔL_z	dB	11,1	11,4	9,5
21	ΔL_G	dB	–	–	–
22	ΔL_{refl}	dB	–	–	–
23	$\Sigma \Delta L = (10 \lg l_i/l_0) - \Delta L_s - \Delta L_z$	dB	- 51,7	- 50,1	- 49,8

Tabelle 14. **Berechnung der Beurteilungspegel der einzelnen Teilstücke und aller Teilstücke zusammen (ohne Lärmschutzwand)**

Spalte	1	2	3	4	5
Zeile	Verkehrsweg		BAB, ohne Lärmschutzwand		
	Immissionsort Bau-km		I_2 57 + 380		
		$L_{m,E}$ dB	$L_{W'}$ dB	L_r dB	
		tags / nachts	tags / nachts	tags	nachts
		75,6 / 70,9	93,2 / 88,5		
	Teilstück	$\Sigma \Delta L$	$\Sigma \Delta L$		
1	1		- 54,8	38,4	33,7
2	2		- 69,5	23,7	19,0
3	3		- 66,1	27,1	22,4
4	4		- 67,9	25,3	20,6
5	5		- 59,9	33,3	28,6
6	6		- 40,6	52,6	47,9
7	7		- 38,7	54,5	49,8
8	8		- 40,3	52,9	48,2
9	9		- 49,7	43,5	38,8
10	Σ Teilstück			58,4	53,7

Tabelle 15. **Berechnung der Beurteilungspegel der einzelnen Teilstücke und aller Teilstücke zusammen (mit Lärmschutzwand)**

Spalte	1	2	3	4	5
Zeile	Verkehrsweg		BAB, mit Lärmschutzwand		
	Immissionsort Bau-km		I_2 57 + 380		
		$L_{m,E}$ dB	$L_{W'}$ dB	L_r dB	
		tags / nachts	tags / nachts	tags	nachts
		75,6 / 70,9	93,2 / 88,5		
	Teilstück	$\Sigma \Delta L$	$\Sigma \Delta L$		
1	1		- 54,8	38,4	33,7
2	2		- 69,5	23,7	19,0
3	3		- 66,1	27,1	22,4
4	4		- 67,9	25,3	20,6
5	5		- 59,9	33,3	28,6
6	6		- 51,7	41,5	36,8
7	7		- 50,1	43,1	38,4
8	8		- 49,8	43,4	38,7
9	9		- 49,8	43,4	38,7
10	Σ Teilstück			49,5	44,8

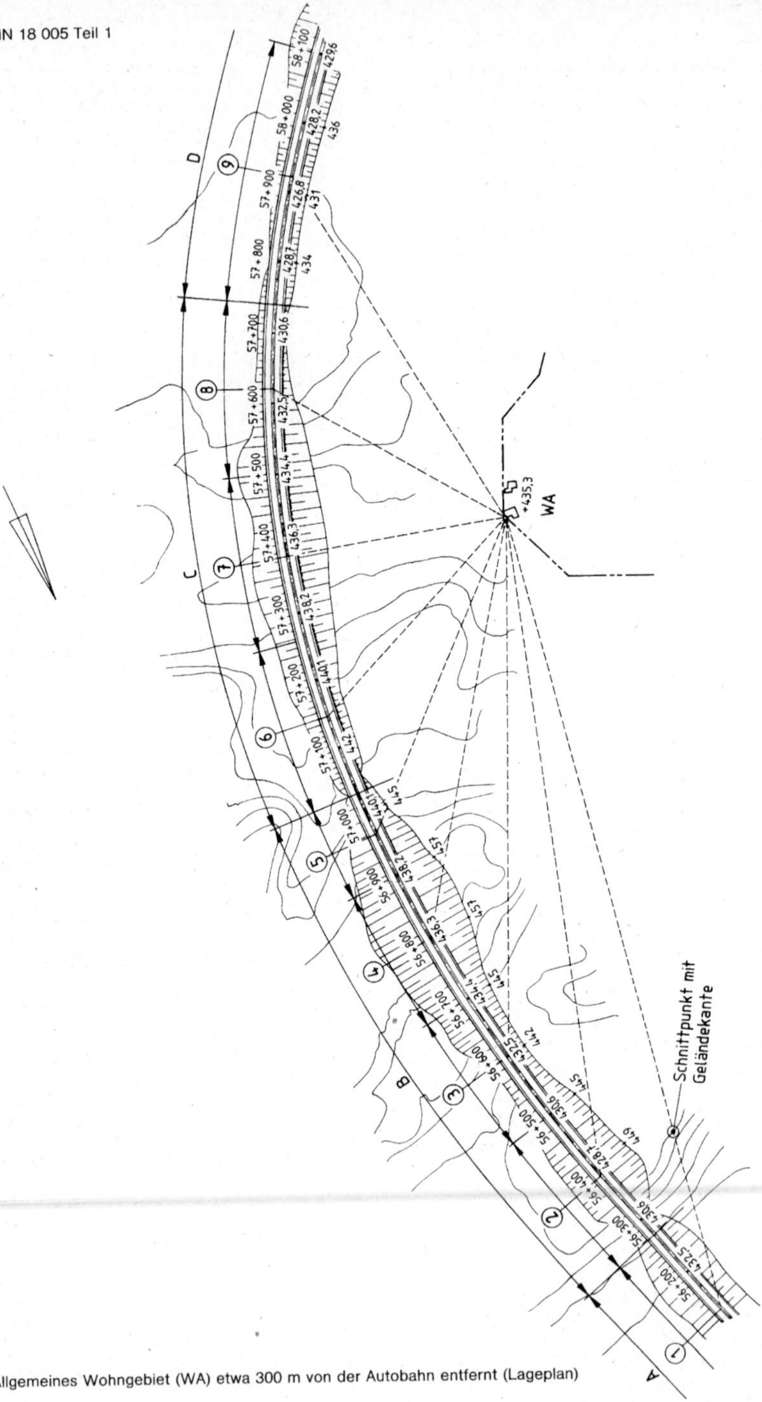

Bild 24. Allgemeines Wohngebiet (WA) etwa 300 m von der Autobahn entfernt (Lageplan)

Beispiel 6: Verbesserung der Abschirmung eines bestehenden Baugebietes durch Verlängerung des vorhandenen Lärmschutzwalles

Ein Baugebiet liegt im Kreuzungsbereich einer Bundesautobahn mit einer Bundesstraße (siehe Bild 25).

Der unzureichende Lärmschutzwall an der Autobahn sollte verlängert werden, eine Weiterführung (mit einer Strichlinie eingezeichnet) ist jedoch nur innerhalb des Baugebiets möglich. Die damit erzielbare Verbesserung der Abschirmung der beiden Verkehrswege soll geprüft werden.

Durchschnittliche tägliche Verkehrsstärken (DTV):

Autobahn:	20 000 Kfz/24 h
Bundesstraße:	9000 Kfz/24 h
Straßenoberflächen:	Asphaltbeton
Geschwindigkeits-beschränkungen:	Bundesautobahn keine, Bundesstraßen 100 km/h
Steigungen:	$< 5\%$.

Berechnung der gegenwärtigen Immissionen

a) Autobahn

Der vorhandene Lärmschutzwall schirmt nur einen Teil der Autobahn ab. Für den kritischen Immissionsort am Ende des Walls kann jeweils das Straßenstück nach rechts und links als ein „langer gerader" Verkehrsweg angesehen und nach den Abschnitten 6.1 und 6.2 berechnet werden. Die halbe Länge wird durch den Korrekturwert − 3 dB − berücksichtigt.

Die Berechnung der Emissionspegel ist in Tabelle 16, die Ermittlung der Pegelminderungen in Tabelle 17 wiedergegeben. Die Korrekturwerte $\Delta L_{s,\perp}$ (Abstand) und ΔL_z (Abschirmung) werden im Querschnitt senkrecht vom Immissionsort zur Straße ermittelt (siehe Abschnitt 6.2). Da für den am weitesten entfernten Fahrstreifen die Bedingung nach Gleichung (30)

$$H_E < h_W (a_0 + b_0)/a_0$$

erfüllt ist, wird statt der nach Fahrstreifen getrennten Berechnung eine Ersatzschallquelle in Straßenmitte angenommen. Auch zur Berechnung von ΔL_s wird von der Straßenmitte ausgegangen.

Die Pegelminderung $\Delta L_{z,\perp}$ für den abgeschirmten Autobahnabschnitt errechnet sich zu 8,8 dB (siehe Tabelle 17).

Die Länge der Abschirmung muß nach beiden Seiten (hier nur nach der abgeschirmten Seite) mindestens $0{,}4 \cdot \Delta L_{z,\perp} \cdot b$ betragen. Mit $b = 55$ m beträgt die Mindestlänge 194 m. Da der Lärmschutzwall entlang der Autobahn mit etwa 270 m eine größere Länge aufweist, ist die Anwendung des vereinfachten Rechenverfahrens nach Abschnitt 6.2.1 zulässig.

Die Zusammenfassung der Beurteilungspegel beider Autobahnabschnitte ergibt für den Immissionsort aufgerundet 64 dB tags und 59 dB nachts (Berechnung und Zusammenfassung der Teilbeurteilungspegel siehe Tabelle 21).

Anmerkung: Wegen der nur halbseitigen Abschirmung liegen die Werte nur um 2 dB niedriger als ohne Lärmschutzwall.

b) Bundesstraße

Die Bundesstraße wird durch die Einschnittsböschungen, das Überführungsbauwerk der Autobahn und ein langgestrecktes Gebäude südlich Bau-km 13 + 300 teilweise abgeschirmt. Die Schallimmissionen von den Straßenabschnitten nördlich der Autobahn und südlich des genannten Gebäudes werden vernachlässigt.

Der verbleibende Straßenabschnitt von etwa Bau-km 13 + 150 bis 13 + 370 ist − vom Immissionsort aus gesehen − kürzer als dessen 3facher Abstand zur Fahrbahnmitte. Die Berechnung muß hier nach Abschnitt 6.4 durchgeführt werden. Die dort genannten Bedingungen und die bei Verlängerung des Walls entstehende Abschirmsituation erfordern die Bildung von 4 Teilstücken.

Die Ermittlung der Teil-Schalleistungspegel und der Pegelminderungen ist in Tabelle 18, die Berechnung der Beurteilungspegel in Tabelle 21 wiedergegeben.

Die Pegelminderung durch die Einschnittsböschungen beträgt insgesamt etwa 3 dB. Als Beurteilungspegel am Immissionsort ergeben sich aufgerundet 55 dB tags und 48 dB nachts.

c) Gesamtpegel

Der Gesamtpegel von beiden Verkehrswegen − tags 64 dB und nachts 59 dB − wird wesentlich durch den nicht abgeschirmten Abschnitt der Autobahn bestimmt. Eine Verlängerung des Erdwalls ist also nur sinnvoll, wenn dadurch ein besserer Schutz gegenüber der Autobahn erzielt wird.

Berechnung der Beurteilungspegel mit verlängertem Lärmschutzwall

a) Autobahn

Für den bisher schon abgeschirmten Autobahnabschnitt wird das zuvor ermittelte Teilergebnis übernommen. Für den anderen Abschnitt ist das vereinfachte Verfahren jetzt nicht mehr anwendbar, da die Verlängerung des Walls nicht parallel zur Autobahn erfolgt. Er wird deshalb in 4 Teilstücke zerlegt, von denen die Teilstücke 1 bis 3 nach Abschnitt 6.4 berechnet werden können, wobei aber die Bedingung, daß das Hindernis sich parallel zum Verkehrsweg erstrecken muß, nicht erfüllt werden kann.

Anmerkung: Würden die Schirmhöhen sich stärker ändern, so sollte eine entsprechend feinere Unterteilung erfolgen. Die hier berechneten Werte ΔL_z (siehe Tabelle 19) lassen aber erkennen, daß eine weitere Unterteilung im vorliegenden Fall kein wesentlich anderes Ergebnis bringen würde.

Das letzte Teilstück ist als ein vom Immissionsort wegführendes Straßenteilstück nach Abschnitt 6.5 zu behandeln. Die für den Anfangspunkt berechnete Pegelminderung ΔL_z ist etwas zu hoch. Da dieses Teilstück aber insgesamt nur wenig zum Gesamtpegel beiträgt, kann dies außer acht bleiben.

Die Berechnung (siehe Tabellen 19 und 22) zeigt, daß durch die Verlängerung des Walls der Beurteilungspegel der Geräusche von der Autobahn um weitere 6 dB verringert wird.

b) Bundesstraße

Die Berechnung erfolgt wie unter a) erläutert. Bei den Teilstücken 1 bis 3 tritt dabei als abschirmendes Hindernis an die Stelle der Böschung der verlängerte Lärmschutzwall; Teilstück 4 bleibt unverändert.

Das Ergebnis (siehe Tabellen 20 und 22) zeigt, daß der Wall zwar die Abschirmung der 3 Teilstücke um mehr als 15 dB verbessert; da aber das kurze Teilstück 4 pegelbestimmend wird, beträgt die erreichte Verbesserung insgesamt nur 6 dB.

c) Gesamtpegel

Durch die Verlängerung des Lärmschutzwalls verringert sich der Beurteilungspegel am Immissionsort auf tags 58 dB und nachts 53 dB.

Tabelle 16. **Berechnung der Emissionspegel und längenbezogenen Schalleistungspegel**

Spalte	1	2	3	4	5
Zeile	Verkehrsweg	BAB		Bundesstraße	
	DTV Kfz/24 h	20 000		9000	
		tags	nachts	tags	nachts
1	Umrechnungsfaktor nach Tab. 4 M/DTV	0,06	0,014	0,06	0,011
2	M Kfz/h	1200	280	540	99
3	Lkw-Anteil p nach Tab. 4 %	25	45	20	20
4	$L_m^{(25)}$ nach Bild 3 dB	72,9	68,5	68,8	61,5
5	ΔL_{Stg} dB	–		–	
6	ΔL_{StrO} dB	– 0,5		– 0,5	
7	ΔL_v dB	+ 0,7	+ 0,4	–	–
8	ΔL_K dB	–	–	–	–
9	Emissionspegel $L_{m,E}$ dB	73,1	68,4	68,3	61,0
10	$L_{W'} - L_{m,E}$ dB	+ 17,6		+ 17,6	
11	Längenbezogener Schalleistungspegel $L_{W'}$ dB	90,7	86,0	85,9	78,6

Tabelle 17. **Berechnung der Schallausbreitung (BAB)**

Spalte	1		2	3
Zeile	Verkehrsweg		BAB, Wall an einer Straßenhälfte	
	Immissionsort Bau-km		I_1 32 + 786	
	Teilstück		0,5 l	0,5 l
1	Bau-km		32 + 786	32 + 786
2	Länge l_i	m	–	–
3	10 lg l_i/l_0	dB	–	–
4	Δz Straßenhälfte	dB	3,0	3,0
5	Höhe FOK über NN	m	342,67	342,67
6	Höhe Immissionsort über NN	m	344,10	344,10
7	Höhe über FOK	m	+ 1,43	+ 1,43
8	$s_{\perp,0}$	m	93,40	93,40
9	$\Delta L_{s,\perp}$	dB	7,8	7,8
10	Höhe Hindernis-OK über NN	m	346,91	–
11	h_W	m	+ 4,24	–
12	a_0	m	38,40	–
13	b_0	m	55,00	–
14	A	m	38,582	–
15	B	m	55,072	–
16	C	m	93,405	–
17	h_{eff}	m	3,36	–
18	z	m	0,249	–
19	K	m^2	341,38	–
20	K_W		0,895	–
21	$\Delta L_{z,\perp}$	dB	8,8	–
22	ΔL_G	dB	–	–
23	ΔL_{refl}	dB	–	–
24	$\Sigma \Delta L = - \Delta L$ Straßenhälfte $- \Delta L_s - \Delta L_z$	dB	– 19,6	– 10,8

Tabelle 18. **Berechnung der Schallausbreitung (Bundesstraße)**

Spalte	1		2	3	4	5
Zeile	Verkehrsweg		Bundesstraße, bisher			
	Immissionsort Bau-km		I_1 13 + 237			
	Teilstück		1	2	3	4
1	Bau-km bis Bau-km		13 + 152 13 + 208	13 + 208 13 + 264	13 + 264 13 + 320	13 + 320 13 + 370
2	Länge l_i	m	56,00	56,00	56,00	50,00
3	10 lg l_i/l_0	dB	17,5	17,5	17,5	17,0
4	Höhe FOK über NN	m	337,66	337,77	337,88	338,00
5	Höhe Immissionsort über NN	m	344,10	344,10	344,10	344,10
6	Höhe über FOK	m	+ 6,44	+ 6,33	+ 6,22	+ 6,10
7	s_i	m	117,15	102,15	117,15	150,00
8	ΔL_s	dB	51,3	49,8	51,3	54,0
9	Höhe Hindernis-OK über NN	m	341,00	341,00	341,00	341,00
10	h_W	m	+ 3,34	+ 3,23	+ 3,12	+ 3,00
11	a_0	m	28,55	30,00	35,70	43,55
12	b_0	m	88,60	72,15	81,45	106,45
13	A	m	28,691	30,124	35,796	43,622
14	B	m	88,654	72,217	81,509	106,495
15	C	m	117,30	102,316	117,290	150,104
16	h_{eff}	m	1,39	1,02	0,88	0,87
17	z	m	0,045	0,025	0,015	0,013
18	K	m^2	163,87	105,50	101,32	134,65
19	K_W		0,727	0,690	0,553	0,403
20	ΔL_z	dB	5,6	3,8	2,2	1,5
21	ΔL_G	dB	–	–	–	–
22	ΔL_{refl}	dB	–	–	–	–
23	$\Sigma \Delta L = (10 \lg l_i/l_0) - \Delta L_s - \Delta L_z$	dB	– 39,4	– 36,1	– 36,0	– 38,5

Tabelle 19. **Berechnung der Schallausbreitung (BAB)**

Spalte	1		2	3	4	5	6
Zeile	Verkehrsweg		BAB, mit verlängertem Wall				
	Immissionsort Bau-km		I_1 32 + 786				
	Teilstück		0,5 l	1	2	3	4
1	Bau-km bis Bau-km		(Tabelle 15)	32+786 32+846	32+846 32+936	32+936 33+086	33+086
2	Länge l_i	m	–	60,00	90,00	150,00	–
3	10 lg l_i/l_0	dB	–	17,8	19,5	21,8	–
4	ΔL Straßenhälfte (wegführender Abschnitt)	dB	3,0	–	–	–	(5,5)
5	Höhe FOK über NN	m	–	342,96	343,64	344,51	345,16
6	Höhe Immissionsort über NN	m	–	344,10	344,10	344,10	344,10
7	Höhe über FOK	m	–	+ 1,14	+ 0,46	− 0,41	− 1,06
8	s_i ($s_{n,0}$)	m	–	100,00	145,60	251,50	(319,20)
9	ΔL_s	dB	7,8	49,6	53,6	59,7	16,3
10	Höhe Hindernis-OK über NN	m	–	346,75	346,60	346,50	346,45
11	h_W	m	–	+ 3,79	+ 2,96	+ 1,99	+ 1,29
12	a_0	m	–	44,30	87,70	194,40	261,20
13	b_0	m	–	55,70	57,90	57,10	58,00
14	A	m	–	44,422	87,734	194,406	261,201
15	B	m	–	55,763	57,954	57,150	58,048
16	C	m	–	100,00	145,60	251,502	319,204
17	h_{eff}	m	–	+ 3,00	+ 2,48	+ 2,19	+ 2,07
18	z	m	–	0,184	0,088	0,054	0,045
19	K	m^2	–	301,92	360,96	549,34	660,74
20	K_W		–	0,866	0,698	0,410	0,276
21	ΔL_z	dB	8,8	11,4	7,7	4,4	3,0
22	ΔL_G	dB	–	–	–	–	–
23	ΔL_{refl}	dB	–	–	–	–	–
24	$\Sigma \Delta L = (10 \lg l_i/l_0) - \Delta L_s - \Delta L_z$	dB	–	− 43,2	− 41,8	− 42,3	–
25	$\Sigma \Delta L = - \Delta L$ Straßenhälfte (wegführender Abschnitt) $- \Delta L_s - \Delta L_z$	dB	− 19,6	–	–	–	− 24,8

Tabelle 20. **Berechnung der Schallausbreitung (Bundesstraße)**

Spalte	1		2	3	4	5
Zeile	Verkehrsweg		Bundesstraße, mit verlängertem Wall			
	Immissionsort Bau-km		I_1 13 + 237			
	Teilstück		1	2	3	4
1	Bau-km bis Bau-km		13 + 152 13 + 208	13 + 208 13 + 264	13 + 264 13 + 320	(Tabelle 16)
2	Länge l_i	m	56,00	56,00	56,00	–
3	10 lg l_i/l_0	dB	17,5	17,5	17,5	17,0
4	Höhe FOK über NN	m	337,66	337,77	337,88	–
5	Höhe Immissionsort über NN	m	344,10	344,10	344,10	–
6	Höhe über FOK	m	+ 6,44	+ 6,33	+ 6,22	–
7	s_i	m	117,15	102,15	117,15	–
8	ΔL_s	dB	51,3	49,8	51,3	54,0
9	Höhe Hindernis-OK über NN	m	346,55	346,35	346,15	–
10	h_W	m	+ 8,89	+ 8,58	+ 8,27	–
11	a_0	m	60,70	41,45	42,90	–
12	b_0	m	56,45	60,70	74,25	–
13	A	m	61,277	42,230	43,598	–
14	B	m	56,503	60,742	74,278	–
15	C	m	117,300	102,316	117,290	–
16	h_{eff}	m	+ 5,30	+ 5,71	+ 5,67	–
17	z	m	0,480	0,656	0,586	–
18	K	m^2	624,41	586,80	667,20	–
19	K_W		0,892	0,924	0,905	–
20	ΔL_z	dB	15,5	16,9	16,4	1,5
21	ΔL_G	dB	–	–	–	–
22	ΔL_{refl}	dB	–	–	–	–
23	$\Sigma \Delta L = (10 \lg l_i/l_0) - \Delta L_s - \Delta L_z$	dB	− 49,3	− 49,2	− 50,2	− 38,5

Tabelle 21. **Berechnung des Gesamt-Beurteilungspegels**

Spalte	1	2		3		4	5	6	7		8		9	10
Zeile	Verkehrsweg			BAB, Wall an einer Straßenhälfte				Verkehrsweg			Bundesstraße, bisher			
	Immissionsort Bau-km			l_1 32 + 786				Immissionsort Bau-km			l_1 13 + 237			
		$L_{m,E}$ dB		$L_{W'}$ dB		L_r dB			$L_{m,E}$ dB		$L_{W'}$ dB		L_r dB	
		tags	nachts	tags	nachts	tags	nachts		tags	nachts	tags	nachts	tags	nachts
		73,1	68,4	90,7	86,0				68,3	61,0	85,9	78,6		
	Teilstück	$\Sigma \Delta L$		$\Sigma \Delta L$				Teilstück	$\Sigma \Delta L$		$\Sigma \Delta L$			
1	0,5 l	− 19,6				53,5	48,8	1			− 39,4		46,5	39,2
2	0,5 l	− 10,8				62,3	57,6	2			− 36,1		49,8	42,5
3	Σ Teilstück					62,8	58,1	3			− 36,0		49,9	42,6
4								4			− 38,5		47,4	40,1
5								Σ Teilstück					54,7	47,4
6	Σ gesamt												63,4	58,5

Tabelle 22. **Berechnung des Gesamt-Beurteilungspegels**

Spalte	1	2		3		4	5	6	7		8		9	10
Zeile	Verkehrsweg			BAB, mit verlängertem Wall				Verkehrsweg			Bundesstraße, mit verlängertem Wall			
	Immissionsort Bau-km			l_1 32 + 786				Immissionsort Bau-km			l_1 13 + 237			
		$L_{m,E}$ dB		$L_{W'}$ dB		L_r dB			$L_{m,E}$ dB		$L_{W'}$ dB		L_r dB	
		tags	nachts	tags	nachts	tags	nachts		tags	nachts	tags	nachts	tags	nachts
		73,1	68,4	90,7	86,0				68,3	61,0	85,9	78,6		
	Teilstück	$\Sigma \Delta L$		$\Sigma \Delta L$				Teilstück	$\Sigma \Delta L$		$\Sigma \Delta L$			
1	0,5 l	− 19,6				53,5	48,8	1			− 49,3		36,6	29,3
2	1			− 43,2		47,5	42,8	2			− 49,2		36,7	29,4
3	2			− 41,8		48,9	44,2	3			− 50,2		35,7	28,4
4	3			− 42,3		48,4	43,7	4			− 38,5		47,4	40,1
5	4	− 24,8				48,3	43,6	Σ Teilstück					48,3	41,0
6	Σ Teilstück					56,9	52,2							
7	Σ gesamt												57,5	52,5

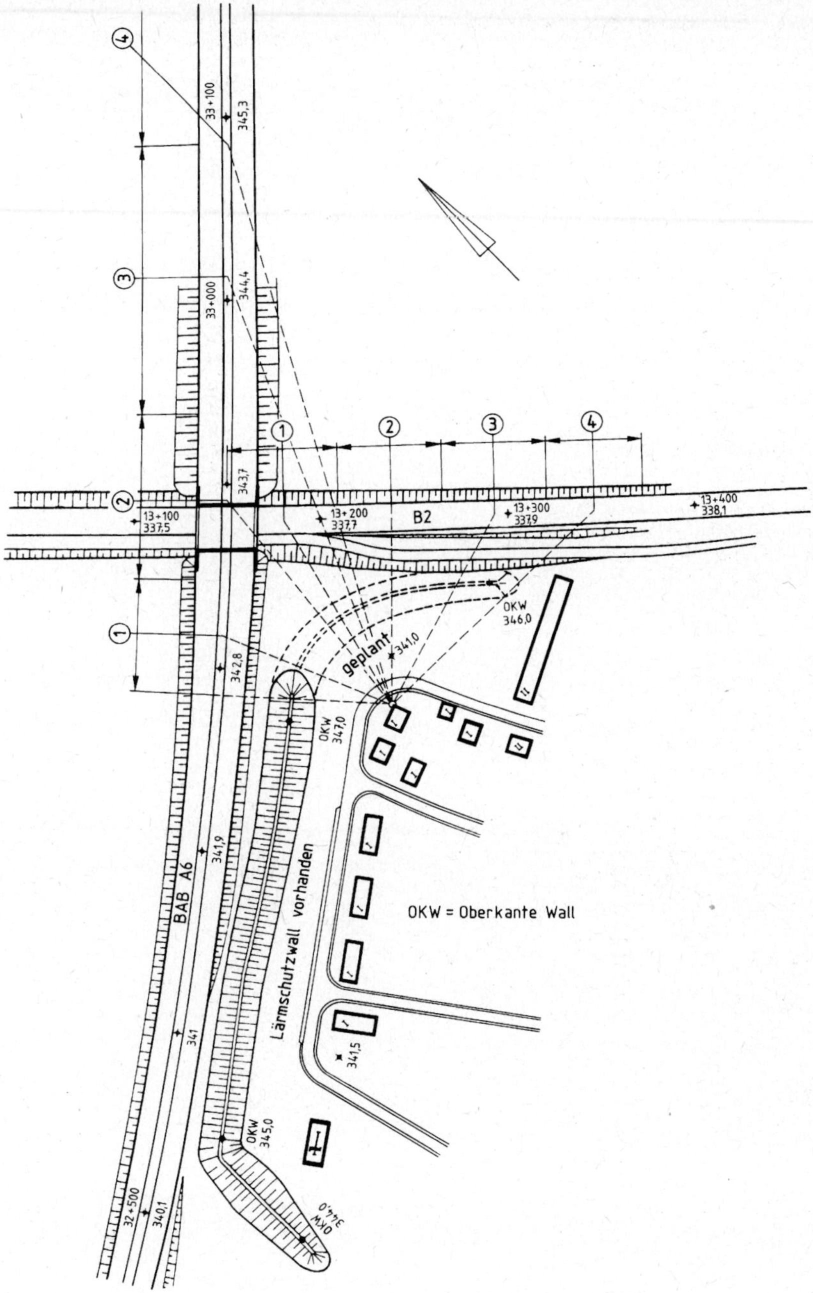

Bild 25. Baugebiet im Kreuzungsbereich einer Bundesautobahn und einer Bundesstraße (Lageplan)

Beispiel 7: Schallemission eines Industriegebietes

Eine Fläche von 1000 m · 500 m = $5 \cdot 10^5$ m² soll als Industriegebiet (GI) ausgewiesen werden. Es ist noch nicht bekannt, welche Betriebe sich dort niederlassen werden.

Eine Gliederung nach § 1 Abs. 4 BauNVO ist zunächst nicht vorgesehen. Deshalb wird nach Abschnitt 4.5.2 angenommen, daß die Schallemission je Quadratmeter Grundfläche des Gebietes im Mittel einem flächenbezogenen A-Schalleistungspegel von $L_{W''}$ = 65 dB entspricht.

Der von dem Gebiet ausgehende Schalleistungspegel L_W wird nach Gleichung (3) berechnet:

$$L_W = L_{W''} + 10 \lg (S/S_0) \text{ dB}$$

$$L_W = 65 \text{ dB} + 10 \lg (5 \cdot 10^5) \text{ dB} = 122 \text{ dB}$$

Beispiel 8: Schallimmission von einem Industriegebiet

Ein reines Wohngebiet (WR) soll (siehe Bild 26) in 1000 m Abstand von der Schmalseite des Gebietes ausgewiesen werden. Der Abstand vom Mittelpunkt des Industriegebietes beträgt also s = 1500 m.

Die größte Längenausdehnung des Gebietes (die Diagonale) erfüllt die Bedingung nach Gleichung (1) nicht (1118 m ist länger als $0{,}7 \cdot s = 0{,}7 \cdot 1500$ m = 1050 m).

Das Industriegebiet wird deshalb in zwei gleichgroße Flächen von je 500 m · 500 m = 250 000 m² unterteilt, die dann die Bedingung nach Gleichung (1) erfüllen.

Der von jeder Teilfläche ausgehende Schalleistungspegel L_W wird nach Gleichung (3) berechnet:

$$L_W = [65 \text{ dB} + 10 \lg (2{,}5 \cdot 10^5)] \text{ dB}$$
$$= (65 + 54) \text{ dB} = 119 \text{ dB}$$

Die von den beiden Teilflächen erzeugten Beurteilungspegel am Immissionspunkt A berechnen sich wie folgt nach Tabelle 23, wobei ΔL_s aus Bild 9 entnommen wird:

Tabelle 23. **Berechnung der Beurteilungspegel**

Spalte	1	2	3	4
Zeile	Teilfläche-Nr	s m	ΔL_s dB	L_m dB
1	1	1750	− 83,0	36,0
2	2	1250	− 78,8	40,2

Der resultierende Beurteilungspegel am Immissionspunkt A wird nach Bild 8 oder Gleichung (15) berechnet und beträgt 41,6 dB ≈ 42 dB.

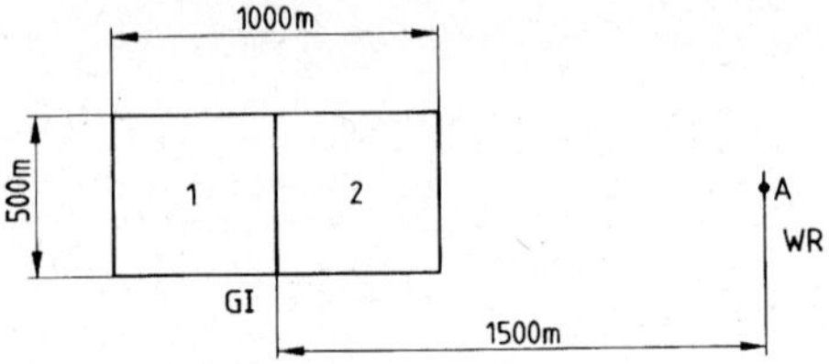

Bild 26. Reines Wohngebiet (WR) in Nähe eines Industriegebietes (GI)

Zitierte Normen und andere Unterlagen

Beiblatt 1 zu DIN 18 005 Teil 1	Schallschutz im Städtebau; Berechnungsverfahren; Schalltechnische Orientierungswerte für die städtebauliche Planung
DIN 45 630 Teil 1	Grundlagen der Schallmessung; Physikalische und subjektive Größen von Schall
DIN 45 635 Teil 1	Geräuschmessung an Maschinen; Luftschallemission, Hüllflächen-Verfahren; Rahmenverfahren für 3 Genauigkeitsklassen
DIN 45 641	Mittelungspegel und Beurteilungspegel zeitlich schwankender Schallvorgänge
Normen der Reihe DIN 45 643	Messung und Beurteilung von Flugzeuggeräuschen
DIN 45 645 Teil 1	Einheitliche Ermittlung des Beurteilungspegels für Geräuschimmissionen
DIN IEC 651	Schallpegelmesser
VDI 2058 Blatt 1	Beurteilung von Arbeitslärm in der Nachbarschaft [4])
VDI 2714	(z. Z. Entwurf) Schallausbreitung im Freien [4])
VDI 2718	(z. Z. Entwurf) Schallschutz im Städtebau; Hinweise für die Planung [4])
VDI 2720 Blatt 1	(z. Z. Entwurf) Schallschutz durch Abschirmung im Freien [4])

Anleitung zur Berechnung von Lärmschutzbereichen an zivilen und militärischen Flugplätzen nach dem Gesetz zum Schutz gegen Fluglärm vom 30. März 1971 (BGBl. I S. 282) – Anleitung zur Berechnung (AzB) – Bekanntmachung des BMI vom 27. Februar 1975 (GMBl. S. 126)

Information Deutsche Bundesbahn – Bundesbahn-Zentralamt München – Akustik 03 „Schall 03 – Richtlinie zur Berechnung der von Bahn- und Betriebsanlagen verursachten Schallemissionen und – immissionen". [5])

Information Deutsche Bundesbahn – Bundesbahn-Zentralamt München – Akustik 04 „Richtlinie für schalltechnische Untersuchungen bei der Planung von Rangierbahnhöfen – Info Rbf – ". [5])

DS 800/1/III Richtlinien für bauliche Lärmschutzanlagen an Eisenbahnstrecken (RLE). [5])

Richtlinien für den Lärmschutz an Straßen RLS-81, Allgemeines Rundschreiben Nr. 5/1981 des Bundesministers für Verkehr vom 20. Juli 1981. Zu beziehen durch Forschungsgesellschaft für Straßen- und Verkehrswesen, Maastrichter Straße 45, 5000 Köln 1

Schreiber, L.: Die akustischen Grundlagen des Entwurfs April 1982 zu DIN 18 005 Teil 1, Schallschutz im Städtebau. Zeitschrift für Lärmbekämpfung 31, 149-157(1984)

Technische Anleitung zum Schutz gegen Lärm (TALärm) vom 16. Juli 1968 (Beilage zum Bundesanzeiger Nr. 137 vom 26. Juli 1968)

Verordnung über die bauliche Nutzung der Grundstücke (Baunutzungsverordnung – BauNVO) in der Fassung der Bekanntmachung vom 15. September 1977 (BGBl. I S. 1763)

Zusätzliche technische Vorschriften und Richtlinien für die Ausführung von Lärmschutzwänden an Straßen (ZTV-Lsw 81). Allgemeines Rundschreiben Nr. 19/1984 des Bundesministers für Verkehr vom 9. August 1984. Zu beziehen durch Verkehrsblattverlag, Postfach 748, 4600 Dortmund 1, Best.-Nr. 3811

Weitere Unterlagen

VDI 2571 Schallabstrahlung von Industriebauten [4])

Baugesetzbuch (BauGB) in der Fassung der Bekanntmachung vom 8. Dezember 1986 (BGBl. I S. 2253)

Gesetz zum Schutz vor schädlichen Umwelteinwirkungen durch Luftverunreinigungen, Geräusche, Erschütterungen und ähnliche Vorgänge (Bundes-Immissionsschutzgesetz – BImSchG) vom 15. März 1974 (BGBl. I S. 721, 1193), zuletzt geändert durch Gesetz vom 4. Oktober 1985 (BGBl. I S. 1950)

Raumordnungsgesetz vom 8. April 1965 (BGBl. I S. 306), zuletzt geändert durch Artikel 1 des Gesetzes vom 19. Dezember 1986 (BGBl. I S. 2669)

Frühere Ausgaben

DIN 18 005 Teil 1: 05.71

Änderungen

Gegenüber der Ausgabe Mai 1971 wurden folgende Änderungen vorgenommen:
Vornormcharakter aufgehoben.
Der Inhalt wurde völlig überarbeitet.

Internationale Patentklassifikation

E 04 B 1/82
E 01 F 8/00
G 10 K 11/16

---

[4]) Zu beziehen durch Beuth Verlag GmbH, Postfach 11 45, 1000 Berlin 30

[5]) Zu beziehen durch Drucksachenzentrale BD Karlsruhe, Stuttgarter Straße 61a, 7500 Karlsruhe

DK 711.4-122:628.517.001.24 Mai 1987

Schallschutz im Städtebau

Berechnungsverfahren

Schalltechnische Orientierungswerte für die städtebauliche Planung

Beiblatt 1 zu DIN 18 005 Teil 1

Noise abatement in town planning; calculation methods, acoustic orientation values in town planning

Protection contre le bruit dans l'urbanisme; méthodes de calcul, valeurs acoustiques d'orientation dans l'urbanisme

Dieses Beiblatt enthält Informationen zu DIN 18 005 Teil 1, jedoch keine zusätzlichen genormten Festlegungen.

Ausreichender Schallschutz ist eine der Voraussetzungen für gesunde Lebensverhältnisse der Bevölkerung. In erster Linie sollte der Schall bereits bei der Entstehung (z. B. an Kraftfahrzeugen) verringert werden. Dies ist häufig nicht in ausreichendem Maß möglich. Lärmvorsorge und Lärmminderung müssen deshalb auch durch städtebauliche Maßnahmen bewirkt werden. Voraussetzung dafür ist die Beachtung allgemeiner schalltechnischer Grundregeln bei der Planung und deren rechtzeitige Berücksichtigung in den Verfahren zur Aufstellung der Bauleitpläne (Flächennutzungsplan, Bebauungsplan) sowie bei anderen raumbezogenen Fachplanungen [1]). Nachträglich lassen sich wirksame Schallschutzmaßnahmen vielfach nicht oder nur mit Schwierigkeiten und erheblichen Kosten durchführen.

Dieses Beiblatt enthält Orientierungswerte für die angemessene Berücksichtigung des Schallschutzes in der städtebaulichen Planung; sie sind eine sachverständige Konkretisierung für in der Planung zu berücksichtigende Ziele des Schallschutzes [2]) [3]); sie sind keine Grenzwerte.

Die Orientierungswerte haben vorrangig Bedeutung für die Planung von Neubaugebieten mit schutzbedürftigen Nutzungen und für die Neuplanung von Flächen, von denen Schallemissionen ausgehen und auf vorhandene oder geplante schutzbedürftige Nutzungen einwirken können. Da die Orientierungswerte allgemein sowohl für Großstädte als auch für ländliche Gemeinden gelten, können örtliche Gegebenheiten in bestimmten Fällen ein Abweichen von den Orientierungswerten nach oben oder unten erfordern.

Sie gelten für die städtebauliche Planung, nicht dagegen für die Zulassung von Einzelvorhaben oder den Schutz einzelner Objekte. Die Orientierungswerte unterscheiden sich nach Zweck und Inhalt von immissionsschutzrechtlich festgelegten Werten wie etwa den Immissionsrichtwerten der TALärm [4]); sie weichen zum Teil von diesen Werten ab.

---

1) Vergleiche z. B. § 2 Abs. 1 Nr 7 Raumordnungsgesetz und § 50 Bundes-Immissionsschutzgesetz (BImSchG)

2) § 50 BImSchG

3) § 1 Abs. 5 Baugesetzbuch (BauGB)

4) Technische Anleitung zum Schutz gegen Lärm (TALärm)

Fortsetzung Seite 2 und 3

Normenausschuß Bauwesen (NABau) im DIN Deutsches Institut für Normung e.V.
Normenausschuß Akustik und Schwingungstechnik (FANAK) im DIN

1 Schalltechnische Orientierungswerte für die städtebauliche Planung

1.1 Orientierungswerte

Bei der Bauleitplanung nach dem Baugesetzbuch und der Baunutzungsverordnung (BauNVO) sind in der Regel den verschiedenen schutzbedürftigen Nutzungen (z. B. Bauflächen, Baugebieten, sonstigen Flächen) folgende Orientierungswerte für den Beurteilungspegel zuzuordnen. Ihre Einhaltung oder Unterschreitung ist wünschenswert, um die mit der Eigenart des betreffenden Baugebietes oder der betreffenden Baufläche verbundene Erwartung auf angemessenen Schutz vor Lärmbelastungen zu erfüllen:

a) Bei reinen Wohngebieten (WR), Wochenendhausgebieten, Ferienhausgebieten
   tags 50 dB
   nachts 40 dB bzw. 35 dB.

b) Bei allgemeinen Wohngebieten (WA), Kleinsiedlungsgebieten (WS) und Campingplatzgebieten
   tags 55 dB
   nachts 45 dB bzw. 40 dB.

c) Bei Friedhöfen, Kleingartenanlagen und Parkanlagen
   tags und nachts 55 dB.

d) Bei besonderen Wohngebieten (WB)
   tags 60 dB
   nachts 45 dB bzw. 40 dB.

e) Bei Dorfgebieten (MD) und Mischgebieten (MI)
   tags 60 dB
   nachts 50 dB bzw. 45 dB.

f) Bei Kerngebieten (MK) und Gewerbegebieten (GE)
   tags 65 dB
   nachts 55 dB bzw. 50 dB.

g) Bei sonstigen Sondergebieten, soweit sie schutzbedürftig sind, je nach Nutzungsart
   tags 45 dB bis 65 dB
   nachts 35 dB bis 65 dB.

h) Bei Industriegebieten (GI) [5]).

Bei zwei angegebenen Nachtwerten soll der niedrigere für Industrie-, Gewerbe- und Freizeitlärm sowie für Geräusche von vergleichbaren öffentlichen Betrieben gelten.

Die Orientierungswerte sollten bereits auf den Rand der Bauflächen oder der überbaubaren Grundstücksflächen in den jeweiligen Baugebieten oder der Flächen sonstiger Nutzung bezogen werden.

Anmerkung: Bei Beurteilungspegeln über 45 dB ist selbst bei nur teilweise geöffnetem Fenster ungestörter Schlaf häufig nicht mehr möglich.

1.2 Hinweise für die Anwendung der Orientierungswerte

Die in Abschnitt 1.1 genannten Orientierungswerte sind als eine sachverständige Konkretisierung der Anforderungen an den Schallschutz im Städtebau aufzufassen.

Der Belang des Schallschutzes ist bei der in der städtebaulichen Planung erforderlichen Abwägung der Belange als ein wichtiger Planungsgrundsatz neben anderen Belangen – z. B. dem Gesichtspunkt der Erhaltung überkommener Stadtstrukturen – zu verstehen. Die Abwägung kann in bestimmten Fällen bei Überwiegen anderer Belange – insbesondere in bebauten Gebieten – zu einer entsprechenden Zurückstellung des Schallschutzes führen.

Die Beurteilungspegel der Geräusche verschiedener Arten von Schallquellen (Verkehr, Industrie und Gewerbe, Freizeitlärm) sollen wegen der unterschiedlichen Einstellung der Betroffenen zu verschiedenen Arten von Geräuschquellen jeweils für sich allein mit den Orientierungswerten verglichen und nicht addiert werden.

Für die Beurteilung ist in der Regel tags der Zeitraum von 6.00 bis 22.00 Uhr und nachts der Zeitraum von 22.00 bis 6.00 Uhr zugrunde zu legen. Falls nach örtlichen Verhältnissen andere Regelungen gelten, soll eine mindestens achtstündige Nachtruhe sichergestellt sein.

Die Bauflächen, Baugebiete, Sondergebiete und sonstigen Flächen nach Abschnitt 1.1 entsprechen dem Baugesetzbuch und der Baunutzungsverordnung.

Soweit bei vorhandener Bebauung der Baunutzungsverordnung entsprechende Baugebiete nicht festgesetzt sind, sind die Orientierungswerte nach Abschnitt 1.1 den Gebieten der Eigenart der vorhandenen Bebauung entsprechend zuzuordnen.

Eine Unterschreitung der Orientierungswerte kann sich beispielsweise empfehlen

- zum Schutz besonders schutzbedürftiger Nutzungen,
- zur Erhaltung oder Schaffung besonders ruhiger Wohnlagen.

In vorbelasteten Bereichen, insbesondere bei vorhandener Bebauung, bestehenden Verkehrswegen und in Gemengelagen, lassen sich die Orientierungswerte oft nicht einhalten. Wo im Rahmen der Abwägung mit plausibler Begründung von den Orientierungwerten abgewichen werden soll, weil andere Belange überwiegen, sollte möglichst ein Ausgleich durch andere geeignete Maßnahmen (z. B. geeignete Gebäudeanordnung und Grundrißgestaltung, bauliche Schallschutzmaßnahmen – insbesondere für Schlafräume) vorgesehen und planungsrechtlich abgesichert werden.

Überschreitungen der Orientierungswerte nach Abschnitt 1.1 und entsprechende Maßnahmen zum Erreichen ausreichenden Schallschutzes (siehe hierzu z. B. VDI 2718 (z. Z. Entwurf) sollen im Erläuterungsbericht zum Flächennutzungsplan oder in der Begründung zum Bebauungsplan beschrieben und gegebenenfalls in den Plänen gekennzeichnet werden.

Werden zwischen schutzbedürftigen Gebieten und gewerblich genutzten Gebieten die nach DIN 18 005 Teil 1/05.87, Abschnitt 4.5, in Verbindung mit Abschnitt 1.1 berechneten Schutzabstände eingehalten, so kann davon ausgegangen werden, daß diese Gebiete ohne zusätzliche planungsrechtliche Schallschutzmaßnahmen ihrer Bestimmung entsprechend genutzt werden können.

---

[5]) Für Industriegebiete kann – soweit keine Gliederung nach § 1 Abs. 4 und 9 BauNVO erfolgt – kein Orientierungswert angegeben werden. Die Schallemission der Industriegebiete ist nach DIN 18 005 Teil 1/05.87, Abschnitt 4.5, zu bestimmen.

Zitierte Normen und andere Unterlagen

DIN 18 005 Teil 1 Schallschutz im Städtebau; Berechnungsverfahren

VDI 2718 (z. Z. Entwurf) Schallschutz im Städtebau; Hinweise für die Planung [6])

Baugesetzbuch (BauGB) in der Fassung der Bekanntmachung vom 8. Dezember (BGBl. I S. 2253)

Gesetz zum Schutz vor schädlichen Umwelteinwirkungen durch Luftverunreinigungen, Geräusche, Erschütterungen und ähnliche Vorgänge (Bundes-Immissionsschutzgesetz – BImSchG) vom 15. März 1974 (BGBl. I S. 721, 1193), zuletzt geändert durch Gesetz vom 4. Oktober 1985 (BGBl. I S. 1950)

Raumordnungsgesetz vom 8. April 1965 (BGBl. I S. 306), zuletzt geändert durch Artikel 1 des Gesetzes vom 1. Juni 1980 (BGBl. I S. 649)

Technische Anleitung zum Schutz gegen Lärm (TALärm) vom 16. Juli 1968 (Beilage zum Bundesanzeiger Nr. 137 vom 26. Juli 1968)

Verordnung über die bauliche Nutzung der Grundstücke (Baunutzungsverordnung – BauNVO) in der Fassung der Bekanntmachung vom 15. September 1977 (BGBl. I S. 1763)

Internationale Patentklassifikation

E 04 B 1/82
E 04 B 1/62

---

[6]) Zu beziehen durch Beuth Verlag GmbH, Postfach 11 45, 1000 Berlin 30

DK 711.4-122 : 628.517 : 534.83(084.3) September 1991

Schallschutz im Städtebau

Lärmkarten – Kartenmäßige Darstellung von Schallimmissionen

DIN 18 005 Teil 2

Noise abatement in town planning; Noise maps – Graphical representation of noise pollution

Protection contre le bruit dans l'urbanisme; Cartes de bruit – Représentation graphique des immissions de bruit

Die Festlegungen über die Darstellung stimmen mit der von der International Organization for Standardization (ISO) herausgegebenen Internationalen Norm ISO 1996-2 : 1987 überein.

Inhalt

1 Anwendungsbereich und Zweck

In dieser Norm wird beschrieben, wie die Stärke der gegenwärtigen oder zukünftigen Schallimmissionen in einem Gebiet kartenmäßig dargestellt werden kann. Durch Verwendung einheitlicher Farben oder Schraffuren/Raster soll erreicht werden, daß Lärmkarten untereinander vergleichbar sind; die Darstellung von Schallimmissionen soll vereinheitlicht werden.

Da die Darstellung von Schallimmissionen in Lärmkarten zwangsläufig Vereinfachungen beinhaltet, kann sie nicht ohne weiteres zur Überprüfung der Einhaltung von Orientierungs- oder Immissionsrichtwerten bei einzelnen Objekten herangezogen werden.

Farbmuster siehe Originalfassung der Norm

Fortsetzung Seite 2 bis 8

Zitierte Normen und andere Unterlagen

DIN 1304 Teil 4	(z.Z Entwurf) Formelzeichen; Zusätzliche Formelzeichen für Akustik
DIN 6164 Teil 1	DIN-Farbenkarte; System der DIN-Farbenkarte für den 2°-Normalbeobachter
DIN 18 005 Teil 1	Schallschutz im Städtebau; Berechnungsverfahren
DIN 45 645 Teil 1	Einheitliche Ermittlung des Beurteilungspegels für Geräuschimmissionen

RAL 841 RAL Deutsches Institut für Gütesicherung und Kennzeichnung e.V., Bornheimer Str. 180, 5300 Bonn 1[1])

Weitere Normen und andere Unterlagen

Beiblatt 1 zu DIN 18 005 Teil 1	Schallschutz im Städtebau; Berechnungsverfahren; Schalltechnische Orientierungswerte für die städtebauliche Planung
DIN 45 642	Messung von Verkehrsgeräuschen
DIN 45 643 Teil 1	Messung und Beurteilung von Flugzeuggeräuschen; Meß- und Kenngrößen
DIN 45 643 Teil 2	Messung und Beurteilung von Flugzeuggeräuschen; Fluglärmüberwachungsanlagen im Sinne von § 19a Luftverkehrsgesetz
DIN 45 643 Teil 3	Messung und Beurteilung von Flugzeuggeräuschen; Ermittlung des Beurteilungspegels für Fluglärmimmissionen
ISO 1996-2 : 1987	Acoustics – Description and measurement of environmental noise – Part 2: Acquisition of data pertinent to land use

Richtlinien für den Lärmschutz an Straßen RLS-90, Ausgabe 1990[2])

Schall 03 – Richtlinie zur Berechnung der Schallimmissionen von Schienenwegen[3])

Internationale Patentklassifikation

E 04 B 1/82
E 01 F 8/00
G 09 B 29/00

[1]) Erhältlich beim Beuth Verlag GmbH, Burggrafenstraße 6, Postfach 11 45, 1000 Berlin 30

[2]) Erhältlich bei der Forschungsgesellschaft für Straßen- und Verkehrswesen, Alfred-Schütte-Allee 10, 5000 Köln 21

[3]) Erhältlich bei der Drucksachenzentrale BD Karlsruhe, Stuttgarter Str. 61a, 7500 Karlsruhe

Normenausschuß Bauwesen (NABau) im DIN Deutsches Institut für Normung e.V.
Normenausschuß Akustik, Lärmminderung und Schwingungstechnik (NALS) im DIN und VDI

2 Bestimmung der Schallimmissionen

2.1 Schallquellen

Im allgmeinen werden die in DIN 18005 Teil 1 aufgeführten Schallquellenarten berücksichtigt: Verkehrswege, Industrie-, Gewerbe- und sonstige Anlagen.

Vorübergehend auftretende Geräusche, z. B. von Bauarbeiten, gelegentlichen Veranstaltungen und zufälligen Ereignissen, werden nicht berücksichtigt.

2.2 Kennzeichnung der Schallimmission

Die Schallimmission wird im Regelfall durch den Beurteilungspegel L_T in dB(A) nach DIN 45 645 Teil 1 gekennzeichnet.

Anmerkung 1: Werden in Lärmkarten ausnahmsweise Mittelungspegel – ohne Ton- und/oder Impulszuschläge – dargestellt, so ist darauf besonders hinzuweisen.

Anmerkung 2: Mit Rücksicht auf den Sprachgebrauch in gesetzlichen Vorschriften wird hier abweichend von der Empfehlung in DIN 1304 Teil 4 Entwurf 09.86, Abschnitt 2.6, der Beurteilungspegel nicht in dB, sondern in dB(A) angegeben.

Hinsichtlich Fluglärm siehe DIN 18005 Teil 1/05.87, Abschnitt 4.4.

Die Beurteilungspegel werden im Regelfall für die Zeiträume Tag (6.00 bis 22.00 Uhr) und/oder Nacht (22.00 bis 6.00 Uhr) ermittelt und angegeben.

Sie können durch Berechnung oder Messung ermittelt werden.

3 Lärmkarten – Kartenmäßige Darstellung

3.1 Allgemeines

Für die kartenmäßige Darstellung kommen je nach Größe und Struktur der Gemeinde oder des untersuchten Gebietes unterschiedliche Darstellungen und Maßstäbe in Betracht. Für die Auswahl sind das jeweilige Planungsziel (großräumige Standortentscheidung, Nutzungsänderung, Planung der Baukörper) und die Planungsstufe (Flächennutzungsplan, Bebauungsplan, Einzelplanung) entscheidend.

Als Grundlage dient eine amtliche, maßstabsgerechte Grundlagenkarte (z. B. topografische Stadtkarte, Stadtgrundkarte), die Angaben über Bebauung, Art der baulichen Nutzung und Verkehrswege enthält.

Die Darstellung erfolgt in einem der jeweiligen Planungsstufe entsprechenden Maßstab, z. B.

- M = 1 : 10 000 und kleiner auf der Ebene der kommunalen Entwicklungsplanung,
- M = 1 : 10 000 bzw. M = 1 : 5 000 auf der Ebene des Flächennutzungsplanes,
- M = 1 : 1000 bzw. M = 1 : 500 auf der Ebene des Bebauungsplanes,
- gegebenenfalls M = 1 : 500 oder M = 1 : 100 auf der Ebene der Einzelplanung.

Die Lärmkarte bzw. Legende soll neben der Darstellung der Beurteilungspegel bzw. Mittelungspegel mindestens folgende Angaben enthalten:

- Erfaßte Schallquellen (z. B. Straßenverkehr, Gewerbe, Gesamtimmission),
- zeitlicher Bezug (z. B. Lärmkarte Tag 6.00 bis 22.00 Uhr),
- Zeitpunkt der Erstellung,
- Bestand/Prognose (Jahr),
- Höhe über Gelände, auf die sich die dargestellten Pegel (Beurteilungspegel bzw. Mittelungspegel) beziehen,
- Maßstab,
- Nordpfeil,
- verwendete Farben oder Schraffuren/Raster nach Anhang B,
- Verfasser.

Die Ergebnisse können zusätzlich zur Darstellung in Lärmkarten in einheitlicher Form, z. B. in einer zusammenfassenden Tabelle zusammengestellt werden.

3.2 Flächenhafte Darstellung

Die flächenhafte Darstellung (siehe Beispiele in Bild 1 und Bild 2) ist im Regelfall zu bevorzugen. Sie kann entweder nur Immissionen einzelner Schallquellenarten oder die Summe aller Schallimmissionen enthalten.

3.3 Bandartige Darstellung

Die bandartige Darstellung (siehe Beispiele in Bild 3 und Bild 4) kommt überwiegend für den innerstädtischen Bereich in Betracht. Sie stellt die Beurteilungspegel an Verkehrswegen dar. Die Beurteilungspegel gelten vor der Gebäudefront (geöffnetes Fenster) oder – bei unbebauten Straßen – in 25 m Abstand von der Straßenmitte.

Die Darstellung kann sich auf bestimmte Problembereiche, z. B. Hauptstraßenzüge, beschränken (siehe Beispiel in Bild 5).

4 Farben oder Schraffuren/Raster

Zur Darstellung der Beurteilungspegel bzw. Mittelungspegel sollen die im Anhang B dargestellten Farben oder Schraffuren/Raster verwendet werden.

5 Erläuterungsbericht

Der Erläuterungsbericht sollte enthalten:

a) Begründung der Aufstellung einer Lärmkarte,
b) Art der erfaßten Schallquellen,
c) Zeitpunkt bzw. Zeitraum der Aufstellung,
d) Bestand/Prognose,
e) verwendetes Verfahren zur Ermittlung der Beurteilungspegel,
f) Höhe, auf die sich die Schallimmissionen beziehen,
g) Erläuterungen der Ergebnisse (Aussagefähigkeit),
h) gegebenenfalls Tabelle der Beurteilungspegel bzw. Mittelungspegel.

Bild 1. Beispiel für eine Lärmkarte in flächenhafter Darstellung (Ausschnitt, M = 1 : 20 000)

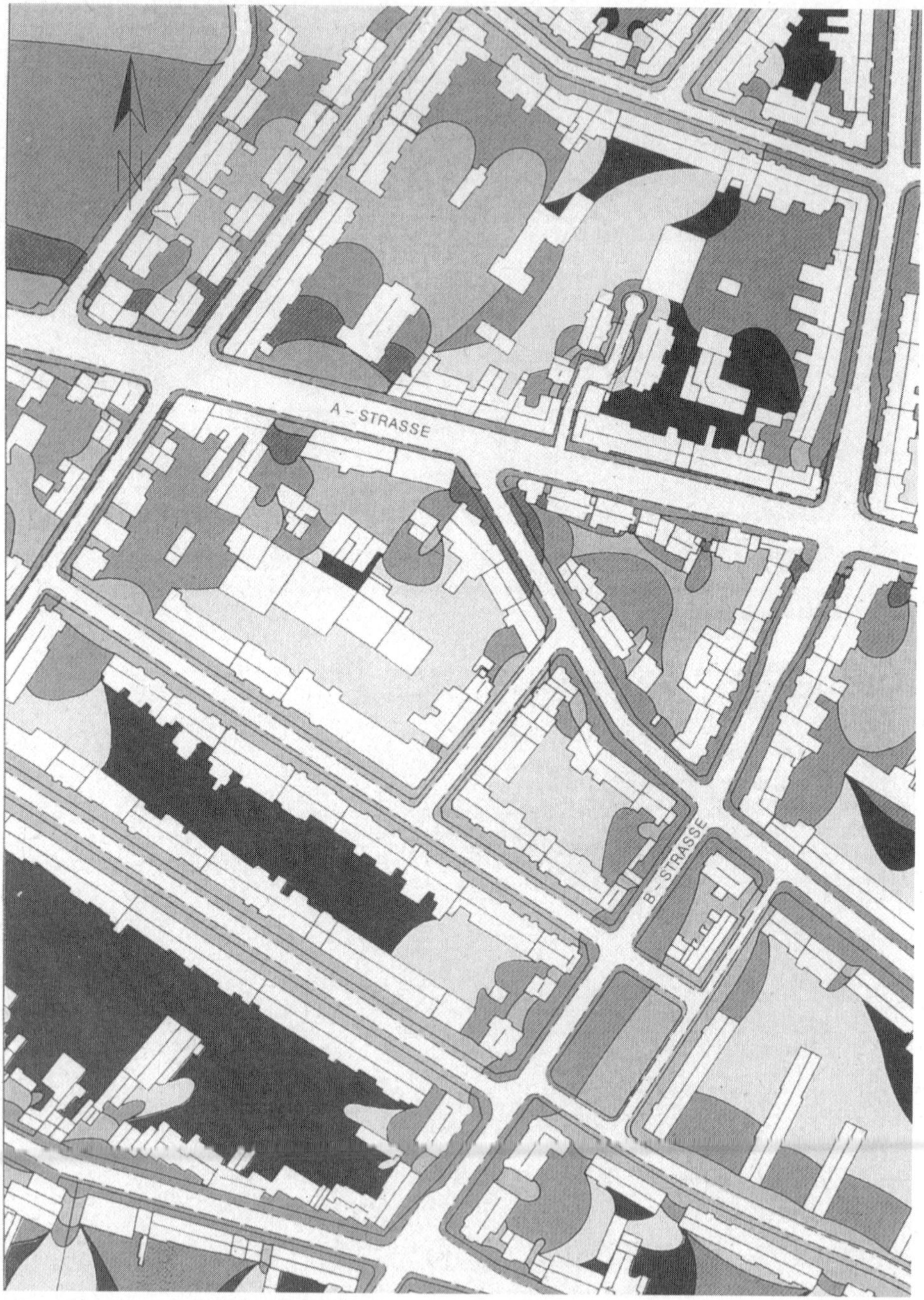

Bild 2. Beispiel für eine Lärmkarte in flächenhafter Darstellung (Ausschnitt, M = 1 : 2000)

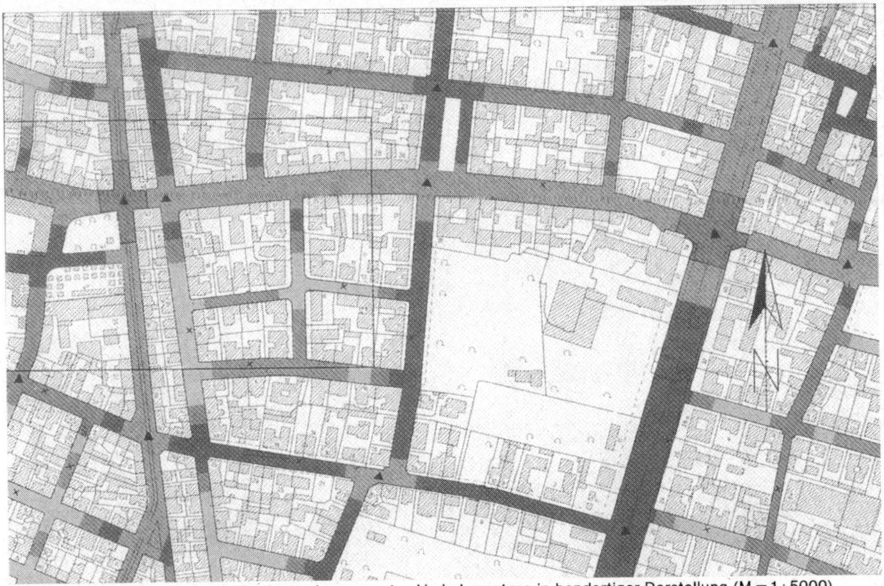

Bild 3. Beispiel für eine Tageslärmkarte des gesamten Verkehrsnetzes in bandartiger Darstellung (M = 1 : 5000)
▲ Lichtzeichenanlage

Bild 4. Beispiel für eine Tageslärmkarte des gesamten Verkehrsnetzes in bandartiger Darstellung (M = 1 : 2500) (Ausschnitt aus Bild 3)
▲ Lichtzeichenanlage

Bild 5. Beispiel für eine Lärmkarte der Hauptverkehrsbänder in bandartiger Darstellung (M = 1 : 10 000)
▲ Lichtzeichenanlage

Anhang A

Beispiel einer Legende zu einer Lärmkarte

Stadt A

Lärmuntersuchung Hauptstraßennetz

LÄRMKARTE 1990

TAG 6 – 22 UHR

Farben	Beurteilungspegel in dB(A)
	bis 50
	über 50 bis 55
	über 55 bis 60
	über 60 bis 65
	über 65 bis 70
	über 70 bis 75
	über 75 bis 80
	über 80

Beurteilungspegel gelten allgemein in 4 m Höhe, bei Streckenabschnitten ohne Bebauung in 25 m Abstand von der Straßenmitte.

Schallquelle: Straßenverkehr
Berechnungsverfahren: DIN 18 005 Teil 1

0 250 500 750 1000 m

Verfasser: Datum:

Anhang B

Farben und Schraffuren/Raster für Beurteilungspegel

Für die Darstellung von Beurteilungspegeln in Lärmkarten sollen folgende Farben oder Schraffuren/Raster verwendet werden:

Spalte	1	2	3	4	5	6
Zeile	Beurteilungspegel dB(A)	Farbname	Farbzeichen nach DIN 6164 Teil 1 $T : S : D$	Entsprechendes Muster im Farbregister RAL 841-GL	Farben	Schraffuren/ Raster
1	bis 35	weißgrün	22,9 : 2,0 : 1,3	RAL 6019		
2	über 35 bis 40	gelbgrün	23,0 : 7,3 : 3,1	RAL 6018		
3	über 40 bis 45	türkisgrün	20,8 : 6,2 : 5,2	RAL 6016		
4	über 45 bis 50	schwefelgelb	24,8 : 5,9 : 0,7	RAL 1016		
5	über 50 bis 55	braunbeige	2,8 : 4,3 : 2,9	RAL 1011		
6	über 55 bis 60	pastellorange	5,1 : 6,0 : 1,1	RAL 2003		
7	über 60 bis 65	verkehrsrot	7,4 : 8,6 : 2,0	RAL 3020 – F 81		
8	über 65 bis 70	rubinrot	7,8 : 8,9 : 3,6	RAL 3003		
9	über 70 bis 75	verkehrspurpur	10,3 : 5,7 : 3,9	RAL 4006 – F 81		
10	über 75 bis 80	lichtblau	17,3 : 4,4 : 2,2	RAL 5012		
11	über 80	capriblau	17,3 : 5,7 : 4,0	RAL 5019		

DK 699.844:692:620.1:534.6 Februar 1987

Bauakustische Prüfungen

Luft- und Trittschalldämmung

Prüfung von Bauteilen in Prüfständen und zwischen Räumen am Bau

DIN 52 210 Teil 3

Tests in building acoustics; airborne and impact sound insulation; testing of building elements in laboratories and between rooms in buildings

Méthodes d'essais en acoustique du bâtiment; isolement acoustique au bruit aérien et au bruit de choc; méthode d'essais des éléments de construction en laboratoire et entre les pièces des immeubles

Ersatz für Ausgabe 08.81

Inhalt

Fortsetzung Seite 2 bis 12

Normenausschuß Materialprüfung (NMP) im DIN Deutsches Institut für Normung e.V.
Normenausschuß Akustik und Schwingungstechnik (FANAK) im DIN
Normenausschuß Bauwesen (NABau) im DIN

1 Anwendungsbereich und Zweck

In dieser Norm sind die Festlegungen enthalten für die Bestimmung

- der Luftschalldämmung von Bauteilen wie Trennwänden, Trenndecken, Türen, Fenstern, Scheiben für Fenster, Platten und Außenbauteilen im Prüfstand;
- der Trittschalldämmung (des Trittschallverhaltens) von Trenndecken, schwimmenden Estrichen, Gehbelägen und sonstigen Deckenauflagen im Prüfstand;
- der Luftschalldämmung von Bauteilen zwischen Räumen am Bau;
- der Trittschalldämmung (des Trittschallverhaltens) von Bauteilen am Bau.

Die Luftschalldämmung von Außenbauteilen am Bau ist nach DIN 52 210 Teil 5, die Schachtpegeldifferenz von Schächten und Kanälen nach DIN 52 210 Teil 6 und das Schall-Längsdämm-Maß nach DIN 52 210 Teil 7 zu bestimmen.

Für die Prüfungen nach dieser Norm sind die Meßverfahren nach DIN 52 210 Teil 1 anzuwenden. Die Eigenschaften der Prüfstände sind in DIN 52 210 Teil 2 festgelegt. Für die Ermittlung von Einzahl-Angaben aus den frequenzabhängigen Meßergebnissen gilt DIN 52 210 Teil 4.

2 Begriffe

Siehe DIN 52 210 Teil 1.

Je nach dem Zweck der Prüfung werden die Prüfungen nach den Abschnitten 2.1 bis 2.4 unterschieden.

2.1 Eignungsprüfung (auch: Qualifikationsprüfung*))

Die Eignungsprüfung von Bauteilen stellt bei bauakustischen Prüfungen eine Qualitätsprüfung*) zur Feststellung, ob Qualifikation vorliegt, dar. Sie wird in Prüfständen nach DIN 52 210 Teil 2 und in ausgeführten Bauten durchgeführt und dient zum Nachweis, daß ein Bauteil die in DIN 4109 Teil 2 genannten Anforderungen erfüllt.

2.1.1 Eignungsprüfung I

Eignungsprüfung I ist bei bauakustischen Prüfungen eine Typprüfung*) von Bauteilen in Prüfständen nach DIN 52 210 Teil 2.

2.1.2 Eignungsprüfung II

Eignungsprüfung II ist bei bauakustischen Prüfungen eine Typprüfung*) von Bauteilen in ausgeführten Bauten unter praktischen Einbaubedingungen nach erfolgter Eignungsprüfung I.

2.1.3 Eignungsprüfung III

Eignungsprüfung III ist bei bauakustischen Prüfungen eine Typprüfung*) in ausgeführten Bauten für solche Bauteile, die sich wegen ihrer Größe nicht in einen Prüfstand nach DIN 52 210 Teil 2 einbauen lassen (Sonderbauteile), und von Bauarten, für deren Prüfung die Prüfstände nach DIN 52 210 Teil 2 nicht geeignet sind (Sonderbauarten).

2.2 Güteprüfung (auch: Annahmeprüfung*))

Güteprüfung ist bei bauakustischen Prüfungen eine Qualitätsprüfung*) in ausgeführten Bauten. Ihre Ergebnisse gelten für die Beurteilung des akustischen Verhaltens des untersuchten Bauteils in Verbindung mit dem betreffenden Bauwerk. Güteprüfungen werden vor allem zum Nachweis vorgenommen, inwieweit die Anforderungen nach DIN 4109 Teil 2 im Einzelfall eingehalten sind.

*) Nach DIN 55 350 Teil 17 (z. Z. Entwurf)

2.3 Baumuster-Prüfung

Baumuster-Prüfung ist eine bauakustische Qualitätsprüfung*) an einem Baumuster in einem Prüfstand nach DIN 52 210 Teil 2, bei der das schalltechnische Verhalten eines Bauteiles erfaßt wird, ohne daß die Prüfung zum Nachweis der Eignung nach DIN 4109 Teil 2 dienen soll.

2.4 Projektbezogene Prüfung

Projektbezogene Prüfung ist eine bauakustische Qualitätsprüfung*) am Bau, die in Musterräumen durchgeführt wird, damit vor dem Serieneinbau die Einhaltung der an das betreffende Bauteil gestellten Anforderung unter den projektspezifischen Bedingungen überprüft werden kann.

3 Bezeichnung

Für die Bezeichnung der Verfahren nach dieser Norm sind folgende Merkmale anzugeben:

a) verschlüsselte Angabe der Zählnummer des vorliegenden Teils von DIN 52 210 (03)

b) Art der Prüfung
- E1 für Eignungsprüfung I
- E2 für Eignungsprüfung II
- E3 für Eignungsprüfung III
- G für Güteprüfung
- M für Baumuster-Prüfung
- Z für projektbezogene Prüfung

c) Meßverfahren nach DIN 52 210 Teil 1:
- L für Luftschalldämmung
- T für Trittschalldämmung (Trittschallverhalten)

d) Ort der Prüfung:
- B am Bau
- P-D im Deckenprüfstand ohne Flankenübertragung (nach DIN 52 210 Teil 2)
- PFL-D im Deckenprüfstand mit bauähnlicher Flankenübertragung (nach DIN 52 210 Teil 2)
- P-F im Fensterprüfstand (nach DIN 52 210 Teil 2)
- P-T im Türenprüfstand (nach DIN 52 210 Teil 2)
- P-W im Wandprüfstand ohne Flankenübertragung (nach DIN 52 210 Teil 2)
- PFL-W im Wandprüfstand mit bauähnlicher Flankenübertragung (nach DIN 52 210 Teil 2)

e) Art des Einbaus von Fenstern und von Scheiben für Fenster (siehe DIN 52 210 Teil 2/08.84 Abschnitt 5.2.3):
- 1 Einbauart 1
- 2 Einbauart 2
- 3 Einbauart 3

Beispiele

Bezeichnung der Prüfung nach DIN 52 210 Teil 3 (03) als Güteprüfung (G) zur Bestimmung der Luftschalldämmung (L) am Bau (B):

Prüfung DIN 52 210 – 03 – G – L – B

Bezeichnung der Prüfung nach DIN 52 210 Teil 3 (03) als Eignungsprüfung I (E1) zur Bestimmung des Trittschallverhaltens (T) im Deckenprüfstand mit bauähnlicher Flankenübertragung nach DIN 52 210 Teil 2 (PFL-D):

Prüfung DIN 52 210 – 03 – E1 – T – PFL-D

Bezeichnung der Prüfung nach DIN 52 210 Teil 3 (03) als Baumuster-Prüfung (M) zur Bestimmung der Luftschalldämmung (L) im Fensterprüfstand nach DIN 52 210 Teil 2 (P-F) mit Einbauart 2:

Prüfung DIN 52 210 – 03 – M – L – P-F – 2

4 Prüfungen in Prüfständen

4.1 Probenahme

Das Prüfmaterial darf vom Antragsteller übersandt oder von der Prüfstelle oder einer anderen neutralen Stelle aus den Lagerbeständen des Herstellers entnommen werden.

Für Eignungsprüfungen I soll das Prüfmaterial amtlich entnommen werden. Nur in Fällen, in denen das Prüfmaterial noch nicht in größerer Menge hergestellt wird, darf das für die Erstprüfung erforderliche Material vom Antragsteller unmittelbar angeliefert werden.

4.2 Prüfungen zur Kennzeichnung des Materials

Für die genaue Kennzeichnung von zu prüfenden Materialien und Konstruktionen sind vor allem die schalltechnisch bedeutungsvollen Eigenschaften zu ermitteln, z. B. Dicke, flächenbezogene Masse, Art der Bindung oder des Aufbaues, Art der Dichtung und der Verschlüsse, gegebenenfalls auch die dynamische Steifigkeit und der längenbezogene Strömungswiderstand der Dämmschicht. Für die Bestimmung dieser Eigenschaften sind gegebenenfalls besondere Normen zu beachten, z. B. für die Bestimmung der Dicke von Schaumkunststoffen als Dämmstoffe für den Hochbau DIN 18 164 Teil 2, von Faserdämmstoffen DIN 18 165 Teil 1 und Teil 2, von textilen Fußbodenbelägen DIN 53 855 Teil 3, der dynamischen Steifigkeit DIN 52 214 und des längenbezogenen Strömungswiderstandes DIN 52 213.

Bei Eignungsprüfungen ist im Hinblick auf die Auswahl und die Kennzeichnung des Materials besondere Sorgfalt erforderlich.

Bei Eignungsprüfungen I an Gehbelägen und Dämmschichten (unter Estrichen) sind die Prüfstellen verpflichtet, von dem Prüfmaterial etwa 1 m^2 große Probestücke zurückzubehalten und drei Jahre lang aufzubewahren.

Bei Fenstern, Scheiben für Fenster und Türen mit einem bewerteten Schalldämm-Maß von mindestens 40 dB wird empfohlen, die Prüfgegenstände mindestens ein Jahr lang aufzubewahren, falls die schalltechnisch relevanten Konstruktionseinzelheiten nicht festgestellt werden konnten.

4.3 Prüfung der Luftschalldämmung

4.3.1 Raumtrennwände und -decken, Außenwände[1])

Eignungsprüfungen I von Bauteilen sind in Prüfständen mit bauähnlicher Flankenübertragung, die in DIN 52 210 Teil 2 festgelegt sind, vorzunehmen. In Sonderfällen können bei Baumuster-Prüfungen Untersuchungen in einem Prüfstand ohne Flankenübertragung zweckmäßig sein.

Eignungsprüfungen I an Bauteilen aus Beton und Mauerwerk sind an möglichst trockenen Bauteilen durchzuführen. Die Untersuchungen dürfen frühestens zwei Wochen nach Aufbau der Prüfgegenstände durchgeführt werden. Der massenbezogene Feuchtegehalt des Prüfgegenstandes ist zum Zeitpunkt der Messung festzustellen und im Prüfbericht anzugeben.

Das maximal mögliche Schalldämm-Maß des Prüfstandes, bezogen auf die Prüffläche des Prüfgegenstandes, ist im Prüfbericht anzugeben.

4.3.2 Türen, Fenster, Scheiben für Fenster, Fassadenelemente, Platten

Für die Prüfung von Türen, Fenstern, Scheiben für Fenster, Fassadenelementen und dünnen plattenförmigen Materialien, für die aus praktischen Gründen die in DIN 52210 Teil 2 vorgeschriebene Fläche für die Trennwand von mindestens 8 m^2 nicht eingehalten werden kann, sind die Prüfgegenstände in eine Trennwand zwischen zwei Prüfräumen einzubauen.

Die Anforderungen an die Fenster- und Türenprüfstände, die Größe der Prüfgegenstände und deren Einbaubedingungen sind in DIN 52 210 Teil 2 festgelegt. Für Fassadenelemente und dünne plattenförmige Materialien gibt es keine besonderen Prüfstände. Diese Prüfgegenstände sind je nach ihrem Verwendungszweck in einem Fenster-, Türen- oder Wandprüfstand nach DIN 52 210 Teil 2 – soweit möglich, praxisgerecht – einzubauen.

Das maximal mögliche Schalldämm-Maß des Prüfstandes, bezogen auf die Prüffläche des Prüfgegenstandes, ist im Prüfbericht anzugeben.

4.3.2.1 Türen und Türblätter

Bei Türen ist zu unterscheiden zwischen der Untersuchung von Türblättern und von betriebsfertigen Türen. Im erstgenannten Fall werden die Anschlußfugen ringsum mit dauerplastischer Fugendichtungsmasse gedichtet.

Betriebsfertige Türen müssen unmittelbar vor der Messung zur Feststellung des funktionsfähigen Zustandes mehrmals (etwa 10mal) geöffnet und geschlossen werden.

Als Bezugsfläche für die Bestimmung des Schalldämm-Maßes von Türblättern und betriebsfertigen Türen ist die Fläche der lichten Öffnung in der Trennwand einzusetzen.

4.3.2.2 Fenster, Scheiben für Fenster und Fassadenelemente

Zum Öffnen eingerichtete Fenster müssen unmittelbar vor der Messung zur Feststellung des funktionsfähigen Zustandes mehrmals (etwa 10mal) geöffnet und geschlossen werden.

Als Bezugsfläche für die Ermittlung des Schalldämm-Maßes des Fensters, der Scheibe für Fenster oder des Fassadenelementes ist die Fläche der lichten Öffnung in der Trennwand einzusetzen.

4.3.2.3 Dünne Platten

Dünne plattenförmige Materialien dürfen mit kleinerer Fläche als 8 m^2 untersucht werden, wenn ihre Grenzfrequenz etwa 1000 Hz oder mehr beträgt. Dies gilt z. B. für Bleche. Die Prüffläche muß jedoch mindestens 1,5 m^2 betragen. Die Prüfung sollte möglichst im Fensterprüfstand nach DIN 52 210 Teil 2 durchgeführt werden.

Platten werden in die Prüföffnung eingesetzt, erforderlichenfalls verkeilt und die Anschlußfugen mit dauerplastischer Fugendichtungsmasse gedichtet. Die Überdeckung durch Halteleisten und/oder Fugendichtungsmasse darf nicht mehr als 15 mm betragen. Gegebenenfalls soll die Dicke der Dichtungsmasse zwischen Platte und Halteleisten nicht mehr als 5 mm betragen.

Als Bezugsfläche für die Ermittlung des Schalldämm-Maßes der Platte ist die Fläche der lichten Öffnung in der Trennwand einzusetzen.

4.3.3 Sonstige Anordnungen

Wenn Lüftungseinrichtungen, Rolladenkästen usw. auf ihre Schalldämmung im Rahmen einer Baumuster-Prüfung zu untersuchen sind, ist das zu prüfende Bauteil in eine Öffnung in einer Trennwand mit einer ausreichenden Luftschalldämmung bauüblich einzubauen. Die Norm-Schallpegeldifferenz D_n dieser Trennwand soll 10 dB über der Norm-Schallpegeldifferenz D_n des Prüfgegenstandes liegen. Die gemessenen Schallpegeldifferenzen sind dabei in Norm-Schallpegeldifferenzen nach DIN 52 210 Teil 1 umzurechnen, wobei die Bezugs-Absorptionsfläche $A_0 = 10\ m^2$ einzusetzen ist. Außerdem ist das Schalldämm-Maß R, bezogen auf die lichte Öffnung in der Trennwand, in die das zu prüfende Bauteil einzubauen ist, anzugeben.

---

1) Unter Außenwänden sollen auch Dächer verstanden werden, wenn sie Aufenthaltsräume unmittelbar nach außen abschließen (z. B. Flachdächer) und wenn Anforderungen an die Schalldämmung erfüllt werden müssen, z. B. bei Fluglärm.

Bei Prüfgegenständen, die auf der Trennwand montiert werden, ist das Schalldämm-Maß R auf die lichte Öffnung in der Trennwand zu beziehen, die von dem die Wand durchdringenden Teil des Prüfgegenstandes eingenommen wird.

Wenn es möglich ist, die Prüfgegenstände sowohl in die Trennwand einzubauen, als auch auf die Trennwand zu montieren, sind die Prüfungen für beide Einbauarten durchzuführen.

Bauteile, deren Prüfung allein nicht zu einem zutreffenden Ergebnis für die spätere Anwendung führen würde, sind nur in Verbindung mit den Bauteilen zu prüfen, mit denen sie üblicherweise verwendet werden (z. B. Türdichtungen).

4.4 Prüfung der Trittschalldämmung (des Trittschallverhaltens)

4.4.1 Trenndecken

Nach Abschnitt 4.3.1

4.4.2 Schwimmende Estriche

Die Prüfung von schwimmenden Estrichen ist in Prüfständen mit bauähnlicher Flankenübertragung oder in solchen ohne Flankenübertragung (siehe DIN 52 210 Teil 2) durchzuführen. Sie soll auf einer Stahlbetonplattendecke durchgeführt werden. Der zu prüfende schwimmende Estrich muß die ganze Fläche der Prüfdecke einnehmen. Naß hergestellte Estriche dürfen frühestens zwei Wochen nach dem Einbau, Asphalt-Estriche frühestens nach drei Tagen geprüft werden.

Bei hochschalldämmenden und stark in den Senderaum schallabstrahlenden Konstruktionen kann der Trittschallpegel durch die Luftschallübertragung vom Senderaum in den Empfangsraum beeinflußt werden. In vielen Fällen kann durch schallabsorbierende Auskleidung des Senderaumes Abhilfe geschaffen werden. Andernfalls ist der Einfluß der Luftschallübertragung auf den Trittschallpegel zu korrigieren (siehe DIN 52 210 Teil 1/08.84 Abschnitt 5.4.4).

4.4.3 Gehbeläge

Die Prüfung von Gehbelägen ist in Prüfständen ohne Flankenübertragung oder mit bauähnlicher Flankenübertragung durchzuführen. Die Prüfdecken müssen Stahlbetonplattendecken mit einer glatten Oberfläche sein. Es genügt die Aufbringung von Teilflächen $\geq$ 0,6 m $\times$ 0,4 m an den nach DIN 52 210 Teil 1 vorgeschriebenen Aufstellorten des Norm-Hammerwerks. Gehbeläge, die in der Baupraxis verklebt werden, sind auf die Prüfdecke vollflächig und blasenfrei aufzukleben. Die Prüfung darf erst nach Aushärten des Klebers vorgenommen werden und soll auch bei Kontakt- und Zweikomponentenklebern frühestens drei Tage nach dem Aufkleben des Gehbelages durchgeführt werden. Es ist sicherzustellen, daß nicht verklebte Gehbeläge vollflächig aufliegen. Die Decke und der Gehbelag sollen bei der Messung eine Temperatur von (20 $\pm$ 2) °C haben.

4.4.4 Sonstige Deckenauflagen

Sie sind wie schwimmende Estriche nach Abschnitt 4.4.2 zu prüfen. Es ist festzustellen, ob die Deckenauflage die Luftschalldämmung der Prüfdecke verschlechtert.

4.5 Eignungsprüfungen III

Großformatige Bauteile, die wegen ihrer Größe nicht in Prüfstände eingebaut werden können, oder Bauteile, die nur in Verbindung mit bestimmten Bauarten verwendet werden, bei denen eine Untersuchung im Prüfstand mit bauähnlicher Flankenübertragung unter Umständen zu keiner zutreffenden Beurteilung führt, sind in drei verschiedenen Gebäuden dieser Bauart zu prüfen. Bei so geprüften Bauteilen gilt das Ergebnis jedoch nur in Verbindung mit dieser Bauart.

5 Prüfungen am Bau

5.1 Eignungsprüfungen II

Die Eignungsprüfungen II sind am gleichen Prüfgegenstand vorzugsweise in drei verschiedenen Gebäuden vorzunehmen. Dies gilt besonders für zweischalige Massivdecken und Wände.

Dagegen kann die Nachprüfung von Gehbelägen in einem einzigen Bau durchgeführt werden. Dazu müssen die Decken zunächst ohne Gehbelag geprüft werden. Anschließend sind zwei Prüfungen mit Gehbelag vorzunehmen, und zwar die erste wenige Wochen nach Verlegung (jedoch frühestens nach einer Woche), die zweite nach mindestens zweijähriger Benutzung. Derartige Prüfungen von Gehbelägen dürfen nur an Decken ohne schwimmende Estriche vorgenommen werden.

Der Prüfer hat sich zu vergewissern, daß bei der Bestimmung der Luftschalldämmung keine ungewöhnliche Nebenwegübertragung, z. B. über Fenster, Rohrleitungen, Flankenübertragung – sowohl extrem große als auch extrem kleine – usw., vorliegt.

Der Aufbau der flankierenden Bauteile ist im Prüfbericht anzugeben. Der Aufbau der zu untersuchenden Konstruktion ist vom Prüfer auf Übereinstimmung mit den Angaben des Antragstellers zu kontrollieren, notfalls durch Probenahme.

Die Prüfräume sollen mindestens 30 m^3 groß sein, die Prüfflächen bei Wänden zwischen 8 m^2 und 15 m^2, bei Decken zwischen 12 m^2 und 25 m^2 betragen. Gegenüberliegende Flächen müssen einen Abstand von mindestens 2,5 m haben. Die an den Prüfgegenstand angrenzenden Räume dürfen nicht gegeneinander versetzt sein (keine Anwendung der Norm-Schallpegeldifferenz!).

5.2 Güteprüfungen

Die für Eignungsprüfungen festgelegten Mindestwerte der Flächengröße der Bauteile und der Größe der Räume brauchen bei Güteprüfungen nicht eingehalten zu werden.

Die unter anderen als in DIN 52 210 Teil 1 und für Eignungsprüfungen festgelegten Bedingungen erhaltenen Meßergebnisse können jedoch mit einer größeren als der sonst üblichen Meßunsicherheit behaftet sein.

5.2.1 Güteprüfungen von Raumtrennwänden und -decken

Bei der Prüfung von Bauteilen, deren Flächen im Sende- und Empfangsraum verschieden groß sind, und zwischen versetzten Räumen ist das Schalldämm-Maß R' zu bestimmen, wobei als Prüffläche S die Fläche einzusetzen ist, die beiden Räumen gemeinsam ist. Ist die Fläche kleiner als die nachstehend genannte Bezugs-Absorptionsfläche A_0, so ist an Stelle des Schalldämm-Maßes R' die Norm-Schallpegeldifferenz D_n auszuwerten. Zur Berechnung der Norm-Schallpegeldifferenz D_n wird für die Bezugs-Absorptionsfläche A_0 allgemein 10 m^2, nur bei Schulklassen 25 m^2 eingesetzt.

In Räumen, in denen der Schallpegel ungleichmäßig verteilt sein kann, z. B. in großen, stark gedämpften oder langgestreckten Räumen, soll der große Raum als Senderaum benutzt und der Sendeschallpegel in der Nähe der gemeinsamen Trennwand oder -decke gemessen werden.

5.2.2 Güteprüfung von Türen

5.2.2.1 Türen zwischen zwei Räumen

Wenn die Tür sich in der Trennwand zwischen zwei Räumen befindet, ist das Schalldämm-Maß R' nach DIN 52 210 Teil 1/08.84, Gleichung (8) zu bestimmen. Als Bezugsfläche S ist die Fläche der lichten Öffnung in der Trennwand einzusetzen. Die Schalldämmung der Trennwand ist zu berücksichtigen.

5.2.2.2 Türen zwischen einem Flur und einem Raum

Das Schalldämm-Maß R' einer Tür zwischen einem Flur und einem Raum ist nach Gleichung (1) bei Anregung der Tür mit Lautsprecherschall und Messung des Sendeschallpegels im Nahbereich zu bestimmen:

$$R' = L_1 - L_2 + 10 \lg \frac{S}{A} \text{ dB} - 3 \text{ dB} \quad (1)$$

Hierin bedeuten:

L_1 mittlerer Schalldruckpegel an der Oberfläche der Tür

L_2 mittlerer Schalldruckpegel im Raum hinter der Tür (Empfangsraum)

S Fläche der lichten Öffnung in der Wand

A äquivalente Absorptionsfläche im Empfangsraum

Die Lautsprecheranordnung und ihr Abstand von der Tür sind so zu wählen, daß die Tür ausreichend gleichmäßig angeregt wird und der Abstand mindestens das Zweifache der Flächendiagonale der Tür beträgt. Die örtlichen Unterschiede des Schalldruckpegels auf der Oberfläche der Tür sollen 5 dB nicht überschreiten.

Der mittlere Schalldruckpegel L_1 ist bei einer Anzahl fester Mikrofonstellungen oder mit Hilfe eines bewegten Mikrofons und Mittelung des Schalldruckquadrates zu messen. Der Abstand des Mikrofons von der Oberfläche der Tür muß 5 bis 10 mm betragen. Damit dieser Abstand eingehalten werden kann, wird empfohlen, das Mikrofon mit einem geeigneten Abstandhalter zu versehen (z. B. aufgebohrter Schaumstoff-Windschirm). Bei örtlichen Pegelschwankungen unter 3 dB genügen vier gleichmäßig über die Oberfläche verteilte feste Mikrofonstellungen. Bei kontinuierlichem Abtasten des Schallfeldes wird das Mikrofon mäanderförmig horizontal und vertikal über die Tür geführt.

Bezüglich der Speisung der Lautsprecher, Meßfrequenzen, Stellung des Mikrofons im Empfangsraum, Bestimmung des mittleren Schalldruckpegels L_2 und Bestimmung der äquivalenten Absorptionsfläche wird auf die in DIN 52 210 Teil 1/08.84 Abschnitte 4.2.1.2, 4.4.1, 4.4.3, 4.4.4 bzw. 4.4.5 enthaltenen Bedingungen verwiesen.

6 Angabe der Ergebnisse

6.1 Prüfbericht und Formblätter

Der Prüfbericht soll über die Angaben in DIN 52 210 Teil 1 hinaus folgendes enthalten:

- Art der Probenahme
- Art des Prüfgegenstandes (siehe Abschnitt 4.2)
- Alter des Prüfgegenstandes am Tage der Messung, gegebenenfalls Vorbeanspruchung
- Bezeichnung des angewendeten Verfahrens

zusätzlich:

- bei der Prüfung von Bauteilen im Prüfstand das maximale Schalldämm-Maß des Prüfstandes, bezogen auf die Prüffläche des Prüfgegenstandes
- bei der Prüfung von Wänden und Decken im Prüfstand den Feuchtegehalt
- bei der Prüfung von Fenstern im Prüfstand die Art des Einbaus in die Prüföffnung (d. h. gegen Anschlag oder stumpf)
- bei Lüftungseinrichtungen, Rolladenkästen usw. die Einbaubedingungen und Größe der Prüffläche
- bei der Güteprüfung von Türen die Fläche der lichten Öffnung in der Wand und gegebenenfalls den Einfluß der Wand auf das Meßergebnis
- bei Baumuster-Prüfungen von Trennwänden und Trenndecken gegebenenfalls Hinweis darauf, daß in einem Prüfstand ohne Flankenübertragung geprüft wurde
- bei Prüfung nach Abschnitt 5.2.1 zweiter Absatz Aufstellungsorte von Mikrofon und Lautsprecher.

für Deckenauflagen

- die Norm-Trittschallpegel der Decke ohne und mit Deckenauflage in Tabellenform
- die bewerteten Norm-Trittschallpegel der Decke ohne und mit Deckenauflage
- der äquivalente bewertete Norm-Trittschallpegel $L_{n,w,eq}$ der Prüfdecke
- bei Gehbelägen die Art der Verlegung, Art des Klebers, Klebermenge, Auftragsverfahren des Klebers.

Dem Prüfbericht sollen folgende Formblätter beigegeben werden:

Formblatt A
bei Prüfung des Schalldämm-Maßes von Bauteilen, für die in DIN 4109 Teil 2 Anforderungen bestehen, z. B. Decken, Wände

Formblatt B
bei Prüfung des Schalldämm-Maßes von Bauteilen, für die in DIN 4109 Teil 2 keine Anforderungen bestehen

Formblatt C
bei Prüfung des Norm-Trittschallpegels von Bauteilen, für die in DIN 4109 Teil 2 Anforderungen bestehen, z. B. Decken

Formblatt D
bei Prüfung der Trittschallminderung durch schwimmende Estriche, Gehbeläge und sonstige Deckenauflagen

Die Formblätter A und B können auch zur Darstellung der Norm-Schallpegeldifferenz D_n zwischen zwei Räumen verwendet werden, wobei Titel und Ordinate entsprechend zu ändern sind.

Das Formblatt C kann auch zur Darstellung des Norm-Trittschallpegels verwendet werden, wenn der Empfangsraum nicht unter der angeregten Decke lag. Dies ist jedoch im Formblatt ausdrücklich, möglichst mit einer Skizze, anzugeben.

Bis zum Erscheinen der Folgeausgabe für DIN 4109 Teil 2/09.62 ist auf den Formblättern, soweit zutreffend, noch anzugeben[2]):

- In Formblatt A: LSM $= R_w - 52$ dB $= \ldots$ dB
- In Formblatt C: TSM $= 63$ dB $- L_{n,w} = \ldots$ dB
  $\text{TSM}_{eq} = 63$ dB $- L_{n,w,eq} = \ldots$ dB
- In Formblatt D: VM $= \Delta L_w = \ldots$ dB

Die Art der vorgenommenen Prüfung ist im Prüfbericht und in der rechten oberen Ecke auf den verwendeten Formblättern anzugeben:

Eignungsprüfung I, II bzw. III für DIN 4109 Teil 2
Güteprüfung für DIN 4109 Teil 2
Güteprüfung
Baumuster-Prüfung
projektbezogene Prüfung

Die Benennungen Güteprüfung, Baumuster-Prüfung und projektbezogene Prüfung sollen angewendet werden, wenn hinsichtlich der Anforderungen kein Bezug auf DIN 4109 Teil 2 genommen werden soll.

Bei Prüfung im Prüfstand mit bauähnlicher Flankenübertragung und bei Prüfung am Bau ist in den Formblättern A bis D das Formelzeichen R durch R', R_w durch R'_w bzw. L_n durch L'_n bzw. $L_{n,w}$ durch $L'_{n,w}$ zu ersetzen.

6.2 Eignungsbescheinigung

Bei bestandener Eignungsprüfung für DIN 4109 Teil 2 wird dem Antragsteller außer dem Prüfbericht (mit Formblatt) eine Eignungsbescheinigung ausgestellt. Das Formblatt E ist ein Beispiel für ein Formblatt für eine Eignungsbescheinigung.

Anmerkung: Die Eignungsbescheinigung darf allgemein auf schwimmende Estriche (außer Trockenestriche) ausgestellt werden, wenn angenommen werden kann, daß die unter einem hydraulisch gebundenen Estrich geprüfte Dämmschicht auch unter einem Estrich mit einer flächenbezogenen Masse von mindestens 55 kg/m^2 noch ein Trittschallverbesserungsmaß von 24 dB bzw. 19 dB ergibt (für Dämmschichtgruppe I

[2]) Siehe auch DIN 52 210 Teil 4/08.84 Anhang A und Erläuterungen.

bzw. II siehe DIN 4109 Teil 2). Dazu wird die Gleichung (2) benützt, mit der das bei einer flächenbezogenen Masse m' gemessene Trittschallverbesserungsmaß ΔL_w auf das Verbesserungsmaß $\Delta L_{w,0}$ beim angenommenen Bezugswert für die flächenbezogene Masse $m'_0 = 55$ kg/m² umgerechnet wird:

$$\Delta L_{w,0} = \Delta L_w + k \cdot 20 \lg \frac{m'_0}{m'} \text{ dB} \qquad (2)$$

Hierin bedeuten:

ΔL_w unmittelbar für den untersuchten Estrich mit der flächenbezogenen Masse m' gemessenes Trittschallverbesserungsmaß

$m'_0 = 55$ kg/m² (Bezugswert für die flächenbezogene Masse)

Für den Faktor k sind folgende Werte einzusetzen:

ΔL_w dB	18	20	22	24	25	≥ 27
k	0,5	0,6	0,7	0,8	0,9	1

Das sich aus Gleichung (2) ergebene $\Delta L_{w,0}$ ist auf ganze dB abzurunden.

Sofern $\Delta L_w \geq 24$ dB bzw. 19 dB und sich $\Delta L_{w,0}$ zu < 24 dB bzw. 19 dB ergibt, ist die Eignungsbescheinigung mit dem speziell bei der Untersuchung verwendeten Estrich (z. B. „35-mm-Zement-Estrich") auszustellen.

Formblatt A

Für den Anwender dieser Norm unterliegt das Formblatt A nicht dem Vervielfältigungsrandvermerk auf Seite 1.

Schalldämm-Maß nach DIN 52 210 Teil 3

Antragsteller:

Aufbau des Prüfgegenstandes:

Bezeichnung des Verfahrens:

Prüfung DIN 52 210 – 03 – __

Flächenbezogene Masse __________ kg/m²

Prüffläche __________ m²

Prüfräume

Volumen V_S ________ m³, V_E ________ m³

Zustand

Art

Bewertetes Schalldämm-Maß R_w __________ dB

Bewertung nach DIN 4109 Teil . . .

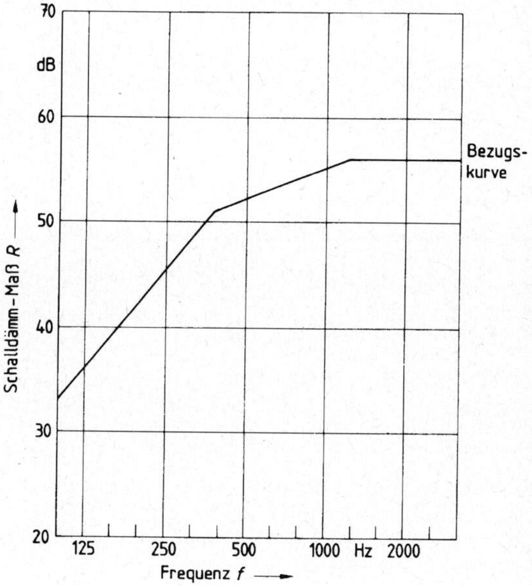

Prüfschall:

Empfangsfilter:

Nr des Prüfberichtes:

Datum:

Unterschrift:

Formblatt B

Für den Anwender dieser Norm unterliegt das Formblatt B nicht dem Vervielfältigungsrandvermerk auf Seite 1.

Schalldämm-Maß nach DIN 52 210 Teil 3

Antragsteller:

Aufbau des Prüfgegenstandes:

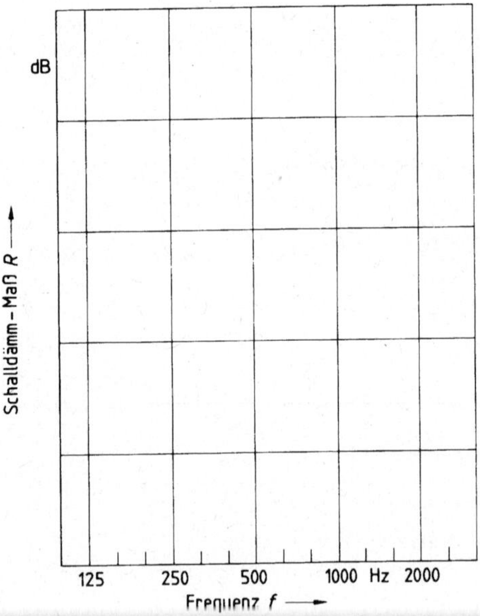

Bezeichnung des Verfahrens:

Prüfung DIN 52 210 – 03 – ___

Flächenbezogene Masse ____________ kg/m²

Prüffläche ______________________ m²

Prüfräume

Volumen V_S ________ m³, V_E ________ m³

Zustand

Art

Bewertetes
Schalldämm-Maß R_w ____________ dB

Prüfschall:

Empfangsfilter:

Nr des Prüfberichtes:

Datum:

Unterschrift:

Formblatt C

Für den Anwender dieser Norm unterliegt das Formblatt C nicht dem Vervielfältigungsrandvermerk auf Seite 1.

Norm-Trittschallpegel nach DIN 52 210 Teil 3

Antragsteller:

Aufbau des Prüfgegenstandes:

Bezeichnung des Verfahrens:

Prüfung DIN 52 210 – 03 – ___

Flächenbezogene Masse __________ kg/m²

Prüffläche __________ m²

Empfangsraum

Volumen V __________ m³

Zustand

Art

Bewerteter Norm-Trittschallpegel $L_{n,w}$ __________ dB

Bewertung nach DIN 4109 Teil . . .

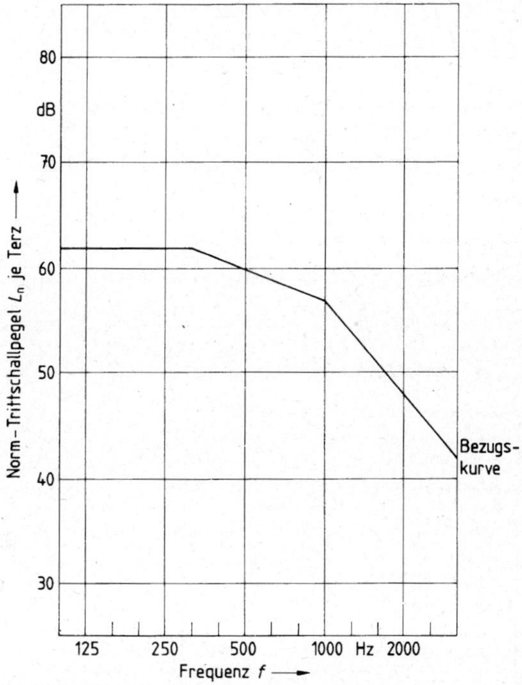

Nr des Prüfberichtes:

Datum: Unterschrift:

Formblatt D

Für den Anwender dieser Norm unterliegt das Formblatt D nicht dem Vervielfältigungsrandvermerk auf Seite 1.

Trittschallminderung nach DIN 52 210 Teil 3

Antragsteller:

Aufbau des Prüfgegenstandes:

Bezeichnung des Verfahrens:

Prüfung DIN 52 210 – 03 – ___

Flächenbezogene
Masse des Estrichs ______________ kg/m^2

Prüffläche S ______________ m^2

Empfangsraum

Volumen V ______________ m^3

Zustand

Art

Trittschall-
verbesserungsmaß ΔL_w ______________ dB

Bewertung nach DIN 4109 Teil . . .

____

____

____

____

____

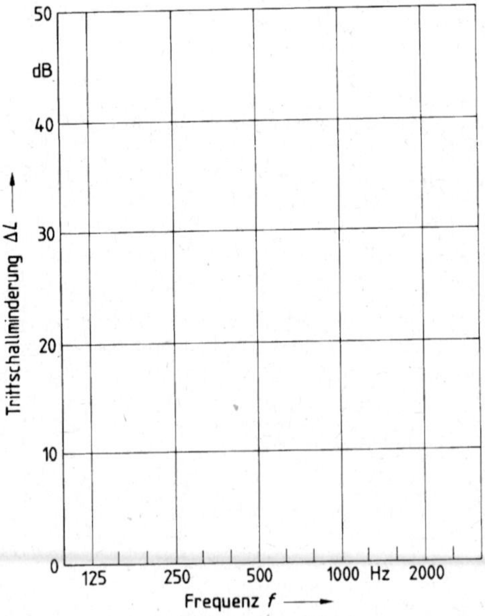

Nr des Prüfberichtes:

Datum:

Unterschrift:

Formblatt E

Für den Anwender dieser Norm unterliegt das Formblatt E nicht dem Vervielfältigungsrandvermerk auf Seite 1.

Institutsbezeichnung

Eignungsbescheinigung

Bestätigung der schalltechnischen Eignung für DIN 4109 Teil 2

für

Antragsteller:

geprüfte Ausführung:

Ergebnis der Prüfung

im Prüfstand (Eignungsprüfung I):

am Bau (Eignungsprüfung II):

am Bau (Eignungsprüfung III):

Prüfzeugnis(se):

Zusammenfassende Beurteilung für DIN 4109 Teil 2

Datum:

(Stempel, Unterschrift)

Zitierte Normen

DIN 4109 Teil 2	Schallschutz im Hochbau; Anforderungen
DIN 18 164 Teil 2	Schaumkunststoffe als Dämmstoffe für das Bauwesen; Dämmstoffe für die Trittschalldämmung
DIN 18 165 Teil 1	Faserdämmstoffe für das Bauwesen; Dämmstoffe für die Wärmedämmung
DIN 18 165 Teil 2	Faserdämmstoffe für das Bauwesen; Dämmstoffe für die Trittschalldämmung
DIN 52 210 Teil 1	Bauakustische Prüfungen; Luft- und Trittschalldämmung; Meßverfahren
DIN 52 210 Teil 2	Bauakustische Prüfungen; Luft- und Trittschalldämmung; Prüfstände für Schalldämm-Messungen an Bauteilen
DIN 52 210 Teil 4	Bauakustische Prüfungen; Luft- und Trittschalldämmung; Ermittlung von Einzahl-Angaben
DIN 52 210 Teil 5	Bauakustische Prüfungen; Luft- und Trittschalldämmung; Messung der Luftschalldämmung von Außenbauteilen am Bau
DIN 52 210 Teil 6	Bauakustische Prüfungen; Luft- und Trittschalldämmung; Bestimmung der Schachtpegeldifferenz
DIN 52 210 Teil 7	Bauakustische Prüfungen; Luft- und Trittschalldämmung; Bestimmung des Schall-Längsdämm-Maßes
DIN 52 213	Bauakustische Prüfungen; Bestimmung des Strömungswiderstandes
DIN 52 214	Bauakustische Prüfungen; Bestimmung der dynamischen Steifigkeit von Dämmschichten für schwimmende Estriche
DIN 53 855 Teil 3	Prüfung von Textilien; Bestimmung der Dicke textiler Flächengebilde; Fußbodenbeläge
DIN 55 350 Teil 17	(z. Z. Entwurf) Begriffe der Qualitätssicherung und Statistik; Begriffe der Qualitätssicherung; Begriffe der Qualitätsprüfungsarten

Weitere Normen

DIN 4109 Teil 2	(z. Z. Entwurf) Schallschutz im Hochbau; Luft- und Trittschalldämmung in Gebäuden; Anforderungen, Nachweise und Hinweise für Planung und Ausführung
DIN 4109 Teil 5	(z. Z. Entwurf) Schallschutz im Hochbau; Schallschutz gegenüber Geräuschen aus haustechnischen Anlagen und aus Betrieben; Anforderungen, Nachweise und Hinweise für Planung und Ausführung
DIN 4109 Teil 6	(z. Z. Entwurf) Schallschutz im Hochbau; Bauliche Maßnahmen zum Schutz gegen Außenlärm
DIN 18 165 Teil 1	Faserdämmstoffe für das Bauwesen; Dämmstoffe für die Wärmedämmung
DIN 18 165 Teil 2	Faserdämmstoffe für das Bauwesen; Dämmstoffe für die Trittschalldämmung

Frühere Ausgaben

DIN 52 210: 07.52, 03.60x
DIN 52 210 Teil 3: 07.75, 08.81

Änderungen

Gegenüber der Ausgabe August 1981 wurden folgende Änderungen vorgenommen:

a) Eignungsprüfungen I, II und III definiert
b) Projektbezogene Prüfung aufgenommen
c) Normbezeichnungen für Prüfverfahren aufgenommen
d) Feuchtegehalt für Messungen an Wänden und Decken begrenzt
e) Bezugsfläche für Türen geändert, für sonstige Anordnungen aufgenommen
f) Bedingungen für Prüfung schwimmender Estriche ergänzt, für Gehbeläge geändert
g) Auf-Zu-Verfahren für Güteprüfung von Türen gestrichen
h) Für Wohnungseingangstüren Verfahren mit Messung des Sendeschallpegels im Nahbereich aufgenommen
i) Redaktionell überarbeitet

Erläuterungen

Der Arbeitsausschuß NMP 231 „Schalldämmung, Messung und Bewertung" hat diese Norm ausgearbeitet. Mitträger sind die Normenausschüsse Akustik und Schwingungstechnik (FANAK) und Bauwesen (NABau) im DIN.

Internationale Patentklassifikation

E 04 B 1/82
E 04 F 15/20
G 01 N

DK 699.844 : 692 : 620.1 : 534.833

Mai 1989

Bauakustische Prüfungen

Luft- und Trittschalldämmung

Bestimmung der Schachtpegeldifferenz

DIN 52 210 Teil 6

Tests in building acoustics; airborne and impact sound insulation; determination of the level difference by shafts

Méthodes d'essais en acoustique des bâtiments; isolement acoustique aux sons aériens et aux bruits de chocs; détermination de l'isolement acoustique brut pour les cheminées

Ersatz für Ausgabe 04.80

1 Anwendungsbereich und Zweck

Die Schallpegeldifferenz nach DIN 52 210 Teil 1/08.84, Abschnitt 3.4, zwischen Räumen, die durch Schächte oder Kanäle (im folgenden nur Schächte genannt) miteinander verbunden sind, kennzeichnet stets die gemeinsame Wirkung aller Übertragungswege. Sie ermöglicht nicht die Beurteilung der allein über den Schacht als Luftschall übertragenen Schalleistung. Außerdem ist bei der Messung zur Bestimmung der Schallpegeldifferenz mit zunehmender Meßunsicherheit zu rechnen, je kleiner das Volumen der Meßräume ist, z. B. bei Arbeitsküchen und Bädern.

Demgegenüber behandelt diese Norm die Prüfung und Bewertung einer Größe, die die unmittelbare Luftschallübertragung durch einen Schacht allein kennzeichnet und die auch in kleinen Räumen mit ausreichender Genauigkeit ermittelt werden kann.

2 Begriffe (siehe auch Bild)

Die Schachtpegeldifferenz D_K ist durch Gleichung (1) festgelegt:

$$D_K = L_{K1} - L_{K2} \quad (1)$$

Hierin bedeuten:

L_{K1} mittlerer Schalldruckpegel in der Nähe der Schachtöffnung im Senderaum

L_{K2} mittlerer Schalldruckpegel in der Nähe der Schachtöffnung im Empfangsraum

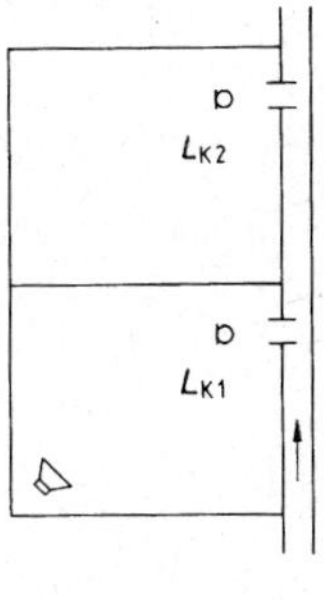

Lautsprecher

Mikrophon

Beispiel für eine Schachtanordnung

3 Bezeichnung des Verfahrens

Bezeichnung der Prüfung im Laboratorium

Prüfung DIN 52 210 – 06 – A

- Benennung: Prüfung
- DIN-Hauptnummer: DIN 52 210
- Teil-Nummer: 06
- Prüfung im Laboratorium: A

Bezeichnung der Prüfung am Bau:

Prüfung DIN 52 210 – 06 – B

- Benennung: Prüfung
- DIN-Hauptnummer: DIN 52 210
- Teil-Nummer: 06
- Prüfung am Bau: B

4 Apparaturen

4.1 Sendeapparatur

wie in DIN 52 210 Teil 1/08.84, Abschnitt 4.2.1

4.2 Schallpegel-Meßapparatur

wie in DIN 52 210 Teil 1/08.84, Abschnitt 4.2.2

5 Prüfanordnung

5.1 Messungen im Laboratorium

Besondere Anforderungen an die Größe und Bauweise der Prüfräume werden nicht gestellt. In der Regel wird man jedoch Wand- oder Deckenprüfstände für Schalldämm-Messungen an Bauteilen nach DIN 52 210 Teil 2 verwenden. Die bewertete Schallpegeldifferenz D_w zwischen Sende- und Empfangsraum soll bei abgedichteten Schachtöffnungen mindestens 55 dB betragen.

Die zu prüfenden Schächte sind so anzuordnen, wie es für die praktische Verwendung vorgesehen ist. Die Schachtöffnungen sind im Sende- und Empfangsraum an oder in der Nähe einer Raumkante und in mindestens 0,5 m Abstand von einer Raumecke anzuordnen. Von Hand verstellbare Gitter oder Drosselklappen in den Schachtöffnungen sind voll zu öffnen.

Die Schächte sind möglichst außerhalb der Prüfräume anzubringen. Bei Einbau innerhalb der Prüfräume sind die Schächte mit geeigneten Vorsatzschalen zu versehen, um zusätzliche Schallübertragung über die Schachtwände auszuschließen. Die Enden durchlaufender Schächte sind reflexionsfrei abzuschließen.

Fortsetzung Seite 2 bis 4

Normenausschuß Materialprüfung (NMP) im DIN Deutsches Institut für Normung e.V.
Normenausschuß Akustik und Schwingungstechnik (FANAK) im DIN
Normenausschuß Bauwesen (NABau) im DIN

5.2 Messungen am Bau

Die Messungen sind unter den endgültigen Einbaubedingungen der gesamten Schachtanlage durchzuführen. Auch hierbei sind von Hand verstellbare Gitter oder Drosselklappen in den Schachtöffnungen voll zu öffnen (siehe auch Erläuterungen).

6 Durchführung

6.1 Meßfrequenzen

wie in DIN 52 210 Teil 1/08.84, Abschnitt 5.4.1

6.2 Stellung der Lautsprecher

Die Lautsprecher-Anordnung muß, wenn möglich, im Abstand von mindestens 2 m von der Schachtöffnung aufgestellt werden. Es wird empfohlen, bei mindestens zwei verschiedenen Lautsprecherstellungen zu messen.

6.3 Stellung des Mikrophones

Das Mikrophon ist im Sende- und Empfangsraum unmittelbar vor der Öffnung des Schachtes, d. h. in höchstens 5 cm Abstand, anzuordnen, und zwar an jeweils wenigstens drei über die Oberfläche der Gitter oder Drosselklappen gleichmäßig verteilten Punkten.

6.4 Bestimmung des mittleren Schallpegels und der Schachtpegeldifferenz

Für jede Frequenz und jede Öffnung ist der Mittelwert des Schallpegels aus den Meßergebnissen bei den verschiedenen Mikrophon- und Lautsprecherstellungen zu bilden.

Die Schachtpegeldifferenz wird nach Gleichung (1) ermittelt.

7 Darstellung der Ergebnisse

Die Meßergebnisse werden in ein Diagramm eingetragen entsprechend DIN 52 210 Teil 1/08.84, Abschnitt 5.5, Absatz 1.

Als Einzahl-Angabe ist die bewertete Schachtpegeldifferenz $D_{K,w}$ in Übereinstimmung mit dem Verfahren zur Bestimmung der bewerteten Schallpegeldifferenz D_w nach DIN 52 210 Teil 4/08.84, Abschnitt 3.3, zu ermitteln.

8 Prüfbericht

Der Prüfbericht soll unter Hinweis auf diese Norm enthalten:

- Beschreibung des Prüfgegenstandes und der Einbaubedingungen
- Fläche jeder Schachtöffnung
- Querschnittsfläche des Schachtes
- Maße, Art und Zustand der Prüfräume
- Art des verwendeten Prüfschalls und der Filter
- Darstellung der Schachtpegeldifferenz in Abhängigkeit von der Frequenz
- Angabe der bewerteten Schachtpegeldifferenz $D_{K,w}$

Für die Zusammenfassung des Prüfberichtes wird das Formblatt F (siehe Seite 3) empfohlen.

Für den Anwender dieser Norm unterliegt das Formblatt F nicht dem Vervielfältigungsrandvermerk auf Seite 1.

Formblatt F

Schachtpegeldifferenz nach DIN 52 210 Teil 6

Antragsteller:

Aufbau des Prüfgegenstandes:

Bezeichnung des Verfahrens:

Fläche der Schachtöffnungen ________ m^2

Prüfräume

Volumen V_S ________ m^3, V_E ________ m^3

Zustand

Art

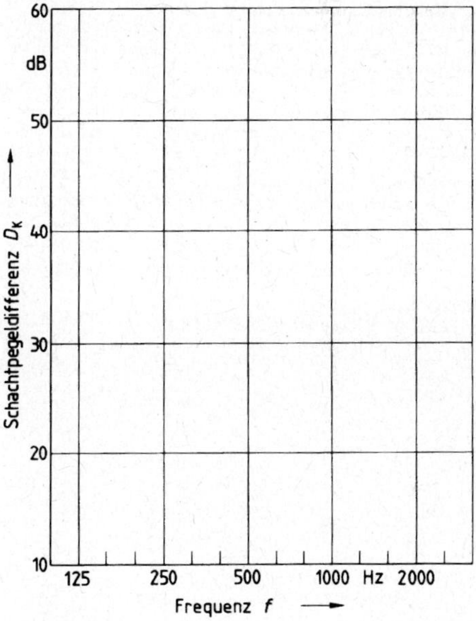

Bewertete Schachtpegeldifferenz

$D_{K,w}$ ________ dB

Prüfschall:

Empfangsfilter:

Nr des Prüfberichtes:

Datum:

Unterschrift

Zitierte Normen

DIN 52 210 Teil 1 Bauakustische Prüfungen; Luft- und Trittschalldämmung; Meßverfahren

DIN 52 210 Teil 2 Bauakustische Prüfungen; Luft- und Trittschalldämmung; Prüfstände für Schalldämm-Messungen an Bauteilen

DIN 52 210 Teil 4 Bauakustische Prüfungen; Luft- und Trittschalldämmung; Ermittlung von Einzahl-Angaben

Weitere Normen

DIN 52 210 Teil 3 Bauakustische Prüfungen; Luft- und Trittschalldämmung; Prüfung von Bauteilen in Prüfständen und zwischen Räumen am Bau

DIN 52 210 Teil 5 Bauakustische Prüfungen; Luft- und Trittschalldämmung; Messung der Luftschalldämmung von Außenbauteilen am Bau

Frühere Ausgaben

DIN 52 210 Teil 6: 04.80

Änderungen

Gegenüber der Ausgabe April 1980 wurden folgende Änderungen vorgenommen:

Die Norm wurde redaktionell überarbeitet und dabei der Abschnitt „Mitgeltende Normen" gestrichen.

Erläuterungen

Die Norm DIN 52 210 Teil 6 ist vom Arbeitsausschuß NMP 231 „Schalldämmung, Messung und Bewertung" ausgearbeitet worden. Mitträger sind der Normenausschuß Akustik und Schwingungstechnik (FANAK) und der Normenausschuß Bauwesen (NABau).

Bei der Überarbeitung der Normen der Reihe DIN 4109 – Schallschutz im Hochbau – ist vorgesehen, daß die Anforderungen an die Luftschalldämmung zwischen Aufenthaltsräumen, die durch Schächte miteinander verbunden sind, durch die Schallübertragung sowohl über die Öffnungen der Schächte als auch über deren Wandungen nicht unterschritten werden dürfen. Der Anteil der Schallübertragung über die Öffnungen wird durch die in dieser Norm beschriebene Messung der Schachtpegeldifferenz erfaßt. Ist darüber hinaus am Bau mit einer Nebenweg-Übertragung über die Schachtwandungen zu rechnen, so kann eine ergänzende Messung der Schallpegeldifferenz zwischen den betreffenden Räumen, gemessen von Raummitte zu Raummitte bei abgedichteten Lüftungsöffnungen, notwendig werden. Hierzu wird auf DIN 52 210 Teil 1/08.84, Abschnitt 4.3.2, verwiesen.

Ausführungsbeispiele für Schächte, die erfahrungsgemäß den Anforderungen genügen, sollen in einem Beiblatt zu der Folgeausgabe der Normen der Reihe DIN 4109 aufgenommen werden. Für neuartige Ausführungsformen, die Eignungsprüfungen erfordern, enthält die vorliegende Norm die hierfür und für die Güteprüfungen am Bau erforderlichen Festlegungen.

Die zahlenmäßigen Anforderungen an die Schachtpegeldifferenz sollen in der Folgeausgabe der Normen der Reihe DIN 4109 in Abhängigkeit von der geforderten Luftschalldämmung festgelegt werden.

Internationale Patentklassifikation

E 04 B 1/82
E 04 F 15/20
G 01 H 1/00

Dezember 1997

Bauakustische Prüfungen

Luft- und Trittschalldämmung

Teil 7: Bestimmung der Norm-Flankenpegeldifferenz im Prüfstand

DIN 52210-7

ICS 91.120.20

Ersatz für
Ausgabe 1989-05

Deskriptoren: Bauakustik, Luftschalldämmung, Trittschalldämmung, Prüfung, Bestimmung

Tests in building acoustics – Airborne and impact sound insulation – Part 7: Laboratory determination of the normalized flanking level difference

Méthodes d'essais en acoustique du bâtiment – Isolement acoustique au bruit aérien et aux bruits de choc – Partie 7: Détermination en laboratoire de l'indice d'affaiblissement acoustique latéral

Vorwort

Diese Norm wurde vom Arbeitsausschuß NMP 231 "Schalldämmung und Schallabsorption; Messung und Bewertung" ausgearbeitet.

Für die Vorherberechnung der Luftschalldämmung in Bauten ist in vielen Fällen die Kenntnis der Längsdämmung der zu verwendenden Bauteile erforderlich.

Mit der Einführung der DIN EN 20140-9 ist die Messung der Schalldämmung von Unterdecken im Prüfstand eindeutig beschrieben. Entsprechendes gilt für die Messung der Norm-Flankenpegeldifferenz für Doppel- oder Hohlraumböden mit der Einführung der DIN EN ISO 140-12. Für alle anderen flankierenden Bauteile sind Messungen im Prüfstand nach diesem Teil 7 der DIN 52210 durchzuführen. Die Begriffe und die Festlegungen in den Meßverfahren sind in den drei Normen weitgehend gleich. Unterschiedlich sind jedoch die Angaben bezüglich der Prüfstände und der Einbaubedingungen.

Änderungen

Gegenüber der Ausgabe Mai 1989 wurden folgende Änderungen vorgenommen:

a) Die Festlegungen für Unterdecken (siehe Abschnitt 5) wurden gestrichen, da diese in DIN EN 20140-9 enthalten sind.

b) Die Bezeichnungsbeispiele (siehe Abschnitt 3) wurden gestrichen.

c) Die Festlegungen für die Anwendung der Meßwerte im Bau (siehe Abschnitt 6) wurden gestrichen.

d) Der Abschnitt Auswertung und Darstellung der Ergebnisse (siehe Abschnitt 4.4) wurde den Festlegungen in DIN EN 20140-3 angepaßt.

e) Die Norm wurde redaktionell überarbeitet und die Gestaltung nach DIN V 820-2 vorgenommen.

Frühere Ausgaben

DIN 52210-7: 1984-08, 1989-05

Fortsetzung Seite 2 bis 5

Normenausschuß Materialprüfung (NMP) im DIN Deutsches Institut für Normung e. V.
Normenausschuß Akustik, Lärmminderung und Schwingungstechnik (NALS) im DIN und VDI
Normenausschuß Bauwesen (NABau) im DIN

1 Anwendungsbereich

Diese Norm legt das Prüfverfahren zur Bestimmung der Norm-Flankenpegeldifferenz $D_{n,f}$ verschiedener Bauteile fest.

Das Verfahren nach dieser Norm eignet sich für die Prüfung flankierender Bauteile, bei denen die Schallübertragung ausschließlich über den Übertragungsweg *Ff* erfolgt.

Diese Norm gilt für die Prüfung von Bauteilen, wie z. B.:

- Decken
- Deckenauflagen
- Fassaden
- Innenwände
- Außenwände

Unterdecken werden nach DIN EN 20140-9, Doppel- und Hohlraumböden nach E DIN EN ISO 140-12 geprüft.

2 Normative Verweisungen

Diese Norm enthält durch datierte oder undatierte Verweisungen Festlegungen aus anderen Publikationen. Diese normativen Verweisungen sind an den jeweiligen Stellen im Text zitiert, und die Publikationen sind nachstehend aufgeführt. Bei datierten Verweisungen gehören spätere Änderungen oder Überarbeitungen dieser Publikationen nur zu dieser Norm, falls sie durch Änderung oder Überarbeitung eingearbeitet sind. Bei undatierten Verweisungen gilt die letzte Ausgabe der in Bezug genommenen Publikation.

E DIN EN ISO 140-1
: Akustik – Messung der Schalldämmung in Gebäuden und von Bauteilen – Teil 1: Anforderungen an Prüfstände mit unterdrückter Flankenübertragung (ISO/DIS 140-1 : 1994); Deutsche Fassung prEN ISO 140-1 : 1994

DIN EN 20140-3
: Akustik – Messung der Schalldämmung in Gebäuden und von Bauteilen – Teil 3: Messung der Luftschalldämmung von Bauteilen in Prüfständen (ISO 140-3 : 1995); Deutsche Fassung EN 20140-3 : 1995

DIN EN 20140-9
: Akustik – Messung der Schalldämmung in Gebäuden und von Bauteilen – Teil 9: Raum-zu-Raum-Messung der Luftschalldämmung von Unterdecken mit darüberliegendem Hohlraum im Prüfstand (ISO 140-9 : 1985); Deutsche Fassung EN 20140-9 : 1993

DIN EN ISO 717-1
: Akustik – Bewertung der Schalldämmung in Gebäuden und von Bauteilen – Teil 1: Luftschalldämmung (ISO 717-1 : 1996); Deutsche Fassung EN ISO 717-1 : 1996

E DIN EN ISO 140-12
: Akustik – Messung der Schalldämmung in Gebäuden und von Bauteilen – Teil 12: Messung der Dämmung von Luftschall und Trittschall durch einen Doppel- und Hohlraumboden zwischen benachbarten Räumen im Prüfstand (ISO/DIS 140-12 : 1996); Deutsche Fassung prEN ISO 140-12 : 1996

3 Definitionen

Für die Anwendung dieser Norm gelten die Definitionen nach DIN EN 20140-9 und folgende:

Norm-Flankenpegeldifferenz $D_{n,f}$: Differenz aus Schallpegel im Senderaum und Schallpegel im Empfangsraum bezogen auf die Bezugs-Absorptionsfläche. Sie wird nach Gleichung (1) bestimmt:

$$D_{n,f} = L_1 - L_2 + 10 \lg \frac{A_0}{A} \text{ dB} \qquad (1)$$

Dabei ist:

L_1 Schallpegel im Senderaum,

L_2 Schallpegel im Empfangsraum,

A äquivalente Absorptionsfläche im Empfangsraum,

A_0 Bezugs-Absorptionsfläche (A_0 = 10 m^2).

ANMERKUNG: $D_{n,f}$ stimmt im Zahlenwert mit dem früher verwendeten Labor-Schall-Längsdämm-Maß R_L überein.

4 Prüfverfahren

4.1 Meßgeräte

Nach DIN EN 20140-3

4.2 Prüfstände zur Bestimmung der Norm-Flankenpegeldifferenz von leichten Bauteilen in horizontaler Richtung

4.2.1 Allgemeines

Die Prüfanordnung besteht aus zwei Prüfräumen, siehe Bilder 1, 2, und 3, bei denen die Schallübertragung über die Trennwand und die flankierenden Bauteile – bis auf den Prüfgegenstand – durch entsprechende bauliche Ausführungen so gering ist, daß die Übertragung längs des zu prüfenden Bauteiles allein gemessen werden kann.

4.2.2 Größe und Nachhallzeit der Prüfräume

Das Volumen der Prüfräume muß mindestens 50 m^3 betragen. Die Maße müssen betragen

Höhe (2 800 ± 200) mm

Breite (4 500 ± 500) mm

Die beiden Prüfräume müssen sich in ihrer Tiefe (senkrecht zur Trennwand) um mindestens 500 mm unterscheiden.

Bei bestehenden Prüfräumen darf die Höhe von mindestens 2 600 mm um 100 mm unterschritten werden, sofern bei allen Messungen Diffusoren in die Prüfräume eingehängt werden.

Die Nachhallzeit der Prüfräume muß im Frequenzbereich von 100 bis 5 000 Hz zwischen 1 s und 2 s liegen. Sofern der Prüfgegenstand, z. B. bei der Prüfung schallabsorbierender Decken, niedrigere Werte als die genannten erzwingt, sind Diffusoren zu verwenden (siehe DIN EN ISO 140-1).

4.2.3 Einbaubedingungen für den Prüfgegenstand

4.2.3.1 Größe der Prüffläche

Der Prüfgegenstand muß die für den Einbau vorgesehene Fläche, siehe zu prüfendes Bauteil B in Bild 2 bis Bild 4, ganz oder nahezu ganz einnehmen. Zur Anpassung an vorgegebene Maße ist es bei elementierten Prüfgegenständen zulässig, daß in jedem der beiden Prüfräume ein an die Rückwand angrenzender Streifen der Fläche des zu prüfenden Bauteils B von höchstens 500 mm Breite freibleibt. Dieser Streifen ist mit einem dichten Material von mindestens 10 kg/m^2 flächenbezogener Masse abzudecken.

4.2.3.2 Anschluß an Trennwand

Die Längsdämmung hängt in manchen Fällen von der Art der Trennwand und ihrer Verbindung mit dem Längsbauteil ab. Die hauptsächlich in Frage kommende Trennwand-Art und die übliche Art der Verbindung sollten verwendet werden, wenn ein solcher Einfluß zu erwarten ist. Das Ergebnis gilt dann nur für den bei der Prüfung gewählten Anschluß. Soll das Prüfergebnis für verschiedene Anschlüsse benutzt werden, muß bei der Prüfung der schalltechnisch ungünstigste Anschluß verwendet werden. Das ist derjenige, der die Körperschall-Weiterleitung in den Nachbarraum am wenigsten behindert, z. B. Anschluß an Trennwand über biegeweiche, nicht zu schwere Zwischenstücke (Bleche, Gummi), wobei jedoch gesichert sein muß, daß die Schalldämmung der Trennwand einschließlich Anschlußstück dadurch nicht zu gering wird, z. B. durch mangelhafte Dichtheit. Bei der erforderlichen Anschluß-Simulierung einer leichten Trennwand muß nicht die gesamte Trennwand in dieser Form ausgeführt sein. Es genügt in der Regel ein kleineres Teilstück, z. B. von 1 000 mm Breite. Dieses Teilstück muß dann mit einer zusätzlichen Verkleidung versehen werden, siehe Bild 4.

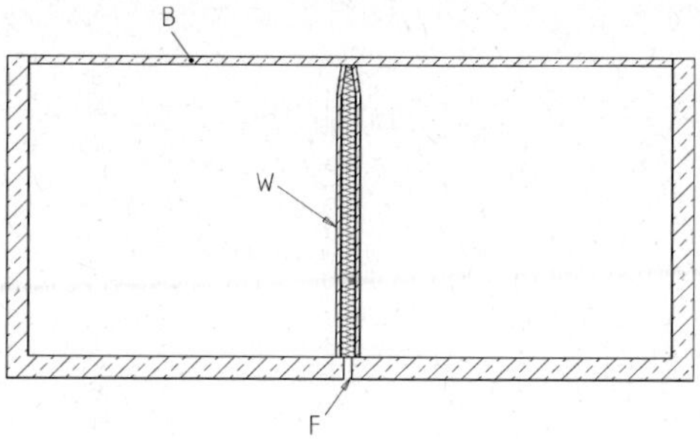

B zu prüfendes Bauteil
F Trennfuge
W hochschalldämmende Trennwand mit Schallabsorptionsmaterial

Bild 1: Horizontalschnitt durch einen Prüfstand zur Bestimmung der Norm-Flankenpegeldifferenz $D_{n,f}$ von Fassaden und flankierenden Innenwänden

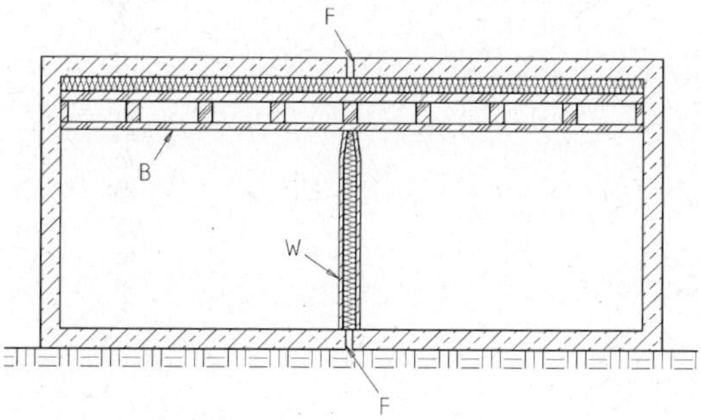

B zu prüfendes Bauteil, hier Holzbalkendecke
F Trennfuge
W hochschalldämmende Trennwand mit Schallabsorptionsmaterial

Bild 2: Vertikalschnitt durch einen Prüfstand zur Bestimmung der Norm-Flankenpegeldifferenz $D_{n,f}$ der Unterseite leichter Decken

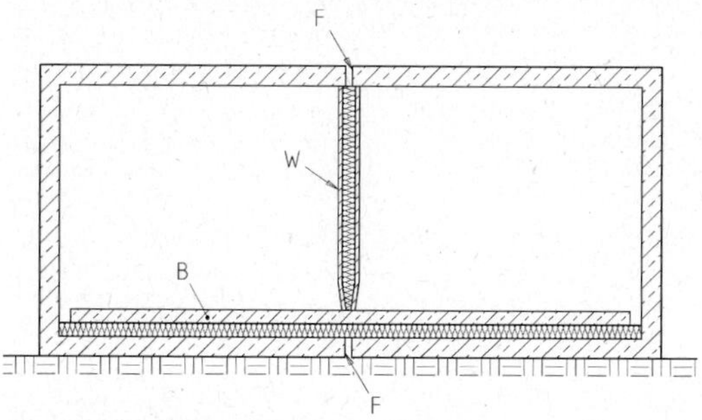

B zu prüfendes Bauteil, hier schwimmender Estrich
F Trennfuge
W hochschalldämmende Trennwand mit Schallabsorptionsmaterial

Bild 3: Vertikalschnitt durch einen Prüfstand zur Bestimmung der Norm-Flankenpegeldifferenz $D_{n,f}$ von Fußbodenaufbauten

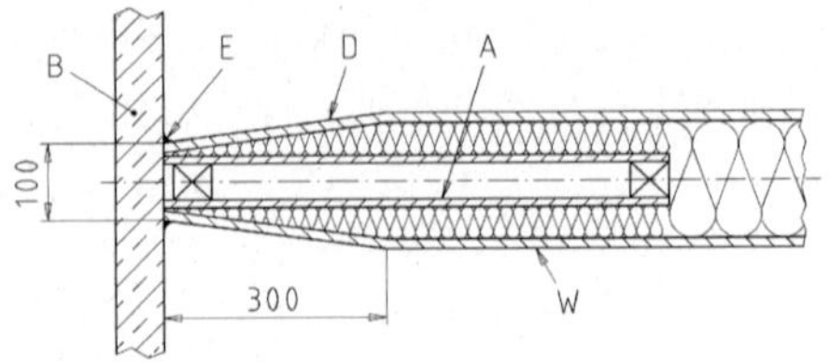

B Längswand als zu prüfendes Bauteil
W hochschalldämmende Trennwand
A Anschlußstück von Trennwand (im Bau)
D Anschrägung
E Dichtung (dauerplastische Masse)

Bild 4: Beispiel für simulierten Anschluß einer Trennwand an die zu prüfende Längswand

4.2.4 Anforderungen an Prüfstände zur Bestimmung der Norm-Flankenpegeldifferenz von leichten Bauteilen

4.2.4.1 Anforderungen

Messungen in den Prüfständen sind nur dann möglich, wenn die Schallübertragung entlang des Prüfgegenstandes wesentlich größer ist als auf anderen Übertragungswegen. Die bewertete Norm-Flankenpegeldifferenz $D_{n,f,w}$ des Prüfstandes muß bei der Prüfung nach 4.2.4 mindestens 65 dB betragen.

4.2.4.2 Ausführung

4.2.4.2.1 Trennwand

Die Trennwand sollte ein bewertetes Schalldämmaß R_w von mindestens 70 dB haben.

Hierfür kann folgender Aufbau verwendet werden: Holzspanplatten von etwa 16 mm Dicke, die hohlraumseitig mit mindestens 1 mm dickem Bleiblech vollflächig beklebt sind, oder ähnliche Platten. Der Plattenabstand muß mindestens 200 mm betragen. Der Hohlraum ist mit Mineralwolle (längenbezogener Strömungswiderstand $r \geq 5$ kPa · s/m^2) zu füllen. Jede Platte kann – soweit nötig – an Stützen befestigt werden, die von denen der anderen Wandschale völlig getrennt sind.

Die Trennwand darf an den Anschlüssen an den Prüfgegenständen (z. B. Decke, Fassade oder Flurwand) nicht dicker als 100 mm sein. Da in der Regel die Trennwand zum Erreichen des geforderten bewerteten Schalldämmaßes dicker als 100 mm sein muß, wird sie an den Anschlußstellen angeschrägt (Schrägungswinkel nicht größer als 30°). Bezüglich der Anschluß-Ausbildung siehe 4.2.3.2.

4.2.4.2.2 Türen

Eine störende Schallübertragung über Zugangstüren muß ausgeschlossen sein. Die Türen werden dazu zweckmäßigerweise an den Stirnseiten der Prüfräume angeordnet.

4.2.4.2.3 Flankierende Bauteile

Werden die Prüfstände in Massivbauweise ausgeführt, müssen zur weitgehenden Unterdrückung der Übertragung über die flankierenden Bauteile – mit Ausnahme des Prüfgegenstandes – Decke und Wände (mit Ausnahme der Trennwand) genügend schwer ausgeführt werden. Als Richtwert wird eine flächenbezogene Masse von 450 kg/m^2 vorgeschlagen. Die beiden Prüfräume werden auf der Höhe der Trennwand mit einer vertikalen Trennfuge F von mindestens 20 mm Dicke versehen. Die unteren Decken dürfen auf dem gewachsenen Boden aufgelegt werden.

Die aus statischen Gründen erforderliche Unterstützung der Decke kann innerhalb oder außerhalb der Prüfräume in Form von vorgesetzten Stützen verwirklicht werden. Es ist jedoch auch möglich, eine weitere außerhalb des eigentlichen Prüfraumes angeordnete Wand (mit Trennfuge) als Auflager zu verwenden, wenn der Hohlraum zwischen dieser Wand und der Prüfwand schallabsorbierend ausgebildet wird.

Es ist auch möglich, einen solchen Prüfstand in Leichtbauweise (mit biegeweichen Schalen) auszuführen, wobei ebenfalls eine Trennfuge anzuordnen ist. Das bewertete Schalldämmaß R_w der Bauteile muß mindestens 50 dB betragen.

4.2.5 Nachprüfen der Anforderungen

Zur Feststellung der Schallübertragung auf anderen Wegen als entlang des Prüfgegenstandes wird dieser in beiden Prüfräumen mit einer biegeweichen Vorsatzschale abgedeckt.

4.3 Durchführung

Gemessen werden die Schallpegeldifferenz $(L_1 - L_2)$ zwischen den beiden Prüfräumen sowie die äquivalente Absorptionsfläche A des Empfangsraumes in Terzbändern, wobei die Anforderungen nach DIN EN 20140-3 einzuhalten sind.

4.4 Auswertung und Darstellung der Ergebnisse

4.4.1 Auswertung

Die Norm-Flankenpegeldifferenz $D_{n,f}$ wird aus den Meßwerten nach Gleichung (1) bestimmt.

4.4.2 Darstellung der Ergebnisse

Zur Darstellung der Längsdämmung des Prüfgegenstandes muß die Norm-Flankenpegeldifferenz bei allen Meßfrequenzen auf eine Dezimalstelle hinter dem Komma in tabellarischer und in Kurvenform angegeben werden. Kurven im Prüfbericht müssen die Pegel in Dezibel über der Frequenz in logarithmischem Maßstab zeigen und müssen folgende Abmessungen verwenden:

5 mm für eine Terz,
20 mm für 10 dB.

Als Einzahl-Angabe ist die bewertete Norm-Flankenpegeldifferenz $D_{n,f,w}$ entsprechend dem in DIN EN ISO 717-1 festgelegten Verfahren zu ermitteln.

4.5 Prüfbericht

Der Prüfbericht muß enthalten:

a) Verweisung auf diese Norm;
b) Beschreibung des Prüfgegenstandes, möglichst mit Skizze;
c) Volumina der Prüfräume;
d) Ausbildung des Anschlusses an die Trennwand;
e) Darstellung der Norm-Flankenpegeldifferenz $D_{n,f}$ in Abhängigkeit von der Frequenz;
f) Angabe der bewerteten Norm-Flankenpegeldifferenz $D_{n,f,w}$.

Für die Zusammenfassung des Prüfberichtes wird das Formblatt (siehe Bild 5) empfohlen.

Norm-Flankenpegeldifferenz nach DIN 52210-7
Messung der Norm-Flankenpegeldifferenz in Prüfständen

Hersteller:
Antragsteller:
Prüfgegenstand eingebaut von:
Beschreibung des Prüfgegenstandes:

Produktbezeichnung:
Kennz. der Prüfräume:
Prüfdatum:

Fläche S des Prüfgegenstandes: m²
Flächenbezogene Masse: kg/m²
Lufttemperatur in den Prüfräumen: °C
Luftfeuchte in den Prüfräumen: %
Volumen des Senderaumes: m³
Volumen des Empfangsraumes: m³

(gerastert) Frequenzbereich entsprechend der Kurve
(Linie) der Bezugswerte (DIN EN ISO 717-1)

Frequenz Hz	$D_{n,f}$ Terz dB
50	
63	
80	
100	
125	
160	
200	
250	
315	
400	
500	
630	
800	
1 000	
1 250	
1 600	
2 000	
2 500	
3 150	
4 000	

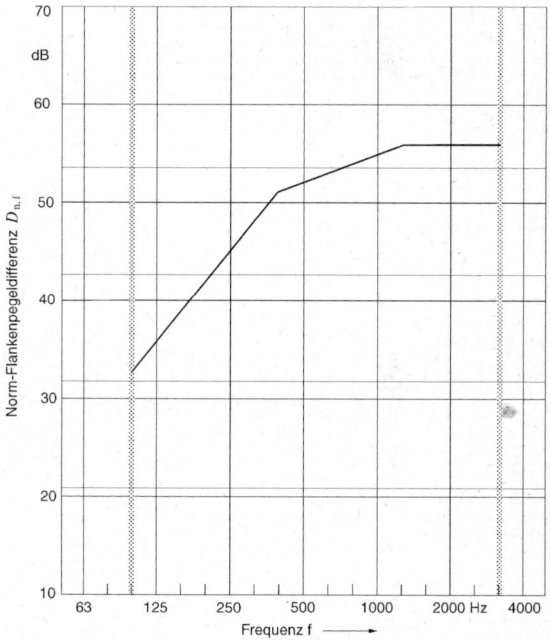

Bewertung nach DIN EN ISO 717-1:
$D_{n,f,w}$ = dB
Die Ermittlung basiert auf Prüfstands-Meßergebnissen, die in Terzbändern gewonnen wurden.

Nr des Prüfberichtes:
Datum:

Name des Prüfinstituts:
Unterschrift:

Bild 5: Formblatt

DK 534.833.53 : 534.231.3 : 620.1 Dezember 1963

Bauakustische Prüfungen

Bestimmung des Schallabsorptionsgrades und der Impedanz im Rohr

DIN 52 215

Testing of architectural acoustics; determination of sound absorption coefficient and impedance in a tube

Méthodes d'essais de l'acoustique architecturale;
détermination du coefficient d'absorption et de l'impédance par la méthode du tube

1. Zweck und Anwendung

Messungen des Schallabsorptionsgrades im Rohr haben den Vorteil verhältnismäßig großer Meßgenauigkeit und sind überdies mit geringem Aufwand an Material und Arbeitszeit möglich. Außerdem kann bei dem Rohrverfahren auch die Impedanz (siehe Abschnitt 2.4) der Probe bestimmt werden. Der Nachteil dieser Messungen ist, daß sie nur die Werte für senkrechten Schalleinfall liefern, aus denen die im Raum bei statistischem Schalleinfall zu erwartenden Werte nur dann genügend genau ermittelt werden können, wenn die Impedanz von der seitlichen Ausdehnung der Probe und vom Einfallswinkel nicht abhängt. Messungen im Rohr sind – abgesehen von wissenschaftlichen Untersuchungen – also in erster Linie dann am Platze, wenn Reihenmessungen erforderlich sind (Entwicklung von Absorptionsstoffen) und wenn Messungen im Hallraum einen zu großen Aufwand bedeuten würden. Mit dem Rohrverfahren erhaltene Meßergebnisse können nicht ohne weiteres mit Ergebnissen von Messungen im Hallraum nach DIN 52 212 verglichen und somit auch nicht für Nachhallberechnungen verwendet werden.

2. Begriffe

2.1. Schallreflexionsfaktor

Der Schallreflexionsfaktor $\underline{r}$ ist das Verhältnis des Schalldrucks der reflektierten Welle $\underline{p}_r$ zum Schalldruck der auftreffenden Welle $\underline{p}_a$ (DIN 1320). Der Schallreflexionsfaktor ist im allgemeinen komplex:

$$\underline{r} = \frac{\underline{p}_r}{\underline{p}_a} = r \cdot e^{j\gamma} \tag{1}$$

Bei senkrechtem Schalleinfall ergibt sich der Betrag des Schallreflexionsfaktors aus dem Verhältnis p_{max} / p_{min} des Schalldruckes in der stehenden Welle, die sich vor der reflektierenden Probe ausgebildet hat, nach der Gleichung (2):

$$r = \frac{\dfrac{p_{max}}{p_{min}} - 1}{\dfrac{p_{max}}{p_{min}} + 1} \tag{2}$$

2.2. Schallabsorptionsgrad

Der Schallabsorptionsgrad α ist das Verhältnis der nicht reflektierten zur auftreffenden Schallintensität (DIN 1320). Er ist mit dem Schallreflexionsfaktor durch die Gleichung

$$\alpha = (1 - r^2) \cdot 100\,\% \tag{3}$$

verknüpft.

Das Formelzeichen für den im Rohr, d. h. bei senkrechtem Schalleinfall, gemessenen Schallabsorptionsgrad ist $\alpha(0)$.

2.3. Phasensprung

Der Phasensprung γ zwischen auftreffender und reflektierter Schalldruckwelle ergibt sich bei der Messung im Rohr aus der Gleichung

$$\gamma = \left(\frac{\Delta x}{\lambda/4} - 1\right)\pi \tag{4}$$

wobei Δx den Abstand des ersten Minimums von der Bezugsebene und λ (Wellenlänge) den doppelten Abstand zweier benachbarter Minima bedeuten. Bezugsebene kann jede willkürlich angenommene Ebene sein, die senkrecht zur Achse des Rohres steht. Sie hat nur für Phasensprung und Impedanz Bedeutung, nicht für den Schallabsorptionsgrad. Da im allgemeinen die Impedanz an der Oberfläche des Absorbers interessiert, soll bei ebenen Absorbern die Oberfläche Bezugsebene sein. Bei der Impedanz von unebenen Absorbern (z. B. Keilen) muß die Lage der gewählten Bezugsebene relativ zu einer charakteristischen Fläche (senkrecht zur Rohrachse) des Absorbers angegeben werden.

2.4. Impedanz

Die der Bezugsebene zugeordnete spezifische Schallimpedanz (Wandwiderstand) $\underline{W}$, d. h. der komplexe Quotient aus Schalldruck und Schallschnelle, folgt aus dem komplexen Schallreflexionsfaktor $\underline{r}$ nach der Gleichung (5)

$$\underline{W} = W_0 \cdot \frac{1 - r^2 + j \cdot 2r \cdot \sin\gamma}{1 + r^2 - 2r \cdot \cos\gamma} \tag{5}$$

Hierbei bedeutet W_0 die Schallkennimpedanz (siehe DIN 1320) der Luft unter den gegebenen Meßbedingungen. Bei normalen Meßbedingungen (20 °C Lufttemperatur und 1 bar Luftdruck) kann für

$W_0 = 408\ \mathrm{Ns/m^3} \approx 410\ \mathrm{Ns/m^3} = 41\,\mathrm{g \cdot cm^{-2} \cdot s^{-1}}$
eingesetzt werden.

Fortsetzung Seite 2 bis 5

Fachnormenausschuß Materialprüfung im Deutschen Normenausschuß (DNA)

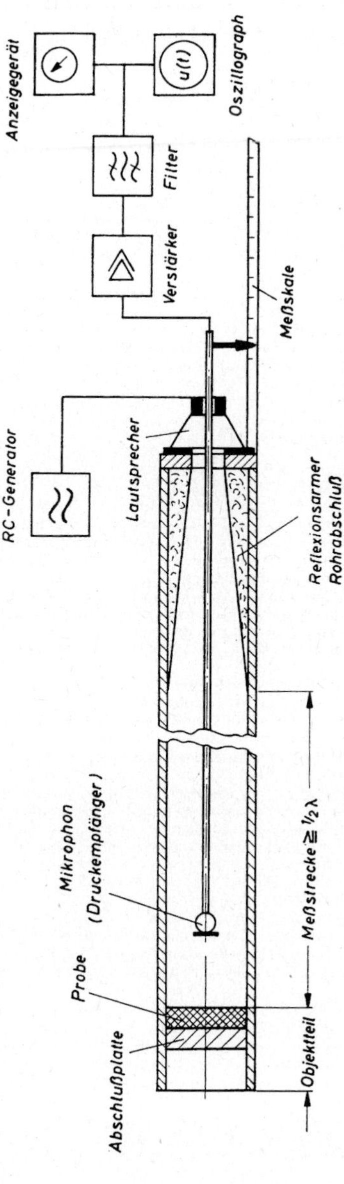

Bild 1. Beispiel für eine Prüfanordnung mit am Rohrende in Achsrichtung angebrachtem Lautsprecher, Objektteil mit verschiebbarer Abschlußplatte.

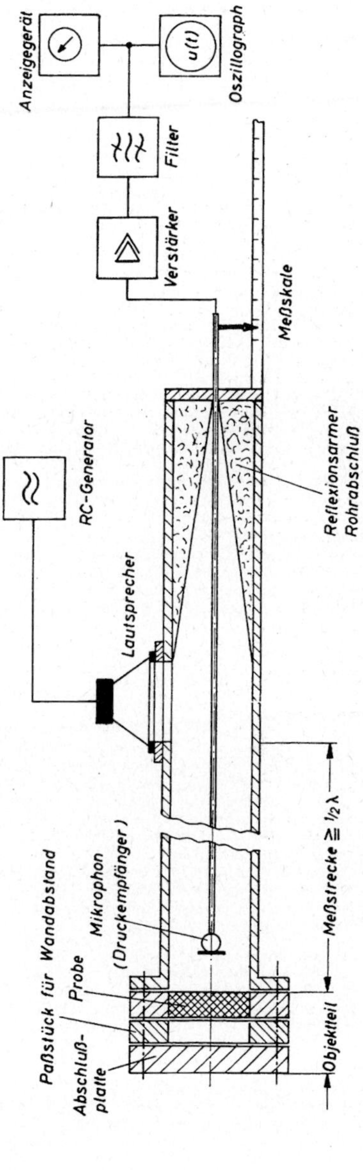

Bild 2. Beispiel für eine Prüfanordnung mit seitlich angebrachtem Lautsprecher, Objektteil mit Paßstücken

3. Prüfanordnung (siehe Bild 1 und 2)

Die Prüfanordnung besteht aus einem Meßrohr nach Abschnitt 3.1 mit Meßstrecke und Objektteil sowie gegebenenfalls mit reflexionsarmem Rohrabschluß, einer Sendeapparatur nach Abschnitt 3.2 und einer Schalldruck-Meßapparatur nach Abschnitt 3.3.

3.1. Meßrohr

3.1.1. Meßstrecke

Die Abmessungen der Meßstrecke werden durch den gewünschten Frequenzbereich bestimmt. Die Länge der Meßstrecke soll mindestens eine halbe Wellenlänge betragen und legt dadurch die untere Grenzfrequenz des Rohres fest. Die obere Grenzfrequenz ist durch die Forderung gegeben, daß in der Meßstrecke nur ebene Wellen auftreten dürfen. Bei quadratischem Rohrquerschnitt muß aus diesem Grunde die Breite des Rohres kleiner als die halbe Wellenlänge, bei rundem Rohrquerschnitt der Durchmesser kleiner als 0,6 λ sein (Bild 3).

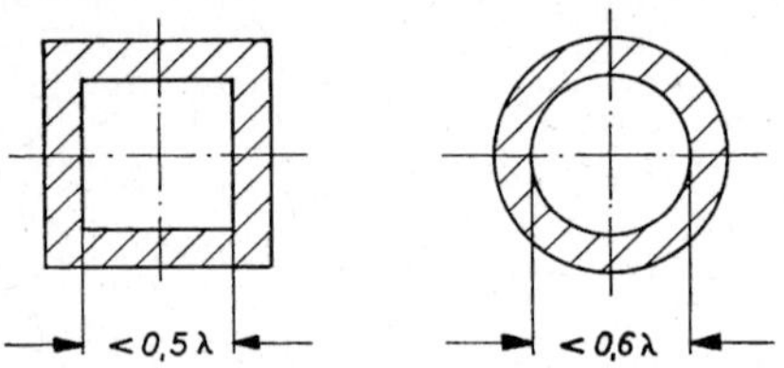

Bild 3. Querschnitt des Meßrohres

Die Meßstrecke soll so beschaffen sein, daß die sich darin ausbreitenden ebenen Wellen möglichst wenig gedämpft werden. Dazu müssen die Rohrinnenflächen glatt und porenfrei sein. Die Rohrwandungen und die Abschlußplatte müssen außerdem genügend schwer sein, damit ihr Mitschwingen klein gehalten wird und das Schallfeld im Rohr nicht nennenswert stört.

3.1.2. Objektteil

Der Objektteil kann nach Bild 1 oder Bild 2 ausgebildet werden.

3.1.2.1. Bei der Prüfanordnung nach Bild 1 sind am Objektteil Haltevorrichtungen für die Probe vorzusehen. Durch diese Vorrichtungen darf der freie Rohrquerschnitt um nicht mehr als 5% erweitert oder verengt werden. Der Objektteil wird durch eine — gegebenenfalls verschiebbar angeordnete — schallharte Platte (Abschlußplatte) abgeschlossen, die allseitig luftdicht an die Rohrwandung anschließen muß. Der Objektteil soll möglichst so lang sein, daß hinter der Probe noch ein Luftraum von ¼ Wellenlänge bei der tiefsten Meßfrequenz frei bleibt, in dem die Abschlußplatte — z. B. bei Messungen vor schallweichem oder reflexionsarmem Abschluß — längs verschoben werden kann.

3.1.2.2. Bei der Prüfanordnung nach Bild 2 wird zum Herstellen eines Luftraumes zwischen Probe und Abschlußplatte ein Satz Paßstücke verwendet, die mit Rohrabschlußflansch und Abschlußplatte unter Zwischenlage von Dichtungen verschraubt werden.

3.1.3. Reflexionsarmer Rohrabschluß

Damit man von der akustischen Abstimmung des Meßrohres unabhängig ist und im gesamten erfaßbaren Frequenzbereich möglichst geringe Schwankungen der mittleren akustischen Energie im Rohr sichergestellt sind, sollte das Rohr sendeseitig reflexionsarm abgeschlossen werden. Dies kann z. B. mit einer keilförmigen Anordnung aus gebundenem Faserstoff (Rohdichte etwa 80 bis 100 kg/m³) geschehen, die auf dem Rohrende befestigt wird.

Anmerkung:

Wegen der Spiegelung an den harten Rohrwänden gelten die im Rohr gemessenen Werte immer für eine unendlich ausgedehnte Fläche bei spiegelbildlicher Wiederholung der Probe. Bei runden Rohren gelten die Meßwerte im allgemeinen für die spiegelbildliche Wiederholung des angenähert flächengleichen Quadrates. Große Meßrohre (300 mm lichte Weite und mehr) werden zweckmäßigerweise gemauert oder aus Beton erstellt. Das Flächengewicht der Wände soll mindestens demjenigen einer ½-Stein-Ziegelwand entsprechen. Die Innenwände sind mit einem möglichst unporigen Putz (reiner Zement) zu versehen oder anderweitig zu dichten und zu glätten (harte Lackschichten). Bei Auskleidung mit Steinplatten oder Fliesen ist darauf zu achten, daß diese nicht hohl liegen, da sie sonst Resonatoren bilden. Der der Zugänglichkeit halber etwa erforderliche Deckel sollte dem Gewicht der Wände entsprechen, mit dem Rohr verschraubbar sein und luftdicht schließen. Als Haltevorrichtung für die Proben haben sich flache in die Wände eingelassene U-Schienen gut bewährt. Als Abschlußplatte ist eine Stahlplatte von mindestens 40 mm Dicke erforderlich oder eine Platte gleichen Gewichtes aus anderem Werkstoff. Zum Abdichten der möglichst klein zu haltenden Schlitze zwischen Rohrwandung und Platte kann ein aufblasbarer Gummischlauch Verwendung finden, der in eine möglichst nahe an der Stirnseite der Platte befindliche Nut eingelegt ist. Unter Umständen ist eine vertikale Anordnung des Rohres technisch günstiger. Dabei gestalten sich Mikrophonführung und Befestigung der Proben besonders einfach, und es kann für viele Fälle ein Wasserspiegel als starrer Abschluß benutzt werden.

3.2. Sendeapparatur

Der Lautsprecher kann entweder am Rohrende in Achsrichtung (siehe Bild 1) oder seitlich (siehe Bild 2) angebracht sein. Er muß gegen das Rohr körperschallisoliert und nach außen abgedeckt sein, damit eine Schallübertragung auf Nebenwegen verhindert wird.

Der Lautsprecher wird mit einem sinusförmigen Strom gespeist, dessen Stromstärke und Frequenz so konstant wie möglich bleiben müssen. Die Verwendung eines RC-Generators ist deshalb ratsam.

3.3. Schalldruck-Meßapparatur

Als Schalldruckempfänger ist grundsätzlich jedes Mikrophon geeignet, das ein reiner Druckempfänger ist. Um das Schallfeld ungestört abtasten zu können, sollte das Mikrophon mit seiner Halterung und gegebenenfalls vorhandener Zugeinrichtung den Rohrquerschnitt um nicht mehr als 5% einengen. Bei Meßrohren mit kleinem Querschnitt verwendet man zweckmäßigerweise Sondenmikrophone, deren Mikrophonkapsel sich außerhalb des Rohres befindet und deren Sonde vom freien Rohrende her in das Rohr hineinragt. Wichtig ist dabei eine ausreichende Wanddicke des als Sonde verwendeten Rohres (z. B. Messingrohr von 1,5 mm Wanddicke). Bei Rohren mit größerem Querschnitt kann man das Mikrophon in der Längsachse des Rohres beweglich anordnen (z. B. auf einem kleinen Wagen). Sondenrohr und Mikrophon sind hinsichtlich der Übertragung von Körperschall sehr gut gegen das Meßrohr und den Lautsprecher zu isolieren.

Der Abstand der Bezugsebene der Probe von der jeweiligen Stellung der Mikrophonmembran oder Sondenrohröffnung muß für Impedanzmessungen auf einer Meßskale außerhalb des Meßrohres ablesbar sein. Es ist zu empfehlen, eine Skale zu verwenden, deren Nullpunkt verschiebbar, d. h., auf die jeweilige Oberfläche der Probe oder die Bezugsebene einstellbar ist.

Zum Messen des Schalldruckes ist ein selektiver Verstärker (Filter von höchstens Oktavbreite) unbedingt erforderlich. Damit geprüft werden kann, ob die Siebung im Druckminimum ausreicht, ist die Verwendung eines Oszillographen zu empfehlen. Das Verhältnis von p_{max}/p_{min} wird entweder mit einem kalibrierten Dämpfungsglied durch Einstellen auf gleichen Ausschlag des Anzeigeinstrumentes oder mit Hilfe eines linearen, mit Dezibelteilung versehenen und in Dezibelstufen (z. B. 20 dB) umschaltbaren Anzeigeinstrumentes ermittelt.

Für genaue Prüfungen unter Berücksichtigung der Rohrdämpfung müssen mehrere Maxima und Minima mit den dazugehörigen Abständen von der Bezugsebene ermittelt werden. Sodann ist das Verhältnis p_{max}/p_{min} auf die Bezugsebene graphisch zu extrapolieren.

Anmerkung:

Dynamische Mikrophone haben oft im hinteren Teil der Kapsel eine zweite zur Verbesserung des Frequenzganges dienende Öffnung. Diese Öffnung muß verschlossen werden, da die Mikrophone sonst keine reinen Druckempfänger sind. Da der Frequenzgang bei Rohrmessungen keine Rolle spielt, bedeutet das keine Einschränkung der Brauchbarkeit dynamischer Mikrophone im Rohr.

Bei Sondenmikrophonen ist es unter Umständen zweckmäßig, die Schalleintrittsöffnung nicht an der Stirnseite der Sonde vorzusehen, sondern eine oder mehrere kleine seitliche Öffnungen anzubringen.

Bei genauen Impedanzmessungen muß man die Lage des ersten Minimums vor dem harten Rohrabschluß bei allen Meßfrequenzen bestimmen, um festzulegen, welcher Punkt der Sonde als Meßort wirkt (akustischer Schwerpunkt).

3.4. Kontrolle der Meßanordnung

Das einfachste und zugleich umfassendste Verfahren für die Kontrolle der gesamten Meßanordnung ist die Messung des Verhältnisses p_{max}/p_{min} bei schallhart abgeschlossenem Rohr. Diese Größe soll für alle Meßfrequenzen mindestens 100 betragen, d. h., die zugehörige Pegeldifferenz D (D-Wert) muß mindestens 40 dB sein. Aus dem ermittelten Wert für D ergibt sich zugleich auch eine obere Grenze für die infolge der Rohrdämpfung und der restlichen Körperschall-Leitung möglichen Meßfehler.

Die Messung der Größe D bei hartem Abschluß muß bei Neueinrichtung des Rohres für alle Meßfrequenzen vorgenommen werden. Sie ist in regelmäßigen Abständen, insbesondere aber nach jeder Veränderung am Rohr, für einige Frequenzen zu wiederholen, die nicht ganzzahlige Vielfache voneinander sind.

Anmerkung:

Die durch die Dämpfung längs des Rohres bedingten Meßfehler können wie folgt abgeschätzt werden: Bei dem geforderten kleinsten D-Wert von 40 dB beträgt der scheinbare Schallabsorptionsgrad bei hartem Rohrabschluß 4%. Die Abschätzung setzt voraus, daß der Wert 40 dB ausschließlich durch die Dämpfung längs des Rohres zustande kommt, die Abschlußplatte also ideal hart und keine Körperschall-Leitung der Rohrwände vorhanden ist, was in der Praxis nicht zutrifft. Der durch Dämpfung verursachte Fehler wird also im allgemeinen kleiner als der genannte Wert sein.

3.5. Meßfrequenzen

Die Wahl der Meßfrequenzen richtet sich nach den zu untersuchenden Proben. Für poröse Stoffe ist es meist ausreichend, wenn die Messungen in Terzabständen durchgeführt werden. Dann sind die Meßfrequenzen aus der 1. Terzfolge nach DIN 45 401 zu wählen. In der Umgebung der Resonanzfrequenzen von Resonatoren und überall dort, wo sich der Schallabsorptionsgrad oder die Impedanz sehr stark mit der Frequenz ändern, sind wesentlich dichter liegende Meßfrequenzen erforderlich. Bei Messungen mit verschiedenen, im Meßbereich aneinander anschließenden Rohren an der gleichen Probe sind im Überlappungsbereich, der mindestens zwei Terzen betragen muß, Messungen bei mindestens 3 übereinstimmenden Frequenzen in beiden Rohren durchzuführen.

3.6. Probe

Die in das Meßrohr eingebrachte Probe muß den Rohrquerschnitt ohne Pressung genau ausfüllen und gegebenenfalls der praktischen Verwendung entsprechend befestigt sein. Wegen der vor allem bei porösen Stoffen vielfach auftretenden Inhomogenitäten sind stets mehrere Proben zu prüfen, und zwar um so mehr, je kleiner der Rohrquerschnitt ist. Bei Prüfungen von Absorbern unmittelbar vor der harten Wand sind diese im allgemeinen auf der Abschlußplatte vollflächig haftend (z. B. mit Vaselin) zu befestigen.

Bei Proben, die nicht unmittelbar auf der Abschlußplatte aufliegen, sind verbleibende Schlitze zwischen Probe und Rohrwand sorgfältig abzudichten. Das gleiche gilt für die Deckplatten von Resonatoren.

Plattenresonatoren dürfen wegen des starken Einflusses der Biegesteifigkeit nur in Originalgröße gemessen werden.

4. Darstellung der Ergebnisse

4.1. Tabellen und Kurven

4.1.1. Absorptionsgrad

Die Meßergebnisse können entweder in Kurven oder in Tabellen zusammengestellt werden.

Bei der Kurvendarstellung sind die Meßpunkte geradlinig zu verbinden. Ferner ist die Frequenzeinteilung des logarithmischen Frequenzkurvenpapiers LB DIN 45 408 zu verwenden, d. h., die Dekadenabstände sollen 80 mm betragen. Auf der Ordinate sollen 10 mm einen Zuwachs des Absorptionsgrades um 10% bedeuten.

In den Überlappungsbereichen sind bei Messungen mit mehreren Rohren jeweils beide Meßpunkte einzuzeichnen. Die gezeichnete Kurve kann, sofern die Zugehörigkeit der Meßpunkte zu den verschiedenen Rohren anderweitig ersichtlich ist, durch die Mittelwerte gelegt werden.

Anmerkung:

Unterschiede in den Meßwerten an Proben verschiedener Größe, gegeben durch verschiedene Rohrdurchmesser, können bei porösen Stoffen durch Inhomogenitäten im Material auftreten. Diese Unterschiede verschwinden bei Mittelung über eine hinreichend große Anzahl von Proben des gleichen Stoffes. Unterschiede treten jedoch notwendigerweise auf bei mitschwingenden Absorbern. Als solche sind auch poröse Platten zu betrachten, deren Skelett zu Schwingungen angeregt werden kann. Es wäre daher falsch, diese Unterschiede, die unter Umständen wertvolle Aufschlüsse geben, in den Meßkurven nicht wiederzugeben.

4.1.2. Reflexionsfaktor

Bei Proben mit großem Absorptionsgrad (90% und mehr) wird zweckmäßigerweise außer dieser Größe auch der Betrag des Reflexionsfaktors als Funktion der Frequenz aufgetragen, wobei wiederum die Ordinate (Reflexionsfaktor) linear und die Abszisse (Frequenz) logarithmisch zu teilen sind.

4.1.3. Impedanz

Da für die Auftragung der Impedanzkurve sehr verschiedene Gesichtspunkte maßgebend sein können, wird hier keine spezielle Art der Auftragung festgelegt.

4.2. Prüfbericht

Der Prüfbericht soll unter Hinweis auf diese Norm enthalten:

Beschreibung der Probe, möglichst mit Skizze

Anzahl der gemessenen gleichartigen Proben

Befestigung der Probe im Rohr

Art des verwendeten Rohres, insbesondere Länge und Querschnitt, gegebenenfalls auch Dämpfung bei starrem Abschluß und die dadurch bedingte Korrektur der Meßwerte

Luftdruck und Lufttemperatur

Für den Prüfbericht wird das Formblatt auf Seite 5 empfohlen.

Schallabsorptionsgrad im Rohr nach DIN 52 215 – 63

Antragsteller:

Aufbau des Prüfgegenstandes:

Rohr:

Länge

Querschnitt

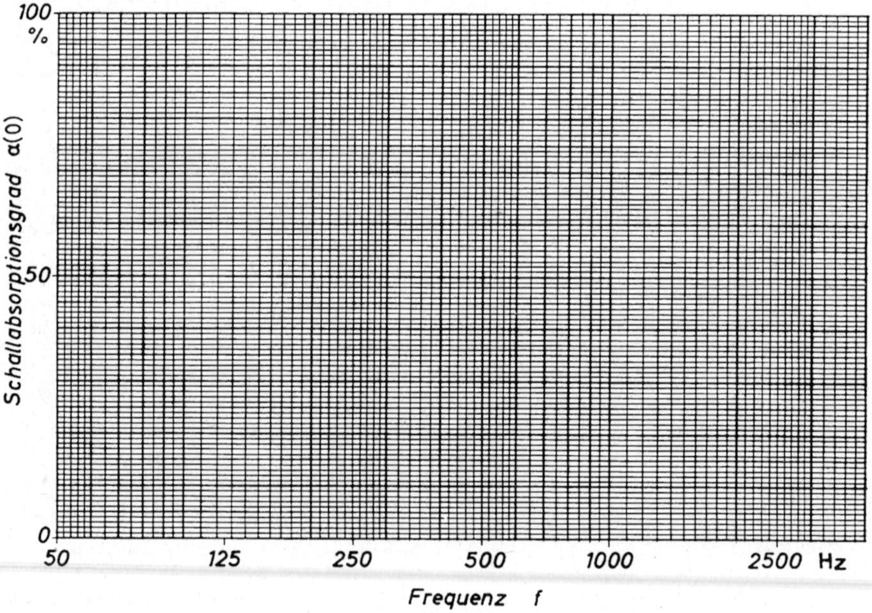

Nr des Prüfberichtes:

Datum:

Unterschrift

DK 534.843.242 : 620.1 : 725.8.053 August 1965

Bauakustische Prüfungen

Messung der Nachhallzeit in Zuhörerräumen

DIN 52 216

Testing of architectural acoustics; measurement of reverberation time in auditoria
Méthodes d'essais de l'acoustique architecturale; mesure de la durée de réverbération des auditoriums

Zusammenhang mit einer in Vorbereitung befindlichen ISO-Empfehlung siehe Erläuterungen.

1. Zweck

Die Nachhallzeit dient zur Kennzeichnung der akustischen Eigenschaften eines Zuhörerraumes und bildet die wichtigste zahlenmäßige Grundlage für die Bemessung einer akustischen Ausstattung.

2. Begriffe

2.1. Die Nachhallzeit T ist die Zeitspanne, in der der Schalldruckpegel nach Abschalten der Schallquelle um 60 dB sinkt (siehe auch DIN 52 212).

2.2. Man unterscheidet bei der Nachhallzeit von Zuhörerräumen jeweils 3 Werte, die zu verschiedenen Besetzungszuständen gehören:

2.2.1. Unbesetzter Zustand

Darunter wird der aufführungsbereite Bauzustand verstanden, wie er bei Besetzung mit Orchester und Publikum vorhanden ist, jedoch ohne diese Personen.

2.2.2. Studiozustand

Dieser ist bei Besetzung des Raumes mit dem Orchester, jedoch ohne Publikum bei Proben oder Schallaufnahmen vorhanden. Die Anzahl der Musiker soll der üblichen (Nennwert) entsprechen.

2.2.3. Besetzter Zustand

Darunter wird der mit Orchester und Publikum besetzte Raum verstanden. Die Anzahl der Personen soll der üblichen (Nennwert) entsprechen.

Anmerkung: Die richtige Beschreibung des Zustandes (Besetzung) des Raumes ist von entscheidender Wichtigkeit für die Verwertbarkeit von Nachhallzeit-Meßergebnissen.

Der wichtigste Zustand für die Kennzeichnung eines Zuhörerraumes ist der besetzte.

Unter „Nennwert" sind 80 bis 100 % der baupolizeilich zugelassenen Zuhörerplätze zu verstehen. Ein Chor würde eine über dem „Nennwert" liegende Besetzung darstellen. Für das Orchester ist die der jeweiligen Benutzung entsprechende Besetzung maßgebend, z. B. bei Konzertsälen für Orchesterkonzerte etwa 60 bis 80 Musiker, bei kleineren Sälen entsprechend weniger.

Bei Theatern sind noch folgende Zustände zu unterscheiden: Schutzvorhang (eiserner Vorhang) offen oder geschlossen, Orchestergrube offen oder geschlossen. Orchester auf der Bühne sitzend, mit oder ohne Konzertkulisse. Messungen in allen Fällen sind wertvoll. Bei offenem Vorhang ist auch der Bühnenzustand von Bedeutung, z. B. kann der Bühnenraum für den Zuschauerraum schallschluckend oder auch durch Bühnenaufbauten teilweise reflektierend wirken.

3. Meßanordnung

3.1. Im unbesetzten Zustand

3.1.1. Schallquelle

Als Schallsender sollen Lautsprecher benutzt werden, die eine möglichst kugelförmige Richtcharakteristik haben.

Zum Speisen der Lautsprecher soll vorzugsweise gefiltertes Rauschen (von höchstens Oktavbreite) verwendet werden. Werden Heultöne benutzt, so soll die Modulationsfrequenz etwa 6 Hz, der Frequenzhub ± 10 % der Mittenfrequenz bei Frequenzen unter 500 Hz und ± 50 Hz bei Frequenzen über 500 Hz betragen.

Die Schallquelle muß einen Schallpegel von mindestens 40 dB über dem Störpegel in dem jeweiligen Frequenzband ergeben. Sie soll möglichst in der Nähe der tatsächlichen Schallquelle (Bühne, Podium, Rednerpult u. ä.) aufgestellt werden. Gegebenenfalls kommen auch mehrere Stellen in Frage, z. B. Orchestergrube, Bühne, Chor.

Anmerkung: Für orientierende Messungen in Kirchen und Konzertsälen kann die vorhandene Orgel als Schallquelle benutzt werden. Damit möglichst viele Eigentöne des Raumes angeregt werden, sollten alle in dem jeweiligen Frequenzbereich vorhandenen Halbtöne gleichzeitig angeschlagen werden.

In Räumen, bei denen die Nachhallzeit über 1,5 s bei Frequenzen bis 1000 Hz liegen, können orientierende Messungen auch mit Impulsen (ohne eigenen Nachhall), z. B. Schüssen, durchgeführt werden. Dabei ist jedoch zu beachten, daß auch bei den tiefen und den höchsten Frequenzen genügend hohe Schallpegel vorhanden sind. Es ist deshalb anzuraten, vor der Messung im betreffenden Raum eine Frequenzanalyse des Impulses im Laboratorium, z. B. im Hallraum, vorzunehmen und die Schallquelle nur dann als geeignet anzusehen, wenn sie in allen Frequenzbändern einen Schallpegel von 40 dB über dem Störpegel in dem betreffenden Raum erwarten läßt.

Fortsetzung Seite 2 bis 4
Erläuterungen Seite 3

Fachnormenausschuß Materialprüfung im Deutschen Normenausschuß (DNA)

3.1.2. Nachhallaufzeichnung

3.1.2.1. Empfangsapparatur

Die Empfangsapparatur besteht aus einem möglichst ungerichteten Mikrophon, einem Verstärker und einem Registriergerät.

Der Empfänger soll mit Terz- oder Oktavfiltern nach DIN 45652 bzw. DIN 45651 ausgestattet sein. Die Oktavfilter genügen, wenn zum Speisen der Lautsprecher Heultöne oder terzbandbreites Rauschen verwendet werden.

Als Registriergerät kann ein Pegelschreiber, ein Kathodenstrahloszillograph mit logarithmischem Verstärker oder jedes entsprechende Gerät verwendet werden, das die Geradlinigkeit der Pegel-Zeit-Kurve zu beurteilen gestattet. Der Papiervorschub des Registriergerätes soll so eingestellt sein, daß die Nachhallkurven möglichst eine Neigung von 45° haben.

3.1.2.2. Ermittlung der Nachhallzeit

Der aufgezeichnete Pegel-Zeit-Verlauf soll über einen Bereich von mindestens 30 dB auswertbar sein, beim Anwenden eines stationären Schallfeldes im Bereich von – 5 bis – 35 dB gegenüber dem Pegel des stationären Schallfeldes. In diesem Bereich wird der Verlauf bestmöglich durch eine Gerade ersetzt. Ihre Neigung kennzeichnet die Nachhallzeit.

Anmerkung: Pegel-Zeit-Verläufe, die gekrümmt sind, sollen möglichst nicht zur Auswertung herangezogen werden.

Bei geknickten Nachhallkurven sind gegebenenfalls der obere und der untere Grenzwert anzugeben, die jeweils für einen Pegelbereich von mindestens 20 dB gelten müssen.

3.1.2.3. Anzahl der Aufzeichnungen (Meßstellen)

Die Nachhallzeit soll — auch in kleinen Räumen — an mindestens 3 Stellen mit mindestens 2 Registrierungen an jeder Stelle aufgenommen werden. In sehr großen und in gekoppelten Räumen können mehr Meßstellen erforderlich sein.

In kleinen Räumen und bei tiefen Frequenzen soll das Mikrophon vorzugsweise in Ecken, bei mittleren und hohen Frequenzen (in sehr großen Räumen auch bei tiefen Frequenzen) an beliebigen Stellen des Raumes aufgestellt werden, jedoch nicht zu nahe an der Schallquelle.

3.1.3. Meßfrequenzen

Die Messungen sollen mindestens von 125 bis 4000 Hz in Terzschritten durchgeführt werden.

3.2. Im Studiozustand und im besetzten Zustand

3.2.1. Schallquelle

wie in Abschnitt 3.1.1

Da es aber im allgemeinen nicht möglich sein wird, den Zuhörern eine Messung mit gefiltertem Rauschen oder Heultönen bei 16 Frequenzen zuzumuten, können die Lautsprecher auch mit Breitband-Rauschen gespeist werden, dessen Energie in allen Frequenzbändern gleich ist (rosa Rauschen) und 40 dB über dem Störpegel liegen muß.

Außerdem kann als Schallquelle auch das Orchester benutzt werden. Geeignet sind Fortissimostellen in Musikstücken mit nachfolgender genügend langer Pause. Dabei ist darauf zu achten, daß keine Störungen durch Instrumente mit eigenem Nachhall, z. B. ungedämpfte Kesselpauke, Becken, oder durch einsetzenden Applaus entstehen.

3.2.2. Nachhallaufzeichnung

3.2.2.1. Empfangsapparatur

wie in Abschnitt 3.1.2.1 und, wenn Breitband-Rauschen zum Speisen der Lautsprecher oder das Orchester als Schallquelle verwendet wird, Magnetbandgeräte der Klasse 19 s oder 38 nach DIN 45511 für die Schall-Aufnahme und -Wiedergabe. Dabei sollte der Abstand vom Störpegel in jedem Terzbereich mindestens 45 dB betragen.

Bei der Schall-Wiedergabe soll der Nachhall über Terzfilter (siehe Abschnitt 3.1.2.1) analysiert werden.

3.2.2.2. Ermittlung der Nachhallzeit

wie in Abschnitt 3.1.2.2

3.2.2.3. Anzahl der Aufzeichnungen (Meßstellen)

Das Mikrophon soll möglichst an zwei verschiedenen Stellen im Raum mindestens 1 m über Kopf der Besucher angebracht sein und mindestens 5 m Abstand von der Schallquelle oder vom Podiumrand haben.

Werden Lautsprecher als Schallquelle verwendet, so sind für jede dieser Stellungen mindestens 2 Registrierungen vorzunehmen; Musik-Aufnahmen sind an mindestens 6 verschiedenen Stellen auszuwerten.

3.2.3. Meßfrequenzen

wie in Abschnitt 3.1.3

4. Darstellung der Ergebnisse

4.1. Tabellen und Kurven

Die gemessenen Nachhallzeiten sind für jede Meßfrequenz zu mitteln und in Terzabständen in Kurvenform darzustellen. Außerdem sollen in einer Tabelle die Nachhallzeiten für die Hauptoktavreihe 125, 250 ... 4000 Hz angegeben werden.

Bei der Kurvendarstellung sind die Meßpunkte geradlinig zu verbinden. Die Oktavabstände auf der Abszisse sollen 15 mm betragen. Auf der Ordinate soll die Nachhallzeit entweder im logarithmischen Maßstab so aufgetragen werden, daß 3 cm einer Verdoppelung entsprechen, oder im linearen Maßstab so, daß 5 cm einen Zuwachs der Nachhallzeit um 1 s bedeuten.

4.2. Prüfbericht

Der Prüfbericht soll unter Hinweis auf diese Norm enthalten:

Bezeichnung des Raumes

Grundriß und Längsschnitt des Raumes mit eingetragenen Maßen

Volumen des Raumes

Art der Bestuhlung, insbesondere ob und wie gepolstert

Wichtige Angaben über die Beschaffenheit der Raumbegrenzungsflächen

Zustand des Raumes (unbesetzt, Studiozustand, besetzt) sowie Zustand variabler Einrichtungen, z. B. Vorhänge

bei Theatern, ob Schutzvorhang (eiserner Vorhang) oder Schmuckvorhang offen oder geschlossen

im ersteren Fall zusätzlich die Nachhallzeit der Bühne bei geschlossenem eisernem Vorhang,

bei offener Bühne Bühnendekoration, Konzertkulisse u. ä.

Temperatur und relative Luftfeuchtigkeit im Raum, wenn erforderlich

Art und Aufstellung der Schallquelle

Empfangsapparatur

Anzahl und Ort der Mikrophonstellungen

Bei Messungen im Studiozustand und im besetzten Zustand gegebenenfalls Musikstück und Abbruchstellen

Prüfdatum

Tabellen und Kurven nach Abschnitt 4.1

Es wird empfohlen, für eine Zusammenfassung der Ergebnisse das Formblatt auf Seite 4 zu benutzen und die vorhandene Beschriftung an der Ordinate erforderlichenfalls auszustreichen und abzuändern. Der Raum wird am besten durch Skizzen mit eingetragenen Maßen beschrieben, gegebenenfalls in besonderer Anlage. Unter „Bemerkungen zum Zustand des Raumes" soll u. a. angegeben werden, ob besetzt, Studiozustand oder unbesetzt, Anzahl der Musiker, Art der Bestuhlung.

Erläuterungen

Diese Norm stimmt sachlich überein mit dem Dokument ISO/TC 43 (Secretariat — 220) 344
Draft Secretariat Proposal for the measurement of reverberation time of auditoria

Avant-Projet du Secrétariat Mesure de la durée de réverbération des auditoriums

Sekretariats-Entwurfsvorschlag für die Messung der Nachhallzeit in Zuhörerräumen
vom August 1964 des Technischen Komitees 43 „Akustik" der International Organization for Standardization (ISO).

Lediglich in der Formulierung einiger Anmerkungen weicht die Norm vom ISO-Dokument geringfügig ab. Außerdem werden in der Norm zusätzlich im Prüfbericht verlangt:

a) wichtige Angaben über die Beschaffenheit der Raumbegrenzungsflächen,

b) bei Messungen im Studiozustand und im besetzten Zustand gegebenenfalls Musikstück und Abbruchstellen.

Das ISO-Dokument enthält auch nicht das Formblatt und dementsprechend nicht die Empfehlung, die Meßergebnisse auf einem derartigen Formblatt zusammenzufassen.

Nachhallzeit nach DIN 52 216 - 65

Antragsteller:

Kennzeichnung des Raumes:

Volumen des Raumes m³

Bemerkungen zum
Zustand des Raumes:

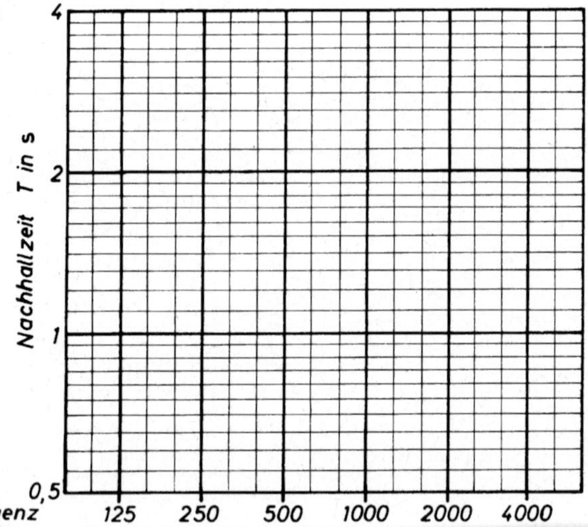

Prüfschall:

Frequenz
f in Hz

T in s						

Nr des Prüfberichtes:

Datum: Unterschrift

DK 699.844 : 620.1 : 534.6 : 534.833 : 001.4 August 1984

Bauakustische Prüfungen

Flankenübertragung

Begriffe

DIN 52 217

Tests in building acoustics; flanking transmission; terms and definitions

Méthodes d'essais en acoustique du bâtiment; transmission indirecte termes et définitions

Ersatz für Ausgabe 09.71

Wird in einem Raum Luftschall erzeugt, dann wird Schall in den Nachbarraum teils über die Trennwand oder Trenndecke, teils über flankierende Bauteile übertragen. In dieser Norm werden die Begriffe der Flankenübertragung definiert.

Grundbegriffe der Akustik sind in DIN 1320, einschlägige Begriffe bauakustischer Prüfungen in DIN 52 210 Teil 1 bis Teil 7 und Formelzeichen der Akustik in DIN 1332 festgelegt.

In den Definitionen sind diejenigen Benennungen, für die an anderer Stelle in dieser Norm Definitionen gegeben sind, durch * gekennzeichnet.

1 Wege der Schallübertragung

Wege der Schallübertragung in massiven Bauteilen zweier aneinandergrenzender Räume sind in Bild 1 schematisch dargestellt und in Tabelle 1 aufgeführt.

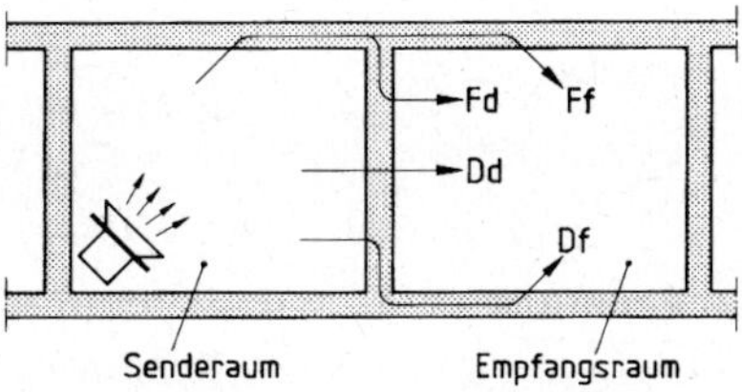

Bild 1. Schematische Darstellung der verschiedenen Wege der Schallübertragung mit Kurzzeichen für die Ein- und Austrittsflächen

Tabelle 1. **Wege der Schallübertragung in massiven Bauteilen zweier aneinandergrenzender Räume**

Weg der Schallübertragung		Kurzzeichen
Direkt-übertragung	Luftschall-Anregung des Trennelements im Senderaum Schallabstrahlung des Trennelements in den Empfangsraum	Dd
Flanken-übertragung	Luftschall-Anregung der flankierenden Bauteile des Senderaumes teilweise Übertragung der Schwingungen auf flankierende Bauteile des Empfangsraumes Schallabstrahlung dieser Bauteile in den Empfangsraum	Ff
	Luftschall-Anregung der flankierenden Bauteile des Senderaumes teilweise Übertragung der Schwingungen auf das Trennelement Schallabstrahlung des Trennelements in den Empfangsraum	Fd
	Luftschall-Anregung des Trennelements im Senderaum teilweise Übertragung der Schwingungen auf die flankierenden Bauteile des Empfangsraumes Schallabstrahlung dieser Bauteile in den Empfangsraum	Df

Mit den Großbuchstaben werden die Eintrittsflächen im Senderaum, mit den Kleinbuchstaben die Austrittsflächen im Empfangsraum gekennzeichnet, wobei D und d auf das direkte Trennelement, F und f auf die flankierenden Bauteile hinweisen.

Fortsetzung Seite 2 bis 4

Normenausschuß Materialprüfung (NMP) im DIN Deutsches Institut für Normung e. V.
Normenausschuß Akustik und Schwingungstechnik (FANAK) im DIN
Normenausschuß Bauwesen (NABau) im DIN

2 Nebenweg-Übertragung

Nebenweg-Übertragung ist jede Form der Luftschallübertragung zwischen zwei aneinandergrenzenden Räumen, die nicht über die Trennwand oder Trenndecke erfolgt. Sie umfaßt z. B. auch die Übertragung über Undichtheiten, Lüftungsanlagen, Rohrleitungen und ähnliches.

3 Flankenübertragung

Flankenübertragung ist der Teil der Nebenweg-Übertragung*, der ausschließlich über die Bauteile erfolgt, d. h. unter Ausschluß der Übertragung über Undichtheiten, Lüftungsanlagen, Rohrleitungen und ähnliches.

4 Flankendämm-Maß

Das Flankendämm-Maß R_i ist nach Gleichung (1) definiert:

$$R_i = L_1 - L_{2,i} + 10 \lg \frac{S}{A} \text{ dB} \qquad (1)$$

Hierin bedeuten:

L_1 Schallpegel im Senderaum

$L_{2,i}$ Schallpegel im Empfangsraum, der auftreten würde, wenn der Schall nur auf dem jeweils betrachteten Flankenweg i übertragen wird; das sind die Wege Ff, Fd, Df der Schallübertragung*

S Fläche des Trennelementes, die beiden Räumen gemeinsam ist

A äquivalente Absorptionsfläche im Empfangsraum (siehe DIN 1320 und DIN 52 210 Teil 1)

Je nach dem erfaßten Übertragungsweg wird das Flankendämm-Maß R_i mit R_{Ff}, R_{Fd}, R_{Df} bezeichnet. Bei Kombination mehrerer Übertragungswege wird es durch R_D, R_d, R_F, R_f gekennzeichnet. In Bild 2 ist das Zusammenwirken der verschiedenen Übertragungswege dargestellt.

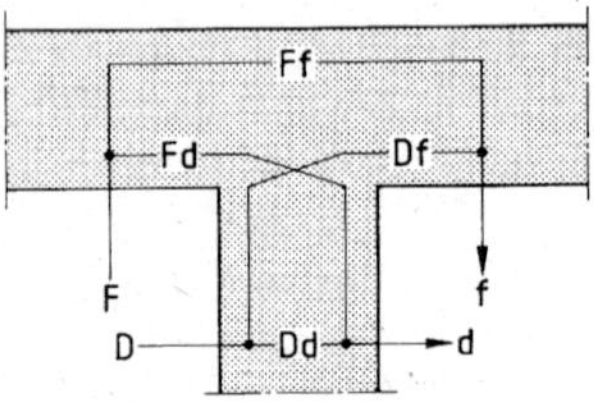

Bild 2. Zusammenwirken der verschiedenen Wege der Schallübertragung mit Kurzzeichen für die Ein- und Austrittsflächen

Anmerkung 1: Die Definition gilt sowohl für jedes einzelne der vier flankierenden Bauteile als auch für alle flankierenden Bauteile gemeinsam.

Anmerkung 2: Das Beziehen von R_i auf die Fläche S des Trennelementes geschieht aus Gründen der Zweckmäßigkeit, damit die für verschiedene Übertragungswege erhaltenen Flankendämm-Maße R_i unmittelbar mit dem Bau-Schalldämm-Maß R' verglichen werden können.

5 Schall-Längsdämm-Maß

Das Schall-Längsdämm-Maß ist das auf eine Bezugs-Trennfläche (Trennwand oder Trenndecke) $S_0 = 10\,\text{m}^2$ und eine Bezugs-Kantenlänge l_0 (zwischen flankierendem Bauteil und Trennwand bzw. Trenndecke) bezogene Flankendämm-Maß* R_{Ff}, wenn die Verzweigungsdämmung* Null oder von geringer Bedeutung ist. Die Bezugs-Kantenlänge l_0 beträgt bei horizontaler Übertragung

- für Decken, Unterdecken und Fußbodenaufbauten 4,5 m,
- für Fassaden und Innenwände 2,8 m.

Anmerkung 1: Diese Bezugswerte stellen die Kantenlängen des Prüfstandes DIN 52 210 – PFF – L dar (siehe DIN 52 210 Teil 2).

Anmerkung 2: Bei Prüfständen mit vertikaler Übertragung beträgt die Bezugs-Kantenlänge l_0 für Fassaden und Innenwände 4,5 m.

5.1 Labor-Schall-Längsdämm-Maß

Das Labor-Schall-Längsdämm-Maß R_L ist das im Prüfstand DIN 52 210 – PFF – L nach Gleichung (2) bestimmte Schall-Längsdämm-Maß*.

$$R_L = L_1 - L_2 + 10 \lg \frac{S_0}{A} \text{ dB} \qquad (2)$$

Hierin bedeuten:

L_1 Schallpegel im Senderaum

L_2 Schallpegel im Empfangsraum

A Äquivalente Absorptionsfläche im Empfangsraum (siehe DIN 1320 und DIN 52 210 Teil 1)

S_0 Bezugs-Trennfläche ($= 10\,\text{m}^2$)

5.2 Bau-Schall-Längsdämm-Maß

Das Bau-Schall-Längsdämm-Maß R'_L ist das nach Gleichung (3) für die Verhältnisse am Bau berechnete Schall-Längsdämm-Maß* eines flankierenden Bauteils.

$$R'_L = R_L + 10 \lg \frac{S_{Tr}}{S_0} \text{ dB} - 10 \lg \frac{l_{Bau}}{l_0} \text{ dB} + K \qquad (3)$$

Hierin bedeuten:

R_L Labor-Schall-Längsdämm-Maß nach DIN 52 210 Teil 7

S_{Tr} Fläche des Trennelementes (Wand oder Decke) am Bau

l_{Bau} Kantenlänge zwischen Längsbauteil und Trennfläche am Bau

S_0 Bezugs-Trennfläche

l_0 Bezugs-Kantenlänge

K Korrekturwert.
Für Unterdecken, bei denen am Bau eine andere Hohlraumhöhe als bei der Bestimmung des Labor-Schall-Längsdämm-Maßes* R_L vorhanden ist, ist der Korrekturwert K ($= K_H$ in DIN 52 210 Teil 7) je nach Abhängehöhe verschieden von 0 dB. In allen übrigen Fällen beträgt $K = 0$ dB.

6 Schnellepegel

Der Schnellepegel L_v ist definiert nach Gleichung (4).

$$L_v = 10 \lg \frac{v^2}{v_0^2} \text{ dB} \qquad (4)$$

Hierin bedeuten:

v Effektivwert der Schnelle im betrachteten Frequenzband

v_0 Bezugswert
In DIN 1320 ist $v_0 = 5 \cdot 10^{-8}$ m/s $= 50$ nm/s festgelegt.

(aus: DIN 52 221/05.80)

Anmerkung: Der Bezugswert $v_0 = 5 \cdot 10^{-8}$ m/s wurde festgelegt, damit Schalldruckpegel und Körperschall-Schnellepegel zahlenmäßig gleich sind. Dabei wird vorausgesetzt, daß die Flächenelemente einer unendlich groß angenommenen Wand konphas schwingen und eine freie Schallausbreitung stattfindet.

In der Internationalen Norm ISO 1683 ist als Bezugswert $v_0 = 1$ nm/s festgelegt. Wird der Bezugswert $v_0 = 1$ nm/s angewendet, dann ist dies ausdrücklich anzugeben. Die Schnellepegel sind dann um 34 dB höher.

7 Verzweigungsdämmung

Die Verzweigungsdämmung ΔL_v ist die an einer Verbindungsstelle zwischen zwei oder mehreren Bauteilen auftretende Schnellepegeldifferenz zwischen zwei aneinandergrenzenden Bauteilen (Wände, Decken), wenn eines der beiden Bauteile zu Biegeschwingungen angeregt wird.

$$\Delta L_v = L_{v,1} - L_{v,2} \qquad (5)$$

Hierin bedeuten:

$L_{v,1}$ Schnellepegel des angeregten Bauteiles

$L_{v,2}$ Schnellepegel des nicht unmittelbar angeregten Bauteiles

8 Abstrahlgrad

Der Abstrahlgrad σ ist das Verhältnis der abgestrahlten Schall-Leistung P einer Biegeschwingungen ausführenden Wand oder Decke zu derjenigen Leistung, die ein gleich großes Flächenstück S einer unendlich großen Platte abstrahlen würde, wenn sämtliche Flächenelemente konphas mit der Schnelle v schwingen:

$$\sigma = \frac{P}{Z_0 \cdot v^2 \cdot S} \qquad (6)$$

Hierin bedeuten:

P abgestrahlte Schall-Leistung

v Effektivwert der Schnelle im betrachteten Frequenzband

S Fläche der abstrahlenden Wand oder Decke

Z_0 Schall-Kennimpedanz der Luft

Anmerkung 1: Der Abstrahlgrad ist näherungsweise gleich 1, wenn die Biegewellenlänge λ_B im Bauteil groß gegen die Luftschallwellenlänge λ_L ist.

Anmerkung 2: Der Term $10 \lg \sigma$ dB wird Abstrahlmaß genannt (Definition siehe DIN 52221).

Anmerkung 3: Die Schall-Kennimpedanz Z_0 ist gleich dem Produkt von Dichte ϱ und Schallgeschwindigkeit c.

Alphabetisches Verzeichnis der Begriffe

Zitierte Normen

DIN 1320	Akustik; Grundbegriffe
DIN 1332	Akustik; Formelzeichen
DIN 52210 Teil 1	Bauakustische Prüfungen; Luft- und Trittschalldämmung; Meßverfahren
DIN 52210 Teil 2	Bauakustische Prüfungen; Luft- und Trittschalldämmung; Prüfstände für Schalldämm-Messungen an Bauteilen
DIN 52210 Teil 3	Bauakustische Prüfungen; Luft- und Trittschalldämmung; Eignungs-, Güte- und Baumuster-Prüfungen
DIN 52210 Teil 4	Bauakustische Prüfungen; Luft- und Trittschalldämmung; Ermittlung von Einzahl-Angaben
DIN 52210 Teil 5	Bauakustische Prüfungen; Luft- und Trittschalldämmung; Messung der Luftschalldämmung von Fenstern und Außenwänden am Bau[1])
DIN 52210 Teil 6	Bauakustische Prüfungen; Luft- und Trittschalldämmung; Bestimmung der Schachtpegeldifferenz
DIN 52210 Teil 7	Bauakustische Prüfungen; Luft- und Trittschalldämmung; Bestimmung des Schall-Längsdämm-Maßes
DIN 52221	Bauakustische Prüfungen; Körperschallmessungen bei haustechnischen Anlagen
ISO 1683-1983	E: Acoustics – Preferred reference quantities for acoustical levels D: Akustik – Bevorzugte Bezugswerte für akustische Pegel

Frühere Ausgaben

DIN 52217: 09.71

Änderungen

Gegenüber der Ausgabe September 1971 wurden folgende Änderungen vorgenommen:

a) Numerische Kurzzeichen für die Wege der Schallübertragung gestrichen
b) Angaben für Flankendämm-Maß ergänzt
c) Definition für Schall-Längsdämm-Maß überarbeitet und ergänzt
d) Definition für Schnellepegel aus DIN 52221 übernommen

[1]) Z. Z. in Überarbeitung, siehe Entwurf Mai 1984

Erläuterungen

Der Arbeitsausschuß NMP 231 „Schalldämmung, Messung und Bewertung" hat die vorliegende Ausgabe von DIN 52 217 ausgearbeitet. Mitträger der Norm sind die Normenausschüsse Akustik und Schwingungstechnik (FANAK) und Bauwesen (NABau) im DIN.

Die Überarbeitung der Norm DIN 52 217, Ausgabe September 1971, war durch die neue Prüfnorm DIN 52 210 Teil 7 (Vornorm) für die Bestimmung des Schall-Längsdämm-Maßes erforderlich geworden.

Internationale Patentklassifikation

E 04 B 1 – 82

DK 699.844 : 696.1 : 620.1 : 534.6 November 1986

Akustik

Prüfung des Geräuschverhaltens von Armaturen und Geräten der Wasserinstallation im Laboratorium

Formblätter für die Darstellung der Prüfergebnisse

Beiblatt 1 zu DIN 52 218

Acoustics; Laboratory tests on noise emission from appliances and equipment used in water supply installations; Forms for representation of test results

Acoustique; Mesurage en laboratoire du bruits émis par les robinetteries et les équipement hydrauliques utilisés dans les installations de distribution d'eau; Formulaires pour la représentation des résultats d'essai

Dieses Beiblatt enthält Informationen zu DIN 52 218 Teil 1 bis Teil 4, jedoch keine zusätzlichen genormten Festlegungen

Auf Beschluß des Arbeitsausschusses NMP 232 „Bauakustische Installationsmessungen" des Normenausschusses Materialprüfung (NMP) im DIN Deutsches Institut für Normung e. V. sind die Internationalen Normen ISO 3822/1 – 1983, ISO 3822/2 – 1984, ISO 3822/3 – 1984 und ISO 3822/4 – 1985 unverändert in die Normen DIN 52 218 Teil 1 bis Teil 4, Ausgaben November 1986, übernommen worden.

In der Internationalen Norm ISO 3822/1 – 1983 Abschnitt 10 „Prüfbericht" sind die Angaben für den Prüfbericht aufgeführt, die für alle Armaturen in gleicher Weise erforderlich sind.

In den weiteren Teilen von ISO 3822/1 – 1983 sind für die verschiedenen Armaturen die Anschluß- und Betriebsbedingungen für die Prüfung festgelegt, und zwar

- in ISO 3822/2 – 1984 für Auslaufarmaturen,
- in ISO 3822/3 – 1984 für Durchgangarmaturen und
- in ISO 3822/4 – 1985 für Sonderarmaturen.

Diese Normen enthalten jeweils im Abschnitt „Prüfbericht" zusätzliche Angaben, die über die in ISO 3822/1 – 1983 Abschnitt 10 aufgeführten Angaben hinaus im Prüfbericht enthalten sein müssen.

Neben den Angaben, die in den genannten Internationalen Normen für den Prüfbericht gefordert sind, haben sich die folgenden in diesem Beiblatt abgedruckten Formblätter 1 bis 3 für die Darstellung der Prüfergebnisse bewährt:

a) Formblatt 1:
   - Für Prüfergebnisse nach DIN 52 218 Teil 2
     für Auslaufarmaturen
   - Für Prüfergebnisse nach DIN 52 218 Teil 3
     für Durchgangarmaturen (ohne Druckminderer)
   - Für Prüfergebnisse nach DIN 52 218 Teil 4
     für Strahlregler und Brausen sowie für Geräte zum Bereiten von warmem und heißem Wasser

   Im Formblatt 1 ist die Ordinate des oberen Diagramms passend so zu beschriften, daß 1 cm einem Durchfluß von 0,2 l/s entspricht.

   Im Titel des Formblattes 1 ist die Zählnummer des betreffenden Teils von DIN 52 218 sowie das Ausgabejahr der angewendeten Norm anzugeben.

b) Formblatt 2:
   Für Prüfergebnisse nach DIN 52 218 Teil 4
   für Druckspüler

   Im Titel von Formblatt 2 ist das Ausgabejahr der angewendeten Norm anzugeben.

c) Formblatt 3:
   Für Prüfergebnisse nach DIN 52 218 Teil 4
   für Spülkästen

   Im Formblatt 3 ist die Ordinate des oberen Diagramms passend so zu beschriften, daß 1 cm einem Durchfluß von 0,2 l/s entspricht.

   Im Titel von Formblatt 3 ist das Augabejahr der angewendeten Norm anzugeben.

Fortsetzung Seite 2 bis 4

Internationale Patentklassifikation

G 01 H   E 03 C 1/02   G 01 M 19/00

Normenausschuß Materialprüfung (NMP) im DIN Deutsches Institut für Normung e. V.
Normenausschuß Akustik und Schwingungstechnik (FANAK) im DIN
Normenausschuß Armaturen (NAA) im DIN
Normenausschuß Bauwesen (NABau) im DIN
Normenausschuß Wasserwesen (NAW) im DIN

Für den Anwender dieses Beiblattes unterliegt das nachfolgende Formblatt 1 nicht dem Nachdruckrandvermerk auf Seite 1.

Formblatt 1

Armaturengeräuchpegel nach DIN 52 218 Teil ___ - ______

Auslaufarmaturen, Durchgangarmaturen, Strahlregler, Brausen und Geräte zum Bereiten von warmem und heißem Wasser

Antragsteller:

Aufbau der Armatur:

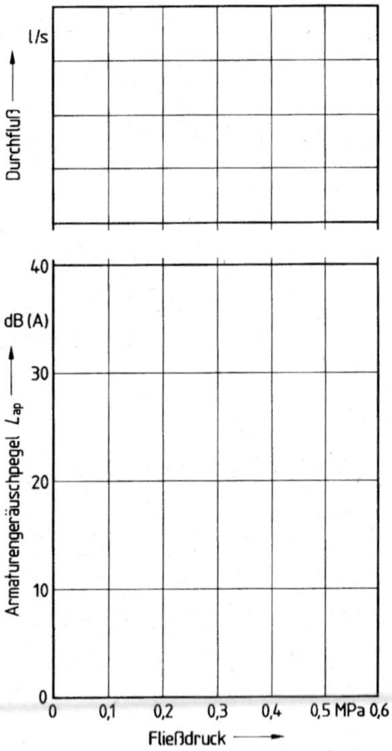

Anzahl der untersuchten Armaturen: __________

Flächenbezogene
Masse der Meßwand: __________ kg/m^2

größter Armaturengeräuchpegel L_{ap}
beim kennzeichnenden Fließdruck von

0,3 MPa: ____________________ dB(A)

zusätzlich beim oberen Fließdruck von

0,5 MPa: ____________________ dB(A)

Nr des Prüfberichtes:

Datum: Unterschrift:

Für den Anwender dieses Beiblattes unterliegt das nachfolgende Formblatt 2 nicht dem Nachdruckrandvermerk auf Seite 1.

Formblatt 2

Armaturengeräuchpegel nach DIN 52 218 Teil 4 – ______

Druckspüler

Antragsteller:

Aufbau der Armatur:

Anzahl der untersuchten Armaturen: ________

Flächenbezogene
Masse der Meßwand: ________ kg/m²

größter Armaturengeräuchpegel L_{ap}
beim kennzeichnenden Fließdruck von

___ MPa: ____________________ dB(A)

zusätzlich beim oberen Fließdruck von

___ MPa: ____________________ dB(A)

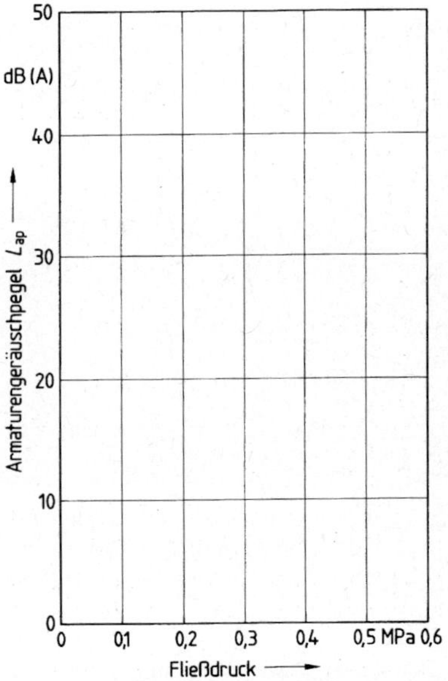

Spülstrom des Druckspülers: ____________ l/s

Nr des Prüfberichtes:

Datum: Unterschrift:

Für den Anwender dieses Beiblattes unterliegt das nachfolgende Formblatt 3 nicht dem Nachdruckrandvermerk auf Seite 1.

Formblatt 3

Armaturengeräuchpegel nach DIN 52 218 Teil 4 – ______

Spülkästen

Antragsteller:

Aufbau der Armatur:

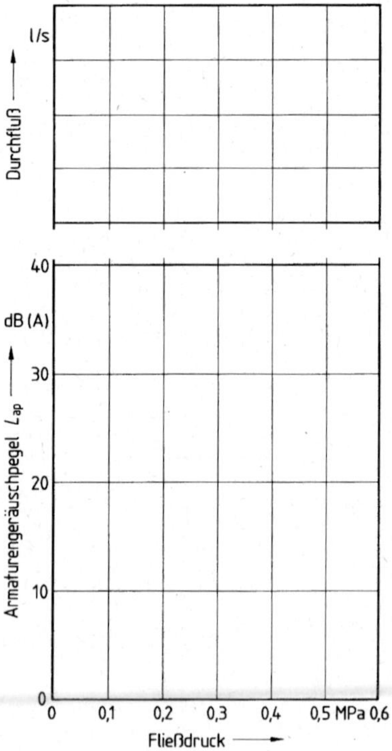

Anzahl der untersuchten Armaturen: ________

Flächenbezogene
Masse der Meßwand: ________ kg/m^2

größter Armaturengeräuchpegel L_{ap} beim kennzeichnenden Fließdruck von
0,3 MPa: ______________________ dB(A)
zusätzlich beim oberen Fließdruck von
0,5 MPa: ______________________ dB(A)

Füllzeit des Spülkastens bei 0,3 MPa: __________ s

Nr des Prüfberichtes:

Datum: Unterschrift:

DK 699.844 : 696.1 : 620.1 : 534.6
November 1986

	Akustik **Prüfung des Geräuschverhaltens von Armaturen und Geräten der Wasserinstallation im Laboratorium** Meßverfahren Identisch mit ISO 3822/1 Ausgabe 1983	**DIN 52 218** Teil 1

Diese Norm enthält die deutsche Übersetzung der Internationalen Norm **ISO 3822/1**

Acoustics; Laboratory tests on noise emission from appliances and equipment used in water supply installations; Method of measurement; Identical with ISO 3822/1 edition 1983

Acoustique; Mesurage en laboratoire du bruit émis par les robinetteries et les équipements hydrauliques utilisés dans les installations de distribution d'eau; Méthode de mesurage; Identique à ISO 3822/1 édition 1983

Ersatz für Ausgabe 12.76

Die Internationale Norm ISO 3822/1, Ausgabe 1983-12-15, „Acoustics – Laboratory tests on noise emission from appliances and equipment used in water supply installations – Part 1: Method of measurement", ist unverändert in diese Deutsche Norm übernommen worden.

Nationales Vorwort

Die Internationale Norm ISO 3822/1 – 1983 ist vom Unterkomitee 2 „Bauakustik" (Sekretariat: NMP im DIN) des Technischen Komitees 43 „Akustik" der Internationalen Normungsorganisation (ISO), dem ISO/TC 43/SC 2, ausgearbeitet worden.

Das hierfür zuständige deutsche Normungsgremium ist der Arbeitsausschuß NMP 232 „Bauakustische Installationsmessungen" des Normenausschusses Materialprüfung (NMP) im DIN Deutsches Institut für Normung e.V.

Die unveränderte Übernahme der Internationalen Norm ISO 3822/1 – 1983 als Ersatz für DIN 52 218 Teil 1, Ausgabe Dezember 1976, ist vom NMP 232 im Einvernehmen mit dem Sachverständigenausschuß „Geräuschverhalten von Armaturen und Geräten der Wasserinstallation" A des Instituts für Bautechnik (IfBt) und den Normenausschüssen Akustik und Schwingungstechnik (FANAK), Armaturen (NAA), Bauwesen (NABau) und Wasserwesen (NAW) beschlossen worden.

Mit dem Meßverfahren nach dieser Norm werden Geräusche, die beim Betätigen (Öffnen, Schließen, Umstellen usw.) der Armaturen und Geräte der Wasserinstallation (hauptsächlich als Körperschall) entstehen, nur teilweise oder nicht erfaßt. Der Arbeitsausschuß NMP 232 arbeitet zur Zeit an einer Erweiterung des Meßverfahrens zur Erfassung dieser Geräuschanteile. Es ist geplant, diese Erweiterung in eine Folgeausgabe dieser Norm aufzunehmen; in diese Folgeausgabe kann dann die zweite Ausgabe der Internationalen Norm ISO 3822/1 nur modifiziert übernommen werden.

Fortsetzung Seite 2 bis 13

Normenausschuß Materialprüfung (NMP) im DIN Deutsches Institut für Normung e.V.
Normenausschuß Akustik und Schwingungstechnik (FANAK) im DIN
Normenausschuß Armaturen (NAA) im DIN
Normenausschuß Bauwesen (NABau) im DIN
Normenausschuß Wasserwesen (NAW) im DIN

Bemerkungen zum Norminhalt

Zu Abschnitt 1:

Die nach dieser Norm an Armaturen und Geräten erhaltenen Meßergebnisse werden unter anderem für den Nachweis benötigt, daß die in DIN 4109 Teil 2, Ausgabe September 1962, Abschnitt 5 (in Überarbeitung, vorgesehene Folgeausgabe siehe Entwurf DIN 4109 Teil 5), gestellten Anforderungen an den Schallschutz haustechnischer Einzelanlagen erfüllt werden können.

Zu Abschnitt 2:

a) ISO 7/1 – 1982 (Rohrgewinde): Siehe DIN 2999 Teil 1.

b) ISO 49 – 1983 (Rohrfittings): Siehe DIN 2950.

c) ISO 65 – 1981 (Stahlrohre): Siehe DIN 2440.

d) ISO 3822/2 – 1984 (Anschluß- und Betriebsbedingungen für Auslaufarmaturen),
ISO 3822/3 – 1984 (Anschluß- und Betriebsbedingungen für Durchgangarmaturen),
ISO 3822/4 – 1985 (Anschluß- und Betriebsbedingungen für Sonderarmaturen):
Diese Internationalen Normen liegen als DIN 52 218 Teil 2, DIN 52 218 Teil 3 bzw. DIN 52 218 Teil 4 vor.

e) IEC 225 – 1966 (Filter): Siehe DIN 45 651.

f) IEC 651 – 1979 (Schallpegelmesser): Diese Norm liegt als DIN IEC 651 vor.

Zu Abschnitt 3:

a) In Deutschland ist die in Abschnitt 3.3 definierte Oktavschallpegeldifferenz D_{sn} nicht eingeführt. Statt dessen wird der Armaturengeräuschpegel L_{ap} (Kurzzeichen bisher: L_{AG}) nach Abschnitt 3.5 verwendet.

b) Für die IGN-Pegeldifferenz $(L_{sn} - L_{srn})$ (siehe Abschnitt 3.5) ist in Deutschland das Formelzeichen K_{sn} üblich. Die Internationale Norm enthält dafür keine selbständige Definition, wie sie in der bisherigen Norm DIN 52 218 Teil 1, Ausgabe Dezember 1976, Abschnitt 2.3, enthalten war.

Zu Abschnitt 4:

Der nach DIN 52 218 Teil 1 ermittelte Armaturengeräuschpegel entspricht im Mittel etwa dem Wert, der für die untersuchte Armatur bei denselben Werten des Fließdruckes und des Durchflusses in ausgeführten Wohnbauten in Massivbauart auftritt, wenn die Armatur im Bad oder in der Küche einer Wohnung betätigt und der A-Schallpegel im nächstbenachbarten fremden Wohnraum gemessen wird. Dabei ist vorausgesetzt, daß diejenige Wand, an der die Rohrleitungen montiert sind, nicht unmittelbar an einen Wohnraum angrenzt. Bei Grundrißanordnungen, die hiervon abweichen, können sich andere Werte ergeben. Sie können beispielsweise um 5 bis 10 dB höher liegen, wenn die Installation unmittelbar an einer Trennwand zu einem Wohnraum angeordnet ist.

Zu Abschnitt 5.4:

Ein Gewinderohr DIN 2440 – DN 25 – nahtlos B erfüllt die Bedingungen für die Meßleitung.

Bezüglich der Einheit „Inch" ist zu beachten, daß die Anwendung dieser Einheit im nationalen und wirtschaftlichen Verkehr auf Grund des Gesetzes über Einheiten im Meßwesen vom 2. Juli 1969 nicht zulässig ist.

Zu Abschnitt 5.7:

Zweibogen-T DIN 2950 – 132-1 entspricht Bogen 1, E 1 nach ISO 49 – 1983.

Zu Abschnitt 6.1:

Bei Prüfungen, die als Grundlage zur Einstufung der Armaturen in die Armaturengruppen I oder II (siehe z. B. Entwurf DIN 4109 Teil 5, Ausgabe Oktober 1984, Tabelle 5) dienen sollen, wird der Empfehlung in Abschnitt 6.1, die Messungen mit der Zeitbewertung „S" (slow) durchzuführen, nicht gefolgt. Statt dessen werden die Messungen mit der Zeitbewertung „F" (fast) durchgeführt.

Zu Abschnitt 7:

Für den Betrieb des IGN ist in Deutschland nur die in Bild 4 dargestellte Anordnung in horizontaler Lage üblich.

Die im Bild 3 angegebenen Gewinde Rp 3/4 und R 1 nach ISO 7/1 – 1982 entsprechen den Rohrgewinden DIN 2999 – R 3/4 bzw. DIN 2999 – R 1.

Der dem IGN in DIN 52 218, Ausgaben Januar 1968 und März 1972, bzw. in DIN 52 218 Teil 1, Ausgabe Dezember 1976, ursprünglich zugeordnete A-bewertete Schallpegel von 45 dB und die entsprechenden Oktavschallpegel sind durch Schallpegelmessungen mit dem IGN in zahlreichen ausgeführten Massivbauten gewonnen worden. Für die Messungen wurden Wohnungen ausgewählt, bei denen Küche und Bad mit einer gemeinsamen Installationswand nebeneinanderlagen. Der Schallpegel wurde im nächstbenachbarten fremden Wohnraum des darüber- oder darunterliegenden Geschosses gemessen. Näheres siehe: Gösele, K.; Voigtsberger, C. A.: Zur Messung des Geräuschverhaltens von Armaturen im Laboratorium. Heizung – Lüftung – Haustechnik **18** (1967) Nr 6, Seite 230 bis 235.

In der vorliegenden Norm sind für das IGN Oktavschallpegel mit geringen Abweichungen von den Werten in DIN 52 218 Teil 1, Ausgabe Dezember 1976, angegeben. Die angegebenen Oktavschallpegel entsprechen den Mittelwerten der in 22 internationalen Prüfstellen ermittelten Werte für das IGN. Der A-bewertete Schallpegel beträgt unverändert 45 dB.

Die in den Bildern 4 und 5 angegebenen Tempergußfittings nach ISO 49 – 1983 entsprechen folgenden Tempergußfittings nach DIN 2950:

Tempergußfitting nach ISO 49 – 1983	Tempergußfitting nach DIN 2950
verzinkte Verschraubung 1, U 11	Verschraubung DIN 2950 – 340-1 v
verzinkter langer Bogen 3/4, G 4	Langer Bogen DIN 2950 – 1-3/4 v
verzinkter langer Bogen 1, G 4	Langer Bogen DIN 2950 – 1-1 v

Das Gewinde R 3/4 nach ISO 7/1 – 1982 entspricht dem Rohrgewinde DIN 2999 – R 3/4.

Zu Abschnitt 8.3:
In Deutschland wird üblicherweise die Messung nach Aufzählung a) durchgeführt.

Zu Abschnitt 10:
Für die Prüfzeichenerteilung für Armaturen durch das Institut für Bautechnik (IfBt) ist die Prüfung von jeweils drei Armaturen derselben Bauart erforderlich. Im Prüfbericht werden die arithmetischen Mittelwerte für drei Armaturen angegeben, die jedoch nur dann gebildet werden, wenn die Einzelwerte um nicht mehr als 3 dB vom arithmetischen Mittelwert abweichen. Dabei muß auch die Art der Probenahme angegeben werden.

Deutsche Übersetzung

Akustik

Prüfung des Geräuschverhaltens von Armaturen und Geräten der Wasserinstallation im Laboratorium
Teil 1: Meßverfahren

Vorwort

Die ISO (Internationale Organisation für Normung) ist die weltweite Vereinigung nationaler Normungsinstitute (ISO-Mitgliedskörperschaften). Die Erarbeitung Internationaler Normen obliegt den Technischen Komitees der ISO. Jede Mitgliedskörperschaft, die sich für ein Thema interessiert, für das ein Technisches Komitee eingesetzt wurde, ist berechtigt, in diesem Komitee mitzuarbeiten. Internationale (staatliche und nichtstaatliche) Organisationen, die mit der ISO in Verbindung stehen, sind an den Arbeiten ebenfalls beteiligt.

Die von den Technischen Komitees verabschiedeten Entwürfe zu Internationalen Normen werden den Mitgliedskörperschaften zunächst zur Genehmigung vorgelegt, bevor sie vom Rat der ISO als Internationale Normen angenommen werden.

Die Internationale Norm ISO 3822/1 wurde vom Technischen Komitee ISO/TC 43 „Akustik" ausgearbeitet und an die Mitgliedskörperschaften im April 1982 verschickt.

Sie ist von den Mitgliedskörperschaften der folgenden Länder angenommen worden:

Ägypten	Frankreich	Neuseeland	Schweiz
Australien	Griechenland	Niederlande	Sowjetunion
Belgien	Indien	Norwegen	Spanien
China	Israel	Österreich	Südafrika
Dänemark	Italien	Polen	Tschechoslowakei
Deutschland, Bundesrepublik	Japan	Rumänien	Ungarn
Finnland	Kanada	Schweden	Vereinigtes Königreich

Kein Mitglied lehnte das Dokument ab.

Diese zweite Ausgabe streicht und ersetzt die erste Ausgabe (das ist ISO 3822/1 – 1977).

0 Einführung

Geräusche, die von Geräten der Wasserinstallation erzeugt werden, können besonders nachts zu Belästigungen in anliegenden Räumen führen, z. B. in Wohnhäusern, Krankenhäusern und Hotels. Diese Geräusche haben ihren Ursprung hauptsächlich in den Armaturen. Genormte Prüfverfahren für derartige Geräusche sind notwendig, damit ein Vergleich der Geräusche von Industrieerzeugnissen, die in verschiedenen Ländern gefertigt werden, ermöglicht wird.

Die vorliegende Norm beschreibt ein Prüfverfahren, damit solche vergleichbaren Ergebnisse bei Prüfungen im Laboratorium erhalten werden.

Es kann nicht im einzelnen beschrieben werden, wie man für eine Armatur in verschiedenen Laboratorien dieselben Ergebnisse erhalten würde, wenn nicht das Prinzip des Vergleichs der Ergebnisse mit einem genormten Geräuscherzeuger (Installationsgeräuschnormal, IGN genannt) angewendet wird. Dieses Verfahren kann als eine Art Kalibrierung der Prüfanordnung angesehen werden. Das Installationsgeräuschnormal ist im einzelnen beschrieben, und es sind in dieser Norm die Grundlagen für die Wasserinstallation im Laboratorium angegeben.

Die hier festgelegten Prüfbedingungen bilden die genormten Bezugsbedingungen, die für den Vergleich zwischen den Laboratorien wesentlich sind.

Das Installationsgeräuschnormal kann auch für die Vorhersage von Installationsschallpegeln am Bau verwendet werden. Der Geräuschpegel, der von einer Armatur erzeugt wird, kann zu niedrig sein, um genau gemessen werden zu können. In diesem Fall kann er ermittelt werden, indem zunächst der Geräuschpegel gemessen wird, der von einem Installationsgeräuschnormal erzeugt wird, das anstelle der Armatur montiert wird; hiervon wird die Pegeldifferenz abgezogen, die zuvor im Laboratorium zwischen den Geräuschpegeln des Installationsgeräuschnormals und der betreffenden Armatur ermittelt wurde.

Die Anschluß- und Betriebsbedingungen für die Prüfung verschiedener Arten von Armaturen werden in anderen Teilen dieser Internationalen Norm beschrieben; siehe ISO 3822/2 für Auslaufarmaturen, ISO 3822/3 für Durchgangarmaturen und ISO 3822/4 für Sonderarmaturen.

In nationalen Normen darf das in dieser Internationalen Norm festgelegte Verfahren durch Berechnungsverfahren ergänzt werden, die ein Abschätzen des in Gebäuden zu erwartenden Armaturengeräuschpegels ermöglichen.

1 Anwendungsbereich und Zweck [1)]

Diese Norm legt ein Verfahren zur Messung von Geräuschen im Laboratorium fest, die beim Wasserdurchfluß durch Armaturen und Geräte der Wasserinstallation entstehen.

---

1) Nationale Fußnote: Siehe Nationales Vorwort

Zu den hier behandelten Geräten gehören Auslaufarmaturen, Durchgangarmaturen und Sonderarmaturen, z. B. Druckminderer und Geräte zum Bereiten von heißem Wasser, im folgenden kurz „Armaturen" genannt.

Das festgelegte Verfahren ermöglicht, in verschiedenen Laboratorien vergleichbare Meßergebnisse zu erhalten.

2 Verweisungen auf andere Normen [2)]

ISO 7/1	Im Gewinde dichtendes Rohrgewinde – Teil 1: Bezeichnung, Maße, Toleranzen
ISO 49	Tempergußfittings mit Gewinde nach ISO 7/1
ISO 65	Stahlrohre für Verschraubung nach ISO 7/1
ISO 3822/2	Akustik – Prüfung des Geräuschverhaltens von Armaturen und Geräten der Wasserinstallation im Laboratorium – Teil 2: Anschluß- und Betriebsbedingungen für Auslaufarmaturen
ISO 3822/3	Akustik – Prüfung des Geräuschverhaltens von Armaturen und Geräten der Wasserinstallation im Laboratorium – Teil 3: Anschluß- und Betriebsbedingungen für Durchgangarmaturen
ISO 3822/4	Akustik – Prüfung des Geräuschverhaltens von Armaturen und Geräten der Wasserinstallation im Laboratorium – Teil 4: Anschluß- und Betriebsbedingungen für Sonderarmaturen
IEC 225	Oktav-, Halboktav- und Terzfilter für die Analyse von Geräuschen und Schwingungen
IEC 651	Schallpegelmesser

3 Begriffe [1)]

Für diese Norm gelten folgende Definitionen:

3.1 Oktavschallpegel in dB: Unbewerteter Schalldruckpegel im Frequenzband einer Oktave. In dieser Norm werden Oktavschallpegel und Oktavschallpegeldifferenzen mit dem Index n gekennzeichnet.

3.2 A-Schallpegel in dB: Schalldruckpegel, bewertet mit der A-Bewertung nach IEC 651.

3.3 Oktavschallpegeldifferenz D_{sn}: Diese Größe ist definiert durch:

$$D_{sn} = L_{sn} - L_n \tag{1}$$

Hierin bedeuten:

L_{sn} mittlerer Oktavschallpegel in der Oktave n, im Meßraum hervorgerufen durch das Geräusch des Installationsgeräuschnormals (Abkürzung IGN) bei einem Fließdruck von 0,3 MPa *) (siehe Abschnitt 7)

L_n entsprechender Oktavschallpegel, im Meßraum hervorgerufen durch das Geräusch der Armatur unter den festgelegten Prüfbedingungen

3.4 Armaturengeräuschpegel L_{apn} **je Oktave:** Diese Größe ist definiert durch:

$$L_{apn} = L_{srn} - D_{sn} \tag{2}$$

oder

$$L_{apn} = L_n - (L_{sn} - L_{srn}) \tag{3}$$

Hierin bedeutet:

L_{srn} Bezugswert des Oktavschallpegels in der Oktave n für das IGN bei einem Fließdruck von 0,3 MPa (siehe Abschnitt 7)

3.5 Armaturengeräuschpegel L_{ap} **in dB:** A-Schallpegel als charakteristischer Wert für das Geräuschverhalten einer Armatur. Er ist definiert durch:

$$L_{ap} = 10 \lg \sum_{n=1}^{6} 10^{[L_n - (L_{sn} - L_{srn}) + k(A)_n]/(10\,dB)}\ dB \tag{4}$$

Hierin bedeuten:

$n =$ 1, 2, 3 . . . 6 Oktaven mit den Mittenfrequenzen 125 . . . 4000 Hz

$k(A)_n$ A-Bewertung in dB nach IEC 651 für die sechs Oktav-Mittenfrequenzen von 125 bis 4000 Hz

Wenn die IGN-Pegeldifferenz $(L_{sn} - L_{srn})$ bei den Oktav-Mittenfrequenzen von 125 bis 4000 Hz innerhalb ± 2 dB konstant ist (siehe Abschnitt 8), darf der Armaturengeräuschpegel L_{ap} unmittelbar aus den A-Schallpegeln wie folgt ermittelt werden:

$$L_{ap} = L - (L_s - L_{sr}) \tag{5}$$

Hierin bedeuten:

L mittlerer A-Schallpegel im Meßraum, hervorgerufen durch das Geräusch der Armatur unter den festgelegten Prüfbedingungen

L_s mittlerer A-Schallpegel im Meßraum, hervorgerufen durch das Geräusch des IGN bei einem Fließdruck von 0,3 MPa

L_{sr} A-bewerteter Bezugs-Schallpegel des IGN bei einem Fließdruck von 0,3 MPa (siehe Abschnitt 7)

3.6 A-Schallpegeldifferenz D_s: Differenz zwischen den mittleren A-Schallpegeln, definiert durch:

$$D_s = L_s - L \tag{6}$$

D_s darf nur in dieser Weise bestimmt werden, wenn die IGN-Pegeldifferenz $(L_{sn} - L_{srn})$ bis auf ± 2 dB im Frequenzbereich von 125 bis 4000 Hz konstant ist (siehe Abschnitt 8).

Ist diese Bedingung nicht erfüllt, muß die A-Schallpegeldifferenz D_s aus dem Armaturengeräuschpegel wie folgt bestimmt werden:

$$D_s = L_{sr} - L_{ap} \tag{7}$$

Hierin ist L_{ap} der nach Gleichung (4) ermittelte Armaturengeräuschpegel.

4 Kurzbeschreibung des Verfahrens [1)]

Die zu prüfende Armatur wird an das Ende einer Wasserleitung, der Meßleitung, angeschlossen, die an der Wand

*) 1 MPa = 10 bar

1) Nationale Fußnote: Siehe Nationales Vorwort

2) Nationale Fußnote: Vergleichbare DIN-Normen siehe Hinweise im Nationalen Vorwort

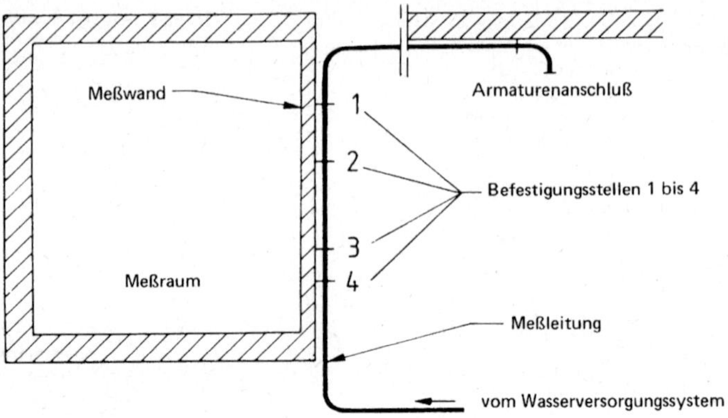

Bild 1. Beispiel für die Prüfanordnung

eines Raumes befestigt ist. Die Wand wird Meßwand, der Raum Meßraum genannt (siehe Bild 1).

Das von der Armatur erzeugte Geräusch wird von der Meßleitung auf die Meßwand übertragen. Gemessen wird der von der Meßwand in den Meßraum abgestrahlte Luftschall.

Damit vergleichbare Meßergebnisse in verschiedenen Laboratorien erhalten werden, wird das von der Armatur erzeugte Geräusch mit dem von einem Installationsgeräuschnormal erzeugten Geräusch verglichen.

5 Prüfanordnung (siehe Bild 1)

5.1 Meßraum

Der Meßraum muß ein Volumen von mindestens 30 m^3 haben. Für neue Laboratorien wird ein Volumen von möglichst 50 m^3 empfohlen.

Zwei gegenüberliegende Flächen des Meßraumes dürfen nicht weniger als 2,3 m voneinander entfernt sein.

Im Meßraum soll die Nachhallzeit in den Oktaven mit den Mittenfrequenzen von 125 bis 2000 Hz zwischen 1 und 5 s liegen.

Das Schallfeld im Meßraum sollte hinreichend diffus sein.

5.2 Fremdgeräusch

Der Fremdgeräuschpegel soll möglichst 10 dB unter dem Geräusch der zu prüfenden Armatur liegen.

Anmerkung: Dies erfordert im allgemeinen einen Fremdgeräuschpegel von höchstens 30 dB, zum Prüfen von sehr geräuscharmen Armaturen sogar von weniger als 20 dB.

Der Luftschall, der durch die Meßwand in den Meßraum übertragen wird und der während des Prüfens der Armatur erzeugt wird, muß auch bei der Bestimmung des Fremdgeräuschpegels berücksichtigt werden. Dasselbe gilt auch für Körperschall, der nicht von der zu prüfenden Armatur erzeugt wird.

Ist der Abstand zum Fremdgeräuschpegel kleiner als 10 dB, ist eine Korrektur nach Tabelle 1 anzubringen.

Tabelle 1. **Korrekturwerte für Oktavschallpegel zur Berücksichtigung des Fremdgeräuschs**

Anstieg des von der Armatur erzeugten Pegels dB	Vom Meßwert abzuziehender Korrekturwert dB
3	3
4 bis 5	2
6 bis 9	1

Sind Korrekturen von 3 dB anzubringen, müssen die korrigierten Pegel in Klammern gesetzt werden. Wenn der Abstand des Fremdgeräuschpegels kleiner als 3 dB ist, haben die Messungen im allgemeinen keine Bedeutung.

5.3 Meßwand

Die Meßwand muß 8 bis 12 m^2 betragen.

Die Meßwand muß eine einschalige Wand aus Mauerwerk oder Beton sein und eine flächenbezogene Masse zwischen 100 und 250 kg/m^2 haben.

5.4 Meßleitung [1)]

Die Meßleitung muß ein verzinktes mittelschweres Stahl-Gewinderohr nach ISO 65 mit einer Nennweite von 25 mm (1 Inch) sein.

Die Meßleitung ist an der Meßwand außerhalb des Meßraumes zu befestigen. Sie muß etwa in Wandmitte in gerader Richtung starr und dauerhaft mit vier Rohrschellen befestigt werden, die über die gesamte Länge der Wand voneinander unterschiedlichen Abstand haben. Das Rohr muß fest von den Rohrschellen (ohne Isolierung) umfaßt werden. Nichtmetallische Dübel dürfen nicht verwendet werden. Andere Verbindungen zwischen der

1) Nationale Fußnote: Siehe Nationales Vorwort

Meßleitung und der Meßwand sind nicht zulässig. Die Meßleitung muß zu periodischer Kontrolle der Befestigung zugänglich sein.

Die Meßleitung muß zu entlüften sein, zum Beispiel durch Entlüftungsventile. Es wird empfohlen, die Meßleitung in Durchflußrichtung leicht steigend zu verlegen.

Die Meßleitung endet mit dem Armaturenanschluß. Sie darf verschiedene Abgänge für Prüfzwecke haben. Die Länge der Meßleitung zwischen dem Armaturenanschluß und der ersten Befestigungsstelle an der Meßwand (siehe Bild 1) muß zwischen 2 und 10 m betragen.

5.5 Armaturenanschluß

Das Ende der Meßleitung muß starr mit Rohrschellen (ohne Isolierung) befestigt werden, jedoch nicht an der Meßwand, sondern zum Beispiel an einer anderen Wand.

Am Ende der Meßleitung sind ein Abzweig zum Anschluß des Druckmeßgerätes und eine Verschraubung oder ein Fitting zum Anschluß der zu prüfenden Armatur vorzusehen. Der Abzweig muß zu entlüften sein. Einzelheiten für den Anschluß der verschiedenen zu prüfenden Armaturenarten sind in anderen Teilen dieser Internationalen Norm festgelegt.

Anmerkung: Ein Durchflußmeßgerät darf weder zwischen der zu prüfenden Armatur und dem Teil der Meßleitung, der an der Meßwand befestigt ist, noch an der Meßwand oder an einer anderen Wand des Meßraumes angebracht werden.

Zum Anschluß von Armaturen mit zwei Eingängen wird eine Meßleitung mit einem Doppelanschluß benötigt. Die geraden Rohrstücke des Doppelanschlusses nach der Verzweigung dürfen nicht kleiner als 700 mm lang sein. Beide Enden sind starr mit Rohrschellen an einer Wand, jedoch nicht an der Meßwand, oder an irgendeinem anderen körperschallisolierten starren Auflager zu befestigen.

Die am Doppelanschluß (siehe Abschnitt 7) gemessenen A-Schallpegel des IGN dürfen um nicht mehr als 1 dB und die Oktavschallpegel um nicht mehr als 2 dB voneinander abweichen. Für die Prüfungen von Armaturen mit zwei Eingängen muß der Mittelwert der IGN-Schallpegel beider Anschlüsse verwendet werden.

Anmerkung: Der Doppelanschluß darf auch durch Abzweigen einer zweiten Meßleitung — in Durchflußrichtung gesehen — vor der ersten Rohrschelle (Befestigungsstelle 4, siehe Bild 1) an der Meßwand ausgeführt werden, vorausgesetzt, daß beide Rohrzweige den Anforderungen in Abschnitt 5.4 entsprechen und die Toleranzen der IGN-Schallpegel eingehalten werden.

5.6 Wasserversorgungsanlage

Die Wasserversorgungsanlage muß so ausgelegt sein, daß Prüfungen in den üblichen Fließdruck- und Durchflußbereichen der zu prüfenden Armaturen ausgeführt werden können.

Anmerkung: Für Auslaufarmaturen, die in Wohngebäuden verwendet werden, können in der Regel folgende Bereiche als ausreichend angesehen werden:
- Fließdruck: bis zu 0,5 MPa
- Durchfluß: bis zu 2 l/s

Zum Prüfen von Druckminderern wird ein Druckbereich bis zu 1 MPa empfohlen.

Das Eigengeräusch der Wasserversorgungsanlage ist von der Meßleitung und vom Meßraum fernzuhalten, erforderlichenfalls mit Hilfe von Schalldämpfern. Das Wasser ist während der Prüfung geräuscharm abzuleiten. Die Wassertemperatur darf 25 °C nicht überschreiten.

5.7 Einrichtungen zur Stabilisierung und Kontrolle der Prüfanordnung [1)]

Folgende Einrichtungen werden empfohlen:

a) Geräuscharmes Absperrventil unmittelbar vor dem Armaturenanschluß, damit die Meßleitung ständig unter Druck gehalten wird, auch dann, wenn zum Beispiel die Armatur ausgewechselt oder das IGN angeschlossen wird

b) Freier Auslauf in der Nähe des Armaturenanschlusses zum Durchspülen der Meßleitung

c) Kontroll-Installationsgeräuschnormal nach Abschnitt 7 zum ständigen Überwachen der Prüfanordnung

Bild 2 zeigt ein Beispiel für die Anordnung dieser Einrichtungen.

5.8 Messen der Eigengeräusche der Installationsanlage

Das Eigengeräusch der Installationsanlage (Wasserversorgungsanlage, Meßleitung, Armaturenanschluß) ist zu messen. Hierzu ist am Armaturenanschluß ein geräuscharmer Wasserauslauf vorzusehen. Die Prüfung ist bei verschiedenen Durchflüssen vorzunehmen.

Der Schalldruckpegel des Eigengeräusches muß hinreichend tief unter dem der zu prüfenden Armatur liegen (mindestens 10 dB).

6 Meßgeräte und Prüfmittel

6.1 Schallpegelmesser und Filter [1)]

Es ist ein Präzisionsschallpegelmesser zu verwenden, der mindestens die Anforderungen nach IEC 651 für Klasse 1 oder besser erfüllt und für den die Zeitbewertung „S" empfohlen wird.

Alternativ darf eine Meßeinrichtung benutzt werden, die zum Beispiel einen Pegelschreiber enthält, vorausgesetzt, daß ihre elektroakustischen Eigenschaften die für Klasse 1 entsprechenden Abschnitte der IEC 651 erfüllen oder besser sind.

Werden Oktavfilter verwendet, müssen diese den Anforderungen nach IEC 225 genügen.

6.2 Hydraulische Meßinstrumente

Der Wasserdruck muß auf mindestens ± 5 % bestimmt werden.

Anmerkung 1: Damit diese Abweichung über den gesamten Meßbereich eingehalten werden kann, wird die Verwendung eines Präzisionsinstrumentes mit Fehlergrenzen von ± 1 % und einem Meßbereich von nicht mehr als 0,5 MPa empfohlen.

Anmerkung 2: Damit sichergestellt wird, daß nur der statische Druck gemessen wird, ist der Abzweig zum Anschluß des Druckmeßgerätes sorgfältig auszubilden. Damit Fehler bei der Druckmessung

---

1) Nationale Fußnote: Siehe Nationales Vorwort

bei hohen Durchflüssen gering gehalten werden, darf der Abzweig nicht mehr als 1 m entgegen der Durchflußrichtung vom Armaturenanschluß angeordnet sein. Das Druckmeßgerät muß häufig kalibriert werden.

Der Durchfluß muß auf mindestens ± 3 % gemessen werden.

Anmerkung: Da die Genauigkeit des Durchflußmeßgerätes wesentlich von der Installation abhängt, ist die Genauigkeit an Ort und Stelle zu überprüfen.

7 Installationsgeräuschnormal 1)

Das Geräusch, das von der zu prüfenden Armatur erzeugt wird, hängt von den physikalischen Eigenschaften der Prüfanordnung ab. Damit die Ergebnisse verschiedener Laboratorien miteinander verglichen werden können, ist es deshalb außerdem notwendig, das vom Installationsgeräuschnormal (siehe Bild 3) erzeugte Geräusch in jedem Laboratorium zu messen. Das Installationsgeräuschnormal ist am Ende der Meßleitung anstatt der zu prüfenden Armatur anzuschließen (siehe auch Bilder 4 und 5).

Das Installationsgeräuschnormal ist aus einer Kupfer-Zink-Legierung (Messing) zu fertigen. Die Bohrungen müssen gratfrei und scharfkantig sein.

Das Installationsgeräuschnormal muß in einer der Anordnungen nach Bild 4 oder Bild 5 an demselben Armaturenanschluß, der für die zu prüfende Armatur benutzt wird, montiert werden.

Bei senkrechtem Anschluß darf der lange Bogen 5 in Bild 5 entfallen; in Bild 4 sollte ein solcher Bogen zwischen den Teilen 1 und 2 eingesetzt werden.

Anmerkung: Für die richtige Funktion des IGN muß sich ein laminarer Wasserfluß am Abgang einstellen. Hierzu darf zum Beispiel ein Schlauch von etwa 500 mm Länge an der Standrohrverschraubung (Teil 4 in Bild 4 und Bild 5) angeschlossen werden.

Die Bezugswerte der Oktavschallpegel L_{srn} für das IGN beim Fließdruck von 0,3 MPa sind in Tabelle 2 angegeben.

Tabelle 2. **Bezugswerte der Oktavschallpegel L_{srn} des IGN bei einem Fließdruck von 0,3 MPa**

Oktav-Mittenfrequenz Hz	Bezugswerte der Oktavschallpegel L_{srn} dB
125	35
250	39
500	42
1000	42
2000	37
4000	25

Der Bezugswert des A-Schallpegels des IGN, L_{sr}, bei einem Fließdruck von 0,3 MPa beträgt 45 dB.

8 Durchführung

8.1 Allgemeines

Da Luft in der Prüfanordnung, selbst in kleinen Mengen, das Meßergebnis wesentlich beeinflußt, ist es notwendig, die entsprechenden Teile der Prüfanordnung gründlich vor und, wenn notwendig, auch während der Prüfung zu entlüften.

Damit eine ausreichende Meßgenauigkeit erhalten wird, kann mehr als eine Mikrofonstellung notwendig sein. Dies kann durch vorhergehende Messungen im Meßraum festgestellt werden. Das Mikrofon des Schallpegelmessers muß mindestens 1 m von den Raumbegrenzungsflächen entfernt sein.

1) Nationale Fußnote: Siehe Nationales Vorwort

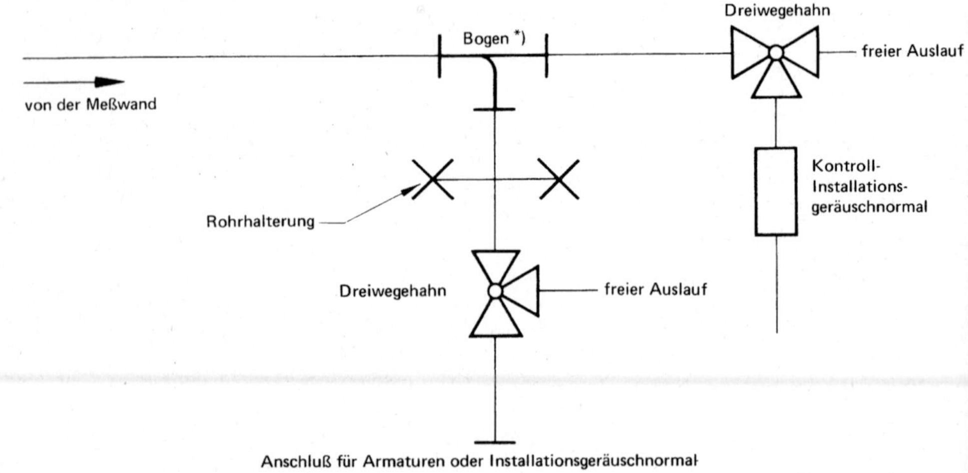

*) Bogen 1, E 1 nach ISO 49

Bild 2. Beispiel für den Einbau der Einrichtungen zur Stabilisierung und Kontrolle der Prüfanordnung

Maße in mm

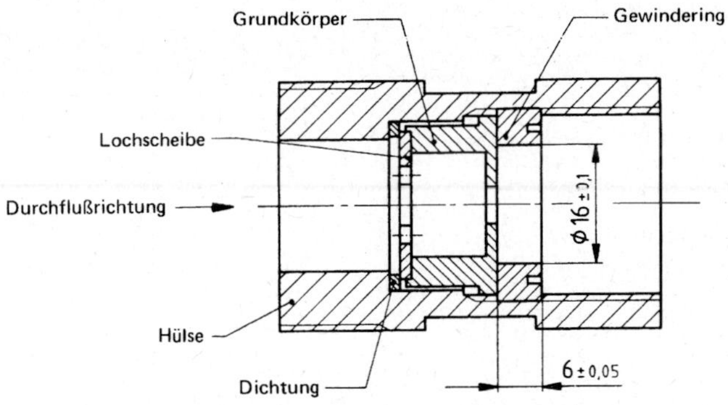

Gesamt-Anordnung

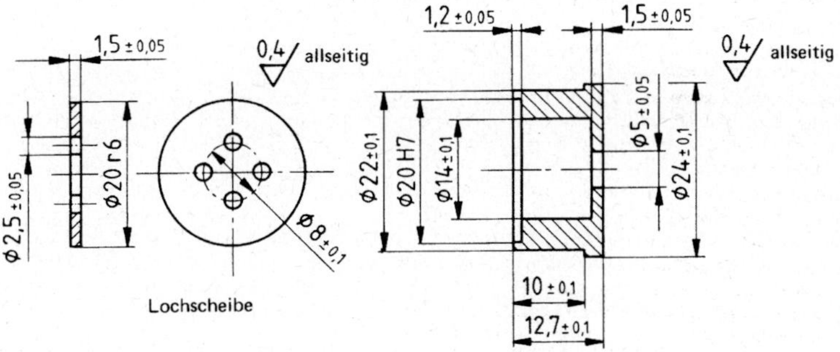

Lochscheibe

Grundkörper

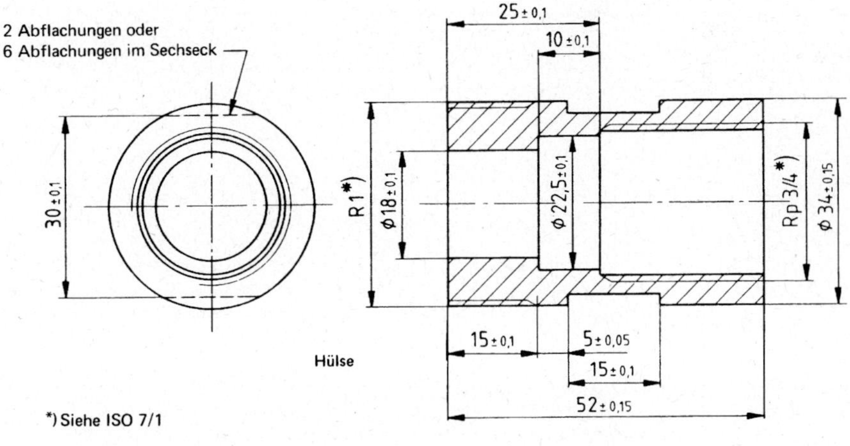

Hülse

*) Siehe ISO 7/1

Bild 3. Installationsgeräuschnormal

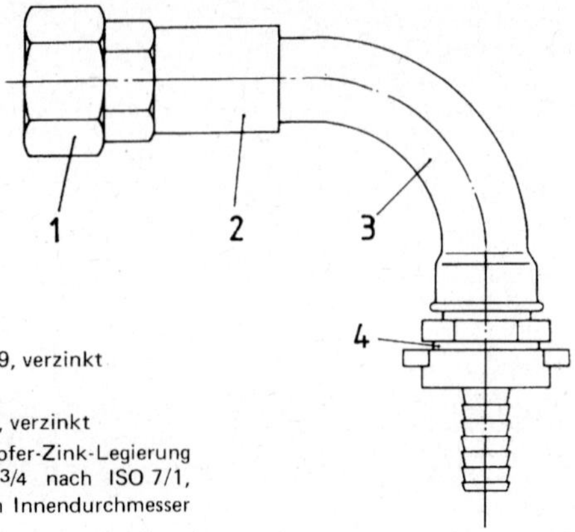

1 Verschraubung 1 – U 11 nach ISO 49, verzinkt
2 eingesetztes IGN nach Bild 3
3 langer Bogen 3/4 – G 4 nach ISO 49, verzinkt
4 Standrohrverschraubung – aus Kupfer-Zink-Legierung (Messing) – mit Rohrgewinde R 3/4 nach ISO 7/1, mit Tülle, für Schlauch mit 13 mm Innendurchmesser

Bild 4. Anordnung zum Betrieb des IGN in horizontaler Lage

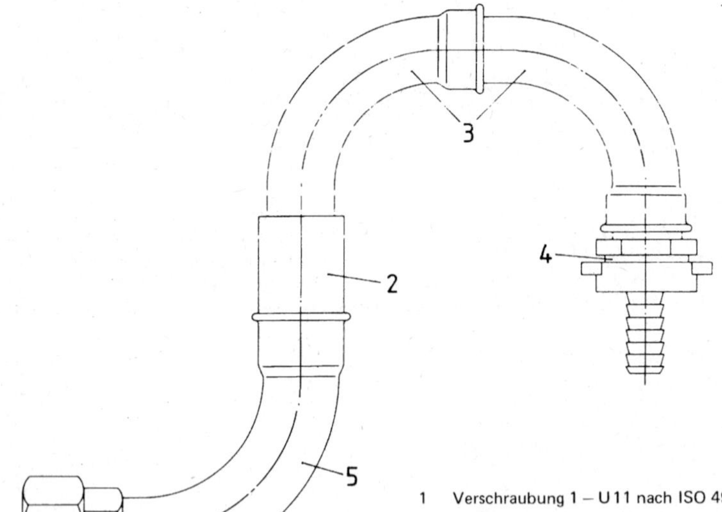

1 Verschraubung 1 – U 11 nach ISO 49, verzinkt
2 eingesetztes IGN nach Bild 3
3 langer Bogen 3/4 – G 4 nach ISO 49, verzinkt
4 Standrohrverschraubung – aus Kupfer-Zink-Legierung (Messing) – mit Rohrgewinde R 3/4 nach ISO 7/1, mit Tülle, für Schlauch mit 13 mm Innendurchmesser
5 langer Bogen 1 – G 4 nach ISO 49, verzinkt

Bild 5. Anordnung zum Betrieb des IGN in vertikaler Lage

8.2 Bestimmung des Armaturengeräuschpegels L_{ap} und der A-Schallpegeldifferenz D_s

Wie in den Abschnitten 3.5 und 3.6 angegeben, können L_{ap} und D_s durch Messung der mittleren A-Schallpegel L und L_s unter Verwendung der Gleichungen (5) bzw. (6) bestimmt werden, wenn die IGN-Pegeldifferenz $(L_{sn} - L_{srn})$ für die vorgegebene Prüfeinrichtung bis auf ± 2 dB bei den Oktav-Mittenfrequenzen von 125 bis 4000 Hz konstant ist.

Bei Prüfeinrichtungen, die diese Bedingungen nicht einhalten, muß eins der folgenden Verfahren angewendet werden.

8.2.1 Messungen nacheinander in Oktaven

Die mittleren Oktav-Schallpegel L_n und L_{sn} werden nacheinander bei den Mittenfrequenzen von 125 bis 4000 Hz gemessen. L_{ap} und D_s sind dann nach den Gleichungen (4) bzw. (7) zu berechnen.

Anmerkung: Manuelle Prüfungen nach diesem Verfahren werden aufwendig und sind schwierig durchzuführen, wenn das Geräusch der zu prüfenden Armatur schwankt.

8.2.2 Parallele Messungen in Oktaven

Einzeln durchzuführende Analysen von L_n und L_{sn} nach Abschnitt 8.2.1 können vermieden werden, wenn die Schallpegelmeßeinrichtung durch ein einstellbares Filter (z. B. ein Oktav-Summenfilter) ergänzt wird. Dieses Filter muß so eingestellt werden, daß die Differenz $(L_{sn} - L_{srn})$ im Frequenzbereich von 125 bis 4000 Hz bis auf ± 1 dB konstant ist. L_{ap} und D_s werden dann aus L und L_s nach den Gleichungen (5) bzw. (6) bestimmt.

Eine weitere Vereinfachung der Messungen ist möglich, wenn das Filter so eingestellt wird, daß die Differenz $(L_{sn} - L_{srn})$ (0 ± 1) dB im Frequenzbereich von 125 bis 4000 Hz ist, wodurch sich ein A-Schallpegel für das IGN von L_s = 45 dB ergibt. In diesem Fall ist der A-Schallpegel L der zu prüfenden Armatur gleich dem Armaturengeräuschpegel L_{ap}, und D_s kann aus der Gleichung $D_s = 45\,\text{dB} - L_{ap}$ erhalten werden.

8.3 Messungen in Abhängigkeit von Fließdruck und Durchfluß 1)

Zwei Arten von Messungen können vorgenommen werden:

a) Messung des A-Schallpegels oder der Oktavschallpegel in Abhängigkeit vom Fließdruck, z. B. bei 0,1, 0,2 . . . 0,5 MPa.

b) Messung des A-Schallpegels oder der Oktavschallpegel in Abhängigkeit vom Durchfluß, indem die Ventilstellung der Armatur bei konstantem Fließdruck, z. B. 0,3 MPa, verändert wird.

In den anderen Teilen dieser Internationalen Norm werden die Anschluß- und Betriebsbedingungen für verschiedene Armaturenarten und weitere Einzelheiten für die Durchführung der Messungen beschrieben, z. B. für Auslaufarmaturen in ISO 3822/2.

9 Auswertung

Vorausgesetzt, daß sich die akustischen Eigenschaften des Meßraumes während einer Meßreihe mit dem IGN und der zu prüfenden Armatur nicht geändert haben, kann das Geräuschverhalten einer Armatur wie folgt angegeben werden:

a) als A-Schallpegeldifferenz D_s nach Abschnitt 3.6

b) als Armaturengeräuschpegel L_{ap} nach Abschnitt 3.5

10 Prüfbericht 1)

Der Prüfbericht muß die folgenden Angaben enthalten:

a) Prüfdatum

b) Name und Anschrift der Prüfstelle

c) Volumen des Meßraumes

d) Nachhallzeit des Meßraumes für die Oktav-Mittenfrequenzen von 125 bis 4000 Hz

e) Maße, flächenbezogene Masse und Art der Meßwand

f) angewendetes Prüfverfahren (siehe Abschnitt 8.2)

g) Beschreibung der geprüften Armatur und die Art ihres Anschlusses an die Meßleitung

h) A-Schallpegeldifferenz D_s der geprüften Armatur

j) Armaturengeräuschpegel L_{ap} der geprüften Armatur

k) Hinweis auf diese Internationale Norm

Für Diagramme sind folgende Maßstäbe zu verwenden:

– 10 dB ≙ 20 mm

– 10 : 1 ≙ 50 mm für eine logarithmische Durchfluß-Skale

– 1 Oktave ≙ 15 mm

1) Nationale Fußnote: Siehe Nationales Vorwort

Anhang

Alternative Versuchsdurchführung für rechnergestützte Prüfeinrichtungen

(Dieser Anhang ist kein Teil der Norm)

Für rechnergestützte Prüfeinrichtungen ist das Netzwerk zur Einstellung der Differenzen ($L_{sn} - L_{srn}$), wie in Abschnitt 8.2.2 angegeben, nicht erforderlich. Seine Funktion kann ersetzt werden durch entsprechende rechnerische Korrekturen der Oktav-Mittenfrequenzen von 125 bis 4000 Hz, die vor oder während der Prüfung bestimmt werden. Die Datenverarbeitung nach Gleichung (4) oder den Gleichungen (4) und (7) liefert dann unmittelbar das Endergebnis (L_{ap} oder D_s).

Weiter ist es möglich, L_n und L_{sn} mit vorhandenen Terz-Meßeinrichtungen (z. B. Echtzeit-Terzanalysator) zu messen. Diese Messungen werden dann mit der Oktavmessung übereinstimmen, wenn die Ergebnisse durch energetische Addition auf Oktaven umgerechnet werden, bevor die Korrekturen ($L_{sn} - L_{srn}$) und die A-Bewertung $k(\mathrm{A})_n$ angebracht werden.

Schließlich werden in vielen praktischen Fällen nur wenig unterschiedliche Werte von L_{ap} und D_s erhalten, wenn die entsprechenden Korrekturen und die A-Bewertung direkt an die Ergebnisse der Terzmessungen angebracht werden. Als Hilfe für eine solche Auswertung sind die erforderlichen Bezugswerte des IGN in Terzen in Tabelle 3 angegeben. Sie wurden berechnet aus den Bezugswerten nach Tabelle 2 unter der Bedingung, daß der A-Schallpegel 45 dB beträgt und daß die energetische Addition dreier benachbarter Terz-Werte die jeweiligen Bezugswerte in Oktaven (auf ± 0,025 dB) ergeben.

Tabelle 3. **Berechnete Bezugswerte des IGN in Terzen für einen Fließdruck von 0,3 MPa**

Terz-Mittenfrequenzen Hz	Bezugswerte der Terz-Schallpegel dB
100	28,0
125	30,0
160	31,8
200	33,0
250	34,0
315	35,4
400	36,6
500	37,5
630	37,5
800	37,5
1000	37,5
1250	36,6
1600	34,6
2000	32,0
2500	27,4
3150	23,2
4000	19,0
5000	14,4

Ende der deutschen Übersetzung

Zitierte Normen und andere Unterlagen

– in der deutschen Übersetzung:

Siehe Abschnitt 2

– in nationalen Zusätzen:

DIN 2440	Stahlrohre; Mittelschwere Gewinderohre
DIN 2950	Tempergußfittings
DIN 2999 Teil 1	Whitworth-Rohrgewinde für Gewinderohre und Fittings; Zylindrisches Innengewinde und kegeliges Außengewinde; Gewindemaße
DIN 4109 Teil 2	Schallschutz im Hochbau; Anforderungen
DIN 4109 Teil 5	(z. Z. Entwurf) Schallschutz im Hochbau; Schallschutz gegenüber Geräuschen aus haustechnischen Anlagen und aus Betrieben; Anforderungen, Nachweise und Hinweise für Planung und Ausführung
DIN 45651	Oktavfilter für elektroakustische Messungen
DIN 52218 Teil 2	Akustik; Prüfung des Geräuschverhaltens von Armaturen und Geräten der Wasserinstallation im Laboratorium; Anschluß- und Betriebsbedingungen für Auslaufarmaturen; Identisch mit ISO 3822/2, Ausgabe 1984
DIN 52218 Teil 3	Akustik; Prüfung des Geräuschverhaltens von Armaturen und Geräten der Wasserinstallation im Laboratorium; Anschluß- und Betriebsbedingungen für Durchgangarmaturen; Identisch mit ISO 3822/3, Ausgabe 1984
DIN 52218 Teil 4	Akustik; Prüfung des Geräuschverhaltens von Armaturen und Geräten der Wasserinstallation im Laboratorium; Anschluß- und Betriebsbedingungen für Sonderarmaturen; Identisch mit ISO 3822/4, Ausgabe 1985
Beiblatt 1 zu DIN 52218	Akustik; Prüfung des Geräuschverhaltens von Armaturen und Geräten der Wasserinstallation im Laboratorium; Formblätter für die Darstellung der Prüfergebnisse
DIN IEC 651	Schallpegelmesser

Gösele, K.; Voigtsberger, C. A.: Zur Messung des Geräuschverhaltens von Armaturen im Laboratorium. Heizung – Lüftung – Haustechnik **18** (1967) Nr 6, Seite 230 bis 235

Frühere Ausgaben

DIN 52218: 01.68, 03.72
DIN 52218 Teil 1: 12.76

Änderungen

Gegenüber der Ausgabe Dezember 1976 wurden folgende Änderungen vorgenommen:

a) Für Armaturengeräuschpegel das Formelzeichen L_{AG} in L_{ap} geändert

b) Definition und Messung für A-Schallpegeldifferenz D_s sowie Oktavschallpegeldifferenz D_{sn} aufgenommen

c) Definition für IGN-Pegeldifferenz gestrichen und Formelzeichen K_{sn} durch $(L_{sn} - L_{srn})$ ersetzt

d) Bereich der Nachhallzeit im Meßraum von 1 bis 2 Sekunden in 1 bis 5 Sekunden geändert

e) Bezugswerte der Oktavschallpegel des Installationsgeräuschnormals bei 250, 500, 1000 und 4000 Hz geändert

f) Anordnung zum Betrieb des IGN in vertikaler Lage aufgenommen

g) Anhang für alternative Versuchsdurchführung für rechnergestützte Prüfeinrichtungen aufgenommen

h) Angaben für Prüfbericht gekürzt. Formblätter in Beiblatt 1 zu DIN 52218 aufgenommen

i) Inhalt redaktionell überarbeitet

Internationale Patentklassifikation

G 01 H
E 03 C 1/02
G 01 M 19/00

Bauakustische Prüfungen

Messung von Geräuschen der Wasserinstallationen in Gebäuden

DIN 52 219

Test in building acoustics; Field measurements of noise emitted by water and drainage installations

Méthodes d'essais en acoustique du bâtiment; Mesure in situ du bruit émis par les installations d'eau et d'écoulement

Ersatz für Ausgabe 09.85

1 Anwendungsbereich und Zweck

Das Verfahren nach dieser Norm dient zum Messen der Geräusche der Wasserinstallation in Gebäuden (Trinkwasseranlagen nach DIN 1988 Teil 1 und Entwässerungsanlagen nach DIN 1986 Teil 1, d. h. Wasserversorgungs- und Abwasseranlagen gemeinsam). Geräusche der Wasserinstallation sind:

— Fließgeräusche der Wasserversorgungsanlage

— Wasserprallgeräusche (z. B. verursacht durch den Brausestrahl, der auf die Wanne trifft)

— Fließgeräusche der Abwasseranlage

Aufgrund des gemessenen Installations-Schallpegels L_{In} kann beurteilt werden, ob die Anforderungen an den Schallschutz, z. B. nach DIN 4109/11.89, Tabelle 4, Zeile 1, erfüllt werden. Bei Überschreitung der Anforderungen können die einzelnen Geräuschanteile des Installations-Schallpegels (soweit möglich) getrennt nach dieser Norm bestimmt werden.

Beim Betätigen (Öffnen, Schließen, Umstellen, Unterbrechen usw.) der Armaturen und Geräte nach DIN 4109/11.89, Tabelle 6, können einzelne kurzzeitige Spitzen entstehen. Die aus den Messungen zur Bestimmung der Schallpegel dieser Geräusche ermittelten Werte werden aufgrund der Festlegung in DIN 4109 jedoch nicht beurteilt.

Werden die Anforderungen nicht erfüllt, so können dafür die Ursachen sein:

a) die Armaturen und Geräte der Trinkwasserinstallation (im folgenden kurz „Armaturen" genannt)

b) der Fließdruck

c) der Wassereinlauf

d) der Wasserablauf

e) die Grundrißgestaltung

f) die Bauausführung

g) die Installationsausführung

Wird die Überschreitung der zulässigen Werte nicht durch einen zu hohen Fließdruck, den Wassereinlauf oder den Wasserablauf hervorgerufen, so bestehen Möglichkeiten, unter Benutzung des Installationsgeräusch-Normals (IGN) nach DIN 52 218 Teil 1 den Ursachen für die Überschreitungen nachzugehen (siehe Anhang A).

Die Prüfungen nach dieser Norm sind nicht so einfach, daß ein Bearbeiter ohne spezielle Erfahrungen, nur auf die Norm gestützt, erwarten dürfte, sogleich richtige Ergebnisse zu erhalten. Ausreichende Erfahrungen auf dem Gebiet der elektroakustischen Meßtechnik, der Baukonstruktionen und der Installationstechnik sowie ausreichende Bau- und Laboratoriumspraxis sind unerläßlich.

2 Begriffe

2.1 A-bewerteter Schallpegel L_{A}

Der A-bewertete Schallpegel L_{A} ist der mit der Frequenzbewertung A nach DIN IEC 651 bewertete Schalldruckpegel. Er wird in dB angegeben.

2.2 Armaturengeräuschpegel

Nach DIN 52 218 Teil 1

2.3 Installations-Schallpegel L_{In}

Der Installations-Schallpegel L_{In} ist der in Gebäuden beim Gebrauch einer Armatur gemessene A-bewertete Schallpegel L_{A}. Er wird von der Grundrißanordnung und Bauausführung beeinflußt und kann sich aus folgenden Anteilen zusammensetzen:

L'_{ap} Armaturengeräuschpegel am Bau

L_{eig} A-bewerteter Schallpegel des Eigengeräusches (im folgenden kurz „Eigengeräusch-Schallpegel der Anlage" genannt), verursacht z. B. durch den von der Armatur bedingten Durchfluß in Leitungen, Querschnittsprüngen, Ventilen

L_{ein} A-bewerteter Schallpegel, verursacht durch die Prallgeräusche beim Wassereinlauf in einen leeren oder gefüllten Sanitärausstattungsgegenstand (z. B. Badewanne)

L_{ab} A-bewerteter Schallpegel, verursacht durch den Wasserablauf

3 Meßgeräte

Es ist ein Schallpegelmesser zu verwenden, der mindestens der Klasse 1 nach DIN IEC 651 entspricht. Die Messungen sind bei eingeschalteter Zeitbewertung F (Fast) durchzuführen.

Fortsetzung Seite 2 bis 7

Normenausschuß Materialprüfung (NMP) im DIN Deutsches Institut für Normung e.V.
Normenausschuß Akustik, Lärmminderung und Schwingungstechnik (NALS) im DIN und VDI
Normenausschuß Armaturen (NAA) im DIN
Normenausschuß Bauwesen (NABau) im DIN
Normenausschuß Wasserwesen (NAW) im DIN

4 Schallpegelmessung beim Gebrauch der Armatur

4.1 Allgemeines

Die Anlage muß im gebrauchsfertigen Zustand geprüft werden. Auf sorgfältige Entlüftung der Anlage durch längeres Auslaufenlassen von Wasser ist zu achten. Gegebenenfalls sind Fremdkörper, z. B. in luftansaugenden Strahlreglern — wenn möglich —, zu beseitigen.

Beim Betätigen der Anlage wird der A-bewertete Schallpegel im nächstbenachbarten fremden schutzbedürftigen Raum (Empfangsraum) etwa in Raummitte gemessen.

Nachfolgend wird zwischen der Messung des Installations-Schallpegels L_{In} einer Anlage nach Abschnitt 4.2 und der Messung nach den Ausführungen im Anhang A zur Klärung der im Abschnitt 1 aufgeführten möglichen Ursachen für die Überschreitung des zulässigen A-Schallpegels unterschieden.

ANMERKUNG: Über die Notwendigkeit der Durchführung der in den Abschnitten 4.2.1 und 4.2.2 sowie im Anhang A aufgeführten Messungen siehe auch das Prüf- und Beurteilungsschema im Anhang B.

Voraussetzung für die Messungen ist ein hinreichend niedriger Fremdgeräuschpegel (möglichst 10 dB unter dem zu messenden A-Schallpegel beim Betätigen der Anlage, siehe auch Abschnitt 5).

Bei den Messungen ist der Einfluß der Schallabsorption im Empfangsraum zu berücksichtigen (siehe Abschnitt 4.3).

4.2 Messung des Installations-Schallpegels L_{In} der Anlage

Die Ventile von Auslaufarmaturen sind während der Messung des A-bewerteten Schallpegels mehrmals langsam voll zu öffnen und wieder zu schließen. Mischbatterien sind hierbei in der Regel getrennt für Kalt- und Warmwassereinlauf zu betätigen. Geräte zum Bereiten von Warmwasser dürfen auch ohne Beheizung betrieben werden, sofern eine Beheizung zur Zeit der Messung nicht möglich ist. Druckspüler und Spülkästen sind bis zum Anschlag zu betätigen. Bei Spülkästen ist bis zum Schließen des Füllventils zu messen. Die Messungen sind bei den vorgefundenen Betriebsstellungen und bei voller Öffnung der Absperrventile durchzuführen.

Als Meßwert gilt bei der Untersuchung von Auslaufarmaturen und Klosett-Spüleinrichtungen der größte A-bewertete Schallpegel, der sich bei dreimaligem Öffnen und Schließen der Armatur im arithmetischen Mittel ergibt. Einzelne, kurzzeitige Spitzen, die beim Betätigen der Armaturen und Geräte (Öffnen, Schließen, Umstellen, Unterbrechen u. a.) entstehen, sind zur Zeit nicht zu berücksichtigen.

4.2.1 Messung zur Erfassung der Prallgeräusche L_{ein} beim Wassereinlauf

Wenn festgestellt werden soll, ob die Prallgeräusche beim Füllen von Sanitärausstattungsgegenständen (z. B. Bade- oder Duschwannen) zum Installationsschallpegel L_{In} beitragen, ist eine zusätzliche Messung erforderlich, bei der der Wassereinlauf geräuscharm abgeleitet wird, z. B. mit einem Brett.

Wasserprallgeräusche, die aus dem Auftreffen des Wasserstrahls einer Brause entstehen, sind bei voll geöffneter Brausearmatur zu messen. Der Brausekopf soll sich hierbei etwa 1 m über dem Wannenboden befinden. Die Achse des Duschstrahls soll etwa senkrecht zum Wannenboden sein.

4.2.2 Messung des durch den Wasserablauf verursachten Schallpegels L_{ab}

Wenn die Geräusche beim Wasserablauf aus Waschbekken, Küchenspülen, Badewannen usw. getrennt gemessen werden sollen, sind die Sanitärausstattungsgegenstände zu etwa $^3/_4$ mit Wasser zu füllen und danach völlig zu entleeren.

Bei Klosett-Anlagen wird als Ersatz für das Ablaufgeräusch das Geräusch, das beim Nachgießen von 6 Liter Wasser in etwa 3 Sekunden entsteht, gemessen.

4.3 Berücksichtigung der Schallabsorption

Für die Beurteilung der Meßergebnisse nach dem Abschnitt 4.2 und dem Anhang A ist der auf eine äquivalente Absorptionsfläche von A_0 = 10 m² bezogene A-bewertete Schallpegel maßgebend:

$$L_{In} = L + 10 \lg \frac{A}{A_0} \text{ dB} \qquad (1)$$

Hierin bedeuten:

L_{In} Installations-Schallpegel

L gemessener A-bewerteter Schallpegel

A äquivalente Schallabsorptionsfläche des Empfangsraumes

A_0 Bezugs-Absorptionsfläche

Das Korrekturglied $10 \lg \frac{A}{A_0}$ dB wird nach Abschnitt 4.3.1 oder 4.3.2 bestimmt.

ANMERKUNG: Bei besonders schwach möblierten Räumen ergeben sich bei langen Nachhallzeiten geringe Schallabsorptionsflächen, die in Annäherung der Schallabsorptionsfläche eines leeren Empfangsraumes entsprechen können. In einem solchen Raum wird dann ein Schallpegel gemessen, der um etwa 2 bis 3 dB über dem Schallpegel liegt, der sich bei Berücksichtigung der Bezugs-Absorptionsfläche A_0 = 10 m² ergeben würde.

4.3.1 Bestimmung des Korrekturgliedes mit Hilfe der Nachhallzeit

Die äquivalente Schallabsorptionsfläche A des Empfangsraumes wird aus der Nachhallzeit T und dem Volumen V des Empfangsraumes mit Hilfe der Zahlenwertgleichung (2) bestimmt:

$$A = 0{,}16 \frac{V}{T} \qquad (2)$$

mit A in m²

V in m³

T in s

Im allgemeinen genügt es, für die Bestimmung des Korrekturgliedes als **einen** Wert den Mittelwert der Nachhallzeit im Frequenzbereich von 250 bis 2000 Hz zu verwenden.

In Zweifelsfällen kann es jedoch zweckmäßig sein, Korrekturglied und Oktavschallpegel mit Hilfe eines Oktavfilters bei den Mittenfrequenzen 125, 250, 500, 1000, 2000 und 4000 Hz zu bestimmen und die korrigierten Oktavschallpegel in den A-bewerteten Schallpegel umzurechnen.

4.3.2 Bestimmung des Korrekturgliedes mit Hilfe einer Schallquelle bekannter Leistung

Das Korrekturglied $10 \lg \frac{A}{A_0}$ dB kann auch unmittelbar durch Verwendung einer breitbandigen Vergleichsschallquelle, deren A-bewerteter Schallpegel, bezogen auf A_0 = 10 m², bekannt ist, nach Gleichung (3) bestimmt werden.

$$10 \lg \frac{A}{A_0} \text{ dB} = L_{S,0} - L_S \qquad (3)$$

Hierin bedeuten:

$L_{S,0}$ A-bewerteter Schallpegel der Vergleichsschallquelle, bezogen auf $A_0 = 10 \text{ m}^2$

L_S A-bewerteter Schallpegel der Vergleichsschallquelle im Empfangsraum mit der äquivalenten Schallabsorptionsfläche A

In Schiedsfällen kann es erforderlich sein, das Korrekturglied als Differenz der Oktavschallpegel zu bestimmen, siehe letzten Absatz von Abschnitt 4.3.1.

$L_{S,0}$ kann durch eine einmalige Messung in einem Hallraum mit einem Volumen von etwa 30 bis 50 m^3 bestimmt werden, wenn feststeht, daß der von der Vergleichsschallquelle erzeugte A-bewertete Schallpegel bzw. Oktavschallpegel — auch über längere Zeit — konstant bleibt. Ist dies nicht gegeben, z. B. bei mechanischen Geräuscherzeugern infolge Abnutzung, so ist jeweils eine Zusatzmessung unmittelbar vor der Vergleichsschallquelle (im Nahfeld) erforderlich.

5 Auswertung der Meßergebnisse zur Bestimmung des Installations-Schallpegels L_{In} und seiner verschiedenen Anteile

Beträgt der Fremdgeräuschpegel-Abstand (A-bewertete Schallpegel) — das ist der Pegelunterschied bei voll (oder teilweise) betätigter und nicht betätigter Anlage — weniger als 10 dB, so ist der wahre Wert des zu messenden Geräusches durch Abzug des Fremdgeräuschpegeleinflusses nach dem Nomogramm im Bild 1 zu bestimmen.

Wenn der Abstand kleiner als 3 dB ist, kann der A-bewertete Schallpegel des zu beurteilenden Geräusches nicht genau bestimmt werden; er ist jedoch kleiner als der A-bewertete Schallpegel des Gesamtgeräusches.

Zu dem um den Fremdgeräuschpegel berichtigten Wert ist gegebenenfalls der Betrag von $10 \lg \frac{A}{A_0}$ dB zu addieren.

Das Nomogramm dient zur numerischen Subtraktion von Teilgeräuschpegeln.

6 Prüfbericht

Der Prüfbericht muß unter Hinweis auf diese Norm folgende Angaben enthalten, wobei die genannten A-bewerteten Schallpegel jeweils auf 1 dB zu runden sind:

a) Bezeichnung und Lage der untersuchten Anlage (Senderaum und Empfangsraum);

b) Zustand des Empfangsraumes (leer oder eingerichtet);

c) Installations-Schallpegel L_{In};

d) Fremdgeräuschpegel, umgerechnet auf eine äquivalente Schallabsorptionsfläche von $A_0 = 10 \text{ m}^2$;

e) Bezeichnung der gemessenen Armatur und Angabe des Prüfzeichens;

f) Ruhe- und Fließdruck;

g) Durchfluß;

h) bei Spülkästen: Angabe der Füllzeit,
bei Druckspülern: Angabe der Spüldauer bei einer Betätigungsdauer von 1 s.

Für den Fall, daß die Anforderungen in bezug auf die einzuhaltenden Schallpegel nicht erfüllt werden, sind im Prüfbericht zusätzlich folgende Angaben zu machen:

i) A-bewerteter Schallpegel des Eigengeräusches L_{eig};

j) beim Auftreten von einzelnen kurzzeitigen Geräuschspitzen nach Abschnitt 4.2 die entsprechenden Meßergebnisse;

k) A-bewerteter Schallpegel des Wasserprallgeräusches L_{ein};

l) A-bewerteter Schallpegel beim Wasserablauf L_{ab};

m) falls im speziellen Fall zutreffend, folgender Text:

Im Rahmen dieser Prüfung wurde nicht die Ursache der Überschreitung der Anforderungen untersucht. Bei Überschreitung des zulässigen Schalldruckpegels nach DIN 4109/11.89, Tabelle 4, Zeile 1, oder der vertraglich vereinbarten Anforderung ist auf die möglichen Ursachen, die nicht aus dem Leistungsbereich des Anlagenerstellers herrühren, hinzuweisen. Diese können z. B. sein (siehe hierzu auch Beiblatt 2 zu DIN 4109, Abschnitt 2.5):

— unzureichende flächenbezogene Masse der Installationswand;

— Schallübertragung durch Nebenwege oder Flankenübertragung;

— akustisch ungünstiger Grundriß.

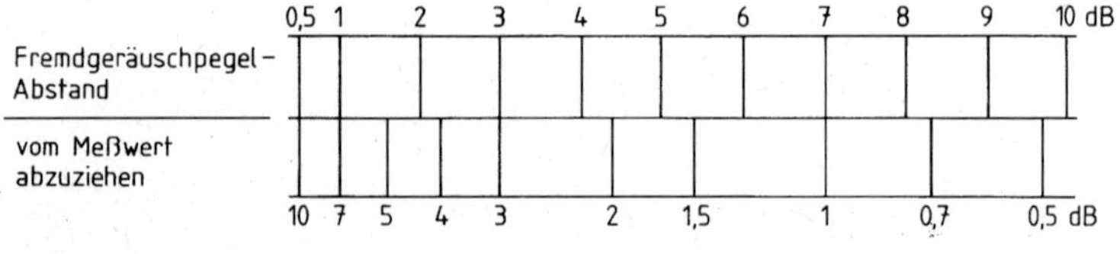

Bild 1: Nomogramm zur Ermittlung des Einflusses des Fremdgeräuschpegels

Anhang A

Messung zur Klärung der möglichen Ursachen bei Pegelüberschreitungen und zur Eignungsprüfung am Bau nach DIN 4109/11.89, Abschnitt 7.3

A.1 Allgemeines

Zusätzlich zu den Messungen nach Abschnitt 4 können Untersuchungen unter Verwendung des Installationsgeräuschnormals (IGN) erfolgen. Hierbei wird anstelle der Armatur das IGN an die zu prüfende Wasserversorgungsanlage angeschlossen.

Messungen unter Verwendung des IGN können bei einer möglichen Erforschung der Ursache für einen zu hohen Installations-Schallpegel hilfreich sein. Aus den Ergebnissen der entsprechenden Untersuchungen können gegebenenfalls Hinweise über das Eigengeräusch der Wasserinstallationsanlage und/oder über den Luftschallpegel aus der Abstrahlung des Körperschalls in der maßgeblichen Trennwand hergeleitet werden.

A.2 Meßgeräte

Die Messung erfolgt mit dem Installationsgeräuschnormal (IGN) nach DIN 52 218 Teil 1. Zum Entlüften des Leitungssystems nach der Montage der Anordnung und zum Messen des Eigengeräusch-Schallpegels der Wasserversorgungsanlage ist in Verbindung mit der Anordnung ein freier Auslauf erforderlich, der zweckmäßigerweise über einen Dreiwegehahn angeschlossen wird. Etwa dadurch bedingte Abweichungen des A-bewerteten Schallpegels vom Bezugswert L_{sr} der Anordnung nach DIN 52 218 Teil 1 müssen korrigiert werden.

Der Fließdruck und der Durchfluß sind mit einer Meßunsicherheit von ± 5% mit Hilfe geeigneter Apparaturen zu bestimmen. Der Durchfluß kann z.B. mit Meßgefäß und Stoppuhr ermittelt werden. Für den praktischen Gebrauch wird empfohlen, das Druckmeßgerät zum Vermeiden von Lufteinschlüssen nach unten gerichtet zu betreiben.

A.3 Messungen

Zur Kennzeichnung des Betriebszustandes der Anlage ist bei den Auslaufarmaturen der Durchfluß in voll geöffnetem Zustand zu messen. Ruhedruck p_R und Fließdruck p_F sind an einer nahe benachbarten, am gleichen Strang liegenden Zapfstelle festzustellen. Bei Spülkästen ist die Zeit zum Füllen des Wasserbehälters zu messen, bei Druckspülern die Spüldauer bei einer Betätigungsdauer von 1 s.

A.3.1 Messung des Eigengeräusch-Schallpegels L_{eig} der Anlage

Der A-bewertete Schallpegel der Eigengeräusche der Anlage wird beim größten Durchfluß gemessen, der nach Abschnitt 4.2 festgestellt worden ist. Hierzu ist der freie Auslauf mit angeschlossenem, regelbarem, geräuscharmem Auslauf des Wassers zu verwenden.

Voraussetzung für die Messung ist, daß die Prallgeräusche beim Wassereinlauf und die Geräusche beim Wasserablauf das Meßergebnis nicht beeinträchtigen, d.h., daß diese Geräusche gegebenenfalls durch geräuscharmes Ableiten des Wassereinlaufs und Auffangen des ablaufenden Wassers unterdrückt werden.

A.3.2 Messung mit dem IGN

Der vom IGN im Empfangsraum erzeugte A-Schallpegel ist zu messen; Ruhedruck und Fließdruck sind zu bestimmen. Beim Betrieb des IGN soll der Fließdruck mindestens 0,2 MPa betragen. Auch hier gilt die im Abschnitt 4.2.2 enthaltene Bedingung für die Unterdrükkung der Prallgeräusche beim Wassereinlauf und der Geräusche beim Wasserablauf.

A.4 Berechnung des IGN-Schallpegels L_{IGN}

Der unter Benutzung des IGN nach Abschnitt A.3.2 gemessene und nach den Abschnitten 4.3 und 4.4 ausgewertete A-bewertete Schallpegel wird mit Hilfe der Kurve im Bild A.1 auf den kennzeichnenden Fließdruck von p_F = 0,3 MPa umgerechnet. Dieser A-Schallpegel ist der IGN-Schallpegel L_{IGN}.

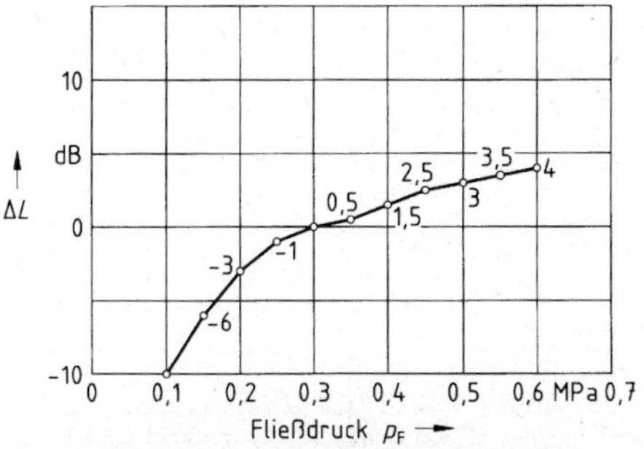

Bild A.1: Korrekturwert des A-bewerteten Schallpegels des Installationsgeräuschnormals (IGN) in Abhängigkeit vom Fließdruck, bezogen auf den Wert bei 0,3 MPa

BEISPIEL:

In einem leeren Raum wurde durch Messung das Korrekturglied

$$10 \lg \frac{A}{A_0} \text{ dB zu } - 5 \text{ dB festgestellt.}$$

Die Messung mit dem IGN konnte nur bei einem Fließdruck von 0,2 MPa durchgeführt werden und ergab einen A-Schallpegel von 46 dB. Nach dem Bild sind also 3 dB zur Umrechnung auf 0,3 MPa hinzuzuzählen. Dann ist der IGN-Schallpegel 46 dB + 3 dB − 5 dB = 44 dB.

A.5 Prüfbericht

Der Prüfbericht muß unter Hinweis auf diese Norm folgende Angaben enthalten, wobei die genannten A-bewerteten Schallpegel auf 1 dB zu runden sind:

a) Bezeichnung und Lage der untersuchten Anlage (Senderaum);

b) Bezeichnung und Lage des Empfangsraumes;

c) Zustand des Empfangsraumes (leer oder eingerichtet);

d) Fremdgeräuschpegel, umgerechnet auf eine äquivalente Schallabsorptionsfläche von 10 m^2;

e) Betriebszustand der Anlage (Ruhedruck, Fließdruck, Durchfluß) und Tageszeit bei der Messung;

f) Installations-Schallpegel L_{In};

g) IGN-Schallpegel L_{IGN}.

Wenn Wassereinlauf und Wasserablauf getrennt gemessen worden sind, zusätzlich:

h) A-Schallpegel beim Wassereinlauf (mit und ohne Prallgeräusch) L_{ein};

i) A-Schallpegel beim Wasserablauf L_{ab}.

Wenn Messungen mit dem geräuscharmen freien Wasserauslauf durchgeführt worden sind, zusätzlich:

j) Eigengeräusch-Schallpegel L_{eig} der Anlage.

Anhang B

Ablaufdiagramm

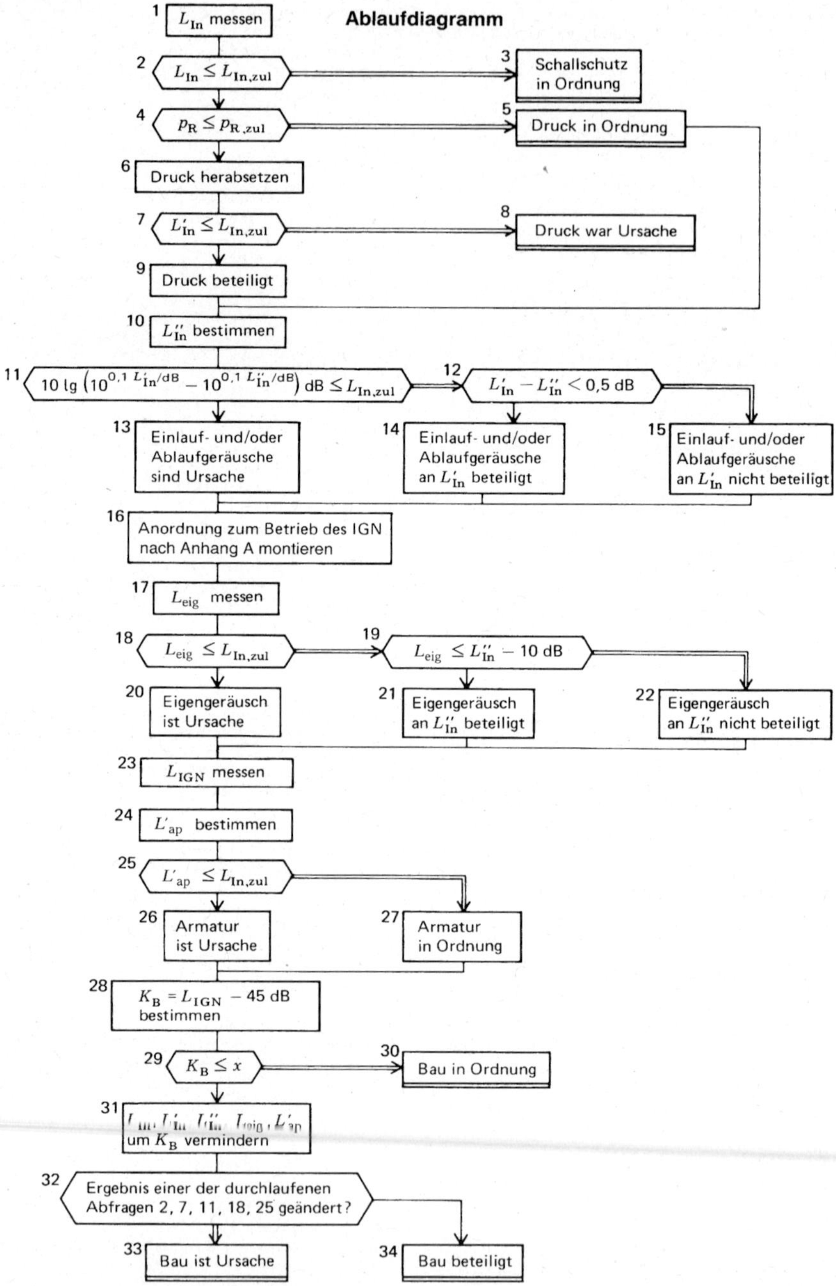

Im Schema bedeuten:

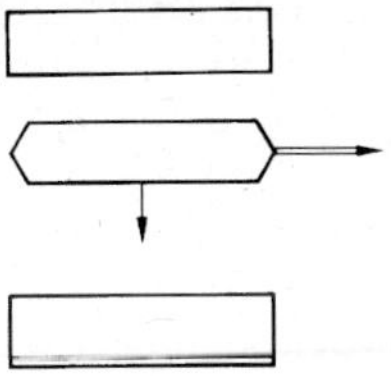

Anweisung oder Aussage

Abfrage

Antwort
bei einfachem Pfeil: nein
bei doppeltem Pfeil: ja

Endaussage

Die Aussagen haben folgende Bedeutung:

in Ordnung	zulässiger oder notwendiger Wert nicht überschritten
nicht beteiligt	kein Einfluß auf die genannte Größe
beteiligt	Einfluß auf die genannte Größe
Ursache	führt bereits allein zur Überschreitung, braucht aber nicht die einzige Ursache für die Überschreitung des zulässigen Wertes zu sein

Überschreitet eines der Teilgeräusche, z. B. der Armaturengeräuschpegel L'_{ap} am Bau, die Summe der übrigen Teilgeräusche um mehr als 10 dB, so ist dieses Geräusch allein maßgebend für den Installations-Schallpegel L_{In}.

Erläuterungen zu den einzelnen Nummern im Schema:

Zu Nr 1

Der Installations-Schallpegel L_{In} ist nach Abschnitt 4.2 einschließlich der den Betriebszustand kennzeichnenden Größen zu messen.

Zu Nr 2

Der zulässige Installations-Schallpegel $L_{In,zul}$ richtet sich nach der anzuwendenden Vorschrift, z. B. nach DIN 4109.

Zu Nr 4

Der zulässige Ruhedruck $p_{R,zul}$ richtet sich nach der anzuwendenden Vorschrift.

Zu Nr 6

Wenn der Ruhedruck p_R über dem zulässigen Ruhedruck $p_{R,zul}$ liegt, können weitere Messungen erst nach Herabsetzen des Druckes durchgeführt werden.

Zu Nr 7

L'_{In} ist der Installations-Schallpegel nach Herabsetzen des Druckes.

Zu Nr 10

L''_{In} ist der Installations-Schallpegel L'_{In} ohne Einlauf- und Ablaufgeräusche. Einlaufgeräusche sind nach Abschnitt 4.2.1 zu beseitigen. Die Ablaufgeräusche sind entweder durch Schließen der Ablaufventile zu beseitigen oder nach Abschnitt 4.2.2 getrennt zu erfassen und rechnerisch zu berücksichtigen.

Zu Nr 11 und 12

War der Ruhedruck p_R nicht größer als der zulässige Ruhedruck $p_{R,zul}$, so ist L_{In} einzusetzen.

Zur Bestimmung von 10 lg $(10^{0,1\,L'_{In}} - 10^{0,1\,L''_{In}})$ wird das Nomogramm nach Bild 1 angewendet. Hierzu ist anstelle des Fremdgeräuschpegel-Abstandes die arithmetische Differenz $L'_{In} - L''_{In}$ einzusetzen und der zugehörige Nomogrammwert von L'_{In} abzuziehen.

Zu Nr 13 und 14

Zur Trennung von L_{ein} und L_{ab} ist das Ablaufgeräusch entweder durch Verschließen des Ablaufes zu beseitigen und die Messung zu wiederholen oder durch Entleeren des Behälters bei geschlossenem Zulauf getrennt zu messen. Bei der Messung von L_{ein} wird die Körperschallübertragung bei der Behälteranregung auf das Bauwerk erfaßt.

Zu Nr 17

Der Eigengeräusch-Schallpegel L_{eig} ist nach Abschnitt A.4 zu ermitteln.

Zu Nr 24

Zur Bestimmung des Armaturengeräuschpegels L'_{ap} am Bau ist der Eigengeräusch-Schallpegel L_{eig} zu eliminieren. Hierzu wird das Nomogramm nach Bild 1 sinngemäß angewendet. Anstelle des Fremdgeräuschpegel-Abstandes ist die Differenz $L''_{In} - L_{eig}$ einzusetzen und der zugehörige Nomogrammwert von L''_{In} abzuziehen.

Zu Nr 28

$K_B = L_{IGN} - 45$ dB ist eine für den Bau charakteristische Schallpegeldifferenz. Der IGN-Schallpegel L_{IGN} ist nach Abschnitt A.4 zu ermitteln. Weicht der Fließdruck von 0,3 MPa ab, ist ein entsprechender Korrekturwert L nach Bild A.1 zu berücksichtigen.

Zu Nr 29

Der Wert für x richtet sich nach der Grundrißanordnung. Für x ist 10 dB einzusetzen bei Grundrißanordnungen, bei denen die Wand, an der die Rohrleitungen montiert sind, unmittelbar an einen Wohnraum angrenzt, und 0 dB, wenn dies nicht der Fall ist.

Zu Nr 30

Die Aussage ist durch alle im Schema durchlaufenen Aussagen zu ergänzen.

Zu Nr 33

Das Schema ist mit den entsprechend Nr 31 geänderten Größen erneut bis Nr 26 bzw. Nr 27 zu durchlaufen. Aussage 33 ist durch die hierbei erhaltenen Aussagen zu ergänzen.

Zu Nr 34

Die Aussage ist durch alle im Schema durchlaufenen Aussagen zu ergänzen.

Zitierte Normen und andere Unterlagen

DIN 1986 Teil 1	Entwässerungsanlagen für Gebäude und Grundstücke; Technische Bestimmungen für den Bau
DIN 1988 Teil 1	Technische Regeln für Trinkwasser-Installationen (TRW); Allgemeines; Technische Regel des DVGW
DIN 4109	Schallschutz im Hochbau; Anforderungen und Nachweise
Beiblatt 2 zu DIN 4109	Schallschutz im Hochbau; Hinweise für Planung und Ausführung; Vorschläge für einen erhöhten Schallschutz; Empfehlungen für den Schallschutz im eigenen Wohn- oder Arbeitsbereich
DIN 52 218 Teil 1	Akustik; Prüfung des Geräuschverhaltens von Armaturen und Geräten der Wasserinstallation im Laboratorium; Meßverfahren; Identisch mit ISO 3822/1, Ausgabe 1983
DIN IEC 651	Schallpegelmesser

Frühere Ausgaben

DIN 52 219: 03.72, 12.78, 09.85

Änderungen

Gegenüber der Ausgabe September 1985 wurden folgende Änderungen vorgenommen:

a) Die Norm wurde vollständig überarbeitet.

b) Der Anwendungsbereich wurde auf Entwässerungsanlagen ausgedehnt.

c) Der Anhang A über Messung zur Fehlersuche wurde aufgenommen.

d) Das Ablaufdiagramm wurde in den Anhang B gesetzt.

Erläuterungen

Diese Norm ist vom Arbeitsausschuß NMP 232 „Bauakustische Installationsmessungen" im NA Materialprüfung (NMP) ausgearbeitet worden.

Internationale Patentklassifikation

E 03 D 009/14
E 03 B 007/04
G 01 M 007/02
G 01 M 013/00
G 01 K 011/16
G 01 H 003/00
F 16 L 055/033

DK 699.844 : 64.06 : 620.1 : 543.6 : 534.835.4

Mai 1980

Bauakustische Prüfungen

Körperschallmessungen bei haustechnischen Anlagen

DIN 52 221

Tests in building acoustics; measurements of structure-borne sound produced by technical appliances in buildings

Méthodes d'essais en acoustique des bâtiments; mesure du bruit des installations techniques de bâtiment transmis par les structures

1 Zweck und Anwendungsbereich

Diese Norm dient zur Festlegung der Begriffe und Meßgrößen für Körperschallmessungen bei haustechnischen Anlagen; außerdem sollen die Meßpunkte und die Meßverfahren vereinheitlicht werden.

Die in dieser Norm beschriebenen Messungen dienen:

a) zur Feststellung der Körperschallspektren von Maschinen, die zu haustechnischen Anlagen gehören;

b) zur Bestimmung der Körperschalldämmung von Isolationsmaßnahmen auf dem Prüfstand bzw. im eingebauten Zustand;

c) zur Messung von Pegeldifferenzen in Gebäuden;

d) zur Ermittlung der Impedanzen von Maschinenfundamenten, Decken und Wänden.

Als Maschinen in haustechnischen Anlagen werden z. B. Aufzüge, Heizungs- und Klimaanlagen, Pumpen, Kältemaschinen, Müllschlucker, Druckerhöhungsanlagen, Staubsauganlagen, Waschanlagen (Waschmaschinen, Geschirrspüler usw.) und die dazugehörige technische Ausrüstung (Schalter, Schütze usw.) verstanden.

Mit Hilfe der hier beschriebenen Messungen kann man – allerdings nur in einfachen Fällen – feststellen, ob die Körperschallpegel der Begrenzungsflächen von Räumen zu einer Luftschallabstrahlung führen, die unterhalb der in DIN 4109 Teil 2 zugelassenen Schallpegel liegen oder nicht.

Bei festgestellter Überschreitung kann auf Grund der Körperschallpegel auf die erforderlichen zusätzlichen Isolationsmaßnahmen geschlossen werden. Außerdem kann die Körperschalldämmung von elastischen Lagerungen und dergleichen – allerdings nur für die jeweilige Einbausituation – erfaßt werden.

2 Mitgeltende Normen

DIN 1320	Akustik; Grundbegriffe
DIN 4109 Teil 2	Schallschutz im Hochbau; Anforderungen
DIN 45 652	Terzfilter für elektroakustische Messungen
DIN 45 661	Schwingungsmeßgeräte; Begriffe, Kenngrößen, Störgrößen
DIN 45 662	Eigenschaften von Schwingungsmeßgeräten; Angaben in Typenblättern
DIN 45 664	Ankopplung von Schwingungsmeßgeräten und Überprüfung auf Störeinflüsse
DIN 52 210 Teil 1	Bauakustische Prüfungen; Luft- und Trittschalldämmung; Meßverfahren
DIN 52 217	Bauakustische Prüfungen; Flankenübertragung; Begriffe

3 Begriffe

3.1 Körperschall

Mit Körperschall bezeichnet man Schwingungen bzw. Wellen in festen Körpern.

In dieser Norm interessiert nur der Frequenzbereich von 25 bis 4000 Hz. Schwingungsgrößen können sein:

Schwingweg, Schnelle, Beschleunigung, Druck bzw. Spannung, Kraft usw.

3.2 Schnelle

Nach DIN 1320 ist die Schnelle v (in DIN 45 661 Schwinggeschwindigkeit genannt) die Wechselgeschwindigkeit eines schwingenden Körpers. Sie ist die zeitliche Ableitung des Schwingweges. Die Schnelle ist ein Vektor. Meist wird jedoch nur die je nach Problemstellung wichtigste Richtungskomponente der Schnelle betrachtet.

Fortsetzung Seite 2 bis 5
Erläuterungen Seite 6

Normenausschuß Materialprüfung (NMP) im DIN Deutsches Institut für Normung e.V.
Normenausschuß Akustik und Schwingungstechnik (FANAK) im DIN
Normenausschuß Bauwesen (NABau) im DIN

3.3 Schnellepegel

Der Schnellepegel L_v ist definiert nach Gleichung (1).

$$L_v = 10 \lg \frac{v^2}{v_0^2} \text{ dB} \qquad (1)$$

Hierin bedeuten:

v Effektivwert der Schnelle im betrachteten Frequenzband

v_0 Bezugswert. In DIN 1320 ist $v_0 = 5 \cdot 10^{-8}$ m/s = 50 nm/s festgelegt.

A n m e r k u n g : *In ISO 1683 ist als Bezugswert* v_0 = 1 nm/s *festgelegt. Die Schnellepegel sind dann um* 34 dB *höher. Bei senkrechter Abstrahlung ebener Wellen sind bei Verwendung des Bezugswertes* $v_0 = 5 \cdot 10^{-8}$ m/s *Schalldruckpegel- und Körperschallschnellepegel zahlenmäßig einander gleich.*

Der jeweils verwendete Bezugswert ist anzugeben.

3.4 Beschleunigung

Die Schwingungsbeschleunigung oder – abgekürzt – Beschleunigung a ist die zeitliche Ableitung der Schnelle. Für die Effektivwerte von Schnelle und Beschleunigung innerhalb eines Frequenzbandes mit der Mittenfrequenz f (das Frequenzband sollte nicht breiter als eine Terz sein) gilt Gleichung (2):

$$\frac{a}{v} = 2\pi f \qquad (2)$$

3.5 Beschleunigungspegel

Der Beschleunigungspegel L_a ist definiert nach Gleichung (3):

$$L_a = 10 \lg \frac{a^2}{a_0^2} \text{ dB} \qquad (3)$$

Hierin bedeuten:

a Effektivwert der Beschleunigung im betrachteten Frequenzband

a_0 Bezugswert, für den 10^{-6} m/s² festgelegt ist

A n m e r k u n g : *Der Bezugswert entspricht den Angaben in ISO 1683.*

Nach Gleichung (2) gilt für den Zusammenhang zwischen Schnellepegel und Beschleunigungspegel (unter Berücksichtigung von v_0 = 50 nm/s) Gleichung (4):

$$L_v = L_a - 20 \lg \frac{f}{1\text{ Hz}} \text{ dB} + 10 \text{ dB}. \qquad (4)$$

3.6 Körperschallspektrum

Unter dem Spektrum einer Körperschallgröße versteht man die Auftragung der über Filter ermittelten Pegel dieser Größe über der Mittenfrequenz des jeweiligen Filters. Als Filter werden in der Regel Terzfilter nach DIN 45 652 benutzt.

Die Abszisse der Auftragung hat logarithmische Teilung. In der Ordinate werden die Pegel linear aufgetragen.

3.7 Körperschallpegeldifferenz

Unter der Körperschallpegeldifferenz versteht man die Differenz zweier gemessener Pegel der gleichen physikalischen Größe bei der gleichen Filtermittenfrequenz. Die Körperschallpegeldifferenz ist das logarithmische Maß des dimensionslosen Verhältnisses zweier Meßwerte gleicher physikalischer Größe. Die Körperschallpegeldifferenz hängt nicht vom Bezugswert der Pegeldefinition ab. Es gilt z. B. Gleichung (5):

$$\Delta L_v = L_{v1} - L_{v2} = 20 \lg \frac{v_1}{v_2} \text{ dB} \qquad (5)$$

3.8 Impedanz

Im Bereich dieser Norm wird unter Impedanz Z_m die mechanische Impedanz, also das Verhältnis einer Kraft F zur durch diese Kraft verursachten Schnelle v am Erregerort, verstanden.

$$Z_\mathrm{m} = \frac{F}{v} \qquad (6)$$

Im allgemeinen ist die Impedanz komplex und frequenzabhängig. Bei der Messung wird meistens nur der Absolutbetrag der Impedanz bestimmt.

3.9 Abstrahlmaß

Das Abstrahlmaß 10 lg σ dB liefert einen Zusammenhang zwischen dem mittleren Schnellepegel L_v einer strahlenden Fläche S und der nach einer Seite abgestrahlten Luftschalleistung W. Unter Benutzung des Schalleistungspegels L_W, bezogen auf 1 pW, und des Bezugswertes v_0 = 50 nm/s gilt bei der Abstrahlung in Luft Gleichung (7):

$$10 \lg \sigma \text{ dB} = L_W - L_v - 10 \lg \frac{S}{1\text{ m}^2} \text{ dB} \qquad (7)$$

(siehe auch DIN 52 217, Ausgabe September 1971, Abschnitt 7)

A n m e r k u n g : *Bei Messungen in Räumen, die zum Aufenthalt von Menschen geeignet sind, brauchen Einflüsse von Temperatur und Luftdruck nicht berücksichtigt zu werden.*

Bei Messungen in geschlossenen Räumen geht Gleichung (7) über in Gleichung (8):

$$10 \lg \sigma \text{ dB} = L_p - L_v + 10 \lg \frac{V}{1\text{ m}^3} \text{ dB} - 10 \lg \frac{T}{1\text{ s}} \text{ dB} - $$
$$- 10 \lg \frac{S}{1\text{ m}^2} \text{ dB} - 14 \text{ dB} \qquad (8)$$

Hierin bedeuten:

V Volumen des Raumes

T Nachhallzeit

L_p im Raum gemittelter Schalldruckpegel

Bei homogenen Wänden und Decken kann man für Frequenzen oberhalb einer bestimmten Grenzfrequenz f_g mit σ = 1 rechnen. Diese Grenzfrequenz ist gegeben durch Gleichung (9):

$$f_\mathrm{g} = \frac{c_0^2}{1{,}8\, c_\mathrm{L}\, h} \qquad (9)$$

Hierin bedeuten:

c_0 Schallgeschwindigkeit in Luft (= 340 m/s)

c_L Longitudinalwellengeschwindigkeit im Plattenmaterial (siehe auch Fußnote 1 auf Seite 3).

h Plattendicke

Bei Betonplatten und Ziegelwänden gilt $f_g \approx 20/h$, wobei h in m einzusetzen ist und f_g in Hz ausgedrückt wird. Für Frequenzen unterhalb von f_g ist $\sigma < 1$, erreicht jedoch nur bei dünnen Verkleidungen Werte in der Nähe von 10^{-2}. Werte von $\sigma > 1$ treten nur in der Nähe der oben angegebenen Grenzfrequenz f_g auf. Auch in diesem Bereich sind Werte von $\sigma > 2$ äußerst selten.

Bei bekanntem oder geschätztem Abstrahlgrad kann Gleichung (8) benutzt werden, um aus den an den einzelnen Begrenzungsflächen S_i gemessenen Schnellepegeln L_{vi} den im Raum erzeugten Schallpegel zu errechnen.

Es gilt bei bekannter Nachhallzeit:

$$L_p = \left[10 \lg \sum_{i=1}^{n} S_i \, 10^{L_{vi}/10} + 10 \lg \sigma - 10 \lg \frac{V}{1 \text{ m}^3} + 10 \lg \frac{T}{1 \text{ s}} + 14\right] \text{dB} \quad (10)$$

Bei bekannter Absorptionsfläche A im Raum ist mit

$$L_p = \left[10 \lg \sum_{i=1}^{n} \frac{S_i}{A} 10^{L_{vi}/10} + 6\right] \text{dB} \quad (11)$$

zu rechnen.

4 Bezeichnung des Verfahrens

Prüfung DIN 52 221 – 80

Benennung: Prüfung

DIN-Hauptnummer: DIN 52 221

zwei letzte Ziffern des Ausgabejahres: 80

5 Geräte

5.1 Körperschallsender

Zu Messungen von Körperschallpegeldifferenzen und zur Messung der Impedanz einer Maschine, einer Decke oder Wand kann eine Körperschallanregung mit einer von außen einwirkenden Wechselkraft F erforderlich sein. Als dazu nötige Körperschallsender können elektrodynamische Sender oder Hammerwerke, z. B. das Trittschallhammerwerk nach DIN 52 210 Teil 1, verwendet werden. Die elektrodynamischen Sender werden im allgemeinen mit Terzrauschen, in Ausnahmefällen mit reinen Tönen angeregt. Für Impedanzmessungen ist es empfehlenswert, solche Körperschallsender zu verwenden, bei denen (durch eine unmittelbare Kraftmessung, durch eine Strommessung oder durch eine Beschleunigungsmessung an einer bekannten Masse) die wirkende Kraft je Frequenzband oder Frequenz ermittelt werden kann. Bei Hammerwerken mit harter Aufschlagfläche gilt bei einer Schlagfrequenz von 10 Hz für den Effektivwert der Kraft F im Terzband näherungsweise Gleichung (12) *):

$$F_{\text{eff}} \approx \sqrt{185 \, f \, m^2 \, h} \quad (12)$$

Hierin bedeuten:

F_{eff} Effektivwert der Kraft in N

f Mittenfrequenz des Terzbandes in Hz

m Masse des Hammers in kg

h Fallhöhe der Hämmer in m

Gleichung (12) stellt einen Mittelwert für elastischen und unelastischen Stoß dar. Bei vollkommen elastischem Stoß ist die Kraft um den Faktor 1,41 größer, bei vollkommen unelastischem Stoß um den Faktor 1,41 kleiner als nach Gleichung (12).

Damit eine dynamische Belastung des Meßgegenstandes durch den Körperschallsender vermieden wird, darf die Masse m des anregenden Schwingungssystems (bei elektrodynamischen Sendern ist das die Schwingspule und ein starr damit verbundener Schwingkopf, bei Hammerwerken ist es die Hammermasse) nicht zu groß sein. Bei plattenförmigen Meßgegenständen sollte Gleichung (13) erfüllt sein:

$$m < \frac{c_L \, \varrho \, h^2}{2 \pi f} \quad (13)$$

Hierin bedeuten:

c_L Longitudinalwellengeschwindigkeit [1)]

ϱ Dichte

h Dicke des Meßgegenstandes an der Meßstelle

Bezüglich Korrekturmöglichkeit siehe Abschnitt 7.2.

Die Gleichung (13) gilt auch bei Rohren, wenn das Produkt aus Frequenz und Umfang größer als die Longitudinalwellengeschwindigkeit ist.

5.2 Körperschallaufnehmer

Körperschallaufnehmer (siehe auch DIN 45 661 und DIN 45 662) sind piezoelektrische oder elektrodynamische [2)] Wandler, die im interessierenden Frequenz- und Dynamikbereich ein elektrisches Signal erzeugen, das proportional der Schnelle oder der Beschleunigung am Meßort ist. Damit eine Rückwirkung des Meßgerätes auf die Körperschallpegel vermieden wird, soll die Masse des Körperschallaufnehmers möglichst gering sein. Bei plattenförmigen Meßgegenständen bedeutet das, daß die Masse des Abtasters der Gleichung (13) genügen soll.

5.3 Verstärker und Filter

Die vom Körperschallaufnehmer erzeugten elektrischen Signale werden verstärkt, gefiltert und als Effektivwert zur Anzeige gebracht. Die dazu verwendeten Geräte sollen denselben Anforderungen genügen wie die bei bauakustischen Messungen (DIN 52 210 Teil 1, Ausgabe Juli 1975, Abschnitt 3.2.2) benutzten Geräte.

5.4 Integratoren

Unter Integratoren werden in dieser Norm elektrische Schaltkreise verstanden, die die Umwandlung von Beschleunigungspegeln in Schnellepegel ermöglichen. Durch die Integration kann bei hohen Frequenzen die Empfindlichkeit der Meßgeräte beträchtlich verringert werden, wodurch die Gefahr von Fehlmessungen entsteht. In solchen Fällen sollen die Beschleunigungspegel gemessen und daraus die Schnellepegel berechnet werden.

---

*) Siehe Cremer, L.; Heckl, M.: Körperschall. Berlin, Göttingen, Heidelberg: Springer 1967. Kapitel IV

1) Bei Stahl und Aluminium ist c_L ungefähr 5000 m/s, bei Ziegel, Beton, Holz etwa 3500 m/s, bei harten Kunststoffen, wie sie für den Rohrleitungsbau verwendet werden, ungefähr 1000 m/s.

2) Andere Wandlertypen, z. B. Dehnungsmeßstreifen oder induktive Wandler, spielen für die hier interessierenden Messungen praktisch keine Rolle.

6 Prüfgegenstände und Meßstellen

6.1 Bei der Messung von **Spektren von Körperschallquellen** ist der Prüfgegenstand die interessierende Maschine einschließlich der Rohrleitungen usw. am Prüfstand oder am Bau mit oder ohne Zusatzmassen. Die verschiedenen Lagerungen der Maschine bei Prüfstandmessungen sind in Abschnitt 7.1.4 angegeben.

Meßstellen sind die Verbindungsstellen mit anderen Bauteilen. Bei elastisch gelagerten Maschinen oder Rohrleitungen soll vor der elastischen Zwischenlage gemessen werden.

Die Füße von Maschinen und die mit ihnen verschraubten Fundamente (Zwischenfundamente) können bei mittleren und hohen Frequenzen sehr unterschiedliche Pegel haben. Beide müssen also getrennt gemessen werden.

6.2 Bei der Untersuchung von **körperschallisolierenden Maßnahmen** sind die Prüfgegenstände einstufige oder zweistufige elastische Lagerungen auf dem Prüfstand oder am Bau.

Meßstellen sind die Verbindungsstellen der Körperschallquellen mit den anderen Bauteilen, wobei vor und hinter der elastischen Zwischenlage gemessen wird.

Da die Wirkung von solchen Maßnahmen sehr stark davon abhängt, welche Maschinen und Fundamente durch welche Federn verbunden sind, können die Meßergebnisse auf andere Einbausituationen nur in bestimmten Fällen umgerechnet werden (siehe Erläuterungen).

6.3 Bei der Bestimmung von **Pegeldifferenzen in Gebäuden** sind Prüfgegenstände die Decken und Wände im Maschinenraum einerseits und in benachbarten oder weiter davon entfernten Räumen andererseits.

Mindestens vier Meßstellen sollen über die jeweilige Decke oder Wand verteilt sein. Auf Gehbelägen soll nicht gemessen werden. Messungen an Unterdecken und biegeweichen Vorsatzschalen sind im Hinblick auf die Luftschallabstrahlung wenig aussagekräftig.

6.4 Bei der Messung von **Impedanzen** sind Prüfgegenstände die Stellen von Decken, Wänden, Zwischenfundamenten und Rohren, die mit Maschinenfüßen, Maschinenflanschen, Zwischenfundamenten, Rohren und Kanälen direkt oder über Federn verbunden sind.

Meßstellen siehe Abschnitt 7.2.

7 Durchführung

7.1 Messung von Spektren von Körperschallquellen, Untersuchung von körperschallisolierenden Maßnahmen und Bestimmung von Pegeldifferenzen in Gebäuden

7.1.1 Schwingungsrichtung

In vielen Fällen sind die Körperschallpegel von Maschinen in allen Raumrichtungen von der gleichen Größenordnung. Da die Fundamente bzw. die Gebäudeteile (Geschoßdecken), auf denen die Maschinen stehen, fast immer waagerecht sind, interessiert die senkrechte Schwingungsrichtung am meisten. Die Messung der Körperschallpegel in dieser Richtung genügt also fast immer. Lediglich bei der Körperschalleitung über Rohre und Kanäle kann die Schwingungsrichtung durch die Zwischenschaltung von Krümmern und dämmenden Anordnungen, z. B. Kompensatoren und Verteilerzylindern, von Ort zu Ort wechseln. In diesen Fällen ist es notwendig, den Körperschallpegel mindestens in zwei zueinander senkrechten Richtungen zu messen und energetisch zu mitteln.

7.1.2 Befestigung der Körperschallaufnehmer

Der Körperschallaufnehmer soll so befestigt werden, daß er dieselben Bewegungen ausführt wie die Meßstelle; er darf jedoch durch seine Masse die Meßstelle nicht belasten. Die sicherste Befestigung an Maschinen oder Gebäudeteilen ist das Anschrauben. Die Befestigung mittels einer dünnen Klebwachsschicht ist jedoch einfacher und hat, abgesehen von der Befestigung an heißen Maschinen, bei Frequenzen unter 2,5 kHz keine Nachteile.

Haftmagnete sind bei ebenen, glatten Stahloberflächen für Frequenzen unter 1000 Hz verwendbar.

Siehe auch DIN 45 664.

7.1.3 Störquellen

Die Ergebnisse von Körperschallmessungen können unter anderem durch folgende Störungen verfälscht werden:

- elektrische und magnetische Störungen; insbesondere bei langen Kabeln und Aufnehmern mit hohem Innenwiderstand.

  (Sie sind nach Abschalten der Körperschallerregung festzustellen oder in der Weise, daß man den Aufnehmer an den Meßort bringt, ohne daß er das Meßobjekt berührt.)
- Schwingungen des Zuleitungskabels; z. B. wenn es auf einer stark vibrierenden Rohrleitung liegt.

  (Abhilfe: 1. Verbindung mit Rohrleitung verhindern, 2. Kabel an Meßobjekt durch Klebwachs oder Klebestreifen festlegen.)
- Luftschallanregung des Körperschallaufnehmers; z. B. wenn er sich auf einer schweren Decke befindet und im umgebenden Raum ein hoher Luftschallpegel herrscht.

  (Abhilfe: Möglichst kleine, starre Kapselung, die den Aufnehmer nicht berühren darf.)
- Übersteuerung; z. B. wenn es sich um sehr kurzzeitige Signale (Hammerschläge auf Metall) handelt.
- Nebenwegübertragung; bei einer großen, mehrstufigen Körperschalldämmung von Maschinenfundamenten kann es vorkommen, daß (flüssigkeits- oder luftgefüllte) Rohre oder Kanäle von Lüftungsanlagen die Maschinen mit den Decken oder Wänden des Gebäudes verbinden. Es ist möglich, daß auf diesem Weg, zumindest in einzelnen Frequenzbereichen, mehr Körperschallenergie in das Gebäude gelangt als über die Fundamente. Das kann auf folgende Weise untersucht werden: Die Rohre oder/und Kanäle werden mit Hilfe eines Körperschallerregers so zu Biegeschwingungen angeregt, daß sie den gleichen Beschleunigungspegel wie bei der Anregung von der Maschine aus haben. Die Maschine stellt eine so große Sperrmasse dar und ist in den meisten Fällen zusätzlich so gut gedämmt, daß bei diesem Versuch von den zum Schwingen angeregten Leitungen über die Maschine und ihr Fundament keine nennenswerte Schallenergie in das Gebäude gelangen kann.

Ein Vergleich der bei laufender Maschine bzw. bei der Anregung der Leitungen mittels eines Erregers vorhandenen Pegel einer Decke oder einer Wand zeigt, auf welchem Weg die Gesamtdämmung kleiner und unter Umständen verbesserungsbedürftig ist.

Siehe auch DIN 45 664.

7.1.4 Aufstellung der Maschinen

Bei Messung des Körperschallspektrums von Maschinen auf Prüfständen sollen die Messungen bei federnder Aufstellung der Maschine vorgenommen werden, wobei die Abstimmfrequenz unter 10 Hz liegen soll. Die Abstimmfrequenz in Hz ist gegeben durch Gleichung (14).

$$f = \frac{1}{2\pi}\sqrt{\frac{s}{m}} \tag{14}$$

Hierin bedeuten:

s Summe der Steifigkeit aller Federn in N/m

m Masse der Maschine einschließlich eventueller Zusatzmassen in kg

Wenn für den späteren Einbau ein Zwischenfundament vorgesehen ist, empfiehlt sich, wenn möglich, die Verwendung des gleichen Zwischenfundaments und der gleichen Federn bei der Messung.

7.1.5 Betriebsbedingungen

Maschinen, deren Drehzahl z. B. im Verhältnis 2 : 3 verändert werden kann, müssen bei beiden Drehzahlen gemessen werden. Wenn die Drehzahl in einem gewissen Bereich stufenlos verändert werden kann, sind Messungen bei drei Drehzahlen, die etwa im Verhältnis 0,3 : 0,55 : 1 zueinander stehen, durchzuführen. Wenn das Körperschallspektrum einer Maschine bei tiefen Frequenzen sehr ausgeprägte Spitzen hat, d. h., aus reinen Tönen besteht, kann es aufschlußreich sein, die Frequenzen und Pegel dieser Teiltöne in Abhängigkeit von der Drehzahl festzustellen, indem man letztere kontinuierlich ändert.

Falls zwischen Leerlauf und Vollast Unterschiede bestehen, ist der ungünstigere Fall zu messen.

Wenn die Geräusche zeitlich schwanken, sind die Höchstwerte mit der Anzeigedynamik „Fast" zu messen, z. B. muß bei Aufzugsanlagen auch der Anfahr- und der Abbremsvorgang sowie das Umschalten von großer zu kleiner Drehzahl gemessen werden.

7.1.6 Messung von Körperschallpegeln und Pegeldifferenzen mit einer eingebauten Maschine oder einem Sender als Schallquelle

Die Körperschallspektren werden an der Schallquelle und an anderen Stellen im Gebäude bei Anregung durch die interessierende Maschine oder durch einen anderen Körperschallsender gemessen. Um Anhaltspunkte für die Wirkung von körperschalldämmenden Maßnahmen zu erhalten, bestimmt man Pegeldifferenzen. Dazu werden entweder die Körperschallpegel vor und nach Einbau einer körperschalldämmenden Maßnahme ermittelt oder die Differenzen der Pegel „vor" und „hinter" von bereits eingebauten Federn. Die beiden Arten von Messungen geben je nach Größe der angeschlossenen Impedanzen sehr verschiedene Ergebnisse.

7.2 Impedanzmessungen

Bei Impedanzmessungen wird die zu untersuchende Struktur (Maschine, Fundament, Decke, Wand) angeregt. Bei Maschinen und Fundamenten soll die Anregung vorzugsweise in der Nähe der Verbindungsstellen erfolgen. Bei Wänden und Decken soll in der Nähe einer Auflagestelle einer elastischen Lagerung angeregt werden. Durch ein geeignetes Verfahren (siehe Abschnitt 5.1) wird die wirkende Kraft F bestimmt. Die Anwendung eines Hammerwerks statt eines elektrodynamischen Senders ist auf solche Fälle beschränkt, bei denen eine größere waagerechte Anregestelle zur Verfügung steht. Damit das Aufschlagen von Metall auf Metall vermieden wird, sollen Fallhämmer mit einer (harten) Deckschicht aus Leder, Kunststoffen usw. versehen werden.

Die Schnelle v wird in der Nähe der Anregungsstelle gemessen; der Abstand zwischen der Anregungsstelle und der Stelle, an der die Schnelle gemessen wird, soll nicht kleiner sein als die halbe Dicke der angeregten Struktur (wegen der örtlichen Elastizität). Für die meisten Fälle ist es ausreichend, den Absolutbetrag der Impedanz zu bestimmen.

Falls die Bedingung (13) für die Schwingmasse des anregenden Systems nicht eingehalten werden kann, ist eine Korrektur möglich, solange die Impedanz größer ist als das 1,5fache der Massenimpedanz der Schwingmasse.

Falls $Z_{m,g}$ die gemessene Impedanz ist und Z_m die tatsächliche Impedanz (ohne Belastung durch den Sender), dann gilt Gleichung (15):

$$Z_m \approx Z_{m,g} - 2\pi\, f\, m \tag{15}$$

Hierin ist m die Schwingmasse des Senders.

8 Auswertung und Darstellung

Die an einer Maschine oder an mehreren Punkten eines Bauteiles erhaltenen Körperschallpegel je Frequenzband werden bei Pegelunterschieden von weniger als 6 dB arithmetisch, darüber hinaus energetisch gemittelt. Durch Differenzbildung der so erhaltenen Mittelwerte für die Maschine oder ein Bauteil bzw. für verschiedene Bauteile ergeben sich die Pegeldifferenzen.

Bei Impedanzmessungen empfiehlt es sich, den Absolutbetrag in einem logarithmischen Maß darzustellen. Nach Möglichkeit soll die Länge der Ordinate, die zu einem Impedanzverhältnis 10 : 1 gehört, gleich der Länge sein, die 20 dB bei einem Körperschallspektrum entspricht.

9 Prüfbericht

Im Prüfbericht sind unter Hinweis auf diese Norm von den nachfolgend aufgeführten Angaben diejenigen zu machen, die der Aufgabe der Prüfung entsprechend notwendig sind:

- Art der Körperschallquelle
- Betriebszustand
- Masse der Maschine
- Art der Lagerung (Skizze)
- Lage der Meßstellen (Skizze)
- Richtung der Messung
- Aufbau der Fundamente, Zwischenfundamente, anschließende Bauteile
- Verwendete Meßgeräte
- Körperschallspektren (L_v oder L_a) einschließlich der verwendeten Filter, Anzeigedynamik (*Slow, Fast*)
- Impedanzen nach Gleichung (6)
- Abstrahlmaß nach Gleichung (7)
- Körperschallpegeldifferenzen

Erläuterungen

Diese Norm ist vom Unterausschuß NMP 231.2 „Meßverfahren zur Körperschalldämmung von Maschinen in haustechnischen Anlagen" des Arbeitsausschusses NMP 231 „Schalldämmung, Messung und Bewertung" ausgearbeitet worden. Mitträger sind der Normenausschuß Akustik und Schwingungstechnik (FANAK) und der Normenausschuß Bauwesen (NABau) im DIN.

In dieser Norm wurden keine Gleichungen für die Umrechnung von Körperschallpegeln in Wechselkräfte und Körperschalleistungen angegeben.

Es wurde auch nicht versucht, die an einer Stelle (z. B. im Labor) gemessenen Pegeldifferenzen auf andere Verhältnisse (z. B. im Bau) zu übertragen. Eine derartige Umrechnung ist bisher nicht für alle praktisch auftretenden Bedingungen gesichert; man kann lediglich in Spezialfällen zuverlässige Aussagen machen.

a) Berechnung der Kräfte

Wenn die Anregung punktförmig erfolgt (und übertragene Momente keine Rolle spielen), ergibt sich die wirkende Wechselkraft aus der gemessenen Schnelle und der Impedanz zu $F = Z_m \cdot v$. Inzwischen ist ein Verfahren entwickelt worden, mit dem Punktkräfte auch durch Luftschallanregung im Empfangsraum gemessen werden können **).

b) Übertragung von Meßergebnissen an elastischen Lagerungen

Wenn man sich auf Frequenzen beschränkt, die mindestens doppelt so hoch sind wie die Abstimmfrequenz der Lagerung, dann ist die Differenz zwischen „vor" und „hinter" der elastischen Lagerung gemessenen Schnelle- oder Beschleunigungspegel durch

$$20 \lg \frac{2\pi f Z_m}{s} \text{ dB}$$

gegeben.

Dabei ist Z_m die frequenzabhängige Impedenz hinter der Feder und s die bis zur tiefsten Federresonanz frequenzunabhängige, darüber frequenzabhängige Steife der Feder. Bei gleicher Feder folgt aus der obigen Gleichung, daß sich die bei verschiedenen Fundamenten, also bei verschiedenen Impedanzen Z_{m1} und Z_{m2}, gemessenen Pegeldifferenzen um

$$20 \lg \frac{Z_{m1}}{Z_{m2}} \text{ dB unterscheiden.}$$

Bei homogenen Platten bedeutet das, daß sich im mittleren und hohen Frequenzbereich die Pegeldifferenzen der an verschiedenen Orten gemessenen elastischen Lagerungen um etwa

$$20 \lg \frac{c_{L1}\, h_1^2}{c_{L2}\, h_2^2} \text{ dB}$$

unterscheiden. Will man also beispielsweise die Werte, die bei einer elastischen Lagerung auf einer 12 cm dicken Betondecke gemessen wurden, auf eine 20 cm dicke Betondecke übertragen, so muß man einen Unterschied von etwa 8 dB berücksichtigen. Daraus kann allerdings nicht geschlossen werden, daß eine 20 cm dicke Decke grundsätzlich um 8 dB besser ist als eine 12 cm dicke Decke; es ist auch zu berücksichtigen, daß bei dicken angeregten Platten die Pegelminderung durch nachfolgende Ecken und Verzweigungen im allgemeinen kleiner ist als bei dünnen Platten ***). Aus diesem Grunde ist der Unterschied der in einem benachbarten Wohnraum gemessenen Luftschallpegel nur etwa halb so groß, wie man nach obiger Beziehung erwarten würde.

) Siehe Buhlert, K.-J.; Feldmann, J.: Ein Meßverfahren zur Bestimmung der Körperschallanregung und -übertragung. Acustica **42 (1979) H. 2, S. 108-113.

***) Siehe Gösele, K.; Schüle, W.: Schall, Wärme, Feuchtigkeit. Seite 87, Bild Nr 42. Bauverlag Wiesbaden 1977

	Bauakustik Berechnung der akustischen Eigenschaften von Gebäuden aus den Bauteileigenschaften Teil 1: Luftschalldämmung zwischen Räumen Deutsche Fassung prEN 12354-1 : 1996	DIN EN 12354-1

Einsprüche bis 31. Aug 1996

ICS 17.140.40

Building acoustics - Estimation of acoustic performance of buildings from the performance of products - Part 1: Airborne sound insulation between rooms; German version prEN 12354-1 : 1996

Acoustique du bâtiment - Calcul des performances acoustiques des bâtiments à partir de la performance des produits - Partie 1: Isolement acoustique aux bruits aériens entre des locaux; Version allemande prEN 12354-1 : 1996

Anwendungswarnvermerk

Dieser Norm-Entwurf wird der Öffentlichkeit zur Prüfung und Stellungnahme vorgelegt.

Weil die beabsichtigte Norm von der vorliegenden Fassung abweichen kann, ist die Anwendung dieses Entwurfes besonders zu vereinbaren.

Stellungnahmen werden erbeten an den Normenausschuß Bauwesen (NABau) im DIN, 10772 Berlin (Hausanschrift: Burggrafenstr. 6, 10787 Berlin).

Nationales Vorwort

Der vorliegende Norm-Entwurf wurde vom Technischen CEN/TC 126 "Akustische Eigenschaften von Gebäudeteilen und von Gebäuden" (Sekretariat: Belgien) erstellt.

Der zuständige Arbeitsausschuß im DIN ist der NABau-Arbeitsausschuß "Akustische Eigenschaften von Bauprodukten und Gebäuden" (NABau 00.72.00).

Fortsetzung 74 Seiten prEN

Normenausschuß Bauwesen (NABau) im DIN Deutsches Institut für Normung e.V.
Normenausschuß Materialprüfung (NMP) im DIN

EUROPÄISCHE NORM

EUROPEAN STANDARD

NORME EUROPEENNE

ENTWURF
prEN 12354-1

April 1996

ICS

Deskriptoren:

Deutsche Fassung

Bauakustik - Berechnung der akustischen Eigenschaften von Gebäuden aus den Bauteileigenschaften - Teil 1: Luftschalldämmung zwischen Räumen

Building acoustics - Estimation of acoustic performance of buildings from the performance of products - Part 1: Airborne sound insulation between rooms

Acoustique du bâtiment - Calcul des performances acoustiques des bâtiments à partir de la performance des produits - Partie 1: Isolement acoustique aux bruits aériens entre des locaux

Dieser Europäische Norm-Entwurf wird den CEN Mitgliedern zur CEN-Umfrage vorgelegt. Er wurde vom Technischen Komitee CEN/TC 126 erstellt.

Wenn aus diesem Norm-Entwurf eine Europäische Norm wird, sind die CEN-Mitglieder gehalten, die CEN/CENELEC-Geschäftsordnung zu erfüllen, in der die Bedingungen festgelegt sind, unter denen dieser Europäischen Norm ohne jede Änderung der Status einer nationalen Norm zu geben ist.

Dieser Europäische Norm-Entwurf wurde von CEN in drei offiziellen Fassungen (Deutsch, Englisch, Französisch) erstellt. Eine Fassung in einer anderen Sprache, die von einem CEN-Mitglied in eigener Verantwortung durch Übersetzung in die Landessprache gemacht und dem Zentralsekretariat mitgeteilt worden ist, hat den gleichen Status wie die offiziellen Fassungen.

CEN-Mitglieder sind die nationalen Normungsinstitute von Belgien, Dänemark, Deutschland, Finnland, Frankreich, Griechenland, Irland, Island, Italien, Luxemburg, Niederlande, Norwegen, Österreich, Portugal, Schweden, Schweiz, Spanien und dem Vereinigten Königreich.

CEN

Europäisches Komitee für Normung
European Committee for Standardization
Comité Européen de Normalisation

Zentralsekretariat: rue de Stassart 36, B - 1050 Brüssel

Ref. Nr. prEN 12354-1:1996 D

Inhalt

Vorwort

Diese Europäische Norm wurde vom Technischen Komitee CEN/TC 126 "Akustiche Eigeuschaften von Gebäudeteilen und von Gebäuden", dessen Sekretariat vom AFNOR betreut wird, erarbeitet.

Das Tehnische Komittee CEN/TC 126 "Akustiche Eigeuschaften von Gebäudeteilen und von Gebäuden" hat beschlossen diesen europäischen Norm-Entwurf für die CEN/CENELEC Umfrage vorzurlegen..

1 Anwendungsbereich

Das vorliegende Schriftstück beschreibt Rechenmodelle zur Ermittlung der Luftschalldämmung zwischen Räumen in Gebäuden, hauptsächlich auf der Grundlage von Meßdaten, die die direkte oder die Flankenübertragung durch die beteiligten Bauteile kennzeichnen, und von theoretisch abgeleiteten Verfahren der Schallausbreitung in Bauwerken.

Für die Berechnung in Frequenzbändern wird ein detailliertes Modell beschrieben. Die Einzahlangaben können aus den Rechenergebnissen ermittelt werden. Auf Grundlage des detaillierten Modells wird ein vereinfachtes Modell mit eingeschränktem Anwendungsbereich abgeleitet, das unter Verwendung der Einzahlangaben der Bauteile unmittelbar die Einzahlangabe des Geländes berechnet.

In diesem Schriftstück werden die Grundlagen des Berechnungsverfahrens beschrieben, die benötigten Größen aufgeführt und ihre Anwendungen und Beschränkungen angegeben. Es ist für Fachleute auf dem Gebiet der Akustik bestimmt und gibt den Rahmen für die Entwicklung von Anwendungsdokumenten und Hilfsmitteln für andere Anwender auf dem Gebiet des Hochbaus unter Berücksichtigung der örtlichen Bedingungen vor.

Für die Durchführung solcher Berechnungen stehen zahlreiche Möglichkeiten zur Verfügung, die jeweils ihren besonderen Anwendungsbereich und ihre besonderen Einschränkungen haben. Die im vorliegenden Schriftstück dargestellte Vorgehensweise ist die für technische Auslegungszwecke allgemeinste mit ausdrücklicher Anbindung an meßbare Größen, die die Eigenschaften der Bauteile beschreiben.

Die Modelle basieren auf Erfahrungen mit Voraussagen für Wohngebäude. Sie könnten auch für andere Arten von Gebäuden angewendet werden, soweit deren Baukonstruktionen und Maße der Bauteile nicht zu stark von denen in Wohnbauten abweichen.

2 Normative Verweisungen

EN ISO 140-1[1]:	Akustik - Messung der Schalldämmung in Gebäuden und von Bauteilen, Teil 1: Anforderungen für Laborprüfstände
EN ISO 140-3[1]:	Akustik - Messung der Schalldämmung in Gebäuden und von Bauteilen, Teil 3: Messung der Luftschalldämmung von Bauteilen in Prüfständen
EN ISO 140-4[1]:	Akustik - Messung der Schalldämmung in Gebäuden und von Bauteilen, Teil 4: Messung der Luftschalldämmung zwischen Räumen am Bau
EN 20140-9:	Akustik - Messung der Schalldämmung in Gebäuden und von Bauteilen, Teil 9: Raum-zu-Raum-Messung der Luftschalldämmung von Unterdecken mit darüberliegenden Hohlraum im Prüfstand
EN 20140-10:	Akustik - Messung der Schalldämmung in Gebäuden und von Bauteilen, Teil 10: Messung der Luftschalldämmung kleiner Bauteile
EN ISO 717-1[1]:	Akustik - Bewertung der Schalldämmung in Gebäuden und von Bauteilen, Teil 1: Luftschalldämmung

[1] In Vorbereitung

EN 126131-1[1]: Bauakustik - Messung der Schalldämmung in Gebäuden und von Bauteilen - Teil 1: Messung der Luft-und Trittschalldämmung von Dappel-und Holraumböden zwischen zwei Räumen in Prufständen

EN 126... [1]: Bauakustik - andere Schriftstücke von CEN/TC 126/WG 6

3 Benötigte Größen

3.1 Größen zur Darstellung der Gebäudeeigenschaften

Die Schalldämmung zwischen Räumen kann nach EN ISO 140-4 durch mehrere miteinander in Beziehung stehende Größen dargestellt werden. Diese Größen werden in Frequenzbändern (Terz- oder Oktavbändern) ermittelt, aus denen die Einzahlangabe für die Gebäudeeigenschaften, z.B. R'_w, $D_{nT,w}$ oder ($D_{nT,w}$ + C), nach EN ISO 717-1 erhalten werden kann.

3.1.1 Bau-Schalldämm-Maß *R'* :

Der negative zehnfache dekadische Logarithmus des Verhältnisses der in den Empfangsraum übertragenen Gesamtschalleistung W_{tot} zur Schalleistung W_1, die auf ein trennendes Bauteil trifft. Dieses Verhältnis wird mit τ' bezeichnet.

$$R' = -10 \lg \tau' \text{ dB} \qquad (1)$$

dabei ist $\tau' = W_{tot}/W_1$.

Die in den Empfangsraum übertragene Schalleistung setzt sich im allgemeinen aus den vom trennenden Bauteil, von den flankierenden Bauteilen und von anderen Elementenen abgestrahlten Schalleistung zusammen.

Sie wird üblicherweise aus Meßwerten nach folgender Formel ermittelt:

$$R' = L_1 - L_2 + 10 \lg \frac{S_s}{A} \text{ dB} \qquad (2)$$

Dabei sind :

L_1 der mittlere Schalldruckpegel im Senderaum, in Dezibel ;

L_2 der mittlere Schalldruckpegel im Empfangsraum, in Dezibel ;

A die äquivalente Absorptionsfläche im Empfangsraum, in Quadratmetern ;

S_s die Fläche des trennenden Elements, in Quadratmetern.

---

[1] In Vorbereitung

3.1.2 Standard-Schallpegeldifferenz D_{nT} :

Die Differenz der in zwei Räumen erzeugten, räumlich und zeitlich gemittelten Schalldruckpegel durch eine oder mehrere Schallquellen, die sich in einem der Räume befindet, bezogen auf die Nachhallzeit im Empfangsraum:

$$D_{nT} = L_1 - L_2 + 10 \lg \frac{T}{T_o} \text{ dB} \qquad (3)$$

Dabei sind :

T die Nachhallzeit im Empfangsraum, in Sekunden;

T_0 die Bezugs-Nachhallzeit, für Wohnungen zu 0,5 s vorgegeben.

3.1.3 Norm-Schallpegeldifferenz D_n :

Die Differenz der in zwei Räumen erzeugten, räumlich und zeitlich gemittelten Schalldruckpegel durch eine oder mehrere Schallquellen, die sich in einem der Räume befindet, bezogen auf die äquivalente Absorptionsfläche im Empfangsraum:

$$D_n = L_1 - L_2 - 10 \lg \frac{A}{A_o} \text{ dB} \qquad (4)$$

Dabei sind :

A_0 die Bezugs-Absorptionsfläche, für Wohnungen zu 10 m^2 vorgegeben.

3.1.4 Beziehung zwischen den Größen

Die Schallpegeldifferenzen stehen mit dem Bau-Schalldämm-Maß in folgender Beziehung:

$$D_n = R' + 10 \lg \frac{0,16\ V}{T_o\ A_o} = R' + 10 \lg \frac{V}{30} \text{ dB} \qquad (5a)$$

$$D_{nT} = R' + 10 \lg \frac{0,16\ V}{T_o\ S_s} = R' + 10 \lg \frac{V}{3\ S_s} \text{ dB} \qquad (5b)$$

Dabei ist :

V der Rauminhalt des Empfangsraumes, in Kubikmetern.

Es genügt somit, eine dieser Größen zu berechnen und die übrigen daraus abzuleiten. Im vorliegenden Schriftstück wurde vom Bau-Schalldämm-Maß R' als zu berechnende primäre Größe ausgegangen.

3.2 Größen für die Darstellung der Bauteileigenschaften

Die Größen, die die Eigenschaften der Bauteile beschreiben, werden als Teil der Eingangsdaten für die Berechnung der Gebäudeeigenschaften verwendet. Diese Größen werden in Terzbändern ermittelt, können aber ebenso in Oktavbändern dargestellt werden. In sachdienlichen Fällen kann daraus nach EN ISO 717-1 die Einzahlangabe, z. B. $R_w(C; C_{tr})$, für die Bauteileigenschaft erhalten werden.

3.2.1 Schalldämm-Maß R :

Zehnfacher dekadischer Logarithmus des Verhältnisses der auf ein Prüfobjekt treffenden Schalleistung W_1 zur Schalleistung W_2, die durch das Prüfobjekt übertragen wird :

$$R = 10 \lg \frac{W_1}{W_2} \text{ dB} \qquad (6)$$

Diese Größe ist nach EN ISO 140-3 zu ermitteln.

3.2.2 Luftschallverbesserungsmaß ΔR :

Die Differenz des Schalldämm-Maßes eines Grundbauteils mit Vorsatzkonstruktion (z. B. einer Vorsatzschale, einer Unterdecke oder von schwimmenden Estrichen) und dieses Grundbauteils ohne diese Vorsatzkonstruktion.

Angaben über Ermittlung und Anwendung dieser Größe sind in Anhang D enthalten.

3.2.3 Norm-Schallpegeldifferenz eines kleinen Bauteils, $D_{n,e}$:

Die Differenz der in zwei Räumen mit einer Schallquelle in einem der beiden Räume erzeugten räumlich und zeitlich gemittelten Schalldruckpegel, wobei die Schallübertragung nur durch ein kleines Bauteil erfolgt (z. B. Lüftungsöffnungen, Elektrokabelkanäle, Dichtungssysteme bei Durchführungen). $D_{n,e}$ ist auf eine äquivalente Schallabsorptionsfläche (A_0) im Empfangsraum normiert; A_0 = 10 m^2.

$$D_{n,e} = L_1 - L_2 - 10 \lg \frac{A}{A_0} \text{ dB} \qquad (7)$$

Dabei ist :

A die äquivalente Schallabsorptionsfläche im Empfangsraum, in Quadratmetern.

Diese Größe ist nach EN 20140-10 zu ermitteln.

3.2.4 Norm-Schallpegeldifferenz für Luftschall-Nebenwegübertragung bei Luftschallanregung $D_{n,s}$:

Die Differenz der, in zwei Räumen von einer Schallquelle in einem der beiden Räume erzeugten zeitlich und räumlich gemittelten Schalldruckpegel. Es wird angenommen, daß die Übertragung über einen festgelegten Weg zwischen den Räumen erfolgt (z. B. Lüftungsanlagen, Korridore). $D_{n,s}$ ist auf eine äquivalente Schallabsorptionsfläche (A_0) im Empfangsraum normiert; $A_0 = 10\ m^2$.

$$D_{n,s} = L_1 - L_2 - 10 \lg \frac{A}{A_0} \text{ dB} \tag{8}$$

Der untere Index s gibt die Art des betreffenden Übertragungsystems an.

Diese Größe ist nach prEN 126... zu ermitteln.

ANMERKUNG : Das Schriftstück prEN 126... ist von CEN/TC 126 oder CEN/TC 211 zu erarbeiten.

3.2.5 Norm-Flankenpegeldifferenz $D_{n,f}$:

Die Differenz der in zwei Räumen von einer Schallquelle in einem der beiden Räume erzeugten räumlich und zeitlich gemittelten Schalldruckpegel. Es wird angenommen, daß die Übertragung nur über einen festgelegten flankierenden Weg erfolgt (z. B. über eine Unterdecke, einen Doppel- oder Hohlraumboden oder eine Fassade). $D_{n,f}$ wird normiert auf eine äquivalente Schallabsorptionsfläche (A_0) im Empfangsraum; $A_0 = 10\ m^2$.

$$D_{n,f} = L_1 - L_2 - 10 \lg \frac{A}{A_0} \text{ dB} \tag{9}$$

Diese Größe ist nach prEN 126... zu ermitteln.

ANMERKUNG : Das Schriftstück prEN 126... ist von CEN/TC 126/WG 6 zu erarbeiten. Für Unterdecken steht EN 20140-9 zur Verfügung, in der anstelle des allgemeineren "f" der untere Index "c" verwendet wird. Für Doppel- und Hohlraumböden ist eine Norm in Vorbereitung (prEN 126131), für andere Bauteile sind genormte Meßverfahren noch zu entwickeln (siehe Anhang F).

3.2.6 Stoßstellendämm-Maß K_{ij} :

Diese Größe steht mit der Übertragung von Körperschalleistung an einer Stoßstelle in Beziehung und ist normiert, damit sie zu einer invarianten Größe wird. Das Stoßstellendämm-Maß ergibt sich aus der richtungsgemittelten Schnellepegeldifferenz an der Stoßstelle durch Normierung auf die Länge der Stoßstelle und, soweit zweckmäßig, die äquivalente Absorptionslänge der beiden Bauteile. Es ergibt sich aus:

$$K_{ij} = \frac{D_{v,ij} + D_{v,ji}}{2} + 10 \lg \frac{l_{ij}}{\sqrt{a_i\, a_j}} \text{ dB} \tag{10}$$

Dabei sind :

$D_{v,ij}$ die Schnellepegeldifferenz zwischen den Bauteilen i und j, wenn das Bauteil i angeregt wird, in Dezibel

$D_{v,ji}$ die Schnellepegeldifferenz zwischen den Bauteilen j und i, wenn das Bauteil j angeregt wird, in Dezibel ;

l_{ij} die gemeinsame Länge der Stoßstelle zwischen den Bauteilen i und j, in Metern ;

a_i die äquivalente Absorptionslänge von Bauteil i, in Metern ;

a_j die äquivalente Absorptionslänge von Bauteil j, in Metern.

Die äquivalente Absorptionslänge ergibt sich aus

$$a = \frac{2{,}2\,\pi^2\,S}{C_0\,T_s}\sqrt{\frac{f_{ref}}{f}} \qquad (11)$$

Dabei sind :

T_s die Körperschall-Nachhallzeit von Bauteil i oder j, in Sekunden ;

S die Fläche von Bauteil i oder j, in Quadratmetern ;

f die Bandmittenfrequenz, in Hertz ;

f_{ref} die Bezugsfrequenz; f_{ref} = 1000 Hz.

Die Größe K_{ij} ist nach prEN 126... zu ermitteln.

ANMERKUNG : Das Schriftstück ist in Vorbereitung durch CEN/TC 126/WG 6; siehe Anhang F. Zur Zeit können Werte für diese Größe dem Anhang E entnommen oder aus verfügbaren Daten über die Schnellepegeldifferenz an einer Stoßstelle nach Anhang E abgeleitet werden.

3.2.7 Weitere geeignete Angaben

Für die Berechnungen könnten weitere Angaben über Bauteile erforderlich sein, z. B.:

- flächenbezogene Masse m', in Kilogramm pro Quadratmeter ;

- Art des Bauteils ;

- Werkstoff ;

- Art der Stoßstelle.

3.3 Weitere Begriffe und Größen

Direktübertragung :

Übertragung ausschließlich durch den Schall, der auf ein trennendes Bauteil trifft und unmittelbar von diesem abgestrahlt (Körperschallübertragung) oder durch Teilelemente des Bauteils wie Schlitze und Spalte, Lüftungseinrichtungen oder Lüftungsgitter) übertragen wird (Luftschallübertragung).

Indirekte-Übertragung(Nebenweg-Übertragung) :

Übertragung von Schall von einem Sende- in einen Empfangsraum über andere als dem direkten Übertragungsweg. Sie läßt sich unterteilen in Luftschall- und Körperschallübertragung. Letztgenannte wird als Flankenübertragung bezeichnet.

Luftschall-Nebenwegübertragung (indirekte Luftschallübertragung) :

Nebenweg-Übertragung von Schallenergie ausschließlich über einen Luftschallübertragungsweg, z. B. Lüftungsanlagen, Unterdecken und Korridore.

Körperschall-Nebenweg-Übertragung (Flankenübertragung) :

Übertragung von Schallenergie aus einem Senderaum in einen Empfangsraum ausschließlich über (Körperschall-) Übertragungswege der Gebäudekonstruktion, z. B. Wänden, Fußböden und Decken.

Richtungsgemittelte Schnellepegeldifferenz $\overline{D_{v,ij}}$:

Mittelwert der Schnellepegeldifferenz an der Stoßstelle von Bauteil i zu Bauteil j und Bauteil j zu Bauteil i:

$$\overline{D_{v,ij}} = \frac{D_{v,ij} + D_{v,ji}}{2} \text{ dB} \qquad (12)$$

Flankendämm-Maß R_{ij} :

Negativer dekadischer Logarithmus des Transmissionsgrades flankierender Bauteile τ_{ij} gleich dem Verhältnis der auf Grund des auf das Bauteil i im Senderaum treffenden Schalles von einem Flankenbauteil j im Empfangsraum abgestrahlten Schalleistung W_{ij} zur auf eine Bezugsfläche im Senderaum treffenden Schalleistung W_1. Als Bezugsfläche wird die Fläche des trennenden Bauteils gewählt.

$$R_{ij} = -10 \lg \tau_{ij} \text{ dB} \qquad (13)$$

dabei ist $\tau_{ij} = W_{ij}/W_1$.

ANMERKUNG : Die Fläche des trennenden Bauteils wird als Bezugsfläche gewählt, da dann der Beitrag jedes Übertragungsweges zur Gesamtübertragung unmittelbar angegeben werden kann, was bei anderer Wahl der Bezugsfläche nicht der Fall wäre.

4 Rechenmodelle

4.1 Allgemeine Grundlagen

Die Schalleistung im Empfangsraum ist durch den vom trennenden Bauteil und von den flankierenden Bauteilen in diesem Raum abgestrahlten Schall bedingt und durch die in Frage kommende ditrekte und indirekte Luftschallübertragung. Der Gesamttransmissionsgrad kann in Transmissionsgrade unterteilt werden, die dem jeweiligen Bauteil im Empfangsraum und den Bauteilen und Systemen zugeordnet sind, die an der direkten und der indirekten Luftschallübertragung beteiligt sind:

$$R' = -10 \lg \tau' \text{ dB} \qquad (14)$$

$$\tau' = \tau_d \sum_{f=1}^{n} \tau_f + \sum_{e=1}^{m} \tau_e + \sum_{s=1}^{k} \tau_s$$

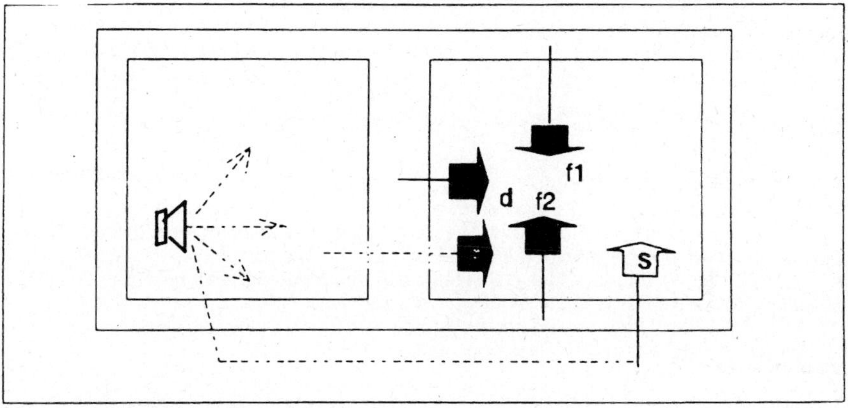

Bild 1 : Darstellung der verschiedenen Beiträge zur Gesamtübertragung in einen Raum

Dabei sind :

τ' das Verhältnis der abgestrahlten Gesamtschalleistung im Empfangsraum zur auf den gemeinsamen Teil des trennenden Bauteils treffenden Schalleistung ;

τ_d das Verhältnis der vom gemeinsamen Teil des trennenden Bauteils abgestrahlten Schalleistung zur auf das trennende Bauteil treffenden Schalleistung, bestehend aus de Weg Dd und den Wegen Fd ;

τ_f das Verhältnis der von einem flankierenden Bauteil f im Empfangsraum abgestrahlten Schalleistung zur auf den gemeinsamen Teil des trennenden Bauteils treffenden Schalleistung, bestehend aus den Wegen Ff und Df ;

τ_e das Verhältnis der von einem kleinen Bauteil innerhalb des trennenden Bauteils abgestrahlten Schalleistung im Empfangsraum bei Luftschall-Direktübertragung des auf dieses Element auftreffenden Schalls zur auf den gemeinsamen Teil des trennenden Bauteils auftreffenden Schalleistung;

τ_s das Verhältnis der von einem Systems innerhalb des trennenden Bauteils durch Luftschall-Nebenwegübertragung des auf dieses Übertragungssystem auftreffenden Schalls abgestrahlten Schalleistung im Empfangsraum zur auf den gemeinsamen Teil trennenden Bauteils auftreffenden Schalleistung;

n Anzahl der flankierenden Bauteile; üblicherweise gilt n = 4, n kann jedoch auch kleiner oder größer Werte annehmen;

m Anzahl der Elemente mit direkter Luftschallübertragung;

k Anzahl der Systeme mit Luftschall-Nebenwegübertragung.

Der von einem Bauteil abgestrahlte Schall kann als Summe der Körperschallübertragung über mehrere Wege angenommen werden. Jeder Weg kann durch das Element *i*, auf das der Schall im Senderaum auftrifft, und das abstrahlende Element *j* im Empfangsraum gekennzeichnet werden. Die Wege für ein flankierendes Bauteil und das trennende Bauteil sind in Bild 2 wiedergegeben, wobei im Senderaum die Elemente *i* mit F für das flankierende Bauteil und D für das trennende Bauteil und im Empfangsraum die Elemente *j* mit f für ein flankierendes Bauteil und mit d für das trennende Bauteil bezeichnet sind.

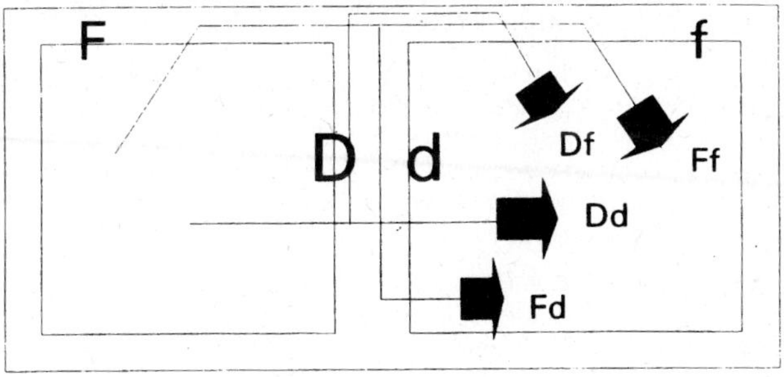

Bild 2 : Definition der Schallübertragungswege *i j* zwischen zwei Räumen

Die wichtigsten Annahmen bei dieser Vorgehensweise sind, daß die beschriebenen Übertragungswege als unabhängig voneinander angesehen werden können und daß sich die Luft- und Körperschallfelder statistisch verhalten. Im Rahmen dieser Einschränkungen ist diese Näherung sehr allgemein, indem sie im Grundsatz eine Vielzahl von Arten von Bauteilen, d. h. monolithische Bauteile, Doppelwände mit Trennfuge und zweischalige Leichtbauwände, und unterschiedliche Lagen der beiden Räume berücksichtigt. Die zur Verfügung stehenden Möglichkeiten für die Beschreibung der Übertragung über jeden Weg führt jedoch zu Einschränkungen in dieser Hinsicht. Das angegebene Modell beschränkt sich deshalb auf angrenzende Räume, wobei die Art der Bauteile hauptsächlich durch die verfügbaren Angaben über das Stoßstellendämm-Maß für monolithische und zweischalige Leichtbauteile beschränkt ist. Abschnittt 4.2.4 enthält einige Angaben über die Anwendung auf andere zweischalige Bauteile, wie z. B. Doppelwände mit Trennfuge.

Der Transmissionsgrad für das trennende Bauteil setzt sich aus den Beiträgen der Direktübertragung und der n Flankenübertragungswege zusammen.

$$\tau_d = \tau_{Dd} + \sum_{F=1}^{n} \tau_{Fd} \tag{15}$$

Der Transmissionsgrad für jedes Flankenbauteil f im Empfangsraum setzt sich aus den Beiträgen von 2 Flankenübertragungswegen (F = f) zusammen.

$$\tau_f = \tau_{Df} + \tau_{Ff} \tag{16}$$

Die Transmissionsgrade für diese Körperschallübertragungswege stehen mit dem Schalldämm-Maß bei Direktübertragung (R_{Dd}) und dem Flankendämm-Maß (R_{ij}) in der Beziehung

$$\tau_{Dd} = 10^{-R_{Dd}/10}$$

$$\tau_{ij} = 10^{-R_{ij}/10} \tag{17}$$

Die Transmissionsgrade für die direkte und die indirekte Luftschallübertragung stehen mit den Norm-Schallpegeldifferenzen der Bauteile ($D_{n,\,e}$) und der Norm-Schallpegeldifferenz für Nebenweg-Übertragung bei Luftschallanregung ($D_{n,\,s}$) in folgender Beziehung :

$$\tau_e = \frac{A_o}{S_s} 10^{-D_{n,e}/10}$$

$$\tau_s = \frac{A_o}{S_s} 10^{-D_{n,s}/10} \tag{18}$$

Dabei sind :

S_s die Fläche des trennenden Bauteils, in Quadratmetern ;

A_0 die äquivalente Bezugs-Schallabsorptionsfläche, in Quadratmetern.

Das detaillierte Modell berechnet die Gebäudeeigenschaften in Frequenzbändern auf der Grundlage von Angaben für die Bauteile in Frequenzbändern (Terz- oder Oktavbändern). Die Berechnung ist mindestens für die Oktavbänder von 125 Hz bis 2000 Hz oder für die Terzbänder von 100 Hz bis 3150 Hz durchzuführen. Aus diesen Ergebnissen kann die Einzahlangabe für die Gebäudeeigenschaften nach EN ISO 717-1 abgeleitet werden.

ANMERKUNG : Die Berechnungen können nach höheren oder tieferen Frequenzen erweitert werden, wenn Bauteilangaben für einen derartigen größeren Frequenzbereich zur Verfügung stehen. Besonders für die niedrigeren Frequenzen sind jedoch zur Zeit keine Angaben über die Genauigkeit der Berechnungen für diese Frequenzbänder verfügbar.

Das detaillierte Modell behandelt sowohl die Körperschallübertragung als auch die direkte und die indirekte Luftschallübertragung. Da diese Übertragungswege als voneinander unabhängig angesehen werden können, werden sie getrennt behandelt. Die Berechnung der Körperschallübertragung wird in Abschnitt 4.2 behandelt. Die direkte Luftschallübertragung und die indirekte Luftschallübertragung werden in Abschnitt 4.3 behandelt.

Das vereinfachte Modell berechnet die Gebäudeeigenschaften als Einzahlangabe auf der Grundlage der Einzahlangabe der Eigenschaften der beteiligten Bauteile. Das vereinfachte Modell betrachtet nur die Körperschallübertragung und wird in Abschnitt 4.4 behandelt.

4.2 Detailliertes Modell für Körperschallübertragung

4.2.1 Eingangsdaten

Die Übertragung für den jeweiligen Weg kann ermittelt werden aus:

- dem Schalldämm-Maß eines trennenden Bauteils : R_S ;

- dem Schalldämm-Maß des Bauteils i im Senderaum : R_i ;

- dem Schalldämm-Maß des Bauteils j im Empfangsraum : R_j ;

- das Luftschallverbesserungsmaß durch Vorsatzkonstruktionen für ein trennendes Bauteil im Senderaum und/oder im Empfangsraum : ΔR_D, ΔR_d ;

- das Luftschallverbesserungsmaß durch Vorsatzkonstruktionen für das Bauteil i im Senderaum und/oder das Bauteil j im Empfangsraum : ΔR_i, ΔR_j ;

- der Körperschall-Nachhallzeit für ein Bauteil im Prüfstand : $T_{S, lab}$;

- dem Stoßstellendämm-Maß für jeden Übertragungsweg von Bauteil i zu Bauteil j: K_{ij} ;

- der Fläche des trennenden Bauteils : S_S ;

- der Fläche des Bauteils i im Senderaum : S_i ;

- der Fläche des Bauteils j im Empfangsraum : S_j ;

- der gemeinsamen Kopplungslänge zwischen Bauteil i und Bauteil j : l_{ij} ;

> ANMERKUNG : Wenn D_{nT} oder D_n zu berechnen sind, dient die Fläche des trennenden Bauteils als willkürlicher Bezug und kann dann für die gesamte Berechnung zu 10 m^2 angenommen werden.

Die akustischen Daten für die Bauteile sollten hauptsächlich aus genormten Prüfstandsmessungen herrühren. Sie können jedoch auch auf andere Weise unter Verwendung von theoretischen Berechnungen, empirischen Abschätzungen oder Meßergebnissen unter Baubedingungen abgeleitet werden. Hierzu liegen Angaben in verschiedenen Anhängen vor. Die Herkunft der verwendeten Daten muß deutlich angegeben werden.

Angaben über das Schalldämm-Maß für homogene Bauteile enthält der Anhang B.

Angaben über die Körperschall-Nachhallzeit homogener Bauteile enthält der Anhang C.

Angaben über die Verbesserung des Schalldämm-Maßes und die Verbesserung des Flankendämm-Maßes enthält der Anhang D.

Angaben über das Stoßstellendämm-Maß für übliche Verbindungsstellen enthält der Anhang E.

4.2.2 Überführung der Eingangsdaten in In-situ-Werte

Die akustischen Daten für die Bauteile (Elemente, Vorsatzkonstruktionen und Stoßstellen) sind vor der tatsächlichen Ermittlung der Schallübertragung in Werte am Bau (In-situ) überzuführen.

Für das **trennende Bauteil** und jedes **flankierende Bauteil** ergibt sich der Wert R_{situ} am Bau für das Schalldämm-Maß aus:

$$R_{situ} = R - 10\lg\frac{T_{s,situ}}{T_{s,lab}} \text{ dB} \qquad (19)$$

Dabei sind :

$T_{s,\ situ}$ die Körperschall-Nachhallzeit des Bauteils unter den tatsächlichen Baubedingungen, in Sekunden ;

$T_{s,\ lab}$ die Körperschall-Nachhallzeit des Bauteils im Prüfstand, in Sekunden.

Bei der direkten Übertragung muß R die erzwungene Übertragung umfassen, wie sie auch in den Labormeßwerten enthalten ist.

Für jeden Flankenübertragungsweg sollte sich das Schalldämm-Maß R der beteiligten Bauteile - einschließlich des trennenden Bauteils - auf die resonante Übertragung allein beziehen. Oberhalb der Koinzidenz-Grenzfrequenz ist die Verwendung des im Labor ermittelten Schalldämm-Maßes korrekt, unterhalb dieser Frequenz kann dies noch als vernünftige Abschätzung angesehen werden, die zu niedrig sein kann. Basieren die Werte für das Schalldämm-Maß auf Berechnungen aus Werkstoffeigenschaften, so bereitet es keine Schwierigkeiten, nur die resonante Übertragung im gesamten interessierenden Frequenzbereich in Betracht zu ziehen.

Für die folgenen Gebäudeteile ist die Körperschall-Nachhallzeit $T_{s,\ situ}$ gleich $T_{s,\ lab}$ zu wählen, was zu einem Korrekturglied von 0 dB führt:

- zweischalige Leichtbauteile, z. B. Holzständerwände oder Metallständerwände ;

- Bauteile mit einem inneren Verlustfaktor größer als 0,03 ;

- Bauteile, die sehr viel leichter sind als die umgebenden Bauteile (mindestens um den Faktor 3).

Andernfalls ist die Körperschall-Nachhallzeit sowohl unter Prüfstands- als auch unter den tatsächlichen Baubedingungen zu berücksichtigen; siehe Anhang C.

ANMERKUNG : Als erste Näherung können die Korrekturglieder für alle Arten von Bauteilen zu 0 dB angenommen werden.

Für die **Vorsatzkonstruktionen** kann für den Wert am Bau für das Luftschallverbesserungsmaß ΔR_{situ} näherungsweise vom Laborwert ausgegangen werden:

$$\Delta R_{situ} = \Delta R \text{ dB} \tag{20}$$

Für jeden Flankenübertragungsweg sollte sich das Luftschallverbesserungsmaß ΔR der beteiligten Bauteile -einschließlich des trennenden Bauteils - nur auf die resonante Übertragung beziehen. Die Meßverfahren für Ermittlung stehen nicht unmittelbar zur Verfügung. Es gibt Hinweise, daß die Verbesserung für die Direktübertragung auch als Abschätzung für die Verbesserung der Flankenübertragung angenommen werden kann; siehe Anhang D.

Für die Stoßstellen wird die Übertragung unter Baubedingungen durch die richtungsgemittelte Schnellepegeldifferenz $\overline{D_{v,ij,\text{situ}}}$ gekennzeichnet. Diese ergibt sich aus dem Stoßstellendämm-Maß :

$$D_{v,ij,\text{situ}} = K_{ij} - 10 \lg \frac{l_{ij}}{\sqrt{a_{i,\text{situ}}\, a_{j,\text{situ}}}} \text{ dB}; \overline{D_{v,ij,\text{situ}}} \geq 0 \text{ dB} \tag{21}$$

mit

$$a_{i,\text{situ}} = \frac{2{,}2\, \pi^2 S_i}{c_0 T_{s,i,\text{situ}}} \sqrt{\frac{f_{\text{ref}}}{f}}$$

(22)

$$a_{j,\text{situ}} = \frac{2{,}2\pi^2 S_j}{c_0 T_{s,j,\text{situ}}} \sqrt{\frac{f_{\text{ref}}}{f}}$$

Dabei sind :

$a_{i,\text{situ}}$	die äquivalente Absorptionslänge des Bauteils i unter den tatsächlichen Baubedingungen, in Metern ;
$a_{j,\text{situ}}$	die äquivalente Absorptionslänge des Bauteils j unter den tatsächlichen Baubedingungen, in Metern ;
f	die Bandmittenfrequenz, in Hertz ;
f_{ref}	die Bezugsfrequenz ; f_{ref} = 1000 Hz ;
l_{ij}	die gemeinsame Kopplungslänge der Stoßstelle zwischen den Bauteilen i und j, in Metern ;
S_i	die Fläche des Bauteils i, in Quadratmetern ;
S_j	die Fläche des Bauteils j, in Quadratmetern ;
$T_{s,i,\text{situ}}$	die Körperschall-Nachhallzeit des Bauteils i unter den tatsächlichen Baubedingungen in Sekunden ;

$T_{s,j,situ}$ die Körperschall-Nachhallzeit des Bauteils j unter den tatsächlichen Baubedingungen in Sekunden.

Für die folgenden Bauteile wird die äquivalente Absorptionslänge a_{situ} zahlenmäßig gleich der Fläche des Bauteils angenommen, so daß $a_{i,situ} = S_i$ und/oder $a_{j,situ} = S_j$ gilt :

- zweischalige Leichtbauteile, z. B. Holzständerwände oder Metallständerwände ;

- Bauteile mit einem inneren Verlustfaktor größer als 0,03 ;

- Bauteile, die sehr viel leichter sind als die umgebenden Bauteile (mindestens um den Faktor 3).

Andernfalls ist die Körperschall-Nachhallzeit unter den tatsächlichen Baubedingungen zu berücksichtigen; siehe Anhang C.

ANMERKUNG : Als erste Näherung kann die äquivalente Absorptionslänge für alle Arten von Bauteilen zu $a_{i,situ} = S_i$ und $a_{j,situ} = S_j$ angenommen werden. Wird in diesem Falle das Stoßstellendämm-Maß kleiner als ein Mindestwert $K_{ij,min}$, so ist dieser Mindestwert zu verwenden. Der Mindestwert ist gegeben durch (ij = Ff, Fd oder Df) :

$$k_{ij,min} = 10 \lg l_{ij}\, l_0 \left(\frac{1}{S_i} + \frac{1}{S_j} \right) \text{ dB} \qquad (23)$$

4.2.3 Ermittlung der Direkt- und der Flankenübertragung in-situ

Das Schalldämm-Maß für die Direktübertragung wird aus dem angepaßten Eingangswert für das trennende Bauteil nach folgender Gleichung ermittelt :

$$R_{Dd} = R_{s,situ} + \Delta R_{D,situ} + \Delta R_{d,situ} \text{ dB} \qquad (24)$$

Das Flankendämm-Maß wird aus den angepaßten Eingangswerten nach folgender Gleichung mit ij = Ff, Fd und Df ermittelt :

$$R_{ij} = \frac{R_{i,situ}}{2} + \Delta R_{i,situ} + \frac{R_{j,situ}}{2} + \Delta R_{j,situ} + \overline{D_{v,ij,situ}} + 10 \lg \frac{S_s}{\sqrt{S_i\, S_j}} \text{ dB} \qquad (25a)$$

ANMERKUNG 1 : Werden in erster Näherung die Glieder mit der Körperschall-Nachhallzeit zu 0 dB und die äquivalenten Absorptionslängen als $a_{i,situ} = S_i$ *und* $a_{j,situ} = S_j$ für alle Arten von Bauteilen angenommen, so läßt sich Gleichung (25a) in folgender Form schreiben :

$$R_{ij} = \frac{R_i}{2} + \Delta R_i + \frac{R_j}{2} + \Delta R_j + K_{ij} + 10 \lg \frac{S_s}{l_0 l_{ij}} \text{ dB} \qquad (25b)$$

ANMERKUNG 2 : Gleichung (25a) ist identisch mit der folgenden Gleichung :

$$R_{ij} = R_{i,\mathrm{situ}} + \Delta R_{i,\mathrm{situ}} + \Delta R_{j,\mathrm{situ}} + D_{\mathrm{v},ij,\mathrm{situ}} + 10\,\lg \frac{S_\mathrm{s}}{S_j} + 10\,\lg \frac{\sigma_{i,\mathrm{situ}}}{\sigma_{j,\mathrm{situ}}}\ \mathrm{dB} \qquad (25c)$$

Da jedoch die Schnellepegeldifferenz an der Stoßstelle keine invariante Größe ist und die Abstrahlgrade häufig unbekannt sind, ist diese Beziehung für Prognosen weniger geeignet. Sie könnte für eine bestehende Bausituation angewendet werden, um die Flankenübertragung abzuschätzen, wenn geeignete Meßwerte oder Schätzwerte über die Schnellepegeldifferenz an der Stoßstelle $D_{\mathrm{v},\ ij}$ und die Abstrahlgrade σ_i und σ_j für diese Bausituation vorliegen.

ANMERKUNG 3 : Für bestimmte Bausituationen (Kombinationen von Leichtbauteilen oder Kombinationen von Leichtbauteilen mit Massivbauteilen, z. B. mit Unterdecken oder Leichtbaufassaden) überwiegt bei der Flankenübertragung der Weg Ff (wobei die Wege Df und Fd vernachlässigbar sind). Häufig umfaßt diese Übertragung auch indirekte Luftschallübertragungswege oder wird sogar von ihnen bestimmt. In diesem Falle ist es möglich, die Flankenübertragung für diese Baukonstruktion als Ganzes durch Labormeßwerte, angegeben als $D_{\mathrm{n},\ \mathrm{f}}$, zu kennzeichnen und daraus das Flankendämm-Maß abzuleiten, siehe Anhang F.

Die Schallübertragung über das trennende Bauteil und die flankierenden Bauteile kann nach Gleichung (15) und (16) unter Verwendung der Gleichungen (17) und (19) bis (25) berechnet werden. Die gesamte Schallübertragung (Bau-Schalldämm-Maß) kann mit Hilfe der Gleichung (14) unter Verwendung der Ergebnisse von Abschnitt 4.3, soweit zweckmäßig, berechnet werden.

4.2.4 Interpretation für mehrere Arten von Bauteilen

- Bei flankierenden Bauteilen, die aus mehreren Teilen bestehen, sollte das Schalldämm-Maß des mit dem trennenden Bauteil unmittelbar verbundenen größeren berücksichtigt werden. Wenn durchgehende Diskontinuitäten im Bauteil vorhanden sind, wie z. B. Türen oder schwere Querbauteile , können die Flächen hinter diesen Diskontinuitäten vernachlässigt werden.

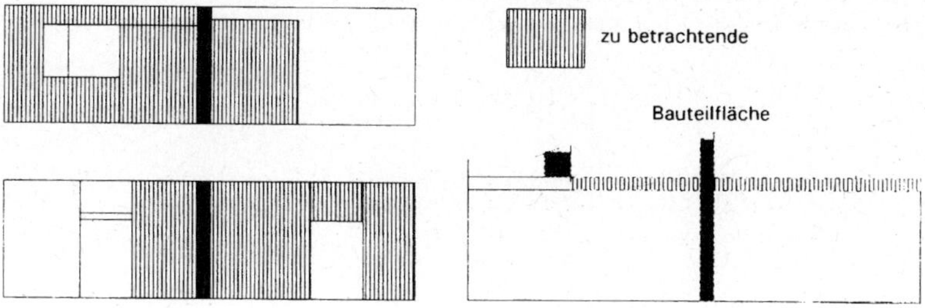

Seitenansichten

vertikaler Schnitt

- Besteht eine Flankenkonstruktion aus mehreren Arten von Bauteilen, die jeweils direkt mit dem trennenden Bauteil verbunden sind, so ist jede Art als gesondertes Flankenbauteil zu behandeln (im Bild besteht das flankierende Bauteil f aus den beiden Arten a und b).

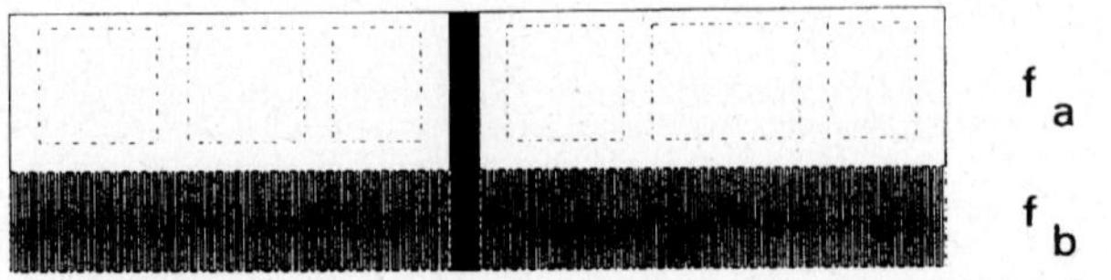

Seitenansicht

- Bei flankierenden Bauteilen, die nicht in einer Ebene liegen, d. h. beigewölbten oder geformten Wänden, kann die Gesamtfläche verwendet werden, wenn die Winkel an den Sprungstellen nicht zu groß sind wie bei 90-Grad-Ecken. Im letztgenannten Fall kann eine effektive Gesamtfläche verwendet werden, die die Schnellepegeldifferenz an der Diskontinuität berücksichtigt.

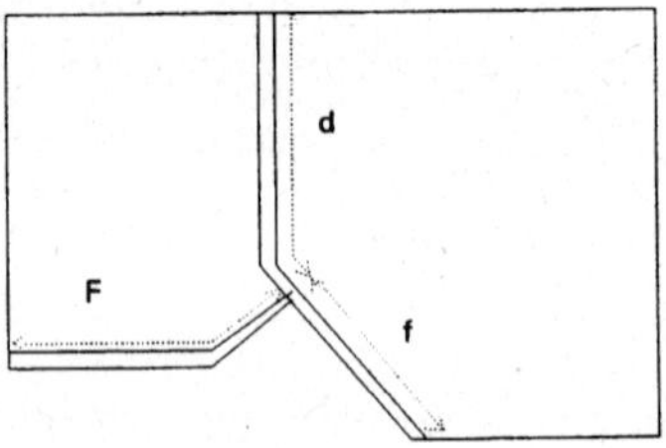

horizontaler Schnitt

- Bei Vorsatzkonstruktionen, wie Vorsatzschalen vor Wänden oder schwimmenden Estrichen, bezieht sich das Schalldämm-Maß und das Stoßstellendämm-Maß auf das Grundbauteil, wobei die Wirkung der Vorsatzkonstruktion getrennt durch ΔR berücksichtigt

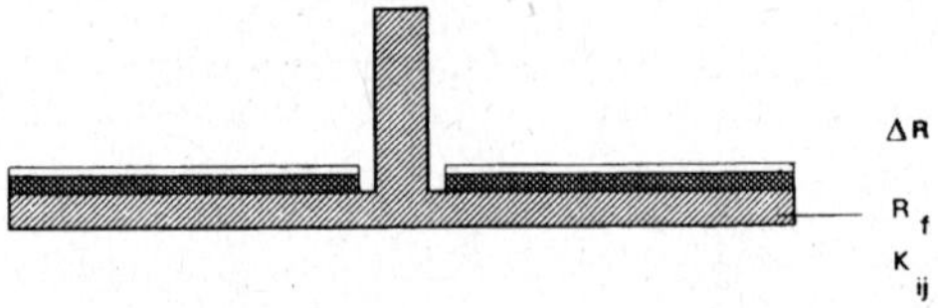

- Bei Vorsatzkonstruktionen an der Außenseite mit geringfügigem Einfluß auf das Verhalten des Grundbauteils, wie z. B. einer Vorsatzschale in Leichtbauweise an der Außenseite, sollte sich die Berechnung nur die innere Grundkonstruktion berücksichtigen. Die Wirkung der außen angebrachten Vorsatzschalen oder -bauteile kann vernachlässigt oder durch das Stoßstellendämm-Maß anderweitig berücksichtigt werden.

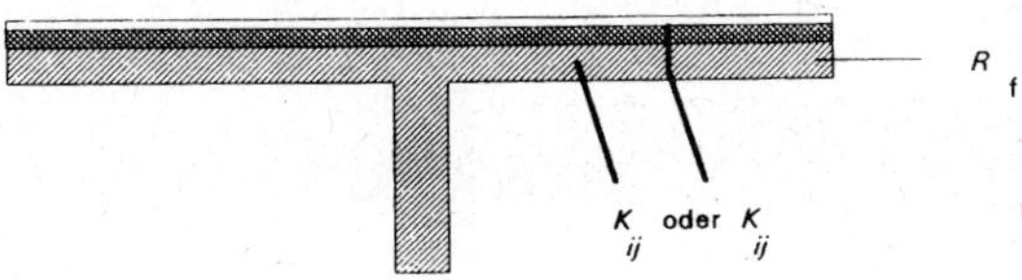

- Bei flankierenden zweischaligen Bauteilen sollte sich die Berechnung hauptsächlich auf das Innenbauteil beziehen, wobei die Wirkung der Außenkonstruktion durch das Stoßstellendämm-Maß berücksichtigt wird. Dieses Dämmaß kann auf Meßwerten aus ähnlichen Bausituationen basieren oder durch Berücksichtigung der verschiedenen Übertragungswege abgeschätzt werden, die zum Stoßstellendämm-Maß beitragen.

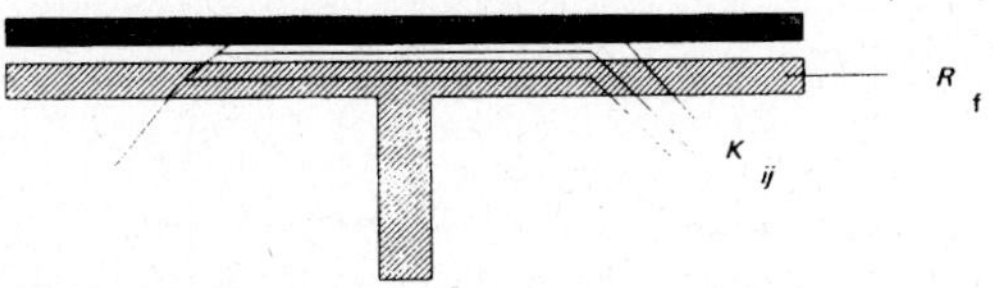

- Bei Doppelwänden mit Trennfuge als trennendes Bauteil sollte das Schalldämm-Maß für dieses Bauteil, soweit vorhanden, die Wirkung der Übertragung zwischen den Schalen über die Verbindungsstellen an den Schalenrändern des Bauteils mit enthalten.

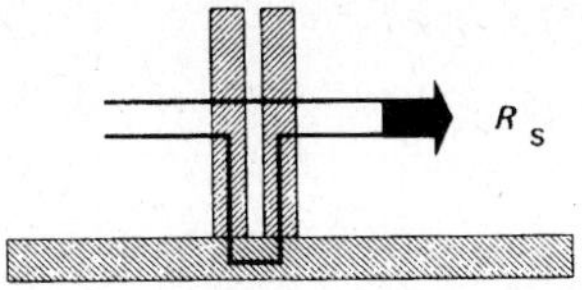

- Bei versetzten Grundrissen, d. h. bei versetzten Geschossen oder horizontal verschobenen, d. h. versetzten, Räumen, sollte die Fortsetzung des trennenden Bauteils als Flankenbauteil behandelt werden, das in diesen Fällen häufig dominiert.

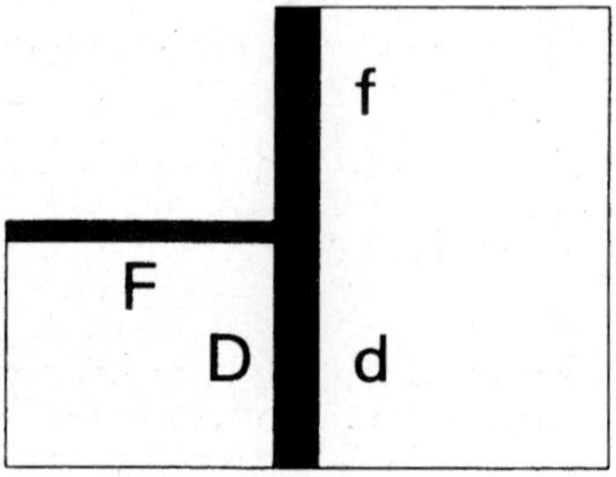

horizontaler Schnitt

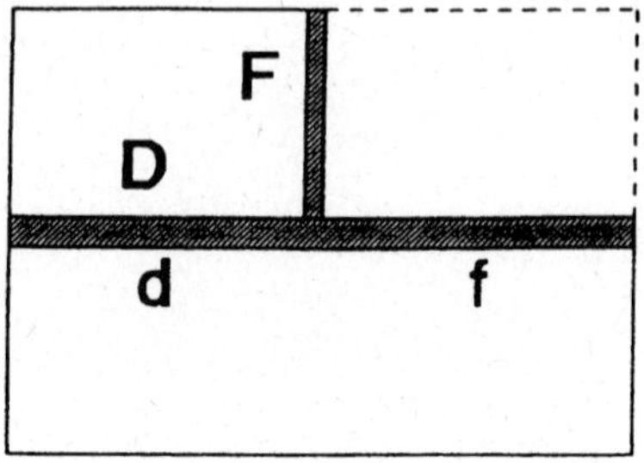

vertikaler Schnitt

- Bei Innenwänden in Leichtbauweise und großen Deckenplatten zwischen den tragenden Wänden sollte die Übertragung aus den Schwingungen der gesamten Fußbodenfläche ermittelt werden. Im Grenzfall mit sehr leichten Wänden werden die Direkt- und die Flankenübertragung durch die Decke vorzugsweise mit Hilfe folgender Gleichung als Ganzes berechnet:

$$R_{Dd+Df} = R_s - 10 \lg (T_{s,tot}/T_{s,lab}) - 10 \lg (S_{rec}/S_{tot})$$

wobei

S_{rec} die Gesamtfläche der Decke im Empfangsraum ist und sich der untere Index "tot" auf die gesamte Decke zwischen den tragenden Wänden bezieht. Das entspricht der Anwendung des Modells auf den Flankenübertragungsweg mit $\overline{D_{v,ij,situ}}$ = 0 dB.

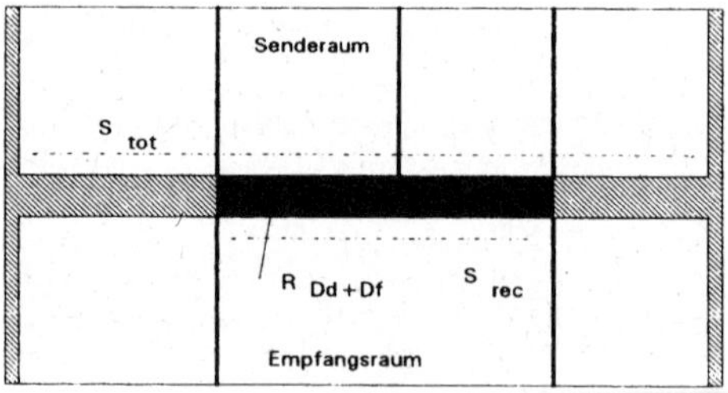

vertikaler Schnitt

4.2.5 Einschränkungen

- Das Modell ist nur anwendbar für Kombinationen von Bauteilen, für die das Stoßstellendämm-Maß bekannt ist oder aus bekannten Werten berechnet werden kann ;

- Das Modell ist nur anwendbar für solche Grundbauteile, die auf beiden Seiten annähernd gleiche Abstrahleigenschaften haben ;

- Bei räumlich sehr ausgedehnten Decken, Decken mit tragenden Säulen und Innenwänden in Leichtbauweise kann der Flächenanteil der Decke in einen Raum nicht mehr als unabhängiges Bauteil behandelt werden, so daß ihre Berücksichtigung im Rechenmodell nur in großer Näherung kann ;

- Der Beitrag sekundärer Übertragungswege, an denen mehr als eine Stoßstelle beteiligt ist, wird vernachlässigt. Das wird zum Teil durch die Werte für das Stoßstellendämm-Maß ausgeglichen, da diese auf Messungen unter Baubedingungen basieren, könnte aber in anderen Fällen zu einer Unterschätzung der Flankenübertragung bei homogenen Bauteilen führen. Diese sekundären Übertragungswege können wichtig werden, wenn an einer Vielzahl der Bauteile Vorsatzkonstruktionen vorhanden sind ;

- Das Modell beschreibt nur die Übertragung zwischen benachbarten Räumen.

4.3 Detailliertes Modell für Luftschallübertragung

4.3.1 Ermittlung aus der gemessenen Direktübertragung für kleine Bauteile

Der Beitrag kann unmittelbar aus der Norm-Schallpegeldifferenz des betreffenden Bauteils $D_{n,e}$ nach den Gleichungen (14) und (18) ermittelt werden. Das Bauteil im eingebauten Zustand sollte grundsätzlich identisch mit dem Bauteil sein, für das die Bauteilangaben zur Verfügung stehen, so daß $D_{n,e,situ} = D_{n,e}$ gilt.

> ANMERKUNG : Für einige Arten von Bauteilen, wie z. B. Schlitze oder Luftdurchführungen, kann es jedoch auch möglich sein, das akustische Verhalten des Bauteils unter Baubedingungen aus den Bauteileigenschaften für ein gleichwertiges Bauteil, z. B. unterschiedlicher Länge, zu extrapolieren. In diesem Fall könnte $D_{n,e,situ}$ aus $D_{n,e}$ abgeleitet werden, indem der Unterschied in geeigneter Weise berücksichtigt wird.

4.3.2 Ermittlung aus der gemessenen gesamten indirekten Luftschallübertragung

Zur Zeit stehen keine genormten Meßverfahren zur Verfügung, um die indirekte Luftschallübertragung $D_{n,s}$ für Übertragungssysteme als Ganzes zu kennzeichnen. Es ist erwünscht, solche Verfahren für Übertragungssysteme, wie z. B. bestimmte Hauslüftungsanlagen, zu entwickeln, während der Prognose für andere Anlagen besser Angaben für die trennenden Bauteile solcher Anlagen zugrunde gelegt werden können (siehe 4.3.3).

Im Falle von flankierenden Konstruktionen ist die Übertragung im allgemeinen eine Kombination von Luftschall- und Körperschallübertragungswegen der Bauteile. Zur Zeit liegt ein genormtes Meßverfahren zur Ermittlung von $D_{n,f}$ nur für Unterdecken vor. Da dort üblicherweise der indirekte Luftschallübertragungsweg überwiegt, ist die Anwendung in einem Prognoseverfahren möglich; siehe Anhang F.

Für andere Arten von flankierender Konstruktionen und für den Fall, daß die Körperschallübertragung der einzige Übertragungsweg oder zumindest ein wichtiger Übertragungsweg ist, sind Verfahren noch zu entwickeln (siehe Anhang F).

4.3.3 Ermittlung aus der für die einzelnen Bauteile gemessenen Übertragung eines Systems

Bisher steht kein unmittelbares Berechnungsverfahren zur Verfügung, um die Norm-Schallpegeldifferenz $D_{n,s}$ aus der Kenntnis der an der Übertragung beteiligten Bauteile, d. h. Lüftungskanäle, Schalldämpfer, Unterdecken, Flure/Vorräume, Türen und Türspalte, und akustischen Angaben über sie zu ermitteln. Es liegen jedoch mehrere Vorschläge vor, die als Grundlage für eine weitere Erarbeitung solcher Verfahren dienen können. Der Anhang F enthält Angaben für bestimmte Baubedingungen.

4.4 Vereinfachtes Modell für die Körperschallübertragung

4.4.1 Rechenverfahren

Die vereinfachte Variante des Rechenmodells prognostiziert das bewertete Bau-Schalldämm-Maß auf der Grundlage von bewerteten Schalldämm-Maßen für die beteiligten Bauteile. Es bezieht sich auf die Bewertung nach EN ISO 717-1. Das Modell ist für das bewertete Schalldämm-Maß R_w angegeben, gilt aber ebenso für die Einzahlangaben mit Spektrum-Anpassungswert, d. h. $R_w + C$. Der sich ergebende Prognosewert für die Gebäudeeigenschaften wird für die gleiche Art der Einzahlangabe angegeben, wie er für die Bauteile verwendet wird, d. h. R'_w oder $(R'_w + C)$.

ANMERKUNG 1 : Der Einfachheit halber dürfen die Summen mit Spektrum-Anpassungswert mit einem einzigen Formelzeichen bezeichnet werden, z. B. $R'_w + C = R'_A$ und $D_{nT,w} + C = D_{nT,A}$.

ANMERKUNG 2 : Die Summierung über die Energie im Modell ist exakt fur R_A und eine angemessene Näherung für R_w.

Die Anwendung des vereinfachten Modells ist auf die Direktübertragung und die Flankenübertragung bei hauptsächlich homogenen Bauteilen beschränkt. Der Einfluß der Körperschalldämpfung der Bauteile wird im Mittel berücksichtigt, wobei die Besonderheiten der Bausituation vernachlässigt werden. Alle flankierenden Bauteile sollten auf der Sende- und Empfangsseite im wesentlichen gleich sein. Sind die Werte für das Stoßstellendamm-Maß frequenzabhängig, so wird von dem Wert bei 500 Hz als guter Näherung ausgegangen, das Ergebnis ist dann jedoch möglicherweise weniger genau.

Für das vereinfachte Modell werden die Prognosegleichungen (13), (14), (15) und (16) umgeformt und das bewertete Bau-Schalldämm-Maß zwischen zwei Räumen ermittelt aus:

Dabei sind :

$$R'_w = -10\lg\left[10^{-R_{Dd,w}/10} + \sum_{F=f=1}^{n} 10^{-R_{Ff,w}/10} + \sum_{f=1}^{n} 10^{-R_{Df,w}/10} + \sum_{F=1}^{n} 10^{-R_{Fd,w}/10}\right] dB \quad (26)$$

$R_{Dd,w}$ das bewertete Schalldämm-Maß für die Direktübertragung, in Dezibel ;

$R_{Ff,w}$ das bewertete Flankendämm-Maß für den Übertragungsweg Ff, in Dezibel ;

$R_{Df,w}$ das bewertete Flankendämm-Maß für den Übertragungsweg Df, in Dezibel ;

$R_{Fd,w}$ das bewertete Flankendämm-Maß für den Übertragungsweg Fd, in Dezibel

n die Anzahl der flankierenden Bauteile in einem Raum; üblicherweise ist $n = 4$, je nach Entwurf und Konstruktion kann aber n in der den betreffenden Bausituation auch kleiner oder größer sein (siehe 4.2.4).

ANMERKUNG 1: In bestimmten Bausituationen (Kombinationen von Leichtbauteilen oder Kombinationen von Leichtbauteilen mit Massivbauteilen, z. B. mit Unterdecken oder Leichtbaufassaden) wird die Flankenübertragung durch den Weg Ff bestimmt, so daß die beiden letzten Glieder in (26) für dieses flankierende Bauteil vernachlässigt werden können.

ANMERKUNG 2 : Der Beitrag eines einzelnen flankierenden Bauteils zur gesamten Flankenübertragung kann berechnet werden, indem die entsprechende Übertragung über die Wege Ff und Df addiert wird; der Beitrag der Flankenübertragung zur Abstrahlung durch das trennende Bauteil kann berechnet werden, indem die Übertragung über die Wege Fd für alle flankierenden Bauteile addiert wird.

Für jeden Übertragungsweg wird das bewertete Schalldämm-Maß aus den Eingangsdaten an den Bauteilen und Stoßstellen vorhergesagt ; siehe Abschnitt 4.4.2.

Das bewertete Schalldämm-Maß für die direkte Übertragung wird nach folgender Gleichung aus dem Eingangswert für das trennende Bauteil ermittelt :

$$R_{Dd,w} = R_{s,w} + \Delta R_{Dd,w} \text{ dB} \qquad (27)$$

Dabei sind :

$R_{s,w}$ das bewertete Schalldämm-Maß des trennenden Bauteils, in Dezibel ;

$\Delta R_{Dd,w}$ die bewertete Verbesserung des Gesamt-Schalldämm-Maßes durch zusätzliche Vorsatzschalen auf der Sende- und/oder Empfangsseite des trennenden Bauteils, in Dezibel.

Die bewerteten Flankendämm-Maße werden nach folgenden Gleichungen aus den Eingangswerten ermittelt :

$$R_{Ff,w} = \frac{R_{F,w} + R_{f,w}}{2} + \Delta R_{Ff,w} + K_{Ff} + 10 \lg \frac{S_s}{l_o l_f} \text{ dB}$$

$$R_{Fd,w} = \frac{R_{F,w} + R_{s,w}}{2} + \Delta R_{Fd,w} + K_{Fd} + 10 \lg \frac{S_s}{l_o l_f} \text{ dB} \qquad (28a)$$

$$R_{Df,w} = \frac{R_{s,w} + R_{f,w}}{2} + \Delta R_{Df,w} + K_{Df} + 10 \lg \frac{S_s}{l_o l_f} \text{ dB}$$

Dabei sind :

$R_{F,w}$ das bewertete Schalldämm-Maß des flankierenden Bauteils F, in Dezibel ;

$R_{f,w}$ das bewertete Schalldämm-Maß des flankierenden Bauteils f, in Dezibel ;

$\Delta R_{Ff,w}$ das gesamte bewertete Luftschallverbesserungsmaß durch eine zusätzliche Vorsatzschale auf der Sende- und/oder Empfangsseite des flankierenden Bauteils, in Dezibel;

$\Delta R_{Fd,w}$ das gesamte bewertete Luftschallverbesserungsmaß durch eine zusätzliche Vorsatzschale am flankierenden Bauteil auf der Sendeseite und/oder des trennenden Bauteils auf der Empfangsseite, in Dezibel ;

$\Delta R_{Df,w}$ das gesamte bewertete Luftschallverbesserungsmaß durch eine zusätzliche Vorsatzschale am trennenden Bauteil auf der Sendeseite und/oder am flankierenden Bauteil auf der Empfangsseite, in Dezibel ;

K_{Ff} das Stoßstellendämm-Maß für den Übertragungsweg Ff, in Dezibel ;

K_{Fd} das Stoßstellendämm-Maß für den Übertragungsweg Fd, in Dezibel ;

K_{Df} das Stoßstellendämm-Maß für den Übertragungsweg Df, in Dezibel ;

S_s die Fläche des trennenden Bauteils, in Quadratmetern ;

l_f die gemeinsame Kopplungslänge der Verbindungsstelle zwischen dem trennenden Bauteil und den flankierenden Bauteilen F und f, in Metern ;

l_0 die Bezugs-Kopplungslänge; l_0 = 1 m ;

ANMERKUNG 1 : Nach Gleichung (25c) ergibt sich für homogene Bauteile mit einem Abstrahlgrad von 1, daß das bewertete Flankendämm-Maß in folgender Form angegeben werden kann (ij = Ff, Fd oder Df) :

$$R_{ij,w} = R_{i,w} + \Delta R_{ij,w} + D_{v,ij,situ} + 10 \lg \frac{S_s}{S_j} \text{ dB} \qquad (28b)$$

Da jedoch die Schnellepegeldifferenz an der Verbindungsstelle keine invariante Größe ist, ist diese Beziehung für Vorhersagen weniger geeignet. Sie könnte für bestehende Baubedingungen angewendet werden, um die Flankenübertragung abzuschätzen, wenn geeignete gemessene oder geschätzte Angaben über die Schnellepegeldifferenz an der Stoßstelle $D_{v,\,ij}$ für die betreffende Bausituation vorliegen.

ANMERKUNG 2 : Für bestimmte Flankenkonstruktionen, wie z. B. abgehängte Unterdecken, Leichtbaufassaden oder -wände, überwiegt bei der Übertragung der Weg Ff, so daß die Beiträge von Weg Df und Fd vernachlässigt werden können. Wird diese Übertragung durch die bewertete Norm-Schallpegeldifferenz flankierender Bauteile $D_{nf,w}$ gekennzeichnet, so gilt folgende Gleichung (siehe auch Anhang F) :

$$R_{Ff,w} = D_{n,f,w} + 10 \lg \frac{l_{lab}}{l_f} + 10 \lg \frac{S_s}{A_0} \text{ dB} \qquad (28c)$$

Für Unterdecken wird diese Größe mit $D_{n,\,c,\,w}$ bezeichnet und es gilt l_{lab} = 4,5 m.

Dies ist nur anwendbar, wenn die betreffenden Abmessungen ähnlich den im Prüfstand verwendeten Abmessungen sind.

4.4.2 Eingangsdaten

Die akustischen Daten für die Bauteile sollten hauptsächlich genormten Prüfstandsmessungen entnommen werden. Sie könnten jedoch auch auf andere Weise aus theoretischen Berechnungen, empirischen Abschätzungen oder Meßergebnissen aus Bausituationen abgeleitet werden. Angaben hierzu sind in verschiedenen Anhängen enthalten. Die Herkunft der verwendeten Daten muß deutlich angegeben werden.

Die Eingangsdaten bestehen aus:

- dem bewerteten Schalldämm-Maß der Bauteile: $R_{S,w}$, $R_{F,w}$.
Angaben hierzu für homogene Bauteile enthält Anhang B.

- dem Stoßstellendämm-Maß für jede Stoßstelle und jeden Übertragungsweg: K_{Ff}; K_{Fd}; K_{Df}.
Angaben hierzu für übliche Stoßstellen enthält Anhang E. Sind die Werte frequenzabhängig, so ist für die Anwendungen in diesem vereinfachten Modell der Wert bei 500 Hz zu nehmen. Ist der Wert kleiner als ein Mindestwert $K_{ij,min}$, so ist dieser Mindestwert zu nehmen. Der Mindestwert ist gegeben durch (ij = Ff, Fd oder Df):

$$K_{ij,min} = 10 \lg l_f \, l_0 \left(\frac{1}{S_i} + \frac{1}{S_j} \right) \text{dB} \qquad (29)$$

Hat ein flankierendes Bauteil sehr wenig oder gar keine bauliche Berührung mit dem trennenden Bauteil, so ist K_{Ff} gleich diesem Mindestwert anzunehmen, und die Übertragungswege Fd und Df sind zu vernachlässigen (z. B., indem die K-Werte sehr hoch angenommen werden).

- das gesamte bewertete Luftschallverbesserungsmaß für das trennende Bauteil: $\Delta R_{Dd,w}$

Dieser Wert ergibt sich entweder unmittelbar aus verfügbaren Ergebnissen für die betreffende Kombination oder wird aus den Ergebnissen für jede beteiligte Vorsatzkonstruktion einzeln abgeleitet:

einseitig angebrachte Vorsatzkonstruktion:

$$\Delta R_{Dd,w} = \Delta R_{D,w} \quad \text{oder} \quad \Delta R_{d,w} \text{ dB}$$

(30)

zweiseitig abgebrachte Vorsatzkonstruktion:

$$\Delta R_{Dd,w} = \Delta R_{D,w} + \frac{\Delta R_{d,w}}{2} \quad \text{oder} \quad = \Delta R_{d,w} + \frac{\Delta R_{D,w}}{2} \text{ dB}$$

Bei zweiseitig angebrachten Vorsatzkonstruktionen wird für die Vorsatzschale mit dem niedrigeren Wert der halbe Wert angenommen.

- das gesamte bewertete Luftschallverbesserungsmaß für jeden Flankenübertragungsweg: $\Delta R_{Ff,w}$; $\Delta R_{Fd,w}$; $\Delta R_{Df,w}$.

Diese Werte ergeben sich entweder unmittelbar aus verfügbaren Ergebnissen für die entsprechende Kombination oder werden aus Ergebnissen für jede beteiligte Vorsatzkonstruktion einzeln abgeleitet (*ij* = Ff, Fd oder Df):

einseitig angebrachte Vorsatzkonstruktion :

$$\Delta R_{ij,\mathrm{w}} = \Delta R_{i,\mathrm{w}} \quad \text{oder} \quad \Delta R_{j,\mathrm{w}} \ \mathrm{dB} \tag{31}$$

zweiseitig angebrachte Vorsatzkonstruktion :

$$\Delta R_{ij,\mathrm{w}} = \Delta R_{i,\mathrm{w}} + \frac{\Delta R_{j,\mathrm{w}}}{2} \quad \text{oder} \quad = \Delta R_{j,\mathrm{w}} + \frac{\Delta R_{i,\mathrm{w}}}{2} \ \mathrm{dB}$$

Bei zwei Vorsatzkonstruktionen wird für die Vorsatzkonstruktion mit dem niedrigeren Wert der halbe Wert angenommen.

Angaben über das bewertete Luftschallverbesserungsmaß sind in Anhang D enthalten.

4.4.3 Einschränkungen

- Die für das detaillierte Modell angegebenen Einschränkungen gelten auch für das vereinfachte Modell.

- Das vereinfachte Modell gilt hauptsächlich für Wohngebäude, in denen die Abmessungen der Bauteile ähnlich den Abmessungen der Prüfstände sind. Abweichungen davon können zu weniger genauen Ergebnissen führen.

- Das vereinfachte Modell setzt Bauteile voraus, für die das Schalldämm-Maß ähnliche Frequenzabhängigkeit aufweist; bei Bauteilen mit deutlich abweichendem Frequenzverhalten, wie z. B. zweischaligen Leichtbauteilen, ist die Genauigkeit möglicherweise geringer.

5 Genauigkeit

Die Berechnungsmodelle liefern eine Bewertung der Gebäudeleistung, wie sie bemessen werden kann, angenommen daβ der Stand der Technik gut und die Messung sehr genau ist. Die Genauigkeit der Prognose durch die dargestellten Modelle hängt von vielen Faktoren ab: von der Genauigkeit der Eingangsdaten, der Übereinstimmung der Bausituation mit dem Modell, der Art der beteiligten Bauteile und Stoßstellen, und der Geometrie der Bausituation. Dadurch ist es nicht möglich, die Genauigkeit der Vorhersagen für alle Arten von Bausituationen und Anwendungen allgemein anzugeben. Daten für die Genauigkeit müssen in der Zukunft durch Vergleich der Ergebnisse des Modells mit einer Vielzahl von konkreten Bausituationen gesammelt werden. Einige Angaben können jedoch gemacht werden.

Die hauptsächlichen Erfahrungen bei der Anwendung ähnlicher Modelle wurden bisher an Gebäuden mit homogenen tragenden Bauteilen gewonnen, z. B. Ziegelwänden, Beton, Gipsbausteinen usw. In solchen Bausituationen ist die Vorhersage der Einzahlangabe durch das detaillierte Modell im Mittel korrekt (kein systematischer Fehler) mit einer Standardabweichung von 1,5 dB bis 2,5 dB (der kleinere Wert gilt, wenn alle Einflüsse berücksichtigt werden, der größere bei Einbeziehung komplexer Bausituationen und unter Vernachlässigung der Körperschall-Nachhallzeit der Bauteile).

Die Vorhersage mit dem vereinfachten Modell führt zu einer Standardabweichung von etwa 2 dB mit einer Tendenz zur leichten Überschätzung der Schalldämmung.

Bei der Anwendung der Prognoseverfahren wird empfohlen, die Eingangsdaten zu variieren, besonders in komplizierten Bausituationen und bei selten auftretenden Bauteilen mit zweifelhaften Eingangsdaten. Die erhaltene Variation der Ergebnisse liefert einen Eindruck von der zu erwartenden Genauigkeit unter Bedingungen, wenn betrachtet wird, daß der Stand der Technik gut ist.

6 Literatur

(1) Cremer, L., "Theorie der Schalldämmung dünner Wände bei schrägem Einfall", Akust. Zeitschrift **7** (1942)

(2) Cremer, L., M. Heckl, E.E. Ungar, Structure borne sound, Springer-Verlag, Berlin, New York, 2nd edition, 1988

(3) DIN 4109, Schallschutz im Hochbau, DIN, Berlin, 1989

(4) Gerretsen, E., "Calculation of sound transmission between dwellings by partitions and flanking structures", Applied Acoustics 12 (1979), 413-433

(5) Gerretsen, E., "Calculation of airborne and impact sound insulation between dwellings", Applied Acoustics 19 (1986), 245-264

(6) Gösele, K., "Untersuchungen zur Schall-längsleitung in Bauten", Berichte aus der Bauforschung, Heft 56 (1968), 25-35

(7) Guide Qualitel, Association Qualitel, Paris, 1989

(8) Heckl, M., "Die Schalldämmung von homogenen Einfachwanden endlicher Fläche", Acustica 20 (1968)

(9) Homb, A. e.a., "Lydisolerende konstruksjoner", NBI, 1983

(10) Josse, R. and J. Lamure, "Transmission du son par une paroi simple", Acustica 14 (1964)

(11) Ljunggren, S. "Airborne sound insulation of thin walls", JASA 89 (1991)

(12) Ljunggren, S., "Airborne sound insulation of thick walls", JASA 89 (1991)

(13) Maidanik, G., "Response of ribbed panels to reverberant acoustic fields", JASA 34 (1962)

(14) Mechel, F.P., "Schall-Längsdämmung von Unterdecken", WKSB, Zeitschrift für Wärme-Kälte-, Schall- und Brandschutz, special issue, August 1980, 16-29

(15) ÖNORM B 8115, Schallschutz und Raumakustik im Hochbau, ON, Wien, 1992

(16) Sewell, E.C., "Transmission of reverberant sound through a single-leaf partition surrounded by an infinite rigid baffle", Journal of Sound and Vibration 12 (1970), 21-32

(17) Gerretsen, E., "European developments in prediction models for building acoustics". Acta Acustica 2 (1994), 205-214

Anhang A (normativ)

Formelzeichen

	Physikalische Große	EINHEIT
a	äquivalente Absorptionslänge eines Bauteils	[m]
a_{situ}	äquivalente Absorptionslänge eines Bauteils unter den tatsächlichen Baubedingungen	[m]
A	äquivalente Absorptionsfläche im Senderaum	[m^2]
A_0	Bezugs-Absorptionsfläche; für Wohnungen vorgegeben zu 10 m^2	[m^2]
A_h	äquivalente Absorptionsfläche eines Vorraumes	[m^2]
c_B	Biegewellengeschwindigkeit	[m/s]
c_L	Longitudinalwellengeschwindigkeit	[m/s]
C_α	Korrekturglied für die Absorption über einer abgehängten Unterdecke	[dB]
$C_{TÜRLAGE}$	Korrekturglied für die Berücksichtigung der relativen Lage der Türen in einem Vorraum	[dB]
C	Spektrum-Anpassungswert 1 nach EN ISO 717	[dB]
C_{tr}	Spektrum-Anpassungswert 2 nach EN ISO 717	[dB]
c_0	Schallgeschwindigkeit in Luft (=340 m/s)	[m/s]
D_{nT}	Standard-Schallpegeldifferenz	[dB]
$D_{n,e}$	Norm-Schallpegeldifferenz für kleine Bauteile	[dB]
$D_{n,s}$	Norm-Schallpegeldifferenz für Luftschall-Nebenwegübertragung durch ein System s	[dB]
$D_{n,f}$	Norm-Flankenpegeldifferenz	[dB]
$D_{n,c}$	$D_{n,f}$ für eine abgehängte Unterdecke	[dB]
$D_{v,ij}$	Schnellepegeldifferenz an der Stoßstelle zwischen dem angeregten Bauteil i und dem Empfangsbauteil j	[dB]
$D_{v,ij,situ}$	richtungsgemittelte Schnellepegeldifferenz an der Stoßstelle zwischen den Bauteilen i und j unter den tatsächlichen Baubedingungen	[dB]

FORMEL-zeichen	Physikalische Größe	EINHEIT
d	Hohlraumtiefe bei Vorsatzschalen	[m]
E_l	Elastizitätsmodul einer Dämmschicht	[N/m^2]
f	Frequenz	[Hz]
f_c	Koinzidenz-Grenzfrequenz	[Hz]
$f_{c,\ eff}$	effektive Koinzidenz-Grenzfrequenz unter Berücksichtigung von Longitudinal- und Scherwellen	[Hz]
f_{ref}	Bezugsfrequenz (= 1000 Hz)	[Hz]
f_l	Eigenfrequenz für die Einwirkung flexibler Zwischenschichten an Stoßstellen	[Hz]
f_p	Plateaufrequenz für das Schalldämm-Maß	[Hz]
G_l	Schubmodul einer flexiblen Zwischenschicht	[N/m^2]
h_{pl}	freie Höhe des Hohlraums über der Decke	[m]
h_{lab}	Laborwert als Bezugswert für h_{pl} (= 0,7 m)	[m]
i, j	Indizes für ein Bauteil ;für einen Übertragungsweg ij bezeichnet i ein Bauteil im Senderaum (= F, D) und j einBauteil im Empfangsraum (= f, d)	[-]
k	Index für einen Rand eines Bauteils	[-]
K_{ij}	Stoßstellendämm-Maß für jeden Übertragungsweg ij an einer Stoßstelle	[dB
$K_{ij,\ min}$	Mindestwert für K_{ij} unter den tatsächlichen Baubedingungen	[dB
L_1	mittlerer Schalldruckpegel im Senderaum	[dB re 20 µPa]
L_2	mittlerer Schalldruckpegel im Empfangsraum	[dB re 20 µPa]
L_k	Länge des Randes k einer gesamten Decken- oder -fußbodenplatte zwischen tragenden Wänden	[m]
l_{ij}	gemeinsame Kopplungslänge zwischen dem Bauteil i und dem Bauteil j	[m]
l_f	gemeinsame Kopplungslänge zwischen dem flankierenden Bauteil f und dem trennenden Bauteil	[m]
l_{lab}	Laborwert als Bezugswert für l_{ij}	[m]
l_k	Länge des Randes k eines Bauteils	[m]
l_0	Bezugslänge (= 1 m)	[m]
m'	flächenbezogene Masse eines Bauteils	[kg/m^2]

Formelzeichen	Physikalische Größe	Einheit
M	lg ($m'_{\neq i}$ / m'_i)	
n	Anzahl der flankierenden Bauteile in einem Raum	[-]
R	Schalldämm-Maß eines Bauteils	[dB]
R_{situ}	Schalldämm-Maß eines Bauteils unter den tatsächlichen Baubedingungen	[dB]
R'	Bau-Schalldämm-Maß	[dB]
R_{ij}	Flankendämm-Maß	[dB]
R_s	Schalldämm-Maß eines trennenden Bauteils	[dB]
R_i	Schalldämm-Maß des Bauteils *i* im Senderaum	[dB]
$R_{i,\ situ}$	Schalldämm-Maß des Bauteils *i* unter den tatsächlichen Baubedingungen	[dB]
R_j	Schalldämm-Maß des Bauteils *j* im Empfangsraum	[dB]
$R_{j,\ situ}$	Schalldämm-Maß des Bauteils *j* unter den tatsächlichen Baubedingungen	[dB]
ΔR_s	Luftschallverbesserungsmaß durch Vorsatzkonstruktionen für das trennende Bauteil	[dB]
ΔR_D	Luftschallverbesserungsmaß durch Vorsatzkonstruktionen für das trennende Bauteil im Senderaum	[dB]
ΔR_d	Luftschallverbesserungsmaß durch Vorsatzkonstruktionen für das trennende Bauteil im Empfangsraum	[dB]
ΔR_i	Luftschallverbesserungsmaß durch Vorsatzkonstruktionen für das Bauteil *i*	[dB]
ΔR_j	Luftschallverbesserungsmaß durch Vorsatzkonstruktionen für das Bauteil *j*	[dB]
R_{hs}	Schalldämm-Maß für die Wand zwischen einem Vorraum und dem Senderaum	[dB]
R_{hr}	Schalldämm-Maß für die Wand zwischen einem Vorraum und dem Empfangsraum	[dB]
R_w	bewertetes Schalldämm-Maß nach EN ISO 717-1	[dB]
$R_{s,\ w}$	bewertetes Schalldämm-Maß des trennenden Bauteils	[dB]
$R_{F,\ w}$	bewertetes Schalldämm-Maß des flankierenden Bauteils F	[dB]
$R_{f,\ w}$	bewertetes Schalldämm-Maß des flankierenden Bauteils f	[dB]
$\Delta R_{Dd,\ w}$	gesamtes bewertetes Luftschallverbesserungsmaß durch eine zusätzliche Vorsatz-konstruktion auf der Sende- und Empfangsseite des trennenden Bauteils	[dB]

FORMEL-zeichen	Physikalische Größe	EINHEIT
$\Delta R_{Ff,\ w}$	gesamtes bewertetes Luftschallverbesserungsmaß durch eine zusätzliche Vorsatz-konstruktion auf der Sende- und Empfangsseite des flankierenden Bauteils	[dB]
$\Delta R_{Fd,\ w}$	gesamtes bewertetes Luftschallverbesserungsmaß durch die zusätzliche Vorsatz-konstruktion am flankierenden Bauteil auf der Sendeseite und/oder dem trennenden Bauteil aufder Empfangsseite	[dB]
$\Delta R_{Df,\ w}$	gesamtes bewertetes Luftschallverbesserungsmaß durch die zusätzliche Vorsatz-konstruktion am trennenden Bauteil auf der Sendeseite und/oder dem flankierenden Bauteil auf der Empfangsseite	
S_{rec}	Fläche des vom Empfangsraum gesehenen Teils eines Fußbodens	[m^2]
S_{tot}	Gesamtfläche einer Decke zwischen tragenden Konstruktionen	[m^2]
S_{hs}, S_{hr}	Wandfläche zwischen dem Vorraum und dem Sende- bzw. Empfangsraum	[m^2]
S_{cs}, S_{cr}	Fläche der Decke im Sende- bzw. Empfangsraum	[m^2]
S_{lab}	Laborwert als Bezugswert für S_{cs} und S_{cr} (= 20 m^2)	[m^2]
S_s	Fläche des trennenden Bauteils	[m^2]
S_i, S_j	Fläche eines Bauteils im Senderaum (*i*) bzw. im Empfangsraum (*j*)	[m^2]
t	Dicke eines Bauteils	[m]
t_a	Dicke einer absorbierenden Auflage (bei Unterdecken)	[m]
t_l	Dicke einer Dämmschicht	[m]
T	Nachhallzeit im Senderaum	[s]
T_0	Bezugsnachhallzeit; für Wohnungen vorgegeben zu 0,5 s	[s]
$T_{s,\ lab}$	Körperschall-Nachhallzeit für ein (homogenes) Bauteil im Prüfstand	[s]
$T_{s,\ situ}$	Körperschall-Nachhallzeit für ein Bauteil unter den tatsächlichen Baubedingungen	[s]
V	Rauminhalt des Empfangsraumes	[m^3]
v^2_i	mittlere quadratische Schnelle auf dem Bauteil *i* (freie Wellen)	[(m/s)^2]
v^2_j	mittlere quadratische Schnelle auf dem Bauteil *j* (freie Wellen)	[(m/s)^2]
W_{tot}	in den Empfangsraum abgestrahlte Gesamtschalleistung	[W]

FORMEL-zeichen	Physikalische Größe	EINHEIT
W_{ij}	abgestrahlte Schalleistung des Bauteils *j* infolge des auf das Bauteil *i* treffenden Schalles	[W]
W_1	auf ein Prüfteil im Senderaum treffende Schalleistung	[W]
W_2	von einem Prüfteil in den Empfangsraum abgestrahlte Schalleistung infolge des auf dieses Prüfteil im Senderaum treffenden Schalls	[W]
w	Index zur Angabe, daß es sich um bewertete Schalldämm-Maße nach EN ISO 717-1 handelt	[-]
α_k	Körperschall-Absorptionsgrad für ein Biegewellenfeld am Rand *k* eines Bauteils	[-]
γ_{ij}	Körperschall-Transmissionsgrad für das Biegewellenfeld an einer Verbindungsstelle zwischen den Bauteilen *i* und *j*	[-]
Δ_i	Minderung des Stoßstellendämm-Maßes durch eine flexible Schicht	[dB
η_{tot}	Gesamtverlustfaktor	[-]
$\eta_{tot,\ lab}$	Gesamtverlustfaktor unter Prüfstandbedingungen	[-]
η_{int}	innerer Verlustfaktor	[-]
ρ	Dichte	[kg/m³]
ρ_0	Dichte der Luft	[kg/m³]
σ	Abstrahlgrad für freie Biegewellen	[-]
σ_f	Abstrahlgrad für erzwungene Wellen	[-]
τ	Transmissionsgrad (Schalleistungsverhältnis)	[-]
τ_{ij}	Transmissionsgrad flankierender Bauteile	[-]
τ'	Verhältnis der im Empfangsraum abgestrahlten Gesamtschalleistung zur auf den gemeinsamen Teil des trennenden Bauteils treffenden Schalleistung	[-]
τ_d	Verhältnis der vom gemeinsamen Teil des trennenden Bauteils abgestrahlten Gesamt-schalleistung zur auf den gemeinsamen Teil des trennenden Bauteils treffenden Schalleistung bestehend aus den Wegen Dd und Fd	[-]
τ_f	Verhältnis der im Empfangsraum von einer flankierenden Baukonstruktion f abgestrahlten Schalleistung zur auf den gemeinsamen Teil des trennenden Bauteils treffenden Schalleistung; bestehend aus den Wegen Ff und Df	[-]

τ_s	Verhältnis der im Empfangsraum durch ein indirektes Luftschallübertragungssystem s abgestrahlten Schalleistung zur auf den gemeinsamen Teil des trennenden Bauteils treffenden Schalleistung	[-]
τ_e	Verhältnis der im Empfangsraum durch ein kleines Bauteil des trennenden Bauteils infolge direkter Luftschallübertragung des auf dieses Element treffenden Schalls abgestrahlten Schalleistung zur auf den gemeinsamen Teil des trennenden Bauteils treffenden Schalleistung	[-]

Anhang B (informativ)

Schalldämm-Maß für monolithische Bauteile

B.1 Schalldämm-Maß in Frequenzbändern

Für übliche monolithische Baukonstruktionen kann die Labor-Schalldämmung genau berechnet werden (siehe Literatur). In diesem Falle entfällt der Beitrag der erzwungenen Übertragung für Flankenübertragungswege. Für die Rechnungen ist der durch den Prüfstand beeinflußte Gesamtverlustfaktor von Bedeutung; der Einfluß des Prüfstandes ist nach den Festlegungen in EN ISO 140-1 zu berücksichtigen (siehe Anhang C).

Es können folgende Gleichungen verwendet werden :

$$R = -10 \lg \tau$$

$$\tau = \left(\frac{2\rho_0 c_0}{2\pi f m'}\right)^2 \frac{\pi f_c \sigma^2}{2 f \eta_{tot}} \qquad f > f_c$$

(B.1)

$$\tau = \left(\frac{2\rho_0 c_0}{2\pi f m'}\right)^2 \frac{\pi \sigma^2}{2 \eta_{tot}} \qquad f \approx f_c$$

$$\tau = \left(\frac{2\rho_0 c_0}{2\pi f m'}\right)^2 \left(2\sigma_f \frac{(l_1 + l_2)^2}{l_1^2 + l_2^2} \sqrt{\frac{f_c}{f}} \frac{\sigma^2}{\eta_{tot}}\right) \qquad f < f_c$$

Dabei sind :

m'	die flächenbezogene Masse, in Kilogramm pro Quadratmeter ;
f_c	die Koinzidenz-Grenzfrequenz (= $c_0^2/(1,8\, c_L\, t)$, in Hertz ;
η_{tot}	der Gesamtverlustfaktor (zu den Prüfstandbedingungen siehe Anhang C) ;
σ	der Abstrahlgrad für freie Biegewellen ;
σ_f	der Abstrahlgrad für erzwungene Übertragung ;
l_1, l_2	die Längen der Ränder des (rechteckigen) Bauteils, in Metern.

Diese Beziehungen basieren auf [10], der Abstrahlgrad für freie Wellen wird nach [13] berechnet, der Abstrahlgrad für erzwungene Wellen nach [16]. Der Gesamtverlustfaktor für die Prüfstandbedingungen wird nach Anhang C berechnet.

Oberhalb der Grenzfrequenz wird diese Grenzfrequenz in der Rechnung durch eine effektive kritische Frequenz ersetzt, um andere Wellentypen, die für dicke Wände von Bedeutung sind und/oder höhere Frequenzen [5, 12] zu berücksichtigen gemäß :

$$f_{c,eff} = f_c \left(4{,}05 \frac{tf}{c_L} + \sqrt{1 + \left(4{,}05 \frac{tf}{c_L} \right)} \right) \qquad f < f_p$$

(B.2)

$$f_{c,eff} = 2 f_c \left(\frac{f}{f_p} \right) \text{ mit } f_p = \frac{c_L}{5{,}5\,t} \qquad f \geq f_p$$

Dabei sind :

t die Dicke des Bauteils, in Metern ;

c_L die Longitudinalwellengeschwindigkeit im Werkstoff, in Metern pro Sekunde.

Auf der Grundlage von Berechnungen nach diesem Modell sind in Tabelle B.2 einige Beispiele für das Schalldämm-Maß in Oktavbändern für monolithische Bauteile angegeben. Die Rechnungen wurden für Frequenzen im Terzbandbreite durchgeführt und die Ergebnisse über die Bandbreite von einer Oktave gemittelt, um einen glatten Übergang der Übertragung zwischen den drei Frequenzbereichen von Gleichung (B.1) sicherzustellen. Die verwendeten Werkstoffeigenschaften sind in Tabelle B.1 zusammengestellt.

Tabelle B.1 : Typische Werkstoffeigenschaften

Werkstoff	Dichte ρ (in kg/m^3)	Longitudinalwellen-geschwindigkeit c_L (in m/s)	Innerer Verlustfaktor η_{int} (-)
Beton	2300	3500	0,006
Kalksandstein	1750	2600	0,015
Leichtbeton	1300	1700	0,015
dampfgehärteter Porenbeton	650	1400	0,010

Tabelle B.2 : Berechnetes Schalldämm-Maß in Oktavbändern für einige monolithische Bauteile (Beispiele)

Bauteil	Masse in kg/m^2	Schalldämm-Maß (in dB) in Oktavbändern (in Hz)						$R_w(C, C_{tr})$
		125	250	500	1k	2k	4k	
120 mm Beton	276	34	36	46	54	62	69	49 (- 2,- 6)
260 mm Beton	598	42	51	59	67	74	75	61 (- 1,- 7)
110 mm Kalksand-Steine	193	34	33	39	49	58	65	44 (- 1,- 4)
240 mm Kalksand-Steine	420	38	46	54	62	68	68	56 (- 1,- 6)
120 mm Leichtbeton	156	36	34	35	44	53	56	42 (- 1,- 3)
300 mm Leichtbeton	390	37	42	51	58	58	58	54 (- 2,- 6)
100 mm Porenbeton-steine	65	30	31	27	32	41	45	32 (0,- 1)
200 mm Porenbeton-steine	130	30	29	34	43	46	46	39 (- 1,- 3)

B.2 Bewertetes Schalldämm-Maß

Auf der Grundlage von Berechnungen nach dem Modell enthält B.1 Angaben über das bewertete Schalldämm-Maß R_W für monolithische Bauteile in Bild B1 in Abhängigkeit von der flächenbezogenen Masse für einige übliche Werkstoffe (siehe Tabelle B.1). Die Einzahl-Bewertungen werden aus den Oktavbandwerten nach EN ISO 717/1 (Entwurf 1992) berechnet.

Diese Angaben können als angemessen sichere Abschätzung verwendet werden, wenn keine gemessenen Werte verfügbar sind; sie gelten für homogene einschalige Bauteile aus Tonziegeln, Beton, Kalksandsteinen, Gipsbausteinen, dampfgehärtetem Porenbeton und verschiedene Arten von Leichtbeton. Bauteile mit Löchern können nicht als homogen angesehen werden, wenn nicht die Abmessungen der Löcher klein sind und ihre Anzahl gering ist (weniger als15 % des Volumens).

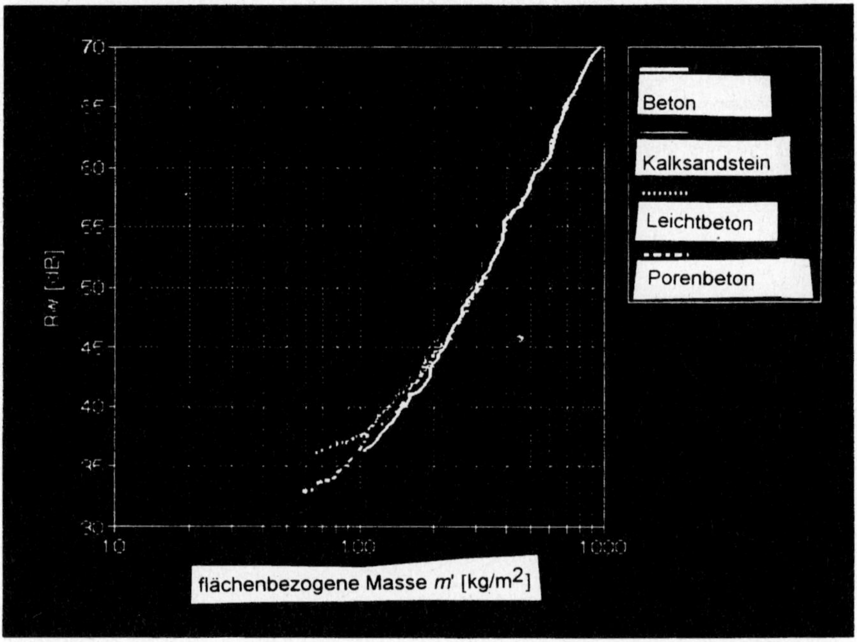

Bild B1 : Bewertetes Schalldämm-Maß für einige übliche monolithische Bauteile nach Tabelle B.2

Für m' > 150 kg/m^2 können die Angaben im Bild als sicherer Mittelwert dargestellt werden durch

$$R_w = 37{,}5 \lg m - 42 \text{ dB} \quad \text{(B.3)}$$

Für die entsprechenden Spektrum-Anpassungswerte gilt:

C ist etwa konstant: -1 bis - 2 dB für die höheren Flächenmassen

$$C_{tr} = 16 - 9 \lg m' \text{ dB, in der Grenze von } -7 \leq C_{tr} \leq -1 \text{ dB.} \quad \text{(B.4)}$$

Ein Vergleich mit Meßergebnissen aus verschiedenen Laboratorien über die letzten dreißig Jahre hat gezeigt, daß die Meßergebnisse in einem Bereich von - 4 dB bis + 8 dB um die angegebenen Geraden liegen. Diese relativ große Streuung ist durch mehrere Faktoren bedingt, die zum einen mit den besonderen Bauteileigenschaften, zum anderen aber auch mit den verwendeten Prüfständen und Meßverfahren zusammenhängen. Es ist zu erwarten, daß die Meßergebnisse nach den neuen Entwürfen für EN ISO 140 nur noch etwa die halbe Streubreite aufweisen werden. Das spiegelt sich in den unterschiedlichen empirischen "Massegesetz"-Beziehungen wider, die innerhalb Europas verwendet wurden und noch verwendet werden; Beispiele dafür sind in Bild B2 wiedergegeben.

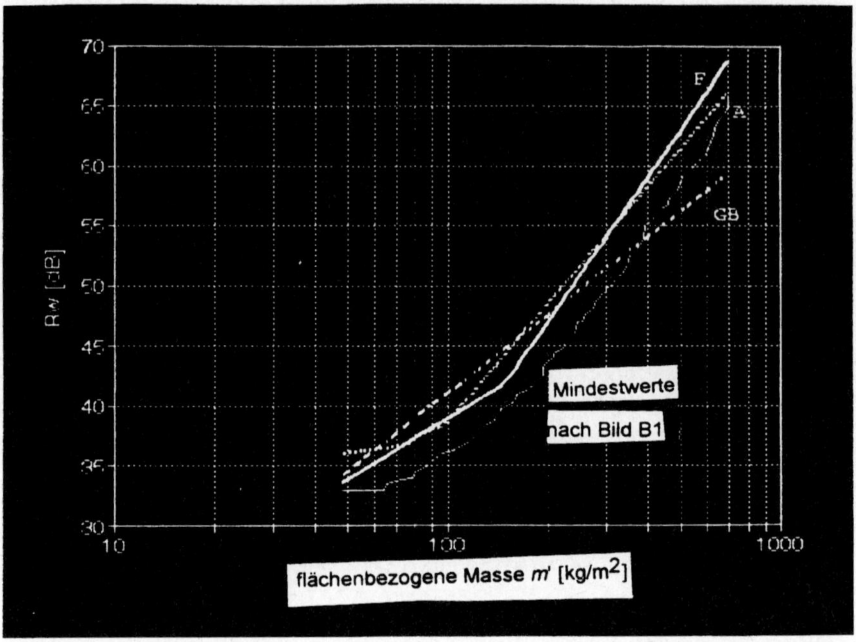

Bild B2 . Vorliegende empirische Beziehungen für das bewertete Schalldämm-Maß homogener Bauteile (A, F, GB); zum Vergleich sind die Mindestwerte aus Bild B1 angegeben

Die Angaben in diesem Bild können durch folgende Beziehungen dargestellt werden :

A, $m' \geq 100\ \mathrm{kg/m^2}$: $R_W = 32{,}4\ \lg m' - 26{,}0$ dB

F, $m' \geq 150\mathrm{kg/m^2}$: $R_W = 40{,}0 \lg m' - 45{,}0; C = -1$ dB (B.5)

GB $m' \geq 50\mathrm{kg/m^2}$: $R_W = 21{,}65 \lg m' - 2{,}3 \pm 1$ dB

Anhang C (informativ)

Körperschall-Nachhallzeit von Bauteilen

Die Nachhallzeit eines Bauteils T_S kann aus dem Gesamtverlustfaktor berechnet werden, der sich aus den inneren Verlusten, den Verlusten infolge Abstrahlung und den Verlusten an den Rändern des Bauteils sammensetzt :

$$T_S = \frac{2,2}{f\eta_{tot}}$$

(C.1)

$$\eta_{tot} = \eta_{int} + \frac{2\rho_0 c_0 \sigma}{2\pi f m'} + \frac{c_0}{\pi^2 S\sqrt{f f_c}} \sum_{k=1}^{4} l_k \alpha_k$$

Dabei sind :

α_k der Körperschall-Absorptionsgrad für Biegewellen am Rand k ;

η_{int} der innere Verlustfaktor des Werkstoffs ;

η_{tot} der Gesamtverlustfaktor.

Für Berechnungen in Terzbändern kann die Frequenz als Mittenfrequenz des betreffenden Bandes angenommen werden. Für Berechnungen in Oktavbändern ergibt sich der beste Schätzwert bei Verwendung der Mittenfrequenz des unteren Terzbandes im betrachteten Oktavband.

Der innere Verlustfaktor für die üblichen homogenen Baustoffe beträgt etwa 0,01 Die Abstrahlverluste können üblicherweise vernachlässigt werden. Die Schallabsorptionsgrade hängen von der Bausituation und den am jeweiligen Rand eingebundenen Bauteilen ab

Baubedingungen

Der Körperschall-Absorptionsgrad an einem Rand variiert je nach Bausituation zwischen 0,05 und 0,5.

Dieser Körperschall-Absorptionsgrad α_k für ein Bauteil i kann aus dem Stoßstellendämm-Maß (K_{ij}) an diesem Rand zwischen dem betrachteten Bauteil i und den Bauteilen j, die mit ihm an diesem Rand verbunden sind, abgeleitet werden:

$$\alpha_k = \sum_{j=1}^{3} \sqrt{\frac{f_{c,j}}{f_{ref}}} 10^{-K_{ij}/10} \qquad (C.2)$$

Dabei sind :

f_c die Grenzfrequenz, in Hertz ;

f_{ref} die Bezugsfrequenz, in Hertz, f_{ref} = 1000 Hz ;

j gibt die Bauteile an, die mit dem betrachteten Bauteil i am Rand k verbunden sind.

Stellt die betrachtete Fläche einen Teil eines größeren Bauteils dar und werden die Ränder von leichten Bauteilen gebildet, so kann die tatsächliche Körperschall-Nachhallzeit des Bauteils infolge des Rückflusses von Körperschallenergie vom Verhalten des größeren Bauteils als Ganzes beeinflußt oder bestimmt werden. Dieser Effekt kann durch Maximierung des Summengliedes in Gleichung (B.1) für eine Teilfläche S eines größeren Bauteils berücksichtigt werden :

$$\sum_{k=1}^{4} l_k \alpha_k \le \sum_{k=1}^{4} L_k \alpha_k \qquad (C.3)$$

Dabei sind :

L_k die Länge des Randes k der gesamten Deckenplatte, in Metern ;

α_k der Körperschall-Absorptionsgrad des Randes k der gesamten Deckenplatte.

Bei dieser Vorgehensweise wird eine effektive Körperschall-Nachhallzeit des Bauteils berechnet, die nicht die tatsächliche Körperschall-Nachhallzeit des Bauteils darstellt, aber die korrekten Ergebnisse für das Bau-Schalldämm-Maß liefert. Die tatsächliche Körperschall-Nachhallzeit des Bauteils ist um den Faktor S_{tot}/S größer.

Prüfstandbedingungen

Für Messungen am Prüfstand nach EN ISO 140-3 beträgt der mittlere Körperschall-Absorptionsgrad für Biegewellennach EN ISO 140-1 (Entwurf) etwa 0,15 für schwere Bauteile (etwa 400 kg/m^2). Dies kann durch einen schweren Rahmen um eine Prüföffnung aus 600 mm Beton repräsentiert werden. Für diese Bedingungen kann α_k berechnet werden gemäß:

$$\alpha_k = \alpha(1 - 0,9999\alpha)$$

$$\alpha = \frac{1}{3}\left[\frac{2\sqrt{\chi\psi}\,(1+\chi)(1+\psi)}{\chi(1+\psi)^2 + 2\psi\left(1+\chi^2\right)}\right]^2 \qquad (C.4)$$

$$\chi = \sqrt{\frac{31,1}{f_c}} \qquad \psi = 44,3\frac{f_c}{m'}$$

Diesem liegt eine an diffuse Schallfelder angepaßte eindimensionale Theorie zugrunde [2].

Auf dieser Grundlage kann der Gesamtverlustfaktor unter Laborbedingungen berechnet werden zu :

$$\eta_{tot,lab} \approx \eta_{int} + \frac{m'}{485\sqrt{f}} \qquad (C.5)$$

Diese Gleichung gilt für Bauteile mit einer Masse pro Flächeneinheit unter *m'* = 800 kg/m^2; η_{int} kann üblicherweise zu 0,01 angenommen werden.

ANMERKUNG : Für einen bestimmten Prüfstand können die Werte wie unter Baubedingungen berechnet werden, indem geeignete Werte für das Stoßstellendämm-Maß an den Rändern der Prüföffnung verwendet werden.

Anhang D (informativ)

Luftschallverbesserungsmaß von Vorsatzkonstruktionen

D.1 Verbesserung des Schalldämm-Maßes durch Vorsatzkonstruktionen

Die Verbesserung der Schalldämmung durch eine Vorsatzkonstruktion, z. B. eine federnd befestigten Vorsatzschale vor einer Wand, einem schwimmend verlegten Estrich oder eine abgehängten Unterdecke, ist für Flankenübertragung und Direktübertragung grundsätzlich verschieden und hängt außerdem von der Art des Grundbauteils ab, an dem die Vorsatzkonstruktion angebracht ist. Sie sollte deshalb sowohl für die Direkt- als auch für die Flankenübertragung durch Messungen in einem Prüfstand mit dem gleichen Grundbauteil ermittelt werden, das unter der betreffenden Bausituation eingesetzt wird.

Zur Zeit steht kein genormtes Meßverfahren zur Verfügung, und es gibt auch keine Möglichkeiten, die Einwirkung der Flankenübertragung abzuleiten oder die Ergebnisse bei Änderungen des Grundbauteils zu korrigieren. Im folgenden werden Informationen über eine mindestens zur Zeit realistische und praktische Vorgehensweise gegeben.

Direktübertragung, ΔR

- Die Verbesserung durch eine Vorsatzkonstruktion wird als Differenz des nach EN ISO 140-3 gemessenen Schalldämm-Maßes zwischen einem Grundbauteil mit Vorsatzschale und dem Grundbauteil allein ermittelt. Um zumindest vergleichbare Ergebnisse zu erhalten, ist als genormtes Grundbauteil ein homogenes, verputztes Bauteil mit einer flächenbezogenen Masse von (250 ± 50) kg/m^2 zu verwenden. Dabei sollte sorgfältig beachtet werden, daß das Schalldämm-Maß für das Grundbauteil allein nicht durch indirekte Luftschallübertragung über Leckstellen im Bauteil und um die Kanten herum beeinflußt wird. Es dürfen zusätzlich weitere Grundbauteile verwendet werden.

- Die Prüfstandergebnisse für das genormte Grundbauteil sind bei den Berechnungen für die Direktübertragung anzuwenden, soweit nicht Ergebnisse für ein geeigneteres Grundbauteil zur Verfügung stehen.

  ANMERKUNG : Die Verbesserung wird im allgemeinen bei zunehmender flächenbezogener Masse des Grundbauteils kleiner, hauptsächlich infolge der direkten oder der Nebenweg- (an den Rändern) Kopplung zwischen Schicht und Grundbauteil. Das Ergebnis für das genormte Grundbauteil ist deshalb meist korrekt oder liegt auf der sicheren Seite.

Einige typische Beispiele für die Verbesserung durch Vorsatzkonstruktionen sind in Tabelle D.1 angegeben.

Flankenübertragung

- Die Verbesserung kann durch Messungen am Bau oder in besonderen Prüfständen im Labor, bei denen sichergestellt ist, daß die Übertragung nur über einen Flankenübertragungsweg (d. h. den Weg Ff) erfolgt, ermittelt werden. Das läßt sich durch besondere Bauweisen und/oder Verwendung hochwirksamer Vorsatzschalen an Wänden und Deckenauflagen erreichen, die alle weiteren Übertragungswege unterdrücken. Das Luftschallverbesserungsmaß ergibt sich aus der Verbesserung der Schallübertragung mit und ohne geprüfte Vorsatzschale, angewendet auf eines der am betreffenden Flankenübertragungsweg beteiligten Bauteile. Um zumindest vergleichbare Ergebnisse zu erhalten, wird empfohlen, als Bauteil, an dem die Vorsatzschale angebracht werden soll, ein homogenes, verputztes Bauteil mit einer flächenbezogenen Masse von (250 ± 50) kg/m^2 zu verwenden. Dabei sollte sorgfältig beachtet werden, daß das Schalldämm-Maß für das Grundbauteil allein nicht durch indirekte Luftschallübertragung über Leckstellen im Bauteil und um die Kanten herum beeinflußt wird. Es dürfen zusätzlich weitere Grundbauteile verwendet werden.

- Die Ergebnisse für das genormte Grundbauteil sind bei den Berechnungen für die Flankenübertragung anzuwenden, soweit nicht Ergebnisse für ein geeigneteres Grundbauteil zur Verfügung stehen.

- Es kann vernünftig eingeschätzt werden, daβ das Luftschallverbesserungsmaβ für Flankenübertragung und das Verbesserungsmaβ für Direktübertragung als gleich betrachtet werden können.

ANMERKUNG: Die Verbesserung für die Flankenübertragung kann von der für die Direktübertragung abweichen. Bei niedrigen Frequenzen, die niedriger sind als die kritische Frequenz der Vorsatzschale und die Frequenz, bei der Koppelwirkungen auftreten, ist das durch die beteiligte unterschiedliche Anregung bedingt, während bei höheren Frequenzen die Ursache hauptsächlich die Auswirkung von Leckstellen im Grundbauteil für die Messungen ohne Vorschalen ist.

Einige typische Beispiele für die Verbesserung des Schalldämm-Maßes bei Flankenübertragung durch Vorsatzschalen an einer flankierenden Wand sind in Tabelle D.2 angegeben.

Tabelle D.1 : Luftschallverbesserungsmaß Δ *R* von Vorsatzschalen (Beispiele)

Aufbau der Vorsatzschale	Δ *R* [dB] in Oktavbändern [Hz]					Δ R_W [dB]
	125	250	500	1k	2k	
Grundwand 100-mm-Gipsbausteine, 80 kg/m²:						
12,5 mm Gipskartonplatte, verputzt; 44 mm Hohlraum mit 25 mm Mineralwolle, ohne Schraubbolzen	2	14	23	24	19	18
12,5 mm Gipskartonplatte, verputzt; 73 mm Hohlraum mit 50 mm Mineralwolle; Holzschrauben	8	15	23	25	21	21
12,5 mm Gipskartonplatte, verputzt; 60 mm Hohlraum mit 50 mm Mineralwolle; Metallstege, ohne Wandverbindung	8	15	24	25	20	21
Grundwand 175 mm Porenbeton, verputzt, 135 kg/m²:						
12,5 mm Gipskartonplatte, verputzt; 40 mm Mineralwolle; Metallstege *	12	14	15	17	15	15
35 mm Porenbeton; 50 mm Mineralwolle; ohne Ständerwerk *	11	14	16	14	13	14
Grundwand 100 mm Kalksandsteine, 180 kg/m²:						
2 ´ 12,5 mm Gipskartonplatte; 20 mm Porenbeton; ohne Ständerwerk	5	19	30	41	42	23
Grundwand 300 mm Hochlochziegel, verputzt, 240 kg/m²:						
15 mm Zementputz; 30 mm Mineralwolle;ohne Ständerwerk *	- 4	5	9	11	15	7
15 mm Zementputz; 50 mm Mineralwolle; ohne Ständerwerk *	- 5	5	8	10	14	6
* Dieselbe Baukonstruktion wie in Tabelle D.2.						

Tabelle D.2 : Luftschallverbesserungsmaß Δ *R* für die Flankenübertragung vonVorsatzschalen an einer flankierenden Wand (Beispiele); gleichartige Baukonstruktionen wie in Tabelle D.1 sind mit * gekennzeichnet

Aufbau der Vorsatzschale	Δ *R* [dB] in Oktavbändern [Hz]					ΔR_W [dB]
	125	250	500	1k	2k	
Grundwand 175 mm Porenbeton, verputzt, 135 kg/m²:						
12,5 mm Gipskartonplatte, verputzt; 40 mm Mineralwolle; Metallständerwerk	6	12	14	14	14	13
35 mm Porenbeton; 50 mm Mineralwolle; ohne Ständerwerk	5	8	13	11	13	12
Grundwand 300 mm Hochlochziegel, verputzt, 240 kg/m²:						
15 mm Zementputz; 30 mm Mineralwolle;ohne Ständerwerk	- 3	5	10	12	13	6
15 mm Zementputz; 50 mm Mineralwolle; ohne Ständerwerk	- 3	6	10	12	15	5

D.2 Bewertetes Luftschallverbesserungsmaß von Vorsatzkonstruktionen

Sind Vorsatzkonstruktionen (Vorsatzschalen an Wänden, schwimmend Estriche oder Unterdecken) an einem homogenen Grundbauteil (trennenden oder flankierenden Bauteilen) befestigt, so kann die Dämmung des Luftschalls in Abhängigkeit von der Resonanzfrequenz f_0 des Systems verbessert oder gemindert werden.

Für Bauteile, bei denen die Dämmschicht unmittelbar am Grundbauteil befestigt ist (ohne Ständerwerk oder Lattung), wird die Resonanzfrequenz f_0 berechnet nach

$$f_0 = 160 \sqrt{S' \left(\frac{1}{m'_1} + \frac{1}{m'_2} \right)} \qquad \text{(D.1)}$$

Dabei sind :

S' die dynamische Steifigkeit der Dämmschicht nach EN 29 052-1, in Meganewton pro Kubikmeter ;

m'_1 die flächenbezogene Masse des Grundbauteils, in Kilogramm pro Quadratmeter ;

m'_2 die flächenbezogene Masse der Vorsatzkonstruktion, in Kilogramm pro Quadratmeter.

Für Vorsatzkonstruktionen mit Metall- oder Holzständerwerk oder auf Lattung, die nicht unmittelbar am Grundbauteil befestigt sind und deren Hohlraum mit einer porösen Dämmschicht mit einem längenbezogenen Strömungswiderstand $r \geq 5$ kPa s/m^2 nach EN 29 053 ausgefüllt ist, wird die Resonanzfrequenz berechnet nach :

$$f_0 = 160 \sqrt{\frac{0{,}08}{d} \left(\frac{1}{m'_1} + \frac{1}{m'_2} \right)} \qquad \text{(D.2)}$$

Dabei ist :

d die Hohlraumtiefe, in Metern.

Für Grundbauteile mit einem bewerteten Schalldämm-Maß im Bereich von $20 \leq R_w \leq 60$ dB kann das sich durch eine Vorsatzkonstruktion ergebende bewertete Luftschallverbesserungsmaß in Abhängigkeit von der Resonanzfrequenz f_0 (gerundet auf den nächsten ganzzahligen Wert) nach Tabelle D.3 abgeschätzt werden. Für Resonanzfrequenzen unter 200 Hz hängt der Wert außerdem vom bewerteten Schalldämm-Maß des unverkleideten Grundbauteils ab; dies ist in Bild D1 dargestellt.

Tabelle D.3 : Bewertetes Luftschallverbesserungsmaß durch eine Vorsatzkonstruktion in Abhängigkeit von der Resonanzfrequenz

Resonanzfrequenz in Hz	ΔR_w in dB
$f_0 \leq 80$	35 - $R_w/2$
$80 < f_0 \leq 125$	32 - $R_w/2$
$125 < f_0 \leq 200$	28 - $R_w/2$
$200 < f_0 \leq 250$	- 2
$250 < f_0 \leq 315$	- 4
$315 < f_0 \leq 400$	- 6
$400 < f_0 \leq 500$	- 8
$500 < f_0 \leq 1600$	- 10
$f_0 > 1600$	- 5
ANMERKUNG : R_w bezeichnet das bewertete Schalldämm-Maß der Rohwand oder Rohdecke in dB.	

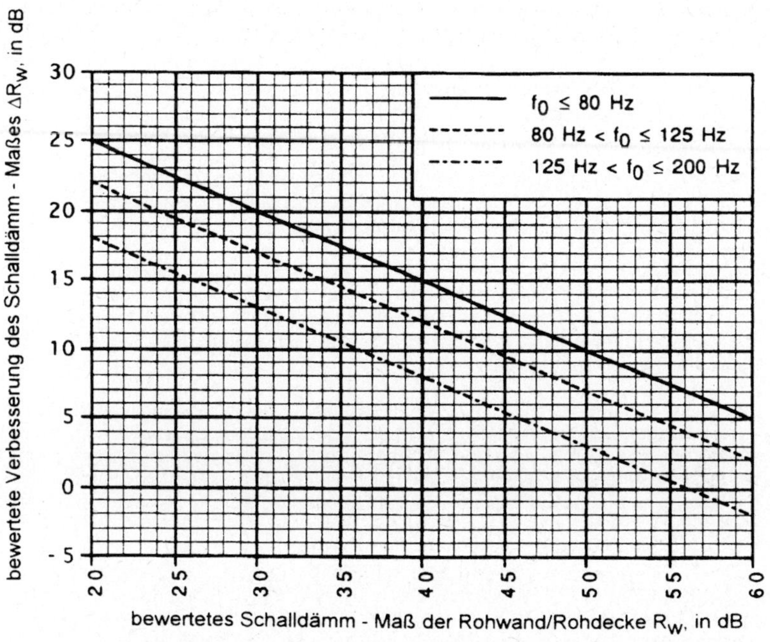

Bild D1 : Bewertetes Luftschallverbesserungsmaß durch eine Vorsatzkonstruktion mit einer Resonanzfrequenz unter 200 Hz in Abhängigkeit von R_W für das Grundbauteil

Anhang E (informativ)

Stoßstellendämm-Maß für Stoßstellen

Ermittlungsverfahren

Das Stoßstellendämm-Maß K_{ij} ist in Gleichung (10) in Abhängigkeit von der Schnellepegeldifferenz an einer Stoßstelle in beiden Richtungen unter Berücksichtigung der Körperschall-Nachhallzeit der beteiligten Bauteile, soweit von Belang, definiert.

Es kann deshalb aus Messungen der Schnellepegeldifferenz $D_{V,\,ij}$ und $D_{V,\,ji}$ an einer Stoßstelle abgeleitet werden.Im allgemeinen bezeichnen sich diese auf die nicht angeregte Seite des Bauteils i ("Außenseite") und dieabstrahlende Seite des Bauteils j ("Innenseite"); bei mehr oder weniger homogenen Konstruktionen ist die Seite des Bauteils selbstverständlich ohne Belang, nicht jedoch bei zweischaligen Bauteilen.

Die Körperschall-Nachhallzeit für das Bauteil ist grundsätzlich für beide beteiligte Bauteile zu ermitteln. Bei zweischaligen Leichtbauteilen - z. B. Holz- oder Metallsänderwänden, Holzbalkendecken - braucht die Körperschall-Nachhallzeit jedoch nicht gemessen werden und ist gleich $T_{s,\,ref}$ zu setzen. Bei anderen Bauteilen mit höherem innerem Verlustfaktor (größer als 0,03) könnte die Körperschall-Nachhallzeit des Bauteils ebenfalls gleich $T_{s\,,ref}$ angenommen werden.

> ANMERKUNG : Ein genormtes Meßverfahren zur Ermittlung dieser Größe wird im Schriftstück prEN 126... (CEN/TC 126/WG 6) angegeben. Es ist wahrscheinlich möglich, das genormte Meßverfahren auch in Bausituationen anzuwenden, um diese Größe für die Kennzeichnung einer Stoßstelle abzuleiten.

Für homogene Bauteile kann das Stoßstellendämm-Maß durch den Körperschall-Transmissionsgrad γ_{ij} für die Übertragung an der Übergangsstelle zwischen den Bauteilen i und j beschrieben werden :

$$K_{ij} = -10 \lg \gamma_{ij} + 5 \lg \frac{f_{c,j}}{f_{ref}} = -10 \lg \gamma_{ji} + 5 \lg \frac{f_{c,i}}{f_{ref}} \text{ dB} \qquad (E.1)$$

Dabei sind :

f_c die Koinzidenz-Grenzfrequenz, in Hertz ;

f_{ref} die Bezugsfrequenz, in Hertz, f_{ref} = 1000 Hz.

Somit könnte für diese Art von Bauteilen das Stoßstellendämm-Maß auch aus den gemessenen oder berechneten Werten für den Leistungsübertragungsfaktor abgeleitet werden.

Empirische Angaben

Für die üblichen Arten von Stoßstellen werden Angaben über K_{ij} in Abhängigkeit von der flächenbezogenen Masse der mit der Stoßstelle verbundenen Bauteile, bezeichnet mit m_1 bzw m_2 , in diesem Anhang gemacht. Angaben stehen nur für Stoßstellen zur Verfügung, an denen die Fortsetzung des Bauteils jenseits der Stoßstelle dieselbe Flächenmasse hat. Die Beziehungen für K_{ij} werden in Abhängigkeit von der Größe M angegeben, die wie folgt definiert ist :

$$M = \lg \frac{m'_{\neq i}}{m'_i} \qquad (E.2)$$

Dabei sind :

m'_i die flächenbezogene Masse des Bauteils i im Übertragungsweg ij, in Kilogramm pro Quadratmeter ;

$m'_{\neq i}$ die flächenbezogene Masse des anderen die Stoßstelle bildenden Bauteiles senkrecht dazu, in Kilogramm pro Quadratmeter.

ANMERKUNG : Die Wahl des Massenverhältnisses in M für die Übertragung um die Ecke ist eigentlich willkürlich; da das Übertragungsmaß an der Verbindungsstelle reziprok ist, ist das Ergebnis für die Übertragung um die Ecke für M = lg m_1/m_2 oder M = lg m_2/m_1 das gleiche.

Diese Angaben sind aus verallgemeinerten Angaben über Schnellepegeldifferenzen an Stoßstellen aus der Literatur abgeleitet worden. Die weiteren Glieder in Gleichung (10) sind unter der Annahme berechnet worden, daß für das Stoßstellendämm-Maß gelten sollte, daß die berechnete Schnellepegeldifferenz an der Stoßstelle im Mittel für alle Bauteile und Baubedingungen korrekt sein sollte. Das führt im allgemeinen zu Werten für K_{ij}, die um 5 dB niedriger sind als die entsprechende richtungsgemittelte Schnellepegeldifferenz an der Stoßstelle. Liegen weitere einschlägige Angaben über die Schnellepegeldifferenz an Stoßstellen vor, so könnte gleichermaßen vorgegangen werden, um Werte für das Stoßstellendämm-Maß K_{ij} für die Anwendung des Modells abzuleiten.

Zur Zeit stehen keine ausreichenden Daten zur Verfügung , um Werte unmittelbar aus der angegebenen Beziehung (10) abzuleiten.

Die Übertragung ist im allgemeinen nur geringfügig von der Frequenz abhängig, zumindest im Frequenzbereich zwischen 125 Hz und 2000 Hz. Soweit möglich, werden Angaben über die Frequenzabhängigkeit in diesem Bereich gemacht; die einzusetzende Frequenz ist die Mittenfrequenz des betrachteten Terz- oder Oktavbandes. Außerhalb dieses Bereiches kann der Frequenzeinfluß größer sein, besonders bei Leichtbauteilen.

Es ist angegeben, in welchen Fällen die Körperschall-Nachhallzeit der Bauteile gleich der Bezugs-Körperschall-Nachhallzeit angenommen werden muß.

Für flexible Zwischenschichten wird die Verbesserung durch die Zwischenschicht an der starren Stoßstelle durch eine Frequenz f_l gekennzeichnet, die vom Schubmodul G und von der Dicke t_l der Zwischenschicht sowie von der Dichte ρ_1 und ρ_2 der verbundenen Bauteile abhängt. Diese Frequenz ändert sich wie $(G / t_l \sqrt{\rho_1 \rho_2})^{1,5}$. Der in (E.4) angegebene Schätzwert ist ein globaler Schätzwert für einige typisch Stoßstellen, der durch einen Wert von 100 MN/m^3 für E_l/t_l gekennzeichnet ist, wobei E_l den Elastizitätsmodul ($G_l \approx 0,3\ E_l$) und t_l die Dicke der Schicht bedeuten.

ANMERKUNG : Es laufen Untersuchungen, die eine Verbesserung dieser Beziehungen ermöglichen könnten, indem sie allgemeiner anwendbar für verschiedene Arten von Zwischenschichten gemacht werden.

Die gemessenen Daten zeigen eine typische Streuung um die angegebenen Geraden von ± 3 dB, die für Stoßstellen mit Leichtbauteilen auf ± 5 dB zunimmt; in einigen Fällen kann die Abweichung infolge von Änderungen von Details an den Stoßstellen und der Qualität ihrer Ausführung sehr viel größer sein.

Grenzwerte

Hat ein flankierendes Bauteil kaum oder gar keine bauliche Verbindung mit dem trennenden Bauteil, so ist nur K_{Ff} von Belang; für K_{Fd} und K_{Df} können hohe Werte eingesetzt werden, um diese Übertragungswege vernachlässigbar zu machen. Im Falle eines homogenen flankierenden Bauteils beträgt der Mindestwert für das Stoßstellendämm-Maß $K_{Ff} = 5 \lg f_c - 15{,}0$ dB; bei zweischaligen Leichtbauteilen ist in diesen Fällen $K_{Ff} \approx 0$ dB ein vernünftiger Mindestwert. Als unterer Grenzwert sollte der gewählte Wert von K_{ij} zu $\overline{D_{v,ij,situ}} = 0$ dB führen.

Starrer Kreuzstoß

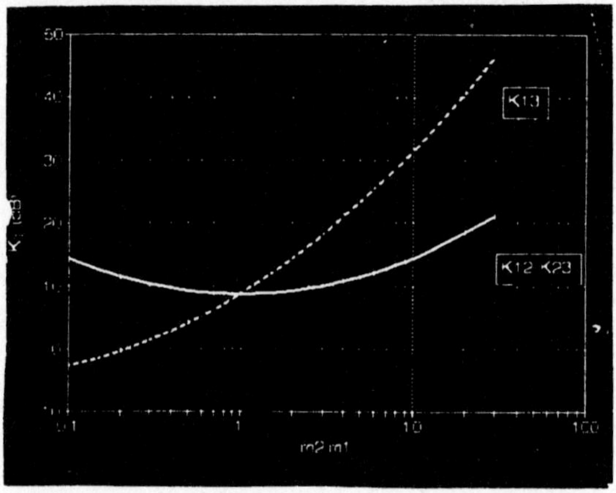

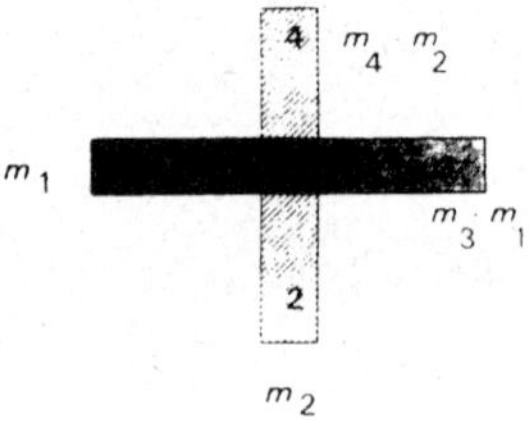

$$K_{13} = 8{,}7 + 17{,}1M + 5{,}7M^2 \text{ dB}; \quad 0 \text{ dB / Oktave}$$

(E.3)

$$K_{12} = 8{,}7 + 5{,}7M^2 \; (= K_{23}) \text{ dB}; \quad 0 \text{ dB / Oktave}$$

Beispiele

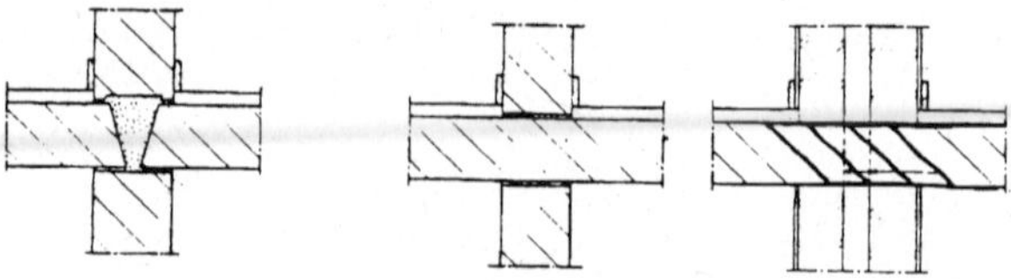

Starrer T-Stoß

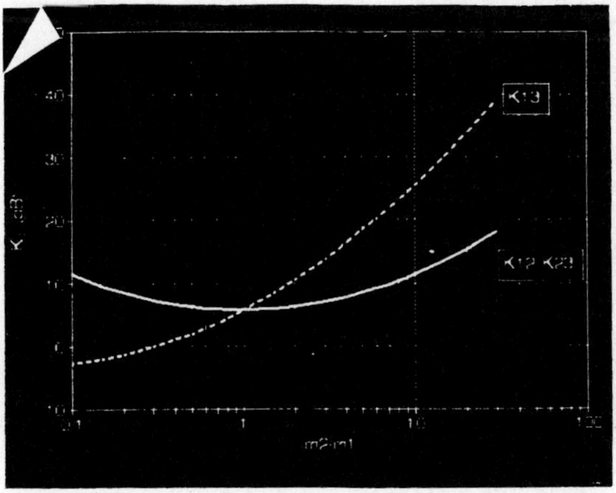

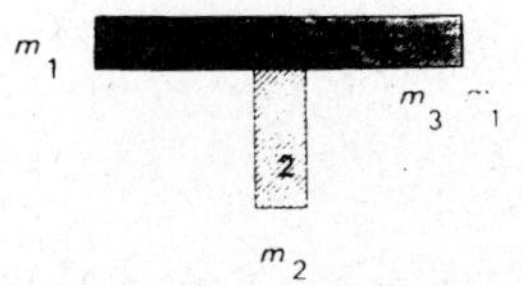

$$K_{13} = 5{,}7 + 14{,}1\ M + 5{,}7\ M^2 \quad \text{dB}; \quad 0\ \text{dB / Oktave}$$

(E.4)

$$K_{12} = 5{,}7 + 5{,}7\ M^2\ (= K_{23}) \quad \text{dB}; \quad 0\ \text{dB / Oktave}$$

Beispiele

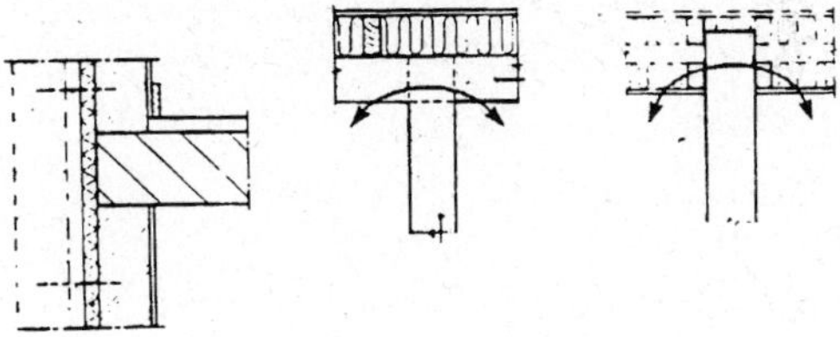

Stoßstelle mit flexiblen Zwischenschichten

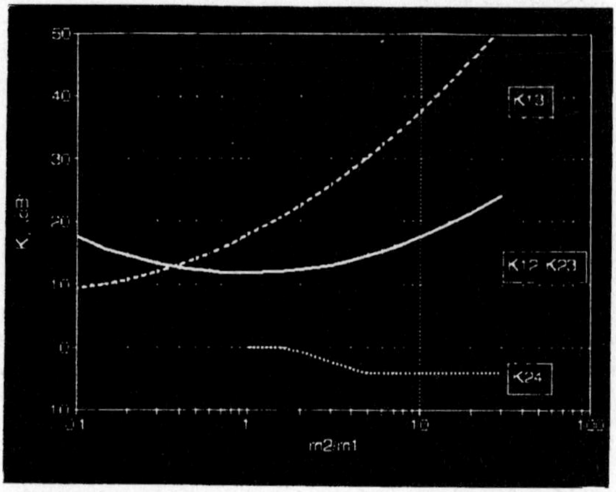

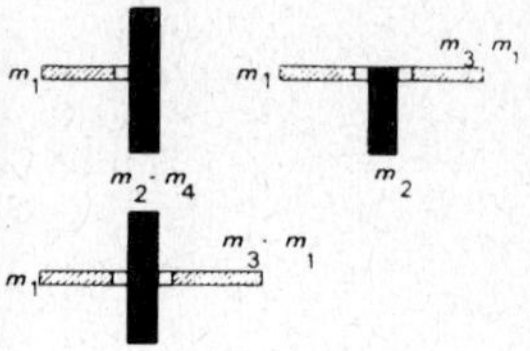

$$K_{13} = 5{,}7 + 14{,}1M + 5{,}7M^2 + 2\Delta_1 \text{ dB}$$

$$K_{24} = 3{,}7 + 14{,}1M + 5{,}7M^2 \text{ dB}; 0 \leq K_{24} \leq -4 \text{ dB}$$

$$K_{12} = 5{,}7 + 5{,}7M^2 + \Delta_1 (= K_{23}) \text{ dB} \qquad \text{(E.5)}$$

$$\Delta_1 = 10 \lg \frac{f}{f_1} \text{ dB für } f > f_1$$

$$f_1 = 125 \text{ Hz} \; \rho \; \frac{E_1}{t_1} \approx 100 \text{ MN/m}^3\text{; Siehe Text}$$

ρ FALLS

Beispiele

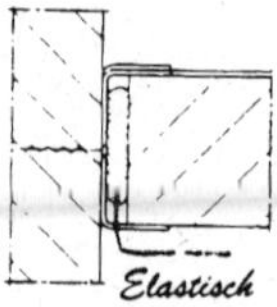

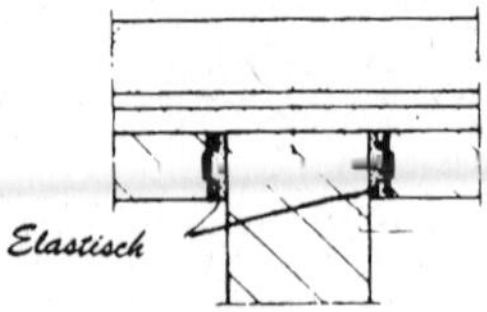

Stoßstelle mit Leichtbaufassaden

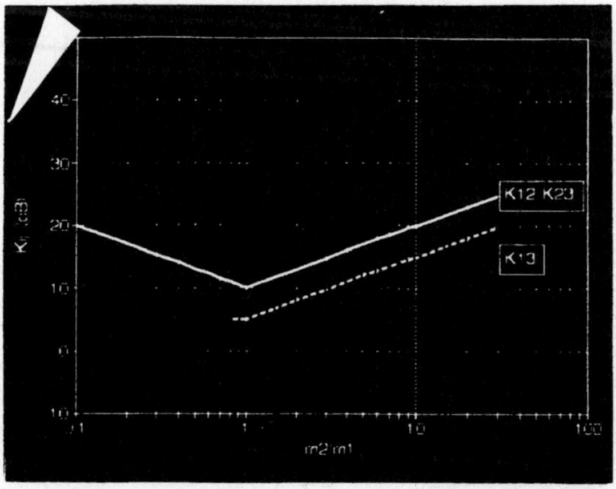

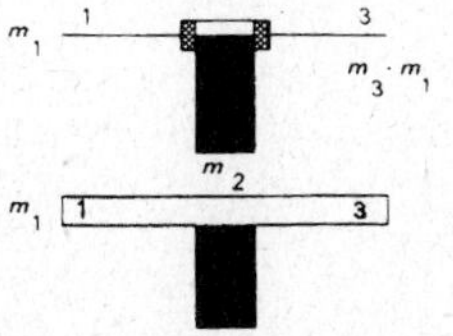

$K_{13} = 5 + 10\,M\ dB$ und mindestens $5\ dB$; $0 dB / Oktave$

$K_{12} = 10 + 10\,|M|\,(= K_{23})\ dB$; $\qquad 0 dB / Oktave$ (E.6)

$a_{\text{fassade,situ}} = S_{\text{fassade}}$

Beispiele

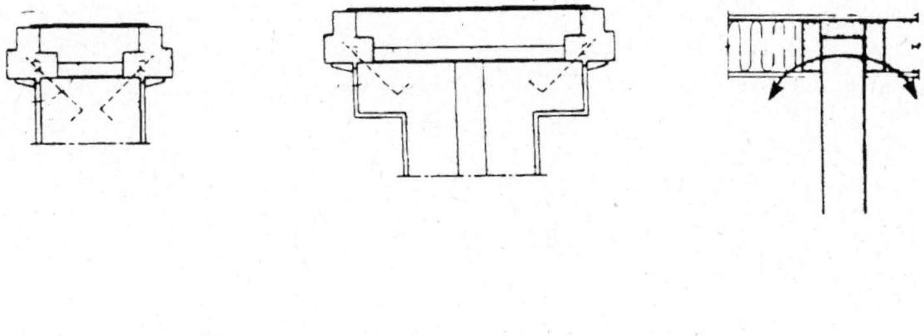

Stoßstelle von zweischaligern Leichtbauwänden und homogenen Bauteilen

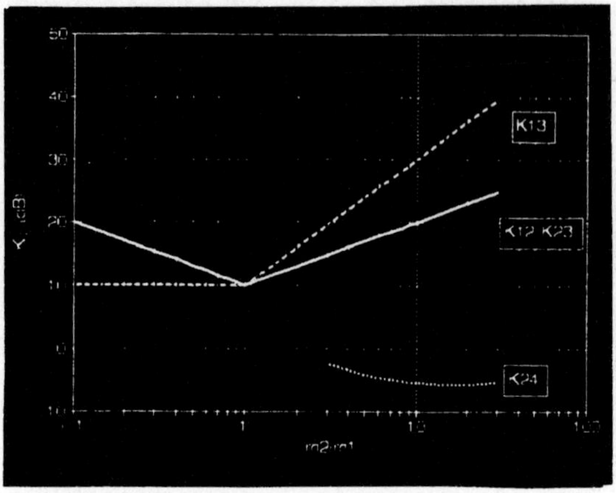

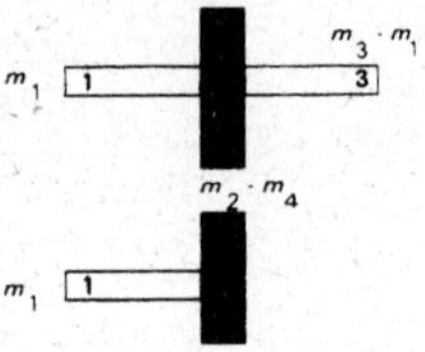

$$K_{13} = 10 - 20\,\mathrm{M} - 3{,}3\ lg\ \frac{f}{f_o}\ \text{dB und mindestens 10 dB}$$

$$K_{24} = 3{,}0 + 14{,}1\mathrm{M} + 5{,}7\mathrm{M}^2\ dB;\ \frac{m_2}{m_1} > 3;\ 0\text{dB / Oktave} \qquad \text{(E.7)}$$

$$K_{12} = 10 + 10\,|\mathrm{M}| + 3{,}3\ \lg \frac{f}{f_0}\ (= K_{23})$$

$f_0 = 500\ \text{Hz}\ a_{\text{leicht, situ}} = S_{\text{leicht}}$

Beispiele

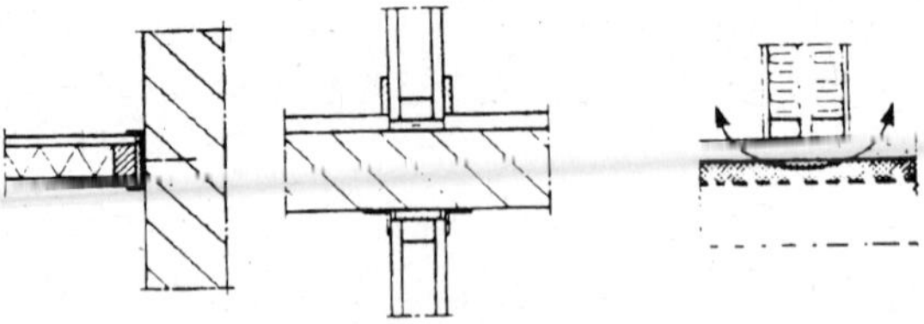

Stoßstelle an gekoppelten zweischaligen Leichtbauwänden

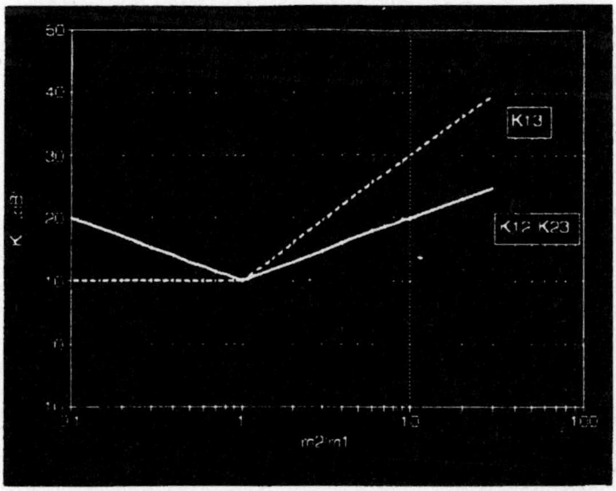

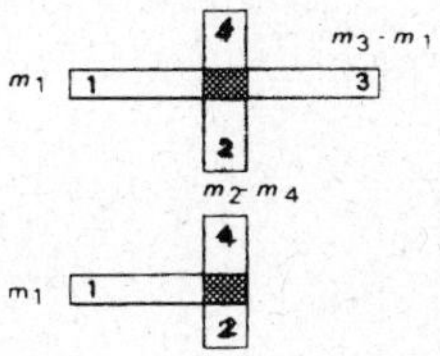

$$K_{13} = 10 + 20\,\mathrm{M} - 3{,}3\,lg\frac{f}{f_o}\ \text{dB und mindestens 10 dB}$$

$$K_{12} = 10 + 10|\mathrm{M}| - 3{,}3\,\lg\frac{f}{f_o}\ \text{dB}\ (= K_{23}) \qquad \text{(E.8)}$$

$f_0 = 500\text{Hz}\ a_{situ} = S$

Beispiele

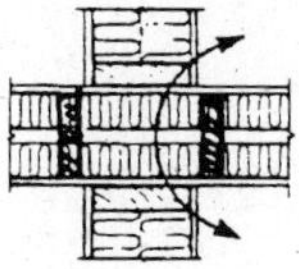

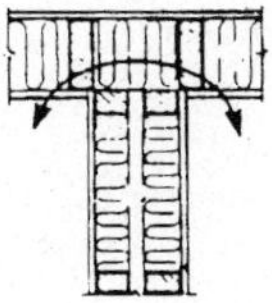

Ecke oder Dickenwechsel

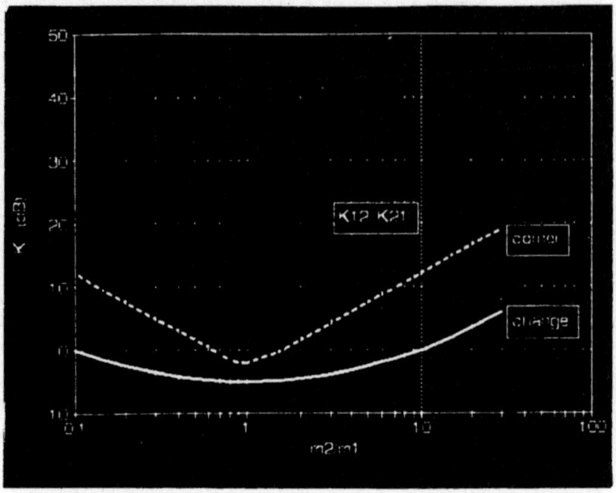

Ecke:

$K_{12} = 15|\mathbf{M}| - 3\ \text{dB und mindestens} - 2\ \text{dB}\ (= K_{21})$

(E.9)

Dickenwechsel:

$K_{12} = 5\mathrm{M}^2 - 5\ \text{dB}\ (= K_{21})$

Anhang F (informativ)

Ermittlung der indirekten Übertragung (Nebenweg-Übertragung)

Labormessung der gesamten indirekte Übertragung

Unter der Einschränkung, daß bei der Übertragung durch ein flankierendes Bauteil der Weg Ff überwiegt, ist es zweckmäßig, diese Übertragung durch Prüfstandmessungen zu kennzeichnen. Das wird häufig bei Flankenkonstruktionen wie Leichtbauteilen, Unterdecken sowie Doppel- und Hohlraumböden der Fall sein. In diesen Fällen kann die Übertragung hauptsächlich Körperschallübertragung, hauptsächlich Luftschallübertragung oder eine Kombination beider sein. Um die Ergebnisse solcher Messungen darzustellen, wäre die Verwendung einer invarianten Größe wünschenswert, d. h. einer Größe, die unabhängig von den Meßbedingungen ist. Von einer derartigen Größe aus könnte das Verhalten unter Baubedingungen extrapoliert werden. Eine solche Größe kann jedoch nicht allgemein angegeben werden, sondern es ist am zweckmäßigsten, sie abzuleiten, wenn der überwiegende Übertragungsmechanismus, also hauptsächlich Körperschallübertragung oder hauptsächlich Luftschallübertragung, bekannt ist.

Zur Zeit hat deshalb die Prüfstandmessung der indirekten Übertragung hauptsächlich das Ziel, unterschiedliche Bauteile unter genormten Meßbedingungen miteinander zu vergleichen. Die Meßergebnisse sind für diesen Zweck in Form einer Norm-Schallpegeldifferenz für flankierende Bauteile $D_{n,f}$, bezogen auf eine festgelegte Prüfstandbedingung, ausreichend dargestellt:

$$D_{n,f} = L_1 - L_2 - 10\lg\frac{A}{A_0}\ \text{dB};\quad A_0 = 10\,\text{m}^2 \qquad \text{(F.1)}$$

Dabei sind :

L_1 der mittlere Schalldruckpegel im Senderaum, in Dezibel ;

L_2 der mittlere Schalldruckpegel im Empfangsraum allein infolge des über das betrachtete flankierende Bauteil übertragenen Schalls, in Dezibel ;

A die äquivalente Schallabsorptionsfläche im Empfangsraum, in Quadratmetern, Bezugswert $A_0 = 10$ m².

Für abgehängte Unterdecken wird diese Größe nach EN 20140-10 gemessen (sie wird dort mit $D_{n,c}$ bezeichnet), für Doppel- und Hohlraumböden nach EN ISO 140-11 (Entwurf). Für andere Flankenkonstruktionen ist ein vergleichbarer Aufbau des Meßverfahrens möglich.

In den folgenden Abschnitten wird eine mögliche Vorgehensweise für die Verwendung dieser Größe in Prognoseverfahren, getrennt für die Luftschall-Übertragung und die Körperschall-Übertragung (Flankenübertragung), angegeben.

Indirekte Übertragung bei Luftschallanregung

Im Falle überwiegender Luftschallübertragung kann folgende Beziehung benutzt werden, um die Norm-Schallpegeldifferenz $D_{n,s}$ für eine Bausituation aus den Daten für das Bauteil $D_{n,f}$ zu ermitteln (siehe Bild).

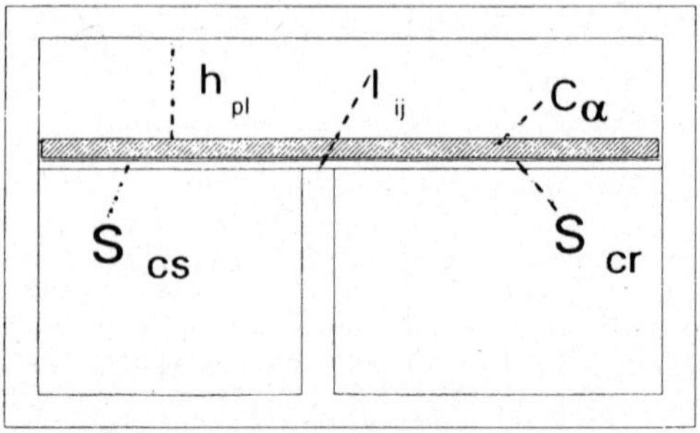

Bild F1 : Darstellung der erforderlichen Größen für die Vorhersage der indirekte Übertragung bei Luftschallanregung

$$D_{n,s} = D_{n,f} + 10\lg\frac{h_{pl}\, l_{ij}}{h_{lab}\, l_{lab}} + 10\lg\frac{S_{cs,lab}\, S_{cr,lab}}{S_{cs}\, S_{cr}}\, C_{\alpha}\ \text{dB} \qquad \text{(F.2)}$$

Wobei gilt :

- ohne absorbierende Auflage:

$C_{\alpha} = 0\,\text{dB}$

- mit absorbierender Auflage:

$$C_{\alpha} = 0\,\text{dB} \qquad f \leq \frac{5}{t_a} \qquad \text{(F.3)}$$

$$C_{\alpha} = 10\lg\sqrt{\frac{S_{cs}\, S_{cr}}{S_{cs,lab}\, S_{cr,lab}}\,\frac{h_{lab}}{h_{pl}}}\ \text{dB} \qquad \frac{5}{t_a} < f < \frac{100}{\min\left(h_{lab}, h_{pl}\right)}$$

$$C_{\alpha} = 10\lg\sqrt{\frac{S_{cs}\, S_{cr}}{S_{cs,lab}\, S_{cr,lab}}\,\frac{h_{lab}^2}{h_{pl}^2}}\ \text{dB} \qquad f \geq \frac{100}{\min\left(h_{lab}, h_{pl}\right)}$$

Dabei sind :

S_{cs}, S_{cr}	die Fläche der Decke im Sende- bzw. Empfangsraum, in Quadratmetern ; im Labor versehen mit dem Index "lab" als Bezugswerte, die für den ISO-Prüfstand zu $S_{cs,\,lab} = S_{cr,\,lab} = 20\ \text{m}^2$ angenommen werden können ;
h_{pl}	die freie Höhe des Hohlraums über der Decke, in Metern ; $h_{lab} = 0{,}7$ m angenommen werden kann ; im Labor versehen mit dem Index als Bezugswert, der für den ISO-Prüfstand zu
t_a	die Dicke der schallabsorbierenden Auflage, in Metern;

ANMERKUNG 1 : Für die Anwendung dieser - und der in Zukunft verbesserten - Beziehungen wäre es eigentlich erforderlich, zusätzliche Messungen im Prüfstand durchzuführen, um nachzuweisen, daß die indirekte Übertragung bei Luftschallanregung tatsächlich überwiegt und ein genaueres Unterscheidungsmerkmal für die Absorption im Hohlraum anzugeben.

ANMERKUNG 2 : Die Norm-Schallpegeldifferenz flankierender Bauteile bezieht sich üblicherweise auf die vollständige Flankenkonstruktion einschließlich der Nebenweg-Übertragung über Hilfseinrichtungen bei Luftschallanregung, wie z. B. Luftdurchführungen und Beleuchtungskörpern. In diesem Falle könnte sie jedoch aus getrennten Angaben zur Nebenweg-Übertragung für die Decke und die Hilfseinrichtungen an sich abgeleitet werden.

Flankenübertragung

Bei hauptsächlicher Körperschallübertragung kann die folgende Beziehung benutzt werden, um das Flankendämm-Maß R_{Ff} in einer bestimmten Bausituation aus den Angaben für Bauteile $D_{n,f}$ zu ermitteln:

$$R_{Ff} = D_{n,f} + 10\lg\frac{S_s\, l_{lab}}{A_o\, l_{Ff}} + 10\lg\frac{T_{sF,lab}}{T_{sF}} + 10\lg\frac{T_{sf,lab}}{T_{sf}}\ \text{dB} \qquad (F.4)$$

Die letzten Glieder mit der Körperschall-Nachhallzeit sind zu vernachlässigen, wenn die betreffende Baukonstruktion einen hohen inneren Verlustfaktor hat, wie z. B. Verbundplattenwände, zweischalige Leichtbauwände u.ä.

ANMERKUNG : Die Festlegungen für die Prüfstände und die Bedingungen für derartige Messungen sind in einer neuen Norm (von ISO/TC 43/SC 2/WG 17 und CEN/TC 126/WG 6) zu erarbeiten. Für die Anwendung dieser - und der in Zukunft verbesserten - Beziehungen wäre es für einige Arten von Baukonstruktionen eigentlich erforderlich, zusätzliche Messungen im Prüfstand durchzuführen, um nachzuweisen, daß die Körperschallübertragung tatsächlich überwiegt.

Ermittlung der indirekten Luftschallübertragung aus der bekannten Übertragung durch die einzelnen Bauteile eines Systems

Vorraum oder Korridor

Die Norm-Schallpegeldifferenz $D_{n,s}$ für die Übertragung durch Vorräume oder Korrridore läßt sich aus Gleichung (F5) berechnen, wenn diffuse Schallfelder in den Räumen und im Vorraum vorausgesetzt werden können, siehe Bild F2.

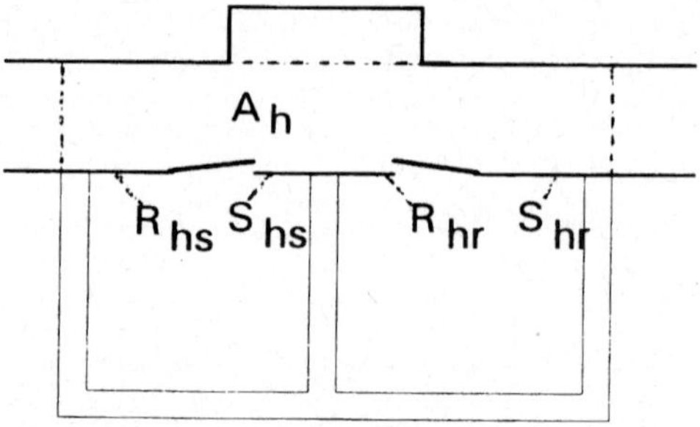

Bild F2 : Darstellung von zwei Räumen auf einem Korridor und der betreffenden Größen

$$D_{n,s} = D_{n,h} = R_{hs} + R_{hr} + 10 \lg \frac{A_h A_0}{S_{hs} S_{hr}} + C_{TÜRLAGE} \text{ dB} \qquad (F.5)$$

Dabei sind :

R_{hs}	das Schalldämm-Maß der Wand zwischen Vorraum und Senderaum, in Dezibel
R_{hr}	das Schalldämm-Maß der Wand zwischen Vorraum und Empfangsraum, in Dezibel;
S_{hs}	die Fläche der Wand zwischen Vorraum und Senderaum, in Quadratmetern;
S_{hr}	die Fläche der Wand zwischen Vorraum und Empfangsraum, in Quadratmeter
A_h	die äquivalente Schallabsorptionsfläche des Vorraumes, in Quadratmetern;
$C_{TÜRLAGE}$	ein Korrekturglied zur Berücksichtigung der Auswirkung der Türlage.

ANMERKUNG: Der Wert dieses Korrekturgliedes kann zwischen -2dB für Türen, die sich senkrecht zueinander in einem Abstand bis zu 1 m befinden, und bis zu 0 dB Türen mit größerem Abstand und/oder paralleler Lage abgeschätzt werden.

Das Schalldämm-Maß der Wände R_h ergibt sich aus den Schalldämm-Maßen R_{hi} der verschiedenen Bauteile, von denen sie gebildet werden, z. B. der Wand selbst, Türen und Fenstern einschließlich Dichtungen. Bei der Schalldämmung gegen den Vorraum überwiegen üblicherweise die Türen in diesen Wänden und die Güte ihrer Abdichtungen.

Bei Vorräumen überwiegt üblicherweise die Absorption durch die Fläche der Öffnung zu den Treppenhäusern, bei (langen) Korridoren können die Teile des Korridors jenseits der Räume als Absorption durch den lichten Querschnitt des Korridor berücksichtigt werden.

Lüftungsanlage

Die Norm-Schallpegeldifferenz $D_{n,s}$ für die Übertragung über eine Lüftungsanlage könnte aus dem Übertragungsverlust durch die beteiligten Bauteile z. B. Krümmungen, Gitter, Geräuschdämpfer und Flächenwechsel, abgeschätzt werden. Der Übertragungsverlust hängt unmittelbar mit der Berechnung der Schallpegel infolge von Installationen zusammen und wird daher in ENxyz-Teil 5 behandelt.

Anhang G (informativ)

"Schalldämm-Maß mit bauähnlicher Flankenübertragung" (DIN 52210:1984)

In Deutschland basiert die Vorhersage der Eigenschaften am Bau nach DIN 4109 auf Bauteilangaben für das trennende Bauteil, die mit R'_w bezeichnet und an einem besonderen Prüfstand ermittelt werden, in dem die Flankenübertragung so nachgebildet ist, wie sie bei einer gegebenen Art der Konstruktion im Mittel am Bau auftritt. In diesem Anhang werden Angaben über die Ableitung dieser Größe R'_w aus dem bewerteten Schalldämm-Maß R_w des Bauteils nach EN ISO 140-3 und umgekehrt gemacht. Das gestattet, in einer Übergangszeit deutsche Normen auf der Grundlage von Bauteilangaben nach EN ISO 140-3 und Europäische Normen auf der Grundlage von Bauteilangaben nach DIN 4109 : 1989 anzuwenden.

Die Umrechnung von R_w in R'_w erfolgt nach :

$$R'_w = -10\lg\left(10^{-R_w/10} + 10^{-\left(R_{Ff,w}+\delta\right)/10}\right)\,\text{dB} \qquad \text{(G.1)}$$

die Umrechnung von R'_w in R_w nach :

$$\text{FALLS } R'_w \leq R_{Ff,w} - 2\,\text{dB}:\ R_w = -10\lg\left(10^{-R'_w/10} - 10^{-\left(R_{Ff,w}+\delta\right)/10}\right)\,\text{dB} \qquad \text{(G.2)}$$

$$\text{FALLS } R'_w > R_{Ff,w} - 2\,\text{dB}:\ R_w = R'_w + 4\,\text{dB}$$

Dabei sind :

R'_w das bewertete Schalldämm-Maß mit bauähnlicher Flankenübertragung, in Dezibel ;

R_w das bewertete Schalldämm-Maß ohne Flankenübertragung, in Dezibel

$R_{Ff,\,w}$ das bewertete Flankendämm-Maß des Prüfstandes, geprüft mit einem zweischaligen trennenden Leichtbauteil nach DIN 52210, in Dezibel

δ die Erhöhung des bewerteten Flankendämm-Maßes des Prüfstandes auf Grund eines schweren Prüfteils, in Dezibel.

Bei der Umrechnung von R_w in R'_w (Gleichung (G.1)) ist der Wert für $R_{Ff,\,w}$ zu $R_{Ff,\,w}$ = 55 dB anzunehmen.

Bei der Umrechnung von R'_w in R_w (Gleichung (G.2)) ist $R_{Ff,\,w}$ der Meßwert für den Prüfstand, in dem R'_w ermittelt wurde. Stehen keine Meßwerte zur Verfügung, so kann ebenfalls $R_{Ff,w}$ = 55 dB gesetzt werden.

Unter Voraussetzung einer idealen T-Verbindungsstelle (d. h. einer starren Verbindung) zwischen Prüfobjekt und Prüfstand und der Annahme überwiegender Flankenübertragung über den Weg Ff kann δ wie folgt abgeschätzt werden :

$$\frac{m'_f}{m'_t} < 2{,}1: \quad \delta = 3{,}0 \text{ dB}$$

$$2{,}1 \leq \frac{m'_f}{m'_t} \leq 3: \qquad \delta = 9{,}0 - 18{,}8 \lg \frac{m'_f}{m'_t} \text{ dB} \qquad (G.3)$$

$$\frac{m'_f}{m'_t} > 3: \quad \delta = 0{,}0 \text{ dB}$$

Dabei sind :

m_t' die flächenbezogene Masse des Prüfobjekts, in Kilogramm pro Quadratmeter ;

m_f' die gemittelte flächenbezogene Masse der flankierenden Bauteile des Prüfstandes, in Kilogramm pro Quadratmeter.

Bei der Umrechnung von R_W in R'_W ist der Wert für m_f' zu m_f' = 450 kg/m^2 anzunehmen.

Bei der Umrechnung von R'_W in R_W ist m'_f der tatsächliche Wert des Prüfstandes zu verwenden, in dem R'_W ermittelt wurde.

Besteht keine starre Verbindung zwischen Prüfobjekt und Prüfstand, so ist von δ = 0 dB auszugehen.

In der Praxis ist d = 0 dB eine Näherung, die eine Umrechnung sowohl für trennende Leichtbauteile als auch für schwere trennende Bauteile mit einer Präzision in den Grenzen von EN 20140-2 "Akustik - Messung der Schalldämmung in Bauten und von Bauteilen - Teil 2 : Angabe von Genauigkeitsanforderungen" (Anhang B) liefert.

Anhang H (informativ)

Rechenbeispiele

H.1 Bausituation

Unmittelbar benachbarte Räume mit einem Rauminhalt von jeweils 50 m^3, siehe Bild

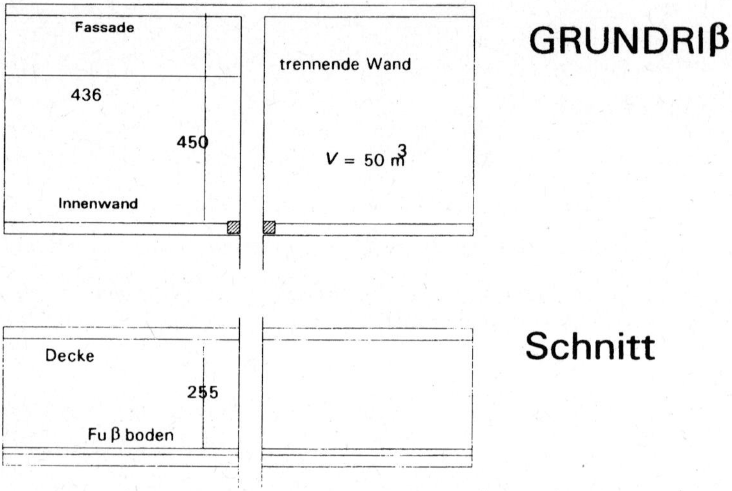

Trennendes Bauteil:

Wand 4,50 m x 2,55 m = 11,5 m^2; 200 mm Beton, 460 kg/m^2

Flankierende Bauteile (auf beiden Seiten identisch):

Fußboden	4,36 m x 4,50 m = 19,6 m^2; starrer Kreuzstoß; 100 mm Beton/30 mm Putz, 287 kg/m^2
Decke	4,36 m x 4,50 m = 19,6 m^2; starrer Kreuzstoß; 100 mm Beton, 230 kg/m^2
Fassade	4,36 m x 2,55 m = 11,1 m^2; starrer T-Stoß; 100-mm-Kalksandsteine, 175 kg/m^2
Innenwand	4,36 m x 2,55 m = 11,1 m^2; Kreuzstoß mit elastischer Zwischenschicht; 70-mm-Gipsbausteine, 67 kg/m^2

H.2 Detailliertes Modell

H.2.1 Ergebnisse

Die sich ergebenden Schalldamm-Maße für die Direktübertragung und die Flankenübertragung sind pro Bauteil, pro Übertragungsweg und insgesamt, in Oktavbändern und als bewertete Werte angegeben; die Werte sind auf den nächsten ganzen dB-Wert gerundet. Einzelheiten der Berechnung für die fettgedruckten Werte sind in Abschnitt H.2.2 und H.2.3 dargestellt.

Frequenz		125 Hz	250 Hz	**500 Hz**	1kHz	2kHz	4kHz	R_w dB
R Wand	R_d	39	46	54	62	70	74	57
	R_{Dd}	40	49	**57**	65	72	76	59
	R_{F1d}	51	56	**64**	73	80	86	68
	R_{F2d}	50	55	63	71	79	85	67
	R_{F3d}	52	**54**	61	70	78	85	66
	R_{F4d}	50	56	**62**	73	84	93	67
R Fußboden	R_{f1}	48	51	60	68	76	82	63
	R_{Df}	51	56	**64**	73	80	86	68
	R_{Ff}	51	52	**61**	70	78	85	65
R Decke	R_{f2}	48	50	58	67	75	82	62
	R_{Df}	50	55	63	71	79	85	67
	R_{Ff}	52	51	60	69	77	85	64
R Fassade	R_{f3}	51	50	56	66	74	82	61
	R_{Df}	52	54	61	70	78	85	66
	R_{Ff}	56	52	57	67	76	85	63
R Innenwand	R_{f4}	49	54	59	71	83	93	64
	R_{Df}	50	56	**62**	73	84	93	67
	R_{Ff}	55	57	**62**	75	90	105	68
Gesamt		37	42	50	59	67	73	54

Es gilt $R'_w(C; C_{tr})$ = 54(- 2; - 6) dB, also z. B. $R'_w + C$ (= R'_A) = 54 - 2 = 52 dB(A)

H.2.2 Einzelschritte für trennendes Bauteil, Fußboden und Innenwand

Als Beispiel wurde die Berechnung für das trennende Bauteil, den Fußboden und die Innenwand durchgeführt; zur Berechnung der Körperschall-Nachhallzeit für das 500-Hz-Oktavband (fettgedruckt) siehe H.2.3.

Überführung der Eingangsdaten für die Bauteile in Werte am Bau:

Zwischenwand, m = 460 kg/m^2, f_c = 94 Hz, S = 11,5 m^2

	Frequenz	125	250	**500**	1k	2k	4k	Hz
Eingangsdaten ...	R_s (Anhang B)	38,0	46,9	**55,1**	62,9	70,0	74,4	dB
Berechnet ...	10 lg ($T_{s,\ situ}/T_{s,\ lab}$)	- 2,1	- 1,9	**- 1,8**	- 1,7	- 1,6	- 1,5	dB
Ergebnis ...	$R_{s,\ situ}$ (Gleichung (19))	40,1	48,8	**56,9**	64,6	71,6	75,9	dB

Fußboden, m = 287 kg/m^2, f_c = 173 Hz, S = 19,6 m^2, l_{ij} = 4,5 m

	Frequenz	125	250	500	1k	2k	4k	Hz
Eingangsdaten :	R_f (Anhang B)	35,5	35,9	45,1	53,7	61,5	68,1	dB
Berechnet :	10 lg ($T_{s,\ situ}/T_{s,\ lab}$)	- 1,5	- 1,4	- 1,4	- 1,3	- 1,2	- 1,0	dB
Ergebnis :	$R_{f,\ situ}$ (Gleichung (19))	37,0	37,3	46,5	55,0	62,7	69,1	dB

Innenwand, m = 67 kg/m^2, f_c = 391 Hz, S = 11,1 m^2, l_{ij} = 2,55 m

	Frequenz	125	250	500	1k	2k	4k	Hz
Eingangsdaten :	R_f (Anhang B)	31,8	28,5	25,7	33,3	42,3	50,4	dB
Berechnet :	10 lg ($T_{s,\ situ}/T_{s,\ lab}$)	- 2,4	- 1,8	- 0,8	- 0,9	- 0,8	- 0,7	dB
Ergebnis :	$R_{f,\ situ}$ (Gleichung (19))	34,2	30,3	26,5	34,2	43,1	51,1	dB

Überführung von Eingangsdaten für die Stoßstellen in Werte am Bau :

Fußboden: l_{Ff} = 4,50 m, S_F = S_f = 19,6 m^2, S_s = 11,5 m^2
Anhang E, Gleichung (E.3) mit m'_s/m'_f = 460/287: K_{Ff} = 12,4 dB; K_{Df} = 8,9 dB; K_{Fd} = 8,9 dB

	Frequenz	125	250	**500**	1k	2k	4k	Hz
Zwischenwand :	a_{situ} (Gleichung (22))	14,7	14,5	**14,3**	14,7	15,3	16,2	dB
Fußboden:	a_{situ} (Gleichung (22))	12,2	13,4	**13,5**	14,2	15,4	17,1	dB

Gleichung (21) : (500 Hz)

$$\mathbf{D_{v,\ Ff} = 12,4 - 10\ lg\ 4,5/13,5 = 17,2\ dB}$$

$$\mathbf{D_{v,\ Df} = 8,9 - 10\ lg\ 4,5/\sqrt{14,3}\sqrt{13,5} = 13,8\ dB}$$

$$\mathbf{D_{v,\ Fd} = 8,9 - 10\ lg\ 4,5/\sqrt{14,3}\sqrt{13,5} = 13,8\ dB}$$

Innenwand: l_{Ff} = 2,55 m, $S_F = S_f$ = 11,1 m^2, S_s = 11,5 m^2
Anhang E, Gleichung (E.5) mit m'_s/m'_f = 460/67: K_{Ff} = 33,5 dB; K_{Df} = 15,7 dB; K_{Fd} = 15,7 dB

	Frequenz	125	250	**500**	1k	2k	4k	Hz
Zwischenwand :	a_{situ} (Gleichung (22))	14,7	14,5	**14,3**	14,7	15,3	16,2	dB
Innenwand:	a_{situ} (Gleichung (22))	2,2	2,4	**4,1**	3,6	3,9	4,6	dB
Gleichung (21):	$D_{v,Ff}$	**= 33,5 - 10 lg 2,55/4,1**					**= 35,6 dB**	
(500 Hz)	$D_{v,Df}$	**= 15,7 - 10 lg 2,55/$\sqrt{14,3}\sqrt{4,1}$**					**= 20,5 dB**	
	$D_{v,Fd}$	**= 15,7 - 10 lg 2,55/$\sqrt{14,3}\sqrt{4,1}$**					**= 20,5 dB**	

Ermittlung der Direkt- und Flankenübertragung; Gleichungen (24) und (25); 500 Hz

Zwischenwand :	direkt	R_{Dd}	**= 56,9**	
	Fußboden	R_{Fd}	**= 46,4/2 + 56,9/2 + 13,8 - 1,2**	= 64,2
	Innenwand	R_{Fd}	**= 26,6/2 + 56,9/2 + 20,5 + 0,1**	= 62,3
Fußboden :		R_{Ff}	**= 46,4/2 + 46,4/2 + 17,2 - 2,3**	= 61,3
		R_{Df}	**= 46,4/2 + 56,9/2 + 13,8 - 1,2**	= 64,2
Innenwand :		R_{Ff}	**= 26,6/2 + 26,6/2 + 35,6 + 0,2**	= 62,4
		R_{Df}	**= 26,6/2 + 56,9/2 + 20,5 + 0,1**	= 62,3

In der Tabelle sind die gerundeten Werte mit den Ergebnissen in H.2 (fettgedruckt) angegeben

H.2.3 Körperschall-Nachhallzeit für eine Zwischenwand bei der 500-Hz-Oktave

Die Berechnungen für dieses Oktavband wurden mit f = 400 Hz durchgeführt (unteres Terzband)

Prüfstand

Mit m' = 460 kg und f_c = 94 Hz ergibt sich aus Gleichung (C.4):α_k = 0,191 ;
mit η_{int} = 0,006; σ = 1,1; S_{lab} = 10 m^2 und $\Sigma\, l_k$ = 12,8 m ergibt sich aus Gleichung (C.1) :η_{tot} = 0,051

und damit :

$T_{s,\,lab}$ **= 0,108 s** (die Berechnung nach Gleichung (C.5) hätte ergeben $T_{s,\,lab}$ = 0,103 s)

Bau

Ränder mit

dem Fußboden : K_{ij} = 5,4; 8,9 und 8,9 dB (Gleichung (E.3))
und nach Gleichung (C.2) somit α = 0,195
der Decke : K_{ij} = 4,1; 9,2 und 9,2 dB (Gleichung (E.3))
und nach Gleichung (C.2) somit α= 0,223
der Fassade : K_{ij} = 6,7 und 6,7 dB (Gleichung (E.3))
und nach Gleichung (C.2) somit α = 0,214
der Innenwand : K_{ij} = - 4,0; 15,7 und 15,7 dB (Gleichung (E.5), 500 Hz)
und nach Gleichung (C.2) somit α = 0,800

Das ergibt (nach Gleichung (C.1): η_{tot} = 0,076 und **$T_{s,\,situ}$ = 0,072 s.**

Damit erhält man für das Schalldämm-Maß und die Übertragung an der Stoßstelle folgende Werte :

Zwischenwand : **10 lg $T_{s,\,situ}/T_{s,\,lab}$ = 10 lg 0,072/0,108 = - 1,8 dB**

a_{situ} = 14,3 m

Nach der gleichen Verfahrensweise ergibt sich:

Fußboden : **a_{situ} = 13,5 m**

Innenwand : **a_{situ} = 4,1 m**

H.3 Vereinfachtes Modell

Das vereinfachte Modell wird auf die gleiche Konsituation angewendet.

Eingangsdaten: **Bauteile** **Stoßstellen**

	m' (kg/m^2)	R_w (dB). Anhang B	m'_s/m'_f	K_{Ff} (dB)	K_{Fd} (dB)	K_{Df} (dB).
				Anhang E		
Wand (s)	460	57				
Fußboden (F = f = 1)	285	49	1,61	12.4	8,9	8.9
Decke (F = f = 2)	230	46	2,00	14,4	9,2	9.2
Fassade (F = f = 3)	175	42	2,63	12,6	6,7	6.7
Innenwand (F = f = 4)	67	33	6,97	33,5	15,7	15.7

Ergebnisse : (Gleichungen (27), (28))

Wand	R_{Dd}	= 57,0	
	R_{1d}	= 49/2 + 57/2 + 8,9 + 4,1	= 66,0
	R_{2d}	= 46/2 + 57/2 + 9,2 + 4,1	= 64,8
	R_{3d}	= 42/2 + 57/2 + 6,7 + 6,5	= 62,7
	R_{4d}	= 33/2 + 57/2 + 15,7 + 6,5	= 67,2
Fußboden	R_{D1}	= 49/2 + 57/2 + 8,9 + 4,1	= 66,0
	R_{11}	= 49 + 12,4 + 4,1	= 65,5
Decke	R_{D2}	= 46/2 + 57/2 + 9,2 + 4,1	= 64,8
	R_{22}	= 46 + 14,4 + 4,1	= 64,5
Fassade	R_{D3}	= 42/2 + 57/2 + 6,7 + 6,5	= 62,7
	R_{33}	= 42 +12,6 + 6,5	= 61,1
Innenwand	R_{D4}	= 33/2 + 57/2 +15,7 + 6,5	= 67,2
	R_{44}	= 33 +33,5 + 6,5	= 73,0

Gesamt (Gleichung (26)) **R_w'** **= 52,2 ≈ 52 dB** (C etwa gleich - 1 dB)
(Gleichung (5b)) **D_{nTw}** = 52,2 + 10 lg (50/3×11,5) **= 52,2 + 1,6 = 53,8 ≈ 54 dB**

Für ein **zweites Beispiel** wird ein schwimmender Estrich sowohl im Sende- als auch im Empfangsraum hinzugefügt. Das Luftschallverbesserungsmaß wird vorgegeben zu ΔR_w = 14 dB.

Das beeinflußt die Übertragungswege Ff, Fd und Df für den Fußboden (Gleichung (31)):

ΔR_{22w} = 14 + 0,5×14 = 21 dB; ΔR_{2dw} = 14 dB und ΔR_{D2w} = 14 dB

Damit ändern sich die Übertragungen für die trennende Wand und den Fußboden wie folgt:

Wand	R_{1d}	= 66,0 + 14 = 80,0
Fußboden	R_{D2}	= 66,0 + 14 = 80,0
	R_{22}	= 65,5 + 21 = 86,5

und das Endergebnis lautet :

R_w' **= 52,7 ≈ 53 dB** (C etwa gleich - 1 dB)
D_{nTw} **= 52,7 + 1,6 = 54,3 ≈ 54 dB**

Bauakustik

Berechnung der akustischen Eigenschaften von Gebäuden aus den Bauteileigenschaften

Teil 2: Trittschalldämmung zwischen Räumen

Deutsche Fassung prEN 12354-2 : 1996

DIN EN 12354-2

Einsprüche bis 31. Aug 1996

ICS 17.140.40

Building acoustics - Estimation of acoustic performance of buildings from the performance of products - Part 2: Impact sound insulation between rooms; German version prEN 12354-2 : 1996

Acoustique du bâtiment - Calcul des performances acoustiques des bâtiments à partir de la performance des produits - Partie 2: Isolement acoustique au bruit de choc entre des locaux; Version allemande prEN 12354-2 : 1996

Anwendungswarnvermerk

Dieser Norm-Entwurf wird der Öffentlichkeit zur Prüfung und Stellungnahme vorgelegt.

Weil die beabsichtigte Norm von der vorliegenden Fassung abweichen kann, ist die Anwendung dieses Entwurfes besonders zu vereinbaren.

Stellungnahmen werden erbeten an den Normenausschuß Bauwesen (NABau) im DIN, 10772 Berlin (Hausanschrift: Burggrafenstr. 6, 10787 Berlin).

Nationales Vorwort

Der vorliegende Norm-Entwurf wurde vom Technischen CEN/TC 126 "Akustische Eigenschaften von Gebäudeteilen und von Gebäuden" (Sekretariat: Belgien) erstellt.

Der zuständige Arbeitsausschuß im DIN ist der NABau-Arbeitsausschuß "Akustische Eigenschaften von Bauprodukten und Gebäuden" (NABau 00.72.00).

Fortsetzung 38 Seiten prEN

Normenausschuß Bauwesen (NABau) im DIN Deutsches Institut für Normung e.V.
Normenausschuß Materialprüfung (NMP) im DIN

EUROPÄISCHE NORM

EUROPEAN STANDARD

NORME EUROPEENNE

ENTWURF
prEN 12354-2

April 1996

ICS

Deskriptoren:

Deutsche Fassung

Bauakustik - Berechnung der akustischen Eigenschaften von Gebäuden aus den Bauteileigenschaften - Teil 2: Trittschalldämmung zwischen Räumen

Building acoustics - Estimation of acoustic performance of buildings from the performance of products - Part 2: Impact sound insulation between rooms

Acoustique du bâtiment - Calcul des performances acoustiques des bâtiments à partir de la performance des produits - Partie 2: Isolement acoustique au bruit de choc entre des locaux

Dieser Europäische Norm-Entwurf wird den CEN Mitgliedern zur CEN-Umfrage vorgelegt. Er wurde vom Technischen Komitee CEN/TC 126 erstellt.

Wenn aus diesem Norm-Entwurf eine Europäische Norm wird, sind die CEN-Mitglieder gehalten, die CEN/CENELEC-Geschäftsordnung zu erfüllen, in der die Bedingungen festgelegt sind, unter denen dieser Europäischen Norm ohne jede Änderung der Status einer nationalen Norm zu geben ist.

Dieser Europäische Norm-Entwurf wurde von CEN in drei offiziellen Fassungen (Deutsch, Englisch, Französisch) erstellt. Eine Fassung in einer anderen Sprache, die von einem CEN-Mitglied in eigener Verantwortung durch Übersetzung in die Landessprache gemacht und dem Zentralsekretariat mitgeteilt worden ist, hat den gleichen Status wie die offiziellen Fassungen.

CEN-Mitglieder sind die nationalen Normungsinstitute von Belgien, Dänemark, Deutschland, Finnland, Frankreich, Griechenland, Irland, Island, Italien, Luxemburg, Niederlande, Norwegen, Österreich, Portugal, Schweden, Schweiz, Spanien und dem Vereinigten Königreich.

CEN

Europäisches Komitee für Normung
European Committee for Standardization
Comité Européen de Normalisation

Zentralsekretariat: rue de Stassart 36, B - 1050 Brüssel

Ref. Nr. prEN 12354-2:1996 D

Inhalt

Vorwort

Diese Europäische Norm wurde vom Technischen Komitee CEN/TC "Akustische Eigenschaften von Baustoffen und Bauteilen und von Gebäuden" erarbeitet, dessen Sekretariat von AFNOR gehalten wird.

Dieses Dokument wird zur CEN-Umfrage vorgelegt.

1 Anwendungsbereich

Das vorliegende Schriftstück beschreibt Rechenmodelle zur Berechnung der Trittschalldämmung zwischen Räumen in Gebäuden, hauptsächlich auf der Grundlage von Meßdaten, die die direkte oder die Flankenübertragung durch die beteiligten Bauteile kennzeichnen, und von theoretisch abgeleiteten Verfahren der Schallausbreitung in Bauwerken.

Für die Berechnung in Frequenzbändern wird ein detailliertes Modell beschrieben. Die Einzahlangaben können aus den Rechenergebnissen ermittelt werden. Auf Grundlage des detaillierten Modells wird ein vereinfachtes Modell mit eingeschränktem Anwendungsbereich abgeleitet, das unter Verwendung der Einzahlangaben der Bauteile unmittelbar die Einzahlangabe des Geländes berechnet.

In diesem Schriftstück werden die Grundlagen des Rechnungsverfahrens beschrieben, die benötigten Größen aufgeführt und ihre Anwendungen und Einschränkungen angegeben. Es ist für Fachleute auf dem Gebiet der Akustik bestimmt und gibt den Rahmen für die Entwicklung von Anwendungsdokumenten und Hilfsmitteln für andere Anwender auf dem Gebiet des Hochbaus unter Berücksichtigung der örtlichen Bedingungen vor.

Für die Durchführung solcher Berechnungen stehen zahlreiche Möglichkeiten zur Verfügung, die jeweils ihren besonderen Anwendungsbereich und ihre besonderen Einschränkungen haben. Die im vorliegenden Schriftstück dargestellte Vorgehensweise ist die für technische Auslegungszwecke allgemeinste mit ausdrücklicher Anbindung an meßbare Größen, die die Eigenschaften der Bauteile beschreiben.

Die Modelle basieren auf Erfahrungen mit Voraussagen für Wohngebäude. Sie könnten auch für andere Arten von Gebäuden angewendet werden, soweit deren Baukonstruktionen und Maße der Bauteile nicht zu stark von denen in Wohnbauten abweichen.

2 Normative Verweisungen

Diese Europäische Norm enthält durch datierte oder undatierte Verweisungen Festlegungen aus anderen Publikationen. Diese normativen Verweisungen sind an den jeweiligen Stellen im Text zitiert, und die Publikationen sind nachstehend aufgeführt. Bei starren Verweisungen gehören spätere Änderungen oder Überarbei-tungen dieser Publikationen nur zu dieser Europäischen Norm, falls sie durch Än-derung oder Überarbeitung eingearbeitet sind. Bei undatierten Verweisungengilt die letzte Ausgabe der in Bezug genommenen Publikation.

EN ISO 140-1 [1)] Akustik - Messung der Schalldämmung in Gebäuden und von Bauteilen - Teil 1 : Anforderungen für Laborprüfstände mit unterdrückter Flankenübertragung

EN ISO 140-3 Akustik - Messung der Schalldämmung in Gebäuden und von Bauteilen - Teil 3 : Messung der Luftschalldämmung von Bauteilen in Prüfständen

EN ISO 140-6 [1)] Akustik - Messung der Schalldämmung in Gebäuden und von Bauteilen, Teil 6 : Messung der Trittschalldämmung von Decken und Fußböden

EN ISO 140-7 [1)] Akustik - Messung der Schalldämmung in Gebäuden und von Bauteilen - Teil 7 : Messung der Trittschalldämmung von Decken und Fußböden am Bau

---

[1)] In Vorbereitung.

EN ISO 140-8 [1]	Akustik - Messung der Schalldämmung in Gebäuden und von Bauteilen - Teil 8 : Messung der Minderung des übertragenen Trittschalls durch Deckenauflagen von Normdecken
EN ISO 140-11 [1]	Akustik - Messung der Schalldämmung in Gebäuden und von Bauteilen - Teil 11 : Messung der Luftschall- und der Trittschalldämmung eines Doppel- und Hohlraumbodens zwischen zwei benachbarten Räumen
EN ISO 717-2 [1]	Akustik - Bewertung der Schalldämmung in Gebäuden und von Bauteilen - Teil 2 : Trittschalldämmung
EN 126029 [1]	Bauakustik - Berechnung der akustischen Eigenschaften von Gebäuden ausgehend vonden Bauteileigenschaften - Teil 1 : Luftschalldämmung zwischen Räumen
EN WI 126... [1]	Bauakustik - Schriftstücke von CEN/TC 126/WG 6

3 Benötigte Größen

3.1 Größen zur Darstellung der Gebäudeeigenschaften

Die Trittschalldämmung zwischen Räumen kann nach EN ISO 140-7 durch zwei miteinander in Beziehung stehende Größen dargestellt werden. Diese Größen werden in Frequenzbändern (Terz- oder Oktavbändern) ermittelt, aus denen die Einzahlangabe für die Gebäudeeigenschaften, z.B. L'_{nw} oder ($L'_{nT,w} + C_I$), nach EN ISO 717-2 erhalten werden kann.

3.1.1 Norm-Trittschallpegel L'_n :

Der Trittschallpegel, bezogen auf einen Referenzwert der äquivalenten Schallabsorptionsfläche im Empfangsraum :

$$L'_n = L_i + 10 \lg \frac{A}{A_0} \text{ dB} \tag{1}$$

Dabei sind :

L_i der im Empfangsraum gemessene Trittschallpegel, in Dezibel ;

A die äquivalente Absorptionsfläche des Empfangsraumes, in Quadratmetern ;

A_0 die Bezugs-Absorptionsfläche, $A_0 = 10 \text{ m}^2$.

Diese Größe ist nach EN ISO 140-7 zu ermitteln.

[1] In Vorbereitung.

3.1.2 Standard-Trittschallpegel L'_{nT}

Der Trittschallpegel, bezogen auf einen Referenzwert der Nachhallzeit im Empfangsraum :

$$L'_{nT} = L_i - 10 \lg \frac{T}{T_0} \text{ dB} \qquad (2)$$

Dabei sind :

T die Nachhallzeit im Empfangsraum, in Sekunden ;

T_0 die Bezugs-Nachhallzeit (für Wohnungen: T_0 = 0,5 s).

Diese Größe ist nach EN ISO 140-7 zu ermitteln.

3.1.3 Beziehung zwischen den Größen

Die Beziehung zwischen den Größen L'_{nT} und L'_n ist gegeben durch :

$$L'_{nT} = L'_n - 10 \lg \frac{V}{30} \text{ dB} \qquad (3)$$

Dabei ist :

V der Rauminhalt des Empfangsraumes, in Kubikmetern.

Es genügt somit, eine dieser Größen zu berechnen und die andere daraus abzuleiten. Im vorliegenden Schriftstück wurde vom Norm-Trittschallpegel L'_n als zu berechnende primäre Größe ausgegangen.

3.2 Größen für die Darstellung der Bauteileigenschaften

Die Größen für die Beschreibung der Bauteileigenschaften stellen einen Teil der Eingangsdaten dar, um die Gebäudeeigenschaften zu berechnen. Diese Größen werden in Terzbändern ermittelt und können ebenso für Oktavbänder angegeben werden. Im Einzelfall kann daraus nach EN ISO 717-2 die Einzahlangabe für die Bauteileigenschaft abgeleitet werden, z. B. $L_{nw}(C_I)$, ΔL_w ; ΔL_c und $R_w(C; C_{tr})$.

3.2.1 Norm-Trittschallpegel L_n

Der Trittschallpegel, bezogen auf einen Referenzwert der äquivalenten Schallabsorptionsfläche im Empfangsraum :

$$L_n = L_i + 10 \lg \frac{A}{A_0} \text{ dB} \qquad (4)$$

Dabei sind :

L_i der im Empfangsraum unter Verwendung des Norm-Hammerwerks nach EN ISO 140-7 gemessene Trittschallpegel, in Dezibel ;

A die gemessene äquivalente Absorptionsfläche des Empfangsraumes, in Quadratmetern ;

A_0 die Bezugs-Absorptionsfläche mit $A_0 = 10\ m^2$.

Diese Größe ist nach EN ISO 140-6 zu ermitteln.

3.2.2 Trittschallminderung ΔL

Die Minderung des Norm-Trittschallpegels beim Einbau einer geprüften Deckenauflage beträgt

$$\Delta L = L_{n0} - L_n \text{ dB} \qquad (5)$$

Dabei sind :

L_{n0} der Norm-Trittschallpegel ohne Deckenauflage, in Dezibel ;

L_n der Norm-Trittschallpegel mit Deckenauflage, in Dezibel.

Diese Größe ist nach EN 20140-8 zu ermitteln.

3.2.3 Trittschallminderung ΔL_d

Die Minderung des Trittschallpegels durch eine Unterdecke auf der Empfangsseite des trennenden Bauteils (Decke). Diese Größe muß nach EN ISO 140-8 ermittelt werden.

3.2.4 Luftschalldämm-Maß R

Zehnfacher dekadischer Logarithmus des Verhältnisses der auf ein Prüfobjekt treffenden Schalleistung W_1 zu der durch das Prüfobjekt übertragenen Schalleistung W_2 :

$$R = 10 \lg \frac{W_1}{W_2} \text{ dB} \qquad (6)$$

Diese Größe ist nach EN ISO 140-3 zu ermitteln.

3.2.5 Luftschallverbesserungsmaß ΔR

Die Differenz des Schalldämm-Maßes eines Grundbauteils mit Vorsatz-Konstruktion (z. B. einer Unterdecke) und dieses Grundbauteils ohne diese Schicht für Direktübertragung.

Angaben über Ermittlung und Anwendung dieser Größe enthält der Anhang D von EN (WI 126029).

3.2.6 Stoßstellendämm-Maß K_{ij}

Diese Größe steht mit der Übertragung von Körperschalleistung an einer Stoßstelle in Beziehung und ist normiert, damit sie zu einer invarianten Größe wird. Das Stoßstellendämm-Maß ergibt sich aus der richtungsgemittelten Schnellepegeldifferenz an der Stoßstelle durch Normierung auf die Länge der Stoßstelle und, soweit zweckmäßig, die äquivalente Absorptionslänge der beiden Bauteile. Es ergibt sich aus :

$$K_{ij} = \frac{D_{v,ij} + D_{v,ji}}{2} + 10 \lg \frac{l_{ij}}{\sqrt{a_i \, a_j}} \text{ dB} \tag{7}$$

Dabei sind :

$D_{v,ij}$ die Schnellepegeldifferenz zwischen den Bauteilen i und j, wenn das Bauteil i angeregt wird ;

$D_{v,ji}$ die Schnellepegeldifferenz zwischen den Bauteilen j und i, wenn das Bauteil j angeregt wird ;

l_{ij} die gemeinsame Länge der Stoßstelle zwischen den Bauteilen i und j, in Metern ;

a_i die äquivalente Absorptionslänge von Bauteil i, in Metern ;

a_j die äquivalente Absorptionslänge von Bauteil j, in Metern.

Die äquivalente Absorptionslänge ergibt sich aus

$$a = \frac{2{,}2\,\pi^2 S}{c_0\, T_s} \sqrt{\frac{f_{ref}}{f}} \tag{8}$$

Dabei sind :

T_s die Körperschall-Nachhallzeit von Bauteil i oder j, in Sekunden ;

S die Fläche von Bauteil i oder j, in Quadratmetern ;

f die Bandmittenfrequenz, in Hertz ;

f_{ref} die Bezugsfrequenz; f_{ref} = 1000 Hz.

Die Größe K_{ij} ist nach prEN WI 126... zu ermitteln.

ANMERKUNG: Das Schriftstück prEN WI 126... ist in Vorbereitung durch CEN/TC 126/WG 6. Es wird Meßverfahren für die Flankenübertragung in Prüfständen oder unter festgelegten Baubedingungen behandeln. Zur Zeit können Werte für diese Größe dem Schriftstück prEN WI 126029, Anhang E, entnommen oder aus verfügbaren Daten über die Schnellepegeldifferenz an einer Stoßstelle nach dem darin enthaltenen Anhang E abgeleitet werden.

3.2.7 Weitere geeignete Angaben

Für die Berechnungen sind weitere Angaben über Bauteile erforderlich, z. B.:

- flächenbezogene Masse m', in Kilogramm pro Quadratmeter ;
- Bauart des Bauteils ;
- Werkstoff ;
- Art der Stoßstelle.

3.3 Weitere Begriffe und Größen

Direktübertragung

Übertragung ausschließlich durch den Schall, der durch Trittschallanregung erzeugt und von einem trennenden Bauteil abgestrahlt wird.

Körperschall-Nebenwegübertragung (Flankenübertragung)

Übertragung von Schallenergie von einem in einem Senderaum angeregten Bauteil in einen Empfangsraum über Körperschallübertragungswege der Gebäudekonstruktion, z. B. Wänden, Fußböden und Decken.

Richtungsgemittelte Schnellepegeldifferenz $\overline{D_{v,ij}}$

Mittelwert der Schnellepegeldifferenz an der Stoßstelle von Bauteil i zu Bauteil j und Bauteil j zu Bauteil i:

$$\overline{D_{v,ij}} = \frac{D_{v,ij} + D_{v,ji}}{2} \text{ dB} \qquad (9)$$

Norm-Trittschallpegel für flankierende Bauteile $L_{n,ij}$

Der mittlere Schalldruckpegel im Empfangsraum infolge der Trittschallanregung des Bauteils i (Fußboden) im Senderaum und der alleinigen Schallabstrahlung des Bauteils j im Empfangsraum, normiert auf eine äquivalente Bezugs-Absorptionsfläche $A_0 = 10$ m^2.

4 Rechenmodelle

4.1 Allgemeine Grundlagen

Die in den Empfangsraum abgestrahlte Schalleistung ist durch den Schall bedingt, der von jedem Bauteil in diesem Raum abgestrahlt wird. Der von jedem Bauteil abgestrahlte Schall wird durch den Schall verursacht, der bei Trittschallanregung eines Bauteils im Senderaum auf dieses Bauteil übertragen wird. Es wird davon ausgegangen, daß die Übertragungen über jeden solchen Weg als unabhängig voneinander angesehen werden kann und daß sich die Luft- und Körperschallfelder statistisch verhalten, so daß der Trittschallpegel L'_n durch Summierung der über jeden Weg übertragenen Energie ermittelt werden kann. Die betrachteten Übertragungswege sind in Bild 1 definiert, wobei *d* die direkte Trittschallübertragung und *f* die Trittschallübertragung über flankierende Bauteile bedeuten.

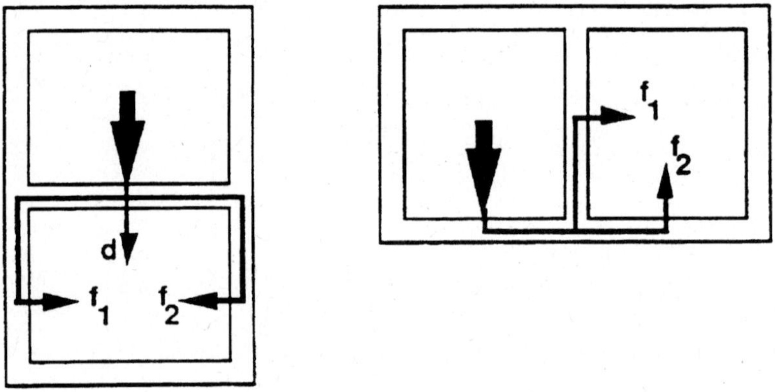

Bild 1: Definition der Schallübertragungswege zwischen zwei Räumen, die über- bzw. nebeneinander gelegen sind

Für übereinanderliegende Räume ist der Gesamt-Trittschallpegel L'_n im Empfangsraum gegeben durch :

$$L'_n = 10\lg\left(10^{L_{n,d}/10} + \sum_{j=1}^{n} 10^{L_{n,ij}/10}\right) dB \qquad (10)$$

Dabei sind :

$L_{n,d}$ der Norm-Trittschallpegel durch direkte Übertragung, in Dezibel ;

$L_{n,ij}$ der Norm-Trittschallpegel durch Flankenübertragung, in Dezibel ;

n die Anzahl der flankierenden Bauteile.

Für nebeneinanderliegende Räume ist der Gesamt-Trittschallpegel L'_n im Empfangsraum gegeben durch :

$$L'_n = 10 \lg \sum_{j=1}^{n} 10^{L_{n,ij}/10} \text{ dB} \qquad (11)$$

ANMERKUNG: In üblichen Bausituationen beträgt die Anzahl der zu betrachtenden flankierenden Bauteile n = 4 für übereinanderliegende Räume bzw. n = 2 für nebeneinanderliegende Räume.

Das detaillierte Modell berechnet die Gebäudeeigenschaften in Frequenzbändern auf der Grundlage von Angaben für die Bauteile in Frequenzbändern (Terz- oder Oktavbändern). Die Berechnung ist mindestens für die Oktavbänder von 125 Hz bis 2000 Hz oder für die Terzbänder von 100 Hz bis 3150 Hz durchzuführen. Aus diesen Ergebnissen kann die Einzahlangaben für die Gebäudeeigenschaften nach EN ISO 717-2 abgeleitet werden.

ANMERKUNG: Die Berechnungen können nach höheren oder tieferen Frequenzen erweitert werden, wenn Bauteilangaben für einen derartigen größeren Frequenzbereich zur Verfügung stehen. Besonders für die niedrigeren Frequenzen sind jedoch zur Zeit keine Angaben über die Genauigkeit der Berechnungen für diese Frequenzbänder verfügbar.

Das detaillierte Modell wird in Abschnitt 4.2 behandelt.

Das vereinfachte Modell berechnet die Gebäudeeigenschaften unmittelbar als Einzahlangabe auf der Grundlage der Einzahlangaben der Eigenschaften der beteiligten Bauteile. Das vereinfachte Modell wird in Abschnitt 4.3 behandelt.

4.2 Detailliertes Modell

4.2.1 Eingangsdaten

Die Übertragung für den jeweiligen Weg kann ermittelt werden aus :

- dem Norm-Trittschallpegel der Decke : L_n ;

- der Trittschallminderung durch die Deckenauflage : ΔL ;

- der Trittschallminderung durch Vorsatzkonstruktionen auf der Empfangsraumseite des trennenden Bauteils i (Decke) : ΔL_d ;

- dem Schalldämm-Maß des trennenden Bauteils (Decke) : R_i ;

- dem Schalldämm-Maß für Direktübertragung durch das flankierende Bauteil j im Empfangsraum : R_j ;

- dem Luftschallverbesserungsmaß durch Vorsatzschalen des flankierenden Bauteils j im Empfangsraum : ΔR_j ;

- der Körperschall-Nachhallzeit für ein Bauteil im Prüfstand: $T_{s,\,lab}$;

- dem Stoßstellendämm-Maß für jeden Übertragungsweg zwischen Bauteil i (Decke) und Bauteil j : K_{ij} ;

- der Fläche des trennenden Bauteils (Decke) : S_i ;

- der Fläche des flankierenden Bauteils j im Empfangsraum : S_j ;

- der gemeinsamen Kopplungslänge zwischen Bauteil i (Decke) und flankierendem Bauteil j: l_{ij}.

Angaben über den Norm-Trittschallpegel für übliche homogene Decken enthält der Anhang B.1.

Angaben über die Verbesserung des Trittschallpegels für übliche Deckenauflagen enthält der Anhang C.1.

Angaben über das Schalldämm-Maß von üblichen homogenen Bauteilen enthält das Schriftstück prEN WI 126029, Anhang B.

Angaben über das Luftschallverbesserungsmaß enthält das Schriftstück prEN WI 126029, Anhang D.

Angaben über das Stoßstellendämm-Maß für übliche Stoßstellen enthält prEN WI 126029, Anhang E.

4.2.2 Überführung der Eingangsdaten in In-situ-Werte

Die akustischen Daten für die Bauteile (trennende und flankierende Bauteile, Vorsatzkonstruktionen, Deckenauflagen und Stoßstellen) sind vor der tatsächlichen Ermittlung der Schallübertragung in Werte am Bau (In-situ) überzuführen.

Für Bauteile ergeben sich die Werte am Bau für den Norm-Trittschallpegel $L_{n,\,situ}$ und für das Schalldämm-Maß R_{situ} aus:

Trittschallpegel :

$$L_{n,situ} = L_n + 10 \lg \frac{T_{s,situ}}{T_{s,lab}} \text{ dB} \qquad (12)$$

Schalldämm-Maß :

$$R_{situ} = R - 10 \lg \frac{T_{s,situ}}{T_{s,lab}} \text{ dB} \qquad (13)$$

Dabei sind :

$T_{s,\,situ}$ die Körperschall-Nachhallzeit des Bauteils unter den tatsächlichen Baubedingungen, in Sekunden ;

$T_{s,\,lab}$ die Körperschall-Nachhallzeit des Bauteils im Prüfstand, in Sekunden.

Für jeden Flankenübertragungsweg sollte sich das Schalldämm-Maß R der beteiligten Bauteile auf die resonante Übertragung allein beziehen. Oberhalb der Koinzidenz-Grenzfrequenz ist die Verwendung des Labor-Schalldämm-Maßes korrekt, unterhalb dieser Frequenz kann dies noch als vernünftige Abschätzung angesehen werden, die zu niedrig sein kann. Basieren die Werte für das Schalldämm-Maß auf Berechnungen aus Werkstoffeigenschaften, so bereitet es keine Schwierigkeiten, nur die resonante Übertragung im gesamten interessierenden Frequenzbereich in Betracht zu ziehen.

Für die folgenden Gebäudeteile ist die Körperschall-Nachhallzeit $T_{s,\,situ}$ gleich $T_{s,\,lab}$ zu wählen, was zu einem Korrekturglied für 0 dB führt :

- zweischalige Leichtbauteile, z. B. Holzständerwände oder Metallständerwände ;

- Bauteile mit einem inneren Verlustfaktor größer als 0,03 ;

- Bauteile, die sehr viel leichter sind als die umgebenden Bauteile (mindestens um den Faktor 3).

Andernfalls ist die Körperschall-Nachhallzeit sowohl unter Prüfstands- als auch unter den tatsächlichen Baubedingungen nach prEN WI 126029, Anhang C, zu berücksichtigen.

ANMERKUNG : Als erste Näherung können die Korrekturglieder für alle Arten von Bauteilen zu 0 dB angenommen werden.

Für Vorsatzkonstruktionen und Deckenauflagen kann für die Werte am Bau näherungsweise jeweils vom Laborwert ausgegangen werden :

$$\Delta R_{situ} = \Delta R \quad \text{dB}$$
$$\Delta L_{situ} = \Delta L \quad \text{dB}$$
$$\Delta L_{d,situ} = \Delta L_d \quad \text{dB}$$

Stehen für die Trittschallminderung ΔL_d durch Unterdecken auf der Empfangsseite der trennenden Decke keine geeigneten Angaben zur Verfügung, so kann die Verbesserung des Schalldämm-Maßes ΔR bei Luftschallanregung als Abschätzung benutzt werden.

Für die Stoßstellen wird die Übertragung unter Baubedingungen durch die richtungsgemittelte Schnellepegeldifferenz $\overline{D_{v,ij,situ}}$ gekennzeichnet. Diese ergibt sich aus dem Stoßstellendämm-Maß :

$$\overline{D_{v,ij,situ}} = K_{ij} - 10 \lg \frac{l_{ij}}{\sqrt{a_{i,situ}\, a_{j,situ}}} \text{ dB} ; \quad \overline{D_{v,ij,situ}} \geq 0 \text{ dB} \tag{14}$$

mit

$$a_{i,situ} = \frac{2,2\, \pi^2\, S_i}{c_0 T_{s,i,situ}} \sqrt{\frac{f_{ref}}{f}}$$

$$a_{j,situ} = \frac{2,2\, \pi^2\, S_j}{c_0 T_{s,j,situ}} \sqrt{\frac{f_{ref}}{f}} \tag{15}$$

Dabei sind :

$a_{i,\,situ}$	die äquivalente Absorptionslänge des Bauteils i unter den tatsächlichen Baubedingungen, in Metern ;
$a_{j,\,situ}$	die äquivalente Absorptionslänge des Bauteils j unter den tatsächlichen Baubedingungen, in Metern ;
f	die Bandmittenfrequenz, in Hertz ;
f_{ref}	die Bezugsfrequenz; f_{ref} = 1000 Hz ;
l_{ij}	die gemeinsame Kopplungslänge der gemeinsamen Verbindungsstelle zwischen den Bauteilen i und j ;
S_i	die Fläche des Bauteils i, in Quadratmetern ;
S_j	die Fläche des Bauteils j, in Quadratmetern ;
$T_{s,\,i,\,situ}$	die Körperschall-Nachhallzeit des Bauteils i unter den tatsächlichen Baubedingungen, in Sekunden ;
$T_{s,\,j,\,situ}$	die Körperschall-Nachhallzeit des Bauteils j unter den tatsächlichen Baubedingungen, in Sekunden

Für die folgenden Bauteile wird die äquivalente Absorptionslänge a_{situ} zahlenmäßig gleich der Fläche des Bauteils angenommen, so daß $a_{i,\,situ} = S_i$ und/oder $a_{j,\,situ} = S_j$ gilt :

- zweischalige Leichtbauteile, z. B. Holzständerwände oder Metallständerwände ;

- Bauteile mit einem inneren Verlustfaktor größer als 0,03 ;

- Bauteile, die sehr viel leichter sind als die umgebenden Bauteile (mindestens um den Faktor 3).

Andernfalls ist die Körperschall-Nachhallzeit unter den tatsächlichen Baubedingungen nach prEN WI 126029, Anhang C, zu berücksichtigen.

ANMERKUNG: Als erste Näherung kann die äquivalente Absorptionslänge für alle Arten von Bauteilen zu $a_{i,\,situ} = S_i$ und $a_{j,\,situ} = S_j$ angenommen werden. Wird in diesem Falle das Stoßstellendämm-Maß kleiner als ein Mindestwert $K_{ij,\,min}$, so ist dieser Mindestwert zu verwenden. Der Mindestwert ist gegeben durch (ij = *Ff*, *Fd* oder *Df*).

$$K_{ij,min} = 10 \lg l_{ij}\, l_o \left(\frac{1}{S_i} + \frac{1}{S_j} \right) dB \qquad (16)$$

4.2.3 Ermittlung der Direkt- und der Flankenübertragung

Der Norm-Trittschallpegel für die Direktübertragung wird aus den angepaßten Eingangswerten nach folgender Gleichung ermittelt :

$$L_{n,d} = L_{n,\mathrm{situ}} - \Delta L_{\mathrm{situ}} - \Delta L_{d,\mathrm{situ}} \quad \mathrm{dB} \tag{17}$$

Der Norm-Trittschallpegel für die Flankenübertragung vom trennenden Bauteil i (Decke) auf das flankierende Bauteil j wird aus den angepaßten Eingangswerten nach folgender Gleichung ermittelt :

$$L_{n,ij} = L_{n,\mathrm{situ}} - \Delta L_{\mathrm{situ}} + \frac{R_{i,\mathrm{situ}} - R_{j,\mathrm{situ}}}{2} - \Delta R_{j,\mathrm{situ}} - \overline{D_{v,ij,\mathrm{situ}}} - 10 \lg \sqrt{\frac{S_i}{S_j}} \quad \mathrm{dB} \tag{18}$$

Dabei sind :

S_i die Fläche des angeregten Bauteils (Fußboden, Decke), in Quadratmetern ;

S_j die Fläche des abstrahlenden Bauteils im Empfangsraum, in Quadratmetern.

ANMERKUNG: Bei bestimmten Fußbodenkonstruktionen als flankierende Bauteile, z. B. Doppel- und Hohlraumböden, überwiegt bei der Übertragung der Weg *Ff* (wobei der Beitrag des Weges *Fd* vernachlässigbar ist). In diesem Falle ist es möglich, die Flankenübertragung für diese Baukonstruktion als Ganzes durch Labormeßwerte zu kennzeichnen; siehe Anhang D.

4.2.4 Interpretation für mehrere Arten von Bauteilen

Angaben zur Interpretation bei mehreren Arten von Bauteilen sind in prEN WI 126029 enthalten.

4.2.5 Einschränkungen

- Das Modell ist nur anwendbar für Kombinationen von Bauteilen, für die das Stoßstellendämm-Maß bekannt ist oder aus bekannten Werten berechnet werden kann.

- Die Bauteile sollten für beide Seiten des betreffenden Bauteils annähernd die gleichen Abstrahleigenschaften haben.

- Der Beitrag sekundärer Übertragungswege, an denen mehr als eine Stoßstelle beteiligt ist, wird vernachlässigt

- Die auf einer Massivdecke nach EN ISO 140-8 gemessene Trittschallminderung ΔL kann bei Kombinationen mit Holzbalkendecken oder anderen Leichtbau-Verbunddeckenkonstruktionen nicht angewendet werden.

4.3 Vereinfachtes Modell

4.3.1 Rechenverfahren

Die vereinfachte Variante des Rechenmodells prognostiziert den bewerteten Norm-Trittschallpegel auf der Grundlage der nach dem Bewertungsverfahren von EN ISO 717-2 ermittelten Werte für die beteiligten Bauteile. Seine Anwendung ist auf übereinanderliegende Räume und homogene Grundkonstruktionen der Decke beschränkt. Der Einfluß der Körperschalldämpfung wird im Mittel berücksichtigt, wobei die Besonderheiten der Bausituation und die Flankenübertragung auf der Grundlage von Berechnungen mit dem detaillierten Modell global berücksichtigt werden.

Der bewertete Norm-Trittschallpegel $L'_{\mathrm{n,\,w}}$ ist gegeben durch :

$$L'_{n,w} = L'_{n,w,\mathrm{eq}} - \Delta L_w - K \text{ dB} \tag{19}$$

Dabei ist :

K die Korrektur nach Tabelle 1 für die Trittschallübertragung über die homogenen flankierenden Bauteile, in Dezibel.

Tabelle 1: Korrektur *K* für die Flankenübertragung, in Dezibel

Flächenbezogene Masse des trennenden Bauteils (Decke) in kg/m²	Mittlere flächenbezogene Masse der homogenen flankierenden Bauteile, die nicht mit Vorsatzkonstruktionen belegt sind, in kg/m²								
	100	150	200	250	300	350	400	450	500
150	2	1	1	1	1	0	0	0	0
200	2	1	1	1	1	0	0	0	0
250	3	2	2	1	1	1	1	1	1
300	3	2	2	1	1	1	1	1	1
350	3	2	2	2	1	1	1	1	1
400	3	3	2	2	2	1	1	1	1
450	3	3	2	2	2	2	1	1	1
500	3	3	2	2	2	2	1	1	1
550	4	3	3	3	2	2	2	2	2
600	4	3	3	3	2	2	2	2	2

Sind eine oder mehrere massive Flankenkonstruktionen durch Vorsatzkonstruktionen (Vorsatzschalen der Wände) mit einer Resonanzfrequenz f_0 < 125 Hz nach prEN WI 126029, Anhang D2, belegt, so werden die Massen pro Flächeneinheit der belegten Bauteile bei der Berechnung des Mittelwertes der Masse nicht berücksichtigt.

4.3.2 Eingangsdaten

Die akustischen Daten für die beteiligten Bauteile sollten hauptsächlich genormten Prüfstandsmessungen entnommen werden. Sie könnten jedoch auch auf andere Weise aus theoretischen Berechnungen, empirischen Abschätzungen oder Meßergebnissen aus Bausituationen abgeleitet werden. Angaben hierzu sind in verschiedenen Anhängen enthalten. Die Herkunft der verwendeten Daten muß deutlich angegeben werden.

Die Eingangsdaten bestehen aus :

- dem äquivalenten bewerteten Norm-Trittschallpegel der Rohdecke : $L_{n,w,\mathrm{eq}}$

Die Einzahlangabe für die Darstellung der Bauteileigenschaften von schweren Rohdecken ergibt sich aus der Bewertung des frequenzabhängigen Norm-Trittschallpegels nach dem in EN ISO 717-2, Anhang B beschriebenen Verfahren.

- der bewerteten Trittschallminderung durch die Deckenauflage : ΔL_{W}.

Die Einzahlangabe für die Darstellung der Bauteileigenschaften von Deckenauflagen (schwimmenden Estrichen oder weichen Deckenauflagen) ergibt sich aus der Anwendung des in EN ISO 717-2, Abschnitt 5, beschriebenen Verfahrens.

Angaben über den äquivalenten bewerteten Norm-Trittschallpegel $L_{n,w,\mathrm{eq}}$ für übliche homogene Deckenkonstruktionen enthält Anhang B.2.

Angaben über die bewertete Trittschallminderung ΔL_{W} von schwimmend verlegten Fußböden und weichen Deckenauflagen sind in Anhang C.2 und C.3 enthalten.

4.3.3 Einschränkungen

- Das Modell ist nur für homogene Baukonstruktionen (Mauerwerk und/oder Beton) mit schwimmend verlegten Fußböden oder weichen Deckenauflagen auf einer homogenen Deckenkonstruktion anwendbar.

- Es ist nur für übereinanderliegende Räume und für Räume üblicher Größe in Wohngebäuden anwendbar.

5 Genauigkeit

Die Berechnungsmodelle liefern eine Bewertung der Gebäudeleistung, wie sie bemessen werden kann, angenommen daß der Stand der Technik gut und die Messung sehr genau ist.

Die Genauigkeit der Prognose durch die dargestellten Modelle hängt von vielen Faktoren ab: von der Genauigkeit der Eingangsdaten, der Übereinstimmung der Bausituation mit dem Modell, der Art der beteiligten Bauteile und Stoßstellen, und der Geometrie der Bausituation. Dadurch ist es nicht möglich, die Genauigkeit der Vorhersagen für alle Arten von Bausituationen und Anwendungen allgemein anzugeben. Daten für die Genauigkeit müssen in der Zukunft durch Vergleich der Ergebnisse des Modells mit einer Vielzahl von konkreten Bausituationen gesammelt werden. Einige Angaben können jedoch gemacht werden.

Die hauptsächlichen Erfahrungen bei der Anwendung ähnlicher Modelle wurden bisher an Gebäuden mit homogenen tragenden Bauteilen gewonnen, z. B. Ziegelwänden, Betondecken, -fußböden und -wänden, Gipsbausteinen usw. Bei vertikaler Übertragung von Trittschall ist die Prognose der Einzahlangabe korrekt mit einer Standardabweichung von 2 dB. Bei der horizontalen Übertragung haben die berechneten Einzahlangaben einen veränderlichen systematischen Fehler zwischen 0 und 5 dB mit einer Standardabweichung von etwa 3 dB. Es wird davon ausgegangen, daß der systematische Fehler weitgehend durch die Vernachlässigung der Körperschall-Nachhallzeit der Bauteile verursacht wird.

Beispiele von Berechnungen mit dem vereinfachten Modell haben gezeigt, daß die vorhergesagten Werte zu etwa 60 % in einem Bereich von ± 2 dB und zu 100 % im Bereich von ± 4 dB um die gemessenen Werte liegen. Bisher gibt es keine Erfahrungen für die Korrektur der Flankenübertragung von Trittschall. Es ist zu erwarten, daß diese Korrektur die Genauigkeit des Modells für die üblichen Bausituationen verbessern wird.

Bei der Anwendung der Prognoseverfahren wird empfohlen, die Eingangsdaten zu variieren, besonders in komplizierten Bausituationen und bei selten auftretenden Bauteilen mit zweifelhaften Eingangsdaten. Die erhaltene Variation der Ergebnisse liefert einen Eindruck von der zu erwartenden Genauigkeit für Bedingungen, wenn betrachtet wird, daß der Stand der Technik gut ist.

6 Literatur

[1] Cremer, L.,, Heckl, M., "Structure borne sound", 2. Auflage, Springer-Verlag, Heidelberg 1988.

[2] Cremer, H. und L., "Theorie der Entstehung des Klopfschalls", Frequenz **1** (1948), 61 - 71.

[3] DIN 4109, "Schallschutz im Hochbau", Deutsches Institut für Normung e.V., Berlin, November 1989.

[4] Gerretsen, E., "Calculation of airborne and impact sound insulation between dwellings", Applied Acoustics **19** (1986), 245 - 264.

[5] Gerretsen, E., "Ein Rechenmodell für die Trittschalldämmung von Fußböden mit schwimmend verlegten und weichen Auflagen" (niederländisch), Report F 38, Stichting Bouwresearch, Rotterdam 1990.

[6] Gösele, K., Gießelmann, K., "Berechnung des Trittschallschutzes von Rohdecken", Fortschritte der Akustik, DAGA '76, VDI-Verlag, Düsseldorf 1976.

[7] Heckl, M., Rathe, E.J., "Relationship between the transmission loss and the impact noise insulation of floor structures", JASA **35** (1963), 1825 - 1830.

[8] ÖNORM B 8115, "Schallschutz und Raumakustik im Hochbau", Österreichisches Normungsinstitut, Wien 1992.

[9] Gerretsen, E., "European developments in prediction models for building acoustics", Acta Acustica **2** (1994), 205 - 214.

Anhang A (normativ)

Formelzeichen

Formel-zeichen	Physikalische Größe	Einheit
a	äquivalente Absorptionslänge eines Bauteils	[m]
a_{situ}	äquivalente Absorptionslänge eines Bauteils unter den tatsächlichen Baubedingungen	[m]
A	äquivalente Schallabsorptionsfläche im Senderaum	[m^2]
A_0	äquivalente Bezugs-Schallabsorptionsfläche; für Wohnungen vorgegeben zu 10 m^2	[m^2]
c_L	Longitudinalwellengeschwindigkeit	[m/s]
C_I	Spektrum-Anpassungswert nach EN ISO 717-2	[dB]
$D_{v,ij}$	Schnellepegeldifferenz an der Stoßstelle zwischen dem angeregten Bauteil i und dem Empfangsbauteil j	[dB]
$D_{v,ij,situ}$	richtungsgemittelte Schnellepegeldifferenz an der Stoßstelle zwischen den Elementen i und j unter den tatsächlichen Baubedingungen	[dB]
f	Frequenz	[Hz]
f_{ref}	Bezugsfrequenz (= 1000 Hz)	[Hz]
i	Indizes für ein Bauteil im Senderaum (= D, F)	[-]
j	Indizes für ein Bauteil im Empfangsraum (= d, f)	[-]
K	Korrekturglied für die Flankenübertragung	[dB]
K_{ij}	Stoßstellendämm-Maß für jeden Übertragungsweg ij über eine Verbindungsstelle	[dB]
$K_{ij,min}$	Mindestwert für K_{ij} unter den tatsächlichen Baubedingungen	[dB]
L_I	mittlerer Trittschallpegel im Empfangsraum	[dB à 20 µPa]
L_n	Norm-Trittschallpegel	[dB à 20 µPa]
L_{nf}	Norm-Trittschallpegel flankierender Bauteile	[dB à 20 µPa]
$L_{n,F}$	Norm-Trittschallpegel flankierender Bauteile am Bau	[dB à 20 µPa]
$L_{n,situ}$	Norm-Trittschallpegel unter den tatsächlichen Baubedingungen	[dB à 20 µPa]

$L_{n,w,eq}$	äquivalenter bewerteter Norm-Trittschallpegel	[dB à 20 μPa]
L'_n	Norm-Trittschallpegel am Bau	[dB à 20 μPa]
L'_{nw}	bewerteter Norm-Trittschallpegel am Bau (EN ISO 717-2)	[dB à 20 μPa]
L'_{nT}	Standard-Trittschallpegel am Bau	[dB à 20 μPa]
$L_{n\mathrm{d}}$	Norm-Trittschallpegel durch Direktübertragung	[dB à 20 μPa]
$L_{n,\mathrm{ij}}$	Norm-Trittschallpegel durch Flankenübertragung	[dB à 20 μPa]
L_2	mittlerer Trittschallpegel im Empfangsraum bei Schallübertragung über den Weg Ff allein (für bestimmte flankierende Bauteile)	[dB à 20 μPa]
		[dB à 20 μPa]
ΔL	Trittschallminderung durch eine Deckenauflage	[dB]
ΔL_{situ}	Trittschallminderung durch eine Deckenauflage unter den tatsächlichen Baubedingungen	[dB]
ΔL_{d}	Trittschallminderung durch eine Unterdecke auf der Empfangsseite des trennenden Bauteils	[dB]
$\Delta L_{\mathrm{d,situ}}$	Trittschallminderung durch eine Unterdecke auf der Empfangsseite des trennenden Bauteils unter den tatsächlichen Baubedingungen	[dB]
ΔL_w	bewertete Trittschallminderung durch eine Deckenauflage (EN ISO 717-2)	[dB]
l_{ij}	gemeinsame Kopplungslänge zwischen dem Bauteil i und dem Bauteil j	[m]
l_{Ff}	gemeinsame Kopplungslänge zwischen den flankierenden Bauteilen F, f und dem trennenden Bauteil	[m]
l_{lab}	Laborwert als Bezugswert für l_{ij}	[m]
l_0	Bezugslänge (= 1 m)	[m]
m'	flächenbezogene Masse eines Bauteils	[kg/m^2]
m'_0	flächenbezogene Bezugsmasse eines Bauteils	[kg/m^2]
n	Anzahl der flankierenden Bauteile in einem Raum	[-]
R	Schalldämm-Maß eines Bauteils	[dB]
R_{situ}	Schalldämm-Maß eines Bauteils unter den tatsächlichen Baubedingungen	[dB]

R_i	Schalldämm-Maß für das angeregte Bauteil i im Senderaum	[dB]
$R_{i,situ}$	Schalldämm-Maß für das angeregte Bauteil i unter den tatsächlichen Baubedingungen	[dB]
R_j	Schalldämm-Maß für das Bauteil j im Empfangsraum	[dB]
$R_{j,situ}$	Schalldämm-Maß für das Bauteil j unter den tatsächlichen Baubedingungen	[dB]
ΔR_j	Luftschallverbesserungsmaß durch Vorsatzkonstruktionen auf der Empfangsseite des Bauteils j	[dB]
$\Delta R_{j,situ}$	Luftschallverbesserungsmaß durch Vorsatzkonstruktionen auf der Empfangsseite des Bauteils j unter den tatsächlichen Baubedingungen	[dB]
S_i	Fläche des angeregten Bauteils (Fußboden)	[m²]
S_j	Fläche des abstrahlenden Bauteils	[m²]
S_f	Fläche des angeregten Bauteils unter den tatsächlichen Baubedingungen	[m²]
$S_{f,lab}$	Fläche des angeregten Bauteils unter Prüfstandbedingungen	[m²]
s'	flächenbezogene dynamische Steifigkeit	[N/m³]
T	Nachhallzeit im Senderaum	[s]
T_o	Bezugsnachhallzeit; für Wohnungen vorgegeben zu 0,5 s	[s]
$T_{s,lab}$	Körperschall-Nachhallzeit für ein (homogenes) Bauteil unter Prüfstandbedingungen	[s]
$T_{s,situ}$	Körperschall-Nachhallzeit für ein (homogenes) Bauteil unter den tatsächlichen Baubedingungen	[s]
t	Dicke	[m]
V	Rauminhalt des Empfangsraumes	[m³]
$_i^2$	mittlere quadratische Geschwindigkeit über das Bauteil i (freie Wellen)	[(m/s)²]
$_j^2$	mittlere quadratische Geschwindigkeit über das Bauteil j (freie Wellen)	[(m/s)²]
W_1	auf ein Prüfteil im Senderaum treffende Schalleistung	[W]

W_2	von einem Prüfteil in den Empfangsraum abgestrahlte Schalleistung infolge des auf dieses Prüfteil im Senderaum treffenden Schalls	[W]
w	Index zur Angabe, daß es sich um bewertete Schalldämm-Maße nach EN ISO 717-1 handelt	[-]
ρ	Dichte	[kg/m^3]
σ	Abstrahlgrad für freie Biegewellen	[-]

Anhang B (informativ)

Homogene Deckenkonstruktionen

B.1 Norm-Trittschallpegel L_n homogener Deckenkonstruktionen

Für homogene Deckenkonstruktionen kann die Berechnung nach Abschnitt 4.2 auf der Grundlage der folgenden Angaben durchgeführt werden, wenn Meßwerte für den Norm-Trittschallpegel L_n nicht zur Verfügung stehen.

Für übliche monolithische Decken kann der Norm-Trittschallpegel exakt berechnet werden [5]. Für die Rechnungen ist der durch den Prüfstand beeinflußte Gesamtverlustfaktor von Bedeutung. Der Einfluß des Prüfstandes ist nach den Festlegungen in EN ISO 140-1 zu berücksichtigen. Dies wird in prEN WI 126029, Anhang C, behandelt.

Es kann folgende Gleichung benutzt werden :

$$L_n = L_F + 10 \lg \frac{Re\,(Y)\,\sigma}{m'} + 10 \lg T_s + 10{,}6 \text{ dB} \tag{B.1}$$

Mit dem Kraftpegel des Norm-Hammerwerks nach EN ISO 140-6 ergibt sich daraus für Oktavbänder [1] :

$$L_n \approx 155 - 30 \lg m' + 10 \lg T_s + 10 \lg \sigma + 10 \lg \frac{f}{f_{ref}} \text{ dB} \tag{B.2}$$

Dabei sind :

L_F	der Kraftpegel des Norm-Hammerwerks, in Dezibel (Bezugswert 10^{-6} N) ;
m	die flächenbezogene Masse, in Kilogramm pro Quadratmeter ;
$Re\,(Y)$	der Realteil der Deckenadmittanz, in Sekunde · Quadratmeter pro Kilogramm ;
σ	der Abstrahlgrad für freie Biegewellen ;
T_s	die Körperschall-Nachhallzeit, in Sekunden ;
ρ	die Materialdichte der Decke, in Kilogramm pro Kubikmeter ;
c_L	die Longitudinalgeschwindigkeit, in Metern pro Sekunde ;
f_{ref}	die Bezugsfrequenz, f_{ref} = 1000 Hz.

Der Abstrahlgrad für freie Wellen und die Körperschall-Nachhallzeit werden nach prEN WI 126029, Anhang B und Anhang C berechnet,

Die vom Norm-Hammerwerk erzeugten Kräfte werden bei höheren Frequenzen in Abhängigkeit von der Steifigkeit der obersten Deckenschicht etwas kleiner. Dies kann empirisch berücksichtigt werden.

Auf der Grundlage von Berechnungen nach diesem Modell sind in Tabelle B.2 einige Beispiele für den Norm-Trittschallpegel in Oktavbändern für monolithische Decken angegeben. Die Rechnungen wurden für Frequenzen im Terzabstand durchgeführt und die Ergebnisse über die Bandbreite von einer Oktave gemittelt. Die Eigenschaften der eingesetzten Werkstoffe sind in Tabelle B.1 zusammengestellt.

Tabelle B.1 : Typische Materialeigenschaften

Material	Dichte ρ (in kg/m^3)	Longitudinalwellengeschwindigkeit c_L (in m/s)	Innerer Verlustfaktor η (-)
Beton	2300	3500	0,006
Leichtbeton	1300	1700	0,015

Tabelle B.2 : Berechneter Norm-Trittschallpegel in Oktavbandbreite für einige monolithische Bauteile (Beispiele)

Baukonstruktion	m' (in kg/m^2)	Norm-Trittschallpegel (in dB) in Oktavbandbreite (in Hz)						L_n, w(CI)
		125	250	500	1k	2k	4k	
100 mm Beton + 20 mm Verbundestrich	268	73	78	78	78	78	76	80 (- 11)
180 mm Beton + 50 mm Verbundestrich	509	60	65	66	67	68	66	69 (- 11)
200 mm Leichtbeton	260	72	78	77	77	76	70	77 (- 9)
300 mm Leichtbeton	390	68	70	70	70	70	64	71 (- 9)

Aus Gründen der Reziprozität hängt die Summe von Luftschalldämm-Maß R und Norm-Trittschallpegel L_n für homogene Deckenkonstruktionen nur von der Frequenz ab [7]. Folglich kann der Norm-Trittschallpegel einer Konstruktion aus den Angaben für das Schalldämm-Maß dieser Konstruktion berechnet werden.

Für die Rechnungen in Oktavbandbreite gilt folgende Beziehung :

$$R + Ln = 43 + 30 \lg f \text{ dB} \tag{B.3}$$

Dabei ist :

f die Bandmittenfrequenz des Oktavbandes, in Hertz.

Für die Berechnung von Angaben in Terzbandbreite gilt :

$$R + Ln = 38 + 30 \lg f \text{ dB} \tag{B.4}$$

Dabei ist :

f die Bandmittenfrequenz des Terzbandes, in Hertz.

B.2 Äquivalenter bewerteter Norm-Trittschallpegel $L_{n,w,eq}$ homogener Deckenkonstruktionen

Bei homogenen Deckenkonstruktionen kann der für die Rechnung nach Abschnitt 4.3 zu benutzende äquivalente bewertete Norm-Trittschallpegel $L_{n,w,eq}$ aus der flächenbezogenen Masse m' (im Bereich zwischen 100 und 600 kg/m²) berechnet werden nach [8] :

$$L_{n,w,eq} = 164 - 35 \lg \frac{m'}{m'_0} \text{ dB} \qquad \text{(B.5)}$$

mit $m'_0 = 1$ kg/m².

Diese Gleichung gilt für homogene Betondecken; für Leicht- oder Porenbeton sind die Werte etwas niedriger, so daß diese auf der sicheren Seite liegen. Bild B1 zeigt Deckenkonstruktionen, die sich wie homogene Konstruktionen verhalten.

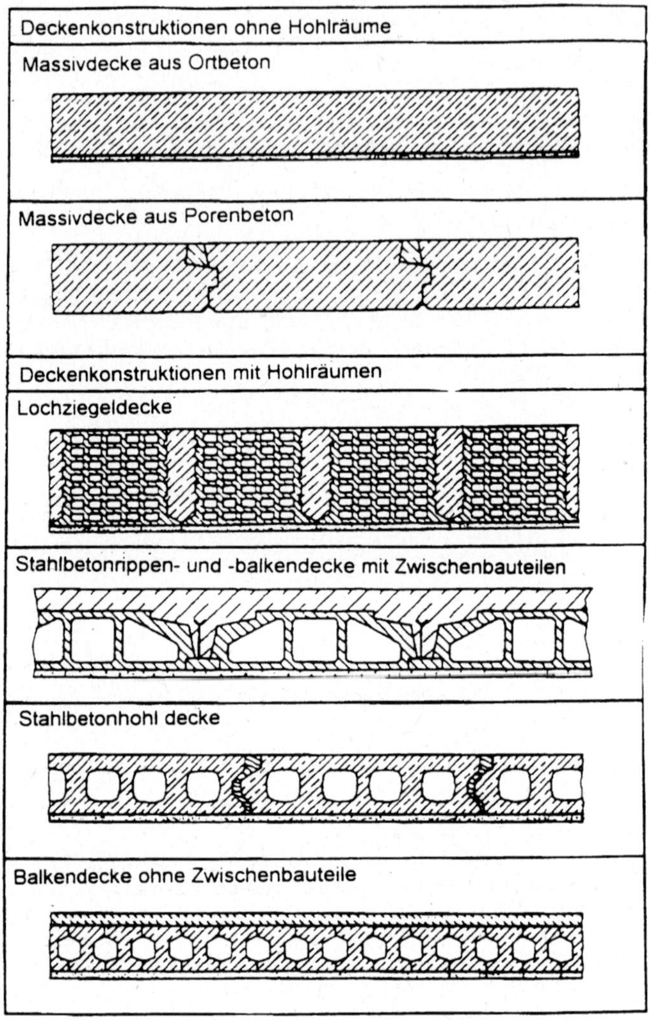

Bild B1: Arten von Deckengrundkonstruktionen

Anhang C (informativ)

Schwimmend verlegte Fußböden

C.1 Minderung des Trittschallpegels ΔL von schwimmend verlegten Fußböden

Liegen keine gemessenen Werte für die Trittschallminderung ΔL von schwimmend verlegten Fußböden vor, so können die folgenden Gleichungen benutzt werden.

a) Die Trittschallminderung ΔL von schwimmendem Estrichen aus Zement oder Calciumsulfat kann berechnet werden aus :

$$\Delta L = 30 \lg \frac{f}{f_0} \text{ dB} \tag{C.1}$$

Dabei sind :

f die Bandmittenfrequenz des Oktav- oder Terzbandes, in Hertz ;

f_0 die Resonanzfrequenz des Systems, in Hertz, nach :

$$f_0 = 160 \sqrt{\frac{s'}{m'}} \tag{C.2}$$

mit :

s' der flächenbezogenen dynamischen Steifigkeit der Dämmschicht nach EN 29052-1, in Meganewton proKubikmeter ;

m' der flächenbezogenen Masse des schwimmenden Estrichs, in Kilogramm pro Quadratmeter.

ANMERKUNG : Die Theorie der Trittschalldämmung führt zu der Gleichung ΔL = 40 lg (f/f_0), die sich auf unendlich ausgedehnte Platten bezieht. Die experimentell ermittelten Daten zeigen jedoch, daß für übliche Baubedingungen die oben angegebene Gleichung auf der sicheren Seite liegt.

b) Die Trittschallminderung ΔL von schwimmenden Estrichen aus Gußasphalt oder von trocken verlegten Fußbodenkonstruktionen kann berechnet werden aus :

$$\Delta L = 40 \lg \frac{f}{f_0} \text{ dB} \tag{C.3}$$

ANMERKUNG: Wegen des höheren inneren Verlustfaktors und des Prüfverfahrens nach prEN ISO 140-6 genügt der Anstieg der Trittschallminderung ΔL der obengenannten Konstruktionen mit der Frequenz für übliche Baubedingungen der Theorie für unendlich ausgedehnte Platten. Das stimmt mit experimentell ermittelten Angaben unter Prüfbedingungen überein.

C.2 Bewertete Trittschallminderung ΔL_W von schwimmenden Estrichen

Die bewertete Trittschallminderung ΔL_W hängt von der flächenbezogenen Masse *m'* des schwimmend verlegten Fußbodens und der flächenbezogenen dynamischen Steifigkeit *s'* der Dämmschicht nach EN 29052-1 ab.

a) Für schwimmende Estriche aus Zement oder Calciumsulfat können die Werte Bild C1 entnommen werden.

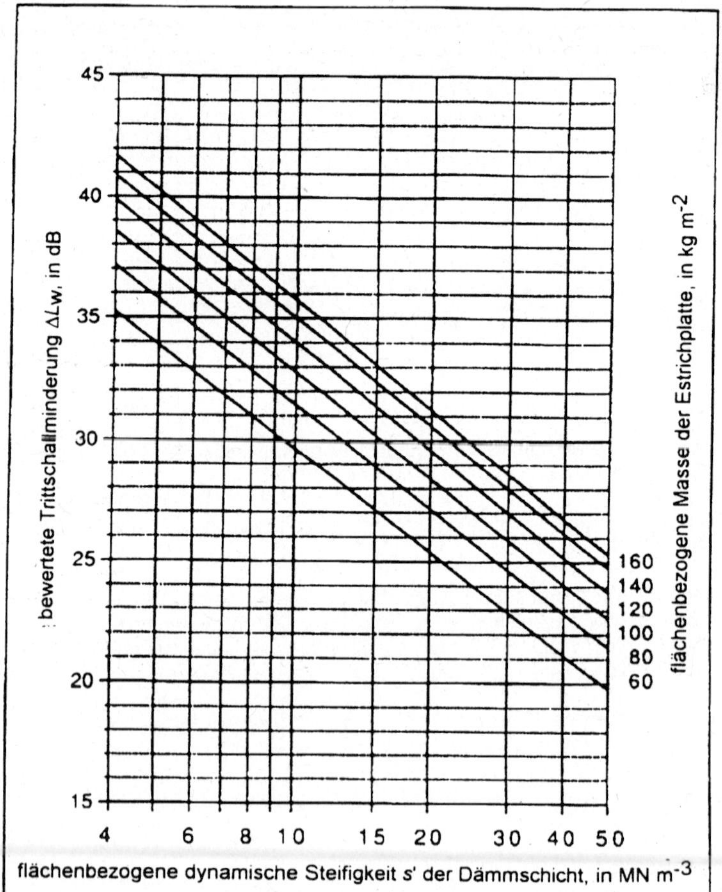

Bild C1 : Bewertete Trittschallminderung bei schwimmend verlegten Estrichen aus Zement oder Calciumsulfat

b) Für schwimmend verlegte Gußasphaltestriche oder schwimmend verlegte Trockenestrichkonstruktionen können die Werte Bild C2 entnommen werden.

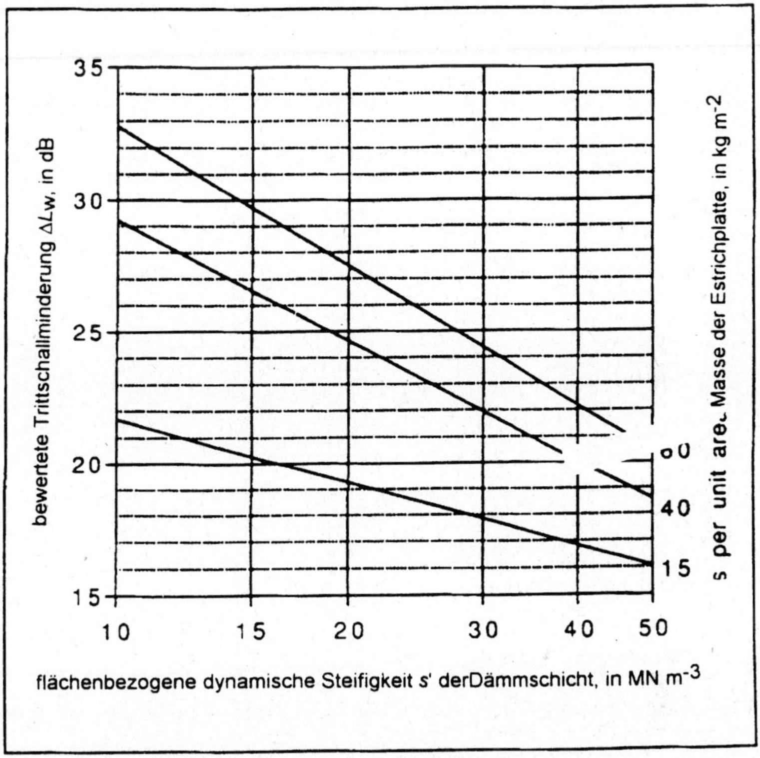

Bild C2 : Bewertete Trittschallminderung für schwimmende Gußasphaltestriche oder schwimmend verlegte Trockenestrichkonstruktionen

ANMERKUNG : Bei zwei oder mehr Dämmschichten ist die flächenbezogene dynamische Gesamt-Steifigkeit nach folgender Gleichung zu berechnen :

$$s'_{tot} = \left(\sum_{i=1}^{n} \frac{1}{s'_i} \right)^{-1} \qquad \text{(C.4)}$$

wobei s_i' die flächenbezogene dynamische Steifigkeit der Dämmschicht i nach EN 29052-1 ist.

Das gilt nur, wenn jede Dämmschicht die gesamte Fläche des Fußbodens ohne Trenn- oder Schnittstellen, z. B. durch Heiz- oder Wasserleitungsrohre, elektrische Einrichtungen usw., bedeckt.

Anhang D (informativ)

Prüfstandmessung der Flankenübertragung

Mit der Einschränkung, daß bei der mit einem flankierenden Bauteil verbundenen Übertragung der Übertragungsweg Ff überwiegt, ist es möglich, diese Übertragung durch Labormeßwerte zu kennzeichnen. Das wird bei flankierenden Bauteilen wie Doppel- und Hohlraumböden zutreffen. In diesem Falle ist die Übertragung häufig hauptsächlich auf Körperschallübertragung zurückzuführen, obwohl auch die Luftschallübertragung Einfluß haben kann. Um die Ergebnisse solcher Messungen darzustellen, wäre die Verwendung einer invarianten Größe, d. h. einer von den Meßbedingungen unabhängigen Größe, wünschenswert. Von einer derartigen Größe ausgehend, könnte das Verhalten am Bau extrapoliert werden. Eine solche Größe kann jedoch nicht allgemein angegeben werden, so daß es bestenfalls zweckmäßig ist, sie abzuleiten, wenn der hauptsächliche Übertragungsmechanismus bekannt ist, d. h. wenn bekannt ist, ob es sich hauptsächlich um Körperschallübertragung oder hauptsächlich um Luftschallübertragung handelt.

Zur Zeit hat deshalb die Prüfstandmessung der indirekten Schallübertragung (Nebenwegübertragung) hauptsächlich das Ziel, die verschiedenen Bauteile unter genormten Meßbedingungen miteinander zu vergleichen. Die Meßergebnisse werden zu diesem Zweck ausreichend durch den Trittschallpegel L_{nf} der flankierenden Bauteile, bezogen auf die festgelegten Laborbedingungen, dargestellt :

$$L_{nf} = L_2 + 10 \lg \frac{A}{A_0} \text{ dB}; \quad A_0 = 10 \text{ m}^2 \qquad \text{(D.1)}$$

Dabei sind :

L_2 der mittlere Trittschallpegel im Empfangsraum infolge des durch die betrachtete Fußbodenkonstruktion übertragenen Schalles allein ;

A die äquivalente Absorptionsfläche im Empfangsraum, Bezugswert A_0 = 10 m^2.

Für Doppel- und Hohlraumböden wird der Wert nach prEN ISO 140-11 ermittelt. Für andere flankierende Bauteile ist eine vergleichbare Erarbeitung eines Meßverfahrens möglich.

Im Falle hauptsächlicher Körperschallübertragung kann die folgende Beziehung benutzt werden, um den Trittschallpegel flankierender Bauteile L_{Ff} (mit F = i) unter der tatsächlichen Bausituation aus den Bauteilangaben L_{nf} zu ermitteln :

$$L_{n,F=i,f} = L_{nf} + 10 \lg \frac{S_{F,\text{lab}}\, l_{Ff}}{S_F\, l_{\text{lab}}} + 10 \lg \frac{T_{s,F}}{T_{s,F,\text{lab}}} + 10 \lg \frac{T_{s,f}}{T_{s,f,\text{lab}}} \text{ dB} \qquad \text{(D2)}$$

Dabei sind :

S_F die Fläche des angeregten Fußbodens in der tatsächlichen Bausituation (F = i), in Quadratmetern ;

$S_{F,\text{lab}}$ die Fläche des angeregten Fußbodens unter Prüfstandbedingungen (F = i), in Quadratmetern) ;

L_{Ff} die Kopplungslänge zwischen den Bauteilen F und f, in Metern ;

L_{lab}	die Kopplungslänge zwischen den Bauteilen *F* und *f* unter Prüfstandbedingungen, in Metern ;
$T_{s,F}$	die Körperschall-Nachhallzeit des Bauteils *F* am Bau, in Sekunden ;
$T_{s,f}$	die Körperschall-Nachhallzeit des Bauteils *f* am Bau, in Sekunden ;
$T_{s,F,lab}$	die Körperschall-Nachhallzeit des Bauteils *F* unter Prüfstandbedingungen, in Sekunden ;
$T_{s,f,lab}$	die Körperschall-Nachhallzeit des Bauteils *f* unter Prüfstandbedingungen, in Sekunden.

Die letzten Glieder, die die Körperschall-Nachhallzeit enthalten, sind zu vernachlässigen, wenn die betreffende Konstruktion einen hohen inneren Verlustfaktor hat, wie z. B. zweischalige Leichtbaukonstruktionen u.ä.

ANMERKUNG 1 : Falls auch die Luftschallübertragung von Bedeutung ist oder sogar überwiegt, gilt diese Beziehung nicht. Im letztgenannten Fall wäre eine Möglichkeit, wie bei abgehängten Unterdecken vorzugehen; siehe EN WI 126029, Anhang F.

ANMERKUNG 2 : Die Festlegungen für Prüfstände und Prüfstandsbedingungen für derartige Messungen müssen in einer neuen Norm EN yyy erarbeitet werden (ISO/TC 43/SC 2/WG 17 und CEN/TC 126/WG 6). Für ihre Anwendung dieser und in der Zukunft verbesserter Beziehungen wäre es für einige Arten von Baukonstruktionen zur Zeit erforderlich, zusätzliche Messungen im Prüfstand durchzuführen, um sicherzustellen, daß die Körperschallübertragung tatsächlich überwiegt.

Anhang E (informativ)

Rechenbeispiele

E.1 Bausituationen

Der Trittschallpegel L'_n zwischen zwei Wohnungen ist für zwei übereinander gelegene Räume zu berechnen, die durch eine Betondecke mit schwimmendem Estrich getrennt sind. Die Rauminhalte der Räume betragen jeweils 50 m^3, weitere Einzelheiten der Konstruktion sind im folgenden angegeben.

Trennendes Bauteil :

Fußboden (Decke) : S_i = 5,00 m × 4,00 m = 20,0 m^2 ;
140 mm Beton, m' = 0,14 m × 2300 kg/m^3 = 322 kg/m^2;

schwimmender Estrich : 35 mm Zementestrich auf einer 20/mm/Mineralwollplatte
mit s' = 8 MN/m^3.

Flankierende Bauteile (auf beiden Seiten identisch) :

Innenwände : S_j = 5,00 m × 2,50 m = 12,5 m^2; starrer Kreuzstoß ;
120 mm Porenbeton, m' = 0,12 m × 800 kg/m^3 = 96 kg/m^2 ;

Außenwände : S_j = 4,00 m × 2,50 m = 10,0 m^2; starrer T-Stoß ;
100 mm Ziegelmauerwerk,
m' = 0,1 m × 1900 kg/m^3 = 190 kg/m^2.

E.2 Detailliertes Modell

E.2.1 Ergebnisse

Die sich ergebenden Trittschallpegel für die Direktübertragung und die Flankenübertragung sind für die einzelnen Bauteile und insgesamt in Oktavbändern und als Einzahlangabe aufgeführt. Die Werte sind auf den nächsten ganzzahligen dB-Wert gerundet. In den nachfolgenden Abschnitten sind die Einzelheiten der Berechnung für die fettgedruckten Werte dargestellt.

Frequenz		125 Hz	250 Hz	**500** Hz	1k Hz	2k Hz	4k Hz	L_{nw}
L_n Fußboden (Decke)	L_{nDd}	57	50	**41**	36	30	26	42
Innenwand	L_{nDf}	42	38	**36**	31	24	22	31
Innenwand	L_{nDf}	42	38	**36**	31	24	22	31
Außenwand	L_{nDf}	42	39	**34**	28	21	16	30
Außenwand	L_{nDf}	42	39	**34**	28	21	16	30
L_n gesamt		58	51	**44**	39	32	29	43

Es gilt $L_{nw}(C_1)$ = 43 (1) dB, also z. B. $L_{nw} + C_1$ (= L_{nA}) = 43 + 1 = 44 dB(A).

E.2.2 Einzelschritte für trennende Decke und flankierende Wände

Überführung der Eingangsdaten für die Bauteile in Werte am Bau:

Trenndecke, m' = 322 kg/m², f_c = 134 Hz, S = 20,0 m²

	Frequenz	125	250	**500**	1k	2k	4k	Hz
Eingangsdaten :	$L_{n,\,s}$ Decke (Anhang B)	70,8	73,1	**73,6**	74,4	75,1	75,0	dB
	R_s Decke (Teil 1, Anhang B)	35,1	38,7	**48,6**	56,9	64,5	71,3	dB
Berechnet:	10 lg ($T_{s,\,situ}/T_{s,\,lab}$)	- 1,5	- 1,6	**- 1,6**	- 1,5	- 1,4	- 1,3	dB
Ergebnis:	$L_{n,\,situ}$ (Gleichung (12))	69,3	71,5	**72,0**	72,9	73,7	73,7	dB
	$R_{i,\,situ}$ (Gleichung (13))	36,6	40,3	**50,2**	58,4	65,9	72,6	dB

Schwimmender Estrich, m '= 80 kg/m², s' = 8 MN/m³

Frequenz		125	250	**500**	1k	2k	4k	Hz
Eingangsdaten:	ΔL (Anhang C)	12,0	22,0	**31,0**	37,0	44,0	48,0	dB
Ergebnis :	ΔL_{situ} (Gleichung (14))	12,0	22,0	**31,0**	37,0	44,0	48,0	dB

Innenwand, m' = 96 kg/m², f_c = 390 Hz, S = 12,5 m², l_{ij} = 5,00 m

Frequenz		125	250	**500**	1k	2k	4k	Hz
Eingangsdaten :	R_f (Teil 1, Anhang B)	36,4	32,7	**29,4**	36,8	45,0	46,7	dB
Berechnet :	10 lg ($T_{s,\,situ}/T_{s,\,lab}$)	- 3,7	- 3,2	**- 2,1**	- 2,1	- 1,9	- 1,5	dB
Ergebnis :	$R_{f,\,situ}$ (Gleichung (13))	40,1	35,9	**31,5**	38,9	46,9	48,2	dB

Außenwand, m' = 190 kg/m², f_c = 298 Hz, S = 10,0 m², l_{ij} = 4,00 m

Frequenz		125	250	**500**	1k	2k	4k	Hz
Eingangsdaten :	R_f (Teil 1, Anhang B)	40,6	35,2	**36,6**	47,1	55,9	63,1	dB
Berechnet :	10 lg ($T_{s,\,situ}/T_{s,\,lab}$)	- 3,4	- 3,0	**- 2,4**	- 2,1	- 1,8	- 1,5	dB
Ergebnis :	$R_{f,\,situ}$ (Gleichung (13))	44,0	38,2	**39,0**	49,2	57,7	64,6	dB

Überführung von Eingangsdaten für die Stoßstellen in Werte am Bau :

Innenwand: L_{Df} = 5 m, S_j = 12,5 m^2, S_i = 20,0 m^2

Siehe Teil 1, Anhang E, Gleichung (E.2) um die Ecke mit $m_{\neq i}/m_i$ = 96/322: K_{Df} = 10,3 dB

Frequenz	125	250	**500**	1k	2k	4k	Hz
Decke : a_{situ} (Gleichung (15))	16,7	17,2	**17,2**	18,0	19,0	20,6	dB
Wand : a_{situ} (Gleichung (15))	4,8	5,3	**7,1**	7,2	8,1	9,7	dB
10 lg ($l_{ij}/\sqrt{a_{floor}}\sqrt{a_{wall}}$) (Gleichung (14))	- 2,5	- 2,8	**- 3,4**	- 3,6	- 3,9	- 4,5	dB
$D_{v, Df, situ}$ (Gleichung (14))	12,8	13,1	**13,7**	13,9	14,2	14,8	dB

Außenwand: L_{Df} = 4 m, S_j = 10,0 m^2, S_i = 20,0 m^2

Siehe Teil 1, Anhang E, Gleichung (E.3) um die Ecke mit $m_{\neq i}/m_i$ = 190/322: K_{Df} = 6,0 dB

Frequenz	125	250	**500**	1k	2k	4k	Hz
Decke: a_{situ} (Gleichung (15))	16,7	17,2	**17,2**	18,0	19,0	20,6	dB
Wand: a_{situ} (Gleichung (15))	6,4	7,0	**8,1**	8,8	10,1	12,1	dB
10 lg ($l_{ij}/\sqrt{\alpha_{wall}}\sqrt{\alpha_{wall}}$) (Gleichung (14))	- 4,1	- 4,4	**- 4,7**	- 5,0	- 5,4	- 6,0	dB
$D_{v, Df, situ}$ (Gleichung (14))	10,1	10,4	**10,7**	11,0	11,4	12,0	dB

Ermittlung der Direkt- und der Flankenübertragung; Gleichungen (17) und (18) :

Direktübertragung (Gleichung (17)) :

Frequenz	125	250	**500**	1k	2k	4k	Hz
$L_{n, situ}$	69,3	71,5	**72,0**	72,9	73,7	73,7	dB
ΔL_{situ}	12,0	22,0	**31,0**	37,0	44,0	48,0	dB
$L_{n, d}$	57,3	49,5	**41,0**	35,9	29,7	25,7	dB

Flankenübertragung über die Innenwand (Gleichung (18)):

Frequenz	125	250	**500**	1k	2k	4k	Hz
$L_{n, situ}$	69,3	71,5	**72,0**	72,9	73,7	73,7	dB
ΔL_{situ}	12,0	22,0	**31,0**	37,0	44,0	48,0	dB
$R_{i, situ}$	36,6	40,3	**50,2**	58,4	65,9	72,6	dB
$R_{f, situ}$	40,1	35,9	**31,5**	38,9	46,9	48,2	dB
$D_{v, Df, situ}$	12,8	13,1	**13,7**	13,9	14,2	14,8	dB
5 lg (S_i/S_j)	1,0	1,0	**1,0**	1,0	1,0	1,0	dB
$L_{n, Df}$	41,7	37,6	**35,6**	30,7	24,0	22,1	dB

Flankenübertragung über die Außenwand (Gleichung (18)) :

Frequenz	125	250	**500**	1k	2k	4k	Hz
$L_{n, situ}$	69,3	71,5	**72,0**	72,9	73,7	73,7	dB
ΔL_{situ}	12,0	22,0	**31,0**	37,0	44,0	48,0	dB
$R_{i, situ}$	36,6	40,3	**50,2**	58,4	65,9	72,6	dB
$R_{f, situ}$	44,0	38,2	**39,0**	49,2	57,7	64,6	dB
$D_{v, Df, situ}$	10,1	10,4	**10,7**	11,0	11,4	12,0	dB
$5 \lg (S_i/S_j)$	1,5	1,5	**1,5**	1,5	1,5	1,5	dB
$L_{n, Df}$	42,0	38,6	**34,4**	28,9	20,9	16,2	dB

In der Tabelle mit den Ergebnissen sind die gerundeten Werte angegeben.

E.2.3 Körperschall-Nachhallzeit für Decke bei der 500-Hz-Oktave (siehe Teil 1, Anhang C):

Die Berechnungen für dieses Oktavband wurden mit f = 400 Hz durchgeführt (unteres Terzband).

Prüfstand

Mit m' = 322 kg/m^2 und f_c = 134 Hz ergibt sich aus Gleichung (C.4) : α_k = 0,154 ;

mit η_{int} = 0,006; σ = 1,2; S_{lab} = 10 m^2 und $\Sigma\, l_k$ = 12,8 m ergibt sich aus Gleichung (C.1) : η_{tot} = 0,037
und damit $\boldsymbol{T_{s, lab}}$ **= 0,149 s** (die Berechnung nach Gleichung (C.5) hätte ergeben $T_{s, lab}$ = 0,14 s)

Bausituation

Ränder mit

der Innenwand : K_{ij} = 1,3; 10,3 und 10,3 dB (Teil 1, Gleichung (E.2))
und nach Gleichung (C.2) somit α_k = 0,388

der Außenwand : K_{ij} = 6,0 und 6,0 dB (Teil 1, Gleichung (E.3))
und nach Gleichung (C.2) somit α_k = 0,274

Das ergibt (nach Gleichung (C.1)) η_{tot} = 0,053 und $\boldsymbol{T_{s, situ}}$ **= 0,104 s.**

Damit erhält man für das Schalldämm-Maß, den Trittschallpegel und die Übertragung an der Stoßstelle folgende Glieder :

Decke : **10 lg ($T_{s, situ}/T_{s, lab}$) = 10 lg (0,104/0,149) = - 1,6 dB**
a_{situ} = 17,2 m

Nach dem gleichen Verfahren ergibt sich ebenso :

Innenwand : a_{situ} **= 7,1 m**
Außenwand : a_{situ} **= 8,1 m**

E.3 Vereinfachtes Modell

Bausituation :

Es werden die gleichen Bausituationen wie in E1 berechnet.

Eingangsdaten :

- flächenbezogene Masse der Betondecke : $m' = 0{,}14 \text{ m} \times 2300 \text{ kg/m}^3 = 322 \text{ kg/m}^2$;
- flächenbezogene dynamische Steifigkeit der Mineralwolleplatte : $s' = 8 \text{ MN/m}^3$;
- flächenbezogene Masse der Estrichplatte : $m' = 80 \text{ kg/m}^2$.

Berechnete Werte :

- Äquivalenter bewerteter Norm-Trittschallpegel der Rohdecke nach Anhang B :

$$L_{n,w,\text{eq}} = 164 - 35 \lg (m'/m'_0) \text{ mit } m'_0 = 1 \text{ kg/m}^2$$

$$= 164 - 35 \lg (322/1) = 76{,}2 \approx 76 \text{ dB}$$

- bewertete Trittschallminderung des schwimmenden Estrichs :

Mit der flächenbezogenen dynamischen Steifigkeit $s' = 8 \text{ MN/m}^3$ der Mineralwolleplatte und der flächenbezogenen Masse $m' = 80 \text{ kg/m}^2$ der Estrichplatte ergibt sich aus Anhang C, Bild C1 :

$$\Delta L_w = 33 \text{ dB}$$

- Korrektur K für die Flankenübertragung :

Die mittlere flächenbezogene Masse der homogenen flankierenden Bauteile ohne Vorsatzschalen mit beträgt $m' = 0{,}25\ (2 \times 190 + 2 \times 100) \text{ kg/m}^2 = 145 \text{ kg/m}^2$; somit wird nach Tabelle 1:

$$K = 2 \text{ dB}$$

- bewerteter Norm-Trittschallpegel zwischen den beiden Räumen:

Aus Gleichung (19) ergibt sich :

$$L'_{n,w} = L_{n,w,\text{eq}} - \Delta L_w + K = (76 - 33 + 2) \text{ dB} = 45 \text{ dB}$$

- bewerteter Standard-Trittschallpegel zwischen den beiden Räumen :

  Bei einem Rauminhalt des Empfangsraumes von $V = 50\ m^3$ ergibt sich aus Gleichung (3):

  $L'_{nT,w} = L'_{n,w} - 10 \lg (V/30) = (45 - 2{,}2)\ dB = 42{,}8\ dB \approx 43\ dB$

Bauakustik Berechnung der akustischen Eigenschaften von Gebäuden aus den Bauteileigenschaften Teil 3: Luftschalldämmung gegen Außengeräusche Deutsche Fassung prEN 12354-3 : 1997	DIN EN 12354-3

Einsprüche bis 31. Okt 1997

ICS 91.120.20

Building acoustics - Estimation of acoustic performance of buildings from the performance of products - Part 3: Airborne sound insulation against outdoor sound; German version prEN 12354-3 : 1997

Acoustique des bâtiments - Estimation de la performance acoustique des bâtiments à partir de la performance des produits - Partie 3: Isolation aux bruits aériens venus de l'extérieur;
Version allemande prEN 12354-3 : 1997

Anwendungswarnvermerk

Dieser Norm-Entwurf wird der Öffentlichkeit zur Prüfung und Stellungnahme vorgelegt.

Weil die beabsichtigte Norm von der vorliegenden Fassung abweichen kann, ist die Anwendung dieses Entwurfes besonders zu vereinbaren.

Stellungnahmen werden erbeten an den Normenausschuß Bauwesen (NABau) im DIN Deutsches Institut für Normung e. V., Burggrafenstraße 6, 10787 Berlin.

Nationales Vorwort

Der vorliegende Norm-Entwurf wurde vom Technischen Komitee CEN/TC 126 "Akustische Eigenschaften von Gebäudeteilen und von Gebäuden", dessen Sekretariat vom AFNOR betreut wird, erarbeitet.

Das technische Komitee CEN/TC 126 hat beschlossen, diesen europäischen Norm-Entwurf für CEN-Umfrage vorzulegen.

Fortsetzung 33 Seiten prEN

Normenausschuß Bauwesen (NABau) im DIN Deutsches Institut für Normung e.V.
Normenausschuß Materialprüfung (NMP) im DIN
Normenausschuß Akustik, Lärmminderung und Schwingungstechnik (NALS) im DIN und VDI

EUROPÄISCHE NORM

EUROPEAN STANDARD

NORME EUROPEENNE

ENTWURF
prEN 12354-3

Juni 1997

ICS

Deskriptoren:

Deutsche Fassung

Bauakustik - Berechnung der akustischen Eigenschaften von Gebäuden aus den Bauteileigenschaften - Teil 3: Luftschalldämmung gegen Außengeräusche

Building acoustics - Estimation of acoustic performance of buildings from the performance of products - Part 3: Airborne sound insulation against outdoor sound

Acoustique des bâtiments - Estimation de la performance acoustique des bâtiments à partir de la performance des produits - Partie 3: Isolation aux bruits aériens venus de l'extérieur

Dieser Europäische Norm-Entwurf wird den CEN-Mitgliedern zur CEN-Umfrage vorgelegt. Er wurde vom Technischen Komitee CEN/TC 126 erstellt.

Wenn aus diesem Norm-Entwurf eine Europäische Norm wird, sind die CEN-Mitglieder gehalten, die CEN/CENELEC-Geschäftsordnung zu erfüllen, in der die Bedingungen festgelegt sind, unter denen dieser Europäischen Norm ohne jede Änderung der Status einer nationalen Norm zu geben ist.

Dieser Europäische Norm-Entwurf wurde von CEN in drei offiziellen Fassungen (Deutsch, Englisch, Französisch) erstellt. Eine Fassung in einer anderen Sprache, die von einem CEN-Mitglied in eigener Verantwortung durch Übersetzung in seine Landessprache gemacht und dem Zentralsekretariat mitgeteilt worden ist, hat den gleichen Status wie die offiziellen Fassungen.

CEN-Mitglieder sind die nationalen Normungsinstitute von Belgien, Dänemark, Deutschland, Finnland, Frankreich, Griechenland, Irland, Island, Italien, Luxemburg, Niederlande, Norwegen, Österreich, Portugal, Schweden, Schweiz, Spanien, der Tschechischen Republik und dem Vereinigten Königreich.

CEN

Europäisches Komitee für Normung
European Committee for Standardisation
Comité Européen de Normalisation

Zentralsekretariat: rue de Stassart 36, B - 1050 Brüssel

Ref. Nr. prEN 12354-3:1997 D

Inhalt

Vorwort

Diese prEN 12354-3 wurde vom Technischen Komitee CEN/TC 126 "Akustische Eigenschaften von Gebäudeteilen und von Gebäuden" dessen Sekretariat vom AFNOR betreut wird, erarbeitet.

Das Technische Komitee CEN/TC 126 hat beschlossen diesen europäischen Norm- Entwurf für CEN Umfrage vorzulegen.

1 Anwendungsbereich

Diese Norm beschreibt Rechenmodelle zur Ermittlung der Minderung von Außengeräuschen durch Fassaden an Gebäuden, im wesentlichen auf der Grundlage von gemessenen Werten, die das Schalldämm-Maß der betreffenden Elemente charakterisieren. Die beschriebenen Modelle sind sowohl auf Berechnungen in Frequenzbändern als auch für die Berechnung von Einzahlangaben der Bauteile anwendbar.

In dieser Norm werden jeweils die Grundlagen des Rechenmodells beschrieben, die benötigten Größen aufgeführt und ihre Anwendungen und Einschränkungen angegeben. Sie ist für Fachleute auf dem Gebiet der Akustik bestimmt und soll den Rahmen für die Entwicklung von Anwendungsdokumenten und Hilfsmitteln für andere Anwender auf dem Gebiet des Hochbaus unter Berücksichtigung örtlicher Gegebenheiten bilden.

Die beschriebenen Modelle basieren auf Erfahrungen bei der Bewertung von Wohngebäuden; sie können auch für andere Gebäudearten verwendet werden, sofern deren Abmessungen nicht zu stark von denen von Wohngebäuden abweichen.

2 Normative Verweisungen

EN ISO 140-1[1)] Akustik - Messung der Schalldämmung in Gebäuden und von Bauteilen - Teil 1 : Anforderungen für Laborprüfstände

EN ISO 140-3 Akustik - Messung der Schalldämmung in Gebäuden und von Bauteilen - Teil 3 : Messung der Luftschalldämmung von Bauteilen in Prüfständen

EN ISO 140-5[1)] Akustik - Messung der Schalldämmung in Gebäuden und von Bauteilen - Teil 5 : Messung der Luftschalldämmung von Fassadenelementen und Fassaden am Bau

EN ISO 140-10 Akustik - Messung der Schalldämmung in Gebäuden und von Bauteilen - Teil 10 : Messung der Luftschalldämmung kleiner Bauteile im Prüfstand

EN ISO 717-1 Akustik - Bewertung der Schalldämmung in Gebäuden und von Bauteilen - Teil 1 : Luftschalldämmung

EN 12354-1[1)] Bauakustik - Berechnung der akustischen Eigenschaften von Gebäuden aus den Bauteileigenschaften - Teil 1 : Luftschalldämmung zwischen Räumen

EN ISO 11654 Akustik - Bewertung der Schallabsorption

---

1) In Vorbereitung

3 Benötigte Größen

3.1 Größen zur Kennzeichnung der Gebäudeeigenschaften

Die Schalldämmung von Fassaden nach EN ISO 140-5 kann durch mehrere Größen dargestellt werden. Diese Größen werden in Frequenzbändern (Terz- oder Oktavbändern) bestimmt, aus denen die Einzahlangabe für die Gebäudeeigenschaft nach EN ISO 717-1 ermittelt werden kann, z. B. R'_w, $D_{ls,2m,nT}$ oder ($R'_w + C_{tr}$).

3.1.1 Bau-Schalldämm-Maß R'_{45}: Luftschalldämmung eines Bauteils, wenn die Schallquelle ein Lautsprecher ist und der Einfallswinkel 45° beträgt. Es wird bestimmt nach der Gleichung :

$$R'_{45°} = L_{1,s} - L_2 + 10 \lg \frac{S}{A} - 1{,}5 \text{ dB} \quad (1)$$

Dabei ist :

$L_{1,s}$	der mittlere Schalldruckpegel an der Außenfläche des Bauteils, einschließlich Reflexionen von der Fassade, in Dezibel ;
L_2	der mittlere Schalldruckpegel im Empfangsraum, in Dezibel ;
S	die Fläche des Bauteils, in Quadratmetern ;
A	die äquivalente Schallabsorptionsfläche im Empfangsraum, in Quadratmetern.

3.1.2 Bau-Schalldämm-Maß $R'_{tr,s}$: Luftschalldämmung eines Bauteils, wenn als Schallquelle Verkehrslärm verwendet wird. Es wird bestimmt nach der Gleichung :

$$R'_{tr,s} = L_{eq,1,s} - L_{eq,2} + 10 \lg \frac{S}{A} - 3 \text{ dB} \quad (2)$$

Dabei ist :

$L_{eq,1,s}$	der mittlere äquivalente Schalldruckpegel an der Außenfläche des Bauteils, einschließlich Reflexionen von der Fassade, in Dezibel ;
$L_{eq,2}$	der mittlere äquivalente Schalldruckpegel im Empfangsraum, in Dezibel.

3.1.3 Standard-Schallpegeldifferenz $D_{2m,nT}$: Differenz zwischen dem Außenschalldruckpegel im Abstand von 2 m von der Fassade und dem Schalldruckpegel im Empfangsraum, bezogen auf eine bestimmte Nachhallzeit. Die Standard-Schallpegeldifferenz wird bestimmt nach der Gleichung:

$$D_{2m,nT} = L_{1,2m} - L_2 + 10 \lg \frac{T}{T_0} \text{ dB} \quad (3)$$

Dabei ist :

$L_{1,2m}$ der mittlere Schalldruckpegel 2 m vor der Fassade, in Dezibel ;

die Nachhallzeit im Empfangsraum, in Sekunden ;

0 die Referenz-Nachhallzeit, in Sekunden (für Wohngebäude mit 0,5 s festgelegt).

Die Schallpegeldifferenz kann sowohl mit dem vorherrschenden Verkehrslärm als auch mittels Lautsprecher mit einem Schalleinfall unter 45° bestimmt werden. Dies wird durch Nebeneinanderstellen der Indizes 'tr' bzw. 'ls' angegeben, d. h. $D_{tr,2m,nT}$ oder $D_{ls,2m,nT}$.

3.1.4 Norm-Schallpegeldifferenz $D_{2m,n}$: Differenz zwischen dem Außenschalldruckpegel im Abstand von 2 m von der Fassade und dem Schalldruckpegel im Empfangsraum, bezogen auf eine bestimmte Absorptionsfläche. Die Norm-Schallpegeldifferenz wird bestimmt nach der Gleichung:

$$D_{2m,n} = L_{1,2m} - L_2 - 10 \lg \frac{A}{A_0} \text{ dB} \qquad (4)$$

Dabei ist :

A_0 die äquivalente Referenz-Schallabsorptionsfläche, in Quadratmetern (für Wohngebäude mit 10 m² festgelegt).

Die Schallpegeldifferenz kann sowohl mit dem vorherrschenden Verkehrslärm als auch mittels Lautsprecher bestimmt werden. Dies wird durch Nebeneinanderstellen der Indizes 'tr' bzw. 'ls' angegeben, d. h. $D_{tr,2m,n}$ oder $D_{ls,2m,n}$.

3.1.5 Beziehungen zwischen den Größen

Bei beiden Schalldämm-Maßen R'_{45} und $R'_{tr,s}$ weisen die Meßergebnisse eine systematische Abweichung über einen großen Frequenzbereich auf. Das Maß R'_{45} liefert sowohl bei der Einzahlangabe als auch für die tieferen Frequenzen Ergebnisse, die 0 bis 2 dB höher sind als die Ergebnisse für $R'_{tr,s}$. $R'_{tr,s}$ ergibt Werte, die mit den im Prüfstand gemessenen Werten vergleichbar sind. Diese Differenzen werden in dem Rechenmodell berücksichtigt.

Die beiden Schallpegeldifferenzen $D_{2m,nT}$ und $D_{2m,n}$ stehen zueinander in folgender Beziehung:

$$D_{2m,n} = D_{2m,nT} - 10 \lg \frac{V}{6 T_0 A_0} = D_{2m,nT} - 10 \lg \frac{V}{30} \text{ dB} \qquad (5)$$

Es ist deshalb ausreichend, eine dieser Größen zu berechnen, um die andere daraus abzuleiten. Was die Schallpegeldifferenz betrifft, wird die Standard-Schallpegeldifferenz $D_{2m,nT}$ hier als zu berechnende primäre Größe gewählt.

Die Messungen mit Verkehrslärm oder einem Lautsprecher als Schallquelle führen zu gleichen Ergebnissen ohne systematische Abweichung. Somit wird:

$$D_{tr,2m,nT} \approx D_{ls,2m,nT} \text{ dB} \qquad (6)$$

Die Schallpegeldifferenz für eine Fassade wird auf das Schalldämm-Maß bezogen. Das Modell für die Schallpegeldifferenz wird deshalb mit demjenigen Modell für das Schalldämm-Maß verknüpft.

3.2 Größen zur Kennzeichnung der Bauteileigenschaften

Die Größen, die die Eigenschaften der Bauteile kennzeichnen, werden als Teil der Eingangswerte für die Berechnung der Gebäudeeigenschaften verwendet. Sie werden in Terzbändern bestimmt, können aber ebenso in Oktavbändern dargestellt werden. In entsprechenden Fällen läßt sich daraus nach EN ISO 717-1 eine Einzahlangabe für die Bauteileigenschaft ableiten, z. B. $R_w(C;C_{tr})$ und $D_{ne,w}(C;C_{tr})$.

3.2.1 Schalldämm-Maß R: Zehnfacher dekadischer Logarithmus des Verhältnisses der auf ein Prüfobjekt treffenden Schalleistung W_1 zur Schalleistung W_2, die durch das Prüfobjekt übertragen wird:

$$R = 10\lg\frac{W_1}{W_2}\ \mathrm{dB} \tag{7}$$

Diese Größe ist nach EN ISO 140-3 zu bestimmen.

3.2.2 Norm-Schallpegeldifferenz eines kleinen Bauteils $D_{n,e}$: Die Differenz der in zwei Räumen mit einer Schallquelle in einem der beiden Räumen erzeugten räumlich und zeitlich gemittelten Schalldruckpegel, wobei die Schallübertragung nur durch ein kleines Bauteil erfolgt (z.B. Luftdurchlässe, Dichtungssysteme bei Durchführungen). $D_{n,e}$ ist auf eine äquivalente Schallabsorptionsfläche (A_0) im Empfangsraum bezogen (A_0 = 10 m^2).

$$D_{n,e} = L_1 - L_2 - 10\lg\frac{A}{A_0}\ \mathrm{dB} \tag{8}$$

Dabei ist :

A die äquivalente Schallabsorptionsfläche im Empfangsraum, in Quadratmetern.

Diese Größe ist nach EN 20140-10 zu bestimmen.

3.2.3 Weitere geeignete Angaben

Für die Berechnungen können zusätzliche Angaben zur Ausführung erforderlich sein, z. B.:

- die Gestalt der Fassade ;
- Art der Dichtung und Qualität von Schlitzen und Verbindungen ;
- die Gesamtfläche.

3.3 Weitere Begriffe und Größen

Schalldämm-Maß der Fassade für ein diffus einfallendes Schallfeld R': Schalldämm-Maß der Fassade, das im Prüfstand mit einem diffus einfallenden Schallfeld theoretisch gemessen werden könnte. Diese Größe wird als gemeinsame Rechengröße verwendet, aus der die unterschiedlichen Größen für die Eigenschaft des Gebäudes bestimmt werden können.

Schallpegeldifferenz durch die Fassadengestaltung ΔL_{fs}: Abweichung des Schallpegels des auf eine gestaltete Fassade einfallenden Schalles $L_{1,in}$ vom Schallpegel auf der Oberfläche der Fassadenebene $L_{1,s}$, plus 6 dB. Diese Größe kann bestimmt werden nach:

$$\Delta L_{fs} = L_{1,in} - L_{1,s} + 6\,\text{dB} \qquad (9)$$

Dabei ist :

$L_{1,in}$ der mittlere Schalldruckpegel an der Stelle der Fassadenebene ohne vorhandene Fassade, in Dezibel ;

$L_{1,s}$ der mittlere Schalldruckpegel auf der Außenfläche der tatsächlichen Fassadenebene, in Dezibel.

ANMERKUNG : In Anhang C sind Angaben über die Schallpegeldifferenz durch die Fassadengestaltung und das Verfahren zur Bestimmung dieser Werte angegeben.

4 Rechenmodelle

4.1 Allgemeine Grundlagen

Eine Fassade besteht aus mehreren Elementen. Die Schallübertragung durch die Fassade wird durch die Schallübertragung durch jedes dieser Elemente bewirkt. Es wird angenommen, daß die Schallübertragung jedes Elementes von der der anderen Elemente unabhängig ist. Die äußeren Schallfelder, die bei den unterschiedlichen Meßsituationen nach Definition für die Ermittlung der Größen zur Kennzeichnung der Gebäudeeigenschaft auftreten, verändern sich und damit die Schallübertragung. Es darf jedoch angenommen werden, daß die Schallübertragung eines diffus einfallenden Schallfeldes ausreichend repräsentativ für diese sich verändernden äußeren Schallfelder ist. Somit wird das Bau-Schalldämm-Maß der Fassade für diffus einfallenden Schall berechnet, und daraus werden alle weiteren Größen abgeleitet.

Das Bau-Schalldämm-Maß R' der Fassade für diffus einfallenden Schall wird durch Addition der von jedem dieser Elemente direkt übertragenen Schalleistung und der durch Flankenübertragung übertragenen Schalleistung wie folgt berechnet.

$$R' = -10 \lg\left(\sum_{i=1}^{n} \tau_{e,i} + \sum_{f=1}^{m} \tau_f\right) dB \qquad (10)$$

Dabei ist :

$\tau_{e,i}$ das Schalleistungsverhältnis aus der abgestrahlten Schalleistung eines Fassadenelementes i infolge Direktübertragung des auf dieses Element einfallenden Schalls zur einfallenden Schalleistung auf die Gesamtfassade ;

τ_f das Schalleistungsverhältnis aus der durch eine Fassade oder ein flankierendes Element f im Empfangsraum infolge Flankenübertragung abgestrahlten Schalleistung zur einfallenden Schalleistung auf die Gesamtfassade ;

n die Anzahl der Fassadenelemente für Direktübertragung ;

die Anzahl der flankiernden Fassadenelemente.

ANMERKUNG 1: Das Schalleistungsverhältnis τ_e ist ein direktes Maß für den Beitrag des Elementes an der Gesamtschallübertragung; deshalb könnte R_p = -10 lg τ_e als Teil-Schalldämm-Maß bezeichnet werden.

ANMERKUNG 2: Für die Direktübertragung konnten nur Gleichung (14) und Gleichung (15) in Gleichung (10) eingesetzt werden, was häufig bei der Kennzeichnung des Schalldämm-Maßes von zusammengesetzten Elementen geschieht.

Bei Direktübertragung kann das Schalleistungsverhältnis τ_e für jedes Fassadenelement direkt aus den akustischen Werten dieses Elementes, zu denen alle Bestandteile beitragen, bestimmt werden (siehe 4.2). Alternativ könnte dieses Schalleistungsverhältnis für eines oder mehrere Elemente aus akustischen Werten von jedem der Bestandteile dieses Elementes berechnet werden (siehe Anhang B). Die Wahl hängt von den Vorschriften und den verfügbaren akustischen Werten ab.

Für Flankenübertragung kann das Schalleistungsverhältnis τ_f nach 4.3 bestimmt werden.

Das Bau-Schalldämm-Maß der Fassade folgt aus :

$$R'_{45°} = R' + 1\,\mathrm{dB} \tag{11}$$

$$R'_{\mathrm{tr,s}} = R'\,\mathrm{dB} \tag{12}$$

ANMERKUNG 3 : Diese Beziehungen gelten für die Mittelwerte der Größen. Für die Einzahlangabe ist die Schwankung von ± 1 dB um den Mittelwert typisch. Bei Messung in Frequenzbändern gilt für Fassaden aus unterschiedlichen Elementen hier ein Wert von ± 2 dB. In besonderen Fällen jedoch (z. B. wenn der Schall im wesentlichen durch Einzelverglasungen übertragen wird) ist der Unterschied zwischen den beiden Größen bei Frequenzen um und oberhalb der Koinzidenzfrequenz weniger systematisch und kann viel größer sein.

Die Standard-Schallpegeldifferenz für eine Fassade hängt vom Schalldämm-Maß der von der Innenseite betrachteten Fassade, der äußeren Fassadengestaltung (z. B. Balkone) und den Raummaßen ab. Sie folgt aus:

$$D_{\mathrm{2m,nT}} = R' + \Delta L_{\mathrm{fs}} + 10\lg\frac{V}{6T_0S}\,\mathrm{dB} \tag{13}$$

Dabei ist :

das Volumen des Empfangsraums, in Kubikmetern ;

S die Gesamtfläche der von innen betrachteten Fassade (d. h. die Summe der Flächen aller Fassadenelemente), in Quadratmetern ;

ΔL_{fs} die Schallpegeldifferenz aufgrund der Fassadengestaltung, in Dezibel.

ANMERKUNG 4: Die Norm-Schallpegeldifferenz kann für die Berechnung des Innenschalldruckpegels verwendet werden (siehe Anhang E).

In Anhang C sind Angaben über die Schallpegeldifferenz aufgrund der Fassadengestaltung aufgeführt.

Das Modell kann zur Berechnung der Gebäudeeigenschaft in Frequenzbändern auf der Grundlage der Bauteildaten für die Bauteile in Frequenzbändern (Terzbänder oder Oktavbänder) verwendet werden. Die Berechnung ist mindestens für Frequenzbänder von 125 Hz bis 2 000 Hz oder für Terzbänder von 100 Hz bis 3 150 Hz durchzuführen. Aus diesen Ergebnissen kann die Einzahlangabe für die Gebäudeeigenschaft nach EN 20717-1 abgeleitet werden.

ANMERKUNG 5 : Die Berechnung kann auf höhere oder tiefere Frequenzen erweitert werden, wenn für den größeren Frequenzbereich Angaben zu den Bauteilen vorhanden sind. Insbesondere für die tieferen Frequenzen stehen zur Zeit jedoch noch keine Angaben über die Genauigkeit von Berechnungen zur Verfügung.

Das Modell kann auch für die direkte Berechnung der Einzahlangabe für die Gebäudeeigenschaft auf der Grundlage der Einzahlangaben der vorhandenen Elemente verwendet werden. Das betrifft die Bewertung nach EN 20717-1. Die Berechnung der Gebäudeeigenschaft führt zu der gleichen Einzahlangabe wie sie für die Bauteile verwendet wird, d. h. die Verwendung von R_W und $D_{n,e,w}$ für Bauteile führt zu $R'_{45°,w}$ für die Fassade; die Verwendung von (R_W + C_{tr}) und ($D_{n,e,w}$ + C_{tr}) für Bauteile führt zu ($D_{2m,nT,w}$ + C_{tr}) für die Fassade. Diese Anpassungsterme beziehen sich auf die durch Oktavbänder von 125 bis 2 000 Hz oder Terzbänder von 100 bis 3 150 Hz bestimmten Frequenzbereiche. Bei Betrachtung eines größeren Frequenzbereiches sollte der entsprechende Anpassungsterm verwendet werden.

ANMERKUNG 6 : Zweckmäßigerweise werden die Summen mit dem Anpassungsterm für Gebäude durch ein Symbol bezeichnet, z. B. $R'_W + C_{tr} = R'_{Atr}$ und $D_{2m,nT,w} + C_{tr} = D_{2m,nT,Atr}$.

ANMERKUNG 7 : Die in dem Modell enthaltene energetische Summierung ist für (R_W + C_{tr}) exakt und für R_W eine annehmbare Näherung.

4.2 Bestimmung des Schalleistungsverhältnisses für Direktübertragung aus akustischen Werten für Fassadenelemente

Alle Elemente der Fassade sind in die Berechnung einzubeziehen. Das Schalleistungsverhältnis wird wie folgt berechnet, wobei die Unterscheidung zwischen kleinen und andere Elementen nach EN 20140-10 erfolgt.

Kleine Fassadenelemente

$$\tau_{e,i} = \frac{A_0}{S} 10^{-D_{n,e,i}/10} \qquad (14)$$

$A_0 = 10 \text{ m}^2$

Dabei sind die Eingangswerte :

$D_{n,e,i}$ die Norm-Schallpegeldifferenz eines kleinen Fassadenelementes i ;

S die Gesamtfläche der von innen betrachteten Fassade (d. h. die Summe der Flächen aller Elemente), in Quadratmetern.

Andere Fassadenelemente

$$\tau_{e,i} = \frac{S_i}{S} 10^{R_i/10} \qquad (14)$$

Dabei sind die Eingangswerte :

R_i das Schalldämm-Maß eines Fassadenelementes i ;

S_i die Fläche von Fassadenelement i, in Quadratmetern.

Die Schallübertragung durch die Verbindungen und Dichtungen zwischen Fassadenelementen wird als in den Werten eines der verbundenen Fassadenelemente enthalten betrachtet.

ANMERKUNG: Gewöhnlich ist die Verbindung zwischen Fassadenelementen durch die Befestigung des Elementes wie bei den Prüfungen im Prüfstand ausreichend repräsentiert und deshalb in den akustischen Werten der Elemente enthalten. Anderenfalls kann sie als gesondertes "Element" s addiert werden, (siehe Anhang B).

Die akustischen Werte der in Frage kommenden Fassadenelemente sollten primär aus den Standardmessungen mit Prüfständen gewonnen werden. Sie könnten auch auf andere Weise mit theoretischen Berechnungen, empirischen Schätzungen oder Meßergebnissen von Messungen am Bau abgeleitet werden. In Anhang D sind einige Angaben dazu ausgeführt.

Die Herkunft der verwendeten Werte ist deutlich anzugeben.

4.3 Bestimmung des Schalleistungsverhältnisses für Flankenübertragung

Das Schalleistungsverhältnis τ_f für Flankenübertragung durch das Fassadenelement f ergibt sich aus der Summierung der Flankenschalleistungsverhältnisse für alle Flankenwege zu diesem Element. Diese Flankenschalleistungsverhältnisse können nach EN 12 354-1 mit der Fläche S_S als Gesamtfläche S der Fassade bestimmt werden.

Für alle flankierenden Elemente betrifft dies τ_{Ff} und τ_{Df} nach EN 12354-1, wobei D die Fassadenelemente und F die Teile der Fassade bezeichnen, die nicht Teil des betrachteten Empfangsraumes sind. Für alle Fassadenelemente betrifft dies τ_{Fd} nach EN 12354-1, wobei d die Fassadenelemente bezeichnet.

Der Beitrag der Flankenübertragung ist gewöhnlich vernachlässigbar. Wenn jedoch steife Fassadenlemente, wie Beton oder Mauerwerk, mit anderen steifen Bauteilen innerhalb des Empfangsraums, wie Fußböden oder Trennwänden, verbunden sind, kann die Flankenübertragung zur Schallübertragung beitragen, besonders, wenn die Anforderungen an die Schalldämmung hoch sind.

ANMERKUNG: Für viele Fälle mit steifen Elemente ist es ausreichend, die Flankenübertragung pauschal durch Verringerung des Schalldämm-Maßes für diesen Typ schwerer Fassadenelemente zu berücksichtigen; ein Wert von 2 dB ist hierbei gewöhnlich ausreichend.

4.4 Interpretationen

- Bei Verglasungen und verglasten Fenstern wird die Schallübertragung durch Flächen und Nischen beeinflußt. Da jedoch die Wirkung von gewöhnlich am Bau auftretenden Flächen und Nischen von denen des Prüfstandes unter Meßbedingungen nicht wesentlich abweicht, kann diese Abweichung in der Praxis vernachlässigt werden.

- Bei mehreren Arten von Fassadenelementen, besonders bei Elementen, die geöffnet werden können, ist die Qualität der Dichtung für die Bestimmung des Schalldämm-Maßes besonders wichtig. Es ist deshalb sicherzustellen, daß die Qualität am Bau den Meßbedingungen im Prüfstand entspricht. Im Zweifelsfall läßt sich der Einfluß der Übertragung durch die Schlitze und Dichtung nach Anhang B berechnen.

- Bei zweischaligen Leichtbauelementen, wie Verkleidungsplatten, kann das tatsächliche Schalldämm-Maß wegen Unterschieden in der Fläche und der Anzahl an Verbindungselementen kleiner sein als der im Prüfstand an Elementen voller Größe gemessene Wert.

- Die Schallübertragung durch kleine Elemente, wie Lufteinlässe, kann durch ihre Lage zu reflektierenden Wänden und/oder Decken beeinflußt werden. Durch entsprechende Wahl der Lage von Befestigungen im Prüfstand nach ISO 140-10 kann dies verhindert werden, oder der Einfluß kann berechnet werden (siehe Anhang C). Der Einfluß der Lage von Befestigungen für kleine Elemente wird auch durch Außenwände und Decken beeinflußt. Dies ist bei der Berechnung von R' zu berücksichtigen (siehe Anhang C).

- Wenn die Fassade nicht eben ist, ist die Fläche aller von innen sichtbaren Teile als Gesamtfläche anzusehen, sofern der Schalleinfall auf alle Fassadenteile gleich ist. Ist dies nicht der Fall, ist jedes Fassadenteil mit homogen einfallendem Schall gesondert zu behandeln. Wenn die verschiedenen Teile einer Fassade unterschiedlich einfallenden Schallpegeln ausgesetzt sind, wie dies bei großen Bögen oder Bogenfenstern, einem Eckraum oder einem Raum unter einem Dach der Fall ist, hängt es von den Festlegungen und der vorgeschriebenen Meßsituation am Bau (Art und Lage der Schallquelle, Anordnung des Außenmikrofons) ab, ob jeder dieser Teile gesondert oder die Hüllfläche des Empfangsraumes als Gesamtheit zu betrachten ist. In letzterem Fall sind die Ergebnisse der Berechnungen für jeden Teil zusammenzufassen, wobei der Außenschallpegel für jeden dieser Teile, bezogen auf eine Referenz(mikrofon)position nach Definition, für Messungen am Bau zu berücksichtigen ist.

4.5 Einschränkungen

- Die Unterschiede im Schallfeld bei unterschiedlichen Bedingungen am Bau und die Annahme eines diffusen Feldes für die Bewertung wie im Prüfstand führen zu systematischen Unterschieden, die im Mittelwert berücksichtigt werden und die Meßunsicherheit (zufälligen Fehler) der Bewertung erhöhen.

- Es wird angenommen, daß ein Abstand von 2 m für das Außenmikrofon ausreichend ist, um den Einfluß möglicher störender Einflüsse durch die Fassade, die im Rechenmodell nicht berücksichtigt sind, wesentlich zu verringern. Dies gilt im allgemeinen für Oktavbandpegel, jedoch können Störeinflüsse bei Terzbandpegeln stärker sein.

5 Genauigkeit

Die Rechenmodelle erlauben eine Bewertung der Gebäudeeigenschaften anhand von Messungen unter der Annahme, daß der Stand der Technik und die Meßgenauigkeit sehr hoch sind.

Die Genauigkeit von Bewertungen durch die dargestellten Modelle hängt von vielen Faktoren, wie der Genauigkeit der Eingangsdaten, der Übereinstimmung der Bausituation mit dem Modell, der Art der beteiligten Bauteile, der Geometrie der gegebenen Bausituation und der Art der untersuchten Größen ab. Dadurch ist es unmöglich, eine allgemeine Aussage hinsichtlich der Genauigkeit für alle Arten von Bausituationen und Anwendungen zu machen. Vielmehr müssen Werte für die Genauigkeit durch Vergleich der Ergebnisse der Modellrechnungen mit verschiedenen Situationen am Bau gesammelt werden. Aussagen lassen sich jedoch machen.

Die Berechnung der Norm-Schallpegeldifferenz einer aus zusammengesetzten Teilen bestehenden Fassade als Mittelwert ist richtig; die Einzahlangabe ($D_{ls,2m,nT,w} + C_{tr}$) weist eine Standardabweichung von etwa 1,5 dB auf, während für einzelne Oktavbänder die Standardabweichungen bis zu 3 dB größer sein werden.

Es ist zu erwarten, daß die Berechnung des Bau-Schalldämm-Maßes einer aus zusammengesetzten Elementen bestehenden Fassade mindestens ebenso genau ist.

> ANMERKUNG: Diese Aussage beruht auf einem Vergleich der Norm-Schallpegeldifferenz in über 70 Situationen, die eine große Vielzahl von Fassadenabmessungen berücksichtigen; die für die Bestandteile verwendeten Werte lagen auf der sicheren Seite, d. h. waren etwa 1 dB niedriger als Ergebnisse von Messungen im Prüfstand.

Bei der Anwendung des Prognoseverfahrens wird empfohlen, die Eingangswerte zu variieren, besonders in komplizierten Bausituationen und bei selten auftretenden Elementen mit fragwürdigen Eingangsdaten. Die sich ergebende Schwankung der Ergebnisse vermittelt einen Eindruck von der zu erwartenden Genauigkeit, wenn von einem hohen Stand der Technik ausgegangen wird.

Anhang A (normativ)

Verzeichnis von Symbolen

Formelzeichen	Größen und Indizes	Einheit
A	äquivalente Schallabsorptionsfläche im Empfangsraum	[m²]
A_0	äquivalente Referenz-Schallabsorptionsfläche; (für Wohngebäude mit 10 m² festgelegt)	[m²]
c_0	Schallgeschwindigkeit in Luft	[m/s]
C	spektraler Anpassungsterm 1 nach EN ISO717	[dB]
C_{tr}	spektraler Anpassungsterm 2 nach EN ISO 717	[dB]
$D_{2m,nT}$	Standard-Schallpegeldifferenz einer Fassade (Index 'tr' bei Messung mit Verkehrslärm oder 'ls' bei Messung mit Lautsprecherschall)	[dB]
$D_{2m,n}$	Norm-Schallpegeldifferenz einer Fassade (Index 'tr' bei Messung mit Verkehrslärm oder 'ls' bei Messung mit Lautsprecherschall)	[dB]
$D_{2m,nT,w}$	bewertete Standard-Schallpegeldifferenz einer Fassade nach EN ISO 717-1	[dB]
$D_{2m,n,w}$	bewertete Norm-Schallpegeldifferenz einer Fassade nach EN ISO 717-1	[dB]
$D_{n,e}$	Norm-Schallpegeldifferenz für ein kleines Bauteil	[dB]
$D_{n,e,lab}$	im Prüfstand bestimmte Norm-Schallpegeldifferenz für ein kleines Bauteil	[dB]
$D_{n,e,situ}$	am Bau bestimmte Norm-Schallpegeldifferenz für ein kleines Bauteil	[dB]
f	Frequenz	[Hz]
i	Index für ein Element einer Fassade	[-]
j	Index für einen Bestandteil eines Fassadenelementes	[-]
k	Index für gedichtete Schlitze und Fugen	[-]
k_0	Wellenzahl (= $2\pi f/c_0$)	[-]
$l_{s,k}$	Länge des gedichteten Schlitzes oder der Verbindung k	[m]
l_0	Referenzlänge (mit 1 m festgelegt)	[m]
l_{lab}	Länge eines kleinen Bauteils für die Messung von $D_{n,e,lab}$ im Prüfstand	[m]
l_{situ}	Länge eines kleinen Bauteils am Bau	[m]
L_1	mittlerer Schalldruckpegel im Senderaum	[dB re 20 μPa]
$L_{1,s}$	mittlerer Schalldruckpegel an der Außenfläche einer Fassade	[dB re 20 μPa]
$L_{1,in}$	mittlerer Schalldruckpegel des einfallenden Schallfeldes	[dB re 20 μPa]
$L_{1,2m}$	mittlerer Schalldruckpegel 2 m vor einer Fassade	[dB re 20 μPa]
$L_{eq,1,s}$	mittlerer äquivalenter Schalldruckpegel an der Außenfläche einer Fassade	[dB re 20 μPa]
L_2	mittlerer Schalldruckpegel im Empfangsraum	[dB re 20 μPa]
$L_{eq,2}$	mittlerer äquivalenter Schalldruckpegel im Empfangsraum	[dB re 20 μPa]
$L_{2,n}$	mittlerer Schalldruckpegel im Empfangsraum, auf A_0 bezogen	[dB re 20 μPa]
$L_{2,nT}$	mittlerer Schalldruckpegel im Empfangsraum, auf T_0 bezogen	[dB re 20 μPa]
m	Anzahl der flankierenden Elemente oder Anzahl gedichteter Schlitze oder Verbindungen zwischen Teilen	[-]

n	Anzahl von Elementen in einer Fassade oder von Teilen eines Elementes	[-]
n_e	Anzahl von kleinen Bauteilen	[-]
R	Schalldämm-Maß eines Elementes nach EN ISO 140-3	[dB]
R'	Bau-Schalldämm-Maß einer Fassade für diffusen Schalleinfall	[dB]
$R'_{45°}$	Bau-Schalldämm-Maß einer Fassade für Schalleinfall unter einem Winkel von 45°	[dB]
$R'_{tr,s}$	Bau-Schalldämm-Maß einer Fassade für Verkehrslärm	[dB]
R_i	Schalldämm-Maß für Bestandteil i eines Elementes einer Fassade	[dB]
R_j	Schalldämm-Maß für Bestandteil j eines Elementes einer Fassade	[dB]
$R_{s,k}$	Schalldämm-Maß eines gedichteten Schlitzes oder einer Fuge k zwischen Teilen einer Fassade je Längeneinheit	[dB]
$R'_{45°,w}$	bewertetes Bau-Schalldämm-Maß einer Fassade für Schalleinfall unter einem Winkel von 45° nach EN ISO 717-1	[dB]
$R'_{tr,w}$	bewertetes Bau-Schalldämm-Maß einer Fassade für Verkehrslärm nach EN ISO 717-1	[dB]
S	Gesamtfläche der von innen betrachteten Fassade	[m²]
S_i	Fläche eines Elementes i der Fassade	[m²]
S_j	Fläche eines Teiles j eines Elementes i	[m²]
S_{open}	Öffnungsfläche in einem Lufteinlaß	[m²]
T	Nachhallzeit im Empfangsraum	[s]
T_0	Referenz-Nachhallzeit (für Wohngebäude mit 0,5 s festgelegt)	[s]
V	Volumen des Empfangsraumes	[m³]
W_1	auf ein Prüfobjekt im Senderaum einfallende Schalleistung	[W]
W_2	von einem Prüfobjekt, auf das im Senderaum Schall eingefallen ist, in den Empfangsraum abgestrahlte Schalleistung	[W]
w	Index zur Kennzeichnung bewerteter Schalldämm-Maße nach EN ISO 717-1	[-]
x,y,r	Abstände eines kleinen Elementes zu reflektierenden Ebenen	[m]
ΔL_{fs}	Schallpegeldifferenz durch die Fassadengestaltung	[dB]
$\Delta D_{n,e}$	Minderung der Norm-Schallpegeldifferenz infolge benachbarter reflektierender Ebenen	[dB]
$\tau_{e,i}$	Verhältnis der durch ein Fassadenelement i infolge Direktübertragung des einfallenden Schalls auf dieses Element abgestrahlten Schalleistung zu der auf die Gesamtfassade einfallenden Schalleistung	[-]
τ_f	Verhältnis der durch eine Fassade oder ein flankierendes Element f infolge Flankenübertragung in den Empfangsraum abgestrahlten Schalleistung zu der auf die Gesamtfassade einfallenden Schalleistung	[-]

Anhang B (informativ)

Bestimmung der Übertragung durch Elemente aus Bestandteilen

B.1 Schalleistungsverhältnis eines zusammengesetzten Elementes

Liegen über die akustische Eigenschaft eines verwendeten Elementes keine akustischen Angaben vor, läßt sich das Schalleistungsverhältnis für dieses Element aus den akustischen Angaben von Teilen dieses Elementes pauschal berechnen.

Für typische Elemente, wie ein bestimmtes Fenster, könnte dies durch Anpassungen des Schalldämm-Maßes des Hauptteils, d. h. die Verglasung, erfolgen, um den Einfluß von Fensterrahmen und -dichtung zu berücksichtigen. Dabei müssen jedoch die Ergebnisse von Untersuchungen der betrachteten Einflüsse einbezogen werden.

Eine weitere Näherung ist durch die Berücksichtigung des Schalldämm-Maßes jedes Bestandteils unter Beachtung der relativen Fläche der Teile gegeben. In diesem Zusammenhang stellen die Dichtung von Fugen und Schlitze zwischen Teilen eine bestimmte Art von Teilen dar, die oft zu berücksichtigen ist. Für dieses Teil kann die akustische Eigenschaft am besten als Schalldämm-Maß je Längeneinheit berechnet werden, wobei von der tatsächlichen Länge auszugehen ist. Vernachlässigt man die Wechselwirkung, die bei der Schallübertragung mit kombinierten kleinen Elementen gegeben sein kann, wird das Schalleistungsverhältnis für ein Element, das aus mehreren Teilen j und Dichtungen k zwischen den Teilen besteht, berechnet nach der Gleichung:

$$\tau_e = \sum_{j=1}^{n} \frac{S_j}{S} 10^{-R_j/10} + \frac{l_0}{S} \sum_{k=1}^{m} l_{s,k} 10^{-R_{s,k}/10} \qquad \text{(B.1)}$$

Dabei ist :

R_j das Schalldämm-Maß von Teil j des Elementes ;

S_j die Fläche eines Teils j des Elementes in Quadratmetern ;

$R_{s,k}$ das Schalldämm-Maß des gedichteten Schlitzes oder der Verbindung k je Längeneinheit für zu öffnende oder nicht zu öffnende Teile ;

$l_{s,k}$ die Länge des gedichteten Schlitzes oder der Verbindung k, in Metern, mit l_0 = 1 m als Referenzlänge ;

n die Anzahl der das Element bildenden Teile ;

die Anzahl der gedichteten Schlitze oder Fugen zwischen Teilen.

ANMERKUNG : Diese Gleichung darf nicht für die Angabe der akustischen Eigenschaft von Bauteilen verwendet werden, die aus mehreren Teilen bestehen. Sie kann jedoch für die Berechnung des Einflusses von Dichtungen unterschiedlicher Qualität verwendet werden, die dann für die Messung des Schalldämm-Maßes eines Elementes im Prüfstand benutzt werden.

In Abschnitt B.2 werden Angaben zum Schalldämm-Maß typischer Teile von Fassadenelementen gemacht.

In Abschnitt B.3 werden Angaben zum Schalldämm-Maß von (gedichteten) Schlitzen und Fugen gemacht.

B.2 Schalldämm-Maß von Bestandteilen von Fassadenelementen

In diesem Abschnitt werden Angaben zum Schalldämm-Maß einiger typischer Teile für Fassadenelemente, wie z. B. Fenster und Türen, die aus Verglasung, Türblättern, Rahmen und Dichtungen bestehen, gemacht.

Verglasung

Die vorhandenen Werte beruhen auf Meßergebnissen. Das hier angegebene Schalldämm-Maß einer Verglasung beruht auf Meßergebnissen, die die Schwankungsbreite von Ergebnissen für identische Elemente berücksichtigen und damit als sicher betrachtet werden können. Diese Werte können dann verwendet werden, wenn keine weiteren Angaben vorhanden sind und sind als typisch für bestimmte Bauteile anzusehen.

Das Schalldämm-Maß in Oktavbändern und die Einzahlangabe sind nach EN ISO 717-1 angegeben. Die Werte stellen das durchschnittliche Ergebnis minus einer Standardabweichung von ungefähr 1 bis 2 dB dar.

Tabelle B.1: Beispiele für das Schalldämm-Maß von Verglasungen

Verglasungsart	Schalldämm-Maß (dB) 125	250	500	1 kHz	2 kHz	4 kHz	R_W	$(C;C_{tr})$
Einzelscheiben								
3 mm	14	19	25	29	33	25	28	(-1;-4)
4	17	20	26	32	33	26	29	(-2;-3)
5	19	22	29	33	29	31	30	(-1;-2)
6	18	23	30	35	27	32	31	(-2;-3)
8	20	24	29	34	29	37	32	(-2;-3)
10	23	26	32	31	32	39	33	(-2;-3)
12	27	29	31	32	38	47	34	(0;-2)
Verbundscheiben, kunststoffbeschichtet, 0,5 - 1 mm dick								
6+	20	23	29	34	32	38	32	(-1;-3)
8+	20	25	32	35	34	42	33	(-1;-3)
10+	24	26	33	33	35	44	34	(-1;-3)
Einheiten mit Doppelverglasung, luftgefüllter Zwischenraum von 6 - 16 mm								
4-(6-16)-4	21	17	25	35	37	31	29	(-1;-4)
6-(6-16)-4	21	20	26	38	37	39	32	(-2;-4)
6-(6-16)-6	20	18	28	38	34	38	31	(-1;-4)
8-(6-16)-4	22	21	28	38	40	47	33	(-1;-4)
8-(6-16)-6	20	21	33	40	36	48	35	(-2;-6)
10-(6-16)-4	24	21	32	37	42	43	35	(-2;-5)
10-(6-16)-6	24	24	32	37	37	44	35	(-1;-3)
6-(6-16)-6+	20	19	30	39	37	46	33	(-2;-5)
6-(6-16)-10+	24	25	33	39	40	49	37	(-1;-5)

ANMERKUNG 1: Die Werte der Tabelle wurden von CEN/TC129/WG10 zusammengestellt. Die Einzahlangaben sind aus Ergebnissen in Terzbändern abgeleitet; damit könnten Einzahlangaben, die von den Werten für Oktavbänder abgeleitet sind, zu Werten führen, die höchstens um 1 dB schwanken.

ANMERKUNG 2: Obwohl bekannt ist, daß sich für eine gegebene Einheit mit Doppelverglasung das Schalldämm-Maß mit der Vergrößerung des Zwischenraumes erhöht, wurde dieser Einfluß als zu gering erachtet, um ihn hier im Hinblick auf die den Ergebnissen für identische Einheiten eigene Abweichung für luftgefüllte Zwischenräume zu berücksichtigen.

Für die Bestimmung des Schalldämm-Maßes für ein verglastes Fenster auf Basis dieser Werte ist die Schallübertragung durch den Fensterrahmen und durch die Dichtung zu berücksichtigen.

Für eine große Gruppe von Verglasungen, bei denen beispielsweise R_W kleiner als 37 dB ist, kann die Schallübertragung durch den Fensterrahmen vernachlässigt werden, wenn als Fläche des Elementes die Verglasung mit Rahmen verwendet wird.

Türen

Bei der Bestimmung des Schalldämm-Maßes einer Tür ist die Schallübertragung durch das Türblatt, die Verglasung - sofern vorhanden -, den Türrahmen und durch die Dichtung zu berücksichtigen.

Das Schalldämm-Maß von Türblättern oder Türblättern mit Rahmen ist auf die Fläche der betrachteten Ausführung dieser Teile zu beziehen. Am einfachsten läßt sich dieses durch Messungen an kompletten Türen mit vollkommener Dichtung der Schlitze und von Fugen bestimmen. Auf diese Weise reicht es oft aus, Werte für typische Türarten zu bestimmen, während für bestimmte Situationen und Ausführungen von Teilen die Bewertungen auf Meßergebnissen für das vollständige Element beruhen sollten.

Fensterrahmen

Das Schalldämm-Maß von Fensterrahmen ist auf die Rahmenfläche zu beziehen. Am einfachsten läßt sich dieses durch Messungen an kompletten Fenstern mit vollständiger Dichtung der Schlitze und von Fugen bestimmen, wo die Übertragung durch die Verglasung entweder durch Rechnung subtrahiert oder während der Messungen verhindert wird. Auf diese Weise reicht es oft aus, Werte für einige typische Arten von Fensterrahmen zu bestimmen, während für bestimmte Situationen und Ausführungen von Teilen die Bewertungen auf Meßergebnissen des vollständigen Elementes beruhen sollten.

B.3 Qualität der Dichtung von Schlitzen und Fugen

Die Qualität der Dichtung von Schlitzen und Fugen zwischen Elementen und Teilen kann mit dem Schalldämm-Maß R_S je Längeneinheit des Schlitzes ausgedrückt werden. Ein genormtes Meßverfahren zur Bestimmung dieser Größe ist noch nicht vorhanden. Es kann auf der Grundlage von Schalldämmungsmessungen nach EN ISO 140-3 entwickelt werden, worin das Befestigungsverfahren und die Bewertung der Ergebnisse festgelegt sind. Am einfachsten läßt sich das Schalldämm-Maß aus Messungen an einem typischen Element mit Schlitzen und/oder Fugen, mit und ohne zusätzlicher Dichtung der betrachteten Schlitze und Fugen bestimmen.

Anhang C (informativ)

Einfluß der Fassadengestaltung

Die äußere Gestalt von Fassaden kann sich auf die Schallübertragung sowohl positiv (geringere Schallübertragung) als auch negativ (höhere Schallübertragung) auswirken. Die positive Wirkung ergibt sich aus der Abschirmung (von Teilen) der Fassadenebene durch Balkone und dergleichen. Die negative Wirkung ergibt sich aus zusätzlichen Reflexionen und dem Aufbau einer Art Hallfeld innerhalb mehr oder weniger geschlossener Balkone. Berechnungen dieser Wirkungen auf der Grundlage der gegebenen Geometrie zeigt eine sinnvolle Übereinstimmung mit gemessenen Werten von Wirkungen (Prüfungen am Bau, Prüfungen an maßstabsgerechten Modellen).

ΔL_{fs} ist definiert als die Differenz des Schalldruckpegels des einfallenden Schallfeldes und des Schalls an der Oberfläche der Fassade plus 6 dB, wobei 0 dB für eine ebene Fassade angenommen wird. Sie kann mit ausreichender Genauigkeit bestimmt werden nach der Gleichung:

$$\Delta L_{fs} = L_{1,2m} - L_{1,s} + 3\,[\mathrm{dB}] \qquad \text{(C.1)}$$

Dabei ist :

$L_{1,2m}$ der mittlere Schalldruckpegel 2 m vor der (gestalteten) Fassade, in Dezibel ;

$L_{1,s}$ der mittlere Schalldruckpegel an der Außenfläche der Fassadenebene, einschließlich der reflektierenden Wirkung dieser Ebene, in Dezibel.

In Bild C.2 sind Beispiele für die Pegeldifferenz infolge der Fassadenform ΔL_{fs} angegeben. Der Wert hängt von der Fassadengestaltung, der Absorption an der Unterseite von Balkonen und der allgemeinen Richtung des einfallenden Schalls ab.

Die Fassadengestaltung ist im Vertikalschnitt durch die Galerie, den Balkon oder die Terrasse erkennbar. Haben diese geschlossene Einfassungen, d. h. keine bedeutsame Öffnung in der Einfassung, ist die Einfassung im Schnitt dargestellt, anderenfalls nicht. Die Absorption ist durch den bewerteten Schallabsorptionskoeffizienten α_W nach DIS 11654 mit $\leq$ 0,3, 0,6 oder $\geq$ 0,9 gekennzeichnet. Der Einfluß von Zwischenwerten kann durch Interpolation abgeleitet werden; α_W $\geq$ 0,9 wird auch verwendet, wenn keine reflektierende Oberfläche über der betrachteten Fassade vorhanden ist. Die Richtung des einfallenden Schalls ist durch die Höhe der Sichtlinie von der Schallquelle zur Fassadenebene charakterisiert; der Standort der Schallquelle ist so zu wählen, daß er zu der geringsten Höhe führt (siehe Bild C.1).

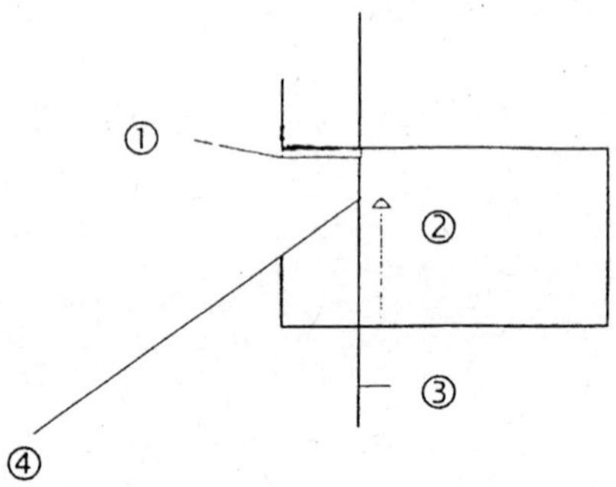

1 mittlere Absorption in %
2 Höhe der Sichtlinie
3 Fassadenebene
4 Schallquelle

Bild C.1 : Darstellung der für die Pegeldifferenz infolge der Fassadengestaltung geltenden Parameter

Die Werte in Bild C.2 stellen einen frequenzbewerteten Mittelwert dar. Sie können als erste Näherung auch für Frequenzbänder verwendet werden; in diesem Fall berücksichtigen die Werte die Wirkung für höhere Frequenzen für Differenzen größer als 3 dB nicht ausreichend. Einige Darstellungen der Frequenzabhängigkeit in Oktavbändern sind in Bild C.3 angegeben.

ΔLfs dB	Ebene Fassade	Galerie			Galerie			Galerie			Galerie		

Absorption Dach (α_W) →	Unzutreffend	≤0,3	0,6	≥0,9	≤0,3	0,6	≥0,9	≤0,3	0,6	≥0,9	≤0,3	0,6	≥0,9
Sichtlinie auf Fassade: < 1,5 m	0	-1	-1	0	-1	-1	0	0	0	1	Unzutreffend		
1,5 - 2,5 m	0	Unzutreffend			-1	0	2	0	1	3			
> 2,5 m	0				1	1	2	2	2	3	3	4	6

	Balkon			Balkon			Balkon			Terrasse					
							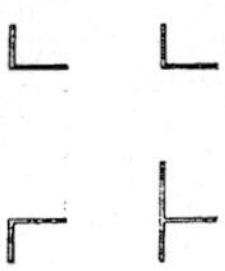								
										Offene Einfassung			Geschlossene Einfassung		
Absorption Dach (α_W) →	≤0,3	0,6	≥0,9	≤0,3	0,6	≥0,9	≤0,3	0,6	≥0,9	≤0,3	0,6	≥0,9	≤0,3	0,6	≥0,9
Sichtlinie auf Fassade : < 1,5 m	-1	-1	0	0	0	1	1	1	2	1	1	1	3	3	3
1,5 - 2,5 m	-1	1	3	0	2	4	1	1	2	3	4	5	5	6	7
> 2,5 m	1	2	3	2	3	4	1	1	2	4	4	5	6	6	7

Bild C.2 : Schallpegeldifferenz der Fassade für verschiedene Fassadengestaltungen (dargestellt durch einen Vertikalschnitt mit der Außenseite links) und Schallquellenorientierungen (angegeben durch die Höhe der Sichtlinie auf der Fassade (siehe Bild C.1)

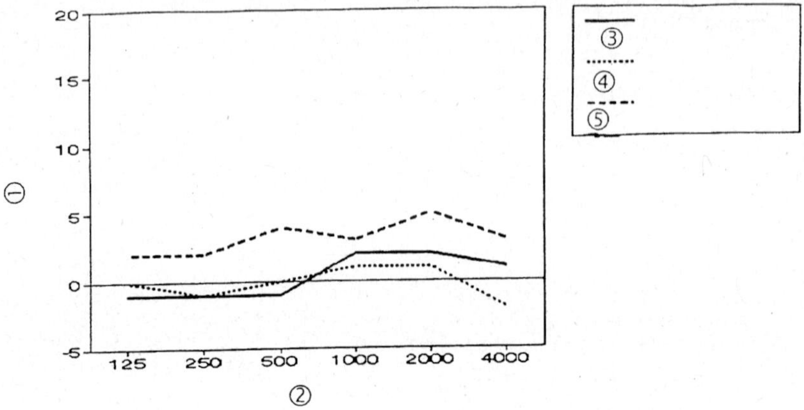

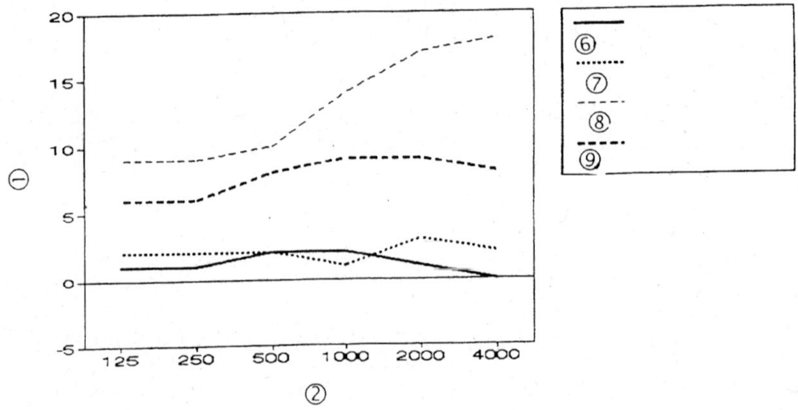

1 $\Delta D_{n,e}$ (dB)? (im englischen Original nicht lesbar)
2 Frequenz (Hz)
3 Offene Galerie, tief
4 Offener Balkon, tief
5 Offene Terrasse, tief
6 Geschlossene Galerie, hoch
7 Geschlossener Balkon, hoch
8 Geschlossene Terrasse, hoch
9 Offene Terrasse, hoch

Bild C.3 : Darstellungen der Frequenzabhängigkeit der Schallpegeldifferenz durch die Fassadengestaltung in Oktavbändern. Die Legenden beziehen sich auf Bild C.2: "offene Galerie" ist in Bild C.2 das zweite Beispiel und "geschlossene Galerie" das dritte Beispiel, "offener Balkon" ist in Bild C.2 das erste Beispiel und "geschlossener Balkon" das zweite Beispiel, "offene Terrasse" ist in Bild C.2 das letzte Beispiel mit einer offenen Einfassung. "tief" bedeutet Sichtlinie < 1,5 m, und "hoch" bedeutet Sichtlinie > 2,5 m.

Anhang D (informativ)

Schalldämm-Maß von Fassadenelementen

Das Schalldämm-Maß von Fassadenelementen wird durch Messungen nach EN 20140-1, EN 20140-3 und EN 20140-10 bestimmt. In diesem Anhang werden Angaben über die Anwendung von Werten derartiger Messungen oder anderer Quellen gemacht.

Bauteile

Bei Fenstern wird das Schalldämm-Maß durch die Verglasung, den Rahmen, das Befestigungsverfahren der Verglasung und die Dichtung von Fugen und Schlitzen bestimmt. Besonders bei zu öffnenden Fenstern ist darauf zu achten, daß die für Messungen im Prüfstand verwendete Dichtung für die Anwendung am Bau repräsentativ ist. Anderenfalls sollte die Wirkung einer anderen Dichtung untersucht werden (siehe Anhang B).

Bei Türen wird das Schalldämm-Maß durch die Ausführung der Türblätter, den Rahmen und die Dichtung der Türschlitze bestimmt. Es sollte darauf geachtet werden, daß die für Messungen im Prüfstand verwendete Dichtung für die Anwendung am Bau repräsentativ ist. Anderenfalls sollte die Wirkung einer anderen Dichtung untersucht werden (siehe Anhang B).

Für homogene Strukturen sind in EN 12354-1 Angaben enthalten. Leichtbaufertigplatten, Dächer und Wände aus Hohllochsteinen können eine große Vielzahl von Merkmalen aufweisen, die gewöhnlich die Anwendung besonderer Werte erforderlich machen.

Kleine Elemente

Diese Fassadenelemente, wie Lufteinlässe, weisen eine große Vielfalt von Merkmalen auf, die noch keine allgemeinen Schlußfolgerungen ermöglichen.

Für ungedämpfte Lufteinlässe, wie Öffnungen oder Jalousien, ist eine pauschale Angabe durch Behandlung des Elementes als eine Öffnung mit vernachlässigbarer Schallminderung gegeben. Dies führt zu einer Norm-Schallpegeldifferenz eines Elementes von :

$$D_{n,e} = -10 \lg \frac{S_{open}}{10} \tag{D.1}$$

Dabei ist :

S_{open} die Fläche der Öffnung, in Quadratmetern.

ANMERKUNG: Bei kleinen Öffnungen können Resonanzen auftreten, die durch die effektive Tiefe des Elementes bestimmt werden, was in einigen Frequenzbändern zu einer geringeren Norm-Schallpegeldifferenz des Elementes führt als nach dieser Gleichung.

Häufig ist eine größere Anzahl identischer kleiner Elemente oder ein kleines Element mit einer größeren Länge, z. B. schlitzförmige Lufteinlässe, vorhanden, als das tatsächliche Prüfobjekt aufweist. Die für die Berechnungen zu verwendende Schallpegeldifferenz des Elementes könnte dann aus den Werten des geprüften Elementes bestimmt werden, indem die Anzahl der Elemente n_e oder die Länge des Elementes l_{situ} berücksichtigt wird:

$$D_{n,e,situ} = D_{n,e,lab} - 10\lg n_e \text{ or } D_{n,e,situ} = D_{n,e,lab} - 10\lg \frac{l_{situ}}{l_{lab}} \qquad (D.2)$$

Dies ist nur erlaubt, wenn für ähnliche Elemente festgestellt wurde, daß diese Extrapolation korrekt ist.

Die Norm-Schallpegeldifferenz des Elementes wird durch die Lage des Elementes in der Fassade bezogen auf die Seitenwände und Decken, sowohl im Innern als auch außen, beeinflußt. Wenn diese Lage in normalem Gebrauch festgelegt ist, werden die Befestigungen im Prüfstand dementsprechend sein, so daß die Werte direkt anwendbar sind. Wenn sich für den allgemeineren Fall Werte im Prüfstand ohne diese Einflüsse ergeben haben, können sie aus der Geometrie des betreffenden Gebäudes berechnet werden.

Der Einfluß der Norm-Schallpegeldifferenz des Elementes (ΔD_{ne}) folgt aus

$$\Delta D_{n,e} = 10\lg\left(1 + 0{,}75\frac{\sin(2k_0 x)}{2k_0 x} + 0{,}75\frac{\sin(2k_0 y)}{2k_0 y} + 0{,}75\frac{\sin(2k_0 r)}{2k_0 r}\right) \qquad (D.3)$$

Dabei ist :

x der Abstand zu einer Ebene in x-Richtung, in Metern ;

y der Abstand zu einer Ebene in y-Richtung, in Metern ;

r der Abstand zur Ecke = $\sqrt{x^2 + y^2}$, in Metern ;

k_0 die Wellenzahl ($=2\pi f / c_0$).

Für ein Element sind Ergebnisse nach dieser Gleichung über die Frequenz in der betrachteten Bandbreite und über die offene Fläche des Elementes zu mitteln.

Die sich ergebende Norm-Schallpegeldifferenz des Elementes bei Anordnung in einer Ecke folgt aus:

$$D_{n,e,corner} = D_{n,e,free} - \Delta D_{n,e} \qquad (D.4)$$

Für Oktavbänder und zwei Bauarten von Elementen sind die resultierenden Einflüsse in Bild B.1 (Zweiebenenecke) und B.2 (Dreiebenenecke) dargestellt. Erscheint eine Anordnung in einer Ecke auf beiden Seiten der Fassade (innen und außen), müssen sich beide Einflüsse nach diesen Bildern energetisch addieren.

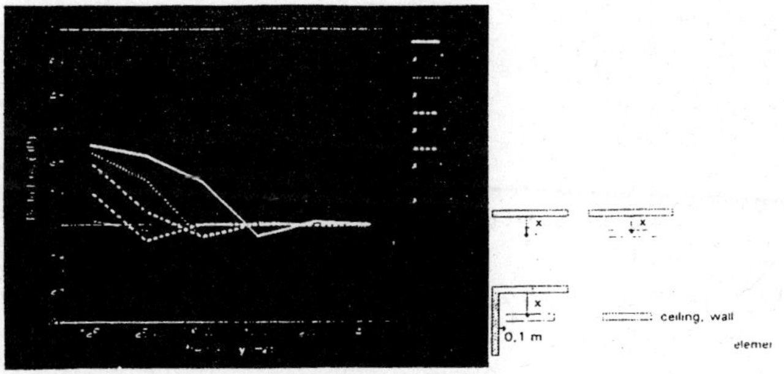

Bild D.1 : Einfluß der Nähe reflektierender Seitenwände oder Decken (innen oder außen) auf D_{ne}, bezogen auf die Lage ohne reflektierende Seitenwände; kleines Element in der Nähe einer Zweiebenenecke, Schlitzelement in der Nähe einer Zwei- oder Dreiebenenecke

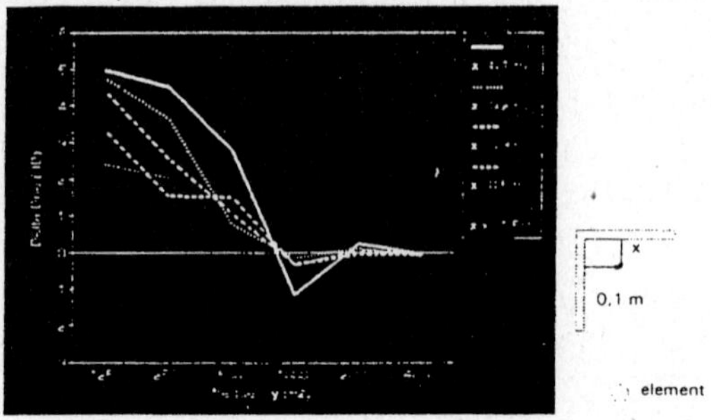

Bild D.2 : Wie Bild A.1 für ein kleines Element in der Nähe einer Dreiebenenecke

Anhang E (informat v)

Berechnung von Innenschallpegeln

Der Innenschalldruckpegel kann aus dem gemessenen oder berechneten Außenschalldruckpegel mit der Schallpegeldifferenz der Fassade berechnet werden.

Da die Schallpegeldifferenz nach EN 20140-5 auf einen Punkt im Abstand von 2 m von der Fassade bezogen wird, muß der Außenschalldruckpegel der Wert an diesem Punkt sein. Ist der gegebene Außenschalldruckpegel auf andere Punkte oder Situationen bezogen, sollte der Pegel an diesem Punkt davon abgeleitet werden. Er könnte beispielsweise aus dem Schalldruckpegel des einfallenden Schalls (ohne das Gebäude) bestimmt werden, indem die Fassadenreflexion berücksichtigt wird; für eine ebene Fassade wird dies zu einem um 3 dB höheren Pegel pauschal für alle Frequenzbänder führen.

Der Innenschalldruckpegel, auf 10 m^2 Absorptionsfläche bezogen, ergibt sich aus der Beziehung

$$L_{2,n} = L_{1,2m} - D_{2m,n} \qquad \text{(E.1)}$$

Dabei ist :

$L_{2,n}$ der mittlere Schalldruckpegel im Empfangsraum, bezogen auf eine Absorptionsfläche von 10 m^2, in Dezibel ;

$L_{1,2m}$ der Außenschalldruckpegel 2 m vor der Fassade nach EN 20140-5 ;

$D_{2m,n}$ die Norm-Schallpegeldifferenz durch Berechnung nach diesem Dokument, in Dezibel.

Der Innenschalldruckpegel, bezogen auf eine Nachhallzeit von 0,5 s, ergibt sich nach:

$$L_{2,nT} = L_{1,2m} - D_{2m,nT} \qquad \text{(E.2)}$$

Dabei ist :

$L_{2,nT}$ der mittlere Schalldruckpegel im Empfangsraum, bezogen auf eine Nachhallzeit von 0,5 s, in Dezibel ;

$D_{2m,nT}$ der Standard-Schalldruckpegel, bestimmt nach diesem Dokument, in Dezibel.

Der A-bewertete Innenschalldruckpegel kann durch Berechnung in Frequenzbändern für den entsprechenden Frequenzbereich mit A-Bewertung bestimmt werden.

Er kann auch direkt aus dem A-bewerteten Außenschalldruckpegel nach oben angegebenen Beziehungen berechnet werden, sofern die Pegeldifferenz als Einzahlangabe für das entsprechende Außenschallspektrum nach EN 20717-1 angegeben ist, d. h. beispielsweise unter Verwendung von ($D_{2m,nT,w} + C_{tr}$) oder ($D_{2m,n,w} + C$). Diese Anpassungsterme beziehen sich auf den von Oktavbändern von 125 bis 2 000 Hz oder von Terzbändern von 100 bis 3 150 Hz bestimmten Frequenzbereich. Bei Betrachtung eines größeren Frequenzbereiches sollte der entsprechende Anpassungsterm verwendet werden.

Anhang F (informativ)

Rechenbeispiele

Bauliche Gegebenheiten

Raum mit einer Fassade von 11,3 m^2 und einem Volumen von 50 m^3, keine Balkone.
Fassadenelemente :

1 6 m^2 Doppelsteinmauerwerk 120-50-100 mm ;

2 4,5 m^2 Fenster (Holz) mit Scheiben 6-12-4; 2,5 m^2; zu öffnen ;

3 0,5 m^2 Fenster (Holz) mit Scheibe 6 mm; zu öffnen ;

4 akustisch behandelter Lufteinlaß über einem Fenster in einem Holzrahmen; 3,0 m × 0,10 m; Kapazität 18 dm^3/s bei 1 Pa

Werte der Elemente

Element	Schalldämm-Maß						
	125	250	500	1 k	2 kHz	R_w $(C;C_{tr})$	(R_w+C_{tr})
1 Doppelwand 400 kg/m^2	41	46	52	58	64	57(-2;-6)	51
2 Fenster 6-12-4	23	22	30	36	37	33(-1;-4)	29
3 Fenster 6 mm	24	27	30	33	30	32(-1;-2)	30
4 Lufteinlaßöffnung; 6 dm^3/s, 1 m für 18 dm^3/s	33	28	30	43	49	37(-1;-3)	34
l = 3 m: -10 lg 3	28	23	25	38	44	32(-1;-3)	29

und

ΔL_{fs} = 0 dB.

Ergebnisse für die Fassade

Element	Flächenverhältnis		- 10 lg τ_e (= R_p)					
	S_i/S_f oder $10/S_f$		125	250	500	1 kHz	2 kHz	$(R_{p,w}+C_{tr})$
1	6,0/11,3=0,53;	Gleichung 14	43,7	48,7	54,7	60,7	66,7	53,9
2	4,5/11,3=0,40;	Gleichung 14	27,0	26,0	34,0	40,0	41,0	33,5
3	0,5/11,3=0,044;	Gleichung 14	37,6	40,6	43,6	46,6	43,6	43,7
4	10/11,3=0,88	Gleichung 15	28,5	23,5	25,5	38,5	44,5	29,5
	R' (Gleichung 10)		24,4	21,5	24,9	35,4	37,5	27,8
	$D_{2m,nT}$ (Gleichung 13)		23,1	20,2	23,6	34,1	36,2	26,5

Nach EN ISO 717-1 :

$R'_w(C;C_{tr})$ = 31 (-1;-3), folglich $R'_{tr,s,w}$ = 31 dB und $R'_{tr,s,w} + C_{tr}$ = 31 - 3 = 28 dB

und

$D_{2m,nT,w}$ = 30 dB und $D_{2m,nT,w} + C_{tr}$ = 30 - 3 = 27 dB

ANMERKUNG: Die Berechnung in Frequenzbändern führt zur gleichen Einzahlangabe wie die Berechnung direkt in Einzahlangaben.

Gleiches Beispiel aus zusammengesetzten Teilen der Elemente nach Anhang B

Zusätzliche Werte der Teile für Element 2 und 3

Teil	Schalldämm-Maß						
	125	250	500	1 k	2 kHz	$R_w(C;C_{tr})$	(R_w+C_{tr})
- Verglasung 6-12-4	22	21	29	37	37	33(-2;-5)	28
- Verglasung 6 mm	21	25	28	31	27	29(-1;-1)	28
- Rahmen	31	34	34	39	41	39(-1;-2)	37

Ergebnisse je Element

Element/ Teile	Flächenverhältnis S_i/S_f , l_k/S_f oder $10/S_f$	- 10 lg τ_e (= R_p), Gleichung B.1					
		125	250	500	1 kHz	2 kHz	$(R_{p,w}+C_{tr})$
Doppelglas, Fensterrahmen, 6,3 m Dichtung mit R_s = 60 und 8,4 m Dichtung mit R_s = 45 (zu öffnende Teile)							
Glas	3,2/11,3=0,28	27,5	26,5	34,5	42,5	42,5	34,0
Rahmen	1,4/11,3=0,12	40,2	43,2	43,2	48,2	53,2	46,0
Dichtung	6,3/11,3=0,56	62,5	62,5	62,5	62,5	62,5	62,5
	8,4/11,3=0,74	46,3	46,3	46,3	46,3	46,3	46,3
-10 lg τ_e (= R_p)		27,2	26,4	33,7	40,2	40,7	33,5
Dreifachglas, Fensterrahmen und 2,4 m Einzeldichtung mit R_s = 35 (zu öffnen)							
Glas	0,25/11,3=0,022	37,6	41,6	44,6	47,6	43,6	44,4
Rahmen	0,25/11,3=0,022	47,6	50,6	50,6	55,6	60,6	53,4
Dichtung	2,4/11,3=0,21	41,7	41,7	41,7	41,7	41,7	41,7
-10 lg τ_e (= R_p)		35,9	38,4	39,6	40,6	39,5	39,7

Ergebnisse für die Fassade

Element	- 10 lg τ_e (= R_p) 125	250	500	1 kHz	2 kHz	($R_{p,w}$+C_{tr})
1	43,7	48,7	54,7	60,7	66,7	53,9
2	27,2	26,4	33,7	40,2	40,7	33,5
3	35,9	38,4	39,6	40,6	39,5	39,7
4	28,5	23,5	25,5	38,5	44,5	29,5
R' (Gleichung 10)	24,4	21,6	24,7	34,9	36,3	27,7
$D_{2m,nT}$ (Gleichung 13)	23,1	20,3	23,4	33,6	35,0	26,4

Gemäß EN ISO 717-1 wird :

$R'_w(C;C_{tr})$ = 31 (-1;-3), folglich $R'_{tr,s,w}$ = 31 dB und $R'_{tr,s,w} + C_{tr}$ = 31 - 3 = 28 dB

und

$D_{2m,nT,w}$ = 30 dB und $D_{2m,nT,w} + C_{tr}$ (= $D_{2m,nT,Atr}$) = 30 - 4 = 26 dB

Anhang G (informativ)

Literatur

[1] Gerretsen, E., Geluidreductie door gevels - rekenmethode, ICG-Report WG-HR-05-02, 1981

[2] Homb, A. S. Hveem, Isolering mot utendørs støy - Beregningsmetode og datasamling, Norges byggforskningsinstitutt, Håndbok 39, 1988

[3] DIN 4109, Schallschutz im Hochbau, November 1989

[4] ÖNORM B 8115, Schallschutz und Raumakustik im Hochbau, Österreichisches Normungsinstitut, Wien 992

[5] Rindel, J. H., Transmission of traffic noise through windows, Acoustics Laboratory Technical University of Denmark, report 9, 1975.

Bauakustik Berechnung der akustischen Eigenschaften von Gebäuden aus den Bauteileigenschaften Teil 4: Schallübertragung von Räumen ins Freie Deutsche Fassung prEN 12354-4 : 1997	DIN EN 12354-4

Einsprüche bis 30. Nov 1997

ICS 91.120.20

Building acoustics – Estimation of acoustic performance of buildings from the performance of products – Part 4: Transmission of indoor sound to the outside; German version prEN 12354-4 : 1997

Acoustique des bâtiments – Estimation de la performance acoustique des bâtiments à partir de la performance des produits – Partie 4: Transmission du bruit intérieur à l'exterieur; Version allemande prEN 12354-4 : 1997

Anwendungswarnvermerk

Dieser Norm-Entwurf wird der Öffentlichkeit zur Prüfung und Stellungnahme vorgelegt.

Weil die beabsichtigte Norm von der vorliegenden Fassung abweichen kann, ist die Anwendung dieses Entwurfes besonders zu vereinbaren.

Stellungnahmen werden erbeten an den Normenausschuß Bauwesen (NABau) im DIN Deutsches Institut für Normung e. V., 10772 Berlin (Hausanschrift: Burggrafenstraße 6, 10787 Berlin).

Nationales Vorwort

Der vorliegende Norm-Entwurf wurde vom Technischen Komitee CEN/TC 126 "Akustische Eigenschaften von Gebäudeteilen und von Gebäuden", dessen Sekretariat vom AFNOR betreut wird, erarbeitet.

Das technische Komitee CEN/TC 126 hat beschlossen, diesen Europäischen Norm-Entwurf für die CEN-Umfrage vorzulegen.

Fortsetzung 34 Seiten prEN

Normenausschuß Bauwesen (NABau) im DIN Deutsches Institut für Normung e.V.
Normenausschuß Materialprüfung (NMP) im DIN
Normenausschuß Akustik, Lärmminderung und Schwingungstechnik (NALS) im DIN und VDI

35/13*

EUROPÄISCHE NORM

EUROPEAN STANDARD

NORME EUROPEENNE

ENTWURF
prEN 12354-4

Juli 1997

ICS

Deskriptoren:

Deutsche Fassung

Bauakustik - Berechnung der akustischen Eigenschaften von Gebäuden aus den Bauteileigenschaften - Teil 4: Schallübertragung von Räumen ins Freie

Building acoustics - Estimation of acoustic performance of buildings from the performance of products - Part 4: Transmission of indoor sound to the outside

Acoustique des bâtiments - Estimation de la performance acoustique des bâtiments à partir de la performance des produits - Partie 4: Transmission du bruit intérieur à l'extérieur

Dieser Europäische Norm-Entwurf wird den CEN-Mitgliedern zur CEN-Umfrage vorgelegt. Er wurde vom Technischen Komitee CEN/TC 126 erstellt.

Wenn aus diesem Norm-Entwurf eine Europäische Norm wird, sind die CEN-Mitglieder gehalten, die CEN/CENELEC-Geschäftsordnung zu erfüllen, in der die Bedingungen festgelegt sind, unter denen dieser Europäischen Norm ohne jede Änderung der Status einer nationalen Norm zu geben ist.

Dieser Europäische Norm-Entwurf wurde von CEN in drei offiziellen Fassungen (Deutsch, Englisch, Französisch) erstellt. Eine Fassung in einer anderen Sprache, die von einem CEN-Mitglied in eigener Verantwortung durch Übersetzung in seine Landessprache gemacht und dem Zentralsekretariat mitgeteilt worden ist, hat den gleichen Status wie die offiziellen Fassungen.

CEN-Mitglieder sind die nationalen Normungsinstitute von Belgien, Dänemark, Deutschland, Finnland, Frankreich, Griechenland, Irland, Island, Italien, Luxemburg, Niederlande, Norwegen, Österreich, Portugal, Schweden, Schweiz, Spanien, der Tschechischen Republik und dem Vereinigten Königreich.

CEN

Europäisches Komitee für Normung
European Committee for Standardization
Comité Européen de Normalisation

Zentralsekretariat: rue de Stassart 36, B - 1050 Brüssel

Ref. Nr. prEN 12354-4:1997 D

Inhalt

Vorwort

Diese Europäische Norm wurde vom Technischen Komitee CEN/TC 126 "Akustische Eigenschaften von Gebaudeteilen und von Gebäuden" dessen Sekretariat vom AFNOR betreut wird erarbeitet.

Das Technische Komittee CEN/TC 126 hat beschlossen diesen europäischen Norm - Entwurf für die CEN Umfrage vorzulegen.

1 Anwendungsbereich

Diese Norm beschreibt ein Rechenmodell zur Ermittlung der Schallabstrahlung durch ein Gebäude infolge Luftschalls innerhalb dieses Gebäudes und durch einzelne Schallquellen, die sich im Gebäude oder im Freien befinden, im wesentlichen auf der Grundlage von Meßwerten, die die Schallübertragung durch die betreffenden Bauteile und den Schalleistungspegel der Quellen charakterisieren. Das schallabstrahlende Gebäude wird durch eine oder mehrere Punktquellen ersetzt, für die der äquivalente Schalleistungspegel berechnet wird. Diese Beschreibung kann für die Bewertung des Schalldruckpegels in einem bestimmten Abstand verwendet werden. Die Bewertung des Schalldruckpegels in Räumen unter Benutzung der Kenngrößen der Schallquellen in Räumen und die Bewertung der Ausbreitung im Freien liegen nicht im Anwendungsbereich dieser Norm.

In dieser Norm werden jeweils die Grundlagen des Rechenmodells beschrieben, die benötigten Größen aufgeführt und ihre Anwendungen und Einschränkungen angegeben. Sie ist für Fachleute auf dem Gebiet der Akustik bestimmt und soll den Rahmen für die Entwicklung von Anwendungsdokumenten und Hilfsmitteln für andere Anwender auf dem Gebiet des Hochbaus unter Berücksichtigung örtlicher Gegebenheiten bilden.

Das Modell basiert auf Erfahrungen bei der Bewertung von Technikräumen, Industriegebäuden, Musikhallen und Diskobars.

2 Normative Verweisungen

Diese Europäische Norm enthält durch datierte oder undatierte Verweisungen Festlegungen aus anderen Publikationen. Diese normativen Verweisungen sind an den jeweiligen Stellen im Text zitiert und die Publikationen sind nachstehend angeführt. Bei datierten Verweisungen gehören spätere Änderungen oder Überarbeitungen dieser Publikationen nur zu dieser Europäischen Norm, falls sie durch Änderung oder Überarbeitung eingearbeitet sind. Bei undatierten Verweisungen gilt die letzte Ausgabe der in Bezug genommenen Publikation.

EN ISO 140-1[1)]	Akustik - Messung der Schalldämmung in Gebäuden und von Bauteilen - Teil 1 : Anforderungen für Laborprüfstände
EN ISO 140-3	Akustik - Messung der Schalldämmung in Gebäuden und von Bauteilen - Teil 3: Messung der Luftschalldämmung von Bauteilen in Prüfständen
EN ISO 140-5	Akustik - Messung der Schalldämmung in Gebäuden und von Bauteilen - Teil 5: Messung der Luftschalldämmung von Fassadenelementen und Fassaden am Bau
EN 20140-10	Akustik - Messung der Schalldämmung in Gebäuden und von Bauteilen - Teil 10 : Messung der Luftschalldämmung kleiner Bauteile im Prüfstand
EN ISO 717-1	Akustik - Bewertung der Schalldämmung in Gebäuden und von Bauteilen - Teil 1 : Luftschalldämmung

1) in Vorbereitung

EN 12354-3		Bauakustik - Berechnung der akustischen Eigenschaften von Gebäuden aus den Bauteileigenschaften - Teil 3 : Luftschalldämmung gegen Außengeräusche
EN 12354-6		Bauakustik - Berechnung der akustischen Eigenschaften von Gebäuden aus den Bauteileigenschaften - Teil 6 : Schall von Installationen und Ausrüstungen
ISO 3740...3746		Acoustics - Determination of sound power levels of noise sources (several basic standards)
ISO 7235	1991	Acoustics - Measurement procedure for ducted silencers. Insertion loss, flow noise and total pressure loss
ISO 9613-1		Acoustics - Attenuation of sound during propagation outdoors - Part 1 : Method of calculation of the attenuation of sound by atmospheric absorption
ISO 9613-2		Acoustics - Attenuation of sound during propagation outdoors - Part 2 : A general method of calculation

3 Benötigte Größen

3.1 Größen zur Kennzeichnung der Gebäudeeigenschaften

3.1.1 Schalldruckpegel im Abstand *d*, $L_{p,d}$

Schalldruckpegel an einem festgelegten Punkt im Abstand *d* außerhalb eines Gebäudes, der durch den im Inneren des Gebäudes erzeugten Schall und durch mit dem Gebäude verbundenen Schallquellen hervorgerufen wird. Dieser Schalldruckpegel wird gewöhnlich durch Messungen nach örtlichen Vorschriften, die entsprechende Meßstellen, die Integrationsdauer und die Schallquellenbedingungen vorgeben, bestimmt. Der Schalldruckpegel wird gewöhnlich A-bewertet.

3.1.2 äquivalenter Schalleistungspegel L_{WD}

Schalleistungspegel einer richtungsunempfindlichen Punktschallquelle, die in der betrachteten Richtung den gleichen Schalldruckpegel hervorruft wie die tatsächliche Schallquelle.

3.2 Größen zur Kennzeichnung der Bauteileigenschaften

3.2.1 Schalldämm-Maß *R*

Das Schalldämm-Maß eines Elementes für direkte Schallübertragung nach Definition und Bestimmung gemäß EN ISO 140-3 oder EN ISO 140-5.

3.2.2 Norm-Schallpegeldifferenz eines kleinen Bauteils $D_{n,e}$

Norm-Schallpegeldifferenz eines kleinen Bauteils nach Definition und Bestimmung gemäß EN 20 140-10.

3.2.3 Schalleistungspegel L_W

Schalleistungspegel einer Schallquelle, d. h. einer Installation, Maschine oder Lüftungsöffnung, nach Definition und Bestimmung gemäß ISO 3740...3746.

3.2.4 Richtungsmaß *DI*

Die Richtwirkung einer Schallquelle nach Definition und Bestimmung gemäß ISO 3745.

ANMERKUNG : Die Richtwirkung nach ISO 3744 ist anders definiert und schließt den Einfluß der harten Geländeebene ein. Solche Werte können bei Berücksichtigung dieses Unterschiedes auch verwendet werden.

3.2.5 Übertragungsverlust D_t

Die Minderung des Schalleistungspegels durch Einfügen eines Elementes in den Übertragungsweg. Der Übertragungsverlust ist nach ISO 7235 oder gleichwertigen Verfahren zu bestimmen.

3.2.6 Weitere geeignete Angaben

Für die Berechnungen können zusätzliche Angaben über Ausführungen erforderlich sein, z. B. :

- Form der Gebäudehülle ;
- Art der Dichtung ;
- Fläche.

3.3 Weitere Begriffe und Größen

Gesamtausbreitungsdämpfung A_{tot}**:** Schallpegeldifferenz zwischen der abgestrahlten Schalleistung und dem Schalldruck an einem Punkt im Abstand *d* von der Gebäudehülle infolge aller Ausbreitungseinflüsse, wie z. B. geometrischer Abweichung, Luftabsorption, Erdbodeneinflüssen, Abschirmung usw.

Diffusitätsterm C_d**:** Schallpegeldifferenz, die den Unterschied des Innenschallfeldes im Vergleich zu einem diffusen Schallfeld angibt. Er ist definiert als der mittlere Pegel der senkrecht auf die Innenfläche der Gebäudehülle einfallenden Schallintensität minus dem Pegel des mittleren Schalldruckes in der Nähe der Innenfläche der Gebäudehülle.

ANMERKUNG 1 : Für ein diffuses Feld und reflektierende Wände ist der Diffusitätsterm C_d = -6 dB, für andere Situationen kann er einen Wert zwischen 0 und -6 dB annehmen.

Richtwirkungskorrektur D_ϕ **:** Die Abweichung des Schalldruckpegels einer Punktschallquelle in einer bestimmten Richtung von dem Pegel einer richtungsunempfindlichen Schallquelle mit gleichem Schalleistungspegel in dB.

Die Richtwirkungskorrektur berücksichtigt das Richtungsmaß der Schallquelle und kann den Raumwinkel beinhalten, in den der Schall abgestrahlt wird, sofern dies nicht bereits vom angewendeten Modell der Schallausbreitung im Freien berücksichtigt wird.

ANMERKUNG 2 : Wird die Abschirmung des Gebäudes selbst betrachtet, könnte dieser Einfluß auch enthalten sein.

Schalldruckpegel im Inneren $L_{p,in}$ **:** Schalldruckpegel im Innern des Gebäudes im Abstand von 1 bis 2 m vom betrachteten Teil der Gebäudehülle.

ANMERKUNG 3 : Bei einem diffusen Schallfeld entspricht dies dem mittleren Schalldruckpegel im diffusen Schallfeld.

äquivalente Punktschallquelle : Eine Punktschallquelle, für die der abgestrahlte Schall gleich dem eines Abschnittes der Gebäudehülle ist; der Abschnitt kann aus einem oder mehreren Bauteilen, einer oder mehreren Öffnungen oder einer oder mehreren einzelnen Schallquellen bestehen.

4 Rechenmodelle

4.1 Allgemeine Grundlagen

Der Gesamtschalldruckpegel in einem bestimmten Abstand von einem Gebäude wird durch den Beitrag des von jedem Element der Außenseite der Umhüllung des umschlossenen Raumes abgestrahlten Schalls, des von einzelnen Schallquellen, die sich in oder an der Außenseite des Gebäudes befinden, abgestrahlten Schalls und mehrerer Schallausbreitungseinflüsse infolge des Abstandes von dem Gebäude, der Luftabsorption, des Einflusses des Geländes, der Abschirmung, Reflexionen usw. am Schallpegel bestimmt.

Der von der Gebäudehülle abgestrahlte Schall wird durch den Schalldruckpegel und seine Verteilung im Gebäude, das Bau-Schalldämm-Maß der Bauteile und die Richtwirkung der Schallabstrahlung im Freien bestimmt, der durch einzelne Schallquellen abgestrahlte Schall durch ihren Schalleistungspegel und die Richtwirkung.

Ein schallabstrahlendes Gebäude kann durch eine oder mehrere äquivalente Punktschallquellen dargestellt werden, von denen jede den Beitrag eines Abschnittes der Gebäudehülle oder einer Gruppe von einzelnen Schallquellen darstellt. Die Anzahl der notwendigen Punktschallquellen, die das Gebäude ausreichend gut nachbilden, hängt vom Abstand des Empfangspunktes zum Gebäude und der Änderung der Ausbreitungseinflüsse ab. Im allgemeinen wird die Umhüllung mindestens durch eine Punktschallquelle für jede Seite, d. h. Wände und Dach, dargestellt werden müssen. Häufig sind für jede Seite mehrere Punktschallquellen notwendig.

Der Schalldruckpegel für einen Empfangspunkt außerhalb des Gebäudes ergibt sich aus den Beiträgen jeder äquivalenten Punktschallquelle j nach der Gleichung:

$$L_{p,d} = 10 \lg \left[\sum_{j=1}^{k} 10^{\left(L_{WD,j} - A_{tot,j}\right)/10} \right] \text{ [dB]} \qquad (1)$$

Dabei ist

$L_{p,d}$ der Schalldruckpegel im Abstand *d* von einer Seite des Gebäudes, in Dezibel ;

$L_{WD,j}$ der äquivalente Schalleistungspegel der äquivalenten Punktschallquelle j für die Richtung des Empfangspunktes, in Dezibel ;

$A_{tot,j}$ die Gesamtdämpfung infolge Ausbreitung des Schalls im Freien von der äquivalenten Schallquelle j zum Empfangspunkt, in Dezibel ;

k die Anzahl der äquivalenten Punktschallquellen.

Das in dieser Norm beschriebene Rechenmodell wird die Berechnung des äquivalenten Schalleistungspegels für derartige äquivalente Punktschallquellen aus Werten für

- den Innenschalldruckpegel ;
- die Bauteile, aus denen das Gebäude besteht ;
- die einzelnen Schallquellen

festlegen.

Der Innenschalldruckpegel wird im allgemeinen der äquivalente Schalldruckpegel über eine festgelegte Dauer nach den einschlägigen Vorschriften sein. Es können jedoch auch andere Pegelarten verwendet werden, z. B. der Maximalpegel.

Die Berechnungen sind in Frequenzbändern auf der Grundlage von Bauteilwerten für die Bauteile und für die einzelnen Schallquellen in Frequenzbändern (Terzbänder oder Oktavbänder) durchzuführen. Die Berechnung ist mindestens für die Oktavbänder von 125 Hz bis 2 000 Hz oder für die Terzbänder von 100 Hz bis 3 150 Hz durchzuführen.

ANMERKUNG 1 : Die Berechnungen können zu höheren oder tieferen Frequenzen hin erweitert werden, wenn Bauteilwerte für einen derartigen größeren Frequenzbereich zur Verfügung stehen. Es sind jedoch besonders für die tieferen Frequenzen gegenwärtig keine Informationen über die Genauigkeit der Berechnungen vorhanden.

Die Berechnung des Innenschalldruckpegels und die Berechnung der Ausbreitungseinflüsse außerhalb des Gebäudes, die für die Bewertung des Schalldruckpegels am Empfangspunkt notwendig sind, werden nicht behandelt.

Die Gesamtdämpfung A_{tot} durch Ausbreitungseinflüsse kann nach bestehenden Verfahren für die Ausbreitung im Freien, wie z. B. in ISO 9613-2:1993, berechnet werden.

ANMERKUNG 2: In ISO 9613-2 wird die Gesamtdämpfung mit *A* bezeichnet. Die Gesamtdämpfung ergibt sich aus der Addition der Dämpfung infolge bestimmter Ausbreitungseinflüsse, wie z. B. geometrische Abweichung, Luftabsorption, Erdbodeneinfluß, Abschirmung usw.

4.2 Bestimmung äquivalenter Punktschallquellen

Die Elemente und Quellen, die zur Schallabstrahlung beitragen, werden in drei Gruppen eingeteilt :

- Bauteile der Gebäudehülle, d. h. Wände, Dach, Fenster, Türen, einschließlich kleiner Bauteile mit einer Fläche von in der Regel weniger als 1 m^2, wie Gitter und Öffnungen ;

- größere Öffnungen, mit einer Fläche in der Regel 1 m^2 oder mehr, d. h. große Lüftungsöffnungen, offene Türen, offene Fenster ;

- einzelne Schallquellen, d. h. Ventilatoren, Fortluftöffnungen.

Für jede Gruppe kann das Gebäude in Segmente (eine Kombination von Elementen, Teilen, Öffnungen oder Quellen) aufgeteilt werden, wobei jedes Segment unter folgenden Bedingungen durch eine äquivalente Punktschallquelle dargestellt wird :

- die Schallausbreitung zu den nächsten interessierenden Empfangspunkten (A_{tot}) ist für alle Elemente eines Segmentes gleich ;

- der Abstand zum nächsten interessierenden Empfangspunkt ist größer als das Doppelte der größten Segmentabmessung ;

- für die Elemente und Öffnungen in einem Element gilt derselbe Innenschalldruckpegel ;

- für die Elemente, Schallquellen oder Öffnungen in einem Segment gilt dieselbe Richtwirkung.

Wenn eine oder mehrere dieser Bedingungen nicht erfüllt sind, sind die Segmente unterschiedlich (z. B. kleiner) zu wählen, bis diese Bedingungen erfüllt sind.

Die Punktschallquelle, die ein vertikales Segment nachbildet, wird in halber Breite des Segmentes und 2/3 seiner Höhe angeordnet; in allen anderen Fällen auf Segmentmitte.

4.3 Bestimmung des äquivalenten Schalleistungspegels

Für die verschiedenen Gruppen von Schallquellen kann der äquivalente Schalleistungspegel aus folgenden Eingangswerten bestimmt werden :

- Innenschalldruckpegel $L_{p,in}$;

- Schalldämm-Maß eines großen Elementes i der Gebäudehülle: R_i

- Norm-Schallpegeldifferenz eines kleinen Elementes i: $D_{ne,i}$

- Schalleistungspegel der Schallquelle i: $L_{W,i}$

- Übertragungsverlust des Schalldämpferelementes für die Öffnung i: $D_{t,i}$

- Richtungsmaß der Schallquelle i: DI_i

- Fläche des Elementes i der Gebäudehülle: S_i

Für ein Segment von Bauteilen der Gebäudehülle ergibt sich der äquivalente Schalleistungspegel nach der Gleichung :

$$L_{WD,j} = L_{p,in,j} + C_{d,j} - R_j' + 10\lg\frac{S_j}{S_o} + D_{\phi,j} \text{ [dB]} \tag{2}$$

Dabei ist :

$L_{p,in,j}$ Schalldruckpegel im Abstand von 1 bis 2 m von der Innenseite des Segmentes j, in Dezibel ;

$C_{d,j}$ Diffusitätsterm für das Schallfeld im Raum an Segment j, in Dezibel ;

R_j Bau-Schalldämm-Maß für Segment j, in Dezibel ;

S_j Fläche des Segmentes j, in Quadratmetern ;

S_0 Referenzfläche in Quadratmetern; S_0 = 1 m^2;

$D_{\phi,j}$ Richtwirkungskorrektur für Segment j in Dezibel.

Das Bau-Schalldämm-Maß für Segment j ergibt sich aus den Daten der Verbundelemente i nach der Gleichung :

$$R_j' = -10\lg\left[\sum_{i=1}^{m}\frac{S_i}{S_j}10^{-R_i/10} + \sum_{i=m+1}^{m+n}\frac{A_o}{S_j}10^{-D_{n,e,i}/10}\right] \tag{3}$$

Dabei ist :

R_i das Schalldämm-Maß von Teil i des Elementes, in Dezibel ;

S_i die Fläche eines Elementes i, in Quadratmetern ;

$D_{n,e,j}$ die Norm-Schallpegeldifferenz für eine kleines Bauteil i, in Dezibel ;

A_0 die Referenzabsorptionsfläche, in Quadratmetern; A_0 = 10 m^2;

m die Anzahl großer Elemente von Segment j ;

n die Anzahl kleiner Elemente von Segment j.

ANMERKUNG 1: Der Beitrag des Körperschalls an der Schallabstrahlung wird durch das Modell nicht berücksichtigt. Er könnte in grober Näherung durch ein angepaßtes Schalldämm-Maß berücksichtigt werden; in Anhang C sind hierzu einige Angaben aufgeführt.

In Anhang B sind Angaben über den Innenschalldruckpegel und die Richtwirkung des Schallfeldes auf der Grundlage der Art des umschlossenen Raumes und der Bedingungen im Gebäude für die Elemente der Gebäudehülle aufgeführt.

ANMERKUNG 2 : Für ein ideales diffuses Schallfeld und nichtabsorbierende Elemente wird C_d = -6 dB; für Industrieräume und für an der Innenseite nichtabsorbierende Segmente ist ein Wert von C_d = -5 dB geeigneter.

In Anhang C sind Angaben über das Schalldämm-Maß für mehrere Elementarten, einschließlich der Einflüsse der Schallübertragung durch Dichtungen, Verbindungen, Schlitze und kleine Öffnungen, aufgeführt.

Für ein Segment von Öffnungen ergibt sich der äquivalente Schalleistungspegel nach der Gleichung:

$$L_{WD,j} = L_{p,in,j} + C_{d,j} + 10\lg\sum_{i=1}^{o}\frac{S_i 10^{-D_{t,i}/10}}{S_j} + D_{\phi,j}\ [\text{dB}] \quad (4)$$

Dabei ist :

S_i die Fläche der Öffnung i, in Quadratmetern ;

S_j die Fläche des Segmentes j, die die Gesamtfläche der Öffnungen in diesem Segment darstellt, in Quadratmetern ;

$D_{t,i}$ der Übertragungsverlust für einen Schalldämpfer für Öffnung i, in Dezibel ;

o die Anzahl der Öffnungen von Segment j.

Für ein Segment von Schallquellen ergibt sich die äquivalente Schalleistung nach der Gleichung:

$$L_{WD,j} = 10\lg\sum_{i=1}^{p}\left(10^{L_{w,i}/10}\right) + D_{\phi,j}\ [\text{dB}] \quad (5)$$

Dabei ist :

$L_{w,i}$ der Schalleistungspegel der Schallquelle i, in Dezibel ;

p die Anzahl der Schallquellen von Segment j.

Die Richtwirkungskorrektur D_ϕ enthält die Eigenrichtwirkung der schallabstrahlenden Elemente, Öffnungen oder Schallquellen. Sie kann auch die Einflüsse der Umgebung harter Oberflächen (Reflexion und Abschirmung) enthalten, wenn derartige Oberflächen in der Bewertung der Schallausbreitung im Freien nicht weiter berücksichtigt sind. Dies ist gewöhnlich der Fall, wenn diese reflektierenden Oberflächen die Gebäudehülle selbst sind, wobei das vollständige Gebäude durch die Punktschallquellen ersetzt wird.

In Anhang D sind Angaben über die Richtwirkungskorrektur aufgeführt.

4.4 Einschränkungen

Große, homogene Bauteile können ein besonderes Richtdiagramm haben, in dem bestimmte Richtungen bevorzugt sind; diese Einflüsse sind nicht berücksichtigt.

Der mögliche Beitrag von Körperschall durch Maschinen im Gebäude ist nicht im Modell enthalten, jedoch ist in Anhang C eine Näherung genannt.

5 Genauigkeit

Die Genauigkeit von Bewertungen durch die dargestellten Modelle hängt von vielen Faktoren, wie der Genauigkeit der Eingangswerte, der Übereinstimmung der Bausituation mit dem Modell, der Art der beteiligten Bauteile, der Geometrie der Bausituation, der Art der untersuchten Größe und dem Stand der Technik ab. Dadurch ist es unmöglich, die Genauigkeit von Bewertungen aller Arten von Bausituationen und Anwendungen allgemein anzugeben. Vielmehr müssen Werte für die Genauigkeit durch Vergleich der Ergebnisse der Modellrechnungen mit verschiedenen Situationen am Bau gesammelt werden.

Bei der Anwendung der Bewertungen wird empfohlen, die Eingangswerte zu variieren, besonders in komplizierten Situationen und bei selten auftretenden Elementen mit zweifelhaften Eingangsdaten. Die sich ergebende Schwankung der Ergebnisse vermittelt einen Eindruck von der zu erwartenden Genauigkeit, wenn von einem hohen Stand der Technik ausgegangen wird.

Anhang A (normativ)

Verzeichnis von Symbolen

Formel-zeichen	Größen und Indizes	Einheit
A_0	Referenz-Schallabsorptionsfläche; A_0 = 10 m²	[m²]
$A_{tot,j}$	Gesamtdämpfung infolge Ausbreitung im Freien von einer Punktschallquelle j	[dB]
$A'_{tot,j}$	berechnete Gesamtdämpfung infolge Ausbreitung im Freien für eine vereinfachte Ausbreitungssituation für Seite j des Gebäudes	[dB]
$A'_{building}$	pauschale Dämpfung infolge Abschirmung durch das Gebäude selbst	[dB]
$C_{d,j}$	Diffusitätsterm für das Innenschallfeld an Segment oder Seite j	[dB]
c_o	Schallgeschwindigkeit in Luft (≈ 340 m/s)	[m/s]
DI_i	Richtungsfaktor der Schallquelle i	[dB]
$D_{\phi,j}$	Richtwirkungskorrektur für Segment oder Seite j	[dB]
$D_{n,e,i}$	Norm-Schallpegeldifferenz für ein kleines Bauteil i	[dB]
$D_{t,i}$	Übertragungsverlust für ein schalldämpfendes Element für Öffnung i	[dB]
d_i	Abstand von der Seitenmitte zum Empfangspunkt	[m]
$d_\perp$	senkrechter Abstand vom Empfangspunkt zu einer Seite	[m]
d_0	Referenzabstand; d_0 = 1 m	[m]
f	Frequenz	[Hz]
h_1, h_2	senkrechte Abstände zu den beiden Begrenzungen einer Seite von der Projektion des Empfangspunktes auf die Seite	[m]
i	Index für Element, Öffnung oder einzelne Schallquelle für ein Segment des Gebäudes	[-]
j	Index für Segment oder Seite des Gebäudes	[-]
$L_{p,d}$	Schalldruckpegel am Empfangspunkt im Abstand d an der Außenseite des Gebäudes	[dB re 20 μPa]
$L_{p,in,j}$	Schalldruckpegel im Abstand von 1 bis 2 m von der Innenseite des Segmentes oder Seite j	[dB re 20 μPa]
$L_{W,i}$	Schalleistungspegel von Schallquelle i	[dB re 1 pW]
$L_{WD,j}$	äquivalenter Schalleistungspegel von Segment j (äquivalente Punktschallquelle)	[dB re 1 pW]
$L_{WD,e,j}$	äquivalenter Schalleistungspegel der Gebäudehülle an Seite j des Gebäudes	[dB re 1 pW]
$L_{WD,o,j}$	äquivalenter Schalleistungspegel von Öffnungen der Seite j des Gebäudes	[dB re 1 pW]
$L_{WD,s,j}$	äquivalenter Schalleistungspegel von einzelnen Schallquellen der Seite j des Gebäudes	[dB re 1 pW]
k	Anzahl der Seiten des Gebäudes	[-]
m	Anzahl der großen Elemente von Segment oder Seite j	[-]
n	Anzahl der kleinen Elemente von Segment oder Seite j	[-]
o	Anzahl der Öffnungen von Segment oder Seite j	[-]
Formel-zeichen	Größen und Indizes	Einheit

p	Anzahl der Schallquellen von Segment oder Seite j	[-]
R'_i	Schalldämm-Maß von Element i	[dB]
R_j	Bau-Schalldämm-Maß für Segment oder Seite j	[dB]
S_i	Fläche von Element oder Öffnung i	[m²]
S_j	Fläche von Element oder Seite j	[m²]
S_0	Referenzfläche; S_0 = 1 m²	[m²]
w_1, w_2	waagerechte Abstände der beiden Begrenzungen einer Seite von der Projektion des Empfangspunktes auf die Seite	[m]
ϕ	Winkel der Richtung des Empfangspunktes, bezogen auf die Orientierung der äquivalenten Schallquelle und die Richtung zum Empfangspunkt von dieser Position	[°]
Ω	Raumwinkel, in den die Abstrahlung erfolgt	[sterad]

Anhang B (informativ)

Innenschallfelder

Der Innenschalldruckpegel, der für die Bewertung der Schallabstrahlung zu berücksichtigen ist, ist der Schalldruckpegel in einem Abstand von 1 bis 2 m von der Innenseite der Gebäudehülle. Er wird als Eingangswert für die Bewertung nach dieser Norm betrachtet.

Diese Schalldruckpegel könnten auf Messungen der tatsächlichen Situation, Messungen in ähnlichen Situationen oder Berechnungen, z. B. mittels empirischer Modelle, Modelle mit bildhaften Schallquellen oder Strahlenspurmodellen, nach seiner Definition beruhen.

Der Diffusitätsterm C_d ist definiert als mittlerer Pegel der einfallenden Schallintensität senkrecht auf die Innenfläche der Gebäudehülle, minus dem Pegel des mittleren Schalldruckes in der Nähe der Innenfläche der Gebäudehülle. Er wird durch die Größe der Diffusität des Innenschallfeldes und der Absorption im Gebäude des betrachteten Segmentes der Gebäudehülle beeinflußt. In Tabelle B.1 sind Angaben zu seinem Wert enthalten.

Tabelle B.1 : Angabe der Diffusität des Schallfeldes im Gebäude, die auf einer allgemeinen Beschreibung der Räume und örtlicher Oberflächeneigenschaften der Innenseite der Gebäudehülle beruht

Situation	C_d [dB]
relativ kleine, einheitlich geformte Räume (diffuses Feld); vor einer reflektierenden Oberfläche	-6
relativ kleine, einheitlich geformte Räume (diffuses Feld); vor absorbierender Oberfläche	-3
Große flache oder lange Hallen, viele Schallquellen (durchschnittliches Industriegebäude); vor einer reflektierenden Oberfläche	-5
Industriegebäude, einige vorherrschende gerichtete Schallquellen; vor einer reflektierenden Oberfläche	-3
Industriegebäude, einige vorherrschende gerichtete Schallquellen; vor einer absorbierenden Oberfläche	0

Anhang C (informativ)

Schalldämm-Maß unterschiedlicher Elemente

Aussagen zum Schalldämm-Maß von Elementen können sowohl anhand von Messungen im Prüfstand nach EN ISO 140-3 oder EN ISO 140-10 als auch von Messungen am Bau nach EN ISO 140-5 getroffen werden. Angaben über das Schalldämm-Maß nach diesen Normen sind auch in EN 12354-1 und EN 12354-3 aufgeführt.

Die bei Prüfstandmessungen verwendeten Abmessungen der Elemente und die Befestigungsverfahren sind jedoch im allgemeinen sehr verschieden. Dies kann zu großen Abweichungen zwischen den aus Prüfstandmessungen gewonnenen Bauteilwerten und den unter den gegebenen Situationen am Bau erhaltenen führen. Darüber hinaus wird das Schalldämm-Maß von Verbundteilen gewöhnlich durch die Schallübertragung über die Verbindung zwischen Elementen, Dichtung von Schlitzen und kleinen Öffnungen begrenzt. Diese Übertragung ist schwer einschätzbar und wird im allgemeinen durch Messungen im Prüfstand nicht angemessen nachgebildet. Aus diesem Grund wird dringend empfohlen, Werte zu benutzen, die aus repräsentativen Messungen am Bau gewonnen wurden. Wenn Werte von Prüfstandmessungen verwendet werden, ist es empfehlenswert, das sich ergebende Schalldämm-Maß für ein Segment in jedem Frequenzband auf einen praktischen Maximalwert zu begrenzen, der für die Art der Ausführungen und die betrachtete Situation zutreffend ist.

Eine Direktanregung des Bauwerkes durch innere Schallquellen führt zur Körperschallübertragung durch das Gebäude, was zur Schallabstrahlung beitragen könnte. Dies trifft insbesondere auf schwerere Elemente zu. Der entsprechende Anteil an der Schallabstrahlung könnte nach den entsprechenden Abschnitten von EN 12354-6 berechnet werden.

Anhang D (informativ)

Richtwirkung der Schallabstrahlung

Die Richtwirkung von Schallquellen wird durch die Richtwirkungskorrektur D_ϕ ausgedrückt, die für praktische Anwendungen bestimmt ist durch :

- die Eigenrichtwirkung von Schallquellen, Öffnungen und schallabstrahlende Konstruktionen, die durch das Richtungsmaß DI_ϕ beschrieben werden ;

Wenn alle reflektierenden und abschirmenden Einflüsse des Gebäudes und anderer Gegenstände durch ein Modell der Schallausbreitung im Freien berücksichtigt werden, ist dies der einzige Beitrag zur Richtwirkungskorrektur. Trifft dies nicht zu, sollte sie weiterhin enthalten :

- den Raumwinkel Ω, in den freie Abstrahlung möglich ist, der den Einfluß von Reflexionen an benachbarten harten Oberflächen, wie den Wänden des Gebäudes selbst oder der harten Geländeoberfläche, berücksichtigt.

Dieser Einfluß ist zum Richtungsfaktor für den betrachteten Winkel ϕ zu addieren.

$$D_\phi = DI_\phi + 10 lg \frac{4\pi}{\Omega} [\text{dB}] \quad \text{(D1)}$$

Dabei ist :

ϕ der Winkel für den Empfangspunkt, bezogen auf die Orientierung der Schallquelle in Grad; für Segmente des Gebäudes ist die Orientierung der Schallquelle die Normale zur Oberfläche am Ort der äquivalenten Punktschallquelle ;

Ω der Raumwinkel, indem die Abstrahlung erfolgt, in sterad.

Für andere Richtungen als die innerhalb des Raumwinkels der freien Schallabstrahlung ist der Wert für den Richtungsfaktor DI_ϕ für die Richtung parallel zur entsprechenden reflektierenden Ebene zu verwenden.

Ebener Strahler
Große homogene Konstruktionen besitzen eine Richtwirkung für Frequenzen oberhalb der kritischen Frequenz, die insgesamt zu einer höheren Schallabstrahlung parallel zur Ebene als in senkrechter Richtung führt. Wegen der Inhomogenitäten und Undichtigkeiten in praktischen Ausführungen ist dies gewöhnlich nicht von großer Bedeutung. Große ebene Konstruktionen strahlen Schall im wesentlichen nur in eine Halbkugel ab, d. h. der Raumwinkel, in den die Abstrahlung erfolgt, beträgt $\Omega = 2\pi$, was zu D_ϕ = +3 dB führt. In der Praxis schwankt die Richtwirkungskorrektur vor einer Ebene zwischen D_ϕ = +5 dB und D_ϕ = -5 dB. Es kann ein Mittelwert von D_ϕ = 0 dB für $0° < \phi < 90°$ verwendet werden.

ANMERKUNG: In dem vereinfachten Modell von Anhang E wird empfohlen, D_ϕ = +3 dB zu verwenden, um auf der sicheren Seite zu sein.

Öffnungen

Öffnungen besitzen im allgemeinen ein Richtdiagramm mit einer ausgeprägten Komponente nach vorn. Die Richtwirkung kann mit folgenden Beziehungen berechnet werden.

$$0° < \phi \leq 45°: DI_\phi = +1\,[\mathrm{dB}]$$

$$45° < \phi \leq 85°: DI_\phi = +6lg\frac{90° - \phi}{10°} - 3\,[\mathrm{dB}] \qquad \text{(D2)}$$

$$85° < \phi \leq 180°: \mathrm{DI}_\phi = \mathrm{DI}_{85*} - 6\mathrm{lg}\left[\frac{\phi - 90°}{2{,}5°} + 3\right][\mathrm{dB}]$$

Die Richtwirkung bei großen Winkeln (70° - 90°) wird durch die Abmessung der Öffnung im Vergleich zur Wellenlänge beeinflußt. Eine Berechnung dieses Einflusses erfolgt nach der Gleichung :

$$DI_\phi = -4\ \lg\,(k_0 \sqrt{S}) - 4 \quad [\mathrm{dB}] \qquad \text{(D3)}$$

Dabei ist :

S die Fläche der Öffnung, in m²;

k_0 die Wellenzahl (= 2 $\pi f / c_0$), in m^{-1}.

Wenn die Öffnung eine Schalldämpfung (Absorptionsschalldämpfer, verkleidete Kanäle) besitzt, kann die Richtwirkung ausgeprägter sein, als durch diese Werte dargestellt.

Die Richtwirkung der Abstrahlung für Öffnungen wird weiterhin durch die Nähe reflektierender Ebenen beeinflußt. Wenn die Öffnung in einer Ebene oder in einem geringen Abstand (weniger als eine Wellenlänge) von einer oder mehreren reflektierenden Oberflächen angeordnet ist, kann dies durch den Raumwinkel, in den die Abstrahlung erfolgen kann, berücksichtigt werden.

von der Ebene weg $\Omega = 4\,\pi$: $0lg\frac{4\pi}{\Omega} = 0\ [\mathrm{dB}]$

in einer Ebene $\Omega = 2\,\pi$: $0lg\frac{4\pi}{\Omega} = +3\ [\mathrm{dB}]$ (D4)

in einer Ecke $\Omega = \pi$: $0lg\frac{4\pi}{\Omega} = +6\ [\mathrm{dB}]$

Für andere als diese Richtwirkungen innerhalb des Raumwinkels für freie Schallabstrahlung ist der Wert für das Richtungsmaß DI_ϕ für die Richtung parallel zur entsprechenden reflektierenden Ebene zu verwenden.

Schallquellen

Schallquellen können eine gerichtete Abstrahlung besitzen, die durch das Richtungsmaß DI_ϕ ausgedrückt wird. Es wird mit dem Meßverfahren nach ISO 3744 oder ISO 3745 bestimmt. Hier ist jedoch wegen einer unterschiedlichen Definition das Richtungsmaß nach ISO 3744 um 3 dB zu verringern.

Die Richtwirkung in der Abstrahlung wird weiterhin durch die Nähe reflektierender Ebenen beeinflußt. Wenn die Schallquelle in oder einem geringen Abstand (weniger als eine Wellenlänge) von einer oder mehreren reflektierenden Oberflächen angeordnet ist, kann dies durch den Raumwinkel, in den die Abstrahlung erfolgen kann, berücksichtigt werden.

in einer Ebene $\Omega = 2\pi$: $0lg\frac{4\pi}{\Omega} = +3$ [dB]

in einer Ecke $\Omega = \pi$: $0lg\frac{4\pi}{\Omega} = +6$ [dB] (D5)

Für andere Richtungen als die innerhalb des Raumwinkels der freien Schallabstrahlung ist der Wert für das Richtungsmaß DI_{ϕ} für die Richtung parallel zur entsprechenden reflektierenden Ebene zu verwenden.

Anhang E (informativ)

Vereinfachtes Modell zur Bewertung der Außenschalldruckpegel

In vereinfachten Situationen kann der sich ergebende Schalldruckpegel außerhalb eines Gebäudes direkt berechnet werden. Dies gilt für Situationen, bei denen :

- derselbe Innenschalldruckpegel für den gesamten betreffenden Teil einer Seite des Gebäudes gilt ;

- der Abstand zum Empfangspunkt relativ gering ist; er kann sehr gering sein, verglichen mit den Abmessungen des Gebäudes, aber noch nicht groß genug für wesentliche meteorologische Einflüsse (näherungsweise geringer als 100 m) ;

- der Abstand zu großen Öffnungen und einzelnen Schallquellen im Vergleich zu deren Abmessungen groß ist ;

- zwischen der Gebäudehülle und dem Empfangspunkt keine Abschirmungen vorhanden sind ;

- die Geländeoberfläche größtenteils hart ist.

Für den Beitrag jeder Seite der Gebäudehülle wird angenommen, daß sie den Schall gleichförmig über die Fläche abstrahlt und einen äquivalenten Gesamtschalleistungspegel liefert. Folglich kann bei Nachbildung jeder Seite durch identische Punktschallquellen die Dämpfung infolge geometrischer Abweichung der Gebäudehülle als Gesamtheit aus der Dämpfung infolge geometrischer Abweichung für eine Punktschallquelle erhalten werden, indem über alle diese Punktschallquellen summiert wird, wozu die Dichte der Punktschallquellen verwendet wird, was für den betrachteten Abstand ausreichend ist. Zusammen mit der Dämpfung durch harten Untergrund und die Abschirmung durch das Gebäude selbst führt dies zu einem Ausdruck für die Gesamtdämpfung, der für dieses vereinfachte Modell als berechnete Gesamtdämpfung A'_{tot} angegeben wird.

Der resultierende Schalldruck am Empfangspunkt vor einer der Seiten des Gebäudes (j = 1) ergibt sich aus den Beiträgen jeder Seite des Gebäudes :

$$L_{p,d} = 10 lg \sum_{j=1}^{k} 10^{L_{p,d,j}/10} \text{ [dB]} \qquad \text{(E1)}$$

Dabei ist :

$L_{p,d}$ der durch das gesamte Gebäude verursachte Schalldruckpegel am Empfangspunkt, in Dezibel ;

$L_{p,d,j}$ der durch die Seite j des Gebäudes verursachte Schalldruckpegel am Empfangspunkt, in Dezibel ;

k die Gesamtzahl der Seiten des Gebäudes.

Für jede Seite j des Gebäudes wird der äquivalente Schalleistungspegel nach 4.3 bestimmt für :

- die Gebäudehülle als Gesamtheit, $L_{WD,h,j}$;

- die (Gesamtgruppe von) Öffnungen, $L_{WD,o,j}$;

- die (Gesamtgruppe von) einzelnen Schallquellen $L_{WD,s,j}$.

Die Richtwirkungskorrektur ist nach Anhang D zu bestimmen :

- bei Annahme der Abstrahlung in eine Halbkugel ($\Omega = 2\pi$) für die Gebäudehülle und, sofern zutreffend, für die Öffnungen und Schallquellen.

ANMERKUNG: Bei Annahme der Abstrahlung in eine Halbkugel, was zu einem Beitrag zur Richtwirkungskorrektur von +3 dB vor einer Seite des Gebäudes führt, werden die resultierenden Schalldruckpegel im allgemeinen auf der sicheren Seite liegen.

Für jede Seite j des Gebäudes ergibt sich der Beitrag des Schalldruckpegels nach der Gleichung:

$$L_{p,d,j} = 10\lg\left[10^{L_{WD,h,j}/10} + 10^{L_{WD,o,j}/10} + 10^{L_{WD,s,j}/10}\right] - A'_{tot,j}\ [\mathrm{dB}] \qquad \text{(E2)}$$

Dabei ist :

$L_{WD,h,j}$ der äquivalente Schalleistungspegel für die gesamte Gebäudehülle für Seite j, in Dezibel ;

$L_{WD,o,j}$ der äquivalente Schalleistungepegel für die (Gruppe von) Öffnungen für Seite j, in Dezibel ;

$L_{WD,s,j}$ der äquivalente Schalleistungspegel für die (Gruppe von) einzelnen Schallquellen für Seite j, in Dezibel ;

$A'_{tot,j}$ die berechnete Gesamtdämpfung für die vereinfachte Ausbreitung für Seite j infolge geometrischer Abweichung, des Erdbodeneinflusses und der Abschirmung durch das Gebäude selbst, in Dezibel.

Für die Seite des Gebäudes, vor der der Empfangspunkt liegt, d. h. Seite j = 1, ergibt sich die berechnete Gesamtdämpfung nach (siehe Bild E.1) :

$$A'_{tot,j=1} = -10\lg\frac{S_o}{2\pi S_1}\left[\tan^{-1}\frac{W_1}{d_1} + \tan^{-1}\frac{W_2}{d_1}\right]\left[\tan^{-1}\frac{h_1}{d_1} + \tan^{-1}\frac{h_2}{d_1}\right] \qquad \text{(E3)}$$

Dabei ist :

d_1 der senkrechte Abstand vom Empfangspunkt zur Ebene von Seite 1 ;

S_0 die Referenzfläche in Quadratmetern; S_0 = 1 m²;

w_1, w_2 die horizontalen Abstände zu den beiden Begrenzungen von Seite 1 von der Projektion des Empfangspunktes auf die Seite, in Metern ;

h_1, h_2 die senkrechten Abstände zu den beiden Begrenzungen von Seite 1 von der Projektion des Empfangspunktes auf die Seite, in Metern.

Wenn die Projektion des Empfangspunktes außerhalb der schallabstrahlenden Fläche S_1 liegt, sind die kleinsten w und/oder h negativ einzusetzen, der entsprechende $\tan^{-1}$-Term ist von dem anderen zu subtrahieren, anderenfalls sind beide Abstände w und/oder h positiv einzusetzen.

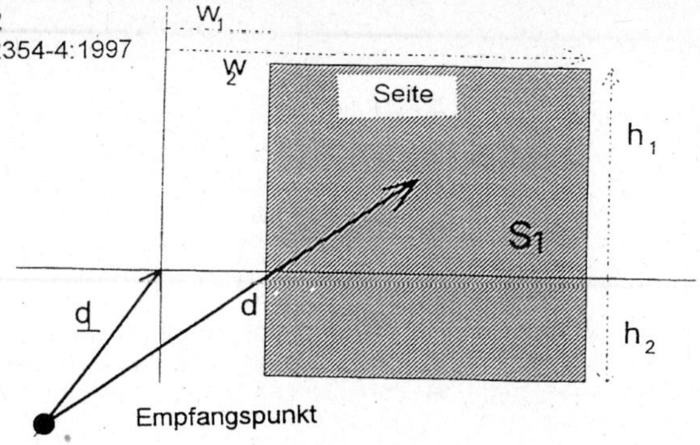

ANMERKUNG 1: Mit der Ableitung dieser Gleichung aus der Schallabstrahlung von Punkschallquellen ist für große Abstände, verglichen mit den Abmessungen der schallabstrahlenden Seite, eine Näherung verwendet worden. Für geringere Abstände führt diese jedoch zu realistischeren Werten als bei einer korrekten Ableitung; dies ist in der tatsächlichen Richtwirkung einer schallabstrahlenden Seite begründet.

ANMERKUNG 2: Für einen Empfangspunkt vor der Seitenmitte ($d = d_{\perp}$, $w_1 = w_2$, $h_1 = h_2$) vereinfacht sich die Gleichung :

$$A'_{tot,1} = -10lg \frac{2S_o}{\pi S_1} \tan^{-1} \frac{W}{2d} \tan^{-1} \frac{H}{2d}$$

wobei W (= $2w_1$ = $2w_2$) die Breite und H (= $2h_1$ = $2h_2$) die Höhe der schallabstrahlenden Fläche ($S_1 = W \cdot H$) sind.

ANMERKUNG 3: Für einen Abstand, der größer als die größte Abmessung der Seite ist, vereinfacht sich die Gleichung für die Dämpfung:

wobei d der Abstand zur Mitte der Ebene bedeutet.

Bild E.1 : Darstellung der geometrischen Situation einer schallabstrahlenden Seite eines Gebäudes und eines Empfangspunktes

Für die anderen Seiten (j = 2...k) ergibt sich die berechnete Gesamtdämpfung nach der Gleichung :

$$A'_{tot,j=2..k} = 10lg \frac{d_j^2}{d_o^2} + 8 + A'_{building} \, [\text{dB}] \qquad \text{(E4)}$$

Dabei ist :

d_j	der Abstand von der Mitte der Seite j zum Empfangspunkt, in Metern ;
d_0	der Referenzabstand, in Metern; d_0 = 1 m ;
$A'_{building}$	die pauschale Dämpfung infolge der Abschirmung durch das betrachtete Gebäude selbst, in Dezibel.

Der Einfluß der Abschirmung des Gebäudes selbst ist gegeben durch :

$$0° < \phi \leq 85°: A'_{building} = 0\,[\mathrm{dB}]$$
$$85° < \phi \leq 180°: A'_{building} = 10\lg[0{,}4(\phi - 90) + 3]\,[\mathrm{dB}] \qquad \text{(E5)}$$

In Fällen, bei denen der Erdboden zwischen Gebäude und Empfangspunkt stark absorbierend ist, ist der Schalldruckpegel leicht überbestimmt.

Der Schalldruckpegel in einem sehr geringen Abstand, der sehr viel geringer als die Abmessungen der Seite ist, kann örtlich von dem berechneten mittleren Pegel abweichen, wenn die Schalldämm-Maße der zusammengesetzten Teile sehr stark schwanken oder der Abstand zu Öffnungen und Schallquellen zu gering ist.

Da der Dämpfungsterm frequenzunabhängig ist, können die Berechnungen unter Verwendung des A-bewerteten Schalleistungspegels auch direkt zum A-bewerteten Schalldruckpegel führen.

ANMERKUNG: Bei einem Empfangspunkt in sehr geringem Abstand von etwa 1 m von einem Teil der Gebäudehülle, wobei angenommen wird, daß dieser Abstand auch gering ist im Vergleich zur Höhe über dem Erdboden, vereinfachen sich die Beziehungen (2), (E.2) und (E.3), bei Vernachlässigung der Erdbodenreflexion auf:

$$L_{p,d=1m} = L_{p,in} + C_d - R' + 4 \qquad [\mathrm{dB}]$$

Diese Beziehung könnte zur Berechnung des in-situ Bau-Schalldämm-Maßes dieses Teils der Gebäudehülle aus Feldmessungen benutzt werden.

Anhang F (informativ)

Anwendung des Modells auf Einzahlangaben

F.1 Einleitung

In einigen Fällen sind nur der A-bewertete Schalldruckpegel innerhalb des Gebäudes und die bewertete Eigenschaft der Bauteile der Gebäudehülle bekannt. In diesen Fällen können die folgenden Leitlinien für die Bestimmung eines groben Schätzwerts der äquivalenten A-bewerteten Schalleistungspegel nach 4.3 angewandt werden.

F.2 Eingabedaten

- der A-bewertete Schalldruckpegel $L_{pA,in}$ in Dezibel innerhalb des Gebäudes ;

- das bewertete Schalldämm-Maβ R_W und die Spektrum-Anpassungswerte C und C_{tr} nach EN 20717-1 der groβen Bauteile der Gebäudehülle ;

- die bewertete Elemen-Normschallpegeldifferenz $D_{ne,w}$ und die Spektrum-Anpassungswerte C und C_{tr} nach EN 20717-1 der kleinen Bauteile der Gebäudehülle.

F.3 Vereinfachtes Modell

Der äquivalente A-bewertete Schalleistungspegel L_{wAj} für ein Segment j von konstruktiven Bauteilen der Gebäudehülle kann nach Gleichung 2 wie folgt geschätzt werden :

$$L_{WD,\,A\,J} = L_{Ap,\,in,\,j} - 6 - X'_{AO,j} + 10\lg\frac{S_j}{S_o}\ \text{dB} \qquad \text{(F1)}$$

Dabei ist :

$L_{Ap,in,j}$ der A-bewertete Schalldruckpegel 1 bis 2 m von der Innenseite des Segmentes J, in Dezibel ;

$X'_{AO,j}$ die Charakterisierung der A-bewerteten Schalldruckdifferenz über dem Segment J für das Quellenspektrum s, in Dezibel ;

s die Spektrumnummer für die A-Bewertung nach EN ISO 717-1 ;

S_j die Fläche des Segments J, in Quadratmeter ;

S_o die Referenzfläche, in Quadratmeter ; $So = 1$ m². .

ANMERKUNG : In einigen Ländern wird X_{A1} als "scheinbar bewertetes" Schalldämm-Maβ R_a (apparent weighted sound reduction index) und X_{A2} als "scheinbar bewertetes" Schalldämm-Maβ R_A angegeben.

Die Charakterisierung der A-bewerteten Schalldruckdifferenz über dem Segment *j* ergibt sich aus den Daten über die Verbundbauteile *i* wie folgt :

$$X'_{\mathrm{AO,j}} = -10\lg\left[\sum_{i=1}^{m}\frac{S_i}{S_j}10^{-0,1\left(R_{\mathrm{w,i}}+C_{\mathrm{s,i}}\right)}+\sum_{i=m+1}^{m+n}\frac{A_o}{S_j}10^{-0,1\left(D_{\mathrm{ne,w,i}}+C_{\mathrm{s,i}}\right)}\right] \quad \text{(F2)}$$

Dabei ist :

$R_{w,i}$	das bewertete Schalldämm-Maß des Bauteils *i*, in Dezibel ;
$D_{ne,w,i}$	die bewertete Norm-Schallpegeldifferenz eines kleinen Bauteils *i*, in Dezibel ;
$C_{s,i}$	der Spektrum-Anpassungswert für Spektrum *s* des Bauteils *i*, in Dezibel ;
S_i	die Fläche des Bauteils *i*, in Quadratmeter ;
Ao	die Referenzabsorptionfläche, in Quadratmeter ; A_o = 10 m² ;
m	die Anzahl der großen Bauteile des Segments *j* ;
n	die Anzahl der kleinen Bauteile des Segments *j*.

Nach EN 20717-1 bezieht sich das Spektrum s = 1 auf A-bewertetes rosa Rauschen, wobei der Spektrum-Anpassungswert mit C bezeichnet wird ; dieses Spektrum gilt auch für Betriebe, die überwiegend mittel- und hochfrequenten Lärm abstrahlen (EN 20717-1, Anhang A). Das Spektrum s = 2 bezieht sich auf A-bewerteten Straßenverkehrslärm, wobei der Spektrum-Anpassungswert mit C_{tr} bezeichnet wird ; dieses Spektrum gilt auch für Betriebe, die überwiegend tief- und mittelfrequenten Lärm abstrahlen und für Discomusik.

F.4 Einschränkungen

- Da das Verfahren für die Beurteilung der Einzahlangaben des Schalldämm-Maßes ein Innenspektrum mit Betonung entweder der hohen oder der niedrigen Frequenzen voraussetzt, hängt die Genauigkeit des geschätzten A-bewerteten Schalleistungspegels von der Übereinstimmung zwischen dem tatsächlichen Innenschallspektrum und dem gewählten festgelegten Spektrum nach EN 20717-1 ab. Der A-bewertete Schalleistungspegel kann für Schallspektren mit Frequenzen um oder unterhalb von ungefähr 250 Hz immernoch zu gering geschätzt sein.

- Das Innenschallfeld sollte diffus sein. Diese Bedingung wird in relativ abgeschlossenen, einheitlich geformten Räumen mit geringer Schallabsorption erfüllt.

Anhang G (informativ)

Rechenbeispiel

G.1 Bauliche Gegebenheiten

Ein Industriegebäude, Breite 60 m, Länge 100 m, Höhe 10 m.

Seite 1, 10 m × 60 m:	100 mm Leichtbeton mit großer Industrietür 6 m × 4 m.
Seite 2, 10 m × 100 m:	100 mm Leichtbeton mit Verglasung über die gesamte Länge; Höhe 1 m, 4 mm Glas, teilweise zu öffnen.
Seite 3, 10 m × 60 m:	100 mm Leichtbeton mit einer kleinen Tür 1 m × 2 m.
Seite 4, 10 m × 100 m:	wie Seite 2, mit schallgedämpfter Lüftungsöffnung (Gesamtöffnung 1 m × 4 m; wirksame Öffnung 32 %), Gruppe von drei Pumpen.
Seite 5, 60 m × 100 m:	leichtes Metalldach mit 5 verglasten Oberlichtern (2 m × 2 m) auf der Mittellinie.

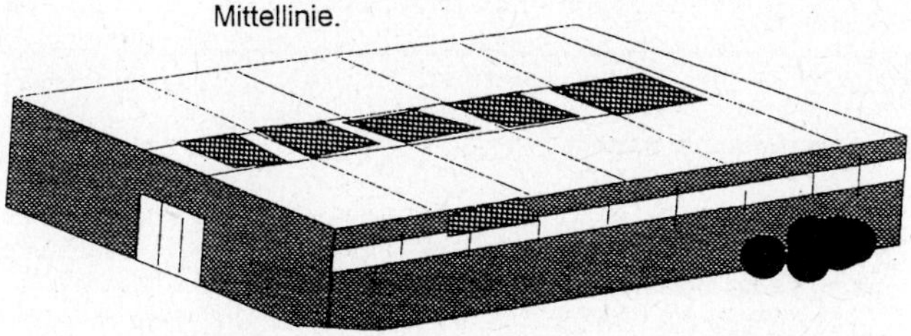

Bild G.1: Darstellung eines Gebäudes als Beispiel

Der Schalldruckpegel in der Nähe der Wände und des Daches ist gleich und wie folgt gegeben :

	Oktavbänder (Hz)							
	63	125	250	500	1k	2k	4k	8k
$L_{p,in}$ [dB re 20 Pa]	70	74	76	72	70	67	62	57

Keine der Wände oder das Dach haben eine schallabsorbierende Innenverkleidung.

Der Mindestabstand für interessierende Empfangspunkte ist 50 m von den Seiten des Gebäudes. Die Abschirmung des Gebäudes ist in dem verwendeten Ausbreitungsmodell enthalten.

Bauteilwerte von Elementen

Tabelle G.1 : Bauteilwerte am Gebäude als Eingangswerte für die Berechnungen

Element	Größe	Oktavbänder mit Mittenfrequenz in Hz							
		63	125	250	500	1k	2k	4k	8k
100 mm Leichtbeton	R [dB][1)]	32	36	36	33	39	49	57	63
4 mm Glasfenster	R [dB][1)]	15	19	23	25	25	25	25	25
Industrietür	R [dB][2)]	21	23	28	30	30	30	30	30
normale Tür	R [dB][2)]	13	17	22	25	25	25	25	25
Dachkonstruktion	R [dB][2)]	16	24	27	30	37	44	47	49
Dachglaselemente	R [dB][2)]	9	11	15	22	26	30	30	30
Lüftungsschalldämpfer	D_t [dB]	0	4	11	13	10	8	8	5
Pumpe	L_w [dB re 1 pW]	60	65	63	60	58	55	60	54

1) Werte von Messungen im Prüfstand

2) Werte von Feldmessungen

G.2 Ergebnisse des vollständigen Modells

Äquivalente Punktschallquellen

Mindestabstand d = 50 m, damit maximale Abmessungen der Segmente :

Wandsegment = 1/4 $\sqrt{2}$ d = 17,7 m, damit Segmente von 10 m × 20 m.

Dachsegment = 1/4 $\sqrt{2}$ (d + 30) = 28,3 m, damit Segmente von 20 m × 20 m.

Seite 1: 3 Ersatz-Punktschallquellen; j = 1 mit Tür, j = 2,3 ohne Tür
Seite 2: 5 Ersatz-Punktschallquellen, j =1...5, alle identisch
Seite 3: 3 Ersatz-Punktschallquellen, j = 1 mit Tür, j = 2,3 ohne Tür
Seite 4: 7 Ersatz-Punktschallquellen, j = 1...5 identische Segmente der Gebäudehülle, j = 6 für Öffnungen, j = 7 für Pumpen
Seite 5: 15 Ersatz-Punktschallquellen; j = 1...5 identische Dachsegmente mit Lichtelementen aus Glas, j = 6...15 identische Dachsegmente ohne Glas.

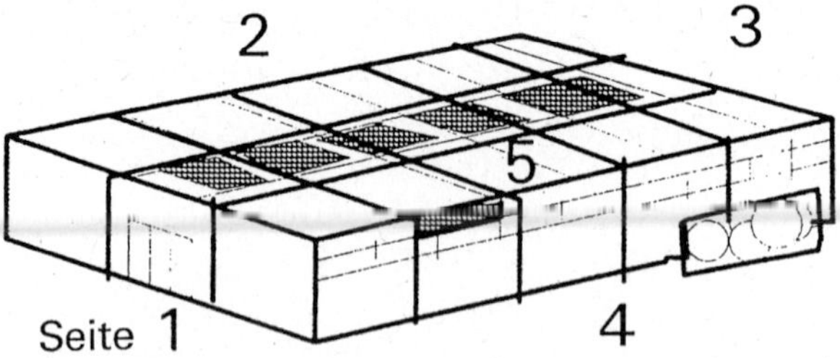

Bild G.2 : Darstellung der Einteilung des Gebäudes in Segmente

Äquivalenter Schalleistungspegel

Für jedes Segment ergibt sich der äquivalente Schalleistungspegel aus den Eingangswerten und den Gleichungen (2) bis (5). In den Tabellen G.2...G.6 ist dies für das Segment jeder Seite des Gebäudes dargestellt.

Tabelle G.2 : Berechnung des äquivalenten Schalleistungspegels für Segmente von Seite 1

Segmente	Größe	Oktavbänder mit Mittenfrequenz in Hz							
		63	125	250	500	1k	2k	4k	8k
alle Segmente	$L_{p,in}$	70	74	76	72	70	67	62	57
alle Segmente	C_d, Anhang B	-5	-5	-5	-5	-5	-5	-5	-5
Segmente der Gebäudehülle mit Tür (j = 1)	R'_j, Gleichung 3, Wand+Tür *)	28,2	30,8	33,9	31,8	34,8	36,4	36,5	36,5
	10 lg S_i /S_0	23	23	23	23	23	23	23	23
	$D_{\phi,i,}$ Anhang D	0	0	0	0	0	0	0	0
	$L_{WD,i}$, Gleichung 2	59,8	61,2	60,1	58,2	53,2	48,6	43,5	38,5
Segmente der Gebäudehülle ohne Tür (j = 2,3)	R'_j, Gleichung 3, Wand *)	32	36	36	33	36	39	40	40
	10 lg S_i /S_0	23	23	23	23	23	23	23	23
	$D_{\phi,i,}$ Anhang C	0	0	0	0	0	0	0	0
	$L_{WD,i}$, Gleichung 2	56	56	58	57	52	46	40	35
*) Berechnetes maximales Schalldämm-Maß 40 dB (siehe Anhang C).									

Tabelle G.3 : Berechnung des äquivalenten Schalleistungspegels für Segmente von Seite 2

Segmente	Größe	Oktavbänder mit Mittenfrequenz in Hz							
		63	125	250	500	1k	2k	4k	8k
alle Segmente	$L_{p,in}$	70	74	76	72	70	67	62	57
alle Segmente	C_d, Anhang B	-5	-5	-5	-5	-5	-5	-5	-5
Segmente der Gebäudehülle (j = 1...5)	R'_j, Gleichung 3, Wand+Glas *)	24,2	28,0	30,8	30,6	32,8	33,7	33,8	33,8
	10 lg S_i/S_0	23	23	23	23	23	23	23	23
	$D_{\Phi,i}$, Anhang C	0	0	0	0	0	0	0	0
	$L_{WD,i}$, Gleichung 2	63,8	64,0	63,2	59,4	55,2	51,3	46,2	41,2
*) Berechnetes maximales Schalldämm-Maß 40 dB (siehe Anhang C).									

Tabelle G.4 : Berechnung des äquivalenten Schalleistungspegels für Segmente von Seite 3

Segmente	Größe	Oktavbänder mit Mittenfrequenz in Hz							
		63	125	250	500	1k	2k	4k	8k
alle Segmente	$L_{p,in}$	70	74	76	72	70	67	62	57
alle Segmente	C_d, Anhang B	-5	-5	-5	-5	-5	-5	-5	-5
Segmente der Gebäudehülle mit Tür (j = 1)	R'_j, Gleichung 3, Wand+Tür *)	29,4	32,6	33,8	32,0	35,9	38,4	38,7	38,8
	10 lg S_i/S_0	23	23	23	23	23	23	23	23
	$D_{\Phi,i}$, Anhang D	0	0	0	0	0	0	0	0
	$L_{WD,i}$, Gleichung 2	58,6	59,4	60,2	58,0	52,1	46,6	41,3	36,2
Segmente der Gebäudehülle ohne Tür (j = 2,3)	$L_{WD,j}$,	wie Seite 1, j = 2,3							
*) Berechnetes maximales Schalldämm-Maß 40 dB (siehe Anhang C).									

Tabelle G.5 : Berechnung des äquivalenten Schalleistungspegels für Segmente von Seite 4

Segmente	Größe	Oktavbänder mit Mittenfrequenz in Hz							
		63	125	250	500	1k	2k	4k	8k
alle Segmente	$L_{p,in}$	70	74	76	72	70	67	62	57
alle Segmente	C_d, Anhang B	-5	-5	-5	-5	-5	-5	-5	-5
alle Segmente der Gebäudehülle, j = 1...5)	$L_{WD,j}$	wie Seite 2, j = 1...5							
Segmente mit Öffnungen (j = 6)	$D_{t,j}$	0	4	11	13	10	8	8	5
	10 lg S_j /S_0; S_j = 0,32 m × 4 m	1	1	1	1	1	1	1	1
	$D_{\phi,j}$, Anhang D, in der Ebene	3	3	3	3	3	3	3	3
	$L_{WD,j}$, Gleichung 4	69	73	75	71	69	66	61	56
Segmente mit Pumpen (j = 7)	$L_{W,i}$	60	65	63	60	58	55	60	54
	10 lg *p* (alle identisch)	5	5	5	5	5	5	5	5
	$D_{\phi,j}$, Anhang D, *DI* = 0 dB, vor der Ebene	3	3	3	3	3	3	3	3
	$L_{WD,j}$, Gleichung 5	68	73	71	68	66	63	68	62

Tabelle G. 6: Berechnung des äquivalenten Schalleistungspegels für Segmente von Seite 5 (Dach)

Segmente	Größe	Oktavbänder mit Mittenfrequenz in Hz							
		63	125	250	500	1k	2k	4k	8k
alle Segmente	$L_{p,in}$	70	74	76	72	70	67	62	57
alle Segmente	C_d, Anhang B	-5	-5	-5	-5	-5	-5	-5	-5
Segmente mit Glas (j = 1...5)	R'_j, Gleichung 3, Dach+Glas	15,8	23,2	26,3	29,8	36,5	43,1	45,3	46,5
	10 lg S_i /S_0	26	26	26	26	26	26	26	26
	$D_{\phi,i}$, Anhang D	0	0	0	0	0	0	0	0
	$L_{WD,j}$, Gleichung 2	75,2	71,8	70,7	63,2	54,5	44,9	37,7	31,5
Segmente ohne Glas (j = 6...15)	R'_j, Gleichung 3, Dach	16	24	27	30	37	44	47	49
	10 lg S_i /S_0	26	26	26	26	26	26	26	26
	$D_{\phi,i}$, Anhang C	0	0	0	0	0	0	0	0
	$L_{WD,j}$, Gleichung 2	75	71	70	63	54	44	36	29

G.3 Ergebnisse mit dem vereinfachten Modell

Der äquivalente Schalleistungspegel für eine Seite des Gebäudes ergibt sich auf die gleiche Weise wie in G.2 angegeben, wobei hier die ganze Seite als Segment behandelt wird. Der äquivalente Gesamtschalleistungspegel für jede Seite kann damit auch aus den Ergebnisse der Tabellen G.2...G.6 durch Addition der äquivalenten Schalleistungspegel aller Segmente einer Seite abgeleitet werden. Für die schallabstrahlende Gebäudehülle wird eine Richtwirkungskorrektur von +3 dB für das vereinfachte Modell angenommen, die zu addieren sind. Die Ergebnisse sind in Tabelle G.7 angegeben, in der auch der A-bewertete äquivalente Schalleistungspegel angegeben ist.

Tabelle G.7 : Berechnung der A-bewerteten äquivalenten Schalleistungspegel für Seiten des Gebäudes

Seite	L_{WD} [dB re 1pW]	Oktavbänder mit Mittenfrequenz in Hz								dB(A)
		63	125	250	500	1k	2k	4k	8k	
Seite 1	$L_{WD,h,1}$	65,4	66,2	66,6	65,2	60,2	54,8	49,3	44,3	65,9
Seite 2	$L_{WD,h,2}$	73,8	74,8	73,2	69,4	65,2	61,3	56,2	51,2	71,3
Seite 3	$L_{WD,h,3}$	64,8	65,2	63,2	65,1	59,8	54,0	48,2	43,2	65,2
Seite 4	$L_{WD,h,4}$	73,8	74,8	73,2	69,4	65,2	61,3	56,2	51,2	71,3
	$L_{WD,o,4}$	69	73	75	71	69	66	61	56	74,1
	$L_{WD,s,4}$	68	73	71	68	66	63	68	62	71,1
	$L_{WD,tot,4}$	75,8	78,5	78,1	74,4	71,8	68,6	69,0	63,3	77,2
Seite 5 (Dach)	$L_{WD,h,5}$	89,8	86,0	85,0	77,8	68,9	59,1	51,4	44,8	79,6

Die resultierenden Schalldruckpegel ergeben sich aus der Gesamtdämpfung für jede Seite in Abhängigkeit vom Abstand und der relativen Lage des Empfangspunktes. Da diese Dämpfungsterme für das vereinfachte Modell frequenzunabhängig sind, ergibt die Berechnung direkt die A-bewerteten Schalldruckpegel. In den Tabellen G.8 und G.9 ist dies für einige Empfangspunkte (siehe Bild G.3) mittels der Gleichungen E.1...E.4 berechnet.

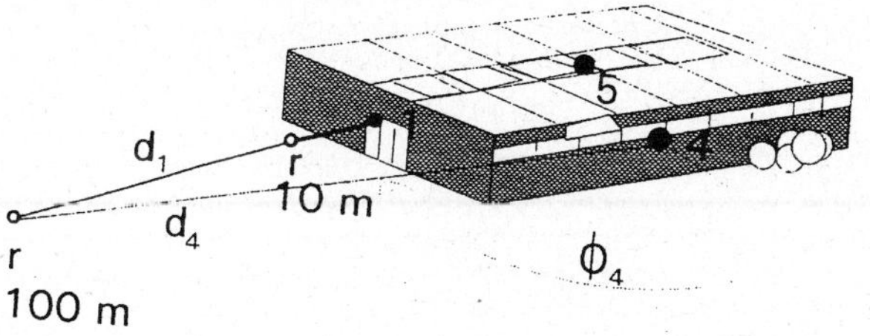

Bild G.3 : Einteilung in Gebäudeseiten für die Bewertung des Schalldruckpegels an Empfangspunkten; vereinfachtes Modell

Tabelle G.8 : Berechnung des A-bewerteten Schalldruckpegels für Empfangspunkte vor der Mitte von Seite 1 (siehe Bild G.3)

Position	Größe	Seite 1	Seite 2	Seite 3	Seite 4	Seite 5	$L_{p,d}$ dB (A)
10 m vor Seite 1	$L_{WD,tot,j}$	65,9	71,3	65,2	77,2	79,6	
	d_i	10	67,1	110	67,1	60,2	
	ϕ_i	0°	116,5°	180°	116,5°	94,8°	
	$A'_{tot,j}$ Gleichung E.3, E.4+E.5	32,1	44,5+11,3	48,8+15,9	44,5+11,3	43,6+6,9	
	$L_{p,d,j}$, Gleichung E.2	33,8	15,5	0,5	15,5	29,1	35,2
100 m vor Seite 1	$L_{WD,tot,j}$	65,9	71,3	65,2	77,2	79,6	
	d_i	100	153	200	153	150	
	ϕ_i	0°	103,3°	180°	103,3°	91,9	
	$A'_{tot,j}$, Gleichung E.3, E.4+E.5	48,1	51,7+9,2	54,0+15,9	51,7+9,2	51,5+5,8	
	$L_{p,d,j}$, Gleichung E.2	17,8	10,4	-4,7	10,4	22,3	24,0

Tabelle G.9 : Berechnung des A-bewerteten Schalldruckpegels für Empfangspunkte vor der Mitte von Seite 4 (siehe Bild G.3)

Position	Größe	Seite 1	Seite 2	Seite 3	Seite 4	Seite 5	$L_{p,d}$ dB (A)
10 m vor Seite 4	$L_{WD,tot,j}$	65,9	71,3	65,2	77,2	79,6	
	d_i	64	70	64	10	40,3	
	ϕ_i	141,3°	180°	141,3°	0°	97,1°	
	$A'_{tot,j}$, Gleichung E.3, E.4+E.5	44,1+13,7	44,9+15,9	44,1+13,7	33,9	40,1+7,7	
	$L_{p,d,j}$, Gleichung E.2	8,1	10,5	7,4	43,3	31,8	43,6
100 m vor Seite 4	$L_{WD,tot,j}$	65,9	71,3	65,2	77,2	79,6	
	d_i	139,3	160	139,3	100	130,1	
	ϕ_i	111,0°	180°	111,0°	0°	92,2	
	$A'_{tot,j}$, Gleichung E.3, E.4+E.5	50,9+10,6	52,1+15,9	50,9+10,6	48,3	50,3+5,9	
	$L_{p,d,j}$, Gleichung E.2	4,4	3,3	3,7	28,9	23,4	30,0

Anhang H (informativ)

Literatur

[1] Rathe, E. J., Note on two common problems of sound propagation, J. of Sound & Vibration 10 (1969), 472

[2] Maekawa, Z., Noise reduction by distance from sources of various shapes, Applied Acoustics 3 (1970)

[3] Gösele, K. und P. Lutz, Study of the prediction of sound radiation by industrial halls (in German), Forschrittberichte VDI-Zeitschrift 11/21, 1975

[4] VDI 2571, Sound radiation from industrial buildings (in German), 1976

[5] Jakobsen, J., Prediction of noise emission from facades of industrial buildings, Danish Acoustical Laboratory, report 25, 1981

[6] Gerretsen, E., W. C. Verboom, Sound radiation by walls and buildings (in Dutch), ICG-report IL-HR-13-02, 1982.

DK 699.844 : 534.6 : 534.833.522.4

Mai 1993

Akustik

Messung der Schalldämmung in Gebäuden und von Bauteilen

Teil 2: Angaben von Genauigkeitsanforderungen
(ISO 140-2 : 1991)
Deutsche Fassung EN 20140-2 : 1993

DIN EN 20140 Teil 2

Diese Norm enthält die deutsche Übersetzung der Internationalen Norm ISO 140-2

Acoustics; Measurement of sound insulation in buildings and of building elements; Part 2: Determination, verification and application of precision data; (ISO 140-2 : 1991); German version EN 20140-2 : 1993

Acoustique; Mesurage de l'isolation acoustique des immeubles et des éléments de construction; Partie 2: Détermination, vérification et application des données de fidélité; (ISO 140-2 : 1991); Version allemande EN 20140-2 : 1993

Die Europäische Norm EN 20140-2 : 1993 hat den Status einer Deutschen Norm.

Nationales Vorwort

Diese Europäische Norm ist im Komitee CEN/TC 126 „Akustische Eigenschaften von Baustoffen und Bauteilen und von Gebäuden" unter intensiver deutscher Mitarbeit ausgearbeitet worden. Für die deutsche Mitarbeit ist der Arbeitsausschuß NMP 231 „Schalldämmung und Schallabsorption; Messung und Bewertung" des Normenausschusses Materialprüfung (NMP) verantwortlich.

Für die im Abschnitt 2 zitierte Internationale Norm wird im folgenden auf die entsprechende Deutsche Norm hingewiesen:

ISO 5725 siehe DIN ISO 5725

Zitierte Normen

— in der Deutschen Fassung:

Siehe Abschnitt 2

— in nationalen Zusätzen:

DIN ISO 5725 Präzision von Meßverfahren; Ermittlung der Wiederhol- und Vergleichpräzision von festgelegten Meßverfahren durch Ringversuche; Identisch mit ISO 5725 Ausgabe 1986

Internationale Patentklassifikation

G 10 K 011/16

E 04 B 001/82

E 04 B 001/99

G 01 H 001/00

Fortsetzung 11 Seiten EN-Norm

Normenausschuß Materialprüfung (NMP) im DIN Deutsches Institut für Normung e.V.
Normenausschuß Akustik, Lärmminderung und Schwingungstechnik (NALS) in DIN und VDI

EUROPÄISCHE NORM
EUROPEAN STANDARD
NORME EUROPÉENNE

EN 20140-2

März 1993

DK 699.844 : 534.6 : 534.833.522.4

Deskriptoren: Akustik, Schallmessung, Schallschutz, Bau, Bauteil, akustische Prüfung, Datei, Streubereich

Deutsche Fassung

Akustik

Messung der Schalldämmung in Gebäuden und von Bauteilen

Teil 2: Angaben von Genauigkeitsanforderungen
(ISO 140-2 : 1991)

Acoustics — Measurement of sound insulation in buildings and of building elements — Part 2: Determination, verification and application of precision data — (ISO 140-2 : 1991)

Acoustique — Mesurage de l'isolation acoustique des immeubles et des éléments de construction — Partie 2: Détermination, vérification et application des données de fidélité — (ISO 140-2 : 1991)

Diese Europäische Norm wurde von CEN am 1993-02-12 angenommen.

Die CEN-Mitglieder sind gehalten, die CEN/CENELEC-Geschäftsordnung zu erfüllen, in der die Bedingungen festgelegt sind, unter denen dieser Europäischen Norm ohne jede Änderung der Status einer nationalen Norm zu geben ist.

Auf dem letzten Stand befindliche Listen dieser nationalen Normen mit ihren bibliographischen Angaben sind beim Zentralsekretariat oder bei jedem CEN-Mitglied auf Anfrage erhältlich.

Diese Europäische Norm besteht in drei offiziellen Fassungen (Deutsch, Englisch, Französisch). Eine Fassung in einer anderen Sprache, die von einem CEN-Mitglied in eigener Verantwortung durch Übersetzung in die Landessprache gemacht und dem Zentralsekretariat mitgeteilt worden ist, hat den gleichen Status wie die offiziellen Fassungen.

CEN-Mitglieder sind die nationalen Normungsinstitute von Belgien, Dänemark, Deutschland, Finnland, Frankreich, Griechenland, Irland, Island, Italien, Luxemburg, Niederlande, Norwegen, Österreich, Portugal, Schweden, Schweiz, Spanien und dem Vereinigten Königreich.

CEN

EUROPÄISCHES KOMITEE FÜR NORMUNG
European Committee for Standardization
Comité Européen de Normalisation

Zentralsekretariat: rue de Stassart 36, B-1050 Brüssel

Ref.-Nr. EN 20140-2 : 1993 D

Vorwort

Zufolge des positiven Ergebnisses des Erstfragebogen, hat das Technische Büro von CEN entschieden

ISO 140-2 : 1991 Akustik — Messung der Schalldämmung in Bauten und von Bauteilen — Teil 2: Angabe von Genauigkeitsanforderungen

zur formellen Abstimmung vorzulegen. Das Resultat war positiv.

Diese Europäische Norm muß den Status einer nationalen Norm erhalten, entweder durch Veröffentlichung eines identischen Textes oder durch Anerkennung bis September 1993, und etwaige entgegenstehende nationale Normen müssen bis September 1993 zurückgezogen werden.

Entsprechend der CEN/CENELEC-Geschäftsordnung sind folgende Länder gehalten, diese Europäische Norm zu übernehmen: Belgien, Dänemark, Deutschland, Finnland, Frankreich, Griechenland, Irland, Island, Italien, Luxemburg, Niederlande, Norwegen, Österreich, Portugal, Schweden, Schweiz, Spanien und das Vereinigte Königreich.

Anerkennungsnotiz

Der Text der Internationalen Norm ISO 140-2 : 1991 wurde von CEN ohne irgendeine Abänderung genehmigt.

0 Einleitung

Es ist nicht möglich,die Konstruktion von Prüfständen und die darin auftretenden Schallfeldverhältnisse vollständig festzulegen. Daher müssen einige Einzelheiten der Prüfanordnung und des Prüfverfahrens in ISO 140-3 bis ISO 140-9 der Wahl des Prüfers überlassen bleiben. Dieser Umstand und die statistische Natur der Schallfelder in Räumen führen zu Unsicherheiten in den Ergebnissen, die durch nicht systematische (zufällige) und systematische Einflüsse bedingt sind.

Zufällige Einflüsse können durch wiederholte unabhängige Messungen unter im wesentlichen gleichen Bedingungen festgestellt werden.

Systematische Einflüsse (z. B. Größe und Gestalt der Prüfräume, Einbaubedingungen des Prüfgegenstandes, Kalibrierung der Meßeinrichtung) lassen sich nicht durch ein einfaches Verfahren bestimmen. Im allgemeinen sind Vergleichsmessungen in verschiedenen Prüfständen und Kenntnisse über die unter diesen Bedingungen auftretenden Unsicherheiten durch zufällige Einflüsse notwendig, um die systematischen Einflüsse zu erfassen.

In Überstimmung mit modernen statistischen Methoden wird in diesem Teil der ISO 140 das Konzept von Wiederholbarkeit und Vergleichbarkeit vollständiger Meßergebnisse benutzt und nicht die Varianzen der Einzelgrößen, aus denen sich das Ergebnis zusammensetzt. Wiederholgrenzen und Vergleichgrenzen liefern ein einfaches Mittel zur Feststellung der Präzision von Prüfverfahren und von Messungen, die nach dem Prüfverfahren ausgeführt wurden.

Die Wiederholpräzision und die Vergleichpräzision sind zwei Grenzfälle; die erstere mißt die minimale und die zweite die maximale Schwankung der Meßergebnisse. Andere dazwischenliegende Meßgrößen der Schwankung zwischen diesen beiden Extremen sind möglich, wie die Wiederholung von Prüfungen innerhalb eines Labors über einen längeren Zeitraum oder durch verschiedene Prüfer oder indem die Effekte der Rekalibrierung eingeschlossen werden; aber diese werden nicht in diesem Teil der ISO 140 berücksichtigt.

Wenn in bestimmten Fällen eine dazwischenliegende Messung erforderlich werden sollte, muß diese klar zusammen mit den Umständen, unter denen sie angewendet wird, und dem Verfahren, durch das sie festgelegt werden sollte, definiert werden.

1 Anwendungsbereich

Dieser Teil von ISO 140 legt Verfahren zur Einschätzung der Unsicherheit der in ISO 140-3 bis ISO 140-9 beschriebenen akustischen Messungen aufgrund von zufälligen und systematischen Einflüssen fest.

Er gibt Anleitungen für:

- die Ermittlung der Wiederholgrenze r und der Vergleichgrenze R;
- die Prüfung der Wiederholgrenze r und der Vergleichgrenze R für unterschiedliche Meßanordnungen in einem einzelnen Laboratorium und für Vergleiche zwischen unterschiedlichen Laboratorien;
- die Anwendung von Wiederholgrenze r und Vergleichgrenze R in der Praxis.

In Anhang A sind vorläufige Werte für die Wiederholgrenze r und die Vergleichgrenze R der Meßverfahren nach ISO 140-3, ISO 140-4 und ISO 140-6 bis ISO 140-8 angegeben.

ANMERKUNG: Für ISO 140-5 und ISO 140-9 sind zur Zeit noch keine Daten vorhanden.

2 Normative Verweisungen

Die folgenden Normen enthalten Festlegungen, die durch Verweisung in diesem Text Festlegungen des vorliegenden Teils von ISO 140 darstellen. Zum Zeitpunkt der Veröffentlichung waren die angegebenen Ausgaben gültig. Alle Normen unterliegen der Überarbeitung, und Partner, die Vereinbarungen treffen, die auf dem vorliegendem Teil von ISO 140 beruhen, werden aufgefordert, die Möglichkeit der Anwendung der neuesten Ausgaben der unten angegebenen Normen zu prüfen. Mitglieder von IEC und ISO führen Register der derzeit gültigen internationalen Normen.

ISO 140-3 : 1978 Akustik — Messung der Schalldämmung in Bauten und von Bauteilen — Teil 3: Messung der Luftschalldämmung von Bauteilen im Prüfstand

ISO 140-4 : 1978 Akustik — Messung der Schalldämmung in Bauten und von Bauteilen — Teil 4: Messung der Schalldämmung zwischen Räumen im Bau

ISO 140-5 : 1978	Akustik — Messung der Schalldämmung in Bauten und von Bauteilen — Teil 5: Messung der Luftschalldämmung von Fassadenelementen und Fassaden im Bau
ISO 140-6 : 1978	Akustik — Messung der Schalldämmung in Bauten und von Bauteilen — Teil 6: Messung der Trittschalldämmung von Decken im Prüfstand
ISO 140-7 : 1978	Akustik — Messung der Schalldämmung in Bauten und von Bauteilen — Teil 7: Messung der Trittschalldämmung von Decken im Bau
ISO 140-8 : 1978	Akustik — Messung der Schalldämmung in Bauten und von Bauteilen — Teil 8: Messung der Trittschallminderung durch Deckenauflagen auf einer genormten Decke im Prüfstand
ISO 140-9 : 1978	Akustik — Messung der Schalldämmung in Bauten und von Bauteilen — Teil 9: Messung der Luftschalldämmung zwischen zwei Räumen mit einer abgehängten Decke und darüber befindlichem Luftraum im Prüfstand
ISO 717-1 : 1982	Akustik — Bewertung der Schalldämmung in Bauten und von Bauteilen — Teil 1: Luftschalldämmung in Bauten und von Innenbauteilen
ISO 717-2 : 1982	Akustik — Bewertung der Schalldämmung in Bauten und von Bauteilen — Teil 2: Trittschalldämmung
ISO 717-3 : 1982	Akustik — Bewertung der Schalldämmung in Bauten und von Bauteilen — Teil 3: Luftschalldämmung von Fassadenelementen und Fassaden
ISO 5725 : 1986	Präzision von Meßverfahren — Ermittlung der Wiederhol- und Vergleichpräzision von festgelegten Meßverfahren durch Ringversuche

3 Begriffe

Im Sinne dieses Teils von ISO 140 gelten die folgenden Definitionen. Sie stimmen nach Möglichkeit mit denen überein, die in ISO 3534 : 1977, ISO 5725 : 1986 und in dem internationalen Wörterbuch der grundlegenden und allgemeinen Benennungen in der Metrologie, 1984, angegeben sind.

3.1 Prüfergebnis y

Der nach Befolgen der vollständigen Anleitung für ein Meßverfahren in einem einzelnen Frequenzband erhaltene Endwert.

ANMERKUNG: Man erhält einen Satz von Prüfergebnissen, wenn die Messung in mehreren Frequenzbändern durchgeführt wird.

3.2 Wahrer Wert u

Der Wert, der eine Größe charakterisiert, die unter gegebenen Bedingungen vollständig definiert ist.

In der Praxis ist dies der arithmetische Mittelwert der Prüfergebnisse von einer großen Anzahl von Laboratorien. Somit ist dies praktisch der wahre Wert, der dem speziellen Meßverfahren zuzuordnen ist.

3.3 Genauigkeit des Mittelwertes

Grad der Übereinstimmung zwischen dem wahren Wert und dem Mittelwert des Ergebnisses, das sich bei sehr häufiger Anwendung des Meßverfahrens ergibt. Je geringer die systematischen Abweichungen der experimentellen Fehler sind, die die Ergebnisse beeinflussen, desto genauer ist das Meßverfahren.

3.4 Präzision

Grad der Übereinstimmung zwischen voneinander unabhängigen unter vorgegebenen Bedingungen erhaltenen Prüfergebnissen.

ANMERKUNG 1: Die Präzision hängt nur von der Verteilung der zufälligen Abweichungen ab und bezieht sich nicht auf den wahren oder den festgelegten Wert.

ANMERKUNG 2: Wiederholpräzision und Vergleichpräzision sind Begriffe der Präzision. Siehe ISO 5725.

3.5 Arithmetischer Mittelwert $\bar{y}$

Der arithmetische Mittelwert der Prüfergebnisse ergibt sich gemäß folgender Gleichung:

$$\bar{y} = \frac{1}{n} \sum_{i=1}^{n} y_i \qquad (1)$$

wobei n die Anzahl der Prüfergebnisse y_i bedeutet.

3.6 Varianz s^2

Summe der quadratischen Abweichungen vom Mittelwert der Prüfergebnisse, dividiert durch die Anzahl der Freiheitsgrade.

Im einfachen Fall von n aufeinanderfolgender (ungruppierter) Prüfergebnisse ist die Varianz durch die Gleichung:

$$s^2 = \frac{1}{n-1} \sum_{i=1}^{n} (y_i - \bar{y})^2 \qquad (2)$$

gegeben.

3.7 Standardabweichung s

Quadratwurzel der Varianz

3.8 Zahl der Freiheitsgrade ν

Anzahl unabhängiger Terme im Ausdruck für die Varianz. Im einfachen Fall von n aufeinander folgenden (ungruppierten) Prüfergebnissen ergibt sich:

$$\nu = n - 1 \qquad (3)$$

3.9 Wiederholpräzision

Grad der Übereinstimmung zwischen voneinander unabhängigen unter Wiederholbedingungen erhaltenen Prüfergebnissen.

ANMERKUNG: Die Wiederholpräzision kann vom Prüfobjekt (Homogenität, Resonanz usw.) abhängen.

3.10 Wiederholbedingungen

Bedingungen, unter denen voneinander unabhängige Prüfergebnisse mit demselben Verfahren an identischem Material in demselben Laboratorium mit denselben Geräten durch denselben Bearbeiter in kurzen Zeitabständen erzielt werden.

3.11 Wiederholstandardabweichung s_r

Standardabweichung von Prüfergebnissen unter Wiederholbedingungen. Sie ist ein Parameter für die Streuung der Verteilung von Prüfergebnissen unter Wiederholbedingungen.

ANMERKUNG: Ähnlich könnten die Wiederholvarianz und der Wiederholvarianzkoeffizient definiert und als Parameter der Streuung von Prüfergebnissen unter Wiederholbedingungen benutzt werden.

3.12 Wiederholgrenze r

Betrag, unter dem der Absolutwert der Differenz zwischen zwei einzelnen unter Wiederholbedingungen gewonnenen Prüfergebnissen mit einer Wahrscheinlichkeit von 95 % erwartet werden kann.

3.13 Vergleichpräzision

Übereinstimmung zwischen unter Vergleichbedingungen erhaltenen Prüfergebnissen.

ANMERKUNG: Die Vergleichpräzision kann vom Prüfobjekt (Homogenität, Resonanz usw.) abhängen.

3.14 Vergleichbedingungen

Bedingungen, unter denen Prüfergebnisse mit demselben Verfahren an identischem Material in verschiedenen Laboratorien mit verschiedenen Geräten durch verschiedene Bearbeiter gewonnen werden.

3.15 Vergleichstandardabweichung s_R

Standardabweichung von unter Vergleichbedingungen erhaltenen Prüfergebnissen. Sie ist ein Parameter für die Streuung der Verteilung von Prüfergebnissen unter Vergleichbedingungen.

ANMERKUNG: Ähnlich könnten die Vergleichvarianz und der Vergleichvarianzkoeffizient definiert und als Parameter der Streuung von Prüfergebnissen unter Vergleichbedingungen benutzt werden.

3.16 Vergleichgrenze R

Betrag, unter dem der Absolutwert der Differenz zwischen zwei einzelnen unter Vergleichbedingungen gewonnenen Prüfergebnissen mit einer Wahrscheinlichkeit von 95 % erwartet werden kann.

3.17 Vertrauensbereich (zweiseitig)

Bereich zwischen zwei geschätzten Grenzen, in dem ein statistischer Parameter mit einer Wahrscheinlichkeit von 95 % erwartet wird.

3.18 Kritische Differenz CrD_{95}

In der statistischen Terminologie sind die Wiederholgrenze und die Vergleichgrenze kritische Differenzen bei einer Wahrscheinlichkeit von 95 %, die für zwei einzelne Prüfergebnisse unter Wiederhol- oder Vergleichbedingungen gewonnen werden. Bei der Prüfung der Wiederholgrenze r und der Vergleichgrenze R werden meistens mehr als zwei Messungen durchgeführt, und es wird eine kritische Differenz benötigt, die dem Mittelwert derartiger Messungen entspricht. Die unter solch veränderten Bedingungen gültigen kritischen Differenzen können von der Wiederholgrenze r und der Vergleichgrenze R abgeleitet werden und sind in den Abschnitten 4.6, 4.7 und 5 angegeben.

4 Ermittlung der Wiederholgrenze r und der Vergleichgrenze R durch Ringversuche

Die Wiederholgrenze r und die Vergleichgrenze R eines Meßverfahrens sind durch Ringversuche zu ermitteln, wobei die Ausführungen dieses Abschnittes und verschiedene Arten von Meßobjekten berücksichtigt werden. Diese Ermittlungen sollten von Zeit zu Zeit wiederholt werden, speziell bei Änderungen des Meßverfahrens.

4.1 Allgemeines

Das allgemeine Konzept und das Verfahren zur Ermittlung der Wiederholgrenze r und der Vergleichgrenze R sind in ISO 5725 angegeben.

Die Wiederholgrenze r und die Vergleichgrenze R sind gegeben durch:

$$r = 2{,}8\sqrt{s_r^2} \quad (4)$$

$$R = 2{,}8\sqrt{s_R^2} = 2{,}8\sqrt{s_r^2 + s_L^2} \quad (5)$$

wobei

s_r^2 ist der Mittelwert der laborinternen Varianzen aller teilnehmenden Laboratorien (bewertet nach der Anzahl gültiger Ergebnisse der teilnehmenden Laboratorien; siehe ISO 5725 : 1986, Abschnitt 11.6.1);

s_L^2 ist die Varianz zwischen den teilnehmenden Laboratorien;

s_R^2 ist die Vergleichvarianz.

Der Faktor 2,8 resultiert aus der Tatsache, daß die Wiederholgrenze r und die Vergleichgrenze R für Differenzen zwischen zwei einzelnen Ergebnissen gelten (siehe ISO 5725 : 1986, Abschnitt 5.5).

ANMERKUNG: Die Schätzfunktionen s_r^2 und s_L^2 werden verwendet, da die Werte σ_r^2 und σ_L^2 nicht bekannt sind. Die aus den Gleichungen (4) und (5) ermittelte Wiederholgrenze r und Vergleichgrenze R sind damit Schätzwerte aus diesen Größen.

Die Wiederholgrenze r und die Vergleichgrenze R werden aus den Prüfergebnissen von Ringversuchen ermittelt. An diesen Ringversuchen sollten möglichst viele Bearbeiter und Laboratorien teilnehmen, um zuverlässige Prüfergebnisse zu gewinnen. Die richtige Organisation und Bewertung von Ringversuchen ist kompliziert und erfordert spezielle Kenntnis des statistischen Hintergrundes. Damit befaßt sich ISO 5725. Im Hinblick auf den erforderlichen großen Aufwand sind die Anleitungen von ISO 5725 im Detail zu befolgen, um einen Mißerfolg des Versuches zu vermeiden. Im folgenden sind weitere Regeln für die Anwendung auf dem Gebiet der Bauakustik angegeben.

Die Organisation eines Ringversuches beinhaltet statistische Probleme, mit denen ein Fachmann für Statistik betraut werden sollte. Aufgabe dieses Fachmannes ist es:

— die Planung von Ringversuchen zu unterstützen;

— die Daten zu analysieren und Ausreißer nach verschiedenen statistischen Prüfungen zu eliminieren;

— die Wiederholgrenze r und Vergleichgrenze R des Meßverfahrens aus den gültigen Daten zu berechnen.

Wurden die endgültige Wiederholgrenze r und Vergleichgrenze R mittels eines Ringversuches festgestellt, ist es möglich, anhand der Daten, aus denen sie berechnet wurden, nachzuweisen, daß sie einer Wahrscheinlichkeit von 95 % entsprechen, wie es per Definition gefordert ist. Obwohl es nicht unbedingt notwendig ist, kann dieser Nachweis als eine Prüfung auf Richtigkeit der Berechnungen und der Qualität der Daten dienen. Die diesbezüglichen Verfahren sind in den Abschnitten 4.6 und 4.7 beschrieben.

Da die Wiederholgrenze r und die Vergleichgrenze R aus den Schätzfunktionen s_r^2 und s_L^2 berechnet werden, stellen sie selbst Schätzwerte dar, die Abweichungen unterworfen sind. Die mit der Wiederholgrenze r und der Vergleichgrenze R verbundene Wahrscheinlichkeit wird daher nicht genau 95 % betragen, sondern nur in der Größenordnung von 95 % liegen. Trotzdem müssen Differenzen von mehr als der der Wiederholgrenze r oder der der Vergleichgrenze R als auffällig angesehen werden.

4.2 Meßbedingungen

Die Meßbedingungen zur Ermittlung der Wiederholgrenze r und der Vergleichgrenze R müssen den einschlägigen Teilen von ISO 140 entsprechen. Die Prüfgegenstände dürfen zwischen den Wiederholungsmessungen nicht entfernt werden.

4.2.1 Jedes Laboratorium muß bei Teilnahme an einem Ringversuch sein normales Meßverfahren verwenden. Die Kriterien, die die Wiederholpräzision der Messung beeinflussen (siehe die einschlägigen Teile von ISO 140), müssen sorgfältig beachtet werden. Es dürfen keine Abweichungen von festgelegten Meßverfahren auftreten, jedoch müssen bei Durchführung des Versuches durch mehrmaliges Wiederholen der Messungen zu verschiedenen Zeitpunkten die im Meßverfahren offen gebliebenen Parameter weitestgehend repräsentiert sein. Für jede Wiederholungsmessung müssen speziell die Positionen für Mikrofone und Quellen, die für die Mittelwertbildung bei jeder Messung herangezogen werden, neu ausgewählt werden.

> ANMERKUNG: Genau definierte Meßverfahren neigen zu einer Verbesserung der Wiederholpräzision eines spezifischen Laboratoriums, erhöhen jedoch die Möglichkeit einer systematischen Abweichung an allen Prüfergebnissen dieses Laboratoriums.

Vor Beginn des Ringversuches muß jedes teilnehmende Laboratorium die genauen Einzelheiten seines Meßverfahrens mitteilen.

4.2.2 Zusatzanforderungen an die Durchführung von Ringversuchen für die gewählten Meßobjekte sind im Detail festzulegen. Dies bezieht sich speziell auf folgende Punkte:

a) zu messende und anzugebende Größen, Regeln für das Runden von Zahlen;

b) Anzahl erforderlicher Mehrfachmessungen;

c) Kalibrierung der Meßeinrichtung;

d) Befestigungs- und Dichtungsbedingungen für die Meßobjekte und Aushärtungszeiten, soweit erforderlich.

4.3 Anzahl der teilnehmenden Laboratorien

Bei Betrachtung der Frequenzabhängigkeit der in der Bauakustik gemessenen Größen (vergleichbar dem "Merkmalniveau" von ISO 5725, Abschnitt 5.2) sollte vom statistischen Standpunkt aus die Anzahl der Laboratorien mindestens $p = 8$ betragen, jedoch wird empfohlen, diese Anzahl zu erhöhen, um die Anzahl der erforderlichen Mehrfachmessungen zu verringern. Die Anzahl n der Prüfergebnisse in jedem Laboratorium sollte so gewählt werden, daß $p(n - 1) \geq 35$. Außerdem werden mindestens fünf Prüfergebnisse für jedes Laboratorium benötigt. Die gewonnenen Prüfergebnisse dürfen durch die teilnehmenden Laboratorien keinesfalls vor ihrer Bekanntgabe vorausgewählt werden.

4.4 Anforderungen an die Angabe von Prüfergebnissen aus Ringversuchen

Zur Vereinfachung der Auswertung der angegebenen Prüfergebnisse wird (werden) ein von den Teilnehmern auszufüllendes (auszufüllende) Formular(e) sehr empfohlen. Für die statistische Analyse ist die Angabe spezieller Beobachtungen und/oder beobachteter Unregelmäßigkeiten während der Versuche wesentlich.

4.5 Wahl des Prüfgegenstandes

Die Art des für einen Ringversuch zu verwendenden Prüfgegenstandes hängt nicht nur von der zu messenden Größe (d. h. Luftschalldämm-Maß, Norm-Trittschallpegel usw.), sondern auch von den Befestigungs- und Meßbedingungen ab, für die die Wiederhol- und die Vergleichpräzision zu ermitteln sind (z. B. bei Wänden, Fußböden, Fenstern). Weiterhin muß der Einfluß der Alterung des Prüfgegenstandes berücksichtigt werden.

Die Wahl des Prüfgegenstandes hängt außerdem von praktischen Betrachtungen und Einflüssen ab, deren Wirkung im Falle eines Mißerfolges des Ringversuches zu beachten ist. Im allgemeinen können drei unterschiedliche, von der Art des Meßverfahrens und/oder des Prüfgegenstandes abhängende Planungen zweckmäßig sein (siehe 4.5.1 bis 4.5.3).

4.5.1 Verwendung eines einzigen Prüfgegenstandes (zwischen den Teilnehmern zirkuliert dasselbe Material)

Zur Prüfung von Meßverfahren und Meßeinrichtungen in unterschiedlichen Laboratorien sollte im Idealfall derselbe Prüfgegenstand von allen Teilnehmern am Ringversuch verwendet und vom ersten Laboratorium am Ende des Ringversuches nochmals geprüft werden.

In der Bauakustik ist dies infolge des erforderlichen langen Zeitraums, des Risikos einer Beschädigung oder des Verwechseln des Prüfgegenstandes und der unterschiedlichen Größe von Meßöffnungen häufig nicht durchführbar. Es wird jedoch die Streuung, die durch die Verwendung von mehr als einem Prüfgegenstand entsteht, vermieden. Die so ermittelte Vergleichgrenze R ist charakteristisch für Meßeinrichtung und Meßverfahren.

4.5.2 Verwendung von mehreren Prüfgegenständen eines Loses (nominell identisches Material, zwischen den Teilnehmern austauschbar)

Im Gegensatz zu der in Abschnitt 4.5.1 beschriebenen Verfahrensweise erhalten alle Teilnehmer an dem Ringversuch nominell identische Prüfgegenstände, d. h. aus demselben Los oder von identischem Aufbau und von einem Hersteller hergestellt. Dies ermöglicht eine parallele Untersuchung und verringert das Risiko einer Beschädigung oder Veränderungen aufgrund von Alterung. Jedoch ist die Streuung unter den Prüfgegenständen infolge ihrer Inhomogenität dann von der Fehlerstreuung des Meßverfahrens untrennbar und stellt einen spezifischen Teil der Vergleichpräzision dar. Aus diesem Grund kann es vorteilhaft sein, alle Prüfgegenstände vor jedem Ringversuch und nach Möglichkeit auch nach seiner Beendigung von einem einzelnen Laboratorium mit mehr Präzision auf Homogenität prüfen zu lassen.

4.5.3 Verwendung von mehreren Prüfgegenständen, die am Meßort hergestellt werden (nominell identisches Material, nicht zwischen den Teilnehmern austauschbar)

Können die Prüfgegenstände nicht vorgefertigt und leicht transportiert werden, müssen sie von jedem Teilnehmer nach genauen Festlegungen am Meßort hergestellt werden. In diesem Fall ist eine größere Streuung der Prüfgegenstände infolge ihrer Inhomogenität als bei Meßobjekten nach Abschnitt 4.5.2 zu erwarten.

4.6 Feststellung der Richtigkeit der Wiederholgrenze r als Teil des Ringversuches

Wie in Abschnitt 4.3 angegeben, sollten mindestens $p = 8$ Laboratorien mindestens $n = 5$ vollständige Prüfergebnisse liefern. Dann können für jedes Frequenzband $n(n-1)/2$ absolute Differenzen zwischen einzelnen Ergebnissen y_i und y_k von jedem Laboratorium berechnet und mit der kritischen Differenz $CrD_{95}(|y_i - y_k|) = r$ dieses Frequenzbandes verglichen werden. Für alle p Laboratorien und q Frequenzen erhält man insgesamt $qpn(n-1)/2$ Vergleiche, und man sollte erwarten, daß die entsprechenden kritischen Differenzen in nicht mehr als 5% der Fälle überschritten werden. Beispielsweise erhält man mit $p = 8$, $n = 5$ und $q = 16$ eine Anzahl von 1280 Vergleichen, von denen nicht mehr als etwa 64 die kritischen Differenzen überschreiten sollten. Umgekehrt ergibt die Anzahl der Überschreitungen der kritischen Differenzen, dividiert durch die Gesamtzahl der absoluten Differenzen die beobachtete Wahrscheinlichkeit des Ringversuches, die bei einem Wert von 95% (oder nahe bei diesem Wert) liegen sollte.

4.7 Feststellung der Richtigkeit der Vergleichgrenze R als Teil des Ringversuches

Wenn $p = 8$ an einem Ringversuch teilnehmenden Laboratorien jeweils nur eine Ermittlung durchgeführt haben, dann könnten $p(p-1)/2$ absolute Differenzen zwischen den Prüfergebnissen y_a und y_b von zwei Laboratorien a und b mit der kritischen Differenz $CrD_{95}(|y_a - y_b|) = R$ in jedem Frequenzband verglichen werden. Für $q = 16$ Frequenzbänder ergeben sich $qp(p-1)/2 = 448$ Vergleiche, und man sollte erwarten, daß die entsprechenden kritischen Differenzen in nicht mehr als 5% der Fälle überschritten werden, d. h. nicht mehr als etwa 22 mal. Wieder ergibt die Anzahl der Überschreitungen der kritischen Differenzen, dividiert durch die Gesamtzahl der absoluten Differenzen die beobachtete Wahrscheinlichkeit des Ringversuches, die bei einem Wert von 95% (oder nahe bei diesem Wert) liegen sollte. Jedoch sollten nach Angabe in Abschnitt 4.3 mindestens $n = 5$ Prüfungen von jedem Laboratorium durchgeführt werden, und es wird eine kritische Differenz verwendet, die dem Mittelwert der Prüfergebnisse jedes der Laboratorien entspricht.

Die kritische Differenz für den Vergleich von Mittelwerten ist

$$CrD_{95}(|\bar{y}_a - \bar{y}_b|) = \sqrt{R^2 - r^2\left(1 - \frac{1}{2n_a} - \frac{1}{2n_b}\right)} \qquad (6)$$

wobei

r und R im Ringversuch ermittelt wurden;

y_a und y_b die Mittelwerte von n_a und n_b Prüfungen in den Laboratorien a bzw. b sind.

Wird $n_a = n_b = n$, was in der Regel der Fall sein wird, ergibt sich:

$$CrD_{95}(|\bar{y}_a - \bar{y}_b|) = \sqrt{R^2 - r^2\left(1 - \frac{1}{n}\right)} \qquad (7)$$

Für $n = 1$ reduziert sie sich wie erwartet auf die Vergleichgrenze R.

Die auf diese Weise für jedes Frequenzband berechneten kritischen Differenzen werden mit den beobachteten Differenzen der Mittelwerte in diesem Frequenzband verglichen. Da es für jedes Laboratorium einen Mittelwert gibt, ist die Anzahl der möglichen Vergleiche die gleiche wie oben, nämlich $qp(p-1)/2$.

4.8 Werte der Wiederholgrenze r und der Vergleichgrenze R

Werte für die Wiederholgrenze r und die Vergleichgrenze R aus Ringversuchen nach Abschnitt 4.1 bis 4.5 werden in den entsprechenden Teilen von ISO 140 angegeben, wenn diese überarbeitet worden sind. In den Tabellen A.1, A.2 und A.3 sind vorläufige Werte der Wiederholgrenze r und der Vergleichgrenze R zusammengestellt.

ANMERKUNG: Werte für die Wiederholgrenze r und die Vergleichgrenze R für Einzahl-Angaben sind in Anhang B angegeben.

5 Verfahren zur Nachprüfung

Ein Laboratorium x, das nicht an dem Ringversuch zur Ermittlung der Wiederholgrenze r und der Vergleichgrenze R teilgenommen hat, kann die Richtigkeit seines eigenen Meßverfahrens unter Verwendung der Prüfergebnisse aus dem Ringversuch überprüfen.

Es wird weiterhin empfohlen, daß jedes Laboratorium von Zeit zu Zeit sein eigenes Meßverfahren überprüft, besonders wenn Änderungen des Meßverfahrens selbst, der Meßeinrichtung oder der gerätetechnischen Ausrüstung vorgenommen werden.

5.1 Prüfung der Wiederholgrenze r

Ein Laboratorium kann seine Wiederholbarkeit r bei Durchführung einer Meßreihe unter Wiederholbedingungen wie folgt überprüfen.

Es müssen mindestens 5 ($nx \geq 5$) vollständige Messungen, die 16 Frequenzbänder umfassen, an einem Meßobjekt ähnlich dem im Ringversuch verwendeten durchgeführt werden. Nur wenn die Standardabweichung s_x für alle 16 Frequenzbänder die Gleichung (8) erfüllt, dann können die so ermittelten Werte für die Wiederholgrenze als ausreichend angesehen werden.

$$s_x \leq mr \qquad (8)$$

wobei

r die im Ringversuch ermittelte Wiederholgrenze ist;

m ist ein in Tabelle 1 angegebener Faktor.

5.2 Prüfung der Vergleichgrenze R

Nach erfolgreichem Abschluß der Prüfung der Wiederholgrenze nach Abschnitt 5.1 darf ein Laboratorium die Prüfergebnisse für eine Überprüfung der Vergleichgrenze R verwenden. Dies kann durch Vergleich seines eigenen Mittelwertes y_x mit dem Gesamtmittelwert y des Ringversuches in jedem der q Frequenzbänder erfolgen. Für diesen Fall ist die entsprechende kritische Differenz:

$$CrD_{95}(|\bar{y} - \bar{y}_x|) =$$

$$\frac{1}{\sqrt{2}}\sqrt{R^2\left(1 + \frac{1}{p}\right) - r^2\left(1 + \frac{1}{p} - \frac{1}{n_x} - \frac{1}{p^2}\sum_{i=n}^{p}\frac{1}{n_i}\right)} \qquad (9)$$

wobei für jedes Frequenzband

r und R im Ringversuch bestimmt wurden;

$\bar{y}$ der Gesamtmittelwert der pn_i Prüfergebnisse des Ringversuches ist;

$\bar{y}_x$ der Mittelwert der n_x Prüfergebnisse des Laboratorien x ist;

p die Anzahl der an dem Ringversuch teilgenommenen Laboratorien ist;

Tabelle 1: Faktor m

Anzahl der Messungen n_x	5	6	7	8	9	10
Faktor m	0,72	0,68	0,65	0,63	0,61	0,60
ANMERKUNG: Für $n_x \leq 15$ ist der Faktor $m = 1{,}07/\sqrt[4]{n_x}$ mit einer Abweichung von 2%.						

n_i die Anzahl der Prüfergebnisse von Laboratorium i (i = 1, . . . ,p) ist;

n_x die Anzahl der Prüfergebnisse des zusätzlichen Laboratorien x ist.

Für die 16 Frequenzbänder werden die 16 kritischen Differenzen nach Gleichung (9) berechnet. Sie sollten in nicht mehr als 5% der Fälle, d. h. nicht mehr als einmal, überschritten werden.

ANMERKUNG: Wenn die kritischen Differenzen einmal überschritten werden, entspricht dies einer Wahrscheinlichkeit von 93,8%, was durchaus mit dem Wahrscheinlichkeitsniveau von 95% übereinstimmt.

Werden die kritischen Differenzen mehr als einmal überschritten, muß das Prüfergebnis von Laboratorium x als auffällig angesehen werden. Daraus resultierende Maßnahmen sollten beinhalten:

— einen Vergleich des bei dieser Prüfung ermittelten Wahrscheinlichkeitsniveaus mit der des Ringversuches;

— eine Untersuchung der Meßeinrichtung und des Meßverfahrens in Laboratorium x auf mögliche Gründe der abweichenden Ergebnisse;

— eine komplette Wiederholung des Prüfverfahrens nach 5.1 und 5.2.

Bei der Prüfung der Vergleichgrenze R ist es von größter Wichtigkeit, daß der verwendete Prüfgegenstand denen des Ringversuches weitestgehend entspricht. Jede Abweichung der Eigenschaften des Prüfgegenstandes wird die Vergleichgrenze direkt beeinflussen, wenn Laboratorium x einbezogen wird.

6 Anwendung der Wiederholgrenze r und der Vergleichgrenze R

ANMERKUNG: Wurden die Wiederholgrenze r und die Vergleichgrenze R für ein Meßverfahren, vorgegebene Prüfgegenstände und/oder Gebäudeverhältnisse einmal festgelegt, werden diese Präzisionsdaten in den einschlägigen Teilen von ISO 140 veröffentlicht.

6.1 Interpretation von Wiederholgrenze r und Vergleichgrenze R

6.1.1 Wiederholgrenze r

In einem einzelnen Frequenzband wird die Differenz zwischen zwei einzelnen Ergebnissen, die ein einzelner Bearbeiter an identischem Untersuchungsmaterial mit denselben Geräten innerhalb der kürzesten möglichen Zeitspanne erhält, die Wiederholgrenze r bei üblicher und korrekter Anwendung des Verfahrens im Durchschnitt nicht häufiger als einmal in 20 Fällen überschreiten.

ANMERKUNG: Zwischen zwei Sätzen von Prüfergebnissen (die die Ergebnisse in 16 Frequenzbändern umfassen), die ein einzelner Bearbeiter oder eine einzelne Untersuchungsgruppe an identischem Untersuchungsmaterial mit denselben Geräten innerhalb der kürzesten möglichen Zeitspanne erhält, werden die Differenzen zwischen Ergebnissen über den gesamten Frequenzbereich die in Anhang A zusammengestellten Werte für die Wiederholgrenze im Durchschnitt nicht mehr als einmal überschreiten.

6.1.2 Vergleichgrenze R

In einem einzelnen Frequenzband wird die Differenz zwischen zwei einzelnen Ergebnissen, die von zwei Laboratorien an identischem Untersuchungsmaterial erzielt werden, von der Vergleichgrenze R bei üblicher und korrekter Anwendung des Verfahrens im Durchschnitt nicht häufiger als einmal in 20 Fällen abweichen.

ANMERKUNG: Zwischen zwei Sätzen von Prüfergebnissen (die die Ergebnisse in 16 Frequenzbändern umfassen), die von zwei Bearbeitern oder zwei Untersuchungsgruppen in zwei Laboratorien an identischem Untersuchungsmaterial mit unterschiedlichen Geräten erhalten werden, werden die Differenzen zwischen Ergebnissen über den gesamten Frequenzbereich die in Anhang A zusammengestellten Werte für die Vergleichgrenze im Durchschnitt nicht mehr als einmal überschreiten.

6.2 Vertrauensbereiche, die von der Wiederholgrenze r und der Vergleichgrenze R ableitbar sind

Wenn bekannt ist, daß für das beteiligte Laboratorium oder die beteiligten Laboratorien die Wiederholgrenze r und die Vergleichgrenze R nicht überschritten werden, und es keine anderen systematischen Abweichungen als die Abweichungen gibt, die für die Vergleichpräzision zu berücksichtigen sind, dann kann aus der Wiederholgrenze r und der Vergleichgrenze R eine Anzahl von Vertrauensbereichen für verschiedene Situationen berechnet werden (ISO 5725 : 1986, Abschnitt 19).

Folgende Fälle können von besonderem Interesse sein:

a) Wird in einem einzelnen Laboratorium nur eine einzige Ermittlung y der zu messenden Größe durchgeführt, ist der Vertrauensbereich für den wahren Wert μ (z. B. eine Anforderung oder ein in einem Vertrag festgelegter Wert):

$$y - \frac{R}{\sqrt{2}} < \mu < y + \frac{R}{\sqrt{2}} \qquad (10)$$

b) Werden in einem einzelnen Laboratorium n Ermittlungen der zu messenden Größe mit einem Mittelwert $y_{r,n}$ durchgeführt, ist der Vertrauensbereich für den wahren Wert μ (z. B. eine Anforderung oder ein in einem Vertrag festgelegter Wert):

$$\bar{y}_{r,n} - \frac{1}{\sqrt{2}} \sqrt{R^2 - r^2 \left(1 - \frac{1}{n}\right)} < \mu < y_{r,n} + \frac{1}{\sqrt{2}} \sqrt{R^2 - r^2 \left(1 - \frac{1}{n}\right)} \qquad (11)$$

c) Führt jedes von p Laboratorien eine einzelne Ermittlung der zu messenden Größe mit einem Mittelwert $y_{R,n}$ durch, ist der Vertrauensbereich für den wahren Wert μ (z. B. eine Anforderung oder ein in einem Vertrag festgelegter Wert):

$$\bar{y}_{R,n} - \frac{R}{\sqrt{2_p}} < \mu < \bar{y}_{R,n} + \frac{R}{\sqrt{2_p}} \qquad (12)$$

Die Gleichungen (10) bis (12) gelten für eine Wahrscheinlichkeit von 95%. Vertrauensbereiche für andere Wahrscheinlichkeitsniveaus als 95% können nach ISO 5725 : 1986, Abschnitt 19.1.1, berechnet werden.

ANMERKUNG: Es besteht die weitverbreitete Ansicht, daß Mehrfachbestimmungen unter Wiederholbedingungen die Zuverlässigkeit eines Mittelwertes bezogen auf den wahren Wert spürbar verbessern können. Aus Formel (11) folgt jedoch, daß derartige Mehrfachbestimmungen die Zuverlässigkeit nur leicht erhöhen, da die Wiederholgrenze r geringer ist als die Vergleichgrenze R.

Anhang A (normativ)
Präzision von Messungen der Schalldämmung in Bauten und von Bauteilen

A.1 Allgemeines

Da das Verfahren zur Ermittlung von Wiederholgrenze und Vergleichgrenze nach Abschnitt 4 in der Bauakustik bisher in großem Umfang noch nicht angewendet wurde, gibt es auch bisher noch keine genauen Zahlenwerte der Standardabweichung und damit auch keine Wiederholgrenze und Vergleichgrenze von vollständigen Prüfergebnissen. Es stehen lediglich vorläufige Werte aus einigen Untersuchungen zur Verfügung. Sie sind in den Tabellen A.1, A.2 und A.3 angegeben. Die Art der Prüfgegenstände und die Untersuchungsbedingungen, für die die Werte ermittelt wurden, sind dort aufgeführt.

Es ist notwendig, die Wiederholgrenze und Vergleichgrenze für die Luft-und Trittschalldämmung durch Ringversuche im ISO-Maßstab mit unterschiedlichen Prüfgegenständen zu ermitteln. Derartige Untersuchungen müssen auf ISO 5725 basieren und sollten so bald wie möglich durchgeführt werden.

ANMERKUNG: Die Wiederholgrenze und Vergleichgrenze wurden aus vollständigen Messungen, z. B. des Luftschalldämm-Maßes oder des Norm-Trittschallpegels, und nicht aus einzelnen Ausdrücken oder Größen bestimmt, die zu derartigen Prüfergebnissen beitragen. Damit beziehen sich alle in Abschnitt 6 behandelten Anwendungen auch nur auf vollständige Untersuchungen. Die Werte wurden bei Wiederholungsmessungen ohne Ein- und Ausbau der Prüfgegenstände ermittelt.

A.2 Wiederholgrenze für Laborversuche

Die Differenz zwischen zwei einzelnen Prüfergebnissen (d. h., für alle 16 Frequenzen), die ein einzelner Bearbeiter oder eine Untersuchungsgruppe an identischem Untersuchungsmaterial mit denselben Geräten innerhalb der kürzesten möglichen Zeitspanne erhält, wird die Wiederholgrenze r von Tabelle A.1 bei üblicher und korrekter Anwendung der Untersuchungsverfahren nach ISO 140-3, ISO 140-6 und ISO 140-8 im Durchschnitt nicht häufiger als einmal überschreiten.

A.3 Vergleichgrenze R für Laborversuche

Die Differenz zwischen zwei unabhängigen Prüfergebnissen (d. h., für alle 16 Frequenzbänder), die von zwei Bearbeitern oder zwei Untersuchungsgruppen in unterschiedlichen Laboratorien für identisches Untersuchungsmaterial erhalten werden, wird die Vergleichgrenze R von Tabelle A.2 bei üblicher und korrekter Anwendung des Untersuchungsverfahrens nach ISO 140-3, ISO 140-6 und ISO 140-8 im Durchschnitt nicht häufiger als einmal überschreiten.

A.4 Felduntersuchungen

Bei Felduntersuchungen hat der Bearbeiter die akustischen Untersuchungsbedingungen nicht unter Kontrolle, und in den meisten Fällen sind sie zu akzeptieren, wie sie sind. Werden Verfahren und Geräte verwendet, die durch Untersuchungen im Laboratorium geprüft wurden, können die Wiederholgrenze und Vergleichgrenze infolge dieser Einflüsse allein im wesentlichen denen aus Laboruntersuchungen, die in den Tabellen A.1 und A.2 angegeben sind, als ähnlich angesehen werden.

Die Differenz zwischen zwei unabhängigen Prüfergebnissen (d. h. für alle 16 Frequenzbänder), die von zwei Bearbeitern oder zwei Untersuchungsgruppen an demselben Ort erhalten werden, wird die Vergleichgrenze R von Tabelle A.3 bei üblicher und korrekter Anwendung der Untersuchungsverfahren nach ISO 140-4 und ISO 140-7 im Durchschnitt nicht überschreiten.

Tabelle A.1: Wiederholgrenze r für Laborversuche

Terzband-Mittenfrequenz Hz	Wiederholgrenzen r für Luftschalldämm-Maße nach ISO 140-3[1]) dB	Wiederholgrenzen r für Norm-Trittschallpegel nach ISO 140-6[2]) dB	Wiederholgrenzen r für die Verringerung des Trittschallpegels nach ISO 140-8[3]) dB
100	4,5	3	1,5
125	4	2,5	1,5
160	3,5	2	1,5
200	3,5	2	1,5
250	2,5	2	1,5
315	2,5	2	1
400	2	2	1
500	2	1,5	1
630	1,5	1,5	1
800	1,5	1,5	1,5
1 000	1,5	1,5	1,5
1 250	1,5	1,5	1,5
1 600	1,5	1,5	2
2 000	1,5	1,5	3
2 500	1,5	1,5	3
3 150	1,5	1,5	3

[1]) Die Werte der Wiederholgrenze r basieren auf dem gewichteten Mittelwert der folgenden Ergebnisse von:

a) einem 1976 durchgeführten Ringversuch mit acht Laboratorien in der Bundesrepublik Deutschland, bei dem als Prüfgegensstand eine Holzkonstruktion verwendet wurde, die akustisch einem Fenster mit Doppelverglasung gleicht. In jedem Laboratorium wurden sechs komplette Untersuchungen durchgeführt.

b) einem 1983 durchgeführten Ringversuch mit fünf Laboratorien in Skandinavien, bei dem als Prüfgegenstand eine Verglasung in einer versetzt angeordneten Prüföffnung verwendet wurde. In jedem Laboratorium wurden sechs komplette Untersuchungen durchgeführt.

c) einem 1982 bis 1985 durchgeführten Ringversuch mit sieben Laboratorien in Belgien und in den Niederlanden, bei dem als Prüfgegenstände eine Trennwand in Leichtbauweise und zwei Ziegelwände mit einer Flächenmasse von 225 kg/m^2 und 450 kg/m^2 verwendet wurden. Diese Ergebnisse wurden gemittelt.

d) einem 1985/1986 als BCR-Projekt durchgeführten Ringversuch mit acht Laboratorien, die als Prüfgegenstände Doppelverglasungen (6/16/6) verwendeten. In jedem Laboratorium wurden sechs komplette Untersuchungen durchgeführt.

[2]) Die Werte der Wiederholgrenze r basieren auf 34 Untersuchungen, die in einem einzelnen Laboratorium in der Bundesrepublik Deutschland im Zeitraum 1956/1957 durchgeführt wurden, bei denen als Prüfgegenstand eine 12 cm Betonplatte mit schwimmendem Estrich verwendet wurde.

[3]) Die Werte der Wiederholgrenze r basieren auf 21 Untersuchungen, die 1983 mit vier Laboratorien in Skandinavien durchgeführt wurden, bei denen ein lose verlegter flexibler PVC-Fußbodenbelag der Kategorie I (kleine Prüfgegenstände) mit einem bewerteten Trittschallverbesserungsmaß ΔL_W von etwa 14 dB verwendet wurde.

Tabelle A.2: Vergleichwerte R für Laborversuche

Terzband-Mittenfrequenz Hz	Vergleichgrenzen R für Luftschalldämm-Maße nach ISO 140-3[1]) dB	Vergleichgrenzen R für Norm-Trittschallpegel nach ISO 140-6[2]) dB	Vergleichgrenzen R für die Verringerung des Trittschall-pegels nach ISO 140-8[3]) dB
100	9	5	2,5
125	8,5	4	2,5
160	6	3	2,5
200	5,5	3	2,5
250	5,5	3	2
315	4,5	3	1,5
400	4,5	3	1,5
500	4	2,5	1,5
630	3,5	2,5	1,5
800	3	2,5	2
1 000	2,5	2,5	3
1 250	3	2,5	6
1 600	3,5	2,5	9
2 000	3,5	2,5	11
2 500	3,5	2,5	11,5
3 150	3,5	2,5	8

[1]) Die Werte der Vergleichgrenze R basieren auf dem arithmetischen Mittelwert der folgenden Ergebnisse von:

a) einem 1983 durchgeführten Ringversuch mit fünf Laboratorien in Skandinavien, bei dem als Prüfgegenstand eine Verglasung in einer versetzt angeordneten Prüföffnung verwendet wurde. In jedem Laboratorium wurden sechs komplette Untersuchungen durchgeführt.

b) einem 1982 bis 1985 durchgeführten Ringversuch mit sieben Laboratorien in Belgien und in den Niederlanden, bei dem als Prüfgegenstände eine Trennwand in Leichtbauweise und zwei Ziegelwände mit einer Flächenmasse von 225 kg/m^2 und 450 kg/m^2 verwendet wurden. Diese Ergebnisse wurden gemittelt.

c) einem 1985/1986 als BCR-Projekt durchgeführten Ringversuch mit acht Laboratorien, die als Prüfgegenstand Doppelverglasungen (6/16/6) verwendeten. In jedem Laboratorium wurden sechs komplette Untersuchungen durchgeführt.

[2]) Die Werte der Vergleichgrenze R basieren auf Vergleichsuntersuchungen, die zwischen 1960 und 1980 von 50 unterschiedlichen Untersuchungsgruppen in Braunschweig (Bundesrepublik Deutschland) durchgeführt wurden, bei denen als Prüfgegenstand eine 14 cm Betonplatte mit schwimmendem Estrich unterschiedlicher Ausführung verwendet wurde, die in einer Prüfeinrichtung mit Flankenübertragung eingebaut war. Dies ist der beste vorhandene Schätzwert für die Vergleichgrenze R dieses Untersuchungsverfahrens.

[3]) Die Werte der Vergleichgrenze R basieren auf 21 Untersuchungen, die 1983 mit vier Laboratorien in Skandinavien durchgeführt wurden, bei denen ein lose verlegter flexibler PVC-Fußbodenbelag der Kategorie I (kleine Prüfgegenstände) mit einem bewerteten Trittschallverbesserungsmaß ΔL_W von etwa 14 dB verwendet wurde.

Tabelle A.3: Vergleichgrenze R für Felduntersuchungen

Terzband-Mittenfrequenz Hz	Vergleichbarkeit R für Luftschalldämm-Maße nach ISO 140-4[1]) dB	Vergleichbarkeit R für Norm-Trittschallpegel nach ISO 140-7[2]) dB
100	9	7
125	8,5	6
160	6	5,5
200	5,5	5
250	5,5	5
315	4,5	5
400	4,5	5
500	4	5
630	3,5	5
800	3	5
1 000	2,5	4
1 250	3	4
1 600	3,5	5
2 000	3,5	6
2 500	3,5	7
3 150	3,5	7

[1]) Die Vergleichgrenze R wurde den entsprechenden Werten in Tabelle A.2 entnommen. Die Werte wurden unter guten akustischen Bedingungen bestimmt und können in kleinen Räumen oder in Räumen mit signifikanter Flankenübertragung schlechter sein.

[2]) Die Werte der Vergleichgrenze R basieren auf Untersuchungsergebnissen von Ringversuchen, die 1978 in sieben Laboratorien in Großbritannien durchgeführt wurden, bei denen als Prüfgegenstand ein Holzbalken-Deckenaufbau an einem einzigen Ort verwendet wurde.

Anhang B (informativ)

Wiederholgrenze r und Vergleichgrenze R für Ergebnisse für Einzahl-Angaben

B.1 Die Wiederholgrenze r und die Vergleichgrenze R der nach ISO 717-1 bis ISO 717-3 ermittelten Einzahl-Angaben, z. B. R_w, $L_{n,w}$, ΔL_w, hängen nicht nur von der Präzision der Untersuchungsverfahren, sondern auch von der Art der bei den Ringversuchen verwendeten Prüfgegenstände ab.

B.2 Die Erfahrung hat gezeigt, daß in Laboratorien hinsichtlich der Einzahl-Angaben normalerweise eine Wiederholgrenze von 1 dB erreichbar ist. Hinsichtlich Laboruntersuchungen wird die Vergleichgrenze normalerweise im Bereich von 1 dB bis 3 dB liegen.

Mai 1995

	Akustik Messung der Schalldämmung in Gebäuden und von Bauteilen Teil 3: Messung der Luftschalldämmung von Bauteilen in Prüfständen (ISO 140-3 : 1995) Deutsche Fassung EN 140-3 : 1995	DIN EN 20140-3

Diese Norm enthält die deutsche Übersetzung der Internationalen Norm **ISO 140-3**

ICS 17.140.40

Teilweise Ersatz für
DIN 52210-1 : 1984-08

Deskriptoren: Bauteil, Schalldämmung, Luftschallmessung, Gebäude

Acoustics — Measurement of sound insulation in buildings and of building elements — Part 3: Laboratory measurements of airborne sound insulation of building elements (ISO 140-3 : 1995)
German version EN 20140-3 : 1995

Acoustique — Mesurage de l'isolation acoustique des immeubles et des éléments de construction — Partie 3: Mesurage en laboratoire de l'isolation aux bruits aériens des éléments de construction (ISO 140-3 : 1995)
Version allemande EN 20140-3 : 1995

Die Europäische Norm EN 20140-3 : 1995 hat den Status einer Deutschen Norm.

Nationales Vorwort

Die Internationale Norm ISO 140-3 ist im Komitee ISO/TC 43/SC 2 "Bauakustik" in Abstimmung mit dem Europäischen Komitee CEN/TC 126 "Akustische Eigenschaften von Baustoffen und Bauteilen und von Gebäuden" unter intensiver deutscher Mitarbeit erarbeitet worden. Für die deutsche Mitarbeit ist der Arbeitsausschuß NMP 231 "Schalldämmung und Schallabsorption, Messung und Bewertung" des Normenausschuß Materialprüfung (NMP) verantwortlich.

Das Sektorbüro 1 "Bauwesen" des CEN (BTS 1) hat mit seiner Resolution BTS 1 17/1994 festgelegt, daß die Europäischen Normen EN 20140-1 und EN 20140-3 bis EN 20140-8 als ein "Paket" von Normen gelten. Dies bedeutet, daß die entsprechenden nationalen Normen — in Deutschland die entsprechenden Teile der DIN 52210 — erst spätestens sechs Monate nach Fertigstellung des letzten Teils des "Pakets" zurückgezogen werden müssen. Diese Resolution legt fest, daß dies spätestens im Juni 1997 zu erfolgen hat.

Für die im Abschnitt 2 zitierten Internationalen Normen wird im folgenden auf die entsprechenden Deutschen Normen hingewiesen:

IEC 651	siehe DIN EN 60651
IEC 804	siehe DIN EN 60804
IEC 942	siehe DIN IEC 942
ISO 140-2	siehe DIN EN 20140-2
ISO 140-10	siehe DIN EN 20140-10
ISO 354	siehe DIN EN 20354
ISO 717-1	siehe DIN EN 20717-1

Das in dieser Norm definierte Schalldämm-Maß R' wird als "scheinbares Schalldämm-Maß" bezeichnet, da es ausschließlich zur Kennzeichnung der Grenzdämmung des Prüfstandes durch R'_{max} und nicht zur Kennzeichnung der Schalldämmung zwischen Räumen und Gebäuden dient. Die Bezeichnung "Bau-Schalldämm-Maß" soll zukünftig ausschließlich im Zusammenhang mit dem Schallschutz von Gebäuden verwendet werden.

Änderungen

Gegenüber DIN 52210-1 : 1984-08 wurden folgende Änderungen vorgenommen:

— Der Inhalt wurde vollständig überarbeitet.

Frühere Ausgaben

DIN 52211: 1953-09
DIN 52210: 1952-07, 1960x-03
DIN 52210-1: 1975-07, 1984-08

Fortsetzung Seite 2
und 15 Seiten EN

Normenausschuß Materialprüfung (NMP) im DIN Deutsches Institut für Normung e.V.
Normenausschuß Akustik, Lärmminderung und Schwingungstechnik (NALS) im DIN und VDI

Nationaler Anhang NA (informativ)

Literaturhinweise in nationalen Zusätzen

DIN EN 20140-2	Akustik — Messung der Schalldämmung in Gebäuden und von Bauteilen — Teil 2: Festlegung von Präzisionsanforderungen (ISO 140-2 : 1991); Deutsche Fassung EN 20140-2 : 1993
DIN EN 20140-10	Akustik — Messung der Schalldämmung in Gebäuden und von Bauteilen — Teil 10: Messung der Luftschalldämmung kleiner Bauteile in Prüfständen; Deutsche Fassung EN 20140-10 : 1992
DIN EN 20354	Akustik — Messung der Schallabsorption im Hallraum (ISO 354 : 1985); Deutsche Fassung EN 20354 : 1993
E DIN EN 20717-1	Akustik — Einzahlangaben für die Schalldämmung in Gebäuden und von Bauteilen — Teil 1: Luftschalldämmung (ISO/DIS 717-1 : 1993); Deutsche Fassung prEN 20717 : 1993
DIN EN 60651	Schallpegelmesser (IEC 651 : 1979 + A1 : 1993); Deutsche Fassung EN 60651 : 1994 + A1 : 1994
DIN EN 60804	Integrierende mittelwertbildende Schallpegelmesser (IEC 804 : 1985 + A1 : 1989 und A2 : 1993); Deutsche Fassung EN 60804 : 1994 + A2 : 1994
DIN IEC 942	Schallkalibratoren; Identisch mit IEC 942 : 1988

Internationale Patentklassifikation

E 04 B 001/82
E 04 B 001/99
G 01 H 001/06
G 01 H 001/08
G 01 H 007/00
G 01 N 029/20

EUROPÄISCHE NORM
EUROPEAN STANDARD
NORME EUROPÉENNE

EN 20140-3

Januar 1995

ICS 17.140.40

Deskriptoren: Akustik, Gebäude, Konstruktionselement, Prüfung, Laborprüfung, akustische Prüfung, Bestimmung, Schalldämmung, Luftschalldämmung

Deutsche Fassung

Akustik

Messung der Schalldämmung in Gebäuden und von Bauteilen

Teil 3: Messung der Luftschalldämmung von Bauteilen in Prüfständen
(ISO 140-3 : 1995)

Acoustics — Measurement of sound insulation in buildings and of building elements — Part 3: Laboratory measurements of airborne sound insulation of building elements (ISO 140-3 : 1995)

Acoustique — Mesurage de l'isolation acoustique des immeubles et des éléments de construction — Partie 3: Mesurage en laboratoire de l'isolation aux bruits aériens des éléments de construction (ISO 140-3 : 1995)

Diese Europäische Norm wurde von CEN am 1995-01-11 angenommen.

Die CEN-Mitglieder sind gehalten, die CEN/CENELEC-Geschäftsordnung zu erfüllen, in der die Bedingungen festgelegt sind, unter denen dieser Europäischen Norm ohne jede Änderung der Status einer nationalen Norm zu geben ist.

Auf dem letzten Stand befindliche Listen dieser nationalen Normen mit ihren bibliographischen Angaben sind beim Zentralsekretariat oder bei jedem CEN-Mitglied auf Anfrage erhältlich.

Diese Europäische Norm besteht in drei offiziellen Fassungen (Deutsch, Englisch, Französisch). Eine Fassung in einer anderen Sprache, die von einem CEN-Mitglied in eigener Verantwortung durch Übersetzung in seine Landessprache gemacht und dem Zentralsekretariat mitgeteilt worden ist, hat den gleichen Status wie die offiziellen Fassungen.

CEN-Mitglieder sind die nationalen Normungsinstitute von Belgien, Dänemark, Deutschland, Finnland, Frankreich, Griechenland, Irland, Island, Italien, Luxemburg, Niederlande, Norwegen, Österreich, Portugal, Schweden, Schweiz, Spanien und dem Vereinigten Königreich.

CEN

EUROPÄISCHES KOMITEE FÜR NORMUNG
European Committee for Standardization
Comité Européen de Normalisation

Zentralsekretariat: rue de Stassart 36, B-1050 Brüssel

Ref. Nr. EN 20140-3 : 1995 D

Vorwort

Der Text der Internationalen Norm ISO 140-3 : 1995 wurde vom Technischen Komitee ISO/TC 43 "Acoustics" erarbeitet, in Zusammenarbeit mit CEN/TC 126 "Akustische Eigenschaften von Baustoffen und Bauteilen und von Gebäuden" und wurde zur Parallelabstimmung vorgelegt. Er wurde am 1995-01-11 vom CEN als Europäische Norm angenommen.

Diese Europäische Norm muß den Status einer nationalen Norm erhalten; entweder durch Veröffentlichung eines identischen Textes oder durch Anerkennung bis Juli 1995, und etwaige entgegenstehende nationale Normen müssen bis Juli 1995 zurückgezogen werden.

Entsprechend der CEN/CENELEC-Geschäftsordnung sind folgende Länder gehalten, diese Europäische Norm zu übernehmen:

Belgien, Dänemark, Deutschland, Finnland, Frankreich, Griechenland, Irland, Island, Italien, Luxemburg, Niederlande, Norwegen, Österreich, Portugal, Schweden, Schweiz, Spanien und das Vereinigte Königreich.

Anerkennungsnotiz

Der Text der Internationalen Norm ISO 140-3 : 1995 wurde von CEN als Europäische Norm ohne irgendeine Abänderung genehmigt.

ANMERKUNG: Die normativen Verweisungen auf internationale Publikationen sind im Anhang ZA (normativ) aufgeführt.

1 Anwendungsbereich

Diese Internationale Norm legt ein Verfahren zur Messung der Luftschalldämmung von Bauteilen, wie z. B. von Wänden, Fußböden, Türen, Fenstern, Fassadenelementen und Fassaden, im Prüfstand fest, soweit sie nicht als kleine Bauteile zu klassifizieren sind (für die ein Meßverfahren in ISO 140-10[1]) festgelegt ist).

Die erhaltenen Prüfergebnisse können bei der Konstruktion von Bauteilen mit geeigneten akustischen Eigenschaften, für den Vergleich der Schalldämmung von Bauteilen und für die Klassifizierung derartiger Teile nach ihrer Schalldämmung verwendet werden.

Die Messungen werden in Prüfständen mit unterdrückter Flankenübertragung durchgeführt. Prüfergebnisse nach den in dieser Norm beschriebenen Verfahren dürfen deshalb ohne Berücksichtigung anderer, die Schalldämmung beeinflussender Faktoren, speziell der Flankenübertragung und des Verlustfaktors, nicht direkt am Bau angewendet werden.

2 Normative Verweisungen

Die folgenden Normen enthalten Festlegungen, die durch Verweisung in diesem Text Festlegungen des vorliegenden Teils von ISO 140 darstellen. Zum Zeitpunkt der Veröffentlichung waren die angegebenen Ausgaben gültig. Alle Normen unterliegen der Überarbeitung, und Partner, die Vereinbarungen treffen, die auf dem vorliegenden Teil von ISO 140 beruhen, werden aufgefordert, die Möglichkeit der Anwendung der neuesten Ausgaben der unten angegebenen Normen zu prüfen. Mitglieder von IEC und ISO führen Register der derzeit gültigen Internationalen Normen.

ISO 140-1: . . .[2])
Akustik — Messung der Schalldämmung in Gebäuden und von Bauteilen — Teil 1: Anforderungen an Prüfstände mit unterdrückter Flankenübertragung

ISO 140-2 : 1993
Akustik — Messung der Schalldämmung in Gebäuden und von Bauteilen — Teil 2: Angaben von Genauigkeitsanforderungen

ISO 354 : 1985
Akustik — Messung der Schallabsorption im Hallraum

ISO 717-1: . . .[3])
Akustik — Bewertung der Schalldämmung in Gebäuden und von Bauteilen - Teil 1: Luftschalldämmung in Gebäuden und von Bauteilen im Gebäudeinneren

IEC 225 : 1966
Oktav-, Halboktav- und Terzfilter zur Analyse von Schall und Schwingungen

IEC 651 : 1979
Schallpegelmesser

IEC 804 : 1985
Integrierende mittelwertbildende Schallpegelmesser

IEC 942 : 1988
Schallkalibratoren

OIML[4]) R 58 : 1984
Schallpegelmesser

OIML[4]) R 88 : 1989
Integrierende mittelwertbildende Schallpegelmesser

3 Definitionen

Für die Anwendung dieser Internationalen Norm gelten die folgenden Definitionen:

3.1 Mittlerer Schalldruckpegel in einem Raum: Der zehnfache dekadische Logarithmus des Verhältnisses des räumlichen und zeitlichen Mittelwertes des Quadrates des Schalldruckes zum Quadrat des Bezugsschalldruckes, wobei der räumliche Mittelwert über den gesamten Raum gebildet wird, ausgenommen die Teile, bei denen das Direktfeld einer Schallquelle oder das Nahfeld der Raumbegrenzungen (Wände usw.) von deutlichem Einfluß ist. Diese Größe wird mit L bezeichnet und in Dezibel angegeben.

Bei Verwendung eines kontinuierlich bewegten Mikrofons wird L bestimmt durch:

$$L = 10 \lg \frac{\frac{1}{T_m} \int_0^{T_m} p^2(t) \mathrm{d}t}{p_0^2} \text{ dB} \qquad (1)$$

---

1) ISO 140-10 : 1991 Akustik — Messung der Schalldämmung in Gebäuden und von Bauteilen — Teil 10: Messung der Luftschalldämmung kleiner Bauteile in Prüfständen.

2) In Vorbereitung (Revision von ISO 140-1 : 1990)

3) In Vorbereitung (Revision von ISO 717-1 : 1982)

4) Zu beziehen bei: Organisation International de Métrologie Légale. 11, rue Turgot — F-75009 Paris, France

p ist der Schalldruck in Pa, p_0 = 20 µPa ist der Bezugsschalldruck, T_m ist die Integrationszeit in s.

Bei festen Mikrofonpositionen wird L bestimmt durch:

$$L = 10 \lg \frac{p_1^2 + p_2^2 + \ldots + p_n^2}{n \cdot p_0^2} \text{ dB,} \qquad (2)$$

$p_1, p_2, \ldots p_n$ sind Effektivwerte des Schalldruckes an n verschiedenen Stellen im Raum. Wenn, wie in der Praxis üblich, die Schalldruckpegel L_i gemessen werden, wird L bestimmt durch:

$$L = 10 \lg \frac{1}{n} \sum_{i=1}^{n} 10^{L_i/10\text{dB}} \text{ dB,} \qquad (3)$$

L_i sind die Schalldruckpegel L_1 bis L_n an n verschiedenen Stellen im Raum.

3.2 Schalldämm-Maß: Der zehnfache dekadische Logarithmus des Verhältnisses der auf eine zu prüfende Trennwand auftreffenden Schalleistung W_1 zu der durch den Prüfgegenstand übertragenen Schalleistung W_2. Diese Größe wird mit R bezeichnet:

$$R = 10 \lg \frac{W_1}{W_2} \text{ dB.} \qquad (4)$$

In dieser Norm wird das Schalldämm-Maß berechnet nach

$$R = L_1 - L_2 + 10 \lg \frac{S}{A} \text{ dB} \qquad (5)$$

Dabei sind:

L_1 der mittlere Schalldruckpegel im Senderaum, in Dezibel;

L_2 der mittlere Schalldruckpegel im Empfangsraum, in Dezibel;

S die Fläche des Prüfgegenstandes, in Quadratmeter, die gleich der freien Prüföffnung ist;

A die äquivalente Schallabsorptionsfläche im Empfangsraum, in Quadratmeter.

ANMERKUNG 1: Die Ableitung von Gleichung (5) aus Gleichung (4) setzt voraus, daß die Schallfelder ideal diffus sind und daß der in den Empfangsraum eingestrahlte Schall nur durch den Prüfgegenstand übertragen wird.

ANMERKUNG 2: Im englischen Sprachgebrauch wird statt "Sound reduction index" auch die Benennung "Sound transmission loss" (TL) verwendet. Beides entspricht dem Schalldämm-Maß.

3.3 Scheinbares Schalldämm-Maß: Der zehnfache dekadische Logarithmus des Verhältnisses der auf eine zu prüfende Trennwand auftreffenden Schalleistung W_1 zu der in den Empfangsraum übertragenen Gesamtschalleistung, wenn außer der durch den Prüfgegenstand übertragenen Schalleistung W_2 die durch flankierende oder durch andere Bauteile übertragene Schalleistung W_3 signifikant ist. Diese Größe wird mit R' bezeichnet:

$$R' = 10 \lg \left(\frac{W_1}{W_2 + W_3} \right) \text{ dB} \qquad (6)$$

Im allgemeinen besteht die in den Empfangsraum übertragene Schalleistung aus der Summe mehrerer Komponenten. Auch in diesem Fall wird in diesem Teil von ISO 140, unter der Voraussetzung ausreichend diffuser Schallfelder in den beiden Räumen, das Bau-Schalldämm-Maß berechnet nach

$$R' = L_1 - L_2 + 10 \lg \frac{S}{A} \text{ dB} \qquad (7)$$

Folglich wird bei dem scheinbaren Schalldämm-Maß wie in Gleichung (5) die in den Empfangsraum übertragene Schalleistung auf die Schalleistung bezogen, die auf den Prüfgegenstand auftrifft, unabhängig von den tatsächlichen Übertragungsbedingungen.

4 Meßgeräte

Die Meßgeräte müssen den Anforderungen nach Abschnitt 6 entsprechen.

Die Geräte zur Messung des Schallpegels müssen hinsichtlich der Meßunsicherheit den Anforderungen der Klasse 0 oder 1 nach IEC 651 und IEC 804 entsprechen. Falls nicht sowohl im Sende- als auch im Empfangsraum Mikrofone mit denselben Diffusfeld-Übertragungsmaßen verwendet werden, müssen die Meßgeräte im diffusen Schallfeld kalibriert werden.

Falls absolute Schalldruckpegel gemessen werden, muß das gesamte Meßsystem einschließlich des Mikrofons vor jeder Messung mit einem Schallkalibrator der Klasse 1 nach IEC 942 kalibriert werden.

Die Terzfilter müssen den Anforderungen nach IEC 225 entsprechen.

Die Geräte zur Messung der Nachhallzeit müssen den Anforderungen nach ISO 354 entsprechen.

Anforderungen an die Schallquelle sind in 6.1 und Anhang C angegeben.

ANMERKUNG 3: Empfehlungen für Eignungsprüfungen und regelmäßige Konformitätsprüfungen von Schallpegelmessern sind in OIML R 58 und OIML R 88 niedergelegt.

5 Prüfanordnung

5.1 Räume

Prüfstände müssen den Anforderungen nach ISO 140-1 entsprechen.

5.2 Prüfgegenstand

Die Schallübertragung eines Prüfgegenstandes kann von der Temperatur und der relativen Luftfeuchte in den Prüfräumen zum Zeitpunkt der Prüfung und/oder während der Nachbehandlung oder der Vorbehandlung des Prüfgegenstandes abhängen. Diese Bedingungen sind im Prüfbericht anzugeben.

5.2.1 Trennbauteile

Die Größe der zu prüfenden Trennbauteile wird durch die Größe der Prüföffnung des Prüfstandes nach der Definition in ISO 140-1 bestimmt. Diese Größen betragen etwa 10 m^2 für Wände und zwischen 10 m^2 und 20 m^2 für Fußböden, wobei die kürzere Kantenlänge sowohl bei Wänden als auch bei Fußböden mindestens 2,3 m beträgt.

Eine geringere Größe darf verwendet werden, wenn die Wellenlänge der freien Biegewellen bei der tiefsten betrachteten Frequenz kleiner ist als die Hälfte der kleinsten Abmessung des Prüfgegenstandes. Je kleiner jedoch der Prüfgegenstand ist, desto empfindlicher werden die Ergebnisse auf Einzelheiten der Randeinspannung und auf örtliche Schwankungen der Schallfelder reagieren.

Das zu prüfende Trennbauteil wird vorzugsweise so weit wie möglich der Anwendung am Bau entsprechend bei sorgfältiger Nachbildung üblicher Anschlüsse und Abdichtungen am Umfang und an Fugen innerhalb des Trennbauteils eingebaut. Die Art des Einbaus muß im Prüfbericht angegeben werden.

Das Schalldämm-Maß von massiven Wänden und Fußböden hängt stark von der Ankopplung an die umgebenden Baukonstruktionen ab. Für die hinreichende Beschreibung des Einbaus wird in diesen Fällen die Messung und die Angabe des Verlustfaktors empfohlen (siehe Anhang E).

Wird der Prüfgegenstand in eine Öffnung der Prüfraumwand zwischen Sende- und Empfangsraum eingebaut, muß das Verhältnis der Öffnungstiefen etwa 2 : 1 betragen, es sei denn, dies ist mit der praktischen Anwendung des Prüfgegenstandes unvereinbar.

Besitzt der Prüfgegenstand eine Oberfläche, die signifikant stärker absorbierend ist als die andere Seite, muß die Oberfläche mit der höheren Absorption in den Senderaum weisen. In diesem Fall werden im Senderaum Diffusoren eingebaut.

In Prüfständen, die Teil 1 dieser Norm entsprechen, muß sichergestellt werden, daß die auf Nebenwegen übertragene Schalleistung im Vergleich zu dem durch den Prüfgegenstand übertragenen Schall vernachlässigbar klein ist. Um das zu überprüfen, muß der Wert von R'_{max} für den Prüfstand gemessen werden. Dies kann mit einer stark dämmenden Konstruktion erfolgen, die in die Prüföffnung eingesetzt wird. In Anhang A von ISO 140-1: . . . ist das Verfahren zur Bestimmung von R'_{max} angegeben.

Ist der Meßwert von R' für einen Prüfgegenstand kleiner als oder gleich (R'_{max} — 15 dB), darf der auf Nebenwegen übertragene Schall als vernachlässigbar klein angesehen werden, und das Ergebnis wird mit R bezeichnet.

Ist R' größer als (R'_{max} — 15 dB), muß der Beitrag der Flankenübertragung für diesen speziellen Fall untersucht werden. Dazu können die in Anhang D beschriebenen Verfahren benutzt werden. Sofern erforderlich, muß versucht werden, die Flankendämmung des Prüfstandes zu verbessern.

Falls R' größer als (R'_{max} — 15 dB) ist, sind im Prüfbericht entsprechende Angaben erforderlich (siehe Abschnitt 9, Aufzählung l). Es dürfen keine rechnerischen Korrekturen vorgenommen werden, dies gilt nicht für Messungen an Türen, Fenstern, Verglasungen und Fassadenelementen (siehe Anhang B).

Ist der Prüfgegenstand kleiner als die Prüföffnung, muß eine Vorprüfung durchgeführt werden, um sicherzustellen, daß die durch den einfassenden Rahmen übertragene Schalleistung klein ist gegenüber der Schalleistung, die durch den Prüfgegenstand übertragen wird. Dies kann nach dem in Anhang D beschriebenen Verfahren kontrolliert werden.

5.2.2 Türen, Fenster, Verglasungen und Fassadenelemente

5.2.2.1 Allgemeines

Der Prüfgegenstand muß auf die gleiche Weise geprüft werden wie ein Trennbauteil (siehe 5.2.1). Ist der Prüfgegenstand kleiner als die Prüföffnung, muß eine spezielle Einfassung mit ausreichend hoher Schalldämmung in die Prüföffnung eingesetzt und der Prüfgegenstand in diese Einfassung eingebaut werden. Der durch diese Einfassung und andere Nebenwege übertragene Schall sollte gegenüber dem durch den Prüfgegenstand übertragenen Schall, vernachlässigbar sein, oder die Prüfergebnisse müssen korrigiert werden (siehe Anhang B).

Ein zu öffnender Prüfgegenstand ist für die Prüfung so einzubauen, daß er auf übliche Weise geöffnet und geschlossen werden kann. Er muß unmittelbar vor der Prüfung mindestens fünfmal geöffnet und geschlossen werden.

Um die Anwendungsbedingungen nachzubilden werden Türen so eingebaut, daß die Unterkante möglichst nahe dem Fußboden der Prüfräume angeordnet ist.

Bei Verglasungen, Fenstern, Türen usw. ist die Fläche S die Fläche der Öffnung in der Trennwand, die zum Einbau des Prüfgegenstandes erforderlich ist.

Die Schalldämmung bestimmter Verglasungssysteme oder -elemente, speziell derer, die Verbundglas enthalten, kann von der Raumtemperatur während der Messungen abhängen. Es wird empfohlen, daß die Schalldämmungsmessungen an derartigen Prüfgegenständen bei (20 ± 3) °C in beiden Räumen durchgeführt werden. Die Prüfgegenstände sollten 24 h bei der Prüftemperatur akklimatisiert werden. Es kann vorteilhaft sein, zusätzlich Messungen bei näherungsweise solchen Temperaturen durchzuführen, für die der Prüfgegenstand konstruiert ist.

> ANMERKUNG 4: Da die Schalldämmung von Fenstern, Türen und kleinen Fassadenelementen von den Abmessungen abhängt, kann die Schalldämmung in der Praxis beträchtlich abweichen, wenn das Bauteil eine andere Fläche hat als der Prüfgegenstand.
>
> In der Regel weisen Prüfgegenstände (speziell Fensterscheiben), deren Flächen sich um nicht mehr als den Faktor 2 unterscheiden, Unterschiede der Schalldämmung von nicht mehr als 3 dB in der Einzahl-Angabe auf. Bei einer Fläche, die größer ist als die, welche geprüft wurde, wird sich im allgemeinen eine geringere Schalldämmung ergeben. Genaue, verläßliche Werte können nur durch Messen des Prüfgegenstandes mit der interessierenden Größe erhalten werden.
>
> ANMERKUNG 5: Messungen an quadratischen Prüfgegenständen können zu einer geringeren Schalldämmung führen als Messungen an rechteckigen Prüfgegenständen gleicher Fläche.

5.2.2.2 Einbau von Fenstern

Der Einbau eines Fensters muß weitestgehend wie in der Praxis erfolgen. Ist das Fenster in die Prüföffnung eingebaut, müssen die Nischen beiderseits des Fensters unterschiedliche Tiefen aufweisen, vorzugsweise mit einem Verhältnis von etwa 2 : 1, falls das mit der speziellen Fensterkonstruktion vereinbar ist. Es ist jedoch zu erwarten, daß die Prüfergebnisse mit Nischentiefen von unterschiedlichem Verhältnis voneinander abweichen werden.

Der Spalt zwischen Fenster und Prüföffnung (etwa 10 bis 13 mm um das Fenster herum, wenn das Fenster in der Prüföffnung eingebaut ist) sollte mit Absorptionsmaterial (z. B. Mineralwolle) gefüllt und beiderseits mit einer dauerplastischen Fugendichtungsmasse oder nach den Anweisungen des Herstellers luftdicht verschlossen werden.

5.2.2.3 Einbau von Glasscheiben

Die Glasscheibe muß so in die Prüföffnung eingebaut werden, daß die Nischen beiderseits der Glasscheibe unterschiedliche Tiefen mit einem Verhältnis von 2 : 1 aufweisen. Zwischen Glas und Leibung der Prüföffnung muß ein Spalt von etwa 10 mm verbleiben. Dieser Spalt muß mit Fugendichtungsmasse entsprechend der Festlegung in Anhang A ausgefüllt werden.

Zur Befestigung des Prüfgegenstandes müssen zwei Leisten aus Holz (25 mm × 25 mm) verwendet werden (siehe Bild 1). Der Zwischenraum zwischen Scheibe und Halteleiste muß mit Fugendichtungsmasse entsprechend der Beschreibung in Anhang A etwa 5 mm dick ausgefüllt

Maße in Millimeter

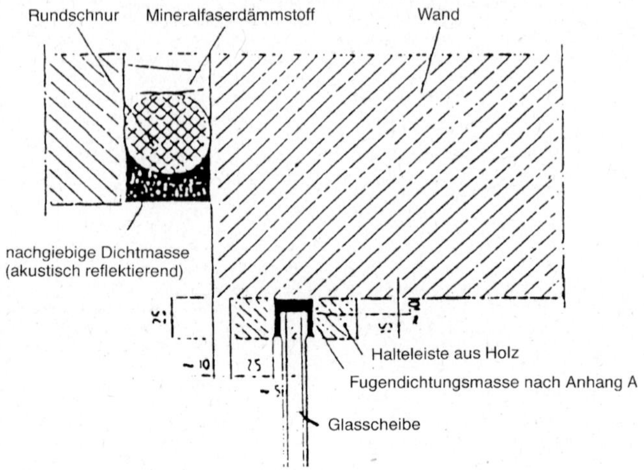

Dieses Beispiel zeigt eine Doppelverglasung, die direkt in die (kleinere) Öffnung einer zweischaligen Wand eingebaut ist (siehe ISO 140-1, Anhang C mit weiteren Details)

Bild 1: Einbau einer Glasscheibe

werden. Die Überdeckung des Glases durch die Halteleisten darf nicht mehr als 15 mm und nicht weniger als 12 mm betragen.[2])

ANMERKUNG 6: Die für eine Verglasung gemessene Schalldämmung repräsentiert nicht unbedingt die Schalldämmung eines Fensters mit dieser Verglasung. Deshalb sollte vorzugsweise das gesamte Fenster geprüft werden, um Informationen über die Schalldämmung der Fenster und nicht nur der Verglasung zu erhalten.

6 Durchführung der Prüfung und Auswertung

6.1 Erzeugung des Schallfeldes im Senderaum

Der im Senderaum erzeugte Schall muß stationär sein und im betrachteten Frequenzbereich ein kontinuierliches Spektrum besitzen. Wenn Filter benutzt werden, müssen sie mindestens Terzbandbreite besitzen. Wenn Breitbandrauschen verwendet wird, darf das Spektrum angepaßt werden, um im Empfangsraum ein ausreichendes Signal-Rausch-Verhalten bei hohen Frequenzen sicherzustellen (weißes Rauschen wird empfohlen). In jedem Fall darf das Schallspektrum im Senderaum zwischen benachbarten Terzbändern keine größeren Pegelunterschiede als 6 dB aufweisen.

Die Schalleistung sollte ausreichend hoch sein, damit der Schalldruckpegel im Empfangsraum in jedem Frequenzband mindestens 15 dB höher ist als das Grundgeräusch. Falls das nicht erfüllt ist, müssen Korrektionen nach 6.5 vorgenommen werden.

Werden mehr als ein Lautsprecher gleichzeitig in einem gemeinsamen Gehäuse als Schallquelle betrieben, so müssen sie gleichphasig betrieben werden, oder es muß auf eine andere Weise sichergestellt werden, daß die Anforderungen an gleichmäßige Rundumabstrahlung nach C.1.3, eingehalten werden. Mehrere Schallquellen dürfen gleichzeitig verwendet werden, vorausgesetzt, sie sind von gleicher Bauart und werden durch gleichartige, jedoch unkorrelierte Signale angeregt. Kontinuierlich bewegte Lautsprecher dürfen verwendet werden. Wird eine Einzelschallquelle eingesetzt, ist die Messung mit mindestens zwei Standorten der Schallquelle durchzuführen, die im selben Raum liegen, oder die Messungen müssen in umgekehrter Richtung der Schallausbreitung unter Vertauschen von Sende- und Empfangsraum und einem oder mehreren Schallquellenstandorten in jedem Raum wiederholt werden. Ist eine Oberfläche des Prüfgegenstandes signifikant stärker absorbierend als die andere, dürfen die Messungen nur in einer Richtung durchgeführt werden (siehe 5.2.1).

Die Lautsprecherboxen werden so angeordnet, daß ein möglichst diffuses Schallfeld erzeugt wird, und in einem solchen Abstand von dem Prüfgegenstand, daß der Anteil der direkten Schallstrahlung auf ihn nicht überwiegt. Die Schallfelder im Raum hängen stark vom Typ und Standort der Schallquelle ab. Mit den in Anhang C angegebenen Verfahren ist ein Test zur Eignung der Lautsprecher und Lautsprecherstandorte vorzunehmen. Eine Anleitung zum Einsatz kontinuierlich bewegter Lautsprecher wird in C.2.5 gegeben.

6.2 Messung des mittleren Schalldruckpegels

6.2.1 Allgemeines

Der mittlere Schalldruckpegel wird entweder mit einem Einzelmikrofon und punktweiser Abtastung auf verschiedenen Positionen, mit einer Anordnung mehrerer fest-

[2]) Diese Art des Einbaus und der Dichtung einer Glasscheibe in die Prüföffnung wird als eine praktische, schnelle, luftdichte und reproduzierbare Lösung angegeben, obwohl sie nicht die Einbauart in der Praxis darstellt.

stehender Mikrofone, mit kontinuierlich bewegtem Mikrofon oder mit einem Schwenkmikrofon bestimmt. Die Schalldruckpegel an den unterschiedlichen Mikrofonpositionen müssen für alle Schallquellenpositionen energetisch gemittelt werden (siehe Gleichungen (1) bis (3)).

6.2.2 Mikrofonpositionen

In jedem Raum müssen mindestens fünf Mikrofonpositionen verwendet werden; diese sind innerhalb des maximal zulässigen Bereiches in jedem Raum möglichst gleichmäßig zu verteilen (siehe Anhang C, Anleitung zur Mikrofonpositionierung).

Die folgenden Abstände sind Mindestwerte und müssen nach Möglichkeit überschritten werden:

0,7 m zwischen Mikrofonpositionen,

0,7 m zwischen jeder Mikrofonposition und den Raumbegrenzungen oder Diffusoren,

1,0 m zwischen jeder Mikrofonposition und der Schallquelle,

1,0 m zwischen jeder Mikrofonposition und dem Prüfgegenstand.

Bei Verwendung eines bewegten Mikrofons muß der Bahnradius mindestens 1 m betragen. Die Bahnebene muß gegen die Raumbegrenzungsflächen um mindestens 10° geneigt sein, um einen großen Anteil des zulässigen Raumbereiches zu erfassen. Die Dauer einer Bahnperiode darf nicht kleiner als 15 s sein.

6.2.3 Mittelungszeit

Die Dauer der Mittelwertbildung muß an jeder einzelnen Mikrofonposition in jedem Frequenzband mit einer Band-Mittenfrequenz unterhalb von 400 Hz mindestens 6 s betragen. Für Bänder mit höheren Band-Mittenfrequenzen darf die Dauer auf 4 s, jedoch nicht darunter, verringert werden. Bei Verwendung eines bewegten Mikrofons muß die Mittelungszeit eine ganze Anzahl von Bahnumläufen erfassen und darf nicht kleiner als 30 s sein.

6.3 Meßfrequenzbereich

Der Schalldruckpegel muß mit Terzfiltern bei mindestens den folgenden Mittenfrequenzen in Hertz gemessen werden:

100 125 160 200 250 315 400 500 630
800 1000 1250 1600 2000 2500 3150 4000 5000

Sind Zusatzinformationen im tiefen Frequenzbereich erforderlich, werden Terzfilter mit den folgenden Mittenfrequenzen in Hertz verwendet:

50 63 80

Für die Durchführung derartiger Zusatzmessungen in den tiefen Frequenzbändern wird eine Anleitung in Anhang F gegeben.

6.4 Messung der Nachhallzeit und Berechnung der äquivalenten Schallabsorptionsfläche

Der Korrektionsterm in Gleichung (5), der die äquivalente Schallabsorptionsfläche enthält, wird aus der nach ISO 354 gemessenen Nachhallzeit gebildet und mit der Sabine'schen Formel bestimmt:

$$A = \frac{0{,}16\ V}{T} \qquad (8)$$

Hierin bedeuten:

A die äquivalente Schallabsorptionsfläche, in Quadratmeter;

V das Volumen des Empfangsraumes, in Kubikmeter;

T die Nachhallzeit im Empfangsraum, in Sekunden.

Nach ISO 354 muß die Ermittlung der Nachhallzeit aus der Abklingkurve etwa 0,1 s nach Abschalten der Schallquelle oder mit einem Schalldruckpegel, der einige Dezibel geringer ist als der zu Beginn des Abklingens, beginnen. Der verwendete Bereich darf nicht geringer sein als 20 dB und nicht so groß sein, daß der beobachtete Abklingverlauf nicht durch eine Gerade angenähert werden kann. Die untere Grenze dieses Bereiches muß mindestens 10 dB über dem Fremdgeräuschpegel liegen.

Für jedes Frequenzband werden mindestens sechs Abklingverläufe ausgewertet. Es müssen in jedem Fall mindestens eine Lautsprecher- und drei Mikrofonpositionen mit je zwei Abklingkurven verwendet werden.

Bewegte Mikrofone nach 6.2.2 dürfen benutzt werden, wenn die Bahnumlaufzeit mindestens 30 s beträgt.

6.5 Fremdgeräuschkorrektur

Es müssen Messungen der Fremdgeräuschpegel durchgeführt werden, um sicherzustellen, daß die Beobachtungen im Empfangsraum nicht durch Störschall, wie z. B. Geräusche außerhalb des Prüfraumes, elektrisches Rauschen im Empfangssystem oder elektrisches Übersprechen zwischen Sende- und Empfangssystemen, beeinflußt werden. Um den zuletzt genannten Zustand zu überprüfen, wird das Mikrofon durch einen Mikrofonersatz oder der Lautsprecher durch eine äquivalente Impedanz ersetzt. Der Fremdgeräuschpegel muß mindestens 6 dB (und vorzugsweise mehr als 15 dB) unter dem Pegel der Kombination aus Signal und Fremdgeräusch liegen. Ist die Pegeldifferenz geringer als 15 dB, jedoch größer als 6 dB, müssen Korrekturen des Signalpegels nach folgender Gleichung berechnet werden:

$$L = 10 \lg \left(10^{L_{sb}/10\,dB} - 10^{L_b/10\,dB}\right)\ dB \qquad (9)$$

Hierin bedeuten:

L der korrigierte Signalpegel, in Dezibel.

L_{sb} der Pegel der Kombination aus Signal und Fremdgeräusch, in Dezibel.

L_b der Fremdgeräuschpegel, in Dezibel.

Ist die Differenz in einem der Frequenzbänder kleiner als oder gleich 6 dB, muß der Korrekturwert von 1,3 dB verwendet werden, entsprechend einer Differenz von 6 dB. In diesem Fall muß R im Prüfbericht so angegeben werden, daß deutlich ersichtlich ist, daß die angegebenen R-Werte die Meßgrenze darstellen [siehe l) in Abschnitt 9].

7 Präzision

Es wird gefordert, daß das Meßverfahren eine zufriedenstellende Wiederholpräzision ergibt. Diese muß nach dem in ISO 140-2 angegebenen Verfahren bestimmt und von Zeit zu Zeit überprüft werden, insbesondere dann, wenn eine Änderung im Verfahren oder der gerätetechnischen Ausrüstung vorgenommen wurde.

ANMERKUNG 7: Zahlenwerte zu den Anforderungen an die Wiederholpräzision sind in ISO 140-2 angegeben.

8 Darstellung der Ergebnisse

Zur Darstellung der Luftschalldämmung des Prüfgegenstandes muß das Schalldämm-Maß bei allen Meßfrequenzen auf eine Dezimalstelle hinter dem Komma in tabellarischer und in Kurvenform angegeben werden. Kurven im Prüfbericht müssen die Pegel in Dezibel über der Frequenz in logarithmischem Maßstab zeigen und müssen folgende Abmessungen verwenden:

5 mm für eine Terz,

20 mm für 10 dB.

Der Vordruck nach Anhang G wird bevorzugt verwendet. Als Kurzfassung des Prüfberichtes werden alle Informationen von Wichtigkeit, die den Prüfgegenstand, das Prüfverfahren und die Prüfergebnisse betreffen, angegeben.

Werden Ergebnisse der Bewertungen des Schalldämm-Maßes in Oktavbändern benötigt, müssen diese Werte mit folgender Gleichung aus den drei Terzbandwerten in das jeweilige Oktavband umgerechnet werden:

$$R_{\mathrm{oct}} = -10 \lg \left(\sum_{n=1}^{3} \frac{10^{-R_{\mathrm{Terz},n}/10\,\mathrm{dB}}}{3} \right) \mathrm{dB} \quad (10)$$

Wenn das Prüfverfahren entweder in gleicher oder umgekehrter Meßrichtung wiederholt wird, muß der arithmetische Mittelwert aller Meßergebnisse in jedem Frequenzband berechnet werden.

9 Prüfbericht

Der Prüfbericht muß enthalten:

a) Verweisung auf ISO 140-3;

b) Name und Adresse der die Messung durchführenden Organisation;

c) Name des Herstellers und Produktkennzeichnung;

d) Name und Adresse des Auftraggebers der Prüfung;

e) Prüfdatum;

f) Beschreibung des Prüfgegenstandes mit Schnittzeichnungen und Einbaubedingungen, einschließlich Größe, Dicke, flächenbezogene Masse, Vorbehandlungszeit und Beschaffenheit der Bauteile; Angabe, wer den Prüfgegenstand eingebaut hat (Prüfinstitut oder Hersteller);

g) Beschreibung von Einzelheiten der Prüföffnung;

h) Volumina beider Prüfräume;

i) Lufttemperatur und Luftfeuchte in den Meßräumen;

j) Schalldämm-Maß des Prüfgegenstandes als Funktion der Frequenz;

k) Kurzbeschreibung von Einzelheiten des Verfahrens und der Meßgeräte;

l) Angabe von Ergebnissen, die als Meßgrenzen anzusehen sind. Sie müssen als $R' = > \ldots$ dB angegeben werden. Die Angabe muß erfolgen, wenn der Schalldruckpegel in einem Band infolge des Fremdgeräuschpegels (akustisch oder elektrisch, siehe 6.5) nicht meßbar ist und auch, wenn der Meßwert des Schalldämm-Maßes durch Flankenübertragung beeinflußt wurde. In letzterem Fall muß der entsprechende Wert von $R'_{\max}$ angegeben werden;

m) Gesamtverlustfaktor η_{total} [sofern gemessen (siehe Anhang E)] bei allen Meßfrequenzen in tabellarischer und/oder Kurvenform.

Zur Ermittlung der Einzahl-Angabe aus der Kurve $R(f)$ siehe ISO 717-1. Es muß deutlich angegeben werden, daß die Ermittlung auf einem Ergebnis beruht, das in einem Prüfstand gewonnen wurde.

Anhang A (normativ)

Fugendichtungsmasse für den Einbau von Verglasungen in der Prüföffnung

Bei einer Messung nach diesem Teil von ISO 140 muß die beim Einbau des Prüfgegenstandes verwendete Fugendichtungsmasse folgende Bedingungen erfüllen:

Eine Glasscheibe aus Natron-Kalk-Silica (Floatglas, Dichte 2 500 kg/m^3, Elastizitätsmodul $E = 7 \times 10^4$ MPa) mit einer Dicke von (10 ± 0,3) mm und den Maßen 1 230 mm × 1 480 mm muß mit dieser Fugendichtungsmasse in die Prüföffnung nach 5.2.2.3 eingebaut werden. Das Luftschalldämm-Maß muß in Terzbändern im Frequenzbereich von 1600 Hz bis 3 150 Hz bestimmt werden. Die erste Messung darf nicht später als eine Stunde nach dem Einbau beginnen.

Die Ergebnisse müssen innerhalb des Bereiches von ± 2,0 dB den folgenden Werten entsprechen:

1 600 Hz: R = 31,3 dB

2 000 Hz: R = 35,6 dB

2 500 Hz: R = 39,2 dB

3 150 Hz: R = 42,9 dB

Etwa 24 Stunden später muß eine zweite Messung durchgeführt werden, um sicherzustellen, daß die Meßergebnisse nicht von einem Aushärteprozeß beeinflußt werden.

Es ist keine systematische Abweichung $\overline{\Delta R}$ (Mittelwert der 4 ΔR-Werte) von mehr als 0,5 dB zulässig. Es muß eine Prüföffnung nach ISO 140-1: . . ., Anhang C, verwendet werden.

ANMERKUNG 8: Mit Perenator TX 2001 S wurden diese Bedingungen erfüllt.[3])

[3]) Perenator TX 2001 S ist ein Beispiel für ein geeignetes handelsübliches Erzeugnis. Diese Information wird zur Erleichterung für den Anwender von ISO 140-3 gegeben und bedeutet keine Empfehlung dieses Erzeugnisses durch ISO.

Anhang B (normativ)

Messung des Schalldämm-Maßes der Trennwand (und von flankierenden Bauteilen) für Prüföffnungen für Türen, Fenster, Verglasungen und Fassadenelemente

Das scheinbare Schalldämm-Maß der Trennwand einschließlich aller flankierenden Bauteile, berechnet mit der freien Fläche der Prüföffnung in der Trennwand, muß bei jeder Frequenz mindestens 6 dB höher sein als das Schalldämm-Maß des Prüfgegenstandes. Es wird durch Messen des scheinbaren Schalldämm-Maßes R'_T bei wesentlich verringerter Übertragung durch den Prüfgegenstand bestimmt.

Folgendes Verfahren der Verringerung der Übertragung durch den Prüfgegenstand zur Messung von R'_T wird empfohlen: Einbau einer biegeweichen Vorsatzschale mit einer flächenbezogenen Masse von 25 kg/m^2 (z. B. Gipskartonplatten, beschichtet mit 2 mm Eisenblech) bündig mit der Vorderseite der Trennwand in den Teil der Prüföffnung, in dem der Prüfgegenstand eingebaut ist und Füllen des Raumes zwischen der Vorsatzschale und dem Prüfgegenstand mit Absorptionsmaterial.

ANMERKUNG 9: Falls dieses Verfahren nicht anwendbar ist (z. B. wegen Resonanzen zwischen dem Prüfgegenstand und der Vorsatzschale) siehe Anhang B von ISO 140-1: ... für weitere Überprüfungsverfahren für R'_T.

Die Ergebnisse R'_S von Messungen von Verglasungen oder Fenstern müssen mit dem mit dieser Konstruktion gemessenen und mit der freien Fläche der Prüföffnung in der Trennwandschale berechneten scheinbaren Schalldämm-Maßes verglichen werden. Ist die Differenz größer als oder gleich 6 dB, jedoch kleiner als 15 dB, muß das Meßergebnis R'_S um den Einfluß der Flankenübertragung korrigiert werden, indem R_S wie folgt berechnet wird:

$$R_S = -10 \lg (10^{-R'_S/10\,\text{dB}} - 10^{-R'_T/10\,\text{dB}})\ \text{dB} \quad \text{(B.1)}$$

Dabei ist:

R_S das korrigierte Schalldämm-Maß des Prüfgegenstandes, in Dezibel;

R'_S in Dezibel, gemessen bei in der Prüföffnung befindlichem Prüfgegenstand;

R'_T in Dezibel, gemessen bei in der Prüföffnung befindlicher spezieller Konstruktion.

Ist die Differenz zwischen R'_S und R'_T in einem der Frequenzbänder geringer als 6 dB, muß der Korrekturwert 1,3 dB betragen, was einer Differenz von 6 dB entspricht. In diesem Fall muß R'_T im Meßbericht so angegeben werden, daß deutlich wird, daß die angegebenen R_S-Werte Minimalwerte darstellen.

Anhang C (normativ)

Eignung und Aufstellung der Schallquelle

C.1 Eignungsprüfung für Lautsprecher und Lautsprecherpositionen relativ zu Mikrofonpositionen

C.1.1 Allgemeines

Ziel dieser Anforderungen ist, daß das Schallfeld, das den Prüfgegenstand anregt und das von den Mikrofonen abgetastet wird, so diffus wie möglich wird. Die Positionen und die Richtwirkung der Schallquelle müssen es zulassen, daß sich Mikrofonpositionen außerhalb des Direktfeldes der Schallquelle befinden und sie müssen sicherstellen, daß das Direktfeld von der Schallquelle an der Oberfläche des Prüfgegenstandes nicht überwiegt.

Anforderungen an die Strahlungscharakteristiken der Schallquelle hängen von den Abmessungen des Senderaumes ab. Der Abstand von der Schallquelle zum Prüfgegenstand und zu einer Mikrofonposition bei gleichmäßiger ungerichteter Strahlung darf nicht geringer als

$$d_{min} = 0{,}1\ (V/\pi T)^{1/2}$$

sein.

Hierin bedeuten:

d_{min} Abstand von der Schallquelle, in Meter;

V Raumvolumen, in Kubikmeter;

T Nachhallzeit, in Sekunden.

Eine Verdopplung dieses Abstandes wird sehr empfohlen. Es muß mindestens die Anforderung für Abstände nach 6.2.2 erfüllt sein, wenn eine Schallquelle verwendet wird, die die Anforderungen an gleichmäßige ungerichtete Strahlung nach C.1.2 erfüllt. Für andere Schallquellentypen muß das in C.1.2 angegebene Qualifikationsverfahren für Schallquellenstandorte durchgeführt werden.

C.1.2 Eignungsprüfverfahren für Lautsprecherpositionen in Bezug auf Mikrofonpositionen

Es muß sichergestellt sein, daß sich die Mikrofonpositionen außerhalb des direkten Schallfeldes der Schallquelle befinden. Dies kann experimentell überprüft werden, indem der Schalldruckpegel durch Abtasten des Pegels mit einem Mikrofon auf einer Geraden von der Oberfläche der Schallquelle zu den gewählten Mikrofonpositionen gemessen wird. Die Prüfung muß für alle Terzbänder mit den Mittenfrequenzen von mehr als 630 Hz durchgeführt werden. Jede feste Mikrofonposition muß außerhalb des Bereiches liegen, in dem sich die Pegel mit zunehmendem Abstand von der Schallquelle deutlich verringern. Bei einem bewegten Mikrofon darf keine signifikante Pegelerhöhung auftreten, wenn die Bahn in der Nähe der Schallquelle verläuft.

C.1.3 Prüfverfahren für die Richtwirkung der Lautsprecherabstrahlung

An allen Schallquellenpositionen im freien Raum sollten Lautsprecher verwendet werden, deren Lautsprechersysteme in einem geschlossenen Gehäuse eingebaut sind. Alle Lautsprechersysteme in demselben Gehäuse müssen gleichphasig abstrahlen.

Auf den Oberflächen eines Polyeders, vorzugsweise eines Dodekaeders, eingebaute Lautsprechersysteme führen zu einer ausreichenden Annäherung an eine gleichmäßige ungerichtete Abstrahlung.

Eine Überprüfung der Richtcharakteristik kann durch Messen der Schalldruckpegel um die Schallquelle in einem Abstand von etwa 1,5 m in einem freien Schallfeld erfolgen. Die Schallquelle muß mit einem Rauschsignal gespeist und die Messungen müssen in Terzbändern durchgeführt werden. Es sind die Pegeldifferenzen zwischen dem Energiemittelwert für den Winkelbereich von 360° (L_{360}) und den "gleitenden" Mittelwerten aller Winkelintervalle von 30° ($L_{30,i}$) zu bestimmen. Die Richtwirkungsmaße sind

$$\mathrm{DI}_i = L_{360} - L_{30,i}.$$

Gleichmäßige ungerichtete Strahlung kann angenommen werden, wenn die DI-Werte im Frequenzbereich von 100 Hz bis 630 Hz innerhalb der Grenzen von ± 2 dB liegen. Im Bereich von 630 Hz bis 1 000 Hz erhöhen sich die Grenzen linear von ± 2 dB auf ± 8 dB. Für Frequenzen von 1 000 Hz bis 5 000 Hz sind es ± 8 dB. Die Prüfung sollte in unterschiedlichen Ebenen durchgeführt werden, um den "ungünstigsten Fall" zuverlässig zu erfassen. Bei Polyedern ist die Prüfung in nur einer Ebene ausreichend.

C.2 Experimentelles Verfahren zum Auffinden der empfohlenen Anzahl von Lautsprecherpositionen und für die Auswahl der optimalen Positionen

C.2.1 Allgemeines

Es muß die Eignung von Lautsprecherpositionen in Bezug auf die spezifische Anregung des Raumes geprüft werden, um Positionen zu finden, die zu Ergebnissen der Schalldämmungsmessung führen, die möglichst nahe an den Mittelwerten einer großen Anzahl von Positionen liegen, die im Raum gleichverteilt sind.

Es werden einfache Anforderungen für die Auswahl vorläufiger Lautsprecherpositionen für den Versuch vorgegeben. Es werden Verfahren angegeben für das Auffinden der empfohlenen Anzahl von Positionen und für die Auswahl der optimalen Positionen, einschließlich einer Eignungsprüfung. Es wird ein empfohlener Prüfgegenstand beschrieben. Es wird eine Anleitung für die Verwendung kontinuierlich bewegter Lautsprecher gegeben.

Bei Verwendung ausgewählter Lautsprecherpositionen für Messungen der Schalldämmung in der Praxis müssen Lautsprechertyp und -orientierung denen entsprechen, mit denen die Eignungsprüfung durchgeführt wurde. Dies muß auch für alle Prüfstandsverhältnisse, einschließlich Mikrofonpositionen oder Mikrofonbahnen, Diffusoren, absorbierende Oberflächen usw. und nach Möglichkeit speziell bei Verwendung einer Prüföffnung in einer Trennwand für die Position des Prüfgegenstandes der Fall sein.

C.2.2 Anforderungen an Lautsprecherpositionen im Auswahlverfahren

Der Abstand zwischen unterschiedlichen Lautsprecherpositionen darf nicht geringer als 0,7 m sein. Mindestens zwei Positionen müssen wenigstens 1,4 m voneinander entfernt sein.

Der Abstand zwischen den Raumbegrenzungen und dem Mittelpunkt der Schallquelle darf nicht geringer als 0,7 m sein. Kleine Unregelmäßigkeiten der Raumbegrenzungen dürfen vernachlässigt werden. Zu Positionen nahe den Begrenzungsflächen, speziell Positionen in einer Ecke, siehe C.2.3.

Die Lautsprecherpositionen dürfen hinsichtlich der Achse oder der zentralen Ebenen des Senderaumes (bei parallelen Raumbegrenzungen) nicht symmetrisch sein. In denselben Ebenen parallel zu den Raumbegrenzungen dürfen sich nicht mehrere Lautsprecherpositionen befinden. Die Ebenen müssen einen gegenseitigen Mindestabstand von 0,1 m haben.

Die Orientierung des Lautsprechers muß genau dokumentiert werden, falls nicht eine ungerichtet abstrahlende Schallquelle verwendet wird. Es wird empfohlen, an allen Positionen dieselbe Orientierung beizubehalten, um sicherzustellen, daß die ausgewählten Positionen genau reproduziert werden können, weil ein Drehen des Lautsprechers die Position des akustischen Zentrums verändern kann.

C.2.3 Anleitungen für das Auffinden optimaler Positionen und Eignungsprüfung

Die empfohlene Anzahl von Lautsprecherpositionen und ein Satz optimaler Positionen werden nach folgendem Verfahren gefunden:

Die Untersuchungen müssen mit einer Anzahl m Lautsprecherpositionen durchgeführt werden, die größer ist als

$$m = 152/V^{2/3}, \qquad \text{(C.1)}$$

wobei V das Senderaumvolumen in m^3 ist.

Die Positionen werden nach den Festlegungen in C.2.2 gewählt. Wenn es erforderlich ist, daß der minimale Abstand zwischen den Positionen geringer als 0,8 m ist, müssen die Positionen so verteilt werden, daß der Mindestabstand so groß wie möglich ist und die anderen oben angegeben Anforderungen erfüllt sind.

Die Differenz D zwischen den Sende- und Empfangsraumpegeln muß für jede Lautsprecherposition gemessen und die Standardabweichung s_i dieser Differenzen für jedes Terzband mit der Mittenfrequenz von 100 bis 315 Hz berechnet werden:

$$s_i = \sqrt{\left[\frac{1}{m-1}\sum_{j=1}^{m}(D_{j,i} - \mu_i)^2\right]} \qquad \text{(C.2)}$$

wobei $D_{i,j}$ die Pegeldifferenz für die j-te Lautsprecherposition im i-ten Terzband und μ_i der arithmetische Mittelwert der Pegeldifferenzen im i-ten Terzband sind. m ist die Anzahl der untersuchten Lautsprecherpositionen.

Die Anzahl N der Lautsprecherpositionen, die in der Praxis zu verwenden sind, wird mit den folgenden Bedingungen bestimmt.

$$N \geq 2 \qquad \text{(C.3)}$$

$$N \geq (s_i/\sigma_i)^2 \qquad \text{(C.4)}$$

$$N \geq \left(\sum_i s_i/4{,}8\ \mathrm{dB}\right)^2 \qquad \text{(C.5)}$$

wobei s_i die Standardabweichung der Pegeldifferenzen (siehe Gleichung C.2) und σ_i die festgelegte maximale Standardabweichung des Mittelwertes für N Lautsprecherpositionen (angegeben in Tabelle C.1) ist.

Anforderung C.4 muß für alle Terzbänder erfüllt sein.

Tabelle C.1: Vorgeschriebene Höchstwerte der Standardabweichung für den Mittelwert der gemessenen Pegeldifferenz für N Lautsprecherpositionen

f, Hz	σ_i, dB
100	1,4
125	1,2
160	1,0
200	0,8
250	0,8
315	0,8

Überschreitet 2 × N den Wert von m, muß die Anzahl der untersuchten Lautsprecherpositionen von m auf 2 × N erhöht werden. Die zusätzlichen Lautsprecherpositionen müssen so gewählt werden, daß die obigen Anforderungen für alle 2 × N Positionen erfüllt werden.

Für jede Lautsprecherposition j wird die Summe S_j der Quadrate der Abweichungen von den Mittelwerten bei den sechs Terzbändern berechnet:

$$S_j = \sum_{i=1}^{6} (D_{j,i} - \mu_i)^2 \qquad \text{(C.6)}$$

Die q Positionen, für die S_j am kleinsten ist, werden aus allen untersuchten Lautsprecherpositionen ausgewählt.

Es dürfen auch zusätzliche Lautsprecherpositionen untersucht werden, die die Bedingungen in C.2.2 nicht erfüllen. Beispielsweise können Positionen in Ecken für die praktische Anwendung von Vorteil sein. Überschreitet S_j für eine zusätzliche Position den größten Wert der gewählten q Positionen nicht, darf die Position in der Praxis verwendet werden.

Schließlich werden q Positionen, wobei $q \geq 2$ ist, nach folgendem Verfahren bestimmt: Für alle Kombinationen der q Positionen wird die Summe $S_{j,q}$ der Quadrate der Abweichungen von den Mittelwerten aus sechs Terzbereichen berechnet. Die q Positionen, für welche $S_{j,q}$ am kleinsten ist, werden ausgewählt.

Zwei oder mehr der gewählten Positionen müssen jeweils mindestens 1,4 m voneinander entfernt sein.

Positionen nahe den Begrenzungsflächen sind für viele Lautsprechertypen sehr kritisch, weil kleine Verschiebungen des Lautsprechers zu großen Schwankungen von D_i mit großen Abweichungen von den Mittelwerten μ_i führen können. Wenn diese Positionen gewählt werden, muß sichergestellt sein, daß sie sehr genau reproduziert werden können.

C.2.4 Prüfgegenstand

Das Prüfverfahren wird mit einem Prüfgegenstand durchgeführt, dessen Schalldämm-Maß die Werte in Tabelle C.2 nicht überschreitet und dessen Größe der für Verglasungen in Anhang C von ISO 140-1 festgelegten Größe entspricht.

ANMERKUNG 10: Es hat sich gezeigt, daß Meßergebnisse an kleinen Prüfgegenständen mit relativ geringer Schalldämmung im allgemeinen gegenüber Variationen der Positionen der Schallquelle sehr empfindlich sind.

Tabelle C.2: Maximales Schalldämm-Maß für den Prüfgegenstand

f, in Hz	R, in dB
100	27
125	28
160	29
200	30
250	31
315	32

Ein empfohlener Prüfgegenstand ist ein einzelnes Element in Sandwich-Bauweise (Stahlblech-Harz-Stahlblech, Gesamtdicke 2,2 mm), das mit Schrauben in genieteten Halterungen und elastoplastischem Dichtungsmittel auf einem U-Profilrahmen befestigt ist.

ANMERKUNG 11: Der empfohlene Prüfgegenstand zeigt keine Resonanzeinflüsse auf die Schalldämmung im gesamten Frequenzbereich bis 5 000 Hz. Er ist deshalb auch für regelmäßige Prüfungen der Wiederholpräzision nach der Empfehlung in Abschnitt 7 dieser Norm geeignet.

ANMERKUNG 12: Wenn in dem Prüfstand üblicherweise keine Prüfungen an diesem Prüfgegenstand durchgeführt werden, darf das Prüfverfahren mit einem Prüfgegenstand durchgeführt werden, der den hauptsächlich verwendeten Typ repräsentiert.

C.2.5 Verwendung von kontinuierlich bewegten Lautsprechern

Es darf ein Lautsprecher verwendet werden, der automatisch längs einer Bahn bewegt wird, während die Schallpegelmessungen in beiden Räumen durchgeführt werden. Die Bahnlänge darf nicht geringer als 1,6 m sein. Der Lautsprecher sollte ungerichtet abstrahlen, andernfalls muß das in C.1.2 angegebene Qualifikationsverfahren für alle Positionen auf der Bahn mit den kürzesten Abständen zu den unterschiedlichen Mikrofonpositionen durchgeführt werden.

Unter Verwendung mehrerer Bahnen, einschließlich der vier Diagonalen, sind Messungen des Schalldämm-Maßes eines Prüfgegenstandes nach dem Verfahren in C.2.4 in dem Teil des Raumes durchzuführen, der den Anforderungen in C.2.2 entspricht. Die Bahn mit dem kleinsten S_j (siehe Gleichung (C.6)) muß für die Messungen in der Praxis verwendet werden.

Anhang D (informativ)

Messung der Flankenübertragung

Man kann davon ausgehen, daß die in den Empfangsraum übertragene Schalleistung aus der Summe folgender Komponenten besteht:

W_{Dd} die direkt auf die Trennwand auftrifft und von ihr direkt abgestrahlt wird;

W_{Df} die direkt auf die Trennwand auftrifft, jedoch von flankierenden Bauwerkteilen abgestrahlt wird;

W_{Fd} die auf flankierende Bauwerksteile auftrifft und von der Trennwand direkt abgestrahlt wird;

W_{Ff} die auf flankierende Bauwerksteile auftrifft und von ihnen abgestrahlt wird;

W_{Leck} die durch Undichtigkeiten, Lüftungskanäle usw. (als Luftschall) übertragen wird.

Wenn die Flankenübertragung untersucht werden muß, kann dies auf einem der folgenden Wege durchgeführt werden:

a) Durch Abdecken des Prüfgegenstandes auf beiden Seiten mit zusätzlichen biegeweichen Schichten, z. B. 13 mm Gipskartonplatten auf einem separaten Rahmen in einem Abstand, der zu einer Resonanzfrequenz des Systems Schicht-Luftraum führt, die weit unterhalb des interessierenden Frequenzbereiches liegt. Der Luftraum muß schallabsorbierendes Material enthalten. Mit dieser Messung werden W_{Dd}, W_{Df} und W_{Fd} unterdrückt, und das gemessene scheinbare Schalldämm-Maß wird durch W_{Ff} bestimmt. W_{Leck} wird unter Prüfstandbedingungen als vernachlässigbar klein angenommen. Zusätzliche biegeweiche Schichten, die spezielle flankierende Oberflächen abdecken, können zu einer Identifikation der Hauptflankenwege führen.

b) Durch Messen der mittleren Schnellepegel auf dem Prüfgegenstand und auf den flankierenden Oberflächen im Empfangsraum. Der mittlere Oberflächenschnellepegel L_v des Prüfgegenstandes ist gegeben durch:

$$L_v = 10 \lg \left(\frac{v_1^2 + v_2^2 + \ldots + v_n^2}{n \cdot v_0^2} \right) \text{ dB} \tag{D.1}$$

Hierin bedeuten:

$v_1, v_2, \ldots, v_n$ die Effektivwerte der zur Oberfläche senkrechten Komponenten der Oberflächenschnelle an n unterschiedlichen Positionen des Prüfgegenstandes;

$v_0 = 10^{-9}$ m/s die Bezugsschnelle.[4])

ANMERKUNG 13: In der Bauakustik ist auch die Bezugsschnelle von 5×10^{-8} m/s in Gebrauch. Deshalb muß die in Gleichung (D.1) verwendete Bezugsschnelle immer angegeben werden.

Der verwendete Schwingungsaufnehmer sollte fest an der Oberfläche befestigt werden, und seine Masseimpedanz sollte gegenüber der Punktimpedanz der Oberfläche ausreichend gering sein.

Wenn die kritische Frequenz des Prüfgegenstandes oder der flankierenden Teile tief ist, kann im betrachteten Frequenzbereich die von einem speziellen Element k mit der Fläche S_k in den Empfangsraum abgestrahlte Leistung W_k abgeschätzt werden durch:

$$W_k = \varrho c \, S_k \, \overline{v_k^2} \, \sigma_k, \tag{D.2}$$

Dabei ist:

$\overline{v_k^2}$ der räumliche Mittelwert des mittleren Quadrates der senkrechten Komponente der Oberflächenschnelle;

σ_k der Abstrahlgrad, ein Zahlenwert von etwa 1 oberhalb der kritischen Frequenz;

ϱc die Kennimpedanz von Luft.

Wird z. B. die von den flankierenden Bauwerksteilen abgestrahlte Leistung auf diese Weise bestimmt, kann die Messung für die Berechnung des scheinbaren Schalldämm-Maßes verwendet werden:

$$R'_{Df+Ff} = 10 \lg \left(\frac{W_1}{W_{Df} + W_{Ff}} \right) \text{ dB} \tag{D.3}$$

ANMERKUNG 14: Die Flankenübertragung kann unter Verwendung des Intensitätsmeßverfahrens direkt gemessen werden, wenn verschiedene spezielle Bedingungen zur Erzielung zuverlässiger Ergebnisse mit diesem Verfahren erfüllt werden. Solange keine Verweisung auf eine Norm für dieses Verfahren möglich ist, sollte dies im Prüfbericht erläutert werden.

---

[4]) Siehe ISO 1683, Akustik — Vorzugsbezugsgrößen für akustische Pegel.

Anhang E (informativ)

Messung des Gesamtverlustfaktors

E.1 Allgemeines

Es wird ein physikalisches System betrachtet, das über schwache Kopplung Energie mit anderen Systemen austauscht.

E ist die Schwingungsenergie des Systems in einem Frequenzband ($f \pm \Delta f$) unter stationären Bedingungen. Durch äußere Kräfte wird die Energie ΔE in demselben Frequenzband und während einer Dauer, die der Frequenz f entspricht, in das System eingeleitet, um E konstant zu halten. Dann ist der Gesamtverlustfaktor η_{Gesamt} gegeben durch:

$$\eta_{\text{Gesamt}} = \frac{\Delta E}{2\pi \cdot E} \qquad \text{(E.1)}$$

Beispielsweise kann das System eine Wand oder eine Gruppe fest gekoppelter Wände von etwa derselben flächenbezogenen Masse sein.

Die anderen Systeme können ein Luftvolumen, eine weitere Wand oder Trennwand unterschiedlicher Masse sein, die über nachgiebige Verbindungen gekoppelt oder befestigt sind. Der Gesamtverlustfaktor beinhaltet innere Verluste, Kanten- und Strahlungsverluste.

E.2 Messungen

Die Beziehung zwischen η_{Gesamt} und der Nachhallzeit T_R des Systems ist bei Anregung durch eine impulsartige Kraft gegeben durch:

$$\eta_{\text{Gesamt}} = \frac{2{,}2}{f \cdot T_R} \qquad \text{(E.2)}$$

Die Nachhallzeit kann durch Messen der Schnelle oder Beschleunigung an unterschiedlichen Punkten des Systems abgeschätzt werden. Es wird vorgeschlagen, daß die Nachhallzeit aus der Abklingkurve zwischen 5 dB und 20 dB unterhalb des maximalen Pegels berechnet werden sollte. Es sollten von einer typischen Wandkonstruktion (10 m^2 bis 20 m^2) die Mittelwerte von 12 Abklingkurven verwendet werden, in der Regel 2 Meßpunkte × 3 Erregungspunkte × 2 Abklingverläufe pro Punkt.

Die Erregung kann durch den Schlag eines mit Gummikappen versehenen Hammers erfolgen. Die Hammermasse sollte etwa derjenigen von 100 cm^2 der angeregten Wand entsprechen.

Die Nachhallzeit beträgt oft nur etwa 20 ms, so daß die übliche Signalverarbeitung für Nachhallzeitmessungen von Luftschall nicht verwendet werden kann. Stattdessen können die folgenden Verfahren benutzt werden:

Die Abklingkurve wird mit einem Magnetbandgerät oder einem Transientenspeicher aufgezeichnet und, falls möglich, zeitinvertiert mit geringerer Geschwindigkeit wiedergegeben. Die Messung kann unter Verwendung von transponierten Filtern durchgeführt werden. Das Produkt aus der Filterbandbreite B und der gemessenen Nachhallzeit sollte 16 für zeitrichtige Analyse und 4 für zeitinvertierte Analyse betragen. Es muß ein spezieller Effektivwert-Detektor mit einer kleinen Zeitkonstante verwendet werden. Die äquivalente Nachhallzeit T_R eines Effektivwert-Detektors mit der Zeitkonstanten τ beträgt $T_R = 13{,}8\ \tau$. Es wird empfohlen, daß für zeitrichtige Auswertung T_R etwa die Hälfte der gemessenen Nachhallzeit sein sollte und bei zeitinvertierter Auswertung bis zu der vierfachen gemessenen Nachhallzeit.

Anhang F (informativ)

Anleitung für Messungen in den unteren Frequenzbändern

F.1 Allgemeines

In den unteren Frequenzbändern (im allgemeinen unterhalb etwa 400 Hz und insbesondere unterhalb 100 Hz,) können die Bedingungen eines diffusen Schallfeldes in den Prüfräumen nicht erwartet werden, speziell dann nicht, wenn die Raumvolumina nur 50 m^3 bis 100 m^3 betragen. Die allgemeine Anforderung, daß die Raumabmessungen mindestens eine Wellenlänge betragen sollten, kann für die tiefsten Bänder nicht erfüllt werden. Die kleine Anzahl der Eigenfrequenzen des Raumes in den Bändern sind der Grund für die Ausbildung stehender Wellen im gesamten Raum.

Die Erregung der Eigenschwingungen des Raumes ist stark von den Schallquellenorten abhängig. Das Schalldämm-Maß ändert sich, je nachdem welche Eigenschwingungen des Raumes angeregt werden. Selbst wenn die Wiederholpräzision bei tiefen Frequenzen nicht schlecht ist, können die Vergleichspräzision und die Vergleichbarkeit mit Prüfergebnissen von anderen Räumen sehr schlecht sein: die Prüfergebnisse werden vom Prüfstand abhängig.

Um die Streuung der Meßergebnisse zu verringern, ist zusätzlicher Aufwand hinsichtlich der Erregung und der Abtastung des Schallfeldes in den Räumen und bezüglich der speziellen Anforderungen, denen die Räume zu genügen haben, notwendig.

Räume mit kleinen Volumen und ungünstigen Abmessungen sind für Messungen bei tiefen Frequenzen nicht geeignet. Es sollte mindestens eine Raumabmessung einer Wellenlänge und eine weitere mindestens einer halben Wellenlänge der tiefsten Bandmittenfrequenz entsprechen, und es muß Raum vorhanden sein, die Schallquelle und die Mikrofone nach den Anforderungen zu positionieren.

F.2 Mindestabstände

Zu den Raumbegrenzungen hin wird unterhalb eines Abstandes von etwa einem Viertel einer Wellenlänge eine starke Schalldruckpegelerhöhung gemessen. Die Mindestabstände (siehe 6.2.2) sind linear zu erhöhen und für Messungen im 50-Hz-Band zu verdoppeln. Für den Abstand zwischen den Mikrofonpositionen und den Raumbegrenzungen sollten etwa 1,2 m die untere Grenze sein. Dies gilt auch für die Abstände zwischen Mikrofonpositionen und der Oberfläche des Prüfgegenstandes.

F.3 Abtastung des Schallfeldes

Zur Erzielung eines zuverlässigen räumlichen Mittelwertes der Schalldruckpegel muß die Anzahl der Mikrofonpositionen erhöht werden. Die Mikrofonpositionen sollten gleichmäßig über das zulässige Raumvolumen verteilt werden. Bei Verwendung eines bewegten Mikrofons sollten alle Teile des zulässigen Raumvolumens gleichmäßig abgetastet werden. Bei sehr tiefen Frequenzen, bei denen die Raumabmessungen in den Bereich einer halben Wellenlänge gelangen, findet man extrem niedrige Schalldruckwerte im Mittelteil des Raumes. Deshalb müssen auch außerhalb dieses Bereiches geeignete Mikrofonpositionen angeordnet werden.

F.4 Lautsprecherpositionen

Mangelnde Diffusität in kleinen Räumen bei Messungen bei tiefen Frequenzen kann teilweise durch die Anregung verschiedener Schallfelder nacheinander und Mittelwertbildung der Ergebnisse kompensiert werden. Deshalb muß die Anzahl der Lautsprecherpositionen erhöht werden, die Mindestanzahl sollte drei sein. Es wird die Verwendung eines kontinuierlich bewegten Lautsprechers empfohlen.

F.5 Mittelungszeit

Infolge der geringeren Bandbreite der Filter und der geringen Überlappung der Moden sollten die Mittelungszeiten für Messungen im 50 Hz-Band auf mindestens 15 s erhöht werden (etwa das Dreifache verglichen mit den Anforderungen an Messungen bei 100 Hz). Bei Verwendung eines bewegten Mikrofons sollte die Mittelungszeit mindestens 60 s betragen.

F.6 Nachhallzeit

Bei sehr tiefen Frequenzen neigen Prüfräume zu sehr langen Nachhallzeiten. Dies muß durch Verbesserung der Überlappung der Moden vermieden werden, um die Dominanz einzelner Eigenschwingungen im Raum zu verringern. Absorber sollten im Raum gut verteilt sein. Es wird die Verwendung von Gipskartonplatten mit Mineralwolleschichten an den Wänden und der Decke und ein schwimmender Estrich empfohlen.

Anhang G (informativ)

Vordruck für die Darstellung der Ergebnisse

Dieser Anhang zeigt ein Beispiel für die Darstellung von Prüfergebnissen von Messungen der Luftschalldämmung von Bauteilen im Prüfstand.

Die Bezugskurve in der Diagrammvorlage ist ISO 717-1 entnommen. Sie sollte ergänzt und zumindest durch die verschobene Bezugskurve entsprechend dem in ISO 717-1 festgelegten Verfahren ersetzt werden.

Schalldämm-Maß nach ISO 140-3

Messung der Luftschalldämmung von Bauteilen im Prüfstand

Hersteller:

Auftraggeber:

Prüfgegenstand eingebaut von:

Produktbezeichnung:

Kennz. der Prüfräume:

Prüfdatum:

Beschreibung des Prüfstandes, des Prüfgegenstandes und der Prüfanordnung:

Fläche S des Prüfgegenstandes: m^2

Flächenbezogene Masse: kg/m^2

Lufttemp. in den Prüfräumen: °C

Luftfeuchte in den Prüfräumen: %

Volumen des Senderaumes: m^3

Volumen des Empfangsraumes: m^3

Frequenz Hz	R Terz dB
50	
63	
80	
100	
125	
160	
200	
250	
315	
400	
500	
630	
800	
1000	
1250	
1600	
2000	
2500	
3150	
4000	
5000	

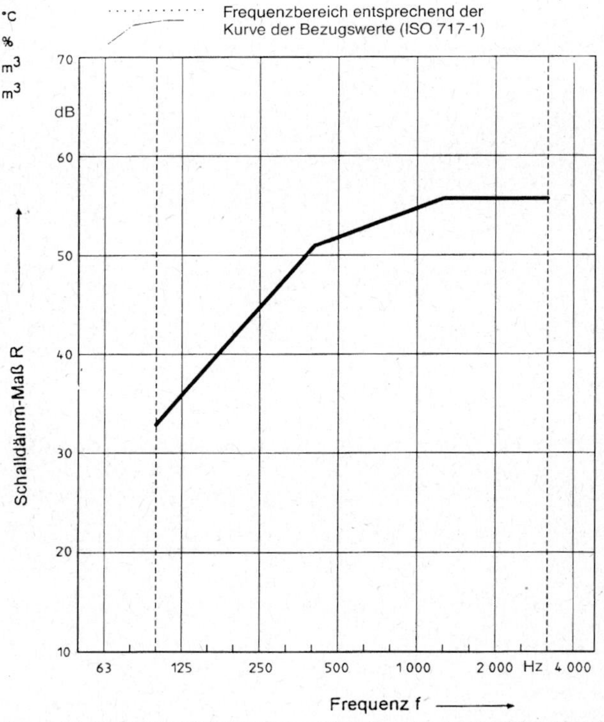

Bewertung nach ISO 717-1:

$R_w(C; C_{tr})$ = (;) dB $C_{50\text{-}3150}$ = dB; $C_{50\text{-}5000}$ = dB; $C_{100\text{-}5000}$ = dB

Die Ermittlung basiert auf Prüfstands-Meßergebnissen, die in Terzbändern gewonnen wurden. $C_{tr,50\text{-}3150}$ = dB; $C_{tr,50\text{-}5000}$ = dB; $C_{tr,100\text{-}5000}$ = dB

Nr. des Prüfberichtes:

Datum:

Name des Prüfinstitutes:

Unterschrift:

Anhang ZA (normativ)

Normative Verweisungen auf internationale Publikationen mit ihren entsprechenden europäischen Publikationen

Diese Europäische Norm enthält durch datierte oder undatierte Verweisungen Festlegungen aus anderen Publikationen. Diese normativen Verweisungen sind an den jeweiligen Stellen im Text zitiert, und die Publikationen sind nachstehend aufgeführt. Bei starren Verweisungen gehören spätere Änderungen oder Überarbeitungen dieser Publikationen nur zu dieser Europäischen Norm, falls sie durch Änderung oder Überarbeitung eingearbeitet sind. Bei undatierten Verweisungen gilt die letzte Ausgabe der in Bezug genommenen Publikation.

Publikation	Jahr	Titel	EN	Jahr
ISO 140-2	1991	Acoustics — Measurements of sound insulation in buildings and building elements — Part 2: Determination, verification and application of precision data (including corrigendum 1 : 1993)	EN 20140-2	1993
ISO 354	1985	Acoustics — Measurements of sound absorption in a reverberation room	EN 20354	1993

DK 699.844 : 692 : 534.6 : 534.83 : 620.1 Dezember 1993

Akustik

Messung der Schalldämmung in Gebäuden und von Bauteilen

Teil 9: Raum-zu-Raum-Messung der Luftschalldämmung von Unterdecken mit darüberliegendem Hohlraum im Prüfstand

(ISO 140-9 : 1985) Deutsche Fassung EN 20 140-9 : 1993

DIN EN 20 140 Teil 9

Diese Norm enthält die deutsche Übersetzung der Internationalen Norm **ISO 140-9**

Acoustics; Measurement of sound insulation in buildings and of building elements; Part 9: Laboratory measurement of room-to-room airborne sound insulation of a suspended ceiling with a plenum above it; (ISO 140-9 : 1985); German version EN 20 140-9 : 1993

Acoustique; Mesurage de l'isolation acoustique des immeubles et des éléments de construction; Partie 9: Mesurage en laboratoire de l'isolation au bruit aérien de piéce à piére par un plafond suspendu surmonté d'un vide d'air; (ISO 140-9 : 1985); Version allemande EN 20 140-9 : 1993

Teilweise Ersatz für DIN 52 210 T2/08.84

Die Europäische Norm EN 20 140-9 : 1993 hat den Status einer Deutschen Norm.

Nationales Vorwort

Diese Europäische Norm ist im Komitee CEN/TC 126 „Akustische Eigenschaften von Baustoffen und Bauteilen und von Gebäuden" unter intensiver deutscher Mitarbeit ausgearbeitet worden. Für die deutsche Mitarbeit ist der Arbeitsausschuß NMP 231 „Schalldämmung und Schallabsorption; Messung und Bewertung" des Normenausschusses Materialprüfung (NMP) verantwortlich.

Für die im Abschnitt 2 zitierten Internationalen Normen wird im folgenden auf die entsprechenden Deutschen Normen hingewiesen:

ISO 140-2 siehe DIN EN 20 140 Teil 2

ISO 354 siehe DIN EN 20 354

Zitierte Normen

— in der Deutschen Fassung:

Siehe Abschnitt 2

— in nationalen Zusätzen:

DIN EN 20 140 Teil 2 Akustik; Messung der Schalldämmung in Gebäuden und von Bauteilen; Teil 2: Angaben von Genauigkeitsanforderungen; (ISO 140-2 : 1991); Deutsche Fassung EN 20 140-2 : 1993

DIN EN 20 354 Akustik; Messung der Schallabsorption im Hallraum; (ISO 354 : 1985); Deutsche Fassung EN 20 354 : 1993

Frühere Ausgaben

DIN 52 210: 07.52, 03.60 x

DIN 52 210 Teil 2: 04.77, 08.81, 08.84

Änderungen

Gegenüber DIN 52 210 T2/08.84 wurden folgende Änderungen vorgenommen:

- Der Abschnitt 7 von DIN 52 210 Teil 2 wurde vollständig überarbeitet und wird durch DIN EN 20 140-9 ersetzt.

Internationale Patentklassifikation

G 01 H 003/10

E 04 B 001/74

Fortsetzung 6 Seiten EN-Norm

Normenausschuß Materialprüfung (NMP) im DIN Deutsches Institut für Normung e.V.
Normenausschuß Akustik, Lärmminderung und Schwingungstechnik (NALS) in DIN und VDI
Normenausschuß Bauwesen (NABau) im DIN

35/15*

EUROPÄISCHE NORM
EUROPEAN STANDARD
NORME EUROPÉENNE

EN 20140-9

September 1993

DK 584.833.522.4.08

Deskriptoren: Akustik, Akustische Prüfung, Bau, Bauteil, Laborprüfung, Bestimmung, Schallschutz, Luftschall

Deutsche Fassung

Akustik

Messung der Schalldämmung in Gebäuden und von Bauteilen

Teil 9: Raum-zu-Raum-Messung der Luftschalldämmung von Unterdecken mit darüberliegendem Hohlraum im Prüfstand (ISO 140-9 : 1985)

Acoustics — Measurement of sound insulation in buildings and of building elements — Part 9: Laboratory measurement of room-to-room airborne sound insulation of a suspended ceiling with a plenum above it — (ISO 140-9 : 1985)

Acoustique — Mesurage de l'isolation acoustique des immeubles et des éléments de construction — Partie 9: Mesurage en laboratoire de l'isolation au bruit aérien de piéce à piére par un plafond suspendu surmonté d'un vide d'air — (ISO 140-9 : 1985)

Diese Europäische Norm wurde von CEN am 1993-09-21 angenommen.

Die CEN-Mitglieder sind gehalten, die CEN/CENELEC-Geschäftsordnung zu erfüllen, in der die Bedingungen festgelegt sind, unter denen dieser Europäischen Norm ohne jede Änderung der Status einer nationalen Norm zu geben ist.

Auf dem letzten Stand befindliche Listen dieser nationalen Normen mit ihren bibliographischen Angaben sind beim Zentralsekretariat oder bei jedem CEN-Mitglied auf Anfrage erhältlich.

Diese Europäische Norm besteht in drei offiziellen Fassungen (Deutsch, Englisch, Französisch). Eine Fassung in einer anderen Sprache, die von einem CEN-Mitglied in eigener Verantwortung durch Übersetzung in die Landessprache gemacht und dem Zentralsekretariat mitgeteilt worden ist, hat den gleichen Status wie die offiziellen Fassungen.

CEN-Mitglieder sind die nationalen Normungsinstitute von Belgien, Dänemark, Deutschland, Finnland, Frankreich, Griechenland, Irland, Island, Italien, Luxemburg, Niederlande, Norwegen, Österreich, Portugal, Schweden, Schweiz, Spanien und dem Vereinigten Königreich.

CEN

EUROPÄISCHES KOMITEE FÜR NORMUNG
European Committee for Standardization
Comité Européen de Normalisation

Zentralsekretariat: rue de Stassart 36, B-1050 Brüssel

Ref.-Nr. EN 20140-9 : 1993 D

Vorwort

Diese Europäische Norm ist die Anerkennung von ISO 140-9. Die Anerkennung von ISO 140-9 wurde vom CEN/TC 126 "Akustische Eigenschaften von Baustoffen und Bauteilen und von Gebäuden" empfohlen, unter dessen Zuständigkeit diese Europäische Norm künftig fällt.

Diese Europäische Norm muß den Status einer nationalen Norm erhalten, entweder durch Veröffentlichung eines identischen Textes oder durch Anerkennung bis März 1994, und etwaige entgegenstehende nationalen Normen müssen bis März 1994 zurückgezogen werden.

Die Norm wurde angenommen, und entsprechend der CEN/CENELEC-Geschäftsordnung sind folgende Länder gehalten, diese Europäische Norm zu übernehmen:
Belgien, Dänemark, Deutschland, Finnland, Frankreich, Griechenland, Irland, Island, Italien, Luxemburg, Niederlande, Norwegen, Österreich, Portugal, Schweden, Schweiz, Spanien und das Vereinigte Königreich.

Anerkennungsnotiz

Der Text der Internationalen Norm ISO 140-9 : 1985 wurde von CEN als Europäische Norm ohne irgendeine Abänderung genehmigt.

1 Anwendungsbereich

Dieser Teil der Internationalen Norm ISO 140 enthält Angaben über ein Prüfverfahren zur Messung der Luftschalldämmung von Unterdecken mit einem darüberliegenden Hohlraum gegebener Höhe, der sich über der Trennwand zwischen zwei Räumen eines gegebenen Prüfaufbaus befindet.

Dieses Verfahren verwendet eine Prüfanordnung im Laboratorium, die zwei typische, horizontal nebeneinanderliegende Büro- oder Aufenthaltsräume mit gemeinsamer Unterdecke, Deckenhohlraum und Trennwand simuliert. Die Trennwand reicht bis zur Unterkante der Unterdecke, die am Anschluß durchlaufend oder unterbrochen sein kann.

Die zu messende Größe ist die Luftschalldämmung zwischen zwei Räumen eines gegebenen Prüfaufbaus, wobei der auf anderen Übertragungswegen als der Unterdecke und dem gemeinsamen Hohlraum übertragene Schall vernachlässigt werden kann. Diese Größe wird Norm-Schallpegeldifferenz der Unterdecke genannt.

Das Verfahren kann auch für die Prüfung von Decken mit zusätzlichen Einbauten, z. B. Beleuchtungs- und Lüftungssysteme, einschließlich der Deckenbaustoffe angewandt werden.

Das Verfahren kann ebenfalls für die Prüfung einer zusätzlichen Schalldämmung in Form von Abschottungen im Hohlraum oder Deckenauflagen auf der gesamten Decke oder Teilflächen der Decke angewandt werden.

2 Normative Verweisungen

ISO 140-2	Acoustics — Measurement of sound insulation in buildings and of building elements — Part 2: Determination, verification and application of precision data
ISO 354	Acoustics — Measurement of sound absorption in a reverberation room
ISO 717-1	Acoustics — Rating of sound insulation in buildings and of building elements — Part 1: Airborne sound insulation in buildings and of interior building elements
IEC 225	Octave, half-octave and third-octave band filters intended for the analysis of sounds and vibrations

3 Begriffe

Für die Anwendung dieses Teils von ISO 140 gelten die folgenden Begriffe:

3.1 Mittlerer Schalldruckpegel in einem Raum

Der zehnfache dekadische Logarithmus des Verhältnisses des räumlichen und zeitlichen Mittelwertes des Quadrats des Schalldrucks zum Quadrat des Bezugsschalldrucks, wobei der räumliche Mittelwert über den gesamten Raum gebildet wird, ausgenommen die Teile, bei denen die Direktstrahlung der Schallquelle oder das Nahfeld der Raumbegrenzungen (Wände, usw.) von signifikanten Einfluß sind. Diese Größe wird als L bezeichnet und in dB wie folgt berechnet:

$$L = 10 \lg \frac{p_1^2 + p_2^2 + \dots p_n^2}{n p_0^2} \text{ dB} \tag{1}$$

Hierin bedeuten:

$p_1, p_p, \dots, p_n$ Effektivwerte des Schalldruckes an n verschiedenen Stellen im Raum;

p_0 = 20 µPa ist der Bezugsschalldruck.

3.2 Schallpegeldifferenz

Differenz des räumlichen und zeitlichen Mittels der Schalldruckpegel von zwei Räumen aufgrund einer Schallquelle in einem der Räume. Die Größe wird als D bezeichnet und in dB wie folgt berechnet:

$$D = L_1 - L_2 \tag{2}$$

Hierin bedeuten:

L_1 mittlerer Schalldruckpegel im Senderaum;

L_2 mittlerer Schalldruckpegel im Empfangsraum.

3.3 Norm-Schallpegeldifferenz der Unterdecke

Pegeldifferenz in bezug auf eine Bezugs-Absorptionsfläche im Empfangsraum. Diese Größe wird als $D_{n,c}$ bezeichnet und in dB wie folgt berechnet:

$$D_{n,c} = D - 10 \cdot \lg \frac{A}{A_0} \tag{3}$$

Hierin bedeuten:

D Pegeldifferenz;

A äquivalente Absorptionsfläche im Empfangsraum;

A_0 Bezugs-Absorptionsfläche. (Für das Laboratorium gilt A_0 = 10 m².)

3.4 Hohlraum

Gesamter Raum oberhalb der Unterdecke in beiden Räumen des Prüfaufbaus unbeachtet aller an der Wand oder der Rückseite der zu prüfenden Unterdecke befestigten Dämmstoffe.

4 Meßgeräte

Die Meßgeräte müssen die Anforderungen nach Abschnitt 6 erfüllen.

5 Prüfanordnung

5.1 Anforderungen an das Laboratorium

Der Prüfaufbau im Laboratorium besteht aus zwei durch eine Wand getrennten Räumen, deren Volumen ungefähr gleich groß ist. Die wesentlichen Merkmale des Prüfaufbaus werden in 5.1.1 bis 5.1.6 angegeben und in dem Bild schematisch dargestellt.

5.1.1 Prüfaufbau

Der Prüfaufbau muß einem Quader entsprechen. Es wird empfohlen, in den Außenwänden, dem Boden und der Decke des Prüfaufbaus Trennfugen vorzusehen, um sicherzustellen, daß die auf anderen Übertragungswegen als der Unterdecke und dem gemeinsamen Hohlraum erfolgende Flankenübertragung vernachlässigt werden kann.

Der Störpegel muß entsprechend gering sein, damit eine Messung des vom Senderaum übertragenen Schalls unter Berücksichtigung des Schalldruckpegels im Senderaum und der Dämmeigenschaften der im Laboratorium zu prüfenden Prüfkörper durchgeführt werden kann. Die Nachhallzeit in jedem Raum muß ohne eingebaute Hohlraumdämmstoffe oder Prüfkörper für alle Terz-Meßbänder mehr als 1 s betragen.

> ANMERKUNG: Für die Bestimmung der Nachhallzeit in jedem Raum ist zwischen dem oberen Ende der Trennwand und der Decke eine geeignete Hohlraumabschottung einzubauen.

5.1.2 Maße des Prüfaufbaus

Die lichte Breite des Prüfaufbaus muß (4,5 + 0,5) m und die lichte Höhe vom Boden zur Unterkante der Unterdecke muß (2,8 + 0,2) m betragen.

Das Volumen V jedes Raums muß mindestens 50 m^3 betragen, und die Trennwand muß so eingebaut sein, daß die Volumendifferenz der beiden Räume bei eingesetzter Unterdecke mindestens 10 % beträgt.

> ANMERKUNG 1: Es gibt auch Prüfaufbauten mit Raumvolumina, die weniger als 50 m^3, sogar nur 40 m^3 aufweisen. Derartige Prüfaufbauten sind nach diesem Teil der Internationalen Norm ISO 140 zulässig, wenn Diffusoren verwendet werden.

> ANMERKUNG 2: Die oben genannten Anforderungen und Empfehlungen dienen der Verbesserung der Vergleichbarkeit von Messungen, die von verschiedenen Laboratorien an gleichen Prüfkörpern durchgeführt werden.

5.1.3 Trennwand

Die Trennwand reicht bis zur Unterkante der Unterdecke und trennt den Prüfaufbau akustisch in zwei Räume. Die Wand muß an ihrem oberen Ende abgeschrägt sein, damit ihre Gesamtdicke an dieser Stelle nicht mehr als 100 mm beträgt. Diese Beschrägung zwischen der breitesten Stelle der Wand und dem oberen Ende ist in einem Winkel von nicht mehr als 30° von der Vertikale vorzunehmen. Die Trennwandkonstruktion muß so beschaffen sein, daß ihr Schalldämm-Maß um 10 dB höher ist als das Schalldämm-Maß jeder zu prüfenden Decke.

> ANMERKUNG: Für die Überprüfung der Schalldämmung des Prüfaufbaus kann zwischen dem oberen Ende der Trennwand und der Decke des Prüfaufbaus auch eine der Trennwand vergleichbare Konstruktion als Hohlraumabschottung eingebaut werden.

5.1.4 Tiefe des Hohlraums

Die Tiefe des Hohlraums muß, gemessen von der Oberkante der Unterdecke bis zur Unterkante der Decke des Prüfaufbaus 650 bis 760 mm betragen.

5.1.5 Hohlraumdämmstoffe

Eine Längswand und die beiden Querwände des Hohlraums sind mit einem geeigneten Dämmstoff zu versehen. Diese Dämmstoffe müssen so beschaffen sein, daß sie bei Prüfung als ebene Absorber nach ISO 354 Absorptionsgrade aufweisen, die mindestens den Werten der folgenden Tabelle entsprechen.

Tabelle

Mittenfrequenz Hz	125	250	500	1 000	2 000	4 000
Schallabsorptionsgrad α_s	0,65	0,80	0,80	0,80	0,80	0,80

Der Absorptionsgrad der anderen Längswand und der Decke des Prüfaufbaus muß bei allen in der Tabelle angegebenen Frequenzen weniger als 0,10 betragen.

Aus praktischen Erwägungen darf die Dicke der Dämmstoffe nicht mehr als 150 mm betragen.

5.1.6 Diffusoren

Falls erforderlich, sind die Räume mit Diffusoren zu versehen, um die Diffusität zu verbessern.

5.2 Einbau der Prüfdecke

Die Verbindung zwischen Decke und oberem Ende der Trennwand ist von besonderer Bedeutung, und es ist darauf zu achten, daß der Einbau der Prüfdecke den tatsächlichen Bedingungen in Bauten entspricht.

Die Fläche der durchlaufenden Decke muß der durch Länge und Breite des Prüfaufbaus vorgegebenen Fläche entsprechen.

Bei einer unterbrochenen Decke kann eine zusätzliche Dichtung im Anschlußbereich der Trennwand erforderlich sein. Die Fläche der unterbrochenen Decke muß dann der durch Länge und Breite des Prüfaufbaus vorgegebenen Fläche abzüglich der Fläche der Dichtung im Anschlußbereich der Trennwand entsprechen.

Die Deckenbauteile müssen den tatsächlich in Bauten verwendeten Bestandteilen entsprechen. Der Einbau der Decke muß entsprechend den Herstellerangaben oder einer empfohlenen Montageanweisung erfolgen.

6 Prüfdurchführung und Auswertung

6.1 Schallanregung im Senderaum

Der im Senderaum erzeugte Schall muß stationär sein und im betrachteten Frequenzbereich ein kontinuierliches Spektrum besitzen. Es sind Terzfilter zu verwenden.

Die Schalleistung muß so hoch sein, daß der Schalldruckpegel im Empfangsraum mindestens 10 dB höher als der Störpegel in jedem Frequenzband ist.

Wenn die Schallquelle aus mehreren gleichzeitig betriebenen Lautsprechern besteht, müssen die Lautsprecher in einem Gehäuse angeordnet sein, dessen größte Abmessung 0,7 nicht überschreitet. Die Lautsprecher müssen gleichphasig betrieben werden.

Die Schallquelle muß in jedem Raum so aufgestellt werden, daß das erzeugte Schallfeld möglichst diffus ist, wobei der Abstand zur Unterdecke so groß sein muß, daß die direkte Abstrahlung nicht maßgeblich ist.

6.2 Messung des mittleren Schalldruckpegels

Der mittlere Schalldruckpegel kann bei einer Anzahl fester Mikrofonpositionen oder mit Hilfe eines kontinuierlich bewegten Mikrofons mit einer Integration von p^2 erzielt werden.

6.3 Frequenzbereich der Messungen

Der Schalldruckpegel ist mit Hilfe von Terzfiltern zu messen. Die Eigenschaften der Filter müssen den in IEC 225 enthaltenen Angaben entsprechen.

Es sind Terzfilter mit folgenden Mittenfrequenzen in Hertz zu verwenden:

100, 125, 160, 200, 250, 315, 400, 500, 630, 800, 1 000, 1 250, 1 600, 2 000, 2 500, 3 150.

6.4 Messung und Bestimmung der äquivalenten Absorptionsfläche

Der Korrekturterm in Gleichung (3), der die äquivalente Absorptionsfläche beinhaltet, ist durch die nach ISO 354 gemessene Nachhallzeit nach folgender Formel zu bestimmen:

$$A = \frac{0{,}163\ V}{T} \qquad (4)$$

Hierin bedeuten:

A äquivalente Absorptionsfläche in m^2;

V Volumen des Empfangsraums bei eingebauter Prüfdecke in m^3;

T Nachhallzeit im Empfangsraum in s.

6.5 Meßverfahren

Jede Prüfstelle muß ein Standardprüfverfahren entwikkeln, das den Angaben dieses Teils der Internationalen Norm ISO 140 entspricht.

Folgende Kriterien beeinflussen die Wiederholbarkeit der Messungen:

- Anzahl, Art und Maße der Diffusoren;
- Position der Schallquelle;
- Mindestabstände zwischen Mikrofon und Schallquelle sowie Mikrofon und den Raumbegrenzungen in bezug auf die Nahfelder;
- Anzahl der Mikrofonpostionen oder, bei bewegtem Mikrofon, die Mikrofonbahn;
- Mittelungszeit der Schalldruckpegel;
- Verfahren zur Bestimmung der äquivalenten Absorptionsfläche im Hinblick auf die Anzahl von Meßwerten auf jeder Position;

Im Anhang wird ein Beispiel für typische Prüfbedingungen gegeben.

6.6 Überprüfung der Norm-Schallpegeldifferenz der Unterdecke

Das Prüfverfahren ist zu wiederholen, wobei Sende- und Empfangsraum vertauscht werden. Der anzugebende Wert für $D_{n,c}$ entspricht dem arithmetischen Mittel der beiden Ergebnisse.

7 Präzision

Es ist erforderlich, daß das Meßverfahren die Anforderungen an die Wiederholbarkeit erfüllt. Bezüglich der Geräte und, in besonderen Fällen, der gesamten Meßbedingungen kann die Wiederholbarkeit nach dem in ISO 140-2 angegebenen Verfahren bestimmt werden.

Es wird empfohlen, daß verschiedene Prüfstellen innerhalb eines Landes in regelmäßigen Abständen Vergleichsmessungen an denselben Prüfkörpern durchführen, um die Wiederholbarkeit und Vergleichbarkeit ihrer Prüfverfahren zu überprüfen.

8 Darstellung der Ergebnisse

Die Norm-Schallpegeldifferenz der geprüften Unterdecke ist für alle Meßfrequenzen in Form einer Tabelle und/oder Kurve anzugeben.

Bei graphischen Darstellungen des Pegels in dB über einer logarithmisch geteilten Frequenzachse, muß die Länge für ein Frequenzverhältnis von 10 : 1 der Länge für 10 dB, 25 dB oder 50 dB auf der Ordinate entsprechen.

9 Prüfbericht

Unter Verweisung auf diesen Teil der Internationalen Norm ISO 140 muß der Prüfbericht folgende Angaben enthalten:

a) Name der Prüfstelle, welche die Messungen durchgeführt hat;

b) Datum der Prüfung;

c) genaue Beschreibung der geprüften Unterdecke mit Schnittzeichnung und Montageanweisungen einschließlich der Maße, Dicke, Masse je Flächeneinneit, Anzahl der Aufhängungen sowie Angabe darüber, ob die Decke im Anschlußbereich der Trennwand durchlaufend oder unterbrochen ist, und ausführliche Beschreibung eventuell vorhandener Beleuchtungs- und Lüftungseinrichtungen und anderer Öffnungen;

d) Baustoff der geprüften Unterdecke, z.B. Akustikplatten. Diese Information muß die Herstellerangabe und das Herstellerzeichen beinhalten;

e) Maße der verwendeten Räume einschließlich Volumen der Räume und Höhe des Hohlraums des Prüfaufbaus;

f) Querschnitt der Fläche oberhalb der Trennwand und, falls vorhanden, Konstruktion der Hohlraumabschottung (siehe 5.3);

g) Angabe (und Dicke) der im Hohlraum als Abschottung und/oder Dämmstoff an der Innenseite des Prüfkörpers verwendeten Stoffe;

h) Beschreibung der Anschlußdichtung zwischen Trennwand und Decke;

j) Art des Schalls und der verwendeten Filter;

k) kurze Beschreibung der Einzelheiten des Verfahrens und der Meßgeräte (siehe 6.5);

m) Norm-Schallpegeldifferenz der Unterdecke als Funktion der Frequenz;

n) gemessene äquivalente Absorptionsfläche in beiden Räumen als Funktion der Frequenz;

p) Meßgrenzen bei Undurchführbarkeit der Messung des Schalldruckpegels innerhalb einer beliebigen Bandbreite aufgrund des Störpegels (akustisch oder elektrisch)

Für die Ableitung einer Einzahl-Angabe aus der Kurve $D_{n,c}$(f), siehe ISO 717-1. Diese Größe wird bewertete Norm-Schallpegeldifferenz der Unterdecke genannt und als $D_{n,c,w}$ bezeichnet.

Anhang A

Beispiel für ein Prüfverfahren

(Dieser Anhang ist kein Bestandteil der Norm.)

Im folgenden wird ein Beispiel für ein Prüfverfahren erläutert, das im allgemeinen zu einer Wiederholbarkeit nach ISO 140-2 führt.

Die Maße und Form des Prüfaufbaus sind in dem Bild dargestellt. Die Wände, Böden und Decken dieses Aufbaus sind vorzugsweise aus schwerem Mauerwerk herzustellen.

Maße in Millimeter

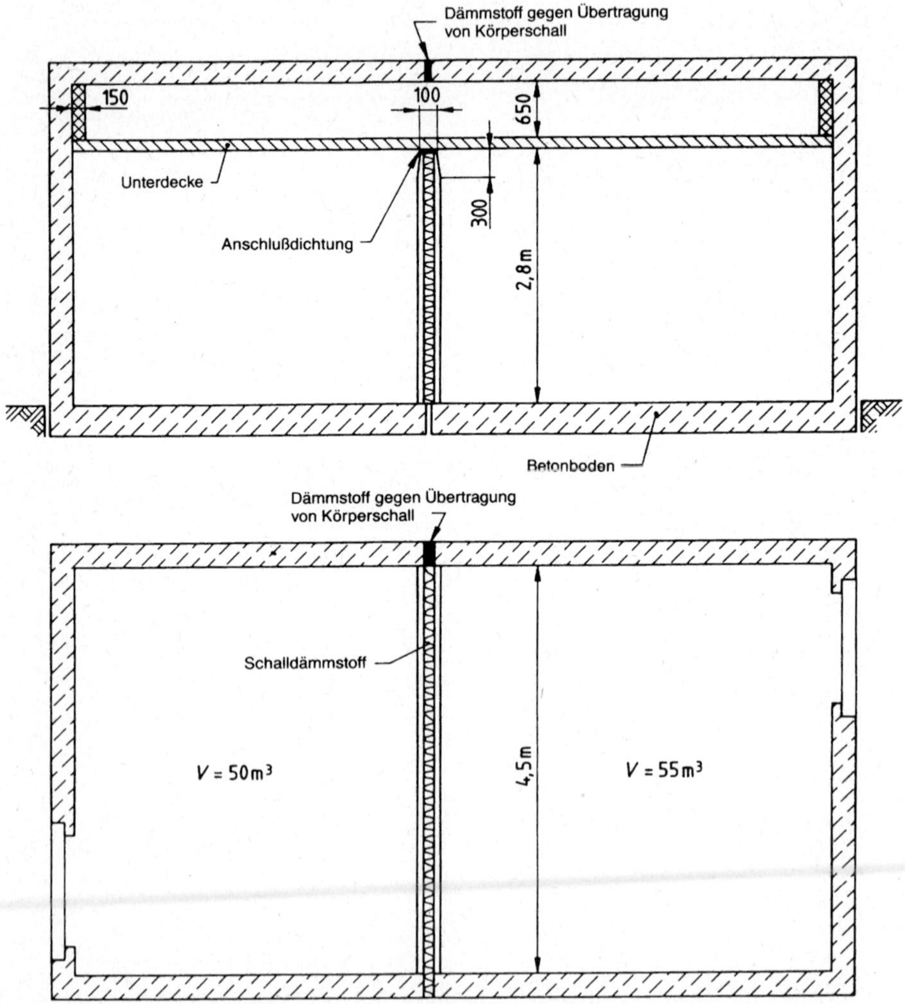

(Die Maße sind als Beispiel angegeben; die allgemeinen Anforderungen werden in Abschnitt 5 angegeben.)

Bild: Schnitt und Grundriß des Prüfaufbaus

Die Messung ist in beiden Richtungen durchzuführen, wobei in jedem Raum während der gesamten Prüfung ein Lautsprecher aufzustellen ist. Die Norm-Schallpegeldifferenz der Unterdecke wird für jede Richtung getrennt gemessen; der anzugebende Wert entspricnt dem arithmetischen Mittel der beiden Ergebnisse.

Der Lautsprecher wird mit der Vorderseite in eine Ecke jedes Raums gestellt, und das Schallfeld in jedem Raum wird von sechs beliebig im Raum angeordneten Mikrofonen abgetastet. Die Mikrofone müssen jeweils in einem Mindestabstand von 0,7 m zu jeder Raumbegrenzungsfläche aufgestellt werden, wobei der Mindestabstand zwischen den einzelnen Mikrofonen 0,5 m betragen muß. Die Messung des Schalldruckpegels ist bei einer Mittelungszeit von mindestens 5 s in jedem Frequenzband in jeder Mikrofonposition vorzunehmen. Es sind Terzfilter zu verwenden.

Die äquivalente Absorptionsfläche ist anhand von Abklingkurven aus Messungen in sechs verschiedenen Mikrofonpositionen mit je einer Auswertung der Nachhallzeit in jeder Position zu bestimmen. Die Nachhallzeit wird bestimmt aus der über einen geeigneten Bereich gemittelten Steigung, beginnend ungefähr bei einer Zehntelsekunde oder einigen dB nach Beginn des Abklingvorgangs überprüft, wobei der verwendete Bereich mindestens 20 dB betragen muß, jedoch nicht so groß sein darf, daß die Steigung um mehr als 20 % abweicht, oder der Störpegel die Ergebnisse beeinflußt.

DK 699.844 : 534.6 : 534.83 : 620.1 September 1992

Akustik

Messung der Schalldämmung in Gebäuden und von Bauteilen

Messung der Luftschalldämmung kleiner Bauteile in Prüfständen
Deutsche Fassung EN 20 140-10 : 1992

DIN EN 20 140 Teil 10

Diese Norm enthält die deutsche Übersetzung der Internationalen Norm **ISO 140-10**

Acoustics; Measurement of sound insulation in buildings and of building elements; Part 10: Laboratory measurement of airborne sound insulation of small building elements; German version EN 20 140-10 : 1992

Acoustique; Mesurage de l'isolation acoustique des immeubles et des éléments de construction; Partie 10: Mesurage en laboratoire de l'isolation au bruit aérien de petits éléments de construction; Version allemande EN 20 140-10 : 1992

Die Europäische Norm EN 20 140-10 : 1992 hat den Status einer Deutschen Norm.

Nationales Vorwort

Diese Europäische Norm ist im Komitee CEN/TC 126 „Akustische Eigenschaften von Baustoffen und Bauteilen und von Gebäuden" unter intensiver deutscher Mitarbeit ausgearbeitet worden. Für die deutsche Mitarbeit ist der Arbeitsausschuß NMP 231 „Schalldämmung und Schallabsorption; Messung und Bewertung" des Normenausschusses Materialprüfung (NMP) verantwortlich.

Zitierte Normen

— in der Deutschen Fassung:

Siehe Abschnitt 2.

Internationale Patentklassifikation

E 04 B 1/82
G 01 H 3/00
G 10 K 15/00

Fortsetzung 6 Seiten EN

Normenausschuß Materialprüfung (NMP) im DIN Deutsches Institut für Normung e.V.
Normenausschuß Akustik, Lärmminderung und Schwingungstechnik in DIN und VDI (NALS)
Normenausschuß Bauwesen (NABau) im DIN

EUROPÄISCHE NORM
EUROPEAN STANDARD
NORME EUROPÉENNE

EN 20 140-10

Juli 1992

DK 699.844 : 534.6 : 534.83 : 620.1

Deskriptoren: Akustik, Schallschutz, Bau, Bauteil, Akustische Prüfung, Laboratoriumsprüfung, Schallmessung, Luftschall

Deutsche Fassung

Akustik

Messung der Schalldämmung in Gebäuden und von Bauteilen

Teil 10: Messung der Luftschalldämmung kleiner Bauteile in Prüfständen (ISO 140-10 : 1991)

Acoustics; Measurement of sound insulation in buildings and of building elements; Part 10: Laboratory measurement of airborne sound insulation of small building elements (ISO 140-10 : 1991)

Acoustique; Mesurage de l'isolation acoustique des immeubles et des éléments de construction; Partie 10: Mesurage en laboratoire de l'isolation au bruit aérien de petits éléments de construction (ISO 140-10 : 1991)

Diese Europäische Norm wurde von CEN am 1992-07-17 angenommen.

Die CEN-Mitglieder sind gehalten, die CEN/CENELEC-Geschäftsordnung zu erfüllen, in der die Bedingungen festgelegt sind, unter denen dieser Europäischen Norm ohne jede Änderung der Status einer nationalen Norm zu geben ist.

Auf dem letzten Stand befindliche Listen dieser nationalen Normen mit ihren bibliographischen Angaben sind beim Zentralsekretariat oder bei jedem CEN-Mitglied auf Anfrage erhältlich.

Diese Europäische Norm besteht in drei offiziellen Fassungen (Deutsch, Englisch, Französisch). Eine Fassung in einer anderen Sprache, die von einem CEN-Mitglied in eigener Verantwortung durch Übersetzung in die Landessprache gemacht und dem Zentralsekretariat mitgeteilt worden ist, hat den gleichen Status wie die offiziellen Fassungen.

CEN-Mitglieder sind die nationalen Normungsinstitute von Belgien, Dänemark, Deutschland, Finnland, Frankreich, Griechenland, Irland, Island, Italien, Luxemburg, Niederlande, Norwegen, Österreich, Portugal, Schweden, Schweiz, Spanien und dem Vereinigten Königreich.

CEN

EUROPÄISCHES KOMITEE FÜR NORMUNG
European Committee for Standardization
Comité Européen de Normalisation

Zentralsekretariat: rue de Stassart 36, B-1050 Brüssel

Ref.-Nr. EN 20 140-10 : 1992 D

Vorwort

Gemäß dem positiven Erfolg des Einstufigen Annahmeverfahrens hat CEN die Internationale Norm

ISO 140-10 : 1991 Akustik; Messung der Schalldämmung in Gebäuden und von Bauteilen; Teil 10: Messung der Luftschalldämmung kleiner Bauteile in Prüfständen

angenommen.

Diese Europäische Norm wurde aufgestellt, um der Bitte des Ständigen Ausschusses für das Bauwesen nachzukommen, im Rahmen der EWG-Direktive 89/106 „Bauprodukte" und des provisorischen Mandats „Lärmschutz" (BC/CEN 08/1991), das von der EWG und dem EFTA abgegeben wurde.

In den zur Übernahme dieser Europäischen Norm verpflichteten Ländern muß eine mit dieser Europäischen Norm identische nationale Norm bis spätestens zum 1993-01-31 veröffentlicht werden, und die entgegenstehenden nationalen Normen sind bis spätestens 1993-01-31 zurückzuziehen.

Entsprechend den Gemeinsamen CEN/CENELEC-Regeln sind folgende Länder gehalten, diese Europäische Norm zu übernehmen: Belgien, Dänemark, Deutschland, Finnland, Frankreich, Griechenland, Irland, Island, Italien, Luxemburg, Niederlande, Norwegen, Österreich, Portugal, Schweden, Schweiz, Spanien und das Vereinigte Königreich.

Anerkennungsnotiz

Der Text der Internationalen Norm ISO 140-10 : 1991 wurde von CEN als Europäische Norm ohne irgendeine Abänderung genehmigt.

1 Anwendungsbereich

Diese Norm legt ein Verfahren zur Messung der Luftschalldämmung der im folgenden definierten kleinen Bauteile unter Bedingungen eines diffusen Schallfeldes im Prüfstand fest.

Es ist beabsichtigt, daß die Prüfergebnisse bei der Konstruktion von Bauteilen mit geeigneten akustischen Eigenschaften, für die Klassifizierung derartiger Teile nach ihren Schalldämmungseigenschaften und zur Beurteilung ihres Einflusses auf die Schalldämmung von trennenden Konstruktionen in Gebäuden verwendet werden.

Diese Internationale Norm gilt für Bauteile, ausgenommen Fenster und Türen, mit einer Fläche von weniger als 1 m^2, die in einer bestimmten Anzahl einzelner Größen mit genau definierten seitlichen Abmessungen auftreten, und den Schall zwischen zwei benachbarten Räumen oder zwischen einem Raum und dem Freien unabhängig von den angrenzenden Bauteilen übertragen.

Das Dokument ist z. B. anwendbar auf:

- Lüftungskanäle
- Lüftungsauslässe (Ventilatoren)
- Frischluftöffnungen
- Kabelkanäle
- Dichtungssysteme an den Verbindungsstellen

Das Verfahren ist nicht in erster Linie für Bauteile vorgesehen, die Teil einer integrierten Einheit sind, für die die damit verbundene Schallübertragung von einem Zusammenwirken von Bauteilen abhängen könnte.

2 Normative Verweisungen

Die folgenden Normen enthalten Festlegungen, die durch Bezugnahme Bestandteile dieser Internationalen Norm sind. Die angegebenen Ausgaben waren beim Erscheinen dieser Norm gültig. Da Normen von Zeit zu Zeit überarbeitet werden, wird den Anwendern dieser Norm empfohlen, immer auf die jeweils neueste Fassung der zitierten Normen zurückzugreifen. IEC- und ISO-Mitglieder haben Verzeichnisse der jeweils gültigen Ausgabe der Internationalen Normen.

ISO 140-1 : 1990 Akustik; Messung der Schalldämmung in Gebäuden und von Bauteilen; Teil 1: Anforderungen an Prüfstände.

ISO 140-3 : 1978 Akustik; Messung der Schalldämmung in Gebäuden und von Bauteilen; Teil 3: Messung der Luftschalldämmung von Bauteilen in Prüfständen

ISO 717-1 : 1982 Akustik; Ermittlung der Schalldämmung in Gebäuden und von Bauteilen; Teil 1: Luftschalldämmung in Gebäuden und von Bauteilen im Gebäudeinneren

ISO 717-3 : 1982 Akustik; Ermittlung der Schalldämmung in Gebäuden und von Bauteilen; Teil 3: Luftschalldämmung von Fassadenelementen und Fassaden

3 Definitionen

Für die Anwendung der ISO 140-10 gelten die folgenden Definitionen:

3.1 Normschallpegeldifferenz des Bauteils

Für dieses Prüfverfahren ist die Normschallpegeldifferenz des Bauteils gegeben durch

$$D_{n,e} = L_1 - L_2 + 10 \lg (A_0/A) \text{ dB} \qquad (1)$$

Hierin bedeuten:

L_1 mittlerer Schalldruckpegel im Senderaum;

L_2 mittlerer Schalldruckpegel im Empfangsraum;

A_0 Bezugs-Absorptionsfläche (im Prüfstand A_0 = 10 m^2)

A äquivalente Absorptionsfläche im Empfangsraum.

4 Meßgeräte

Die Meßgeräte müssen den Anforderungen von ISO 140-3 entsprechen.

5 Anforderungen an Prüfstände

5.1 Räume

Die Prüfeinrichtungen müssen den Anforderungen von ISO 140-1 entsprechen.

5.2 Trennflächen

Der Prüfgegenstand ist sehr viel kleiner als die vorhandene Prüföffnung. In die Prüföffnung muß eine Trennfläche mit ausreichend hoher Schalldämmung eingebaut werden; hierin ist der Prüfgegenstand einzusetzen. Der durch diese Trennfläche übertragene Schall und jeder andere indirekte Weg müssen

a) vernachlässigbar sein, verglichen mit dem durch den Prüfgegenstand übertragenen Schall, oder, wenn diese Bedingung nicht erfüllt werden kann,

b) die Meßwerte mit der Flankenübertragung korrigiert werden.

Die Flankenübertragung ist durch Messen der Schalldämmung einer in die Prüföffnung eingesetzten Trennwand zu bestimmen. Diese Messung kann vor dem Anfertigen der Öffnung für den Prüfgegenstand oder mit Platten hoher Schalldämmung auf beiden Seiten der Öffnung durchgeführt werden. Es ist zweckmäßig, diese Schalldämmung als Normschallpegeldifferenz nach Gleichung (1) anzugeben. Die als äquivalente $D_{n,e}$ angegebene Flankenübertragung wird mit $D_{n,e,F}$ bezeichnet.

Ist der Meßwert der Normschallpegeldifferenz für einen Prüfgegenstand geringer als $D_{n,e,F}$ − 10 dB, darf der indirekt übertragene Schall als vernachlässigbar betrachtet werden. Ist der Meßwert größer als oder gleich $D_{n,e,F}$ − 10 dB, muß der Meßwert nach dem in Anhang A festgelegten Verfahren korrigiert werden.

Anmerkung 1: Schwierigkeiten bezüglich eines unzureichend kleinen Abstandes zwischen Flankenübertragung und Übertragung über den Prüfgegenstand können vermieden werden, indem die Anzahl der in die Trennfläche eingesetzten Prüfgegenstände erhöht wird (siehe 6.3.3).

6 Einbau und Betrieb von Prüfgegenständen

6.1. Allgemeines

Da die Schalldämmung kleiner Bauteile von ihren Abmessungen abhängt, können zuverlässige Werte nur durch Prüfen aller Bauteile mit ihren tatsächlichen Abmessungen gewonnen werden.

6.2 Befestigung der Prüfgegenstände

Es ist sicherzustellen, daß der Prüfgegenstand so eingebaut ist, daß der Einbau den praktischen Verhältnissen am Bau weitgehend entspricht und übliche Anschlüsse und Dichtungen am Umfang und an den Verbindungsstellen innerhalb der Einheit sorgfältig nachgebildet werden.

Ein zum Öffnen vorgesehener Prüfgegenstand ist für die Prüfung so einzubauen, daß er auf normale Weise geöffnet und geschlossen werden kann. Er muß unmittelbar vor der Prüfung mindestens zehnmal geöffnet und geschlossen werden.

Zur Erreichung einer wirklichkeitsgetreuen Wandstärke um das Bauteil herum kann es praktisch oder notwendig sein, die Dicke der Trennwand im Bereich um das Bauteil entweder zu erhöhen oder zu verringern. Regeln für das örtliche Erhöhen oder Verringern der Dicke sind in Anhang B angegeben.

6.3 Position der Prüfgegenstände

6.3.1 Befestigungspunkte

Wenn eine kleine Baueinheit in der Nähe einer oder mehrerer reflektierender Ebenen befestigt wird, kann die Schalldämmung spürbar von der Schalldämmung abweichen, die man erhält, wenn die Einheit in einer Trennfläche, jedoch nicht von angrenzenden Raumflächen umgeben, befestigt ist. Das zu prüfende Bauteil muß deshalb an Positionen in einer Trennwand befestigt werden, die für den üblichen Gebrauch repräsentativ sind. Bauteile, die an mehreren unterschiedlichen Positionen verwendet werden können, müssen mit mindestens einer Kante in beiden Räumen gemessen werden.

Für Luftdurchlaßvorrichtungen und Kabelkanälen, die üblicherweise in der Nähe einer angrenzenden reflektierenden Wand normal befestigt sind, werden in 6.4 und 6.5 spezifische Befestigungspositionen vorgeschrieben. Bei anderen Bauteilen und Einbauten müssen folgende Regeln nach 6.3.1.1 bis 6.3.1.3 beachtet werden.

6.3.1.1 In einem Abstand von den Wänden verwendete Geräte

In eine Trennfläche eingebaute Ausrüstungen, die üblicherweise in einem Abstand von einer angrenzenden Wand, einem angrenzenden Fußboden oder einer angrenzenden Decke angebracht sind, müssen so eingebaut werden, daß sich kein Teil innerhalb von 1,00 m einer Fläche rechtwinklig zur Befestigungsfläche befindet. 0,85 m reichen bei gleichzeitiger Prüfung mehrerer Bauteile aus.

6.3.1.2 In der Nähe einer Kante verwendete Ausrüstungen

In eine Trennfläche eingebaute Ausrüstungen, die üblicherweise in der Nähe einer angrenzenden Wand, eines angrenzenden Fußbodens oder einer angrenzenden Decke, jedoch entfernt von einer Ecke, angebracht sind, müssen mindestens 1,00 m (0,85 m bei gleichzeitiger Prüfung mehrere Bauteile) von der nächstgelegenen Wand, die nicht Teil der Kante ist, entfernt sein. Falls es vom Hersteller nicht anders festgelegt ist, muß die Kante der Ausrüstung 0,1 m von der Wandkante entfernt sein.

6.3.1.3 In der Nähe einer Ecke verwendete Ausrüstungen

In eine Trennfläche eingebaute Ausrüstungen, die üblicherweise in der Nähe einer Ecke angebracht sind, müssen in einem vom Hersteller empfohlenen Abstand von einer Ecke angebracht werden.

Sind in der Prüföffnung keine natürlichen Ecken oder Kanten vorhanden, ist es wichtig, daß derartige Befestigungsbedingungen mit Hilfe rechtwinklig zur Trennwand angebrachter reflektierender Platten nachgebildet werden, wie in Anhang C dargestellt. Es ist sicherzustellen, daß die Nachbildung sowohl im Empfangsraum als auch im Senderaum ausgeführt wird.

6.3.2 Anzahl von Positionen

Bei kleinen Bauteilen und bei räumlichen Änderungen des Schallfeldes gibt es signifikante Ortsabhängigkeiten. Für die Befestigung des Prüfgegenstandes in der Trennwand sind vorzugsweise mindestens drei Positionen zu verwenden. Diese Positionen müssen

a) wie in 6.3.1 beschrieben nachgebildet sein, oder

b) wenigstens 1,2 m voneinander entfernt sein.

Anmerkung 2: Es besteht auch eine Positionsabhängigkeit für scheinbar gleiche Ecken, was zu der Notwendigkeit führt, mehr als eine Ecke zu verwenden, um eine annehmbare Genauigkeit zu erreichen.

Anmerkung 3: Bei der Nachbildung von Ecken- oder Kantenpositionen durch Anbringung von reflektierenden Platten kann man die erforderliche mittlere Position durch Änderung der Stellungen und Orientierungen der Zusatzplatten erreichen.

6.3.3 Anzahl kleiner Bauteile

Zur Erreichung eines besseren Störabstandes können Messungen an mehr als einem Prüfgegenstand durchgeführt werden. Bei Durchführung gleichzeitiger Messungen muß Gleichung (1) durch

$$D_{n,e} = L_1 - L_2 - 10 \lg \left((n\,A_0)/A \right) \text{dB} \quad (2)$$

ersetzt werden, wobei bedeuten:

$D_{n,e}$ Normschallpegeldifferenz des einzelnen Bauteils;

n Anzahl der eingebauten Einheiten.

6.4 Einbau von Luftdurchlaßvorrichtungen

Die Prüfgegenstände müssen repräsentativ für die praktischen Verhältnisse am Bau und bezüglich der Raumoberflächen an typischen Stellen nach den oben genannten Einbauregeln eingebaut werden. Luftdurchlaßvorrichtungen, die üblicherweise in der Nähe einer angrenzenden Decke befestigt werden, müssen in einer Position dicht an einer reflektierenden Oberfläche rechtwinklig zur Trennfläche, jedoch mindestens 1,00 m (0,85 m bei gleichzeitiger Prüfung mehrerer Bauteile) von einer Ecke entfernt befestigt werden. Der Abstand zwischen dem nächstgelegenen Teil der Vorrichtung und der angrenzenden Oberfläche muß 0,1 m betragen. Üblicherweise verwendetes Zubehör muß inbegriffen sein. Dieses Zubehör muß so angeordnet und befestigt sein, wie es in den Anweisungen des Herstellers empfohlen ist.

Ist die Vorrichtung mit einer Luftmengeneinstellung versehen, ist sicherzustellen, daß die Ausrüstung in dem für den üblichen Einsatz festgelegten Betriebszustand betrieben wird. Wenn die festgelegte Weise der nicht vollständig geöffnete Zustand ist, muß dieser Zustand in der Prüffolge enthalten sein.

Ist die Vorrichtung auf verschiedene Wandstärken kontinuierlich einstellbar, ist sicherzustellen, daß die Prüfungen mindestens die beiden extremen Wandstärken nach der empfohlenen Anwendung der Vorrichtung umfassen.

6.5 Einbau von Kabelkanälen

Der Prüfgegenstand muß repräsentativ für die praktischen Verhältnisse am Bau und bezüglich der Raumoberflächen an typischen Stellen eingebaut werden. Üblicherweise direkt an Wänden befestigte Kanäle müssen auf einer reflektierenden Oberfläche rechtwinklig zur Trennfläche und nach den Anweisungen des Herstellers befestigt werden. Üblicherweise verwendetes Zubehör muß inbegriffen sein. Dieses Zubehör muß nach den Anweisungen des Herstellers eingebaut sein.

Der Prüfgegenstand muß mit einer freien ununterbrochenen Kanallänge von mindestens 2 m sowohl im Sende- als auch im Empfangsraum eingebaut sein. Die freien Kanalenden müssen mit Normendverschlüssen versehen sein.

In Kabelkanälen ist häufig schallisolierendes Zubehör vorhanden, das für Einbauten in Trennflächen zu verwenden ist, für die Prüfung der praktischen Dicht- und Isoliereigenschaften von derartigen schallisolierenden Zubehör wird ein Auffüllen des Kabelkanals mit Kabel bis zu seiner Nennfüllmenge empfohlen.

Anmerkung 4: Die akustischen Eigenschaften können sich mit der Anzahl der Kabel ändern.

Wird die Kantenbefestigung mit Zusatzplatten nachgebildet, ist sicherzustellen, daß die Plattenlänge mindestens so groß wie die Kanallänge ist.

7 Durchführung der Prüfung und Bewertung

Die Prüfung im Prüfstand hat den Anforderungen von ISO 140-3 zu entsprechen.

8 Präzision

Die Präzision entspricht der in ISO 140-3 angegebenen Präzision.

9 Darstellung der Ergebnisse

Zur Angabe der Luftschalldämmung des Prüflings wird $D_{n,e}$ bei allen Meßfrequenzen in tabellarischer und/oder in Kurvenform angegeben. Für grafische Darstellungen, bei denen der Schallpegel in Dezibel in Abhängigkeit von der Frequenz in logarithmischem Maßstab angegeben wird, müssen die folgenden Maße verwendet werden:

5 mm für eine $^1/_3$-Oktave

20 mm für 10 dB.

Zusätzlich wird die bewertete Normschallpegeldifferenz $D_{n,e,w}$ angegeben. $D_{n,e,w}$ muß entsprechend der Festlegung für Einzahl-Angaben in ISO 717-1 oder ISO 717-3 berechnet werden.

10 Prüfbericht

Im Prübericht sind anzugeben:

a) Hinweis auf ISO 140-10;

b) Name und Anschrift des Prüflabors;

c) Identifikationsnummer des Prüfberichtes;

d) Name und Anschrift der Organisation oder der Person, die den Auftrag für die Prüfung erteilt hat (wahlweise);

e) Verfahren der Stichprobenentnahme und andere Umstände;

f) Name und Anschrift des Herstellers oder Lieferanten des Prüfgegenstandes;

g) Beschreibung des Prüfgegenstandes (Prüflings), einschließlich Typ und Größe, mit Schnittzeichnungen und Betriebsbedingungen;

h) Prüfdatum;

i) Vorbehandlung für die Prüfung, Prüfgegenstand, Umgebungsdaten während der Prüfung (z.B. Temperatur);

j) Identifikation der verwendeten Prüfeinrichtung und -geräte, Volumen sowohl des Sende- als auch des Empfangsraums, Beschreibung der Befestigungsbedingungen, einschließlich Stellung des Prüfgegenstandes in der Trennwand und Abstände zu angrenzenden Wänden, Fußboden, Decke und reflektierenden Platten;

k) Normschallpegeldifferenz des Prüfgegenstandes als Funktion der Frequenz. Wurde der Meßwert durch Flankenübertragung beeinflußt, sollte der Wert von $D_{n,e,F}$ angegeben werden, und es sollten die Ergebnisse angegeben werden, die durch Korrektur des Einflusses der Flankenübertragung erhalten wurden;

l) Ungenauigkeit oder Meßunsicherheit der Prüfergebnisse (z.B. Meßgrenzen, wenn die Dämmung der Einheit in einem Band aufgrund hoher Grundgeräusche oder Flankenübertragung nicht meßbar ist);

m) Datum und Unterschrift der verantwortlichen Person.

Anhang A (normativ)

Korrektur der Flankenübertragung

Ergebnisse $D_{n,e,M}$ von Messungen an kleinen Bauteilen sind mit den Ergebnissen $D_{n,e,F}$, die die Flankenübertragung repräsentieren, zu vergleichen, d.h. Trennwand ohne Öffnungen für kleine Bauteile. Ist die Differenz $D_{n,e,F} - D_{n,e,M}$ größer als oder gleich 6 dB, jedoch kleiner als 10 dB, ist das Meßergebnis $D_{n,e}$ gegeben durch

$$D_{n,e} = \frac{1}{(10^{-D_{n,e,M}/10} - 10^{-D_{n,e,F}/10})} \text{ dB} \qquad \text{(A.1)}$$

Hierin bedeuten:

$D_{n,e}$ korrigierte Normschallpegeldifferenz des Prüfgegenstandes;

$D_{n,e,M}$ unkorrigierte Normschallpegeldifferenz einschließlich Flankenübertragung und Übertragung durch den Prüfgegenstand;

$D_{n,e,F}$ wird ohne oder mit gedichteten Öffnungen für den Prüfgegenstand gemessen.

Wenn die Differenz $D_{n,e,F} - D_{n,e,M}$ in einigen Frequenzbändern kleiner als 6 dB ist, darf die Korrektur höchstens 1,3 dB betragen, was einer Differenz von 6 dB entspricht. In dem Fall ist $D_{n,e,F}$ so im Prüfbericht (siehe Abschnitt 10) anzugeben, daß deutlich wird, daß die angegebenen $D_{n,e}$-Werte Mindestwerte darstellen.

Anhang B (normativ)

Örtliche Änderung der Wandstärke

B.1 Örtliche Erhöhung der Wandstärke

Anstelle der Änderung der Wandstärke der gesamten Trennwand werden verschiedene Wandstärken durch zusätzliche Platten zur Originaltrennflächenkonstruktion nachgebildet. Die Kanten derartiger zusätzlicher Platten müssen mindestens 0,5 m von jedem Teil des Prüfgegenstandes entfernt sein.

B.2 Örtliche Verringerung der Wandstärke

Wird zur Sicherstellung eines ausreichend hohen Flankendämmaßes eine dicke Trennwand benötigt, wird eine wirklichkeitsgetreue Wandstärke um die Prüfvorrichtung herum durch örtliches Verringern der Wandstärke erreicht. Dies muß nach Bild B.1 erfolgen.

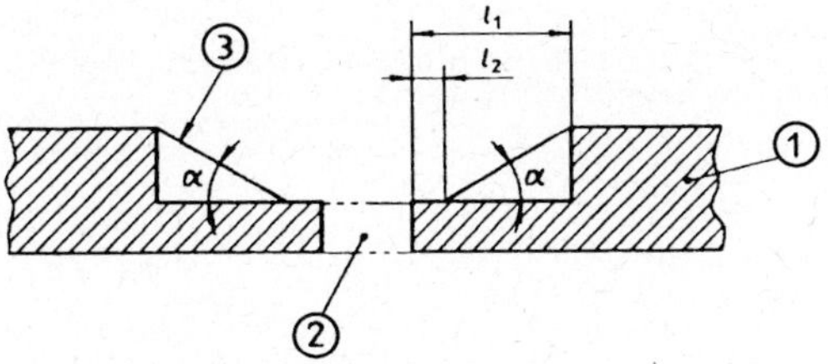

① Trennfläche zwischen Prüfräumen
② Prüfgegenstand
③ Zusätzliche Einfügungsplatten mit mehr als 10 kg/m² und einer Neigung von $\alpha < 30°$.
Die Platten sind an den Kanten mit Klebeband abzudichten.

Bild B.1. Örtliche Verringerung der Wandstärke

Es sollten folgende Beziehungen eingehalten werden:

$l_1 > 0,6$ m
$l_2 < 0,1$ m
$\alpha < 30°$

Anhang C (normativ)

Nachbildung von Ecken- und Kantenpositionen

Eine Ecke wird nach Bild C.1 nachgebildet. Zur Nachbildung einer Kante reicht die Verwendung nur einer Platte aus, deren Abmessungen mindestens 1,2 m × 2,4 m betragen muß.

Die Platten dürfen nicht parallel zu den Wänden des Raumes befestigt werden.

Sind sowohl im Sende- als auch im Empfangsraum Zusatzplatten erforderlich, ist sicherzustellen, daß Stellungen und Orientierungen der Platten in beiden Räumen gleich sind.

Die flächenbezogene Masse der Platten muß größer als 7 kg/m^2 sein. Oberhalb von 100 Hz muß der Schallabsorptionsgrad geringer als 0,1 sein.

Die Verbindungen zwischen den Platten und der Trennwand werden beispielsweise mit starkem Klebeband abgedichtet. Da die Befestigung von Zusatzplatten an der Trennwand ihre Übertragungseigenschaften beeinflussen könnte, werden die verschiedenen Plattenanordnungen auch in die Messungen der Flankenübertragung einbezogen.

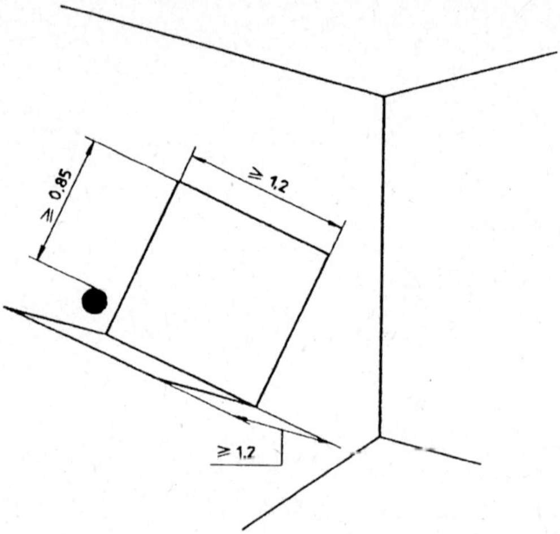

Bild C.1. Prinzipzeichnung zur Nachbildung einer Ecken-Position durch Befestigung von reflektierenden Platten rechtwinklig zu der in der Prüföffnung befestigten Trennwand

DK 534.6 : 534.83 : 699.84 : 620.1 : 534.843 Juli 1993

Akustik

Messung der Schallabsorption im Hallraum

(ISO 354 : 1985)
Deutsche Fassung EN 20 354 : 1993

DIN EN 20 354

Diese Norm enthält die deutsche Übersetzung der Internationalen Norm **ISO 354**

Acoustics; Measurement of sound absorption in a reverberation room; (ISO 354 : 1985); German version EN 20 354 : 1993

Acoustique; Mesurage de l'absorption acoustique en salle réverbérante; (ISO 354 : 1985); Version allemande EN 20 354 : 1993

Ersatz für
DIN 52 212/01.61

Die Europäische Norm EN 20 354 : 1993 hat den Status einer Deutschen Norm.

Nationales Vorwort

Diese Europäische Norm ist im Komitee CEN/TC 126 „Akustische Eigenschaften von Baustoffen und Bauteilen und von Gebäuden" unter intensiver deutscher Mitarbeit ausgearbeitet worden. Für die deutsche Mitarbeit ist der Arbeitsausschuß NMP 231 „Schalldämmung und Schallabsorption; Messung und Bewertung" des Normenausschusses Materialprüfung (NMP) verantwortlich.

Für die im Abschnitt 2 zitierte Internationale Norm wird im folgenden auf die entsprechende Deutsche Norm hingewiesen:

ISO 5725 siehe DIN ISO 5725

Zitierte Normen

— in der Deutschen Fassung:

Siehe Abschnitt 2

— in nationalen Zusätzen:

DIN ISO 5725 Präzision von Meßverfahren; Ermittlung der Wiederhol- und Vergleichpräzision von festgelegten Meßverfahren durch Ringversuche; Identisch mit ISO 5725 Ausgabe 1988

Frühere Ausgaben

DIN 52 212: 02.56, 01.61

Änderungen

Gegenüber DIN 52 212/01.61 wurden folgende Änderungen vorgenommen:

— Der Text der Internationalen Norm ISO 354 wurde vollständig übernommen.

Internationale Patentklassifikation

G 01 H 003/00
G 01 K 011/16

Fortsetzung 8 Seiten EN-Norm

Normenausschuß Materialprüfung (NMP) im DIN Deutsches Institut für Normung e.V.
Normenausschuß Akustik, Lärmminderung und Schwingungstechnik (NALS) im DIN und VDI
Normenausschuß Bauwesen (NABau) im DIN

EUROPÄISCHE NORM
EUROPEAN STANDARD
NORME EUROPÉENNE

EN 20354

Juni 1993

DK 534.62

Deskriptoren: Akustik, Prüfung, akustische Prüfung, akustische Messung, Schallabsorptionsgrad, Nachhall, Raum

Deutsche Fassung

Akustik

Messung der Schallabsorption im Hallraum

(ISO 354 : 1985)

Acoustics — Measurement of sound absorption in a reverberation room — (ISO 354 : 1985)

Acoustique — Mesurage de l'absorption acoustique en salle réverbérante — (ISO 354 : 1985)

Diese Europäische Norm wurde von CEN am 1993-06-14 angenommen.

Die CEN-Mitglieder sind gehalten, die CEN/CENELEC-Geschäftsordnung zu erfüllen, in der die Bedingungen festgelegt sind, unter denen dieser Europäischen Norm ohne jede Änderung der Status einer nationalen Norm zu geben ist.

Auf dem letzten Stand befindliche Listen dieser nationalen Normen mit ihren bibliographischen Angaben sind beim Zentralsekretariat oder bei jedem CEN-Mitglied auf Anfrage erhältlich.

Diese Europäische Norm besteht in drei offiziellen Fassungen (Deutsch, Englisch, Französisch). Eine Fassung in einer anderen Sprache, die von einem CEN-Mitglied in eigener Verantwortung durch Übersetzung in die Landessprache gemacht und dem Zentralsekretariat mitgeteilt worden ist, hat den gleichen Status wie die offiziellen Fassungen.

CEN-Mitglieder sind die nationalen Normungsinstitute von Belgien, Dänemark, Deutschland, Finnland, Frankreich, Griechenland, Irland, Island, Italien, Luxemburg, Niederlande, Norwegen, Österreich, Portugal, Schweden, Schweiz, Spanien und dem Vereinigten Königreich.

CEN

EUROPÄISCHES KOMITEE FÜR NORMUNG
European Committee for Standardization
Comité Européen de Normalisation

Zentralsekretariat: rue de Stassart 36, B-1050 Brüssel

Ref.-Nr. EN 20354 : 1993 D

Vorwort

Diese Europäische Norm ist die Anerkennung von ISO 354. Die Anerkennung von ISO 354 wurde vom CEN/TC 126 "Akustische Eigenschaften von Baustoffen und Bauteilen und von Gebäuden" empfohlen, unter dessen Zuständigkeit diese Europäische Norm künftig fällt.

Diese Europäische Norm muß den Status einer nationalen Norm erhalten, entweder durch Veröffentlichung eines identischen Textes oder durch Anerkennung bis Dezember 1993, und etwaige entgegenstehende nationale Normen müssen bis Dezember 1993 zurückgezogen werden.

Die Norm wurde angenommen, und entsprechend der CEN/CENELEC-Geschäftsordnung sind folgende Länder gehalten, diese Europäische Norm zu übernehmen: Belgien, Dänemark, Deutschland, Finnland, Frankreich, Griechenland, Irland, Island, Italien, Luxemburg, Niederlande, Norwegen, Österreich, Portugal, Schweden, Schweiz, Spanien und das Vereinigte Königreich.

Anerkennungsnotiz

Der Text der Internationalen Norm ISO 354 : 1985 wurde von CEN als Europäische Norm ohne irgendeine Abänderung genehmigt.

0 Einleitung

Wenn eine Schallquelle in einem geschlossenen Raum betrieben wird, werden der Pegel, den der nachhallende Schall aufbaut, und das nachfolgende Abklingen, wenn die Schallquelle abgeschaltet wird, durch die schallabsorbierenden Eigenschaften der Raumbegrenzungsflächen und Gegenstände im Raum beeinflußt. Im allgemeinen hängt der Anteil der auftretenden Schalleistung, der an der Oberfläche absorbiert wird, vom Einfallswinkel ab. Um die Nachhallzeit eines Auditoriums, eines Büros, einer Werkstatt usw. zu derjenigen Lärmminderung in Beziehung zu setzen, welche durch eine schallabsorbierende Anordnung erzielt wird, ist die Kenntnis der schallabsorbierenden Eigenschaften der Oberfläche erforderlich, üblicherweise in Form eines geeigneten Mittelwertes über alle Einfallswinkel. Da die Verteilung von Schallwellen in üblichen Räumen einen großen und weithin unvorhersagbaren Winkelbereich umfaßt, ist es für die Zwecke der Normung vorteilhaft, grundsätzlich eine gleichmäßige Verteilung anzunehmen. Wenn weiterhin die Schallenergiedichte innerhalb des Raumes ortsunabhängig ist, wird eine solche Verteilung ein diffuses Schallfeld genannt, und man spricht bei den Schallanteilen, die auf eine Raumoberfläche treffen, von stochastischem Schalleinfall.

Messungen unter Nachhallbedingungen sind notwendig, weil man auf diese Weise den Einfluß der praxis-üblichen Art der Anbringung erfassen kann. Weiterhin ist es der einzige Weg, die Schallabsorption von Einzel-Objekten zu ermitteln, z. B. von Stühlen, Büro-Stellwänden usw.

Zweck dieser Internationalen Norm ist es, die Einheitlichkeit in den Meßmethoden und Meßbedingungen der Schallabsorption in Hallräumen zu fördern, so daß in verschiedenen Laboratorien gewonnene Meßwerte möglichst gut übereinstimmen. Die nach der beschriebenen Methode gewonnenen Meßergebnisse der Schallabsorption können für Entwurfsberechnungen verwendet werden. In bestimmten Fällen können jedoch Abweichungen zwischen den vorausgesagten und gemessenen Werten der Nachhallzeit auftreten.

Hervorzuheben ist, daß zum Erreichen des oben genannten Ziels ein diffuseres Schallfeld erforderlich ist, als es üblicherweise in den meisten Räumen, Auditorien usw. existiert. Auch sind bestimmte andere Einschränkungen notwendig, z. B. in den Abmessungen des Hallraums.

1 Anwendungsbereich

Diese Internationale Norm beschreibt ein Hallraum-Verfahren zur Messung des Schallabsorptionsgrades an akustischen Materialien, die zur Bekleidung von Wänden und Decken benutzt werden, oder der äquivalenten Schallabsorptionsfläche von Einzelobjekten, wie Möbelstücken, Personen oder Absorptionskörpern. Es soll nicht zur Messung der Absorptions-Eigenschaften schwach gedämpfter Resonatoren dienen.

Die Ergebnisse können zu Vergleichszwecken oder zu Entwurfsberechnungen in der Raumakustik oder Lärmbekämpfungstechnik verwendet werden.

2 Normative Verweisungen

ISO 5725	Precision of test methods — Determination of repeatability and reproducibility for a standard test method by inter-laboratory tests
IEC 225	Octave, half-octave and third-octave band filters intended for the analysis of sounds and vibrations

3 Definitionen

Für die Anwendung dieser Norm gelten die folgenden Definitionen:

3.1 Nachhallzeit

Die Zeit, die der Schalldruckpegel benötigen würde, um nach dem Abschalten der Schallquelle um 60 dB abzufallen.

Die Größe wird mit T bezeichnet und in Sekunden angegeben.

> ANMERKUNG: Diese Definition beruht auf der Annahme, daß im Idealfall zwischen Schalldruckpegel und Zeit ein linearer Zusammenhang besteht und daß der Fremdgeräuschpegel genügend tief liegt.

3.2 Äquivalente Schallabsorptionsfläche eines Raumes

Die hypothetische Flächen-Größe einer vollständig absorbierenden Oberfläche ohne Beugungseffekte, die die gleiche Nachhallzeit in diesem Raum ergeben würde, wenn sie das einzige absorbierende Element im Raum wäre.

Für den leeren Hallraum wird diese Größe mit A_1 bezeichnet, für den Hallraum mit einem Probekörper A_2. Die Größe wird in Quadratmetern angegeben.

3.3 Äquivalente Schallabsorptionsfläche eines Probekörpers

Die Differenz zwischen den äquivalenten Schallabsorptionsflächen des Hallraumes mit und ohne Probekörper. Die Größe wird mit A bezeichnet und in Quadratmetern angegeben.

3.4 Schallabsorptionsgrad

Die Änderung in der äquivalenten Schallabsorptionsfläche nach Einbringen des Prüfobjekts in den Hallraum, geteilt durch die Fläche des Probekörpers. Die Größe ist nur für flächenhafte Probekörper definiert und wird mit α_S bezeichnet.

ANMERKUNG: Wenn der Schallabsorptionsgrad aus Messungen in einem Hallraum ermittelt wurde, sollten die Ergebnisse durch den Index S gekennzeichnet werden. Bei Anwendung dieses Index wird eine Verwechslung mit demjenigen Schallabsorptionsgrad vermieden, der als Verhältnis von nicht reflektierter zu auftreffender Schallenergie definiert ist, wenn eine ebene Welle auf eine ebene Wand unter einem bestimmten Schalleinfallswinkel auftrifft.

Der "geometrische" Absorptionsgrad ist immer kleiner als 1 und kann daher in Prozenten angegeben werden. Im Gegensatz dazu kann der Schallabsorptionsgrad, ermittelt aus Messungen der Nachhallzeit, z. B. durch Beugungseffekte größere Werte als 1 annehmen. Deshalb darf α_S nicht in Prozent angegeben werden.

3.5 Wiederholgrenze r

Die Wiederholgrenze r ist derjenige Wert, unterhalb dessen die absolute Differenz zwischen zwei einzelnen Prüfergebnissen, die mit demselben Verfahren an identischem Prüfmaterial und unter denselben Bedingungen (derselbe Bearbeiter, dasselbe Gerät, dasselbe Labor und kurze Zeitspannen) erhalten wurden, mit einer vorgegebenen Wahrscheinlichkeit erwartet werden darf; wenn nichts anderes angegeben ist, so ist diese Wahrscheinlichkeit 95 %.

3.6 Vergleichgrenze R

Die Vergleichgrenze R ist derjenige Wert, unterhalb dessen die absolute Differenz zwischen zwei einzelnen Prüfergebnissen, die mit demselben Verfahren an identischem Material, aber unter verschiedenen Bedingungen (verschiedene Bearbeiter, verschiedene Geräte, verschiedene Laboratorien und zu verschiedenen Zeiten) erhalten wurden, mit einer vorgegebenen Wahrscheinlichkeit erwartet werden darf; wenn nichts anderes angegeben ist, so ist diese Wahrscheinlichkeit 95 %.

4 Grundsätzliches

Die Nachhallzeiten im Hallraum werden mit und ohne Probekörper gemessen. Hieraus wird die äquivalente Schallabsorptionsfläche A des Probekörpers berechnet.

Im Fall eines ebenen Probekörpers wird der Schallabsorptionsgrad durch Division von A durch die Oberfläche S des Probekörpers erhalten.

Wenn gleichartige Objekte geprüft werden, ergibt sich die äquivalente Schallabsorptionsfläche eines einzelnen Objektes aus der Division von A durch die Anzahl der Objekte.

5 Versuchsapparatur

Die Versuchsapparatur muß den Anforderungen von Abschnitt 7 genügen.

6 Versuchsanordnung

6.1 Hallraum und Diffusität des Schallfeldes

6.1.1 Volumen des Hallraums

Das Volumen des Hallraums muß mindestens 150 m^3 betragen. Bei Neubauten muß das Volumen annähernd 200 m^3 betragen.

6.1.2 Hallraumform

Die Raumform sollte so beschaffen sein, daß die Bedingung erfüllt wird:

$$l_{max} < 1{,}9\ V^{1/3}$$

Hierin bedeuten:

l_{max} die Länge der längsten Strecke, die innerhalb der Raumbegrenzung liegt (z. B. in einem rechtwinkligen Raum die größte Diagonale)

V das Raumvolumen

Um eine gleichmäßige Verteilung von Raumeigenschwingungen insbesondere im unteren Frequenzbereich zu erzielen, dürfen zwei Raumabmessungen nicht gleich sein oder in einem Verhältnis kleiner ganzer Zahlen stehen.

ANMERKUNG: Im Fall eines nicht rechtwinkligen Raumes, in dem der Probekörper auf dem Boden steht, stimmen die Ergebnisse besser mit den Ergebnissen von rechtwinkligen Räumen überein, wenn sich die nicht senkrechten Wände nach innen neigen.

6.1.3 Diffusität des Schallfeldes

Das Nachhall-Schallfeld muß ausreichend diffus sein. Um bei beliebiger Raumform ausreichend Diffusität zu erzielen, sind grundsätzlich aufgestellte oder aufgehängte Diffusoren oder rotierende Flügel erforderlich (siehe Anhang A).

6.1.4 Die äquivalente Schallabsorptionsfläche A_1 des leeren Hallraums darf — gemessen in Terzbändern — die Werte nach Tabelle 1 nicht überschreiten:

Tabelle 1: Maximale äquivalente Schallabsorptionsflächen für den Rauminhalt $V = 200\ m^3$

Äquivalente Schallabsorptionsfläche, m^2	6,5	6,5	6,5	7,0	9,5	13,0
Frequenz, Hz	125	250	500	1 000	2 000	4 000

Wenn das Raumvolumen von 200 m^3 abweicht, müssen die Werte aus Tabelle 1 mit dem Faktor $(V/200\ m^3)^{2/3}$ multipliziert werden.

Die Frequenzkurve der äquivalenten Schallabsorptionsfläche des leeren Raumes sollten glatt verlaufen und keine Senken oder Spitzen haben, die um mehr als 15 % vom Mittelwert beider benachbarter Terzbänder abweichen.

6.2 Probekörper

6.2.1 Ebene Absorber

6.2.1.1 Der Probekörper muß eine einzelne Fläche zwischen 10 und 12 m^2 überdecken. Für Räume mit größerem Volumen als 250 m^3 muß die normale Prüffläche um den Faktor $(V/250\ m^3)^{2/3}$ vergrößert werden.

ANMERKUNG: Für die Prüfung von Materialien mit außergewöhnlich kleinem Schallabsorptionsgrad empfiehlt es sich, eine größere Prüffläche zu verwenden, um einen deutlichen Unterschied zwischen den gemessenen Nachhallzeiten T_2 und T_1 zu bekommen (siehe 8.1.2).

6.2.1.2 Die Fläche des Probekörpers sollte rechtwinklige Form haben. Das Verhältnis von Breite und Länge sollte zwischen 0,7 und 1 liegen. Er ist so zu verlegen, daß es an keiner Stelle einen Abstand von weniger als 1 m von irgendeiner Raumkante hat. Die Kanten des Probekörpers sollten nicht parallel zur nächstliegenden Kante des Raumes verlaufen.

6.2.1.3 Der Probekörper ist in Übereinstimmung mit den jeweils zutreffenden Anweisungen des Herstellers oder dem Verwendungszweck entsprechend zu montieren.

Für den Fall, daß ein Probekörper unmittelbar auf einer Raumoberfläche verlegt wird, müssen die Kanten vollständig von einem dicht anschließenden Rahmen umgeben sein. Dieser muß aus einem schallreflektierenden Material mit rechteckigem Querschnitt und in einer Dicke von nicht mehr als 2 cm hergestellt werden. Der Rahmen darf die Oberfläche des Probekörpers nicht überragen. Er muß gegen die Raumoberfläche, auf der er montiert ist, abgedichtet werden.

Für den Fall eines Probekörpers mit rückseitigem Luftraum, der z. B. eine abgehängte Decke nachbildet, müssen Seitenwände senkrecht zur Oberfläche des Probekörpers gestellt werden. Die Seitenwände müssen den Luftraum und die Kanten des Probekörpers abdecken, und sie müssen stark schallreflektierend sein.

ANMERKUNG 1: Die Nachhallzeit des leeren Raumes sollte ohne den Rahmen oder die Seitenwände gemessen werden.

ANMERKUNG 2: Im Falle des Probekörpers mit rückseitigem Luftraum kann als Alternative der Probekörper in einer Nische in einer der Raumbegrenzungsflächen montiert werden. Allerdings ist es möglich, daß dieses Verfahren nicht die gleichen Ergebnisse liefert.

6.2.2 Einzelne Schallabsorber

6.2.2.1 Einzelobjekte, z. B. Stühle, Personen, Absorptionskörper, müssen für die Prüfung in gleicher Weise angeordnet werden, wie sie in der Praxis üblich ist. Zum Beispiel müssen Stühle oder freistehende Schirme auf dem Fußboden stehen, jedoch in einem Abstand von mindestens 1 m zu jeder der anderen Raumbegrenzungsflächen. Absorptionskörper müssen einen Abstand von mindestens 1 m von jeder Raumbegrenzungsfläche oder von den Diffusoren und mindestens 1 m von einem Mikrophon haben.

6.2.2.2 Die Probe sollte aus einer ausreichenden Zahl einzelner Objekte bestehen (im allgemeinen mindestens 3), um eine meßbare Änderung der äquivalenten Schallabsorptionsfläche des Raumes zu erzielen, und zwar mehr als 1 m^2, aber nicht mehr als 12 m^2. Wenn das Raumvolumen größer als 250 m^3 ist, beträgt die obere Grenze $12(V/250\ m^3)^{2/3}$ an Stelle von 12 m^2.

Probekörper, die üblicherweise als Einzelobjekte behandelt werden, sollten unregelmäßig angeordnet werden und einen gegenseitigen Abstand von mindestens 2 m haben. Wenn die Probe nur aus einem Objekt besteht, sollte dieses in 3 verschiedenen Stellungen mit wenigstens 2 m gegenseitigem Abstand geprüft werden. Die Ergebnisse werden gemittelt.

6.2.2.3 Wenn das Versuchsmaterial aus Gegenständen besteht, deren Anordnung vorgegeben ist (z. B. Theatersessel, lärmschluckende Kissen), müssen sie in dieser besonderen Anordnung geprüft werden. Wenn Stühle oder sitzende Personen in Gruppen zu prüfen sind, müssen die Kanten der Versuchsanordnung von reflektierendem Material umrahmt sein. Diese Umrahmung sollte eine Höhe bis zu 1 m haben. In anderen Fällen kann die Höhe der Umrahmung der Höhe des Prüfmaterials angepaßt werden.

6.2.3 Vorhänge

Vorhänge vor Wänden können wie ebene Absorber (6.2.1) behandelt werden, wenn sie geschlossen sind, oder wie einzelne Absorber (6.2.2), wenn sie offen sind. Im ersten Fall müssen die Kanten umschlossen werden. In beiden Fällen ist der Mindestabstand von 1 m von den Wänden oder den Kanten nicht erforderlich.

6.3 Temperatur und Feuchtigkeit

Die relative Luftfeuchtigkeit im Raum muß höher als 40 % sein. Oberhalb dieser Grenze sollen während der aufeinanderfolgenden Meßreihen zur Bestimmung der Nachhallzeiten T_1 und T_2 (siehe 8.1.2) die in Tabelle 2 enthaltenen Bedingungen eingehalten werden:

Tabelle 2: Anforderungen an Temperatur und relative Luftfeuchtigkeit während der Messung von T_1 und T_2

Bereich der relativen Luftfeuchtigkeit	Relative Luftfeuchtigkeit bei allen Messungen innerhalb	Temperatur bei allen Messungen innerhalb	Untere Grenze der Temperatur
40 bis 60 %	3 %	3 °C	10 °C
oberhalb 60 %	5 %	5 °C	10 °C

Dem Prüfmaterial sollte Zeit gelassen werden, sich an die Temperatur und die Luftfeuchtigkeit im Raum anzupassen, bevor die Prüfungen ausgeführt werden.

ANMERKUNG: An den Meßergebnissen der äquivalenten Schallabsorptionsfläche A nach 8.1.2 kann eine zusätzliche Korrektur angebracht werden, die die Schalldämpfung in der Luft berücksichtigt, jedoch muß sie stets niedriger als 0,5 m^2 äquivalenter Schallabsorptionsfläche sein. Das Korrekturverfahren und die Herkunft der Korrekturdaten sollten im Prüfbericht angegeben werden.

7 Prüfverfahren

7.1 Erzeugung des Schallfeldes

Der Schall im Hallraum muß durch einen oder mehrere Lautsprecher erzeugt werden, deren Schallabstrahlung möglichst ungerichtet ist. Im Frequenzbereich unter 300 Hz sollten nacheinander Messungen mit einem Lautsprecher in wenigstens zwei Stellungen (gegenseitiger Abstand mindestens 3 m) ausgeführt werden.

Es kann auch eine entsprechende Lautsprecher-Kombination verwendet werden, deren Einzellautsprecher nicht gleichzeitig betrieben werden, es sei denn, daß sie von verschiedenen untereinander inkohärenten Quellen gespeist werden.

Die Prüfsignale müssen aus bandgefiltertem Rauschen mit ununterbrochenem Frequenzspektrum innerhalb einer Bandbreite von wenigstens einer Terz bestehen.

Der Pegel des Dauersignals vor dem Abschalten sollte ausreichend über dem Fremdgeräuschpegel liegen, damit die Abklingkurven nach 7.2.2 ausgewertet werden können.

Die Länge des Dauersignals vor dem Abschalten sollte ausreichend gewählt werden, damit sich ein stationärer Schalldruckpegel im Raum einstellt.

ANMERKUNG 1: Wenn ein Signal mit größerer Bandbreite als einer Terz verwendet wird, können längere Nachhallzeiten in benachbarten Frequenzbändern den unteren Teil der Abklingkurve beeinflussen. Wenn die Nachhallzeiten in benachbarten Frequenzbändern sich um mehr als den Faktor 1,5 voneinander unterscheiden, sollten die Nachhallzeiten für die Frequenzbänder mit der kürzesten Nachhallzeit gesondert gemessen werden, wobei das Anregungssignal in Terzbändern zu filtern ist.

ANMERKUNG 2: Es ist zulässig, Breitbandrauschen in Verbindung mit einem rechnergesteuerten Echtzeitanalysator zu benutzen, um Messungen in allen Frequenzbändern gleichzeitig durchführen zu können. Dabei ist Anmerkung 1 zu beachten.

Bei Messungen mit Breitband-Rauschen sollte das mittlere Schallspektrum im Raum angenähert rosa oder weißem Rauschen entsprechen, mit Schallpegeldifferenzen von weniger als 6 dB zwischen benachbarten Terzen.

7.2 Messung der Nachhallzeit

7.2.1 Empfangsapparatur

Die Empfangsapparatur besteht aus einem oder mehreren, möglichst ungerichteten Mikrophonen, den notwendigen Verstärkern, Filtern und der Vorrichtung für die Messung der Nachhallzeit.

Für die Aufzeichnungen sind mindestens 3 Mikrophonstellungen erforderlich. Diese müssen einen Mindestabstand von $\lambda/2$ voneinander haben, wobei λ die Schallwellenlänge bei der Mittenfrequenz des interessierenden Frequenzbandes ist.

Es darf jeweils nur ein Mikrophon in Benutzung sein. Die Mikrophone müssen mindestens 1 m Abstand vom Prüfmaterial, 1 m Abstand von den Raumoberflächen oder den Diffusoren und 2 m Abstand von einem Lautsprecher haben.

Das Registriergerät muß ein Pegelschreiber oder ein anderes, geeignetes Gerät sein, das die mittlere Neigung der Abklingkurve oder die zugehörige Nachhallzeit zu bestimmen erlaubt.

Die Apparatur zur Bildung (und Darstellung und/oder Berechnung) der Abklingkurve des Pegels kann verwenden:

a) exponentielle Mittelung mit Ausgabe einer kontinuierlichen Kurve, oder

b) exponentielle Mittelung mit Ausgabe aufeinander folgender Einzelpunkte als Repräsentanten des kontinuierlichen Mittelwerts, oder

c) lineare Mittelung mit Ausgabe aufeinanderfolgender einzelner linearer Mittelwerte, in manchen Fällen mit größeren Pausen zwischen den Mittelwert-Ausführungen.

Die Mittelungszeit einer Vorrichtung zur exponentiellen oder einer ihr annähernd gleichwertigen Mittelung muß kleiner sein als $T/20$, jedoch soll sie diesem Wert möglichst nahe kommen.

Die Mittelungszeit einer Vorrichtung zur linearen Mittelung muß kleiner als $T/7$ sein.

In Apparaturen, in denen die Abklingkurve als Folge von einzelnen Punkten aufgezeichnet wird, muß das Zeitintervall zwischen den Punkten der Aufzeichnung kürzer sein als das 1,5-fache der Mittelungszeit des Gerätes.

In allen Fällen, in denen der Abklingvorgang nach Sicht ausgewertet wird, sollte die Zeitskale der Darstellung so eingestellt werden, daß die Neigung der Kurve möglichst 45° beträgt.

ANMERKUNG 1: Die Mittelungszeit einer Vorrichtung zur expotentiellen Mittelung ist 8,69 dividiert durch die Pegelabnahme in dB/s der Vorrichtung.

ANMERKUNG 2: Handelsübliche Pegelschreiber, mit denen der Schalldruckpegel graphisch als Funktion der Zeit dargestellt wird, sind Vorrichtungen zur exponentiellen Mittelung annähernd gleichwertig.

ANMERKUNG 3: Wenn eine Vorrichtung zur exponentiellen Mittelung benutzt wird, bedeutet es nur einen geringen Vorteil, die Mittelungszeit sehr viel niedriger als $T/20$ einzustellen. Wenn eine Vorrichtung zur linearen Mittelung benutzt wird, bedeutet es keinen Vorteil, das Intervall zwischen den Punkten sehr viel niedriger als $T/7$ einzustellen. Bei manchen sequentiell ausgeführten Meßvorgängen ist es möglich, die Mittelungszeit für jedes Frequenzband einzeln festzulegen. Bei anderen Meßvorgängen ist dies nicht möglich. Dann sollte für die Messungen in allen Frequenzbändern eine Mittelungszeit oder ein Intervall wie oben gewählt werden, die auf die kleinste Nachhallzeit in jedem Frequenzband bezogen sind.

Die Empfangsapparatur muß Terzfilter enthalten. Deren Dämpfungskurven müssen IEC 225 entsprechen.

7.2.2 Auswertung der Abklingkurven

Die Nachhallzeit wird aus der mittleren Neigung in einem geeigneten Bereich ermittelt, der ungefähr 0,1 s nach Abschalten der Schallquelle oder bei einem Schalldruckpegel von wenigen Dezibel unterhalb des Einsetzens des Abklingvorgangs beginnt. Der Bereich darf nicht weniger als 20 dB umfassen, aber auch nicht so lang sein, daß der betrachtete Abklingvorgang nicht mehr durch eine Gerade angenähert werden kann. Das Ende dieses Bereiches muß in jedem Terzband mindestens 15 dB über dem resultierenden Pegel liegen, der sich aus dem Fremdgeräuschpegel des Hallraums und dem Störpegel der Registriervorrichtung ergibt.

Ein Abklingvorgang darf als angenähert gerade bezeichnet werden, wenn Messungen der Neigung von zwei Kurvenabschnitten um nicht mehr als 10 % voneinander abweichen, wobei jeder der Abschnitte einen Bereich von mindestens 10 dB überdeckt, und der eine einen mindestens 10 dB niedrigeren Schallpegel mit umfaßt als der andere.

Um eine einzige Abklingkurve zu erhalten, aus der die Nachhallzeit ausgewertet wird, darf man für jede Kombination einer Mikrophon- mit einer Lautsprecherstellung und für jedes Terzband auch eine Scharmittelung ausführen, wobei mehrmals wiederholte Raum-Anregungen überlagert werden.

7.3 Frequenzbereich der Messungen

Die Messungen sind bei den Mittenfrequenzen in Hz der folgenden Terzreihe durchzuführen:

100	125	160	200	250	315	400	500	630
800	1 000	1 250	1 600	2 000	2 500	3 150	4 000	5 000

7.4 Anzahl der Messungen

In jedem Frequenzband ist mindestens die folgende Anzahl von Messungen durchzuführen:

a) 12 Abklingkurven von 100 bis 250 Hz (z. B. 2 für jede von 6 verschiedenen Kombinationen der Stellungen von Lautsprecher und Mikrophon)

b) 9 Abklingkurven von 315 bis 800 Hz (z. B. 3 für jede von 3 verschiedenen Kombinationen der Stellungen von Lautsprecher und Mikrophon)

c) 6 Abklingkurven von 1000 bis 5000 Hz (z. B. 2 für jede von 3 verschiedenen Kombinationen der Stellungen von Lautsprecher und Mikrophon).

8 Darstellung der Ergebnisse

8.1 Berechnungsverfahren

8.1.1 Berechnung der Nachhallzeiten T_1 und T_2

Die Nachhallzeit des Raumes ist durch das arithmetische Nachhallzeit-Mittel aus der Gesamtzahl aller Messungen in jedem Fequenzbereich gegeben. Die Mittelwerte der Nachhallzeiten T_1 und T_2 sind auf wenigstens zwei Dezimalen zu berechnen und anzugeben.

8.1.2 Berechnung von A_1, A_2 und A

8.1.2.1 Die äquivalente Schallabsorptionsfläche A_1 in m^2 des leeren Hallraums wird nach der folgenden Gleichung berechnet:

$$A_1 = \frac{55{,}3\ V}{c \cdot T_1}$$

Hierin bedeuten:

V das Volumen des leeren Hallraums in m^3

c die Schallgeschwindigkeit in Luft in m/s

T_1 die Nachhallzeit des leeren Hallraums in s

ANMERKUNG: Für Temperaturen im Bereich 15 °C bis 30 °C kann die Schallgeschwindigkeit in Luft c in m/s nach der folgenden Gleichung bestimmt werden:

$c = 331 + 0{,}6\ t$

Hierin ist t die Lufttemperatur in °C,

8.1.2.2 Die äquivalente Schallabsorptionsfläche A_2 in m^2 des Hallraums mit Prüfmaterial wird nach der folgenden Gleichung berechnet:

$$A_2 = \frac{55{,}3\ V}{c \cdot T_2}$$

Hierin bedeutet:

c und V siehe 8.1.2.1

T_2 die Nachhallzeit des Hallraums in s nach Einbringen des Prüfmaterials

8.1.2.3 Die äquivalente Schallabsorptionsfläche A des Prüfmaterials wird nach der folgenden Gleichung berechnet:

$$A = 55{,}3\ \frac{V}{c}\left(\frac{1}{T_2} - \frac{1}{T_1}\right)$$

Hierin bedeutet:

c, V und T_1 siehe 8.1.2.1

T_2 siehe 8.1.2.2

ANMERKUNG: In dieser Gleichung ist die vom Prüfmaterial nach der Montage bedeckte Raumoberfläche nicht in Rechnung gestellt (siehe Anhang B).

8.1.3 Berechnung von α_s (siehe auch Anhang B)

Der Schallabsorptionsgrad α_s eines ebenen Absorbers ist durch die folgende Gleichung gegeben:

$$\alpha_s = \frac{A}{S}$$

Hierin ist

A die äquivalente Schallabsorptionsfläche in m^2, berechnet nach 8.1.2.3

S die Fläche des Prüfmaterials in m^2

8.1.4 Berechnung der äquivalenten Schallabsorptionsfläche von einzelnen Absorbern

Für einzelne Absorber sollte das Ergebnis allgemein als äquivalente Schallabsorptionsfläche je Probekörper angegeben werden, indem A durch die Anzahl der Probekörper dividiert wird.

Für Probekörper, deren Anordnung vorgegeben ist, sollte das Ergebnis als äquivalente Schallabsorptionsfläche der gesamten Anordnung angegeben werden.

8.2 Präzision

Die Präzision des Meßverfahrens kann in Form der Wiederholgrenze (siehe 3.5) und der Vergleichgrenze (siehe 3.6) entsprechend ISO 5725 dargestellt werden.

Vergleichsversuche in einer Anzahl von Hallräumen haben eine grobe Abschätzung der Vergleichgrenze von Schallabsorptionsgradmessungen ergeben, siehe Bild 1.

ANMERKUNG: Wenn der Schallabsorptionsgrad starke Schwankungen mit der Frequenz aufweist, kann die Vergleichgrenze deutlich von den in Bild 1 angegebenen Daten abweichen.

Zur Zeit steht über die Wiederholgrenze keine ausreichende Information zur Verfügung, um dafür eine Abschätzung im Rahmen dieser Internationalen Norm geben zu können. Um innerhalb eines einzelnen Laboratoriums die Wiederholgrenze prüfen zu können, kann eine grobe Abschätzung mit Hilfe des in Anhang C gegebenen Verfahrens gewonnen werden. Zuverlässige Werte der Wiederholgrenze und Vergleichgrenze können nur nach dem in ISO 5725 angegebenen Verfahren für die Durchführung eines Vergleichsversuchs zwischen verschiedenen Laboratorien gewonnen werden.

8.3 Darstellung der Ergebnisse

Für alle Meßfrequenzen sind die folgenden Ergebnisse in Form einer Tabelle und eines Diagramms darzustellen:

a) Für ebene Absorber der Schallabsorptionsgrad α_s

b) für einzelne Probekörper die äquivalente Schallabsorptionsfläche je Probekörper

c) für Probekörper mit vorgegebener Anordnung die äquivalente Schallabsorptionsfläche der gesamten Anordnung.

Bei Angaben der Ergebnisse sollten die äquivalente Schallabsorptionsfläche eines Probekörpers auf 0,1 m^2 und der Schallabsorptionsgrad auf 0,01 gerundet werden.

ANMERKUNG: Diese Art der Rundung der Ergebnisse führt bei ihrer Darstellung zu glatten Kurvenverläufen. Es ist aber zu beachten, daß die Genauigkeit der Ergebnisse geringer sein kann, als es die gerundeten Dezimalwerte erscheinen lassen.

In der graphischen Darstellung sollten die Meßpunkte durch gerade Linien verbunden werden. In der Abszisse ist die Frequenz in logarithmischem Maßstab, in der Ordinate die äquivalente Schallabsorptionsfläche oder der Schallabsorptionsgrad linear aufzutragen. Das Verhältnis der Teilung auf der Ordinate für A im Bereich von 0 bis 10 m^2, für α_s im Bereich von 0 bis 1 sollte zum Bereich auf der Abzisse von 5 Oktaven sich wie 2 : 3 verhalten.

Meßergebnisse mit extrem großen Senken oder Spitzen, die nicht durch physikalische Eigenschaften des Prüfmaterials oder dessen Montage erklärt werden können, sollten als zweifelhaft bezeichnet werden.

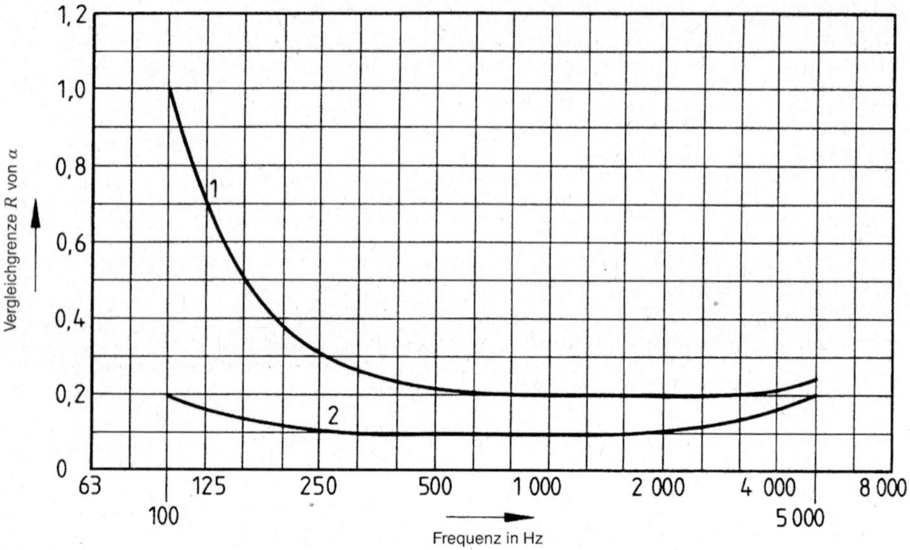

Bild 1: Abschätzung der Vergleichgrenze R von α_s
a) einer Probe 1 mit hohem Absorptionsgrad ($\alpha_s \approx 1{,}00$) und
b) einer Probe 2 mit niedrigem Absorptionsgrad ($\alpha_s \approx 0{,}05$) in allen Terzbändern

9 Prüfbericht

Der Prüfbericht muß unter Hinweis auf diese Internationale Norm die folgenden Inormationen enthalten:

a) Name des Instituts, das die Prüfung ausgeführt hat;

b) Datum der Prüfung;

c) Beschreibung des Probekörpers, Angabe seiner Oberfläche S, der Art der Montage und Lage im Hallraum, möglichst durch Zeichnungen;

d) Form des Hallraums, seine Vorrichtungen zur Schalldiffusion (Anzahl und Größe von Diffusoren), Anzahl der Stellungen von Mikrophon und Lautsprecher;

e) Maße des Hallraums, insbesondere sein Volumen V und seine gesamte Oberfläche S_t (Wände, Fußboden und Decke);

f) Art des verwendeten Meßgeräuschs;

g) Temperatur und relative Luftfeuchtigkeit;

h) Mittelwerte der Nachhallzeiten T_1 und T_2 bei jeder Frequenz;

j) Ergebnis nach 8.3 für die zutreffende Meßgröße;

k) die Wiederholgrenze des Laboratoriums, falls berechnet (siehe Anhang C).

Anhang A (informativ)

Diffusität des Schallfeldes im Hallraum

A.1 Diffusoren

Eine angemessene Diffusität kann mit Hilfe von festen Diffusoren und/oder rotierenden Flügeln erreicht werden. Solche schallsteuernden Elemente sollten am besten gedämpfte Platten mit geringer Schallabsorption und einem Flächengewicht von wenigstens 5 kg/m^2 sein. Empfohlen werden Diffusoren verschiedener Größe, etwa zwischen 0,8 m^2 und 3 m^2 (einseitige Fläche). Die Platten können leicht gekrümmt sein. Sie sollten mit regelloser Orientierung über den ganzen Raum verteilt angeordnet sein.

Wenn rotierende Flügel verwendet werden, sollte die Wiederholfrequenz der Abklingvorgänge und die Drehzahl des Flügels nicht im Verhältnis kleiner ganzer Zahlen stehen.

A.2 Prüfung der Diffusität

Ein geeignetes Prüfobjekt wird ausgewählt. Es kann eine 5 bis 10 cm dicke, homogene Probe aus porösem Absorptionsmaterial sein, die unter optimalen Bedingungen einen Schallabsorptionsgrad größer als 0,9 im Frequenzbereich von 500 Hz bis 4 000 Hz hat. (Bestimmte Sorten von Glaswolle, Steinwolle oder Polyurethanschaum erfüllen diese Bedingung.) Die Maße und Montagebedingungen müssen 6.2 entsprechen.

Messungen der Schallabsorption des Prüfmaterials werden durchgeführt:

a) ohne Diffusoren

b) mit einer kleinen Zahl von Diffusoren (etwa 5 m^2) und

c) mit einer zunehmenden Anzahl von Diffusoren, entsprechend Schritten von etwa 5 m^2

Für jede Meßreihe wird der Mittelwert des Schallabsorptionsgrades im Bereich von 500 Hz bis 4 000 Hz berechnet. Diese Werte werden graphisch in Abhängigkeit von der jeweils verwendeten Zahl von Diffusoren aufgetragen.

Es zeigt sich dabei, daß sich der mittlere Absorptionsgrad einem Maximum nähert und danach mit zunehmender Zahl von Diffusoren konstant bleibt. Als günstigste Zahl von Diffusoren wird diejenige angesehen, bei der der konstante Wert erstmalig erreicht wird.

ANMERKUNG 1: Die Erfahrung zeigt, daß in rechtwinkligen Räumen die (beiderseitige) Fläche von Diffusoren, die für eine genügende Diffusion erforderlich ist, angenähert 15 bis 25 % der gesamten Raumoberfläche betragen muß.

ANMERKUNG 2: Wenn rotierende Flügel benutzt werden, sollte nachgewiesen werden, daß die sich ergebende Diffusion gleichwertig mit der ist, die nach dem oben beschriebenen Verfahren erzielt wurde.

Anhang B (informativ)

Erläuterungen zu den Gleichungen in 8.1.2.3 und 8.1.3

Bei üblichen Absorptionsmaterialien ergibt sich ein kleiner Fehler im berechneten Wert infolge Vernachlässigung der Absorption der mit Prüfmaterial bedeckten Fläche. Der berechnete Wert ist etwas zu niedrig.

Sicherlich würde jedoch ein größerer Fehler entstehen, wenn der Absorptionsgrad der bedeckten Fläche aus der Nachhallzeit des leeren Hallraums berechnet würde; denn diese Nachhallzeit hängt nicht nur von der Absorption der Raumoberflächen ab, sondern wahrscheinlich mehr von der der anderen Objekte (wie Türen, Lautsprecher, Beleuchtungskörper), außerdem von der Schalldämpfung in Luft und von Schwingungen der Wände und der Decke, die durch das sie bedeckende Absorptionsmaterial nicht verhindert werden.

Anhang C (informativ)

Bestimmung der Wiederholgrenze

Die Wiederholgrenze wird bestimmt, indem innerhalb eines kurzen Zeitintervalls Prüfungen am gleichen Versuchsobjekt nach dem in Übereinstimmung mit dieser Internationalen Norm bei der Prüfstelle üblichen Verfahren (Zahl der Mikrophonstellungen, Zahl der Anregungen des Raumes, der Registrierung der Abklingkurven und Berechnung der Nachhallzeiten) durchgeführt werden.

Mindestens 5 Versuche sollten unter möglichst unveränderten Bedingungen erfolgen.

Besondere Aufmerksamkeit sollte darauf verwandt werden, daß sich das Versuchsmaterial infolge des mehrfachen Auf- und Abbaus zwischen den Versuchen nicht ändert.

Die Wiederholgrenze r innerhalb des Laboratoriums wird wie folgt berechnet:

$$r = t\sqrt{2}\sqrt{\frac{1}{n-1}\sum_{i=1}^{n}(\alpha_i - \overline{\alpha})^2}$$

Hierin bedeuten:

α_i das Ergebnis der Messung i

$\overline{\alpha}$ das arithmetische Mittel aus einer Menge von n Messungen $\alpha_1 \ldots \alpha_i \ldots \alpha_n$;

t den Faktor, der sich aus der Student-Verteilung für eine Wahrscheinlichkeit von 95 % und der zugehörigen Zahl der Freiheitsgrade ν ergibt (siehe Tabelle 3):

Tabelle 3: Faktor "t"

$\nu = n - 1$	4	5	6	7	8	9	10	20	∞
t	2,78	2,57	2,45	2,37	2,31	2,26	2,23	2,09	1,96

ANMERKUNG: Ermittlungen der Wiederholgrenze sollten vorzugsweise an Materialien mit unterschiedlichem Absorptionsgrad durchgeführt werden. Zumindest sollten zwei Wiederholbarkeits-Tests durchgeführt werden, eine davon an einem hochabsorbierenden Material.

Oktober 1997

Akustik
Messung der Schallabsorption im Hallraum
Änderung 1:
Montagearten von Prüfgegenständen für Schallabsorptionsmessungen
(ISO 354 : 1985/AMD1 : 1997) Deutsche Fassung EN 20354/A1 : 1997

DIN
EN 20354/A1

ICS 17.140.01

Änderung von
DIN EN 20354 : 1993-07

Deskriptoren: Schallabsorption, Prüfgegenstand, Messung, Hallraum, Montage

Acoustics – Measurement of sound absorption in a reverberation room –
Amendment 1:
Test specimen mountings for sound absorption tests
(ISO 354 : 1985/AMD1 : 1997);
German version EN 20354/A1 : 1997

Acoustique – Mesurage de l'absorption acoustique en salle réverbérante –
Amendement 1:
Montage des échantillons pour les essais d'absorption acoustique
(ISO 354 : 1985/AMD1 : 1997);
Version allemande EN 20354/A1 : 1997

Die Europäische Norm EN 20354/A1 : 1997 hat den Status einer Deutschen Norm.

Nationales Vorwort

Die Internationale Norm ISO 354 Addendum 1 : 1997 ist im Komitee ISO/TC 43/SC 2 "Bauakustik" in Abstimmung mit dem Europäischen Komitee CEN/TC 126 "Akustische Eigenschaften von Baustoffen und Bauteilen und von Gebäuden" unter intensiver deutscher Mitarbeit erarbeitet worden. Für die deutsche Mitarbeit ist der Arbeitsausschuß NMP 231 "Schalldämmung und Schallabsorption; Messung und Bewertung" des Normenausschusses Materialprüfung (NMP) verantwortlich.

Fortsetzung 3 Seiten EN

Normenausschuß Materialprüfung (NMP) im DIN Deutsches Institut für Normung e.V.
Normenausschuß Akustik, Lärmminderung und Schwingungstechnik (NALS) im DIN und VDI
Normenausschuß Bauwesen (NABau) im DIN

EUROPÄISCHE NORM
EUROPEAN STANDARD
NORME EUROPÉENNE

EN 20354/A1

Juni 1997

ICS 17.140.01

Deskriptoren:

Deutsche Fassung

Akustik

Messung der Schallabsorption im Hallraum
Änderung 1: Montagearten von Prüfgegenständen für Schallabsorptionsmessungen (ISO 354 : 1985/AMD1 : 1997)

Acoustics – Measurement of sound absorption in a reverberation room – Amendment 1: Test specimen mountings for sound absorption tests (ISO 354 : 1985/AMD1 : 1997)

Acoustique – Mesurage de l'absorption acoustique en salle réverbérante – Amendement 1: Montage des échantillons pour les essais d'absorption acoustique (ISO 354 : 1985/AMD1 : 1997)

Diese Änderung A1 modifiziert die Europäische Norm EN 20354:1993. Diese Änderung wurde von CEN am 1997-03-11 angenommen.

Die CEN-Mitglieder sind gehalten, die CEN/CENELEC-Geschäftsordnung zu erfüllen, in der die Bedingungen festgelegt sind, unter denen diese Änderung A1 ohne jede Änderung der Status einer nationalen Norm zu geben ist.

Auf dem letzten Stand befindliche Listen dieser nationalen Normen mit ihren bibliographischen Angaben sind beim Zentralsekretariat oder bei jedem CEN-Mitglied auf Anfrage erhältlich.

Die Europäische Norm besteht in drei offiziellen Fassungen (Deutsch, Englisch, Französisch). Eine Fassung in einer anderen Sprache, die von einem CEN-Mitglied in eigener Verantwortung durch Übersetzung in seine Landessprache gemacht und dem Zentralsekretariat mitgeteilt worden ist, hat den gleichen Status wie die offiziellen Fassungen.

CEN-Mitglieder sind die nationalen Normungsinstitute von Belgien, Dänemark, Deutschland, Finnland, Frankreich, Griechenland, Irland, Island, Italien, Luxemburg, Niederlande, Norwegen, Österreich, Portugal, Schweden, Schweiz, Spanien, Tschechische Republik und dem Vereinigten Königreich.

CEN

EUROPÄISCHES KOMITEE FÜR NORMUNG
European Committee for Standardization
Comité Européen de Normalisation

Zentralsekretariat: rue de Stassart 36, B-1050 Brüssel

Ref. Nr. EN 20354/A1 : 1997 D

Vorwort

Der Text der Internationalen Norm ISO 354:1985/A1:1997 wurde vom Technischen Komitee ISO/TC 43 "Acoustics" in Zusammenarbeit mit dem Technischen Komitee CEN/TC 126 "Akustische Eigenschaften von Baustoffen und Bauteilen und von Gebäuden" erarbeitet, dessen Sekretariat von AFNOR gehalten wird.

Diese Europäische Norm muß den Status einer nationalen Norm erhalten, entweder durch Veröffentlichung eines identischen Textes oder durch Anerkennung bis Dezember 1997, und etwaige entgegenstehende nationale Normen müssen bis Dezember 1997 zurückgezogen werden.

Entsprechend der CEN/CENELEC-Geschäftsordnung sind die nationalen Normungsinstitute der folgenden Länder gehalten, diese Europäische Norm zu übernehmen:

Belgien, Dänemark, Deutschland, Finnland, Frankreich, Griechenland, Irland, Island, Italien, Luxemburg, Niederlande, Norwegen, Österreich, Portugal, Schweden, Schweiz, Spanien, die Tschechische Republik und das Vereinigte Königreich.

Anerkennungsnotiz

Der Text der Internationalen Norm ISO 354:1985/A1:1997 wurde von CEN als Europäische Norm ohne irgendeine Abänderung genehmigt.

Anhang D (normativ)

Montagearten von Prüfgegenständen für Schallabsorptionsmessungen

D.1 Allgemeines

Die Schallabsorptionseigenschaften eines Materials hängen davon ab, wie dieses Material während der Prüfung montiert ist. Dieser Anhang beschreibt verschiedene Standardmontagearten für Schallabsorptionsprüfungen. Üblicherweise wird ein Prüfgegenstand nur in einer der beschriebenen Montagearten geprüft.

Die Kurzbezeichnungen für die Montagearten Typ E und Typ G enthalten eine numerische Angabe, zum Beispiel E-200 oder G-100. Die Angabe ist gleich einem Abstand in Millimeter, der für die Montageart charakteristisch ist, mit einer Rundung auf die nächsten 5 mm.

ANMERKUNG 1: Soweit wie möglich, sind die Kurzbezeichnungen für jeden Typ der Montagearten so gewählt, daß sie mit denen übereinstimmen, die in schon bestehenden Normen existieren, als dieser Anhang geschrieben wurde: ASTM E 795 "Standard Practices for Mounting – Test specimens during sound absorption tests".

D.2 Montageart Typ A

Der Prüfgegenstand wird direkt an einer Raumbegrenzungsfläche montiert oder auf dieser aufgestellt, zum Beispiel auf dem Fußboden des Hallraumes.

Ebene Bauteile (zum Beispiel Trennwände) werden auf dem Boden liegend gemessen. Wenn die Befestigung des Prüfgegenstandes durch Kleben oder auf mechanische Weise erforderlich ist, darf kein Luftraum hinter dem Prüfgegenstand verbleiben. Der Prüfbericht muß eine vollständige Beschreibung der Befestigungen und deren Lage oder des Verfahrens der Oberflächenbehandlung und des für die Befestigung des Prüfgegenstandes verwendeten Klebers enthalten.

Wenn zwei oder mehr Materialteile (oder getrennte Paneele) zusammengestellt werden, um einen Prüfgegenstand zu bilden, müssen die Kanten scharf geschnitten sein, um sicherzustellen, daß kein Spalt zwischen ihnen besteht, es sei denn, daß vom Hersteller ein anderes Verfahren empfohlen wird. Es kann notwendig sein, die Verbindungen zwischen den aneinanderliegenden Teilen mit einem Band, einem dichtenden Material oder einem anderen Material, das nicht schallabsorbierend ist, abzudecken. Der Grund für die Abdeckung der Verbindungen besteht darin, die Schallabsorption durch die Seitenkanten der einzelnen Teile zu verhindern. Wenn die Verbindungen abgedichtet werden, müssen im Prüfbericht das verwendete Verfahren und das Material beschrieben werden.

Die Kanten des Prüfgegenstandes werden abgedichtet oder abgedeckt, um zu verhindern, daß sie Schall absorbieren, es sei denn, daß die Kanten in der wirklichen Einbausituation dem Schall ausgesetzt werden. In diesem Fall dürfen die Kanten des Prüfgegenstandes während der Prüfung nicht abgedichtet oder abgedeckt werden. Die Behandlung der Kanten des Prüfgegenstandes muß im Prüfbericht beschrieben werden. Wenn die Kanten nicht abgedeckt werden, muß die Fläche der nicht abgedeckten Kanten angegeben werden, sie darf aber nicht bei der Berechnung der Fläche des Prüfgegenstandes berücksichtigt werden.

Wenn die umlaufenden Kanten (Perimeter) des Prüfgegenstandes bedeckt werden müssen, wird ein akustisch reflektierender Rahmen verwendet. Der Rahmen muß massiv und nicht hohl sein, und es darf kein Luftraum zwischen dem Prüfgegenstand und dem Rahmen und zwischen der Raumbegrenzungsfläche und dem Rahmen bestehen. Es wird ein Rahmen aus Stahl mit der Dicke von 1,0 mm, aus 12,5 mm dicken Gipskartonplatten oder 12,5 mm dickem Holz (Mindestdicken) verwendet. Der Rahmen muß fest am Prüfgegenstand anliegen und zur Raumoberfläche abgedichtet sein. Die beschallte Seite des Rahmens muß bündig mit der Oberfläche des Prüfgegenstandes abgedichtet sein.

Wenn Lochblech oder anderes perforiertes Material zum Abdecken des Prüfgegenstandes verwendet wird, muß eine vollständige Beschreibung dieses Materials im Prüfbericht enthalten sein.

D.3 Montageart Typ E

Der Prüfgegenstand wird so montiert, daß ein Luftzwischenraum hinter ihm besteht. Die Zahl in den Kurzbezeichnungen (zum Beispiel Typ E-200) muß die Entfernung – gerundet auf das nächste ganzzahlige Vielfache von 5 mm – zwischen der beschallten Fläche des Prüfgegenstandes und der Raumoberfläche hinter dem Prüfgegenstand sein. Wenn eine Montageart Typ E verwendet wird, muß der Prüfgegenstand in einer E-200 Anordnung geprüft werden. Wenn die E-200 Anordnung in der Praxis nicht üblich ist, müssen die E-300 oder die E-400 Anordnung verwendet werden. Andere Luftzwischenräume dürfen zusätzlich zu 200, 300 oder 400 mm Entfernung verwendet werden. Wenn eine andere Entfernung verwendet wird, muß sie ein ganzzahliges Vielfaches von 5 mm betragen.

Der Montagerahmen muß aus Metall, Holz oder anderem nicht-porösem Material mit einer flächenbezogenen Masse von mindestens 10 kg/m² bestehen. Er muß einen Luftraum hinter dem Probekörper einschließen, der keine inneren

Unterteilungen haben darf, es sei denn, sie sind als Teil des Prüfgegenstandes vorgesehen. Die Verbindung zwischen dem Rahmen und der Raumoberfläche muß abgedichtet werden, damit Luftleckagen zwischen dem umschlossenen Raum und dem Außenraum verhindert werden. Der Rahmen muß das Perimeter des Prüfgegenstandes bedecken. Der Rahmen darf nicht parallel zu den Hallraumwänden aufgestellt werden. Parallele Montagerahmenseiten sind soweit wie möglich zu vermeiden.

D.4 Montageart Typ G

Der Prüfgegenstand, z. B. eine Gardine, ein Vorhang, eine Fensterjalousie oder eine Fenstermarkise, wird parallel zur Raumoberfläche gehängt. Die Zahl der Montagekurzbezeichnung (z. B. Typ G-100) muß gleich dem Abstand der Mittellinie des Montagesystems des Prüfgegenstandes (z. B. Schiene) zur Raumoberfläche sein. Der Prüfgegenstand muß in der G-100 Anordnung geprüft werden. Andere Luftabstände dürfen zusätzlich zum 100 mm Abstand verwendet werden. Wenn ein anderer Abstand verwendet wird, muß er ein ganzzahliges Vielfaches von 50 mm betragen, es sei denn der Hersteller empfiehlt einen anderen Wert. Der Prüfgegenstand wird mit oder ohne einem Montagerahmen geprüft, je nachdem, was in der Praxis verwendet wird. Wenn ein Montagerahmen verwendet wird, muß er eng am Prüfgegenstand anliegen und zur Raumoberfläche abgedichtet werden.

Andere Anordnungen von Vorhängen sind zulässig und dürfen geprüft werden. Diese Prüfungen müssen zusätzlich zur G-100 Anordnung durchgeführt werden, es sei denn, daß Montageart Typ G nicht für den speziellen Prüfgegenstand in der Praxis verwendet wird. Der Prüfbericht muß die spezielle Anordnung detailliert beschreiben.

D.5 Montageart Typ I

Diese Montageart wird bei Spritz- oder Spachtelmaterialien, wie Putz, verwendet. Das Material muß auf 12,5 mm dicke Gipskartonplatten aufgetragen werden, sofern nichts anderes vom Hersteller angegeben wird. Es muß verhindert werden, daß beim Aushärten des aufgetragenen Materials eine Formänderung der Gipskartonplatte auftritt. Die Gipskartonplatte mit dem Material muß in einer Montageart Typ A mit einem Rahmen um den Prüfgegenstand geprüft werden. Jegliche unvermeidbare Formänderung des Prüfgegenstandes muß im Prüfbericht angegeben werden.

DK 534.833.5 : 620.1 : 692.5 : 699.844 August 1992

Akustik

Bestimmung der dynamischen Steifigkeit

Teil 1: Materialien, die unter schwimmenden Estrichen in Wohngebäuden verwendet werden
Deutsche Fassung EN 29 052-1 : 1992

DIN EN 29 052 Teil 1

Diese Norm enthält die deutsche Übersetzung der Internationalen Norm **ISO 9052-1**

Acoustics; Determination of dynamic stiffness; Part 1: Materials used under floating floors in dwellings;
German version EN 29 052-1 : 1992

Acoustique; Détermination de la raideur dynamique; Partie 1: Matériaux utilisés sous les dalles flottantes dans les bâtiments d'habitation;
Version allemande EN 29 052-1 : 1992

Ersatz für
DIN 52 214/12.84

Die Europäische Norm EN 29 052-1 : 1992 hat den Status einer Deutschen Norm.

Nationales Vorwort

Die Internationale Norm ISO 9052-1 : 1989 ist auf Vorschlag des CEN/TC 126 „Akustische Eigenschaften von Baustoffen und Bauteilen und von Gebäuden" mit Hilfe des Einstufigen Annahmeverfahrens von CEN ohne Änderungen als Europäische Norm EN 29 052-1 angenommen worden.

In Deutschland war für die Bearbeitung der Arbeitsausschuß NMP 231 „Schalldämmung und Schallabsorption, Messung und Bewertung" des Normenausschuß Materialprüfung (NMP) zuständig.

Bei der Abstimmung zum Einstufigen Annahmeverfahren hatte Deutschland die folgenden Korrekturen verlangt, die leider nicht berücksichtigt wurden:

Zum Abschnitt 1:

— Der letzte Satz des zweiten Absatzes soll lauten:

„Er ist nicht anzuwenden bei Flächenbelastungen größer als 4 kPa, zum Beispiel bei Materialien unter Maschinenfundamenten."

— Die Anmerkung 1 soll lauten:

Anmerkung 1: Die Abhängigkeit der dynamischen Steifigkeit von der statischen Vorlast ist im Falle der Verwendung des Materials in Wandbekleidungen — zum Beispiel Polystyrol oder Mineralfasern — von untergeordneter Bedeutung. Die nach ISO 9052-1 bei einer statischen Vorlast von 2 kPa gemessenen Werte der dynamischen Steifigkeit liegen um 10 bis 20 % höher als diejenigen Werte, die mit einer geringeren Vorlast ermittelt werden. Die Ergebnisse einer Prüfung der dynamischen Steifigkeit auf Grundlage dieser Norm liegen somit auf der sicheren Seite.

— Die Anmerkung 2 soll ersatzlos gestrichen werden.

Zum Abschnitt 8.2:

— Die Absätze a) und b) müssen lauten:

a) für hohe längenbezogene Strömungswiderstände mit $r \geq 1000 \text{ kPa} \cdot \text{s/m}^2$

$$s' = s'_t \tag{5}$$

b) für mittlere längenbezogene Strömungswiderstände mit $100 \text{ kPa} \cdot \text{s/m}^2 > r \geq 10 \text{ kPa} \cdot \text{s/m}^2$

$$s' = s'_t + s'_a \tag{6}$$

Für die im Inhalt zitierten Internationalen Normen wird im folgenden auf die entsprechende Deutsche Norm hingewiesen:

ISO 9053 : 1991 siehe DIN 52 213

Fortsetzung Seite 2
und 6 Seiten EN-Norm

Normenausschuß Materialprüfung (NMP) im DIN Deutsches Institut für Normung e.V.
Normenausschuß Akustik, Lärmminderung und Schwingungstechnik (NALS) im DIN und VDI
Normenausschuß Bauwesen (NABau) im DIN

Zitierte Normen

— in der Deutschen Fassung:

Siehe Abschnitt 2

— in nationalen Zusätzen:

DIN 52 213 Bauakustische Prüfungen; Bestimmung des Strömungswiderstandes

Frühere Ausgaben

DIN 52 214: 03.60, 05.70, 09.76, 12.84

Änderungen

Gegenüber DIN 52 214/12.84 wurden folgende Änderungen vorgenommen:

— Der Text der Internationalen Norm ISO 9052-1, die inhaltlich mit der Norm DIN 52 214 übereinstimmt, wurde vollständig übernommen. Dadurch wurden entsprechend der ISO 9052-1 die Abschnittsreihenfolge, die Formelzeichen und Textformulierungen geändert und die Bilder 1 bis 3 neu eingesetzt.

Internationale Patentklassifikation

E 04 B 1/82
E 04 F 15/12
E 04 F 15/20
G 01 K 11/16
G 01 N 3/32

EUROPÄISCHE NORM
EUROPEAN STANDARD
NORME EUROPÉENNE

EN 29 052-1

Juni 1992

DK 699.844-405.8 : 534.833 : 620.1 : 533.6.011.2

Deskriptoren: Akustik, Schalldämmung, Wohnheim, Bramme, Schalldämmstoff, Bestimmung, dynamische Steifigkeit, Schwingungsversuch

Deutsche Fassung

Akustik

Bestimmung der dynamischen Steifigkeit
Teil 1: Materialien, die unter schwimmenden Estrichen in Wohngebäuden verwendet werden

Acoustics; Determination of dynamic stiffness; Part 1: Materials used under floating floors in dwellings

Acoustique; Détermination de la raideur dynamique; Partie 1: Matériaux utilisés sous les dalles flottantes dans les bâtiments d'habitation

---

Diese Europäische Norm wurde von CEN am 1992-06-24 angenommen.

Die CEN-Mitglieder sind gehalten, die CEN/CENELEC-Geschäftsordnung zu erfüllen, in der die Bedingungen festgelegt sind, unter denen dieser Europäischen Norm ohne jede Änderung der Status einer nationalen Norm zu geben ist.

Auf dem letzten Stand befindliche Listen dieser nationalen Normen mit ihren bibliographischen Angaben sind beim Zentralsekretariat oder bei jedem CEN-Mitglied auf Anfrage erhältlich.

Diese Europäische Norm besteht in drei offiziellen Fassungen (Deutsch, Englisch, Französisch). Eine Fassung in einer anderen Sprache, die von einem CEN-Mitglied in eigener Verantwortung durch Übersetzung in die Landessprache gemacht und dem Zentralsekretariat mitgeteilt worden ist, hat den gleichen Status wie die offiziellen Fassungen.

CEN-Mitglieder sind die nationalen Normungsinstitute von Belgien, Dänemark, Deutschland, Finnland, Frankreich, Griechenland, Irland, Island, Italien, Luxemburg, Niederlande, Norwegen, Österreich, Portugal, Schweden, Schweiz, Spanien und dem Vereinigten Königreich.

CEN

EUROPÄISCHES KOMITEE FÜR NORMUNG
European Committee for Standardization
Comité Européen de Normalisation

Zentralsekretariat: rue de Stassart 36, B-1050 Brüssel

Ref.-Nr. EN 29 052-1 : 1992 D

Vorwort

Gemäß dem positiven Ergebnis des Einstufigen Annahmeverfahrens hat CEN die Internationale Norm

ISO 9052-1 : 1989 „Akustik — Bestimmung der dynamischen Steifigkeit — Teil 1: Materialien, die unter schwimmenden Estrichen in Wohngebäuden verwendet werden"

angenommen.

Diese Europäische Norm wurde aufgestellt, um der Bitte des Ständigen Ausschusses für das Bauwesen nachzukommen, im Rahmen der Richtlinie des Rates 89/106/EEC „Bauprodukte" und des provisorischen Mandats „Lärmschutz" (BC/CEN 08/1991), das von der EWG und dem EFTA abgegeben wurde.

Mit dieser Europäischen Norm übereinstimmende nationale Normen sollen spätestens bis zum 1992-12-31 veröffentlicht werden, und entgegenstehende nationale Normen sollen spätestens bis zum 1992-12-31 zurückgezogen werden.

Entsprechend den Gemensamen CEN/CENELEC-Regeln sind folgende Länder gehalten, diese Europäische Norm zu übernehmen: Belgien, Dänemark, Deutschland, Finnland, Frankreich, Griechenland, Irland, Island, Italien, Luxemburg, Niederlande, Norwegen, Österreich, Portugal, Schweden, Schweiz, Spanien und das Vereinigte Königreich.

Anerkennungsnotiz

Der Text der Internationalen Norm ISO 9052-1 : 1989 wurde vom CEN als Europäische Norm genehmigt mit der folgenden redaktionellen Abänderung:

— Vertauschung der Bilder 2 und 3; die bestehenden Bildtexte bleiben.

1 Anwendungsbereich

EN 29 052-1 beschreibt das Prüfverfahren zur Bestimmung der dynamischen Steifigkeit von Dämmschichten, die unter schwimmenden Estrichen verwendet werden. Die dynamische Steifigkeit ist einer der Parameter, die die Schalldämmung solcher Fußbodenaufbauten in Wohngebäuden bestimmen.

EN 29 052-1 dient zur Bestimmung der flächenbezogenen dynamischen Steifigkeit von Dämmschichten mit ebener Oberfläche (siehe Abschnitt 6), die als zusammenhängende Schicht unter schwimmenden Estrichen in Wohngebäuden verwendet werden. Er ist nicht anzuwenden bei Flächenbelastungen kleiner als 0,4 kPa[1]), zum Beispiel bei Materialien in Wandbekleidungen oder bei Flächenbelastungen größer als 4 kPa[1]), zum Beispiel bei Materialien unter Maschinenfundamenten (siehe Anmerkung 2).

EN 29 052-1 ist in erster Linie zum Vergleich von Produktproben ähnlicher Materialien einer bestimmten, bekannten Qualität anzuwenden.

Zu Einschränkungen hinsichtlich des Strömungswiderstandes des zu prüfenden Dämmaterials siehe 8.2.

Anmerkung 1: Die Abhängigkeit der dynamischen Steifigkeit von der statischen Vorlast ist im Falle der Verwendung des Materials — zum Beispiel Polystyrol oder Mineralfasern — in Wandbekleidungen von untergeordneter Bedeutung. Die Unterschiede zwischen den Werten der dynamischen Steifigkeit, die nach diesem Teil der ISO 9052 mit einer statischen Vorlast von 2 kPa gemessen wurden und denjenigen mit einer geringeren Vorlast liegen im Bereich zwischen 10 % bis 20 %.

Anmerkung 2: Ein weiterer Teil der ISO 9052 wird sich mit der Bestimmung der dynamischen Steifigkeit von Materialien befassen, die in technischen elastischen Lagerungen verwendet werden (hohe statische Belastung).

2 Verweisungen auf andere Normen

Die folgenden Normen enthalten Regelungen, die infolge Bezugnahme in diesem Text verbindliche Regelungen zum vorliegenden Teil der EN 29 052-1 darstellen. Zum Zeitpunkt der Publikation waren die gekennzeichneten Ausgaben gültig. Da alle Normen einer Überarbeitung unterliegen, werden alle Teilhaber an Vereinbarungen, die auf diesem Teil der EN 29 052-1 aufbauen, gebeten, nach Möglichkeit die jeweils letzte Ausgabe der unten aufgeführten Normen zu verwenden. Mitglieder der IEC und der ISO halten Verzeichnisse mit den gegenwärtig gültigen Internationalen Normen bereit.

ISO 7676-2: . . .[2]) Vibrations- und Schockbeanspruchung — Experimentelle Bestimmung der mechanischen Beweglichkeit — Teil 2: Messungen unter Verwendung einer punktförmigen, translatorischen Anregung mit Hilfe eines angebrachten Schwingungserregers

ISO 9053 - 1991 Akustik — Materialien für akustische Anwendungen — Bestimmung des Strömungswiderstandes

3 Begriffe

3.1 Dynamische Steifigkeit: Das Verhältnis zwischen der einwirkenden dynamischen Kraft und der resultierenden Auslenkung.

Im Rahmen von EN 29 052-1 wird die dynamische Steifigkeit auf die Flächeneinheit bezogen und mit s' benannt. Sie ist gegeben durch folgenden Zusammenhang:

$$s' = \frac{F/S}{\Delta d} \tag{1}$$

wobei

S die Fläche der Probe darstellt;

F die dynamische Kraft darstellt, die senkrecht auf die Probe einwirkt;

Δd die resultierende dynamische Änderung der Dämmschichtdicke darstellt.

In EN 29 052-1 werden folgende Größen benutzt:

- die flächenbezogene dynamische Steifigkeit bedingt durch das Materialgefüge, s'_s;
- die flächenbezogene dynamische Steifigkeit des eingeschlossenen Gases (z. B. Luft), s'_a;
- die scheinbare flächenbezogene dynamische Steifigkeit des Probekörpers, s'_t;
- die flächenbezogene dynamische Steifigkeit des Dämmstoffes im eingebauten Zustand, s'.

3.2 Eigenfrequenz, f_0: Die Frequenz der freien Schwingung eines Systems.

Die Eigenfrequenz eines federnd gelagerten Estriches ist gegeben durch:

$$f_0 = \frac{1}{2\pi}\sqrt{\frac{s'}{m'}} \tag{2}$$

wobei

s' die flächenbezogene dynamische Steifigkeit des Dämmstoffes im eingebauten Zustand darstellt;

m' die flächenbezogene Masse des Estriches darstellt.

3.3 Resonanzfrequenz, f_r: Die Frequenz, bei der eine Resonanz des Prüfaufbaus eintritt.

Die Resonanzfrequenz ist gegeben durch:

$$f_r = \frac{1}{2\pi}\sqrt{\frac{s'_t}{m'_t}} \tag{3}$$

wobei

s'_t die scheinbare dynamische Steifigkeit je Flächeneinheit des Probekörpers;

m'_t die gesamte Masse je Flächeneinheit während der Prüfung darstellt.

4 Grundlage des Verfahrens

Bestimmung der scheinbaren dynamischen Steifigkeit je Flächeneinheit des Probekörpers, s'_t, durch eine Resonanzmeßmethode, bei der die Resonanzfrequenz, f_r, der vertikalen Grundschwingung eines Masse-Feder-Systems gemessen wird. Dabei wird die Feder durch den Probekörper aus dem zu prüfenden Dämmaterial und die Masse durch eine aufgelegte Platte gebildet.

5 Prüfanordnung

Der Probekörper ist zwischen zwei parallelen Oberflächen anzuordnen, d. h. zwischen der Unterlage (oder der Grundplatte) und der Masse, die die Auflast darstellt. Die aufliegende Platte muß quadratische Abmessungen der Maße (200 ± 3) mm × (200 ± 3) mm besitzen und aus Stahl gefertigt sein. Die Unterlage (oder die Grundplatte)

[1]) 1 Pa = 1 N/m²

[2]) werden zur Zeit veröffentlicht

und die aufliegende Platte dürfen keine Unebenheiten von mehr als 0,5 mm aufweisen und müssen ausreichend steif sein, um eine Biegewellenanregung im interessierenden Frequenzbereich auszuschließen.

Die Anregung erfolgt durch eine der in den Bildern 1, 2 oder 3 dargestellten Arten.

Die gesamte Auflast auf dem Probekörper einschließlich aller Meß- und/oder Anregungseinrichtungen muß (8 ± 0,5) kg betragen.

Die Anregungs- und Meßeinrichtungen sind so anzubringen, daß nur vertikale Schwingungen (d. h. ohne Rotationsanteile) auftreten.

Bei dem in Bild 1 gezeigten Prüfaufbau muß die Massenträgheit der Unterlagen so hoch sein, daß ihre Schwinggeschwindigkeit gegenüber der aufliegenden Platte vernachlässigbar ist.

Bei den in den Bildern 2 und 3 gezeigten Prüfaufbauten muß die Masse der Grundplatte mindestens 100 kg betragen.

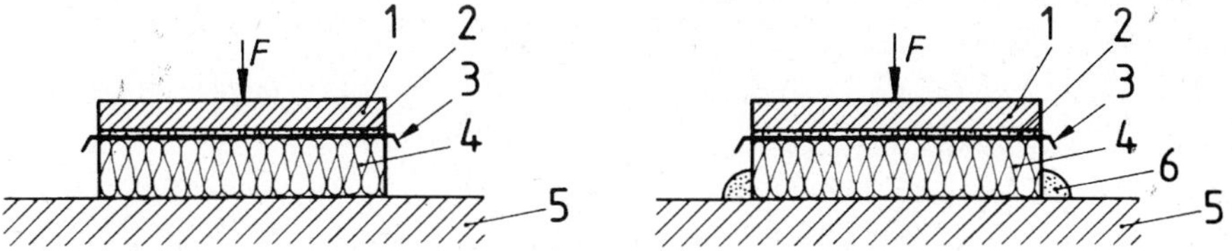

a) Offenzelliges Material b) Geschlossenzelliges Material

1 Aufliegende Platte 3 Folie 5 Unterlage
2 Gipsschicht 4 Probekörper 6 Vaseline

Bild 1. Anregung der aufliegenden Platte — Schwingungsmessung nur an der aufliegenden Platte

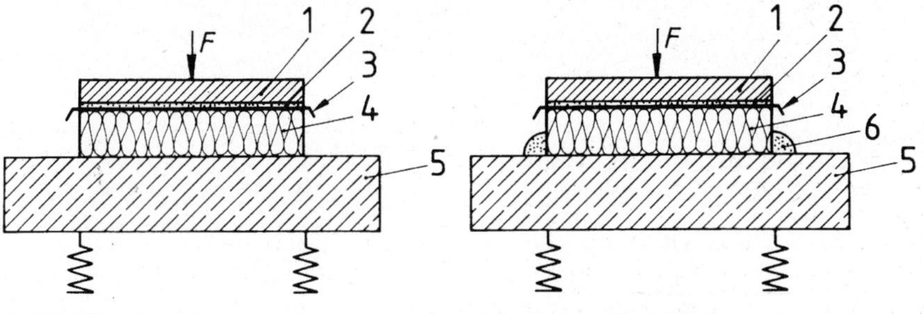

a) Offenzelliges Material b) Geschlossenzelliges Material

1 Aufliegende Platte 3 Folie 5 Grundplatte
2 Gipsschicht 4 Probekörper 6 Vaseline

Bild 2. Anregung der aufliegenden Platte — Schwingungsmessung an der aufliegenden Platte und an der Grundplatte

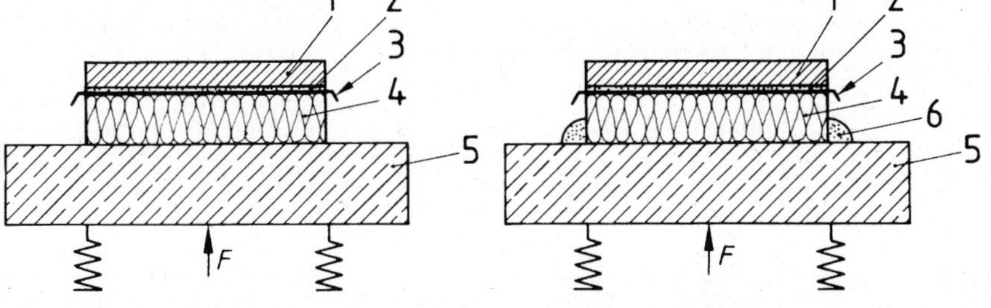

a) Offenzelliges Material b) Geschlossenzelliges Material

1 Aufliegende Platte 3 Folie 5 Grundplatte
2 Gipsschicht 4 Probekörper 6 Vaseline

Bild 3. Anregung der Grundplatte — Schwingungsmessung an der aufliegenden Platte und an der Grundplatte

6 Probekörper

Es sind mindestens drei Probekörper mit den Maßen 200 mm × 200 mm zu prüfen. Die Oberflächen der Probekörper werden dann als eben angesehen, wenn die Unebenheiten weniger als 3 mm betragen.

Der Probekörper ist mit einer etwa 0,02 mm dicken, wasserdichten Folie abzudecken, auf die mit dünnflüssigem Gips eine mindestens 5 mm dicke Schicht aufzubringen ist, so daß alle Oberflächenunebenheiten ausgeglichen werden. Vor dem Abbinden ist die die Auflast bildende Platte, wie in den Bildern 1 a), 2 a) und 3 a) dargestellt, in die Gipsschicht einzubetten.

Bei geschlossenzelligem Material ist die Kontaktstelle zwischen dem Probekörper und der Unterlage (oder der Grundplatte) an allen vier Anschlußkanten mit einem Streifen aus Vaseline abzudichten, siehe Bilder 1 b), 2 b) und 3 b).

7 Verfahren

7.1 Allgemeines

Die Resonanzfrequenz, f_r, der vertikalen Grundschwingung des Systems aus Probekörper und aufliegender Platte kann entweder durch Anregung mit sinusförmigen Signalen, weißem Rauschen oder Impulssignalen bestimmt werden.

Diese Verfahren sind untereinander gleichwertig. Im Zweifelsfalle ist das Verfahren mit sinusförmiger Anregung als Referenzmethode anzusehen.

7.2 Sinusförmige Signale

Man erhält die Resonanzfrequenz durch Veränderung der Anregungsfrequenz bei Konstanthaltung der anregenden Kraft.

Falls die Resonanzfrequenz von der Amplitude der anregenden Kraft abhängt, ist diese Abhängigkeit zu so niedrigen Werten wie möglich zu bestimmen. Die Resonanzfrequenz wird dann durch Extrapolation der Kraftamplitude auf Null erhalten.

Abhängig von den erwarteten Steifigkeitswerten ist das Meßintervall, auf Grund dessen die Extrapolation durchzuführen ist, wie folgt festgelegt:

$0{,}2\ \text{N} \leq F \leq 0{,}8\ \text{N}$ wenn $s' > 50\ \text{MN/m}^3$

$0{,}1\ \text{N} \leq F \leq 0{,}4\ \text{N}$ wenn $s' \leq 50\ \text{MN/m}^3$

Die Messungen sind an mindestens drei Punkten innerhalb dieser Intervalle durchzuführen.

Anmerkung: Besitzt das zu prüfende Material eine zu hohe innere Dämpfung, so ergibt sich kein ausgeprägtes Maximum der vertikalen Schwingung. In diesem Fall kann die Resonanz durch Beobachtung der Phasenverschiebung zwischen Anregungs- und Schwingungssignal festgestellt werden.

7.3 Weißes Rauschen oder Impulssignale

Man erhält die Resonanzfrequenz durch Untersuchung der Frequenzantwort in Übereinstimmung mit ISO 7676-2 oder durch Verwenden der Impulsanregung[1]).

8 Auswertung der Ergebnisse

8.1 Scheinbare dynamische Steifigkeit je Flächeneinheit des Probekörpers, s'_t

Die scheinbare dynamische Steifigkeit je Flächeneinheit des Probekörpers, s'_t, in Newton je Kubikmeter, ist durch folgende Gleichung gegeben:

$$s'_t = 4\,\pi^2 \cdot m'_t \cdot (f_r)^2 \qquad (4)$$

wobei

m'_t die während der Prüfung verwendete Gesamtmasse je Flächeneinheit in Kilogramm je Quadratmeter, darstellt;

f_r die durch Extrapolation erhaltene Resonanzfrequenz in Hertz darstellt.

8.2 Dynamische Steifigkeit je Flächeneinheit, s', des Dämmaterials

In Abhängigkeit vom Strömungswiderstand, r, in Querrichtung ist die dynamische Steifigkeit je Flächeneinheit, s', der Dämmschicht gegeben wie nachstehend unter a), b) und c) dargelegt. Der Strömungswiderstand, r, ist in Übereinstimmung mit ISO 9053 zu ermitteln:

a) Für hohe Strömungswiderstände mit $r \geq 100\ \text{kPa} \cdot \text{s/m}^2$

$$s' = s'_t \qquad (5)$$

b) Für mittlere Strömungswiderstände mit $100\ \text{kPa} \cdot \text{s/m}^2 > r \geq 10\ \text{kPa} \cdot \text{s/m}^2$

$$s' = s'_t + s'_a \qquad (6)$$

Die dynamische Steifigkeit je Flächeneinheit des eingeschlossenen Gases, s'_a, wird nach Gleichung (7) berechnet, die unter der Annahme gilt, daß die Schallausbreitung, in der Dämmschicht isotherm erfolgt:

$$s'_a = \frac{p_0}{d \cdot \varepsilon} \qquad (7)$$

wobei

p_0 den atmosphärischen Ruhedruck darstellt;

d die Dicke des Probekörpers unter der aufgebrachten, statischen Last darstellt;

ε die Porosität des Probekörpers darstellt.

Anmerkung: Für $p_0 = 0{,}1$ MPa und $\varepsilon = 0{,}9$ ergibt sich die dynamische Steifigkeit je Flächeneinheit der eingeschlossenen Luft, s'_a, in Meganewton je Kubikmeter zu:

$$s'_a = 111/d$$

wobei d in Millimetern einzusetzen ist.

c) Für kleine Strömungswiderstände mit $r < 10\ \text{kPa} \cdot \text{s/m}^2$ und einer nach Gleichung (7) berechneten dynamischen Steifigkeit je Flächeneinheit des eingeschlossenen Gases, s'_a, die klein ist verglichen mit der scheinbaren dynamischen Steifigkeit je Flächeneinheit des Probekörpers, s'_t:

$$s' = s'_t$$

Der durch Vernachlässigung von s'_a entstehende Fehler ist im Prüfbericht zu vermerken.

Anmerkung: Der Wert von s' kann mit Hilfe dieser Methode nicht bestimmt werden, wenn $r < 10\ \text{kPa} \cdot \text{s/m}^2$ und s'_a im Vergleich zu s'_t nicht vernachlässigbar ist.

---

[1]) Mit der Impulsanregung wird sich die ISO 7626-2 befassen (in Vorbereitung).

9 Prüfbericht

Der Prüfbericht hat folgende Informationen zu enthalten:

a) die Bezugnahme auf diesen Teil der ISO 9052;

b) eine Beschreibung des Materials, einschließlich des Produktionsdatums, des Probekörpers, der Anzahl, der Abmessungen, der Dicke unter aufgebrachter Last, der Masse je Flächeneinheit;

c) die Anordnung der Prüfanregung (Bilder 1, 2 oder 3), die Art des Anregungssignals (Sinusförmig, weißes Rauschen, Impuls), die Art der Schwingungsmessung (Beschleunigung, Geschwindigkeit, Auslenkung);

d) das Datum der Prüfung, die Umgebungsbedingungen (zum Beispiel Temperatur, relative Luftfeuchte);

e) den durch Extrapolation ermittelten Wert der Frequenz, f_r, in Hertz, die scheinbare dynamische Steifigkeit je Flächeneinheit des Probekörpers, s'_t, die dynamische Steifigkeit je Flächeneinheit der eingeschlossenen Luft, s'_a, und, falls möglich, die dynamische Steifigkeit je Flächeneinheit, s', des Dämmaterials.

Alle Werte der dynamischen Steifigkeit je Flächeneinheit sind in Meganewton je Kubikmeter, gerundet auf den nächstliegenden Ganzzahlwert, anzugeben.

Wenn im Falle von Materialien mit Strömungsgeschwindigkeiten kleiner 10 kPa · s/m^2 die dynamische Steifigkeit des eingeschlossenen Gases, s'_a, nicht gesondert berücksichtigt wird, so ist der Grund und der geschätzte Fehler anzugeben (siehe 8.2).

DK 699.844-405.8 : 534.833 : 620.1
: 533.6.011.3

Mai 1993

Akustik

Materialien für akustische Anwendungen
Bestimmung des Strömungswiderstandes
(ISO 9053 : 1991)
Deutsche Fassung EN 29 053 : 1993

DIN EN 29 053

Diese Norm enthält die deutsche Übersetzung der Internationalen Norm **ISO 9053**

Acoustics; Materials for acoustical applications; Determination of airflow resistance (ISO 9053 : 1991); German version EN 29 053 : 1993

Acoustique; Matériaux pour applications acoustiques; Détermination de la résistance à l'écoulement de l'air (ISO 9053 : 1991); Version allemande EN 29 053 : 1993

Ersatz für
DIN 52 213/05.80

Die Europäische Norm EN 29 053 : 1993 hat den Status einer Deutschen Norm.

Nationales Vorwort

Diese Europäische Norm ist im Komitee CEN/TC 126 „Akustische Eigenschaften von Baustoffen und Bauteilen und von Gebäuden" unter intensiver deutscher Mitarbeit ausgearbeitet worden. Für die deutsche Mitarbeit ist der Arbeitsausschuß NMP 231 „Schalldämmung und Schallabsorption; Messung und Bewertung" des Normenausschusses Materialprüfung (NMP) verantwortlich.

Frühere Ausgaben

DIN 52 213: 12.58, 05.80

Änderungen

Gegenüber DIN 52 213/05.80 wurden folgende Änderungen vorgenommen:

— Der Inhalt wurde redaktionell geändert.

Internationale Patentklassifikation

G 10 K 011/16
E 04 B 001/99
E 04 B 001/82
G 01 L 015/00
G 01 F 001/00

Fortsetzung 8 Seiten EN-Norm

Normenausschuß Materialprüfung (NMP) im DIN Deutsches Institut für Normung e.V.
Normenausschuß Akustik, Lärmminderung und Schwingungstechik (NALS) im DIN und VDI

EUROPÄISCHE NORM
EUROPEAN STANDARD
NORME EUROPÉENNE

EN 29053

März 1993

DK 699.844-405.8 : 534.833 : 620.1 : 533.6.011.3

Deskriptoren: Akustik, Schalldämmung, Schalldämmstoff, poröser Stoff, Gaspermeabilitätsmessung, Luftströmung

Deutsche Fassung

Akustik

Materialien für akustische Anwendungen

Bestimmung des Strömungswiderstandes
(ISO 9053 : 1991)

Acoustics — Materials for acoustical applications — Determination of airflow resistance (ISO 9053 : 1991)

Acoustique — Matériaux pour applications acoustiques — Détermination de la résistance à l'écoulement de l'air (ISO 9053 : 1991)

Diese Europäische Norm wurde von CEN am 1993-02-12 angenommen.

Die CEN-Mitglieder sind gehalten, die CEN/CENELEC-Geschäftsordnung zu erfüllen, in der die Bedingungen festgelegt sind, unter denen dieser Europäischen Norm ohne jede Änderung der Status einer nationalen Norm zu geben ist.

Auf dem letzten Stand befindliche Listen dieser nationalen Normen mit ihren bibliographischen Angaben sind beim Zentralsekretariat oder bei jedem CEN-Mitglied auf Anfrage erhältlich.

Diese Europäische Norm besteht in drei offiziellen Fassungen (Deutsch, Englisch, Französisch). Eine Fassung in einer anderen Sprache, die von einem CEN-Mitglied in eigener Verantwortung durch Übersetzung in die Landessprache gemacht und dem Zentralsekretariat mitgeteilt worden ist, hat den gleichen Status wie die offiziellen Fassungen.

CEN-Mitglieder sind die nationalen Normungsinstitute von Belgien, Dänemark, Deutschland, Finnland, Frankreich, Griechenland, Irland, Island, Italien, Luxemburg, Niederlande, Norwegen, Österreich, Portugal, Schweden, Schweiz, Spanien und dem Vereinigten Königreich.

CEN

EUROPÄISCHES KOMITEE FÜR NORMUNG
European Committee for Standardization
Comité Européen de Normalisation

Zentralsekretariat: rue de Stassart 36, B-1050 Brüssel

Ref.-Nr. EN 29053 : 1993 D

Vorwort

Zufolge des positiven Ergebnisses des Erstfragebogens, hat das Technische Büro von CEN entschieden

ISO 9053 : 1991 Akustik — Materialien für akustische Anwendungen — Bestimmung des Strömungswiderstandes

zur formellen Abstimmung vorzulegen. Das Resultat war positiv.

Diese Europäische Norm muß den Status einer nationalen Norm erhalten, entweder durch Veröffentlichung eines identischen Textes oder durch Anerkennung bis September 1993, und etwaige entgegenstehende nationale Normen müssen bis September 1993 zurückgezogen werden.

Entsprechend der CEN/CENELEC-Geschäftsordnung, sind folgende Länder gehalten diese Europäische Norm zu übernehmen: Belgien, Dänemark, Deutschland, Finnland, Frankreich, Griechenland, Irland, Island, Italien, Luxemburg, Niederlande, Norwegen, Österreich, Portugal, Schweden, Schweiz, Spanien und das Vereinigte Königreich.

Anerkennungsnotiz

Der Text der Internationalen Norm ISO 9053 : 1991 wurde von CEN als Europäische Norm ohne irgendeine Abänderung genehmigt.

Einführung

Der Strömungswiderstand poröser Materialien gibt indirekt Aufschluß über einige ihrer strukturellen Eigenschaften. Diese Kenngröße erlaubt es, Beziehungen zwischen der Struktur dieser Materialien und einigen ihrer akustischen Eigenschaften (z. B. Absorption, Dämpfung usw.) herzustellen.

Die vorliegende Internationale Norm dient daher zwei Aufgaben:

a) der Herstellung einer Beziehung einiger akustischer Eigenschaften von porösen Materialien zu ihrer Struktur und ihrem Herstellungsverfahren;

b) der Sicherstellung der Produktqualität (Qualitätskontrolle).

1 Anwendungsbereich

Die vorliegende Internationale Norm beschreibt zwei Methoden zur Bestimmung des Strömungswiderstandes von porösen Materialien für akustische Anwendungen.

Sie ist auf Probekörper anzuwenden, die aus porösen Materialien ausgeschnitten werden.

ANMERKUNG 1: Einzelne Veröffentlichungen, die sich mit dem Strömungsverhalten unter sowohl laminaren als auch turbulenten Bedingungen befassen, sind in Anhang A angegeben.

2 Definitionen

Im Rahmen dieser Internationalen Norm werden folgende Definitionen verwendet:

2.1 Strömungswiderstand, R: Die Größe ist definiert durch

$$R = \frac{\Delta p}{q_V}$$

Dabei ist

Δp die Druckdifferenz beiderseits des Probekörpers gegenüber dem Atmosphärendruck in Pa;

q_V der durch den Probekörper hindurchtretende Volumenstrom in m^3/s.

2.2 Spezifischer Strömungswiderstand, R_s: Die Größe ist definiert durch

$$R_s = RA$$

Dabei ist

R der Strömungswiderstand des Probekörpers in $Pa \cdot s/m^3$;

A die Querschnittsfläche des Probekörpers senkrecht zur Durchströmungsrichtung in m^2.

2.3 Längenbezogener Strömungswiderstand, r:

Wenn das Material als homogen angenommen werden kann, ist der längenbezogende Strömungswiderstand definiert durch

$$r = \frac{R_s}{d}$$

Dabei ist

R_s der spezifische Strömungswiderstand des Probekörpers in $Pa \cdot s/m$

d die Dicke des Probekörpers in Durchströmungsrichtung in m.

2.4 Lineare Strömungsgeschwindigkeit, u: Die Größe ist definiert durch

$$u = \frac{q_V}{A}$$

Dabei ist

q_V der durch den Probekörper hindurchströmende Volumenstrom in m^3/s;

A die Querschnittsfläche des Probekörpers in m^2.

3 Prinzip

3.1 Luftgleichstromverfahren (Verfahren A)

Der in einem Meßzylinder oder in einem Meßbehälter mit rechteckigem Querschnitt eingepaßte Probekörper wird mit einer kontrollierten gerichteten Luftströmung durchströmt. Der auftretende Druckverlust zwischen beiden Seiten des Probekörpers wird gemessen (siehe Bild 1).

3.2 Luftwechselstromverfahren (Verfahren B)

Der in einem Meßzylinder oder in einem Meßbehälter mit rechteckigem Querschnitt eingepaßte Probekörper wird mit einer langsam wechselnden Luftströmung durchströmt. Der Wechselanteil des Druckes innerhalb des vom Probekörper eingeschlossenen Probevolumens wird gemessen (siehe Bild 2).

4 Prüfeinrichtung

4.1 Prüfeinrichtung für Verfahren A

Die Prüfeinrichtung muß bestehen aus

a) einem Meßgefäß zur Aufnahme des Probekörpers;

b) einer Einrichtung zur Erzeugung eines Luftgleichstroms;

c) einer Einrichtung zur Messung des Volumenstroms;

d) einer Einrichtung zur Messung der Druckdifferenz über dem Probekörper;

e) einer Einrichtung zur Messung der Dicke des Probekörpers in Prüfposition.

Ein Beispiel einer geeigneten Prüfeinrichtung ist in Bild 3 dargestellt.

4.1.1 Prüfgefäß

Das Prüfgefäß muß einen kreisförmigen oder rechteckigen Querschnitt aufweisen. Ein Beispiel eines zylindrischen Prüfgefäßes ist in Bild 3 dargestellt.

Im Falle eines kreisförmigen Querschnitts muß der Innendurchmesser mehr als 95 mm betragen.

Bei rechteckigen Querschnitten sind quadratische Abmessungen zu bevorzugen. In jedem Fall müssen alle seitlichen Maße mindestens 90 mm betragen.

Die Gesamthöhe des Prüfgefäßes ist so zu wählen, daß in erster Linie eine laminare gerichtete Luftströmung in den Probekörper eintritt und diesen verläßt. Die Höhe sollte mindestens 100 mm größer als die Dicke des Probekörpers sein.

Der Probekörper ist (falls nötig auf einer perforierten Unterlage) in das Prüfgefäß einzulegen. Zur Einhaltung obiger Anforderung ist eine ausreichende Entfernung zum Prüfgefäßboden einzuhalten. Die Unterlage muß einen gleichmäßig verteilten Lochflächenanteil von mindestens 50 % aufweisen. Der Durchmesser der Löcher muß mindestens 3 mm betragen.

> ANMERKUNG 2: In einigen Fällen kann es notwendig sein, den Lochflächenanteil zu erhöhen, um die Durchströmung des Probekörpers nicht zu behindern.

Die Anschlüsse der Druck- und Volumenstrommeßeinrichtung müssen dicht sein und unterhalb der perforierten Unterlage angeordnet sein.

4.1.2 Einrichtung zur Erzeugung des Luftstroms

Es wird empfohlen, zur Unterdruckerzeugung einen wassergefüllten Behälter oder eine Vakuumpumpe zu verwenden. Alternativ kann ein Druckerzeugungssystem (z. B. Luftkompressor usw.) verwendet werden, wenn eine Kontamination der Luft ausgeschlossen ist.

Unabhängig von der Art der Strömungsquelle muß der Prüfaufbau eine Feinsteuerung der Strömung erlauben und eine Stabilität der Strömung im unteren Teil des Prüfgefäßes sicherstellen.

Die Strömungsquelle sollte Durchflußraten ermöglichen, bei denen die resultierenden Geschwindigkeiten niedrig genug sind, um sicherzustellen, daß die gemessenen Strömungswiderstände unabhängig von der Geschwindigkeit sind.

Es wird empfohlen, eine Quelle zu verwenden, die die Erzeugung von Strömungsgeschwindigkeiten bis hinab zu $0{,}5 \times 10^{-3}$ m/s erlaubt.

4.1.3 Einrichtung zur Messung des Volumenstroms

Der Druckanschluß für das Instrument zur Messung des Volumenstroms ist zwischen Quelle und Probekörper anzuordnen, innerhalb des Prüfgefäßes so nahe wie möglich zum Probekörper hin.

Die verwendete Einrichtung muß die Messung des Luftstroms mit einer Unsicherheit von ± 5 % des angezeigten Wertes erlauben.

4.1.4 Einrichtung zur Messung der Druckdifferenz

Das zur Bestimmung der Druckdifferenz dienende Gerät muß die Messung von kleinen Drücken bis zu 0,1 Pa erlauben.

Die verwendete Anordnung muß eine Differenzdruckmessung mit einer Unsicherheit von ± 5 % erlauben.

4.2 Prüfeinrichtung für Verfahren B

Die Prüfeinrichtung muß bestehen aus

a) einem Meßgefäß zur Aufnahme des Probekörpers;

b) einer Einrichtung zur Erzeugung eines Luftwechselstroms;

c) einer Einrichtung zur Messung des Wechselanteils des Druckes innerhalb des vom Probekörper eingeschlossenen Probevolumens;

d) einer Einrichtung zur Messung der Dicke des Probekörpers in Prüfposition.

Zwei Beispiele geeigneter Prüfeinrichtungen mit verschiedenen Probehaltern sind in den Bildern 4 und 5 dargestellt.

4.2.1 Prüfgefäß

Das Prüfgefäß setzt sich aus zwei Teilen zusammen:

a) dem Probehalter;

b) dem Prüfvolumen (siehe Bilder 4 und 5).

Beide Teile müssen einen zylindrischen, wie in den Bildern 4 und 5 dargestellt, oder rechteckigen Querschnitt aufweisen.

Im Falle eines kreisförmigen Querschnitts des Probehalters muß der Innendurchmesser mehr als 95 mm betragen.

Bei rechteckigen Probehaltern sind solche mit quadratischen Abmessungen zu bevorzugen. In jedem Fall müssen alle seitlichen Maße mindestens 90 mm betragen.

In allen Fällen muß das Prüfvolumen einen Querschnitt haben, der mindestens gleich dem des Probehalters ist.

Der Probekörper ist (falls nötig auf einer perforierten Unterlage) in das Prüfgefäß einzulegen. Die Unterseite des Probekörpers grenzt das Prüfvolumen ab.

Die Unterlage, falls sie verwendet wird, muß einen gleichmäßig verteilten Lochflächenanteil von mindestens 50 % aufweisen. Der Durchmesser der Löcher muß mindestens 3 mm betragen.

> ANMERKUNG 3: In einigen Fällen kann es notwendig sein, den Lochflächenanteil zu erhöhen, um die Durchströmung des Probekörpers nicht zu behindern. Der Strömungswiderstand solcher Teile (gemessen mit einem Durchfluß, der größer als der maximale Durchfluß für die Prüfung des Prüfkörpers ist) sollte kleiner als 1 % des bei der Prüfung des Probekörpers gemessenen sein.

4.2.2 Einrichtung zur Erzeugung des Luftwechselstroms

Der wechselnde Volumenstrom wird durch einen Kolben erzeugt, der sich sinusförmig mit einer Frequenz von etwa 2 Hz bewegt. Der Effektivwert $q_{\mathrm{V,r.m.s.}}$, in m³/s ist gegeben durch

$$q_{\mathrm{V,r.m.s.}} = \frac{\pi}{\sqrt{2}} f h A_{\mathrm{p}}$$

Dabei ist

f die Frequenz des Kolbens in Hz;

h der Kolbenhub in m (Verschiebung Spitze zu Spitze);

A_{p} die Querschnittsfläche des Zylinderkolbens in Quadratmetern.

Der Effektivwert des Linearanteils der Strömungsgeschwindigkeit $u_{r.m.s}$, angegeben in m/s ist gegeben durch

$$u_{r.m.s} = \frac{q_{v,r.m.s}}{A}$$

Dabei ist

$q_{v,r.m.s}$ der Effektivwert des Wechselanteils des Volumenstroms in m^3/s;

A die Fläche des Probekörpers in m^2.

Es wird empfohlen, daß sich der Wert von $u_{r.m.s}$ im Bereich zwischen 0,5 und 4 mm/s befindet.

Der Wechseldruck im Probehalter ist mit einem seitlich befestigten Kondensator-Mikrophon zu messen, das mit einem Verstärker und einem Anzeigegerät verbunden ist. Die Druckmeßeinrichtung ist mit Hilfe eines Pistonphons, das mit dem Probehalter verbunden ist, zu kalibrieren. Die Kammer zur Aufnahme des Probekörpers und ebenso der Probenhalter sind zur Kalibration und zur Messung luftdicht zu verschließen. Der Wechseldruck beim Betrieb des Pistonphons ist gegeben durch

$$p_{eff} = 1{,}4 \frac{p_o}{\sqrt{2}} \frac{V_{pk}}{V}$$

Dabei ist

p_o der Atmosphärendruck in Pa;

V_{pk} das Produkt aus der Amplitude und der Kolbenquerschnittsfläche des Kalibrier-Pistonphones in m^3;

V das Volumen der Prüfkammer in m^3.

Die Meßvorrichtung kann somit in Druckeinheiten absolut kalibriert werden. Bei unveränderter Amplitude des Meßkolbens kann die Skala unmittelbar den spezifischen Strömungswiderstand anzeigen.

Der Kolben des Kalibrier-Pistonphones soll einen Durchmesser von etwa 10 mm und einen Hub von etwa 5 mm aufweisen.

ANMERKUNG 4: Vergleichsmessungen an Proben mit bekanntem spezifischen Strömungswiderstand haben gezeigt, daß Druckvorgänge in der Prüfkammer bei einer Frequenz von 2 Hz nahezu adiabatisch verlaufen.

4.3 Einrichtung zur Messung der Probendicke

Der Probenhalter muß mit einer Feinmeßschraube oder einer andersartigen Anzeige ausgerüstet sein, die die Messung der Probendicke mit einer Unsicherheit von ± 2,5 % erlauben.

5 Probekörper

5.1 Form

Der Probekörper darf je nach vorhandenem Prüfgefäß eine runde oder rechteckige Form haben.

5.2 Maße

5.2.1 Seitliche Maße

Bei der Prüfung von weichen, kompressiblen Materialien, wie z. B. Faserdämmstoffen oder Weichschäumen, ist bei der Vorbereitung der Probekörper mit Sorgfalt vorzugehen, um Undichtigkeiten entlang der Kanten zu vermeiden. In diesen Fällen sind die Probekörper so vorzubereiten, daß deren seitliche Maße geringfügig größer als das Prüfgefäß sind.

Probekörper aus festem Material müssen die gleichen Maße wie das Prüfgefäß aufweisen.

ANMERKUNG 5: Zur Vermeidung von Verschiebungen des Probekörpers sind Vorsichtsmaßnahmen zu treffen.

5.2.2 Dicke

Die Dicke der Probekörper ist so zu wählen, daß meßbare Druckverluste unter optimalen Bedingungen erhalten und dabei die verfügbare Tiefe des Prüfgefäßes ausgenutzt werden.

Falls die vorliegenden Probekörper nicht ausreichend dick sind, um einen angemessenen Druckverlust hervorzurufen, dürfen weitere — aber nicht mehr als fünf — gleichartige Probekörper aufeinandergeschichtet werden.

5.3 Anzahl der Probekörper

Mindestens drei Proben sind zu nehmen, aus denen wiederum jeweils drei Probekörper ausgeschnitten werden.

6 Prüfverfahren

6.1 Der Probekörper ist, wie in Abschnitt 5 beschrieben, in das Prüfgefäß einzubringen.

6.2 Es ist sicherzustellen, daß die Kanten korrekt abgedichtet sind. Zur Versiegelung der Kanten von festen Proben kann Vaseline verwendet werden.

6.3 Das Dickenmeßgerät ist mit der Oberfläche der Probekörper in Kontakt zu bringen, und der Probekörper ist, falls erforderlich, leicht zusammenzupressen.

6.4 Die Dicke ist festzustellen und mit Hilfe des Meßgerätes das freie oder komprimierte Volumen zu bestimmen, woraus dann die Rohdichte und die Dichte unter Kompression des Probekörpers in Meßposition abzuleiten ist.

6.5 Das festgestellt wurde, daß der spezifische Strömungswiderstand von zahlreichen schallschluckenden Materialien mit der linearen Geschwindigkeit des Luftstroms innerhalb eines bestimmten Bereiches ansteigt, sollte er bei der kleinsten möglichen linearen Strömungsgeschwindigkeit gemessen werden. Eine lineare Strömungsgeschwindigkeit u von $0{,}5 \times 10^{-3}$ m/s wird als untere Grenze angesehen. Dieser Wert der Schallschnelle entspräche einem akustischen Druck von 0,2 Pa (80 dB bezogen auf 20 µPa).

Im Fall des Luftgleichstromverfahrens (Methode A) muß der Druckverlust Δp entweder direkt bei $u = 0{,}5 \times 10^{-3}$ m/s oder schrittweise hinab bis zur unteren Grenze der linearen Strömungsgeschwindigkeit gemessen werden. Der spezifische Strömungswiderstand ist in Übereinstimmung mit 2.2 zu berechnen.

Im Falle einer schrittweisen Reduzierung des Durchflusses ist für jeden Probekörper eine Kurve des spezifischen Strömungswiderstandes über der linearen Geschwindigkeit des Luftstromes aufzutragen. Der spezifische Strömungswiderstand wird für $u = 0{,}5 \times 10^{-3}$ m/s durch eine graphische Mittelung oder, falls erforderlich, durch eine Extrapolation auf diesen Wert bestimmt.

Im Fall des Luftwechselstromverfahrens (Verfahren B) kann der spezifische Strömungswiderstand gewöhnlich bei einem quadratischen Mittelwert der Geschwindigkeit von $u = 0{,}5 \times 10^{-3}$ m/s bestimmt werden. Ansonsten ist das für das Verfahren A beschriebene schrittweise Verfahren zu verwenden.

7 Präzision

Untersuchungen zur Präzision zwischen Laboratorien sind vorgesehen.

8 Prüfbericht

Zusätzlich zu den nach 6.5 erhaltenen Prüfergebnissen, ihrem Mittelwert sowie anderer statistischer Parameter (Standardabweichung, usw.), muß der Prüfbericht, wenn es das technische Datenblatt erfordert, folgende Angaben enthalten:

a) eine Bezugnahme auf die vorliegende Internationale Norm;

b) das Produktmaterial und seine Rohdichte, einschließlich der zugehörigen Prüfnorm;

c) die verwendete Methode und ihre untere Grenze zur Bestimmung des Strömungswiderstandes;

d) die Prüfbedingungen, insbesondere die Form und die Größe des Prüfgefäßes;

e) die Methode zur Vorbereitung der Probekörper;

f) die Anzahl der Probekörper und ihre seitlichen Maße;

g) gegebenenfalls die Ausrichtung der Probenachse im Vergleich zu den Hauptsymmetrieachsen;

h) das Vorhandensein und die Art einer jeden Materialumhüllung;

i) die Dicke und Dichte des getesteten Materials;

j) jede Abweichung von den durch diese Internationale Norm festgelegten Verfahren, die die Ergebnisse beeinflußt haben könnte.

Anhang A
(informativ)

Literaturhinweise

[1] ISO 4638 : 1984 Polymeric materials, cellular flexible — Determination of air flow permeability.

[2] CREMER, L.: Die wissenschaftlichen Grundlagen der Raumakustik, Band 3, S. Hitzel Verlag, Leipzig 1950.

[3] KRAAK, W.: Der dynamische Strömungswiderstandswert kreisförmiger kurzer Kanäle, Hochfrequenztechnik und Elektroakustik 65, 1956, Nr. 10, S. 46

[4] REICHARDT, W.: Grundlagen der Elektroakustik, 2. Auflage, Akademische Verlagsgesellschaft Geest & Portig, Leipzig 1954.

[5] WEBER, K.: Apparatur zur Messung kleiner Strömungswiderstandswerte. Diplomarbeit am Institut für Elektro- und Bauakustik der Technischen Hochschule, Dresden 1957.

[6] JAMES, E.A. JOHN: Gas dynamics. Allyn and Bacon, Boston 1969.

[7] ZWIKKER, C.; KOSTEN, C.W.: Sound absorbing materials, Elsevier, Amsterdam 1949.

[8] BROWN, R.L.; BOLT, R.H.: The measurement of flow resistance of porous acoustic materials, J.A.S.A. 13, 1942, Nr. 4, S. 337-344.

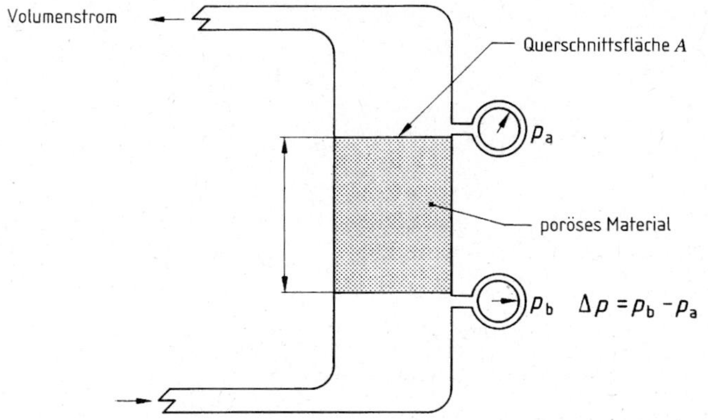

Bild 1: Luftgleichstromverfahren (Verfahren A) — Grundprinzip

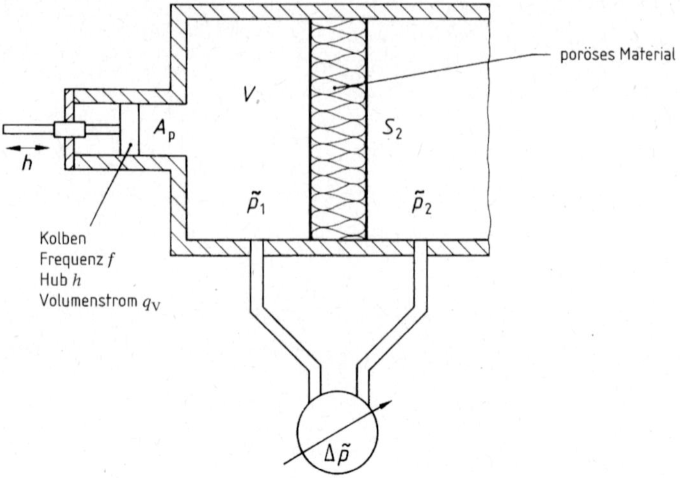

Bild 2: Luftwechselstromverfahren (Verfahren B) — Grundprinzip

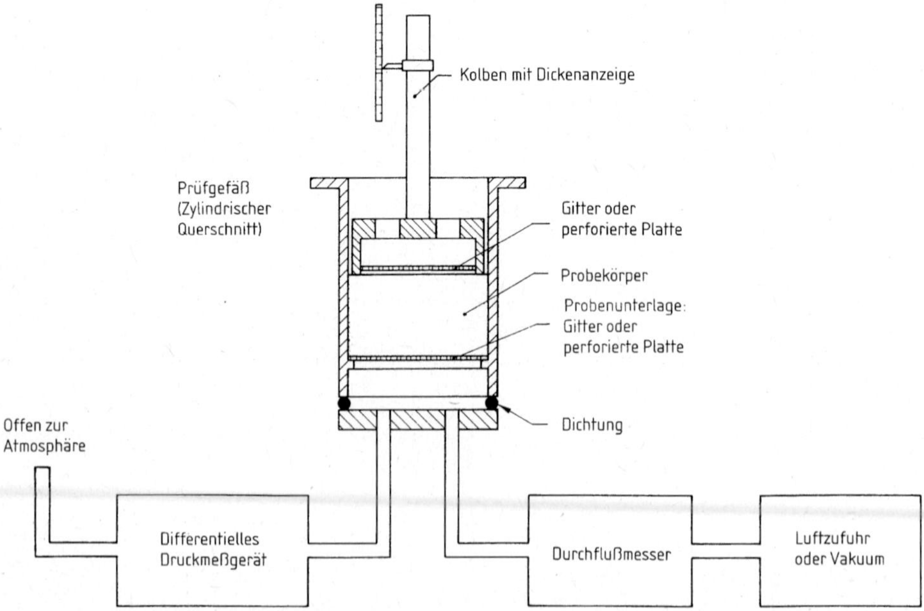

Bild 3: Meßvorrichtung mit kreisförmigem Querschnitt für Luftgleichstromverfahren (Verfahren A)

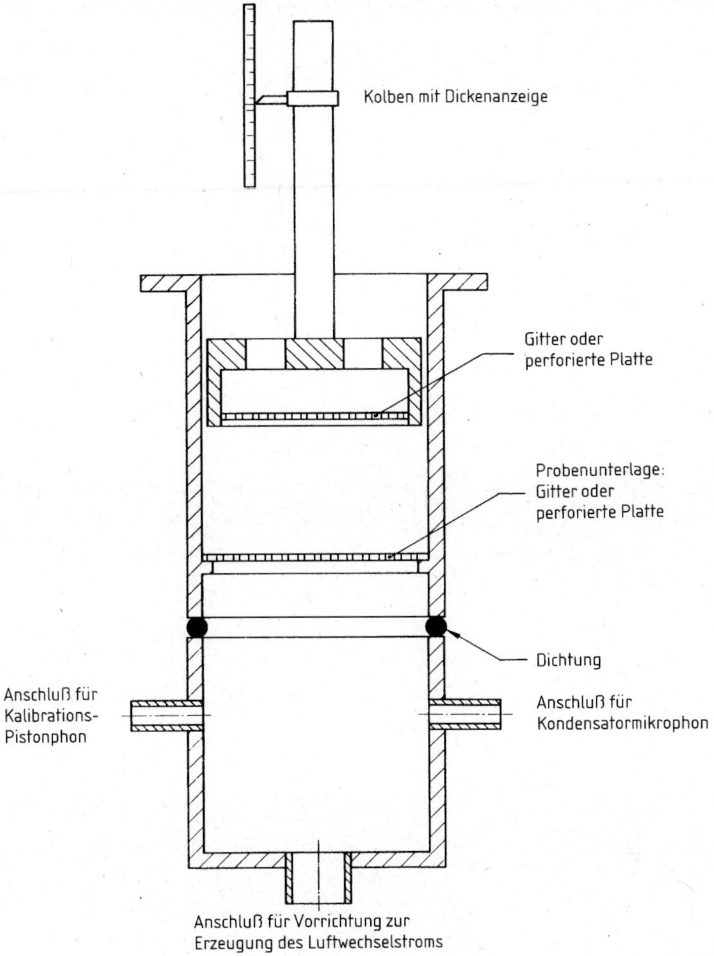

Bild 4: Prüfgefäß mit Probenhalter zur Messung von Faserstoffen mit lockerer, unregelmäßiger Struktur (Verfahren B)

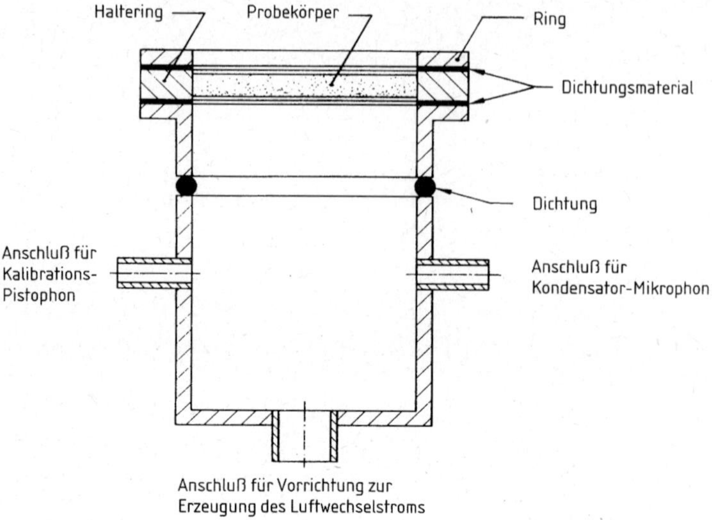

Bild 5: Prüfgefäß mit Halter für zylindrische Probekörper (Verfahren B)

März 1998

	Akustik Messung der Schalldämmung in Gebäuden und von Bauteilen Teil 1: Anforderungen an Prüfstände mit unterdrückter Flankenübertragung (ISO 140-1 : 1997) Deutsche Fassung EN ISO 140-1 : 1997	DIN EN ISO 140-1

ICS 91.120.20

Ersatz für
DIN 52210-2 : 1984-08

Deskriptoren: Akustik, Gebäude, Schalldämmung, Messung, Prüfstand

Acoustics — Measurement of sound insulation in buildings and of building elements — Part 1: Requirements for laboratory test facilities with suppressed flanking transmission (ISO 140-1 : 1997); German version EN ISO 140-1 : 1997

Acoustique — Mesurage de l'isolation acoustique des immeubles et des éléments de construction — Partie 1 : Spécifications relatives aux laboratoires sans transmissions latérales (ISO 140-1 : 1997); Version allemande EN ISO 140-1 : 1997

Die Europäische Norm EN ISO 140-1 : 1997 hat den Status einer Deutschen Norm.

Nationales Vorwort

Die Internationale Norm ISO 140-1 ist im Komitee ISO/TC 43/SC 2 „Bauakustik" in Abstimmung mit dem Europäischen Komitee CEN/TC 126 „Akustische Eigenschaften von Baustoffen und Bauteilen und von Gebäuden" unter intensiver deutscher Mitarbeit erarbeitet worden. Für die deutsche Mitarbeit ist der Arbeitsausschuß NMP 231 „Schalldämmung und Schallabsorption, Messung und Bewertung" des Normenausschusses Materialprüfung (NMP) verantwortlich.

Für die im Abschnitt 2 zitierten Internationalen Normen wird im folgenden auf die entsprechenden Deutschen Normen hingewiesen:

ISO 140-3 siehe DIN EN 20140-3

ISO 140-8 siehe DIN EN ISO 140-8

Änderungen

Gegenüber DIN 52210-2 : 1984-08 wurden folgende Änderungen vorgenommen:

– Inhalt vollständig überarbeitet.

Frühere Ausgaben

DIN 52210-2: 1981-08, 1984-08

Nationaler Anhang NA (informativ)

Literaturhinweise

DIN EN 20140-3
Akustik — Messung der Schalldämmung in Gebäuden und von Bauteilen — Teil 3: Messung der Luftschalldämmung von Bauteilen in Prüfständen (ISO 140-3 : 1995); Deutsche Fassung EN 20140-3 : 1995

DIN EN ISO 140-8
Akustik — Messung der Schalldämmung in Gebäuden und von Bauteilen — Teil 8: Messung der Trittschallminderung durch eine Deckenauflage auf einer massiven Bezugsdecke in Bezugsständen (ISO 140-8 : 1997); Deutsche Fassung EN ISO 140-8 : 1997

Fortsetzung 10 Seiten EN

Normenausschuß Materialprüfung (NMP) im DIN Deutsches Institut für Normung e. V.
Normenausschuß Bauwesen (NABau) im DIN
Normenausschuß Akustik, Lärmminderung und Schwingungstechnik (NALS) im DIN

EUROPÄISCHE NORM
EUROPEAN STANDARD
NORME EUROPÉENNE

EN ISO 140-1

Oktober 1997

ICS 91.120.20

Deskriptoren:

Deutsche Fassung

Akustik

Messung der Schalldämmung in Gebäuden und von Bauteilen

Teil 1: Anforderungen an Prüfstände mit unterdrückter Flankenübertragung (ISO 140-1 : 1997)

Acoustics — Measurement of sound insulation in buildings and of building elements — Part 1: Requirements for laboratory test facilities with suppressed flanking transmission (ISO 140-1 : 1997)

Acoustique — Mesurage de l'isolation acoustique des immeubles et des éléments de construction — Partie 1: Spécifications relatives aux laboratoires sans transmissions latérales (ISO 140-1 : 1997)

Diese Europäische Norm wurde von CEN am 1997-10-02 angenommen.

Die CEN-Mitglieder sind gehalten, die CEN/CENELEC-Geschäftsordnung zu erfüllen, in der die Bedingungen festgelegt sind, unter denen dieser Europäischen Norm ohne jede Änderung der Status einer nationalen Norm zu geben ist.

Auf dem letzten Stand befindliche Listen dieser nationalen Normen mit ihren bibliographischen Angaben sind beim Zentralsekretariat oder bei jedem CEN-Mitglied auf Anfrage erhältlich.

Diese Europäische Norm besteht in drei offiziellen Fassungen (Deutsch, Englisch, Französisch). Eine Fassung in einer anderen Sprache, die von einem CEN-Mitglied in eigener Verantwortung durch Übersetzung in seine Landessprache gemacht und dem Zentralsekretariat mitgeteilt worden ist, hat den gleichen Status wie die offiziellen Fassungen.

CEN-Mitglieder sind die nationalen Normungsinstitute von Belgien, Dänemark, Deutschland, Finnland, Frankreich, Griechenland, Irland, Island, Italien, Luxemburg, Niederlande, Norwegen, Österreich, Portugal, Schweden, Schweiz, Spanien, der Tschechischen Republik und dem Vereinigten Königreich.

CEN

EUROPÄISCHES KOMITEE FÜR NORMUNG

European Committee for Standardization
Comité Européen de Normalisation

Zentralsekretariat: rue de Stassart 36, B-1050 Brüssel

Ref.-Nr. EN ISO 140-1 : 1997 D

Vorwort

Der Text der Internationalen Norm ISO 140-1 : 1997 wurde vom Technischen Komitee ISO/TC 43 „Acoustics" in Zusammenarbeit mit dem Technischen Komitee CEN/TC 126 „Akustische Eigenschaften von Baustoffen und Bauteilen und von Gebäuden" erarbeitet, dessen Sekretariat von AFNOR gehalten wird.

ISO 140 „Akustik — Messung der Schalldämmung in Gebäuden und von Bauteilen" besteht aus folgenden Teilen:

Teil 1: Anforderungen an Prüfstände mit unterdrückter Flankenübertragung

Teil 2: Angaben von Genauigkeitsanforderungen

Teil 3: Messung der Luftschalldämmung von Bauteilen in Prüfständen

Teil 4: Messung der Luftschalldämmung zwischen Räumen

Teil 5: Messung der Luftschalldämmung von Fassadenelementen und Fassaden an Gebäuden

Teil 6: Messung der Trittschalldämmung von Decken in Prüfständen

Teil 7: Messung der Trittschalldämmung von Decken in Gebäuden

Teil 8: Messung der Trittschallminderung durch eine Deckenauflage auf einer massiven Bezugsdecke in Prüfständen

Teil 9: Raum-zu-Raum-Messung der Luftschalldämmung von Unterdecken mit darüberliegendem Hohlraum im Prüfstand

Teil 10: Messung der Luftschalldämmung von kleinen Bauteilen im Prüfstand

Teil 12: Messung der Dämmung von Luftschall und Trittschall durch einen Doppel- und Hohlraumboden zwischen benachbarten Räumen im Prüfstand

Diese Europäische Norm muß den Status einer nationalen Norm erhalten, entweder durch Veröffentlichung eines identischen Textes oder durch Anerkennung bis April 1998, und etwaige entgegenstehende nationale Normen müssen bis April 1998 zurückgezogen werden.

Entsprechend der CEN/CENELEC-Geschäftsordnung sind die nationalen Normungsinstitute der folgenden Länder gehalten, diese Europäische Norm zu übernehmen:

Belgien, Dänemark, Deutschland, Finnland, Frankreich, Griechenland, Irland, Island, Italien, Luxemburg, Niederlande, Norwegen, Österreich, Portugal, Schweden, Schweiz, Spanien, die Tschechische Republik und das Vereinigte Königreich.

Diese Europäische Norm wird aufgestellt, um der Bitte, im Rahmen der EWG-Direktive 89/106 „Bauprodukte" und des provisorischen Mandats „Lärmschutz" (BC/CEN 08/1991), das von der EWG und der EFTA abgegeben wurde, nachzukommen.

Die Anhänge A und B sind normativ, der Anhang C ist informativ.

Anerkennungsnotiz

Der Text der Internationalen Norm ISO 140-1 : 1997 wurde von CEN als Europäische Norm ohne irgendeine Abänderung genehmigt.

ANMERKUNG: Die normativen Verweisungen auf Internationale Normen sind im Anhang ZA (normativ) aufgeführt.

1 Anwendungsbereich

Dieser Teil von ISO 140 beinhaltet Anforderungen an Prüfstände zur Messung der Schalldämmung von Bauteilen. Er gilt für Prüfstände, bei denen die Schallabstrahlung von flankierenden Bauteilen unterdrückt ist und/oder bauliche Trennung zwischen Empfangs- und Senderaum besteht.

2 Normative Verweisungen

Die folgenden normativen Dokumente enthalten Festlegungen, die durch Verweisung in diesem Text Bestandteil der vorliegenden Internationalen Norm sind. Zum Zeitpunkt der Veröffentlichung dieser Internationalen Norm waren die angegebenen Ausgaben gültig. Alle normativen Dokumente unterliegen der Überarbeitung. Vertragspartner, deren Vereinbarungen auf dieser Internationalen Norm basieren, werden gebeten, die Möglichkeit zu prüfen, ob die jeweils neuesten Ausgaben der im folgenden genannten Normen angewendet werden können. Die Mitglieder von IEC und ISO führen Verzeichnisse der gegenwärtig gültigen Internationalen Normen.

ISO 140-3 : 1995
Akustik — Messung der Schalldämmung in Gebäuden und von Bauteilen — Teil 3: Messungen der Luftschalldämmung von Bauteilen in Prüfständen

ISO 140-8 : 1997
Akustik — Messung der Schalldämmung in Gebäuden und von Bauteilen — Teil 8: Messung der Trittschallminderung durch eine Deckenauflage auf einer massiven Bezugsdecke in Prüfständen

3 Prüfstände für Messungen der Luftschalldämmung unter Diffusfeldbedingungen

Der Prüfstand besteht aus zwei aneinander grenzenden halligen Räumen, zwischen denen eine Prüföffnung liegt, in die der Prüfgegenstand eingebaut wird.

3.1 Räume

Die Volumina und die entsprechenden Abmessungen der beiden Prüfstandsräume sollten nicht genau gleich sein. Es wird ein Unterschied von mindestens $10\ \%$ für die Volumina und/oder die linearen Abmessungen empfohlen. Die Volumina der Prüfstandsräume müssen mindestens $50\ \mathrm{m}^3$ betragen.

Die Verhältnisse der Raumabmessungen werden so gewählt, daß die Eigenfrequenzen in den unteren Frequenzbändern möglichst gleichmäßig verteilt liegen.

ANMERKUNG: Theoretische Berechnungen sowie Experimente haben gezeigt, daß es bei Messungen von Wänden oder Decken ratsam sein kann, daß der Prüfgegenstand die ganze Trennwand oder Decke des Prüfstandsraums bildet, d. h. die Prüföffnung sollte sich von Wand zu Wand und/oder von der Decke zum Boden erstrecken. In einem solchen Fall ist in Anbetracht der empfohlenen Größe der Prüföffnung ein Raumvolumen von $50\ \mathrm{m}^3$ bis $60\ \mathrm{m}^3$ angemessen.

Starke Schwankungen des Schalldrucks im Raum sind ein Hinweis auf übermäßig ausgeprägte stehende Wellen. In diesem Fall ist es notwendig, Diffusoren in den Räumen zu installieren. Die Positionen und die nötige Anzahl der Elemente werden experimentell ermittelt mit dem Ziel, daß das Schalldämm-Maß nicht beeinflußt wird, wenn weitere Diffusor-Elemente hinzugefügt werden.

Die Nachhallzeit in den Räumen unter normalen Prüfbedingungen (mit zu vernachlässigender Absorption des Prüfgegenstandes) sollte nicht übermäßig lang oder kurz sein. Wenn die Nachhallzeit bei tiefen Frequenzen $2\ \mathrm{s}$ überschreitet oder kleiner als $1\ \mathrm{s}$ ist, wird geprüft, ob das gemessene Schalldämm-Maß von der Nachhallzeit abhängt. Wenn eine solche Abhängigkeit trotz im Raum installierter Diffusoren festgestellt wird, muß der Raum verändert werden, um die Nachhallzeit auf Werte einzustellen, die bei tiefen Prüffrequenzen zwischen $1\ \mathrm{s}$ und $2\,(V/50)^{2/3}\ \mathrm{s}$ liegen (V ist der Wert des Raumvolumens in m^3).

Der Störpegel im Empfangsraum muß ausreichend niedrig sein, um Messungen des aus dem Senderaum übertragenen Schalls zu erlauben. Zu berücksichtigen sind die Schalleistung im Senderaum und die Schalldämmung der Prüfgegenstände, für die der Prüfstand ausgelegt ist.

In Prüfständen zur Messung des Schalldämm-Maßes sollte die auf Nebenwegen übertragene Schalleistung im Vergleich zu der durch den Prüfgegenstand übertragenen Schalleistung vernachlässigbar klein sein. Eine Möglichkeit, dies im Prüfstand zu erreichen, besteht darin, daß für eine ausreichende Körperschalldämmung zwischen Sende- und Empfangsraum gesorgt wird. Alternativ könnten alle Oberflächen beider Räume mit Vorsatzschalen versehen werden, die die Flankenübertragung ausreichend verringern.

Verfahren zur Abschätzung des Maximalschalldämm-Maßes R'_{max}, dessen Wert von den Nebenwegen bestimmt ist, sind in Anhang A angegeben.

Das gemessene Schalldämm-Maß eines Prüfgegenstandes wird beeinflußt vom internen Verlustfaktor der Strukturen, die den Prüfgegenstand umgeben. Das Verhältnis der Masse der geprüften Struktur zu der Masse der umgebenden muß berücksichtigt werden. Für Prüfungen an leichten Konstruktionen ($m < 150\ \mathrm{kg/m}^2$) müssen keine besonderen Voraussetzungen beachtet werden. Für schwerere Prüfgegenstände sollte sichergestellt werden, daß der Energieverlust der umgebenden Strukturen dazu führt, daß der Verlustfaktor η des Prüfgegenstands nicht kleiner ist als

$$\eta_{\min} = 0,01 + 0,3/\sqrt{f} \qquad (1)$$

Dabei ist:

f der Wert der Prüffrequenz, in Hertz.

Für die Prüfung bezüglich dieser Anforderung wird eine einseitig verputzte Ziegel- oder Hohlblockwand mit einer flächenbezogenen Masse von $(400 \pm 40)\ \mathrm{kg/m}^2$ als Prüfgegenstand verwendet. Für die Messung des Gesamtverlustfaktors siehe ISO 140-3 : 1995, Anhang E.

3.2 Prüföffnung

3.2.1 Wände und Fußböden

Die Größe der Prüföffnung sollte für Wände etwa $10\ \mathrm{m}^2$ und für Decken zwischen $10\ \mathrm{m}^2$ und $20\ \mathrm{m}^2$ betragen. Die kürzere Kantenlänge sollte sowohl für Wände als auch für Decken nicht kleiner als $2{,}3\ \mathrm{m}$ sein.

Eine kleinere Prüföffnung darf verwendet werden, wenn die Wellenlänge der freien Biegewellen bei den tiefsten betrachteten Frequenzen kleiner ist als die Hälfte der kleinsten Abmessung des Prüfgegenstandes. Je kleiner jedoch der Prüfgegenstand ist, desto empfindlicher reagieren die Meßergebnisse auf die Randeinspannung und auf örtliche Schwankungen der Schallfelder. Auch hängt die Schalldämmung des Prüfgegenstandes von der Größe ab. Es wird empfohlen, sofern es zweckmäßig ist, die Prüföffnung für Verglasungen zu verwenden, die in Anhang C beschrieben ist.

3.2.2 Türen und ähnliche Bauteile

Für die Prüfung von Türen und ähnlichen Bauteilen kann eine geringere Größe als $10\ m^2$ angemessen sein. Die Prüföffnung für Türen muß so angeordnet sein, daß die untere Kante nahe dem Niveau des Fußbodens der Prüfräume liegt, um die Bedingungen in Gebäuden nachzubilden.

3.2.3 Fenster und Verglasungen

Auch für Prüfungen an Verglasungselementen oder Fensterkonstruktionen kann eine kleinere Größe als $10\ m^2$ angemessen sein. Diese Elemente müssen in eine Trennwand eingesetzt werden, die in die Prüföffnung zwischen den beiden Räumen eingebaut wird.

Diese Trennwand muß folgenden Anforderungen genügen:

a) Ihre Schalldämmung muß bei jeder Prüffrequenz so hoch sein, daß die durch die Wand übertragene Schallenergie mindestens 6 dB, jedoch vorzugsweise mehr als 15 dB geringer ist als die durch den Prüfgegenstand übertragene Schallenergie. Ein Verfahren zur Prüfung der Schalldämmung der Trennwand einschließlich der Flankenübertragungen ist in Anhang B angegeben.

b) Die Gesamtdicke der Trennwand darf 500 mm nicht überschreiten.

c) Die Nischen beiderseits des Prüfgegenstandes müssen unterschiedliche Tiefen mit einem Verhältnis von vorzugsweise etwa 2 : 1 haben. Die Laibungsoberflächen der Nischen müssen bei allen Prüffrequenzen einen Schallabsorptionsgrad von weniger als 0,1 besitzen.

Die Maße der Prüföffnung für Verglasungen müssen 1250 mm × 1500 mm bei einem Grenzabmaß von ± 50 mm für jede Größe betragen, wobei vorzugsweise das gleiche Längenverhältnis beibehalten wird. Für Fenster wird dieselbe Größe bevorzugt, jedoch können unter Berücksichtigung der nationalen Baupraxis Abweichungen von dieser Größe notwendig werden.

Im Falle einer Fensterkonstruktion oder einer Glastür dürfen die Abmessungen so gewählt werden, daß die Montage den Verhältnissen in der Praxis entspricht.

Bei Verglasungen muß die Prüföffnung auf beiden Seiten und oben 60 mm bis 65 mm abgestuft werden. Die Glasscheibe muß nach Bild 1 in die kleinere Öffnung eingebaut werden. Bei Fenstern darf die Prüföffnung abgestuft sein oder nicht, doch wird eine abgestufte Öffnung für Zulassungsprüfungen bevorzugt.

Die Prüföffnung muß zu Wänden, Fußboden und Decke der Räume mindestens einen Abstand von 500 mm haben. Die Öffnung sollte nicht symmetrisch in der Trennwand angeordnet sein.

In Anhang C ist ein Beispiel für eine geeignete Konstruktion der Trennwand mit der Prüföffnung angegeben.

ANMERKUNG: Die Details der Prüfbedingungen für die Messung des Schalldämm-Maßes von Verglasungen werden vorgeschrieben, um zwischen Meßergebnissen, die in verschiedenen Prüfständen ermittelt wurden, einen bestmöglichen Vergleich sicherzustellen.

4 Prüfstände zur Messung der Trittschalldämmung von Decken und Deckenauflagen

4.1 Empfangsraum

Das Volumen des Empfangsraumes darf nicht kleiner als $50\ m^3$ sein. Die Verhältnisse der Abmessungen des Empfangsraumes müssen so gewählt werden, daß die Eigenfrequenzen in den tiefen Frequenzbändern möglichst gleichmäßig verteilt liegen. Um ein diffuses Schallfeld zu erhalten, sollten, falls erforderlich, im Empfangsraum Diffusoren angebracht werden.

ANMERKUNG: Theoretische Berechnungen sowie einige Experimente haben gezeigt, daß es ratsam sein kann, daß der Prüfgegenstand die ganze Decke des Empfangsraums bildet, d. h. die Prüföffnung sollte sich von Wand zu Wand erstrecken. In einem solchen Fall ist in Anbetracht der empfohlenen Größe der Prüföffnung ein Raumvolumen von $50\ m^3$ bis $60\ m^3$ angemessen.

Die Nachhallzeit im Empfangsraum unter normalen Prüfbedingungen (mit zu vernachlässigender Absorption des Prüfgegenstandes) sollte nicht übermäßig lang oder kurz sein. Wenn die Nachhallzeit bei tiefen Frequenzen 2 s überschreitet oder kleiner als 1 s ist, wird geprüft, ob die gemessene Trittschalldämmung von der Nachhallzeit abhängt. Wenn eine solche Abhängigkeit trotz im Raum installierter Diffusoren festgestellt wird, muß der Raum verändert werden, um die Nachhallzeit auf Werte einzustellen, die bei tiefen Prüffrequenzen zwischen 1 s und $2\,(V/50)^{2/3}$ s liegen (V ist der Wert des Raumvolumens in m^3).

Der Störpegel im Empfangsraum muß ausreichend niedrig sein, um Messungen des aus dem Senderaum übertragenen Trittschalls zu erlauben. Zu berücksichtigen sind die

Abmessungen in Millimeter

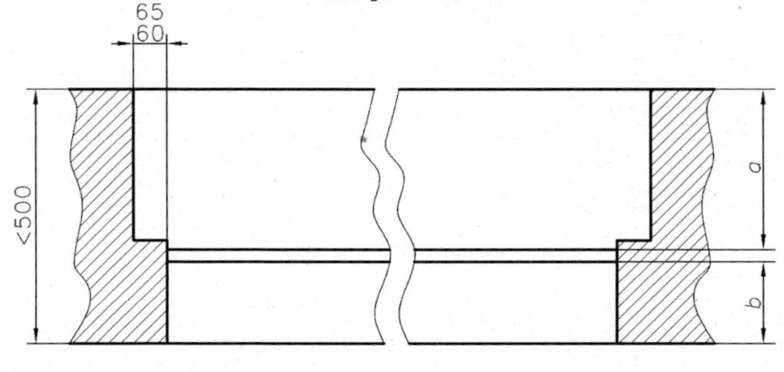

$a{:}b \approx 2{:}1$

Bild 1: Geometrie der Prüföffnung mit Verglasung, Horizontalschnitt

Eigenschaften des Hammerwerks und die Schalldämmung der Prüfgegenstände, für die der Prüfstand ausgelegt ist.

Die Luftschalldämmung zwischen dem Sende- und dem Empfangsraum muß ausreichend groß sein, damit das im Empfangsraum gemessene Schallfeld nur dasjenige ist, welches von der Trittschallanregung der zu prüfenden Decke erzeugt wird.

4.2 Prüföffnung

Es wird empfohlen, daß die Größe der Prüföffnung für Decken zwischen $10\ \mathrm{m}^2$ und $20\ \mathrm{m}^2$ sein sollte, wobei die kürzere Kantenlänge nicht weniger als $2{,}3\ \mathrm{m}$ betragen darf.

Wenn die Trittschallminderung durch Deckenauflagen nach ISO 140-8 gemessen wird, muß die Größe der Prüföffnung mindestens $10\ \mathrm{m}^2$ betragen.

Anhang A (normativ)

Bestimmung des Maximalschalldämm-Maßes

A.1 Allgemeines

Bild A.1 zeigt eine Skizze der verschiedenen Übertragungswege zwischen den Räumen in einem Prüfstand. Der direkte Weg ist Dd; Fd, Ff und Df sind Flankenwege.

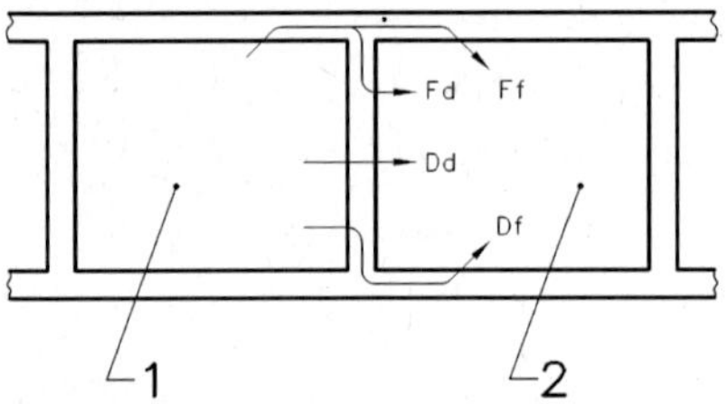

1 Senderaum
2 Empfangsraum

Bild A.1: Übertragungswege in einem Prüfstand

Das Schalldämm-Maß eines Bauteils, das maximal in einem Prüfstand gemessen werden kann, ohne daß dieser Wert wesentlich durch Flankenübertragung beeinträchtigt wird, hängt von der Art des geprüften Bauteils ab. Daher wäre es wünschenswert, jedesmal, wenn ein Bauelement mit hoher Schalldämmung geprüft wird, den Beitrag der Flankenübertragung zu bestimmen. Da dies nicht praxisgerecht ist, muß R'_{max} für eine Reihe von Konstruktionen gemessen werden, die repräsentativ für die üblicherweise geprüften sind. Die entsprechenden R'_{max}-Werte müssen im Prüfbericht angegeben werden, wie es in ISO 140-3 vorgesehen ist.

Im folgenden werden sechs repräsentative Konstruktionen festgelegt, und diejenigen, die den üblicherweise im Prüfstand geprüften Bauteilen am ähnlichsten sind, müssen für die Prüfung der R'_{max}-Werte verwendet werden. Wandprüfstände haben entweder durchgehende Flanken oder eine Trennfuge. Wenn sie eine Trennfuge haben, dürfen die Schalen der repräsentativen Konstruktion entweder beide auf einer Seite oder jeweils eine Schale auf je einer Seite der Trennfuge aufgebaut werden. Jedoch gelten die ermittelten R'_{max}-Werte nur für den geprüften Aufbau. Die Vorgehensweise für die Prüfung der Gültigkeit der Meßergebnisse in bezug auf R'_{max} ist in ISO 140-3 : 1995, 5.2.1 beschrieben.

A.2 Repräsentative Konstruktionen

Bei Konstruktionen vom Typ A nimmt der flankierende Anteil haupsächlich den Weg Ff und wird nur wenig vom Typ der geprüften Konstruktion beeinflußt. Bei den Konstruktionen Typ B und Typ C nimmt der flankierende Anteil die Wege Ff, Fd und Df, die alle von der Masse der nominellen Trennkonstruktion beeinflußt werden. Bei Typ B und Typ C sind die Vorsatzschalen so an die geprüfte schwere Konstruktion zu montieren, daß nur die Übertragung auf dem Weg Dd verringert wird.

A.2.1 Wände

Typ A: Leichtbauwand

Eine zweischalige Trennwand. Jede Schale sollte aus Schichten von Gipskartonplatten oder Platten ähnlicher flächenbezogener Masse (mindestens $30\ \mathrm{kg/m^2}$) bestehen. Der Hohlraum zwischen den Schalen muß mindestens $200\ \mathrm{mm}$ tief sein und Mineralwolle in mindestens $100\ \mathrm{mm}$ Dicke enthalten. Die Schalen müssen an einem Holz- oder Metallständerwerk befestigt werden und dürfen mechanisch nicht miteinander verbunden sein. Die Leichtbauwand darf an ihrem Umfang nicht fest mit der umgebenden Konstruktion verbunden sein.

Typ B: Leichtmauerwerk

Eine einseitig verputzte Ziegel- oder Hohlblockwand mit einer flächenbezogenen Masse von $(100 \pm 10)\ \mathrm{kg/m^2}$. Auf einer Seite muß eine getrennte Vorsatzschale aufgebaut werden, welche aus zwei Schichten $12{,}5\ \mathrm{mm}$ dicker Gipskartonplatten besteht, die an einem Holz- oder Metallständerwerk befestigt sind, welches nicht mit der Wand verbunden ist. Die Vorsatzschale muß sich auf derjenigen Seite der Wand befinden, die dem Raum zugewandt ist, dessen Struktur die Wand trägt. Die Vorsatzschale darf an ihrem Umfang nicht fest mit der umgebenden Konstruktion verbunden sein. Der Hohlraum zwischen Wand und Vorsatzschale muß mindestens $50\ \mathrm{mm}$ tief und mit Mineralwolle gefüllt sein.

Typ C: Schwermauerwerk

Eine einseitig verputzte Ziegel- oder Hohlblockwand mit einer flächenbezogenen Masse von $(400 \pm 40)\ \mathrm{kg/m^2}$. Auf einer Seite muß eine getrennte Vorsatzschale aufgebaut werden, welche aus zwei Schichten $12{,}5\ \mathrm{mm}$ dicker Gipskartonplatten besteht, die an einem Holz- oder Metallständerwerk befestigt sind, welches nicht mit der Wand verbunden ist. Der Hohlraum zwischen Wand und Vorsatzschale muß mindestens $50\ \mathrm{mm}$ tief und mit Mineralwolle gefüllt sein. Die Vorsatzschale muß sich auf derjenigen Seite der Wand befinden, die dem Raum zugewandt ist, dessen Struktur die Wand trägt. Die Vorsatzschale darf an ihrem Umfang nicht fest mit der umgebenden Konstruktion verbunden sein.

A.2.2 Decken

Typ A: Leichte Decke

Die leichte Decke kann aus einer Balkenkonstruktion mit Unterdecke und Fußboden aufgebaut werden. Die Einzelheiten der Konstruktion müssen denen der oben beschriebenen Leichtbauwand entsprechen.

Typ B: Leichte Massivdecke

Eine einseitig verputzte Rohdecke mit einer flächenbezogenen Masse von (100 ± 10) kg/m^2. Auf der Unterseite sollte eine abgehängte Decke aus zwei Lagen 12,5 mm dicker Gipskartonplatten an getrennten Verbindungselementen angebracht werden; der Hohlraum muß Mineralwolle enthalten. Die abgehängte Decke darf an ihrem Umfang nicht fest mit der umgebenden Konstruktion verbunden sein. Alternativ hierzu darf ein schwimmender Trockenestrich auf 75 mm dicker Mineralwolle verwendet werden.

Typ B: Massive Betondecke

Eine homogene Stahlbetondecke der Dicke $(120\ ^{+40}_{-20})$ mm, welche die Anforderungen an die Bezugsdecke nach ISO 140-8 erfüllt (vorzugsweise 140 mm beim Aufbau von neuen Laboratorien). Auf der Unterseite sollte eine abgehängte Decke aus zwei Lagen 12,5 mm dicker Gipskartonplatten an getrennten Verbindungselementen angebracht werden; der Hohlraum muß Mineralwolle enthalten. Die abgehängte Decke darf an ihrem Umfang nicht fest mit der umgebenden Konstruktion verbunden sein. Alternativ hierzu darf ein schwimmender Trockenestrich auf 75 mm dicker Mineralwolle verwendet werden.

Tabelle A.1 gibt typische Werte von R'_{max} für einen Prüfstand an, in dem Wände oder Decken vom Typ C mit R_w-Werten bis 55 dB gemessen werden können.

Die Werte in Tabelle A.1 dienen als Beispiel und sollten nicht als anzustrebende Werte angesehen werden.

Tabelle A.1: Typische Werte von R'_{max} in einem Prüfstand zur Prüfung von Wänden und Decken vom Typ C

Frequenz Hz	R'_{max} für die Wege Ff, Fd und Df dB
100	45
125	50
160	53
200	56
250	58,5
315	61
400	63,5
500	66
630	68,5
800	71
1 000	73,5
1 250	76
1 600	78,5
2 000	81
2 500	83,5
3 150	86
4 000	88,5
5 000	91

Anhang B (normativ)

Messung des Schalldämm-Maßes der Trennwand (und von flankierenden Bauteilen) für Prüföffnungen für Fenster und Verglasungen

B.1 Allgemeines

Das scheinbare Schalldämm-Maß der Trennwand einschließlich aller flankierender Bauteile — berechnet unter Verwendung der Fläche der Prüföffnung — sollte bei jeder Frequenz mindestens 6 dB höher als das Schalldämm-Maß des Prüfgegenstands sein. Dies kann bestimmt werden, indem das scheinbare Schalldämm-Maß erneut gemessen wird bei deutlich verringerter Übertragung durch den Prüfgegenstand. Dieser nur für Prüfzwecke verwendete Wert wird mit R'_T bezeichnet.

B.2 Empfohlenes Verfahren

Um R'_T zu messen, wird zur Verringerung der Übertragung durch den Prüfgegenstand folgender Weg empfohlen:

Einbau einer biegeweichen Vorsatzschale mit einer flächenbezogenen Masse von $25\ \mathrm{kg/m^2}$ (z. B. Gipskartonplatte, beschichtet mit einem Eisenblech von $2\ \mathrm{mm}$ Dicke) bündig mit der Vorderseite der Trennwand in den Teil der Prüföffnung, in dem der Prüfgegenstand eingebaut ist und Füllen des Raumes zwischen der Vorsatzschale und dem Prüfgegenstand mit Absorptionsmaterial.

B.3 Alternatives Verfahren

Im folgenden wird ein weiteres Verfahren zur Bestimmung von R'_T beschrieben, das verwendet werden kann, wenn das oben angegebene Verfahren nicht anwendbar ist (z. B. wegen Resonanz zwischen dem Prüfgegenstand und der Vorsatzschale):

Die Vorsatzschale wird verwendet, aber der Prüfgegenstand entfernt. Eine $1\ \mathrm{mm}$ dicke Bleiplatte, die auf eine Holzspanplatte geklebt ist, wird an die Stelle der Prüföffnung eingebaut, an der der Prüfgegenstand eingebaut war, und der entstandene Zwischenraum wird mit absorbierendem Material gefüllt. Die Verbindung zwischen den beiden Schichten der Trennwand (falls zutreffend) darf nicht von diesem Aufbau überdeckt werden.

B.4 Darstellung der Ergebnisse

Ergebnisse von Messungen des Schalldämm-Maßes von Verglasungen oder Fenstern, die nach ISO 140-3 unter Verwendung der Fläche S (die gleich der der freien Prüföffnung ist) berechnet werden und die überprüft werden hinsichtlich des Einflusses der Trennwand, werden hier mit R'_S bezeichnet. Diese Werte von R'_S müssen mit den Werten des scheinbaren Schalldämm-Maßes R'_T verglichen werden, welche mit den oben beschriebenen Konstruktionen oder einem gleichwertigen Verfahren gemessen werden. Wenn der Unterschied mehr als $6\ \mathrm{dB}$ beträgt, aber kleiner als $15\ \mathrm{dB}$ ist, muß das Ergebnis der Messung von R'_S um den Einfluß der Flankenübertragung korrigiert werden, indem R'_S folgendermaßen berechnet wird:

$$R_S = -10\ \lg\left[10^{-R'_S/10\,\mathrm{dB}} - 10^{-R'_T/10\,\mathrm{dB}}\right]\ \mathrm{dB} \qquad \text{(B.1)}$$

Dabei ist:

R'_S das korrigierte Schalldämm-Maß des Prüfgegenstands, in Dezibel;

R'_S das Schalldämm-Maß, gemessen mit dem Prüfgegenstand in der Prüföffnung, in Dezibel;

R'_T das Schalldämm-Maß, gemessen mit dem speziellen Aufbau in der Prüföffnung, in Dezibel.

Wenn der Unterschied zwischen R'_S und R'_T bei jedem Frequenzband kleiner als $6\ \mathrm{dB}$ ist, darf die Korrektur höchstens $1{,}3\ \mathrm{dB}$ betragen, was einem Unterschied von $6\ \mathrm{dB}$ entspricht. In diesem Fall muß R'_T in dem Prüfbericht angegeben werden, damit deutlich wird, daß die angegebenen R_S-Werte Mindestwerte sind.

Tabelle B.1 gibt typische Werte von R'_T für einen Prüfstand an, in dem Fenster und Verglasungen (in einer Prüföffnung von $1\,250\ \mathrm{mm} \times 1\,500\ \mathrm{mm}$) mit R_w-Werten bis $45\ \mathrm{dB}$ gemessen werden können.

Die Werte in Tabelle B.1 dienen als Beispiel und sollten nicht als anzustrebende Werte angesehen werden.

Tabelle B.1: Typische Werte von R'_T in einem Prüfstand zur Prüfung von Fenstern und Verglasungen (in einer Prüföffnung von $1\,250\ \mathrm{mm} \times 1\,500\ \mathrm{mm}$)

Frequenz Hz	R'_T dB
100	35
125	40
160	42
200	47
250	50
315	52
400	54
500	56
630	58
800	60
1 000	62
1 250	63
1 600	65
2 000	67
2 500	68
3 150	70
4 000	72
5 000	73

Anhang C (informativ)

Prüföffnung zur Messung der Schalldämmung von Verglasungen

Die Prüföffnung hat die Maße $1250 \text{ mm} \times 1500 \text{ mm}$. Die Prüföffnung hat eine Tiefe von $(410 \pm 10) \text{ mm}$; die Oberflächen der Nischenlaibungen sind reflektierend.

Die Trennwand ist aus zwei Wänden aus Beton oder verputztem Ziegelmauerwerk mit einer Dichte von mindestens 1800 kg/m^3 aufgebaut. Der Zwischenraum zwischen beiden Wänden ist mit Mineralwolle gefüllt und muß mit luftdicht abschließendem, reflektierendem Material bedeckt werden.

In Bild C.1 sind ein Vertikal- und ein Horizontalschnitt sowie der Zwischenraum im Detail dargestellt.

Abmessungen in Millimeter

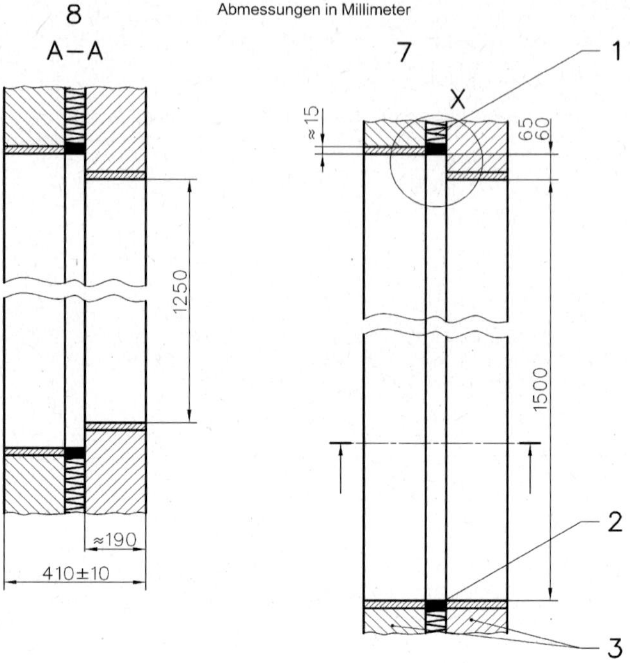

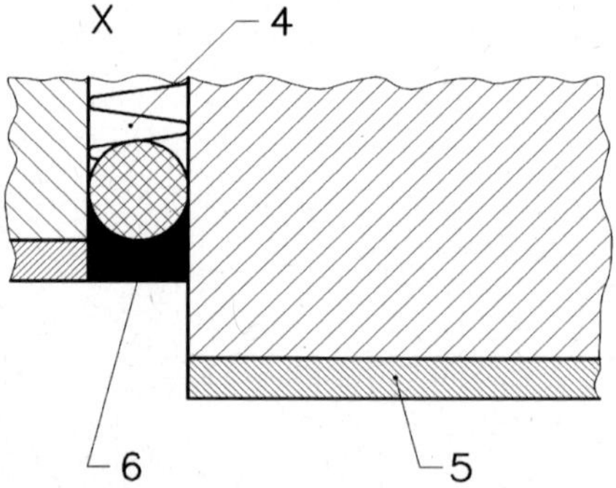

1	Mineralfaserdämmstoff	5	Putz
2	nachgiebige Dichtmasse	6	nachgiebige Dichtmasse[1] (akustisch reflektierend)
3	zweischalige Trennwand	7	Vertikalschnitt
4	Mineralfaserdämmstoff	8	Horizontalschnitt

Bild C.1: Prüföffnung für Glasscheiben

[1] Es muß darauf geachtet werden, daß die nachgiebige Dichtmasse keine zusätzliche Flankenübertragung verursacht, indem sie die beiden Wände akustisch koppelt.

Anhang ZA (normativ)

Normative Verweisungen auf internationale Publikationen mit ihren entsprechenden europäischen Publikationen

Diese Europäische Norm enthält durch datierte oder undatierte Verweisungen Festlegungen aus anderen Publikationen. Diese normativen Verweisungen sind an den jeweiligen Stellen im Text zitiert, und die Publikationen sind nachstehend aufgeführt. Bei datierten Verweisungen gehören spätere Änderungen oder Überarbeitungen dieser Publikationen nur zu dieser Europäischen Norm, falls sie durch Änderung oder Überarbeitung eingearbeitet sind. Bei undatierten Verweisungen gilt die letzte Ausgabe der in Bezug genommenen Publikation.

Publikation	Jahr	Titel	EN	Jahr
ISO 140-3	1995	Acoustics — Measurements of sound insulation in buildings and of building elements — Part 3: Laboratory measurements of airborne sound insulation of building elements	EN ISO 140-3	1995
ISO 140-8	1997	Acoustics — Measurement of sound insulation in buildings and of building elements — Part 8: Laboratory measurements of the reduction of transmitted impact noise by floor coverings on a heavyweight standard floor	EN ISO 140-8	1997

Dezember 1998

	Akustik **Messung der Schalldämmung in Gebäuden und von Bauteilen** Teil 4: Messung der Luftschalldämmung zwischen Räumen in Gebäuden (ISO 140-4 : 1998) Deutsche Fassung EN ISO 140-4 : 1998	**DIN** **EN ISO 140-4**

ICS 91.120.20

Deskriptoren: Luftschalldämmung, Gebäude, Schalldämmung, Messung

Acoustics —
Measurement of sound insulation in buildings and of building elements —
Part 4: Field measurement of airborne sound insulation between rooms (ISO 140-4 : 1998);
German version EN ISO 140-4 : 1998

Acoustique —
Mesurage de l'isolation acoustique des immeubles et des éléments de construction —
Partie 4: Mesurage in situ de l'isolement aux bruits aériens entre les pièces (ISO 140-4 : 1998);
Version allemande EN ISO 140-4 : 1998

Mit
DIN EN 20140-3 : 1995-03,
DIN EN ISO 140-6 : 1998-12,
DIN EN ISO 140-7 : 1998-12 und
DIN EN ISO 140-8 : 1998-03
Ersatz für
DIN 52210-1 : 1984-08

Die Europäische Norm EN ISO 140-4 : 1998 hat den Status einer Deutschen Norm.

Nationales Vorwort

Die Internationale Norm ISO 140-4 ist im Komitee ISO/TC 43/SC 2 „Bauakustik" in Abstimmung mit dem Europäischen Komitee CEN/TC 126 „Akustische Eigenschaften von Baustoffen und Bauteilen und von Gebäuden" unter intensiver deutscher Mitarbeit erarbeitet worden. Für die deutsche Mitarbeit ist der Arbeitsausschuß NMP 231 „Schalldämmung und Schallabsorption, Messung und Bewertung" des Normenausschusses Materialprüfung (NMP) verantwortlich.

Abweichend von der Benennung in DIN EN 20140-3, die sich nur auf Messungen im Prüfstand bezieht, wird in diesem Teil von DIN EN ISO 140 für R' die Benennung „Bau-Schalldämm-Maß" verwendet.

Für die im Inhalt zitierten Internationalen Normen wird im folgenden auf die entsprechenden Deutschen Normen hingewiesen:

ISO 140-2	siehe DIN EN 20140-2
ISO 140-3	siehe DIN EN 20140-3
ISO 140-5	siehe DIN EN ISO 140-5
ISO 354	siehe DIN EN 20354
ISO 717-1	siehe DIN EN ISO 717-1
IEC 61260	siehe DIN EN 61260
IEC 60651	siehe DIN EN 60651
IEC 60804	siehe DIN EN 60804
IEC 60942	siehe DIN EN 60942

Änderungen

Gegenüber DIN 52210-1 : 1984-08 wurden folgende Änderungen vorgenommen:

— Inhalt vollständig überarbeitet.

Frühere Ausgaben

DIN 52211: 1953-09
DIN 52210: 1952-07, 1960x-03
DIN 52210-1: 1975-07, 1984-08

Fortsetzung Seite 2
und 16 Seiten EN

Normenausschuß Materialprüfung (NMP) im DIN Deutsches Institut für Normung e.V.
Normenausschuß Bauwesen (NABau) im DIN
Normenausschuß Akustik, Lärmminderung und Schwingungstechnik (NALS) im DIN und VDI

Nationaler Anhang NA (informativ)

Literaturhinweise

DIN EN 20140-2
Akustik — Messung der Schalldämmung in Gebäuden und von Bauteilen — Teil 2: Angaben von Genauigkeitsanforderungen (ISO 140-2 : 1991); Deutsche Fassung EN 20140-2 : 1993

DIN EN 20140-3
Akustik — Messung der Schalldämmung in Gebäuden und von Bauteilen — Teil 3: Messung der Luftschalldämmung von Bauteilen in Prüfständen (ISO 140-3 : 1995); Deutsche Fassung EN 20140-3 : 1995

DIN EN 20354
Akustik — Messung der Schallabsorption im Hallraum (ISO 354 : 1985); Deutsche Fassung EN 20354 : 1993

DIN EN 60651
Schallpegelmesser (IEC 60651 : 1979 + A1 : 1993); Deutsche Fassung EN 60651 : 1994 + A1 : 1994

DIN EN 60804
Integrierende mittelwertbildende Schallpegelmesser (IEC 60804 : 1985 + A1 : 1989 und A2 : 1993); Deutsche Fassung EN 60804 : 1994 + A2 : 1994

DIN EN 60942
Schallkalibratoren (IEC 60942 : 1997); Deutsche Fassung EN 60942 : 1998

DIN EN 61260
Elektroakustik-Bandfilter für Oktaven und Bruchteile von Oktaven (IEC 61260 : 1995), Deutsche Fassung EN 61260 : 1995

DIN EN ISO 140-5
Akustik — Messung der Schalldämmung in Gebäuden und von Bauteilen — Teil 5: Messung der Luftschalldämmung von Fassadenelementen und Fassaden an Gebäuden (ISO 140-5 : 1998); Deutsche Fassung EN ISO 140-5 : 1998

DIN EN ISO 717-1
Akustik — Bewertung der Schalldämmung in Gebäuden und von Bauteilen — Teil 1: Luftschalldämmung (ISO 717-1 : 1996); Deutsche Fassung EN ISO 717-1 : 1996

EUROPÄISCHE NORM
EUROPEAN STANDARD
NORME EUROPÉENNE

EN ISO 140-4

August 1998

ICS 91.120.00

Deskriptoren:

Deutsche Fassung

Akustik

Messung der Schalldämmung in Gebäuden und von Bauteilen

Teil 4: Messung der Luftschalldämmung zwischen Räumen in Gebäuden
(ISO 140-4 : 1998)

Acoustics — Measurement of sound insulation in buildings and of building elements — Part 4: Field measurement of airborne sound insulation between rooms (ISO 140-4 : 1998)

Acoustique — Mesurage de l'isolation acoustique des immeubles et des éléments de construction — Partie 4: Mesurage in situ de l'isolement aux bruits aériens entre les pièces (ISO 140-4 : 1998)

Diese Europäische Norm wurde von CEN am 14. August 1998 angenommen.

Die CEN-Mitglieder sind gehalten, die CEN/CENELEC-Geschäftsordnung zu erfüllen, in der die Bedingungen festgelegt sind, unter denen dieser Europäischen Norm ohne jede Änderung der Status einer nationalen Norm zu geben ist.

Auf dem letzten Stand befindliche Listen dieser nationalen Normen mit ihren bibliographischen Angaben sind beim Zentralsekretariat oder bei jedem CEN-Mitglied auf Anfrage erhältlich.

Diese Europäische Norm besteht in drei offiziellen Fassungen (Deutsch, Englisch, Französisch). Eine Fassung in einer anderen Sprache, die von einem CEN-Mitglied in eigener Verantwortung durch Übersetzung in seine Landessprache gemacht und dem Zentralsekretariat mitgeteilt worden ist, hat den gleichen Status wie die offiziellen Fassungen.

CEN-Mitglieder sind die nationalen Normungsinstitute von Belgien, Dänemark, Deutschland, Finnland, Frankreich, Griechenland, Irland, Island, Italien, Luxemburg, Niederlande, Norwegen, Österreich, Portugal, Schweden, Schweiz, Spanien, der Tschechischen Republik und dem Vereinigten Königreich.

EUROPÄISCHES KOMITEE FÜR NORMUNG
European Committee for Standardization
Comité Européen de Normalisation

Zentralsekretariat: rue de Stassart 36, B-1050 Brüssel

Ref. Nr. EN ISO 140-4 : 1998 D

Vorwort

Der Text der Internationalen Norm ISO 140-4 : 1998 wurde vom Technischen Komitee ISO/TC 43 „Acoustics" in Zusammenarbeit mit CEN/TC 126 „Akustische Eigenschaften von Baustoffen und Bauteilen und von Gebäuden" erarbeitet, dessen Sekretariat von AFNOR gehalten wird.

ISO 140 „Akustik — Messung der Schalldämmung in Gebäuden und von Bauteilen" besteht aus folgenden Teilen:

Teil 1: Anforderungen an Prüfstände mit unterdrückter Flankenübertragung

Teil 2: Angaben von Genauigkeitsanforderungen

Teil 3: Messung der Luftschalldämmung von Bauteilen in Prüfständen

Teil 4: Messung der Luftschalldämmung zwischen Räumen in Gebäuden

Teil 5: Messung der Luftschalldämmung von Fassadenelementen und Fassaden an Gebäuden

Teil 6: Messung der Trittschalldämmung von Decken in Prüfständen

Teil 7: Messung der Trittschalldämmung von Decken in Gebäuden

Teil 8: Messung der Trittschallminderungen durch eine Deckenauflage auf einer massiven Bezugsdecke in Prüfständen

Teil 9: Raum-zu-Raum-Messung der Luftschalldämmung von Unterdecken mit darüberliegendem Hohlraum im Prüfstand

Teil 10: Messung der Luftschalldämmung von kleinen Bauteilen im Prüfstand

Die Anhänge A und B sind normativ, die Anhänge C bis F sind informativ.

Diese Europäische Norm muß den Status einer nationalen Norm erhalten, entweder durch Veröffentlichung eines identischen Textes oder durch Anerkennung bis Februar 1999, und etwaige entgegenstehende nationale Normen müssen bis Februar 1999 zurückgezogen werden.

Entsprechend der CEN/CENELEC-Geschäftsordnung sind die nationalen Normungsinstitute der folgenden Länder gehalten, diese Europäische Norm zu übernehmen:

Belgien, Dänemark, Deutschland, Finnland, Frankreich, Griechenland, Irland, Island, Italien, Luxemburg, Niederlande, Norwegen, Österreich, Portugal, Schweden, Schweiz, Spanien, die Tschechische Republik und das Vereinigte Königreich.

Anerkennungsnotiz

Der Text der Internationalen Norm ISO 140-4 : 1998 wurde vom CEN als Europäische Norm ohne irgendeine Abänderung genehmigt.

ANMERKUNG: Die normativen Verweisungen auf Internationale Normen sind in Anhang ZA (normativ) aufgeführt.

1 Anwendungsbereich

Dieser Teil von ISO 140 legt Verfahren zur Messung der Luftschalldämmung von Innenwänden, Decken und Türen zwischen zwei Räumen in Gebäuden fest, wobei diffuse Schallfelder in beiden Räumen vorausgesetzt werden. Die Verfahren dienen auch zur Ermittlung des Schallschutzes, der Bewohnern von Gebäuden zuteil wird.

Die mit diesen Verfahren ermittelten Werte für die Luftschalldämmung sind frequenzabhängig. Sie können unter Anwendung von ISO 717-1 in eine Einzahlangabe umgewandelt werden, die die akustische Leistungsfähigkeit charakterisiert.

Die Ergebnisse können für den Vergleich der Schalldämmung zwischen Räumen und zum Vergleich der vorhandenen Schalldämmung mit festgelegten Anforderungen verwendet werden.

ANMERKUNG 1: Die Messung der Luftschalldämmung von Bauteilen in Prüfständen wird in ISO 140-3 behandelt.

ANMERKUNG 2: Die Messung der Luftschalldämmung von Fassadenelementen und Fassaden an Gebäuden wird in ISO 140-5 behandelt.

2 Normative Verweisungen

Die folgenden normativen Dokumente enthalten Festlegungen, die durch Verweisung in diesem Text Bestandteil des vorliegenden Teils von ISO 140 sind. Zum Zeitpunkt der Veröffentlichung dieser Internationalen Norm waren die angegebenen Ausgaben gültig. Alle Normen unterliegen der Überarbeitung. Vertragspartner, deren Vereinbarungen auf diesem Teil von ISO 140 basieren, werden gebeten, die Möglichkeit zu prüfen, ob die jeweils neuesten Ausgaben der im folgenden genannten Normen angewendet werden können. Die Mitglieder von IEC und ISO führen Verzeichnisse der gegenwärtig gültigen Internationalen Normen.

ISO 140-2 : 1991
Acoustics — Measurement of sound insulation in buildings and of building elements — Part 2: Determination, verification and application of precision data

ISO 140-3 : 1995
Acoustics — Measurement of sound insulation in buildings and of building elements — Part 3: Laboratory measurements of airborne sound insulation of building elements

ISO 354 : 1985
Acoustics — Measurement of sound absorption in a reverberation room

ISO 717-1 : 1996
Acoustics — Rating of sound insulation in buildings and of building elements — Part 1: Airborne sound insulation

IEC 60651 : 1979
Sound level meters

IEC 60804 : 1985
Integrating-averaging sound level meters

IEC 60942 : 1988
Sound calibrators

IEC 61260 : 1995
Electroacoustics — Octave band filters and fractional-octave band filters

3 Definitionen

Für die Anwendung dieses Teils von ISO 140 gelten die Definitionen nach ISO 140-3 und die folgenden Definitionen:

3.1 mittlerer Schalldruckpegel in einem Raum, L**:** Der zehnfache dekadische Logarithmus des Verhältnisses des räumlichen und zeitlichen Mittelwertes des Quadrates des Schalldruckes zum Quadrat des Bezugsschalldruckes, wobei der räumliche Mittelwert über den gesamten Raum gebildet wird. Ausgenommen sind die Teile, bei denen das Direktfeld einer Schallquelle oder das Nahfeld der Raumbegrenzungen (Wände usw.) von deutlichem Einfluß ist. Diese Größe wird in Dezibel angegeben. In der Praxis werden üblicherweise die Schalldruckpegel L_j gemessen. In diesem Fall wird L bestimmt durch:

$$L = 10 \lg \left(\frac{1}{n} \sum_{i=1}^{n} 10^{L_j/10\,\mathrm{dB}} \right) \mathrm{dB} \qquad (1)$$

Dabei ist:

L_j der Schalldruckpegel L_1 bis L_n an n verschiedenen Stellen im Raum.

3.2 Schallpegeldifferenz, D**:** Die Differenz in Dezibel der räumlichen und zeitlichen Mittelwerte der Schalldruckpegel, die in zwei Räumen von einer oder mehreren Schallquellen in einem der beiden Räume erzeugt werden:

$$D = L_1 - L_2 \qquad (2)$$

Dabei ist:

L_1 der mittlere Schalldruckpegel im Senderaum;

L_2 der mittlere Schalldruckpegel im Empfangsraum.

3.3 Norm-Schallpegeldifferenz, D_n**:** Die Schallpegeldifferenz in Dezibel bezogen auf die Bezugs-Absorptionsfläche im Empfangsraum:

$$D_n = D - 10 \lg \frac{A}{A_0}\ \mathrm{dB} \qquad (3)$$

Dabei ist:

D die Schallpegeldifferenz in Dezibel;

A die äquivalente Schallabsorptionsfläche des Empfangsraumes in Quadratmeter;

A_0 die Bezugs-Absorptionsfläche in Quadratmeter (für Räume in Gebäuden oder Räume vergleichbarer Größe $A_0 = 10\ \mathrm{m}^2$).

3.4 Standard-Schallpegeldifferenz, D_{nT}**:** Die Schallpegeldifferenz in Dezibel bezogen auf einen Bezugswert der Nachhallzeit im Empfangsraum:

$$D_{nT} = D + 10 \lg \frac{T}{T_0}\ \mathrm{dB} \qquad (4)$$

Dabei ist:

D die Schallpegeldifferenz;

T die Nachhallzeit im Empfangsraum;

T_0 die Bezugs-Nachhallzeit.

Für Wohnräume gilt für T_0

$T_0 = 0{,}5$ s

ANMERKUNG 1: Die Normierung der Schallpegeldifferenz auf eine Nachhallzeit von 0,5 s berücksichtigt, daß in möblierten Wohnräumen nahezu volumen- und frequenzunabhängig eine Nachhallzeit von etwa 0,5 s vorliegt. Mit dieser Normierung wird D_{nT} abhängig von der Richtung der Schallübertragung, wenn die beiden Räume unterschiedliche Volumina besitzen.

ANMERKUNG 2: Die Normierung der Schallpegeldifferenz auf die Nachhallzeit von $T_0 = 0{,}5$ s im Empfangsraum entspricht der Normierung der Schallpegeldifferenz auf eine Bezugs-Absorptionsfläche von:

$A_0 = 0{,}32\ V$

Dabei ist:

A_0 die Bezugs-Absorptionsfläche in Quadratmeter;

V das Volumen des Empfangsraumes in Kubikmeter.

3.5 Bau-Schalldämm-Maß, R'**:** Der zehnfache dekadische Logarithmus des Verhältnisses der auf eine zu prüfende Trennwand auftreffenden Schalleistung W_1 zu der in den Empfangsraum übertragenen Gesamtschalleistung, wenn außer der durch das Trennbauteil übertragenen Schalleistung W_2 die durch flankierende oder durch andere Bauteile übertragene Schalleistung W_3 signifikant ist.

Diese Größe wird in Dezibel angegeben:

$$R' = 10 \lg \frac{W_1}{W_2 + W_3}\ \mathrm{dB} \qquad (5)$$

ANMERKUNG 1: Erklärungen zu W_3 sind in Anhang C gegeben.

ANMERKUNG 2: Im englischen Sprachgebrauch wird statt „apparent sound reduction index" auch die Benennung „apparent sound transmission loss" verwendet. Beides entspricht dem Begriff „Bau-Schalldämm-Maß".

ANMERKUNG 3: Im allgemeinen besteht die in den Empfangsraum übertragene Schalleistung aus der Summe mehrerer Komponenten. Auch in diesem Fall wird in diesem Teil von ISO 140, unter der Voraussetzung ausreichend diffuser Schallfelder in den beiden Räumen, das Bau-Schalldämm-Maß berechnet nach:

$$R' = D + 10 \lg \frac{S}{A}\ \mathrm{dB} \qquad (6)$$

Dabei ist:

D die Schallpegeldifferenz;

S die Fläche des Trennbauteils;

A die äquivalente Schallabsorptionsfläche im Empfangsraum.

Bei der Bestimmung der Schalldämmung einer Tür ist S die Fläche der freien Öffnung, in die die Tür einschließlich des Rahmens eingebaut ist. Es ist sicherzustellen, daß die Schallübertragung durch den Rest der umgebenden Wand vernachlässigbar klein ist.

Bei versetzt zueinander angeordneten oder abgestuften Räumen ist S der Teil der Trennwandfläche, der beiden Räumen gemeinsam ist. Wenn die gemeinsame Fläche weniger als 10 m^2 beträgt, wird dieses im Prüfbericht angegeben. S wird dann berechnet zu max $(S, V/7{,}5)$. Hierbei ist V das Volumen, in Kubikmeter, des Empfangsraumes, der in diesem Fall der kleinere Raum ist.

Für den Fall, daß keine gemeinsame Fläche existiert, wird die Norm-Schallpegeldifferenz D_n bestimmt.

ANMERKUNG 4: Im allgemeinen sollte ein Vergleich zwischen Ergebnissen von Messungen an Gebäuden und denen im Prüfstand nur durchgeführt werden, wenn die gemeinsame Fläche S etwa 10 m^2 beträgt.

ANMERKUNG 5: Bei dem Bau-Schalldämm-Maß wird die in den Empfangsraum übertragene Schalleistung auf die auf eine gemeinsame Trennwand einfallende Schalleistung bezogen. Die tatsächlichen Übertragungsbedingungen bleiben unberücksichtigt.

Das Bau-Schalldämm-Maß ist von der Meßrichtung zwischen den Räumen unabhängig, wenn die Schallfelder in beiden Räumen diffus sind.

4 Meßgeräte

Die Meßgeräte müssen den Anforderungen nach Abschnitt 6 entsprechen.

Die Geräte zur Messung des Schallpegels müssen hinsichtlich der Meßunsicherheit den Anforderungen der Klassen 0 oder 1 nach IEC 60651 und IEC 60804 entsprechen. Wenn vom Hersteller der Meßgeräte nicht anders angegeben, muß das gesamte Meßsystem einschließlich des Mikrofons vor jeder Messung mit einem Schallkalibrator der Klasse 1 nach IEC 60942 kalibriert werden. Bei Schallpegelmessern, die für Messungen in Schallfeldern von ebenen fortschreitenden Wellen kalibriert sind, müssen Korrekturen für das Diffusfeld angewendet werden.

Die Filter müssen den Anforderungen nach IEC 61260 entsprechen.

Die Geräte zur Messung der Nachhallzeit müssen den Anforderungen nach ISO 354 entsprechen.

Anforderungen an die Schallquelle sind in 6.2 und Anhang A angegeben.

ANMERKUNG: Empfehlungen für Zulassungsprüfungen und regelmäßige Konformitätsprüfungen von Schallpegelmessern sind in OIML R 58 [3] und OIML R 88 [4] niedergelegt.

5 Prüfanordnung

Messungen zwischen leeren Räumen mit identischer Form und gleichen Abmessungen sollten vorzugsweise mit Diffusoren in jedem Raum (z. B. Möbel, Leichtbauplattenelemente) durchgeführt werden. Die Fläche eines Diffusors sollte mindestens 1,0 m^2 betragen; gewöhnlich sind drei oder vier Gegenstände ausreichend.

ANMERKUNG: Richtlinien (z. B. als Technischer Bericht) für die Durchführung von Messungen in besonderen Meßsituationen sind in Vorbereitung.

6 Durchführung der Prüfung und Auswertung

6.1 Allgemeines

Messungen der Luftschalldämmung in Gebäuden müssen in Terzbändern durchgeführt werden, es sei denn, daß Messungen in Oktavbändern vereinbart wurden. Die Durchführung von Messungen in Oktavbändern ist in Anhang B festgelegt. Wenn die Ergebnisse in Einzahlangaben umgewandelt werden, sind diese Ergebnisse nicht unmittelbar mit denen aus Messungen in Terzbändern vergleichbar.

6.2 Erzeugung des Schallfeldes im Senderaum

Der im Senderaum erzeugte Schall muß stationär sein und im betrachteten Frequenzbereich ein kontinuierliches Spektrum besitzen. Wenn Filter benutzt werden, müssen sie mindestens Terzbandbreite besitzen. Wenn Breitbandrauschen verwendet wird, darf das Spektrum angepaßt werden, um im Empfangsraum ein ausreichendes Signal-Rausch-Verhältnis bei hohen Frequenzen sicherzustellen (weißes Rauschen sollte verwendet werden). In jedem Fall darf das Schallspektrum im Senderaum zwischen benachbarten Terzbändern keine größeren Schallpegelunterschiede als 6 dB aufweisen.

Die Schalleistung sollte ausreichend hoch sein, damit der Schalldruckpegel im Empfangsraum in jedem Frequenzband mindestens 10 dB höher ist als das Grundgeräusch. Falls dies nicht erfüllt ist, müssen Korrekturen nach 6.6 vorgenommen werden.

Werden mehr als ein Lautsprecher gleichzeitig in einem gemeinsamen Gehäuse als Schallquelle betrieben, so müssen sie gleichphasig betrieben werden oder es muß auf eine andere Weise sichergestellt werden, daß die Anforderungen an gleichmäßige Rundumabstrahlung nach A.1.3 eingehalten werden. Mehrere Schallquellen dürfen gleichzeitig verwendet werden, vorausgesetzt, sie sind von gleicher Bauart und werden durch gleichartige, jedoch unkorrelierte Signale angeregt. Wird eine Einzelschallquelle eingesetzt, ist die Messung an mindestens zwei Standorten der Schallquelle durchzuführen. Bei unterschiedlichen Raumvolumen sollte der Raum mit dem größeren Volumen als Senderaum gewählt werden, wenn die Standard-Schallpegeldifferenz zu ermitteln ist und keine dazu im Widerspruch stehende Verfahrensweise vereinbart wurde. Für die Ermittlung des Bau-Schalldämm-Maßes können die Meßergebnisse nur aus einer Meßrichtung oder aus beiden Richtungen verwendet werden. Dies bedeutet, daß die Lautsprecherpositionen im selben Raum liegen müssen, oder die Messungen müssen in umgekehrter Richtung durch Vertauschen von Sende- und Empfangsraum und mit einer oder mehreren Schallquellenpositionen in jedem Raum wiederholt werden.

Die Lautsprecherbox wird so angeordnet, daß ein möglichst diffuses Schallfeld erzeugt wird und sie einen so großen Abstand von dem Trennbauteil und den flankierenden Elementen hat, daß der Anteil der direkten Schallstrahlung auf diese nicht überwiegt. Die Schallfelder in den Räumen hängen stark vom Typ und vom Standort der Schallquelle ab. Mit den in Anhang A angegebenen Verfahren ist eine Prüfung zur Eignung der Lautsprecher und der Lautsprecherpositionen vorzunehmen.

6.3 Messung des mittleren Schalldruckpegels

6.3.1 Allgemeines

Der mittlere Schalldruckpegel wird entweder mit einem Einzelmikrofon und punktweiser Abtastung auf verschiedenen Positionen, mit einer Anordnung mehrerer feststehender Mikrofone, mit kontinuierlich bewegtem Mikrofon oder mit einem Schwenkmikrofon bestimmt. Die Schalldruckpegel an den unterschiedlichen Mikrofonpositionen müssen für alle Schallquellenpositionen energetisch gemittelt werden [siehe Gleichung (1)].

6.3.2 Mikrofonpositionen

Die folgenden Abstände sind Mindestwerte:

— 0,7 m zwischen Mikrofonpositionen;

— 0,5 m zwischen jeder Mikrofonposition und den Raumbegrenzungen oder Diffusoren;

— 1,0 m zwischen jeder Mikrofonposition und der Schallquelle.

ANMERKUNG: Wenn möglich, sollten größere Abstände verwendet werden.

a) Feste Mikrofonpositionen

Mindestens fünf Mikrofonpositionen müssen verwendet werden; diese müssen gleichmäßig innerhalb des für Messungen zulässigen Bereiches im Raum verteilt sein.

b) Bewegte Mikrofonpositionen

Bei Verwendung eines bewegten Mikrofons muß der Bahnradius mindestens 0,7 m betragen. Die Bahnebene muß gegen die Raumbegrenzungsflächen (Wand, Boden, Decke) um mindestens 10° geneigt sein, um einen großen Anteil des für Messungen zulässigen Raumbereichs zu erfassen. Die Dauer der Bahnperiode darf nicht kleiner als 15 s sein.

6.3.3 Messungen

a) mit einer einzelnen Schallquelle

Die Mindestanzahl der Messungen mit festen Mikrofonpositionen beträgt zehn. (Zum Beispiel eine Messung bei jeder Mikrofonposition, zugeordnet zu jeder Lautsprecherposition.)

Die Mindestanzahl der Messungen mit einem bewegten Mikrofon beträgt zwei. (Zum Beispiel eine Messung mit jeder Lautsprecherposition.)

b) mit mehreren gleichzeitig arbeitenden Schallquellen

Die Mindestanzahl der Messungen mit festen Mikrofonpositionen beträgt fünf. Die Mindestanzahl der Messungen mit einem bewegten Mikrofon beträgt eins.

6.3.4 Mittelungszeit

Die Mittelungszeit muß an jeder einzelnen Mikrofonposition in jedem Frequenzband mit einer Band-Mittenfrequenz unterhalb von 400 Hz mindestens 6 s betragen. Für Bänder mit höheren Band-Mittenfrequenzen darf die Zeit auf 4 s, jedoch nicht darunter, verringert werden. Bei Verwendung eines bewegten Mikrofons muß die Mittelungszeit eine ganze Anzahl von Bahnumläufen erfassen und darf nicht kleiner als 30 s sein.

6.4 Meßfrequenzbereich

Der Schalldruckpegel muß mit Terzfiltern mindestens bei folgenden Mittenfrequenzen in Hertz gemessen werden:

100	125	160	200	250	315
400	500	630	800	1 000	1 250
1 600	2 000	2 500	3 150		

Um Zusatzinformationen zu erlangen und Ergebnisse zu erhalten, die mit denen von Messungen in Prüfständen nach ISO 140-3 verglichen werden können, wird empfohlen, den Meßfrequenzbereich um Terzbänder mit folgenden Mittenfrequenzen in Hertz zu erweitern:

4 000	5 000

Werden Zusatzinformationen im tiefen Frequenzbereich benötigt, werden Terzfilter mit folgenden Mittenfrequenzen in Hertz verwendet:

50	63	80

Zur Durchführung derartiger Zusatzmessungen in tiefen Frequenzbändern wird eine Anleitung in Anhang D gegeben.

6.5 Messung der Nachhallzeit und Berechnung der äquivalenten Schallabsorptionsfläche

Der Korrektionsterm in Gleichung (6), der die äquivalente Schallabsorptionsfläche enthält, wird aus der nach ISO 354 gemessenen Nachhallzeit bestimmt und nach der Sabineschen Formel berechnet:

$$A = \frac{0{,}16\ V}{T} \tag{7}$$

Dabei ist:

A die äquivalente Schallabsorptionsfläche in Quadratmeter;

V das Volumen des Empfangsraumes in Kubikmeter;

T die Nachhallzeit im Empfangsraum in Sekunden.

Nach ISO 354 wird die Ermittlung der Nachhallzeit aus der Abklingkurve etwa 0,1 s nach Abschalten der Schallquelle oder mit einem Schalldruckpegel begonnen, der einige Dezibel geringer ist als der zu Beginn des Abklingens. Der Bereich ist so zu wählen, daß er nicht weniger als 20 dB umfaßt und nicht so lang ist, daß der betrachtete Abklingverlauf nicht mehr durch eine Gerade angenähert werden kann. Die untere Grenze dieses Bereiches muß mindestens 10 dB über dem Fremdgeräuschpegel liegen.

Für jedes Frequenzband werden mindestens sechs Abklingverläufe ausgewertet. Es müssen in jedem Fall mindestens eine Lautsprecher- und drei Mikrofonpositionen mit je zwei Abklingkurven verwendet werden.

Bewegte Mikrofone nach 6.3.2 dürfen benutzt werden, wenn die Bahnumlaufzeit mindestens 30 s beträgt.

6.6 Fremdgeräuschkorrektur

Der Fremdgeräuschpegel wird gemessen, um sicherzustellen, daß die Meßwerte im Empfangsraum nicht durch Störschall, wie z. B. Geräusche außerhalb des Prüfraumes, elektrisches Rauschen im Empfangssystem oder elektrisches Übersprechen zwischen Sende- und Empfangssystemen, beeinflußt werden.

Der Fremdgeräuschpegel muß mindestens 6 dB (und vorzugsweise mehr als 10 dB) unter dem Pegel der Kombination aus Signal und Fremdgeräusch liegen. Ist die Pegeldifferenz geringer als 10 dB, jedoch größer als 6 dB, müssen Korrekturen des Signalpegels nach folgender Gleichung berechnet werden:

$$L = 10 \lg \left(10^{L_{sb}/10\,dB} - 10^{L_b/10\,dB}\right)\ dB \tag{8}$$

Dabei ist:

L der korrigierte Signalpegel, in Dezibel;

L_{sb} der Pegel der Kombination aus Signal und Fremdgeräusch, in Dezibel;

L_b der Fremdgeräuschpegel, in Dezibel.

Ist die Pegeldifferenz in einem der Frequenzbänder kleiner als oder gleich 6 dB, wird der Korrekturwert von 1,3 dB verwendet, entsprechend einer Differenz von 6 dB. In diesem Fall wird D_n, D_{nT} oder R' im Prüfbericht so angegeben, daß deutlich ersichtlich ist, daß die angegebenen Werte die Meßgrenze darstellen [siehe j) in Abschnitt 9].

7 Präzision

Es wird gefordert, daß das Meßverfahren eine zufriedenstellende Wiederholpräzision in Übereinstimmung mit den Anforderungen nach ISO 140-2 ergibt. Diese sollte nach dem in ISO 140-2 angegebenen Verfahren bestimmt und von Zeit zu Zeit geprüft werden, insbesondere dann, wenn eine Änderung im Verfahren oder der gerätetechnischen Ausrüstung vorgenommen wurde.

8 Darstellung der Ergebnisse

Zur Darstellung der Luftschalldämmung zwischen Räumen muß die Norm-Schallpegeldifferenz D_n, die Standard-Schallpegeldifferenz D_{nT} oder das Bau-Schalldämm-Maß R' bei allen Meßfrequenzen auf eine Dezimalstelle hinter dem Komma in tabellarischer und in Kurvenform angegeben werden. Kurven im Prüfbericht müssen die Pegel in Dezibel über der Frequenz in logarithmischem Maßstab zeigen, und folgende Abmessungen müssen verwendet werden:

— 5 mm für eine Terz;

— 20 mm für 10 dB.

Die Vordrucke nach Anhang E werden bevorzugt verwendet. Als Kurzfassung des Prüfberichtes werden alle Informationen von Wichtigkeit, die den Prüfgegenstand, das Prüfverfahren und die Prüfergebnisse betreffen, angegeben.

Werden Oktavwerte für D_n, D_{nT} oder R' aus den Werten in Terzbändern berechnet, müssen die folgenden Gleichungen verwendet werden:

$$D_{n,\,\text{Oktav}} = -10 \lg \left(\sum_{j=1}^{3} \frac{10^{-D_{n,\,\text{Terz},\,j}/10\,\text{dB}}}{3} \right) \text{dB} \qquad (9)$$

$$D_{nT,\,\text{Oktav}} = -10 \lg \left(\sum_{j=1}^{3} \frac{10^{-D_{n,\,\text{Terz},\,j}/10\,\text{dB}}}{3} \right) \text{dB} \qquad (10)$$

$$R'_{\text{Oktav}} = -10 \lg \left(\sum_{j=1}^{3} \frac{10^{-R'_{\text{Terz},\,j}/10\,\text{dB}}}{3} \right) \text{dB} \qquad (11)$$

Wenn das Prüfverfahren für R' entweder in gleicher oder umgekehrter Meßrichtung wiederholt wird, ist der arithmetische Mittelwert aller Meßergebnisse in jedem Frequenzband zu berechnen.

9 Prüfbericht

Der Prüfbericht muß enthalten:

a) Verweisung auf ISO 140-4;

b) Name der Organisation, die die Messungen durchgeführt hat;

c) Name und Adresse der Organisation oder der Person, die den Prüfauftrag gab (Kunde);

d) Prüfdatum;

e) Beschreibung und Lage der Gebäudekonstruktion und der Prüfanordnung;

f) Volumina beider Räume;

g) entweder die Norm-Schallpegeldifferenz D_n oder die Standard-Schallpegeldifferenz D_{nT} zwischen den Räumen oder das Bau-Schalldämm-Maß R' des Trennbauteils als Funktion der Frequenz, je nachdem, welche Angabe angemessen ist;

h) die für die Ermittlung von R' verwendete Fläche S;

i) Kurzbeschreibung von Einzelheiten des Verfahrens und der Meßgeräte;

j) Angabe von Ergebnissen, die als Meßgrenzen anzusehen sind. Sie müssen als D_n, D_{nT} oder $R' \geq \ldots$ dB angegeben werden. Die Angabe muß erfolgen, wenn der Schalldruckpegel in einem Band infolge des Fremdgeräuschpegels (akustisch oder elektrisch, siehe 6.6) nicht meßbar ist;

k) die Flankenübertragung (sofern gemessen (siehe Anhang C)) in der gleichen Form wie R'. Es sollte so deutlich wie möglich angegeben werden, welcher Teil oder welche Teile der übertragenen Schalleistung in der Messung der Flankenübertragung enthalten ist (sind).

Zur Ermittlung der Einzahlangaben aus den Kurven D_n(f), D_{nT}(f) und R'(f) siehe ISO 717-1. Es muß deutlich angegeben werden, daß die Ermittlung auf einem Ergebnis beruht, das in einem Gebäude gewonnen wurde.

Anhang A (normativ)

Eignung und Aufstellung der Schallquelle

A.1 Eignungsprüfung für Lautsprecher und Lautsprecherpositionen relativ zu Mikrofonpositionen

A.1.1 Allgemeines

Ziel dieser Anforderungen ist es, daß das Schallfeld im Senderaum, das von den Mikrofonen abgetastet wird, so diffus wie möglich wird. Die Positionen und die Richtwirkung der Schallquelle müssen es zulassen, daß sich Mikrofonpositionen außerhalb des Direktfeldes der Schallquelle befinden, und sie müssen sicherstellen, daß das Direktfeld von der Schallquelle an der Oberfläche der Wände, Fußböden und Decken, die zur Schallübertragung beitragen, nicht überwiegt.

Anforderungen an die Abstrahleigenschaften der Schallquelle hängen von den Abmessungen des Senderaumes ab. Es muß mindestens die Anforderung für Abstände nach 6.3.2 erfüllt sein, wenn eine Schallquelle verwendet wird, die die Anforderungen an gleichmäßige ungerichtete Strahlung nach A.1.3 erfüllt.

A.1.2 Lautsprecherpositionen bezogen auf Mikrofonpositionen

Es muß sichergestellt sein, daß sich die Mikrofonpositionen außerhalb des direkten Schallfeldes der Schallquelle befinden. Jede feste Mikrofonposition muß außerhalb des Bereiches liegen, in dem sich die Pegel mit zunehmendem Abstand von der Schallquelle deutlich verringern.

Wenn eine Schallquelle mit ungerichteter Abstrahlung verwendet wird, darf der Abstand zu einem Mikrofon nicht geringer als 1 m sein (siehe 6.3.2).

Bei einem bewegten Mikrofon darf keine signifikante Pegelerhöhung auftreten, wenn die Bahn in der Nähe der Schallquelle verläuft.

A.1.3 Prüfverfahren für die Richtwirkung der Lautsprecherabstrahlung

An allen Schallquellenpositionen im freien Raum sollten Lautsprecher verwendet werden, deren Lautsprechersysteme in einem geschlossenen Gehäuse eingebaut sind. Alle Lautsprechersysteme in demselben Gehäuse müssen gleichphasig abstrahlen.

Auf den Oberflächen eines Polyeders, vorzugsweise eines Dodekaeders, eingebaute Lautsprechersysteme führen zu einer ausreichenden Annäherung an eine gleichmäßige ungerichtete Abstrahlung. Auch mit einem halbkugelförmigen Polyeder-Lautsprecher (direkt auf dem Fußboden aufgebaut) ist eine ungerichtete Abstrahlung in den Raum erreichbar. In diesem Fall werden die vertikalen Messungen vom unteren Raum zum oberen Raum durchgeführt.

Eine Überprüfung der Richtcharakteristik kann durch Messen der Schalldruckpegel um die Schallquelle in einem Abstand von etwa 1,5 m in einem freien Schallfeld erfolgen. Die Schallquelle muß mit einem Rauschsignal gespeist und die Messungen müssen in Terzbändern durchgeführt werden. Es sind die Pegeldifferenzen zwischen dem Energiemittelwert für den Winkelbereich von 360° (L_{360}) und den „gleitenden“ Mittelwerten aller Winkelintervalle von 30° ($L_{30,\,i}$) zu bestimmen. Die Richtwirkungsmaße sind:

$$DI_i = L_{360} - L_{30,\,i}$$

Gleichmäßige ungerichtete Strahlung kann angenommen werden, wenn die DI-Werte im Frequenzbereich von 100 Hz bis 630 Hz innerhalb der Grenzen von ±2 dB liegen. Im Bereich von 630 Hz bis 1 000 Hz erhöhen sich die Grenzen linear von ±2 dB auf ±8 dB. Für Frequenzen von 1 000 Hz bis 5 000 Hz sind es ±8 dB. Die Prüfung sollte in unterschiedlichen Ebenen durchgeführt werden, um den „ungünstigsten Fall“ zuverlässig zu erfassen. Bei Polyedern ist die Prüfung in nur einer Ebene ausreichend.

A.2 Anleitung für die Auswahl optimaler Schallquellenpositionen

Die Eignung von Schallquellenpositionen hängt auch von der Abstrahlcharakteristik des Lautsprechers sowie von den Mikrofonpositionen (oder bei bewegten Mikrofonen der Mikrofonbahn) ab.

Der Abstand zwischen unterschiedlichen Lautsprecherpositionen darf nicht geringer als 0,7 m sein.

Mindestens zwei Positionen müssen wenigstens 1,4 m voneinander entfernt sein.

Der Abstand zwischen den Raumbegrenzungen und dem Mittelpunkt der Schallquelle darf nicht geringer als 0,5 m sein. Kleine Unregelmäßigkeiten der Raumbegrenzungen dürfen vernachlässigt werden.

In denselben Ebenen parallel zu den Raumbegrenzungen dürfen sich nicht mehrere Lautsprecherpositionen befinden.

Abweichend von den oben genannten Anforderungen bezüglich des Abstandes zwischen Raumbegrenzungen und der Quelle ist es insbesondere in kleinen Räumen für die praktische Durchführung der Messungen häufig von Vorteil, Lautsprecher an Positionen in den Ecken des Senderaumes zu verwenden. Besonders ist auf den möglichen Einfluß der Flankenübertragung und auf die unerwünschte Zunahme von Schallpegelschwankungen im Senderaum zu achten.

Anhang B (normativ)

Verfahren zur Messung der Schalldämmung in Oktavbändern

B.1 Allgemeines

Für die Messungen der Luftschalldämmung zwischen Räumen in Gebäuden wird in dieser Norm das Verfahren für die Messung in Terzbändern festgelegt. Wenn jedoch Messungen in Oktavbändern durchgeführt werden sollen, muß dieser Anhang benutzt werden.

B.2 Erzeugung des Schallfeldes im Senderaum

Der im Senderaum erzeugte Schall sollte konstant sein und ein gleichmäßiges Spektrum aufweisen. Dies ist durch Messung der Schalleistungspegel der Schallquelle in Terzbändern in einem Hallraum zu prüfen. Die Unterschiede zwischen den Schalleistungspegeln in Terzbändern, die zu einem Oktavband gehören, darf im Oktavband von 125 Hz nicht größer als 6 dB, im Band von 250 Hz nicht größer als 5 dB und in den Bändern höherer Mittenfrequenzen nicht größer als 4 dB sein.

Es müssen Filter mit mindestens Oktavbandbreite verwendet werden. Bei Breitbandrauschen darf das Rauschspektrum modifiziert werden, um im Empfangsraum einen ausreichenden Signal-Stör-Abstand bei hohen Frequenzen sicherzustellen.

Weitere Anforderungen an die Schallquelle entsprechen denen von 6.2.

B.3 Messung des mittleren Schalldruckpegels

Einzelheiten der Meßverfahren, wie Mikrofonpositionen oder Umlaufbahnen von Mikrofonen, Mittelungszeiten und räumliche Mittelungsverfahren, sind dieselben wie die in 6.3 festgelegten.

B.4 Interessierender Frequenzbereich

Der Schalldruckpegel muß mit Oktavfiltern mit mindestens den folgenden Mittenfrequenzen, in Hertz, gemessen werden:

125	250	500	1 000	2 000

Es wird empfohlen, den Frequenzbereich der Messung um das Oktavfilterband von 4 000 Hz zu erweitern, um Zusatzinformationen und Ergebnisse zu erhalten, die mit denen von Messungen in Prüfständen nach ISO 140-3 verglichen werden können. Werden Zusatzinformationen im tiefen Frequenzbereich benötigt, sollte ein Oktavfilter mit der Mittenfrequenz von 63 Hz verwendet werden. Werden derartige Zusatzmessungen in dem unteren Frequenzband durchgeführt, sollte die Anleitung in Anhang D befolgt werden.

B.5 Messung der Nachhallzeit und Berechnung der äquivalenten Schallabsorptionsfläche

Wie in 6.5 beschrieben.

B.6 Fremdgeräuschkorrektur

Wie in 6.6 beschrieben.

B.7 Präzision

Wie in Abschnitt 7 beschrieben.

B.8 Darstellung der Ergebnisse

Zur Darstellung der Luftschalldämmung zwischen Räumen muß die Norm-Schallpegeldifferenz D_n, die Standard-Schallpegeldifferenz D_{nT} oder das Bau-Schall-dämm-Maß R' bei allen Meßfrequenzen auf eine Dezimalstelle hinter dem Komma in tabellarischer und in Kurvenform angegeben werden. Kurven im Prüfbericht müssen die Pegel in Dezibel über der Frequenz in logarithmischem Maßstab zeigen, und folgende Maße müssen verwendet werden:

— 15 mm für eine Oktave;

— 20 mm für 10 dB.

Wenn das Prüfverfahren für R' entweder in gleicher oder in umgekehrter Meßrichtung wiederholt wird, muß der arithmetische Mittelwert aller Meßergebnisse in jedem Frequenzband berechnet werden.

Anhang C (informativ)

Messung der Flankenübertragung

Es kann davon ausgegangen werden, daß die in den Empfangsraum übertragene Schalleistung aus der Summe folgender Komponenten besteht:

W_{Dd} die Schalleistung, die direkt von der Trennwand aufgenommen worden ist und von ihr direkt abgestrahlt wird;

W_{Df} die Schalleistung, die direkt von der Trennwand aufgenommen worden ist, jedoch von flankierenden Bauwerksteilen abgestrahlt wird;

W_{Fd} die Schalleistung, die von flankierenden Bauwerksteilen aufgenommen worden ist und von der Trennwand direkt abgestrahlt wird;

W_{Ff} die Schalleistung, die von flankierenden Bauwerksteilen aufgenommen worden ist und von ihnen abgestrahlt wird;

W_{Leck} die Schalleistung, die durch Undichtigkeiten, Lüftungskanäle usw. (als Luftschall) übertragen wird.

Wenn die Flankenübertragung untersucht werden muß, kann dies auf einem der folgenden Wege durchgeführt werden:

a) Durch Abdecken des Trennbauteils auf beiden Seiten mit zusätzlichen biegeweichen Schichten, z. B. 13-mm-Gipsplatten auf einem separaten Rahmen in einem Abstand, der zu einer Resonanzfrequenz des Systems Schicht-Luftraum führt, die weit unterhalb des interessierenden Frequenzbereiches liegt. Der Luftraum sollte mit schallabsorbierendem Material gefüllt sein. Mit dieser Messung werden W_{Dd}, W_{Df} und W_{Fd} unterdrückt, und das gemessene Bau-Schalldämm-Maß wird durch W_{Ff} bestimmt. Zusätzliche biegeweiche Schichten, die spezielle flankierende Oberflächen abdecken, erlauben die Identifikation der Hauptflankenwege.

b) Durch Messen der mittleren Schnellepegel auf dem Trennbauteil und auf den flankierenden Oberflächen im Empfangsraum. Der mittlere Oberflächenschnellepegel L_v des Trennbauteils ist gegeben durch:

$$L_v = 10 \lg \left(\frac{v_1^2 + v_2^2 + \ldots + v_n^2}{n \cdot v_0^2} \right) \text{dB} \qquad \text{(C.1)}$$

Dabei ist:

$v_1, v_2, \ldots, v_n$ die Effektivwerte der zur Oberfläche senkrechten Komponenten der Oberflächenschnelle an n unterschiedlichen Positionen des Trennbauteils;

v_0 die Bezugsschnelle[1] ($v_0 = 10^{-9}$ m/s).

ANMERKUNG 1: In der Bauakustik ist auch die Bezugsschnelle von 5×10^{-8} m/s in Gebrauch. Deshalb sollte die in Gleichung (C.1) verwendete Bezugsschnelle immer angegeben werden.

Der verwendete Schwingungsaufnehmer sollte fest an der Oberfläche befestigt werden, und seine Masseimpedanz sollte gegenüber der Punktimpedanz der Oberfläche ausreichend gering sein.

Wenn die Koinzidenz-Grenzfrequenz (niedrigste Koinzidenzfrequenz bei Schalleinstrahlung von 90°) des Trennbauteils oder der flankierenden Teile verglichen mit dem interessierenden Frequenzbereich tief ist, kann die von einem speziellen Element k mit der Fläche S_k in den Empfangsraum abgestrahlte Leistung W_k abgeschätzt werden durch:

$$W_k = \varrho c S_k \, \overline{v_k^2} \, \sigma_k \qquad \text{(C.2)}$$

Dabei ist:

$\overline{v_k^2}$ der räumliche Mittelwert des mittleren Quadrates der senkrechten Komponente der Oberflächenschnelle;

σ_k der Abstrahlgrad, ein Zahlenwert von etwa 1 oberhalb der Koinzidenz-Grenzfrequenz;

ϱc die Kennimpedanz von Luft.

Wird z. B. die von den flankierenden Bauteilen abgestrahlte Leistung auf diese Weise bestimmt, kann die Messung für die Berechnung des Bau-Schalldämm-Maßes verwendet werden:

$$R'_{Df+Ff} = 10 \lg \left(\frac{W_1}{W_{Df} + W_{Ff}} \right) \text{dB} \qquad \text{(C.3)}$$

ANMERKUNG 2: Die Flankenübertragung kann unter Verwendung des Intensitätsmeßverfahrens direkt gemessen werden, wenn verschiedene spezielle Bedingungen zur Erzielung zuverlässiger Ergebnisse mit diesem Verfahren erfüllt werden. Solange keine Verweisung auf eine Norm für dieses Verfahren möglich ist, sollte dies im Prüfbericht angegeben werden.

[1] Siehe ISO 1683 : 1983

Anhang D (informativ)

Anleitung für Messungen in den unteren Frequenzbändern

D.1 Allgemeines

In den unteren Frequenzbändern (im allgemeinen unterhalb etwa 400 Hz und speziell unterhalb von 100 Hz) können die Bedingungen eines diffusen Schallfeldes in den Prüfräumen nicht erwartet werden, speziell dann nicht, wenn die Raumvolumina nur 50 m^3 oder sogar weniger betragen. Die allgemeine Anforderung, daß die Raumabmessungen mindestens eine Wellenlänge betragen sollten, kann für die tiefsten Bänder nicht erfüllt werden. Die kleine Anzahl der Eigenfrequenzen des Raumes in den Frequenzbändern sind der Grund für die Ausbildung stehender Wellen im gesamten Raum.

Die Erregung der Eigenschwingungen des Raumes ist stark von den Schallquellenorten abhängig. Das Schalldämm-Maß ändert sich, je nachdem, welche Eigenschwingungen des Raumes angeregt werden. Selbst wenn die Wiederholpräzision bei tiefen Frequenzen nicht schlecht ist, kann die Vergleichspräzision sehr schlecht sein.

Um die Streuung der Meßergebnisse zu verringern, ist zusätzlicher Aufwand hinsichtlich der Anregung und der Abtastung des Schallfeldes in den Räumen und bezüglich der speziellen Anforderungen, denen die Räume zu genügen haben, notwendig.

In Räumen mit kleinem Volumen und ungünstigen Maßen ist es nicht immer möglich, zuverlässige Ergebnisse von Messungen bei tiefen Frequenzen zu erhalten. Es sollte mindestens eine Raumabmessung einer Wellenlänge und eine weitere mindestens einer halben Wellenlänge der tiefsten Bandmittenfrequenz entsprechen, und es sollte Raum vorhanden sein, die Schallquelle und die Mikrofone nach den Anforderungen zu positionieren.

D.2 Mindestabstände

Zu den Raumbegrenzungen hin wird unterhalb eines Abstandes von etwa einem Viertel einer Wellenlänge eine starke Schalldruckpegelerhöhung gemessen. Die Mindestabstände (siehe 6.3.2) sind linear zu erhöhen und für Messungen im 50-Hz-Band zu verdoppeln. Für den Abstand zwischen den Mikrofonpositionen und den Raumbegrenzungen sollten etwa 1,2 m die untere Grenze sein. Dies gilt auch für die Abstände zwischen Mikrofonpositionen und der Oberfläche des Trennbauteils.

D.3 Abtastung des Schallfeldes

Zur Erzielung eines zuverlässigen räumlichen Mittelwertes der Schalldruckpegel muß die Anzahl der Mikrofonpositionen erhöht werden. Die Mikrofonpositionen sollten gleichmäßig über das zulässige Raumvolumen verteilt werden. Bei Verwendung eines bewegten Mikrofons sollten alle Teile des zulässigen Raumvolumens gleichmäßig abgetastet werden. Bei sehr tiefen Frequenzen, bei denen die Raummaße in den Bereich einer halben Wellenlänge gelangen, findet man extrem niedrige Schalldruckwerte im Mittelteil des Raumes. Deshalb müssen auch außerhalb dieses Bereiches geeignete Mikrofonpositionen angeordnet werden.

D.4 Lautsprecherpositionen

Mangelnde Diffusität in kleinen Räumen bei Messungen bei tiefen Frequenzen kann teilweise durch das Anregen verschiedener Schallfelder nacheinander und Mittelwertbildung der Ergebnisse kompensiert werden. Deshalb muß die Anzahl der Lautsprecherpositionen erhöht werden, die Mindestanzahl sollte drei sein.

D.5 Mittelungszeit

Infolge der geringeren Bandbreite der Filter und der geringen Überlappung der Moden sollten die Mittelungszeiten für Messungen im 50-Hz-Band auf mindestens 15 s erhöht werden (etwa das Dreifache verglichen mit den Anforderungen an Messungen bei 100 Hz). Bei Verwendung eines bewegten Mikrofons sollte die Mittelungszeit mindestens 60 s betragen.

D.6 Nachhallzeit

Bei sehr tiefen Frequenzen neigen Prüfräume zu sehr langen Nachhallzeiten. Dies muß durch Verbesserung der Überlappung der Moden vermieden werden, um die Dominanz einzelner Eigenschwingungen im Raum zu verringern. Absorber sollten im Raum gut verteilt sein.

Anhang E (informativ)

Vordrucke für die Darstellung der Ergebnisse

Dieser Anhang zeigt Beispiele für die Darstellung der Prüfergebnisse von Messungen der Luftschalldämmung zwischen Räumen in Gebäuden (in Terz- und Oktavbändern).

Die Bezugskurven in den Diagrammvorlagen sind ISO 717-1 entnommen. Die neueste Fassung dieser Norm wird angewendet. Die Darstellung sollte ergänzt oder zumindest durch die verschobenen Bezugskurven entsprechend dem in ISO 717-1 festgelegten Verfahren ersetzt werden.

Norm-Schallpegeldifferenz nach ISO 140-4

Messung der Luftschalldämmung zwischen Räumen in Gebäuden

Auftraggeber: Prüfdatum:

Beschreibung von Aufbau und Lage des Trennbauteils und der Prüfanordnung, Meßrichtung:

Volumen des Senderaumes: m^3

Volumen des Empfangsraumes: m^3

Frequenz f Hz	D_n Terz dB
50	
63	
80	
100	
125	
160	
200	
250	
315	
400	
500	
630	
800	
1 000	
1 250	
1 600	
2 000	
2 500	
3 150	
4 000	
5 000	

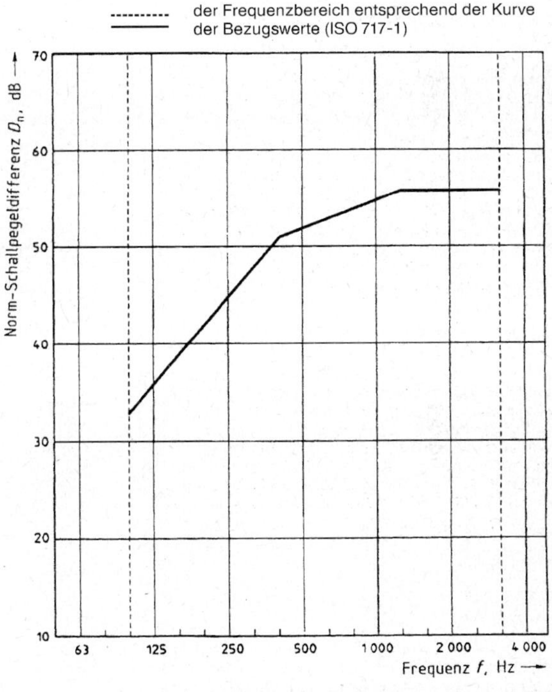

Bewertung nach ISO 717-1:

$D_{n,w}(C; C_{tr})$ = (;) dB

$C_{50\text{-}3150}$ = dB; $C_{50\text{-}5000}$ = dB; $C_{100\text{-}5000}$ = dB

$C_{tr\ 50\text{-}3150}$ = dB; $C_{tr\ 50\text{-}5000}$ = dB; $C_{tr\ 100\text{-}5000}$ = dB

Die Ermittlung basiert auf Gebäude-Messungen, die in Terzbändern gewonnen wurden.

Nr. des Prüfberichtes: Name des Prüfinstituts:

Datum: Unterschrift:

Norm-Schallpegeldifferenz nach ISO 140-4

Messung der Luftschalldämmung zwischen Räumen in Gebäuden

Auftraggeber: Prüfdatum:

Beschreibung von Aufbau und Lage des Trennbauteils und der Prüfanordnung,

Meßrichtung:

Volumen des Senderaumes: m^3

Volumen des Empfangsraumes: m^3

Frequenz f Hz	D_n Oktav dB
63	
125	
250	
500	
1 000	
2 000	
4 000	

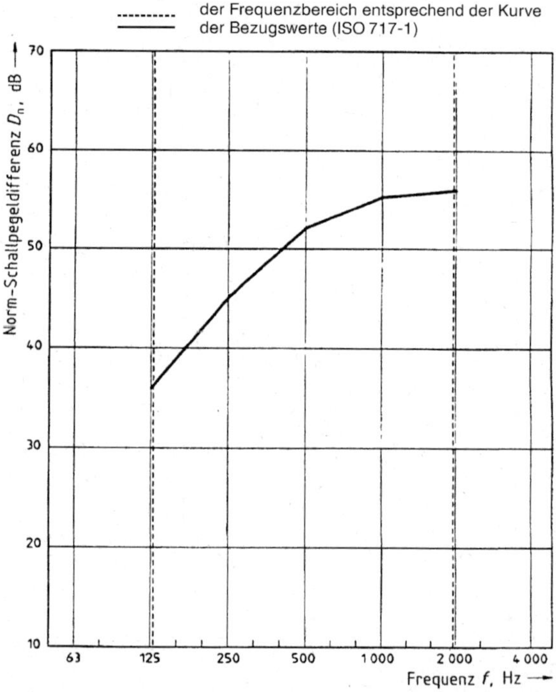

Bewertung nach ISO 717-1:

$D_{n,w}(C; C_{tr})$ = (;) dB $C_{63-2000}$ = dB; $C_{63-4000}$ = dB; $C_{125-4000}$ = dB

Die Ermittlung basiert auf Gebäude-Messungen, die in Oktavbändern gewonnen wurden. $C_{tr\ 63-2000}$ = dB; $C_{tr\ 63-4000}$ = dB; $C_{tr\ 125-4000}$ = dB

Nr. des Prüfberichtes: Name des Prüfinstituts:

Datum: Unterschrift:

Standard-Schallpegeldifferenz nach ISO 140-4

Messung der Luftschalldämmung zwischen Räumen in Gebäuden

Auftraggeber: Prüfdatum:

Beschreibung von Aufbau und Lage des Trennbauteils und der Prüfanordnung, Meßrichtung:

Volumen des Senderaumes: m^3

Volumen des Empfangsraumes: m^3

Frequenz f Hz	D_{nT} Terz dB
50	
63	
80	
100	
125	
160	
200	
250	
315	
400	
500	
630	
800	
1 000	
1 250	
1 600	
2 000	
2 500	
3 150	
4 000	
5 000	

---------- der Frequenzbereich entsprechend der Kurve
———— der Bezugswerte (ISO 717-1)

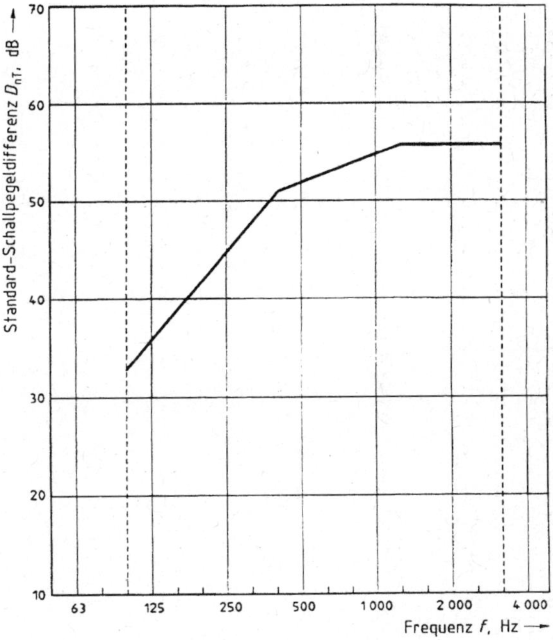

Bewertung nach ISO 717-1:

$D_{nT,w}(C; C_{tr})$ = (;) dB $C_{50\text{-}3150}$ = dB; $C_{50\text{-}5000}$ = dB; $C_{100\text{-}5000}$ = dB

Die Ermittlung basiert auf Gebäude-Messungen, die in Terzbändern gewonnen wurden. $C_{tr\ 50\text{-}3150}$ = dB; $C_{tr\ 50\text{-}5000}$ = dB; $C_{tr\ 100\text{-}5000}$ = dB

Nr. des Prüfberichtes: Name des Prüfinstituts:

Datum: Unterschrift:

Standard-Schallpegeldifferenz nach ISO 140-4

Messung der Luftschalldämmung zwischen Räumen in Gebäuden

Auftraggeber: Prüfdatum:

Beschreibung von Aufbau und Lage des Trennbauteils und der Prüfanordnung,
Meßrichtung:

Volumen des Senderaumes: m^3

Volumen des Empfangsraumes: m^3

Frequenz f Hz	D_{nT} Oktav dB
63	
125	
250	
500	
1 000	
2 000	
4 000	

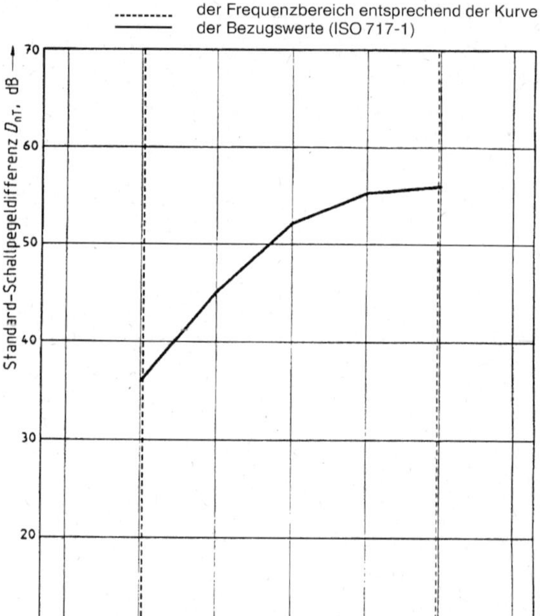

Bewertung nach ISO 717-1:

$D_{nT,w}(C; C_{tr})$ = (;) dB $C_{63\text{-}2000}$ = dB; $C_{63\text{-}4000}$ = dB; $C_{125\text{-}4000}$ = dB

Die Ermittlung basiert auf Gebäude-Messungen, die in Oktavbändern gewonnen wurden. $C_{tr\ 63\text{-}2000}$ = dB; $C_{tr\ 63\text{-}4000}$ = dB; $C_{tr\ 125\text{-}4000}$ = dB

Nr. des Prüfberichtes: Name des Prüfinstituts:

Datum: Unterschrift:

Bau-Schalldämm-Maß nach ISO 140-4

Messung der Luftschalldämmung zwischen Räumen in Gebäuden

Auftraggeber: Prüfdatum:

Beschreibung von Aufbau und Lage des Trennbauteils und der Prüfanordnung,
Meßrichtung:

Fläche S des Trennbauteils: m^2
Volumen des Senderaumes: m^3
Volumen des Empfangsraumes: m^3

Frequenz f Hz	R' Terz dB
50 63 80	
100 125 160	
200 250 315	
400 500 630	
800 1 000 1 250	
1 600 2 000 2 500	
3 150 4 000 5 000	

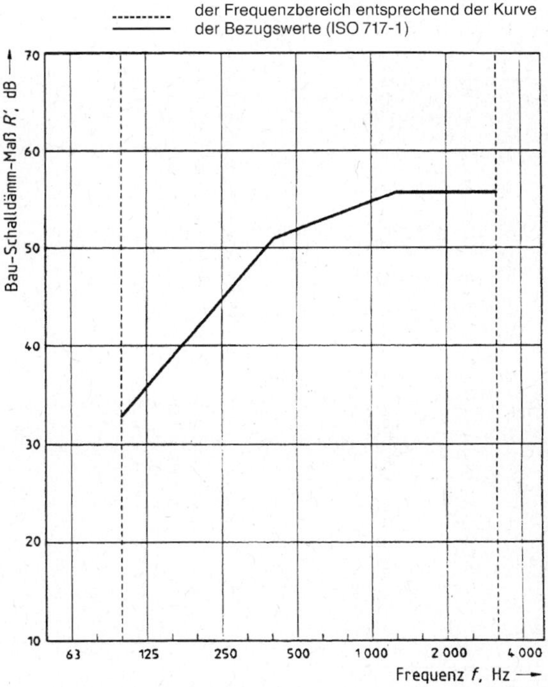

Bewertung nach ISO 717-1:

$R'_w(C; C_{tr})$ = (;) dB $C_{50\text{-}3150}$ = dB; $C_{50\text{-}5000}$ = dB; $C_{100\text{-}5000}$ = dB

Die Ermittlung basiert auf Gebäude-Messungen, die in Terzbändern gewonnen wurden. $C_{tr,\,50\text{-}3150}$ = dB; $C_{tr,\,50\text{-}5000}$ = dB; $C_{tr,\,100\text{-}5000}$ = dB

Nr. des Prüfberichtes: Name des Prüfinstituts:

Datum: Unterschrift:

Bau-Schalldämm-Maß nach ISO 140-4

Messung der Luftschalldämmung zwischen Räumen in Gebäuden

Auftraggeber: Prüfdatum:

Beschreibung von Aufbau und Lage des Trennbauteils und der Prüfanordnung,

Meßrichtung:

Fläche S des Trennbauteils: m^2

Volumen des Senderaumes: m^3

Volumen des Empfangraumes: m^3

Frequenz f Hz	R' Oktav dB
63	
125	
250	
500	
1 000	
2 000	
4 000	

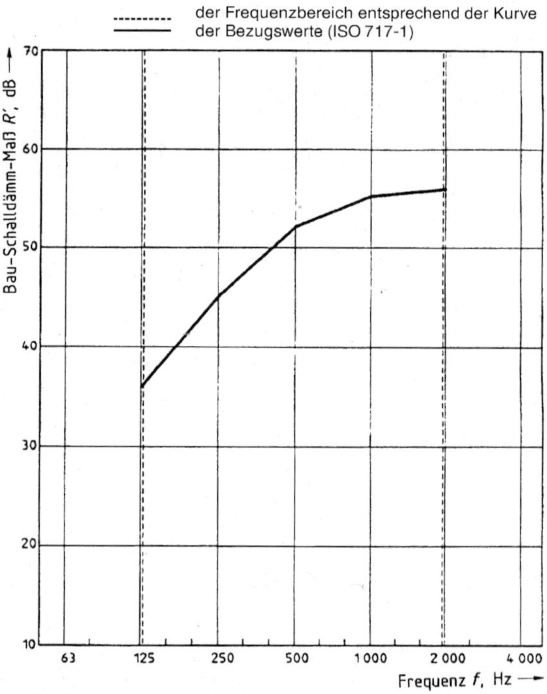

Bewertung nach ISO 717-1:

$R'_w(C; C_{tr})$ = (;) dB $C_{63\text{-}2000}$ = dB; $C_{63\text{-}4000}$ = dB; $C_{125\text{-}4000}$ = dB

Die Ermittlung basiert auf Gebäude-Messungen, die in Oktavbändern gewonnen wurden. $C_{tr\ 63\text{-}2000}$ = dB; $C_{tr\ 63\text{-}4000}$ = dB; $C_{tr\ 125\text{-}4000}$ = dB

Nr. des Prüfberichtes: Name des Prüfinstituts:

Datum: Unterschrift:

Anhang F (informativ)

Literaturhinweise

[1] ISO 140-5 : 1998 Acoustics — Measurement of sound insulation in buildings and of building elements — Part 5: Field measurements of airborne sound insulation of facade elements and facades

[2] ISO 1683 : 1983 Acoustics — Preferred reference quantities for acoustics levels

[3] OIML R 58 : 1984 Sound level meter[2)]

[4] OIML R 88 : 1989 Integrating-averaging sound level meters[2)]

Anhang ZA (normativ)

Normative Verweisungen auf internationale Publikationen mit ihren entsprechenden europäischen Publikationen

Diese Europäische Norm enthält durch datierte oder undatierte Verweisungen Festlegungen aus anderen Publikationen. Diese normativen Verweisungen sind an den jeweiligen Stellen im Text zitiert, und die Publikationen sind nachstehend aufgeführt. Bei datierten Verweisungen gehören spätere Änderungen oder Überarbeitungen dieser Publikationen nur zu dieser Europäischen Norm, falls sie durch Änderung oder Überarbeitung eingearbeitet sind. Bei undatierten Verweisungen gilt die letzte Ausgabe der in Bezug genommenen Publikation.

Publikation	Jahr	Titel	EN	Jahr
ISO 140-2	1991	Acoustics — Measurement of sound insulation in buildings and of building elements — Part 2: Determination, verification and application of precision data	EN 20140-2	1993
ISO 140-3	1995	Acoustics — Measurement of sound insulation in buildings and of building elements — Part 3: Laboratory measurements of airborne sound insulation of building elements	EN ISO 140-3	1995
ISO 354	1985	Acoustics — Measurement of sound absorption in a reverberation room	EN ISO 354	1993
ISO 717-1	1996	Acoustics — Rating of sound insulation in buildings and of building elements — Part 1: Airborne sound insulation	EN ISO 717-1	1996

2) Diese Dokumente können bezogen werden von: Organisation internationale de métrologie légale, 11 rue Turgot, 75009 Paris, France

Dezember 1998

	Akustik **Messung der Schalldämmung in Gebäuden und von Bauteilen** Teil 5: Messung der Luftschalldämmung von Fassadenelementen und Fassaden an Gebäuden (ISO 140-5 : 1998) Deutsche Fassung EN ISO 140-5 : 1998	**DIN** **EN ISO 140-5**

ICS 91.120.20

Ersatz für
DIN 52210-5 : 1985-07

Deskriptoren: Luftschalldämmung, Gebäude, Schalldämmung, Messung, Fassade

Acoustics —
Measurement of sound insulation in buildings and of building elements —
Part 5: Field measurement of airborne sound insulation of facade elements and facades (ISO 140-5 : 1998);
German version EN ISO 140-5 : 1998

Acoustique —
Mesurage de l'isolation acoustique des immeubles et des éléments de construction —
Partie 5: Mesurages in situ de la transmission des bruits aériens par les éléments de façade et les façades (ISO 140-5 : 1998);
Version allemande EN ISO 140-5 : 1998

Die Europäische Norm EN ISO 140-5 : 1998 hat den Status einer Deutschen Norm.

Nationales Vorwort

Die Internationale Norm ISO 140-5 ist im Komitee ISO/TC 43/SC 2 „Bauakustik" in Abstimmung mit dem Europäischen Komitee CEN/TC 126 „Akustische Eigenschaften von Baustoffen und Bauteilen und von Gebäuden" unter intensiver deutscher Mitarbeit erarbeitet worden. Für die deutsche Mitarbeit ist der Arbeitsausschuß NMP 231 „Schalldämmung und Schallabsorption, Messung und Bewertung" des Normenausschusses Materialprüfung (NMP) verantwortlich.

Abweichend von der Benennung in DIN EN 20140-3, die sich nur auf Messungen im Prüfstand bezieht, wird in diesem Teil von DIN EN ISO 140 für R' die Benennung „Bau-Schalldämm-Maß" verwendet.

Für die im Inhalt zitierten Internationalen Normen wird im folgenden auf die entsprechenden Deutschen Normen hingewiesen:

ISO 140-2	siehe DIN EN 20140-2
ISO 140-3	siehe DIN EN 20140-3
ISO 140-10	siehe DIN EN 20140-10
ISO 354	siehe DIN EN 20354
ISO 5725-1	siehe DIN ISO 5725-1
ISO 717-1	siehe DIN EN ISO 717-1
IEC 61260	siehe DIN EN 61260
IEC 60651	siehe DIN EN 60651
IEC 60804	siehe DIN EN 60804
IEC 60942	siehe DIN EN 60942

Änderungen

Gegenüber DIN 52210-5 : 1985-07 wurden folgende Änderungen vorgenommen:
— Inhalt vollständig überarbeitet.

Frühere Ausgaben

DIN 52210-5: 1976-10, 1985-07

Fortsetzung Seite 2
und 15 Seiten EN

Normenausschuß Materialprüfung (NMP) im DIN Deutsches Institut für Normung e.V.
Normenausschuß Bauwesen (NABau) im DIN
Normenausschuß Akustik, Lärmminderung und Schwingungstechnik (NALS) im DIN und VDI

Nationaler Anhang NA (informativ)

Literaturhinweise

DIN EN 20140-2
Akustik — Messung der Schalldämmung in Gebäuden und von Bauteilen — Teil 2: Angaben von Genauigkeitsanforderungen (ISO 140-2 : 1991); Deutsche Fassung EN 20140-2 : 1993

DIN EN 20140-3
Akustik — Messung der Schalldämmung in Gebäuden und von Bauteilen — Teil 3: Messung der Luftschalldämmung von Bauteilen in Prüfständen (ISO 140-3 : 1995); Deutsche Fassung EN 20140-3 : 1995

DIN EN 20140-10
Akustik — Messung der Schalldämmung in Gebäuden und von Bauteilen — Teil 10: Messung der Luftschalldämmung kleiner Bauteile in Prüfständen; Deutsche Fassung EN 20140 : 1992

DIN EN 20354
Akustik — Messung der Schallabsorption im Hallraum (ISO 354 : 1985); Deutsche Fassung EN 20354 : 1993

DIN EN 60651
Schallpegelmesser (IEC 60651 : 1979 + A1 : 1993); Deutsche Fassung EN 60651 : 1994 + A1 : 1994

DIN EN 60804
Integrierende mittelwertbildende Schallpegelmesser (IEC 60804 : 1985 + A1 : 1989 und A2 : 1993); Deutsche Fassung EN 60804 : 1994 + A2 : 1994

DIN EN 60942
Elektroakustik — Schallkalibratoren (IEC 60942 : 1997) Deutsche Fassung EN 60942 : 1998

DIN EN 61260
Elektroakustik — Bandfilter für Oktaven und Bruchteile von Oktaven (IEC 61260 : 1997), Deutsche Fassung EN 61260 : 1995

DIN EN ISO 717-1
Akustik — Bewertung der Schalldämmung in Gebäuden und von Bauteilen — Teil 1: Luftschalldämmung (ISO 717-1 : 1996); Deutsche Fassung EN ISO 717-1 : 1996

DIN ISO 5725-1
Genauigkeit (Richtigkeit und Präzision) von Meßverfahren und Meßergebnissen — Allgemeine Grundlagen und Begriffe (ISO 5725-1 : 1994)

EUROPÄISCHE NORM
EUROPEAN STANDARD
NORME EUROPÉENNE

EN ISO 140-5

August 1998

ICS 91.120.20

Deskriptoren:

Deutsche Fassung

Akustik

Messung der Schalldämmung in Gebäuden und von Bauteilen

Teil 5: Messung der Luftschalldämmung von Fassadenelementen und Fassaden an Gebäuden (ISO 140-5 : 1998)

Acoustics — Measurement of sound insulation in buildings and of building elements — Part 5: Field measurement of airborne sound insulation of facade elements and facades (ISO 140-5 : 1998)

Acoustique — Mesurage de l'isolation acoustique des immeubles et des éléments de construction — Partie 5: Mesurages in situ de la transmission des bruits aériens par les éléments de façade et les façades (ISO 140-5 : 1998)

Diese Europäische Norm wurde von CEN am 14. August 1998 angenommen.

Die CEN-Mitglieder sind gehalten, die CEN/CENELEC-Geschäftsordnung zu erfüllen, in der die Bedingungen festgelegt sind, unter denen dieser Europäischen Norm ohne jede Änderung der Status einer nationalen Norm zu geben ist.

Auf dem letzten Stand befindliche Listen dieser nationalen Normen mit ihren bibliographischen Angaben sind beim Zentralsekretariat oder bei jedem CEN-Mitglied auf Anfrage erhältlich.

Diese Europäische Norm besteht in drei offiziellen Fassungen (Deutsch, Englisch, Französisch). Eine Fassung in einer anderen Sprache, die von einem CEN-Mitglied in eigener Verantwortung durch Übersetzung in seine Landessprache gemacht und dem Zentralsekretariat mitgeteilt worden ist, hat den gleichen Status wie die offiziellen Fassungen.

CEN-Mitglieder sind die nationalen Normungsinstitute von Belgien, Dänemark, Deutschland, Finnland, Frankreich, Griechenland, Irland, Island, Italien, Luxemburg, Niederlande, Norwegen, Österreich, Portugal, Schweden, Schweiz, Spanien, der Tschechischen Republik und dem Vereinigten Königreich.

EUROPÄISCHES KOMITEE FÜR NORMUNG
European Committee for Standardization
Comité Européen de Normalisation

Zentralsekretariat: rue de Stassart 36, B-1050 Brüssel

Ref. Nr. EN ISO 140-5 : 1998 D

Vorwort

Der Text der Internationalen Norm ISO 140-5 : 1998 wurde vom Technischen Komitee ISO/TC 43 „Acoustics" in Zusammenarbeit mit CEN/TC 126 „Akustische Eigenschaften von Baustoffen und Bauteilen und von Gebäuden" erarbeitet, dessen Sekretariat von AFNOR gehalten wird.

ISO 140 „Akustik — Messung der Schalldämmung in Gebäuden und von Bauteilen" besteht aus folgenden Teilen:

Teil 1: Anforderungen an Prüfstände mit unterdrückter Flankenübertragung

Teil 2: Angaben von Genauigkeitsanforderungen

Teil 3: Messung der Luftschalldämmung von Bauteilen in Prüfständen

Teil 4: Messung der Luftschalldämmung zwischen Räumen in Gebäuden

Teil 5: Messung der Luftschalldämmung von Fassadenelementen und Fassaden an Gebäuden

Teil 6: Messung der Trittschalldämmung von Decken in Prüfständen

Teil 7: Messung der Trittschalldämmung von Decken in Gebäuden

Teil 8: Messung der Trittschallminderungen durch eine Deckenauflage auf einer massiven Bezugsdecke in Prüfständen

Teil 9: Raum-zu-Raum-Messung der Luftschalldämmung von Unterdecken mit darüberliegendem Hohlraum im Prüfstand

Teil 10: Messung der Luftschalldämmung von kleinen Bauteilen im Prüfstand

Die Anhänge A und B sind normativ, die Anhänge C bis F sind informativ.

Diese Europäische Norm muß den Status einer nationalen Norm erhalten, entweder durch Veröffentlichung eines identischen Textes oder durch Anerkennung bis Februar 1999, und etwaige entgegenstehende nationale Normen müssen bis Februar 1999 zurückgezogen werden.

Entsprechend der CEN/CENELEC-Geschäftsordnung sind die nationalen Normungsinstitute der folgenden Länder gehalten, diese Europäische Norm zu übernehmen:

Belgien, Dänemark, Deutschland, Finnland, Frankreich, Griechenland, Irland, Island, Italien, Luxemburg, Niederlande, Norwegen, Österreich, Portugal, Schweden, Schweiz, Spanien, die Tschechische Republik und das Vereinigte Königreich.

Anerkennungsnotiz

Der Text der Internationalen Norm ISO 140-5 : 1998 wurde vom CEN als Europäische Norm ohne irgendeine Abänderung genehmigt.

ANMERKUNG: Die normativen Verweisungen auf Internationale Normen sind in Anhang ZA (normativ) aufgeführt.

1 Anwendungsbereich

Dieser Teil der ISO 140 legt zwei Arten von Verfahren zur Messung der Luftschalldämmung von Außenbauteilen (Bauteil-Verfahren) bzw. von gesamten Außenwänden (Gesamt-Verfahren) fest.

Die Bauteil-Verfahren dienen zur Ermittlung des Schalldämm-Maßes eines Außenbauteils (z. B. eines Fensters). Beim genaueren Bauteil-Verfahren wird ein Lautsprecher als künstliche Schallquelle verwendet. Andere Bauteil-Verfahren mit geringerer Genauigkeit verwenden den vorhandenen Verkehrslärm.

Die Gesamt-Verfahren andererseits dienen zur Ermittlung der Schallpegeldifferenz zwischen innen und außen unter den gegebenen Verkehrsbedingungen. Bei den genauesten Gesamt-Verfahren wird der gegebene Verkehr als Schallquelle verwendet. Zusätzlich kann ein Lautsprecher als künstliche Schallquelle verwendet werden. Eine Übersicht der Verfahren gibt Tabelle 1.

Das Bauteil-Lautsprecher-Verfahren ergibt ein Bau-Schalldämm-Maß, das unter bestimmten Bedingungen (unter Berücksichtigung der Präzision (siehe 7.1)) mit dem im Laboratorium nach ISO 140-3 oder ISO 140-10 gemessenen Schalldämm-Maß verglichen werden kann. Dieses Verfahren ist zu bevorzugen, wenn die Beurteilung der Schalldämmung eines bestimmten Außenbauteils in Relation zu seiner Schalldämmung im Laboratorium beurteilt werden soll.

Das Bauteil-Straßenverkehr-Verfahren dient dem gleichen Zweck wie das Bauteil-Lautsprecher-Verfahren. Es ist besonders nützlich, wenn aus verschiedenen praktischen Gründen das Lautsprecher-Verfahren nicht angewendet werden kann. Die Ergebnisse dieser beiden Verfahren können von einander abweichen. Das Straßenverkehr-Verfahren kann etwas niedrigere Werte des Schalldämm-Maßes ergeben als das Lautsprecher-Verfahren. In Anhang D wird dieses Verfahren durch das entsprechende Verfahren mit Flugverkehrslärm und Eisenbahnverkehrslärm ergänzt.

Das Gesamt-Straßenverkehr-Verfahren ergibt die tatsächliche Schallpegelminderung durch eine Außenwand an einem bestimmten Ort, bezogen auf den Schallpegel 2 m vor der Fassade. Dieses Verfahren ist zu bevorzugen, wenn die Schalldämmung der gesamten Außenwand einschließlich aller Nebenwege in einer definierten Lage zu nahen Straßen beurteilt werden soll. Das Ergebnis kann nicht mit dem von Messungen im Prüfstand verglichen werden.

Das Gesamt-Lautsprecher-Verfahren für die gesamte Fassade ergibt die Schallpegelminderung durch eine Außenwand bezogen auf den Schallpegel 2 m vor der Fassade. Es ist besonders nützlich, wenn die tatsächliche Schallquelle aus verschiedenen praktischen Gründen nicht verwendet werden kann. Das Ergebnis kann nicht mit dem von den Messungen im Prüfstand verglichen werden.

2 Normative Verweisungen

Die folgenden normativen Dokumente enthalten Festlegungen, die durch Verweisung in diesem Text Bestandteil des vorliegenden Teiles von ISO 140 sind. Zum Zeitpunkt der Veröffentlichung dieses Teils von ISO 140-5 waren die angegebenen Ausgaben gültig. Alle Normen unterliegen der Überarbeitung. Vertragspartner, die Vereinbarungen treffen, die auf dem vorliegenden Teil von ISO 140 basieren, werden gebeten, die Möglichkeit zu prüfen, ob die jeweils neuesten Ausgaben der im folgenden genannten Normen angewendet werden können. Die Mitglieder von IEC und ISO führen Verzeichnisse der gegenwärtig gültigen Internationalen Normen.

ISO 140-2 : 1991
Acoustics — Measurements of sound insulation in buildings and of building elements — Part 2: Determination, verification and application of precision data

ISO 140-3 : 1995
Acoustics — Measurements of sound insulation in buildings and of building elements — Part 3: Laboratory measurement of airborne sound insulation of building elements

ISO 354 : 1985
Acoustics — Measurements of sound absorption in a reverberation room

ISO 717-1 : 1996
Acoustics — Rating of sound insulation in buildings and of building elements — Part 1: Airborne sound insulation in buildings and of interior building elements

IEC 60651 : 1979
Sound level meters

IEC 60804 : 1985
Integrating-averaging sound level meters

IEC 60942 : 1988
Sound calibrators

IEC 61260 : 1995
Electroacoustics — Octave band filters and fractional-octave band filters

3 Definitionen

Für die Anwendung dieser Norm gelten die Definitionen nach ISO 140-3 und die folgenden:

3.1 mittlerer Schalldruckpegel auf der Prüfobjektoberfläche, $L_{1,s}$**:** Zehnfacher dekadischer Logarithmus des Verhältnisses des zeitlich und über die Fläche gemittelten Schalldruckquadrates zum Quadrat des Bezugsschalldruckes. Der Mittelwert wird über die gesamte Fläche des Prüfobjektes gebildet und enthält den Einfluß der Reflexion von Prüfobjekt und Außenwand. Diese Größe wird in Dezibel angegeben.

3.2 mittlerer Schalldruckpegel in einem Raum, L_2**:** Zehnfacher dekadischer Logarithmus des Verhältnisses des räumlich und zeitlich gemittelten Schalldruckquadrates zum Quadrat des Bezugsschalldrucks. Der räumliche Mittelwert wird über den gesamten Raum gebildet mit Ausnahme jener Teile, in welchen die direkte Schallabstrahlung einer Schallquelle oder das Nahfeld von Raumbegrenzungen (Wand, Fenster usw.) einen wesentlichen Einfluß hat. Diese Größe wird in Dezibel angegeben.

3.3 äquivalenter Dauerschallpegel, L_{eq}**:** Wert des Schalldruckpegels eines kontinuierlich konstanten Schalls, der in der Meßzeit das gleiche mittlere Schalldruckquadrat hat wie ein betrachteter Schall, dessen Schallpegel mit der Zeit veränderlich ist. Diese Größe wird in Dezibel angegeben.

Tabelle 1: Übersicht über die verschiedenen Meßverfahren

Nr	Verfahren	Bezug	Ergebnis	Anwendungsbereich
		Bauteil-Verfahren		
1	Bauteil-Lautsprecher	Abschnitt 5	$R'_{45°}$	Vorzugsweise für die Beurteilung des Bau-Schalldämm-Maßes von Außenbauteilen
2	Bauteil-Straßenverkehr	Abschnitt 6	$R'_{tr,s}$	Alternatives Verfahren zu Nr 1, wenn Straßenverkehrslärm mit ausreichendem Schallpegel vorhanden ist
3	Bauteil-Eisenbahnverkehr	Anhang D (informativ)	$R'_{rt,s}$	Alternatives Verfahren zu Nr 1, wenn Eisenbahnverkehrslärm mit ausreichendem Schallpegel vorhanden ist
4	Bauteil-Flugverkehr	Anhang D (informativ)	$R'_{at,s}$	Alternatives Verfahren zu Nr 1, wenn Fluglärm mit ausreichendem Schallpegel vorhanden ist
		Gesamt-Verfahren		
5	Gesamt-Lautsprecher	Abschnitt 5	$D_{ls,2m,nT}$ $D_{ls,2m,n}$	Alternative zu den Verfahren Nr 6, 7 und 8
6	Gesamt-Straßenverkehr	Abschnitt 6	$D_{tr,2m,nT}$ $D_{tr,2m,n}$	Vorzugsweise für die Beurteilung der Gesamt-Schalldämmung einer Außenwand, die von Straßenverkehrslärm betroffen ist
7	Gesamt-Eisenbahnverkehr	Anhang D (informativ)	$D_{rt,2m,nT}$ $D_{rt,2m,n}$	Vorzugsweise für die Beurteilung der Gesamt-Schalldämmung einer Außenwand, die von Eisenbahnverkehrslärm betroffen ist
8	Gesamt-Flugverkehr	Anhang D (informativ)	$D_{at,2m,nT}$ $D_{at,2m,n}$	Vorzugsweise für die Beurteilung der Gesamt-Schalldämmung einer Außenwand, die von Fluglärm betroffen ist

3.4 Schalldämm-Maß, R: Zehnfacher dekadischer Logarithmus des Verhältnisses der Schalleistung W_1, die auf das Prüfobjekt auftrifft, zur Schalleistung W_2, die von dem Prüfobjekt übertragen wird:

$$R = 10\lg\left(\frac{W_1}{W_2}\right)\ \text{dB} \qquad (1)$$

ANMERKUNG : Im englischen Sprachgebrauch wird statt „sound reduction index" auch die Benennung „sound transmission loss" (TL) verwendet. Beides entspricht dem Begriff „Schalldämm-Maß".

3.5 Bau-Schalldämm-Maß, R': Zehnfacher dekadischer Logarithmus des Verhältnisses der Schallleistung W_1, die auf das Prüfobjekt auftritt, zur gesamten Schalleistung, die in den Empfangsraum übertragen wird, wenn zusätzlich zur vom Prüfobjekt abgestrahlten Schalleistung W_2 die von Flankenbauteilen oder anderen Teilen abgestrahlte Schalleistung W_3 beachtet werden muß:

$$R' = 10\lg\left(\frac{W_1}{W_2 + W_3}\right)\ \text{dB} \qquad (2)$$

3.6 Bau-Schalldämm-Maß, $R'_{45°}$: Maß für die Luftschalldämmung eines Bauteils, wenn die Schallquelle ein Lautsprecher ist und der Schalleinfallswinkel 45° beträgt. Der Einfallswinkel ist der Winkel zwischen der Lautsprecherachse, die gegen die Mitte des Prüfobjektes gerichtet ist, und der Normalen auf die Prüffläche. Das Bau-Schalldämm-Maß wird in diesem Fall mit folgender Gleichung berechnet:

$$R'_{45°} = L_{1,s} - L_2 + 10\lg\left(\frac{S}{A}\right)\ \text{dB} - 1{,}5\ \text{dB} \qquad (3)$$

Dabei ist:

$L_{1,s}$ der mittlere Schalldruckpegel auf der Fläche des Prüfobjekts nach 3.1;

L_2 der mittlere Schalldruckpegel im Empfangsraum nach 3.2;

S der Flächeninhalt des Prüfobjekts wie in Anhang A angegeben;

A die äquivalente Schallabsorptionsfläche im Empfangsraum.

ANMERKUNG: Die Gleichung basiert auf der Annahme, daß der Schall aus einem Winkel von 45° einfällt und das Schallfeld im Empfangsraum diffus ist.

3.7 Bau-Schalldämm-Maß, $R'_{tr,s}$: Maß für die Luftschalldämmung eines Bauteils, wenn die Schallquelle Verkehrslärm ist und das Mikrofon außen auf der Prüfobjektoberfläche positioniert ist. Das Bau-Schalldämm-Maß wird in diesem Fall mit folgender Gleichung berechnet:

$$R'_{tr,s} = L_{eq,1,s} - L_{eq,2} + 10\lg\left(\frac{S}{A}\right)\ \text{dB} - 3\ \text{dB} \qquad (4)$$

Dabei ist:

$L_{eq,1,s}$ der Mittelwert des äquivalenten Dauerschallpegels auf der Fläche des Prüfobjekts unter Einschluß von Reflexionen vom Prüfobjekt und der Außenwand;

$L_{eq,2}$ der Mittelwert des äquivalenten Dauerschallpegels im Empfangsraum;

S und A wie 3.6.

3.8 Schallpegeldifferenz, D_{2m}: Differenz zwischen dem Schalldruckpegel außen, 2 m vor der Fassade $L_{1,2m}$ und dem zeitlich und über den Raum gemittelten Schalldruckpegel L_2 im Empfangsraum in Dezibel:

$$D_{2m} = L_{1,2m} - L_2 \qquad (5)$$

ANMERKUNG: Wenn Verkehrslärm als Schallquelle benutzt wird, ist die Bezeichnung $D_{tr,2m}$, und wenn ein Lautsprecher benutzt wird $D_{ls,2m}$.

3.9 Standard-Schallpegeldifferenz, $D_{2m,nT}$: Die Schallpegeldifferenz bezogen auf einen Bezugswert der Nachhallzeit im Empfangsraum in Dezibel:

$$D_{2m,nT} = D_{2m} + 10\lg\left(\frac{T}{T_0}\right)\ \text{dB} \qquad (6)$$

Dabei ist:

$T_0 = 0{,}5$ s.

ANMERKUNG: Wenn Verkehrslärm als Schallquelle benutzt wird, ist die Bezeichnung $D_{tr,2m,nT}$, und wenn ein Lautsprecher benutzt wird $D_{ls,2m,nT}$.

3.10 Norm-Schallpegeldifferenz, $D_{2m,n}$: Schallpegeldifferenz bezogen auf die Bezugs-Absorptionsfläche im Empfangsraum in Dezibel:

$$D_{2m,n} = D_{2m} + 10\lg\left(\frac{A}{A_0}\right)\ \text{dB} \qquad (7)$$

Dabei ist:

$A_0 = 10\ \text{m}^2$.

ANMERKUNG: Wenn Verkehrslärm benutzt wird, ist die Bezeichnung $D_{tr,2m,n}$, und wenn ein Lautsprecher benutzt wird $D_{ls,2m,n}$.

4 Meßgeräte

4.1 Allgemeines

Der Durchmesser des Mikrofons darf nicht größer als 13 mm sein. Die Schalldruckpegel-Meßeinrichtung muß den Anforderungen für Klasse 0 oder Klasse 1 nach IEC 60651 oder IEC 60804 entsprechen. Die Meßkette muß mit einem Klasse 1 (oder besser) entsprechenden akustischen Kalibrator nach IEC 60942 kalibriert werden.

Die Terzfilter bzw. die Oktavfilter müssen den Anforderungen von IEC 61260 entsprechen.

Die Nachhallzeit-Meßeinrichtung muß den Anforderungen der ISO 354 entsprechen.

4.2 Lautsprecher

Die Richtcharakteristik des Lautsprechers bei freier Schallausbreitung muß so sein, daß die örtlichen Differenzen des Schalldruckpegels in jedem verwendeten Frequenzband kleiner als 5 dB sind, gemessen auf einer Fläche der gleichen Größe und Lage wie das Prüfobjekt.

ANMERKUNG: Wenn das Lautsprecher-Verfahren für Prüfobjekte angewendet wird, bei welchen eine Dimension 5 m überschreitet, können Differenzen bis 10 dB zugelassen werden. Dies sollte im Prüfbericht angegeben werden.

5 Messung mit Lautsprecherschall

5.1 Allgemeines

Zwei Verfahren, das Bauteil-Lautsprecher-Verfahren und das Lautsprecher-Verfahren für die gesamte Fassade werden beschrieben.

Das Bauteil-Lautsprecher-Verfahren ergibt einen Wert für das Bau-Schalldämm-Maß, der unter bestimmten Bedingungen mit dem Schalldämm-Maß verglichen werden kann, das für das Bauteil im Labor erzielt wurde.

Das Lautsprecher-Verfahren für die gesamte Fassade, kennzeichnet die Luftschalldämmung einer gesamten Fassade oder sogar eines gesamten Gebäudes in einer definierten Situation. Dieses Ergebnis kann nicht mit Meßergebnissen im Prüfstand verglichen werden.

5.2 Grundlagen

Der Lautsprecher wird an einer oder mehreren Positionen außerhalb des Gebäudes im Abstand d von der Fassade mit dem Schalleinfallswinkel $(45 \pm 5)°$ aufgestellt (siehe Bild 1). Die Bestimmung des mittleren Schalldruckpegels erfolgt entweder direkt auf dem Prüfobjekt (Bauteil-Lautsprecher-Verfahren) oder 2 m vor der Fassade (Lautsprecher-Verfahren für die gesamte Fassade) und im Empfangsraum. Daraus wird das Bau-Schalldämm-Maß $R'_{45°}$ bzw. $D_{\text{ls, 2m}}$ berechnet.

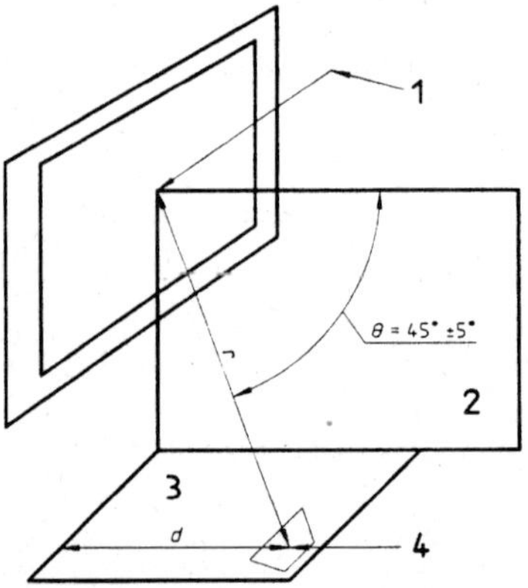

1 Fassaden-Normale
2 vertikale Ebene
3 horizontale Ebene
4 Lautsprecher

Bild 1: Geometrie des Lautsprecher-Verfahrens

5.3 Erzeugung des Schallfeldes

Das Schallfeld muß gleichbleibend sein und ein kontinuierliches Spektrum im betrachteten Frequenzbereich aufweisen. Werden die Messungen mit Terzfiltern durchgeführt, sind die Frequenzbänder mit Mittenfrequenzen von zumindest 100 Hz bis 3 150 Hz, vorzugsweise von 50 Hz bis 5 000 Hz, zu verwenden. Wenn die Messungen mit Oktavfiltern gemacht werden, müssen die Frequenzbänder mit Mittenfrequenzen von mindestens 125 Hz bis 2 000 Hz, vorzugsweise von 63 Hz bis 4 000 Hz, verwendet werden. Zusätzlich dürfen die Unterschiede der Schalleistungspegel in den zu einer Oktave gehörenden Terzbändern nicht größer als 6 dB im Oktavband 125 Hz, 5 dB im Oktavband 250 Hz und 4 dB in den höheren Oktavbändern sein.

In allen betrachteten Frequenzbändern muß der Schallleistungspegel der Schallquelle so hoch sein, daß im Empfangsraum ein Schalldruckpegel entsteht, der um mindestens 6 dB über dem Fremdgeräuschpegel liegt.

5.4 Aufstellung des Lautsprechers

Die Position des Lautsprechers und der Abstand d von der Fassade sind so zu wählen, daß die Schwankung des Schalldruckpegels auf dem Prüfobjekt möglichst gering wird. Dies erfordert, daß die Schallquelle vorzugsweise auf dem Boden aufgestellt wird. Alternativ wird die Schallquelle so hoch wie praktisch möglich über dem Boden aufgestellt.

Der Abstand r von der Schallquelle zur Mitte des Prüfobjekts muß mindestens 5 m ($d > 3,5$ m) für das Bauteil-Lautsprecher-Verfahren und mindestens 7 m ($d > 5$ m) für das Lautsprecher-Verfahren für die gesamte Fassade betragen. Der Schalleinfallswinkel muß $(45 \pm 5)°$ betragen (siehe Bild 1).

5.5 Messungen im Empfangsraum

5.5.1 Allgemeines

Der mittlere Schalldruckpegel im Empfangsraum wird entweder mit einem Einzelmikrofon und punktweiser Abtastung auf verschiedenen Positionen, mit einer Anordnung mehrerer feststehender Mikrofone, mit kontinuierlich bewegtem oder mit einem Schwenkmikrofon bestimmt.

Der energetische Mittelwert bei den verschiedenen Mikrofonpositionen muß für alle Positionen der Schallquellen gebildet werden. Zusätzlich muß der Fremdgeräuschpegel L_b bestimmt werden.

5.5.2 Mikrofonpositionen

In jedem Raum müssen mindestens fünf Mikrofonpositionen verwendet werden, um den mittleren Schalldruckpegel jedes Schallfeldes zu erhalten. Diese Positionen sind innerhalb des maximal zulässigen Bereiches in jedem Raum möglichst gleichmäßig zu verteilen.

Die folgenden Abstände sind Mindestwerte und sollten nach Möglichkeit überschritten werden:

- 0,7 m zwischen Mikrofonpositionen;
- 0,5 m zwischen jeder Mikrofonposition und den Raumbegrenzungen oder Diffusoren (Möbel usw.);
- 1,0 m zwischen jeder Mikrofonposition und der Schallquelle.

Bei Verwendung eines bewegten Mikrofons muß der Bahnradius mindestens 0,7 m betragen. Die Bahnebene muß gegen die Raumbegrenzungsflächen um mindestens 10° geneigt sein, um einen großen Anteil des zulässigen Raumbereiches zu erfassen. Die Dauer der Bahnperiode darf nicht kleiner als 15 s sein.

5.5.3 Korrekturen für den Fremdgeräuschpegel

Der Fremdgeräuschpegel wird gemessen, um sicherzustellen, daß die Meßergebnisse im Empfangsraum nicht durch von außen eindringenden Lärm, Rauschen im Meßsystem oder elektrisches Übersprechen zwischen Sende- und Empfangsmeßsystem beeinflußt werden.

Der Fremdgeräuschpegel sollte mindestens 6 dB (vorzugsweise mehr als 10 dB) unter dem zu messenden Schallpegel einschließlich Fremdgeräuschpegel liegen. Wenn die Differenz größer 6 dB ist, aber kleiner als 10 dB, ergibt sich der korrigierte Schallpegel im Empfangsraum aus Gleichung (8):

$$L = 10 \lg (10^{L_{sb}/10\,dB} - 10^{L_b/10\,dB})\ dB \qquad (8)$$

Dabei ist:

L der korrigierter Schallpegel des Meßsignals, in Dezibel;

L_{sb} der Schallpegel des Meßsignals einschließlich Fremdgeräuschpegel, in Dezibel;

L_b der Fremdgeräuschpegel, in Dezibel.

Wenn in einem der Frequenzbänder die Differenz kleiner als oder gleich 6 dB ist, wird die Korrektur 1,3 dB genommen, entsprechend der Differenz 6 dB. In diesem Fall sind D_n-, D_{nT}- und R'-Werte im Meßbericht so anzugeben, daß deutlich erkennbar ist, daß die angegebenen Werte die Meßgrenze darstellen (siehe i) in Abschnitt 9).

5.5.4 Messung der Nachhallzeit und Berechnung der äquivalenten Schallabsorptionsfläche

Der Korrektionsterm in Gleichung (6), der die äquivalente Schallabsorptionsfläche enthält, wird aus der nach ISO 354 gemessenen Nachhallzeit bestimmt und nach der Sabineschen Formel berechnet:

$$A = \frac{0{,}16\ V}{T} \qquad (9)$$

Dabei ist:

A die äquivalente Schallabsorptionsfläche in Quadratmeter;

V das Volumen des Empfangsraumes in Kubikmeter;

T die Nachhallzeit im Empfangsraum in Sekunden.

Nach ISO 354 wird die Ermittlung der Nachhallzeit aus der Abklingkurve etwa 0,1 s nach Abschalten der Schallquelle oder mit einem Schalldruckpegel begonnen, der einige Dezibel geringer ist als der zu Beginn des Abklingens. Der Bereich ist so zu wählen, daß er nicht weniger als 20 dB umfaßt und nicht so lang ist, daß der betrachtete Abklingverlauf nicht mehr durch eine Gerade angenähert werden kann. Die untere Grenze dieses Bereiches muß mindestens 10 dB über dem Fremdgeräuschpegel liegen.

Für jedes Frequenzband werden mindestens sechs Abklingverläufe ausgewertet. Es müssen in jedem Fall mindestens eine Lautsprecher- und drei Mikrofonpositionen mit je zwei Abklingkurven verwendet werden.

Bewegte Mikrofone nach 5.5.2 dürfen benutzt werden, wenn die Bahnumlaufzeit mindestens 30 s beträgt.

ANMERKUNG: Wenn die Nachhallzeit extrem kurz ist (z. B. unter 0,4 s), kann ein bewegtes Mikrofon problematisch sein.

5.6 Bauteil-Lautsprecher-Verfahren

5.6.1 Anforderungen

Wenn die Messung Ergebnisse erzielen soll, die bestmöglich mit den Ergebnissen aus Messungen im Prüfstand vergleichbar sind, ist

a) sicherzustellen, daß das zu prüfende Außenbauteil mit der beschriebenen Konstruktion übereinstimmt und entsprechend den Anweisungen des Herstellers eingebaut ist;

b) das Schalldämm-Maß der Außenwand abzuschätzen, um sicherzustellen, daß die Schallübertragung durch die umgebende Wand den Schallpegel im Empfangsraum nicht signifikant beeinflußt.

Wenn die Messung zum Vergleich der Schalldämmung eines Fensters mit den Ergebnissen von Messungen im Prüfstand dient, ist zusätzlich sicherzustellen, daß die Fläche des Prüfobjektes repräsentativ für jene im Labor ist, und daß die Nischentiefe und die Lage des Fensters in der Nische nicht von den Anforderungen in ISO 140-3 abweichen.

Anhang C zeigt einige Beispiele für die Durchführung dieser Überprüfung. Im Zweifelsfall, wenn die Schallübertragung durch die Außenwand unzulässig hoch ist, muß das in Anhang B beschriebene Verfahren angewendet werden.

5.6.2 Messung an der äußeren Oberfläche des Außenbauteils

Es wird der mittlere Schalldruckpegel $L_{1,s}$ auf der Prüfobjektoberfläche bestimmt. Die Messung wird mit dem direkt auf dem Prüfobjekt befestigten Mikrofon durchgeführt, das mit seiner Achse entweder parallel zur Fassadenoberfläche nach oben oder unten, oder mit seiner Achse normal gegen das Prüfobjekt gerichtet ist. Der Abstand des Mittelpunkts der Mikrofonmembran zum Prüfobjekt muß maximal 10 mm betragen, je nach Durchmesser des Mikrofons, wenn die Mikrofonachse parallel zur Oberfläche des Prüfobjekts ist, und maximal 3 mm, wenn die Mikrofonachse normal zum Prüfobjekt liegt. Sofern das Mikrofon befestigt wird, ist es mit einem festen Klebeband auf der Prüfobjektfläche zu befestigen. Das Mikrofon wird mit einem halbkugelförmigen Windschirm ausgestattet (siehe Bild 2).

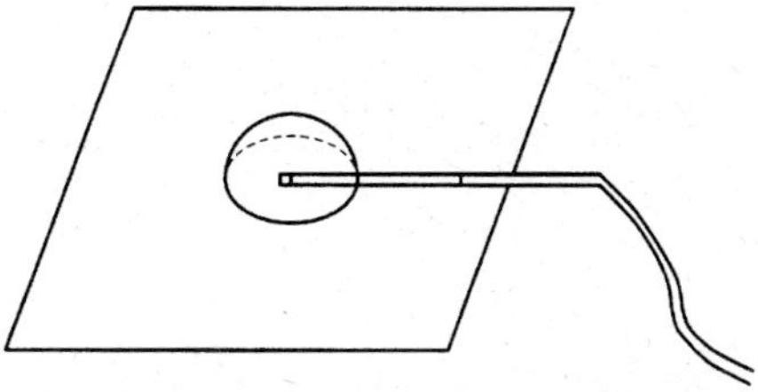

Bild 2: An der Oberfläche befestigtes Mikrofon

Wenn die Messungen innen und außen simultan durchgeführt werden, sollten nur solche Mikrofontypen verwendet werden, für welche nachgewiesen ist, daß sie — einschließlich Kabel — nicht die Schalldämmung des Prüfobjekts beeinflussen, wenn sie an diesem befestigt werden.

Je nach der Differenz der Schalldruckpegel an den einzelnen Positionen werden zwischen drei und 10 Meßpositionen gewählt. Die Positionen werden gleichmäßig aber asymmetrisch auf der Meßfläche verteilt. Es sollte mit drei Positionen begonnen werden (n = 3). Wenn bei einer Frequenz die Differenz der Schalldruckpegel von zwei Positionen größer als n ist, wird die Anzahl der Meßpositionen bis 10 erhöht. Wenn das Prüfobjekt in einem Rücksprung der Fassade montiert ist, sind immer 10 Positionen anzuwenden. Ist die Differenz der Schalldruckpegel der einzelnen Meßpositionen größer als 10 dB, muß dies im Prüfbericht angegeben werden.

Als Alternative zu mehreren Einzelpositionen ist ein bewegtes Mikrofon zulässig, vorausgesetzt, daß der Abstand zur Prüfobjektoberfläche konstant gehalten werden kann, und daß der Fremdgeräuschpegel 10 dB unter dem Pegel des Meßsignals bleibt.

Aus den Meßergebnissen an den einzelnen Positionen wird der Mittelwert gebildet nach:

$$L_{1,s} = 10 \lg (10^{L_1/10\,dB} + 10^{L_2/10\,dB} + \ldots + 10^{L_n/10\,dB})\ dB - 10 \lg(n)\ dB \quad (10)$$

Dabei ist:

$L_1, L_2, \ldots, L_n$ der Schalldruckpegel in den Positionen 1, 2, $\ldots, n$.

ANMERKUNG: Die Differenz der Schalldruckpegel hängt u. a. von der Höhe h über Boden, Rücksprüngen, Balkonen und der Lage des Prüfobjekts ab.

5.7 Gesamt-Lautsprecher-Verfahren

5.7.1 Anforderungen

Keine besonderen Anforderungen.

5.7.2 Messungen vor der Fassade

Das Mikrofon wird außen, in der Mitte der Fassade positioniert. Der Abstand muß

a) (2,0 ± 0,2) m von der Außenwandfläche oder

b) 1,0 m von der Balustrade oder von anderen ähnlichen Vorsprüngen angebracht sein.

Die Höhe des Mikrofons muß 1,5 m über dem Boden des Empfangsraumes sein.

Wenn der wesentliche Teil der Außenwand geneigt ist (z. B. ein Dach), wird die Position nicht näher zu dem Dach gewählt als die gedachte Verlängerung des vertikalen Teils der Fassade. Wenn der betrachtete Raum mehr als eine Außenwand hat oder sehr groß ist, siehe 5.7.3.

Der gemessene Schalldruckpegel wird mit $L_{1,\,2m}$ bezeichnet.

ANMERKUNG: Infolge unkontrollierter Interferenzeffekte treten insbesondere bei tiefen Frequenzen systematische Fehler auf.

5.7.3 Größere Räume oder mehr als eine Außenwand

Wenn der Raum sehr groß ist oder mehr als eine Außenwand hat, ist es üblicherweise nicht möglich, in nur einer Position zu messen. In solchen Fällen werden mehrere Schallquellen-Positionen verwendet, jede in vollständiger Übereinstimmung mit 5.4. Die Anzahl der Positionen wird durch die Richtcharakteristik des Lautsprechers und die Fläche der Fassade bestimmt (siehe 4.2).

5.7.4 Berechnung der Meßergebnisse

Wenn mehrere Schallquellen-Positionen verwendet werden, wird die Schallpegeldifferenz für jede Position berechnet und dann gemittelt nach:

$$D_{ls,\,2m} = -10 \lg \left(\frac{1}{n} \sum 10^{-D_i/10\,dB} \right) dB \quad (11)$$

Dabei ist:

n die Anzahl der Schallquellen-Positionen;

D_i die Schallpegeldifferenz für jede Schallquellenposition.

6 Messung mit Straßenverkehr

6.1 Allgemeines

Zwei Verfahren, das Bauteil-Straßenverkehr-Verfahren und das Gesamt-Straßenverkehr-Verfahren, werden beschrieben. Die entsprechenden Verfahren für Schienenverkehr und Flugverkehr werden in Anhang D beschrieben.

Das Bauteil-Straßenverkehr-Verfahren ergibt einen Näherungswert für das Bau-Schalldämm-Maß, der unter bestimmten Bedingungen mit dem entsprechenden im Labor gemessenen Schalldämm-Maß verglichen werden kann.

ANMERKUNG: Infolge des Fremdgeräuschpegels ist dieses Verfahren üblicherweise auf Messungen von $R'_w < 40$ dB begrenzt.

Das Gesamt-Straßenverkehr-Verfahren kennzeichnet die Luftschalldämmung der gesamten Außenwand oder sogar eines gesamten Gebäudes in einer bestimmten Lage. Dieses Ergebnis kann nicht mit dem im Prüfstand gemessenen Schalldämm-Maß verglichen werden.

6.2 Grundlagen

Wenn der Schall aus verschiedenen Richtungen und mit schwankender Intensität auf das Prüfobjekt einfällt (z. B. Verkehrslärm in einer verkehrsreichen Straße), wird das Schalldämm-Maß oder die Schallpegeldifferenz aus dem äquivalenten Dauerschallpegel ermittelt, der in Abhängigkeit von der Frequenz auf beiden Seiten des Prüfobjekts gemessen wird.

6.3 Anforderungen

Während der Messungen muß der Fremdgeräuschpegel im Empfangsraum mindestens 10 dB unter dem gemessenen äquivalenten Dauerschallpegel liegen. Der vorhandene Verkehrslärm, der auf das Prüfobjekt auffällt, wird als Schallquelle genutzt. Die Meßzeit muß zumindest 50 Fahrzeug-Vorbeifahrten erfassen.

Im Hinblick auf die möglichen Schwankungen des Verkehrslärms wird der äquivalente Dauerschallpegel simultan auf beiden Seiten des Prüfobjekts gemessen. Ruhige Perioden, in denen der Verkehrslärm den Fremdgeräuschpegel um nicht mehr als 10 dB überschreitet, sind zu vermeiden.

ANMERKUNG: Korrekturen für den Fremdgeräuschpegel nach 5.5.3 können üblicherweise nicht durchgeführt werden.

6.4 Frequenzbereich

Messungen in Terzbändern sind im Frequenzbereich von mindestens 100 Hz bis 3 150 Hz, vorzugsweise von 50 Hz bis 5 000 Hz, durchzuführen. Messungen in Oktavbändern sind im Frequenzbereich von mindestens 125 Hz bis 2 000 Hz, vorzugsweise von 63 Hz bis 4 000 Hz, durchzuführen.

6.5 Bauteil-Straßenverkehr-Verfahren

6.5.1 Allgemeines

Sofern die Messung zum Vergleich der Ergebnisse mit Ergebnissen von Messungen im Prüfstand dient oder Ergebnisse zur Kennzeichnung eines Bauteils liefern soll, ist vorzugsweise das Verfahren nach 5.6 anzuwenden. Wenn dieses Verfahren aus praktischen Gründen nicht anwendbar ist, stellt das Bauteil-Straßenverkehr-Verfahren eine Alternative dar. Jedenfalls müssen die Anforderungen nach 5.6.1 in allen Punkten erfüllt sein.

ANMERKUNG: Unter bestimmten Bedingungen kann es notwendig werden, das Bauteil-Straßenverkehr-Verfahren anzuwenden, obwohl die Anforderungen, die in diesem Teil von ISO 140 festgelegt sind, nicht voll erfüllt sind. In Prüfberichten mit Ergebnissen solcher Messungen sollten alle Abweichungen von diesem Teil von ISO 140 angegeben werden.

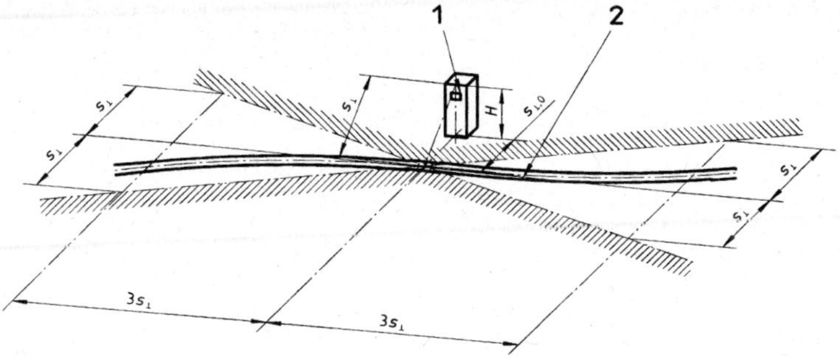

1 Immissionsort
2 Verkehrsweg

H Höhenunterschied zwischen Immissionsort und Verkehrsweg (Schallquelle)
$s_\perp$ Abstand des Immissionsortes vom Verkehrsweg
$s_{\perp,0}$ horizontaler Abstand des Immissionsortes vom Verkehrsweg

Bild 3: Bedingungen bei langen, geraden Verkehrswegen

6.5.2 Erzeugung des Schallfeldes

Die Meßsituation muß die folgenden Anforderungen erfüllen:

a) Der Verkehr muß sich innerhalb eines Sichtwinkels von ±60° von der Fassade an einer annähernd geraden Linie bewegen; im Bereich dieses Winkels darf die Fahrbahn von einer Geraden innerhalb von ±15° mit der Tangente an die Fahrbahn im Schnittpunkt mit der Normalen von der Fassade auf die Fahrbahn abweichen (siehe Bild 3);

b) Der Höhenwinkel vom nahesten Punkt zwischen der Außenwand und der Fahrbahn muß weniger als 40° betragen;

c) ungehinderte Sicht auf die Fassade muß von der gesamten Breite des Kraftfahrzeug-Stromes möglich sein;

d) der kleinste horizontale Abstand zwischen der Geraden und der Außenwand muß zumindest 3mal die Breite der zu prüfenden Außenwand oder 25 m betragen, je nach dem, welcher der größte ist (siehe Anmerkung in 6.5.1).

6.5.3 Messung des äquivalenten Dauerschallpegels

Das Mikrofon außen wird, wie in 5.6.2 angegeben, positioniert. Wenn die Fassade eben und ohne große Nischen oder Balkone ist, werden drei Mikrofonpositionen, asymmetrisch über die Meßfläche verteilt, verwendet. Wenn die Fassade große Nischen oder Balkone aufweist, werden fünf Mikrofonpositionen verwendet. Der gemessene Schalldruckpegel wird mit $L_{1,\,\mathrm{eq,\,s}}$ bezeichnet.

Die Messungen im Empfangsraum werden, wie in 5.5 beschrieben, durchgeführt. Wenn einzelne diskrete Mikrofonpositionen verwendet werden, ist es zulässig, zu jeder Position außen eine Mikrofonposition zu verwenden.

6.5.4 Messung der Nachhallzeit und Berechnung der äquivalenten Schallabsorptionsfläche

Wie in 5.5.4 beschrieben.

6.6 Gesamt-Straßenverkehr-Verfahren

6.6.1 Allgemeines

Keine anderen Beschränkungen als jene in 6.3.

6.6.2 Erzeugung des Schallfeldes

Keine speziellen Anforderungen.

6.6.3 Messung des äquivalenten Dauerschallpegels

Das Mikrofon wird außen, in der Mitte der Fassade positioniert. Der Abstand muß

a) (2,0 ± 0,2) m von der Ebene der Fassade oder

b) 1,0 m von der Balustrade oder von anderen ähnlichen Vorsprüngen

angebracht werden.

Die Höhe des Mikrofons muß 1,5 m über dem Boden des Empfangsraumes sein.

Für den Fall, daß der Hauptteil der Fassade geneigt ist wie z. B. ein Dach, wird die Position nicht näher gewählt als die gedachte Verlängerung des vertikalen Teils der Fassade. Wenn der betrachtete Raum mehr als eine Außenwand hat, wird das Mikrofon vor jeder der Außenwände angebracht. Der gemessene Schalldruckpegel wird als $L_{1,\,\mathrm{eq,\,2m}}$ bezeichnet.

ANMERKUNG 1: Infolge unkontrollierter Interferenzeffekte werden insbesondere bei tiefen Frequenzen systematische Fehler auftreten.

Die Messungen im Empfangsraum werden, wie in 5.5 beschrieben, durchgeführt.

ANMERKUNG 2: Zusätzlich zu den Messungen in Terz- oder Oktavbändern können auch unmittelbar A-bewertete Messungen durchgeführt werden.

6.6.4 Messung der Nachhallzeit und Berechnung der äquivalenten Schallabsorptionsfläche

Wie in 5.5.4 beschrieben.

Für die direkten A-bewerteten Messungen sollten die Nachhallzeit und Schallabsorptionsfläche bei 500 Hz verwendet werden, wenn die normierten Werte $D_{\mathrm{n\,T}}$ und D_{n} berechnet werden.

6.6.5 Berechnung der Meßergebnisse

Wenn mehrere Außenpositionen verwendet werden, wird die Schallpegeldifferenz für jede Position berechnet und der Mittelwert gebildet nach Gleichung (12):

$$D_{\mathrm{tr,\,2m}} = -10 \lg \left(\frac{1}{n} \sum 10^{-D_i/10\,\mathrm{dB}} \right) \mathrm{dB} \qquad (12)$$

Dabei ist:

n die Anzahl der Außenpositionen;

D_i die Schallpegeldifferenz für jede Außen-Innen-Kombination.

7 Präzision

7.1 Allgemeines

Es ist erforderlich, daß das Meßverfahren eine ausreichende Wiederholgrenze gibt. Diese muß in Übereinstimmung mit dem Verfahren nach ISO 140-2 bestimmt werden und sollte von Zeit zu Zeit, insbesondere wenn Änderungen im Verfahren oder an den Meßgeräten vorgenommen werden, überprüft werden.

ANMERKUNG 1: Zahlenmäßige Anforderungen an die Wiederholgrenze sind in ISO 140-2 angegeben.

ANMERKUNG 2: Da die Schalldämmung von Fenstern und kleinen Außenbauteilen von deren Abmessungen abhängt, kann die Schalldämmung im Gebäude beträchtlich abweichen, wenn eine Konstruktion eine andere Abmessung hat als die im Prüfstand geprüfte. Es ist unwahrscheinlich, daß Prüfobjekte (insbesondere Fensterscheiben), deren Flächen ein Verhältnis von bis zu 2 : 1 haben, Unterschiede der Schalldämmung von über 3 dB in der Einzahlangabe aufzeigen. Mit einer Fläche, die größer ist als die geprüfte, ergibt sich im allgemeinen eine geringere Schalldämmung.

7.2 Bauteil-Lautsprecher-Verfahren

Wenn die Schwankungsbreite der Schalldruckpegel der verschiedenen Außen-Mikrofonpositionen unter 10 dB liegt, kann der mit diesem Verfahren ermittelte Wert des bewerteten Bau-Schalldämm-Maßes $R'_{45°,\mathrm{w}}$ 0 dB bis 2 dB höher sein als das entsprechende im Prüfstand gemessene bewertete Schalldämm-Maß R_w. Dies gilt unter der Annahme, daß die Einbaubedingungen einschließlich der Nischengröße mit denen des Prüfobjekts und die Abmessungen übereinstimmen. In einzelnen Frequenzbändern, insbesondere bei Frequenzen unter 250 Hz, können die Abweichungen größer werden. Zusätzlich muß die Vergleichgrenze solcher Messungen beachtet werden. Bei Messungen im Prüfstand konnte eine solche Vergleichgrenze — wie in ISO 5725-1 beschrieben — von ungefähr 2 dB für den R_w-Wert nachgewiesen werden.

7.3 Lautsprecher-Verfahren für die gesamte Fassade

Für die Vergleichgrenze wurde ein Wert von etwa 2 dB nachgewiesen.

7.4 Bauteil- und Gesamt-Straßenverkehr-Verfahren

Die Präzision des Bauteil- und Gesamt-Straßenverkehr-Verfahrens ist nicht bekannt.

8 Darstellung der Ergebnisse

Zur Beschreibung der Luftschalldämmung von Fassadenelementen und Fassaden muß die Standard-Schallpegeldifferenz D_{nT} oder das Bau-Schalldämm-Maß R' bei allen Meßfrequenzen auf eine Dezimalstelle in Tabellenform und/oder in Form einer Kurve angegeben werden. Für graphische Darstellungen muß die Schalldämmung in Dezibel aufgetragen werden gegen die Frequenz in logarithmischer Skala, wobei die folgenden Dimensionen zu verwenden sind:

- 5 mm für eine Terz,
- 20 mm für 10 dB.

Der Vordruck nach Anhang E wird bevorzugt verwendet. Da es sich dabei um eine Kurzform des Prüfberichtes handelt, sind alle wichtigen Angaben bezüglich Prüfobjekt, Prüfverfahren und Prüfergebnissen anzugeben.

Wenn aus den Terzbandwerten Oktavband-Werte berechnet werden müssen, sind diese aus den jeweils drei Terzbandwerten in jedem Oktavband nach Gleichung (13) zu berechnen:

$$X_{\mathrm{Okt}} = -10 \lg \left(\sum_{n=1}^{3} \frac{10^{-X_{\mathrm{Terz}}/10\,\mathrm{dB}}}{3} \right) \mathrm{dB} \qquad (13)$$

Dabei ist:

X Norm-Schallpegeldifferenz, die Standard-Schallpegeldifferenz oder das Bau-Schalldämm-Maß.

9 Prüfbericht

Im Prüfbericht muß folgendes angegeben werden:

a) Verweisung auf ISO 140-5;

b) Name der Organisation, die die Messungen durchgeführt hat;

c) Anschrift des Prüfgebäudes;

d) Name und Adresse der Organisation oder der Person, die den Prüfauftrag gab (Kunde);

e) Datum der Prüfdurchführung;

f) Beschreibung des Außenbauteils oder der Außenwand;

g) Volumen des Empfangsraumes;

h) Fläche des Prüfobjekts;

i) Bau-Schalldämm-Maß, Standard-Schallpegeldifferenz oder Norm-Schallpegeldifferenz als Funktion der Frequenz und die entsprechenden bewerteten Werte;

j) Angaben über den Fremdgeräuschpegel;

k) Angabe, welches Prüfverfahren verwendet wurde;

l) Abweichungen von dieser Internationalen Norm.

Für die Ermittlung der Einzahlangaben siehe ISO 717-1.

Anhang A (normativ)

Bestimmung der Flächen S

Wenn das Bau-Schalldämm-Maß für ein Außenbauteil (z. B. Fenster oder Tür) bestimmt wird, ist die Fläche S gleich der Fläche der lichten Öffnung, in der das Fenster oder die Tür eingebaut ist. Die Fläche S, die eingesetzt wurde, ist im Prüfbericht anzugeben.

Wenn das Bau-Schalldämm-Maß für die gesamte Außenwand eines Empfangsraumes bestimmt wird, ist die Fläche S gleich dem Teil der Fassade, der vom Empfangsraum aus gesehen werden kann.

Anhang B (normativ)

Überprüfung des Schalldurchganges durch die Wand, in der das Prüfobjekt eingebaut ist

Nur das Prüfobjekt selbst ist mit 10 cm dicker Mineralwolle und mindestens zwei 13 mm dicken Gipskartonplatten auf der Empfangsraumseite abzudecken und dann die Schalldämmung zu messen. Wenn die Messung eine Verbesserung der Schalldämmung von weniger als 6 dB über den gesamten Frequenzbereich oder Teile desselben ergibt, ist die Schallübertragung durch die Wand unzulässig groß. Für Frequenzen mit einer Differenz von weniger als 6 dB können keine genauen Vergleiche mit Messungen im Prüfstand angestellt werden.

Anhang C (informativ)

Beispiele für die Überprüfung der Anforderungen

C.1 Prüfobjekt

Um festzustellen, ob ein Prüfobjekt mit dem im Labor geprüften identisch ist, werden die folgenden Punkte geprüft:

- Fensterart;
- Dicke und Typ des Glases;
- Anzahl der Scheiben;
- Abstand zwischen den Scheiben;
- Art des Gases in einem Isolierglas;
- Anzahl der Dichtungen;
- Vorhandensein einer Staubdichtung (in Verbundfenstern);
- Typ und Material des Rahmens.

C.2 Prüfung des Einbaus

Um sicherzustellen, daß der Einbau nach den Anweisungen des Herstellers erfolgt ist, werden eine oder mehrere der folgenden Prüfungen durchgeführt:

- Augenschein;
- gänzlicher oder teilweiser Ausbau;
- akustische Überprüfung, z. B. durch Messung nach Abdichten der Einbaufuge. Wenn die Schalldämmung unterschiedlich ist, besteht eine Undichtheit.

Anhang D (informativ)

Messungen mit Flugverkehrslärm und Eisenbahnverkehrslärm

D.1 Einleitung

Flugverkehrslärm in Wohngebieten von Flugplätzen dringt üblicherweise während eines Vorbeifluges auf mehreren verschiedenen Wegen in die Wohngebäude ein. Zusätzlich ändert sich gleichzeitig die Frequenzzusammensetzung des Lärms. Daher basiert das beschriebene Meßverfahren der Fluglärmminderung in Wohngebäuden auf zeitintegrierten Größen. Eisenbahnverkehrslärm wird in gleicher Weise behandelt, da er einen ähnlichen zeitlichen Verlauf aufweist.

D.2 Allgemeines

Zwei Verfahren, das Bauteil- und das Gesamt-Verfahren, werden beschrieben.

Das Bauteil-Verfahren ergibt einen Näherungswert für das Bau-Schalldämm-Maß, der unter bestimmten Bedingungen zur Beurteilung der Schallpegelminderung durch ein bestimmtes Bauteil des Gebäudes verwendet werden kann. Das Verfahren ist jedoch mit Vorsicht anzuwenden, da die Meßunsicherheit nicht bekannt ist.

Das Gesamt-Verfahren kennzeichnet die Luftschalldämmung einer gesamten Außenwand oder sogar eines gesamten Gebäudes, bezogen auf einen Punkt 2 m vor der Außenwand. Dieses Ergebnis kann nicht mit dem von Messungen im Prüfstand verglichen werden.

D.3 Definitionen

Für diesen Anhang gelten die folgenden Definitionen:

D.3.1 Schallereignispegel: Der Schallereignispegel eines einzelnen Lärmereignisses ist gegeben durch die Gleichung (D.1):

$$L_E = 10 \lg \frac{1}{t_0} \int_{t_1}^{t_2} \frac{p^2(t)}{p_0^2} \, dt \tag{D.1}$$

Dabei ist:

$p(t)$ der momentane Schalldruck;

$t_2 - t_1$ ein festgelegtes Zeitintervall, entsprechend lang, um alle wesentlichen Schallbeiträge eines bestimmten Schallereignisses zu erfassen;

p_0 der Bezugs-Schalldruck mit p_0 = 20 µPa;

t_0 die Bezugsdauer mit t_0 = 1 s.

ANMERKUNG: Der Schallereignispegel wird auch als Einzelereignis-Schalldruckpegel bezeichnet.

D.3.2 Schallereignispegel-Differenz, D_{E2m}: Differenz zwischen dem Schallereignispegel außen $L_{E1,2m}$ und dem räumlich gemittelten Schallereignispegel L_{E2} im Empfangsraum in Dezibel:

$$D_{E2m} = L_{E1,2m} - L_{E2} \tag{D.2}$$

ANMERKUNG: Wenn Fluglärm als Schallquelle verwendet wird, ist die Bezeichnung $D_{at,E2m}$, und wenn Eisenbahnlärm verwendet wird, ist sie $D_{rt,E2m}$.

D.3.3 Standard-Schallereignispegel-Differenz, $D_{E2m,nT}$: Schallereignispegel-Differenz bezogen auf einen Bezugswert der Nachhallzeit im Empfangsraum:

$$D_{E2m,nT} = D_{E2m} + 10 \lg \left(\frac{T}{T_0}\right) \text{dB} \tag{D.3}$$

Dabei ist:

T_0 = 0,5 s

ANMERKUNG: Wenn Flugverkehrslärm als Schallquelle verwendet wird, ist die Bezeichnung $D_{at,E2m,nT}$, und wenn Eisenbahnlärm verwendet wird, ist sie $D_{rt,E2m,nT}$.

D.3.4 Norm-Schallereignispegel-Differenz, $D_{E2m,n}$: Schallereignispegel-Differenz bezogen auf einen Bezugswert der Schallabsorptionsfläche im Empfangsraum:

$$D_{E2m,n} = D_{E2m} - 10 \lg \left(\frac{A}{A_0}\right) \text{dB} \tag{D.4}$$

Dabei ist:

$A_0 = 10 \text{ m}^2$

ANMERKUNG: Wenn Flugverkehrlärm als Schallquelle verwendet wird, ist die Bezeichnung $D_{at,E2m,n}$, und wenn Eisenbahnverkehr verwendet wird, ist sie $D_{rt,E2m,n}$.

D.3.5 Bau-Schalldämm-Maß, $R'_{at,s}$: Maß für die Luftschalldämmung eines Bauteils, wenn die Schallquelle Flugverkehrslärm ist und sich die Mikrofonposition außen auf der Oberfläche des Prüfobjekts befindet. Das Bau-Schalldämm-Maß ist dann mit Gleichung (D.5) zu berechnen:

$$R'_{at,s} = L_{E1,s} - L_{E2} + 10 \lg \left(\frac{S}{A}\right) \text{dB} - 3 \text{ dB} \tag{D.5}$$

Dabei ist:

$L_{E1,s}$ der mittlere Schallereignispegel auf der Oberfläche des Prüfobjekts unter Einschluß von Reflexionen vom Prüfobjekt und der Außenwand;

L_{E2} der mittlere Schallereignispegel im Empfangsraum;

S die Fläche des Prüfobjekts;

A die äquivalente Schallabsorptionsfläche im Empfangsraum.

D.3.6 Bau-Schalldämm-Maß, $R'_{rt,s}$: Maß für die Luftschalldämmung eines Bauteils, wenn die Schallquelle Eisenbahnlärm ist und sich die Mikrofonposition außen auf der Oberfläche des Prüfobjekts befindet. Das Bau-Schalldämm-Maß ist nach Gleichung (D.6) zu berechnen:

$$R'_{rt,s} = L_{E1,s} - L_{E2} + 10 \lg \left(\frac{S}{A}\right) \text{dB} - 3 \text{ dB} \tag{D.6}$$

Dabei ist:

$L_{E1,s}$ der mittlere Schallereignispegel auf der Oberfläche des Prüfobjekts unter Einschluß von Reflexionen vom Prüfobjekt und der Außenwand;

L_{E2} der mittlere Schallereignispegel im Empfangsraum;

S und A wie in D.3.5.

D.4 Meßgeräte

Siehe 4.1.

D.5 Messungen

D.5.1 Grundlagen

Es werden Flugverkehrslärm oder Eisenbahnlärm als Schallquelle verwendet. Der Schalldruckpegel wird außen und innen an den festgelegten Positionen simultan gemessen. Dann wird die entsprechende Größe berechnet.

D.5.2 Anforderungen

Die Schalldruckpegel des Verkehrs müssen sowohl außen als auch innen ausreichend sein, um sicherzustellen, daß die Messungen nicht durch den Fremdgeräuschpegel im interessierenden Frequenzbereich beeinflußt sind.

D.5.3 Frequenzbereich

Wenn die Messungen in Terzbändern durchgeführt werden, sind Frequenzbänder mit Mittenfrequenzen von mindestens 100 Hz bis 3 150 Hz, vorzugsweise von 50 Hz bis 5 000 Hz, zu verwenden. Wenn die Messungen in Oktavbändern durchgeführt werden, sind die Frequenzbänder mit Mittenfrequenzen von mindestens 125 Hz bis 2 000 Hz, vorzugsweise von 63 Hz bis 4 000 Hz, zu verwenden.

D.5.4 Bauteil-Verfahren

D.5.4.1 Allgemeines

Wenn die Messung zum Vergleich der Ergebnisse mit Labormeßergebnissen dient oder repräsentative Ergebnisse für ein Außenbauteil liefern soll, ist vorzugsweise das Verfahren nach 5.6 anzuwenden. Wenn dieses Verfahren aus praktischen Gründen nicht anwendbar ist, stellt dieses Bauteil-Flugverkehr- oder -Eisenbahnverkehr-Verfahren eine Alternative dar. Die Anforderungen aus 5.6.1 müssen jedoch in allen Punkten erfüllt sein.

ANMERKUNG: Unter bestimmten Umständen kann es notwendig sein, das Bauteil-Flugverkehr- oder -Eisenbahnverkehr-Verfahren anzuwenden, obwohl die Anforderungen, die in diesem Teil von ISO 140 festgelegt sind, nicht voll erfüllt sind. In Prüfberichten mit Ergebnisse solcher Messungen sollten alle Abweichungen von dieser Norm angegeben werden.

D.5.4.2 Erzeugung des Schallfeldes

Keine anderen Anforderungen als die in D.5.2.

D.5.4.3 Messung des Schallereignispegels

Das Mikrofon wird an der Außenseite am Prüfobjekt angebracht, wie in 5.6.2 beschrieben. Wenn die Fassade eben und ohne große Rücksprünge oder Balkone ist, werden drei Mikrofonpositionen, asymmetrisch über die Meßfläche verteilt, verwendet. Wenn die Fassade große Rücksprünge oder Balkone hat, werden fünf Mikrofonpositionen verwendet. Es wird der Schallereignispegel von mindestens fünf Lärmereignissen gemessen. Die Mikrofonposition kann zwischen den Lärmereignissen verändert werden. Die gemessenen Schallereignispegel werden für das Ereignis i mit $L_{E1i,\,s}$ bezeichnet.

Im Empfangsraum werden mindestens fünf Mikofonpositionen, gleichmäßig über den maximal zulässigen Bereich verteilt, verwendet. Ein bewegtes Mikrofon kann in den Fällen, wo die Dauer des Lärmereignisses etwa gleich lang oder länger als die Umlaufzeit ist, verwendet werden. Wenn ein bewegtes Mikrofon verwendet wird, darf der Radius der Umlaufbahn nicht kleiner als 0,7 m sein. Die Ebene der Umlaufbahn muß geneigt sein, um einen möglichst großen Teil des zulässigen Bereiches zu erfassen, und darf nicht in einer Ebene liegen, die weniger als 10° gegen eine der Raumbegrenzungsflächen geneigt ist. Die Umlaufzeit darf nicht mehr als 15 s betragen.

Die im folgenden genannten Abstände sind Mindestwerte und sollten wenn möglich überschritten werden:

- 0,7 m zwischen den einzelnen Mikrofonpositionen;
- 0,5 m zwischen jeder Mikrofonposition und den Raumbegrenzungsflächen oder Gegenständen im Raum;
- 1,0 m zwischen jeder Mikrofonposition und dem Prüfobjekt.

Es wird der Schallereignispegel für die gleichen Ereignisse wie außen gemessen. Wenn einzelne Mikrofonpositionen verwendet werden, ist es erlaubt, zu jeder Mikrofonposition außen eine Mikrofonposition innen zu verwenden. Der gemessene Schallereignispegel für das Schallereignis i wird mit L_{E2i} bezeichnet.

D.5.4.4 Messung der Nachhallzeit und Berechnung der äquivalenten Schallabsorptionsfläche

Wie in 5.5.4

D.5.4.5 Berechnung der Meßergebnisse

Das Bau-Schalldämm-Maß $R'_{at,\,s}$ oder $R'_{rt,\,s}$ wird berechnet und das bewertete Bau-Schalldämm-Maß $R'_{at,\,s,\,w}$ oder $R'_{rt,\,s,\,w}$ nach dem Verfahren in ISO 717-1 ermittelt. Wenn mehrere Schallereignisse verwendet werden, wird das Bau-Schalldämm-Maß für jede Position berechnet und gemittelt nach

$$R'_s = -10 \lg \left(\frac{1}{n} \sum 10^{-R'_i/10\,\mathrm{dB}} \right) \mathrm{dB} \qquad \text{(D.7)}$$

Dabei ist:

n die Anzahl der Schallereignisse;

R'_i das Bau-Schalldämm-Maß für das i-te Ereignis.

ANMERKUNG: Zur Beurteilung der Schalldämmung eines einzelnen Außenbauteils kann das Bau-Schalldämm-Maß nur dann verwendet werden, wenn keine wesentliche Schall-Längsleitung besteht.

D.5.5 Gesamt-Verfahren

D.5.5.1 Erzeugung des Schallfeldes

Keine anderen Anforderungen als die in D.5.2 angegebenen.

D.5.5.2 Messung des Schallereignispegels

Das Mikrofon wird außen in der Mitte der Breite der Fassade in einem Abstand von (2,0 ± 0,2) m von der Außenwandfläche positioniert. Die Höhe des Mikrofons muß 1,5 m über dem Boden des Empfangsraumes sein.

Wenn der wesentliche Teil der Außenwand geneigt ist (z. B. ein Dach), wird die Position nicht näher an dem Dach gewählt als die Projektion des vertikalen Teils der Fassade. Wenn der betrachtete Raum mehr als eine Außenwand hat, wird das Mikrofon vor der Außenwand mit dem höchsten Schallpegel außen positioniert. Der gemessene Schallereignispegel wird mit $L_{E1,\,2m}$ bezeichnet.

ANMERKUNG 1: Infolge unkontrollierter Interferenzeffekte werden insbesondere bei tiefen Frequenzen systematische Fehler auftreten.

ANMERKUNG 2: Wenn Flugverkehrslärm als Schallquelle verwendet wird, ist das äußere Mikrofon häufig anders abgeschirmt als die Außenwand. In diesen Fällen können sich im Vergleich zu Situationen, wo dies nicht auftritt, systematische Differenzen ergeben.

Die Messungen im Empfangsraum werden, wie in 5.5 beschrieben, durchgeführt. Wenn diskrete Mikrofonpositionen benutzt werden, ist es erlaubt, zu jedem der Schallereignisse eine Mikrofonposition innen zu verwenden.

Der Schallereignispegel wird mindestens für fünf Schallereignisse gemessen.

ANMERKUNG 3: Zusätzlich zu den Messungen in Terzbändern oder Oktavbändern können auch unmittelbar A-bewertete Messungen durchgeführt werden.

D.5.5.3 Messung der Nachhallzeit und Berechnung der äquivalenten Schallabsorptionsfläche

Wie in 5.5.4.

D.5.5.4 Berechnung der Meßergebnisse

Wenn mehrere Schallereignisse verwendet werden, wird die Pegeldifferenz für jedes Ereignis berechnet und gemittelt:

$$D_{E2m} = -10 \lg \left(\frac{1}{n} \sum 10^{-D_i/10\,\mathrm{dB}} \right) \mathrm{dB} \qquad \text{(D.8)}$$

Dabei ist:

n die Anzahl der Lärmereignisse;

D_i die Pegeldifferenz für das i-te Ereignis.

D.6 Präzision

Die Präzision ist nicht bekannt. Daher müssen die Meßergebnisse mit großer Vorsicht verwendet werden. Zusätzlich siehe 7.1.

D.7 Angabe der Ergebnisse

Wie Abschnitt 8.

D.8 Prüfbericht

Wie Abschnitt 9.

Anhang E (informativ)

Vordruck für die Darstellung der Ergebnisse in Terzbändern

Dieser Anhang zeigt ein Beispiel für die Darstellung von Prüfergebnissen von Messungen der Luftschalldämmung von Fassadenelementen und Fassaden an Gebäuden.

Die Bezugskurve in der Diagrammvorlage ist ISO 717-1 entnommen. Die aktuellste Version dieser Norm wird verwendet. Sie sollte ergänzt oder zumindest durch die verschobene Bezugskurve entsprechend dem in ISO 717-1 festgelegten Verfahren ersetzt werden.

Das Beispiel ist für $R'_{45°}$ dargestellt. Analog dazu kann der Vordruck für die anderen Werte verwendet werden.

Bau-Schalldämm-Maß nach ISO 140-5

Messung der Luftschalldämmung von Außenbauteilen und Außenwänden in Gebäuden

Auftraggeber: Tag der Prüfung:

Beschreibung des Bauteils und der Prüfanordnung:

Fläche S des Prüfobjekts: m^2

Volumen des Empfangsraumes: m^3

Frequenz f Hz	$R'_{45°}$ 1/3oct dB
50	
63	
80	
100	
125	
160	
200	
250	
315	
400	
500	
630	
800	
1 000	
1 250	
1 600	
2 000	
2 500	
3 150	
4 000	
5 000	

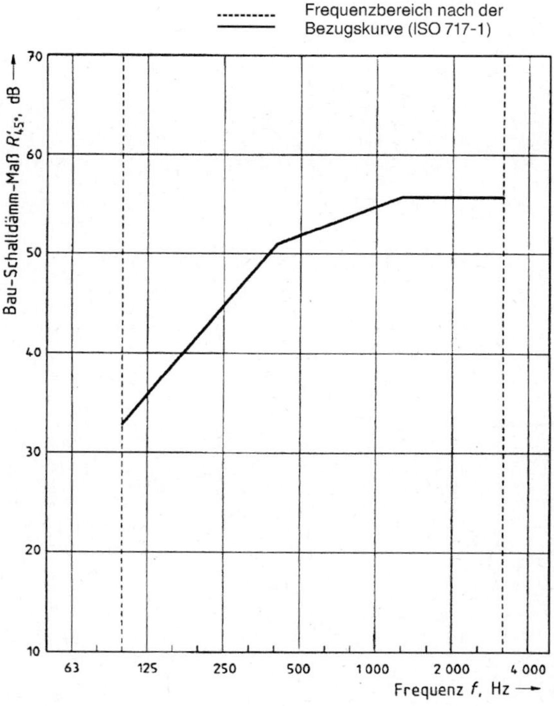

Bewertung nach ISO 717-1:

$R'_{45°,w}(C;C_{tr})$ = (;) dB $C_{50-3150}$ = dB; $C_{50-5000}$ = dB; $C_{100-5000}$ = dB

Bewertung unter Zugrundelegung von Meßergebnissen im Gebäude nach einem ...-Verfahren: $C_{tr\ 50-3150}$ = dB; $C_{tr\ 50-5000}$ = dB; $C_{tr\ 100-5000}$ = dB

Nr. des Prüfberichtes: Name des Prüfinstituts:

Datum: Unterschrift:

Anhang F (informativ)

Literaturhinweise

[1] ISO 140-10 : 1991 Acoustics — Measurement of sound insulation in buildings and of building elements — Part 10: Laboratory measurements of sound insulation of small building elements

[2] ISO 5725-1 : 1991 Accuracy (trueness and precision) of measurement methods and results — Part 1: General principles and definitions

Anhang ZA (normativ)

Normative Verweisungen auf internationale Publikationen mit ihren entsprechenden europäischen Publikationen

Diese Europäische Norm enthält durch datierte oder undatierte Verweisungen Festlegungen aus anderen Publikationen. Diese normativen Verweisungen sind an den jeweiligen Stellen im Text zitiert, und die Publikationen sind nachstehend aufgeführt. Bei datierten Verweisungen gehören spätere Änderungen oder Überarbeitungen dieser Publikationen nur zu dieser Europäischen Norm, falls sie durch Änderung oder Überarbeitung eingearbeitet sind. Bei undatierten Verweisungen gilt die letzte Ausgabe der in Bezug genommenen Publikation.

Publikation	Jahr	Titel	EN	Jahr
ISO 140-2	1991	Acoustics — Measurement of sound insulation in buildings and of building elements — Part 2: Determination, verification and application of precision data	EN 20140-2	1993
ISO 140-3	1995	Acoustics — Measurement of sound insulation in buildings and of building elements — Part 3: Laboratory measurements of airborne sound insulation of building elements	EN ISO 140-3	1995
ISO 354	1985	Acoustics — Measurement of sound absorption in a reverberation room	EN ISO 354	1993
ISO 717-1	1996	Acoustics — Rating of sound insulation in buildings and of building elements — Part 1: Airborne sound insulation	EN ISO 717-1	1996

Dezember 1998

Akustik

Messung der Schalldämmung in Gebäuden und von Bauteilen

Teil 6: Messung der Trittschalldämmung von Decken in Prüfständen
(ISO 140-6 : 1998)
Deutsche Fassung EN ISO 140-6 : 1998

DIN
EN ISO 140-6

ICS 91.120.20

Deskriptoren: Trittschalldämmung, Gebäude, Schalldämmung, Messung, Decke

Acoustics —
Measurement of sound insulation in buildings and of building elements —
Part 6: Laboratory measurement of impact sound insulation of floors
(ISO 140-6 : 1998);
German version EN ISO 140-6 : 1998

Acoustique —
Mesurage de l'isolation acoustique des immeubles et des éléments de construction —
Partie 6: Mesurage en laboratoire de la transmission des bruits de choc par les planchers (ISO 140-6 : 1998);
Version allemande EN ISO 140-6 : 1998

Mit
DIN EN 20140-3 : 1995-03,
DIN EN ISO 140-4 : 1998-12,
DIN EN ISO 140-7 : 1998-12 und
DIN EN ISO 140-8 : 1998-03
Ersatz für
DIN 52210-1 : 1984-08

Die Europäische Norm EN ISO 140-6 : 1998 hat den Status einer Deutschen Norm.

Nationales Vorwort

Die Internationale Norm ISO 140-6 ist im Komitee ISO/TC 43/SC 2 „Bauakustik" in Abstimmung mit dem Europäischen Komitee CEN/TC 126 „Akustische Eigenschaften von Baustoffen und Bauteilen und von Gebäuden" unter intensiver deutscher Mitarbeit erarbeitet worden. Für die deutsche Mitarbeit ist der Arbeitsausschuß NMP 231 „Schalldämmung und Schallabsorption, Messung und Bewertung" des Normenausschusses Materialprüfung (NMP) verantwortlich.

Für die im Inhalt zitierten Internationalen Normen wird im folgenden auf die entsprechenden Deutschen Normen hingewiesen:

ISO 140-1	siehe DIN EN ISO 140-1
ISO 140-2	siehe DIN EN 20140-2
ISO 140-7	siehe DIN EN ISO 140-7
ISO 140-8	siehe DIN EN ISO 140-8
ISO 354	siehe DIN EN 20354
ISO 717-2	siehe DIN EN ISO 717-2
IEC 60651	siehe DIN EN 60651
IEC 60804	siehe DIN EN 60804
IEC 60942	siehe DIN EN 60942
IEC 61260	siehe DIN EN 61260

Änderungen

Gegenüber DIN 52210-1 : 1984-08 wurden folgende Änderungen vorgenommen:

— Inhalt vollständig überarbeitet.

Frühere Ausgaben

DIN 52211: 1953-09
DIN 52210: 1952-07, 1960x-03
DIN 52210-1: 1975-07, 1984-08

Fortsetzung Seite 2
und 10 Seiten EN

Normenausschuß Materialprüfung (NMP) im DIN Deutsches Institut für Normung e.V.
Normenausschuß Bauwesen (NABau) im DIN
Normenausschuß Akustik, Lärmminderung und Schwingungstechnik (NALS) im DIN und VDI

Nationaler Anhang NA (informativ)

Literaturhinweise

DIN EN 20140-2
Akustik — Messung der Schalldämmung in Gebäuden und von Bauteilen — Teil 2: Angaben von Genauigkeitsanforderungen (ISO 140-2 : 1991); Deutsche Fassung EN 20140-2 : 1993

DIN EN 20354
Akustik — Messung der Schallabsorption im Hallraum (ISO 354 : 1985); Deutsche Fassung EN 20354 : 1993

DIN EN 60651
Schallpegelmesser (IEC 60651 : 1979 + A1 : 1993); Deutsche Fassung EN 60651 : 1994 + A1 : 1994

DIN EN 60804
Integrierende mittelwertbildende Schallpegelmesser (IEC 60804 : 1985 + A1 : 1989 und A2 : 1993); Deutsche Fassung EN 60804 : 1994 + A2 : 1994

DIN EN 60942
Elektroakustik — Schallkalibratoren (IEC 60942 : 1997); Deutsche Fassung EN 60942 : 1998

DIN EN 61260
Elektroakustik — Bandfilter für Oktaven und Bruchteile von Oktaven (IEC 61260 : 1995); Deutsche Fassung EN 61260 : 1995

DIN EN ISO 140-1
Akustik — Messung der Schalldämmung in Gebäuden und von Bauteilen — Teil 1: Anforderungen an Prüfstände mit unterdrückter Flankenübertragung (ISO 140-1 : 1997); Deutsche Fassung EN ISO 140-1 : 1997

DIN EN ISO 140-7
Akustik — Messung der Schalldämmung in Gebäuden und von Bauteilen — Teil 7: Messung der Trittschalldämmung von Decken in Gebäuden (ISO 140-7 : 1998); Deutsche Fassung EN ISO 140-7 : 1998

DIN EN ISO 140-8
Akustik — Messung der Schalldämmung in Gebäuden und von Bauteilen — Teil 8: Messung der Trittschalldämmung durch eine Deckenauflage auf einer massiven Bezugsdecke in Prüfständen (ISO 140-8 : 1997); Deutsche Fassung EN ISO 140-8 : 1997

DIN EN ISO 717-2
Akustik — Bewertung der Schalldämmung in Gebäuden und von Bauteilen — Teil 2: Trittschalldämmung (ISO 717-2 : 1996); Deutsche Fassung EN ISO 717-2 : 1996

EUROPÄISCHE NORM
EUROPEAN STANDARD
NORME EUROPÉENNE

EN ISO 140-6

August 1998

ICS 91.120.20

Deskriptoren:

Deutsche Fassung

Akustik

Messung der Schalldämmung in Gebäuden und von Bauteilen

Teil 6: Messung der Trittschalldämmung von Decken in Prüfständen
(ISO 140-6 : 1998)

Acoustics — Measurement of sound insulation in buildings and of building elements — Part 6: Laboratory measurement of impact sound insulation of floors (ISO 140-6 : 1998)

Acoustique — Mesurage de l'isolation acoustique des immeubles et des éléments de construction — Partie 6: Mesurage en laboratoire de la transmission des bruits de choc par les planchers (ISO 140-6 : 1998)

Diese Europäische Norm wurde von CEN am 14. August 1998 angenommen.

Die CEN-Mitglieder sind gehalten, die CEN/CENELEC-Geschäftsordnung zu erfüllen, in der die Bedingungen festgelegt sind, unter denen dieser Europäischen Norm ohne jede Änderung der Status einer nationalen Norm zu geben ist.

Auf dem letzten Stand befindliche Listen dieser nationalen Normen mit ihren bibliographischen Angaben sind beim Zentralsekretariat oder bei jedem CEN-Mitglied auf Anfrage erhältlich.

Diese Europäische Norm besteht in drei offiziellen Fassungen (Deutsch, Englisch, Französisch). Eine Fassung in einer anderen Sprache, die von einem CEN-Mitglied in eigener Verantwortung durch Übersetzung in seine Landessprache gemacht und dem Zentralsekretariat mitgeteilt worden ist, hat den gleichen Status wie die offiziellen Fassungen.

CEN-Mitglieder sind die nationalen Normungsinstitute von Belgien, Dänemark, Deutschland, Finnland, Frankreich, Griechenland, Irland, Island, Italien, Luxemburg, Niederlande, Norwegen, Österreich, Portugal, Schweden, Schweiz, Spanien, der Tschechischen Republik und dem Vereinigten Königreich.

EUROPÄISCHES KOMITEE FÜR NORMUNG
European Committee for Standardization
Comité Européen de Normalisation

Zentralsekretariat: rue de Stassart 36, B-1050 Brüssel

Ref. Nr. EN ISO 140-6 : 1998 D

Vorwort

Der Text der Internationalen Norm ISO 140-6 : 1998 wurde vom Technischen Komitee ISO/TC 43 „Acoustics" in Zusammenarbeit mit CEN/TC 126 „Akustische Eigenschaften von Baustoffen und Bauteilen und von Gebäuden" erarbeitet, dessen Sekretariat von AFNOR gehalten wird.

ISO 140 „Akustik — Messung der Schalldämmung in Gebäuden und von Bauteilen" besteht aus folgenden Teilen:

Teil 1: Anforderungen an Prüfstände mit unterdrückter Flankenübertragung

Teil 2: Angaben von Genauigkeitsanforderungen

Teil 3: Messung der Luftschalldämmung von Bauteilen in Prüfständen

Teil 4: Messung der Luftschalldämmung zwischen Räumen in Gebäuden

Teil 5: Messung der Luftschalldämmung von Fassadenelementen und Fassaden an Gebäuden

Teil 6: Messung der Trittschalldämmung von Decken in Prüfständen

Teil 7: Messung der Trittschalldämmung von Decken in Gebäuden

Teil 8: Messung der Trittschallminderungen durch eine Deckenauflage auf einer massiven Bezugsdecke in Prüfständen

Teil 9: Raum-zu-Raum-Messung der Luftschalldämmung von Unterdecken mit darüberliegendem Hohlraum im Prüfstand

Teil 10: Messung der Luftschalldämmung von kleinen Bauteilen im Prüfstand

Der Anhang A ist normativ, die Anhänge B bis F sind informativ.

Diese Europäische Norm muß den Status einer nationalen Norm erhalten, entweder durch Veröffentlichung eines identischen Textes oder durch Anerkennung bis Februar 1999, und etwaige entgegenstehende nationale Normen müssen bis Februar 1999 zurückgezogen werden.

Entsprechend der CEN/CENELEC-Geschäftsordnung sind die nationalen Normungsinstitute der folgenden Länder gehalten, diese Europäische Norm zu übernehmen:

Belgien, Dänemark, Deutschland, Finnland, Frankreich, Griechenland, Irland, Island, Italien, Luxemburg, Niederlande, Norwegen, Österreich, Portugal, Schweden, Schweiz, Spanien, die Tschechische Republik und das Vereinigte Königreich.

Anerkennungsnotiz

Der Text der Internationalen Norm ISO 140-6 : 1998 wurde vom CEN als Europäische Norm ohne irgendeine Abänderung genehmigt.

ANMERKUNG: Die normativen Verweisungen auf Internationale Normen sind in Anhang ZA (normativ) aufgeführt.

1 Anwendungsbereich

Dieser Teil von ISO 140 legt ein Verfahren zur Messung der Trittschallübertragung durch Decken in Prüfständen unter Verwendung eines Norm-Hammerwerkes fest. Das Verfahren ist auf Rohdecken und auch auf Decken mit Deckenauflagen anwendbar.

Die erhaltenen Prüfergebnisse können für den Vergleich der trittschalldämmenden Eigenschaften von Decken und zur Klassifizierung von Decken nach ihrer Schalldämmung verwendet werden.

ANMERKUNG 1: Die Messung der Trittschalldämmung von Decken in Gebäuden wird in ISO 140-7 behandelt.

ANMERKUNG 2: Die Messung der Trittschallminderung durch eine Deckenauflage auf einer massiven Bezugsdecke in Prüfständen wird in ISO 140-8 behandelt.

2 Normative Verweisungen

Die folgenden normativen Dokumente enthalten Festlegungen, die durch Verweisung in diesem Text Bestandteil des vorliegenden Teils von ISO 140 sind. Zum Zeitpunkt der Veröffentlichung dieses Teils der ISO waren die angegebenen Ausgaben gültig. Alle Normen unterliegen der Überarbeitung. Vertragspartner, deren Vereinbarungen auf diesem vorliegenden Teil von ISO 140 basieren, werden gebeten, die Möglichkeit zu prüfen, ob die jeweils neuesten Ausgaben der im folgenden genannten Normen angewendet werden können. Die Mitglieder von IEC und ISO führen Verzeichnisse der gegenwärtig gültigen Internationalen Normen.

ISO 140-1 : 1997
Acoustics — Measurement of sound insulation in buildings and of building elements — Part 1: Requirements for laboratory test facilities with suppressed flanking transmission

ISO 140-2 : 1991
Acoustics — Measurement of sound insulation in buildings and of building elements — Part 2: Determination, verification and application of precision data

ISO 354 : 1985
Acoustics — Measurement of sound absorption in a reverberation room

ISO 717-2 : 1996
Acoustics — Rating of sound insulation in buildings and of building elements — Part 2: Impact sound insulation

IEC 60651 : 1979
Sound level meters

IEC 60804 : 1985
Integrating-averaging sound level meters

IEC 60942 : 1988
Sound calibrators

IEC 61260 : 1995
Electroacoustics — Octave band filters and fractional — Octave band filters

3 Definitionen

Für die Anwendung dieses Teils von ISO 140 gelten die folgenden Definitionen:

3.1 mittlerer Schalldruckpegel in einem Raum, L: Der zehnfache dekadische Logarithmus des Verhältnisses des räumlichen und zeitlichen Mittelwertes des Quadrates des Schalldruckes zum Quadrat des Bezugsschalldruckes, wobei der räumliche Mittelwert über dem gesamten Raum gebildet wird, ausgenommen die Teile, bei denen das Direktfeld einer Schallquelle oder das Nahfeld der Raumbegrenzungen (Wände usw.) von deutlichem Einfluß ist. Diese Größe wird in Dezibel angegeben.

Bei Verwendung eines kontinuierlich bewegten Mikrofons wird L bestimmt durch:

$$L = 10 \lg \frac{\frac{1}{T_m} \int_0^{T_m} p^2(t)\, dt}{p_0^2} \text{ dB} \qquad (1)$$

Dabei ist:

p der Schalldruck in Pascal;

p_0 der Bezugsschalldruck, $p_0 = 20\ \mu\text{Pa}$;

T_m die Integrationszeit in Sekunden.

Bei festen Mikrofonpositionen wird L bestimmt durch:

$$L = 10 \lg \frac{p_1^2 + p_2^2 + \ldots + p_n^2}{n \cdot p_0^2} \text{ dB} \qquad (2)$$

Dabei ist:

$p_1, p_2, \ldots, p_n$ Effektivwerte des Schalldruckes an n verschiedenen Stellen im Raum.

In der Praxis werden üblicherweise die Schalldruckpegel L_j gemessen. In diesem Fall wird L bestimmt durch:

$$L = 10 \lg \left(\frac{1}{n} \sum_{j=1}^{n} 10^{L_j/10\,\text{dB}} \right) \text{ dB} \qquad (3)$$

Dabei ist:

L_j der Schalldruckpegel L_1 bis L_n an n verschiedenen Stellen im Raum.

3.2 Trittschallpegel, L_i: Der mittlere Schalldruckpegel in einem Terzband im Empfangsraum, wenn die geprüfte Decke von einer genormten Trittschallquelle angeregt wird. Diese Größe wird in Dezibel angegeben.

3.3 Norm-Trittschallpegel, L_n: Die Summe aus dem Trittschallpegel L_i und einem Korrektionsterm, der in Dezibel angegeben ist. Der Korrektionsterm ist das Zehnfache des dekadischen Logarithmus des Verhältnisses der gemessenen äquivalenten Absorptionsfläche A des Empfangsraumes zu der Bezugs-Absorptionsfläche A_0. Diese Größe wird in Dezibel angegeben:

$$L_n = L_i + 10 \lg \frac{A}{A_0} \text{ dB} \qquad (4)$$

mit $A_0 = 10\ \text{m}^2$.

4 Meßgeräte

Die Meßgeräte müssen den Anforderungen nach Abschnitt 6 entsprechen.

Das Norm-Hammerwerk muß den in Anhang A angegebenen Anforderungen entsprechen.

Die Geräte zur Messung des Schallpegels müssen hinsichtlich der Meßunsicherheit den Anforderungen der Klassen 0 oder 1 nach IEC 60651 und IEC 60804 entsprechen. Um die Messung von Absolutwerten des Schalldruckpegels zu ermöglichen, muß das gesamte Meßsystem einschließlich des Mikrofons vor jeder Messung kalibriert werden. Wenn vom Hersteller der Geräte nicht anders angegeben, muß ein Schallkalibrator der Klasse 1 nach IEC 60942 verwendet werden. Bei Schallpegelmessern, die für Messungen in Schallfeldern von ebenen fortschreitenden Wellen kalibriert sind, müssen Korrekturen für das Diffusfeld angewendet werden.

Die Terzfilter müssen den Anforderungen nach IEC 61260 entsprechen.

Die Geräte zur Messung der Nachhallzeit müssen den Anforderungen nach ISO 354 entsprechen.

ANMERKUNG: Empfehlungen für Zulassungsprüfungen und regelmäßige Konformitätsprüfungen von Schallpegelmessern sind in OIML R 58 [1] und OIML R 88 [2] niedergelegt, für das Norm-Hammerwerk sind diese Empfehlungen in Anhang A angegeben.

5 Prüfanordnung

5.1 Prüfräume

Prüfstände müssen den Anforderungen von ISO 140-1 entsprechen.

5.2 Prüfgegenstand

Die Größe des Prüfgegenstandes wird durch die Größe der Prüföffnung des Prüfstandes nach den Festlegungen in ISO 140-1 bestimmt. Diese Größen betragen etwa 10 m^2 bis 20 m^2, wobei die kürzere Kantenlänge mindestens 2,3 m beträgt.

Der Prüfgegenstand wird vorzugsweise so eingebaut, daß der Aufbau so weit wie möglich der tatsächlichen Ausführung entspricht. Die üblichen Anschlüsse und Abdichtungen am Umfang und an Fugen innerhalb des Prüfgegenstandes müssen sorgfältig nachgebildet werden. Die Art des Einbaus muß im Prüfbericht angegeben werden.

Die Trittschalldämmung von Massivdecken hängt von der Ankopplung an die umgebenden Bauwerkskonstruktionen ab. Für die hinreichende Beschreibung des Einbaus sollte der Verlustfaktor gemessen und angegeben werden (siehe Anhang D).

Der von Flankenbauteilen abgestrahlte Schall sollte vernachlässigbar klein sein, verglichen mit dem abgestrahlten Schall der zu prüfenden Decke. Dies kann nach den in Anhang B angegebenen Verfahren geprüft werden.

6 Durchführung der Prüfung und Auswertung

6.1 Erzeugung des Schallfeldes

Der Trittschall muß mit einem Norm-Hammerwerk erzeugt werden (siehe Anhang A).

Das Norm-Hammerwerk muß an mindestens vier verschiedenen, unregelmäßig verteilt liegenden Stellen auf die zu prüfende Decke gestellt werden. Der Abstand des Hammerwerkes von den Kanten der Decke muß mindestens 0,5 m betragen. Im Falle von anisotropen Deckenkonstruktionen (mit Rippen, Balken usw.) oder rauhen und unregelmäßigen Bodenbelägen können mehr Positionen erforderlich sein. Die Verbindungslinie der Hämmer sollte in einem Winkel von 45° zu der Richtung der Balken oder Rippen verlaufen.

Die Trittschallpegel können nach dem Einschalten des Hammerwerkes eine Zeitabhängigkeit aufweisen. In einem derartigen Fall sollten die Messungen erst begonnen werden, nachdem der Geräuschpegel stationär geworden ist. Falls nach 5 min keine stabilen Bedingungen erreicht worden sind, sollten die Messungen während einer definierten Meßdauer durchgeführt werden. Die Meßdauer muß im Prüfbericht angegeben werden.

Werden Decken mit nachgiebigen Deckenauflagen geprüft, muß das Norm-Hammerwerk den in Anhang A angegebenen besonderen Anforderungen genügen. Ebenfalls in Anhang A sind Anleitungen zur Aufstellung des Norm-Hammerwerkes auf nachgiebigen Deckenauflagen angegeben.

6.2 Messung des Trittschallpegels

6.2.1 Allgemeines

Der Trittschallpegel im Empfangsraum wird entweder mit einem Einzelmikrofon und punktweiser Abtastung auf verschiedenen Positionen, mit einer Anordnung mehrerer feststehender Mikrofone, mit kontinuierlich bewegtem Mikrofon oder mit einem Schwenkmikrofon bestimmt. Die Schalldruckpegel an den unterschiedlichen Mikrofonpositionen müssen für alle Positionen des Norm-Hammerwerkes energetisch gemittelt werden (siehe Gleichungen (1) bis (3)).

6.2.2 Mikrofonpositionen

Die folgenden Abstände sind Mindestwerte:

— 0,7 m zwischen Mikrofonpositionen;

— 0,7 m zwischen jeder Mikrofonposition und den Raumbegrenzungen oder Diffusoren;

— 1,0 m zwischen jeder Mikrofonposition und dem Prüfgegenstand.

ANMERKUNG: Wenn möglich, sollten größere Abstände verwendet werden.

a) Feste Mikrofonpositionen
Mindestens vier Mikrofonpositionen müssen verwendet werden; diese müssen gleichmäßig innerhalb des für Messungen zulässigen Bereichs im Raum verteilt sein.

b) Bewegte Mikrofonpositionen
Bei Verwendung eines bewegten Mikrofons muß der Bahnradius mindestens 0,7 m betragen. Die Bahnebene muß gegen die Raumbegrenzungsflächen (Wand, Boden, Decke) um mindestens 10° geneigt sein, um einen großen Anteil des für Messungen zulässigen Raumbereichs zu erfassen. Die Dauer der Bahnperiode darf nicht kleiner als 15 s sein.

6.2.3 Messungen

a) feste Mikrofonpositionen
Die Mindestanzahl der Messungen mit festen Mikrofonpositionen beträgt sechs, eine Kombination von mindestens vier Mikrofonpositionen und von mindestens vier Positionen des Hammerwerks muß verwendet werden.

Zum Beispiel ergeben zwei Mikrofonpositionen und zwei Positionen des Hammerwerks Messungen für alle vier möglichen Kombinationen. Für die anderen zwei Mikrofonpositionen und die zwei Positionen des Hammerwerks ergeben sich Messungen auf einer 1 : 1-Zuordnung.

b) bewegte Mikrofonpositionen
Die Mindestanzahl der Messungen mit bewegten Mikrofonpositionen beträgt vier.

(Zum Beispiel eine Messung für jede Position des Hammerwerks.)

Wenn sechs oder acht Positionen des Hammerwerks verwendet werden, können Messungen mit einer bewegten Mikrofonposition oder mit zwei bewegten Mikrofonpositionen durchgeführt werden.

6.2.4 Mittelungszeit

Die Dauer der Mittelwertbildung muß an jeder einzelnen Mikrofonposition in jedem Frequenzband mit einer Band-Mittenfrequenz unterhalb von 400 Hz mindestens 6 s betragen. Für Bänder mit höheren Band-Mittenfrequenzen darf die Dauer auf 4 s, jedoch nicht darunter, verringert werden. Bei Verwendung eines bewegten Mikrofons muß die Mittelungszeit eine ganze Anzahl von Bahnumläufen erfassen und darf nicht kleiner als 30 s sein.

6.3 Meßfrequenzbereich

Der Schalldruckpegel muß mit Terzfiltern mindestens bei folgenden Mittenfrequenzen in Hertz gemessen werden:

100	125	160	200	250	315
400	500	630	800	1 000	1 250
1 600	2 000	2 500	3 150	4 000	5 000

Werden Zusatzinformationen im tiefen Frequenzbereich benötigt, werden Terzfilter mit folgenden Mittenfrequenzen in Hertz verwendet:

50	63	80

Für die Durchführung derartiger Zusatzmessungen in tiefen Frequenzbändern wird eine Anleitung in Anhang C gegeben.

6.4 Messung der Nachhallzeit und Berechnung der äquivalenten Schallabsorptionsfläche

Der Korrektionsterm in Gleichung (4), der die äquivalente Schallabsorptionsfläche enthält, wird aus der nach ISO 354 gemessenen Nachhallzeit bestimmt und nach der Sabineschen Formel berechnet:

$$A = \frac{0{,}16\ V}{T} \qquad (5)$$

Dabei ist:

A die äquivalente Schallabsorptionsfläche, in Quadratmeter;

V das Volumen des Empfangsraumes, in Kubikmeter;

T die Nachhallzeit im Empfangsraum, in Sekunden.

Nach ISO 354 muß die Ermittlung der Nachhallzeit aus der Abklingkurve etwa 0,1 s nach Abschalten der Schallquelle oder mit einem Schalldruckpegel beginnen, der einige Dezibel geringer ist als der zu Beginn des Abklingens. Der verwendete Bereich darf nicht weniger als 20 dB und nicht so lang sein, daß der betrachtete Abklingverlauf nicht mehr durch eine Gerade angenähert werden kann. Die untere Grenze dieses Bereiches muß mindestens 10 dB über dem Fremdgeräuschpegel liegen.

Für jedes Frequenzband werden mindestens sechs Abklingverläufe ausgewertet. Es müssen in jedem Fall mindestens eine Lautsprecher- und drei Mikrofonpositionen mit je zwei Abklingkurven verwendet werden.

Bewegte Mikrofone nach 6.2.2 dürfen benutzt werden, wenn die Bahnumlaufzeit mindestens 30 s beträgt.

6.5 Fremdgeräuschkorrektur

Es müssen Messungen der Fremdgeräuschpegel durchgeführt werden, um sicherzustellen, daß die Meßwerte im Empfangsraum nicht durch Störschall, wie z. B. Geräusche außerhalb des Prüfraumes oder elektrisches Rauschen im Empfangssystem, beeinflußt werden. Um den zuletzt genannten Zustand zu prüfen, wird das Mikrofon durch einen Mikrofonersatz ersetzt. Es muß dafür Sorge getragen werden, daß der vom Hammerwerk erzeugte und in den Empfangsraum übertragene Luftschall den Trittschallpegel im Empfangsraum nicht beeinflußt.

Der Fremdgeräuschpegel muß mindestens 6 dB (und vorzugsweise mehr als 15 dB) unter dem Pegel der Kombination aus Signal und Fremdgeräusch liegen. Ist die Schallpegeldifferenz geringer als 15 dB, jedoch größer als 6 dB, müssen Korrekturen des Signalpegels nach folgender Gleichung berechnet werden:

$$L = 10 \lg \left(10^{L_{sb}/10\,dB} - 10^{L_b/10\,dB}\right) dB \qquad (6)$$

Dabei ist:

L der korrigierte Signalpegel, in Dezibel;

L_{sb} der Pegel der Kombination aus Signal und Fremdgeräusch, in Dezibel;

L_b der Fremdgeräuschpegel, in Dezibel.

Ist die Schallpegeldifferenz in einem der Frequenzbänder kleiner als oder gleich 6 dB, muß der Korrekturwert von 1,3 dB verwendet werden, entsprechend einer Differenz von 6 dB. In diesem Fall muß L_n im Prüfbericht so angegeben werden, daß deutlich ersichtlich ist, daß die angegebenen Werte für L_n die Meßgrenze darstellen (siehe k) von Abschnitt 9).

7 Präzision

Das Meßverfahren muß eine zufriedenstellende Wiederholgrenze ergeben. Diese muß nach dem in ISO 140-2 angegebenen Verfahren bestimmt und von Zeit zu Zeit überprüft werden, insbesondere dann, wenn eine Änderung im Verfahren oder der gerätetechnischen Ausrüstung vorgenommen wurde.

ANMERKUNG: Zahlenwerte zu den Anforderungen an die Wiederholgrenze sind in ISO 140-2 angegeben.

8 Darstellung der Ergebnisse

Zur Darstellung der Trittschalldämmung des Prüfgegenstandes muß der Norm-Trittschallpegel L_n bei allen Meßfrequenzen auf eine Dezimalstelle hinter dem Komma in tabellarischer und in Kurvenform angegeben werden. Kurven im Prüfbericht müssen die Pegel in Dezibel über der Frequenz in logarithmischem Maßstab zeigen, und folgende Maße müssen verwendet werden:

— 5 mm für eine Terz;

— 20 mm für 10 dB.

Der Vordruck nach Anhang E wird bevorzugt verwendet. Als Kurzfassung des Prüfberichtes werden alle Informationen von Wichtigkeit, die den Prüfgegenstand, das Prüfverfahren und die Prüfergebnisse betreffen, angegeben.

Werden Ergebnisse der Ermittlung des Norm-Trittschallpegels auch in Oktavbändern benötigt, müssen diese Werte mit Gleichung (7) aus den drei Terzbändern für das jeweilige Oktavband umgerechnet werden:

$$L_{n,\,Okt} = 10 \lg \left(\sum_{j=1}^{3} 10^{L_{n,\,Terz,\,j}/10\,dB} \right) dB \qquad (7)$$

Wenn das Prüfverfahren wiederholt wird, ist der arithmetische Mittelwert aller Meßergebnisse in jedem Frequenzband zu berechnen.

9 Prüfbericht

Der Prüfbericht muß enthalten:

a) Verweisung auf ISO 140-6;

b) Name und Adresse der die Messungen durchführenden Prüfstelle;

c) Name des Herstellers und Produktkennzeichnung;

d) Name und Adresse der Organisation oder der Person, die den Prüfauftrag gab (Kunde);

e) Prüfdatum;

f) Beschreibung des Prüfgegenstandes mit Schnittzeichnungen, falls angemessen, und Einbaubedingungen, einschließlich Größe, Dicke, flächenbezogene Masse, Vorbehandlungszeit und Beschaffenheit der Bauteile; Angabe, wer den Prüfgegenstand eingebaut hat (Prüfinstitut oder Hersteller);

g) Volumen des Empfangsraumes;

h) Lufttemperatur und Luftfeuchte in den Meßräumen (wenn von Bedeutung);

i) Norm-Trittschallpegel des Prüfgegenstandes als Funktion der Frequenz;

j) Kurzbeschreibung von Einzelheiten des Verfahrens und der Meßgeräte;

k) Angabe von Ergebnissen, die als Meßgrenzen anzusehen sind. Sie müssen als $L_n \leq \ldots$ dB angegeben werden. Die Angabe muß erfolgen, wenn der Schalldruckpegel in einem Band infolge des Fremdgeräuschpegels (akustisch oder elektrisch, siehe 6.5) nicht meßbar ist;

l) die Flankenübertragung (sofern gemessen (siehe Anhang B)) in der gleichen Form wie L_n. Es sollte so deutlich wie möglich angegeben werden, welcher Teil oder welche Teile des übertragenen Schalles in der Messung der Flankenübertragung enthalten ist (sind);

m) Gesamtverlustfaktor η_{Gesamt} (sofern gemessen (siehe Anhang D)) bei allen Meßfrequenzen in tabellarischer und/oder Kurvenform.

Zur Ermittlung der Einzahl-Angabe aus der Kurve L_n(f) siehe ISO 717-2. Es muß deutlich angegeben werden, daß die Ermittlung auf einem Ergebnis beruht, das in einem Prüfstand gewonnen wurde.

Anhang A (normativ)

Anforderungen an das Norm-Hammerwerk

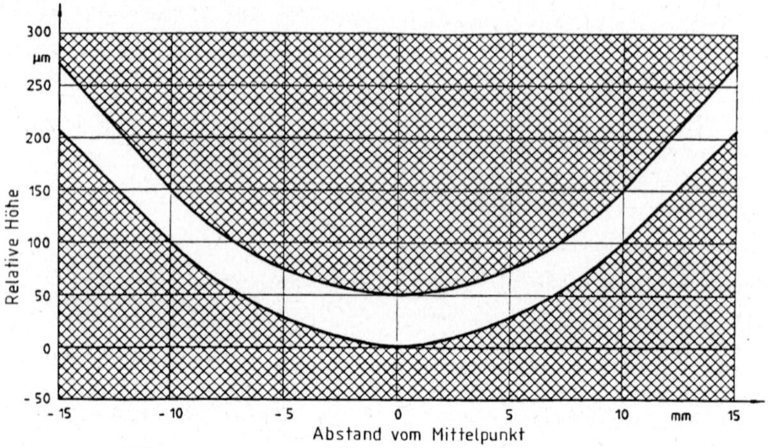

ANMERKUNG: Die relative Höhe in der Mitte kann frei innerhalb 0 bis 50 µm gewählt werden, um die Kurvenform des Hammerkopfes in den Toleranzgrenzen einzupassen.

Bild A.1: Toleranzbereich für die Kurvenform der Hammerköpfe

Das Gerät muß geeignet sein, den Anforderungen in Abschnitt 6 zu genügen.

Das Hammerwerk muß fünf Hämmer haben, die entlang einer Geraden angeordnet sind. Der Abstand zwischen den Achsen benachbarter Hämmer muß (100 ± 3) mm betragen.

Der Abstand zwischen jeweils der Mitte der Hammerwerksfüße und den Achsen der benachbarten Hämmer muß mindestens 100 mm betragen. Die Füße müssen mit schwingungsisolierenden Auflagen ausgestattet sein.

Der Impuls von jedem Hammer, der die Decke trifft, muß dem einer effektiven Masse von 500 g entsprechen, die frei aus einer Höhe von 40 mm fällt, innerhalb einer Toleranzgrenze für den Impuls von ±5 %. Da die Reibung der Hammerführung zu berücksichtigen ist, muß sichergestellt werden, daß nicht nur die Masse des Hammers und die Fallhöhe, sondern auch die Geschwindigkeit des Hammers beim Aufschlag innerhalb folgender bestimmter Grenzen liegen: Die Masse jedes Hammers muß (500 ± 12) g betragen, woraus folgt, daß die Geschwindigkeit beim Aufschlag (0,886 ± 0,022) m/s betragen muß. Die Toleranzgrenze der Geschwindigkeit darf bis zu einem Höchstwert von ±0,033 m/s angehoben werden, wenn sichergestellt ist, daß die Masse des Hammers innerhalb der entsprechend verringerten Grenzen von (500 ± 6) g liegt.

Die Fallrichtung der Hämmer muß innerhalb ±0,5° senkrecht auf der Prüfoberfläche stehen.

Der Teil des Hammers mit der Schlagfläche muß zylindrisch sein mit einem Durchmesser von (30 ± 0,2) mm. Die Schlagfläche muß aus gehärtetem Stahl und sphärisch sein mit einem Kugelradius von (500 ± 100) mm. Die Überprüfung der Erfüllung dieser Anforderung kann auf folgende Arten geschehen:

a) Die Kurvenform der Schlagfläche gilt als übereinstimmend mit den Anforderungen, falls die Meßergebnisse bei Anlegen einer Meßvorrichtung entlang mindestens zweier senkrecht aufeinanderstehender Linien durch den Mittelpunkt der Oberfläche innerhalb der in Bild A.1 angegebenen Toleranzen liegen.

   Die Kurven von Bild A.1 beschreiben einen Kugelradius von 500 mm. Der Abstand zwischen den Kurven ist die kleinste Entfernung, die es erlaubt, daß sowohl ein Radius von 400 mm als auch von 600 mm in die Toleranzgrenzen fällt. Die Meßunsicherheit der Messungen darf höchstens 0,01 mm betragen.

b) Die Kurvenform der Hammerköpfe kann unter Verwendung eines Sphärometers gemessen werden, mit drei Fühlern, die auf einem Kreis mit einem Durchmesser von 20 mm liegen.

Das Hammerwerk muß automatisch angetrieben sein. Die mittlere Zeit zwischen den Hammerschlägen muß (100 ± 5) ms betragen. Die Zeit zwischen aufeinanderfolgenden Aufschlägen muß (100 ± 20) ms betragen.

Die Zeit zwischen Aufschlag und Abheben des Hammers muß kleiner als 80 ms sein.

Für Norm-Hammerwerke, die für Prüfungen der Trittschalldämmung von Decken mit weichen Belägen oder unebenen Oberflächen verwendet werden, muß sichergestellt sein, daß es den Hämmern möglich ist, mindestens 4 mm unter die Ebene zu fallen, auf der die Füße des Hammerwerkes stehen.

Alle Einstellungen an dem Norm-Hammerwerk und Überprüfungen der Erfüllung der Anforderungen müssen auf einer ebenen harten Oberfläche durchgeführt werden, und das Hammerwerk muß in diesem Zustand auf jeder Art von zu prüfenden Deckenauflagen verwendet werden.

Wenn die Prüfoberfläche eine extrem weiche Auflage hat, oder wenn die Oberfläche so uneben ist, daß die Hämmer nicht die erforderlichen 40 mm auf die Oberfläche fallen konnen, auf der die Füße stehen, dürfen Unterlagen unter die Füße gesetzt werden, um die korrekte Fallhöhe von 40 mm sicherzustellen.

Die Erfüllung der Anforderungen muß in regelmäßigen Abständen unter Prüfstandsbedingungen überprüft werden. Die Prüfung muß auf einer Prüf-Oberfläche mit einer Ebenheit von ±0,1 mm und einer horizontalen Lage innerhalb von ±0,1° durchgeführt werden.

Einige der Parameter brauchen nur einmal vermessen zu werden, es sei denn, das Hammerwerk wird verändert. Dies betrifft die Abstände zwischen den Hämmern, die Füße des Hammerwerkes, den Durchmesser der Hämmer, die Masse der Hämmer (es sei denn, die Hammerköpfe sind geglättet worden), die Zeit zwischen Aufschlag und Heben sowie die maximal mögliche Fallhöhe der Hämmer.

Die Fallgeschwindigkeit der Hämmer, ihr Durchmesser und die Kurvenform der Hammerköpfe, die Fallrichtung der Hämmer und die Zeit zwischen den Aufschlägen müssen regelmäßig geprüft werden.

Die Unsicherheit der Überprüfungs-Messungen darf höchstens 20 % der Toleranzwerte betragen.

Anhang B (informativ)

Messung der Flankenübertragung

Wenn die Flankenübertragung untersucht werden muß, kann dies durch Messen der mittleren Schnellepegel auf dem Prüfgegenstand und auf den flankierenden Oberflächen im Empfangsraum erfolgen. Der mittlere Oberflächenschnellepegel L_v des Prüfgegenstandes wird in Dezibel angegeben und ist gegeben durch:

$$L_v = 10 \lg \left(\frac{v_1^2 + v_2^2 + \ldots + v_n^2}{n \cdot v_0^2} \right) \text{dB} \tag{B.1}$$

Dabei ist:

$v_1, v_2, \ldots, v_n$ der Effektivwert der zur Oberfläche senkrechten Komponenten der Oberflächenschnellen an n unterschiedlichen Positionen des Prüfgegenstandes;

v_0 die Bezugsschnelle mit $v_0 = 10^{-9}$ m/s[1)].

ANMERKUNG: In der Bauakustik ist auch die Bezugsschnelle von $5 \cdot 10^{-8}$ m/s im Gebrauch. Deshalb sollte die in Gleichung (B.1) verwendete Bezugsschnelle immer angegeben werden.

Der verwendete Schwingungsaufnehmer sollte fest an der Oberfläche befestigt werden, und seine Masseimpedanz sollte gegenüber der Punktimpedanz der Oberfläche ausreichend gering sein.

Wenn die kritische Frequenz des Prüfgegenstandes oder der flankierenden Teile verglichen mit dem interessierenden Frequenzbereich tief ist, kann die von einem speziellen Element k mit der Fläche S_k in den Empfangsraum abgestrahlte Leistung W_k abgeschätzt werden durch:

$$W_k = \varrho c S_k \overline{v_k^2} \sigma_k \tag{B.2}$$

Dabei ist:

$\overline{v_k^2}$ der räumliche Mittelwert des mittleren Quadrates der senkrechten Komponente der Oberflächenschnelle;

σ_k der Abstrahlgrad, ein Zahlenwert von etwa 1 oberhalb der Koinzidenz-Grenzfrequenz;

ϱc die Kennimpedanz von Luft.

Aus dem mittleren Oberflächenschnellepegel L_v kann der mittlere Schalldruckpegel im Empfangsraum infolge Abstrahlung des k-ten Flankenelementes berechnet werden nach der Gleichung:

$$L_k = L_{vk} + 10 \lg \frac{4S_k}{A} \text{dB} - C \tag{B.3}$$

mit

C = 34 dB wenn $v_0 = 10^{-9}$ m/s verwendet wird;

C = 0 dB wenn $v_0 = 5 \cdot 10^{-8}$ m/s verwendet wird.

Der resultierende Schalldruckpegel aller flankierenden Bauwerksteile ist:

$$L_{Df} = 10 \lg \left(\sum_k 10^{L_k/10\text{dB}} \right) \text{dB} \tag{B.4}$$

Anhang C (informativ)

Anleitung für Messungen in den unteren Frequenzbändern

C.1 Allgemeines

In den unteren Frequenzbändern (im allgemeinen unterhalb etwa 400 Hz und insbesondere unterhalb 100 Hz) können die Bedingungen eines diffusen Schallfeldes in den Prüfräumen nicht erwartet werden, speziell dann nicht, wenn die Raumvolumina nur 50 m³ bis 100 m³ betragen. Die allgemeine Anforderung, daß die Raumabmessungen mindestens eine Wellenlänge betragen sollten, kann für die tiefsten Bänder nicht erfüllt werden. Die kleine Anzahl der Eigenfrequenzen des Raumes in den Bändern sind der Grund für die Ausbildung stehender Wellen im gesamten Raum.

Um die Streuung der Meßergebnisse zu verringern, ist zusätzlicher Aufwand hinsichtlich der Erregung und der Abtastung des Schallfeldes im Empfangsraum und bezüglich der speziellen Anforderungen, denen der Raum zu genügen hat, notwendig.

Räume mit kleinen Volumen und ungünstigen Abmessungen sind für Messungen bei tiefen Frequenzen nicht geeignet. Es sollte mindestens eine Raumabmessung einer Wellenlänge und eine weitere mindestens einer halben Wellenlänge der tiefsten Bandmittenfrequenz entsprechen, und es muß Raum vorhanden sein, die Mikrofone nach den Anforderungen zu positionieren.

C.2 Mindestabstände

Zu den Raumbegrenzungen hin wird unterhalb eines Abstandes von etwa einem Viertel einer Wellenlänge eine starke Schalldruckpegelerhöhung gemessen. Die Mindestabstände (siehe 6.2.1) sind linear zu erhöhen und für Messungen im 50-Hz-Band zu verdoppeln. Für den Abstand zwischen den Mikrofonpositionen und den Raumbegrenzungen sollten etwa 1,2 m die untere Grenze sein.

[1)] Siehe ISO 1683

C.3 Abtastung des Schallfeldes

Zur Erzielung eines zuverlässigen räumlichen Mittelwertes der Schalldruckpegel sollte die Anzahl der Mikrofonpositionen erhöht werden. Die Mikrofonpositionen sollten gleichmäßig über das zulässige Volumen des Raumes verteilt werden. Bei Verwendung eines bewegten Mikrofons sollten alle Teile des zulässigen Volumens des Raumes gleichmäßig abgetastet werden. Bei sehr tiefen Frequenzen, bei denen die Raumabmessungen in den Bereich einer halben Wellenlänge gelangen, werden extrem niedrige Schalldruckwerte im Mittelteil des Raumes gefunden. Deshalb müssen auch außerhalb dieses Bereiches geeignete Mikrofonpositionen angeordnet werden.

C.4 Mittelungszeit

Infolge der geringeren Bandbreite der Filter und der geringen Überlappung der Moden sollten die Mittelungszeiten für Messungen im 50 Hz-Band auf mindestens 15 s erhöht werden (etwa das Dreifache verglichen mit den Anforderungen an Messungen bei 100 Hz). Bei Verwendung eines bewegten Mikrofons sollte die Mittelungszeit mindestens 60 s betragen.

C.5 Nachhallzeit

Bei sehr tiefen Frequenzen neigen Prüfräume zu sehr langen Nachhallzeiten. Dies sollte durch Verbesserung der Überlappung der Moden vermieden werden, um die Dominanz einzelner Eigenschwingungen im Raum zu verringern. Absorber im Raum sollten gut verteilt sein. Es sollten Gipskartonplatten mit Mineralwolleschichten an den Wänden und der Decke und ein schwimmender Estrich verwendet werden.

Anhang D (informativ)

Messung des Gesamtverlustfaktors

D.1 Allgemeines

Es wird ein physikalisches System betrachtet, das über schwache Kopplung Energie mit anderen Systemen austauscht.

E ist die Schwingungsenergie des Systems in einem Frequenzband ($f \pm \Delta f$) unter stationären Bedingungen. Durch äußere Kräfte wird die Energie ΔE in demselben Frequenzband und während einer Dauer, die der Frequenz f entspricht, in das System eingeleitet, um E konstant zu halten. Dann ist der Gesamtverlustfaktor η_{Gesamt} gegeben durch:

$$\eta_{\text{Gesamt}} = \frac{\Delta E}{2\pi \cdot E} \quad \text{(D.1)}$$

Beispielsweise kann das System eine Wand oder eine Gruppe fest gekoppelter Wände von etwa derselben flächenbezogenen Masse sein.

Die anderen Systeme können ein Luftvolumen oder eine weitere Wand oder Trennwand unterschiedlicher Masse sein, die über nachgiebige Verbindungen an das System angekoppelt oder befestigt sind. Der Gesamtverlustfaktor beinhaltet innere Verluste, Kanten- und Strahlungsverluste.

D.2 Messungen

Die Beziehung zwischen η_{Gesamt} und der Nachhallzeit des Systems T_{R} ist bei Anregung durch eine impulsartige Kraft gegeben durch:

$$\eta_{\text{Gesamt}} = \frac{2{,}2}{f \cdot T_{\text{R}}} \quad \text{(D.2)}$$

Die Nachhallzeit kann durch Messen der Schnelle oder Beschleunigung an unterschiedlichen Punkten des Systems abgeschätzt werden. Es wird vorgeschlagen, daß die Nachhallzeit aus der Abklingkurve zwischen 5 dB und 20 dB unterhalb des maximalen Pegels berechnet werden sollte. Es sollten von einer typischen Wandkonstruktion (10 m^2 bis 20 m^2) die Mittelwerte von 12 Abklingkurven verwendet werden, in der Regel zwei Meßpunkte mal drei Erregungspunkte mal zwei Abklingverläufe je Punkt.

Die Erregung kann durch den Schlag eines Schwingungserregers oder eines mit Gummikappen versehenen Hammers erfolgen. Die Hammermasse sollte etwa derjenigen von 100 cm^2 der angeregten Wand entsprechen.

Die Nachhallzeit beträgt oft nur 20 ms, so daß die übliche Signalverarbeitung für Nachhallzeitmessungen von Luftschall nicht verwendet werden kann. Um den Einfluß der Filter und des Effektivwert-Meßgerätes auf die Abklingkurven zu vermeiden, kann das folgende Verfahren benutzt werden.

Die Abklingkurve wird mit einem Magnetbandgerät oder einem Transientenrekorder aufgezeichnet und zeitinvertiert sowie, wenn nötig, mit geringerer Geschwindigkeit wiedergegeben. Die Messungen müssen unter Verwendung von transponierten Filtern durchgeführt werden. Das Produkt aus der Filterbandbreite B und der gemessenen Nachhallzeit sollte 16 für zeitrichtige Analyse und vier für zeitinvertierte Analyse betragen. Es sollte ein spezieller Effektivwert-Detektor mit einer kleinen Zeitkonstante verwendet werden. Die äquivalente Nachhallzeit T_{rms} eines Effektivwert-Detektors mit der Zeitkonstanten τ beträgt $T_{\text{rms}} = 13{,}8\ \tau$. Es sollte für eine zeitrichtige Auswertung T_{rms} etwa die Hälfte der gemessenen Nachhallzeit sein und bei zeitinvertierter Auswertung bis zu der vierfachen gemessenen Nachhallzeit.

Anhang E (informativ)

Vordruck für die Darstellung der Ergebnisse

Dieser Anhang zeigt ein Beispiel für die Darstellung der Prüfergebnisse von Messungen der Trittschalldämmung von Decken in Prüfständen.

Die Bezugskurve in der Diagrammvorlage ist ISO 717-2 entnommen. Die neueste Fassung dieser Norm wird angewendet. Die Bezugskurve sollte ergänzt oder zumindest durch die verschobene Bezugskurve entsprechend dem in ISO 717-2 festgelegten Verfahren ersetzt werden.

Norm-Trittschallpegel nach ISO 140-6

Messung der Trittschalldämmung von Decken in Prüfständen

Hersteller:
Auftraggeber:
Prüfgegenstand eingebaut von:
Beschreibung des Prüfgegenstandes:

Produktbezeichnung:
Kennzeichnung der Prüfräume:
Prüfdatum:

Flächenbezogene Masse: kg/m^2
Abbindezeit: h
Lufttemp. in den Prüfräumen: °C
Luftfeuchte in den Prüfräumen: %
Volumen des Empfangsraumes: m^3

Frequenz f Hz	L_n Terz dB
50 63 80	
100 125 160	
200 250 315	
400 500 630	
800 1 000 1 250	
1 600 2 000 2 500	
3 150 4 000 5 000	

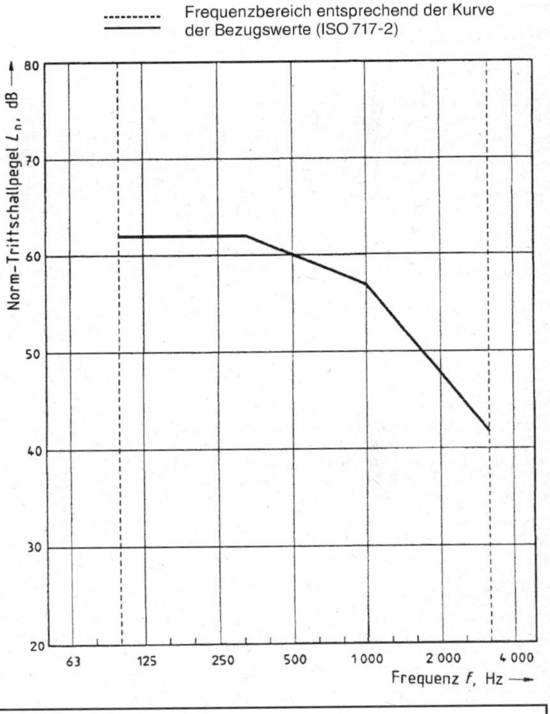

Bewertung nach ISO 717-2:

$L_{n,w}(C_I)$ = ( ) dB; $C_{I,\,50-2500}$ = dB

Die Ermittlung basiert auf Prüfstands-Meßergebnissen, die in Terzbändern gewonnen wurden.

Nr. des Prüfberichtes:
Name des Prüfinstituts:
Datum:
Unterschrift:

Anhang F (informativ)

Literaturhinweise

[1] OIML R 58 : 1984 Sound level meter[2)]

[2] OIML R 88 : 1989 Integrating-averaging sound level meters[2)]

[3] ISO 140-7 : 1998 Acoustics — Measurement of sound insulation in buildings and of building elements — Part 7: Field measurements of impact sound insulation of floors

[4] ISO 140-8 : 1998 Acoustics — Measurement of sound insulation in buildings and of building elements — Part 8: Laboratory measurements of the reduction of transmitted impact noise by floor coverings on a heavyweight standard floor

[5] ISO 1683 : 1983 Acoustics — Preferred reference quantities for acoustics levels

Anhang ZA (normativ)

Normative Verweisungen auf internationale Publikationen mit ihren entsprechenden europäischen Publikationen

Diese Europäische Norm enthält durch datierte oder undatierte Verweisungen Festlegungen aus anderen Publikationen. Diese normativen Verweisungen sind an den jeweiligen Stellen im Text zitiert, und die Publikationen sind nachstehend aufgeführt. Bei datierten Verweisungen gehören spätere Änderungen oder Überarbeitungen dieser Publikationen nur zu dieser Europäischen Norm, falls sie durch Änderung oder Überarbeitung eingearbeitet sind. Bei undatierten Verweisungen gilt die letzte Ausgabe der in Bezug genommenen Publikation.

Publikation	Jahr	Titel	EN	Jahr
ISO 140-1	1997	Acoustics — Measurement of sound insulation in buildings and of building elements — Part 1: Requirements for laboratory test facilities with suppressed flanking transmission	EN ISO 140-1	1997
ISO 140-2	1991	Acoustics — Measurement of sound insulation in buildings and of building elements — Part 2: Determination, verification and application of precision data	EN 20140-2	1993
ISO 140-8	1997	Acoustics — Measurement of sound insulation in buildings and of building elements — Part 8: Laboratory measurements of the reduction of transmitted impact noise by floor coverings on a heavyweight standard floor	EN ISO 140-8	1997
ISO 354	1985	Acoustics — Measurement of sound absorption in a reverberation room	EN ISO 354	1993
ISO 717-2	1996	Acoustics — Rating of sound insulation in buildings and of building elements — Part 2: Impact sound insulation	EN ISO 717-2	1996

[2)] Diese Dokumente können bezogen werden von: Organisation internationale de métrologie légale, 11 rue Turgot, 75009 Paris, France

Dezember 1998

Akustik Messung der Schalldämmung in Gebäuden und von Bauteilen Teil 7: Messung der Trittschalldämmung von Decken in Gebäuden (ISO 140-7 : 1998) Deutsche Fassung EN ISO 140-7 : 1998	DIN EN ISO 140-7

ICS 91.120.20

Deskriptoren: Trittschalldämmung, Gebäude, Schalldämmung, Messung, Dicke

Mit
DIN EN 20140-3 : 1995-03,
DIN EN ISO 140-4 : 1998-12,
DIN EN ISO 140-6 : 1998-12 und
DIN EN ISO 140-8 : 1998-03
Ersatz für
DIN 52210-1 : 1984-08

Acoustics —
Measurement of sound insulation in buildings and of building elements —
Part 7: Field measurements of impact sound insulation of floors
(ISO 140-7 : 1998);
German version EN ISO 140-7 : 1998

Acoustique —
Mesurage de l'isolation acoustique des immeubles et des éléments de construction —
Partie 7: Mesurage in situ de la transmission des bruits de choc par les planchers (ISO 140-7 : 1998);
Version allemande EN ISO 140-7 : 1998

Die Europäische Norm EN ISO 140-7 : 1998 hat den Status einer Deutschen Norm.

Nationales Vorwort

Die Internationale Norm ISO 140-7 ist im Komitee ISO/TC 43/SC 2 „Bauakustik" in Abstimmung mit dem Europäischen Komitee CEN/TC 126 „Akustische Eigenschaften von Baustoffen und Bauteilen und von Gebäuden" unter intensiver deutscher Mitarbeit erarbeitet worden. Für die deutsche Mitarbeit ist der Arbeitsausschuß NMP 231 „Schalldämmung und Schallabsorption, Messung und Bewertung" des Normenausschusses Materialprüfung (NMP) verantwortlich.

Für die im Inhalt zitierten Internationalen Normen wird im folgenden auf die entsprechenden Deutschen Normen hingewiesen:

ISO 140-1	siehe DIN EN ISO 140-1
ISO 140-2	siehe DIN EN 20140-2
ISO 140-3	siehe DIN EN 20140-3
ISO 140-6	siehe DIN EN ISO 140-6
ISO 140-8	siehe DIN EN ISO 140-8
ISO 354	siehe DIN EN 20354
ISO 717-2	siehe DIN EN ISO 717-2
IEC 60651	siehe DIN EN 60651
IEC 60804	siehe DIN EN 60804
IEC 60942	siehe DIN EN 60942
IEC 61260	siehe DIN EN 61260

Änderungen

Gegenüber DIN 52210-1 : 1984-08 wurden folgende Änderungen vorgenommen:

— Inhalt vollständig überarbeitet.

Frühere Ausgaben

DIN 52211: 1953-09
DIN 52210: 1952-07, 1960x-03
DIN 52210-1: 1975-07, 1984-08

Fortsetzung Seite 2
und 13 Seiten EN

Normenausschuß Materialprüfung (NMP) im DIN Deutsches Institut für Normung e.V.
Normenausschuß Bauwesen (NABau) im DIN
Normenausschuß Akustik, Lärmminderung und Schwingungstechnik (NALS) im DIN und VDI

Nationaler Anhang NA (informativ)

Literaturhinweise

DIN EN 20140-2
Akustik — Messung der Schalldämmung in Gebäuden und von Bauteilen — Teil 2: Angaben von Genauigkeitsanforderungen (ISO 140-2 : 1991); Deutsche Fassung EN 20140-2 : 1993

DIN EN 20140-3
Akustik — Messung der Schalldämmung in Gebäuden und von Bauteilen — Teil 3: Messung der Luftschalldämmung von Bauteilen in Prüfständen (ISO 140-3 : 1995); Deutsche Fassung EN 20140-3 : 1993

DIN EN 20354
Akustik — Messung der Schallabsorption im Hallraum (ISO 354 : 1985); Deutsche Fassung EN 20354 : 1993

DIN EN 60651
Schallpegelmesser (IEC 60651 : 1979 + A1 : 1993); Deutsche Fassung EN 60651 : 1994 + A1 : 1994

DIN EN 60804
Integrierende mittelwertbildende Schallpegelmesser (IEC 60804 : 1985 + A1 : 1989 und A2 : 1993); Deutsche Fassung EN 60804 : 1994 + A2 : 1994

DIN EN 60942
Elektroakustik — Schallkalibratoren (IEC 60942 : 1997); Deutsche Fassung EN 60942 : 1998

DIN EN 61260
Elektroakustik — Bandfilter für Oktaven und Bruchteile von Oktaven (IEC 61260 : 1995), Deutsche Fassung EN 61260 : 1995

DIN EN ISO 140-1
Akustik — Messung der Schalldämmung in Gebäuden und von Bauteilen — Teil 1: Anforderungen an Prüfstände mit unterdrückter Flankenübertragung (ISO 140-1 : 1997); Deutsche Fassung EN ISO 140-1 : 1997

DIN EN ISO 140-6
Akustik — Messung der Schalldämmung in Gebäuden und von Bauteilen — Teil 6: Messung der Trittschalldämmung von Decken in Prüfständen (ISO 140-6 : 1998); Deutsche Fassung EN ISO 140-6 : 1998

DIN EN ISO 140-8
Akustik — Messung der Schalldämmung in Gebäuden und von Bauteilen — Teil 8: Messung der Trittschalldämmung durch eine Deckenauflage auf einer massiven Bezugsdecke in Prüfständen (ISO 140-8 : 1997); Deutsche Fassung EN ISO 140-8 : 1997

DIN EN ISO 717-2
Akustik — Bewertung der Schalldämmung in Gebäuden und von Bauteilen — Teil 2: Trittschalldämmung (ISO 717-2 : 1996); Deutsche Fassung EN ISO 717-2 : 1996

EUROPÄISCHE NORM
EUROPEAN STANDARD
NORME EUROPÉENNE

EN ISO 140-7

August 1998

ICS 91.120.20

Deskriptoren:

Deutsche Fassung

Akustik

Messung der Schalldämmung in Gebäuden und von Bauteilen

Teil 7: Messung der Trittschalldämmung von Decken in Gebäuden (ISO 140-7 : 1998)

Acoustics — Measurement of sound insulation in buildings and of building elements — Part 7: Field measurements of impact sound insulation of floors (ISO 140-7 : 1998)

Acoustique — Mesurage de l'isolation acoustique des immeubles et des éléments de construction — Partie 7: Mesurage in situ de la transmission des bruits de choc par les planchers (ISO 140-7 : 1998)

Diese Europäische Norm wurde von CEN am 14. August 1998 angenommen.

Die CEN-Mitglieder sind gehalten, die CEN/CENELEC-Geschäftsordnung zu erfüllen, in der die Bedingungen festgelegt sind, unter denen dieser Europäischen Norm ohne jede Änderung der Status einer nationalen Norm zu geben ist.

Auf dem letzten Stand befindliche Listen dieser nationalen Normen mit ihren bibliographischen Angaben sind beim Zentralsekretariat oder bei jedem CEN-Mitglied auf Anfrage erhältlich.

Diese Europäische Norm besteht in drei offiziellen Fassungen (Deutsch, Englisch, Französisch). Eine Fassung in einer anderen Sprache, die von einem CEN-Mitglied in eigener Verantwortung durch Übersetzung in seine Landessprache gemacht und dem Zentralsekretariat mitgeteilt worden ist, hat den gleichen Status wie die offiziellen Fassungen.

CEN-Mitglieder sind die nationalen Normungsinstitute von Belgien, Dänemark, Deutschland, Finnland, Frankreich, Griechenland, Irland, Island, Italien, Luxemburg, Niederlande, Norwegen, Österreich, Portugal, Schweden, Schweiz, Spanien, der Tschechischen Republik und dem Vereinigten Königreich.

EUROPÄISCHES KOMITEE FÜR NORMUNG
European Committee for Standardization
Comité Européen de Normalisation

Zentralsekretariat: rue de Stassart 36, B-1050 Brüssel

Ref. Nr. EN ISO 140-7 : 1998 D

Vorwort

Der Text der Internationalen Norm ISO 140-7 : 1998 wurde vom Technischen Komitee ISO/TC 43 „Acoustics" in Zusammenarbeit mit CEN/TC 126 „Akustische Eigenschaften von Baustoffen und Bauteilen und von Gebäuden" erarbeitet, dessen Sekretariat von AFNOR gehalten wird.

ISO 140 „Akustik — Messung der Schalldämmung in Gebäuden und von Bauteilen" besteht aus folgenden Teilen:

Teil 1: Anforderungen an Prüfstände mit unterdrückter Flankenübertragung

Teil 2: Angaben von Genauigkeitsanforderungen

Teil 3: Messung der Luftschalldämmung von Bauteilen in Prüfständen

Teil 4: Messung der Luftschalldämmung zwischen Räumen in Gebäuden

Teil 5: Messung der Luftschalldämmung von Fassadenelementen und Fassaden an Gebäuden

Teil 6: Messung der Trittschalldämmung von Decken in Prüfständen

Teil 7: Messung der Trittschalldämmung von Decken in Gebäuden

Teil 8: Messung der Trittschallminderungen durch eine Deckenauflage auf einer massiven Bezugsdecke in Prüfständen

Teil 9: Raum-zu-Raum-Messung der Luftschalldämmung von Unterdecken mit darüberliegendem Hohlraum im Prüfstand

Teil 10: Messung der Luftschalldämmung von kleinen Bauteilen im Prüfstand

Die Anhänge A und B sind normativ, die Anhänge C bis E sind informativ.

Diese Europäische Norm muß den Status einer nationalen Norm erhalten, entweder durch Veröffentlichung eines identischen Textes oder durch Anerkennung bis Februar 1999, und etwaige entgegenstehende nationale Normen müssen bis Februar 1999 zurückgezogen werden.

Entsprechend der CEN/CENELEC-Geschäftsordnung sind die nationalen Normungsinstitute der folgenden Länder gehalten, diese Europäische Norm zu übernehmen:

Belgien, Dänemark, Deutschland, Finnland, Frankreich, Griechenland, Irland, Island, Italien, Luxemburg, Niederlande, Norwegen, Österreich, Portugal, Schweden, Schweiz, Spanien, die Tschechische Republik und das Vereinigte Königreich.

Anerkennungsnotiz

Der Text der Internationalen Norm ISO 140-7 : 1998 wurde vom CEN als Europäische Norm ohne irgendeine Abänderung genehmigt.

ANMERKUNG: Die normativen Verweisungen auf Internationale Normen sind in Anhang ZA (normativ) aufgeführt.

1 Anwendungsbereich

Dieser Teil von ISO 140 legt Verfahren zur Messung der Trittschalldämmungseigenschaften von Decken in Gebäuden unter Verwendung eines Norm-Hammerwerkes fest. Dieses Verfahren ist auf Rohdecken und auch auf Decken mit Deckenauflagen anwendbar.

Die Meßergebnisse können dafür verwendet werden, die trittschalldämmenden Eigenschaften von Decken sowie das Bau-Schalldämm-Maß von Decken mit vorgegebenen Anforderungen zu vergleichen.

ANMERKUNG 1: Die Messung der Trittschalldämmung von Decken in Prüfständen wird in ISO 140-6 behandelt.

ANMERKUNG 2: Die Messung der Trittschallminderung durch eine Deckenauflage auf einer massiven Bezugsdecke in Prüfständen wird in ISO 140-8 behandelt.

2 Normative Verweisungen

Die folgenden normativen Dokumente enthalten Festlegungen, die durch Verweisung in diesem Text Bestandteil des vorliegenden Teils von ISO 140 sind. Zum Zeitpunkt der Veröffentlichung dieser Internationalen Norm waren die angegebenen Ausgaben gültig. Alle Normen unterliegen der Überarbeitung. Vertragspartner, deren Vereinbarungen auf diesem Teil von ISO 140 basieren, werden gebeten, die Möglichkeit zu prüfen, ob die jeweils neuesten Ausgaben der im folgenden genannten Normen angewendet werden können. Mitglieder von IEC und ISO führen Verzeichnisse der gegenwärtig gültigen Internationalen Normen.

ISO 140-2 : 1991
Acoustics — Measurement of sound insulation in buildings and of building elements — Part 2: Determination, verification and application of precision data

ISO 140-3 : 1995
Acoustics — Measurement of sound insulation in buildings and of building elements — Part 3: Laboratory measurements of airborne sound insulation of building elements

ISO 354 : 1985
Acoustics — Measurement of sound absorption in a reverberation room

ISO 717-2 : 1996
Acoustics — Rating of sound insulation in buildings and of building elements — Part 2: Impact sound insulation

IEC 60651 : 1979
Sound level meters

IEC 60804 : 1985
Integrating-averaging sound level meters

IEC 60942 : 1988
Sound calibrators

IEC 61260 : 1995
Electroacoustics — Octave band filters and fractional-octave band filters

3 Definitionen

Für die Anwendung dieses Teils von ISO 140 gelten die Definitionen nach ISO 140-3 und die folgenden Definitionen:

3.1 mittlerer Schalldruckpegel in einem Raum, L: Der zehnfache dekadische Logarithmus des Verhältnisses des räumlichen und zeitlichen Mittelwertes des Quadrates des Schalldruckes zum Quadrat des Bezugsschalldruckes, wobei der räumliche Mittelwert über den gesamten Raum gebildet wird, ausgenommen die Teile, bei denen das Direktfeld einer Schallquelle oder das Nahfeld der Raumbegrenzungen (Wände usw.) von deutlichem Einfluß ist. Diese Größe wird in Dezibel angegeben. In der Praxis werden üblicherweise die Schalldruckpegel L_j gemessen. In diesem Fall wird L bestimmt durch:

$$L = 10 \lg \frac{1}{n} \sum_{j=1}^{n} 10^{\frac{L_j}{10 \mathrm{dB}}} \mathrm{dB} \quad (1)$$

Dabei ist:

L_j der Schalldruckpegel L_1 bis L_n an n verschiedenen Stellen im Raum.

3.2 Trittschallpegel, L_i: Der mittlere Schalldruckpegel in einem Terzband im Empfangsraum, wenn die geprüfte Decke von dem Norm-Hammerwerk angeregt wird. Diese Größe wird in Dezibel angegeben.

3.3 Norm-Trittschallpegel, L'_n: Die Summe aus dem Trittschallpegel L_i und einem Korrektionsterm, der in Dezibel angegeben ist. Der Korrektionsterm ist das Zehnfache des dekadischen Logarithmus des Verhältnisses der gemessenen äquivalenten Schallabsorptionsfläche A des Empfangsraumes zu der Bezugs-Absorptionsfläche A_0. Diese Größe wird in Dezibel angegeben:

$$L'_n = L_i + 10 \lg \frac{A}{A_0} \mathrm{dB} \quad (2)$$

mit

$A_0 = 10\ \mathrm{m}^2$.

3.4 Standard-Trittschallpegel, L'_{nT}: Der Trittschallpegel L_i, verringert um einen Korrektionsterm, der in Dezibel angegeben ist. Der Korrektionsterm ist das Zehnfache des dekadischen Logarithmus des Verhältnisses der im Empfangsraum gemessenen Nachhallzeit T zu der Bezugs-Nachhallzeit T_0. Diese Größe wird in Dezibel angegeben:

$$L'_{nT} = L_i - 10 \lg \frac{T}{T_0} \mathrm{dB} \quad (3)$$

ANMERKUNG 1: Für Wohnungen ist T_0 gegeben: $T_0 = 0{,}5$ s.

ANMERKUNG 2: Die Festlegung des Trittschallpegels auf eine Nachhallzeit von 0,5 s berücksichtigt, daß sich gezeigt hat, daß die Nachhallzeit in Wohnungen (fast unabhängig von dem Volumen und der Frequenz) 0,5 s beträgt.

ANMERKUNG 3: Die Festlegung des Trittschallpegels auf eine Nachhallzeit von $T_0 = 0{,}5$ s entspricht einer Normierung des Trittschallpegels auf eine Bezugs-Absorptionsfläche von

$A_0 = 0{,}32 \cdot V$

Dabei ist:

A_0 die Bezugs-Absorptionsfläche in Quadratmeter;

V das Volumen des Empfangsraumes in Kubikmeter.

3.5 Trittschallminderung, $\Delta L'$: Die Differenz der mittleren Schalldruckpegel im Empfangsraum vor und nach dem Einbau z. B. einer Deckenauflage. Diese Größe wird in Dezibel angegeben.

ANMERKUNG: Siehe ISO 140-8 für weitere Informationen.

4 Meßgeräte

Die Meßgeräte müssen den Anforderungen nach Abschnitt 5 entsprechen.

Das Norm-Hammerwerk muß den in Anhang A angegebenen Anforderungen entsprechen.

Die Geräte zur Messung des Schallpegels müssen hinsichtlich der Fehlergrenzen den Anforderungen der Klassen 0 oder 1 nach IEC 60651 und IEC 60804 entsprechen. Wenn vom Hersteller der Meßgeräte nicht anders angegeben, muß das gesamte Meßsystem einschließlich des Mikrofons vor jeder Messung mit einem Schallkalibrator der Klasse 1 nach IEC 60942 kalibriert werden. Bei Schallpegelmessern, die für Messungen in Schallfeldern von ebenen fortschreitenden Wellen kalibriert sind, müssen Korrekturen für das Diffusfeld angewendet werden.

Die Filter müssen den Anforderungen nach IEC 61260 entsprechen.

Die Geräte zur Messung der Nachhallzeit müssen den Anforderungen nach ISO 354 entsprechen.

ANMERKUNG: Empfehlungen für Zulassungsprüfungen und regelmäßige Konformitätsprüfungen von Schallpegelmessern sind in OIML R 58 [4] und OIML R 88 [5] niedergelegt.

5 Durchführung der Prüfung und Auswertung

5.1 Allgemeines

Messungen der Trittschalldämmung von Decken in Gebäuden müssen in Terzbändern durchgeführt werden, es sei denn, daß Messungen in Oktavbändern vereinbart wurden. Wenn die Ergebnisse von Oktavband-Messungen in Einzahlangaben umgewandelt werden, sind diese Ergebnisse nicht unmittelbar mit denen aus Messungen in Terzbändern vergleichbar. Die Durchführung von Messungen in Oktavbändern ist in Anhang B festgelegt.

5.2 Erzeugung des Schallfeldes

Der Trittschall muß mit einem Norm-Hammerwerk erzeugt werden (siehe Abschnitt 4).

Das Hammerwerk muß an mindestens vier verschiedenen, unregelmäßig verteilt liegenden Stellen auf die zu prüfende Decke gestellt werden. Der Abstand des Hammerwerkes von den Kanten der Decke muß mindestens 0,5 m betragen. Im Falle einer anisotropen Deckenkonstruktion (mit Rippen, Balken usw.) können mehr Stellungen erforderlich sein. Die Verbindungslinie der Hämmer sollte in einem Winkel von 45° zu der Richtung der Balken oder Rippen verlaufen.

Die Trittschallpegel können nach dem Einschalten des Hammerwerkes eine Zeitabhängigkeit aufweisen. In einem derartigen Fall sollten die Messungen erst begonnen werden, nachdem der Geräuschpegel stationär geworden ist. Falls nach 5 min noch keine stabilen Bedingungen erreicht worden sind, sollten die Messungen während einer wohldefinierten Meßdauer durchgeführt werden. Die Meßdauer muß im Prüfbericht angegeben werden.

Werden Decken mit nachgiebigen Deckenauflagen geprüft, muß das Norm-Hammerwerk den in Anhang A angegebenen besonderen Anforderungen genügen. Ebenfalls in Anhang A sind Anleitungen zur Aufstellung des Norm-Hammerwerkes auf nachgiebigen Deckenauflagen angegeben.

5.3 Messung des Trittschallpegels

5.3.1 Allgemeines

Der Trittschallpegel wird entweder mit einem Einzelmikrofon und punktweiser Abtastung auf verschiedenen Positionen, mit einer Anordnung mehrerer feststehender Mikrofone, mit kontinuierlich bewegtem Mikrofon oder mit einem Schwenkmikrofon bestimmt. Die Schalldruckpegel an den unterschiedlichen Mikrofonpositionen müssen für alle Positionen des Norm-Hammerwerkes energetisch gemittelt werden (siehe Gleichung (1)).

5.3.2 Mikrofonpositionen

Die folgenden Abstände sind Mindestwerte:

— 0,7 m zwischen Mikrofonpositionen;
— 0,5 m zwischen jeder Mikrofonposition und den Raumbegrenzungen oder Diffusoren;
— 1,0 m zwischen jeder Mikrofonposition und dem Prüfgegenstand.

ANMERKUNG Wenn möglich, sollten größere Abstände verwendet werden.

a) Feste Mikrofonpositionen

Mindestens fünf Mikrofonpositionen müssen verwendet werden; diese müssen gleichmäßig innerhalb des für Messungen zulässigen Bereichs im Raum verteilt sein.

b) Bewegte Mikrofonpositionen

Bei Verwendung eines bewegten Mikrofons muß der Bahnradius mindestens 0,7 m betragen. Die Bahnebene muß gegen die Raumbegrenzungsflächen (Wand, Boden, Decke) um mindestens 10° geneigt sein, um einen großen Anteil des für Messungen zulässigen Raumbereichs zu erfassen. Die Dauer der Bahnperiode darf nicht kleiner als 15 s sein.

5.3.3 Messungen

a) Feste Mikrofonpositionen

Die Mindestanzahl der Messungen mit festen Mikrofonpositionen beträgt sechs, eine Kombination von mindestens vier Mikrofonpositionen und von mindestens vier Positionen des Hammerwerks muß verwendet werden.

Zum Beispiel ergeben zwei Mikrofonpositionen und zwei Positionen des Hammerwerks Messungen für alle vier möglichen Positionen. Für die anderen zwei Mikrofonpositionen und die zwei Positionen des Hammerwerks ergeben sich Messungen auf 1 : 1-Zuordnung.

b) Bewegte Mikrofonpositionen

Die Mindestanzahl der Messungen mit bewegten Mikrofonpositionen beträgt vier.

(Zum Beispiel eine Messung für jede Position des Hammerwerks.)

Wenn sechs oder acht Positionen des Hammerwerks verwendet werden, können Messungen mit einer bewegten Mikrofonposition oder mit zwei bewegten Mikrofonpositionen durchgeführt werden.

5.3.4 Mittelungszeit

Die Dauer der Mittelwertbildung muß an jeder einzelnen Mikrofonposition in jedem Frequenzband mit einer Band-Mittenfrequenz unterhalb von 400 Hz mindestens 6 s betragen. Für Bänder mit höheren Band-Mittenfrequenzen darf die Dauer auf 4 s, jedoch nicht darunter, verringert werden. Bei Verwendung eines bewegten Mikrofons muß die Mittelungszeit eine ganze Anzahl von Bahnumläufen erfassen und darf nicht kleiner als 30 s sein. Um Veränderungen der Oberfläche durch lange Hammer-Perioden zu vermeiden, sollten bewegte Mikrofone in Verbindung mit parallelen Echtzeit-Messungen in den Filterbändern verwendet werden.

5.4 Meßfrequenzbereich

Der Schalldruckpegel muß mit Terzfiltern mindestens bei folgenden Mittenfrequenzen in Hertz gemessen werden:

100	125	160	200	250	315
400	500	630	800	1 000	1 250
1 600	2 000	2 500	3 150		

Um Zusatzinformationen zu erlangen und Ergebnisse zu erhalten, die mit denen von Messungen in Prüfständen nach ISO 140-6 verglichen werden können, wird empfohlen, den Meßfrequenzbereich um Terzbänder mit folgenden Mittenfrequenzen in Hertz zu erweitern:

4 000	5 000

Werden Zusatzinformationen im tiefen Frequenzbereich benötigt, werden Terzfilter mit folgenden Mittenfrequenzen in Hertz verwendet:

50	63	80

Zur Durchführung derartiger Zusatzmessungen in tiefen Frequenzbändern wird eine Anleitung in Anhang C gegeben.

5.5 Messung der Nachhallzeit und Berechnung der äquivalenten Schallabsorptionsfläche

Der Korrektionsterm in Gleichung (2), der die äquivalente Schallabsorptionsfläche enthält, wird aus der nach ISO 354 gemessenen Nachhallzeit bestimmt und nach der Sabineschen Formel berechnet:

$$A = \frac{0{,}16\,V}{T} \qquad (4)$$

Dabei ist:

A die äquivalente Schallabsorptionsfläche in Quadratmeter;

V das Volumen des Empfangsraumes in Kubikmeter;

T die Nachhallzeit im Empfangsraum in Sekunden.

Nach ISO 354 wird die Ermittlung der Nachhallzeit aus der Abklingkurve etwa 0,1 s nach Abschalten der Schallquelle oder mit einem Schalldruckpegel begonnen, der einige Dezibel geringer ist als der zu Beginn des Abklingens. Der Bereich ist so zu wählen, daß er nicht weniger als 20 dB umfaßt und nicht so lang ist, daß der betrachtete Abklingverlauf nicht mehr durch eine Gerade angenähert werden kann. Die untere Grenze dieses Bereiches muß mindestens 10 dB über dem Fremdgeräuschpegel liegen.

Für jedes Frequenzband werden mindestens sechs Abklingverläufe ausgewertet. Es müssen in jedem Fall mindestens eine Lautsprecher- und drei Mikrofonpositionen mit je zwei Abklingkurven verwendet werden.

Bewegte Mikrofone nach 5.3.2 dürfen benutzt werden, wenn die Bahnumlaufzeit mindestens 30 s beträgt.

5.6 Fremdgeräuschkorrektur

Es müssen Messungen der Fremdgeräuschpegel durchgeführt werden, um sicherzustellen, daß die Meßwerte im Empfangsraum nicht durch Störschall, wie z. B. Geräusche außerhalb des Prüfraums oder elektrisches Rauschen im Empfangssystem, beeinflußt werden. Um den zuletzt genannten Zustand zu prüfen, wird das Mikrofon durch einen Mikrofonersatz ersetzt. Es muß dafür Sorge getragen werden, daß der vom Hammerwerk erzeugte und in den Empfangsraum übertragene Luftschall den Trittschallpegel im Empfangsraum nicht beeinflußt.

Der Fremdgeräuschpegel muß mindestens 6 dB (und vorzugsweise mehr als 10 dB) unter dem Pegel der Kombination aus Signal und Fremdgeräusch liegen. Ist die Pegeldifferenz geringer als 10 dB, jedoch größer als 6 dB, müssen Korrekturen des Signalpegels nach folgender Gleichung berechnet werden:

$$L = 10 \lg \left(10^{L_{sb}/10\,dB} - 10^{L_b/10\,dB}\right)\ dB \qquad (5)$$

Dabei ist:

L der korrigierte Signalpegel, in Dezibel;

L_{sb} der Pegel der Kombination aus Signal und Fremdgeräusch, in Dezibel;

L_b der Fremdgeräuschpegel, in Dezibel.

Ist die Pegeldifferenz in einem der Frequenzbänder kleiner als oder gleich 6 dB, muß der Korrekturwert von 1,3 dB verwendet werden, entsprechend einer Differenz von 6 dB. In diesem Fall muß L'_n im Meßbericht so angegeben werden, daß deutlich ersichtlich ist, daß die angegebenen Werte für L'_n die Meßgrenze darstellen [siehe i) von Abschnitt 8].

6 Präzision

Es wird gefordert, daß das Meßverfahren eine zufriedenstellende Wiederholpräzision in Übereinstimmung mit den Anforderungen nach ISO 140-2 ergibt. Diese muß nach dem in ISO 140-2 angegebenen Verfahren bestimmt und sollte von Zeit zu Zeit geprüft werden, insbesondere dann, wenn eine Änderung im Verfahren oder der gerätetechnischen Ausrüstung vorgenommen wurde.

7 Darstellung der Ergebnisse

Zur Darstellung der Trittschalldämmung zwischen Räumen in Gebäuden muß der Norm-Trittschallpegel L'_n oder der Standard-Trittschallpegel L'_{nT} bei allen Meßfrequenzen auf eine Dezimalstelle hinter dem Komma in tabellarischer und in Kurvenform angegeben werden. Kurven im Prüfbericht müssen die Pegel in Dezibel über der Frequenz in logarithmischem Maßstab zeigen, und folgende Abmessungen müssen verwendet werden:

— 5 mm für eine Terz;

— 20 mm für 10 dB.

Die Vordrucke nach Anhang D werden bevorzugt verwendet. Als Kurzfassung des Prüfberichtes werden alle Informationen von Wichtigkeit, die das Trennbauteil, das Prüfverfahren und die Prüfergebnisse betreffen, angegeben.

Werden Oktavwerte für L'_n oder L'_{nT} aus den Werten in Terzbändern berechnet, müssen folgende Gleichungen verwendet werden:

$$L'_{n,\,Oktav} = 10 \lg \left(\sum_{j=1}^{3} 10^{L'_{n,\,Terz,\,j}/10\,dB}\right) dB \qquad (6)$$

$$L'_{nT,\,Oktav} = 10 \lg \left(\sum_{j=1}^{3} 10^{L'_{nT,\,Terz,\,j}/10\,dB}\right) dB \qquad (7)$$

Wenn das Prüfverfahren wiederholt wird, ist der arithmetische Mittelwert aller Meßergebnisse in jedem Frequenzband zu berechnen.

8 Prüfbericht

Der Prüfbericht muß enthalten:

a) Verweisung auf 140-7;

b) Name der Organisation, die die Messungen durchgeführt hat;

c) Name und Adresse der Organisation oder der Person, die den Prüfauftrag gab (Kunde);

d) Prüfdatum;

e) Beschreibung und Lage der Gebäudekonstruktion und der Prüfanordnung;

f) Volumen des Empfangsraumes;

g) entweder der Norm-Trittschallpegel L'_n oder der Standard-Trittschallpegel L'_{nT} des Trennbauteils als Funktion der Frequenz, je nachdem, welche Angabe angemessen ist;

h) Kurzbeschreibung von Einzelheiten des Verfahrens und der Meßgeräte;

i) Angabe von Ergebnissen, die als Meßgrenzen anzusehen sind. Sie müssen angegeben werden als L'_n oder $L'_{nT} \leq \ldots$ dB. Die Angabe muß erfolgen, wenn der Schalldruckpegel in einem Band infolge des Fremdgeräuschpegels (akustisch oder elektrisch, siehe 5.6) nicht meßbar ist;

j) Die Flankenübertragung (sofern gemessen) in derselben Form wie L'_n. Es sollte so deutlich wie möglich angegeben werden, welcher Teil oder welche Teile des übertragenen Schalls in der Messung der Flankenübertragung enthalten ist (sind).

Zur Ermittlung der Einzahl-Angaben aus den Kurven L'_n(f) oder L'_{nT}(f) siehe ISO 717-2. Es muß deutlich angegeben werden, daß die Ermittlung auf einem Ergebnis beruht, das in einem Gebäude gewonnen wurde.

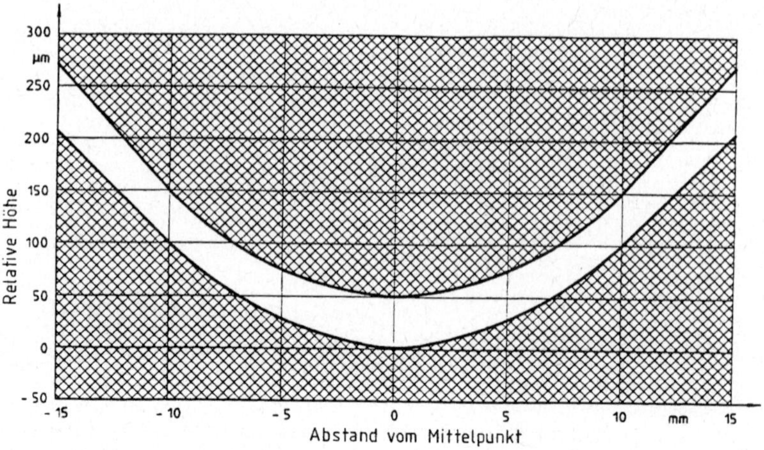

ANMERKUNG: Die relative Höhe in der Mitte kann frei innerhalb von 0 bis 50 µm gewählt werden, um die Kurvenform des Hammerkopfes in den Toleranzgrenzen einzupassen.

Bild A.1: Toleranzbereich für die Kurvenform der Hammerköpfe

Anhang A (normativ)

Anforderungen an das Norm-Hammerwerk

Das Gerät muß geeignet sein, den Anforderungen in Abschnitt 5 zu genügen.

Das Hammerwerk muß fünf Hämmer haben, die entlang einer Geraden angeordnet sind. Der Abstand zwischen den Achsen benachbarter Hämmer muß (100 ± 3) mm betragen.

Der Abstand zwischen jeweils der Mitte der Hammerwerksfüße und den Achsen der benachbarten Hämmer muß mindestens 100 mm betragen. Die Füße müssen mit schwingungsisolierenden Auflagen ausgestattet sein.

Der Impuls von jedem Hammer, der die Decke trifft, muß dem einer effektiven Masse von 500 g entsprechen, die frei aus einer Höhe von 40 mm fällt, innerhalb eine Toleranzgrenze für den Impuls von ±5 %. Da die Reibung der Hammerführung zu berücksichtigen ist, muß sichergestellt werden, daß nicht nur die Masse des Hammers und die Fallhöhe, sondern auch die Geschwindigkeit des Hammers beim Aufschlag innerhalb folgender bestimmter Grenzen liegt: Die Masse jedes Hammers muß (500 ± 12) g betragen, woraus folgt, daß die Geschwindigkeit beim Aufschlag (0,886 ± 0,022) m/s betragen muß. Die Toleranzgrenze der Geschwindigkeit darf bis zu einem Höchstwert von ±0,033 m/s angehoben werden, wenn sichergestellt ist, daß die Masse des Hammers innerhalb der entsprechend verringerten Grenzen von (500 ± 6) g liegt.

Die Fallrichtung der Hämmer muß innerhalb ±0,5° senkrecht auf der Prüfoberfläche stehen.

Der Teil des Hammers mit der Schlagfläche muß zylindrisch sein mit einem Durchmesser von (30 ± 0,2) mm. Die Schlagfläche muß aus gehärtetem Stahl und sphärisch sein mit einem Kugelradius von (500 ± 100) mm. Die Überprüfung der Erfüllung dieser Anforderung kann auf folgende Arten geschehen:

a) Die Kurvenform der Schlagfläche gilt als übereinstimmend mit den Anforderungen, falls die Meßergebnisse bei Anlegen einer Meßvorrichtung entlang mindestens zweier senkrecht aufeinanderstehender Linien durch den Mittelpunkt der Oberfläche innerhalb der in Bild A.1 angegebenen Toleranzen liegen.

   Die Kurven von Bild A.1 beschreiben einen Kugelradius von 500 mm. Der Abstand zwischen den Kurven ist die kleinste Entfernung, die es erlaubt, daß sowohl ein Radius von 400 mm als auch von 600 mm in die Toleranzgrenzen fällt. Die Meßunsicherheit der Messungen darf höchstens 0,01 mm betragen.

b) Die Kurvenform der Hammerköpfe kann unter Verwendung eines Sphärometers gemessen werden, mit drei Fühlern, die auf einem Kreis mit einem Durchmesser von 20 mm liegen.

Das Hammerwerk muß automatisch angetrieben sein. Die mittlere Zeit zwischen den Hammerschlägen muß (100 ± 5) ms betragen. Die Zeit zwischen aufeinanderfolgenden Aufschlägen muß (100 ± 20) ms betragen.

Die Zeit zwischen Aufschlag und Abheben des Hammers muß kleiner als 80 ms sein.

Für Norm-Hammerwerke, die für Prüfungen der Trittschalldämmung von Decken mit weichen Belägen oder unebenen Oberflächen verwendet werden, muß sichergestellt sein, daß es den Hämmern möglich ist, mindestens 4 mm unter die Ebene zu fallen, auf der die Füße des Hammerwerkes stehen.

Alle Einstellungen an dem Norm-Hammerwerk und Überprüfungen der Erfüllung der Anforderungen müssen auf einer ebenen harten Oberfläche durchgeführt werden, und das Hammerwerk muß in diesem Zustand auf jeder Art von zu prüfenden Deckenauflagen verwendet werden.

Wenn die Prüfoberfläche eine extrem weiche Auflage hat, oder wenn die Oberfläche so uneben ist, daß die Hämmer nicht die erforderlichen 40 mm auf die Oberfläche fallen können, auf der die Füße stehen, dürfen Unterlagen unter die Füße gesetzt werden, um die korrekte Fallhöhe von 40 mm sicherzustellen.

Die Erfüllung der Anforderungen muß in regelmäßigen Abständen unter Laborbedingungen überprüft werden. Die Prüfung muß auf einer Prüf-Oberfläche mit einer Ebenheit von ±0,1 mm und einer horizontalen Lage innerhalb von ±0,1° durchgeführt werden.

Einige der Parameter brauchen nur einmal gemessen zu werden, es sei denn, das Hammerwerk wird verändert. Dies betrifft die Abstände zwischen den Hämmern, die Füße des Hammerwerkes, den Durchmesser der Hämmer, die Masse der Hämmer (es sei denn, die Hammerköpfe sind geglättet worden), die Zeit zwischen Aufschlag und Heben sowie die maximal mögliche Fallhöhe der Hämmer.

Die Fallgeschwindigkeit der Hämmer, ihr Durchmesser und die Kurvenform der Hammerköpfe, die Fallrichtung der Hämmer und die Zeit zwischen den Aufschlägen müssen regelmäßig geprüft werden.

Die Unsicherheit der Überprüfungs-Messungen darf höchstens 20 % der Toleranzwerte betragen.

Anhang B (normativ)

Verfahren zur Messung der Schalldämmung in Oktavbändern

B.1 Allgemeines

Für die Messung der Trittschalldämmung zwischen Räumen in Gebäuden wird in dieser Norm das Verfahren für die Messung in Terzbändern festgelegt. Wenn jedoch Messungen in Oktavbändern durchgeführt werden müssen, muß dieser Anhang verwendet werden.

B.2 Messung des Trittschallpegels

Einzelheiten der Meßverfahren, wie Mikrofonpositionen oder Umlaufbahnen von Mikrofonen, Mittelungszeiten und räumliche Mittelungsverfahren, sind dieselben wie die in 5.4 festgelegten.

B.3 Interessierender Frequenzbereich

Der Schalldruckpegel muß mit Oktavfiltern mit mindestens den folgenden Mittenfrequenzen, in Hertz, gemessen werden:

125	250	500	1 000	2 000

Es sollte der Meßfrequenzbereich um das Oktavfilterband von 4 000 Hz erweitert werden, um Zusatzinformationen und Ergebnisse zu erhalten, die mit denen von Messungen in Prüfständen nach ISO 140-6 verglichen werden können. Werden Zusatzinformationen im tiefen Frequenzbereich benötigt, sollte ein Oktavfilter mit der Mittenfrequenz von 63 Hz verwendet werden. Werden derartige Zusatzmessungen in dem tiefen Frequenzband durchgeführt, sollte die Anleitung in Anhang C befolgt werden.

B.4 Messung der Nachhallzeit und Berechnung der äquivalenten Schallabsorptionsfläche

Wie in 5.5 beschrieben.

B.5 Fremdgeräuschkorrektur

Wie in 5.6 beschrieben.

B.6 Präzision

Wie in Abschnitt 6 beschrieben.

B.7 Darstellung der Ergebnisse

Zur Darstellung der Trittschalldämmung des Trennbauteils muß der Norm-Trittschallpegel L'_{n} oder der Standard-Trittschallpegel L'_{nT} bei allen Meßfrequenzen auf eine Dezimalstelle hinter dem Komma in tabellarischer und in Kurvenform angegeben werden. Kurven im Prüfbericht müssen die Pegel in Dezibel über der Frequenz in logarithmischem Maßstab zeigen und müssen folgende Maße verwenden:

— 15 mm für eine Oktave;

— 20 mm für 10 dB.

Wenn das Prüfverfahren wiederholt wird, muß der arithmetische Mittelwert aller Meßergebnisse in jedem Frequenzband berechnet werden.

Anhang C (informativ)

Anleitung für Messungen in den unteren Frequenzbändern

C.1 Allgemeines

In den unteren Frequenzbändern (im allgemeinen unterhalb etwa 400 Hz und insbesondere unterhalb 100 Hz) können die Bedingungen eines diffusen Schallfeldes in den Prüfräumen nicht erwartet werden, speziell dann nicht, wenn die Raumvolumina nur 50 m^3 oder sogar weniger betragen. Die allgemeine Anforderung, daß die Raummaße mindestens eine Wellenlänge betragen sollten, kann für die tiefsten Bänder nicht erfüllt werden. Die kleine Anzahl der Eigenfrequenzen des Raumes in den Bändern sind der Grund für die Ausbildung stehender Wellen im gesamten Raum.

Um die Streuung der Meßergebnisse zu verringern, ist zusätzlicher Aufwand hinsichtlich der Abtastung des Schallfeldes im Empfangsraum und bezüglich der speziellen Anforderungen, denen der Raum zu genügen hat, notwendig.

In Räumen mit kleinen Volumen und ungünstigen Maßen ist es nicht immer möglich, zuverlässige Ergebnisse von Messungen bei tiefen Frequenzen zu erhalten. Es sollte mindestens eine Raumabmessung einer Wellenlänge und eine weitere mindestens einer halben Wellenlänge der tiefsten Bandmittenfrequenz entsprechen, und es sollte genügend Raum vorhanden sein, die Mikrofone nach den Anforderungen zu positionieren.

C.2 Mindestabstände

Zu den Raumbegrenzungen hin wird unterhalb eines Abstandes von etwa einem Viertel einer Wellenlänge eine starke Schalldruckpegelerhöhung gemessen. Die Mindestabstände (siehe 5.3.2) sind linear zu erhöhen und für Messungen im 50-Hz-Band zu verdoppeln. Für den Abstand zwischen den Mikrofonpositionen und den Raumbegrenzungen sollten etwa 1,2 m die untere Grenze sein.

C.3 Abtastung des Schallfeldes

Zur Erzielung eines zuverlässigen räumlichen Mittelwertes der Schalldruckpegel sollte die Anzahl der Mikrofonpositionen erhöht werden. Die Mikrofonpositionen sollten gleichmäßig über das zulässige Volumen des Raumes verteilt werden. Bei Verwendung eines bewegten Mikrofons sollten alle Teile des zulässigen Volumens des Raumes gleichmäßig abgetastet werden. Bei sehr tiefen Frequenzen, bei denen die Raummaße in den Bereich einer halben Wellenlänge gelangen, werden extrem niedrige Schalldruckwerte im Mittelteil des Raumes gefunden. Deshalb sollten auch außerhalb dieses Bereiches geeignete Mikrofonpositionen angeordnet werden.

C.4 Mittelungszeit

Infolge der geringeren Bandbreite der Filter und der geringen Überlappung der Moden sollten die Mittelungszeiten für Messungen im 50-Hz-Band auf mindestens 15 s erhöht werden (etwa das Dreifache verglichen mit den Anforderungen an Messungen bei 100 Hz). Bei Verwendung eines bewegten Mikrofons sollte die Mittelungszeit mindestens 60 s betragen.

C.5 Nachhallzeit

Bei sehr tiefen Frequenzen neigen Prüfräume zu sehr langen Nachhallzeiten. Dies sollte durch Verbesserung der Überlappung der Moden vermieden werden, um die Dominanz einzelner Eigenschwingungen im Raum zu verringern. Absorber sollten im Raum gut verteilt sein.

Anhang D (informativ)

Vordrucke für die Darstellung der Ergebnisse

Dieser Anhang zeigt Beispiele für die Darstellung der Prüfergebnisse von Messungen der Trittschalldämmung von Decken in Gebäuden (in Terz- und Oktavbändern).

Die Bezugskurven in den Diagrammvorlagen sind ISO 717-2 entnommen. Die neueste Fassung dieser Norm wird angewendet. Die Bezugskurven sollten ergänzt oder zumindest durch die verschobenen Bezugskurven entsprechend dem in ISO 717-2 festgelegten Verfahren ersetzt werden.

Norm-Trittschallpegel nach ISO 140-7

Messung der Trittschalldämmung von Decken in Gebäuden

Auftraggeber:

Prüfdatum:

Beschreibung von Aufbau und Lage des Trennbauteils und der Prüfanordnung:

Volumen des Empfangsraumes: m^3

---------- Frequenzbereich entsprechend der Kurve
——— der Bezugswerte (ISO 717-2)

Frequenz f Hz	L'_n Terz dB
50 63 80	
100 125 160	
200 250 315	
400 500 630	
800 1 000 1 250	
1 600 2 000 2 500	
3 150 4 000 5 000	

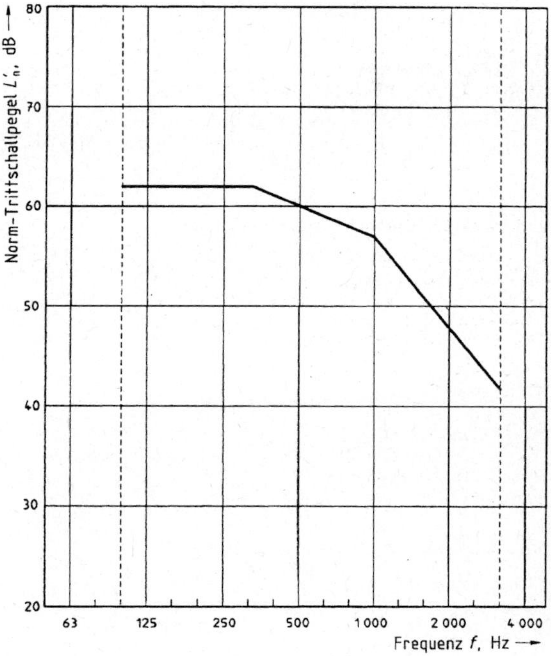

Bewertung nach ISO 717-2:

$L'_{n,w}(C_I)$ = ( ) dB; $C_{I,50\text{-}2500}$ = dB

Die Ermittlung basiert auf Gebäude-Messungen, die in Terzbändern gewonnen wurden.

Nr. des Prüfberichtes:

Name des Prüfinstituts:

Datum:

Unterschrift:

Norm-Trittschallpegel nach ISO 140-7

Messung der Trittschalldämmung von Decken in Gebäuden

Auftraggeber:

Prüfdatum:

Beschreibung von Aufbau und Lage des Trennbauteils und der Prüfanordnung:

Volumen des Empfangsraumes: m^3

Frequenz f Hz	L'_{n} Oktav dB
63	
125	
250	
500	
1 000	
2 000	
4 000	

---------- Frequenzbereich entsprechend der Kurve
———— der Bezugswerte $L'_{n,w}$ = 60 dB (ISO 717-2)

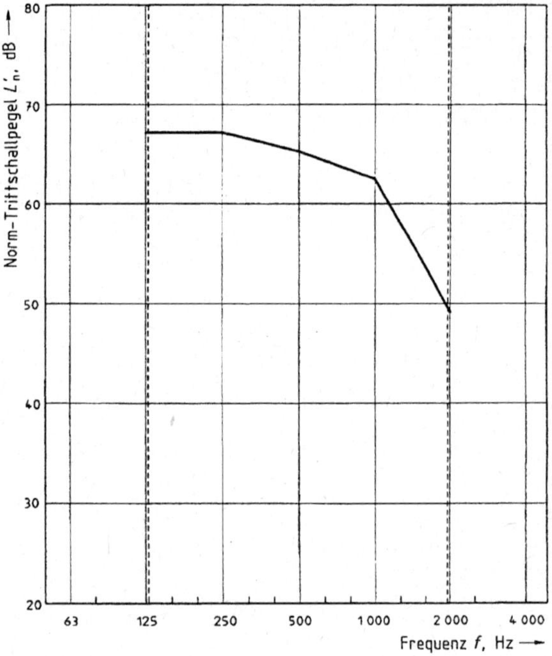

Bewertung nach ISO 717-2:

$L'_{n,w}(C_I)$ = ( ) dB; $C_{I,63\text{-}2000}$ = dB

Die Ermittlung basiert auf Gebäude-Messungen, die in Oktavbändern gewonnen wurden.

Nr. des Prüfberichtes:

Name des Prüfinstituts:

Datum:

Unterschrift:

Standard-Trittschallpegel nach ISO 140-7

Messung der Trittschalldämmung von Decken in Gebäuden

Auftraggeber:

Prüfdatum:

Beschreibung von Aufbau und Lage des Trennbauteils und der Prüfanordnung:

Volumen des Empfangsraumes: m^3

Frequenz f Hz	L'_{nT} Terz dB
50 63 80	
100 125 160	
200 250 315	
400 500 630	
800 1 000 1 250	
1 600 2 000 2 500	
3 150 4 000 5 000	

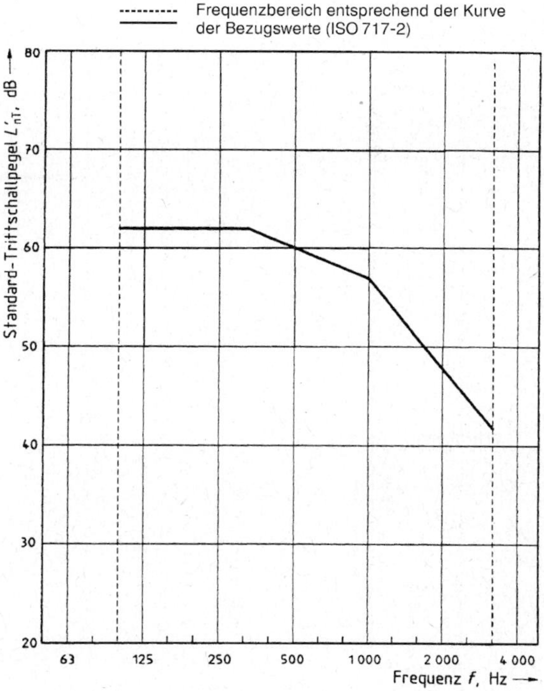

Bewertung nach ISO 717-2:

$L'_{nT,w}(C_I)$ = ( ) dB; $C_{I,50\text{-}2500}$ = dB

Die Ermittlung basiert auf Gebäude-Messungen, die in Terzbändern gewonnen wurden.

Nr. des Prüfberichtes:

Name des Prüfinstituts:

Datum:

Unterschrift:

Standard-Trittschallpegel nach ISO 140-7

Messung der Trittschalldämmung von Decken in Gebäuden

Auftraggeber:

Prüfdatum:

Beschreibung von Aufbau und Lage des Trennbauteils und der Prüfanordnung:

Volumen des Empfangsraumes: m^3

Frequenz f Hz	L'_{nT} Oktav dB
63	
125	
250	
500	
1 000	
2 000	
4 000	

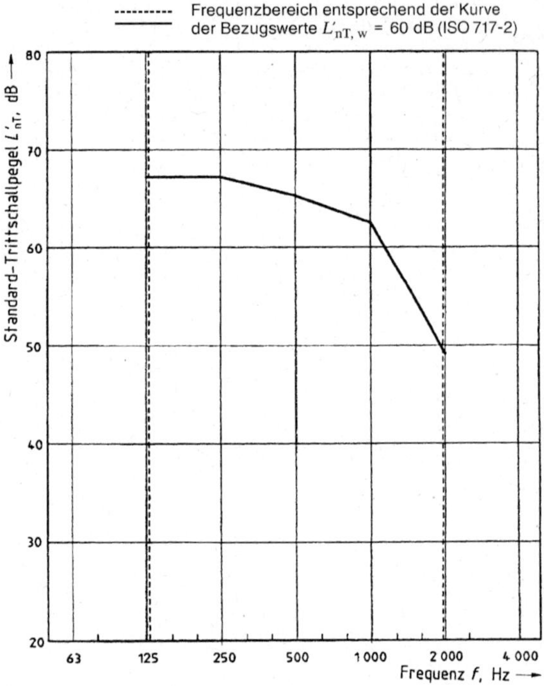

Bewertung nach ISO 717-2:

$L'_{nT,w}(C_I)$ = ( ) dB; $C_{I,63-2000}$ = dB

Die Ermittlung basiert auf Gebäude-Messungen, die in Oktavbändern gewonnen wurden.

Nr. des Prüfberichtes:

Name des Prüfinstituts:

Datum:

Unterschrift:

Anhang E (informativ)

Literaturhinweise

[1] ISO 140-1 : 1997
Acoustics — Measurement of sound insulation in buildings and of building elements — Part 1: Requirements for laboratory test facilities with suppressed flanking transmission

[2] ISO 140-6 : 1998
Acoustics — Measurement of sound insulation in buildings and of building elements — Part 6: Laboratory measurements of impact sound insulation of floors

[3] ISO 140-8 : 1997
Acoustics — Measurement of sound insulation in buildings and of building elements — Part 8: Laboratory measurements of the reduction of transmitted impact noise by floor coverings on a heavyweight standard floor

[4] OIML R 58 : 1984 Sound level meters[1)]

[5] OIML R 88 : 1989 Integrating-averaging sound level meters[1)]

Anhang ZA (normativ)

Normative Verweisungen auf internationale Publikationen mit ihren entsprechenden europäischen Publikationen

Diese Europäische Norm enthält durch datierte oder undatierte Verweisungen Festlegungen aus anderen Publikationen. Diese normativen Verweisungen sind an den jeweiligen Stellen im Text zitiert, und die Publikationen sind nachstehend aufgeführt. Bei datierten Verweisungen gehören spätere Änderungen oder Überarbeitungen dieser Publikationen nur zu dieser Europäischen Norm, falls sie durch Änderung oder Überarbeitung eingearbeitet sind. Bei undatierten Verweisungen gilt die letzte Ausgabe der in Bezug genommenen Publikation.

Publikation	Jahr	Titel	EN	Jahr
ISO 140-2	1991	Acoustics — Measurement of sound insulation in buildings and of building elements — Part 2: Determination, verification and application of precision data	EN 20140-2	1993
ISO 140-3	1995	Acoustics — Measurement of sound insulation in buildings and of building elements — Part 3: Laboratory measurements of airborne sound insulation of building elements	EN ISO 140-3	1995
ISO 354	1985	Acoustics — Measurement of sound absorption in a reverberation room	EN ISO 354	1993
ISO 717-2	1996	Acoustics — Rating of sound insulation in buildings and of building elements — Part 2: Impact sound insulation	EN ISO 717-2	1996

1) Diese Dokumente können bezogen werden von: Organisation internationale de métrologie légale, 11 rue Turgot, F-75009 Paris, FRANCE

März 1998

Akustik

Messung der Schalldämmung in Gebäuden und von Bauteilen

Teil 8: Messung der Trittschallminderung durch eine Deckenauflage auf einer massiven Bezugsdecke in Prüfständen

(ISO 140-8 : 1997) Deutsche Fassung EN ISO 140-8 : 1997

DIN EN ISO 140-8

ICS 91.120.20

Deskriptoren: Akustik, Gebäude, Schalldämmung, Messung, Trittschallminderung

Mit DIN EN 20140-3 : 1995-05 teilweise Ersatz für DIN 52210-1 : 1984-08

Acoustics — Measurement of sound insulation in buildings and of building elements — Part 8: Laboratory measurements of the reduction of transmitted noise by floor coverings on a heavyweight standard floor (ISO 140-8 : 1997);
German version EN ISO 140-8 : 1997

Acoustique — Mesurage de l'isolation acoustique des immeubles et des éléments de construction — Partie 8: Mesurage en laboratoire de la réduction de la transmission du bruit de choc par les revetements de sol sur un plancher normalisé (ISO 140-8 : 1997);
Version allemande EN ISO 140-8 : 1997

Die Europäische Norm EN ISO 140-8 : 1997 hat den Status einer Deutschen Norm.

Nationales Vorwort

Die Internationale Norm ISO 140-8 ist im Komitee ISO/TC 43/SC 2 „Bauakustik" in Abstimmung mit dem Europäischen Komitee CEN/TC 126 „Akustische Eigenschaften von Baustoffen und Bauteilen und von Gebäuden" unter intensiver deutscher Mitarbeit erarbeitet worden. Für die deutsche Mitarbeit ist der Arbeitsausschuß NMP 231 „Schalldämmung und Schallabsorption, Messung und Bewertung" des Normenausschusses Materialprüfung (NMP) verantwortlich.

Zusammen mit DIN EN 20140-3 : 1995-05, DIN EN ISO 140-4, DIN EN ISO 140-6 und DIN EN ISO 140-7 vorgesehen als Ersatz für DIN 52210-1 : 1984-08.

Für die im Abschnitt 2 zitierten Internationalen Normen wird im folgenden auf die entsprechenden Deutschen Normen hingewiesen:

IEC 651	siehe DIN IEC 651
IEC 804	siehe DIN IEC 804
ISO 140-1	siehe DIN EN ISO 140-1
ISO 140-2	siehe DIN EN 20140-2
ISO 354	siehe DIN EN 20354
ISO 717-2	siehe DIN EN ISO 717-2

Änderungen

Gegenüber DIN 52210-1 : 1984-08 wurden folgende Änderungen vorgenommen:

– Inhalt vollständig überarbeitet.

Frühere Ausgaben

DIN 52210: 1952-07, 1960x-03
DIN 52210-1: 1975-07, 1984-08

Fortsetzung Seite 2
und 11 Seiten EN

Normenausschuß Materialprüfung (NMP) im DIN Deutsches Institut für Normung e. V.
Normenausschuß Bauwesen (NABau) im DIN
Normenausschuß Akustik, Lärmminderung und Schwingungstechnik (NALS) im DIN

Nationaler Anhang NA (informativ)

Literaturhinweise

DIN EN ISO 140-1
Akustik — Messung der Schalldämmung in Gebäuden und von Bauteilen — Teil 1: Anforderungen an Prüfstände mit unterdrückter Flankenübertragung (ISO 140-1 : 1997); Deutsche Fassung EN ISO 140-1 : 1997

DIN EN 20140-2
Akustik — Messung der Schalldämmung in Gebäuden und von Bauteilen — Teil 2: Angaben von Genauigkeitsanforderungen (ISO 140-2 : 1991); Deutsche Fassung EN 20140-2 : 1993

DIN EN 20354
Akustik — Messung der Schallabsorption im Hallraum (ISO 354 : 1985); Deutsche Fassung EN 20354 : 1993

DIN EN ISO 717-2
Akustik — Einzahlangaben für die Schalldämmung in Gebäuden und von Bauteilen — Teil 2: Trittschalldämmung (ISO 717-2 : 1996); Deutsche Fassung EN ISO 717-2 : 1996

DIN IEC 651
Schallpegelmesser

DIN IEC 804
Integrierende mittelwertbildende Schallpegelmesser; Identisch mit IEC 804 : 1985

EUROPÄISCHE NORM
EUROPEAN STANDARD
NORME EUROPÉENNE

EN ISO 140-8

Oktober 1997

ICS

Deskriptoren:

Deutsche Fassung

Akustik

Messung der Schalldämmung in Gebäuden und von Bauteilen

Teil 8: Messung der Trittschallminderung durch eine Deckenauflage auf einer massiven Bezugsdecke in Prüfständen (ISO 140-8 : 1997)

Acoustics — Measurement of sound insulation in buildings and of building elements — Part 8: Laboratory measurements of the reduction of transmitted noise by floor coverings on a heavyweight standard floor (ISO 140-8 : 1997)

Acoustique — Mesurage de l'isolation acoustique des immeubles et des éléments de construction — Partie 8: Mesurage en laboratoire de la réduction de la transmission du bruit de choc par les revetements de sol sur un plancher normalisé (ISO 140-8:1997)

Diese Europäische Norm wurde von CEN am 1997-09-26 angenommen.

Die CEN-Mitglieder sind gehalten, die CEN/CENELEC-Geschäftsordnung zu erfüllen, in der die Bedingungen festgelegt sind, unter denen dieser Europäischen Norm ohne jede Änderung der Status einer nationalen Norm zu geben ist.

Auf dem letzten Stand befindliche Listen dieser nationalen Normen mit ihren bibliographischen Angaben sind beim Zentralsekretariat oder bei jedem CEN-Mitglied auf Anfrage erhältlich.

Diese Europäische Norm besteht in drei offiziellen Fassungen (Deutsch, Englisch, Französisch). Eine Fassung in einer anderen Sprache, die von einem CEN-Mitglied in eigener Verantwortung durch Übersetzung in seine Landessprache gemacht und dem Zentralsekretariat mitgeteilt worden ist, hat den gleichen Status wie die offiziellen Fassungen.

CEN-Mitglieder sind die nationalen Normungsinstitute von Belgien, Dänemark, Deutschland, Finnland, Frankreich, Griechenland, Irland, Island, Italien, Luxemburg, Niederlande, Norwegen, Österreich, Portugal, Schweden, Schweiz, Spanien, der Tschechischen Republik und dem Vereinigten Königreich.

CEN

EUROPÄISCHES KOMITEE FÜR NORMUNG
European Committee for Standardization
Comité Européen de Normalisation

Zentralsekretariat: rue de Stassart 36, B-1050 Brüssel

Ref.-Nr. EN ISO 140-8 : 1997 D

Vorwort

Der Text der Internationalen Norm ISO 140-8 : 1997 wurde vom Technischen Komitee ISO/TC 43 „Acoustics" in Zusammenarbeit mit CEN/TC 126 „Akustische Eigenschaften von Baustoffen und Bauteilen und von Gebäuden" erarbeitet, dessen Sekretariat von AFNOR gehalten wird.

ISO 140 „Akustik — Messung der Schalldämmung in Gebäuden und von Bauteilen" besteht aus folgenden Teilen:

Teil 1: Anforderungen an Prüfstände mit unterdrückter Flankenübertragung

Teil 2: Angaben von Genauigkeitsanforderungen

Teil 3: Messung der Luftschalldämmung von Bauteilen in Prüfständen

Teil 4: Messung der Luftschalldämmung zwischen Räumen

Teil 5: Messung der Luftschalldämmung von Fassadenelementen und Fassaden an Gebäuden

Teil 6: Messung der Trittschalldämmung von Decken in Prüfständen

Teil 7: Messung der Trittschalldämmung von Decken in Gebäuden

Teil 8: Messung der Trittschallminderung durch eine Deckenauflage auf einer massiven Bezugsdecke in Prüfständen

Teil 9: Raum-zu-Raum-Messung der Luftschalldämmung von Unterdecken mit darüberliegendem Hohlraum im Prüfstand

Teil 10: Messung der Luftschalldämmung von kleinen Bauteilen im Prüfstand

Teil 12: Messung der Dämmung von Luftschall und Trittschall durch einen Doppel- und Hohlraumboden zwischen benachbarten Räumen im Prüfstand

Diese Europäische Norm muß den Status einer nationalen Norm erhalten, entweder durch Veröffentlichung eines identischen Textes oder durch Anerkennung bis April 1998, und etwaige entgegenstehende nationale Normen müssen bis April 1998 zurückgezogen werden.

Entsprechend der CEN/CENELEC-Geschäftsordnung sind die nationalen Normungsinstitute der folgenden Länder gehalten, diese Europäische Norm zu übernehmen: Belgien, Dänemark, Deutschland, Finnland, Frankreich, Griechenland, Irland, Island, Italien, Luxemburg, Niederlande, Norwegen, Österreich, Portugal, Schweden, Schweiz, Spanien, die Tschechische Republik und das Vereinigte Königreich.

Diese Europäische Norm wird aufgestellt, um der Bitte, im Rahmen der EWG-Direktive 89/106 „Bauprodukte" und des provisorischen Mandats „Lärmschutz" (BC/CEN 08/1991), das von der EWG und der EFTA abgegeben wurde, nachzukommen.

Der Anhang A ist normativ, die Anhänge B und C sind informativ.

Anerkennungsnotiz

Der Text der Internationalen Norm ISO 140-8 : 1997 wurde vom CEN als Europäische Norm ohne irgendeine Abänderung genehmigt.

ANMERKUNG: Die normativen Verweisungen auf Internationale Normen sind im Anhang ZA (normativ) aufgeführt.

1 Anwendungsbereich

Dieser Teil von ISO 140 legt ein Verfahren zur Messung der akustischen Eigenschaften von Deckenauflagen hinsichtlich der Trittschallminderung fest. Der Zweck dieses Teils von ISO 140 ist die Festlegung eines Verfahrens, mit dem die Trittschallminderung durch eine Deckenauflage unter genormten Prüfbedingungen als Zahlenwert bestimmt wird. Die Prüfung ist beschränkt auf die Festlegung von Vorgehensweisen zur physikalischen Messung von Schall, der von einer künstlichen Quelle (Norm-Hammerwerk) unter Laborbedingungen erzeugt wird. Aus der Prüfung kann nicht unmittelbar die subjektive Bedeutung der Ergebnisse abgeleitet werden.

Dieser Teil von ISO 140 ist anwendbar für alle ein- oder mehrschichtigen Deckenauflagen auf einer Bezugsdecke. Im Fall mehrschichtiger Auflagen dürfen diese fabrikmäßig oder am Prüfort hergestellt sein. Das Prüfverfahren läßt sich nur bei Labormessungen anwenden. Es enthält keine Festlegungen, die Wirksamkeit einer Deckenauflage in Gebäuden zu beurteilen.

2 Normative Verweisungen

Die folgenden normativen Dokumente enthalten Festlegungen, die durch Verweisung in diesem Text Bestandteil der vorliegenden Internationalen Norm sind. Zum Zeitpunkt der Veröffentlichung dieser Internationalen Norm waren die angegebenen Ausgaben gültig. Alle normativen Dokumente unterliegen der Überarbeitung. Vertragspartner, deren Vereinbarungen auf dieser Internationalen Norm basieren, werden gebeten, die Möglichkeit zu prüfen, ob die jeweils neuesten Ausgaben der im folgenden genannten Normen angewendet werden können. Die Mitglieder von IEC und ISO führen Verzeichnisse der gegenwärtig gültigen Internationalen Normen.

ISO 140-1 : 1997
Akustik — Messung der Schalldämmung in Gebäuden und von Bauteilen — Teil 1: Anforderungen an Prüfstände mit unterdrückter Flankenübertragung

ISO 140-2 : 1991
Akustik — Messung der Schalldämmung in Gebäuden und von Bauteilen — Teil 2: Angaben von Genauigkeitsanforderungen

ISO 140-6
Akustik — Messung der Schalldämmung in Gebäuden und von Bauteilen — Teil 6: Messung der Trittschalldämmung von Decken in Prüfständen; In Vorbereitung (Revision von ISO 140-6 : 1978)

ISO 140-7
Akustik — Messung der Schalldämmung in Gebäuden und von Bauteilen — Teil 7: Messung der Trittschalldämmung von Decken in Gebäuden; In Vorbereitung (Revision von ISO 140-7 : 1978)

ISO 354 : 1985
Akustik — Messung der Schallabsorption im Hallraum

ISO 717-2 : 1996
Akustik — Bewertung der Schalldämmung in Gebäuden und von Bauteilen — Teil 2: Trittschalldämmung

IEC 651 : 1979
Schallpegelmesser

IEC 804 : 1985
Integrierende mittelwertbildende Schallpegelmesser

IEC 942 : 1988
Schallkalibratoren

IEC 1260 : 1995
Elektroakustik — Bandfilter für Oktaven und Bruchteile von Oktaven

3 Definitionen

Für die Anwendung dieses Teils von ISO 140 gelten die folgenden Definitionen:

3.1 Mittlerer Schalldruckpegel in einem Raum L

Der zehnfache dekadische Logarithmus des Verhältnisses des räumlichen und zeitlichen Mittelwertes des Quadrates des Schalldruckes zum Quadrat des Bezugsschalldruckes, wobei der räumliche Mittelwert über den gesamten Raum gebildet wird, ausgenommen die Teile, bei denen das Direktfeld einer Schallquelle oder das Nahfeld der Raumbegrenzungen (Wände usw.) von deutlichem Einfluß ist. Diese Größe wird in Dezibel angegeben.

Bei Verwendung eines kontinuierlich bewegten Mikrofons wird L bestimmt durch:

$$L = 10 \lg \frac{\frac{1}{T_m} \int_0^{T_m} p^2(t) \mathrm{d}t}{p_0^2} \mathrm{dB} \tag{1}$$

Dabei ist:

p der Schalldruck, in Pascal;
p_0 der Bezugsschalldruck mit $p_0 = 20$ µPa;
T_m die Integrationszeit, in Sekunden.

Bei festen Mikrofonpositionen wird L bestimmt durch:

$$L = 10 \lg \frac{p_1^2 + p_2^2 + p_n^2}{n \cdot p_0^2} \mathrm{dB} \tag{2}$$

Dabei ist:

$p_1, p_2, \dots p_n$ Effektivwert des Schalldruckes an n verschiedenen Stellen im Raum.

Wenn, wie in der Praxis üblich, die Schalldruckpegel L_j gemessen werden, wird L bestimmt durch:

$$L = 10 \lg \frac{1}{n} \sum_{i=1}^{n} 10^{\frac{L_j}{10\,\mathrm{dB}}} \mathrm{dB} \tag{3}$$

Dabei ist:

L_j der Schalldruckpegel L_1 bis L_n an n verschiedenen Stellen im Raum.

3.2 Trittschallpegel L_i

Der mittlere Schalldruckpegel in einem Terzband im Empfangsraum, wenn die geprüfte Decke von dem Norm-Hammerwerk angeregt wird. Diese Größe wird in Dezibel angegeben.

3.3 Norm-Trittschallpegel L_n

Die Summe aus dem Trittschallpegel L_i und einem Korrekturterm, angegeben in Dezibel. Der Korrekturterm ist das zehnfache des dekadischen Logarithmus des Verhältnisses der gemessenen äquivalenten Absorptionsfläche A des Empfangsraumes zu der Bezugs-Absorptionsfläche A_0. Diese Größe wird in Dezibel angegeben.

$$L_n = L_i + 10 \lg \frac{A}{A_0} \mathrm{dB} \tag{4}$$

mit $A_0 = 10\ \mathrm{m}^2$.

3.4 Trittschallminderung; Verbesserung der Trittschalldämmung ΔL

Die Verringerung des Norm-Trittschallpegels für ein gegebenes Terzband, resultierend aus dem Einbau der Prüf-Deckenauflage. Diese Größe wird in Dezibel angegeben.

$$\Delta L = L_{n0} - L_n \qquad (5)$$

Dabei ist:

L_{n0} Norm-Trittschallpegel der massiven Standarddecke ohne Deckenauflage;

L_n Norm-Trittschallpegel der massiven Standarddecke mit Deckenauflage.

ANMERKUNG: Wenn die Absorption im Empfangsraum während der Prüfung nicht verändert wird, wird angenommen, daß die Reduzierung der Trittschallpegel der Reduzierung der Norm-Trittschallpegel (Trittschallminderung) entspricht.

4 Meßgeräte

Die Meßgeräte müssen den Anforderungen nach Abschnitt 6 entsprechen.

Das Hammerwerk muß den in Anhang A angegebenen Anforderungen entsprechen.

Die Geräte zur Messung des Schallpegels müssen hinsichtlich der Meßunsicherheit den Anforderungen der Klassen 0 oder 1 nach IEC 651 und IEC 804 entsprechen. Das gesamte Meßsystem einschließlich des Mikrofons muß vor jeder Messung mit einem Schallkalibrator der Klasse 1 nach IEC 942 kalibriert werden. Bei Schallpegelmessern, die für Messungen in Schallfeldern von ebenen fortschreitenden Wellen kalibriert sind, müssen Korrekturen für das Diffusfeld angewendet werden.

Die Filter müssen den Anforderungen nach IEC 1260 entsprechen.

Die Geräte zur Messung der Nachhallzeit müssen den Anforderungen nach ISO 354 entsprechen.

ANMERKUNG: Empfehlungen für Zulassungsprüfungen und regelmäßige Konformitätsprüfungen von Schallpegelmessern sind in [1] und [2] niedergelegt.

5 Prüfanordnung

5.1 Allgemeine Anordnung

Es werden zwei übereinander angeordnete Räume verwendet, von denen der obere als „Senderaum“ und der untere als „Empfangsraum“ bezeichnet wird. Sie sind durch eine Standarddecke getrennt, auf welche die zu prüfende Deckenauflage aufgebracht wird. Die Luftschalldämmung zwischen Sende- und Empfangsraum muß so hoch sein, daß in jedem Frequenzband der Pegel des vom Sende- zum Empfangsraum übertragenen Luftschalls mindestens 10 dB geringer ist als der Pegel des übertragenen Trittschalls, siehe ISO 140-1.

5.2 Einzelheiten der Prüfanordnung

5.2.1 Senderaum

Es bestehen keine besonderen Anforderungen hinsichtlich der Größe und Form des Senderaumes.

5.2.2 Empfangsraum

Der Empfangsraum muß den Anforderungen nach ISO 140-1 entsprechen.

5.2.3 Prüfdecke

Die Decke, auf der die zu prüfenden Deckenauflagen aufgebracht werden, muß eine Stahlbetondecke der Dicke $(120\ ^{+40}_{-20})$ mm sein (vorzugsweise 140 mm beim Aufbau von neuen Laboratorien). Sie sollte homogen sein und eine gleichmäßige Dicke haben. Vom Empfangsraum aus betrachtet, muß ihre Fläche mindestens 10 m² betragen. Von der Sendeseite aus betrachtet ist die zulässige Prüffläche für das Aufbringen von Deckenauflagen der Kategorie I (siehe 5.3.3) derjenige Bereich, der mindestens 0,5 m von den Kanten der Rohdecke entfernt ist.

5.2.4 Zustand der Deckenoberfläche

Es muß sichergestellt werden, daß die Oberfläche der Prüfdecke ideal eben (höchstens ± 1 mm Höhendifferenz über einer horizontalen Strecke von 200 mm), und ausreichend hart ist, um den Hammerwerksschlägen standzuhalten. Ist auf der Oberfläche eine Glättungsschicht aufgebracht, muß sichergestellt werden, daß sie überall sehr gut haftet und nicht absplittert, reißt oder zermahlen wird.

5.3 Vorbereitung und Einbau der Prüfobjekte

5.3.1 Klassifizierung

In Abhängigkeit von der Art der Deckenauflage wird gefordert, daß die Prüfobjekte entweder geringfügig größer als das Hammerwerk samt dessen Füßen sind oder die gleiche Größe wie die Decke haben (siehe 6.6).

5.3.1.1 Kategorie I (kleine Prüfobjekte)

Diese Kategorie umfaßt nachgiebige Beläge (Kunststoffe, Gummi, Kork, Matten oder Kombinationen aus diesen), die lose oder haftend auf der Deckenoberfläche befestigt werden. Das Einbauverfahren wird im Bericht eindeutig beschrieben.

5.3.1.2 Kategorie II (große Prüfobjekte)

Diese Kategorie umfaßt feste homogene Deckenauflagen oder komplexe Deckenauflagen, von denen mindestens ein Bestandteil fest ist. Die verlegte Deckenauflage darf unter Belastung geprüft werden. Eine normale Möblierung sollte durch eine gleichmäßige Belastung von 20 kg/m² bis 25 kg/m² nachgebildet werden. Die verteilte Belastung sollte mit mindestens einem Gewichtstück je Quadratmeter der Deckenfläche aufgebracht werden.

5.3.1.3 Kategorie III (Spannstoffe)

Diese Kategorie umfaßt nachgiebige Beläge, die die Decke von Wand zu Wand bedecken. Es sollten große Prüfobjekte geprüft werden; eine Belastung ist jedoch nicht erforderlich.

5.3.1.4 Stoffe unbestimmter Klassifizierung

Bei Unsicherheit der Zuordnung eines Materials zu einer Kategorie entscheidet die Prüfstelle, ob das Verfahren für die Prüfung von kleinen oder von großen Prüfgegenständen durchgeführt wird.

5.3.2 Einbau

Die Einbauanweisungen des Herstellers sind strikt zu befolgen. Aufmerksamkeit ist insbesondere den Ecken des Prüfobjektes zu widmen.

5.3.2.1 Befestigung durch Kleben

Die mit einem Klebemittel zu befestigenden Beläge werden mit großer Sorgfalt verlegt, wobei das Klebemittel normalerweise die gesamte zu verklebende Fläche bedeckt. Wird das Klebemittel partiell aufgebracht, wird die genaue Ausführung beschrieben. Bei der Anwendung des Klebemittels werden die Anweisungen des Herstellers genau befolgt, speziell hinsichtlich der Menge und der Abbindezeit. Der Klebemitteltyp und die Abbindezeit werden angegeben.

5.3.2.2 Aushärtungsdauer vor der Prüfung

Deckenauflagen, wie z. B. vor Ort verlegte schwimmende Estriche, werden nicht vor Ablauf der herkömmlichen Abbindezeit geprüft, die z. B. drei Wochen für üblichen Beton betragen sollte.

5.3.3 Größe und Anzahl der Prüfobjekte

5.3.3.1 Kategorie I

Drei Prüfobjekte (siehe 5.2.3), vorzugsweise aus verschiedenen Fertigungsreihen, jedoch von derselben Fertigungsstätte, werden eingebaut. Jedes Prüfobjekt muß groß genug sein, damit das Hammerwerk vollständig auf ihm aufgestellt werden kann.

5.3.3.2 Kategorien II und III

Das Prüfobjekt muß die ganze Oberfläche von Wand zu Wand oder in jedem Fall mindestens $10\ m^2$ bedecken, wobei die kleinere Kantenlänge mindestens 2,3 m beträgt.

5.4 Einfluß von Temperatur und Luftfeuchte

In der Regel und immer bei Oberflächen, deren akustische Eigenschaften voraussichtlich entweder von der Temperatur oder der Luftfeuchte abhängen, werden die Temperatur in der Mitte der Deckenoberfläche und die Luftfeuchte im Senderaum gemessen und angegeben. Die so beobachtete Deckentemperatur sollte vorzugsweise im Bereich von 18 °C bis 25 °C liegen.

6 Durchführung der Prüfung und Auswertung

6.1 Erzeugung des Schallfeldes

Der Trittschall muß mit einem Norm-Hammerwerk erzeugt werden (siehe Abschnitt 4).

Mit Ausnahme der Prüfung von Prüfobjekten der Kategorie I muß das Hammerwerk an mindestens vier verschiedenen, unregelmäßig verteilt liegenden Stellen auf die zu prüfende Decke gestellt werden. Der Abstand des Hammerwerkes von den Kanten der Decke muß mindestens 0,5 m betragen.

Die Trittschallpegel können nach dem Einschalten des Hammerwerkes eine Zeitabhängigkeit aufweisen. In einem derartigen Fall werden die Messungen erst begonnen, nachdem der Geräuschpegel stationär geworden ist. Falls nach 5 min noch keine stabilen Bedingungen erreicht worden sind, werden die Messungen während einer wohldefinierten Meßdauer durchgeführt. Die Meßdauer muß angegeben werden.

Werden nachgiebige Deckenauflagen geprüft, muß das Norm-Hammerwerk den in Anhang A angegebenen Anforderungen genügen. Ebenfalls in Anhang A sind Anleitungen zur Aufstellung des Normhammerwerkes auf nachgiebigen Deckenauflagen angegeben.

6.2 Messung des Trittschallpegels

Der Trittschallpegel wird entweder mit einem Einzelmikrofon und punktweiser Abtastung auf verschiedenen Positionen, mit einer Anordnung mehrerer feststehender Mikrofone, mit kontinuierlich bewegtem Mikrofon oder mit einem Schwenkmikrofon bestimmt. Die Schalldruckpegel an den unterschiedlichen Mikrofonpositionen müssen für alle Positionen des Norm-Hammerwerkes energetisch gemittelt werden (siehe Gleichungen (1) bis (3)).

6.2.1 Mikrofonpositionen

Es müssen mindestens vier Mikrofonpositionen verwendet werden. Diese sind innerhalb des maximal zulässigen Bereiches im Raum möglichst gleichmäßig zu verteilen. Zumindest zwei Mikrofonpositionen dürfen zwei Positionen des Hammerwerks zugeordnet werden und die anderen beiden Mikrofonpositionen den anderen beiden Positionen des Hammerwerks (siehe 6.6).

Die folgenden Abstände sind Mindestwerte und müssen nach Möglichkeit überschritten werden:

- 0,7 m zwischen Mikrofonpositionen,
- 0,7 m zwischen jeder Mikrofonposition und den Raumbegrenzungen oder Diffusoren,
- 1,0 m zwischen jeder Mikrofonposition und der vom Hammerwerk angeregten Deckenoberfläche.

Bei Verwendung eines bewegten Mikrofons muß der Bahnradius mindestens 1 m betragen. Die Bahnebene muß gegen die Raumbegrenzungsflächen um mindestens 10° geneigt sein, um einen großen Anteil des zulässigen Raumbereichs zu erfassen. Die Dauer einer Bahnperiode darf nicht kleiner als 15 s sein.

6.2.2 Mittelungszeit

Die Dauer der Mittelwertbildung muß an jeder einzelnen Mikrofonposition in jedem Frequenzband mit einer Band-Mittenfrequenz unterhalb von 400 Hz mindestens 6 s betragen. Für Bänder mit höheren Band-Mittenfrequenzen darf die Dauer auf 4 s, jedoch nicht darunter, verringert werden. Bei Verwendung eines bewegten Mikrofons muß die Mittelungszeit eine ganze Anzahl von Bahnumläufen erfassen und darf nicht kleiner als 30 s sein.

6.3 Meßfrequenzbereich

Der Schalldruckpegel muß mit Terzfiltern mindestens bei den folgenden Mittenfrequenzen in Hertz gemessen werden:

100	125	160	200	250	315
400	500	630	800	1 000	1 250
1 600	2 000	2 500	3 150	4 000	5 000

Werden Zusatzinformationen im tiefen Frequenzbereich benötigt, werden Terzfilter mit den folgenden Mittenfrequenzen in Hertz verwendet:

50	63	80

Für die Durchführung derartiger Zusatzmessungen in tiefen Frequenzbändern wird eine Anleitung in ISO 140-6, Anhang C gegeben.

6.4 Messung der Nachhallzeit und Berechnung der äquivalenten Schallabsorptionsfläche

Der Korrektionsterm in Gleichung (4), der die äquivalente Schallabsorptionsfläche enthält, wird aus der nach ISO 354 gemessenen Nachhallzeit bestimmt und nach der Sabine'schen Formel berechnet:

$$A = \frac{0,16\,V}{T} \tag{6}$$

Dabei ist:

A die äquivalente Schallabsorptionsfläche, in Quadratmeter;

V das Volumen des Empfangsraums, in Kubikmeter;

T die Nachhallzeit im Empfangsraum, in Sekunden.

Nach ISO 354 muß die Ermittlung der Nachhallzeit aus der Abklingkurve etwa 0,1 s nach Abschalten der Schallquelle oder mit einem Schalldruckpegel beginnen, der einige Dezibel geringer ist als der zu Beginn des Abklingens. Der verwendete Bereich darf nicht geringer sein als 20 dB und nicht so groß sein, daß der beobachtete Abklingverlauf nicht durch eine Gerade angenähert werden kann. Die untere Grenze dieses Bereiches muß mindestens 10 dB über dem Fremdgeräuschpegel liegen.

Für jedes Frequenzband werden mindestens sechs Abklingverläufe ausgewertet. Es müssen in jedem Fall mindestens eine Lautsprecher- und drei Mikrofonpositionen mit je zwei Abklingkurven verwendet werden.

Bewegte Mikrofone nach 6.2.1 dürfen benutzt werden, wenn die Bahnumlaufzeit mindestens 30 s beträgt.

6.5 Fremdgeräuschkorrektur

Es müssen Messungen der Fremdgeräuschpegel durchgeführt werden, um sicherzustellen, daß die Meßwerte im Empfangsraum nicht durch Störschall, wie z. B. Geräusche außerhalb des Prüfraums oder elektrisches Rauschen im Empfangssystem beeinflußt werden. Um den zuletzt genannten Zustand zu überprüfen, wird das Mikrofon durch einen Mikrofonersatz ersetzt. Es muß dafür Sorge getragen werden, daß der vom Hammerwerk erzeugte und in den Empfangsraum übertragene Luftschall den Trittschallpegel im Empfangsraum nicht beeinflußt.

Zur Verwendung der Signalpegel ohne Korrekturen muß der Fremdgeräuschpegel mindestens 6 dB (und vorzugsweise mehr als 15 dB) unter dem Pegel der Kombination aus Signal und Fremdgeräusch liegen. Ist die Pegeldifferenz geringer als 15 dB, jedoch größer als 6 dB, müssen Korrekturen des Signalpegels nach Gleichung (7) berechnet werden:

$$L = 10 \lg\left(10^{L_{\text{sb}}/10\,\text{dB}} - 10^{L_{\text{b}}/10\,\text{dB}}\right) \text{dB} \qquad (7)$$

Dabei ist:

L der korrigierte Signalpegel, in Dezibel;

L_{sb} der Pegel der Kombination aus Signal und Fremdgeräusch, in Dezibel;

L_{b} der Fremdgeräuschpegel, in Dezibel.

Ist die Pegeldifferenz in einem der Frequenzbänder kleiner als oder gleich 6 dB, muß der Korrekturwert von 1,3 dB verwendet werden, entsprechend einer Differenz von 6 dB. In diesem Fall müssen die entsprechenden Meßwerte im Meßbericht so angegeben werden, daß deutlich ersichtlich ist, daß die angegebenen Meßwerte die Meßgrenze darstellen (z. B. ΔL-Werte als $\Delta L > ...$ dB).

6.6 Position des Hammerwerks

6.6.1 Einstellung des Hammerwerks

In Anhang A ist eine Anleitung zur Einstellung der Fallhöhe der Hämmer des Hammerwerks angegeben. Bei Aufstellung auf einer vollflächigen Deckenauflage als Prüfobjekt müssen die Auftreffpunkte der Hämmer auf das Prüfobjekt mindestens 100 mm von den Kanten entfernt liegen.

6.6.2 Materialien der Kategorie I

Das Hammerwerk wird nacheinander auf jedes Prüfobjekt der Deckenauflage gestellt, jedesmal vollständig auf das Prüfobjekt sowie auf die Rohdecke auf jeder Seite des Prüfobjektes mit den Füßen auf der Rohdecke so nahe an ihm wie möglich. Die Achse längs der Hämmer muß immer parallel zu der langen Kante des Prüfobjektes liegen (siehe Bild 1).

Für jede Deckenauflage als Prüfobjekt ist der Trittschallpegel für die Rohdecke das arithmetische Mittel der Pegel, die für die beiden Hammerwerkspositionen auf jeder Seite des Prüfobjektes bestimmt worden sind.

6.6.3 Materialien der Kategorie II und III

Das Hammerwerk wird nacheinander auf die Rohdecke und auf die vollständig von der Deckenauflage bedeckte Decke gestellt.

Jede Meßreihe (Rohdecke und Decke mit Auflage) muß mit so vielen Hammerwerkspositionen durchgeführt werden, wie sie erforderlich sind, um einen verläßlichen Mittelwert zu erhalten; in jedem Fall wird gefordert, daß die Anzahl der Positionen nicht kleiner als vier ist.

7 Präzision

Es wird gefordert, daß das Meßverfahren eine zufriedenstellende Wiederholpräzision ergibt. Diese muß nach dem in ISO 140-2 angegebenen Verfahren bestimmt und von Zeit zu Zeit überprüft werden, insbesondere dann, wenn eine Änderung im Verfahren oder der gerätetechnischen Ausrüstung vorgenommen wurde.

ANMERKUNG: Zahlenwerte zu den Anforderungen an die Wiederholpräzision sind in ISO 140-2 angegeben.

8 Darstellung der Ergebnisse

Zur Darstellung der Meßergebnisse müssen diese bei allen Meßfrequenzen auf eine Dezimalstelle hinter dem Komma in tabellarischer und in Kurvenform angegeben werden. Kurven im Prüfbericht müssen die Pegel in Dezibel über der Frequenz in logarithmischem Maßstab zeigen, und folgende Maße müssen verwendet werden:

- 5 mm für eine Terz;
- 20 mm für 10 dB.

Der Vordruck nach Anhang B wird bevorzugt verwendet. Als Kurzfassung des Prüfberichtes werden alle Informationen von Wichtigkeit, die den Prüfgegenstand, das Prüfverfahren und die Prüfergebnisse betreffen, angegeben.

Werden die Trittschallminderungspegel auch in Oktavbändern benötigt, müssen diese Werte mit folgender Gleichung aus den drei Terzbandwerten für das jeweilige Oktavband errechnet werden:

$$\Delta_{\text{oktav}} = -10 \lg\left(\sum_{n=1}^{3} \frac{10^{-\Delta L_{\text{Terz},\,n}/10\,\text{dB}}}{3}\right) \text{dB} \qquad (8)$$

Wenn die Prüfung wiederholt wird, ist der arithmetische Mittelwert aller Meßergebnisse in jedem Frequenzband zu berechnen.

9 Prüfbericht

Der Prüfbericht muß enthalten:

a) Verweisung auf ISO 140-8;

b) Name und Adresse der die Messung durchführenden Prüfstelle;

c) Name des Herstellers und Produktkennzeichnung;

d) Name und Adresse der Organisation oder der Person, die den Prüfauftrag gab (Kunde);

e) Prüfdatum;

f) Größe und Form des Empfangsraumes, Aufbau und Dicke der Wände;

g) Abmessungen der Prüfdecke;

h) Die Namen und Adressen der Hersteller der Deckenauflage, der Lagen bei mehrlagigen Auflagen und des Klebemittels, die Handelsbezeichnung und die Bezugsadresse des in der Prüfung verwendeten Prüfgegenstandes;

i) Detaillierte Beschreibung des Prüfgegenstands, einschließlich des Typs, der Masse, der Oberflächenmaße und der Dicke (unter Belastung, wenn angegeben, siehe 5.3.2.1), wenn nötig, mit erläuternden Zeichnungen;

Maße in Millimeter

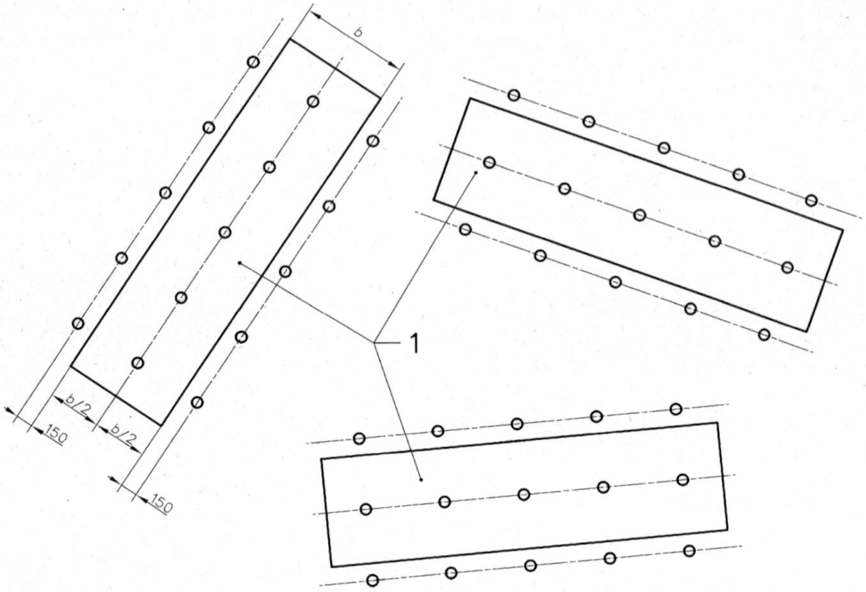

1 Prüfgegenstand

ANMERKUNG: Die kleinen Kreise markieren die Positionen, an denen die Hämmer des Hammerwerks auf die Rohdecke bzw. den Prüfgegenstand auftreffen sollen.

Bild 1: Typische Anordnung der Prüfobjekte für Deckenauflagen der Kategorie I

j) Einbauverfahren, mit besonderer Angabe zum Klebstoff, seine flächenbezogene Masse und die Abbindezeit, im Fall eines schwimmenden Estrichs die Abbindezeit für den Naßestrich;

k) Lufttemperatur und Luftfeuchte im Senderaum;

l) Anzahl und Positionen der Mikrofone;

m) Anzahl, Positionen und Dauer der Belastungen, wenn verwendet;

n) Material, Abmessungen und Anzahl der Unterlagen unter den Füßen des Hammerwerkes;

o) Eine Aussage darüber, ob der Prüfgegenstand während der Prüfung sichtbaren Schaden genommen hat (z. B. Stauchung);

ANMERKUNG: Es ist wünschenswert, daß der Prüfgegenstand in dem Labor für spätere Überprüfungen verbleibt.

p) Trittschallminderung der geprüften Deckenauflage als Funktion der Frequenz, die bewertete Trittschallminderung ΔL_{w} und der Spektrum-Anpassungswert $C_{\mathrm{I},\Delta}$;

q) Norm-Trittschallpegel der bei der Prüfung verwendeten Rohdecke als Funktion der Frequenz, der bewertete Normtrittschallpegel und der zugehörige Spektrum-Anpassungswert der Bezugsdecke mit dem oder ohne den zu prüfenden Fußboden: $L_{\mathrm{n,w,r}}$ und $C_{\mathrm{I,r}}$ beziehungsweise $L_{\mathrm{n,w,0}}$ und $C_{\mathrm{I,0}}$;

r) Kurzbeschreibung von Einzelheiten des Verfahrens und der Meßgeräte.

Anhang A (normativ)

Anforderungen an das Hammerwerk

Das Gerät muß geeignet sein, den Anforderungen in Abschnitt 6 zu entsprechen.

Das Hammerwerk muß fünf Hämmer haben, die entlang einer Geraden angeordnet sind. Der Abstand zwischen den Achsen benachbarter Hämmer muß (100 ± 3) mm betragen.

Der Abstand zwischen jeweils der Mitte der Hammerwerksfüße und den Achsen der benachbarten Hämmer muß mindestens 100 mm betragen. Die Füße müssen mit schwingungsisolierenden Auflagen ausgestattet sein.

Der Impuls von jedem Hammer, der die Decke trifft, muß dem einer effektiven Masse von 500 g entsprechen, die frei aus einer Höhe von 40 mm fällt, innerhalb einer Toleranzgrenze für den Impuls von $\pm$ 5 %. Da die Reibung der Hammerführung zu berücksichtigen ist, muß sichergestellt werden, daß nicht nur die Masse des Hammers und die Fallhöhe, sondern auch die Geschwindigkeit des Hammers beim Aufschlag innerhalb folgender bestimmter Grenzen liegt:

Die Masse jedes Hammers muß (500 ± 12) g betragen, woraus folgt, daß die Geschwindigkeit beim Aufschlag $(0{,}886 \pm 0{,}022)$ m/s betragen muß. Die Toleranzgrenze der Geschwindigkeit darf bis zu einem Maximum von $\pm$ 0,033 m/s angehoben werden, wenn sichergestellt ist, daß die Masse des Hammers innerhalb der entsprechend verringerten Grenzen von (500 ± 6) g liegt.

Die Fallrichtung der Hämmer muß innerhalb $\pm$ 0,5° senkrecht auf der Prüfoberfläche stehen.

Der Teil des Hammers, der auf die Decke auftrifft, muß zylindrisch sein mit einem Durchmesser von $(30 \pm 0{,}2)$ mm. Die Schlagfläche muß aus gehärtetem Stahl und sphärisch sein mit einem Kugelradius von (500 ± 100) mm. Die Überprüfung der Erfüllung dieser Anforderung kann auf folgende Arten geschehen:

a) Die Kurvenform der Schlagfläche gilt als übereinstimmend mit den Anforderungen, falls die Meßergebnisse bei Anlegen einer Meßvorrichtung entlang mindestens zweier senkrecht aufeinanderstehender Linien durch den Mittelpunkt der Oberfläche innerhalb der in Bild A.1 angegebenen Toleranzen liegen. Die Kurven von Bild A.1 beschreiben einen Kugelradius von 500 mm. Der Abstand zwischen den Kurven ist die kleinste Entfernung, die es erlaubt, daß sowohl ein Radius von 400 mm als auch von 600 mm in die Toleranzgrenzen fällt. Die Genauigkeit der Messungen muß mindestens 0,01 mm betragen.

b) Die Kurvenform der Hammerköpfe kann unter Verwendung eines Sphärometers gemessen werden, mit 3 Fühlern, die auf einem Kreis mit einem Durchmesser von 20 mm liegen.

Das Hammerwerk muß automatisch angetrieben sein. Die mittlere Zeit zwischen den Hammerschlägen muß (100 ± 5) ms betragen. Die Zeit zwischen aufeinanderfolgenden Aufschlägen muß (100 ± 20) ms betragen.

Die Zeit zwischen Aufschlag und Abheben des Hammers muß kleiner als 80 ms sein.

Für Norm-Hammerwerke, die für Prüfungen der Trittschalldämmung von Decken mit weichen Belägen oder unebenen Oberflächen verwendet werden, muß sichergestellt sein, daß es den Hämmern möglich ist, mindestens 4 mm unter die Ebene zu fallen, auf der die Füße des Hammerwerkes stehen.

Alle Einstellungen an dem Norm-Hammerwerk und Überprüfungen der Erfüllung der Anforderungen müssen auf einer ebenen harten Oberfläche durchgeführt werden, und das Hammerwerk muß in diesem Zustand auf jeder Art von zu prüfenden Deckenauflagen verwendet werden.

Wenn die Prüf-Oberfläche eine extrem weiche Auflage hat, oder wenn die Oberfläche so uneben ist, daß die Hämmer

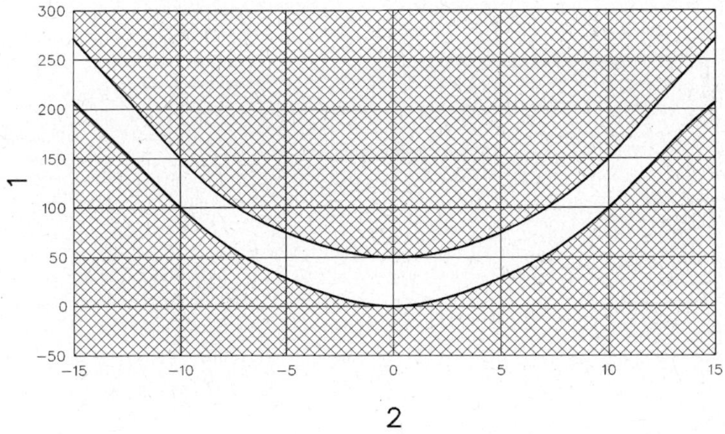

1 Relative Höhe in µm
2 Abstand vom Mittelpunkt in mm

Bild A.1: Toleranzbereich für die Kurvenform der Hammerköpfe. Die relative Höhe in der Mitte kann frei innerhalb 0 µm bis 50 µm gewählt werden, um die Kurvenform des Hammerkopfes in den Toleranzgrenzen einzupassen.

nicht auf die Oberfläche fallen können, auf der die Füße stehen, dürfen Unterlagen unter die Füße gesetzt werden, um die korrekte Fallhöhe von 40 mm sicherzustellen.

Die Erfüllung der Anforderungen muß in regelmäßigen Abständen unter Laborbedingungen überprüft werden. Die Prüfung muß auf einer Prüf-Oberfläche mit einer Ebenheit von $\pm$ 0,1 mm und einer horizontalen Lage innerhalb von $\pm$ 0,1° durchgeführt werden.

Einige der Parameter brauchen nur einmal vermessen werden, es sei denn, das Hammerwerk wird verändert. Dies betrifft die Abstände zwischen den Hämmern, die Füße des Hammerwerkes, den Durchmesser der Hämmer, die Masse der Hämmer (es sei denn, die Hammerköpfe sind geglättet worden), die Zeit zwischen Aufschlag und Heben sowie die maximal mögliche Fallhöhe der Hämmer.

Die Fallgeschwindigkeit der Hämmer, ihr Durchmesser und die Kurvenform der Hammerköpfe, die Fallrichtung der Hämmer und die Zeit zwischen den Aufschlägen müssen regelmäßig überprüft werden.

Die Unsicherheit der Überprüfungs-Messungen darf höchstens 20 % der Toleranzwerte betragen.

Anhang B (informativ)

Vordruck für die Darstellung der Ergebnisse

Dieser Anhang zeigt ein Beispiel für die Darstellung der Prüfergebnisse von Messungen der Trittschallminderung durch Deckenauflagen auf einer massiven Standarddecke in Prüfständen.

Trittschalldämmung nach ISO 140-8

Messung der Trittschalldämmung durch eine Deckenauflage auf einer massiven Bezugsdecke in Prüfständen

Hersteller: Produktbezeichnung:

Kunde: Prüfraumbezeichnung:

Prüfgegenstand aufgebaut von: Prüfdatum:

Beschreibung von Prüfstand, Prüfgegenstand und Versuchsaufbau:

Flächenbezogene Masse:	kg/m²
Abbindezeit:	h
Lufttemperatur im Prüfraum:	°C
Luftfeuchtigkeit im Prüfraum:	%
Volumen d. Empfangsraumes:	m³

Frequenz Hz	$L_{n,\ Rohdecke}$ Terz dB	ΔL Terz dB
50		
63		
80		
100		
125		
160		
200		
250		
315		
400		
500		
630		
800		
1000		
1250		
1600		
200		
2500		
3150		
4000		
5000		

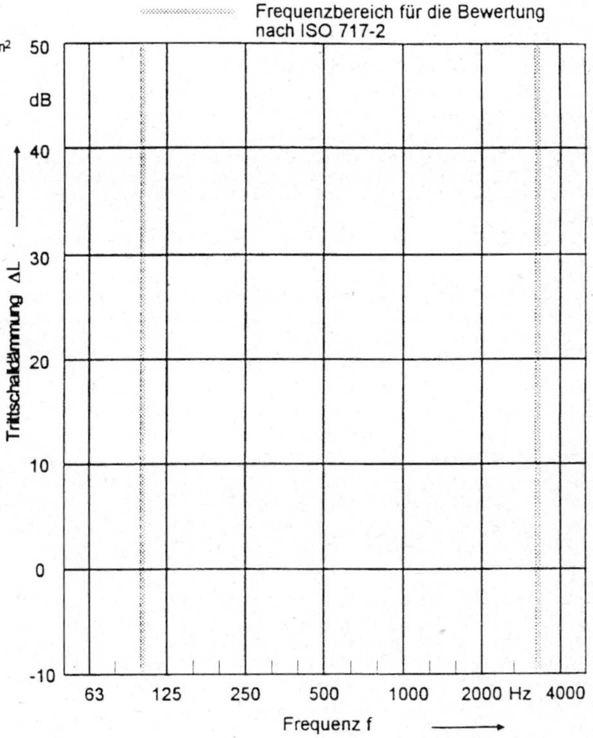

Berechnung nach ISO 717-2:

ΔL_W = dB $C_{I,\Delta}$ = dB $C_{I,r}$ = dB $C_{I,r,50\text{-}2500}$ = dB

Diese Meßergebnisse basieren auf Prüfungen, die mit einer künstlichen Schallquelle unter Laborbedingungen durchgeführt wurden, Messungen in Terzen.

Nr. des Prüfberichtes: Name des Prüfinstituts:

Datum: Unterschrift:

Anhang C (informativ)

Bibliographie

[1] OIML R58 : 1984 Sound level meters
Zu beziehen durch: Organisation internationale de métrologie légale, 11 rue Turgot, F-75009 Paris, FRANCE

[2] OIML R88 : 1989 Integrating-averaging sound level meters
Zu beziehen durch: Organisation internationale de métrologie légale, 11 rue Turgot, F-75009 Paris, FRANCE

Anhang ZA (normativ)

Normative Verweisungen auf internationale Publikationen mit ihren entsprechenden europäischen Publikationen

Diese Europäische Norm enthält durch datierte oder undatierte Verweisungen Festlegungen aus anderen Publikationen. Diese normativen Verweisungen sind an den jeweiligen Stellen im Text zitiert, und die Publikationen sind nachstehend aufgeführt. Bei datierten Verweisungen gehören spätere Änderungen oder Überarbeitungen dieser Publikationen nur zu dieser Europäischen Norm, falls sie durch Änderung oder Überarbeitung eingearbeitet sind. Bei undatierten Verweisungen gilt die letzte Ausgabe der in Bezug genommenen Publikation.

Publikation	Jahr	Titel	EN	Jahr
ISO 140-1	1997	Acoustics — Measurements of sound insulation in buildings and of building elements — Part 1: Requirements for laboratory test facilities with suppressed flanking transmission	EN ISO 140-1	1997
ISO 140-2	1991	Acoustics — Measurement of sound insulation in buildings and of building elements — Part 2: Determination, verification and application of precision data	EN 20140-2	1993
ISO 354	1985	Acoustics — Measurement of sound absorption in a reverberation room (including Amendment 1 : 1997)	EN ISO 354	1993
ISO 717-2	1996	Acoustics — Rating of sound insulation in buildings and of building elements — Part 2: Impact sound insulation	EN ISO 717-2	1996

Entwurf **Juli 1996**

Akustik

Messung der Schalldämmung in Gebäuden und von Bauteilen

Teil 12: Messung der Dämmung von Luftschall und Trittschall durch einen Doppel- und Hohlraumboden zwischen benachbarten Räumen im Prüfstand
(ISO/DIS 140-12 : 1996) Deutsche Fassung prEN ISO 140-12 : 1996

DIN
EN ISO 140-12

Einsprüche bis 31. Aug 1996

Anwendungswarnvermerk beachten!

ICS 17.140.40; 91.120.20

Acoustics – Measurement of sound insulation in buildings and of building elements – Part 12: Laboratory measurement of room-to-room airborne and impact sound insulation of an access floor (ISO/DIS 140-12 : 1996);
German version prEN ISO 140-12 : 1996

Acoustique – Mesurage de l'isolation acoustique des immeubles et des éléments de construction – Partie 12: Mesurage en laboratoire de la transmission latérale entre deux pièces des bruits aériens et des bruits d'impact par un plancher surélevé (ISO/DIS 140-12 : 1996);
Version allemande prEN ISO 140-12 : 1996

Nationales Vorwort

Der Internationale Norm-Entwurf ISO/DIS 140-12 ist im Komitee ISO/TC 43/SC 2 "Bauakustik" in Abstimmung mit dem Europäischen Komitee CEN/TC 126 "Akustische Eigenschaften von Baustoffen und Bauteilen und von Gebäuden" unter intensiver deutscher Mitarbeit erarbeitet worden. Für die deutsche Mitarbeit ist der Arbeitsausschuß NMP 231 "Schalldämmung und Schallabsorption, Messung und Bewertung" (Obmann: Professor Dr. rer. nat. M. Vorländer, Aachen) des Normenausschuß Materialprüfung (NMP) verantwortlich.

Über den Internationalen Norm-Entwurf ISO/DIS 140-12 wird gleichzeitig im CEN mit der CEN/CENELEC-Umfrage abgestimmt (parallele Abstimmung nach der Wiener Vereinbarung), so daß bei einem positiven Ergebnis zu erwarten ist, daß diese Internationale Norm als Europäische Norm angenommen wird.

Daher wird die Deutsche Fassung der ISO/DIS 140-12 als deutscher Norm-Entwurf mit der EN-Nummer (EN ISO 140-12) veröffentlicht.

Das Sektorbüro 1 "Bauwesen" des CEN (BTS1) hat mit seiner Resolution BTS1 17/1994 festgelegt, daß die Europäischen Normen EN ISO 140-1 und EN ISO 140-3 bis EN ISO 140-8 als ein "Paket" von Normen gelten. Dies bedeutet, daß die entsprechenden nationalen Normen - in Deutschland die entsprechenden Teile der DIN 52210 - erst spätestens sechs Monate nach Fertigstellung des letzten Teils des "Pakets" zurückgezogen werden müssen. Die Resolution legt fest, daß dies spätestens Juni 1997 zu erfolgen hat.

Anwendungswarnvermerk

Dieser Norm-Entwurf wird der Öffentlichkeit zur Prüfung und Stellungnahme vorgelegt.

Weil die beabsichtigte Norm von der vorliegenden Fassung abweichen kann, ist die Anwendung dieses Entwurfes besonders zu vereinbaren.

Stellungnahmen werden erbeten an den Normenausschuß Materialprüfung (NMP) im DIN Deutsches Institut für Normung e.V., Burggrafenstraße 6, 10787 Berlin; Postanschrift 10772 Berlin.

Fortsetzung 16 Seiten prEN

Normenausschuß Materialprüfung (NMP) im DIN Deutsches Institut für Normung e.V.
Normenausschuß Bauwesen (NABau) im DIN
Normenausschuß Akustik, Lärmminderung und Schwingungstechnik (NALS) im DIN und VDI

EUROPÄISCHE NORM

EUROPEAN STANDARD

NORME EUROPEENNE

ENTWURF
prEN ISO 140-12

Mai 1996

ICS

Deskriptoren:

Deutsche Fassung

Akustik - Messung der Schalldämmung in Gebäuden und von Bauteilen - Teil 12: Messung der Dämmung von Luftschall und Trittschall durch einen Doppel- und Hohlraumboden zwischen benachbarten Räumen im Prüfstand (ISO/DIS 140-12:1996)

Acoustics - Measurement of sound insulation in buildings and of building elements - Part 12: Laboratory measurement of room-to-room airbone and impact sound insulation of an access floor (ISO/DIS 140-12:1996)

Acoustique - Mesurage de l'isolement acoustique des immeubles et des éléments de construction - Partie 12: Mesurage en laboratoire de la transmission latérale entre deux pièces des bruits aériens et des bruits d'impact par un plancher surélevé (ISO/DIS 140-12:1996)

Dieser Europäische Norm-Entwurf wird den CEN Mitgliedern zur parallelen Umfrage vorgelegt. Er wurde vom Technischen Komitee CEN/TC 126 erstellt.

Wenn aus diesem Norm-Entwurf eine Europäische Norm wird, sind die CEN-Mitglieder gehalten, die CEN/CENELEC-Geschäftsordnung zu erfüllen, in der die Bedingungen festgelegt sind, unter denen dieser Europäischen Norm ohne jede Änderung der Status einer nationalen Norm zu geben ist.

Dieser Europäische Norm-Entwurf wurde von CEN in drei offiziellen Fassungen (Deutsch, Englisch, Französisch) erstellt. Eine Fassung in einer anderen Sprache, die von einem CEN-Mitglied in eigener Verantwortung durch Übersetzung in die Landessprache gemacht und dem Zentralsekretariat mitgeteilt worden ist, hat den gleichen Status wie die offiziellen Fassungen.

CEN-Mitglieder sind die nationalen Normungsinstitute von Belgien, Dänemark, Deutschland, Finnland, Frankreich, Griechenland, Irland, Island, Italien, Luxemburg, Niederlande, Norwegen, Österreich, Portugal, Schweden, Schweiz, Spanien und dem Vereinigten Königreich.

CEN

Europäisches Komitee für Normung
European Committee for Standardization
Comité Européen de Normalisation

Zentralsekretariat: rue de Stassart 36, B - 1050 Brüssel

Ref. Nr. prEN ISO 140-12:1996 D

Inhalt

Vorwort

Der Text der prEN ISO 140-12:1996 wurde vom Technischen Komitee CEN/TC 126 "Akustiche Eigenschaften von Baustoffen und Bauteilen und von Gebäuden", dessen Sekretariat vom AFNOR gehalten wird, in Zusammenarbeit mit dem Technischen Komitee ISO/TC 43 "Acoustics" erarbeitet.

Dieses Dokument wird zum parallelen Umfrage vorgelegt.

ISO 140 "Akustik - Messung der Schalldämmung in Gebäuden und von Bauteilen" besteht aus folgenden Teilen :

Teil 1	Anforderungen an Prüfstände mit unterdrückte Flankenübertragung
Teil 2	Angaben von Genauigkeitsanforderungen
Teil 3	Messung der Luftschalldämmung von Bauteilen in Prüfständen
Teil 4	Messung der Luftschalldämmung zwischen Räumen
Teil 5	Messung der Luftschalldämmung von Fassadenelementen und Fassaden an Gebäuden
Teil 6	Messung der Trittschalldämmung von Decken in Prüfständen
Teil 7	Messung der Trittschalldämmung von Decken in Gebäuden
Teil 8	Messung der Trittschallminderung durch eine Deckenauflage auf einer massiven Standarddecke in Prüfständen
Teil 9	Raum-zu-Raum-Messung der Luftschalldämmung von Unterdecken mit darüberliegendem Hohlraum, durchgeführt im Prüfstand
Teil 10	Messung der Luftschalldämmung von kleinen Bauteilen im Prüfstand
Teil 12	Messung der Dämmung von Luftschall und Trittschall durch einen Doppel- und Hohlraumboden zwischen benachbarten Räumen im Prüfstand

1 Anwendungsbereich

Dieser Teil von EN 20140 beschreibt ein Verfahren zur Messung der Luftschalldämmung und der Trittschalldämmung durch einen Doppel- und Hohlraumboden mit einem Hohlraum bestimmter Höhe, der unter einer akustischen Sperre befestigt ist und zwei Räume eines bestimmten Prüfstandes trennt.

Bei dem Verfahren wird ein Bereich im Labor verwendet, der so angelegt ist, daß er zwei horizontal benachbarte typische Büros oder Räume nachbildet, die einen gemeinsamen Doppel- und Hohlraumboden, einen gemeinsamen Hohlraumbereich und eine gemeinsame Trennwand haben. Die Trennwand erstreckt sich von der Decke bis zur Oberseite des Bodens, der an der Verbindungsstelle durchläuft oder unterbrochen ist.

Gemessen wird die Luftschall- und Trittschalldämmung zwischen zwei Räumen eines bestimmten Prüfstandes, wobei die Schallübertragung über andere Wege als den Doppel- und Hohlraumboden und den gemeinsamen Hohlraum vernachlässigt werden kann. Die Meßgrößen sind die Norm-Flankenpegeldifferenz und der Norm-Flankentrittschallpegel.

Das Verfahren kann auf die Untersuchung der zusätzlichen Schalldämmung erweitert werden, die sich durch Hilfseinrichtungen erreichen läßt, z. B. das Material, das für die Hohlraumsperren oder als Rückseite des gesamten Doppel- und Hohlraumbodens oder eines Teils davon verwendet wird.

2 Normative Verweisungen

Diese Europäische Norm enthält durch datierte oder undatierte Verweisungen Festlegungen aus anderen Publikationen. Diese normativen Verweisungen sind an den jeweiligen Stellen im Text zitiert und die Publikationen sind nachstehend aufgeführt. Bei starren Verweisungen gehören spätere Änderungen oder Überarbeitungen dieser Publikationen nur zu dieser Europäischen Norm falls sie durch Änderung oder Überarbeitung eingearbeitet sind. Bei undatierten Verweisungen gilt die letzte Ausgabe der in Bezug genommenen Publikation.

EN ISO 140-1[1)]	Akustik - Messung der Schalldämmung in Gebäuden und von Bauteilen - Teil 1 : Anforderungen an Prüfstände mit unterdrückter Flankenübertragung
EN 20140-2	Akustik - Messung der Schalldämmung in Gebäuden und von Bauteilen - Teil 2 : Angabe von Genauigkeitsanforderungen
EN ISO 140-3	Akustik - Messung der Schalldämmung in Gebäuden und von Bauteilen - Teil 3 : Messungen der Luftschalldämmung von Bauteilen in Prüfständen
EN ISO 140-6[1)]	Akustik - Messung der Schalldämmung in Gebäuden und von Bauteilen - Teil 6 : Messungen der Trittschalldämmung von Decken in Prüfständen
EN 20354	Akustik - Messung der Schallabsorption im Hallraum
EN ISO 717-1[1)]	Akustik - Einzahlangaben für die Schalldämmung in Gebäuden und von Bauteilen - Teil 1 : Luftschalldämmung

---

1) In Vorbereitung.

EN ISO 717-2[1)]	Akustik - Einzahlangaben für die Schalldämmung in Gebäuden und von Bauteilen - Teil 2 : Trittschalldämmung
CEI Publication 225	Octave, half-octave and third-octave band filters intended for the analysis of sounds and vibrations
CEI Publication 651	Sound level meters
CEI Publication 804	Integrating-averaging sound level meters

3 Definitionen

Für die Anwendung dieses Teils von EN ISO 140 gelten die folgenden Definitionen :

3.1 Mittlerer Schalldruckpegel in einem Raum

Der zehnfache dekadische Logarithmus des Verhältnisses des räumlichen und zeitlichen Mittelwertes des Quadrates des Schalldruckes zum Quadrat des Bezugsschalldruckes, wobei der räumliche Mittelwert über den gesamten Raum gebildet wird, ausgenommen die Teile, bei denen das Direktfeld einer Schallquelle oder das Nahfeld der Raumbegrenzungen (Wände usw.) von deutlichem Einfluß sind. Diese Größe wird mit L bezeichnet und in Dezibel angegeben.

Wird ein kontinuierlich bewegtes Mikrophon benutzt, so ist L bestimmt durch:

$$L = 10 \log \frac{\frac{1}{T_m} \int_o^{T_m} P^2(t)\, dt}{P_o^2} \, dB \qquad (1)$$

dabei sind

p der Schalldruck in Pascal ;

p_0 der Bezugsschalldruck, $p_0 = 20\ \mu Pa$;

T_m die Integrationszeit, in Sekunden.

Werden feststehende Mikrofonpositionen verwendet, so ist L bestimmt durch :

$$L = 10 \log \frac{P_1^2 + P_2^2 + \ldots P_n^2}{n \cdot P_0^2} \, dB \qquad (2)$$

Dabei sind p_1, p_2, ..., p_n die Effektivwerte der Schalldrücke an n verschiedenen Positionen in dem Raum. In der Praxis werden üblicherweise die Schalldruckpegel L_i gemessen. In diesem Falle ist L bestimmt durch :

$$L = 10 \log \frac{1}{n} \sum_{i=1}^{n} 10^{L_i/10dB} \text{ dB} \qquad (3)$$

---

1) In Vorbereitung.

L_i sind die Schalldruckpegel L_1 bis L_n an n unterschiedlichen Positionen in dem Raum.

3.2 Flankenpegeldifferenz

Die Differenz der räumlich und zeitlich gemittelten Schalldruckpegel, die in zwei Räumen von einer Schallquelle in einem der beiden Räume auf Grund der Flankenübertragung durch das zu prüfende Bauteil erzeugt werden. Diese Größe wird mit D_f bezeichnet und in Dezibel angegeben.

$$D_f = L_1 - L_2 \text{ dB} \tag{4}$$

dabei sind

L_1 der mittlere Schalldruckpegel im Senderaum ;

L_2 der mittlere Schalldruckpegel im Empfangsraum.

3.3 Norm-Flankenpegeldifferenz

Die Flankenpegeldifferenz, die einem Bezugswert der Absorptionsfläche im Empfangsraum entspricht. Diese Größe wird mit $D_{n,f}$ bezeichnet und in Dezibel angegeben.

$$D_{n,f} = D_f - 10 \log \frac{A}{A_0} \text{ dB} \tag{5}$$

dabei sind :

A die äquivalente Absorptionsfläche im Empfangsraum ;

A_0 die Bezugs-Absorptionsfläche. (Für den Prüfstand gilt $A_0 = 10 \text{ m}^2$).

3.4 Flankentrittschallpegel

Der Mittelwert des mittleren Schalldruckes im Empfangsraum, der auf Grund der Flankenübertragung des geprüften Bauteils an einem Bauteil im Senderaum durch ein an verschiedenen Positionen arbeitendes Norm-Trittschallhammerwerk erzeugt wird.

$$L_f = 10 \log \left(\frac{1}{n} \sum_i^n 10^{L_i/10dB} \right) dB \tag{6}$$

dabei ist :

L_i der mittlere Schalldruckpegel des Empfangsraumes, den das Hammerwerk an der Position i erzeugt.

3.5 Norm-Flankentrittschallpegel

Der Flankentrittschallpegel, der einem Bezugswert der Absorptionsfläche im Empfangsraum entspricht. Diese Größe wird mit $L_{n,f}$ bezeichnet.

$$L_{n,f} = L_f + 10 \log \frac{A}{A_0} \text{ dB} \tag{7}$$

3.6 Hohlraumbereich

Der gesamte Freiraum unterhalb des Doppel- und Hohlraumbodens in beiden Räumen des Prüfstandes.

4 Meßgeräte

Die Meßgeräte müssen die Anforderungen nach Abschnitt 6 erfüllen.

Das Hammerwerk muß die Anforderungen nach EN ISO 140-6, Anhang A erfüllen.

Das Schallpegelmeßgerät muß die Anforderungen für Geräte der Klasse 0 oder 1 nach IEC 651/IEC 804 erfüllen.

Die Terzfilter müssen die Anforderungen nach IEC 225 erfüllen.

Das Meßgerät für die Nachhallzeit muß die Anforderungen nach EN 20354 erfüllen.

ANMERKUNG: Die Anforderungen für Eignungsprüfungen und regelmäßige Nachweisprüfungen, daß die Anforderungen an die Meßgeräte erfüllt werden, sind zu beachten. Zur Erweiterung des Eignungs- und Nachweisprüfverfahrens für Schallpegelmeßgeräte werden Empfehlungen in OIML R 58 und R 88 gegeben, für das Norm-Hammerwerk in EN ISO 140-6, Anhang A.

5 Prüfanordnung

5.1 Anforderungen an den Prüfstand

Der Prüfstand im Labor ist durch eine Wand in zwei Räume mit annähernd gleichem Rauminhalt geteilt. Die wesentlichen Merkmale des Prüfstandes werden in 5.1.1 bis 5.1.6 beschrieben und sind in Bild 1 schematisch dargestellt.

5.1.1 Konstruktion des Prüfstandes

Der Grundriß des Prüfstandes muß rechteckig sein. Zwischen den beiden Räumen muß sich im Fußboden des Prüfstandes eine Körperschalltrennung befinden, damit sichergestellt ist, daß die Flankenübertragung durch den Fußboden vernachlässigt werden kann.

Körperschalltrennungen in den Außenwänden und im Dach werden empfohlen.

Der Fremdgeräuschpegel muß ausreichend niedrig sein, damit der vom Senderaum übertragene Schall unter Berücksichtigung der Ausgangsleistung des Senderaumes und der schalldämmenden Eigenschaften der Prüfgegenstände, für die der Prüfstand vorgesehen ist, gemessen werden kann. Die Nachhallzeit in den Räumen sollte nicht übermäßig groß sein. Überschreitet die Nachhallzeit bei niedrigen Frequenzen 2 s oder ist sie kleiner als 1 s, so sollte durch eine Überprüfung festgestellt werden, ob die gemessenen Größen von der Nachhallzeit abhängen. Wenn eine solche Abhängigkeit gefunden wird - selbst mit Diffusoren in den Räumen -, muß der Raum so verändert werden, daß die Nachhallzeit auf Werte zwischen 1 s und nicht mehr als

$$2\left(\frac{V}{50}\right)^{2/3}$$

bei niedrigen Prüffrequenzen verringert wird (V ist der Rauminhalt, in Kubikmetern).

ANMERKUNG: Für die Ermittlung der Nachhallzeit eines jeden Raumes sollte zwischen der Unterkante der Trennwand und dem Fußboden eine geeignete schalldichte Hohlraumsperre aufgestellt werden.

5.1.2 Maße des Prüfstandes

Die Breite des Prüfstandes muß (4,5 ± 0,5) m betragen, die Höhe von der Decke bis zur Oberkante der Vorderseite des Doppel- und Hohlraumbodens mindestens 2,6 m, wobei alle Maße innen zu messen sind.

Der Rauminhalt V der beiden Räume muß jeweils mindestens 50 m^3 betragen. Es wird empfohlen, die Trennwand so aufzubauen, daß sich die Rauminhalte der Räume um mindestens 10 % unterscheiden, wenn der Doppel- und Hohlraumboden aufgestellt ist.

Die Mindesttiefe beider Räume muß 3 m betragen.

ANMERKUNG 1: Wenn große Änderungen der Schalldruckpegel im Inneren des Raumes stehende Wellen anzeigen, sollten Streuelemente (Diffusoren) eingebaut werden. Die Positionen der Diffusoren und ihre notwendige Anzahl sollten durch Experimente ermittelt werden mit dem Ziel, daß die Meßgrößen nicht mehr beeinflußt werden, wenn weitere Diffusoren eingebaut werden.

ANMERKUNG 2: Die oben angegebenen Anforderungen und Empfehlungen sollen der Verbesserung der Vergleichspräzision von Messungen an ähnlichen Werkstoffen durch verschiedene Organisationen dienen.

5.1.3 Trennwand

Die Trennwand ist die akustische Barriere, die den Prüfstand über dem Doppel- und Hohlraumboden in zwei Räume teilt. Die Trennwand muß so aufgebaut werden, daß sie den Doppel- und Hohlraumboden nicht belastet. Der Spalt zwischen Trennwand und Doppel- und Hohlraumboden wird mit einem flexiblen Material abgedichtet. Die Dicke der Wand muß kleiner sein als 200 mm , oder die Wand muß sich auf 200 mm verjüngen. Die Verjüngung zwischen dem breitesten Teil und dem Fußboden muß durch einen Winkel nicht größer als 30° gegen die Vertikale erreicht werden. Die Trennwand ist so zu konstruieren, daß $D_{n,f,max}$ um 10 dB größer ist als der $D_{n,f}$-Wert für jeden Fußboden, der wahrscheinlich geprüft werden wird.

ANMERKUNG: Zur Überprüfung der Luftschalldämmung des Prüfstandes kann zwischen der Unterkante der Trennwand und dem Fußboden ohne Doppel- und Hohlraumboden eine geeignete, ähnlich wie die Trennwand konstruierte Hohlraumsperre eingebaut werden.

5.1.4 Höhe des Doppel- und Hohlraumbodens

Die Höhe des Doppel- und Hohlraumbodens, gemessen von der Oberfläche des Doppel- und Hohlraumbodens zur Oberfläche des Fußbodens im Prüfstand, muß möglichst 300 mm betragen. Andernfalls wird der nächstmögliche Wert verwendet. Andere Höhen dürfen ebenfalls geprüft werden, wenn es gewünscht wird.

5.1.5 Vorsatzschale des Hohlraums

Eine Seitenwand und beide Rückwände des Hohlraumes müssen mit einer Vorsatzschale aus einem geeigneten schallabsorbierenden Material verkleidet werden. Die Eigenschaften des Materials müssen so sein, daß es bei der Prüfung als ebener Absorber nach EN 20354 Werte des Schallabsorptionsgrades hat, die mindestens gleich den in der Tabelle angegebenen sind.

Bandmittenfrequenz des Oktavbandes, in Hz	125	250	500	1 000	2 000	4 000
Schallabsorptionsgrad, α_S-	0,65	0,80	0,80	0,80	0,80	0,80

Für die andere Seitenwand und den Fußboden muß der Schallabsorptionsgrad bei allen in der Tabelle angegebenen Frequenzen kleiner als 0,10 sein.

Aus praktischen Gründen darf die Dicke der Vorsatzschale 150 mm nicht überschreiten.

5.2 Einbau des Doppel- und Hohlraumbodens

Die Fläche des Bodens muß gleich der durch die Länge und Breite des Prüfstandes gegebenen Fläche sein.

Die Bauteile des Bodens müssen repräsentativ für die Bauteile sein, die in der Praxis unter den tatsächlichen Einbaubedingungen eingesetzt werden. Der Boden ist nach den Empfehlungen des Herstellers oder einer Norm für die Aufstellung einzubauen.

6. Prüfung und Auswertung

6.1 Erzeugung des Schallfeldes im Senderaum

6.1.1 Luftschall

Der im Senderaum erzeugte Schall muß stationär sein und im betrachteten Frequenzbereich ein kontinuierliches Spektrum besitzen. Es sind Filter mit einer Bandbreite von mindestens einer Terz zu verwenden. Als Sendesignal wird weißes Rauschen empfohlen. Wenn Breitbandrauschen verwendet wird, darf das Spektrum der Rauschquelle angepaßt werden, um im Empfangsraum bei hohen Frequenzen ein angemessenes Signal-Rausch-Verhältnis sicherzustellen. Das Schallspektrum im Senderaum zwischen benachbarten Terzbändern darf keine größeren Pegeldifferenzen als 6 dB aufweisen.

Die Schalleistung sollte ausreichend hoch sein, damit der Schalldruckpegel im Empfangsraum in jedem Frequenzband mindestens 15 dB höher ist als das Grundgeräusch. Falls das nicht erfüllt ist, müssen Korrektionen nach 6.5 vorgenommen werden.

Werden mehrere Lautsprecher gleichzeitig in einem gemeinsamen Gehäuse als Schallquelle betrieben, so müssen sie gleichphasig betrieben werden. Mehrere Schallquellen dürfen gleichzeitig verwendet werden, vorausgesetzt, sie sind von gleicher Bauart und werden durch gleichartige, jedoch unkorrelierte Signale auf denselben Pegel angeregt. Kontinuierlich bewegte Lautsprecher dürfen verwendet werden. Wird eine Einzelschallquelle eingesetzt, so ist die Messung mit mindestens zwei Standorten der Schallquelle durchzuführen. Die Standorte müssen im selben Raum liegen, oder die Messung muß in umgekehrter Richtung der Schallausbreitung unter Vertauschen von Sende- und Empfangsraum und einem oder mehreren Schallquellenstandorten in jedem Raum wiederholt werden.

Die Lautsprecherboxen sind so anzuordnen, daß ein möglichst diffuses Schallfeld erzeugt wird und sie sich in einem solchen Abstand vom Prüfgegenstand befinden, daß der Anteil der direkten Schallstrahlung darauf nicht überwiegt. Die Schallfelder in den Räumen hängen stark von der Bauart und vom Standort der Schallquelle ab. Mit den in EN ISO 140-3, Anhang C angegebenen Verfahren ist ein Test zur Eignung der Lautsprecher und Lautsprecherstandorte vorzunehmen. Eine Anleitung zum Einsatz kontinuierlich bewegter Lautsprecher wird in EN ISO 140-3, Anhang C, Abschnitt C.2.5 gegeben.

6.1.2 Trittschallpegel

Der Trittschall ist durch das Hammerwerk (siehe Abschnitt 4) zu erzeugen. Der Abstand des Hammerwerks von den Fußbodenkanten muß mindestens 0,5 m und der Abstand von der Trennwand mindestens 0,8 m betragen, jedoch höchstens 3 m (siehe Bild 2). Es sind mindestens vier Positionen des Hammerwerks zu verwenden, die gleichmäßig über die zulässige Fläche verteilt sind; bei anisotropen Fußbodenkonstruktionen (mit Rippen, Balken usw.) können mehr Positionen erforderlich sein. Die Verbindungslinie der Hämmer sollte einen Winkel von 45° mit der Richtung der Balken oder Rippen bilden.

Für die Trittschallpegel kann sich eine zeitliche Abhängigkeit ergeben, nachdem das Hammerwerk in Gang gesetzt worden ist. In diesem Falle sollte mit den Messungen erst begonnen werden, nachdem sich ein kontinuierlicher Schallpegel eingestellt hat. Stellt sich nach 5 Minuten kein stabiler Zustand ein, so sollten die Messungen während eines definierten Meßzeitraumes durchgeführt werden. Die Meßzeit ist im Prüfbericht anzugeben.

Wenn Fußböden mit weichen Belägen geprüft werden, muß das Hammerwerk die besonderen Anforderungen nach EN ISO 140-6, Anhang A erfüllen. In EN ISO 140-6, Anhang A sind auch Hinweise für die Aufstellung des Hammerwerks auf weichen Fußbodenbelägen angegeben.

6.2 Messung des mittleren Schalldruckpegels

6.2.1 Allgemeines

Der mittlere Schalldruckpegel wird entweder mit einem Einzelmikrofon und punktweiser Abtastung auf verschiedenen Positionen, mit einer Anordnung mehrerer feststehender Mikrofone, mit kontinuierlich bewegtem Mikrofon oder mit einem Schwenkmikrofon bestimmt. Die Schalldruckpegel an den unterschiedlichen Mikrofonpositionen müssen für alle Schallquellenpositionen energetisch gemittelt werden (siehe die Gleichungen (1) bis (3)).

6.2.2 Mikrofonpositionen

In jedem Raum müssen mindestens fünf Mikrofonpositionen verwendet werden; diese sind innerhalb des maximal zulässigen Bereiches in jedem Raum möglichst gleichmäßig zu verteilen (zu einer Anleitung für die Positionierung der Mikrofone siehe EN ISO 140-3, Anhang E). Bei Verwendung eines bewegten Mikrofons muß der Bahnradius mindestens 1 m betragen. Die Bahnebene muß geneigt sein, damit ein großer Anteil des zulässigen Raumbereiches erfaßt wird, und darf nicht in einer Ebene mit einer Neigung von weniger als 10° gegen eine Raumbegrenzungsfläche liegen.

Die Dauer einer Bahnperiode darf nicht kleiner als 15 s sein. Die folgenden Abstände sind Mindestwerte und sollten nach Möglichkeit überschritten werden:

- 0,7 m zwischen Mikrofonpositionen ;
- 0,7 m zwischen jeder Mikrofonposition und den Raumbegrenzungen oder Diffusoren ;
- 1,0 m zwischen jeder Mikrofonposition und der Schallquelle ;
- 1,0 m zwischen jeder Mikrofonposition und dem Prüfgegenstand.

6.2.3 Mittelungszeit

Die Dauer der Mittelwertbildung muß an jeder einzelnen Mikrofonposition in jedem Frequenzband mit einer Bandmittenfrequenzen unter 400 Hz mindestens 6 s betragen. Für Bänder mit höheren Bandmittenfrequenzen darf die Dauer auf 4 s, jedoch nicht darunter verringert werden. Bei Verwendung eines bewegten Mikrofons muß die Mittelungszeit eine ganze Anzahl von Bahnumläufen erfassen und darf nicht kleiner als 30 s sein.

6.3 Frequenzbereich der Messungen

Der Schalldruckpegel muß mit Terzfiltern bei mindestens den folgenden Bandmittenfrequenzen in Hertz gemessen werden :

100	125	160	200	250	315
400	500	630	800	1 000	1 250
1 600	2 000	2 500	3 150	4 000	5 000

Sind Zusatzinformationen im Bereich tiefer Frequenzen erforderlich, so sollten Terzfilter mit den folgenden Bandmittenfrequenzen verwendet werden :

50 Hz	63 Hz	80 Hz

Für die Durchführung derartiger Zusatzmessungen in den Bändern tiefer Frequenzen ist in EN ISO 140-3, Anhang F eine Anleitung angegeben.

6.4 Messung der Nachhallzeit und Bewertung der äquivalenten Absorptionsfläche

Der Korrektionsterm in Gleichung (5), der die äquivalente Absorptionsfläche enthält, wird mit der nach EN 20354 gemessenen Nachhallzeit bewertet und mit Hilfe der Sabineschen Formel ermittelt :

$$A = \frac{0,16V}{T} \qquad (8)$$

dabei sind :

A die äquivalente Absorptionsfläche, in Quadratmetern ,

V der Rauminhalt des Empfangsraumes, in Kubikmetern ;

T die Nachhallzeit im Empfangsraum, in Sekunden.

6.5 Fremdgeräuschkorrektur

Es müssen Messungen der Fremdgeräuschpegel durchgeführt werden, um sicherzustellen, daß die Ergebnisse im Empfangsraum nicht durch Störschall, wie z. B. Geräusche außerhalb des Prüfraumes, elektrisches Rauschen im Empfangssystem oder elektrisches Übersprechen zwischen den Sende- und Empfangssystemen, beeinflußt werden. Um den zuletzt genannten Zustand zu überprüfen, sollte das Mikrofon durch einen Mikrofonersatz oder der Lautsprecher durch eine äquivalente Impedanz ersetzt werden. Der Fremdgeräuschpegel sollte mindestens 6 dB (und vorzugsweise mehr als 15 dB) unter dem Pegel der Kombination aus Signal und Fremdgeräusch liegen. Ist die Pegeldifferenz geringer als 15 dB, jedoch größer als 6 dB, so müssen die Korrekturen des Signalpegels nach folgender Gleichung berechnet werden:

$$L = 10\log\left(10^{L_{sb}/10dB} - 10^{L_b/10dB}\right) dB \qquad (9)$$

dabei sind :

L der korrigierte Signalpegel, in Dezibel ;

L_{sb} der Pegel der Kombination aus Signal und Fremdgeräusch, in Dezibel ;

L_b der Fremdgeräuschpegel, in Dezibel.

Ist die Differenz in einem der Frequenzbänder kleiner als oder gleich 6 dB, so muß der Korrekturwert von 1,3 dB verwendet werden, der einer Pegeldifferenz von 6 dB entspricht. In diesem Falle müssen die Ergebnisse im Prüfbericht so angegeben werden, daß deutlich ersichtlich ist, daß die angegebenen Werte die Meßgrenze darstellen (siehe Abschnitt 9, f).

6.6 Höchstwert der Norm-Flankenpegeldifferenz

In Laboratorien, die die vorliegende Norm einhalten, sollte der Schall, der über einen beliebigen Nebenweg übertragen wird, gegen den durch den Prüfgegenstand übertragenen Schall vernachlässigbar sein. Um das zu überprüfen, muß der Wert von $D_{n,\,f,\,max}$ für den Prüfstand gemessen werden. Das erfolgt unter Verwendung einer Konstruktion, wie sie in der Anmerkung zu 5.1.3 beschrieben ist.

Ist der gemessene Wert von $D_{n,\,f}$ für einen Prüfgegenstand kleiner als oder gleich ($D_{n,\,f,\,max}$ - 10 dB), so darf der auf Nebenwegen übertragene Schall als vernachlässigbar angesehen werden, und das Ergebnis wird mit $D_{n,\,f}$ bezeichnet.

Geeignete Angaben im Prüfbericht sind erforderlich (siehe Abschnitt 9, j), wenn das Endergebnis $D_{n,f}$ größer als ($D_{n,f,max}$ - 10 dB) ist. Dann sind keine berechneten Korrekturen anzubringen.

7 Präzision

Es wird gefordert, daß das Meßverfahren eine zufriedenstellende Vergleichspräzision ergibt. Diese wird nach dem in EN 20140-2 beschriebenen Verfahren bestimmt und sollte von Zeit zu Zeit überprüft werden, besonders dann, wenn eine Änderung des Verfahrens oder der gerätetechnischen Ausrüstung vorgenommen wird.

ANMERKUNG: Angaben zur Vergleichspräzision ähnlicher Messungen sind in EN 20140-2 angegeben.

8 Darstellung der Ergebnisse

Für die Darstellung der Norm-Flankenpegeldifferenz oder des Norm-Flankentrittschallpegels des Prüfgegenstandes müssen die Ergebnisse bei allen Meßfrequenzen auf eine Dezimalstelle genau in Tabellen- und/oder in Kurvenform angegeben werden. Kurven im Prüfbericht müssen die Pegel in Dezibel in Abhängigkeit von der Frequenz in logarithmischem Maßstab zeigen und folgende Abmessungen verwenden :

- 5 mm für eine Terz ;

- 20 mm für 10 dB.

Ein Vordruck nach EN ISO 140-3, Anhang G oder EN ISO 140-6, Anhang E ist erforderlich. Als Kurzfassung des Prüfberichtes sind alle Informationen von Bedeutung für den Prüfgegenstand, das Prüfverfahren und die Prüfergebnisse anzugeben.

Werden Ergebnisse der Bewertungen auch in Oktavbändern benötigt, so müssen diese Werte aus den drei Werten für die Terzbänder in jedem Oktavband nach folgender Gleichung berechnet werden :

- für die Norm-Flankenpegeldifferenz

$$X_{oct} = -10\log\left(\frac{1}{3}\sum_{n=1}^{3}10^{-X_{1/3oct,n}/10dB}\right)dB \qquad (10)$$

- für den Norm-Flankentrittschallpegel

$$X_{oct} = 10\log\left(\sum_{n=1}^{3}10^{X_{1/3oct,n}/10dB}\right)dB \qquad (11)$$

Wenn das Meßverfahren entweder in der gleichen oder in der umgekehrten Meßrichtung wiederholt wird, muß der arithmetische Mittelwert aller Meßergebnisse in jedem Frequenzband berechnet werden.

Bei Trittschallmessungen ist der größere Raum stets der Empfangsraum.

Zur Berechnung von Einzahl-Bewertungen siehe EN ISO 717.

9 Prüfbericht

Wenn auf diese Internationale Norm Bezug genommen wird, muß der Prüfbericht angeben:

a) Name der Organisation, die die Messungen durchgeführt hat ;

b) Name des Herstellers und Produktkennzeichnung ;

c) Name des Auftraggebers ;

d) Prüfdatum ;

e) Beschreibung des Prüfgegenstandes mit Schnittzeichnung und Einbaubedingungen, einschließlich Größe, Dicke, flächenbezogener Masse, Vorbehandlungszeit und Beschaffenheit der Bauteile sowie Beschreibung des Fußbodenbelags, soweit vorhanden; Angabe, wer den Prüfgegenstand eingebaut hat (Prüfinstitut oder Hersteller) ;

f) Rauminhalte der beiden Nachhallräume ;

g) Lufttemperatur und Luftfeuchte in den Meßräumen ;

h) Norm-Flankenpegeldifferenz und Norm-Flankentrittschallpegel des Prüfgegenstandes in Abhängigkeit von der Frequenz ;

i) Kurzbeschreibung von Einzelheiten des Verfahrens und der Meßgeräte ;

j) Angabe von Ergebnissen, die als Meßgrenzen anzunehmen sind. Sie müssen in der Form $D_{n,f} \geq$ ... dB oder $L_{n,f} \leq$ ... dB angegeben werden. Das gilt, wenn der Schalldruckpegel in einem Band infolge von (akustischen oder elektrischen, siehe 6.5) Fremdgeräuschen nicht meßbar oder der Höchstwert der Norm-Flankenpegeldifferenz nicht ausreichend ist (siehe 6.6) ;

k) Höchstwert der Norm-Flankenpegeldifferenz des Prüfstandes $D_{n,f,max}$;

l) Akustische Eigenschaften der Vorsatzschale des Hohlraumes.

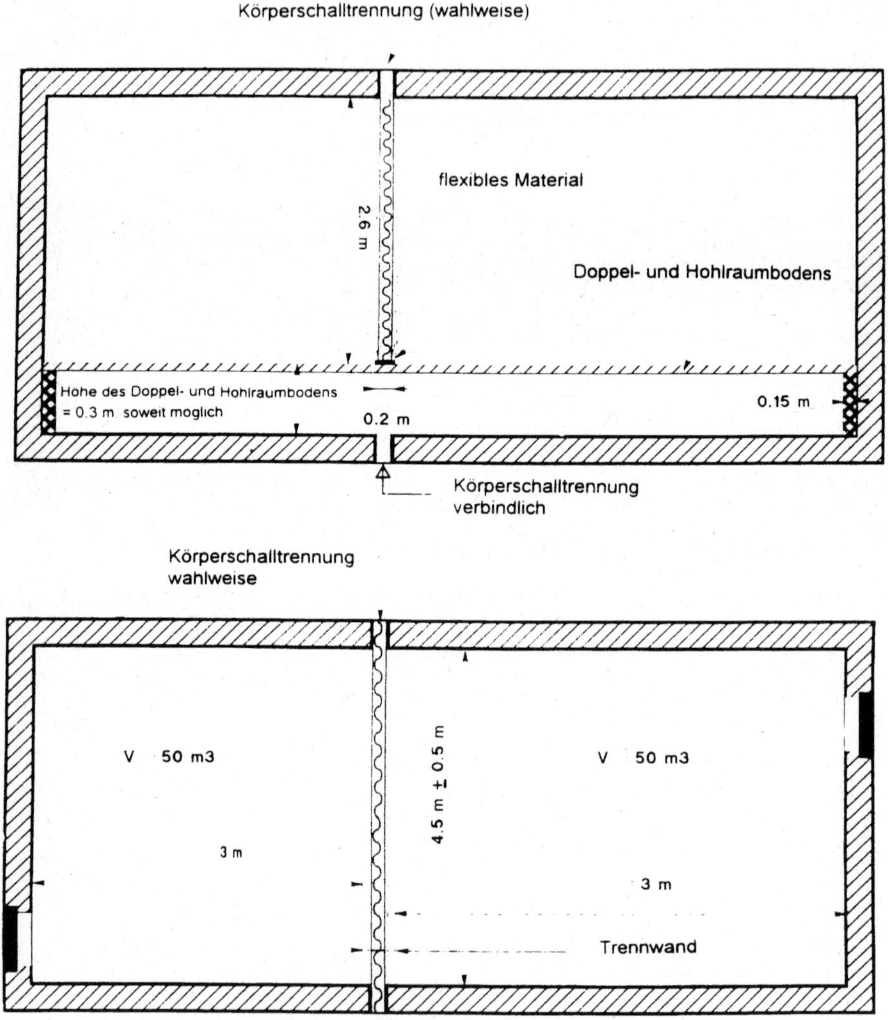

Bild 1 : Anforderungen an die Maße des Prüfstandes und an den Einbau des Doppel- und Hohlraumbodens und der Trennwand (5.1)

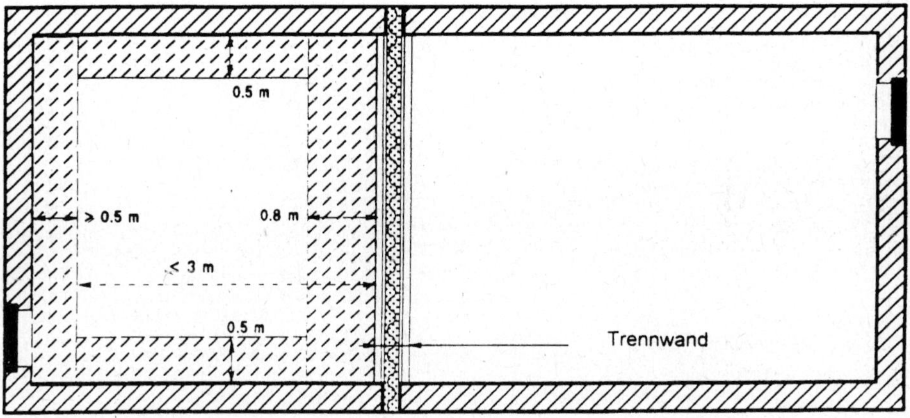

Bild 2: Positionen auf der Fußbodenoberfläche, an denen das Hammerwerk nicht aufgestellt werden darf (6.1.2) Die schraffierte Fläche ist verboten

Januar 1997

Akustik Bewertung der Schalldämmung in Gebäuden und von Bauteilen Teil 1: Luftschalldämmung (ISO 717-1 : 1996) Deutsche Fassung EN ISO 717-1 : 1996	DIN EN ISO 717-1

ICS 91.120.20

Deskriptoren: Akustik, Luftschalldämmung, Schalldämmung; Bauwesen

Mit DIN EN ISO 717-2 : 1997-01
Ersatz für
DIN 52210-4 : 1984-08

Acoustics —
Rating of sound insulation in buildings and of building elements —
Part 1: Airborne sound insulation
(ISO 717-1 : 1996);
German version EN ISO 717-1 : 1996

Acoustique —
Évaluation de l'isolement acoustique des immeubles et des éléments de construction —
Partie 1: Isolement aux bruits aériens
(ISO 717-1 : 1996);
Version allemande prEN ISO 717-1 : 1996

Die Europäische Norm EN ISO 717-1 : 1996 hat den Status einer Deutschen Norm.

Nationales Vorwort

Das internationale Schriftstück ISO 717-1 : 1996 ist im Komitee ISO/TC 43/SC 2 "Bauakustik" in Abstimmung mit dem Europäischen Komitee CEN/TC 126 "Akustische Eigenschaften von Baustoffen und Bauteilen und von Gebäuden" unter intensiver deutscher Mitarbeit erarbeitet worden. Für die deutsche Mitarbeit ist der Arbeitsausschuß NMP 231 "Schalldämmung und Schallabsorption, Messung und Bewertung" des Normenausschusses Materialprüfung (NMP) verantwortlich.

Für die im Abschnitt 2 zitierten Internationalen Normen wird im folgenden auf die entsprechenden Deutschen Normen hingewiesen:

ISO 31-0	siehe DIN 1313
ISO 140-3	siehe DIN EN 20140-3
ISO 140-9	siehe DIN EN 20140-9
ISO 140-10	siehe DIN EN 20140-10

Änderungen

Gegenüber DIN 52210-4 : 1984-08 wurden folgende Änderungen vorgenommen:

a) Inhalt vollständig überarbeitet.

b) Inhalt aufgeteilt, in diese Norm nur Festlegungen zur Luftschalldämmung übernommen.

Frühere Ausgaben

DIN 52211: 1953-09;
DIN 52210-4: 1975-07, 1984-08

Fortsetzung Seite 2
und 12 Seiten EN

Normenausschuß Materialprüfung (NMP) im DIN Deutsches Institut für Normung e.V.
Normenausschuß Akustik, Lärmminderung und Schwingungstechnik (NALS) im DIN und VDI
Normenausschuß Bauwesen (NABau) im DIN

Nationaler Anhang NA (informativ)

Literaturhinweise

DIN 1313
Physikalische Größen und Gleichungen — Begriffe — Schreibweisen

DIN EN 20140-3
Akustik — Messung der Schalldämmung in Gebäuden und von Bauteilen — Teil 3: Messung der Luftschalldämmung von Bauteilen in Prüfständen (ISO 140-3 : 1994); Deutsche Fassung EN 20140-3 : 1995

DIN EN 20140-9
Akustik — Messung der Schalldämmung in Gebäuden und von Bauteilen — Teil 9: Raum-zu-Raum-Messung der Luftschalldämmung von Unterdecken mit darüberliegendem Hohlraum im Prüfstand (ISO 140-9 : 1985); Deutsche Fassung EN 20140-9 : 1993

DIN EN 20140-10
Akustik — Messung der Schalldämmung in Gebäuden und von Bauteilen — Teil 10: Messung der Luftschalldämmung kleiner Bauteile in Prüfständen (ISO 140-10 : 1991); Deutsche Fassung EN 20140-10 : 1992

EUROPÄISCHE NORM
EUROPEAN STANDARD
NORME EUROPÉENNE

EN ISO 717-1

Dezember 1996

ICS 91.120.20

Deskriptoren:

Deutsche Fassung

Akustik

Bewertung der Schalldämmung in Gebäuden und von Bauteilen
Teil 1: Luftschalldämmung
(ISO 717-1 : 1996)

Acoustics — Rating of sound insulation in buildings and of building elements — Part 1: Airborne sound insulation (ISO 717-1 : 1996)

Acoustique — Évaluation de l'isolement acoustique des immeubles et des éléments de construction — Partie 1: Isolement aux bruits aériens (ISO 717-1 : 1996)

Diese Europäische Norm wurde von CEN am 1996-11-30 angenommen.

Die CEN-Mitglieder sind gehalten, die CEN/CENELEC-Geschäftsordnung zu erfüllen, in der die Bedingungen festgelegt sind, unter denen dieser Europäischen Norm ohne jede Änderung der Status einer nationalen Norm zu geben ist.

Auf dem letzten Stand befindliche Listen dieser nationalen Normen mit ihren bibliographischen Angaben sind beim Zentralsekretariat oder bei jedem CEN-Mitglied auf Anfrage erhältlich.

Diese Europäische Norm besteht in drei offiziellen Fassungen (Deutsch, Englisch, Französisch). Eine Fassung in einer anderen Sprache, die von einem CEN-Mitglied in eigener Verantwortung durch Übersetzung in seine Landessprache gemacht und dem Zentralsekretariat mitgeteilt worden ist, hat den gleichen Status wie die offiziellen Fassungen.

CEN-Mitglieder sind die nationalen Normungsinstitute von Belgien, Dänemark, Deutschland, Finnland, Frankreich, Griechenland, Irland, Island, Italien, Luxemburg, Niederlande, Norwegen, Österreich, Portugal, Schweden, Schweiz, Spanien und dem Vereinigten Königreich.

CEN

EUROPÄISCHES KOMITEE FÜR NORMUNG
European Committee for Standardization
Comité Européen de Normalisation

Zentralsekretariat: rue de Stassart 36, B-1050 Brüssel

Ref. Nr. EN ISO 717-1 : 1996 D

Vorwort

Der Text der Internationalen Norm ISO 717-1 : 1996 wurde vom Technischen Komitee ISO/TC 43 "Acoustics" in Zusammenarbeit mit dem Technischen Komitee CEN/TC 126 "Akustische Eigenschaften von Baustoffen und Bauteilen und von Gebäuden" erarbeitet, dessen Sekretariat von AFNOR gehalten wurde.

Diese Europäische Norm muß den Status einer nationalen Norm erhalten, entweder durch Veröffentlichung eines identischen Textes oder durch Anerkennung bis Juni 1997, und etwaige entgegenstehende nationale Normen müssen bis Juni 1997 zurückgezogen werden.

Die ISO 717 "Akustik — Bewertung der Schalldämmung in Gebäuden und von Bauteilen" besteht aus:

— Teil 1: Luftschalldämmung;

— Teil 2: Trittschalldämmung.

Anhänge A, B und C sind informativ.

Entsprechend der CEN/CENELEC-Geschäftsordnung sind die nationalen Normungsinstitute der folgenden Länder gehalten, diese Europäische Norm zu übernehmen:

Belgien, Dänemark, Deutschland, Finnland, Frankreich, Griechenland, Irland, Island, Italien, Luxemburg, Niederlande, Norwegen, Österreich, Portugal, Schweden, Schweiz, Spanien und das Vereinigte Königreich.

Anerkennungsnotiz

Der Text der Internationalen Norm ISO 717-1 : 1996 wurde von CEN als Europäische Norm ohne irgendeine Abänderung genehmigt.

ANMERKUNG: Die normativen Verweisungen auf Internationale Normen sind im Anhang ZA (normativ) aufgeführt.

Einleitung

Verfahren zur Messung der Luftschalldämmung von Bauteilen und in Gebäuden wurden genormt in ISO 140-3, ISO 140-4, ISO 140-5, ISO 140-9 und ISO 140-10. In diesem Teil von ISO 717 wird ein Verfahren genormt, mit welchem die in Abhängigkeit von der Frequenz vorliegenden Werte der Luftschalldämmung durch eine Einzahlangabe ausgedrückt werden können, die die akustischen Eigenschaften kennzeichnet.

1 Anwendungsbereich

Dieser Teil von ISO 717

a) legt Einzahlangaben für die Luftschalldämmung in Gebäuden und von Bauelementen wie Wänden, Decken, Türen und Fenstern fest;

b) berücksichtigt die verschiedenen Schallpegelspektren verschiedener Geräuschquellen wie Geräusche in einem Gebäude, Verkehrsgeräusch außerhalb eines Gebäudes und

c) gibt Verfahren für die Ermittlung dieser Einzahlangaben aus den Ergebnissen von Messungen in Terz- oder Oktavbändern nach ISO 140-3, ISO 140-4, ISO 140-5, ISO 140-9 und ISO 140-10 an.

Die Einzahlangaben nach diesem Teil von ISO 717 sind für die Bewertung der Luftschalldämmung und für die einfache Formulierung von Schallschutzanforderungen in Bauvorschriften vorgesehen. Die erforderlichen Werte dieser Einzahlangaben werden für verschiedene Anforderungen angegeben.

Grundlage für die Einzahlangabe sind Ergebnisse aus Messungen in Terzbändern oder in Oktavbändern. Bezüglich Messungen in Prüfständen nach ISO 140-3, ISO 140-9 und ISO 140-10 sollten Einzahlangaben nur aus Ergebnissen in Terzbändern berechnet werden.

Die Ermittlung von Einzahlangaben aus Ergebnissen von Messungen für einen erweiterten Frequenzbereich ist im Anhang B behandelt.

2 Normative Verweisungen

Die folgenden Normen enthalten Festlegungen, die durch die Verweisung in diesem Text auch für diesen Teil von ISO 717 gelten. Zum Zeitpunkt der Veröffentlichung waren die angegebenen Ausgaben dieser Norm gültig. Alle Normen unterliegen der Überarbeitung. Vertragspartner, deren Vereinbarungen auf diesem Teil von ISO 717 basieren, sind gehalten, nach Möglichkeit die neuesten Ausgaben der nachfolgend aufgeführten Normen anzuwenden. IEC- und ISO-Mitglieder verfügen über Verzeichnisse der gegenwärtig gültigen Internationalen Normen.

ISO 31-0 : 1981
Allgemeines zu Größen und Einheiten und Symbolen

ISO 140-3 : 1995
Akustik — Messung der Schalldämmung in Gebäuden und von Bauteilen — Teil 3: Messung der Luftschalldämmung von Bauteilen in Prüfständen

ISO 140-4 : 19..[1])
Akustik — Messung der Schalldämmung in Gebäuden und von Bauteilen — Teil 4: Messung der Luftschalldämmung zwischen Räumen in Gebäuden

ISO 140-5 : 19..[2])
Akustik — Messung der Schalldämmung in Gebäuden und von Bauteilen — Teil 5: Messung der Luftschalldämmung von Außenbauteilen und Fassaden in Gebäuden

[1]) In Bearbeitung (Revision von ISO 140-4 : 1978)

[2]) In Bearbeitung (Revision von ISO 140-5 : 1978)

ISO 140-9 : 1985
Akustik — Messung der Schalldämmung in Gebäuden und von Bauteilen — Teil 9: Raum-zu-Raum-Messung der Luftschalldämmung von Unterdecken mit darüberliegendem Hohlraum im Prüfstand

ISO 140-10 : 1991
Akustik — Messung der Schalldämmung in Gebäuden und von Bauteilen — Teil 10: Messung der Schalldämmung kleiner Bauteile

3 Definitionen

Für die Anwendung dieses Teils von ISO 717 gelten die folgenden Definitionen:

3.1 Einzahlangabe zur Bewertung der Luftschalldämmung: Wert, in Dezibel, der Bezugskurve bei 500 Hz nach der Verschiebung nach dem in diesem Teil von ISO 717 festgelegten Verfahren.

ANMERKUNG 1: Bezeichnungen und Symbole für die Einzahlangabe ergeben sich aus der Art der Messung. Sie sind in Tabelle 1 für die Luftschalldämmung von Bauteilen und in Tabelle 2 für die Luftschalldämmung in Gebäuden angegeben. Im allgemeinen werden neue Einzahlangaben in der gleichen Weise abgeleitet.

3.2 Spektrum-Anpassungswert: Wert, in Dezibel, der zur Einzahlangabe (z. B. R_w) zu addieren ist, um ein bestimmtes Schallpegelspektrum zu berücksichtigen.

ANMERKUNG 2: Zwei Schallpegelspektren sind in diesem Teil von ISO 717 festgelegt (in Terz- und in Oktavbändern).

ANMERKUNG 3: Anhang A enthält Angaben über den Zweck der Einführung dieser zwei Spektrum-Anpassungswerte.

4 Verfahren zur Ermittlung der Einzahlangaben

4.1 Allgemeines

Die Ergebnisse von Messungen nach ISO 140-3, ISO 140-4, ISO 140-5, ISO 140-9 und ISO 140-10 werden verglichen mit Bezugswerten (siehe 4.2) bei den Meßfrequenzen im Bereich 100 Hz bis 3 150 Hz für Terzbänder und 125 Hz bis 2 000 Hz für Oktavbänder.

Der Vergleich erfolgt nach 4.4.

Weiter werden 2 Spektrum-Anpassungswerte berechnet (siehe 4.5) unter Zugrundelegung von zwei typischen Spektren im oben angeführten Frequenzbereich. Diese zwei Werte können wahlweise ergänzt werden durch zusätzliche Spektrum-Anpassungswerte, die (sofern

Tabelle 1: Einzahlangaben für die Luftschalldämmung von Bauteilen

Einzahlangabe	Ermittelt aus Terzbandwerten	
	Benennung und Formelzeichen	Festgelegt in
Bewertetes Schalldämm-Maß R_w	Schalldämm-Maß R	ISO 140-3 : 1995 Gleichung (3)
Bewertete Normschallpegeldifferenz für abgehängte Decke $D_{n,c,w}$	Normschallpegeldifferenz für abgehängte Decke $D_{n,c}$	ISO 140-9 : 1985 Gleichung (3)
Bewertete Element-Normschallpegeldifferenz $D_{n,e,w}$	Element-Normschallpegeldifferenz $D_{n,e}$	ISO 140-10 : 1991 Gleichung (1)

Tabelle 2: Einzahlangaben für die Luftschalldämmung in Gebäuden

Einzahlangabe	Ermittelt aus Terzbandwerten	
	Benennung und Formelzeichen	Festgelegt in
Bewertetes Bau-Schalldämm-Maß R'_w	Bau-Schalldämm-Maß R'	ISO 140-4 : 19 . . Gleichung (6)
Bewertetes Bau-Schalldämm-Maß $R'_{45°, w}$	Bau-Schalldämm-Maß $R'_{45°}$	ISO 140-5 : 19 . . Gleichung (3)
Bewertetes Bau-Schalldämm-Maß $R'_{tr, s, w}$	Bau-Schalldämm-Maß $R'_{tr, s}$	ISO 140-5 : 19 . . Gleichung (4)
Bewertete Norm-Schallpegeldifferenz $D_{n, w}$	Norm-Schallpegeldifferenz D_n	ISO 140-4 : 19 . . Gleichung (2)
Bewertete Standard-Schallpegeldifferenz $D_{nT, w}$	Standard-Schallpegeldifferenz D_{nT}	ISO 140-4 : 19 . . Gleichung (3)
Bewertete Standard-Schallpegeldifferenz $D_{ls, 2m, nT, w}$ $D_{tr, 2m, nT, w}$	Standard-Schallpegeldifferenz $D_{ls, 2m, nT}$ $D_{tr, 2m, nT}$	ISO 140-5 : 19 . . Gleichung (7)

erforderlich und Meßwerte vorliegen) einen erweiterten Frequenzbereich zwischen 50 Hz und 5 000 Hz erfassen.

4.2 Bezugswerte

Der Satz von Bezugswerten, der für den Vergleich mit Meßergebnissen einzusetzen ist, ist in Tabelle 3 angegeben, die Bezugskurven werden in den Bildern 1 und 2 dargestellt.

4.3 Schallspektren

Der Satz von Schallspektren in Terzbändern und Oktavbändern zur Berechnung der Spektrum-Anpassungswerte ist in Tabelle 4 angegeben und wird in den Bildern 3 und 4 dargestellt. Die Spektren sind A-bewertet, und der Gesamtpegel wird auf 0 dB normiert.

4.4 Verfahren des Vergleichs

Um die Ergebnisse von Messungen, durchgeführt nach ISO 140-3, ISO 140-4, ISO 140-5, ISO 140-9 und ISO 140-10 in Terzbändern (oder Oktavbändern), gegeben auf 0,1 dB, zu bewerten, wird die zutreffende Bezugskurve in Schritten von 1 dB gegen die Meßwertkurve verschoben, bis die Summe der ungünstigen Abweichungen so groß wie möglich wird, jedoch nicht mehr als 32,0 dB (Messung in 16 Terzbändern) oder 10,0 dB (Messung in 5 Oktavbändern). Eine ungünstige Abweichung bei einer bestimmten Frequenz ist gegeben, wenn das Meßergebnis niedriger ist als der Bezugswert. Nur ungünstige Abweichungen werden berücksichtigt.

Tabelle 3: Bezugswerte für die Luftschalldämmung

Frequenz Hz	Bezugswert dB	
	Terzbänder	Oktavbänder
100	33	
125	36	36
160	39	
200	42	
250	45	45
315	48	
400	51	
500	52	52
630	53	
800	54	
1 000	55	55
1 250	56	
1 600	56	
2 000	56	56
2 500	56	
3 150	56	

Tabelle 4: Schallpegelspektren zur Berechnung der Spektrum-Anpassungswerte

Frequenz Hz	Schallpegel L_{ij} dB			
	Spektrum Nr 1 zur Berechnung von C		Spektrum Nr 2 zur Berechnung von C_{tr}	
	Terzband	Oktavband	Terzband	Oktavband
100	−29		−20	
125	−26	−21	−20	−14
160	−23		−18	
200	−21		−16	
250	−19	−14	−15	−10
315	−17		−14	
400	−15		−13	
500	−13	− 8	−12	− 7
630	−12		−11	
800	−11		− 9	
1 000	−10	− 5	− 8	− 4
1 250	− 9		− 9	
1 600	− 9		−10	
2 000	− 9	− 4	−11	−6
2 500	− 9		−13	
3 150	− 9		−15	

ANMERKUNG: Alle Pegel sind A-bewertet, und das Gesamtpegelspektrum wird auf 0 dB normiert.

Der Wert, in Dezibel, der Bezugskurve bei 500 Hz nach Verschiebung nach diesem Verfahren ist R_w bzw. R'_w bzw. $D_{n,w}$ bzw. $D_{nT,w}$ usw. (siehe Tabelle 1 bzw. Tabelle 2).

Die Bezugswerte in Oktavbändern dürfen nur verwendet werden zum Vergleich mit Ergebnissen von Messungen in Oktavbändern in Gebäuden.

4.5 Berechnung der Spektrum-Anpassungswerte

Die Spektrum-Anpassungswerte C_j (in Dezibel) werden mit den Schallspektren nach 4.3 berechnet nach der folgenden Gleichung:

$$C_j = X_{Aj} - X_w$$

Dabei ist:

j Index für die Schallspektren 1 und 2;

X_w Einzahlangabe berechnet nach 4.4 aus R-, R'-, D_n- oder D_{nT}-Werten;

X_{Aj} berechnet nach

$$X_{Aj} = -10 \lg \sum 10^{(L_{ij}-X_i)/10 \text{ dB}} \text{dB}$$

i Index für die Terzbänder 100 Hz bis 3 150 Hz oder die Oktavbänder 125 Hz bis 2 000 Hz;

L_{ij} Schallpegel nach 4.3 bei der Frequenz i für das Spektrum j;

X_i Schalldämm-Maß R_i oder Bau-Schalldämm-Maß R'_i oder Norm-Schallpegeldifferenz $D_{n,i}$ oder Norm-Schallpegeldifferenz $D_{nT,i}$ bei der Meßfrequenz i angegeben auf 0,1 dB.

Der Spektrum-Anpassungswert wird berechnet auf 0,1 dB und gerundet auf eine ganze Zahl[3]). Er muß je nach dem Spektrum wie folgt bezeichnet werden:

C wenn er mit dem Spektrum Nr 1 (A-bewertetes rosa Rauschen) berechnet ist.

C_{tr} wenn er mit dem Spektrum Nr 2 (A-bewerteter städtischer Straßenverkehrslärm) berechnet ist.

ANMERKUNG 4: Das Spektrum der meisten üblich vorherrschenden Innen- und Außengeräuschquellen liegt etwa im Bereich der Spektren 1 und 2; die Spektrum-Anpassungswerte C und C_{tr} können daher zur Kennzeichnung der Schalldämmung im Hinblick auf viele Geräuscharten herangezogen werden; Richtwerte für die entsprechenden Spektrum-Anpassungswerte enthält Anhang A.

ANMERKUNG 5: Berechnungen der Spektrum-Anpassungswerte können zusätzlich auch für den erweiterten Frequenzbereich (der die Terzbänder 50 Hz + 63 Hz + 80 Hz und/oder 4 000 Hz + 5 000 Hz oder die Oktavbänder 63 Hz und/oder 4 000 Hz einschließt) durchgeführt werden. Die entsprechenden Bezeichnungen und Spektren sind in Anhang B angegeben. Ein Beispiel für die Berechnung der Einzahlangabe und die Spektrum-Anpassungswerte ist in Anhang C gegeben.

5 Darstellung der Ergebnisse

Die jeweils zutreffende Einzahlangabe R_w, R'_w, $D_{n,w}$ oder $D_{nT,w}$ und beide Spektrum-Anpassungswerte sind mit Bezug auf diesen Teil von ISO 717 anzugeben.

5.1 Angabe der Schalldämmung von Bauteilen

Einzahlangaben werden nur aus Terzbandmeßergebnissen berechnet. Die zwei Spektrum-Anpassungswerte werden in Klammern nach der Einzahlangabe, getrennt durch Semikolon, angegeben, wie z. B. R_w (C ; C_{tr}) = 41 (0; −5) dB.

5.2 Angabe von Anforderungen und der Schalldämmung in Gebäuden

Anforderungen können mit der Einzahlangabe nach 4.2 und 4.4 oder als Summe dieses Werts und des zutreffenden Spektrum-Anpassungswertes angegeben werden, wie z. B.:

$R'_w + C_{tr} \geq 45$ dB (z. B. für Fassaden)

oder

$D_{nT,w} + C \geq 54$ dB (z. B. zwischen Wohnungen).

Die Schalldämmung im Gebäude muß mit der jeweils zutreffenden Größe nach der Anforderung angegeben werden (siehe Anhang A).

Für Messungen in Gebäuden nach ISO 140-4 oder ISO 140-5 ist anzugeben, ob die Einzahlangabe aus Meßergebnissen in Terzbändern oder Oktavbändern berechnet wurde. Im allgemeinen kann sich eine Differenz zwischen Einzahlangaben, berechnet aus Terz- oder Oktavbändern, von etwa ±1 dB ergeben.

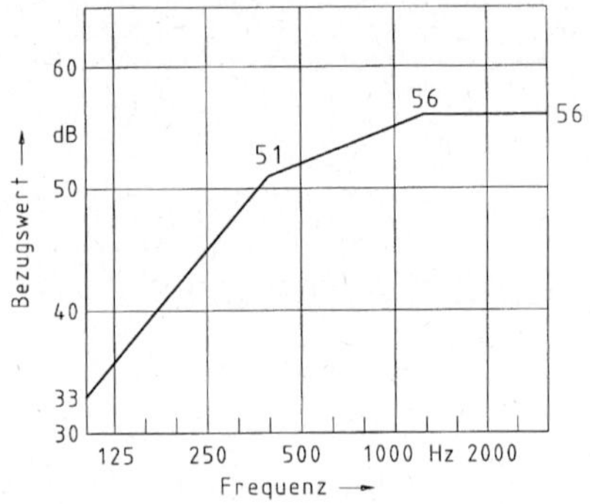

Bild 1: Bezugskurve für Luftschall-Terzbänder

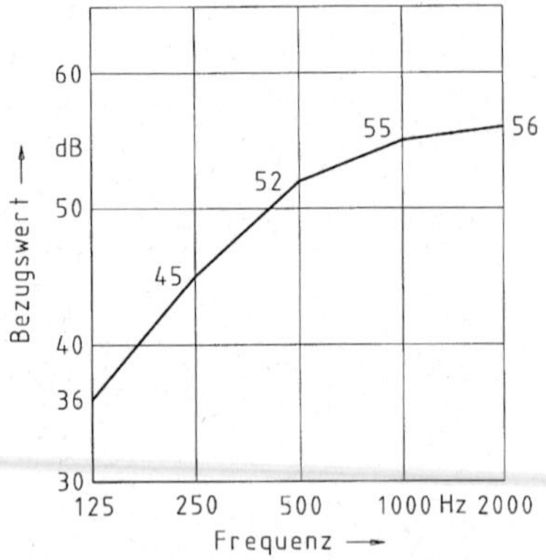

Bild 2: Bezugskurve für Luftschall-Oktavbänder

3) + *xy*,5 wird gerundet zu *xy* + 1, und − *xy*,5 wird gerundet auf − *xy*; siehe auch ISO 31-0.

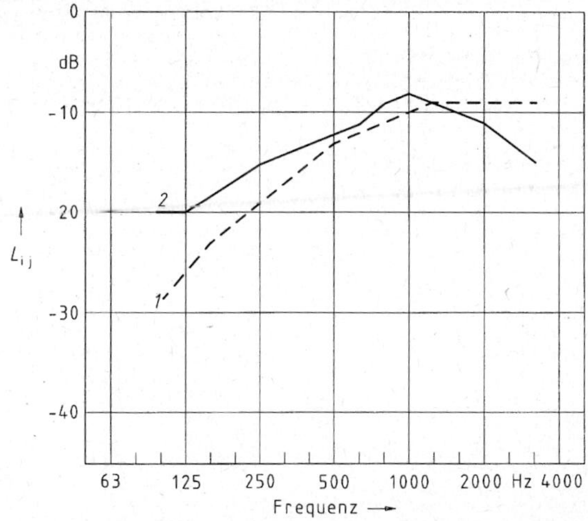

- - - Spektrum Nr 1 zur Berechnung von C
——— Spektrum Nr 2 zur Berechnung von C_{tr}

Bild 3: Schallpegelspektrum zur Berechnung der Spektrum-Anpassungswerte für Terzbandmessungen

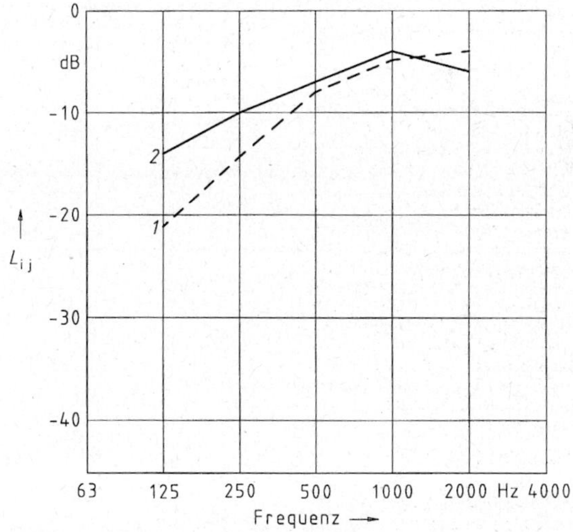

- - - Spektrum Nr 1 zur Berechnung von C
——— Spektrum Nr 2 zur Berechnung von C_{tr}

Bild 4: Schallpegelspektrum zur Berechnung der Spektrum-Anpassungswerte für Oktavbandmessungen

Anhang A (informativ)

Anwendung der Spektrum-Anpassungswerte

ANMERKUNG 6: Die Spektrum-Anpassungswerte C und C_{tr} wurden in dieser 2. Ausgabe von ISO 717-1 (die nun auch die frühere ISO 717-3 beinhaltet) eingeführt, um unterschiedliche Geräuschspektren zu berücksichtigen (wie rosa Rauschen und Straßenverkehrsgeräusch) und Schalldämmkurven mit einem sehr niedrigen Wert in einem einzelnen Frequenzband zu erfassen (die Gültigkeit der Aussage der Einzahlangabe auf der Basis der Bezugskurve allein ist für solche Fälle nur begrenzt). Der Spektrum-Anpassungswert ersetzt in diesem Sinn die 8-dB-Regel, die in der 1. Ausgabe der ISO 717-1 verwendet wurde. C und C_{tr} wurde nicht in die Einzahlangabe eingeschlossen, sondern als getrennte Zahlen aufgenommen. Dies erfolgte, um die Kontinuität mit dem Bezugskurven-System zu sichern und um die Gefahr einer Verwechslung von verschiedenen Einzahlangaben in etwa der gleichen Größenordnung zu vermeiden. Weiter haben Vergleichsmessungen gezeigt, daß die Vergleichbarkeit der Einzahlangabe auf der Basis der Bezugskurven etwas besser ist.

A.1 Der Spektrum-Anpassungswert C

Der Spektrum-Anpassungswert C ist in 4.5 angeführt als

$$C = X_{A,1} - X_w$$

Dabei ist:

$X_{A,1}$ die Differenz der A-bewerteten Schallpegel in Sende- und Empfangsraum für rosa Rauschen (Spektrum 1) im Senderaum;

X_w die entsprechende Einzahlangabe aus der Bezugskurve.

ANMERKUNG 7: $R_{A,1} = R_w + C$ wird in einigen Ländern als Schalldämm-Maß R_A gebraucht, wenn rosa Rauschen als Sendesignal verwendet wird.

$D_{nT,A,1} = D_{nT,w} + C$ wird in einigen Ländern als Schallpegeldifferenz $D_{nT,A}$ gebraucht, wenn rosa Rauschen als Sendesignal verwendet wird.

Im allgemeinen ist C etwa -1; wenn jedoch in einer Schalldämmkurve ein tiefer Einbruch in einem einzelnen Frequenzband vorliegt, wird $C < -1$. Beim Vergleich verschiedener Konstruktionen kann es daher zweckmäßig sein, R_w und C heranzuziehen.

Für die Festlegung von Anforderungen kann es zweckmäßig sein, die Summe von X_w und C, wie in 5.2 angeführt, zugrunde zu legen.

A.2 Der Spektrum-Anpassungswert C_{tr}

Der Spektrum-Anpassungswert C_{tr} ist in 4.5 angeführt als

$$C_{tr} = X_{A,2} - X_w$$

Dabei ist:

$X_{A,2}$ die Differenz der A-bewerteten Schallpegel im Senderaum (oder im Freien vor der Fassade) und dem Empfangsraum für Straßenverkehrsgeräusche (Spektrum 2);

X_w die entsprechende Einzahlangabe aus der Bezugskurve.

ANMERKUNG 8: $R_{A,2} = R_w + C_{tr}$ wird in mehreren Ländern als Schalldämm-Maß $R_{A,tr}$ gebraucht, wenn Verkehrsgeräusche als Sendesignal verwendet werden.

$D_{nT,A,2} = D_{nT,w} + C_{tr}$ wird in mehreren Ländern als Schallpegeldifferenz $D_{nT,A,tr}$ gebraucht, wenn Verkehrsgeräusche als Sendesignal verwendet werden.

Im allgemeinen wird der numerische Wert C_{tr} für verschiedene Erzeugnisse von Fenstern des gleichen Aufbaues nahezu gleich sein; in solchen Fällen kann die Verwendung von R_w zur Reihung geeignet sein. Wenn jedoch sehr unterschiedliche Konstruktionen verglichen werden, sollten R_w und C_{tr} herangezogen werden.

Tabelle A.1: Entsprechende Spektrum-Anpassungswerte für verschiedene Geräuschquellen

Geräuschquelle	Entsprechender Spektrum-Anpassungswert
Wohnaktivitäten (Reden, Musik, Radio, TV) Kinderspielen Schienenverkehr mit mittlerer und hoher Geschwindigkeit[1]) Autobahnverkehr > 80 km/h[1]) Düsenflugzeug in kleinem Abstand Betriebe, die überwiegend mittel- und hochfrequenten Lärm abstrahlen[1])	C (Spektrum Nr 1)
Städtischer Straßenverkehr Schienenverkehr mit geringer Geschwindigkeit[1]) Propellerflugzeug Düsenflugzeug in großem Abstand Discomusik Betriebe, die überwiegend tief- und mittelfrequenten Lärm abstrahlen	C_{tr} (Spektrum Nr 2)

[1]) In mehreren europäischen Ländern bestehen Rechenverfahren für Straßenverkehrsgeräusche und Schienenverkehrsgeräusche, welche Oktavbandschallpegel festlegen; diese können zum Vergleich mit den Spektren 1 und 2 herangezogen werden.

Für Anforderungen kann die Summe aus X_w und C_{tr} zugrunde gelegt werden, wie in 5.2 angeführt. Einer Abschätzung des A-bewerteten Schallpegels im Rauminneren aus dem bekannten A-bewerteten Schallpegel vor der Fassade ist $X_w + C_{tr}$ zugrunde zu legen.

A.3 Anwendung der Spektrum-Anpassungswerte für weitere Geräuscharten

In Tabelle A.1 wird eine Reihe von verschiedenen Geräuschquellen den Spektrum-Anpassungswerten zugeordnet; diese kann als Richtlinie für die Anwendung der Spektrum-Anpassungswerte für die Einstufung der Schalldämmung in Bezug auf diese Geräuschquellen herangezogen werden. Wenn das A-bewertete Spektrum einer bestimmten Geräuschart bekannt ist, kann es mit den Werten in Tabelle 4 und Bildern 3 und 4 verglichen werden und daraus der entsprechende Spektrum-Anpassungswert gewählt werden.

Anhang B (informativ)

Anpassungswerte und Spektren für einen erweiterten Frequenzbereich

Wenn Messungen für einen erweiterten Frequenzbereich durchgeführt werden, können zusätzliche Spektrum-Anpassungswerte für diesen Frequenzbereich berechnet und angegeben werden. Der Frequenzbereich ist im Index von C oder C_{tr} anzugeben.

BEISPIEL:

$C_{50-3\,150}$ oder $C_{50-5\,000}$ oder $C_{100-5\,000}$

$C_{tr,\,50-3150}$ oder $C_{tr,\,50-5\,000}$ oder $C_{tr,\,100-5\,000}$

Bei der Angabe der Ergebnisse können diese zusätzlichen Anpassungswerte angeführt werden wie folgt:

$R_w(C; C_{tr}; C_{50-3\,150}; C_{tr,\,50-3\,150}) = 41\ (0; -5; -1; -4)$ dB

Tabelle B.1: Schallpegelspektren zur Berechnung der Spektrum-Anpassungswerte für den erweiterten Frequenzbereich

Frequenz Hz	Schallpegel L_{ij} dB					
	Spektrum Nr 1 zur Berechnung von				Spektrum Nr 2 zur Berechnung von C_{tr} für jeden Frequenzbereich	
	$C_{50\text{-}3\,150}$		$C_{50\text{-}5\,000}$ $C_{100\text{-}5\,000}$			
	Terz	Oktav	Terz	Oktav	Terz	Oktav
50	−40		−41		−25	
63	−36	−31	−37	−32	−23	−18
80	−33		−34		−21	
100	−29		−30		−20	
125	−26	−21	−27	−22	−20	−14
160	−23		−24		−18	
200	−21		−22		−16	
250	−19	−14	−20	−15	−15	−10
315	−17		−18		−14	
400	−15		−16		−13	
500	−13	− 8	−14	− 9	−12	− 7
630	−12		−13		−11	
800	−11		−12		− 9	
1 000	−10	− 5	−11	− 6	− 8	− 4
1 250	− 9		−10		− 9	
1 600	− 9		−10		−10	
2 000	− 9	− 4	−10	− 5	−11	− 6
2 500	− 9		−10		−13	
3 150	− 9		−10		−15	
4 000			−10	− 5	−16	−11
5 000			−10		−18	
ANMERKUNG: Alle Pegel sind A-bewertet, und der Gesamtpegel ist auf 0 dB normiert.						

Die Schallspektren in Terzbändern und Oktavbändern für den erweiterten Frequenzbereich sind in Tabelle B.1 angegeben und in den Bildern 1 und 2 dargestellt. Die Spektren sind ebenso wie die in Tabelle 4 A-bewertet und der Gesamtpegel auf 0 dB normiert.

ANMERKUNG 9: Wegen der Normierung auf 0 dB unterscheiden sich die absoluten Werte für die erweiterten Frequenzbereiche 50 Hz bis 5 000 Hz für Spektrum Nr 1 um 1 dB von den für den Frequenzbereich 100 Hz bis 3 150 Hz in Tabelle 4 angegebenen Werten.

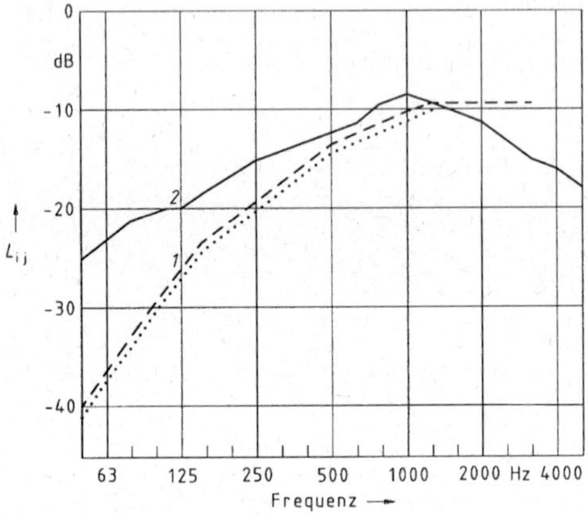

Spektrum Nr 1 zur Berechnung von C

.... 50 Hz bis 5 000 Hz und 100 Hz bis 5 000 Hz

– — – 50 Hz bis 3 150 Hz

——— Spektrum Nr 2 zur Berechnung vom C_{tr}

Bild B.1: Schallpegelspektren zur Berechnung der Spektrum-Anpassungswerte für Terzbandmessungen

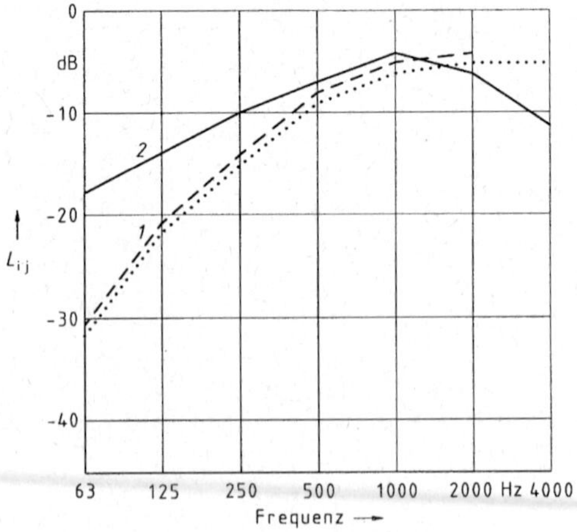

Spektrum Nr 1 zur Berechnung von C

.... 63 Hz bis 4 000 Hz und 125 Hz bis 4 000 Hz

– — – 63 Hz bis 2 000 Hz

——— Spektrum Nr 2 zur Berechnung vom C_{tr}

Bild B.2: Schallpegelspektren zur Berechnung der Spektrum-Anpassungswerte für Oktavbandmessungen

Anhang C (informativ)

Beispiele für die Berechnung der Einzahlangabe und der Spektrum-Anpassungswerte

Die Tabellen C.1 und C.2 zeigen Beispiele für die Berechnung der Einzahlangabe und der Spektrum-Anpassungswerte aus dem Ergebnis einer Messung des Schalldämm-Maßes an einem Bauteil im Laboratorium.

Das Ergebnis kann angegeben werden mit:

$R_w (C; C_{tr}) = 30 (-2; -3)$ dB

oder

$R_w (C; C_{tr}; C_{50-5\,000}; C_{tr\,50-5\,000}) = 30 (-2; -3; -2; -4)$ dB

Tabelle C.1: Messung im vorgeschriebenen Frequenzbereich 100 Hz bis 3 150 Hz

Frequenz Hz	R_i dB	Bezugswerte verschoben um −22 dB dB	Ungünstige Abweichung dB	Spektrum Nr 1 L_{i1} dB	$L_{i1}-R_i$ dB	$10^{(L_{i1} - R_i)/10\text{ dB}}$ dB · 10^{-5}	Spektrum Nr 2 L_{i2} dB	$L_{i2}-R_i$ dB	$10^{(L_{i2} - R_i)/10\text{ dB}}$ dB · 10^{-5}
100	20,4	11		−29	−49,4	1,15	−20	−40,4	9,12
125	16,3	14		−26	−42,3	5,89	−20	−36,3	23,44
160	17,7	17		−23	−40,7	8,51	−18	−35,7	26,92
200	22,6	20		−21	−43,6	4,37	−16	−38,6	13,80
250	22,4	23	0,6	−19	−41,4	7,24	−15	−37,4	18,20
315	22,7	26	3,3	−17	−39,7	10,72	−14	−36,7	21,38
400	24,8	29	4,2	−15	−39,8	10,47	−13	−37,8	16,60
500	26,6	30	3,4	−13	−39,6	10,96	−12	−38,6	13,80
630	28,0	31	3,0	−12	−40,0	10,00	−11	−39,0	12,59
800	30,5	32	1,5	−11	−41,5	7,08	− 9	−39,5	11,22
1 000	31,8	33	1,2	−10	−41,8	6,61	− 8	−39,8	10,47
1 250	32,5	34	1,5	− 9	−41,5	7,08	− 9	−41,5	7,08
1 600	33,4	34	0,6	− 9	−42,4	5,75	−10	−43,4	4,57
2 000	33,0	34	1,0	− 9	−42,0	6,31	−11	−44,0	3,98
2 500	31,0	34	3,0	− 9	−40,0	10,00	−13	−44,0	3,98
3 150	25,5	34	8,5	− 9	−34,5	35,48	−15	−40,5	8,91
Summe = 31,8 < 32,0 R_w = (52−22) dB = 30 dB				Summe = 147,62 −10 lg 147,62 = 28,3 C = (28−30) dB = −2 dB			Summe = 206,06 −10 lg 206,06 = 26,9 C_{tr} = (27−30) dB = −3 dB		

Tabelle C.2 : Messung im erweiterten Frequenzbereich 50 Hz bis 5 000 Hz

Frequenz Hz	R_i dB	Bezugswerte verschoben um −22 dB dB	Ungünstige Abweichung dB	Spektrum Nr 1 L_{i1} dB	$L_{i1}-R_i$ dB	$10^{(L_{i1}-R_i)/10\ dB}$ dB · 10^{-5}	Spektrum Nr 2 L_{i2} dB	$L_{i2}-R_i$ dB	$10^{(L_{i2}-R_i)/10\ dB}$ dB · 10^{-5}
50	18,7			−41	−59,7	0,11	−25	−43,7	4,27
63	19,2			−37	−56,2	0,24	−23	−42,2	6,03
80	20,0			−34	−54,0	0,40	−21	−41,0	7,94
100	20,4	11		−30	−50,4	0,91	−20	−40,4	9,12
125	16,3	14		−27	−43,3	4,68	−20	−36,3	23,44
160	17,7	17		−24	−41,7	6,76	−18	−35,7	26,92
200	22,6	20		−22	−44,6	3,47	−16	−38,6	13,80
250	22,4	23	0,6	−20	−42,4	5,75	−15	−37,4	18,20
315	22,7	26	3,3	−18	−40,7	8,51	−14	−36,7	21,38
400	24,8	29	4,2	−16	−40,8	8,32	−13	−37,8	16,60
500	26,6	30	3,4	−14	−40,6	8,71	−12	−38,6	13,80
630	28,0	31	3,0	−13	−41,0	7,94	−11	−39,0	12,59
800	30,5	32	1,5	−12	−42,5	5,62	− 9	−39,5	11,22
1 000	31,8	33	1,2	−11	−42,8	5,25	− 8	−39,8	10,47
1 250	32,5	34	1,5	−10	−42,5	5,62	− 9	−41,5	7,08
1 600	33,4	34	0,6	−10	−43,4	4,57	−10	−43,4	4,57
2 000	33,0	34	1,0	−10	−43,0	5,01	−11	−44,0	3,98
2 500	31,0	34	3,0	−10	−41,0	7,94	−13	−44,0	3,98
3 150	25,5	34	8,5	−10	−35,5	28,18	−15	−40,5	8,91
4 000	26,8			−10	−36,8	20,89	−16	−42,8	5,25
5 000	29,2			−10	−39,2	12,02	−18	−47,2	1,91
Summe = 31,8 < 32,0 R_w = (52−22) dB = 30 dB				Summe = 150,92 −10 lg 150,92 = 28,3 C = (28−30) dB = −2 dB			Summe = 231,45 −10 lg 231,45 = 26,4 C_{tr} = (26−30) dB = −4 dB		

Anhang ZA (normativ)

Normative Verweisungen auf internationale Publikationen mit ihren entsprechenden europäischen Publikationen

Diese Europäische Norm enthält durch datierte und undatierte Verweisungen Festlegungen aus anderen Publikationen. Diese normativen Verweisungen sind an den jeweiligen Stellen im Text zitiert, und die Publikationen sind nachstehend aufgeführt. Bei datierten Verweisungen gehören spätere Änderungen oder Überarbeitungen dieser Publikationen nur zu dieser Europäischen Norm, falls sie durch Änderung oder Überarbeitung eingearbeitet sind. Bei undatierten Verweisungen gilt die letzte Ausgabe der in Bezug genommenen Publikation.

Publikation	Jahr	Titel	EN	Jahr
ISO 140-3	1995	Acoustics — Measurement of sound insulation in buildings and of building elements — Part 3: Laboratory measurements of airborne sound insulation of building elements	EN ISO 140-3	1995
ISO 140-9	1985	Acoustics — Measurement of sound insulation in buildings and of building elements — Part 9: Laboratory measurements of room-to-room airborne sound insulation of a suspended ceiling with a plenum above it	EN 20140-9	1993
ISO 140-10	1991	Acoustics — Measurement of sound insulation in buildings and of building elements — Part 10: Laboratory measurements of airborne sound insulation of small building elements	EN 20140-10	1992

Akustik

Bewertung der Schalldämmung in Gebäuden und von Bauteilen

Teil 2: Trittschalldämmung
(ISO 717-2 : 1996)
Deutsche Fassung EN ISO 717-2 : 1996

DIN EN ISO 717-2

ICS 91.120.20

Deskriptoren: Akustik, Trittschalldämmung, Schalldämmung, Bauwesen

Mit DIN EN ISO 717-1 : 1997-01
Ersatz für
DIN 52210-4 : 1984-08

Acoustics —
Rating of sound insulation in buildings and of building elements —
Part 2: Impact sound insulation
(ISO 717-2 : 1996);
German version EN ISO 717-2 : 1996

Acoustique —
Évaluation de l'isolement acoustique des immeubles et des éléments de construction —
Partie 2: Protection contre le bruit de choc
(ISO 717-2 : 1996);
Version allemande EN ISO 717-2 : 1996

Die Europäische Norm EN ISO 717-2 : 1996 hat den Status einer Deutschen Norm.

Nationales Vorwort

Das internationale Schriftstück ISO 717-2 : 1996 ist im Komitee ISO/TC 43/SC 2 "Bauakustik" in Abstimmung mit dem Europäischen Komitee CEN/TC 126 "Akustische Eigenschaften von Baustoffen und Bauteilen und von Gebäuden" unter intensiver deutscher Mitarbeit erarbeitet worden. Für die deutsche Mitarbeit ist der Arbeitsausschuß NMP 231 "Schalldämmung und Schallabsorption, Messung und Bewertung" des Normenausschusses Materialprüfung (NMP) verantwortlich.

Für die im Abschnitt 2 zitierten Internationalen Normen wird im folgenden auf die entsprechenden Deutschen Normen hingewiesen:

ISO 140-6	DIN 52210-1, E DIN EN ISO 140-6
ISO 140-7	DIN 52210-1, E DIN EN ISO 140-7
ISO 140-8	DIN 52210-1, E DIN EN ISO 140-8

Änderungen

Gegenüber DIN 52210-4 : 1984-08 wurden folgende Änderungen vorgenommen:

a) Inhalt vollständig überarbeitet.

b) Inhalt aufgeteilt, in diese Norm nur Festlegungen zur Trittschalldämmung übernommen.

Frühere Ausgaben

DIN 52211: 1953-09;
DIN 52210-4: 1975-07, 1984-08

Fortsetzung Seite 2
und 8 Seiten EN

Normenausschuß Materialprüfung (NMP) im DIN Deutsches Institut für Normung e.V.
Normenausschuß Akustik, Lärmminderung und Schwingungstechnik (NALS) im DIN und VDI
Normenausschuß Bauwesen (NABau) im DIN

Nationaler Anhang NA (informativ)

Literaturhinweise

DIN 52210-1
Bauakustische Prüfungen — Luft- und Trittschalldämmung — Meßverfahren

E DIN EN ISO 140-6
Akustik — Messung der Schalldämmung in Gebäuden und von Bauteilen — Teil 6: Messung der Trittschalldämmung von Decken in Prüfständen (ISO/DIS 140-6 : 1996); Deutsche Fassung prEN ISO 140-6 : 1996

E DIN EN ISO 140-7
Akustik — Messung der Schalldämmung in Gebäuden und von Bauteilen — Teil 7: Messung der Trittschalldämmung von Decken in Gebäuden (ISO/DIS 140-7 : 1996); Deutsche Fassung prEN ISO 140-7 : 1996

E DIN EN ISO 140-8
Akustik — Messung der Schalldämmung in Gebäuden und von Bauteilen — Teil 8: Messung der Trittschallminderung durch eine Deckenauflage auf einer massiven Standarddecke in Prüfständen (ISO/DIS 140-8 : 1995); Deutsche Fassung prEN ISO 140-8 : 1995

EUROPÄISCHE NORM
EUROPEAN STANDARD
NORME EUROPÉENNE

EN ISO 717-2

Dezember 1996

ICS 17.140.40

Deskriptoren:

Deutsche Fassung

Akustik

Bewertung der Schalldämmung in Gebäuden und von Bauteilen
Teil 2: Trittschalldämmung
(ISO 717-2 : 1996)

Acoustics — Rating of sound insulation in buildings and of building elements — Part 2: Impact sound insulation (ISO 717-2 : 1996)

Acoustique — Évaluation de l'isolement acoustique des immeubles et des éléments de construction — Partie 2: Protection contre le bruit de choc (ISO 717-2 : 1996)

Diese Europäische Norm wurde von CEN am 1996-11-30 angenommen.

Die CEN-Mitglieder sind gehalten, die CEN/CENELEC-Geschäftsordnung zu erfüllen, in der die Bedingungen festgelegt sind, unter denen dieser Europäischen Norm ohne jede Änderung der Status einer nationalen Norm zu geben ist.

Auf dem letzten Stand befindliche Listen dieser nationalen Normen mit ihren bibliographischen Angaben sind beim Zentralsekretariat oder bei jedem CEN-Mitglied auf Anfrage erhältlich.

Diese Europäische Norm besteht in drei offiziellen Fassungen (Deutsch, Englisch, Französisch). Eine Fassung in einer anderen Sprache, die von einem CEN-Mitglied in eigener Verantwortung durch Übersetzung in seine Landessprache gemacht und dem Zentralsekretariat mitgeteilt worden ist, hat den gleichen Status wie die offiziellen Fassungen.

CEN-Mitglieder sind die nationalen Normungsinstitute von Belgien, Dänemark, Deutschland, Finnland, Frankreich, Griechenland, Irland, Island, Italien, Luxemburg, Niederlande, Norwegen, Österreich, Portugal, Schweden, Schweiz, Spanien und dem Vereinigten Königreich.

CEN

EUROPÄISCHES KOMITEE FÜR NORMUNG
European Committee for Standardization
Comité Européen de Normalisation

Zentralsekretariat: rue de Stassart 36, B-1050 Brüssel

Ref. Nr. EN ISO 717-2 : 1996 D

Vorwort

Der Text der Internationalen Norm ISO 717-2 : 1996 wurde vom Technischen Komitee ISO/TC 43 "Acoustics" in Zusammenarbeit mit dem Technischen Komitee CEN/TC 126 "Akustische Eigenschaften von Baustoffen und Bauteilen und von Gebäuden" erarbeitet, dessen Sekretariat von AFNOR geleitet wird.

Diese Europäische Norm muß den Status einer nationalen Norm erhalten, entweder durch Veröffentlichung eines identischen Textes oder durch Anerkennung bis Juni 1997, und etwaige entgegenstehende nationale Normen müssen bis Juni 1997 zurückgezogen werden.

Die ISO 717 "Akustik — Bewertung der Schalldämmung in Gebäuden und von Bauteilen" besteht aus:

— Teil 1: Luftschalldämmung;

— Teil 2: Trittschalldämmung.

Anhänge A, B und C sind informativ.

Entsprechend der CEN/CENELEC-Geschäftsordnung sind die nationalen Normungsinstitute der folgenden Länder gehalten, diese Europäische Norm zu übernehmen:

Belgien, Dänemark, Deutschland, Finnland, Frankreich, Griechenland, Irland, Island, Italien, Luxemburg, Niederlande, Norwegen, Österreich, Portugal, Schweden, Schweiz, Spanien und das Vereinigte Königreich.

Anerkennungsnotiz

Der Text der Internationalen Norm ISO 717-2 : 1996 wurde von CEN als Europäische Norm ohne irgendeine Abänderung genehmigt.

Einleitung

Die Verfahren der Messung der Trittschalldämmung in Gebäuden und von Bauteilen wurden in ISO 140-6, ISO 140-7 und ISO 140-8 genormt. Diese Verfahren ergeben Werte der Trittschalldämmung, die frequenzabhängig sind.

Der Zweck dieses Teiles von ISO 717 ist es, ein Verfahren zu normen, mit welchem die frequenzabhängigen Werte der Trittschalldämmung in eine Einzahlangabe umgewandelt werden können, die die akustische Qualität kennzeichnet.

Das Verfahren wird seit 1968 vielfach verwendet. Da es jedoch Hinweise gibt, daß es verbessert werden könnte, wird zusätzlich im Anhang A ein Spektrum-Anpassungswert angeführt, und es wird empfohlen, mit diesem Erfahrungen zu sammeln.

1 Anwendungsbereich

Dieser Teil von ISO 717

a) legt Einzahlangaben für die Trittschalldämmung in Gebäuden und von Decken fest und

b) gibt die Regeln an zur Bestimmung dieser Größen aus den Ergebnissen von Messungen in Terzbändern nach ISO 140-6 und ISO 140-7 und in Oktavbändern nur für Messungen in Gebäuden nach ISO 140-7.

c) legt eine Einzahlangabe für die Trittschallminderung von Deckenauflagen fest aus den Ergebnissen von Messungen nach ISO 140-8.

Die Einzahlangaben nach dem vorliegenden Teil von ISO 717 dienen zur Beurteilung der Trittschalldämmung und für die Vereinfachung der Angabe von Schallschutz-Anforderungen in Bauvorschriften. Die erforderlichen Werte dieser Einzahlangaben werden für verschiedene Anforderungen angegeben.

Die Beurteilung der Ergebnisse von Messungen in einem erweiterten Frequenzbereich wird in Anhang A behandelt.

Ein Verfahren zur Bestimmung einer Einzahlangabe für massive Rohdecken entsprechend ihrer Eignung mit Deckenauflagen wird in Anhang B beschrieben.

Ein Beispiel für die Berechnung der Einzahlangabe ist in Anhang C gegeben.

2 Normative Verweisungen

Die folgenden Normen enthalten Festlegungen, die durch die Verweisung in diesem Text auch für diesen Teil von ISO 717 gelten. Zum Zeitpunkt der Veröffentlichung waren die angegebenen Ausgaben gültig. Alle Normen unterliegen der Überarbeitung. Vertragspartner, deren Vereinbarungen auf diesem Teil von ISO 717 basieren, sind gehalten, nach Möglichkeit die neuesten Ausgaben der nachfolgend aufgeführten Normen anzuwenden. IEC- und ISO-Mitglieder verfügen über Verzeichnisse der gegenwärtig gültigen Internationalen Normen.

ISO 140-6[1])
Acoustics — Measurement of sound insulation in buildings and of building elements — Part 6: Laboratory measurements of impact sound insulation of floors

ISO 140-7[2])
Acoustics — Measurement of sound insulation in buildings and of building elements — Part 7: Field measurements of impact sound insulation of floors

ISO 140-8[3])
Acoustics — Measurement of sound insulation in buildings and of building elements — Part 8: Laboratory measurements of the reduction of transmitted impact noise by floor coverings on a standard floor

3 Definitionen

Für die Anwendung dieses Teils von ISO 717 gelten die folgenden Definitionen:

[1]) In Vorbereitung (Revision von ISO 140-6 : 1978)

[2]) In Vorbereitung (Revision von ISO 140-7 : 1978)

[3]) In Vorbereitung (Revision von ISO 140-8 : 1978)

3.1 Einzahlangabe zur Bewertung der Trittschalldämmung, abgeleitet aus Terzbandmessungen: Der Wert, in Dezibel, der entsprechenden Bezugskurve bei 500 Hz nach deren Verschieben nach dem Verfahren, das in diesem Teil von ISO 717 festgelegt ist.

3.2 Einzahlangabe zur Bewertung der Trittschalldämmung, abgeleitet aus Oktavbandmessungen: Der Wert, in Dezibel, der entsprechenden Bezugskurve bei 500 Hz nach deren Verschieben nach dem Verfahren, das in diesem Teil von ISO 717 festgelegt ist, vermindert um 5 dB.

ANMERKUNG 1: Die Benennungen und Symbole für die Einzahlangaben ergeben sich aus der Art der Messung. Sie sind in Tabelle 1 für die Trittschalldämmung von Bauteilen und in Tabelle 2 für die Trittschalldämmung zwischen Räumen in Gebäuden zusammengestellt.

ANMERKUNG 2: Um eindeutig zwischen Werten mit und ohne Flankenübertragung zu unterscheiden, werden Symbole mit Strich (z. B. L'_n) verwendet, um Werte zu bezeichnen, die mit Flankenübertragung gelten.

Tabelle 1: Einzahlangaben für die Trittschalldämmung von Decken

Ermittelt aus Terzbandwerten		
Einzahlangabe	Benennung und Formelzeichen	Festgelegt in
Bewerteter Norm-Trittschallpegel $L_{n,w}$	Norm-Trittschallpegel L_n	ISO 140-6 : 19.. Gleichung (4)

Tabelle 2: Einzahlangabe für die Trittschalldämmung zwischen Räumen in Gebäuden

Ermittelt aus Terzbandwerten oder Oktavbandwerten		
Einzahlangabe	Benennung und Formelzeichen	Festgelegt in
Bewerteter Norm-Trittschallpegel $L'_{n,w}$	Norm-Trittschallpegel L'_n	ISO 140-7 : 19.. Gleichung (2)
Bewerteter Standard-Trittschallpegel $L'_{nT,w}$	Standard-Trittschallpegel L'_{nT}	ISO 140-7 : 19.. Gleichung (3)

3.3 Bewertete Trittschallminderung: Differenz der bewerteten Norm-Trittschallpegel einer Bezugsdecke ohne eine und mit einer Deckenauflage, ermittelt nach dem Verfahren, das in diesem Teil von ISO 717 festgelegt ist. Diese Größe wird mit ΔL_w bezeichnet und in Dezibel angegeben.

3.4 Spektrum-Anpassungswert: Wert, in Dezibel, der zur Einzahlangabe addiert wird, um das Trittschallspektrum zu berücksichtigen, das einem typischen Gehgeräusch entspricht.

3.5 Äquivalenter bewerteter Norm-Trittschallpegel einer Rohdecke: Summe des bewerteten Norm-Trittschallpegels der zu prüfenden Rohdecke mit der Bezugs-Deckenauflage und der bewerteten Trittschallminderung der Bezugs-Deckenauflage, ermittelt nach dem Verfahren, das in diesem Teil von ISO 717 angegeben ist. Diese Größe wird bezeichnet als $L_{n,eq,0,w}$ und in Dezibel angegeben.

4 Verfahren zur Ermittlung von Einzahlangaben zur Bewertung der Trittschalldämmung

4.1 Allgemeines

Die Ergebnisse von Messungen nach ISO 140-6 und ISO 140-7 werden mit Bezugswerten (siehe 4.2) bei den Meßfrequenzen im Bereich von 100 Hz bis 3 150 Hz für Messungen in Terzbändern oder 125 Hz bis 2 000 Hz für Messungen in Oktavbändern verglichen. Der Vergleich wird nach 4.3 durchgeführt.

4.2 Bezugswerte

Der Satz von Bezugswerten, der für den Vergleich mit Meßergebnissen einzusetzen ist, ist in Tabelle 3 angeführt und in den Bildern 1 und 2 dargestellt.

ANMERKUNG 3: Die Bezugswerte für die Oktavbänder 125 Hz bis 1 000 Hz entsprechen der energetischen Summe (gerundet auf ganze Zahlen) der entsprechenden Terzbandwerte; der Bezugswert für das Oktavband 2 000 Hz wurde vermindert, um das Terzband 3 150 Hz zu berücksichtigen, das — für massive Rohdecken — wesentlich zu den ungünstigen Abweichungen beitragen kann.

Tabelle 3: Bezugswerte für Trittschall

Frequenz Hz	Bezugswert dB	
	Terzbänder	Oktavbänder
100	62	
125	62	67
160	62	
200	62	
250	62	67
315	62	
400	61	
500	60	65
630	59	
800	58	
1 000	57	62
1 250	54	
1 600	51	
2 000	48	49
2 500	45	
3 150	42	

4.3 Verfahren des Vergleiches

4.3.1 Messungen in Terzbändern

Um die Ergebnisse einer Messung von L_n, L'_n oder L'_{nT} in Terzbändern (angegeben auf 0,1 dB) zu bewerten, wird die Bezugskurve in Schritten von 1 dB gegen die Meßwertkurve verschoben, bis die Summe der ungünstigen Abweichungen so groß wie möglich wird, jedoch nicht mehr als 32,0 dB beträgt.

Eine ungünstige Abweichung bei einer bestimmten Frequenz ist gegeben, wenn das Meßergebnis höher ist als der Bezugswert. Nur ungünstige Abweichungen werden berücksichtigt.

Der Wert, in Dezibel, der Bezugskurve bei 500 Hz nach Verschiebung nach diesem Verfahren ist $L_{n,w}$ bzw. $L'_{n,w}$ bzw. $L'_{nT,w}$.

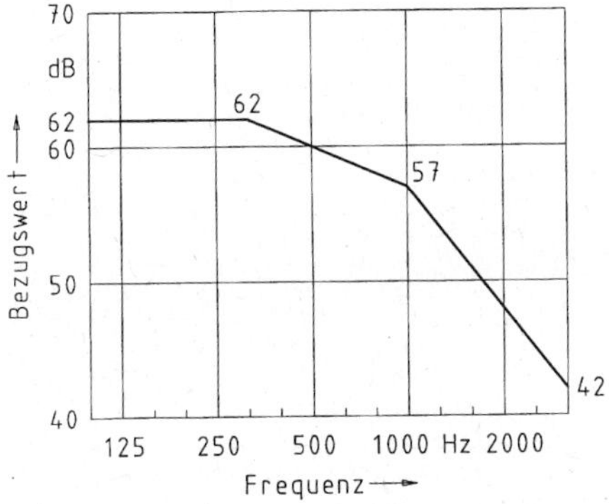

Bild 1: Bezugskurve für Trittschall-Terzbänder

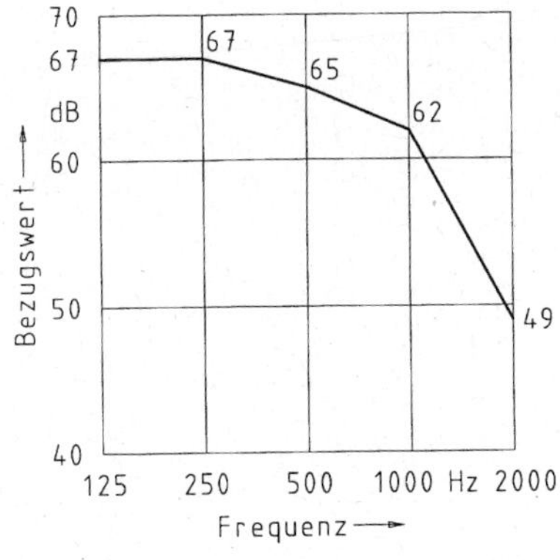

Bild 2: Bezugskurve für Trittschall-Oktavbänder

4.3.2 Messungen in Oktavbändern

Um die Ergebnisse von Messungen im Gebäude von L'_n oder L'_{nT} in Oktavbändern (auf 0,1 dB angegeben) zu bewerten, wird die Bezugskurve in Schritten von 1 dB gegen die Meßwertkurve verschoben, bis die Summe der ungünstigen Abweichungen so groß wie möglich wird, jedoch nicht mehr als 10,0 dB beträgt.

Eine ungünstige Abweichung bei einer bestimmten Frequenz ist gegeben, wenn das Meßergebnis höher ist als der Bezugswert. Nur ungünstige Abweichungen werden berücksichtigt.

Der Wert, in Dezibel, der Bezugskurve bei 500 Hz nach Verschiebung nach diesem Verfahren und dann um 5 dB vermindert, ist $L'_{n,w}$ bzw. $L'_{nT,w}$.

4.4 Darstellung der Ergebnisse

Die jeweils zutreffende Einzahlangabe ist mit Bezug auf diesen Teil von ISO 717 anzugeben. Die Ergebnisse der Messungen müssen auch in einem Diagramm, wie in ISO 140-6 und ISO 140-7 festgelegt, dargestellt werden.

Für Messungen nach ISO 140-7 in Gebäuden ist anzugeben, ob die Einzahlangabe aus Meßergebnissen in Terzbändern oder Oktavbändern berechnet wurde. Im allgemeinen kann sich eine Differenz zwischen Einzahlangaben, berechnet aus Terz- oder Oktavbändern, von etwa ±1 dB ergeben.

Bewertungen aus Messungen in Terzbändern werden bevorzugt.

5 Verfahren zur Ermittlung der bewerteten Trittschallminderung

5.1 Allgemeines

Die Trittschallminderung (Verbesserung der Trittschalldämmung) ΔL einer Deckenauflage, geprüft nach ISO 140-8 auf einer homogenen massiven Betondecke, ist unabhängig von dem Norm-Trittschallpegel der Rohdecke $L_{n,0}$. Die Werte für den bewerteten Norm-Trittschallpegel der Decke mit und ohne Deckenauflage hängen jedoch in gewissem Maße von $L_{n,0}$ ab. Um vergleichbare Werte von ΔL_w in den verschiedenen Labors zu erhalten, ist es erforderlich, die Meßwerte von ΔL auf eine Bezugsdecke zu beziehen.

Tabelle 4: Norm-Trittschallpegel der Bezugsdecke

Frequenz Hz	$L_{n,r,0}$ dB
100	67
125	67,5
160	68
200	68,5
250	69
315	69,5
400	70
500	70,5
630	71
800	71,5
1 000	72
1 250	72
1 600	72
2 000	72
2 500	72
3 150	72

5.2 Bezugsdecke

Die Bezugsdecke ist durch die Werte des Norm-Trittschallpegels $L_{n,r,0}$ in Tabelle 4 festgelegt. Der bewertete Norm-Trittschallpegel der Bezugsdecke $L_{n,r,0,w}$, ermittelt nach 4.3.1, beträgt 78 dB.

ANMERKUNG 4: Die Werte in Tabelle 4 stellen eine idealisierte geradlinige Norm-Trittschallpegelkurve für eine 120 mm dicke homogene massive Betondecke dar mit, entsprechend der Praxis, horizontalem Verlauf im Frequenzbereich über 1 000 Hz.

5.3 Berechnung

Die bewertete Trittschallminderung ΔL_w wird nach den folgenden Gleichungen berechnet:

$$L_{n,r} = L_{n,r,0} - \Delta L$$

$$\Delta L_w = L_{n,r,0,w} - L_{n,r,w} = 78\ \text{dB} - L_{n,r,w}$$

Dabei ist:

$L_{n,r}$ der berechnete Norm-Trittschallpegel der Bezugsdecke mit der zu prüfenden Deckenauflage;

$L_{n,r,0}$ der festgelegte Norm-Trittschallpegel der Bezugsdecke (siehe Tabelle 4);

ΔL die Trittschallminderung gemessen nach ISO 140-8;

$L_{n,r,w}$ der berechnete bewertete Norm-Trittschallpegel der Bezugsdecke mit der zu prüfenden Deckenauflage;

$L_{n,r,0,w}$ ermittelt aus $L_{n,r,0}$ nach 4.3.1.

5.4 Darstellung der Ergebnisse

Die Einzahlangabe ΔL_w ist unter Bezug auf diesen Teil von ISO 717 anzugeben. Die Ergebnisse der Messungen müssen auch in einem Diagramm, wie in ISO 140-8 festgelegt, dargestellt werden.

ANMERKUNG 5: Die Trittschallminderung, gemessen auf einer Betondecke wie in ISO 140-8 festgelegt, und die Einzahlangabe ΔL_w dürfen nur in Verbindung mit ähnlichen massiven Decken (Betondecken, Betonhohldecken, Hohlziegeldecken usw.) verwendet werden; sie sind nicht geeignet für die Verwendung mit anderen Deckenkonstruktionen.

Anhang A (informativ)

Ergänzendes Bewertungsverfahren

A.1 Allgemeines

Dieser Anhang gibt ein ergänzendes Bewertungsverfahren an, das auf der Beschreibung eines Anpassungswertes unter Zugrundelegung des unbewerteten linearen Trittschallpegels beruht.

Die Bewertung durch $L_{n,w}$ hat sich zur Beschreibung des Trittschallverhaltens von Holz- und Betondecken mit wirkungsvollen Deckenauflagen wie Teppichen oder schwimmenden Estrichen als geeignet erwiesen. Sie berücksichtigt jedoch ungenügend Schallpegelspitzen bei einzelnen (tiefen) Frequenzen, wie z. B. bei Holzbalkendecken oder Betonrohdecken. Es ist erwiesen (siehe [1], [2], [3], [4]), daß der unbewertete (lineare) Trittschallpegel bei Anregung durch das Hammerwerk besser dem A-bewerteten Trittschallpegel entspricht, wie er durch Gehen auf allen Arten von Decken entsteht. Zudem wirkt sich diese Art Bewertung stärker begrenzend auf einzelne Pegelspitzen aus (ersetzt damit die 8-dB-Regel, die in der ersten Ausgabe von ISO 717-2 verwendet wurde).

Um diesen Effekt zu berücksichtigen, wird daher ein Anpassungswert C_I eingeführt, der als getrennte Zahl angegeben wird und nicht mit dem Wert für $L_{n,w}$ verwechselt werden kann. Dieser Wert ist so festgelegt, daß für massive Decken mit wirkungsvollen Deckenauflagen sein Wert etwa 0 dB beträgt; für Holzbalkendecken mit vorherrschenden tieffrequenten Spitzen nimmt er positive Werte an. Für Betondecken ohne Deckenauflagen oder mit wenig wirkungsvollen Deckenauflagen liegt er im Bereich von – 15 dB bis 0 dB.

Zur Berücksichtigung dieser Einflüsse bei Anforderungen können diese als Summe von $L'_{n,w}$ und C_I angegeben werden.

A.2 Berechnung des Spektrum-Anpassungswertes

A.2.1 Spektrum-Anpassungswert für Trittschallpegel

Die Ergebnisse einer Messung von L_n, L'_n oder L'_{nT} in Terzbändern im Frequenzbereich 100 Hz bis 2 500 Hz oder in Oktavbändern im Frequenzbereich 125 Hz bis 2 000 Hz werden energetisch addiert[4]) zu $L_{n,sum}$, $L'_{n,sum}$ oder $L'_{nT,sum}$.

Der Spektrum-Anpassungswert C_I wird dann nach einer der folgenden Gleichungen berechnet:

$$C_I = L_{n,sum} - 15\ \text{dB} - L_{n,w}$$

oder

$$C_I = L'_{n,sum} - 15\ \text{dB} - L'_{n,w}$$

oder

$$C_I = L'_{nT,sum} - 15\ \text{dB} - L'_{nT,w}$$

Der Spektrum-Anpassungswert wird auf 0,1 dB berechnet und gerundet auf eine ganze Zahl[5]).

ANMERKUNG 6: Berechnungen des Spektrum-Anpassungswertes können auch zusätzlich für einen erweiterten Frequenzbereich (einschließlich 50 Hz+63 Hz+80 Hz) durchgeführt werden. Der Wert ist dann zu bezeichnen als $C_{I,50-2500}$ oder $C_{I,63-2000}$.

---

[4]) Die energetische Addition erfolgt für k Frequenzbänder nach

$$L_{sum} = 10 \lg \sum_{i=1}^{k} 10^{L_i/10\ \text{dB}}\ \text{dB}$$

[5]) + xy, 5 wird gerundet zu xy + 1 und – xy, 5 wird gerundet auf – xy; siehe auch ISO 31-0.

Ein Beispiel für die Berechnung der Einzahlangabe und des Spektrum-Anpassungswertes ist in Anhang C gegeben.

A.2.2 Spektrum-Anpassungswert für die Trittschallminderung von Deckenauflagen

Um Erfahrungen mit dem (neu eingeführten) unbewerteten Trittschallpegel im Zusammenhang mit der Berechnung der bewerteten Trittschallminderung ΔL_w auf der Grundlage der Bezugskurve (siehe Bild 1) zu sammeln, kann ein Spektrum-Anpassungswert für flache Wiedergabe für die Trittschallminderung bestimmt und angegeben werden.

Dieser Spektrum-Anpassungswert $C_{I,\Delta}$ wird nach folgender Gleichung bestimmt:

$$C_{I,\Delta} = C_{I,r,0} - C_{I,r}$$

Dabei ist:

$C_{I,r}$ der Spektrum-Anpassungswert für die Bezugsdecke mit der zu prüfenden Deckenauflage;

$C_{I,r,0}$ der Spektrum-Anpassungswert für die Bezugsdecke mit $L_{n,r,0}$ nach A.2.1 ($C_{I,r,0} = -11$ dB).

Eine Einzahlangabe für die Trittschallminderung aus dem unbewerteten linearen Trittschallpegel ΔL_{lin} kann nach folgender Gleichung berechnet werden:

$$\Delta L_{lin} = L_{n,r,0,w} + C_{I,r,0} - (L_{n,r,w} + C_{I,r}) = \Delta L_w + C_{I,\Delta}$$

Dabei ist:

$L_{n,r,0,w}$ der bewertete Norm-Trittschallpegel berechnet für die Bezugsdecke mit der zu prüfenden Deckenauflage;

$L_{n,r,0,w}$ ermittelt aus $L_{n,r,0}$ nach 4.3.1 ($L_{n,r,0,w} = 78$ dB).

Anhang B (informativ)

Verfahren zur Ermittlung des äquivalenten bewerteten Norm-Trittschallpegels von massiven Rohdecken

B.1 Allgemeines

Zur Bewertung der Trittschalldämmung von Decken dient im allgemeinen der bewertete Norm-Trittschallpegel $L_{n,w}$. Eine massive Rohdecke wird jedoch selten ohne Deckenauflage eingesetzt.

Daher wird in diesem Anhang ein Verfahren zur Berechnung eines äquivalenten bewerteten Norm-Trittschallpegels für massive Rohdecken angegeben, um die Trittschalldämmung einer Rohdecke im Hinblick auf die Wirkung einer Deckenauflage auf dieser Decke zu beschreiben.

Der äquivalente bewertete Norm-Trittschallpegel einer massiven Rohdecke $L_{n,eq,0,w}$ (siehe 3.5) kann verwendet werden, um den bewerteten Normtrittschallpegel $L_{n,w}$ dieser Rohdecke mit einer Deckenauflage mit bekanntem ΔL_w zu berechnen:

$$L_{n,w} = L_{n,eq,0,w} - \Delta L_w$$

ANMERKUNG 7: Es kann gezeigt werden, daß $L_{n,eq,0,w}$ annähernd ersetzt werden kann durch $L_{n,0,w} + C_{I,0} + 10$ und daß $L_{n,w}$ für eine Rohdecke mit $L_{n,0,w}$ mit einer Deckenauflage mit ΔL_w und ΔL_{lin} berechnet werden kann aus

$$L_{n,w} = L_{n,0,w} + C_{I,0} + 10\ \text{dB} - \Delta L_w$$

oder

$$L_{n,w} + C_I = L_{n,0,w} + C_{I,0} - \Delta L_{lin} = L_{n,0,w} + C_I - (\Delta L_w + C_{I,\Delta})$$

wobei $C_{I,0}$ der Spektrum-Anpassungswert für Rohdecken ist.

B.2 Bezugs-Deckenauflage

Die Bezugs-Deckenauflage ist definiert durch die Werte der Trittschallminderung (Verbesserung des Trittschallschutzes) ΔL in Tabelle B.1.

Die bewertete Trittschallminderung der Bezugs-Deckenauflage $\Delta L_{r,w}$, ermittelt nach Abschnitt 5, beträgt 19 dB.

Tabelle B.1: Trittschallminderung der Bezugs-Deckenauflage

Frequenz Hz	ΔL dB
100	0
125	0
160	0
200	2
250	6
315	10
400	14
500	18
630	22
800	26
1 000	30
1 250	30
1 600	30
2 000	30
2 500	30
3 150	30

ANMERKUNG 8: Die Werte in Tabelle B.1 stellen eine geradlinige Idealisierung der allgemeinen Form der Trittschallminderung durch eine Deckenauflage mit einem Anstieg von 12 dB/Oktave dar.

B.3 Berechnung

Der äquivalente bewertete Norm-Trittschallpegel einer massiven Rohdecke $L_{n,eq,0,w}$ wird berechnet nach den folgenden Gleichungen:

$$L_{n,1} = L_{n,0} - \Delta L_r$$

$$L_{n,eq,0,w} = L_{n,1,w} + \Delta L_{r,w} = L_{n,1,w} + 19 \text{ dB}$$

Dabei ist:

$L_{n,1}$ der berechnete Norm-Trittschallpegel der zu prüfenden Decke mit der Bezugs-Deckenauflage;
$L_{n,0}$ der Norm-Trittschallpegel der zu prüfenden massiven Rohdecke gemessen nach ISO 140-6;
ΔL_r die festgelegte Trittschallminderung der Bezugs-Deckenauflage (siehe Tabelle B.1);
$L_{n,1,w}$ der berechnete bewertete Norm-Trittschallpegel der zu prüfenden Decke mit der Bezugs-Deckenauflage;
$L_{n,1,w}$ wird ermittelt aus $L_{n,1}$ nach 4.3.

Anhang C (informativ)

Beispiel für die Ermittlung der Einzahlangabe

Beispiele für die Ermittlung der Einzahlangabe aus dem Ergebnis von

a) Messungen im Labor mit
   — Bestimmung des Trittschallpegels einer massiven Rohdecke und dieser Decke mit einer Deckenauflage (siehe Tabelle C.1);
   — Bestimmung der Trittschallminderung einer Deckenauflage (siehe Tabelle C.2).
b) Messung im Gebäude mit Bestimmung des Trittschallpegels einer Decke (siehe Tabelle C.3).

Tabelle C.1: Messung im Laboratorium in Terzbändern

Massive Rohdecke und Decke mit einer Deckenauflage, Berechnung von $L_{n,w}$ und C_I

f_i	Massive Rohdecke			Decke mit Deckenauflage		
	L_n	Bezugskurve, verschoben um +19 dB	Ungünstige Abweichung	L_n	Bezugskurve, verschoben um +4 dB	Ungünstige Abweichung
Hz	dB	dB	dB	dB	dB	dB
100	62,1	81	—	59,1	66	—
125	63,2	81	—	59,5	66	—
160	63,5	81	—	61,6	66	—
200	66,2	81	—	63,2	66	—
250	68,5	81	—	65,3	66	—
315	70,0	81	—	66,5	66	0,5
400	71,7	80	—	67,7	65	2,7
500	73,1	79	—	67,0	64	3,0
630	73,8	78	—	67,1	63	4,1
800	73,5	77	—	66,5	62	4,5
1 000	73,8	76	—	66,1	61	5,1
1 250	73,3	73	0,3	62,5	58	4,5
1 600	73,1	70	3,1	57,9	55	2,9
2 000	73,0	67	6,0	52,7	52	0,7
2 500	72,4	64	8,4	47,0	49	
3 150	71,2	61	10,2	48,0	46	2,0
$L_{n,sum}$ = 83,5 dB C_I = (83,5 − 15 − 79) dB = −10 dB			Summe 28,0 < 32,0 $L_{n,w}$ = 79 dB	$L_{n,sum}$ = 76,1 dB C_I = (76,1 − 15 − 64) dB = −3 dB		Summe 30,0 < 32,0 $L_{n,w}$ = 64 dB

Tabelle C.2: Messung im Laboratorium in Terzbändern

Deckenauflage auf einer Decke, Berechnung von ΔL_w und ΔL_c

f_i	L_n Rohdecke	Mit Deckenauflage	Minderung	Bezugs-Deckenauflage	Bezugs-Deckenauflage $-\Delta L$	Bezugskurve +3 dB	Ungünstige Abweichung
	$L_{n,0}$	L_n	$\Delta L = L_{n,0} - L_n$	$L_{n,r,0}$	($L_{n,r}$)		
Hz	dB	dB	dB	dB	dB	dB	dB
100	65,2	62,2	3,0	67,0	64,0	65	
125	66,3	62,6	3,7	67,5	63,8	65	
160	68,0	66,1	1,9	68,0	66,1	65	1,1
200	68,5	65,5	3,0	68,5	65,5	65	0,5
250	68,0	64,8	3,2	69,0	65,8	65	0,8
315	69,0	65,5	3,5	69,5	66,0	65	1,0
400	69,3	65,3	4,0	70,0	66,0	64	2,0
500	70,2	64,1	6,1	70,5	64,4	63	1,4
630	70,7	64,0	6,7	71,0	64,3	62	2,3
800	71,2	64,2	7,0	71,5	64,5	61	3,5
1 000	71,5	63,8	7,7	72,0	64,3	60	4,3
1 250	72,1	61,3	10,8	72,0	61,2	57	4,2
1 600	73,0	57,8	15,2	72,0	56,8	54	2,8
2 000	74,0	53,7	20,3	72,0	51,7	51	0,7
2 500	73,5	48,1	25,4	72,0	46,6	48	
3 150	73,1	49,9	23,2	72,0	48,8	45	3,8

$L_{n,sum}$ = 75,7 dB
$C_{I,r}$ = (75,7 − 15 − 63) dB = −2 dB
ΔL_{lin} = (78 − 10 − (63 − 2)) dB = 7 dB

Summe 28,4 < 32,0
$L_{n,w,r}$ = 63 dB
ΔL_w = 78 − 63 = 15 dB

Tabelle C.3: Messung im Gebäude in Oktavbändern, Berechnung von $L_{n,w}$ und C_I

f_i	L_n	Bezugskurve verschoben um −6 dB	ungünstige Abweichung
Hz	dB		dB
125	65,3	61	4,3
250	64,5	61	3,5
500	58,0	59	
1 000	55,8	56	
2 000	43,0	43	

$L_{n,sum}$ = 68,6 dB
C_I = (68,6 − 15 − 54) dB = 0 dB

Summe 7,8 < 10,0 dB
$L_{n,w}$ = 54 dB

Anhang D (informativ)

Literaturhinweise

[1] Fasold, W., "Untersuchungen über den Verlauf der Sollkurve für den Trittschallschutz im Wohnungsbau", Acustica 15 (1965), 271.

[2] Gerretsen, E., "A new system for rating impact sound insulation", Applied Acoustics 9 (1976), 247.

[3] Bodlund, K., "Rating of impact sound insulation between dwellings", J. of Sound & Vibrations 102 (1985), 381.

[4] Aubree, D., T. A. Carman e. A. "A comparison of methods for rating the insulation of floors against impact noise", CSTB/BRE-report 1988

[5] ISO 31-0 : 1992
Quantities and units — Part 0: General principles

Mai 1995

	Akustik Prüfung des Geräuschverhaltens von Armaturen und Geräten der Wasserinstallation im Laboratorium Teil 2: Anschluß- und Betriebsbedingungen für Auslaufventile und für Mischbatterien (ISO 3822-2 : 1995) Deutsche Fassung EN ISO 3822-2 : 1995	DIN EN ISO 3822-2

ICS 17.140.40

Ersatz für
DIN 52218-2 : 1986-11

Deskriptoren: Bauakustik, Geräuschverhalten, Wasserinstallation, Laboratorium

Acoustics; Laboratory tests on noise emission from appliances and equipment used in water supply installations — Part 2: Mounting and operating conditions for draw-off taps and mixing valves (ISO 3822-2 : 1995);
German version EN ISO 3822-2 : 1995

Acoustiqe; Mesurage en laboratoire du bruit émis par les robinetterie et les équipements hydrauliques utilisés dans les installations de distribution d'eau — Partie 2: Conditions de montage et de fonctionnement des robinets de puisage et des robinetteries (ISO 3822-2 : 1995);
Version allemande EN ISO 3822-2 : 1995

Die Europäische Norm EN ISO 3822-2 : 1995 hat den Status einer Deutschen Norm.

Nationales Vorwort

Die Europäische Norm ist im Komitee CEN/TC 126 "Akustische Eigenschaften von Baustoffen und Bauteilen und von Gebäuden" unter intensiver deutscher Mitarbeit auf der Grundlage der Internationalen Norm ISO 3822-2, Ausgabe 1984, ausgearbeitet worden. Für die deutsche Mitarbeit ist der Arbeitsausschuß NMP 232 "Bauakustische Installationsmessungen" des Normenausschusses Materialprüfung (NMP) verantwortlich.

Für die im Abschnitt 2 zitierte Internationale Norm wird im folgenden auf die entsprechende Deutsche Norm hingewiesen:

ISO 7-1 siehe DIN 2999-1

Änderungen

Gegenüber DIN 52218-2 : 1986-11 wurden folgende Änderungen vorgenommen:

a) Wegen der Übernahmeverpflichtung Änderung der Norm-Nummer in DIN EN ISO 3822-2.

b) Der Untertitel wurde um die Worte "und für Mischbatterien" ergänzt. Entsprechend geändert.

c) Im Anwendungsbereich wurde festgelegt, daß die Anschluß- und Betriebsbedingungen für Auslaufventile und Mischbatterien ohne austauschbare Auslaufvorrichtungen gelten.

d) Die Prüfung von Armaturen mit Verbindungsanschlüssen für austauschbare Auslaufvorrichtungen wurde neu festgelegt.

e) Die Unterabschnitte 4.2.4 und 4.2.5 und einige Anmerkungen wurden gestrichen.

f) Redaktionelle Änderungen wurden vorgenommen.

Frühere Ausgaben

DIN 52218: 1968-01, 1972-03;

DIN 52218-2: 1976-12, 1983-05, 1986-11

Nationaler Anhang NA (informativ)

Literaturhinweise in nationalen Zusätzen

DIN 2999-1 Whitworth-Rohrgewinde für Gewinderohr und Fittings — Zylindrisches Innengewinde und kegeliges Außengewinde — Gewindemaße

Fortsetzung 4 Seiten EN

Normenausschuß Materialprüfung (NMP) im DIN Deutsches Institut für Normung e.V.
Normenausschuß Akustik, Lärmminderung und Schwingungstechnik (NALS) im DIN und VDI
Normenausschuß Armaturen (NAA) im DIN
Normenausschuß Bauwesen (NABau) im DIN
Normenausschuß Wasserwesen (NAW) im DIN

EUROPÄISCHE NORM
EUROPEAN STANDARD
NORME EUROPÉENNE

EN ISO 3822-2

März 1995

ICS 17.140.20

Deskriptoren: Akustik, Wasserversorgung, Mischbatterien, Prüfung, akustische Prüfung, Laboruntersuchung, Bestimmung, Lärm

Deutsche Fassung

Akustik

Prüfung des Geräuschverhaltens von Armaturen und Geräten der Wasserinstallation im Laboratorium

Teil 2: Anschluß- und Betriebsbedingungen für Auslaufventile und für Mischbatterien (ISO 3822-2 : 1995)

Acoustics; Laboratory tests on noise emission from appliances and equipment used in water supply installations — Part 2: Mounting and operating conditions for draw-off taps and mixing valves (ISO 3822-2 : 1995)

Acoustiqe; Mesurage en laboratoire du bruit émis par les robinetterie et les équipements hydrauliques utilisés dans les installations de distribution d'eau — Partie 2: Conditions de montage et de fonctionnement des robinets de puisage et des robinetteries (ISO 3822-2 : 1995)

Diese Europäische Norm wurde von CEN am 1995-01-04 angenommen.

Die CEN-Mitglieder sind gehalten, die CEN/CENELEC-Geschäftsordnung zu erfüllen, in der die Bedingungen festgelegt sind, unter denen dieser Europäischen Norm ohne jede Änderung der Status einer nationalen Norm zu geben ist.

Auf dem letzten Stand befindliche Listen dieser nationalen Normen mit ihren bibliographischen Angaben sind beim Zentralsekretariat oder bei jedem CEN-Mitglied auf Anfrage erhältlich.

Diese Europäische Norm besteht in drei offiziellen Fassungen (Deutsch, Englisch, Französisch). Eine Fassung in einer anderen Sprache, die von einem CEN-Mitglied in eigener Verantwortung durch Übersetzung in seine Landessprache gemacht und dem Zentralsekretariat mitgeteilt worden ist, hat den gleichen Status wie die offiziellen Fassungen.

CEN-Mitglieder sind die nationalen Normungsinstitute von Belgien, Dänemark, Deutschland, Finnland, Frankreich, Griechenland, Irland, Island, Italien, Luxemburg, Niederlande, Norwegen, Österreich, Portugal, Schweden, Schweiz, Spanien und dem Vereinigten Königreich.

CEN

EUROPÄISCHES KOMITEE FÜR NORMUNG
European Committee for Standardization
Comité Européen de Normalisation

Zentralsekretariat: rue de Stassart 36, B-1050 Brüssel

Ref. Nr. EN ISO 3822-2 : 1995 D

Vorwort

Der Text der Internationalen Norm ISO 3822-2 : 1995 wurde vom Technischen Komitee CEN/TC 126 "Akustische Eigenschaften von Baustoffen und Bauteilen und von Gebäuden" in Zusammenarbeit mit ISO/TC 43 "Acoustics" erarbeitet. Er wurde am 1994-11-28 von CEN als Europäische Norm angenommen.

Diese Europäische Norm muß den Status einer nationalen Norm erhalten, entweder durch Veröffentlichung eines identischen Textes oder durch Anerkennung bis September 1995, und etwaige entgegenstehende nationale Normen müssen bis September 1995 zurückgezogen werden.

Entsprechend der CEN/CENELEC-Geschäftsordnung sind folgende Länder gehalten, diese Europäische Norm zu übernehmen:

Belgien, Dänemark, Deutschland, Finnland, Frankreich, Griechenland, Irland, Island, Italien, Luxemburg, Niederlande, Norwegen, Österreich, Portugal, Schweden, Schweiz, Spanien und das Vereinigte Königreich.

Anerkennungsnotiz

Der Text der Internationalen Norm ISO 3822-2 : 1995 wurde von CEN als Europäische Norm ohne irgendeine Abänderung genehmigt.

0 Einführung

Das Verfahren zur Messung des Geräuschverhaltens von Armaturen und Geräten der Wasserinstallation im Laboratorium ist in EN ISO 3822-1 festgelegt.

Diese Norm enthält detaillierte Angaben für den Anschluß und Betrieb von Auslaufventilen und Mischbatterien bei derartigen Prüfungen im Laboratorium. Diese Ventile und Mischbatterien sind für den Gebrauch mit kaltem und/oder heißem Wasser in Gebäuden (für Küchenspülen, Waschbecken, Bäder usw.) oder an Gebäuden (z. B. für die Anwendung im Garten) bestimmt. Auslaufventile und Mischbatterien sind die gebräuchlichsten Armaturen in der Wasserinstallation.

1 Anwendungsbereich

Diese Norm legt die Anschluß- und Betriebsbedingungen für Auslaufventile und Mischbatterien bei der Messung des Geräusches fest, das durch Fließen des Wassers hervorgerufen wird.

Die hierin beschriebenen Verfahren gelten allgemein für alle Arten von Auslaufventilen und Mischbatterien üblicher Bauart mit einem empfohlenen Bereich für den Fließdruck von 0,1 bis 0,5 MPa.[1])

Die Anschluß- und Betriebsbedingungen gelten für Auslaufventile und Mischbatterien einschließlich ihrer Eingangs- oder Abgangsanschlüsse oder Anschlußstücke wie Anschlüsse, Rohrbogen, Adapter, usw., aber ausgeschlossen sind austauschbare Auslaufvorrichtungen wie luftansaugende Strahlregler, Brauseschläuche, Brauseköpfe, Strahlformer, usw. Diese Auslaufzubehörteile werden durch genormte geräuscharme Strömungswiderstände ersetzt.

Wenn die erwähnten Auslaufvorrichtungen weder austauschbar noch auswechselbar sind, müssen die Prüfungen mit diesen durchgeführt werden.

Austauschbare Auslaufvorrichtungen werden getrennt nach den Festlegungen in anderen Teilen dieser Europäischen Norm geprüft.

Thermostatisch geregelte Armaturen für die Verwendung mit mehreren unabhängigen Auslaufventilen und Bidetarmaturen für die Randspülung werden nicht als übliche Auslaufventile und Mischbatterien betrachtet und nicht in dieser Norm behandelt. Entsprechend werden elektrisch betätigte Armaturen als kombinierte Armaturen betrachtet (Magnetventil und Auslauf) und in dieser Norm nicht behandelt.

Die Prüfverfahren gelten für den Fließdruckbereich von 0,1 bis 0,5 MPa.

[1]) 1 MPa = 10 bar

2 Normative Verweisungen

Diese Europäische Norm enthält durch datierte oder undatierte Verweisungen Festlegungen aus anderen Publikationen. Diese normativen Verweisungen sind an den jeweiligen Stellen im Text zitiert, und die Publikationen sind nachstehend aufgeführt. Bei starren Verweisungen gehören spätere Änderungen oder Überarbeitungen dieser Publikationen nur zu dieser Europäischen Norm, falls sie durch Änderung oder Überarbeitung eingearbeitet sind. Bei undatierten Verweisungen gilt die letzte Ausgabe der in Bezug genommenen Publikation.

ISO 7-1
: Im Gewinde dichtendes Rohrgewinde — Teil 1: Bezeichnung, Maße, Toleranzen

ISO 49
: Tempergußfittings mit Gewinde nach ISO 7-1

EN ISO 3822-1
: Akustik — Prüfung des Geräuschverhaltens von Armaturen und Geräten der Wasserinstallation im Laboratorium — Teil 1: Meßverfahren

EN ISO 3822-4
: Akustik — Prüfung des Geräuschverhaltens von Armaturen und Geräten der Wasserinstallation im Laboratorium — Teil 4: Anschluß- und Betriebsbedingungen für Sonderarmaturen

3 Anschluß

3.1 Allgemeines

Auslaufventile und Mischbatterien sind am Armaturenanschluß in ihrer üblichen Gebrauchslage anzuschließen.

3.2 Anschluß an die Meßleitung

Die Meßleitung hat ein Außengewinde R 1 nach ISO 7-1 und eine verzinkte Verschraubung 1, U 12 nach ISO 49.

3.3 Anschluß von Auslaufventilen und Mischbatterien mit Schraubverbindungen

Je nachdem, ob die Verbindung horizontal oder vertikal ausgeführt ist, sind Auslaufventile mit Schraubverbindungen mit Hilfe eines verzinkten langen Bogens 1, G 1 oder G 4 und/oder einem verzinkten Reduziernippel N 4, Form I oder II nach ISO 49 anzuschließen. An die Verschraubung oder den langen Bogen darf eine verzinkte Reduziermuffe M 2 nach ISO 49 angeschlossen werden.

3.4 Anschluß von Auslaufventilen und Mischbatterien mit Anschlußrohren

Auslaufventile und Mischbatterien ohne Schraubanschlüsse sind mit Verbindungen zu versehen, die einen festen und wasserdichten Anschluß sicherstellen. Die Verbindungen dürfen entweder durch einen an das Rohr angelöteten Nippel und Verwendung einer Überwurfmutter oder mit Hilfe einer Quetschverschraubung hergestellt werden. Die Verbindung ist so herzustellen, daß keine Luft eingeschlossen wird.

3.5 Anschluß von Mischbatterien mit zwei Eingängen

Mischbatterien mit zwei Eingängen sind unter Verwendung eines Doppelanschlusses (siehe EN ISO 3822-1), wie in den Abschnitten 3.3 und 3.4 festgelegt, an die Meßleitung anzuschließen.

4 Durchführung der Prüfung

4.1 Allgemeine Prüfbedingungen

4.1.1 Allgemeines

Auslaufventile und Mischbatterien sind mit dem in EN ISO 3822-1 festgelegten Verfahren zu prüfen.

4.1.2 Wassertemperatur

Armaturen wie Mischbatterien, die üblicherweise mit heißem und kaltem Wasser betrieben werden, sind an beiden Eingängen mit Wasser bei einer Temperatur von nicht mehr als 25 °C zu prüfen.

4.1.3 Abgänge

Armaturen mit mehreren Abgängen (z. B. Wannenfüll- und Brausebatterien) sind getrennt für jeden Abgang zu prüfen. Armaturen mit Anschlüssen für austauschbare Auslaufvorrichtungen wie luftansaugende Strahlregler, Brauseschläuche, Brauseköpfe, Strömungsregler usw., müssen mit einem geräuscharmen Strömungswiderstand geprüft werden, der an Stelle der Auslaufvorrichtung eingesetzt wird. Dieser geräuscharme Strömungswiderstand muß die Bedingungen nach Anhang A von EN ISO 3822-4 erfüllen und, wenn nötig, mit einem Adapter angeschlossen sein. Dieser Adapter muß die Bedingungen von Anhang B von EN ISO 3822-4 erfüllen.

4.1.4 Ableitung des Wassers

Das aus der Armatur ausfließende Wasser ist geräuscharm abzuleiten (siehe EN ISO 3822-1). Die Anordnung zur Ableitung des auslaufenden Wassers darf in keiner Weise den Durchfluß durch die Armatur beeinflussen.

4.1.5 Voreinstellbare Drosseln

ANMERKUNG: Einige Auslaufventile und Mischbatterien, insbesondere Mischbatterien mit aufeinanderfolgender Temperatur- und Mengeneinstellung, sind teilweise mit eingebauten Drosseln versehen. Diese Drosseln dienen zur Voreinstellung des Druckverlustes in der Armatur für die Anpassung der Armatur an die richtigen Betriebsbedingungen.

Wenn in der zu prüfenden Armatur eine Drossel eingebaut ist, muß der Hersteller Angaben über die Einstellung der Drossel für den Betrieb bei Fließdrücken von 0,3 und 0,5 MPa zur Verfügung stellen.

Bei den für 0,3 MPa angegebenen Einstellungen sind die Prüfungen nach Abschnitt 4.2, 4.3 oder 4.4 mit den Fließdrücken 0,3 und 0,5 MPa durchzuführen. Bei den für 0,5 MPa angegebenen Einstellungen sind dieselben Prüfungen bei den Fließdrücken 0,1, 0,2, 0,3, 0,4 und 0,5 MPa durchzuführen.

4.1.6 Prüfdrücke

Außer wenn Drosseln in der Armatur eingebaut sind, wie in 4.1.5 angegeben, sind die in Abschnitt 4.2, 4.3 oder 4.4 festgelegten Prüfungen bei Fließdrücken von 0,3 und 0,5 MPa durchzuführen.

4.2 Durchführung für übliche Auslaufventile mit einem Eingang

4.2.1 Die Armatur ist voll zu öffnen. Der Fließdruck ist auf den gewählten Wert einzustellen und während der folgenden Schritte konstant zu halten.

4.2.2 Der Durchfluß ist zu messen.

4.2.3 Der Schalldruckpegel im Meßraum ist zu bestimmen.

4.2.4 Die Armatur ist langsam vollständig zu schließen. Der größte Schalldruckpegel im Meßraum während dieses Schließvorganges ist festzustellen und der Durchfluß bei diesem Maximum zu messen.

4.3 Durchführung für Mischbatterien mit zwei Eingängen

4.3.1 Durchführung für Mischbatterien mit gleichartigen unabhängigen Ventilen für heißes und kaltes Wasser

4.3.1.1 Die in Abschnitt 4.2 festgelegte Prüfung ist für jedes Ventil getrennt durchzuführen.

4.3.1.2 Beide Ventile sind voll zu öffnen; dann ist das Heißwasserventil langsam zu schließen, damit der größte Schalldruckpegel gefunden wird. In dieser Stellung ist das Kaltwasserventil langsam zu schließen und ein möglicherweise weiterer größter Schalldruckpegel aufzufinden. Es ist der größere der beiden größten Schalldruckpegel zu bestimmen und der bei diesem Maximum auftretende Durchfluß zu messen. Diese Prüfung ist zu wiederholen, wobei zuerst das Kaltwasserventil geschlossen wird.

4.3.2 Prüfung von Mischbatterien einschließlich thermostatisch geregelter Typen

ANMERKUNG: Diese Mischbatterien haben Mengen- und Temperatureinsteller (Verhältnis von heißem und kaltem Wasser), bei denen beide Funktionen in einem Bedienungsorgan wie z. B einem Hebel zusammengefaßt sind.

4.3.2.1 Bei der Temperatureinstellung kalt ist die Prüfung nach Abschnitt 4.2 durchzuführen.

4.3.2.2 Bei der Temperatureinstellung heiß ist die Prüfung nach Abschnitt 4.2 durchzuführen.

4.3.2.3 Die Temperatureinstellung ist bei vollgeöffneter Mengeneinstellung über den gesamten Bereich zu verändern; der größte Schalldruckpegel ist zu bestimmen und der bei diesem Maximum auftretende Durchfluß zu messen.

4.3.2.4 Ist der größte Schalldruckpegel größer als der nach Abschnitt 4.3.2.1 oder Abschnitt 4.3.2.2 gemessene, so ist bei der Zwischenstellung des Temperatureinstellers, bei der der größte Schalldruckpegel entsteht, entsprechend Abschnitt 4.2.4 fortzufahren.

4.3.3 Prüfung von Mischbatterien mit voneinander unabhängiger Mengen- und Temperatureinstellung einschließlich thermostatisch geregelter Typen

Mischbatterien mit voneinander unabhängiger Mengen- und Temperatureinstellung sind wie Einhand-Mischbatterien (siehe 4.3.2) zu prüfen.

4.3.4 Prüfung von Mischbatterien mit aufeinanderfolgender Temperatur- und Mengeneinstellung einschließlich thermostatisch geregelter Typen

ANMERKUNG: Mischbatterien mit einer einzigen Einstellung sind Mischbatterien, bei denen diese Einstellung zunächst das Ventil öffnet und dann zunehmend warmes Wasser beimischt. In manchen Fällen hängt der Durchfluß von der Temperatureinstellung ab.

4.3.4.1 Der Fließdruck ist konstant zu halten und der Einsteller der Armatur über den ganzen Bereich — ausgehend von der Stellung heiß bis zum Schließen der Armatur — zu betätigen.

4.3.4.2 Der größte Schalldruckpegel ist zu bestimmen und der Durchfluß bei diesem Maximum zu messen.

4.4 Prüfung von Sonderausführungen für Auslaufventile und Mischbatterien mit Fernbedienung oder indirekter Steuerung

4.4.1 Betriebsbedingungen

Batterien mit automatischer oder indirekter Steuerung (z. B. die durch Knopfdruck, Annäherungsschalter usw. in Betrieb gesetzt werden) sind nach den Gebrauchsanweisungen des Herstellers zu betätigen.

4.4.2 Prüfung

Die Armatur ist zu betätigen; der Schalldruckpegel und der gleichmäßige Durchfluß sind zu messen. Bei konstant gehaltenem Fließdruck ist der größte Schalldruckpegel während des Schließvorgangs zu bestimmen. Armaturen mit zwei Eingängen sind für jeden Eingang getrennt und für beide Eingänge zusammen zu prüfen.

5 Prüfbericht

Der Prüfbericht muß folgende Angaben enthalten:

a) In EN ISO 3822-1 geforderte Angaben;

b) Anschluß der geprüften Armatur;

c) Angewendete Fließdrücke und Durchflüsse, benutzter geräuscharmer Srömungswiderstand und ermittelte Schalldruckpegel;

d) Beschreibung des geprüften Auslaufventils oder der Mischbatterie einschließlich Typ, Nennweite, Hersteller und Herstellnummer;

e) Nummern der für die Armatur zutreffenden Abschnitte dieser Norm, nach denen die Prüfungen durchgeführt wurden, zusammen mit Angaben von festgestellten Besonderheiten.

	Akustik Prüfung des Geräuschverhaltens von Armaturen und Geräten der Wasserinstallation im Laboratorium Teil 3: Anschluß- und Betriebsbedingungen für Durchgangsarmaturen (ISO 3822-3 : 1997) Deutsche Fassung EN ISO 3822-3 : 1997	DIN EN ISO 3822-3

ICS 17.140.20; 91.140.70

Ersatz für
DIN 52218-3 : 1986-11

Deskriptoren: Wasserinstallation, Durchgangsarmatur, Geräuschverhalten, Anschluß, Betrieb

Acoustics — Laboratory tests on noise emission from appliances and equipment used in water supply installations — Part 3: Mounting and operating conditions for in-line valves and appliances (ISO 3822-3 : 1997); German version EN ISO 3822-3 : 1997

Acoustique — Mesurage en laboratoire du bruit émis par les robinetteries et les équipements hydrauliques utilisés dans les installations de distribution d'eau — Partie 3: Conditions de montage et de fonctionnement des robinetteries et des équipements hydrauliques en ligne (ISO 3822-3 : 1997); Version allemande EN ISO 3822-3 : 1997

Die Europäische Norm EN ISO 3822-3 : 1997 hat den Status einer Deutschen Norm.

Nationales Vorwort

Die Europäische Norm ist im Komitee CEN/TC 126 "Akustische Eigenschaften von Baustoffen und Bauteilen und von Gebäuden" unter intensiver deutscher Mitarbeit auf der Grundlage der Internationalen Norm ISO 3822-3, Ausgabe 1997, ausgearbeitet worden. Für die deutsche Mitarbeit ist der Arbeitsausschuß NMP 232 "Bauakustische Installationsmessungen" des Normenausschusses Materialprüfung (NMP) verantwortlich.

Für die im Abschnitt 2 zitierten Internationalen und Europäischen Normen wird im folgenden auf die entsprechenden Deutschen Normen hingewiesen:

EN ISO 3822-1	siehe DIN 52218-1
ISO 7-1	siehe DIN 2999-1
ISO 6708	siehe DIN EN ISO 6708

Änderungen

Gegenüber DIN 52218-3 : 1986-11 wurden folgende Änderungen vorgenommen:

— Tabelle 1: Nennweiten DN 6 und DN 8 erweitert.

Frühere Ausgaben

DIN 52218: 1968-01, 1972-03
DIN 52218-2: 1976-12, 1983-05
DIN 52218-3: 1983-05, 1986-11

Fortsetzung Seite 2
und 5 Seiten EN

Normenausschuß Materialprüfung (NMP) im DIN Deutsches Institut für Normung e.V.
Normenausschuß Akustik, Lärmminderung und Schwingungstechnik (NALS) im DIN und VDI
Normenausschuß Armaturen (NAA) im DIN
Normenausschuß Bauwesen (NABau) im DIN
Normenausschuß Wasserwesen (NAW) im DIN

Nationaler Anhang NA (informativ)

Literaturhinweise

DIN 1786
Installationsrohr aus Kupfer, nahtlos gezogen

DIN 2404
Kennfarben für Heizungsrohrleitungen

DIN 2999-1
Whitworth — Rohrgewinde für Gewinderohre und Fittings — Zylindrisches Innengewinde und kegeliges Außengewinde — Gewindemaße

DIN 52218-1
Akustik — Prüfung des Geräuschverhaltens von Armaturen und Geräten der Wasserinstallation im Laboratorium — Meßverfahren; Identisch mit ISO 3822-1 : 1983

DIN EN ISO 6708
Rohrleitungsteile — Definition und Auswahl von DN (Nennweite) (ISO 6708 : 1995); Deutsche Fassung EN ISO 6708 : 1995

EUROPÄISCHE NORM
EUROPEAN STANDARD
NORME EUROPÉENNE

EN ISO 3822-3

Januar 1997

ICS 17.140.20

Deskriptoren:

Deutsche Fassung

Akustik

Prüfung des Geräuschverhaltens von Armaturen und Geräten der Wasserinstallation im Laboratorium

Teil 3: Anschluß- und Betriebsbedingungen für Durchgangsarmaturen
(ISO 3822-3 : 1997)

Acoustics — Laboratory tests on noise emission from appliances and equipment used in water supply installations — Part 3: Mounting and operating conditions for in-line valves and appliances
(ISO 3822-3 : 1997)

Acoustique — Mesurage en laboratoire du bruit émis par les robinetteries et les équipements hydrauliques utilisés dans les installations de distribution d'eau — Partie 3: Conditions de montage et de fonctionnement des robinetteries et des équipement hydrauliques en ligne
(ISO 3822-3 : 1997)

Diese Europäische Norm wurde von CEN am 1996-05-09 angenommen.

Die CEN-Mitglieder sind gehalten, die CEN/CENELEC-Geschäftsordnung zu erfüllen, in der die Bedingungen festgelegt sind, unter denen dieser Europäischen Norm ohne jede Änderung der Status einer nationalen Norm zu geben ist.

Auf dem letzten Stand befindliche Listen dieser nationalen Normen mit ihren bibliographischen Angaben sind beim Zentralsekretariat oder bei jedem CEN-Mitglied auf Anfrage erhältlich.

Diese Europäische Norm besteht in drei offiziellen Fassungen (Deutsch, Englisch, Französisch). Eine Fassung in einer anderen Sprache, die von einem CEN-Mitglied in eigener Verantwortung durch Übersetzung in seine Landessprache gemacht und dem Zentralsekretariat mitgeteilt worden ist, hat den gleichen Status wie die offiziellen Fassungen.

CEN-Mitglieder sind die nationalen Normungsinstitute von Belgien, Dänemark, Deutschland, Finnland, Frankreich, Griechenland, Irland, Island, Italien, Luxemburg, Niederlande, Norwegen, Österreich, Portugal, Schweden, Schweiz, Spanien und dem Vereinigten Königreich.

CEN

EUROPÄISCHES KOMITEE FÜR NORMUNG
European Committee for Standardization
Comité Européen de Normalisation

Zentralsekretariat: rue de Stassart 36, B-1050 Brüssel

Ref. Nr. EN ISO 3822-3 : 1997 D

Vorwort

Der Text der EN ISO 3822-3 : 1997 wurde vom Technischen Komitee CEN/TC 126 "Akustische Eigenschaften von Baustoffen und Bauteilen und von Gebäuden", dessen Sekretariat vom AFNOR gehalten wird, in Zusammenarbeit mit dem Technischen Komitee ISO/TC 43 "Akustik" erarbeitet.

Der Inhalt dieser Europäischen Norm ist nicht identisch mit dem der Internationalen Norm ISO 3822-3 : 1984 "Prüfung des Geräuschverhaltens von Armaturen und Geräten der Wasserinstallation im Laboratorium — Teil 3: Anschluß- und Betriebsbedingungen für Durchgangsarmaturen".

Die Arbeitsgruppe CEN/TC 126/WG 3 wurde im Mai 1988 beauftragt, die Bemerkungen, die auf die PQ-Umfrage zu ISO 23822-3 erfolgt sind, zu prüfen und zu berücksichtigen.

Diese Europäische Norm muß den Status einer nationalen Norm erhalten; entweder durch Veröffentlichung eines identischen Textes oder durch Anerkennung bis Juli 1997, und etwaige entgegenstehende nationale Normen müssen bis Juli 1997 zurückgezogen werden.

Entsprechend der CEN/CENELEC-Geschäftsordnung sind die nationalen Normungsinstitute der folgenden Länder gehalten, diese Europäische Norm zu übernehmen:

Belgien, Dänemark, Deutschland, Finnland, Frankreich, Griechenland, Irland, Island, Italien, Luxemburg, Niederlande, Norwegen, Österreich, Portugal, Schweden, Schweiz, Spanien und das Vereinigte Köngreich.

0 Einführung

Das Verfahren zur Messung des Geräuschverhaltens von Armaturen und Geräten der Wasserinstallation im Laboratorium ist in EN ISO 3822-1 festgelegt.

Diese Norm enthält für derartige Prüfungen im Laboratorium detaillierte Angaben für den Anschluß und Betrieb von Durchgangsarmaturen und Geräten zum Regeln von Durchfluß, Druck oder Temperatur des Wassers in Wasserinstallationsanlagen.

> ANMERKUNG: Eine Durchgangsarmatur ist eine Armatur, durch die Wasser fließt und die in einem starren Rohrnetz vor der Auslaufarmatur ständig installiert ist.

Diese Durchgangsarmaturen und Geräte sind zur Verwendung mit kaltem oder heißem Wasser in Gebäuden bestimmt (Absperrventile, Drosselventile, Rückflußverhinderer, thermostatisch geregelte und mechanisch einstellbare Durchgangsmischbatterien, häusliche Wasserzähler, Sicherheitsgruppen für Druckspeicher, Druckminderer, Durchflußbegrenzer, Druckregler, Eckventile, Durchgangssicherheitsventile für Temperatur und Druck).

1 Anwendungsbereich

Dieser Teil der EN ISO 3822 legt die Anschluß- und Betriebsbedingungen für Durchgangsarmaturen und Geräte zum Einstellen von Durchfluß, Druck oder Temperatur des Wassers in Wasserinstallationsanlagen bei der Messung des Geräusches fest, das durch Fließen des Wassers hervorgerufen wird.

Sie ist für Durchgangsarmaturen und Geräte mit einer größten Nennweite von DN 32[1]) und Einrichtungen, in denen der größte Durchfluß 2 l/s nicht überschritten wird, anwendbar.

Die hierin beschriebenen Verfahren gelten allgemein für alle Arten von Durchgangsarmaturen üblicher Bauart.

[1]) Siehe ISO 6708: DN ist das Symbol für "Nennweite". Die Zahl der Nennweite entspricht etwa dem Innendurchmesser (in mm) der Durchgangsarmaturen und Geräte.

2 Normative Verweisungen

Die folgenden normativen Dokumente enthalten Festlegungen, die durch Verweisung in diesem Text Bestandteil der vorliegenden Internationalen Norm sind. Zum Zeitpunkt der Veröffentlichung dieser Internationalen Norm waren die angegebenen Ausgaben gültig. Alle normativen Dokumente unterliegen der Überarbeitung. Vertragspartner, deren Vereinbarungen auf dieser Internationalen Norm basieren, werden gebeten, die Möglichkeit zu prüfen, ob die jeweils neuesten Ausgaben der im folgenden genannten Normen angewendet werden können. Die Mitglieder von IEC und ISO führen Verzeichnisse der gegenwärtig gültigen Internationalen Normen.

ISO 7-1
: In Gewinde dichtendes Rohrgewinde — Teil 1: Bezeichnung, Maße, Toleranzen

ISO 49
: Tempergußfittings für Gewindeverbindungen nach ISO 7-1

ISO 274
: Runde Rohre aus Kupfer — Maße

EN ISO 3822-1
: Akustik — Prüfung des Geräuschverhaltens von Armaturen und Geräten der Wasserinstallation im Laboratorium — Teil 1: Meßverfahren

ISO 6708
: Rohrleitungsbauteile — Definition der Nennweite

3 Anschluß

3.1 Allgemeines

Durchgangsarmaturen sind zwischen zwei geraden Rohrstücken zu montieren, deren Art und Größe den Armaturenanschlüssen entsprechen. Jedes gerade Rohrstück muß eine Länge von mindestens dem Zehnfachen des Durchmessers haben.

3.1.1 Einbau

Die Durchgangsarmatur oder das Gerät sind in ihrer üblichen Betriebslage, die im allgemeinen senkrecht oder waagerecht ist, einzubauen.

Die Prüfung ist für die lautere der beiden Einbaulagen, die in einem kurzen Vorversuch zu bestimmen ist, durchzuführen.

Falls der Hersteller angibt, daß das Gerät auch in anderen Lagen eingebaut werden darf, ist der kurze Vorversuch auch für diese Lagen durchzuführen.

3.1.2 Anschluß

Die Durchgangsarmatur oder das Gerät sind nach den jeweils zutreffenden Angaben in 3.3 bis 3.7 an die Meßleitung anzuschließen. Die Verbindung ist so herzustellen, daß keine Luft eingeschlossen wird.

Durchgangsarmaturen oder Geräte mit Anschlüssen, die nicht 3.3 bis 3.5 entsprechen, sind so an die Meßleitung und an das Ableitsystem anzuschließen, daß bei guter fachmännischer Ausführung ein fester und wasserdichter Anschluß hergestellt wird.

3.2 Anschluß an die Meßleitung

Die Meßleitung muß am Ende eine verzinkte konische Verschraubung 1, U 11 nach ISO 49 haben.

Durchgangsarmaturen und Geräte einschließlich Anschlußleitung (siehe 3.1) müssen mit der konischen Verschraubung verbunden sein, wobei, falls erforderlich, eine Kombination aus verzinkten Fittings nach ISO 49 verwendet wird. Richtungsänderungen dürfen nur mit langen Bögen 1 ausgeführt werden. Eine Reduzierung oder Erweiterung darf nur an dem Eingangsanschluß der Anschlußleitung gemacht werden. Die Kombination der verwendeten Fittings muß sich aus der in der üblichen Gebrauchsstellung angeschlossenen Armatur ergeben.

3.3 Anschluß von Durchgangsarmaturen und Geräten mit Schraubverbindungen

Durchgangsarmaturen und Geräte mit Schraubverbindungen für verzinkte Stahlrohre (siehe 3.1) sind entsprechend 3.2 an die Meßleitung anzuschließen.

3.4 Anschluß von Durchgangsarmaturen und Geräten mit Einrichtungen zum Einlöten von Kupferanschlußrohren

Bei Durchgangsarmaturen und Geräten mit Einrichtungen zum Einlöten von Kupferanschlußrohren muß ein Stück Kupferrohr entsprechenden Durchmessers und einer Länge von mindestens zehnfachem Durchmesser, jedoch nicht länger als 300 mm, in jeden Anschluß eingelötet werden. Dieses Kupferrohr ist, wie in 3.2 und 3.5 angegeben, an die Meßleitung anzuschließen.

3.5 Anschluß von Durchgangsarmaturen und Geräten mit Kupferanschlußrohren

Durchgangsarmaturen und Geräte mit Kupferanschlußrohren, die, sofern erforderlich, auf eine Länge von mindestens zehnfachem Durchmesser, jedoch nicht über 300 mm, zu verlängern sind, müssen nach 3.2 an die Meßleitung angeschlossen werden; die Verbindungen sind entweder durch einen an das Rohr angelöteten Nippel und Verwendung einer Überwurfmutter oder mit Hilfe einer Quetschverschraubung herzustellen.

3.6 Anschluß von Durchgangsarmaturen oder Geräten mit zwei Eingängen

Durchgangsarmaturen oder Geräte mit zwei Eingängen sind unter Verwendung eines Doppelanschlusses (siehe EN ISO 3822-1), wie in 3.3, 3.4 oder 3.5 festgelegt, an die Meßleitung anzuschließen.

3.7 Anschluß am Ausgang

Die in 4.1.4 festgelegte Ausgangs-Einrichtung ist an den Ausgang der Durchgangsarmatur oder des Gerätes in der nach 3.3 bis 3.5 zutreffenden Weise anzuschließen.

4 Durchführung der Prüfung

4.1 Allgemeine Prüfbedingungen

4.1.1 Allgemeines

Durchgangsarmaturen und Geräte müssen nach den in EN ISO 3822-1 festgelegten Verfahren geprüft werden.

4.1.2 Wassertemperatur

Alle Durchgangsarmaturen und Geräte einschließlich derjenigen, die üblicherweise sowohl mit heißem als auch mit kaltem Wasser betrieben werden können, sind mit Wasser mit einer Temperatur von nicht mehr als 25 °C zu prüfen.

4.1.3 Abgänge

Durchgangsarmaturen und Geräte mit mehr als einem Abgang sind getrennt für jeden Abgang zu prüfen. Der nicht benutzte Abgang bzw. die nicht benutzten Abgänge sind mit einem Entlüftungshahn zu verschließen, mit dem die Armatur oder das Gerät entlüftet werden kann.

4.1.4 Durchflußregelung und Abgangs-Einrichtung

Durchgangsarmaturen und Geräte sind mit einem einstellbaren geräuscharmen Strömungswiderstand hinter der Armatur zu prüfen.

Das durch diesen Strömungswiderstand verursachte Geräusch einschließlich des Störpegels der Prüfanordnung muß mindestens 10 dB niedriger sein als das der zu prüfenden Armatur. Ein Beispiel für einen geräuscharmen Strömungswiderstand ist im Anhang A angegeben.

Falls der festgelegte Durchfluß bei Einstellung des an die zu prüfende Armatur angeschlossenen geräuscharmen Strömungswiderstandes nicht erreicht werden kann, ist der Strömungswiderstand durch einen 1 m langen flexiblen Schlauch von gleichem Durchmesser wie der Abgang der Armatur zu ersetzen.

4.1.5 Prüfdrücke

Die in 4.2, 4.3, 4.4, 4.6 oder 4.7 festgelegten Prüfungen sind bei Fließdrücken von 0,3 MPa[2]) und dann bei einem Fließdruck von 0,5 MPa durchzuführen, ohne daß hierbei die festgelegte Einstellung des veränderbaren Strömungswiderstandes geändert wird.

4.2 Prüfung von Absperrventilen

4.2.1 Bei Absperrventilen und Geräten, die eine externe Absperrung enthalten, ist dieses Ventil auf größten Durchfluß einzustellen.

4.2.2 Der Fließdruck am Eingang ist einzustellen (siehe 4.1.5) und im folgenden konstant zu halten.

4.2.3 Der an das Absperrventil angeschlossene geräuscharme Strömungswiderstand ist so einzustellen, daß der in Tabelle 1 angegebene Durchfluß erzielt wird.

Für Absperrventile, die vor Auslaufarmaturen für Waschbecken, Spülen und Bidets eingebaut sind, ist der Durchfluß von 0,25 l/s und/oder 0,42 l/s einzustellen.

4.2.4 Der Durchfluß und der Schalldruckpegel im Meßraum sind zu messen.

---

[2]) 1 MPa = 10 bar

Tabelle 1: Durchflüsse

Nennweite von Durchgangsarmatur oder Gerät	Durchfluß l/s
DN 6	0,07
DN 8	0,12
DN 10	0,20
DN 15	0,50
DN 20	0,80
DN 25	1,30
DN 32	2,00

4.3 Prüfung von Drosselarmaturen

4.3.1 Absperr- und Drosselarmaturen mit einer externen Durchflußeinstellung sind nach 4.2 zu prüfen.

4.3.2 Der Regler ist bis zum vollständigen Schließen zu betätigen. Während dieses Schließvorgangs ist der größte Schalldruckpegel zu bestimmen und der Durchfluß bei diesem Maximum zu messen.

4.4 Prüfung von Ventilen und Geräten, die durch den Wasserdurchfluß betätigt werden

ANMERKUNG: Bei Ventilen und Geräten, die durch den Wasserdurchfluß betätigt werden (z. B. Wasserzähler, Rückflußverhinderer, Kombination von Absperrventil mit Rückflußverhinderer), hängt der Durchfluß bei der Prüfung vom Fließdruck und von der Einstellung des geräuscharmen Strömungswiderstandes ab.

4.4.1 Der Fließdruck am Eingang ist einzustellen (siehe 4.1.5) und im folgenden konstant zu halten.

4.4.2 Der an das Ventil oder Gerät angeschlossene geräuscharme Strömungswiderstand ist so einzustellen, daß der in Tabelle 1 angegebene Durchfluß erzielt wird.

4.4.3 Der Durchfluß und der Schalldruckpegel im Meßraum sind zu messen.

4.4.4 Der geräuscharme Strömungswiderstand ist bis zum vollständigen Schließen zu betätigen. Während dieses Schließvorgangs ist der größte Schalldruckpegel zu bestimmen und der Durchfluß bei diesem Maximum zu messen.

4.5 Prüfung von automatischen Durchgangsarmaturen oder Geräten, die durch den Wasserdruck betätigt werden

ANMERKUNG: Bei Durchgangsarmaturen oder Geräten, die durch den Wasserdruck betätigt werden (z. B. Druckminderer und Druckbegrenzer), hängt der Durchfluß während der Prüfung vom Druck am Ein- und Ausgang der Armatur und von der Einstellung des geräuscharmen Strömungswiderstandes ab.

4.5.1 Bei Ventilen, die für einen Bereich von Vor- und/oder Hinterdrücken vorgesehen sind, ist der Vordruck auf 0,8 MPa einzustellen und zu halten. Sofern eine Einstellmöglichkeit vorhanden, ist bei der weiteren Vorgehensweise der Hinterdruck auf 0,3 MPa einzustellen, wenn dieser Druck innerhalb des vorgesehenen Hinterdruckbereiches liegt. Andernfalls ist die Hinterdruckeinstellung, wenn vorhanden, auf 0,1 MPa einzustellen.

4.5.2 Der an den Druckminderer angeschlossene geräuscharme Strömungswiderstand ist voll zu öffnen. Dann sind gleichzeitig die Einstellung des Hinterdrucks, wenn vorhanden, auf 0,3 MPa oder 0,1 MPa und der Durchfluß auf den entsprechenden in Tabelle 2 angegebenen Wert einzustellen.

Die Prüfungen sind bei dem Durchfluß Q_2 und, wenn von der entsprechenden Produktnorm gefordert, ebenso bei dem Durchfluß Q_1 durchzuführen.

Tabelle 2: Durchflüsse

Nennweite von Durchgangsarmatur und Gerät	Durchfluß bei 0,3 MPa	
	Q_1 l/s	Q_2 l/s
DN 10	0,20	0,15
DN 15	0,50	0,38
DN 20	0,80	0,60
DN 25	1,30	1,00
DN 32	2,00	1,50

4.5.3 Die Vor- und Hinterdrücke, der Durchfluß und der Schalldruckpegel im Meßraum sind zu messen.

4.5.4 Der geräuscharme Strömungswiderstand ist bis zum vollständigen Schließen zu betätigen. Während dieses Schließvorgangs ist der größte Schalldruckpegel zu bestimmen und der Durchfluß bei diesem Maximum zu messen.

4.6 Prüfung von automatischen Durchgangsarmaturen und Geräten, die durch Wassertemperatur betätigt werden

ANMERKUNG: Bei automatischen Durchgangsarmaturen und Geräten, die durch Wassertemperatur betätigt werden (z. B. thermostatisch geregelte Mischbatterien), hängt der Durchfluß während der Prüfung vom Fließdruck und der Einstellung des geräuscharmen Strömungswiderstandes ab.

4.6.1 Die Temperatureinstellung, sofern vorhanden, ist auf die Stellung "kalt" zu bringen. Der Fließdruck am Eingang ist einzustellen (siehe 4.1.5) und im folgenden konstant zu halten.

4.6.2 Der an das Ventil oder Gerät angeschlossene geräuscharme Strömungswiderstand ist so einzustellen, daß der in Tabelle 1 angegebene Durchfluß erzielt wird.

4.6.3 Der Durchfluß und der Schalldruckpegel im Meßraum sind zu messen.

4.6.4 Die Temperatureinstellung, soweit vorhanden, ist über den gesamten Bereich in beiden Richtungen zu betätigen und anschließend auf die Stellung "kalt" zu bringen. Während dieses Vorgangs ist der größte Schalldruckpegel im Meßraum und der Durchfluß bei diesem Maximum zu bestimmen.

4.7 Prüfung von Sicherheitsgruppen

ANMERKUNG: Verschiedene Kombinationen von Durchgangsarmaturen werden in der Kaltwasserzuleitung von geschlossenen Warmwasserbereitern verwendet. Wenn diese zu einer Einheit zusammengefaßt sind, wird die Einheit als "Sicherheitsgruppe" bezeichnet. Derartige Sicherheitsgruppen enthalten üblicherweise Absperrventile, Rückflußverhinderer, Sicherheitsventile und Überdruckventile, Druckminderer und Druckmeßgeräte in verschiedenen Kombinationen.

4.7.1 Sicherheitsgruppen ohne Druckminderer

Sicherheitsgruppen ohne Druckminderer sind nach 4.2 zu prüfen.

4.7.2 Sicherheitsgruppen mit einem Druckminderer

Sicherheitsgruppen mit einem Druckminderer sind nach 4.5 zu prüfen, wobei alle Absperrventile oder Durchflußregler voll zu öffnen sind.

5 Prüfbericht

Der Prüfbericht muß folgende Angaben enthalten:

a) in EN ISO 3822-1 geforderte Angaben;

b) Anschluß der geprüften Armatur;

c) angewendete Fließdrücke und Durchfluß/Durchflüsse, benutzter Abgang und ermittelte größte Schalldruckpegel;

d) Beschreibung und/oder Zeichnung der geprüften Durchgangsarmatur oder des Gerätes einschließlich Typ, Nennweite, Hersteller und Herstellnummer;

e) Nummern der für die zu prüfende Armatur oder das Gerät zutreffenden Abschnitte dieses Teils der EN ISO 3822, nach denen die Prüfungen durchgeführt wurden, zusammen mit Angaben von festgestellten Besonderheiten.

Anhang A (informativ)

Beispiel eines geräuscharmen Strömungswiderstandes

Ein Strömungswiderstand mit einstellbarem Durchfluß besteht aus einem Druckschlauch von mindestens 1,5 m Länge und glatter Innenwandung. Am Ende dieses Schlauches ist ein geräuscharmes Drosselventil angeschlossen, soweit erforderlich, über einen Wasserschalldämpfer. Je nach Anschluß der zu prüfenden Durchgangsarmatur oder des zu prüfenden Gerätes darf ein Gummischlauch entsprechenden Innendurchmessers mit einer Schlauchverbindung R 1 oder R 3/4 und geeigneten Fittings verwendet werden.

März 1997

	Akustik **Prüfung des Geräuschverhaltens von Armaturen und Geräten der Wasserinstallation im Laboratorium** Teil 4: Anschluß- und Betriebsbedingungen für Sonderarmaturen (ISO 3822-4 : 1997) Deutsche Fassung EN ISO 3822-4 : 1997	**DIN** **EN ISO 3822-4**

ICS 17.140.20; 91.140.70

Ersatz für
DIN 52218-4 : 1986-11

Deskriptoren: Wasserinstallation, Sonderarmatur, Geräuschverhalten, Anschluß, Betrieb

Acoustics — Laboratory tests on noise emission from appliances and equipment used in water supply installations — Part 4: Mounting and operating conditions for special appliances (ISO 3822-4 : 1997);
German version EN ISO 3822-4 : 1997

Acoustiqe — Mesurage en laboratoire du bruit émis par les robinetteries et les équipements hydrauliques utilisés dans les installations de distribution d'eau — Partie 4: Conditions de montage et de fonctionnement des équipement spéciaux (ISO 3822-4 : 1997);
Version allemande EN ISO 3822-4 : 1997

Die Europäische Norm EN ISO 3822-4 : 1997 hat den Status einer Deutschen Norm.

Nationales Vorwort

Die Europäische Norm ist im Komitee CEN/TC 126 "Akustische Eigenschaften von Baustoffen und Bauteilen und von Gebäuden" unter intensiver deutscher Mitarbeit auf der Grundlage der Internationalen Norm ISO 3822-4, Ausgabe 1997, ausgearbeitet worden. Für die deutsche Mitarbeit ist der Arbeitsausschuß NMP 232 "Bauakustische Installationsmessungen" des Normenausschusses Materialprüfung (NMP) verantwortlich.

Für die im Abschnitt 2 zitierten Internationalen und Europäischen Normen wird im folgenden auf die entsprechenden Deutschen Normen hingewiesen:

ISO 7-1	siehe DIN 2999-1
ISO 48	siehe DIN 53519-1 und DIN 53519-2
ISO 228-1	siehe DIN ISO 228-1
ISO 2768	siehe DIN ISO 2768-1 und DIN ISO 2768-2
EN ISO 3822-1	siehe DIN 52218-1
ISO 6708	siehe DIN EN ISO 6708

Änderungen

Gegenüber DIN 52218-4 : 1986-11 wurden folgende Änderungen vorgenommen:

a) Zusätzliche Bedingungen für den Anschluß und Betrieb der Meßleitung (siehe 3.1) aufgenommen.
b) Genauere Festlegung der Betriebsbedingungen für Geräte zum Bereiten von warmem und heißem Wasser, speziell offene und geschlossene Warmwasserspeicher, geschlossene Durchfluß-Wassererwärmer und Überlauf-Wassererwärmer (siehe 3.4.3.1 bis 3.4.3.4) aufgenommen.
c) Tabelle A.1: Überstandlänge von 250 mm auf 350 mm verlängert.
d) Tabellen A.2, A.3 und A.4 und Bilder A.5, A.6, A.7, A.8 und A.9 aufgenommen.
e) Anhang B und C erhalten einen normativen Charakter.
f) Länge l_1 des Adapters nach Tabelle C.1 von 29 mm auf 20 mm verkürzt.
g) Normativer Anhang D "Anordnung zur Prüfung von Handbrausen" aufgenommen.
h) Informativer Anhang E "Übersicht über die Arten der Wassererwärmer und Prüfkonfigurationen" aufgenommen.

Frühere Ausgaben

DIN 52218: 1968-01, 1972-03
DIN 52218-2: 1976-12, 1983-05
DIN 52218-3: 1983-05, 1986-11
DIN 52218-4: 1986-11

Fortsetzung Seite 2
und 17 Seiten EN

Normenausschuß Materialprüfung (NMP) im DIN Deutsches Institut für Normung e.V.
Normenausschuß Akustik, Lärmminderung und Schwingungstechnik (NALS) im DIN und VDI
Normenausschuß Armaturen (NAA) im DIN
Normenausschuß Bauwesen (NABau) im DIN
Normenausschuß Wasserwesen (NAW) im DIN

Nationaler Anhang NA (informativ)

Literaturhinweise

DIN 2404
Kennfarben für Heizungsrohrleitungen

DIN 2999-1
Whitworth — Rohrgewinde für Gewinderohre und Fittings — Zylindrisches Innengewinde und kegeliges Außengewinde — Gewindemaße

DIN 52218-1
Akustik — Prüfung des Geräuschverhaltens von Armaturen und Geräten der Wasserinstallation im Laboratorium — Meßverfahren; Identisch mit ISO 3822-1 : 1983

DIN 53519-1
Prüfung von Elastomeren — Bestimmung der Kugeldruckhärte von Weichgummi, Internationaler Härtegrad (IRHD) — Härteprüfung an Normproben

DIN 53519-2
Prüfung von Elastomeren — Bestimmung der Kugeldruckhärte von Weichgummi, Internationaler Härtegrad (IRHD) — Härteprüfung an Proben geringer Abmessungen, Mikrohärteprüfung

DIN EN ISO 6708
Rohrleitungsteile — Definition und Auswahl von DN (Nennweite) (ISO 6708 : 1995);
Deutsche Fassung EN ISO 6708 : 1995

DIN ISO 228-1
Rohrgewinde für nicht im Gewinde dichtende Verbindungen — Teil 1: Maße, Toleranzen und Bezeichnung;
Identisch mit ISO 228-1 : 1994

DIN ISO 2768-1
Allgemeintoleranzen — Toleranzen für Längen- und Winkelmaße ohne einzelne Toleranzeintragung;
Identisch mit ISO 2768-1 : 1989

DIN ISO 2768-2
Allgemeintoleranzen — Toleranzen für Form und Lage ohne einzelne Toleranzeintragung;
Identisch mit ISO 2768-2 : 1989

EUROPÄISCHE NORM
EUROPEAN STANDARD
NORME EUROPÉENNE

EN ISO 3822-4

Januar 1997

ICS 17.140.20

Deskriptoren:

Deutsche Fassung

Akustik

Prüfung des Geräuschverhaltens von Armaturen und Geräten der Wasserinstallation im Laboratorium

Teil 4: Anschluß- und Betriebsbedingungen für Sonderarmaturen (ISO 3822-4 : 1997)

Acoustics — Laboratory tests on noise emission from appliances and equipment used in water supply installations — Part 4: Mounting and operating conditions for special appliances (ISO 3822-4 : 1997)

Acoustique — Mesurage en laboratoire du bruit émis par les robinetteries et les équipements hydrauliques utilisés dans les installations de distribution d'eau — Partie 4: Conditions de montage et de fonctionnement des équipements spéciaux (ISO 3822-4 : 1997)

Diese Europäische Norm wurde von CEN am 1996-05-16 angenommen.

Die CEN-Mitglieder sind gehalten, die CEN/CENELEC-Geschäftsordnung zu erfüllen, in der die Bedingungen festgelegt sind, unter denen dieser Europäischen Norm ohne jede Änderung der Status einer nationalen Norm zu geben ist.

Auf dem letzten Stand befindliche Listen dieser nationalen Normen mit ihren bibliographischen Angaben sind beim Zentralsekretariat oder bei jedem CEN-Mitglied auf Anfrage erhältlich.

Diese Europäische Norm besteht in drei offiziellen Fassungen (Deutsch, Englisch, Französisch). Eine Fassung in einer anderen Sprache, die von einem CEN-Mitglied in eigener Verantwortung durch Übersetzung in seine Landessprache gemacht und dem Zentralsekretariat mitgeteilt worden ist, hat den gleichen Status wie die offiziellen Fassungen.

CEN-Mitglieder sind die nationalen Normungsinstitute von Belgien, Dänemark, Deutschland, Finnland, Frankreich, Griechenland, Irland, Island, Italien, Luxemburg, Niederlande, Norwegen, Österreich, Portugal, Schweden, Schweiz, Spanien und dem Vereinigten Königreich.

CEN

EUROPÄISCHES KOMITEE FÜR NORMUNG
European Committee for Standardization
Comité Européen de Normalisation

Zentralsekretariat: rue de Stassart 36, B-1050 Brüssel

Ref. Nr. EN ISO 3822-4 : 1997 D

Vorwort

Der Text der EN ISO 3822-4 : 1997 wurde vom Technischen Komitee CEN/TC 126 "Akustische Eigenschaften von Baustoffen und Bauteilen und von Gebäuden", dessen Sekretariat vom AFNOR gehalten wird, in Zusammenarbeit mit dem Technischen Komitee ISO/TC 43 "Akustik" erarbeitet.

Der Inhalt dieser Europäischen Norm ist nicht identisch mit dem der Internationalen Norm EN ISO 3822-4 : 1985 "Prüfung des Geräuschverhaltens von Armaturen und Geräten der Wasserinstallation im Laboratorium — Teil 4: Anschluß und Betriebsbedingungen für Sonderarmaturen".

Die Arbeitsgruppe CEN/TC 126/WG 3 wurde im Mai 1988 beauftragt, die Bemerkungen, die auf die PQ-Umfrage zu ISO 23822-4 erfolgt sind, zu prüfen und zu berücksichtigen.

Diese Europäische Norm muß den Status einer nationalen Norm erhalten, entweder durch Veröffentlichung eines identischen Textes oder durch Anerkennung bis Juli 1997, und etwaige entgegenstehende nationale Normen müssen bis Juli 1997 zurückgezogen werden.

Entsprechend der CEN/CENELEC-Geschäftsordnung sind die nationalen Normungsinstitute der folgenden Länder gehalten, diese Europäische Norm zu übernehmen:

Belgien, Dänemark, Deutschland, Finnland, Frankreich, Griechenland, Irland, Island, Italien, Luxemburg, Niederlande, Norwegen, Österreich, Portugal, Schweden, Schweiz, Spanien und das Vereinigte Königreich.

0 Einführung

Das Verfahren zur Messung des Geräuschverhaltens von Armaturen und Geräten der Wasserinstallation im Laboratorium ist in EN ISO 3822-1 festgelegt.

Die Anschluß- und Betriebsbedingungen für Auslaufarmaturen sind in EN ISO 3822-2 beschrieben, während EN ISO 3822-3 die Anschluß- und Betriebsbedingungen für Durchgangarmaturen und -geräte beschreibt.

Diese Norm beschreibt die Anschluß- und Betriebsbedingungen für Prüfungen im Laboratorium für solche Armaturen, die nicht ohne weiteres als Auslaufarmaturen oder Durchgangsarmaturen oder -geräte betrachtet werden können, z. B. Wasserwärmer, Brauseköpfe usw.

1 Anwendungsbereich

Diese Norm legt die Anschluß- und Betriebsbedingungen für die Prüfung des Geräuschverhaltens infolge Wasserdurchfluß für eine Anzahl von Armaturen fest, die nicht als Auslaufarmaturen oder Durchgangsarmaturen und -geräte angesehen werden können.

2 Normative Verweisungen

Die folgenden normativen Dokumente enthalten Festlegungen, die durch Verweisung in diesem Text Bestandteil der vorliegenden Internationalen Norm sind. Zum Zeitpunkt der Veröffentlichung dieser Internationalen Norm waren die angegebenen Ausgaben gültig. Alle normativen Dokumente unterliegen der Überarbeitung. Vertragspartner, deren Vereinbarungen auf dieser Internationalen Norm basieren, werden gebeten, die Möglichkeit zu prüfen, ob die jeweils neuesten Ausgaben der im folgenden genannten Normen angewendet werden können. Die Mitglieder von IEC und ISO führen Verzeichnisse der gegenwärtig gültigen Internationalen Normen.

ISO 7-1
In Gewinde dichtendes Rohrgewinde — Teil 1: Bezeichnung, Maße, Toleranzen

ISO 48
Elastomere — Bestimmung der Härte (Härtewerte zwischen 30 und 85 IRHD)

ISO 49
Tempergußfittings mit Gewinde nach ISO 7-1

ISO 228-1
Rohrgewinde für nicht im Gewinde dichtende Verbindungen — Teil 1: Bezeichnung, Maße, Toleranzen

ISO 2768
Zulässige Abweichungen für Maße ohne Toleranzangaben

EN ISO 3822-1
Akustik — Prüfung des Geräuschverhaltens von Armaturen und Geräten der Wasserinstallation im Laboratorium — Teil 1: Meßverfahren

EN ISO 3822-2
Akustik — Prüfung des Geräuschverhaltens von Armaturen und Geräten der Wasserinstallation im Laboratorium — Teil 2: Anschluß und Betriebsbedingungen für Auslaufarmaturen

EN ISO 3822-3
Akustik — Prüfung des Geräuschverhaltens von Armaturen und Geräten der Wasserinstallation im Laboratorium — Teil 3: Anschluß- und Betriebsbedingungen für Durchgangarmaturen

ISO 6708
Rohrleitungsbauteile — Definition der Nennweite

3 Anschluß- und Betriebsbedingungen

3.1 Die Meßleitung muß am Ende eine verzinkte konische Verschraubung 1, U 11 nach ISO 49 haben.

Sonderarmaturen einschließlich Anschlußleitung müssen an die konische Verschraubung angeschlossen werden, falls nötig mit einer Kombination aus verzinkten Fittings nach ISO 49. Richtungsänderungen dürfen nur mit einem langen Bogen 1 ausgeführt werden. Eine Reduzierung oder Erweiterung darf nur an dem Eingangsanschluß der Armatur oder deren Anschlußrohr gemacht werden. Die Kombination der verwendeten Fittings muß sich aus der in der üblichen Gebrauchsstellung angeschlossenen Armatur ergeben (siehe Bild 1).

3.2 Schwimmerventile

3.2.1 Allgemeines

Ein Schwimmerventil, das nicht Teil eines bestimmten Spülkastens ist, ist in einem Norm-Prüfkasten zu prüfen, dessen Innenmaße in Tabelle 1 angegeben sind.

Schwimmerventile, die Teil eines Spülkastens sind, z. B. eines WC-Spülkastens, sind zusammen mit den Kästen zu prüfen, in denen sie eingebaut sind, sowie gegebenenfalls mit dem zugehörigen Absperrhahn.

Tabelle 1: Innenmaße für Norm-Prüfkästen

Nennweite (DN) der Schwimmerventile		Länge	Höhe	Breite
DN	Bezeichnung des Gewindes	mm	mm	mm
10 15	3/8 1/2	400	300	125
20 25	3/4 1	1 050	540	350

ANMERKUNG: Siehe ISO 6708. DN ist das Symbol für "Nennweite"; die Zahl der Nennweite entspricht etwa dem Innendurchmesser (in mm) der Sonderarmatur.

3.2.2 Anschlußbedingungen

Wenn die Armatur mit einem Kupferanschlußrohr versehen ist, muß dieses eine Länge von mindestens zehnfachen Durchmesser haben, jedoch von nicht mehr als 300 mm. Wenn ein anderer Anschluß vorgesehen ist, muß der Anschluß an die Meßleitung so praxisnah wie möglich hergestellt werden. Wenn eine Quetschverbindung benutzt wird, ist ein Kupferanschlußrohr in die Armatur entsprechend den Herstellerangaben einzusetzen. Es darf kein Absperrhahn zwischen der Armatur und dem Armaturenanschluß am Ende der Meßleitung vorhanden sein, sofern er nicht mit der Armatur eine Einheit bildet.

Der Prüfkasten muß von der Prüfwand akustisch unabhängig befestigt werden.

3.2.3 Betriebsbedingungen

Schwimmerventile sind bei Fließdrucken von 0,3 MPa und 0,5 MPa[1]) zu prüfen, wobei diese Fließdrücke bei voll geöffnetem Ventil einzustellen sind.

Das in der betreffenden Produktnorm[2]) oder vom Hersteller vorgeschriebene Mindestfüllvolumen des Kastens ist bei einem Fließdruck von 0,3 MPa einzustellen.

Der Schalldruckpegel während des stationären Durchflusses und der Schließphase des Ventils ist zu messen und der höchste Pegel ist anzugeben.

3.3 Druckspüler

3.3.1 Anschlußbedingungen

Druckspüler sind direkt an die Meßleitung anzuschließen (siehe 3.1). Der Ausgang des Druckspülers ist mit einem etwa 500 mm langen Schlauch von gleichem Innendurchmesser wie der Ausgang des Druckspülers zu verbinden. Am Ende des Schlauches muß das Wasser geräuscharm abgeleitet werden.

3.3.2 Betriebsbedingungen

Druckspüler sind bei Prüfdrücken entsprechend Tabelle 2 zu prüfen, wobei diese Prüfdrücke bei voll geöffnetem Ventil einzustellen sind. Wenn geschlossen, muß der maximale statische Druck 0,7 MPa betragen.

Tabelle 2: Fließdrücke für die Prüfung von Druckspülern

Nennweite des Druckspülers DN	15		20		25		32
Fließdruck bei voll geöffneten Ventilen, MPa	0,25	0,4	0,25	0,4	0,15	0,3	0,1

Wenn der Druckspüler sich von Hand einstellen läßt, ist er so einzustellen wie es in der betreffenden Produktnorm[3]) festgelegt oder vom Hersteller angegeben ist. Bei Fließdrücken, bei denen sich dieser Durchfluß nicht erreichen läßt, sind die Messungen beim größtmöglichen Durchfluß durchzuführen. Auf jeden Fall ist der angewendete Durchfluß im Prüfbericht anzugeben.

Der Schalldruckpegel muß während der stetigen Durchflußphase und der Schließphase des Ventils gemessen und der höchste Pegel angegeben werden.

3.4 Geräte zum Bereiten von warmem und heißem Wasser

3.4.1 Allgemeines

Die Prüfung des gesamten Gerätes zum Bereiten von warmem und heißem Wasser aller Typen ist nur notwendig, wenn das Gerät eine Vorrichtung enthält, die den Durchfluß oder den Druck des Wassers beeinflußt.

3.4.2 Anschlußbedingungen

Die Geräte zum Bereiten von warmem und heißem Wasser müssen mit einem Verbindungsrohr desselben Nenndurchmessers wie der des Geräteanschlusses an die Meßleitung angeschlossen werden. Dieses Verbindungsrohr muß eine Länge haben, die mindestens das 10fache des Nenndurchmessers beträgt, darf aber nicht länger als 500 mm sein. Das Gerät muß an einer Wand, jedoch nicht der Meßwand, oder an einem Gestell starr befestigt werden.

3.4.3 Betriebsbedingungen

Die Geräte zum Bereiten von warmem und heißem Wasser sind mit Wasser von einer Temperatur nicht über 25 °C zu prüfen.

Die Prüfungen nach 3.4.3.1, 3.4.3.2, 3.4.3.3 und 3.4.3.4 müssen bei Fließdrücken von 0,3 und 0,5 MPa durchgeführt werden. Zusätzliche Prüfungen sind in einigen Fällen erforderlich, wenn Durchflußregler in dem Gerät eingebaut sind.

Im Gerät eingebaute Absperrventile müssen vollständig geöffnet sein, außer wenn sie als Durchflußregler verwendet werden.

3.4.3.1 Offener Warmwasserspeicher

Schwimmerventile in offenen Warmwasserspeichern müssen nach 3.2 geprüft werden.

3.4.3.2 Geschlossene Warmwasserspeicher

a) Wenn der Wassererwärmer eine integrierte Auslaufarmatur oder Mischbatterie enthält, muß er nach EN ISO 3822-2 einschließlich der Anforderungen an den Durchflußregler geprüft werden.

b) Wassererwärmer ohne integrierte Auslaufarmatur oder Mischbatterie, jedoch mit Vorrichtungen, die den Durchfluß oder den Druck des Wassers beeinflussen, wie ein Durchflußregler, müssen mit einem einstellbaren geräuscharmen Strömungswiderstand (Beispiel siehe EN ISO 3822-3), der an dem Ausgang angeschlossen ist, geprüft werden. Der einstellbare geräuscharme Strömungswiderstand muß so eingestellt werden, daß bei einem Fließdruck von 0,3 MPa der maximale Durchfluß mit dem in Tabelle 1 von

[1]) 1 MPa = 10 bar

[2]) Die betreffende europäische Produktnorm ist EN 12541 und das Dokument CEN/TC 163/WG 3/GAH3N64

[3]) Die betreffende europäische Produktnorm ist EN 816.

EN ISO 3822-3 für die Größe des Wassererwärmereingangs oder -ausgangs angegebenen — je nachdem, welcher kleiner ist — übereinstimmt. Wenn dieser Durchfluß nicht erreicht werden kann, muß die Prüfung mit dem maximal möglichen Fließdruck durchgeführt werden.

Während der Prüfung muß der einstellbare geräuscharme Strömungswiderstand vom oben erwähnten maximalen Durchfluß bis zum Durchfluß Null geändert werden. Der Schalldruckpegel muß während dieses Vorgangs gemessen und der höchste Pegel angegeben werden.

Wenn der Wassererwärmer einen manuell einstellbaren Durchflußregler enthält, muß die Einstellung nach 4.1.5 von EN ISO 3822-2 erfolgen. Durchflußregler mit einer festen Einstellung oder automatischen Funktion müssen so eingestellt bleiben wie geliefert.

3.4.3.3 Geschlossene Durchfluß-Wassererwärmer

a) Wenn der Wassererwärmer eine integrierte Auslaufarmatur oder Mischbatterie enthält, muß er nach EN ISO 3822-2 einschließlich der Anforderungen an den Durchflußregler, geprüft werden.

Wenn der Wassererwärmer einen Durchflußregler oder einen anderen zusätzlichen Durchflußeinsteller als Temperaturregler verwendet, müssen die Prüfungen in der größten und kleinsten Einstellung erfolgen. Der Zwischenbereich muß auch auf höhere Schalldruckpegel kontrolliert werden.

b) Wassererwärmer ohne integrierte Auslaufarmatur oder Mischbatterien müssen mit einem einstellbaren geräuscharmen Strömungswiderstand (Beispiel siehe EN ISO 3822-3), der mit dem Ausgang angeschlossen ist, geprüft werden. Der einstellbare geräuscharme Strömungswiderstand muß so eingestellt werden, daß sich bei einem Fließdruck von 0,3 MPa der Zahlenwert des maximalen Durchflusses in l/s zu $1/120$ des Zahlenwertes der Nenn-Heizleistung in kW des Wassererwärmers ergibt. Wenn dieser Fluß nicht erreicht werden kann, muß die Prüfung beim größtmöglichen Fluß durchgeführt werden.

Während der Prüfung muß der einstellbare geräuscharme Strömungswiderstand vom oben erwähnten maximalen Durchfluß bis zum Durchfluß Null geändert werden. Der Schalldruckpegel muß während dieses Vorgangs gemessen und der höchste Pegel angegeben werden.

Wenn der Wassererwärmer einen manuell einstellbaren Durchflußregler enthält, muß dieser auf den höchsten Durchfluß eingestellt werden. Durchflußregler mit einer festen Einstellung oder automatischen Funktion müssen so eingestellt bleiben wie geliefert.

Wenn der Wassererwärmer einen Durchflußbegrenzer oder einen anderen zusätzlichen Durchflußeinsteller als Temperaturregler verwendet, müssen die Prüfungen in der größten und kleinsten Einstellung erfolgen. Der Zwischenbereich muß auch auf höhere Schalldruckpegel kontrolliert werden.

Vor der Wiederholung der Prüfung bei einem Fließdruck von 0,5 MPa muß der einstellbare geräuscharme Strömungswiderstand bei einem Fließdruck von 0,3 MPa auf den oben angegebenen Durchfluß zurückgestellt werden. Dann wird der Fließdruck auf 0,5 MPa erhöht.

3.4.3.4 Überlauf-Wassererwärmer (offener Ausgang) -Speicher- und Durchflußgeräte

a) Wenn der Wassererwärmer eine integrierte Auslaufarmatur oder Mischbatterie enthält, muß er nach EN ISO 3822-2 einschließlich der Anforderungen an den Durchflußregler, geprüft werden.

Wenn an den Wassererwärmer ein entfernbares Zubehörteil, wie Brauseschlauch, Brausekopf, Strahlregler usw. angeschlossen ist, muß die Prüfung mit diesem Zubehörteil erfolgen. Anderenfalls darf während der Prüfung nichts an den Ausgang des Wassererwärmers angeschlossen werden.

Wenn der Wassererwärmer einen Durchflußregler oder einen anderen Durchflußeinsteller als Temperaturregler verwendet, müssen die Prüfungen in der größten und kleinsten Einstellung erfolgen. Der Zwischenbereich muß auch auf höhere Schalldruckpegel kontrolliert werden.

b) Wassererwärmer ohne integrierte Auslaufarmatur oder Mischbatterie, aber mit Vorrichtungen, die den Durchfluß oder den Druck des Wassers beeinflussen, wie ein Durchflußregler, müssen so wie sie sind geprüft werden.

Wenn an den Wassererwärmern ein entfernbares Zubehörteil, wie Brauseschlauch, Brausekopf, Strahlregler usw. angeschlossen ist, muß die Prüfung mit diesem Zubehörteil erfolgen. Anderenfalls darf während der Prüfung nichts an den Ausgang des Wassererwärmers angeschlossen werden.

Wenn der Wassererwärmer einen manuell einstellbaren Durchflußregler enthält, muß er auf den größtmöglichen Durchfluß eingestellt sein. Durchflußregler mit einer festen Einstellung oder automatischen Funktion müssen so eingestellt bleiben wie geliefert.

Wenn der Wassererwärmer einen Durchflußregler oder einen anderen zusätzlichen Durchflußeinsteller als Temperaturregler verwendet, müssen die Prüfungen in der größten und kleinsten Einstellung erfolgen. Der Zwischenbereich muß auch auf höhere Schalldruckpegel kontrolliert werden.

3.5 Mischbatterien für geschlossene Durchfluß-Wassererwärmer

3.5.1 Anschlußbedingungen

Beide Eingänge der Mischbatterie sind nach 3.5 in EN ISO 3822-2 an die Meßleitung anzuschließen

3.5.2 Betriebsbedingungen

3.5.2.1 Die Kaltwasserseite muß nach 4.1 (außer 4.1.5) und 4.2 in EN ISO 3822-2 geprüft werden, wobei die Temperatur auf die kälteste Stellung eingestellt wird. Wenn die Mischbatterie einen Durchflußregler am Kaltwasseranschluß hat, muß dieser so eingestellt bleiben wie geliefert.

3.5.2.2 Die Heißwasserseite muß nach 4.1 (außer 4.1.5) und 4.2 in EN ISO 3822-2 geprüft werden, wobei die Temperatur auf die heißeste Stellung eingestellt wird.

Wenn die Heißwasserseite geprüft wird, muß der Durchflußregler auf einen Fließdruck von 0,3 MPa eingestellt werden, wobei der Mischbatterieregler in der heißen Stellung voll geöffnet sein muß, so daß sich der Zahlenwert des größten Durchflusses durch die heiße Seite der Batterie in Liter je Sekunde zu $1/120$ des Zahlenwertes der Nenn-Heizleistung in Kilowatt des Erwärmers ergibt, bei der die Mischbatterie erwartungsgemäß verwendet wird. Wenn die Mischbatterie mit Wassererwärmern verschiedener Heizleistungen verwendet wird, müssen die Prüfungen mit einer Durchflußeinstellung entsprechend der größten und kleinsten Nenn-Heizleistung erfolgen. Durchflußregler mit einer festen Einstellung oder einer automatischen Funktion müssen so eingestellt bleiben.

Vor der Wiederholung der Prüfung bei einem Fließdruck von 0,5 MPa muß der Durchflußregler bei einem Fließdruck von 0,3 MPa auf den oben angegebenen Durchfluß zurückgestellt werden. Dann wird der Fließdruck auf 0,5 MPa erhöht.

3.6 Mischbatterien für Überlauf-Wassererwärmer (offener Ausgang)

3.6.1 Mischbatterien für Überlauf-Warmwasserspeicher (offener Ausgang)

3.6.1.1 Anschlußbedingungen

Mischbatterien für Überlauf-Warmwasserspeicher (offener Ausgang) müssen mit ihrem Eingang direkt an die Meßleitung angeschlossen werden (siehe 3.1). Anstelle des Heiztankes oder -kessels muß eine Kurzschlußleitung verwendet werden. Diese Kurzschlußleitung muß aus geeignetem Material so gebaut sein, daß zusätzliche Geräusche unwahrscheinlich sind und daß sie nahezu keinen Einfluß auf den Durchfluß hat. Die Nennweite der Kurzschlußleitung darf über ihre gesamte Länge nicht kleiner als die Nennweite des Anschlusses des Eingangs des Wassererwärmers sein.

3.6.1.2 Betriebsbedingungen

Im allgemeinen muß die Mischbatterie nach 4.1 (außer 4.1.3) und 4.3 von EN ISO 3822-2 geprüft werden. Mischbatterien, die eine Mischeinrichtung zur Temperatureinstellung hinter der Durchflußeinstellung haben, müssen nach 4.2 von EN ISO 3822-2 geprüft werden mit der Temperatureinstellung in der kalten Stellung. Dann wird die Temperatureinstellung über den ganzen Einstellbereich bei voll geöffnetem Durchflußregler betrieben, um den maximalen Schalldruckpegel zu bestimmen.

Mischbatterien mit mehr als einem Ausgang (zum Beispiel Bad- und Duschmischbatterien) müssen für jeden Ausgang getrennt geprüft werden.

Wenn an die Mischbatterie eine entfernbare Auslaufvorrichtung, wie Brauseschlauch, Brausekopf, Strahlregler usw. angeschlossen ist, muß die Prüfung mit dieser Auslaufvorrichtung erfolgen. Anderenfalls darf während der Prüfung nichts an die Mischbatterie angeschlossen werden.

3.6.2 Mischbatterien für Überlauf-Durchfluß-Wassererwärmer (offener Ausgang)

3.6.2.1 Anschlußbedingungen

Mischbatterien für Überlauf-Durchfluß-Wassererwärmer (offener Ausgang) müssen nach 3.6.1.1 angeschlossen werden.

3.6.2.2 Betriebsbedingungen

Die Mischbatterie muß nach 4.1 (außer 4.1.3, 4.1.5) und nach 4.3 von EN ISO 3822-2 geprüft werden. Mischbatterien, die eine Mischeinrichtung zur Temperatureinstellung hinter der Durchflußeinstellung haben, müssen nach 4.2 von EN ISO 3822-2 geprüft werden, mit der Temperatureinstellung in der kalten Stellung. Dann wird die Temperatureinstellung über den ganzen Einstellungsbereich bei voll geöffnetem Durchflußregler betrieben, um den höchsten Schalldruckpegel zu bestimmen.

Durchflußregler, die zur Begrenzung des maximalen Durchflusses von heißem Wasser in die Mischbatterie eingebaut sind, müssen auf einem Fließdruck von 0,3 MPa eingestellt werden, wobei der Mischbatterieregler in der heißen Stellung voll geöffnet sein muß, so daß sich der Zahlenwert des größten Durchflusses durch die heiße Seite der Batterie in Liter je Sekunde zu $^{1}/_{120}$ des Zahlenwertes der Nenn-Heizleistung in Kilowatt ergibt, bei der die Mischbatterie erwartungsgemäß verwendet wird. Wenn die Mischbatterie mit Wassererwärmern verschiedener Heizleistung verwendet wird, müssen die Prüfungen mit einer Durchflußeinstellung bei der größten und kleinsten Nenn-Heizleistung erfolgen. Durchflußregler mit einer festen Einstellung oder einer automatischen Funktion müssen so eingestellt bleiben wie geliefert.

Wenn an die Mischbatterie ein entfernbares Zubehörteil wie Brauseschlauch, Brausekopf, Strahlregler usw. angeschlossen ist, muß die Prüfung mit diesem Zubehörteil erfolgen. Anderenfalls darf während der Prüfung nichts an die Mischbatterie angeschlossen werden.

3.7 Armaturen für den Anschluß von Haushaltsgeräten

Armaturen für den Anschluß von Haushaltsgeräten (Waschmaschinen, Geschirrspüler usw.) müssen je nach Verwendungszweck als Durchgangsarmaturen (siehe EN ISO 3822-3) oder als Auslaufarmaturen (siehe EN ISO 3822-2) geprüft werden.

3.8 Auslaufvorrichtungen

3.8.1 Anschlußbedingungen

Handbrausen müssen an die Prüfleitung mit der Anordnung nach Anhang D verbunden werden.

Brauseköpfe müssen an die Meßleitung unter Verwendung eines geraden Rohres von mindestens 300 mm Länge und mit der gleichen Nennweite des Brausekopfes angeschlossen werden.

Andere Auslaufarmaturen wie luftansaugende Strahlregler, Umsteller, Kugelgelenke, Durchflußbegrenzer, Rückflußverhinderer usw. müssen direkt an die Prüfleitung (siehe 3.1) unter Verwendung eines Adapters nach Anhang C angeschlossen werden.

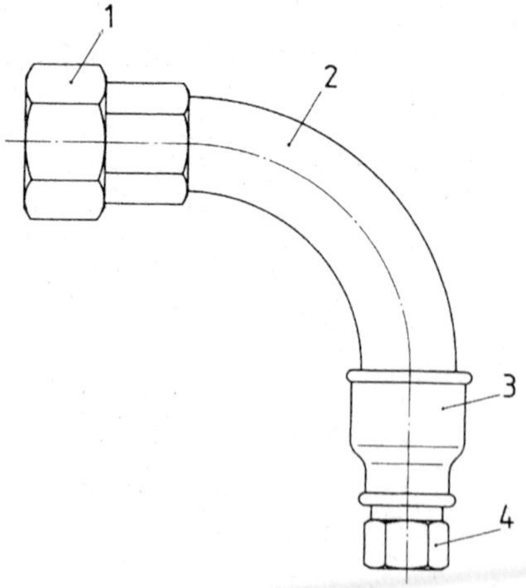

1 Verschraubung 1, U11 nach ISO 49, verzinkt

2 langer Bogen mit Außengewinde 1, G8 nach ISO 49, verzinkt

3 Muffe reduziert 1 × 3/4, M2 nach ISO 49, verzinkt

4 Adapter nach Anhang C aus Kupfer-Zink-Legierung

Bild 1: Beispiel einer Anordnung für den Anschluß von Auslaufvorrichtungen an die waagerechte Meßleitung

3.8.2 Betriebsbedingungen

Die Schalldruckpegel von Auslaufarmaturen müssen bei Fließdrücken von 0,3 MPa und 0,5 MPa geprüft werden, und die Durchflüsse müssen angegeben werden.

Auslaufvorrichtungen wie Kugelgelenke, Umsteller, Durchflußbegrenzer, Rückflußverhinderer usw. die keine Auslaufvorrichtung wie einen luftansaugenden Stahlregler, Brausekopf oder Handbrause usw. enthalten, müssen mit einem geräuscharmen Strömungswiderstand nach Anhang A geprüft werden, der an ihrem Ausgang gegebenenfalls unter Verwendung eines Adapters nach Anhang B angeschlossen wird.

Umsteller und Ausläufe mit Umstellern und/oder Durchflußbegrenzer müssen immer mit einem geräuscharmen Strömungswiderstand geprüft werden, der anstelle der austauschbaren Auslaufvorrichtung wie oben beschrieben angeschlossen wird. Wenn andererseits mehrere Auslaufvorrichtungen eine Einheit bilden, zum Beispiel ein Durchflußbegrenzer und/oder ein Kugelgelenk mit einem luftansaugenden Strahlregler oder mit einem Brausekopf, müssen sie als eine Einheit geprüft werden. Durchflußbegrenzer ohne Auslaufvorrichtung müssen immer mit einem geräuscharmen Strömungswiderstand, Klasse A, nach Anhang A geprüft werden.

Einstellbare Auslaufvorrichtungen müssen in der Stellung mit dem maximalen Schalldruckpegel geprüft werden. Umsteller müssen in allen Stellungen des üblichen Gebrauchs geprüft werden.

4 Prüfbericht

Der Prüfbericht muß folgende Angaben enthalten:

a) In EN ISO 3822-1 geforderte Angaben;

b) Anschluß der geprüften Armatur;

c) Angewandte Fließdrücke und Durchflüsse, benutzter Auslauf und ermittelte Schalldruckpegel;

d) Beschreibung und/oder Zeichnung der geprüften Armatur einschließlich Typ, Nennweite, Hersteller und Herstellnummer;

e) Nummern der für die Armatur zutreffenden Abschnitte dieser Norm, nach denen die Prüfungen durchgeführt wurden, zusammen mit Angaben von festgestellten Besonderheiten;

f) Für Schwimmerventile eine Beschreibung des benutzten Kastens und auch gegebenenfalls des Absperrventils.

Anhang A (normativ)
Geräuscharme Strömungswiderstände mit abgeglichenen Durchflüssen

A.1 Allgemeines

Zwei Arten von Strömungswiderständen werden genormt. Einzelheiten werden in A.2 und A.3 angegeben.

Der Armaturengeräuschpegel L_{ap} der Strömungswiderstände muß bei einem Fließdruck von 0,3 MPa kleiner als 10 dB sein.

Zulässige Abweichungen für Maße ohne Toleranzangaben müssen denen in ISO 2768 für Genauigkeitsgrad mittel festgelegten entsprechen.

A.2 Röhrchenströmungswiderstände

Röhrchenströmungswiderstände müssen die entsprechenden Anforderungen der Bilder A.1 bis A.4 und Tabelle A.1 erfüllen.

Der Grundkörper und die Röhrchen müssen aus Kupfer-Zink sein.

Für die Dichtungen muß Gummi mit einer Härte von (75 ± 5) IRHD nach ISO 48 verwendet werden.

Maße in Millimeter

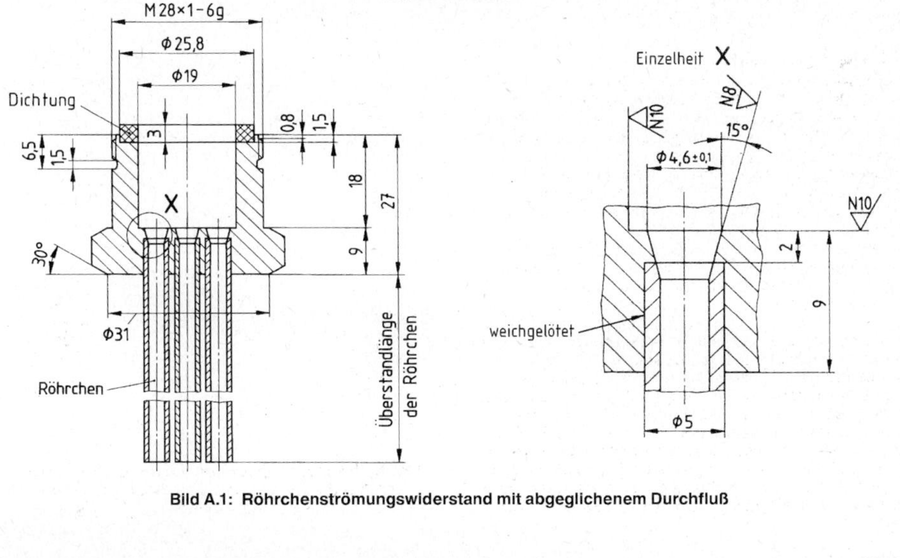

Bild A.1: Röhrchenströmungswiderstand mit abgeglichenem Durchfluß

Tabelle A.1: Einzelheiten des Röhrchenströmungswiderstandes

Bezeichnung	Durchflußklasse	Durchflußrate l/s	Röhrchen Überstandlänge etwa mm	Röhrchen Anzahl	Röhrchen Anordnung nach Bild
R25	Klasse A	0,25	450	3	A.2
R33	Klasse S	0,33	300	3	A.2
R42	Klasse B	0,42	450	5	A.3
R50	Klasse C	0,50	300	5	A.3
R63	Klasse D	0,63	350	6	A.4

Maße in Millimeter

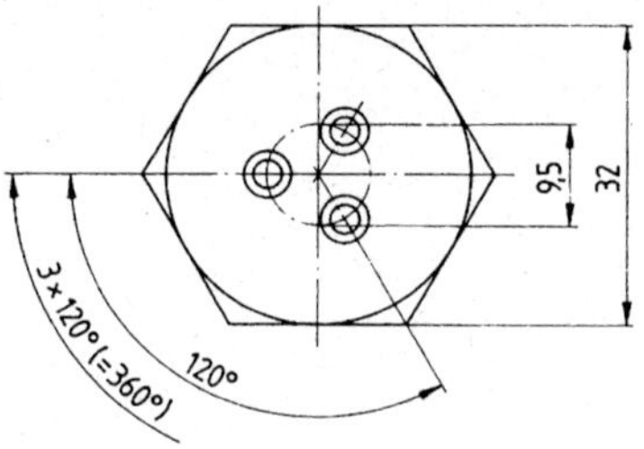

Bild A.2: Anordnung der Röhrchen bei Widerstand R25 und R33

Maße in Millimeter

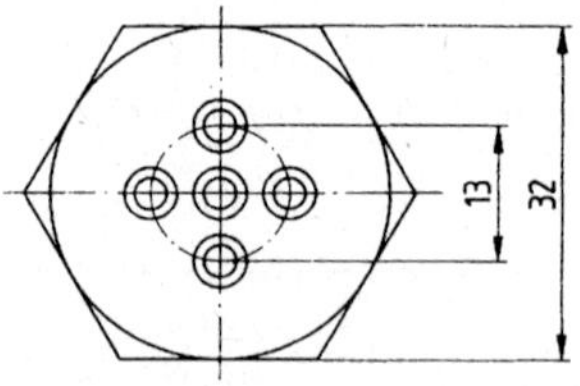

Bild A.3: Anordnung der Röhrchen bei Widerstand R42 und R50

Maße in Millimeter

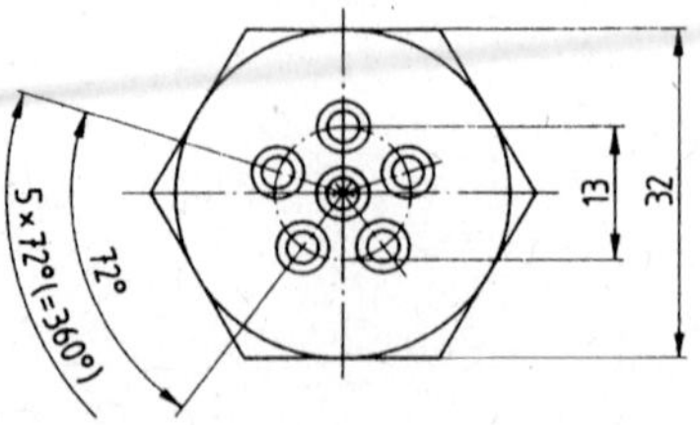

Bild A.4: Anordnung der Röhrchen bei Widerstand R63

A.3 Abgeglichene Strahlregler

Abgeglichene Strahlregler müssen die entsprechenden Anforderungen der Bilder A.5 bis A.9 und Tabellen A.2 bis A.4 erfüllen

Tabelle A.2: Einzelheiten der abgeglichenen Strahlregler

Bezeichnung	Durchflußklasse	Durchflußrate l/s	Anordnung nach Bild
Z	Z	0,15	A.5; A.6
A	A	0,25	A.5; A.6
S	S	0,33	A.5; A.6
B	B	0,42	A.5; A.6; A.7
C	C	0,50	A.5; A.6; A.7
D	D	0,63	A.7

Maße in Millimeter

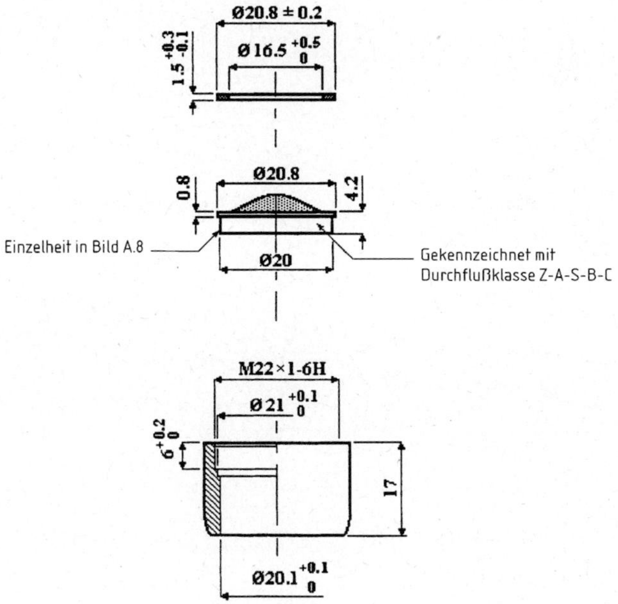

Bild A.5: Abgeglichener Strahlregler mit Innengewinde M 22 × 1 — 6H

Maße in Millimeter

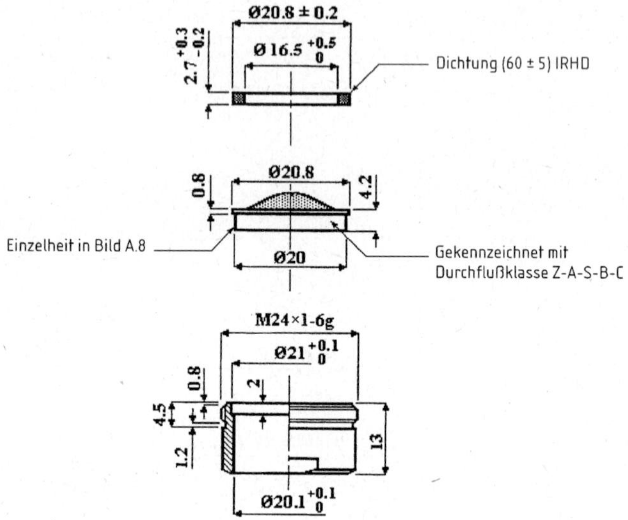

Bild A.6: Abgeglichener Strömungswiderstand mit Außengewinde M 24 × 1 — 6g

Maße in Millimeter

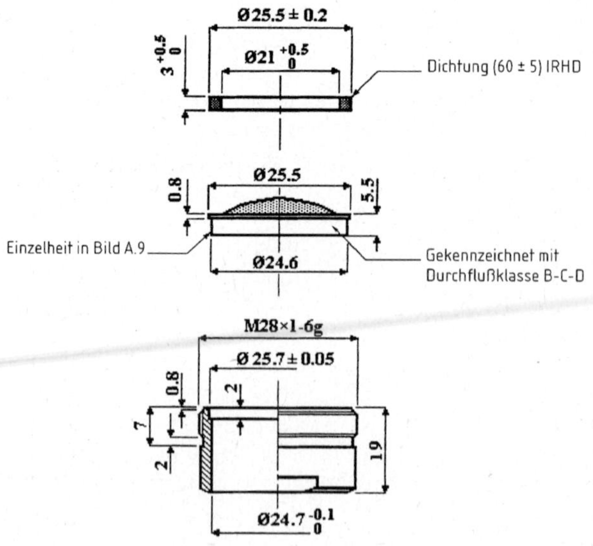

Bild A.7: Abgeglichener Strömungswiderstand mit Außengewinde M 28 × 1 — 6g

Maße in mm

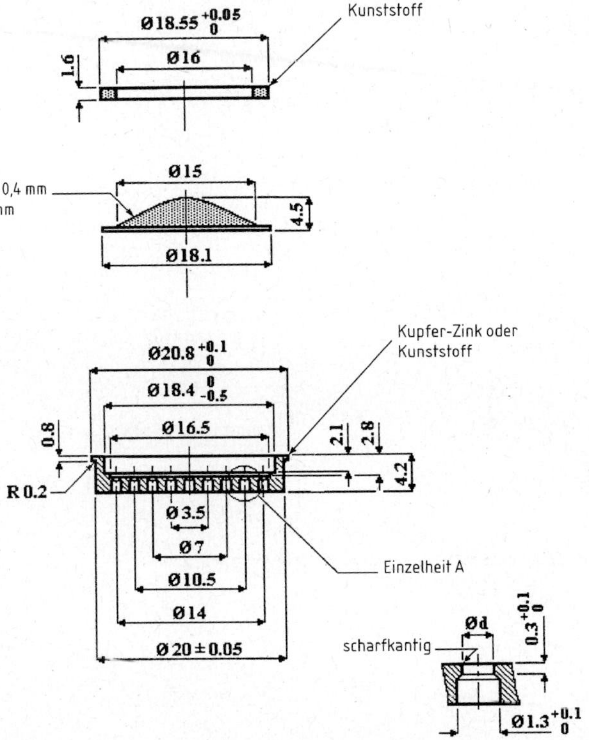

Bild A.8: Drossel für Auslaufwiderstand in Bild A.5 und A.6

Tabelle A.3: Details der Löcher in der Drossel nach Bild A.8 Maße in Millimeter

Durchflußklasse	Z	A	S	B	C
Anzahl der Löcher in der Mitte	1	1	1	0	1
Anzahl der Löcher im Kreis ⌀ 3,5 mm	0	0	0	6	3
Anzahl der Löcher im Kreis ⌀ 7 mm	0	12	4	0	12
Anzahl der Löcher im Kreis ⌀ 10,5 mm	9	0	9	18	18
Anzahl der Löcher im Kreis ⌀ 14 mm	12	24	24	24	24
Gesamtanzahl der Löcher	22	37	38	48	58
Durchmesser der Löcher	0,7	0,7	0,8	0,8	0,8

Maße in mm

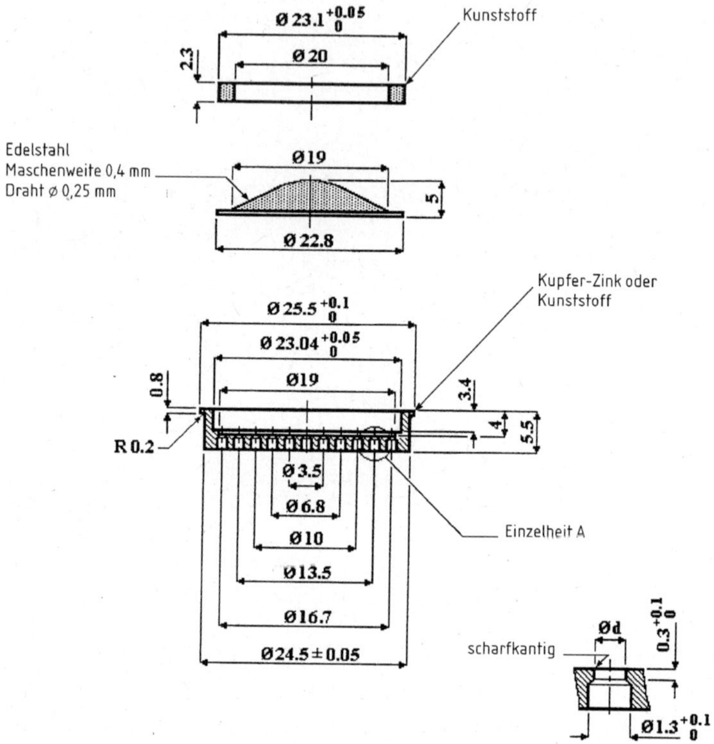

Bild A.9: Drossel für Auslaufwiderstand in Bild A.7

Tabelle A.4: Details der Löcher in der Drossel nach Bild A.9 Maße in Millimeter

Durchflußklasse	B	C	D
Anzahl der Löcher in der Mitte	1	1	0
Anzahl der Löcher im Kreis ⌀ 3,5 mm	3	0	6
Anzahl der Löcher im Kreis ⌀ 6,8 mm	8	6	8
Anzahl der Löcher im Kreis ⌀ 10 mm	9	9	18
Anzahl der Löcher im Kreis ⌀ 13,5 mm	18	18	18
Anzahl der Löcher im Kreis ⌀ 16,7 mm	24	24	24
Gesamtanzahl der Löcher	63	58	74
Durchmesser der Löcher	0,7	0,8	0,8

Anhang B (normativ)

Adapter zum Anschluß der geräuscharmen Strömungswiderstände mit abgeglichenem Durchfluß

Die Adapter müssen mit dem Bild B.1 und Tabelle B.1 oder Bild B.2 und Tabelle B.2 übereinstimmen.

Die Adapter müssen aus Messing hergestellt sein. Zulässige Abweichungen für Maße ohne Toleranzangaben müssen den in ISO 2768 für Genauigkeitsgrad mittel festgelegten entsprechen.

Für die in Bild B.1 und B.2 dargestellten Dichtungen muß Gummi der Härte (75 ± 5) IRHD nach ISO 48 verwendet werden.

Maße in Millimeter

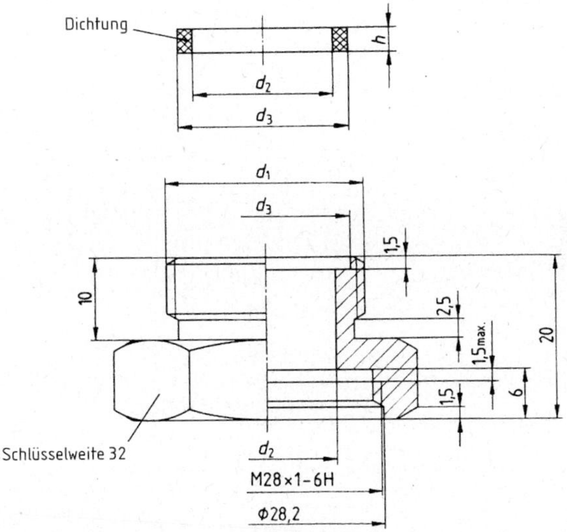

Bild B.1: Adapter mit Außengewinde (A1) zum Anschluß von geräuscharmen Strömungswiderständen mit abgeglichenem Durchfluß

Tabelle B.1: Maße der Adapter mit Außengewinde (A1) Maße in Millimeter

Bezeichnung	Maße			
	d_1	d_2	d_3	h
Adapter A1 — M 24 × 1	M 24 × 1 — 6g	17	20,8	3
Adapter A1 — G 1/2 B	ISO 228 — G 1/2 B	13	18	3,5
Adapter A1 — G 3/4 B	ISO 228 — G 3/4 B	19	23,5	4,5

Maße in Millimeter

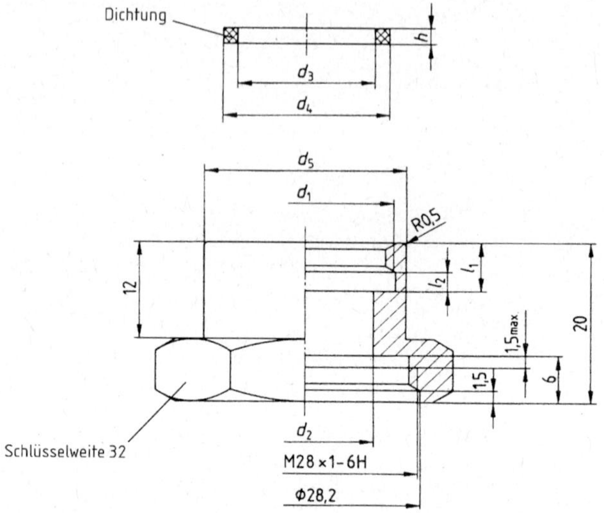

Bild B.2: Adapter mit Innengewinde (A2) zum Anschluß von geräuscharmen Strömungswiderständen mit abgeglichenem Durchfluß

Tabelle B.2: Maße der Adapter mit Innengewinde (A.2) Maße in Millimeter

Bezeichnung	Maße							
	d_1	d_2	d_3	d_4	d_5	l_1	l_2	h
Adapter A2 — M 22 × 1	M 22 × 1 — 6H	17	17	20,8	25	6	2,5	2
Adapter A2 — G 1/2	ISO 228 — G 1/2	15,5	15,5	21	25	9	2,5	2
Adapter A4 — G 3/4	ISO 228 — G 3/4	19	19	26,5	30	10	3,5	3

Anhang C (normativ)

Adapter zum Anschluß von Außenarmaturen

Die Adapter müssen mit Bild C.1 und Tabelle C.1 oder Bild C.2 und Tabelle C.2 übereinstimmen.

Die Adapter müssen aus Kupfer-Zink hergestellt sein. Zulässige Abweichungen für Maße ohne Toleranzangaben müssen den in ISO 2768 für Genauigkeitsgrad mittel festgelegten entsprechen.

Maße in Millimeter

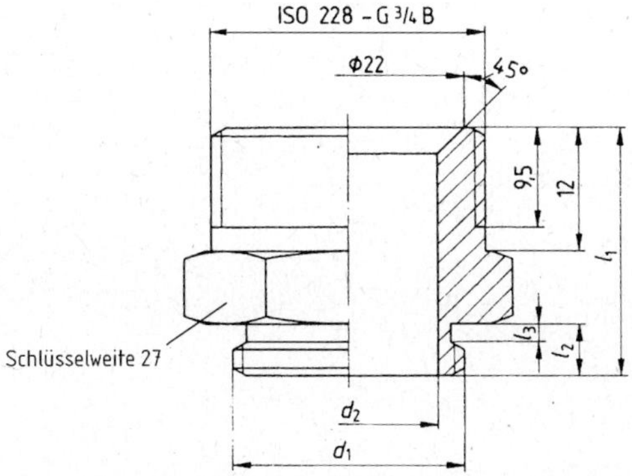

Bild C.1: Adapter mit Außengewinde (A3) zum Anschluß von Außenarmaturen

Tabelle C.1: Maße der Adapter mit Außengewinde (A3) Maße in Millimeter

Bezeichnung	Maße				
	d_1	d_2	l_1	l_2	l_3
Adapter A3 — M22 × 1	M22 × 1 — 6g	17	24	5	1,7
Adapter A3 — G 1/2	ISO 228 — G 1/2 B	15	29	10	2,5
Adapter A3 — G 3/4	ISO 228 — G 3/4 B	17	20	10	2,5

Maße in Millimeter

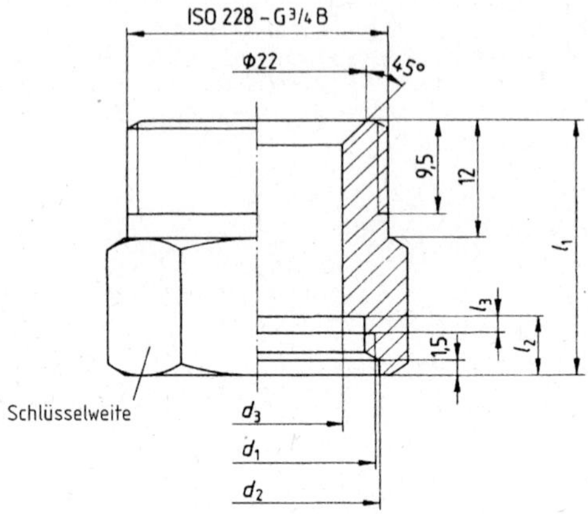

Bild C.2: Adapter mit Innengewinde (A4) zum Anschluß von Außenarmaturen

Tabelle C.2: Maße der Adapter mit Innengewinde (A4) Maße in Millimeter

Bezeichnung	Maße						
	d_1	d_2	d_3	l_1	l_2	l_3	Schlüsselweite
Adapter A4 — M24 × 1	M24 × 1 — 6H	24,5	17	26	6	1,7	27
Adapter A4 — M28 × 1	M28 × 1 — 6H	28,5	17	26	6	1,7	30
Adapter A4 — G 1/2	ISO 228 — G 1/2 B	21,5	15	29	8	2,5	27
Adapter A4 — G 3/4	ISO 228 — G 3/4 B	27	17	29	8	2,5	30

Anhang D (normativ)

Anordnung zur Prüfung von Handbrausen

Die Anordnung muß mit Bild D.1 übereinstimmen.

Die beidon Enden des Anschlußschlauches sind identisch. Das eine Ende wird mit der Meßleitung (siehe 3.1) verbunden, das andere wird mit der Brause verbunden, wobel, falls erforderlich, ein Adapter nach Anhang C verwendet wird.

Die Anforderungen an die Einzelteile des Anschlußschlauchs müssen Bild D.2 und D.3 und Tabelle D.1 erfüllen.

Maße in Millimeter

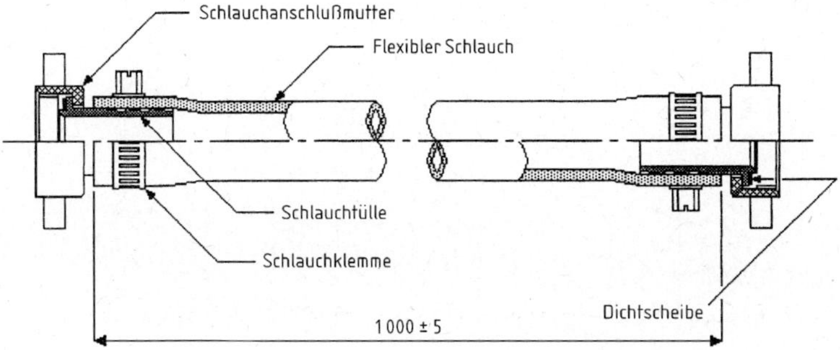

Bild D.1: Anschlußschlauch zur Prüfung von Handbrausen

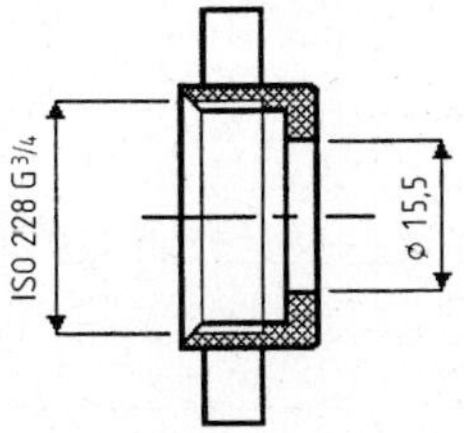

Bild D.2: Schlauchanschlußmutter

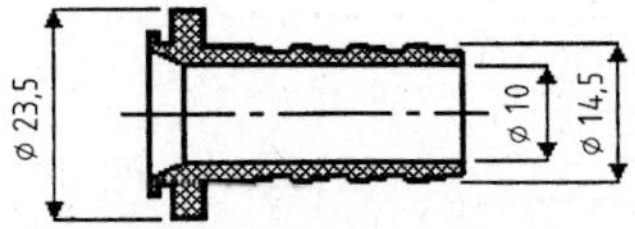

Bild D.3: Schlauchtülle

Tabelle D.1: Anforderungen an die Einzelteile des Anschlußschlauchs

Teil	Größe	Material
Flexibler Schlauch	Bohrung (13 ± 0,5) mm Wanddicke (3 ± 0,3) mm Länge (1 000 ± 5) mm	PVC der Härte (80 ± 5) IRHD
Schlauchtülle	DN 15 (1/2)	Kupfer-Zink
Schlauchanschlußmutter	Zum Anschluß der Schlauchtülle verzinkt	Kupfer-Zink
Dichtscheibe	Außendurchmesser 24 mm Innendurchmesser 17 mm Dicke 2,5 mm	Synthetisches Gummi der Härte (70 ± 5) IRHD
Schlauchklemme	Durchmesser 12 mm bis 22 mm	

Anhang E (informativ)

Übersicht über die Arten der Wassererwärmer und Prüfkonfigurationen

Art des Wassererwärmers	Wassererwärmer allein	Mit integrierter Auslaufarmatur	Mit integrierter Mischbatterie	Mischbatterie allein
Offener Warmwasserspeicher	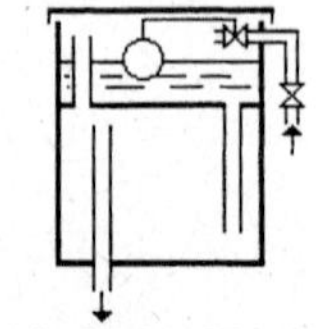 siehe 3.4.3.1; 3.2	nicht anwendbar	nicht anwendbar	nicht anwendbar
Geschlossener Warmwasserspeicher	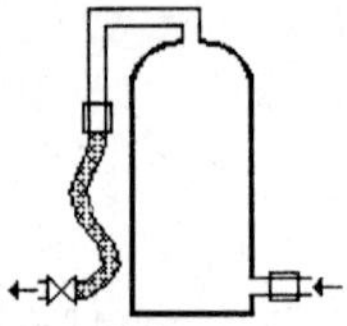 siehe 3.4.3.2 (b)	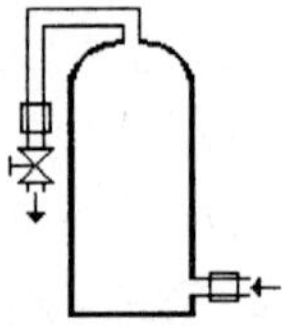 siehe 3.4.3.2 (a)	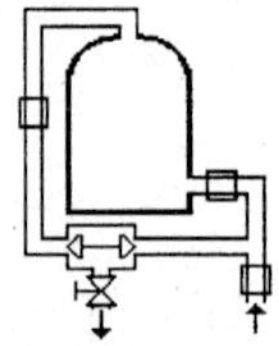 siehe 3.4.3.2 (a)	nicht anwendbar
Geschlossener Durchflußwassererwärmer	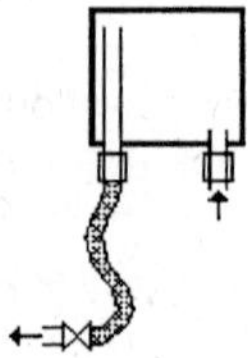 siehe 3.4.3.3 (b)	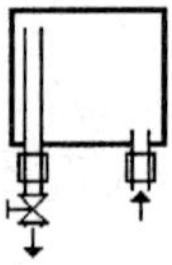 siehe 3.4.3.3 (a)	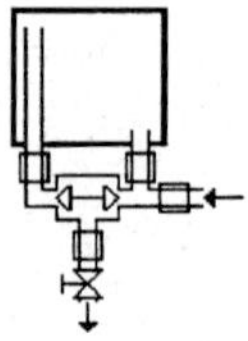 siehe 3.4.3.3 (a)	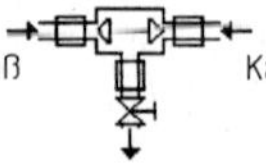 siehe 3.5.2.1; 3.5.2.2
Überlauf-Warmwasserspeicher	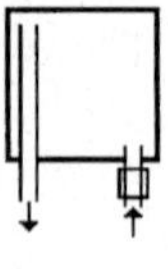 siehe 3.4.3.4 (b)	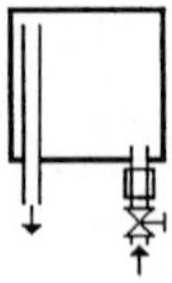 siehe 3.4.3.4 (a)	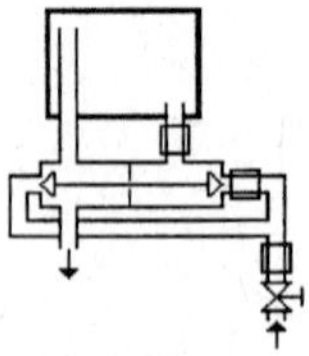 siehe 3.4.3.4 (a)	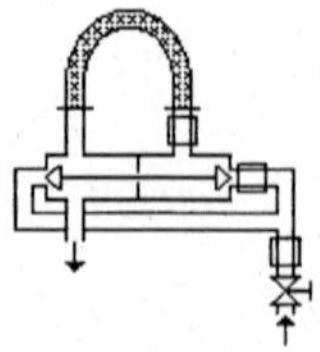 siehe 3.6.1.2
Überlauf-Durchfluß-Wassererwärmer	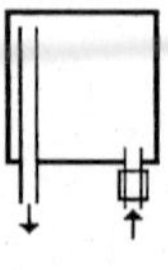 siehe 3.4.3.4 (b)	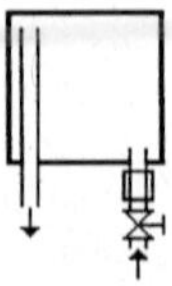 siehe 3.4.3.4 (a)	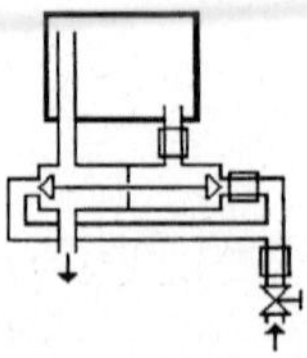 siehe 3.4.3.4 (a)	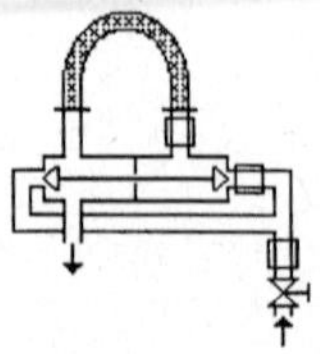 siehe 3.6.2.2

Erklärung: ⌷ = mögliche Stellung des Durchflußreglers ⋈ = Durchflußbegrenzer ⋈ = anderes Ventil

Druckfehlerberichtigungen abgedruckter DIN-Normen

Folgende Druckfehlerberichtigungen wurden in den DIN-Mitteilungen + elektronorm zu den in diesem DIN-Taschenbuch enthaltenen Normen veröffentlicht.

Die abgedruckten Normen entsprechen der Originalfassung und wurden nicht korrigiert. In Folgeausgaben werden die aufgeführten Druckfehler berichtigt.

DIN 4109

In Tabelle 5, Zeile 4.1, Spalten 3 und 4, ist der Wert "55" aufzunehmen.

In Tabelle 6, Fußnote 2), muß es an Stelle von "Anzeigecharakteristik" "Zeitbewertung" heißen.

Im Abschnitt 4.3.2 muß der Text zum zweiten Spiegelstrich wie folgt lauten:

"– bei Auslaufarmaturen sowie diesen nachgeschalteten Auslaufvorrichtungen nach Tabelle 2, Zeile 10, außerdem noch die Einstufung in Durchflußklasse A, B, C, D oder Z, bei Eckventilen in Durchflußklasse A oder B;"

Die Gleichung (1) muß wie folgt lauten:

"$L_{a,res} = 10 \lg \sum_{i=1}^{n} (10^{0,1 L_{a,i}})$ dB(A)".

Im Abschnitt 6.4.1 a), 2. Absatz, muß es "... mittlere flächenbezogene Masse $m'_{L,Mittel}$ ..." heißen.

Im Abschnitt 7.2.2.3 muß der letzte Satz heißen: "Eckventile vor Armaturen dürfen keiner niedrigeren Durchflußklasse angehören als ...".

Im Abschnitt A.3.3.10 muß es in der Überschrift und im Text "Installations-Schallpegel L_{In}" heißen.

DIN 4109 Bbl 1

In Tabelle 1, Zeile 28, muß es statt "5" "4" heißen.

Im Abschnitt 3.4, Beispiel 1, muß der Wert für $m'_{L,Mittel}$ "≈ 262 kg/m²" lauten.

Im Abschnitt 4.1.3 muß es im Text und in der Formel "$\Delta L_{w,R,min}$" heißen; bei "$VM_{R,min}$" sind die Punkte zu streichen.

In Tabelle 23 (Fortsetzung), Seite 29, muß die Überschrift der Ausführungsbeispiele "Zweischalige Doppelständerwände" lauten.

DIN 4109 Bbl 2

Im Bild 2 muß es in der Ordinate "... $\Delta L_{w,R}$" lauten.

Die Gleichung (6) muß wie folgt lauten:

"$L_{A,res} = 10 \lg \sum_{i=1}^{n} (10^{0,1 L_{a,i}})$ dB(A)".

Im Abschnitt 2.5.7 ist beim letzten Spiegelstrich "mindestens" zu streichen.

Stichwortverzeichnis

Die hinter den Stichwörtern stehenden Nummern sind die DIN-Nummern (ohne die Buchstaben DIN) der abgedruckten Normen bzw. der Norm-Entwürfe.

Für das Fachgebiet Bauleistungen bestehen folgende DIN-Taschenbücher:

TAB	Titel
70 Bauleistungen 1.	Putz- und Stuckarbeiten VOB/StLB. Normen
71 Bauleistungen 2.	Abdichtungsarbeiten VOB/StLB. Normen
72 Bauleistungen 3.	Dachdeckungsarbeiten, Dachabdichtungsarbeiten VOB/StLB. Normen
73 Bauleistungen 4.	Estricharbeiten, Gußasphaltarbeiten VOB/StLB. Normen
74 Bauleistungen 5.	Parkettarbeiten. Bodenbelagarbeiten. Holzpflasterarbeiten VOB/StLB. Normen
75 Bauleistungen 6.	Erdarbeiten, Verbauarbeiten, Rammarbeiten. Einpreßarbeiten. Naßbaggerarbeiten, Untertagebauarbeiten VOB/StLB/STLK. Normen
76 Bauleistungen 7.	Verkehrswegebauarbeiten. Oberbauschichten ohne Bindemittel, Oberbauschichten mit hydraulischen Bindemitteln. Oberbauschichten aus Asphalt, Pflasterdecken, Plattenbeläge und Einfassungen VOB/StLB/STLK. Normen
77 Bauleistungen 8.	Mauerarbeiten VOB/StLB/STLK. Normen
78 Bauleistungen 9.	Beton- und Stahlbetonarbeiten VOB/StLB. Normen
79 Bauleistungen 10.	Naturwerksteinarbeiten. Betonwerksteinarbeiten VOB/StLB. Normen
80 Bauleistungen 11.	Zimmer- und Holzbauarbeiten VOB/StLB. Normen
81 Bauleistungen 12.	Landschaftsbauarbeiten VOB/StLB/STLK. Normen
82 Bauleistungen 13.	Tischlerarbeiten VOB/StLB. Normen
83 Bauleistungen 14.	Metallbauarbeiten, Schlosserarbeiten VOB/StLB/STLK. Normen
84 Bauleistungen 15.	Heizanlagen und zentrale Wassererwärmungsanlagen VOB/StLB. Normen
85 Bauleistungen 16.	Lüftungstechnische Anlagen VOB/StLB. Normen
86 Bauleistungen 17.	Klempnerarbeiten VOB/StLB. Normen
87 Bauleistungen 18.	Trockenbauarbeiten VOB/StLB. Normen
88 Bauleistungen 19.	Entwässerungskanalarbeiten, Druckrohrleitungsarbeiten im Erdreich. Dränarbeiten. Sicherungsarbeiten an Gewässern, Deichen und Küstendünen VOB/StLB. Normen
89 Bauleistungen 20.	Fliesen- und Plattenarbeiten VOB/StLB. Normen
90 Bauleistungen 21.	Dämmarbeiten an technischen Anlagen VOB/StLB. Normen, Verordnungen
91 Bauleistungen 22.	Bohrarbeiten, Brunnenbauarbeiten. Wasserhaltungsarbeiten VOB/StLB/STLK. Normen
92 Bauleistungen 23.	Förderanlagen, Aufzugsanlagen, Fahrtreppen und Fahrsteige VOB/StLB. Normen
93 Bauleistungen 24.	Stahlbauarbeiten VOB/StLB. Normen
94 Bauleistungen 25.	Fassadenarbeiten VOB/StLB. Normen
95 Bauleistungen 26.	Gas-, Wasser- und Abwasser-Installationsarbeiten innerhalb von Gebäuden VOB/StLB. Normen
96 Bauleistungen 27.	Beschlagarbeiten VOB/StLB. Normen
97 Bauleistungen 28.	Maler- und Lackierarbeiten VOB/StLB. Normen
98 Bauleistungen 29.	Elektrische Kabel- und Leitungsanlagen in Gebäuden VOB/StLB. Normen
99 Bauleistungen 30.	Verglasungsarbeiten VOB/StLB. Normen
298 Bauleistungen 31.	Ausbau/Haustechnik. Normen
299 Bauleistungen 32.	Rohbau/Tiefbau. Normen

DIN-Taschenbücher aus den Fachgebieten “Bauwesen” siehe Seite II und “Bauen in Europa” siehe Seite 645.

DIN-Taschenbücher sind vollständig oder nach verschiedenen thematischen Gruppen auch im Abonnement erhältlich.

Für Auskünfte und Bestellungen wählen Sie bitte im Beuth Verlag Tel.: (0 30) 26 01 - 22 60.

Für das Fachgebiet "Bauen in Europa" bestehen folgende DIN-Taschenbücher:

Bauen in Europa.
Beton, Stahlbeton, Spannbeton.
Eurocode 2 Teil 1 · DIN V ENV 206.
Normen, Richtlinien

Bauen in Europa.
Beton, Stahlbeton, Spannbeton.
DIN V ENV 1992 Teil 1-1 (Eurocode 2 Teil 1), Ergänzung

Bauen in Europa.
Stahlbau, Stahlhochbau.
Eurocode 3 Teil 1-1 · DIN V ENV 1993 Teil 1-1.
Normen, Richtlinien

Bauen in Europa.
Verbundtragwerke aus Stahl und Beton.
Eurocode 4 Teil 1-1 · DIN V ENV 1994-1-1.
Normen, Richtlinien

Bauen in Europa.
Geotechnik.
Eurocode 7-1 · DIN V ENV 1997-1.
Normen